河南植物志

（补修编）

Flora of Henan

(Supplement and Revision)

王　健　杨秋生　主编
Jian Wang
Qiusheng Yang
Editors in Chief

河南科学技术出版社
·郑州·

图书在版编目（CIP）数据

河南植物志：补修编/王健，杨秋生主编．—郑州：河南科学技术出版社，2019.7
ISBN 978-7-5349-9480-7

Ⅰ．①河…　Ⅱ．①王…　②杨…　Ⅲ．①植物志-河南　Ⅳ．①Q948.561

中国版本图书馆 CIP 数据核字（2019）第 048286 号

出版发行：河南科学技术出版社
地址：郑州市郑东新区祥盛街 27 号　　邮编：450016
电话：（0371）65788613　　65788628
网址：www.hnstp.cn
策划编辑：杨秀芳
责任编辑：杨秀芳
责任校对：吴华亭　郭晓仙
封面设计：张　伟
版式设计：崔彦慧
责任印制：张艳芳
印　　刷：河南瑞之光印刷股份有限公司
经　　销：全国新华书店
开　　本：787 mm×1092 mm　1/16　　印张：36.25　　彩页：40 面　　字数：895 千字
版　　次：2019 年 7 月第 1 版　　2019 年 7 月第 1 次印刷
定　　价：380.00 元

河南植物志（补修编）
编写人员名单

主　编：王　健　杨秋生
副主编：田朝阳　王印政　李永华

丁宝章先生

（1924—1995）

河南农业大学教授，硕士研究生导师，享受国务院政府特殊津贴专家，河南植物学科奠基人。河南省焦作市人，1950 年毕业于河南大学农学院，留校任教，从事植物学教学与科研工作。历任河南农业大学（原河南农学院）农学系副主任、主任，河南省小麦高稳低研究推广协作组组长，长期担任河南省植物学会理事长。1978 年开始招收植物学硕士研究生，培养了数十名研究生，为河南省植物学科科研与教育事业做出了重大贡献。主要著作有：《河南田间杂草图说》《河南经济植物志》《河南植物志（第一册）》《河南植物志（第二册）》《河南农田杂草志》《河南省志・植物志》《河南植物志（第三册）》《河南植物志（第四册）》。

王遂义先生

（1934—2003）

河南农业大学教授，硕士研究生导师。河南植物学科主要开拓者。河南省新郑市人。1955 年毕业于河南省洛阳林业学校，留校任教。1962 年 8 月，在中科院中南分院化学研究所河南分所生物研究室做植物资源研究工作。1965 年 12 月，在河南省林业科学研究所做树木资源研究工作。1970 年 3 月，任河南省林业科学研究所树木分类研究室主任，做树木分类研究工作。1979 年 10 月，任河南农业大学（原河南农学院）植物教研室主任、植物研究室副主任。曾担任河南省植物学会理事长，培养了数十名植物学硕士研究生，为河南省植物学科科学研究和人才培养做出了重大贡献。主要著作有：《河南经济植物志》《河南木本植物识别》《河南植物志（第一册）》《河南植物志（第二册）》《河南农田杂草志》《河南省志·植物志》《河南树木志》《野菜采集与加工》《河南植物志（第三册）》《河南植物志（第四册）》。

序

中州大地，西部有伏牛山，自西向东呈扇形展开，南北长 350 km，覆盖豫西大部，东南有大别山分界皖鄂，南为桐柏丘陵区域，唯东部平原一望无际，黄河以北西面太行山，山高坡陡，树木丰茂。全部山区省构成我国中原植物区系。

我 1926 年 5 月出生于河南省新郑市，自小在老家那里生活学习。抗日战争期间，在豫西伏牛山区内乡县夏馆镇开封高中学习，对附近青冈林尤为喜爱，以至采集标本，渐于熟悉。1958 年，随导师吴征镒入滇，1960 年秋，举家迁入云南省昆明市，在中国科学院昆明植物研究所工作至今。

我的外甥王健今约我为《河南植物志》（补修编）作序。我有幸与《河南植物志》历代作者多有接触，交往甚多。今不计烦琐，依时先后一一叙及。

《河南植物志》起始于时华民，时华民与我表叔杨书基在河南大学森林系是同学，对河南植物切磋研究甚密。杨老家在豫西，历任河南林科所所长，在豫西推广杉木造林，取得了突出成就，致使伏牛山绿、湍河长清。时华民弟子丁宝章为《河南植物志》第二代主笔，丁长期担任河南农业大学教授，王遂义为其助手，丁、王二人培养了王健、杨秋生等硕士研究生，均参加《河南植物志》编写有年。另河南师范大学生物系主任张铭哲教授带其师生亦参加《河南植物志》编写。后任主任徐粹新教授是我华东师范大学的学生，也是《河南植物志》作者之一。这里特别要提到的是我的同事与好友陈介教授，20 世纪 60 年代到河南参加《河南经济植物志》的考察与编写，与丁宝章、王遂义、高增义等共同致力于《河南植物志》的写作。于今，以上诸君多已去世。他们的辛勤工作，时在我眼底，于今作序，伏念不已！

周铉

2017 年 12 月

前言

《河南植物志》是河南省历史上第一部记载植物种类最丰富、描述植物科属种最详尽的植物分类学专著。我们的导师、河南农业大学丁宝章教授和王遂义教授，毕生从事植物科学的教学和研究工作，作为共同主编，为《河南植物志》的编纂花费了大量的时间，倾注了宝贵的精力，为河南植物科学研究打下了坚实的基础。正如两位导师在《河南植物志（第1~4册）》的前言中所指出的，《河南植物志》也是在河南植物分类学奠基人时华民先生生前采集的标本、积累的资料和研究成果的基础上，经多方协作和通力配合完成的。众多副主编和编写人员也为《河南植物志》的出版付出了艰辛的努力。谨以本书的出版纪念恩师们。

河南地处北亚热带和南暖温带的过渡地带，地域广阔、地形复杂，有高山、丘陵、平原、水域、沙地、盐碱地等多种多样的立地条件类型，植物种类繁多，南北植物兼容，历来为国内外植物学家所关注。《河南植物志》从1981年到1998年共出版发行了全部4册，收录记载了河南省维管植物197科、1 186属、4 473种及种以下分类单元，包括蕨类植物、裸子植物和被子植物。

随着时间的推移，已出版的《河南植物志》也显露出一些不足。除个别编辑、排版和拼写方面的错误外，主要是一些植物种类没能被收录和描述。当然，这其中有不少种类是《河南植物志》出版发行以后新近发现和发表的。为了弥补这方面的缺憾，当年的主编之一王遂义先生早在生命的最后几年就开始着手对《河南植物志》进行补充和修编，并做了大量的工作。《河南植物志

（补修编）》正是在导师遗留下的手稿基础上加以整理、修订、充实完成的。据统计，《河南植物志（补修编）》共收录河南省维管植物185科，352属，514种，83变种、亚种和变型。

本书的编写和出版，得到了河南省科学技术厅的全额资助和河南农业大学的鼎力支持。我们相信，经过全面补修编的《河南植物志》作为河南省最重要的科学基础文献书籍之一，在生物科学、农业科学、生态学和中药学，以及人文、经济、资源、环境和地理等学科的研究方面，具有重要的参考价值，为更好地保护、开发和利用河南省的植物资源提供科学依据。

王健　杨秋生

2017年12月

目　录

一、蕨类植物门 Pteridophyta

《河南植物志（第一册）》记载 29 科，70 属，194 种，11 变种。除修订外，本书增补 2 科，7 属，38 种，2 变种。

（一）石松科 Lycopodiaceae

《河南植物志（第一册）》记载 1 属，4 种。

其中：

蛇足石松、千层塔 *Lycopodium serratum* Thunb. 为蛇足石杉 *Huperzia serrata*（Thunb.）Trevis. 的异名。

本书另增补 1 属。

石杉属 *Huperzia* Bernh.（新增属）

小型或中型土生蕨类，茎直立；具原生中柱或星芒状中柱，二叉分枝，枝上部常有芽苞。叶小型，仅具中脉，一型；线形或披针形，螺旋状排列，常草质，无光泽，全缘或具锯齿。孢子叶较小。孢子囊生在全枝或枝上部孢子叶腋，肾形，2 瓣开裂。孢子球状四面体形，极面观钝三角形，三边内凹，赤道面观扇形。

本属约 55 种，温带和北极区域有分布。我国现知 27 种（含 18 特有种）。河南有 1 种（《河南植物志（第一册）》第 2 页将该种置于石松属 *Lycopodium* L.）。

（二）卷柏科 Selaginellaceae

《河南植物志（第一册）》记载 1 属，9 种，1 变种。

其中：

垫状卷柏、九死还魂草（变种）*Selaginella tamariscina* var. *pulvinata*（Hook. & Grev.）Alston 为垫状卷柏 *Selaginella pulvinata*（Hook. & Grev.）Maxim. 的异名。

本书另增补 3 种。

卷柏属 *Selaginella* P. Beauv.

（1）鞘舌卷柏 *Selaginella vaginata* Spring（彩版图 1）

［*Lycopodioides compta*（Hand. -Mazz.）H. S. Kung;

Lycopodioides vaginata（Spring）Kuntze;

Selaginella bomiensis Ching & S. K. Wu;

Selaginella compta Hand. -Mazz.;

Selaginella schottmuelleri Warburg;

Selaginella shensiensis Christ;

Selaginella smithii O. C. Schmidt;

Selaginella thomsonii Hieronymus;

Selaginella xishuiensis G. Q. Gou & P. S. Wang]

土生或石生，匍匐，直立能育茎高5~10cm，无游走茎。根托沿匍匐茎与分枝断续着生，在直立茎上只生下部，自茎分叉处下方生出，长12~35mm，纤细，直径0.1~0.2mm，根少分叉，被毛。主茎通体羽状分枝，不呈“之”字形，无关节，禾秆色，主茎下部直径0.2~0.4mm，茎圆柱状，不具沟槽，光滑，维管束1条，直立能育茎自下部开始分枝，侧枝2~5对，分叉或1~2次分叉，分枝稀疏，主茎上相邻分枝相距10~20mm，分枝无毛，背腹压扁，末回分枝连叶宽3~5mm。叶全部交互排列，二型，草质，表面光滑，边缘不为全缘，略具白边。分枝上的腋叶不对称或对称，卵状三角形，（1.2~2.5）mm×（0.5~1.5）mm，基部边缘具睫毛，其余部分近全缘。中叶多少对称，分枝上的中叶卵形或卵状披针形，（0.8~2.4）mm×（0.4~1.2）mm，相距较近或紧接或覆瓦状排列，背部略呈龙骨状，先端与轴平行或有时向后弯，先端具尖头到芒，基部近心形或楔形或钝，非盾状，基部边缘具长睫毛，上部边缘具短睫毛。侧叶不对称，侧枝上的侧叶卵状披针形或长圆状镰形，外展或反折，相距较远，（1.6~3.2）mm×（0.8~1.5）mm，先端急尖。下侧基部扩大，覆盖小枝或强烈覆盖小枝，上侧基部边缘疏具长睫毛，其余部分具细齿，睫毛长0.4~0.6mm，下侧基部圆形，具细齿，其余部分近全缘，或基部具短睫毛，其余部分具细齿或近全缘。孢子叶穗紧密，背腹扁平，或有时近于四棱柱形，单生小枝末端或成对着生，10~15（~45）mm×（2.0~3.5）mm。孢子叶二型或略二型，倒置，上侧的孢子叶卵状披针形，边缘具细齿，锐龙骨状，先端渐尖，具孢子叶翼，孢子叶翼达叶尖，边缘具短睫毛，下侧的孢子叶卵状披针形，边缘具缘毛，龙骨状；大孢子叶分布于孢子叶穗下部的下侧，或大、小孢子叶相间排列，或大孢子叶分布于中部的下侧。大孢子浅黄色或橘黄色；小孢子橘红色。

产于河南伏牛山嵩县龙池曼和内乡；常生于石灰岩上。

分布于甘肃、贵州、湖南、湖北、陕西、四川、西藏、云南等地；不丹、尼泊尔、印度（东北部）、越南、老挝、柬埔寨、缅甸、泰国也有分布。

（2）异穗卷柏 *Selaginella heterostachys* Baker（彩版图2）

[*Lycopodioides heterostachya*（Baker）Kuntze;

Selaginella hezhangensis P. S. Wang & X. Y. Wang;

Selaginella praticola Hand. -Mazz.;

Selaginella recurvifolia Warburg;

Selaginella tarokoensis Yamamoto]

土生或石生，直立或匍匐，直立能育茎高10~20cm，具匍匐茎。根托沿匍匐茎断续着生，但只生直立茎下部，自茎分叉处下方生出，长5~35mm，纤细，直径0.1~0.3mm，根少分叉，被毛。茎羽状分枝，不呈“之”字形，无关节，禾秆色，下部直径0.4~1.2mm，茎圆柱状，具沟槽，无毛，维管束1条，直立能育茎自下部开始分枝，侧枝3~5对，一至二回羽状分枝，小枝稀疏，规则，茎上相邻分枝相距15~60mm，分枝无毛，背腹压扁，茎在分枝部分中部连叶宽 3~6mm，末回分枝连叶宽 2.4~5.6mm。叶全部交互排列，二型，草质，表面光滑，无虹彩，边缘不为全缘，不具白边。茎上的腋叶较分枝上的大，卵圆形、近心形，分枝上的腋叶对称，卵形或长圆形，（1.4~2.6）mm×（0.4~1.2）mm，边缘有细齿。中叶不对称，分枝上的中叶卵形或卵状披针形，（1.0~1.6）mm×（0.4~0.8）mm，相互排列不是非常近，背部不呈龙骨状，先端外展或与轴平行，先端具尖头或短芒，基部楔形，边缘具微齿。侧叶不对称，主茎上的侧叶明显大于侧枝上的，侧枝上的侧叶长圆状卵圆形，外展或下折，排列疏或密，（1.8~2.7）mm×（0.7~1.8）mm，先端急尖。边缘有细齿，上侧基部扩大加宽，覆盖小枝，上侧基部边缘有细齿，下侧基部圆形，具细齿。孢子叶穗紧密，背腹压扁，单生于小枝末端，（5~25）mm×（1.5~3.5）mm；孢子叶明显二型，倒置，上侧的孢子叶卵状披针形或长圆状镰形，边缘具缘毛或细齿，背部不呈龙骨状，先端具尖头到芒，具孢子叶翼，孢子叶翼达叶尖，边缘具短睫毛或细齿；下侧的孢子叶卵状披针形，边缘具缘毛，先端具长尖头，龙骨状，脊上具睫毛。大孢子叶分布于孢子叶穗上下两侧的基部，或大、小孢子叶相间排列。大、小孢子均橘黄色。

产于河南大别山区的商城金刚台西大沟及伏牛山区的内乡；生于林下岩石上。分布于安徽、甘肃、福建、广东、广西、贵州、海南、湖南、江西、云南、四川、重庆、浙江、台湾等地。

（3）小卷柏 *Selaginella helvetica*（L.）Link（彩版图 3）

[*Lycopodium helveticum* L.；
Bernhardia helvetica（L.）Gray；
Diplostachyum helveticum（L.）P. Beau.；
Heterophyllium helveticum（L.）Hieronymus；
Lycopodioides helvetica（L.）Kuntze；
L. jiulongensis H. S. Kung，Li Bing Zhang & X. S. Guo；
L. mariesii（Baker）Kuntze；
Lycopodium radicans Schrank；
Selaginella mariesii Baker；
Stachygynandrum helveticum（L.）P. Beau. ex J. Saint-Hilaire.]

土生或石生，短匍匐，能育枝直立，高 5~15cm，无游走茎。根托沿匍匐茎和枝断续生长，自茎分叉下方生出，长15~45mm，纤细，直径 0.1~0.2mm，根少分叉，无毛。直立茎通体分枝，不呈“之”字形，无关节，禾秆色，茎下部直径0.2~0.4mm，具沟槽，无毛，维管束 1 条；侧枝 2~5 对，不分叉或分叉或一回羽状分枝，分枝稀疏，茎上相邻分枝相距 20~30mm，叶状分枝和茎无毛，背腹压扁，茎在分枝部分中部连叶宽 3~3.8mm，末回分枝连叶宽 2~3.6mm。叶全部交互排列，二型，叶脉不明显，表面光滑，边缘非全缘，不具白边。分枝上的腋叶近对称，卵状披针形或椭圆形，（1.4~1.6）mm ×（0.4~0.8）mm，边缘睫毛状。中叶多少对称，分枝上的中叶卵形或卵状披针形，（1.2~1.6）mm ×（0.5~0.8）mm，紧接或覆瓦状，背部不呈龙骨状，先端常向后弯曲，先端具长尖头到具芒，基部钝，边缘具睫毛。侧叶不对称，侧枝上的侧叶长圆状卵形或宽卵圆形，外展或略下折，（1.6~2.0）mm×（0.8~1.2）mm，先端急尖和具芒（常向后弯），上侧基部扩大，加宽，覆盖小枝，上侧基部边缘不为全缘，上侧边缘具睫毛，下侧边缘不为全缘，具睫毛。孢子叶穗疏松，或上部紧密，圆柱形，单生于小枝末端或分叉，（12~35）mm×（2.0~4.0）mm；孢子叶和营养叶略同形，不具白边，边缘具睫毛，略呈龙骨状，先端具长尖头；大孢子叶分布于孢子叶穗下部的下侧或大孢子叶与小孢子叶相间排列。大孢子橙色或橘黄色；小孢子橘红色。

产于河南太行山区的林县；生于林中阴湿石壁或石缝中，同苔藓混生。分布于北京、甘肃（南部）、河北、黑龙江、吉林、辽宁、内蒙古、青海、陕西、山东、四川、西藏、云南、安徽；蒙古、朝鲜、韩国、日本、印度（北部）、尼泊尔、俄罗斯、欧洲中部国家均有分布。

（三）瓶尔小草科 Ophioglossaceae

《河南植物志（第一册）》记载1属，3种。除并入的属、种之外，本书另增补1种。

瓶尔小草属 *Ophioglossum* L.

柄叶瓶尔小草 *Ophioglossum petiolatum* Hook.（彩版图4）

植株高15~25cm。根状茎短而直立，有一簇粗肥肉质的根，水平横走如匍匐茎，自先端生出新株。叶单生，总叶柄长9~15cm；营养叶为广卵形，长3~6cm，宽2~3cm，先端钝圆，基部圆形，多少下延，无柄，草质，网状脉相当明显。孢子叶自营养叶基部生出，长6~9cm，孢子囊穗2.5~3cm，线形。

河南仅见于商城平顶铺太阳池下；生于海拔1 000m左右的山坡灌木丛中。分布于福建、海南、台湾、广东、湖北、安徽、江西、贵州、云南、四川；印度西部、印度尼西亚、日本、尼泊尔、菲律宾、斯里兰卡、泰国、澳大利亚、新西兰，以及北美洲均有分布。

（四）阴地蕨科 Botrychiaceae

《河南植物志（第一册）》记载1属，4种。

现已并入瓶尔小草科 Ophioglossaceae。

（五）里白科 Gleicheniaceae

《河南植物志（第一册）》记载1属，1种。

芒萁 *Dicranopteris dichotoma*（Thunb.）Bernh. 为芒萁 *Dicranopteris pedata*（Houtt.）Nakaike的异名。

（六）膜蕨科 Hymenophyllaceae

《河南植物志（第一册）》记载 1 属，1 种。本书增补 1 属，1 种。

假脉蕨属 *Crepidomanes* C. Presl（新增属）

中小型附生植物，稀为陆生。根状茎细长，铁丝状、粗线状或丝状，横走，被短密毛，通常无根。叶细小，多回羽裂或很少为指裂，全缘，光滑无毛。末回裂片有一条叶脉，沿叶缘有或无一条连续不断的边内假脉，假脉与叶缘之间通常有 1～3 行细胞相隔，边内假脉和叶脉之间还有断续的假脉不整齐地分散于叶肉中，断续的假脉与叶脉斜交或并行。叶轴全部有翅。孢子囊群生于裂片的腋间或着生于向轴的短裂片顶端；囊苞倒圆锥形至椭圆形、钟形或漏斗形，先端圆或尖头，口部浅裂为两唇瓣，圆形或三角形，下部为漏斗形，两侧多少有翅，囊群托突出。

本属约有 30 种，分布于旧大陆热带及亚热带，从非洲东岸的马达加斯加岛至日本、塔希提、波利尼西亚及新西兰。中国现有 11 种，主要分布于台湾、福建、广东、海南、广西、四川、贵州及云南等地，少数达到江西及浙江等省；通常生长在林下阴暗潮湿的岩石上或附生于树干上，在溪涧两旁更为常见。

团扇蕨 *Crepidomanes minutum*（Blume）K. Iwats.

[*Gonocormus australis* Ching;

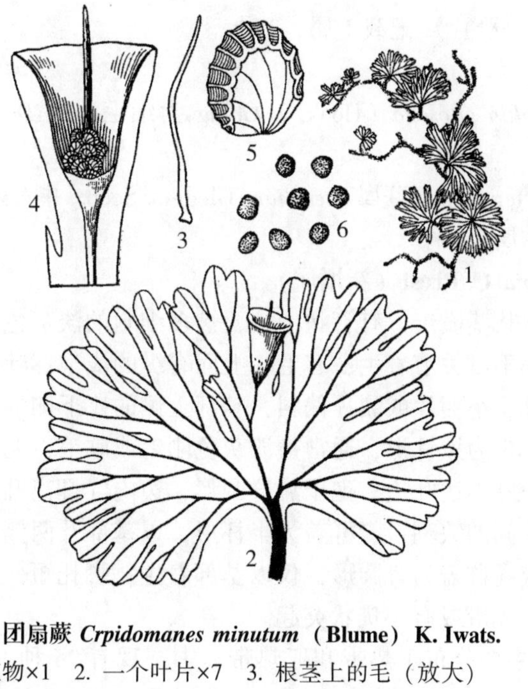

团扇蕨 *Crpidomanes minutum*（Blume）K. Iwats.

1. 一群植物×1　2. 一个叶片×7　3. 根茎上的毛（放大）

4. 一个囊苞的纵切面，表示孢子囊群着生在囊托的情况（放大）

5. 一个孢子囊，表示环带的位置（放大）　6. 孢子（放大）

Gonocormus matthewii (Christ) Ching;
Gonocormus minutus (Blume) Bosch;
Gonocormus prolifer (Blume) Prantl;
Trichomanes matthewii Christ;
Trichomanes minutum Blume;
Trichomanes proliferum Blume;
Trichomanes saxifragoides C. Presl]

植株高达5cm。根状茎纤细，丝状，直径0.2~0.3mm，匍匐，黑褐色，疏被红褐色或深褐色的短毛，分枝不规则。叶远离，相距3~12mm，深褐色至深绿色。柄纤细而呈丝状，长1~10mm，基部密被毛，向上多少无毛。叶片扇形或卵形，长10~20mm，宽5~15mm，基部心形或楔形。孢囊群位于裂片的顶部，着生于小脉的先端，通常露出不育裂片之外；囊苞漏斗状，基部阔楔形，口部膨大，几为全缘，两侧有翼，囊群托凸出。

见于河南大别山区的商城黄柏山和新县连康山，生于林下水分淋漓的岩石上。分布于安徽、福建、广东、广西、台湾、海南、四川、贵州、云南、浙江、江西、湖南等省区；不丹、柬埔寨、印度（东北部）、印度尼西亚、日本、朝鲜、马来西亚、尼泊尔、菲律宾、俄罗斯（西伯利亚）、斯里兰卡、泰国、越南，非洲、澳洲均有分布。

（七）碗蕨科 Dennstaedtiaceae

《河南植物志（第一册）》记载1属，2种。

其中：

细毛碗蕨 *Dennstaedtia pilosella* (Hook.) Ching 为细毛碗蕨 *Dennstaedtia hirsuta* (Sw.) Mett. ex Miq. 的异名。

另有原凤尾蕨科 Pteridaceae 蕨属 *Pteridium* Gled. ex Scop. 并入该科。

此外，本书增补1属，1种。

鳞盖蕨属 *Microlepia* C. Presl（新增属）

陆生中型植物。根状茎横走，有管状中柱，被多细胞的淡灰色刚毛，无鳞片。叶中等大小至大型，叶柄基部不以关节着生，有毛，上面有纵的浅沟；叶片从长圆形至长圆状卵形，一至四回羽状复叶，小羽片或裂片偏斜，基部上侧的比下侧的大，常与羽轴或叶轴并行，或多少呈三角形，少为披针形，通常被淡灰色刚毛或软毛，尤以叶轴和羽轴为多。叶脉分离，羽状分枝，小脉不达叶边。孢子囊群圆形，边内（即离叶边稍远）着生于一条小脉的顶端，常接近裂片间的缺刻；囊群盖为半杯形，以基部及两侧着生于叶肉，上方向叶边开口，上边截形，或囊群盖为肾圆形，仅以基部着生；囊托短；环带直立，基部为囊柄中断。孢子四面体形，光滑或有小疣状突起。

本属约有60种，主要分布于热带和亚热带。中国现有25种（含8特有种），河南1种。

边缘鳞盖蕨 *Microlepia marginate* (Panz.) C. Chr.

植株高约60cm。根状茎长而横走，密被锈色长柔毛。叶远生；叶柄长20~30cm，粗

1.5~2mm，深禾秆色，上面有纵沟，几光滑。叶片长圆三角形，先端渐尖，羽状深裂，基部不变狭，长与叶柄略等，宽13~25cm，一回羽状。羽片20~25对，基部对生，远离，上部互生，接近，平展，有短柄，斜形，近镰刀状，长10~15cm，宽1~1.8cm，先端渐尖，基部不等，上侧钝耳状，下侧楔形，边缘缺裂至浅裂，小裂片三角形，圆头或急尖，偏斜，全缘，或有少数齿牙，上部各羽片渐短，无柄。侧脉明显，在裂片上为羽状，2~3对，上先出，斜出，到达边缘以内。叶纸质，干后绿色，叶下面灰绿色，叶轴密被锈色开展的硬毛，在叶下面各脉及囊群盖上较稀疏，叶上面也多少有毛，少光滑。孢子囊群圆形，每小裂片上1~6个，向边缘着生；囊群盖杯形，长宽几相等，上边截形，棕色，坚实，多少被短硬毛，距叶缘较远。

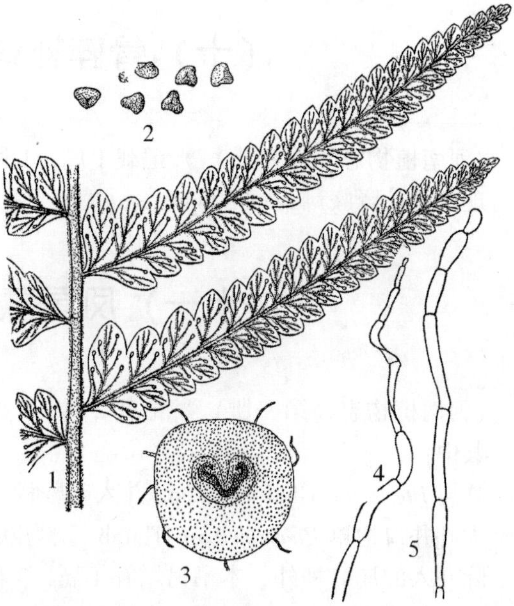

边缘鳞盖蕨 *Microlepia marginate*（Panz.）C. Chr.
1. 叶片的一部 2. 孢子（放大） 3. 叶柄的横切面（放大） 4、5. 叶柄基部的毛（放大）

产于河南大别山区的新县连康山和商城；生于林下或溪边。分布于江苏、江西、安徽、重庆、浙江、台湾、福建、广东、海南、广西、甘肃、湖南、湖北、贵州、四川、云南；日本、尼泊尔、越南、印度、印度尼西亚、斯里兰卡、泰国、巴布亚新几内亚也有分布。

（八）蚌壳蕨科 Dicksoniaceae

《河南植物志（第一册）》记载1属，1种（栽培）。

现已并入金毛狗蕨科 Cibotiaceae。

（九）鳞始蕨科 Lindsaeaceae

《河南植物志（第一册）》记载1属，1种。

乌蕨 *Stenoloma chusana*（L.）Ching 为乌蕨 *Odontosoria chinensis*（L.）J. Smith 的异名。

（十）骨碎补科 Davalliaceae

《河南植物志（第一册）》记载1属，1种（栽培）。
现已并入肾蕨科 Nephrolepidaceae。

（十一）凤尾蕨科 Pteridaceae

《河南植物志（第一册）》记载2属，7种，1变种。
其中：
蕨属 *Pteridium* Gled. ex Scop. 并入碗蕨科 Dennstaedtiaceae；
大叶井口边草 *Pteris nervosa* Thunb. 现为欧洲凤尾蕨 *Pteris cretica* L. 的异名；
除并入的属、种外，本书另增补1属，3种，1变种。

1. 凤了蕨属 *Coniogramme* Fée

尖齿凤了蕨 *Coniogramme affinis*（C. Presl）Hieron.
1. 根状茎及叶柄的一段 2. 二回羽状叶的全形一半 3. 三回羽状叶的一个小羽片 4. 一回羽状叶的一个羽片 5. 单羽片的一段放大，表示叶脉、水囊、锯齿及孢子囊群

《河南植物志（第一册）》为凤丫蕨属，在裸子蕨科 Gymnogrammaceae 下记载6种。

其中：

太白凤了蕨 *Coniogramme taipaishanensis* Ching & Y. T. Hsieh 为乳头凤了蕨 *Coniogramme rosthornii* Hieron. 的异名。

本书另增补1种，1变种。

（1）尖齿凤了蕨 *Coniogramme affinis*（C. Presl）Hieron.

植株高60~100cm。叶柄长30~70cm，粗3~7mm，禾秆色或有时下面褐棕色，基部疏被鳞片；叶片长25~50cm，宽15~40cm，长卵形或卵状长圆形，二回羽状或基部三回羽状（少为一回羽状）；羽片5~8对，基部1对长20~35cm，宽12~20cm，卵圆形或长卵形，柄长2~3cm，羽状（或二回羽状，有末回小羽片1~2对）；侧生小羽片3~6对，长8~15cm，宽1.5~2.8cm，披针形，长渐尖头，基部为略不对称的圆楔形或近截形，有短柄或近无柄；顶生小羽片较大，基部有时叉裂；第二对羽片羽状或三出；上部的羽片单一，向上逐渐变短，长7~

10cm，宽 2~3cm，披针形或阔披针形；羽片边缘有不甚均匀的、向前伸的尖细锯齿，齿缘为软骨质。侧脉顶端的水囊略加厚，伸达锯齿的下侧边，并多少与之靠合。叶干后草质，褐绿色，两面无毛。孢子囊群沿侧脉的 2/3 处分布。

产于河南伏牛山区的嵩县杨树岑、龙池曼、杨山及卢氏县大块地。分布于黑龙江、陕西、甘肃、四川、云南、西藏东南部及南部；缅甸北部、印度北部及尼泊尔均有分布。

（2）无毛凤了蕨（变种）*Coniogramme intermedia* var. *glabra* Ching（彩版图 5）

［*Coniogramme guixhouensis* Ching & K. H. Shing；

Coniogramme taibeiensis Ching；

Coniogramme taiwanensis Ching］

本变种与原变种不同之处，仅在于叶片两面光滑无毛。

产于河南伏牛山区的嵩县杨树岑、龙池曼，西峡县黑烟镇、黄石庵，卢氏县大块地；生于山谷、林下阴湿处。分布于吉林、河北、陕西、甘肃、湖北西部、浙江、四川、云南、贵州、西藏、台湾；也分布于日本、朝鲜、越南及俄罗斯远东地区。

2. 水蕨属 *Ceratopteris* Brongn.（新增属）

一年生多汁水生（或沼生）植物，根状茎短而直立，下端有一簇粗根，上部着生莲座状的叶子，中柱体为网状，顶端疏被鳞片；鳞片为阔卵形，基部多少呈心形，质薄，全缘，透明。叶簇生；叶柄绿色，多少鼓胀，肉质，光滑，下面圆形并有许多纵脊，内含许多气孔道，沿周边有许多小的维管束。叶二型，不育叶片长圆状三角形至卵状三角形，绿色，薄草质，单叶或羽状复叶，末回裂片为阔披针形或带状，全缘，尖头，主脉两侧的小脉为网状；能育叶与不育叶同形，往往较高，分裂较深而细，末回裂片边缘向下反卷达主脉，线形至角果形，幼嫩时绿色，老时淡棕色，由分枝基部伸出几条纵脉，纵脉间有侧脉相连；叶轴同叶柄一样，绿色，有纵脊，干后压扁；在羽片基部上侧的叶腋间常有一个圆卵形棕色的小芽孢，成熟后脱落，行无性繁殖。孢子囊群沿主脉两侧生，形大，几无柄，幼时完全为反卷的叶边所覆盖，环带宽而直立，由排列不整齐的 30~70 个加厚的阔细胞组成，裂缝明显或否；每个孢子囊产生 16 个或 32 个孢子；孢子大，四面体形，各面有明显的肋条状纹饰。

本属有 4~7 种，广布于世界热带和亚热带，生于池沼、水田或淤水沟中，有时也能漂浮水面。我国有 2 种，河南 1 种。

水蕨 *Ceratopteris thalictroides*（L.）Brongn.

［*Acrostichum siliguosum* L.；

Acrostichum thalictroides L.；

Ceratopteris siliquosa（L.）Copel.；

Ellobocarpus oleraceus Kaulf.；

Furcaria thalictroides（L.）Desv.；

Pteris siliquosa（L.）P. Beauv.；

Pteris thalictroides（L.）Sw.；

Teleozoma thalictroides（L.）R. Br.］

植株幼嫩时呈绿色，多汁柔软，由于水湿条件不同，形态差异较大，高可达 70cm。根状茎短而直立，以一簇粗根着生于淤泥。叶簇生，二型。不育叶的柄长 3~40cm，粗

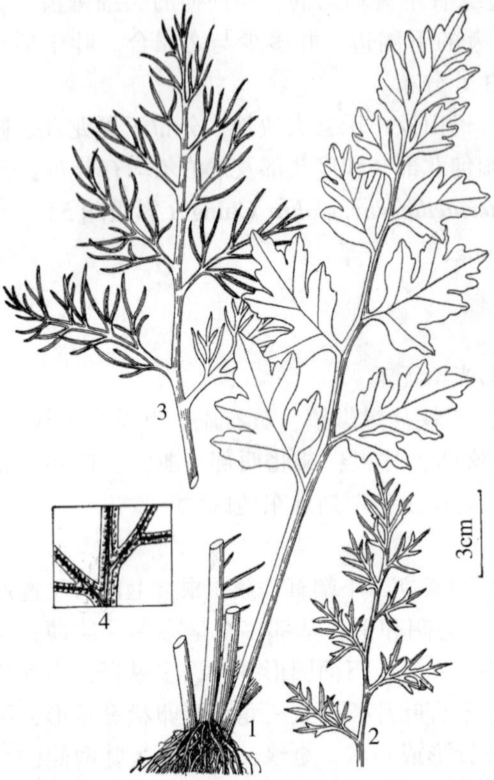

水蕨 *Ceratopteris thalictroides*（L.）Brongn.

1. 植株全形，示具有宽羽片的营养叶和不膨大的叶柄 2. 具狭裂片的营养叶的一部分 3. 能育叶的一部分 4. 能育叶的裂片的一部分放大，示孢子囊群着生情况

10~13cm，绿色，圆柱形，肉质，不鼓胀，上下几相等，光滑无毛，干后压扁；叶片直立或幼时漂浮，有时略短于能育叶，狭长圆形，长6~30cm，宽3~15cm，先端渐尖，基部圆楔形，二至四回羽状深裂，裂片5~8对，互生，斜展，彼此远离，下部1~2对羽片较大，长可达10cm，宽可达6.5cm，卵形或长圆形，先端渐尖，基部近圆形、心形或近平截，一至三回羽状深裂；小裂片2~5对，互生，斜展，彼此分开或接近，阔卵形或卵状三角形，长可达35cm，宽可达3cm，先端渐尖、急尖或圆钝，基部圆截形，有短柄，两侧有狭翅，下延于羽轴，深裂；末回裂片线形或线状披针形，长可达20mm，宽可达6mm，急尖头或圆钝头，基部均沿末回羽轴下延成阔翅，全缘，彼此疏离；第二对羽片距基部1对3~5cm，向上各对羽片均与基部羽片同形而逐渐变小。能育叶的柄与不育叶的相同；叶片长圆形或卵状三角形，长15~40cm，宽10~22cm，先端渐尖，基部圆楔形或圆截形，二至三回羽状深裂；羽片3~8对，互生，斜展，具柄，下部1~2对羽片最大，长可达14cm，宽可达6cm，卵形或长三角形，柄长可达2cm；第二对羽片距第一对1.5~6cm，向上各对羽片均逐渐变小，一至二回分裂；裂片狭线形，渐尖头，角果状，长可达1.5~4（~6）cm，宽不超过2mm，边缘薄而透明，无色，反卷达于主脉，好像假囊群盖。主脉两侧的小脉连接成网状，网眼2~3行，为狭长的五角形或六角形，不具内藏小脉。叶干后为软草质，绿色，两面均无毛；叶轴及各回羽轴与叶柄同色，光滑。孢子囊沿能育叶的裂片主脉两侧的网眼着生，稀疏，棕色，幼时为连续不断的反卷叶缘所覆盖，成熟后多少张开，露出孢子囊。孢子四面体形，不具周壁，外壁很厚，分内外层，外层具肋条状纹饰，按一定方向排列。

产于河南大别山区的商城长竹园、黄柏山；生于池沼、水田或水沟的淤泥中，有时漂浮于深水水面上。分布于广东、台湾、福建、江西、浙江、山东、江苏、安徽、湖北、四川、广西、云南等省区；也广布于世界热带及亚热带各地，日本也产。本种可供药用，茎叶入药可治胎毒，消痰积；嫩叶可作蔬菜。

3. 铁线蕨属 *Adiantum* L.

《河南植物志（第一册）》列在铁线蕨科 Adianaceae 下，记载7种。

本书增补1种。

陇南铁线蕨 *Adiantum roborowskii* Maxim.

植株高 9～25cm（罕达 35cm 以上）。根状茎短而直立或斜升，密被棕褐色披针形鳞片。叶簇生或近生；柄长 4～20cm，粗约 1cm，圆形，栗红色，有光泽，基部被与根状茎上同样的鳞片，向上光滑；叶片披针形或卵状椭圆形，长 5～18cm，宽 2～6cm，渐尖头，下部为简单的三回羽状，上部为奇数一回羽状；羽片 3～6 对，互生，斜向上，有柄长 3～5mm，基部 1 对略大，长 1.5～1.8cm，宽 1.2～1.4cm，卵状三角形，钝头，基部圆楔形，简单二回羽状；小羽片 1～2 对，互生，斜向上，基部 1 对（或仅上侧 1 枚）分裂；末回小羽片近三角形或狭扇形，基部阔楔形，长 5～9mm，宽4～7mm，不育的上缘圆形，略呈波状突起；能育的全缘而中部具 1～2 深陷的缺刻，具纤细的栗红色短柄（长 1～1.5mm）；第二对羽片距基部 1 对 2～2.5cm，与基部 1 对同形而略小；叶片顶部为一回羽状，羽片与下部的末回小羽片同形同大。叶脉多回二歧分叉，几达边缘，两面均明显。叶干后灰绿色，纸质或近坚纸质，两面均无毛；叶轴、各回羽轴和小羽柄均为栗红色，有光泽，光滑。孢子囊群每羽片 1～2 枚，着生于能育的末回小羽片上缘的深缺刻内；囊群盖圆形或圆肾形，上缘呈深缺刻状，褐色，近革质，全缘，宿存。

河南仅见于桐柏山；生于湿林下石缝中、悬崖上和沟边石上。分布于甘肃、贵州、湖北、四川、陕西、青海、台湾（中部和南部）、西藏等省区。

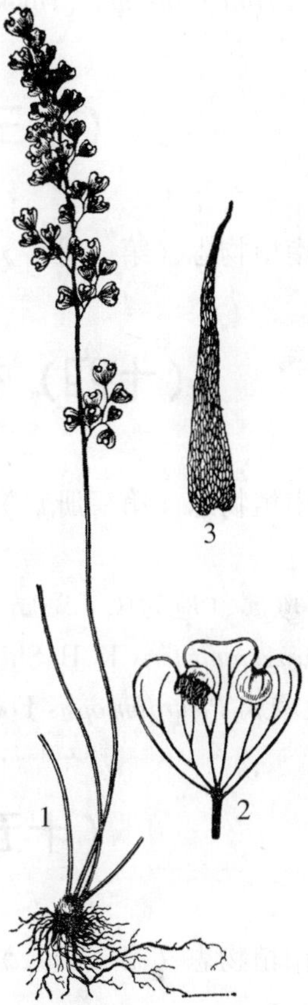

陇南铁线蕨 *Adiantum roborowskii* Maxim.
1. 植株全形 2. 能育小羽片，示基部楔形（放大） 3. 根状茎上的鳞片×10

（十二）中国蕨科 Sinopteridaceae

《河南植物志（第一册）》记载 6 属，10 种，1 变种。现已并入凤尾蕨科 Pteridaceae。其中：

小叶中国蕨 *Sinopteris albofusca*（Baker）Ching 为小叶中国蕨 *Aleuritopteris albofusca*（Baker）Pic. Serm. 的异名；

陕西粉背蕨 *Aleuritopteris shensiensis* Ching 为无银粉背蕨（变种）*Aleuritopteris argentea* var. *obscura*（Christ）Ching 的异名；

阔盖粉背蕨 *Aleuritopteris platychlamys* Ching 为阔盖粉背蕨 *Aleuritopteris grisea*（Blanf.）

Panigrahi 的异名；

旱蕨 *Pellaea nitidula*（Hook.）Baker 为旱蕨 *Cheilanthes nitidula* Wall. ex Hook. 的异名。

（十三）铁线蕨科 Adianaceae

《河南植物志（第一册）》记载 1 属，7 种。现已并入凤尾蕨科 Pteridaceae。

（十四）裸子蕨科 Gymnogrammaceae

《河南植物志（第一册）》记载 3 属，7 种，1 变种。现已并入其他科。

其中：

凤丫蕨属（应为凤了蕨属 *Coniogramme* Fée）（6 种）和金毛裸蕨属 *Gymnopteris* Bernh.（现为 *Paragymnopteris* K. H. Shing）（1 变种）一同并入凤尾蕨科 Pteridaceae；

睫毛蕨属 *Pleurosoriopsis* Fomin（1 种）并入水龙骨科 Polypodiaceae。

（十五）蹄盖蕨科 Athyriaceae

《河南植物志（第一册）》记载 11 属，30 种。

其中：

峨眉蕨、亚美蹄盖蕨、贯众 *Lunathyrium acrostichoides*（Sw.）Ching 和河北峨眉蕨 *Lunathyrium vegetius*（Kitag.）Ching 均为河北对囊蕨 *Deparia vegetior*（Kitag.）X. C. Zhang 的异名；

陕西峨眉蕨 *Lunathyrium giraldii*（Christ）Ching 为陕西对囊蕨 *Deparia giraldii*（Christ）X. C. Zhang 的异名；

华中峨眉蕨 *Lunathyrium centro-chinense* Ching 为华中对囊蕨 *Deparia shennongensis*（Ching，Boufford & K. H. Shing）X. C. Zhang 的异名；

鄂西介蕨 *Dryoathyrium henryi*（Baker）Ching 为鄂西对囊蕨 *Deparia henryi*（Baker）M. Kato 的异名；

华中介蕨 *Dryoathyrium okuboanum*（Makino）Ching 为大久保对囊蕨 *Deparia okuboana*（Makino）M. Kato 的异名；

羽节蕨属 *Gymnocaroium* Newman 和冷蕨属 *Cystopteris* Bernh. 现均归入冷蕨科 Cystopteridaceae，其中羽节蕨 *Gymnocarpium disjunctum*（Rupr.）Ching 为羽节蕨 *Gymnocarpium jessoense*（Rupr.）Ching 的异名；

大叶假冷蕨、阿金蹄盖蕨 *Pseudocystopteris atkinsonii*（Bedd.）Ching 为大叶假冷蕨 *Athyrium atkinsonii* Bedd. 的异名；

假冷蕨 *Pseudocystopteris spinulosa*（Maxim.）Ching 为假冷蕨 *Athyrium spinulosum*

(Maxim.) Milde 的异名；

假狭叶蹄盖蕨 *Athyrium subsinense* Ching 和河南蹄盖蕨 *Athyrium honanense* Ching 有待查证。

华东蹄盖蕨 *Athyrium niponicum* (Mett.) Hancehe 和华北蹄盖蕨 *Athyrium pachyphlebium* C. Chr. 均为日本安蕨 *Anisocampium niponicum* (Mett.) Y. C. Liu, W. L. Chiou & M. Kato 的异名；

秦岭蹄盖蕨 *Athyrium pellucidum* Ching 为峨眉蹄盖蕨 *Athyrium omeiense* Ching 的异名；

单叶双盖蕨 *Diplazium lanceum* (Thunb.) Presl 为单叶对囊蕨 *Deparia lancea* (Thunb.) Fraser-Jenk. 的异名；

假蹄盖蕨、日本双盖蕨 *Athyriopsis japonica* (Thunb.) Ching 为东洋对囊蕨 *Deparia japonica* (Thunb.) M. Kato 的异名；

钝羽假蹄盖蕨 *Athyriopsis conilii* (Franch. & Sav.) Ching 为钝羽对囊蕨 *Deparia conilii* (Franch. & Sav.) M. Kato 的异名；

毛叶假蹄盖蕨 *Athyriopsis lasiopteris* (Kunze) Ching 和毛轴假蹄盖蕨 *Athyriopsis petersenii* (Kunze) Ching 均为毛叶对囊蕨 *Deparia petersenii* (Kunze) M. Kato 的异名；

嵩县短肠蕨 *Allantodia sunghsienensis* Ching & Y. P. Hsu 为大型双盖蕨 *Diplazium giganteum* (Baker) Ching 的异名；

黑鳞短肠蕨 *Allantodia crenata* (Sommerf.) Ching 为黑鳞双盖蕨 *Diplazium sibiricum* (Turcz. ex Kunze) Sa. Kurata 的异名；

有鳞短肠蕨 *Allantodia squamigera* (Mett.) Ching 为鳞柄双盖蕨 *Diplazium squamigerum* (Mett.) Hope 的异名。

此外，本书增补 2 属，5 种，1 变种。

1. 蹄盖蕨属 *Athyrium* Roth

《河南植物志（第一册）》记载 9 种。本书除修订外，增补 2 种。

(1) 光蹄盖蕨 *Athyrium otophorum* (Miq.) Koidz.

[*Asplenium otophorum* Miq.;
Athyrium erythrocaulon Ching;
Athyrium rigescens Makino;
Athyrium sinovidalii Ching & Z. Y. Liu;
Athyrium vidalii var. *chinense* Koidzumi;
Athyrium violascens Diels;
Diplazium otophorum (Miq.) C. Chr.]

根状茎短，先端斜升，密被深褐色或黑褐色、线状披针形、先端纤维状的鳞片；叶簇生。能育叶长 45~70 (~85) cm；叶柄长

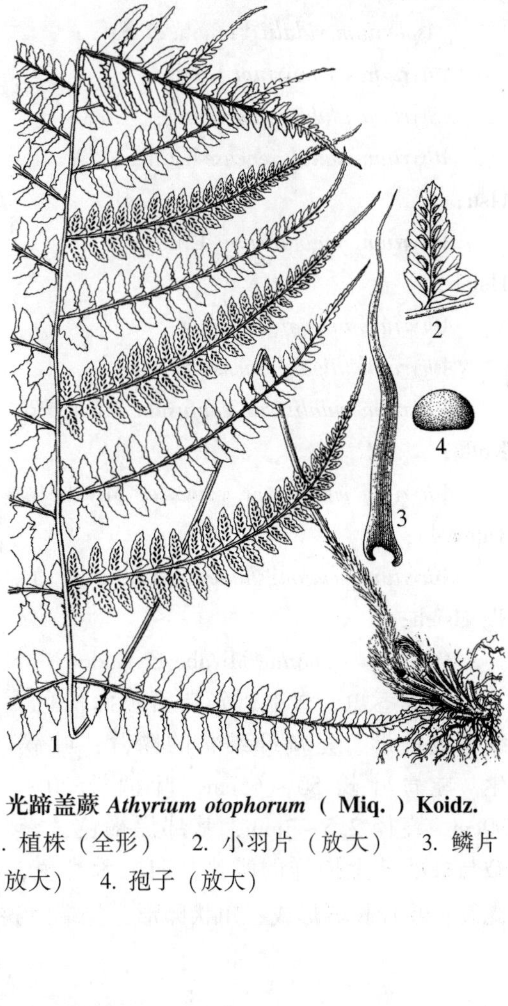

光蹄盖蕨 *Athyrium otophorum* (Miq.) Koidz.

1. 植株（全形） 2. 小羽片（放大） 3. 鳞片（放大） 4. 孢子（放大）

(15~) 25~35cm，直径2.5~3mm，基部黑褐色，密被与根状茎上同样的鳞片，向上略带淡紫红色，光滑；叶片长卵形或三角状卵形，长25~35（~50）cm，中部宽20~25cm，先端急狭缩，基部不变狭，二回羽状；羽片约15对，急狭缩部以下约有7对，基部的对生，向上的互生，几平展，无柄或有极短柄，披针形，中部的长10~12（~25）cm，宽2.5~3.5cm，先端长渐尖，基部截形，一回羽状；小羽片14~17对，互生，几平展，无柄，下部的近三角形至长圆状披针形，长1~1.7cm，中部宽4~6mm，尖头，基部不对称，上侧截形，并有三角形的耳状突起，与羽轴并行，下侧楔形，近全缘或上侧边缘有小锯齿。叶脉下面明显，上面不见，在小羽片上为羽状，侧脉7~8对，斜向上，下部的分叉，基部上侧的2脉为羽状或三叉。叶干后纸质，浅褐色，两面无毛；叶轴和羽轴下面淡紫红色，光滑，上面沿沟两侧边上有贴伏的钻状短硬刺。孢子囊群长圆形或短线形，每小羽片3~5对，生于叶边与主脉中间，稍近主脉；囊群盖同形，浅褐色，膜质，全缘，宿存。孢子周壁表面无褶皱，有颗粒状纹饰。

河南见于西峡县黑烟镇、新县连康山；生于海拔1 000m以下的林下或路旁。分布于安徽、浙江、福建、台湾、湖北、湖南、广东、广西、四川、重庆、贵州和云南；日本、朝鲜和韩国也有分布。

(2) 尖头蹄盖蕨 *Athyrium vidalii* (Franch. & Sav.) Nakai

[*Asplenium vidalii* Franch. & Sav.;
Athyrium commixtum Koidz.;
Athyrium glabrescens Ching;
Athyrium kanghsienense Ching & Y. P. Hsu;
Athyrium mabianense Ching & Y. T. Hsieh;
Athyrium neowardii Ching;
Athyrium taipaishanense Ching;
Athyrium vidalii var. *confusum* Miyabe & Kudo;
Athyrium vidalii var. *yamadae* Miyabe & Tatewaki;
Athyrium wugongshanense Ching & Y. T. Hsieh;
Athyrium yamadae Miyabe & Kudo]

尖头蹄盖蕨 *Athyrium vidalii* (Franch. & Sav.) Nakai
1. 中型植株（全形） 2. 裂片（放大） 3. 孢子（放大） 4. 小型植株叶的基部第二对羽片 5. 大型植株的基部第二对羽片

根状茎短，直立，先端密被深褐色、线状披针形、先端纤维状的鳞片；叶簇生。能育叶长50~65cm，叶柄长20~30cm，直径2.5~3mm，基部黑褐色，密被与根状茎上同样的鳞片，向上禾秆色，光滑；叶片长卵形或三角状卵形，先端急狭缩，长渐尖，基部不变狭，二回羽状；羽片约

12 对，下部的近对生，向上的互生，斜展，有柄长 4~7mm，披针形，中部的长 10~15cm，宽 2~2.5cm，先端长渐尖，有时尾状，基部对称，圆截形，稍变狭，一回羽状；小羽片约 16 对，互生，几平展，无柄，下部的长圆状披针形，长 1.2~2cm，中部宽 4~5mm，尖头，基部不对称，上侧截形，并有钝圆的耳状突起，下侧楔形，两侧边缘常有波状浅裂，或有尖锯齿。叶脉上面不明显，下面可见，在小羽片上为羽状，侧脉 7 对左右，斜向上，下部的分叉，耳片和裂片上的为羽状。叶干后纸质，褐绿色，两面无毛；叶轴禾秆色，有时带淡紫红色，羽轴下面通常淡紫红色，无毛或有毛，上面有贴伏的短硬刺。孢子囊群长圆形或短线形，每小羽片 6~7 对，在主脉两侧各排成 1 行，稍近主脉，叶耳上有 1~2 枚；囊群盖长圆形，有时小羽片基部为弯钩形，浅褐色，膜质，全缘或有不整齐的小齿，宿存。孢子周壁表面无褶皱。

河南见于伏牛山区的卢氏淇河林场大块地林区扁担沟；生于沟边阴湿处。分布于陕西、甘肃、安徽、浙江、江西西部、福建、台湾、湖北、湖南、广西、重庆、四川、贵州和云南；日本、朝鲜和韩国也有分布。

2. 对囊蕨属 *Deparia* Hooker & Greville（新增属）

陆生中型植物，根状茎较粗壮，长而横走、斜升或近直立，具网状中柱；叶远生或近生。叶柄长，基部被深褐色或褐色、卵形至披针形鳞片，内具维管束 2 条，相对排列，向上连合呈“U”形；叶片长圆形或卵状长圆形，渐尖头，一回羽状至二回羽状，末小羽片羽状深裂；羽片或小羽片互生，无柄，基部两侧对称，圆楔形，边缘羽状半裂至深裂，裂片长圆形或长方形，小羽片或裂片的基部常常以狭翅和羽轴或小羽轴相连；叶轴、羽轴和小羽轴上面有纵沟 1 条，相交处互不相通；羽轴、小羽轴和主脉上通常被褐色或深褐色由 1~3（~4）列厚壁细胞构成的蠕虫状腺毛。叶脉分离，侧脉单一或分叉。叶干后草质或纸质。孢子囊群圆形、长圆形、弯钩形或马蹄形，背生或侧生于小脉中部；囊群盖与孢子囊群同形，膜质，全缘、边缘啮蚀状、撕裂或有睫毛，宿存。孢子两面体形，周壁表面具皱褶或刺状、棒状纹饰。

本属约 70 种，分布于亚洲的热带和温带地区，热带非洲东部—马达加斯加。向东北分布到日本、朝鲜、韩国和俄罗斯远东地区，向西分布到喜马拉雅的西北部。中国有 53 种（含 31 特有种），河南 11 种（《河南植物志（第一册）》在不同属下记载 9 种）。

本书增补 2 种。

（1）朝鲜对囊蕨 *Deparia coreana*（Christ）M. Kato（彩版图 6、图 7）

［*Athyrium coreanum* Christ；
Athyrium decursivum Yabe；
Dryoathyrium coreanum（Christ）Tagawa；
Lunathyrium coreanum（Christ）Ching；
Lunathyrium ningshenense Ching］

根状茎短横卧、斜升或近直立，先端连同叶柄基部被有浅褐色、膜质、披针形鳞片；叶近生。能育叶长 60~80（~95）cm；叶柄长 30~40（~47）cm，直径 3（~4）mm，基部膨大，深褐色，向上禾秆色，鳞片渐稀疏；叶片比叶柄稍长或几等长，长圆状卵形，中部宽 18~25cm，顶部羽裂渐尖，一回羽状，羽片深羽裂至全裂；羽片 12~15（~18）对，下部的近对生，略有短柄或几无柄，斜向上，基部 1~2 对羽片稍缩短，向基部明显变狭，各对羽片相距 4~6cm，中部羽片披针形，长 10~15cm，宽（1.5~）3cm，先端长渐尖，基部近截形（上侧几与羽轴并行，下侧稍斜出），羽状深裂或几达全裂；裂片 15（~20）对，下部 2~3 对羽片的基部 1 对较短，中部裂片长圆形，长（0.8~）1~1.2（~2）cm，宽（4~）5mm，先端钝尖或钝圆，基部和羽轴上的狭翅相连，边缘有粗钝齿，互相以明显的间隔分开。叶脉两面明显，在裂片上为羽状，侧脉 6~8 对，二至三叉。叶干后草质，淡绿色，沿叶轴及羽轴下面有褐色节状长毛疏生，上面的毛较短、较稀。孢子囊群多为狭长圆形或新月形，有时上端呈钩形，生于分叉侧脉的上侧小脉背上；囊群盖同形，浅褐色，边缘疏，具短睫毛。孢子两面体形，表面具少数长褶皱状突起。

见于河南大别山区的新县连康山和商城金岗台；生于海拔 700~1 000m 的山沟林下。分布于黑龙江、吉林、辽宁、北京、河北、陕西、甘肃等省市；日本、朝鲜、韩国也有分布。

本种与鄂西对囊蕨 *Deparia henryi*（Baker）M. Kato 十分相似，但其根状茎短横卧或近直立，孢子囊群常为狭长圆形、新月形或弯钩形；而后者根状茎长横卧，孢子囊群为短长圆形、弯钩形或马蹄形等，可以区别。

（2）二型叶对囊蕨 *Deparia dimorphophyllum*（Koidz.）M. Kato

夏绿植物，根状茎长而横走，深入土表以下，直径 2~4mm，先端密被浅褐色、披针形及阔披针形、薄膜质的鳞片；叶疏生。叶明显近二型，能育叶较大或叶柄显著较长；叶柄禾秆色，直径 1~2mm，基部密生与根状茎上同样的鳞片，向上鳞片渐稀疏并逐渐变细小，但疏生多细胞节状毛，上部近光滑，能育叶的长达 40（~65）cm，不育叶的长不超过 30cm。叶片卵状长椭圆形、卵形或近长三角形，能育叶长达 45（~50）cm，宽达 25（~28）cm，不育叶较短，顶部羽裂渐尖或急缩羽裂渐尖；侧生分离羽片 8 对以下，略向上斜展，椭圆披针形或披针形，长达 16cm，宽达 5cm，先端渐尖或长渐尖，基部截形或阔楔形，两侧羽状深裂；裂片达 15 对左右，略向上斜展，舌状矩圆形或略向上弯呈镰状矩圆形，先端钝圆，边缘全缘或波状，或有圆钝齿；裂片上羽状脉的小脉 11 对以下，斜向上，二叉或单一。叶草质，干后绿色，上面色较深；叶轴和中脉疏被小鳞片及节状毛或近光滑，小脉上略有很短的节状毛或无毛，脉间或多或少有灰白色或浅褐色细短节毛。孢子囊群线形，通直或略向后弯曲，每裂片 1~10 对，生于小脉中部上侧，或较接近裂片主脉，大多单生，在基部上出小脉有时双生于上下两侧；囊群盖膜质，黄褐色，背面有毛，边缘撕裂状，在囊群成熟前内弯。孢子赤道面观半圆形或近肾形，周壁表面具密而粗细较均匀的细长棒状纹饰。

河南仅见于信阳鸡公山；生于海拔 1 000m 以下的林下及林缘湿润地。分布于安徽、浙江、江西、湖南、贵州等省；日本也有分布。

3. 双盖蕨属 *Diplazium* Sw.

《河南植物志（第一册）》记载 1 种。除修订、补充外，本书另增补 1 变种。

无毛黑鳞双盖蕨（变种）*Diplazium sibiricum* var. *glabrum*（Tagawa）Sa. Kurata

[*Athyrium crenatum* var. *glabrum* Tagawa;

Allantodia crenata var. *glabra*（Tagawa）W. M. Chu.]

本变种与原种黑鳞双盖蕨 *Diplazium sibiricum*（Turcz. ex Kunze）Sa. Kurata 的区别在于叶两面光滑无毛。

河南仅见于伏牛山区卢氏老君山；生于海拔 1 400m 以上的山地针阔叶混交林及阔叶林下。分布于陕西、甘肃、四川、云南、西藏等省区；日本及韩国也有分布。

4. 菜蕨属 *Collipteris* Bory（新增属）

陆生大型常绿喜湿植物。根状茎粗壮，直立或斜升，常成柱状主轴，被鳞片；鳞片褐色，边缘有睫毛状小齿；叶簇生。叶柄粗壮，光滑或有刺；叶片椭圆形，一至二回羽状，顶部羽裂渐尖；一回羽状叶的羽片大，阔披针形，渐尖头，基部平截，对称，边缘全缘或有锯齿或羽裂，下部羽片基部的裂片有时分离，但基基部与羽轴合生；小羽片披针形，渐尖头，浅羽裂。主脉及侧脉明显，下部几对小脉斜向上，先端联结成斜长方形的网孔，并有一短脉从联结点外行，略呈星毛蕨型。叶草质或近革质，无毛或叶轴、羽轴和主脉下面被锈黄色的节状短毛；叶轴上部腋间偶有芽胞。孢子囊群椭圆形至线形，几着生于全部小脉上；囊群盖厚膜质，线形，黄褐色，全缘，缩存或最后消失。孢子周壁表面具大颗粒状或小瘤状纹饰。

本属约 5 种，分布于太平洋诸群岛及亚洲东南部。我国现知有 2 种及 1 变种，河南 1 种。

菜蕨 *Callipteris esculenta*（Retz.）J. Sm. ex Moore et Houlst.（彩版图 8）

[*Diplazilim escutentum*（Retz.）Sm.]

根状茎直立，高达 15cm，密被鳞片；鳞片狭披针形，长约 10mm，宽约 1mm，褐色，边缘有细齿；叶簇生。能育叶长 60~120cm；叶柄长 50~60cm，基部直径 3~5mm，褐禾秆色，基部疏被鳞片，向上光滑；叶片三角形或阔披针形，长 60~80cm 或更长，宽 30~60cm，顶部羽裂渐尖，下部一回或二回羽状。羽片 12~16 对，互生，斜展，下部的有柄，阔披针形，长 16~20cm，宽 6~9cm，羽状分裂或一回羽状，上部的近无柄，线状披针形，长 6~10cm，宽 1~2cm，先端渐尖，基部截形，边缘有齿或浅羽裂（裂片有小齿）。小羽片 8~10 对，互生，相距 1~1.5cm，平展，近无柄，狭披针形，长 4~6cm，宽 6~10mm，先端渐尖，基部截形，两侧稍有耳，边缘有锯齿或浅羽裂（裂片有小锯齿）；叶脉在裂片上羽状，小脉 8~10 对，斜向上，下部 2~3 对通常连接。叶坚草质，两侧均无毛，叶轴平滑，无毛，羽轴上面有浅沟，光滑或偶被浅褐色短毛。孢子囊群多数，线形，稍弯曲，几生于全部小脉上，达叶缘；囊群盖线形，膜质，黄褐色，全缘。孢子表面具大颗粒状或小瘤状纹饰。

仅见于河南大别山区商城黄柏山；生于山谷林下湿地及溪边。分布于安徽、江西、浙江、福建、台湾、广东、海南、香港、湖南、广西、四川、贵州、云南；亚洲热带、亚热带及热带波利尼西亚也有分布。嫩叶可作野菜。

（十六）冷蕨科 Cystopteridaceae（新增科）

本新增科从蹄盖蕨科 Athyriaceae 中分出。

小到中型陆生夏绿蕨类。根茎纤细，横走或上升。有或无网状中柱。叶片羽状分裂到三或四回。叶脉分离，孢子囊群圆形或细长，生长在叶背面脉上，囊群盖卵形、披针形、近圆形或半杯形，着生于孢子囊群下面囊托基部。

全世界4属，超过30种，主产于温带、冷温带地区及热带高山。中国4属（含1特有属），20种（含10特有种）。河南2属，6种（《河南植物志（第一册）》蹄盖蕨科Athyriaceae记载2属，5种）。本书增补1种。

冷蕨属 *Cystopteris* Bernh.

《河南植物志（第一册）》记载3种。本书增补1种。

宝兴冷蕨 *Cystopteris moupinensis* Franch.

[*Cystopteris mairei* Brause;

Cystopteris sphaerocarpa Hayata;

Cystopteris sudetica var. *moupinensis* (Franch.) C. Chr.;

Cystopteris tangutica Grubov.]

根状茎细长，横走，直径1~2mm，和叶柄基部同被褐色柔毛及少数灰褐色阔卵形膜质鳞片；叶远生。能育叶长（20~）30~40（~50）cm；叶柄长10~22（~25）cm，直径1~2mm，禾秆色或栗褐色，略有光泽；叶片卵形或三角状卵圆形，长9~17（~25）cm，宽5~8（~15）cm，渐尖头，一回羽状一羽片羽裂至三回羽状；羽片8~12（~15）对，斜向上，基部1对长圆形或卵状披针形，长5~10cm，宽2~3.5cm，先端渐尖，并有齿，基部稍狭，不对称，柄长3~4mm，近对生，距第二对羽片3~3.5（~5）cm，二回羽状；一回小羽片8~12对，上先出，通常羽轴上侧的较下侧的略短，下侧第二片最大，三角状卵形或长三角形，长1~2.2（~3）cm，宽0.8~1.3cm，钝尖，并有锯齿，基部偏斜，上侧和羽轴并行，下侧为阔楔形，柄长1~2mm，互生，羽状或深羽裂达小羽轴；末回小羽片或裂片3~4对，基部上侧1片最大，卵圆形，长4~9mm，宽3~5mm，先端圆钝，有锯齿，基部楔形，分离或密接，与小羽轴以狭翅相连，边缘锐裂或呈锯齿状，上部的末回小羽片斜方形或短线形，仅在先端及上侧有锯齿；第二对羽片和基部1对同形，但略短而狭，柄长2~3mm，距上1对1.5~3cm；顶部羽片披针形，羽裂，裂片仅先端有1~2锯齿。叶脉两面可见，小脉一至数回分叉，伸达锯齿间的缺刻或微凹处。叶干后薄草质，绿色。孢子囊群小，圆形，着生于上侧小脉背上，每末回裂片上有1~2枚，羽片基部上侧的较大，小羽片上常有3~4枚或更多，主脉两侧的小脉通常均能育；囊群盖近圆形或半杯形，灰绿色或褐黄色，膜质，不具头状细微腺体，幼时覆盖孢子囊群，成熟时被孢子囊群压在下面。孢子周壁表面具有刺状突起。

宝兴冷蕨 *Cystopteris moupinensis* Franch.
1. 植株 2. 小羽片 3. 囊群盖

河南仅见于伏牛山嵩县龙池曼；生于海拔 1 000m 以上的针阔叶混交林下阴湿处或阴湿石上。分布于甘肃、贵州（西北部）、河北、青海、陕西、四川、台湾、西藏（东南部）、云南；印度北部也有分布。

（十七）铁角蕨科 Aspleniaceae

《河南植物志（第一册）》记载 2 属，10 种。

其中：

过山蕨属 *Camptosorus* Link 为铁角蕨属 *Asplenium* L. 的异名；

过山蕨 *Camptosorus sibiricus* Rupr. 为过山蕨 *Asplenium ruprechtii* Sa. Kurata 的异名；

普通铁角蕨 *Asplenium subvarians* Ching 为钝齿铁角蕨（变种）*Asplenium tenuicaule* var. *subvarians*（Ching）Viane 的异名；

宝兴铁角蕨 *Asplenium moupinense* Franch. 为云南铁角蕨 *Asplenium exiguum* Bedd. 的异名。

本书另增补 1 种。

铁角蕨属 *Asplenium* L.

《河南植物志（第一册）》记载 9 种。本书除修订外，增补 1 种。

棕鳞铁角蕨 *Asplenium yoshinagae* Makino（彩版图 9）

[*Asplenium indicum* var. *yoshinagae*（Makino）Ching & Wu；

Asplenium planicaule var. *yoshinagae*（Makino）Tagawa；

Asplenium tibeticum Ching；

Tarachia yoshinagae（Makino）H. Itô.]

植株高 20～45cm。根状茎短而直立，密被鳞片；鳞片披针形，长 4～7mm，基部宽 0.5～1mm，先端钻状，棕褐色，有红色光泽，薄膜质，全缘。叶簇生；叶柄长 10～20cm，粗 1.5～2.5mm，灰绿色或灰禾秆色，上面有纵沟，疏被红棕色狭披针形小鳞片（基部不呈流苏状），老则近光秃；叶片阔披针形，长 12～30cm，宽 4～7cm，顶部渐尖，一回羽状；羽片 8～20 对，互生或下部的对生，近平展，有短柄，长 2～3mm，各对羽片几以等宽分开，下部数对不变短或略变短，中部的长 2～3.5cm，基部宽 1～1.3cm，菱形或菱状披针形，通直或多少呈镰刀状，渐尖头，基部极不对称，上侧截形，有显著的耳状突起，下侧斜切面呈长楔形（基部 1/4～1/3 切去），边缘有不规则的片裂，裂片顶部有钝齿牙。叶脉两面均明显，隆起呈沟脊状，侧脉二回二叉，间有二叉，基部上侧 1～2 脉常为多回二叉，极斜向上，彼此密接，不达叶边。叶近革质，干后草绿色，两面均呈沟脊状，幼时在羽片下面及羽片柄上均略被褐棕色狭披针形鳞片，以后逐渐脱落；叶轴禾秆色或下面为灰栗色，疏被红棕色纤维状小鳞片，上面有浅纵沟，在羽片的腋间往往有 1 枚被鳞片的芽孢，并能在母株上萌发。孢子囊群线形，长 4～8mm，成熟时为褐棕色，极斜向上，彼此密接，自主脉向外行，几达叶边，在羽片上部的紧靠主脉，几与主脉平行，在主脉两侧的各排成整齐的一行，在中部以下的为不整齐的多列；囊群盖线形，灰棕色，膜质，全缘，生于小脉上侧的开向主脉，生于下侧的开向叶边，宿存。

产于河南大别山区新县连康山和信阳鸡公山；生于林下潮湿岩石上或树干上。分布于浙江、福建、湖北、湖南、广东、广西、四川、贵州、云南、西藏；印度、越南、日本也有分布。

（十八）金星蕨科 Thelypteridaceae

《河南植物志（第一册）》记载 10 属，14 种，1 变种。

其中：

肿足蕨属 *Hypodematium* Kunze 现列入肿足蕨科 Hypodematiaceae（秦氏系统）。

卵果蕨 *Phegopteris polypodioides* Fée 为卵果蕨 *Phegopteris connectilis*（Michx.）Watt 的异名；

披针新月蕨 *Abacopteris penangiana*（Hook.）Ching 为披针新月蕨 *Pronephrium penangianum*（Hook.）Holttum 的异名。

本书另增补 1 属，2 种。

1. 凸轴蕨属 *Metathelypteris*（H. Itô）Ching（新增属）

[*Thelypteris* Sect. *Metathelypteris* H. Itô;

Thelypteris Subgen. *Metathelypteris* A. R. Sm.]

中、小型陆生植物，根状茎短，横卧、斜升或直立，稀长而横走，被棕色的披针形鳞片和灰白色的短毛，或近光滑。叶近生或簇生；叶柄基部近褐色，向上为禾秆色，光滑或疏被毛；叶片长圆形、披针形或卵状三角形，先端渐尖并羽裂，二回羽状深裂，稀三回羽状，若为后者，一回小羽片彼此分离，从不沿叶轴以狭翅相连。叶草质或薄草质，干后通常为绿色，两面多少被有灰白色、单细胞（稀为多细胞）的针状毛，沿叶轴和羽轴的毛较密，羽片下面通常不具腺体，罕有橙红色的圆球状腺体，羽轴上面圆形隆起，从不下陷成纵沟。叶脉羽状，侧脉单一或分叉，斜上，不达叶边。孢子囊群小，圆形，生于侧脉中部以上；囊群盖中等大，圆肾形，以缺刻着生，膜质，通常为绿色，干后灰黄色或浅棕色，宿存。孢子两面形，周壁具褶皱，其上常有小穴状纹饰；外壁表面具细网状纹饰。

全属约 12 种。主要分布于亚洲东南部的热带和亚热带，生于山地、丘陵。以我国南部为分布中心，东至韩国南部和日本，西达喜马拉雅山南部，向南到菲律宾、马来西亚和印度尼西亚。我国有 11 种，河南 1 种。

疏羽凸轴蕨 *Metathelypteris laxa*（Franch. & Sav.）Ching

[*Aspidium laxum* Franch. & Sav.;

Dryopteris laxa（Franch. & Sav.）C. Chr.;

Dryopteris macarthyi（Baker）C. Chr.;

Lastrea laxa（Franch. & Sav.）Copel.;

Nephrodium laxum（Franch. & Sav.）Diels;

Nephrodium macarthyi Baker;

Thelypteris laxa（Franch. & Sav.）Ching]

植株高 30~60cm。根状茎长，横走或斜升，连同叶柄基部疏被灰白色的短毛和红棕色的披针形鳞片。叶近生，叶柄长 10～35cm，粗 1～1.5mm，浅禾秆色，基部以上近光滑；叶片长 15～35cm，中部宽 10～18cm，长圆形，先端渐尖并羽裂，基部几不变狭，二回羽状深裂；羽片 8～18 对，近对生，略斜上，彼此远离，相距 2～4cm，长 5～9cm，中部宽 1～2cm，线状披针形，基部截形，近对称，无柄，羽状深裂达羽轴两侧的狭翅；裂片长圆披针形，中部的长 4～8mm，宽 2～3mm，先端钝尖或急尖，全缘或具粗圆齿状缺刻，或裂成小裂片。叶脉可见，侧脉在下部羽片的裂片上二叉，其他单一，斜上，每裂片 5～7 对，基部 1 对出自主脉基部以上，不达叶边。叶草质，干后绿色，下面遍布灰白色的短柔毛，上面沿叶轴、羽轴和叶脉被针状毛。孢子囊群小，圆形，每裂片 4～6 对，生于侧脉或分叉侧脉的上侧一脉顶端，较近叶边；囊群盖小，圆肾形，膜质，绿色，干后灰黄色，背面疏生柔毛。孢子圆肾形，周壁具较稀的褶皱，其上有小穴状纹饰，有时连成链珠状。

河南仅见于淅川荆子关、西峡黑烟镇；生于海拔 1 000m 以下的山麓林下和山谷密林中。广布于长江流域各省，向东南达福建、台湾，南至广西，西南到四川、贵州和云南；韩国南部和日本也有分布。

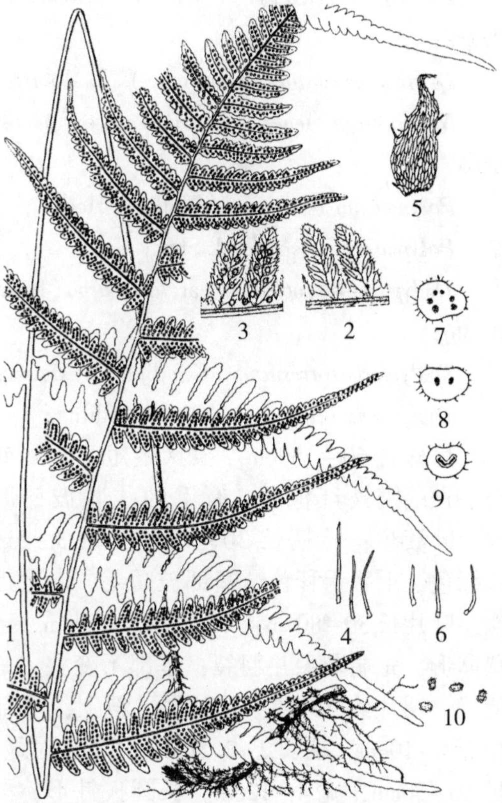

疏羽凸轴蕨 *Metathelypteris laxa* (Franch. et Sav.) Ching

1. 植株全形 2. 裂片（上面）（放大） 3. 裂片（下面）（放大） 4. 叶柄基部的针状毛（放大） 5. 根状茎上的鳞片（放大） 6. 羽轴上的柔毛（放大） 7. 根状茎的横切面（放大） 8. 叶柄基部横切面（放大） 9. 叶轴横切面（放大） 10. 孢子（放大）

2. 针毛蕨属 *Macrothelypteris* (H. Itô) Ching

《河南植物志（第一册）》记载 1 种，1 变种。本书另增补 1 种。

普通针毛蕨 *Macrothelypteris torresiana* (Gaudich.) Ching

[*Polystichum torresianum* Gaudich.;
Aspidium mollissimum Christ;
Aspidium uliginosum Kunze;
Dryopteris lasiocarpa Hayata;
Dryopteris mollissima (Christ) C. Chr.;
Dryopteris oligophlebia var. *lasiocarpa* (Hayata) Nakai;
Dryopteris tenericaulis (Wall. ex Hook.) Ching;
Dryopteris uliginosa (Kunze) C. Chr.;
Lastrea oligophlebia var. *lasiocarpa* (Hayata) H. Itô ex M. Mizushima;

Lastrea tenericaulis （Wall. ex Hook.） T. Moore；

Lastrea torresiana（Gaudich.）T. Moore；

Nephrodium tenericaule （Wall. ex Hook.） Hook.；

Polypodium tenericaule Wall. ex Hook.；

Polypodium trichodes J. Sm.；

Thelypteris oligophlebia var. *lasiocarpa*（Hayata） H. Itô；

Thelypteris torresiana（Gaudich.） Alston；

Thelypteris uliginosa（Kunze） Ching.］

普通针毛蕨 *Macrothelypteris torreslana* （Gaudich.） Ching

1. 叶片的一部分 2. 裂片（上面） 3. 裂片（下面） 4. 叶柄基部的毛（放大） 5. 叶轴上面的多细胞毛（放大） 6. 孢子（放大）

植株高 60～150cm。根状茎短，直立或斜升，顶端密被红棕色、有毛的线状披针形鳞片。叶簇生；叶柄长 30～70cm，粗 3～5mm，灰绿色，干后禾秆色，基部被短毛，向上近光滑；叶片长 30～80cm，下部宽 20～50cm，三角状卵形，先端渐尖并羽裂，基部不变狭，三回羽状；羽片约 15 对，近对生，斜上，下部的相距 6～10cm，柄长 2～2. 5cm，基部 1 对最大，长 10～30cm，宽 4～12cm，长圆披针形，渐尖头，基部略变狭，上侧与叶轴并行，下侧斜向下，二回羽状；一回小羽片 15～20 对，互生，斜上，向上的多少与羽轴合生并下延而彼此相连，下部数对略有短柄，长 3～10cm，宽 0. 8～2cm，披针形，渐尖头，基部圆楔形，羽状分裂；裂片 10～15 对，斜上，彼此接近，长 4～12mm，宽 2～3mm，披针形，钝头或钝尖头，基部彼此以狭翅相连，边缘全缘或往往锐裂；第二对以上各对羽片和基部的同形，但基部不变狭，渐次缩短。叶脉不甚明显，侧脉单一或在锐裂的裂片上分叉，斜上，每裂片 3～7 对。叶草质，干后褐绿色，下面被较多的灰白色、多细胞、开展的细长针状毛和头状短腺毛，上面沿羽轴和小羽被短针毛，叶轴和羽轴浅禾秆色，下面光滑，上面被多细胞的细长针状毛。孢子囊群小，圆形，每裂片 2～6 对，生于侧脉的近顶部；囊群盖小，圆肾形，淡绿色，成熟时隐没于囊群中，不易见。孢子囊顶部具 2～3 根头状短毛。孢子圆肾形，周壁表面具稀疏的小刺状及小穴状纹饰。

产于河南大别山区的新县连康山和商城；生于海拔 1 000m 以下山谷潮湿处。分布于安徽、重庆、福建、广东、广西、贵州、海南、湖北、湖南、江苏、江西、四川、台湾、西藏、云南、浙江；不丹、印度、印度尼西亚、日本、缅甸、尼泊尔、菲律宾、越南以及美洲热带和亚热带地区都有分布。

（十九）肿足蕨科 Hypodematiaceae（新增科）

本新增科从金星蕨科 Thelypteridaceae 中分出。

中型石灰岩旱生植物。根状茎粗壮，横卧或斜升，具网状中柱，连同叶柄膨大的基部密被蓬松的大鳞片，鳞片长卵状披针形，先端长渐尖，毛发状，边缘全缘或偶有细齿，淡棕色，有光泽，宿存。叶近生或近簇生；叶柄禾秆色或棕禾秆色，基部膨大成梭形，隐没于鳞片中，向上通常光滑，或被有柔毛或球杆状腺毛；下部横切面可见两条维管束，向上会合成“V”形；叶片卵状长圆形至五角状卵形，先端渐尖并羽裂，三至四回羽状或五回羽裂，通常基部1对羽片最大，三角状披针形至三角状卵形，先端渐尖，基部不对称，有柄，各回小羽片上先出，互生或近对生，其下侧基部一片一回小羽片最大，向上渐次缩小，具短柄；末回小羽片长圆形，浅至深裂；叶脉在末回小羽片上羽状，侧脉单一或分叉，斜上，伸达叶边缘，下面突起，上面下凹。叶草质或纸质，干后灰绿色或淡褐绿色，两面连同叶轴和各回羽轴通常被灰白色的单细胞柔毛或针状毛，有时被球杆状腺毛，罕有下面光滑无毛。孢子囊群圆形，背生于侧脉中部；囊群盖特大，膜质，灰白色或淡棕色，圆肾形或马蹄形，间为肾形或圆心形，背面多少有针毛或腺毛，罕无毛，宿存。孢子两面形，圆肾形，具周壁；周壁透明或不透明，具条纹状或环状褶皱，罕在周壁内面有垂直的柱状体，表面具小刺状或颗粒状纹饰，稀光滑。

本科3属，约20种。分布于热带、亚热带和暖温带的亚洲和非洲。我国2属，13种；河南1属，5种。

肿足蕨属 *Hypodematium* Kunze

本属约16种，主产于亚洲和非洲的亚热带至暖温带地区，中国有12种（含8特有种），为本属的分布中心，除东北、西北地区外，广布全国各地，生于干旱的石灰岩石缝中。《河南植物志（第一册）》将该属列入金星蕨科 Thelypteridaceae，记载3种。

其中：

光轴肿足蕨 *Hypodematium eriocarpum*（Wall. ex Mett.）Ching 为光轴肿足蕨 *Hypodematium hirsutum*（D. Don）Ching 的异名。

本书另增补2种。

（1）鳞毛肿足蕨 *Hypodematium squamuloso-pilosum* Ching

[*Hypodematium squamuloso-pilosum* var. *ishingense* Y. C. Lan]

植株高12～30cm。根状茎横卧，连同叶柄膨大的基部密被鳞片；鳞片长10～15mm，宽1～1.5mm，狭披针形，全缘或具少数流苏状的细长齿，膜质，红棕色，有光泽。叶近生；柄长5～18cm，粗约1mm，禾秆色，被较密的灰白色柔毛；叶片长7～15cm，基部宽6～12cm，卵状长圆形，先端短渐尖并羽裂，基部心形，三至四回羽裂，向上二至三回羽裂；羽片8～12对，稍斜上，有柄，基部1对对生，向上为互生，下部2对相距2～3.5cm，向上的渐接近，基部1对长5～8cm，宽2.5～3.5cm，长圆状披针形，短渐尖头，基部心形，略不对称，柄长0.5～1cm，二至三回羽裂；一回小羽片6～8对，上先出，互生，斜上，有短柄，羽轴下侧的较上侧的为大，基部1片最大，长1.5～3cm，近基部宽1～

1.5cm，长圆形至卵状长圆形，钝尖头，基部近平截，下延成狭翅，具长约 1mm 的短柄，一至二回羽裂；末回小羽片 5~8 对，互生，稍斜上，长圆形，先端钝尖，基部楔形，下延，彼此以狭翅相连，锐裂至羽状深裂；裂片近卵形，先端略具 1~2 个锯齿，第二对以上的羽片渐次缩小，长圆状披针形，短尖头，基部阔楔形，下延，有短柄，二回羽裂；一回小羽片长圆形，钝尖头，基部楔形并下延，彼此以狭翅相连，边缘锐裂；裂片全缘或下部的呈锯齿状锐裂。叶脉小脉明显，羽状，侧脉在末回裂片上单一或分叉，斜上，伸达叶边。叶草质，干后黄绿色，两面被较密的灰白色细柔毛，上面的毛较短，叶轴和各回羽轴两面的毛较长而密，连同叶柄上部有时被球杆状短腺毛，沿叶轴和羽轴中部以下疏生易落的红棕色、扭曲的线形鳞片。孢子囊群圆形，每裂片 1~3 枚，背生于侧脉中部；囊群盖中等大，圆肾形，平覆在囊群上，不隆起，灰棕色，背面被较密的细柔毛，宿存。孢子圆肾形，周壁透明，具弯曲的条纹状褶皱。

河南见于太行山区的沁阳云台山、济源黄楝树；伏牛山区的嵩县杨山、内乡、南召；生于干旱的石灰岩缝。分布于北京、山西、山东、江苏南部、安徽、福建、湖北、江西。

（2）球腺肿足蕨 *Hypodematium glanduloso-pilosum*（Tagawa）Ohwi

［*Hypodematium fauriei* f. *glanduloso-pilosum* Tagawa］

植株高 12~56cm。根状茎横卧，连同叶柄基部密被鳞片；鳞片长 10~15mm，基部宽 1~3mm，披针形，先端长渐尖，全缘，膜质，亮红棕色。叶近生；叶柄长 4~27cm，粗0.1~0.3cm，亮棕禾秆色，基部以上被较密的灰白色短柔毛和金黄色的球杆状短腺毛；叶片长 7~29cm，宽 4~25cm，阔卵形，先端渐尖并羽裂，基部心形，四回羽裂，向上为三回羽裂；羽片 6~12 对，斜上，下部 1~2 对对生，相距 1.5~5.5cm，向上的互生或近对生，彼此较接近，基部 1 对最大，长 3~19cm，基部宽 1.5~10cm，卵状长圆形，先端短渐尖或锐尖，基部心形，不对称，柄长 1~1.9mm，三回羽裂；一回小羽片 6~10 对，上先出，互

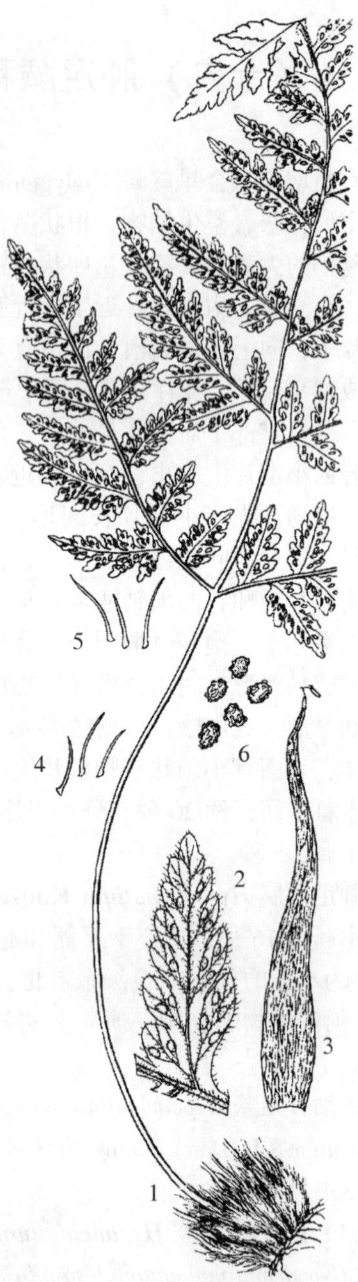

鳞毛肿足蕨 *Hypodematium squamuloso-pilosum* Ching

1. 植株全形　2. 小羽片（放大）　3. 叶柄基部的鳞片（放大）　4. 叶片上面的毛（放大）　5. 叶片下面的毛（放大）　6. 孢子（放大）

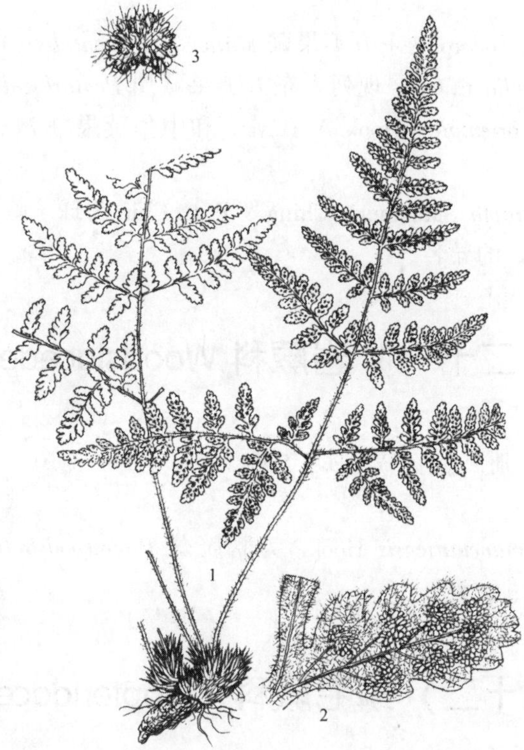

球腺肿足蕨 *Hypodematium glanduloso-pilosum*（Tagawa） Ohwi

1. 植株　2. 小羽片背面一部分，示孢子囊群着生位置　3. 囊群盖（林文宏绘）

生近平展，羽轴下侧的较上侧的为长，尤以基部一片最大，长 1.2~7cm，基部宽 0.8~4cm，卵状长圆形，先端锐尖，基部近平截，具短柄，二回羽裂；末回小羽片 5~9 对，基部 1 对最大（向上的渐次缩小），长 5~20mm，宽 2~10mm，长圆形，先端圆钝，基部楔形，下延，柄长以狭翅相连，羽状深裂；裂片长圆形，钝尖头，边缘全缘，或下部的具少数粗圆锯齿，第二对以上各对羽片渐次缩小，长圆状披针形，先端短渐尖或钝尖，基部近平截，近对称，具短柄，二回羽裂；小羽片同形。叶脉两面明显，上面不下凹，侧脉在裂片上单一或分叉，斜上，小脉伸达叶边。叶草质，干后灰绿色，两面疏被灰白色短柔毛，下面的毛较长而密，沿叶轴及各回羽轴密被细柔毛和金黄色（偶为橙红色）、细短的球杆状腺毛，有时下部还有少数红棕色的线状披针形小鳞片。孢子囊群圆形，背生于小脉中部，每裂片 1~3 枚；囊群盖圆肾形，灰棕色或灰白色，背面被有较密的短柔毛，并混生少数腺毛。

产于河南大别山区的信阳浉河岗、罗山苳岩林场、新县老庙、商城长竹园、固始；生于石灰岩山地石缝中。分布于江苏南部、福建西南部；日本、韩国及泰国也有分布。

（二十）球子蕨科 Onocleaceae

《河南植物志（第一册）》记载 2 属，4 种。

其中：

荚果蕨属 *Matteuccia* Todaro 的东方荚果蕨 *Matteuccia orientalis*（Hook.）Trevis. 和中华荚果蕨 *Matteuccia intermedia* C. Chr. 现列入东方荚果蕨属 *Pentarhizidium* Hayata，分别为东方荚果蕨 *Pentarhizidium orientale*（Hook.）Hayata 和中华荚果蕨 *Pentarhizidium intermedium*（C. Chr.）Hayata；

球子蕨 *Onoclea interrupta*（Maxim.）Ching & P. C. Chiu 为球子蕨（变种）*Onoclea sensibilis* var. *interrupta* Maxim. 的异名。

（二十一）岩蕨科 Woodsiaceae

《河南植物志（第一册）》记载 1 属，5 种。

其中：

膀胱岩蕨 *Woodsia manchuriensis* Hook. 为膀胱蕨 *Protowoodsia manchuriensis*（Hook.）Ching 的异名。

（二十二）鳞毛蕨科 Dryopteridaceae

《河南植物志（第一册）》记载 4 属，29 种，1 变种，2 变型。

其中：

多羽贯众（变型）*Cyrtomium fortunei* f. *polypterum*（Diels）Ching 和宽叶贯众（变型）*Cyrtomium fortunei* f. *latipinna* Ching 均为贯众 *Cyrtomiumfortunei* J. Sm. 的异名；

粗齿阔羽贯众（变种）*Cyrtomium yamamotoi* var. *intermedium*（Diels）Ching & K. H. Shing 为阔羽贯众 *Cyrtomium yamamotoi* Tagawa 的异名；

刺头复叶耳蕨 *Arachniodes exilis*（Hance）Ching 为刺头复叶耳蕨 *Arachniodes aristata*（G. Forst.）Tindale 的异名；

狭叶耳蕨 *Polystichum subsetiferum* Ching 存疑，待查证；

浅裂鳞毛蕨 *Dryopteris subelata* Ching et Hsu 和华北鳞毛蕨 *Dryopteris laeta*（Kom.）C. Chr. 均为华北鳞毛蕨 *Dryopteris goeringiana*（Kunze）Koidz. 的异名；

陕西鳞毛蕨 *Dryopteris shensicola* Ching & Y. T. Hsieh 为辽东鳞毛蕨 *Dryopteris peninsulae* Kitag.（《中国植物志》称半岛鳞毛蕨）的异名；

两色鳞毛蕨 *Dryopteris bissetiana*（Baker）C. Chr. 为两色鳞毛蕨 *Dryopteris setosa*（Thunberg）Akasawa 的异名。

本书另增补 13 种。

1. 贯众属 *Cyrtomium* Presl.

《河南植物志（第一册）》记载 2 种，1 变种，2 变型。本书除修订外，增补 3 种。

(1) 全缘贯众 *Cyrtomium falcatum*（L. f.）C. Presl（彩版图 10）

[*Polypodium falcatum* L. f.；

Aspidium falcatum（L. f.）Sw.；
Cyrtomium yiangshanense Ching & Y. C. Lang；
Dryopteris falcate（L. f.）Kuntze；
Phanerophlebia falcate（L. f.）Copel.；
Polystichum falcatum（L. f.）Diels］

植株高 30~40cm。根茎直立，密被披针形棕色鳞片。叶簇生，叶柄长 15~27cm，基部直径 3~4mm，禾秆色，腹面有浅纵沟，下部密生卵形棕色有时中间带黑棕色的鳞片，鳞片边缘流苏状，向上秃净；叶片宽披针形，长 22~35cm，宽 12~15cm，先端急尖，基部略变狭，奇数一回羽状；侧生羽片 5~14 对，互生，平伸或略斜向上，有短柄，偏斜的卵形或卵状披针形，常向上弯，中部的长 6~10cm，宽 2.5~3cm，先端长渐尖或成尾状，基部偏斜圆楔形，上侧圆形，下侧宽楔形或弧形，边缘全缘常成波状；具羽状脉，小脉结成 3~4 行网眼，腹面不明显，背面微突起；顶生羽片卵状披针形，二叉或三叉状，长 4.5~8cm，宽 2~4cm。叶为革质，两面光滑；叶轴腹面有浅纵沟。孢子囊群遍布羽片背面；囊群盖圆形，盾状，边缘有小齿缺。

见于河南大别山区的商城黄柏山、新县老庙等地；生于林下潮湿处。分布于山东、江苏、浙江、福建、台湾、广东；日本也有分布。根状茎入药，能清热解毒，驱钩虫、蛔虫。

与贯众 *Cyrtomium fortunei* J. Sm. 相似，但本种根茎鳞片先端急尖，羽片较宽，边缘通常全缘，可以区别。

（2）刺齿贯众 *Cyrtomium caryotideum* (Wall. ex Hook. & Grev.) C. Presl

［*Aspidium caryotideum* Wall. ex Hook. & Grev.；
Aspidium falcatum var. *caryotideum*（Wall. ex Hook. & Grev.）Baker；
Cyrtomium caryotideum f. *attenuatum*（T. Moore）Ching；
Cyrtomium caryotideum var. *attenuatum* T. Moore；
Cyrtomium caryotideum f. *grossedentatum* Ching；
Cyrtomium caryotideum f. *hastosum*（Christ）Ching；
Cyrtomium falcatum var. *caryotideum*；
Polystichum caryotideum（Wall. ex Hook. & Grev.）Diels］

植株高 30~60cm。根茎直立，密被披针形黑棕色鳞片。叶簇生，叶柄长 16~32cm，

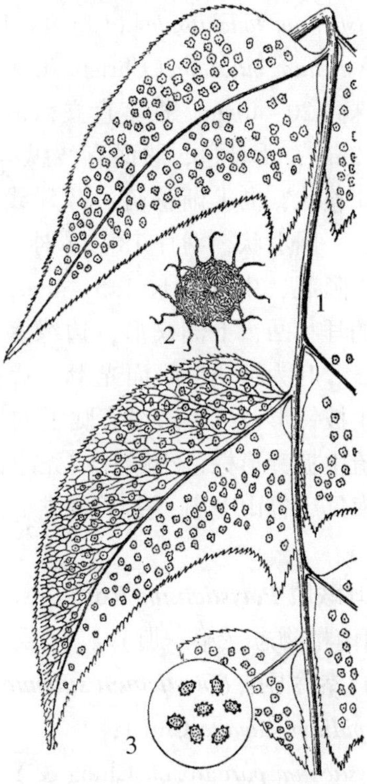

刺齿贯众 *Cyrtomium caryotideum* (Wall. ex Hook. & Grev.) C. Presl
1. 叶片 2. 囊群盖（放大） 3. 孢子（放大）

基部直径 2~3cm，禾秆色，腹面有浅纵沟，下部密生卵形及披针形黑棕色或棕色中间为黑棕色鳞片，鳞片边缘有睫毛状齿，向上部渐秃净；叶片矩圆形或矩圆披针形，长 25~48cm，宽 12~18cm，先端钝，基部不变狭或略变狭，奇数一回羽状；侧生羽片 3~7 对，互生，斜向上，柄极短，卵状披针形，常向上弯成镰状，中部的长 9~14cm，宽 2.5~3.5cm，先端渐尖，常成尾状，基部宽楔形或圆楔形，上侧有长而尖的三角形耳状突起，边缘有开张的小尖齿；具羽状脉，小脉连接成多行网眼，腹面不明显，背面微凸；顶生羽片卵形或菱状卵形，二叉或三叉状，长 10~16cm，宽 8~11cm。叶为坚纸质，腹面光滑，背面疏生披针形棕色小鳞片；叶轴腹面有浅纵沟，疏生线形棕色鳞片。孢子囊群遍布羽片背面；囊群盖圆形，盾状，边缘有齿。

产于河南卢氏淇河林场大块地和西峡黑烟镇林场，1994 年见于济源禹公林场天台山；生于林下潮湿处。分布于陕西（南部）、甘肃（南部）、江西、台湾、湖北（西部）、湖南、广东（北部）、四川、贵州、云南、西藏；菲律宾、日本、越南、不丹、尼泊尔、巴基斯坦、印度也有分布。

与阔羽贯众 *Cyrtomium yamamotoi* Tagawa 外形相似，但本种羽片通常少于阔羽贯众，边缘有整齐的单锯齿可以区别。

（3）小羽贯众 *Cyrtomium lonchitoides*（Christ）Christ（彩版图 11）

［*Aspidium lonchitoides* Christ;

Cyrtomium vittatum Christ;

Polystichum lonchitoides（Christ）Diels;

Polystichum vittatum（Christ）C. Chr.］

植株高 20~40cm。根茎直立，密被披针形棕色鳞片。叶簇生，叶柄长 5~15cm，基部直径 1~3mm，禾秆色，腹面有浅纵沟，下部密生卵形及披针形棕色中间黑棕色鳞片，鳞片边缘流苏状，向上渐稀疏。叶片线状披针形，长 22~45cm，宽 3~8cm，先端渐尖，基部略狭，一回羽状，羽片 18~24 对，互生，平伸，柄极短，宽披针形，略向上弯成镰状，上缘多少隆起，中部的长 1.5~4cm，宽 0.8~1.5cm，先端渐尖，基部偏斜，上侧截形，并有尖的耳状凸，下侧楔形，边缘多少有小齿，具羽状脉，小脉连接成 2~3 行网眼，两面不明显。叶为纸质，腹面光滑，背面疏生披针形棕色小鳞片或秃净，叶轴腹面有浅纵沟，疏生披针形及线形边缘有睫毛的棕色鳞片，羽柄着生处常有鳞片。孢子囊群遍布羽片背面，疏生披针形棕色小鳞片或秃净；囊群盖圆形，盾状，边缘有长齿。

河南见于鲁山尧山；生于海拔 1 300~2 100m林下石缝。分布于甘肃、四川、云南、贵州。

2. 耳蕨属 *Polystichum* Roth

《河南植物志（第一册）》记载 9 种。本书除修订外，增补 7 种。

（1）秦岭耳蕨 *Polystichum submite*（Christ）Diels

［*Aspidium submite* Christ;

Polystichum paradoxum Ching & Y. P. Hsu］

植株高 12~30cm。根茎直立，密生披针形棕色鳞片。叶簇生，叶柄长 3~12cm，基部直径 1~2mm，禾秆色，腹面有浅纵沟，有披针形及线形棕色鳞片，并有较大的披针形中间黑棕色边缘棕色的鳞片；叶片披针形；长 10~27cm，宽 2~5cm，先端长渐尖，向基部略变狭，二回羽状深裂；羽片 12～24 对，互生，平伸或略斜向上，柄极短，卵形或披针形，中部的长 10～30mm，宽 6～10mm，先端急尖，少为渐尖，基部为偏斜的宽楔形，上侧有耳凸，羽状深裂；裂片 2～10 对，互生，斜向上，斜的矩圆形或菱状卵形，长 4～6mm，宽 2～3mm，先端急尖或钝形，基部偏斜的楔形并下延于羽轴成狭翅，上侧耳凸不明显，两侧有前倾的小尖齿；裂片具羽状脉，两面不明显。叶为草质，腹面秃净，背面有纤毛状的棕色小鳞片；叶轴禾秆色，腹面有浅纵沟，两面密生披针形及线形棕色鳞片，背面下部有时混生披针形中间深棕色边缘棕色的鳞片。孢子囊群位于裂片中脉两侧；囊群盖圆形，盾状，边缘有齿缺。

与黑鳞耳蕨 *Polystichum makinoi* (Tagawa) Tagawa 相似，但本种叶片披针形，中部宽5～7cm，叶轴上鳞片指向侧方，可以区别。

产于河南伏牛山区的卢氏、嵩县、栾川、西峡、内乡、南召；生于林下阴湿处。分布于陕西、山西、甘肃、四川。

秦岭耳蕨 *Polystichum submite* (Christ) Diels
1. 叶　2. 叶柄鳞片

(2) 蚀盖耳蕨 *Polystichum erosum* Ching & Shing

[*Polystichum lacerum* Christ]

植株高 5～15cm。根茎直立，密生披针形深棕色中央带黑色的鳞片。叶簇生，叶柄长 1～5cm，基部直径 1～2cm，禾秆色，腹面有纵沟，密生披针形红棕色鳞片，鳞片边缘为卷曲的纤毛状；叶片线状披针形或倒披针形，长 5～16cm，宽 1～2.6cm，先端渐狭，基部略狭，一回羽状；羽片 14～25 对，下部的对生，向上为互生，平展或略斜向下，无柄，三角卵形或矩圆形，中部的长 6～15mm，宽 3～5mm，先端圆钝形，基部偏斜，上侧截形，耳凸不明显，下侧楔形，边缘有内弯的尖齿牙；具羽状脉，侧脉单一或基部的二叉状，腹面不明显，背面微凸。叶纸质，腹面疏生线形棕色鳞片，背面脉上有或疏或密的狭披针形及线形棕色鳞片，鳞片下部边缘为卷曲的纤毛状；叶

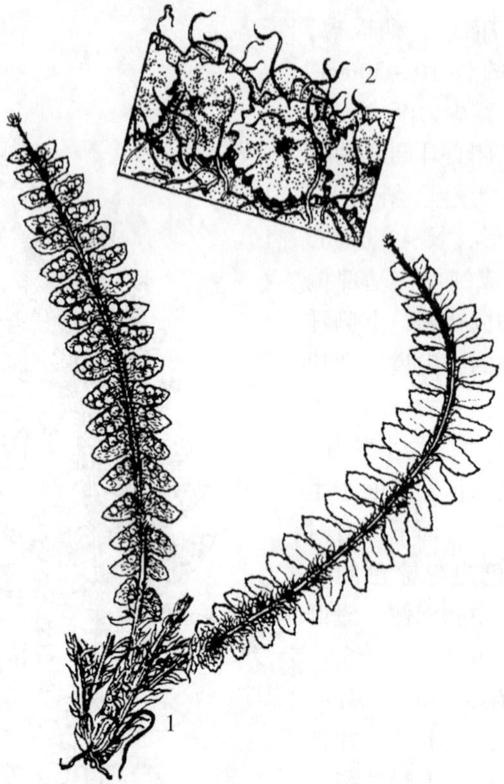

蚀盖耳蕨 ***Polystichum erosum*** **Ching & Shing**

1. 植株　2. 羽片背面示囊群盖

轴腹面有纵沟，背面有或疏或密的狭披针形、基部边缘纤毛状的鳞片，先端常有芽孢。孢子囊群生在主脉两侧，各成1行；囊群盖大，圆形，边缘啮蚀状，盾状。

产于河南伏牛山区的栾川老君山和卢氏；生于海拔1 400m以上的林下岩石上。分布于湖北、湖南、云南（东北部）、贵州、四川。

（3）小戟叶耳蕨 *Polystichum hancockii*（Hance）Diels

［*Ptilopteris hancockii* Hance；

Aspidium hancockii（Hance）Baker；

Aspidium reductum Baker；

Polystichum hancockii var. *leptopteron*（Hayata）Suzuki；

Polystichum leptopteron Hayata；

Polystichum longistipes Hayata；

Polystichum parahancockii Ching；

Polystichum simplicipinnum Hayata.］

植株高30~50cm。根状茎短而直立，先端及叶柄基部密被深棕色、顶部有齿的卵状披针形鳞片。叶簇生；叶柄长10~20cm，基部以上禾秆色，疏生鳞片或近光滑；叶片戟状披针形，长20~25cm，基部宽8~12cm，具3枚线状披针形的羽片；侧生1对羽片短小，长

2～5cm，宽 1～2cm，先端短渐尖，基部有短柄，羽状，有小羽片 5～6 对；中央羽片远较侧生羽片为大，长 20～25cm，宽 3～6cm，先端长渐尖，基部有长柄，一回羽状，有小羽片 20～25 对；小羽片均互生，近平展，下部的有短柄，上部的近无柄，中部的长 1.5～2cm，宽 6～8mm，斜长方形，先端急尖或钝，基部上侧有三角形耳状突起，边缘有具小刺头的粗锯齿；叶脉在裂片上羽状，小脉单一，罕二分叉。叶薄草质，干后绿色，两面近光滑。孢子囊群圆形，生于小脉顶端；囊群盖圆盾形，边缘略呈啮蚀状，早落。孢子极面观椭圆形，赤道面观半圆形，周壁具褶皱，具圆形小瘤状突起。

见于河南大别山区的新县连康山和商城金刚台；生于海拔 600～1 200m 的林下。分布于安徽、浙江、江西、福建、台湾、湖南、广东、广西；日本、朝鲜、韩国也有分布。

（4）前原耳蕨 *Polystichum mayebarae* Tagawa

［*Polystichum tsus-simense* var. *mayebarae*（Tagawa）Sa. Kurata.］

植株高 45～60cm。根茎直立，密被狭卵形深棕色鳞片。叶簇生，叶柄长 22～30cm，基部直径 4～5mm，禾秆色，腹面有纵沟，下部密生狭卵形棕色鳞片，中部以上密生披针形及狭披针形棕色鳞片，鳞片边缘毛状；叶片狭卵形或宽披针形，长 28～48cm，宽 8～14cm，先端渐尖，基部圆楔形，二回羽状；羽片 20～26 对，互生，略斜向上，有短柄，披针形，常呈镰状，中部的长 6～10cm，宽 1.5～2.5cm，先端长渐尖，基部偏斜，上侧近楔形，下侧圆楔形，羽状；小羽片 10～14 对，互生，略斜向上，下部的有短柄，斜的卵形或狭卵形，下部的长 8～15mm，宽 5～8mm，先端急尖有小尖头，基部斜的宽楔形，上侧常有三角形耳状凸，边缘有小尖齿，基部上侧第 1 片增大，

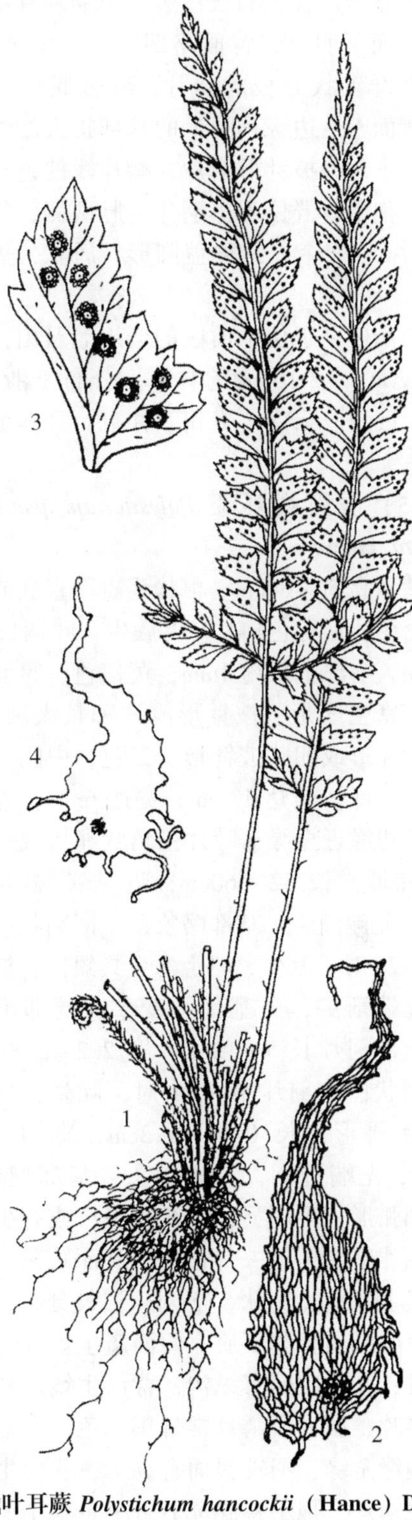

小戟叶耳蕨 *Polystichum hancockii*（Hance）Diels

1. 植株全形 2. 叶柄的鳞片（放大） 3. 羽片背面，表示叶脉小鳞片及孢子囊群着生位置（放大） 4. 羽片背面的小鳞片外形（放大）

常为狭卵形，有时羽状浅裂；小羽片具羽状脉，腹面不明显，背面略凹下。叶坚革质，背面有纤毛状分枝的鳞片；叶轴腹面有纵沟，背面密生边缘具睫毛的基部扩大的线形鳞片，下部为披针形鳞片，鳞片浅棕色至黑棕色。孢子囊群位于小羽片主脉两侧，每个小羽片6~12个；囊群盖圆形，盾状，边缘全缘。

河南仅见于伏牛山区的栾川老君山；生于海拔800~2 100m的林下。分布于浙江、湖北、四川、云南、贵州、甘肃；日本也有分布。

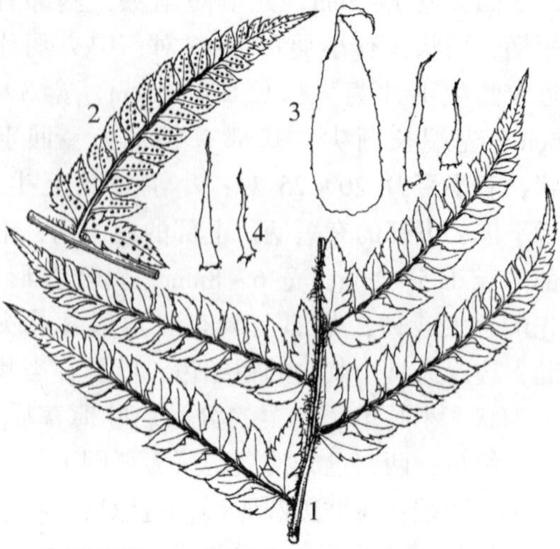

前原耳蕨 ***Polystichum mayebarae*** **Tagawa**

1. 叶下部 2. 羽片背面 3. 叶柄鳞片 4. 叶轴下部鳞片

（5）假黑鳞耳蕨 ***Polystichum pseudo-makinoi*** **Tagawa**

植株高50~80cm。根状茎短而直立或斜升，密生线形棕色鳞片。叶簇生；叶柄长20~30cm，基部直径约4mm，黄棕色，腹面有纵沟，密生线形、披针形鳞片和较大鳞片，大鳞片卵形或卵状披针形，二色，中间黑棕色，有光泽，长达13mm，宽达6mm，先端尾状，边缘近全缘；叶片三角状卵形或三角状披针形，长32~60cm，近基部宽14~23cm，先端渐尖，基部略狭，二回羽状；羽片14~21对，互生，略上弯，具短柄，披针形，先端渐尖，向基部不变狭，基部不对称。下部羽片长5~12cm，宽2.2~2.8cm，一回羽状；小羽片14~21对，互生，具短柄，矩圆形，长0.9~1.2cm，宽0.5~0.6cm，先端钝圆，有小尖头，基部楔形，耳状凸弧形，不明显，边缘全缘，或有少数芒，羽片基部上侧一片最大，具深缺刻；小羽片具羽状脉，侧脉5~8对，二歧分叉，较明显。叶纸质至薄草质，两面疏生短纤毛状小鳞片；叶轴腹面有纵沟，背面生线形和披针形鳞片，披针形鳞片常带黑棕色，先端渐尖，边缘全缘；羽轴腹面有纵沟，背面生线形棕色鳞片。孢子囊群每小羽片1~9个，主脉两侧各1行或仅上侧有1行，靠近小羽片边缘，生于小脉末端；囊群盖圆形，盾状，边缘全缘。

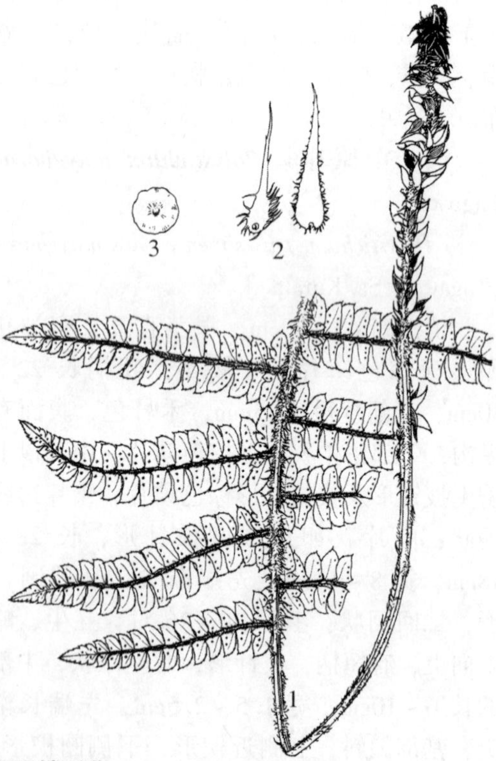

假黑鳞耳蕨 ***Polystichum pseudo-makinoi*** **Tagawa**

1. 植株下部 2. 叶轴背面鳞片（放大） 3. 囊群盖（放大）

河南仅见于信阳鸡公山；生于海拔 200~800m 的山坡、路边或林下。分布于江苏、安徽、浙江、江西、福建、湖南、广东、广西、四川、贵州；日本也有分布。

（6）尖头耳蕨 *Polystichum acutipinnulum* Ching & K. H. Shing

[*Polystichum lobatopinnulum* Ching，Boufford & K. H. Shing；
Polystichum wuyishanense Ching & K. H. Shing]

植株高 50~70cm。根状茎短而直立或斜升，密生线形棕色鳞片。叶簇生；叶柄长 23~38cm，基部直径约 3mm，黄棕色，腹面有纵沟，密生线形、披针形较大鳞片，大鳞片卵状披针形或阔披针形，二色，中间黑棕色，有光泽，长达 16mm，宽 2.5~6mm，先端尾状，边缘近全缘；叶片矩圆披针形或三角状披针形，长 36~45cm，下部宽 13~17cm，先端渐尖，能育，基部略变狭，下部 1~2 对羽片常不育，二回羽状；羽片 14~16 对，互生，平伸，具短柄，披针形，近基部羽片长 5~10cm，宽 1.7~2.2cm，先端渐尖，能育，基部不对称，一回羽状；小羽片 9~16 对，互生，具短柄，镰状三角形，长 1.2~1.6cm，宽 0.5~0.6cm，先端渐尖，具锐尖头，基部楔形，上侧具明显三角形耳状凸，边缘近全缘或具浅锯齿，齿尖芒状，近叶轴数枚小羽片有时不育，羽片基部上侧一片最大，羽状深裂几达主脉；小羽片具羽状脉，侧脉 6~8 对，二歧分叉明显。叶草质，上面近光滑，下面疏生短纤毛状小鳞片。叶轴和羽轴上常被黑粉而呈黑褐色，腹面有纵沟，叶轴背面鳞片线形和钻形，深棕色，边缘近全缘；羽轴背面生线形深棕色鳞片。孢子囊群每小羽片 5~7 对，主脉两侧各 1 行，近边生，生于小脉末端；囊群盖圆形，盾状，边缘齿裂。

河南仅见于信阳鸡公山；生于海拔 750~1 000m 山坡林下。分布于福建、湖北、湖南、云南、贵州、四川。为我国特有种。

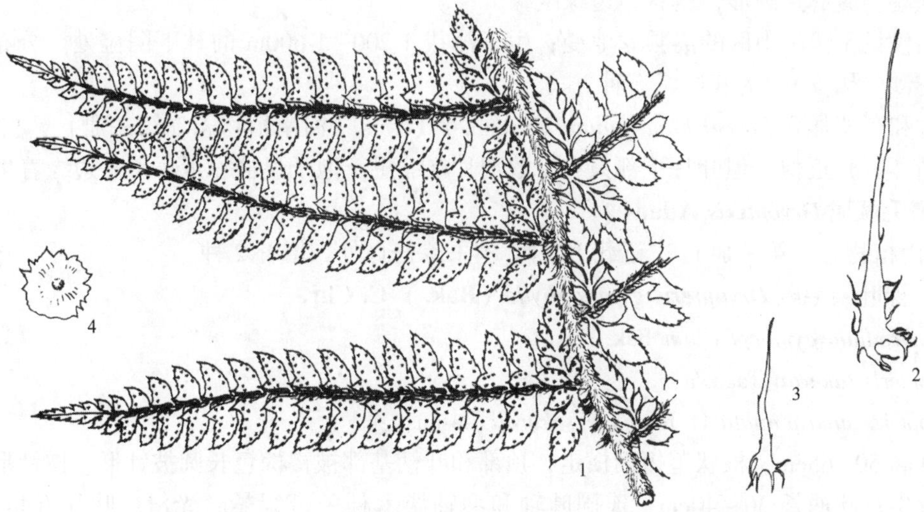

尖头耳蕨 *Polystichum acutipinnulum* Ching & K. H. Shing

1. 叶片背面一段　2、3. 叶轴背面鳞片　4. 囊群盖（陈笺　绘）

（7）宁陕耳蕨 *Polystichum ningshenense* Ching & Y. P. Hsu

植株高 50~70cm。根状茎短而直立或斜升，密生线形棕色鳞片。叶簇生；叶柄长 25~40cm，基部直径 4~5mm，黄棕色，腹面有纵沟，疏生淡棕色线形、披针形鳞片和较大鳞片，大鳞片卵形和卵状披针形，淡棕色和二色，二色时中间栗棕色，有光泽，疏生，长达 13mm，宽达 5mm，先端尾状，边缘疏具不规则齿或近全缘；叶片椭圆形，长 30～40cm，中部宽 20～25cm，先端渐尖，能育，向基部逐渐变狭，下部不育，二回羽状；羽片 20～28 对，互生，平伸，具短柄，披针形，先端渐尖，基部不对称，中部羽片长 11～12cm，宽 2.2～2.6cm，一回羽状；小羽片 9～14 对，互生，近无柄，矩圆形，长 1.0～1.4cm，宽 5～7mm，先端急尖，具锐尖头，基部楔形下延，上侧全缘或近全缘，具短而细的芒，耳状凸弧形，不明显，下侧具细长的芒，羽片基部上侧一片最大，有时具缺刻；小羽片具羽状脉，侧脉 5～7 对，二歧分叉明显。叶薄草质，两面生淡棕色长纤毛状小鳞片；叶轴腹面有纵沟，背面疏生或密生淡棕色线形、披针形较大鳞片，大鳞片卵状披针形和宽披针形，密生，长达 9mm，宽达 3.5mm，先端长渐尖尾状，边缘具密集细齿；羽轴具狭翅，腹面有纵沟，背面生淡棕色线形、钻形鳞片。孢子囊群圆形，每小羽片（1～）3～5 对，主脉两侧各 1 行，近边生，生于小脉末端；囊群盖圆形，盾状，边缘全缘。

宁陕耳蕨 ***Polystichum ningshenense* Ching & Y. P. Hsu**
小羽片（放大）

河南仅见于伏牛山区的嵩县龙池曼；生于海拔 1 200～1 600m 的林下阴湿处。分布于陕西（宁陕、镇安）。为我国特有种。

本种和布朗耳蕨 *Polystichum braunii*（Spenn.）Fée（《河南植物志（第一册）》92 页也称棕鳞耳蕨）近似，但叶片下部只有少数羽片略缩短，孢子囊群靠近小羽片边缘着生。

3. 鳞毛蕨属 *Dryopteris* Adans

《河南植物志（第一册）》记载 13 种。本书除修订外，增补 2 种。

（1）裸叶鳞毛蕨 *Dryopteris gymnophylla*（Bak.）C. Chr.

[*Nephrodium gymnophyllum* Bak.;
Dryopteris sakuraii Tagawa;
Dryopteris subtripinnata O. Ktze var. *sakuraii* Rosenst.]

植株高 50～65cm。根状茎短而横走，顶部和叶柄基部被褐棕色长圆披针形、披针形鳞片。叶近生；叶柄长 30～40cm，连同叶轴和羽轴淡禾秆色带绿晕，光滑；叶片五角形，长、宽几相等，长 25～40cm，常长于叶片，三回羽状四回羽裂；羽片 5～8 对，互生或近对生，斜展，分开，向上弯弓，有柄（最长可达 5cm），基部 1 对最大，三角状披针形，长 10～25cm，宽 6～18cm，先端长尾状渐尖，基部不对称，下侧小羽片最长最大，上侧一片与同侧第 2 片等大；一回小羽片，10～12 对，有柄，三角状长圆形，羽轴下侧的比上侧大，二回浅裂或深裂；末回小羽片或裂片无柄，基部下延，镰状长圆披针形，钝头，全缘或有锯齿；其余羽片逐渐缩小，长圆披针形至披针形。叶脉羽状，不分叉。叶草质，干后绿色。孢子囊群圆形，着生于小脉顶端，靠近叶边缘；囊群盖圆肾形，棕色，薄，宿存。

产于河南大别山区的信阳、商城、新县、罗山；生于海拔 300~700m 的林下。分布于江苏、安徽、浙江、江西、湖北、贵州；日本、朝鲜、韩国也有分布。

（2）变异鳞毛蕨 *Dryopteris varia*（L.）Kuntze

［*Polypodium varium* L.；
Aspidium varium（L.）Sweet；
Lastrea varia（L.）T. Moore；
Nephrodium varium（L.）C. Presl；
Polystichum varium（L.）C. Presl］

植株高 50~70cm。根状茎横卧或斜升，顶端密被褐棕色狭披针形鳞片，鳞片长 1.5~2cm，顶端毛状卷曲。叶簇生；叶柄长 20~30cm，最长可达 50cm，禾秆色，基部粗可达 5mm，最基部密被与根状茎顶端相同的鳞片，向上密被棕色小鳞片或鳞片脱落后近光滑；叶片五角状卵形，长 30~40cm，基部宽 20~25cm，三回羽状或二回羽状基部小羽片羽状深裂，基部下侧小羽片向后伸长呈燕尾状；羽片 10~12 对，披针形，基部一对最大，长 15~20cm，基部宽可达 10~15cm，顶端羽裂渐尖，基部有短柄，柄长 0.5~1cm；小羽片 6~10 对，披针形，基部羽片的小羽片上先出，下侧羽片较大，下侧第 1 片小羽片最大，可长达 15cm，基部宽达 3cm，羽状全裂，较小植株的基部下侧小羽片为羽状深裂，叶片中上部的小羽片为羽状半裂或边缘具锯齿；基部小羽片的末回裂片或末回小羽片披针形，顶端短渐尖，边缘羽状浅裂或有齿。叶脉下面明显，裂片的叶脉羽状，小脉分叉或单一。叶近革质，干后绿色，叶轴和羽轴疏被黑色毛状小鳞片，小羽轴和裂片中脉背面疏被棕色泡状鳞片。孢子囊群较大，靠近小羽片或裂片边缘着生；囊群盖圆肾形，棕色，全缘。

产于河南大别山区的新县连康山和商城金岗台；生于林下阴湿处。分布于安徽、福建、广东、广西、贵州、湖北、湖南、江苏、江西、四川、台湾、云南、浙江；印度、日本、韩国、菲律宾、越南等国也有分布。

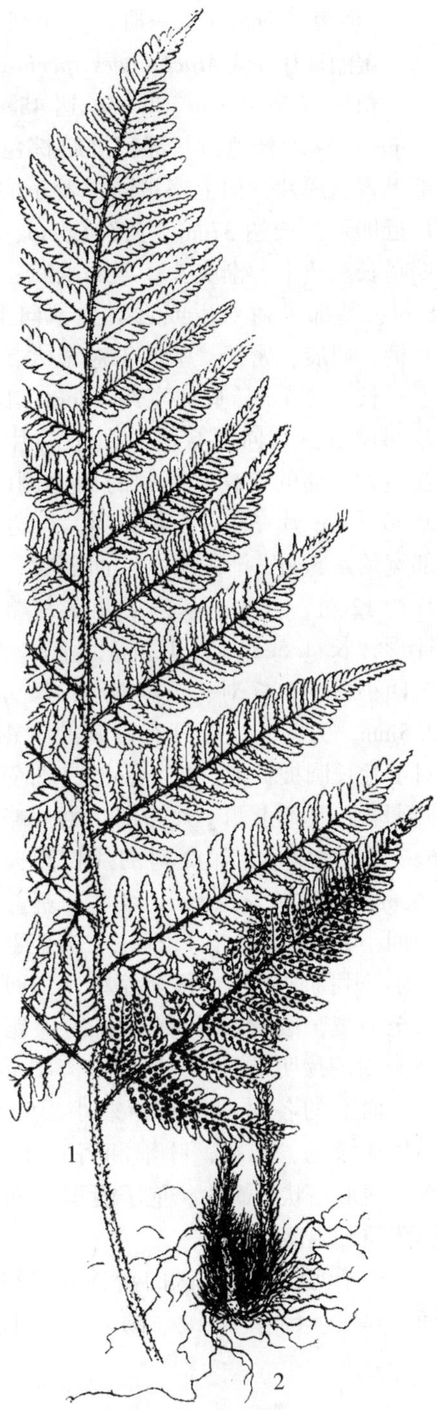

变异鳞毛蕨 *Dryopteris varia*（L.）Kuntze
1. 叶片，示顶端急尖　2. 叶柄基部，示鳞片

4. 复叶耳蕨属 *Arachniodes* Blume

《河南植物志（第一册）》记载3种。本书除修订外，增补1种。

美丽复叶耳蕨 *Arachniodes speciosa*（D. Don）Ching

植株高75~86cm。叶柄长达45cm，粗2.5~3mm，深禾秆色，基部密被暗棕色披针形顶部毛髯状鳞片，向上略被同样较小的鳞片。叶片近卵形，长达37cm，宽约23cm，顶部略狭缩呈长三角形，渐尖头，四回羽状；羽状羽片8对，基部1对对生或近对生，向上的互生，有柄，斜展，密接，基部1对最大，三角状卵形，长达27cm，基部宽约15cm，长渐尖头，基部楔形，三回羽状；一回小羽片约16对，互生，下部的有柄，下侧的比上侧的略较大，基部下侧一片三角状阔披针形，长达15cm，基部宽约4.5cm，渐尖头，二回羽状；二回小羽片约12对，互生，基部下侧1片略较大，披针形，长4.5cm，宽1.2cm，渐尖头，羽状；末回小羽片5~7对，长椭圆形，长9mm，宽约2.5mm，尖头，边缘具有芒刺的尖锯齿；第2对羽片长圆披针形，长26cm，基部宽7cm，三回羽状，基部上侧一片一回小羽片略较大，长6cm，二回羽状；第2对羽片长圆披针形，长26cm，基部宽7cm，三回羽状，基部上侧一片一回小羽片略较大，长6cm，二回羽状；第3~6对羽片阔披针形，逐渐缩小，二回、一回羽状至羽裂，裂片均具有芒刺的尖锯齿；第7（8）对羽片明显缩短，披针形，长5~6cm，羽裂，向上的各对羽片逐渐缩小。叶干后近革质，淡绿色、光滑，叶轴和各回羽轴略被棕色、线形钻状小鳞片。孢子囊群二回小羽片或裂片3~6对，略靠近中脉；囊群盖棕色，厚膜质，脱落。

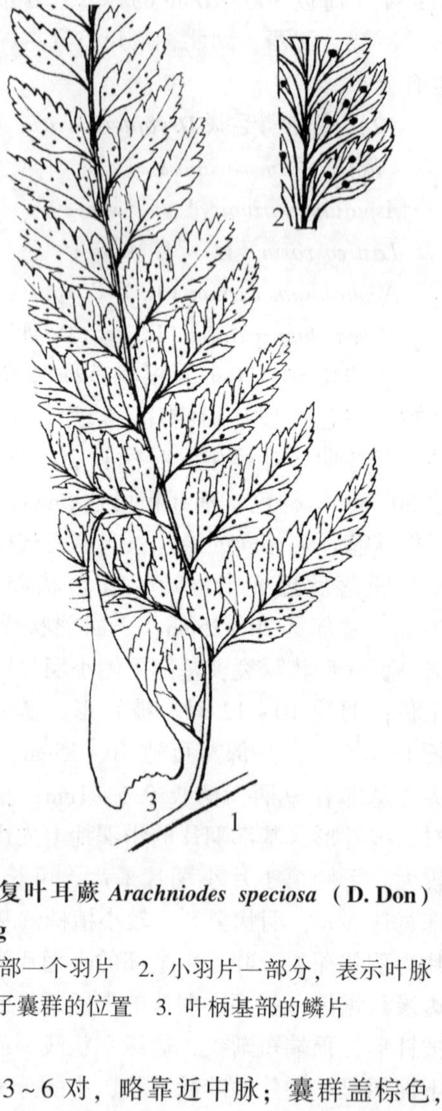

美丽复叶耳蕨 *Arachniodes speciosa*（D. Don）Ching

1. 下部一个羽片　2. 小羽片一部分，表示叶脉和孢子囊群的位置　3. 叶柄基部的鳞片

产于河南大别山区的新县周河和商城黄柏山；生于密林下。分布于安徽、浙江、江西、福建、台湾、湖北、湖南、四川、贵州；日本也有分布。

（二十三）水龙骨科 Polypodiaceae

《河南植物志（第一册）》记载10属，29种，1变种。

骨牌蕨属 *Lepidogrammitis* Ching 为伏石蕨属 *Lemmaphyllum* C. Presl 的异名；

抱石莲 *Lepidogrammitis drymoglossoides*（Bak.）Ching 应为抱石莲 *Lemmaphyllum drymoglossoides*（*Bak*.）Ching；

假茀蕨属 *Phymatopsis* J. Sm. 为修蕨属 *Selliguea* Bory 的异名；

金鸡脚蕨 *Phymatopsis hastata*（Thunb.）Kitag. ex H. Itô 和单叶金鸡蕨（变型）*Phymatopsishastata* f. *simplex*（Christ）Ching 均为金鸡脚假瘤蕨 *Selliguea hastata*（Thunb.）Fraser-Jenkins 的异名；

陕西假茀蕨 *Phymatopsis shensiensis*（Christ）Ching 为陕西假瘤蕨 *Selliguea senanensis*（Maxim.）S. G. Lu，Hovenkamp & M. G. Gilbert 的异名；

交连假茀蕨 *Phymatopsis conjuncta* Ching 为交连假瘤蕨 *Selliguea conjuncta*（Ching）S. G. Lu，Hovenkamp & M. G. Gilbert 的异名；

星蕨属 *Microsorum* Link 江南星蕨 *Microsorum fortunei*（T. Moore）Ching 和戟叶星蕨 *Microsorum subhastatum*（Baker）Ching 应分别为盾蕨属 *Neolepisorus* Ching 江南星蕨 *Neolepisorus fortunei*（T. Moore）Li Wang 和鳞果星蕨属 *Lepidomicrosorium* Ching 鳞果星蕨 *Lepidomicrosorium buergerianum*（Miq.）Ching；

石蕨属 *Saxiglossum* Ching 为石韦属 *Pyrrosia* Mirbel 的异名；

石蕨 *Saxiglossum angustissimum*（Giesenh. ex Diels）Ching 为石蕨 *Pyrrosia angustissima*（Giesenh. ex Diels）Tagawa & K. Iwats. 的异名；

槲蕨 *Drynaria fortunei*（Kze.）J. Sm. 为江南星蕨 *Neolepisorus fortunei*（T. Moore）Li Wang 的异名；

水龙骨属 *Polypodium* L. 现为水龙骨属 *Polypodiodes* Ching；

水龙骨 *Polypodium niponicum* Mett. 应为水龙骨 *Polypodiodes niponica*（Mett.）Ching；

友水龙骨 *Polypodium amoenum* Wall. ex Mett. 应为友水龙骨 *Polypodiodes amoena*（Wall. ex Mett.）Ching；

中华水龙骨 *Polypodium pseudo-amoenum* Ching 应为中华水龙骨 *Polypodiodes chinensis*（Christ）S. G. Lu。

本书另增补 1 属，5 种。

1. 瓦韦属 *Lepisorus* Ching

《河南植物志（第一册）》记载 9 种，1 变种。本书增补 3 种。

（1）黄瓦韦 *Lepisorus asterolepis*（Baker）Ching

[*Lepisorus longipes* Ching & Z. Y. Liu；

Lepisorus macrosphaerus var. *asterolepis*（Baker）Ching；

Polypodium asterolepis Baker；

Polypodium excavatum var. *asterolepis*（Baker）C. Chr.；

Polypodium macrosphaerum var. *asterolepis*（Baker）C. Chr.]

植株高 12~28cm。根状茎长而横走，褐色，密被披针形鳞片；鳞片基部卵状，网眼细密，透明，棕色，老时易从根状茎脱落。叶远生或近生；叶柄长 3~7cm，禾秆色；叶片阔披针形，长 10~25cm，短圆钝头，下部 1/3 处为最宽，1.2~3cm，向基部突然狭缩成楔形并下延，干后两面通常呈黄色或淡黄色，光滑，或下面偶有稀疏贴生鳞片，边缘通常平直，或略呈波状，革质。主脉上下均隆起，小脉隐约可见。孢子囊群圆形或椭圆形，聚生在叶片上半部，位于主脉与叶边之间，在叶片下面隆起，在叶片背面成穴状凹陷，相距较近，孢子囊群成熟后扩展而彼此密接或接触，幼时被圆形棕色透明的隔丝覆盖。

产于河南大别山、桐柏山、伏牛山；附生于林下树干或岩石上。分布于福建、浙江、江苏、安徽、江西、湖南、湖北、陕西、贵州、四川、广西、云南、西藏；尼泊尔、印度北部和日本也有分布。

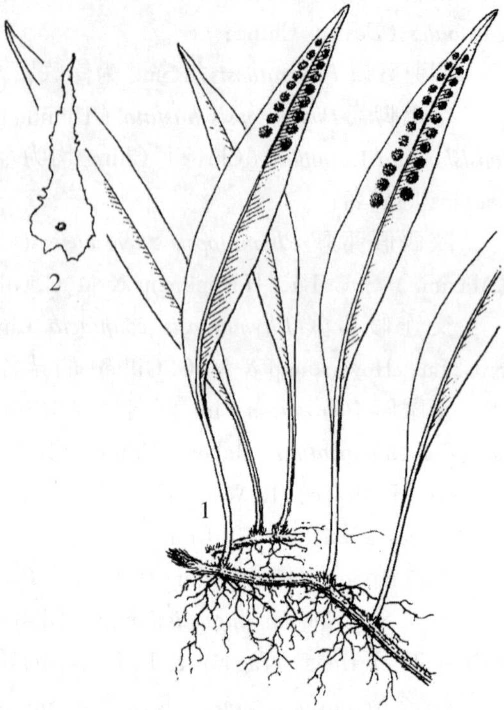

黄瓦韦 *Lepisorus asterolepis*（Baker）Ching
1. 植株全形 2. 根状茎上的鳞片（放大）

（2）丽江瓦韦 *Lepisorus likiangensis* Ching & S. K. Wu（彩版图 12）

［*Lepisorus coaetaneus* Ching & Y. X. Lin；
Lepisorus shansiensis Ching & Y. X. Lin；
Lepisorus shensiensis Ching & S. K. Wu］

植株高 8～18cm。根状茎长而横走，直径 2～2. 5mm，密被鳞片；鳞片披针形，基部阔卵形，向上渐狭，长芒状尖头，网眼大而透明，近方形，边缘有张开的粗长刺，褐色。叶通常成对近生，对与对之间相距 6～10mm；叶柄长 0. 4～5cm，禾秆色；叶片长（7～）15～30cm，中部宽（0. 6～）1～2. 5cm，向两端渐狭，圆钝头，基部楔形，略不对称，下延，边缘平直或略呈波状，干后上面深绿色，下面淡灰绿色，纸质。主脉上下均隆起，小脉两面均可见。孢子囊群近圆形，较大，直径 2～3mm，下大上小，下疏上密，彼此距离 2～8mm，叶片仅基部和先端不育，幼时被隔丝覆盖；隔丝鳞片状，网眼大而透明，边缘具长刺，褐色。

河南仅见于灵宝老鸦岔；生于海拔 1 900m 以上的山坡潮湿岩石缝或树干上。分布于甘肃、贵州、青海、陕西、四川、云南。

（3）太白瓦韦 *Lepisorus thaipaiensis* Ching & S. K. Wu

［*Lepisorus henanensis* Ching & S. K. Wu；
Lepisorus venosus Ching & S. K. Wu］

植株高 10～20cm。根状茎横走，直径约 2mm，密被鳞片；鳞片阔卵状披针形，（2～2. 5）mm×（1. 1～1. 5）mm，基部阔卵形，先端长芒状，网眼大而透明，近方形，边缘有张开的粗长刺，质薄易碎，褐色。叶通常远生；叶柄长 2～10cm，直径约 1mm；纤细，淡禾秆色，基部以上光滑；叶片披针形，长 18～30cm，中部最宽 1. 5～2. 5cm，向两端渐狭，渐尖头或钝尖头，基部楔形，下延，边缘平直，或略呈波状，干后两面均为淡绿色，草质至薄纸质。主脉下面隆起，上面平坦，小脉一般不显，叶片幼时可见。孢子囊群近圆形、椭圆形或长卵形，聚生于叶片中间部位，位于主脉和叶边之间，较靠近主脉，彼此间距变化很大，4～10（～14）mm 不等，幼时被隔丝覆盖；隔丝鳞片状，大网眼，褐色，边缘具粗长刺。

产于伏牛山区的西峡黑烟镇、黄石庵，栾川老君山，卢氏大块地；生于林下树干上或山坡阴湿石缝中。分布于陕西、甘肃、四川、河北、青海。

2. 石韦属 *Pyrrosia* Mirbel

《河南植物志（第一册）》记载 7 种。本书除增补石蕨 *Pyrrosia angustissima*（Giesenh. ex Diels）Tagawa & K. Iwats. 外，另增补 1 种。

贴生石韦 *Pyrrosia adnascens*（Sw.）Ching

[*Polypodium adnascens* Sw.;

Cyclophorus adnascens（Sw.）Desvaux;

Cyclophorus pustulosus Christ;

Niphobolus adnascens（Sw.）Kaulfuss;

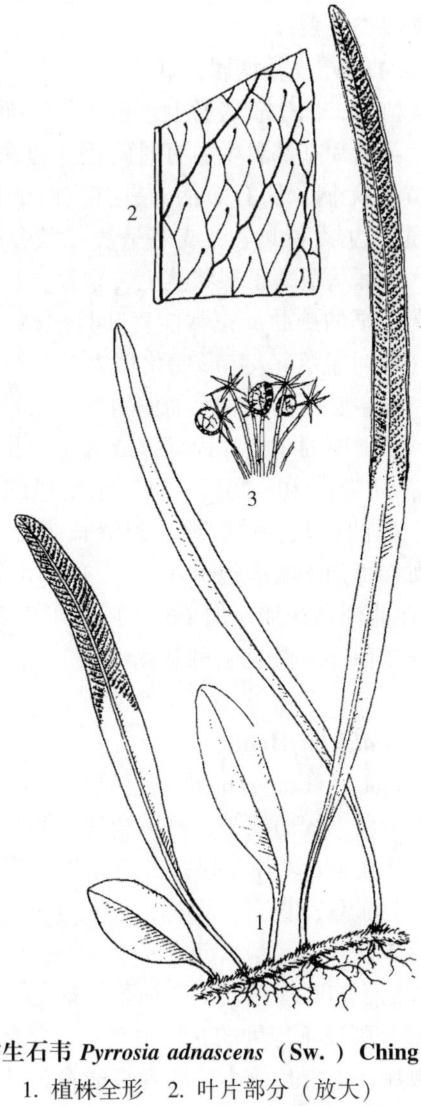

贴生石韦 *Pyrrosia adnascens*（Sw.）Ching

1. 植株全形　2. 叶片部分（放大）

3. 孢子囊及星状毛（放大）

Pyrrosia adnascens f. *calcicola* K. H. Shing]

植株高5~12cm。根状茎细长，攀缘附生于树干和岩石上，密生鳞片。鳞片披针形，长渐尖头，边缘具睫毛，淡棕色，着生处深棕色。叶远生，二型，肉质，以关节与根状茎相连；不育叶柄长1~1.5cm，淡黄色，关节连接处被鳞片，向上被星状毛；叶片小，倒卵状椭圆形或椭圆形，长2~4cm，宽0.8~1cm，上面疏被星状毛，下面密被星状毛，干后厚革质，黄色；能育叶条状至狭披针形，长8~15cm，宽5~8mm，全缘。主脉下面隆起，上面下凹，小脉网状，网眼内有单一内藏小脉。孢子囊群着生于内藏小脉顶端，聚生于能育叶片中部以上，成熟后扩散，无囊群盖，幼时被星状毛覆盖，淡棕色，成熟时会合，砖红色。

河南仅见于伏牛山南部内乡宝天曼；附生树干或岩石上。分布于台湾、福建、广东、海南、广西、云南；柬埔寨、印度（北部）、尼泊尔、泰国、越南等国均有分布。全草入药，有清热解毒作用，治腮腺炎、瘰疬。

3. 鹿角蕨属 *Platycerium* Desv.（新增属，栽培）

奇特的大型多年生附生植物，偶生于岩石上。根状茎短而横卧，粗肥，具简单的网状中柱，外被具中肋的阔鳞片；鳞片基部着生，有时两色，边缘具齿。叶近生，二型，不以关节着生。基生不育叶直立，无柄，偶有短柄，具有宽阔的圆形叶片，基部膨大，覆瓦状，阔心形，质厚且呈肉质，边缘多少全缘或略呈浅二歧分裂，密被星状毛，叶脉密网状，不久干枯，变为褐色，覆瓦状覆盖于根状茎上，宿存，呈鸟巢状或圆球状，以积聚腐殖质、保护根状茎及根免受干旱的威胁。正常能育叶具短柄，以关节着生，直立或下垂，近革质，被具柄的星状毛（老时脱落），叶形变化很大，全缘或多回分叉，宛如鹿角状分枝，裂片全缘，叶脉网结，在主脉两侧具有大而偏斜的多角形长网眼，具有内藏小脉。孢子囊群为卤蕨形，生于圆形、增厚的小裂片顶部，或生于特化的裂片下面；孢子囊为水龙骨形，有长柄2~3行细胞，环带由10~20（~24）个增厚细胞组成；隔丝星毛状，具长柄，多数。孢子两侧对称，椭圆球状，单裂缝，裂缝长为孢子长的1/4~1/2，黄色或绿色，透明，表面有瘤状纹饰。每孢子囊产孢子64个，亦有8个的。

本属15种，分布中心在非洲马达加斯加（6种）和东南亚（8种），有1种产于南美洲安第斯山脉。我国分布有2种（含常见引种栽培1种），河南栽培1种。本属种类体态优美，为著名的观赏蕨类。

绿孢鹿角蕨 *Platycerium wallichii* Hook.

[*Alcicornium wallichii*（Hook.）Underwood]

附生植物，根状茎粗、肉质，短而横卧，密被鳞片；鳞片淡棕色或灰白色，中间深褐色，坚硬，线形，长1cm，宽0.4cm。叶2列，二型；基生不育叶（腐殖叶）宿存，厚革质，下部肉质，厚达1cm，上部薄，直立，无柄，贴生于树干上，长达40cm，长宽近相等，先端截形，不整齐，3~5次叉裂，裂片近等长，圆钝或尖头，全缘，主脉两面隆起，叶脉不明显，两面疏被星状毛，初时绿色，不久枯萎，褐色。正常能育叶常成对生长，下垂，灰绿色，长25~70cm。分裂成不等大的3枚主裂片，基部楔形，下延，近无柄，内侧裂片最大，多次分叉成狭裂片，中裂片较小，两者都能育，外侧裂片最小，不育，裂片全缘，通体被灰白色星状毛，叶脉粗而突出。孢子囊散生于主裂片第一次分叉的凹缺处以下，不到基部，初时绿色，后变黄色；隔丝灰白色，星状毛。每孢子囊产孢子64个，孢

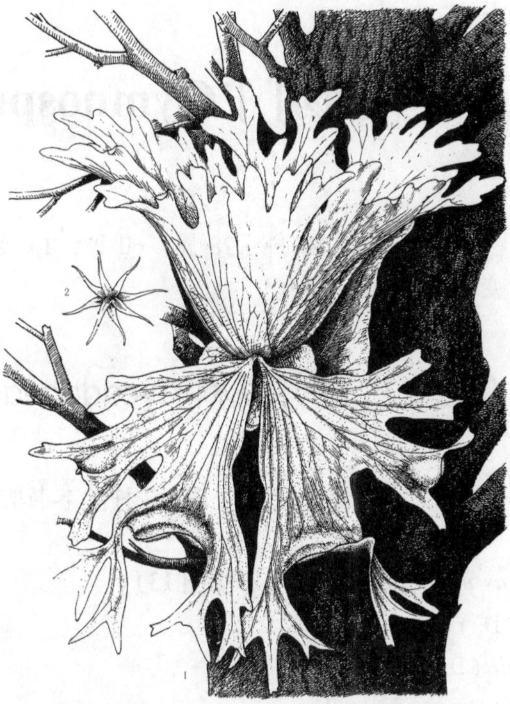

绿孢鹿角蕨 *Platycerium wallichii* Hook.
1. 植株（全形） 2. 星状毛（放大）

子绿色。

产于云南西部盈江县中缅边界那邦坝；海拔 200～1 000m 山地雨林中，附生于树干或离地面很高的大型分枝上。缅甸、印度东部、马来西亚、泰国也有分布。河南郑州、洛阳、新乡等有公园温室栽培，作为盆栽观叶花卉。我国各地广为栽培。

（二十四）剑蕨科 Loxogrammaceae

《河南植物志（第一册）》记载 1 属，2 种。

现已并入水龙骨科 Polypodiaceae。

（二十五）满江红科 Azollaceae

《河南植物志（第一册）》记载 1 属，1 种。

现已并入槐叶苹科 Salviniaceae。

满江红 *Azolla imbricata*（Roxb. ex Griff.）Nakai 为满江红（亚种）*Azolla pinnata* subsp. *asiatica* R. M. K. Saunders & K. Fowler 的异名。

二、裸子植物门 Gymnospermae

《河南植物志（第一册）》记载10科，28属，60种，14变种及变型。本书增补5属，20种，5变种及5变种下的栽培品种。

（二十六）苏铁科 Cycadaceae

《河南植物志（第一册）》记载引种栽培1属，2种。本书增补引种栽培2种。

苏铁属 *Cycas* L.

（1）叉叶苏铁 *Cycas micholitzii* Dyer（彩版图13）

[*Cycas multifrondis* D. Y. Wang;

Dyerocycas micholitzii（Dyer）Nakai;

Epicycas micholitzii（Dyer）de Laub.]

树干圆柱形，高20~60cm，直径4~5cm，基部粗10~12cm，光滑，暗赤色。叶呈叉状二回羽状深裂，长2~3m，叶柄两侧具宽短的尖刺；羽片间距离约4cm，叉状分裂；裂片条状披针形，边缘波状，长20~30cm，宽2~2.5cm，幼时被白粉，后呈深绿色，有光泽，先端钝尖，基部不对称。雄球花圆柱形，长15~18cm，直径约4cm，梗长3cm，粗1.5cm；小孢子叶近匙形或宽楔形，光滑，黄色，边缘橘黄色，长1~1.8cm，宽约0.8cm，顶部不育部分长约0.8cm，有绒毛，圆或有短而渐尖的尖头，花药3~4个聚生；大孢子叶基部柄状，橘黄色，长约8cm，柄与上部的顶片近等长或稍短，胚珠1~4枚，着生于大孢子叶柄的上部两侧，近圆球形，被绒毛，上部的顶片菱状倒卵形，宽约3.5cm，边缘具篦齿状裂片，裂片钻形，直立，长1.5~2cm。种子成熟后变黄，长约2.5cm。

原产于广西龙津。郑州航空工业管理学院有引种栽培。

（2）篦齿苏铁 *Cycas pectinata* Buch. -Ham.

[*Cycas circinalis* var. *pectinata* Schuster;

Cycas dilatata Griff.;

Cycas jenkinsiana Griff.;]

树干圆柱形，高达3m。羽状叶长1.2~1.5m，叶轴横切面圆形或三角状圆形，柄长15~30cm，两侧有疏刺，刺略向下弯，长约2mm，羽状裂片80~120对，条形或披针状条形，厚革质，坚硬，直或微弯，边缘稍反曲，上部微渐窄，先端渐尖，基部窄，两侧不对称，下延生长，上面深绿色，中脉隆起，脉的中央常有1条凹槽，下面绿色，有散生短柔毛或渐变无毛，中脉显著隆起，中部羽状裂片长15~20cm，宽6~8mm。雄球花长圆锥状圆柱形，长约40cm，直径10~15cm，有短梗，小孢子叶楔形，长3.5~4.5cm，顶部三角状或斜方形，先端具钻形长尖头，宽1.2~2cm，密生褐黄色绒毛，花药3~5（多为4）个聚生；大孢子叶密被褐黄色绒毛，上部的顶片斜方状宽圆形或宽圆形，宽大于长或长宽几相等，宽 6~8cm，边缘有 30 余枚钻形裂片，裂片长 3~3.5cm，先端尖，通常无毛，顶生的裂片较长大，长 4~5cm，边缘常疏生锯齿或再分裂，大孢子叶的下部急缩成粗短的柄状，长 3~7cm，上部两侧生胚珠 2~4 枚，胚珠无毛，卵圆形或近圆球形，顶端有 1 乳头状突起点。种子卵圆形或椭圆状倒卵圆形，长 4.5~5cm，直径 4~4.7cm，熟时暗红褐色，具光泽，干后外种皮常同中种皮分离开。

原产于云南西南部。郑州航空工业管理学院有引种栽培，作庭院观赏树用。印度锡金邦、尼泊尔、缅甸、泰国、柬埔寨、老挝、越南有分布。

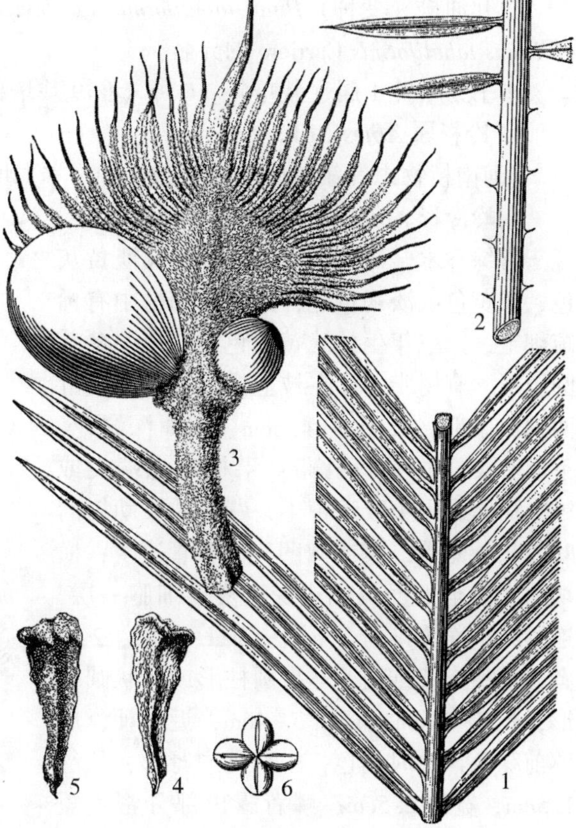

篦齿苏铁 *Cycas pectinata* Buch. -Ham.

1. 羽状叶的一段 2. 叶柄上部及羽状叶下部一段 3. 大孢子叶及种子 4、5. 小孢子叶的背腹面 6. 聚生的花药

（二十七）松科 Pinaceae

《河南植物志（第一册）》记载 7 属，23 种，1 变种。

其中：

太白冷杉、松杉 *Abies sutchueennsis*（Franch.）Rehder & E. H. Wilson 为巴山冷杉、太白冷杉（变种）*Abies fargesii* var. *sutchuensis* Franch. 的异名；

日本落叶松 *Larix leptolepis*（Siebold & Zucc.）Gordon 为日本落叶松 *Larix kaempferi*（Lamb.）Carrière 的异名；

黄花松 *Larix koreana* Nakai 为黄花落叶松（变种）*Larix gmelinii* var. *olgensis*（A. Henry）Ostenf. & Syrach 的异名；

华北落叶松 *Larix principis-rupprechtii* Mayr 为华北落叶松（变种）*Larix gmelinii* var. *principis-rupprechtii*（Mayr）Pilg. 的异名；

安徽五针松、大果松 *Pinus anhweiensis* Cheng et Y. W. Law 应为大别五针松、安徽五针

松（变种）*Pinus armandii* var. *dabeshanensis*（W. C. Cheng & Y. W. Law）Silba 的异名；

短叶油松（变种）*Pinus tabuliformis* var. *brevifolia* S. Y. Wang & C. L. Chang 为油松、松树 *Pinus tabuliformis* Carrière 的异名。

本书另增补 1 属（栽培），10 种（含 9 栽培种），1 变种（栽培）。

1. 冷杉属 *Abies* Mill.

《河南植物志（第一册）》记载 1 种。本书增补 1 种。

秦岭冷杉 *Abies chensiensis* Tiegh.

常绿乔木，高达 50m；一年生枝淡黄灰色、淡黄色或淡褐黄色，无毛或凹槽中有稀疏细毛，二三年生枝淡黄灰色或灰色；冬芽圆锥形，有树脂。叶在枝上排列成两列或近两列，条形，长 1.5~4.8cm，上面深绿色，下面有 2 条白色气孔带；果枝叶先端尖或钝，树脂道中生或近中生，营养枝及幼树的叶较长，先端二裂或微凹，树脂管边生；横切面上面至下面两侧边缘有皮下细胞一层，连续或不连续排列，下面中部 1~2 层，2 层者内层不连续排列。球果圆柱形或卵状圆柱形，长 7~11cm，直径 3~4cm，近无梗，成熟前绿色，熟时褐色，中部种鳞肾形，长约 1.5cm，宽约 2.5cm，鳞背露出部分密生短毛；苞鳞长约为种鳞的 3/4，不外露，上部近圆形，边缘有细缺齿，中央有短急尖头，中下部近等宽，基部渐窄。种子较种翅为长，倒三角状椭圆形，长 8mm，种翅宽大，倒三角形，上部宽约 1cm，连同种子长约 1.3cm。

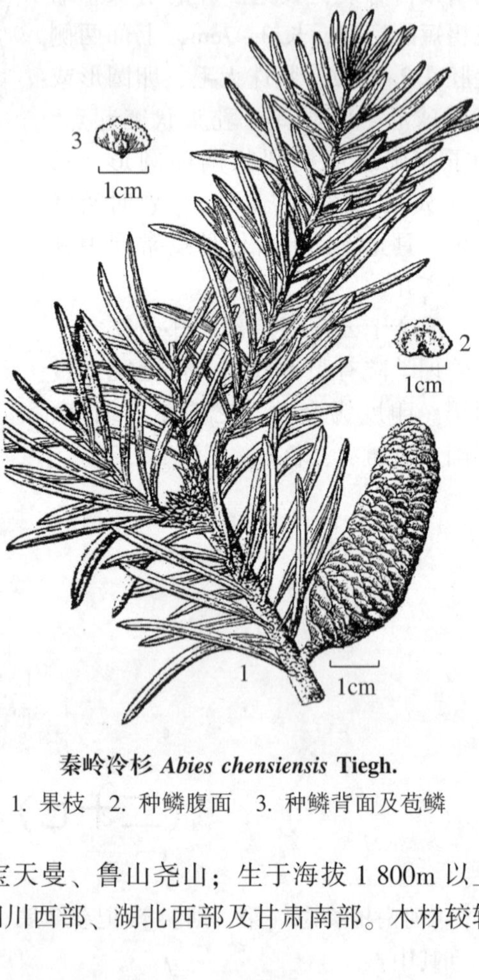

秦岭冷杉 *Abies chensiensis* Tiegh.

1. 果枝 2. 种鳞腹面 3. 种鳞背面及苞鳞

产于河南灵宝小秦岭、内乡宝天曼、南召宝天曼、鲁山尧山；生于海拔 1 800m 以上的山坡。为我国特有树种，分布于陕西南部、四川西部、湖北西部及甘肃南部。木材较轻软，纹理直，可供建筑等用。

2. 松属 *Pinus* L.

《河南植物志（第一册）》记载 13 种，1 变种。本书增补 8 种（均为引种栽培），1 变种（引种栽培）。

（1）美国西部白松 *Pinus monticola* Douglas ex D. Don

［*Pinus grozelieri* Carrière；

Pinus monticola var. *digitata* Lemmon；

Pinus monticola var. *minima* Lemmon；

Pinus monticola f. *porphyrocarpa*（A. Murray bis）P. Landry；

Pinus monticola var. *porphyrocarpa*（A. Murray bis）Mast.；

Pinus porphyrocarpa A. Murray bis;

Strobus monticola (Douglas ex D. Don) Rydb.]

常绿乔木，在原产地高达 50m，胸径达 1.2m；树冠圆锥形。树皮紫褐色，深裂成片状剥落。小枝褐色，无毛，冬芽圆筒形至球形，长 1.2cm，有树脂。叶 5 针 1 束，刚直，深绿色，先端钝，腹面有气孔线，长 4~10cm。球果具短梗，下垂，1~2（~6）个并生，狭圆筒形，长 10~25cm，直径 3~5cm。种子红褐色，有黑条，卵形，长 6mm，直径 3.5mm。

原产于美国西部。河南鸡公山国家级自然保护区树木园有引种栽培。

（2）北美乔松 美国白松 ***Pinus strobus* L.（彩版图 14）**

常绿乔木，在原产地树高达 65m，胸径 1.8m，树皮厚，深裂，紫色；幼枝有柔毛，后渐脱落；冬芽卵圆形，渐尖，稍有树脂。针叶 5 针 1 束，细柔，长 6~14cm，腹面每侧有 3~5 条气孔线；树脂道 2 个，边生于背部。球果熟时红褐色，窄圆柱形，稍弯曲，有梗，下垂，有树脂，长 8~12cm，种鳞边缘不反卷；种子有长翅。

原产于北美洲。河南鸡公山国家级自然保护区树木园有引种栽培。木材纹理通直，轻软，边材黄色，心材淡褐色，耐朽力强。可作建筑、器具等用材。

（3）西黄松 美国黄松 ***Pinus ponderosa* Douglas ex C. Lawson（彩版图 15）**

常绿乔木，在原产地高达 70m，胸径达 2.5m；枝条每年生长一轮；一年生枝暗橙褐色，稀有白粉，老枝灰黑色；芽矩圆形或卵圆形，有树脂。针叶通常 3 针 1 束，稀 2~5 针 1 束，深绿色，粗硬而扭曲，长 12~36cm，直径 1.2~1.5mm；横切面多为三角形，多型皮下层细胞，在表皮层下呈倒三角状断续分布，树脂道 5~6 个，中生。球果卵状圆锥形，长 8~20cm，直径 6~11cm；种鳞鳞盾红褐色或黄褐色，有光泽，沿横脊隆起，鳞脐有向后反的粗刺。种子长 7~10mm，种翅长 2.5~3cm。

原产于北美洲西部。河南鸡公山国家级自然保护区树木园有引种栽培。材质良好，有重要的经济价值。

（4）长叶松 *Pinus palustris* Mill.（彩版图 16）

[*Pinus australis* Michx. f.;

Pinus longifolia Salisb.;

Pinus palmieri Manetti ex Gordon;

Pinus palustris var. *excelsa* Booth ex J. Forbes;

Pinus palustris subsp. *neogigantea* Silba]

常绿乔木，在原产地高达 45m，胸径达 1.2m；枝向上开展或近平展，树冠宽圆锥形或近伞形；树皮暗灰褐色，裂成鳞状薄块片脱落；枝条每年生长一轮，稀生长数轮；小枝粗壮，橙褐色；冬芽粗大，银白色，窄矩圆形或圆柱形，顶端尖，无树脂；芽鳞长披针形。针叶 3 针 1 束，长 20~45cm，直径约 2mm，刚硬，先端尖；横切面三角形，二型，皮下层细胞，树脂道 3~7 个，多内生；叶鞘长约 2.5cm。球果窄卵状圆柱形，有树脂，成熟前绿色，熟时暗褐色，长 15~25cm；种鳞鳞盾肥厚、显著隆起，横脊明显，鳞脐宽短，具坚硬锐利的尖刺。种子大，长约 1.2cm，具长翅，种翅长约 3.7cm。幼苗最初几年苗茎很短，呈禾草状。

原产于美国东南沿海及亚热带南部。河南鸡公山国家级自然保护区树木园有引种栽培。木材坚实耐用，可供建筑及家具等用。

（5）矮松 弗吉尼亚松 ***Pinus virginiana* Mill.（彩版图 17）**

常绿小乔木，在原产地高达 20m，或可长成 30m 高的大乔木，胸径达 50cm；树皮浅裂成鳞状块片；枝平展或下垂，枝皮平滑；枝条每年生长多轮，小枝暗褐红色，有白粉；冬芽矩圆形，深褐色，富树脂。叶 2 针 1 束，长 4~8cm，直径约 1mm，刚硬，常扭曲；横切面扁半圆形，皮下层细胞一层，树脂道 2~3 个，中生，稀 1 个内生。球果圆锥状卵圆形或矩圆形，对称，长 4~6cm，红褐色，有光泽，熟时种鳞张开，宿存树上数年不落；种鳞的鳞盾多少沿横脊隆起，鳞脐突起，上部成细尖、下弯的刺。

原产于北美洲。河南鸡公山国家级自然保护区树木园有引种栽培。

（6）刺松 *Pinus pungens* Lamb.

常绿乔木，在原产地高达 18m，胸径达 80cm；树冠狭圆锥形。上枝向上，下枝多少下垂。树皮厚，暗褐色，鳞片状剥离。小枝绿色，光滑，老枝红褐色，无毛。冬芽圆锥形，暗黑褐色，长 1.8cm。叶 2~3 针 1 束，暗绿色，长 3~8cm。球果腋生，无梗或具短梗，2~5 个着生，褐色，短卵球形、卵状圆锥形，在枝上保留数年，种鳞基部肥厚，具有刺状突起。种子带褐色或近黑色，长 5~6mm，翅为种长的 4 倍。

原产于美洲东部。河南鸡公山国家级自然保护区树木园有引种栽培。

（7）晚松 美国晚松 ***Pinus serotina* Michx.**

［*Pinus alopecuroides* Gordon；

Pinus rigida subsp. *serotina*（Michx.）Engelm.；

Pinus rigida var. *serotina*（Michx.）Loudon ex Hoopes；

Pinus rigida var. *serotina*（Michx.）Mill.

Pinus rigida subsp. *serotina*（Michx.）R. T. Clausen］

常绿乔木，树皮浅裂；冬芽富有树脂。针叶 3 针 1 束，长 15~25cm，深绿色。雌球花红绿色。球果卵圆形，长 5~9cm，成熟后种鳞不张开，常宿存树上多年；种鳞的鳞盾隆起或微隆起，鳞脐微突起，先端有短刺尖。种子长约 8mm，有翅。

原产于美国东南部。河南鸡公山国家级自然保护区树木园有引种栽培。

（8）展松 *Pinus patula* Schiede ex Schltdl. & Cham.

［*Pinus patula* var. *macrocarpa* Mast.］

常绿乔木，在原产地高达 25m。树皮在树干上部呈灰褐色带红色，下部成鳞片状剥离。枝条扩展，下垂；小枝红褐色，无毛。冬芽圆筒形，长尖，长 1.2~2.4cm，有树脂。针叶 3 针 1 束，细而下垂，长 15~30cm，各面均有气孔线，在枝上存留 3~4 年。球果腋生，无梗，2~5 个着生，斜卵球圆锥形，鲜褐色，光滑，长 7~10cm。种子三棱形，灰色，长 5mm，翅长 12~18mm。

原产于美国中部和东部。河南鸡公山国家级自然保护区树木园有引种栽培。

（9）獐子松（变种）*Pinus sylvestris* var. *mongholica* Litv.

［*Pinus sylvestris* var. *manguiensis* S. Y. Li & Adair；

Pinus takahasii Nakai；

Pinus ussuriensis（Liou & Q. L. Wang）W. C. Cheng & Y. W. Law；

Pinus yamazutae Uyeki］

常绿乔木，高达 25m，胸径达 80cm；大树树皮厚，树干下部灰褐色或黑褐色，深裂成不规则的鳞状块片脱落，上部树皮及枝皮黄色至褐黄色，内侧金黄色，裂成薄片脱落；枝斜展或平展，幼树树冠尖塔形，老则呈圆顶或平顶，树冠稀疏；一年生枝淡黄褐色，无毛，二三年生长成灰褐色；冬芽褐色或淡黄褐色，长卵圆形，有树脂。针叶 2 针 1 束，硬直，常扭曲，长 4~9cm，很少达 12cm，直径 1.5~2mm，先端尖，边缘有细锯齿，两面均有气孔线；横切面半圆形，微扁，皮下层细胞单层，维管束鞘呈横茧状，两维管束距离较远，树脂道 6~11 个，边生；叶鞘基部宿存，黑褐色。雄球花圆柱状卵圆形，长 5~10mm，聚生新枝下部，长 3~6cm；雌球花有短梗，淡紫褐色，当年生小球果长约 1cm，下垂。球果卵圆形或长卵圆形，长 3~6cm，直径 2~3cm，成熟前绿色，成熟时淡褐灰色，成熟后开始脱落；中部种鳞的鳞盾多呈斜方形，纵脊、横脊显著，肥厚隆起，多反曲，鳞脐呈瘤状突起，有易脱落的短刺。种子黑褐色，长卵圆形或倒卵圆形，微扁，长 4.5~5.5mm，连翅长 11~15mm；子叶 6~7 枚，长 13~24mm；初生叶条形，长 18~24mm，上面有凹槽，边缘有较密的细锯齿，叶面上亦有疏生齿毛。花期 5~6 月，球果第二年 9~10 月成熟。

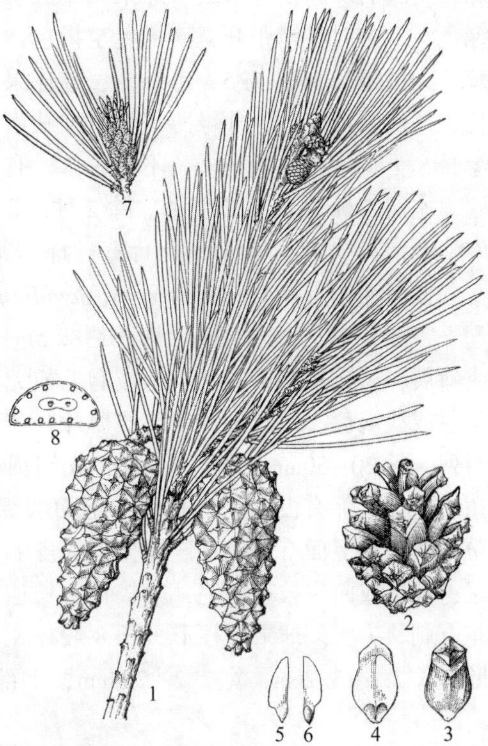

樟子松（变种）*Pinus sylvestris* var. *mongholica* Litv.
1. 雌球花及球果枝 2. 球果 3、4. 种鳞背腹面 5、6. 种子背腹面 7. 雄球花枝 8. 针叶的横切面

河南洛阳、许昌及鸡公山国家级自然保护区等地有引种栽培。分布于黑龙江大兴安岭海拔 400~900m 山地及海拉尔以西、以南一带沙丘地区；俄罗斯和蒙古也有分布。木材供建筑、枕木、电杆、船舶、器具、家具及木纤维工业原料等用材。树干可割树脂，提取松香及松节油，树皮可提栲胶。

3. 油杉属 *Keteleeria* Carr.（新增属）

常绿乔木；树皮纵裂，粗糙。小枝基部有宿存芽鳞，叶脱落后枝上留有近圆形或卵形的叶痕；冬芽无树脂。叶条形或条状披针形，扁平，螺旋状着生，在侧枝上排列成两列，两面中脉隆起，上面无气孔线或有气孔线，下面有 2 条气孔带，先端圆、钝、微凹或尖，叶柄短，常扭转，基部微膨大；叶内有 1~2 个维管束，横切面两端的下侧各有 1 个靠近皮下细胞的边生树脂道。雌雄同株，球花单性；雄球花 4~8 个簇生于侧枝顶端或叶腋，有短梗，雄蕊多数，螺旋状着生，花丝短，花药 2 个，药隔窄三角状，药室斜向或横向开裂，花粉有气囊；雌球花单生于侧枝顶端，直立，有多数螺旋状着生的珠鳞与苞鳞，花期苞鳞大而显著，先端 3 裂，中裂明显，珠鳞形小，着生于苞鳞腹面基部，其上着生 2 个胚

珠，受精后珠鳞发育增大。球果当年成熟，直立，圆柱形，幼时紫褐色，成熟前淡绿色或绿色，成熟时种鳞张开，淡褐色至褐色；种鳞木质，宿存，上部边缘内曲或向外反曲；苞鳞长为种鳞的1/2~3/5，不外露，或球果基部的苞鳞先端微露出，先端通常3裂，中裂窄长，两侧裂片较短，外缘薄，常有细缺齿。种子上端具宽大的厚膜质种翅，种翅几与种鳞等长，下端边缘包卷种子，不易脱落，有光泽。

本属5种及4~6个变种。除2种产于越南、老挝外，其他均为我国特有，产于秦岭以南、西南、中南至东部以及台湾、海南等温暖山区。河南大别山栽培1种。

铁坚油杉 铁坚杉 ***Keteleeria davidiana*** **(Bertr.) Beissn.**

常绿乔木，高达50m，胸径达2.5m；树皮粗糙，暗深灰色，深纵裂；老枝粗，平展或斜展，树冠广圆形；一年生枝有毛或无毛，淡黄灰色、淡黄色或淡灰色，二三年生枝呈灰色或淡褐色，常有裂纹或裂成薄片；冬芽卵圆形，先端微尖。叶条形，在侧枝上排列成两列，长20~50mm，宽3~4mm，先端圆钝或微凹，基部渐窄成短柄，上面光绿色，无气孔线或中上部有极少的气孔线，下面淡绿色，沿中脉两侧各有气孔线10~16条，微有白粉，横切面上面有一层不连续排列的皮下层细胞，两端边缘二层，下面两侧边缘及中部一层；幼树或萌生枝有密毛，叶较长，长达5cm，宽约5mm，先端有刺状尖头，稀果枝之叶亦有刺状尖头。球果圆柱形，长8~21cm，直径3.5~6cm；中部的种鳞卵形或近斜方状卵形，长2.6~3.2cm，宽2.2~2.8cm，上部圆或窄长而反曲，边缘向外反曲，有微小的细

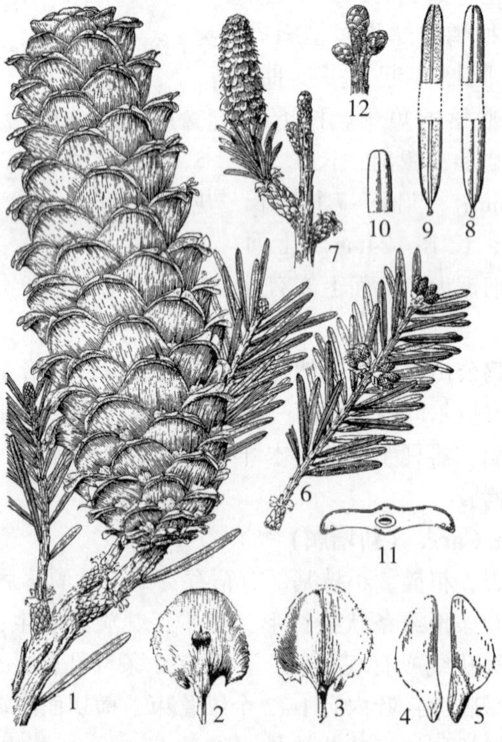

铁坚油杉 *Keteleeria davidiana* (Bertr.) Beissn

1. 球果枝 2. 种鳞背面及苞鳞 3. 种鳞腹面 4、5. 种子背腹面 6. 雄球花枝 7. 雌球花枝 8、9. 叶的上下面 10. 叶的上端 11. 叶的横切面 12. 芽与枝

齿，鳞背露出部分无毛或疏生短毛；鳞苞上部近圆形，先端3裂，中裂窄，渐尖，侧裂圆而有明显的钝尖头，边缘有细缺齿，鳞苞中部窄短，下部稍宽；种翅中下部或近中部较宽，上部渐窄；子叶通常3~4枚，但2~3枚连合，子叶柄长约4mm，淡红色；初生叶7~10枚，鳞形，近革质，长约2mm，淡红色。花期4月，种子10月成熟。

河南大别山区的新县林场天台山林区有引种栽培。分布于甘肃东南部，陕西南部，四川北部、东部及东南部，湖北西部及西南部、西北部，贵州西北部。该种生长迅速，木材可作房屋建筑、桥梁及一般用具等用材。

（二十八）杉科 Taxodiaceae

《河南植物志（第一册）》记载5属，7种，1变种。

其中：

灰叶杉（变种）*Cunninghamia lanceolata*（Lamb.）Hook. var. *glauca* Dallimore et Jackson 有待进一步查证；

柳杉、孔雀松 *Cryptomeria fortunei* Hooibr. ex Billain 为日本柳杉 *Cryptomeria japonica*（Thunb. ex L. f.）D. Don 的异名；

池杉、落叶杉、池柏 *Taxodium ascendens* Brongn. 为池杉（变种）*Taxodium distichum* var. *imbricatum*（Nutt.）Croom 的异名。

本书另增补3属（均为栽培），3种（均为栽培）。

1. 金松属 *Sciadopitys* Siebold & Zucc.（新增属，栽培）

常绿乔木，枝短，平展。叶二型；鳞状叶小，膜质苞片状，螺旋状着生，散生于枝上和在枝顶呈簇生状；合生叶（由二叶合生而成）条形，扁平，革质，两面中央有1条纵槽，生于鳞状叶的腋部，着生于不发育的短枝顶端，辐射开展，在枝端呈伞形。雌雄同株，雄球花簇生于枝顶，雄蕊多数，螺旋状着生，花药2室，纵裂；雌球花单生枝顶，珠鳞螺旋状着生，腹面基部有5~9枚胚珠排成一轮，苞鳞与珠鳞结合而生，仅先端分离。球果有短柄，第2年成熟；种鳞木质，发育的种鳞有5~9粒种子；种子扁，有窄翅；子叶2枚。

本属仅1种，产于日本。我国引入栽培，作庭院树种。河南室内有盆栽。

金松 日本金松 ***Sciadopitys verticillata*（Thunb.）Sieb. et Zucc.（彩版图18）**

[*Pinus verticillata*（Thunb.）Siebold;

Podocarpus verticillatus（Thunb.）Jacques;

Sciadopitys verticillata var. *pendula* Bean;

Sciadopitys verticillata var. *variegata* Gordon;

Taxus verticillata Thunb.]

常绿乔木，在原产地高达40m，胸径达3m；枝近轮生，水平伸展，树冠尖塔形；树皮淡红褐色或灰褐色，裂成条片脱落。鳞状叶三角形，脱落性，长3~6mm，基部绿色，上部膜质，红褐色，先端钝，第2年变成褐色；合生叶条形，长5~15cm，宽2.5~3mm，边缘较厚，先端钝，有微凹缺，上面亮绿色，中央有1条较深的纵槽，下面淡绿色，中央有1条淡黄色的纵槽，两侧各有1条白色的气孔带。雄球花卵圆形，长约1.2cm，有短梗，雄蕊宽矩圆形。球果卵状矩圆形，有短梗，长6~10cm，直径3.5~5cm；种鳞宽楔形或扇形，宽1.2~2cm，先端宽圆形，边缘薄、向外反卷，腹面与背面覆盖部分均有细毛；苞鳞先端分离部分三角形而向后反曲；种子扁，矩圆形或椭圆形，连翅长8~12mm，宽约8mm。

河南洛阳、信阳（鸡公山）等地有引种栽培，一般为温室盆栽。青岛、庐山、南京、上海、杭州、武汉等地有栽培。为世界珍奇观赏树木。木材供建筑、桥桩、造船等用。

2. 北美红杉属 *Sequoia* Endl.（新增属，栽培）

常绿大乔木；冬芽尖，鳞片多数，覆瓦状排列。叶二型，螺旋状着生，鳞状叶贴生或微开展，上面有气孔线；条形叶基部扭转排列成2列，无柄，上面有少数断续的气孔线或无，下面有2条白色气孔带。雌雄同株，雄球花单生枝顶或叶腋，有短梗，雄蕊多数，螺旋状排列；雌球花生于短枝顶端，下有多数螺旋状着生的鳞状叶，珠鳞15~20枚，每枚珠鳞有3~7枚直立胚珠。球果下垂，当年成熟；卵状椭圆形或卵圆形；种鳞木质，盾形，发育种鳞有2~5粒种子。种子两侧有翅；子叶2枚。

本属仅1种，产于美国。我国引入栽培。河南也有栽培。

北美红杉 长叶世界爷 ***Sequoia sempervirens*（D. Don）Endl.（彩版图19，图20）**

[*Taxodium sempervirens* D. Don;

Condylocarpus sempervirens Salisb. ex Carrière;

Gigantabies taxifolia J. Nelson;

Schubertia sempervirens（Lamb.）Spach;

Sequoia pyramidata Carrière;

Sequoia religiosa C. Presl;

Sequoia taxifolia K. Koch;

Steinhauera sempervirens（D. Don）Voss;

Taxodium nutkaense Lamb. ex Endl.]

大乔木，在原产地高达110m，胸径可达8m；树皮红褐色，纵裂，厚达15~25cm；枝条水平开展，树冠圆锥形。主枝叶卵状矩圆形，长约6mm；侧枝叶条形，长8~20mm，先端急尖，基部扭转裂成2列，无柄，上面深绿色或亮绿色，下面有2条白粉气孔带，中脉明显。雄球花卵形，长1.5~2mm。球果卵状椭圆形或卵圆形，长2~2.5cm，直径1.2~1.5cm，淡红褐色；种鳞盾形，顶部有凹槽，中央有1小尖头。种子椭圆状矩圆形，长约1.5mm，淡褐色，两侧有翅。

原产于美国加利福尼亚州海岸。河南鸡公山国家级自然保护区有引种栽培，生长良好。上海、南京、杭州也有引种栽培。为世界名贵速生树种。

3. 台湾杉属 *Taiwania* Hayata（新增属，栽培）

常绿乔木；大枝平展，小枝细长，下垂；冬芽形小。叶二型，螺旋状排列，基部下延；老树之叶鳞状钻形，在小枝上密生，并向上斜弯，先端尖或钝，横切面三角形或四棱形，背腹面均有气孔线；幼树和萌芽枝的叶钻形，较大，微向上弯曲，镰状，两侧扁平，先端锐尖。雌雄同株；雄球花数个簇生于小枝顶端，雄蕊多数、螺旋状排列，花药2~4个，卵形，药室纵裂，药隔鳞片状；雌球花单生小枝顶端，直立，苞鳞退化，珠鳞多数，螺旋状排列，珠鳞的腹面基部有 2 枚胚珠。球果形小，种鳞革质，扁平，鳞背尖头的下方有明显或不明显的圆形腺点，露出部分有气孔线，边缘近全缘，微内弯，发育种鳞各有 2 粒种子。种子扁平，两侧有窄翅，上下两端有凹缺；子叶 2 枚。

本属仅 1 种，分布于我国台湾、湖北、贵州、云南等省区。缅甸北部也有分布。河南有引入栽培。

台湾杉 *Taiwania cryptomerioides* Hayata（彩版图 21）

[*Taiwania cryptomerioides* var. *flousiana*（Gaussen） Silba；

Taiwania flousiana Gaussen；

Taiwania yunnanensis Koidz.]

常绿大乔木，高达 75m，胸径 3. 5m；枝平展，树冠广圆形。大树之叶钻形、腹背隆起，背脊和先端向内弯曲，长 3 ~ 5mm，两侧宽 2 ~ 2. 5mm，腹面宽 1 ~ 1. 5mm，稀长至 9mm，宽 4. 5mm，四面均有气孔线，下面每边 8~10 条，上面每边 8~9 条；幼树及萌生枝上之叶为两侧扁的四棱钻形，微向内侧弯曲，先端锐尖，长达 22mm，宽约 2mm。雄球花 2~5 个簇生枝顶，雄蕊 10 ~ 15 枚，每枚雄蕊有 2 ~ 3 个花药，雌球花球形，球果卵圆形或短圆柱形；中部种鳞长约 7mm，宽 8mm，上部边缘膜质，先端中央有突起的小尖头，背面先端下方有不明显的圆形腺点。种子长椭圆形或长椭圆状倒卵形，连翅长 6mm，直径 4. 5mm。4 ~ 5 月开花传粉，球果 10 ~ 11 月成熟。

河南洛阳、郑州、许昌以及信阳鸡公山国家级自然保护区和南湾等地有引种栽培，生长良好。可供建筑、桥梁、电线杆、舟车、家具、板材及造纸原料等用材。

（二十九）柏科 Cupressaceae

《河南植物志（第一册）》记载 8 属，16 种，11 变种。

其中：

台湾扁柏 *Chamaecyparis taiwanensis* Masam. & Suzuki 为台湾扁柏（变种）*Chamaecyparis obtusa* var. *formosana*（Hayata） Hayata 的异名；

日本线柏（变种） *Chamaecyparis pisifera* var. *filifera*（Veitch ex Sénécl.） Hartw. & Rümpler 和线柏、云柏（变种应为变型） *Chamaecyparis pisifera* f. *squarrosa*（Siebold & Zucc.） Beissn. & Hochst. 均为日本花柏、花柏 *Chamaecyparis pisifera*（Siebold & Zucc.） Endl. 的异名；

本补修编将圆柏属 *Sabina* Mill. 并入刺柏属 *Juniperus* L. ；

原圆柏属 3 种，8 变种和变型中的粉柏、翠柏（变种） *Sabina lemeeana* var. *meyeri*（Rehd.） Cheng & W. T. Wang 为高山柏 *Juniperus squamata* Buch. -Ham. ex D. Don 的异名（该种的描述见刺柏属 *Juniperus* L.）；

原圆柏属中的圆柏、桧柏、刺柏、桧 *Sabina chinensis*（L.） Antoine 为圆柏 *Juniperus chinensis* L. 。原该种下 2 变种，5 变型，除地柏（变种） *Sabina chinensis* var. *sargentii*（A. Henry） W. C. Cheng & L. K. Fu 为偃柏（变种） *Juniperus chinensis* var. *sargentii* A. Henry 外，其余均为圆柏 *Juniperus chinensis* L. 的异名；

北美圆柏、铅笔柏 *Sabina virginiana*（L.）Antoine 为北美圆柏 *Juniperus virginiana* L.；

偃柏、爬地柏 *Sabina procumbens*（Siebold ex Endl.）Iwata & Kusaka 为铺地柏 *Juniperus procumbens*（Siebold ex Endl.）Miq.。

本书另增补 1 属，3 种，3 变种及栽培品种。

1. 扁柏属 *Chamaecyparis* Spach

《河南植物志（第一册）》记载 3 种，2 变种。本书增补 3 栽培变种。

（1）凤尾柏（栽培变种）*Chamaecyparis obtusa* var. *formosana*（Hayata）Hayata cv. Filicoides

灌木，枝条短，末端鳞叶分枝短，扁平，在主枝上排列密集，外观凤尾蕨状；鳞叶钝，常有腺点。

河南郑州、洛阳、开封等城市有引种栽培；可作庭院及园林观赏。

（2）云片柏（栽培变种）*Chamaecyparis obtusa* var. *formosana*（Hayata）Hayata cv. Breviramca

小乔木，树冠窄塔形；枝短，生鳞叶的小枝薄片状，有规则地排列，侧生片状小枝盖住顶生片状小枝，如层云状。球果较小。

河南郑州、洛阳、信阳等城市有引种栽培。可作城市园林观赏树种。

（3）孔雀柏（栽培变种）*Chamaecyparis obtusa* var. *formosana*（Hayata）Hayata cv. Tetragona

灌木或小乔木；枝近直展，鳞叶的小枝辐射状排列或微排成平面，短，末端鳞叶枝四棱形；鳞叶背部有纵脊，亮绿色。

河南焦作、安阳、新乡、洛阳等地有引种栽培。可作城市园林观赏树种。

2. 罗汉柏属 *Thujopsis* Siebold & Zucc.（新增属，栽培）

常绿乔木，生鳞叶的小枝扁平，排成一个平面，上下两面异形，下面有白粉带。鳞叶交叉对生，二型，侧面的叶对折成船形，覆压中央之叶的边缘，先端微内曲。雌雄同株，球花单生于短枝顶端；雄球花椭圆形，雄蕊 6~8 对，交叉对生；雌球花具 3~4 对珠鳞，仅中间 2 对珠鳞的腹面基部各生 3~5 枚胚珠。球果近圆球形，种鳞 3~4 对，木质，扁平，在顶端的下方有一短尖头，中间的 2 对种鳞各有 3~5 粒种子。种子近圆形，两侧具窄翅；子叶 2 枚。

本属仅 1 种，产于日本。我国引种栽培作庭院观赏树。河南也有栽培。

罗汉柏 *Thujopsis dolabrata*（L. f.）Siebold & Zucc.

[*Thuja dolabrata* Thunb. ex L. f.;
Libocedrus dolabrata（L. f.）J. Nelson;
Platycladus dolabrata（L. f.）Spach;
Thujopsis atrovirens Lavallée;
Thujopsis laetevirens Lindl.]

常绿乔木，高达 15m；树皮薄，灰色或红褐色，裂成长条片脱落；枝条斜伸，树冠尖塔形；生鳞叶的小枝平展，扁，鳞叶质地较厚，两侧之叶卵状披针形，长 4~7mm，宽 1.5~2.2mm，先端通常较钝，微内曲，上侧面深绿色，下侧面具 1 条较宽的粉白色气孔带；中央叶稍短于两侧叶，露出部分呈倒卵状椭圆形，先端钝圆或近三角状，下面中央之叶具2条明显的粉白色气孔带。球果近圆球形，长1~1.6cm；种鳞木质，顶端下方具一短尖头，发育种鳞的腹面基部具3~5粒种子。种子椭球形，两侧有厚窄翅。

河南信阳鸡公山和南湾有栽培，可露地越冬；郑州、开封、洛阳有盆栽。青岛、庐山、井冈山、南京、上海、杭州、福州、武汉等地均有引种栽培作庭院观赏树，生长良好。

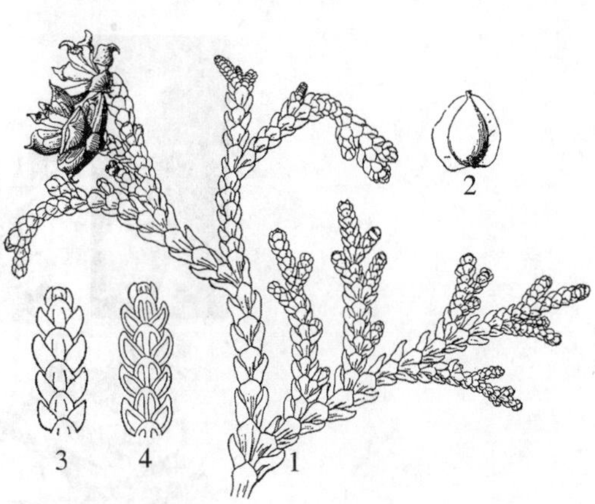

罗汉柏 *Thujopsis dolabrata*（L. f.）Siebold & Zucc.

1. 球果鳞叶枝　2. 种子　3、4. 鳞叶枝的上下面

本种的小枝排列、叶的形状、大小及白粉带等和福建柏 *Fokienia hodginsii*（Dunn）A. Henry & H. H. Thomas（《河南植物志（第一册）》147~148页）相似。在没有球果的情况下，两者容易相混。其区别在福建柏的鳞叶质地较薄，在枝上明显成节，两侧叶的边缘紧贴中央叶的两侧，中上部不渐窄，先端钝尖或微急尖，微向内曲，中央叶露出部分楔形，较两侧叶为窄或近于等宽，先端三角状，常有凸尖。而罗汉柏的鳞叶质地较厚，排列较密，不成明显的节，两侧叶的边缘不紧贴中央叶，中上部斜展、渐窄、明显向内弯曲，中央叶较宽长，先端圆钝或近三角状。

3. 柏木属 *Cupressus* L.

《河南植物志（第一册）》记载2种（栽培）。本书增补引种栽培1种。

墨西哥柏木 *Cupressus lusitanica* Mill.（彩版图22）

常绿乔木，在原产地高达30m，胸径达1m；树冠圆锥形。树皮红褐色，纵裂；生鳞叶的小枝不排成平面，下垂，末端鳞叶枝四棱形，直径约1mm。鳞叶蓝绿色，被蜡质白粉，先端尖，背部无明显的腺点。球果圆球形，较小，直径10~15mm，褐色，被白粉；种鳞3~4对，顶部有一尖头，发育种鳞具多数种子；种子有棱脊，具窄翅。

原产于墨西哥，许多国家广为栽培作庭院观赏树。河南信阳鸡公山和南湾有引种栽培；我国南京等地也有引种栽培，生长良好。

4. 刺柏属 *Juniperus* L.

《河南植物志（第一册）》记载3种。本书除修订外，增补2种（含1栽培种）。

（1）高山柏　山柏、地柏 ***Juniperus squamata* Buch.-Ham. ex D. Don**

［*Juniperus morrisonicola* Hayata；

Juniperus recurva var. *squamata*（Buch.-Ham. ex D. Don）Parl.；

Juniperus squamata var. *morrisonicola*（Hayata）H. L. Li & H. Keng；

Sabina squamata（Buch.-Ham. ex D. Don）Antoine］

灌木，高1~3m，或成匍匐状，或为乔木，高达16m，胸径可达1m；树皮褐灰色；枝条斜伸或平展，枝皮暗褐色或微带紫色或黄色，裂成不规则薄片脱落；小枝直或弧状弯曲，下垂或伸展。叶全为刺形，三叶交叉轮生，披针形或窄披针形，基部下延生长，通常斜伸或平展、下延部分露出，稀近直伸、下延部分不露出，长5~10mm，宽1~1.3mm，直或微曲，先端具急尖或渐尖的刺状尖头，上面稍凹，具白粉带，绿色中脉不明显，或有

高山柏 *Juniperus squamata*（Buch. -Ham.）ex D. Don

1. 球果枝 2、3. 果实不同侧面 4. 种子

时较明显，下面拱凸具钝纵脊，沿脊有细槽或下部有细槽。雄球花卵圆形，长 3~4mm，雄蕊 4~7 对。球果卵圆形或近球形，成熟前绿色或黄绿色，熟后黑色或蓝黑色，稍有光泽，无白粉，内有种子 1 粒；种子卵圆形或锥状球形，长 4~8mm，直径 3~7mm，有树脂槽，上部常有明显或微明显的 2~3 钝纵脊。

河南产于伏牛山区的灵宝小秦岭、嵩县龙池曼、栾川老君山；生于海拔 2 000m 以上的山坡上，分布于西北高寒山区。可作城市园林观赏树种。

（2）塔枝圆柏 蜀桧 ***Juniperus komarovii* Florin**

［*Juniperus glaucescens* Florin；

Sabina komarovii（Florin）W. C. Cheng & W. T. Wang］

乔木，高达 20m；树皮褐灰色或灰色，纵裂成条片脱落；树冠密，蓝绿色；枝条下垂，枝皮灰褐色，裂成不规则薄片脱落；小枝圆形或近方形，直径 1~1. 5mm，一年生枝的二回分枝排列较疏松，与一回分枝常成锐角向上伸展，稍直或微成弧状弯曲，三回分枝在二回分枝上也有由下向上逐渐变短的趋势。鳞形叶呈卵状三角形，少为宽披针形，交互对生，间或顶生小枝之叶 3 枚交互轮生，排列较紧密或较疏松，长 1. 5~3. 5（~6）mm，微内曲，先端钝尖或微尖，腹面凹，背面圆或上部有钝脊，基部或近基部有椭圆形或卵形腺体，有时腺槽达中下部。雌雄同株，雄球花卵圆形或圆球形，长 2~2. 5mm，雄蕊通常 5 对，花药 2~3 个，药隔近圆形。球果成熟前绿色，微被白粉，成熟时黄褐色至紫蓝色，干时变成黑色，有光泽，卵圆形或近圆球形，直立，长 6~9（~12）mm，有 1 粒种子。

塔枝圆柏 *Sabina komarovii*（Florin）

1. 球果鳞叶枝及种子 2. 鳞叶枝 3、4. 种子

种子卵圆形或倒卵圆形，长6~8mm，有深凹或细浅的树脂槽，两侧或上部具钝脊。

原产于四川西北部和青海南部；生于海拔3 000~4 000m的高山地带。河南郑州、洛阳、许昌、开封等地广为栽培；为城市园林绿化树种。可供建筑、器具、农具及家具等用材。

（三十）罗汉松科 Podocarpaceae

《河南植物志（第一册）》记载栽培1属，2种，1变种。

其中：

小叶罗汉松（变种）*Podocarpus macrophyllus* var. *maki* Siebold & Zucc. 为短叶罗汉松 *Podocarpus chinensis* Wall. ex J. Forbes 的异名；

竹柏 *Podocarpus nagi*（Thunb.）Pilg. 现改为竹柏属竹柏 *Nageia nagi*（Thunb.）Kuntze。

本书另增补引种栽培1种。

罗汉松属 *Podocarpus* L. Her.

百日青 *Podocarpus neriifolius* D. Don

［*Margbensonia neriifolia*（D. Don）A. V. Bobrov & Melikyan；

Podocarpus discolor Blume；

Podocarpus leptostachyus Blume；

Podocarpus macrophyllus var. *acuminatissimus* E. Pritz.；

Podocarpus neglectus Blume]

常绿乔木，高达25m，胸径约50cm；树皮灰褐色，薄纤维质，成片状纵裂；枝条开展或斜展。叶螺旋状着生，披针形，厚革质，常微弯，长7~15cm，宽0.9~1.3cm，上部渐窄，先端有渐尖的长尖头，萌生枝上的叶稍宽，有短尖头，基部渐窄，楔形，有短柄，上面中脉隆起，下面微隆起或近平。雄球花穗状，单生或2~3个簇生，长25~50mm，总梗较短，基部有多数螺旋状排列的苞片。种子卵圆形，长8~16mm，顶端圆或钝，熟时肉质假种皮紫红色，种托肉质，橙红色，梗长9~22mm。花期5月，种子10~11月成熟。

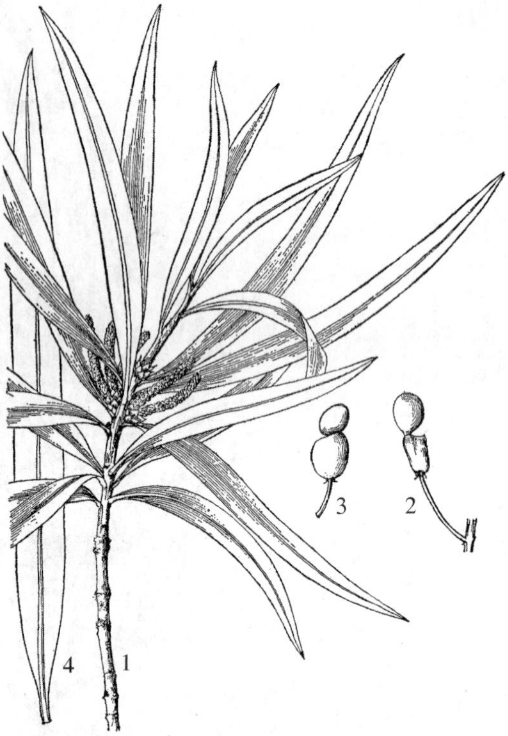

百日青 *Podocarpus nerrifolius* D. Don

1. 雄球花枝 2、3. 种子 4. 叶

河南信阳鸡公山国家级自然保护区有栽培；洛阳、郑州、新乡等地公园有盆栽。产于浙江、福建、江西、湖南、贵州、四川、西藏、云南、广西、广东等省区；尼泊尔、不丹、缅甸、越南、老挝、柬埔寨、印度尼西亚、马来西亚、菲律宾、泰国、印度、巴布亚新几内亚也有分布。可供家具、乐器、文具及雕刻等用材；又可作庭院观赏树。

（三十一）红豆杉科 Taxaceae

《河南植物志（第一册）》记载2属，3种。

其中：

红豆杉、扁柏、紫柏树 *Taxus chinensis*（Pilg.）Rehder 为红豆杉（变种）*Taxus wallichiana* var. *chinensis*（Pilg.）Florin 的异名；

球果香榧、巴山香榧 *Torreya fargesii* Franch. 为巴山榧树（变种）*Torreya grandis* var. *fargesii*（Franch.）Silba 的异名。

本书另增补1变种。

红豆杉属 *Taxus* L.

《河南植物志（第一册）》记载1种。本书除修订外，增补1变种。

南方红豆杉 紫柏树 **（变种）*Taxus wallichiana* var. *mairei*（Lemée & H. Lév.）L. K. Fu & Nan Li**

[*Tsuga mairei* Lemée & H. Lév. ;
Taxus chinensis var. *mairei* (Lemée & H. Lév.) W. C. Cheng & L. K. Fu;
Taxus mairei (Lemée & H. Lév.) S. Y. Hu;
Taxus speciosa Florin]

本变种与红豆杉（变种）*Taxus wallichiana* var. *chinensis* (Pilg.) Florin 的区别主要在于叶常较宽长，多呈弯镰状，通常长 20~35mm，宽 2.5~4mm，上部常渐窄，先端渐尖，下面中脉带上无角质乳头状突起点，或局部有成片或零星分布的角质乳头状突起点，或与气孔带相邻的中脉带两边有一至数条角质乳头状突起点，中脉带明晰可见，其色泽与气孔带相异，呈淡黄绿色或绿色，绿色边带亦较宽而明显；种子通常较大，微扁，多呈倒卵圆形，上部较宽，稀柱状矩圆形，长 7~8mm，直径 5mm，种脐常呈椭圆形。

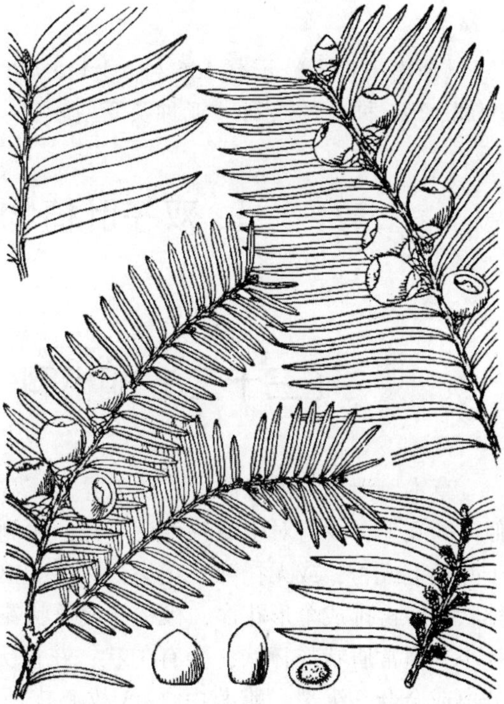
南方红豆杉（变种）*Taxus wallichiana* var. *mairei* (Lemée & H. Lév.) L. K. Fu & Nan Li

河南产于伏牛山区的西峡、栾川、卢氏和太行山区的济源等地；生于海拔 1 000m 以上的山坡或山谷杂木林中。分布于安徽（南部）、浙江、台湾、福建、江西、广东（北部）、广西（北部及东北部）、湖南、湖北（西部）、陕西（南部）、甘肃（南部）、四川、贵州及云南（东北部）。种子可榨油，树皮含单宁，木材可作农具，枝叶含紫杉醇（taxol）具有抗癌作用，亦为城市园林绿化树种。

三、被子植物门 Angiospermae

《河南植物志》记载 156 科，1 115 属，3 300 种，572 变种及变型。本书增补 11 科，79 属，516 种，76 变种、亚种及变型。

Ⅰ. 双子叶植物纲 Dicotyledoneae

（三十二）胡椒科 Piperaceae（新增科）

草本、灌木或攀缘藤本，稀为乔木，常有香气；维管束多少散生而与单子叶植物的类似。叶互生，少有对生或轮生，单叶，两侧常不对称，具掌状脉或羽状脉；托叶多少贴生于叶柄上或否，或无托叶。花小，两性、单性雌雄异株或间有杂性，密集成穗状花序或由穗状花序再排成伞形花序，极稀有成总状花序排列，花序与叶对生或腋生，少有顶生；苞片小，通常盾状或杯状，少有勺状；花被无；雄蕊 1~10 枚，花丝通常离生，花药 2 室，分离或会合，纵裂；雌蕊由 2~5 枚心皮所组成，连合，子房上位，1 室，有直生胚珠 1 个，柱头 1~5 个，无或有极短的花柱。浆果小，具肉质、薄或干燥的果皮；种子具少量的内胚乳和丰富的外胚乳。

本科 8 属或 9 属，有 2 000~3 000 种，分布于热带和亚热带地区，大多数产于北美洲和南美洲。我国 3 属，68 种，包括 36 个特有种和 4 个引进种。产于我国东南至西南部各省区。河南温室盆栽的有 1 属，2 种。

草胡椒属 *Peperomia* Ruiz & Pavon（新增属，栽培）

一年生或多年生草本，茎通常矮小，带肉质，常附生于树上或石上；维管束全部分离，散生。叶互生、对生或轮生，全缘，无托叶。花极小，两性，常与苞片同着生于花序轴的凹陷处，排成顶生、腋生或与叶对生的细弱穗状花序，花序单生、双生或簇生，直径几与总花梗相等；苞片圆形、近圆形或长圆形，盾状或否；雄蕊 2 枚，花药圆形、椭圆形或长圆形，有短花丝；子房 1 室，有胚珠 1 个，柱头球形，顶端钝、短尖、喙状或画笔状，侧生或顶生，不分裂或稀有 2 裂。浆果小，不开裂。

本属约 1 000 种，广布于热带和亚热带地区。我国有 7 种，包括 2 特有种和 1 引进种。产于我国东南至西南部各省区。河南温室盆栽有 2 种。

(1) 豆瓣绿 *Peperomia tetraphylla*（G. Forst.）Hook. & Arn.

[*Peperomia reflexa*（L. f.）A. Dietr.；

Peperomia reflexa f. *sinensis* C. DC.；

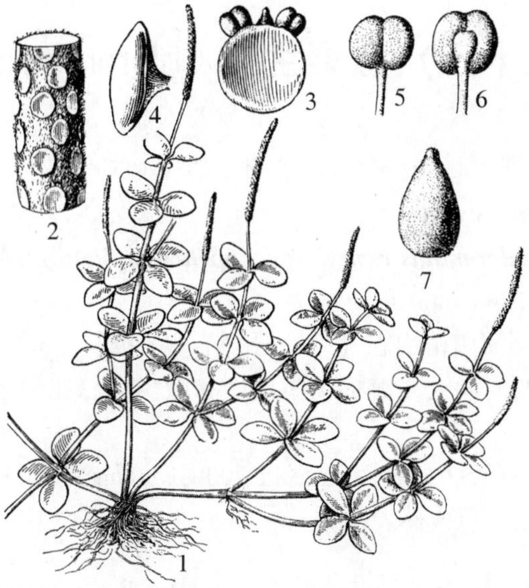

豆瓣绿 *Peperomia tetraphylla*（G. Forst.）Hook. & Arn.

1. 植株 2. 花序一段 3. 花 4. 苞片侧面观 5、6. 雄蕊 7. 果

Peperomia tetraphylla var. *sinensis*（C. DC.）P. S. Chen & P. C. Zhu；

Piper reflexum L. f.；

Piper tetraphula G. Forst.］

肉质丛生草本；茎匍匐，多分枝，长 10~30cm，下部节上生根，节间有粗纵棱。叶密集，大小近相等，4 片或 3 片轮生，带肉质，有透明腺点，干时变淡黄色，常有皱纹，略背卷，阔椭圆形或近圆形，长 9~12mm，宽 5~9mm，两端钝或圆，无毛或稀被疏毛；叶脉 3 条，细弱，通常不明显；叶柄短，长1~2mm，无毛或被短柔毛。穗状花序单生、顶生和腋生，长 2~4.5cm；总花梗被疏毛或近无毛，花序轴密被毛；苞片近圆形，有短柄，盾状；花药近椭圆形，花丝短；子房卵形，着生于花序轴的凹陷处，柱头顶生，近头状，被短柔毛。浆果近卵形，长近 1mm，顶端尖。花期 2~4 月及 9~12 月。

河南郑州、洛阳、南阳等城市公园温室有盆栽。不少花市有盆栽出售。我国产于台湾、福建、广东、广西、贵州、云南、四川及甘肃南部和西藏南部；分布于美洲、大洋洲、非洲及亚洲热带和亚热带地区。全草药用。内服治风湿性关节炎、支气管炎；外敷治扭伤、骨折、痈疮疖肿等。

（2）圆叶椒草 钝叶豆瓣绿 ***Peperomia obtusifolia*（L.）A. Dietr.（彩版图 23）**

多年生常绿肉质草本，高约 30cm。茎直立，有皱纹，基部常横卧，叶柄和枝条深红色。叶片翠绿色，肉质肥厚，坚硬，叶片卵状心形，长 5~6cm，宽 4~5cm，地栽更大。肉质花序细长，1 至数个超出叶上，带红色。

原产于热带美洲，以西印度群岛为多。河南各大城市引种栽培，常见于花市上。本种叶有光泽，亮丽，株形小巧美观，适合中小盆栽植，是家庭和办公室理想的装饰植物，常用于窗台、书案、茶几等处。

（三十三）金粟兰科 Chloranthaceae

《河南植物志（第一册）》记载1属，5种。本书增补1变种。

金粟兰属 *Chloranthus* Swartz

湖北金粟兰(变种) *Chloranthus henryi* var. *hupehensis*(Pamp.)K. F. Wu（彩版图24）

[*Chloranthus hupehensis* Pamp.]

本变种与原变种［《河南植物志（第一册）》163页］主要区别为：叶宽倒卵形或近圆形，边缘具粗圆齿，两面无毛；穗状花序顶生和腋生，总花梗较短，长2.5~5 cm，花期5~6月。

河南仅见于西峡、南召、内乡；生于海拔700~1 800m的山谷林下阴湿处。分布于甘肃、湖北和陕西。根茎或全草入药。

（三十四）杨柳科 Salicaceae

《河南植物志（第一册）》记载2属，67种，1亚种，36变种和变型，7品种。

其中：

新疆杨 *Populus bolleana* Lauche 为新疆杨（变种）*Populus alba* var. *pyramidalis* Bunge 的异名；

河北杨 *Populus* × *hopeiensis* Hu & H. F. Chow 为山杨 *Populus davidiana* 和毛白杨 *Populus tomentosa* Carrière 的天然杂交种，其种下3个变种：垂枝河北杨 *Populus hopeiensis* var. *pendula* T. B. Chao，卵叶河北杨 *Populus hopeiensis* var. *ovatifolia* T. B. Chao 和黄皮河北杨 *Populus hopeiensis* var. *flavida* T. B. Chao 均有待进一步研究考证；

松河杨 *Populus sunghoensis* T. B. Chao & C. W. Chiuan 有待进一步研究考证；

新乡杨 *Populus sinxiangensis* T. B. Chao 有待进一步研究考证；

豫农杨 *Populus yunungii* G. L. Lu 有待进一步研究考证；

垂枝山杨（变种）*Populus davidiana* var. *pendula* Skvortsov 为山杨 *Populus davidiana* Dode 的异名；

楔叶山杨（变型）*Populus davidiana* f. *laticuneata* Nakai，长柄山杨（变种）*Populus davidiana* var. *longipetiolata* T. B. Chao，卢氏山杨（变种）*Populus davidiana* var. *lyshehensis* T. B. Chao et G. X. Liou 和红序山杨（变种）*Populus davidiana* var. *rubrolutea* T. B. Chao et W. C. Li 均有待进一步研究考证；

毛白杨种下的8个变种［《河南植物志（第一册）》174~176页］，除截叶毛白杨外均有待进一步研究考证；

云霄杨 *Populus yunsiaomanshanensis* T. B. Chao & C. W. Chiuan 有待进一步研究考证；

河南杨 *Populus honanensis* T. B. Chao & C. W. Chiuan 有待进一步研究考证；

朴叶杨 *Populus celtidifolia* T. B. Chao 有待进一步研究考证；

伏牛杨 *Populus funiushanensis* T. B. Chao 有待进一步研究考证；

响叶杨种下的 3 个变种［《河南植物志（第一册）》180~181 页］有待进一步研究考证；

欧洲大叶杨 *Populus candieans* Ait. 应为欧洲大叶杨 *Populus candicans* Aiton；

楸皮杨 *Populus ciupi* S. Y. Wang 有待进一步研究考证；

宽叶青杨（变型）*Populus cathayana* f. *latifolia* C. Wang & C. Y. Yu 为宽叶青杨（变种）*Populus cathayana* var. *latifolia*（C. Wang & C. Y. Yu）C. Wang & S. L. Tung 的异名；

垂枝青杨（变种）*Populus cathayana* var. *pendula* T. B. Chao 有待进一步研究考证；

菱叶小叶杨 *Populus simonii* var. *rhombifolia* Kitag. 为菱叶小叶杨（变型）*Populuss imonii* f. *rhombifolia*（Kitag.）C. Wang & Tung 的异名；

塔形小叶杨（变种）*Populus simonii* var. *fastigiata*（Schneid.）Rehd.，毛果小叶杨（变种）*Populus simonii* var. *przewalskii*（Maxim.）Wang et Tung 和垂枝小叶杨（变种）*Populus simonii* var. *pendula*（Schneid.）Rehd. 均为小叶杨 *Populus simonii* Carrière 的异名；

洛宁小叶杨 *Populus simonii* var. *luonigensis* T. B. Chao 有待进一步研究考证；

北京杨 *Populus pekinica* Hsu 是否为 *Populus beijingensis* W. Y. Hsu 的误拼，有待进一步研究考证；

大官杨 *Populus dakuanensis* Hsu 有待进一步研究考证；

鲁第杨 *Populus*× *lloydii* Henry 有待进一步研究考证；

密苏里三角杨（亚种）*Populus deltoides* subsp. *missouriensis* A. Henry 为三角杨 *Populus deltoides* Marshall 的异名；

大叶钻天杨 *Populus monilifera* Aiton 为大叶钻天杨（亚种）*Populus deltoides* subsp. *monilifera*（Aiton）Eckenw. 的异名；

本修补编对加杨种下 7 个品种［《河南植物志（第一册）》192~196 页］未予考证。

旱柳、柳树 *Sali xmatsudana* Koidz. 种下的倒栽柳（变种，应为变型）*Salix matsudana* f. *pendula* C. K. Schneider 和龙爪柳（变型）*Salix matsudana* f. *tortuosa*（Vilm）Rehder 均被认为是人工栽培变型；该种下另一人工栽培变型馒头柳 *Salix matsudana* f. *umbraculifera* Rehder 在郑州、洛阳、新乡、开封等地有零星栽培。全国各地多栽培于庭院作观赏树种。主要区别为树冠半圆形，呈馒头状。

杜鹃柳 *Salix rhododendroides* C. Wang & C. Y. Yu 为眉柳 *Salix wangiana* K. S. Hao ex C. F. Fang & A. K. Skvortsov 的异名；

甘肃柳 *Salix kansuensis* K. S. Hao ex C. F. Fang & A. K. Skvortsov 为甘肃柳（变种）*Salix fargesii* var. *kansuensis*（K. S. Hao ex C. F. Fang & A. K. Skvortsov）G. H. Zhu 的异名；

狭叶柳 *Salix melea* C. K. Schneid. 为川滇柳 *Salix rehderiana* C. K. Schneid. 的异名；

小叶黄花柳（变种）*Salix caprea* var. *sinica* K. S. Hao ex C. F. Fang & A. K. Skvortsov 为中国黄花柳 *Salix sinica*（K. S. Hao ex C. F. Fang & A. K. Skvortsov）G. H. Zhu 的异名；

河南柳 *Salix honanensis* Wang & Yang 有待进一步研究考证；

商城柳 *Salix shangchengensis* B. C. Ding & T. B. Chao 有待进一步研究考证；

大别柳 *Salix dabeshanensis* B. C. Ding & T. B. Chao 有待进一步研究考证；

腺柳、河柳、红心柳 *Salix glandulosa* Seemen 为腺柳 *Salix chaenomeloides* Kimura 的异

名；

腺叶腺柳（变种）*Salix glandulosa* var. *glandulifolia* C. Wang & C. Y. Yu 应为腺叶腺柳（变种）*Salix chaenomeloides* var. *glandulifolia*（C. Wang & C. Y. Yu）C. F. Fang；

狭叶腺柳（变种）*Salix glandulosa* var. *stenophylla* C. Wang & C. Y. Yu 为南川柳 *Salix rosthornii* Seemen（描述见第 65 页）的异名；

狭叶康定柳（变型）*Salix paraplesia* f. *lanceolata* Z. Wang & C. Y. Yu 被认为是大黄柳 *Salix raddeana* Lacksch. ex Nasarow 的异名，但是大黄柳仅分布在黑龙江、吉林、辽宁、内蒙古东部；朝鲜及俄罗斯东部也有分布。因此狭叶康定柳有待进一步研究考证。

本书另增补 11 种，2 变种，2 变型。

1. 杨属 *Populus* L.

《河南植物志（第一册）》记载 36 种，35 变种（含 7 栽培变种）。本书除修订外，增补 6 种。

（1）响毛杨 *Populus*× *pseudotomentosa* C. Wang & S. L. Tung

乔木，树皮灰白色，当年生枝紫褐色，光滑；芽卵形，先端急尖，富含树脂，有光泽，黄褐色。芽无毛，有黏脂。叶卵形或卵状圆形，长 5~15cm，宽 4~7cm，边缘有不整齐的波状粗齿和浅细锯齿，先端急尖，基部心形，通常具 2 个明显腺点，基部截形或心形，边缘具内曲圆腺齿。花序长 6~10cm，序轴有毛。果序长 12~20（30）cm；果卵状长椭圆形，2 瓣裂，有短梗。

产于河南大别山和伏牛山；生于山沟、河岸。分布于山东、山西等省山区。可能为响叶杨 *Populus adenopoda* Maxim. 与毛白杨 *Populus tomentosa* Carrière 的天然杂交种。

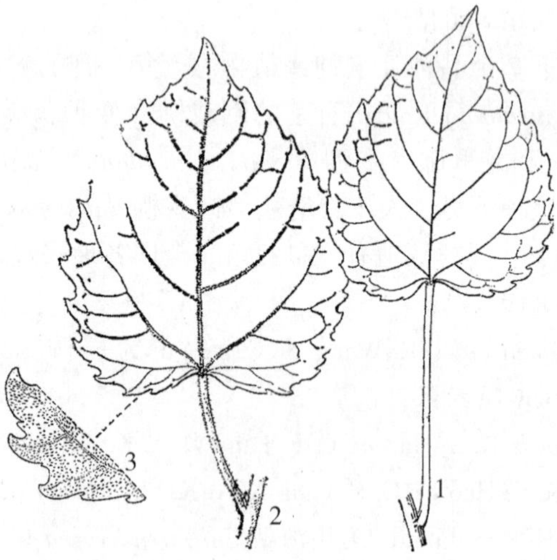

响毛杨 *Populus* × *pseudotomentosa* C. Wang & S. L. Tung

1. 叶 2. 萌枝叶 3. 萌枝叶下面放大部分，示毛及叶缘

（2）辽杨 *Populus maximowiczii* A. Henry

乔木，高达 30m；树冠开展。幼树皮灰绿色或淡黄灰色，平滑，老干树皮灰色，深沟裂。小枝圆柱形，粗壮，密被短柔毛，初时淡红色，后变灰色。芽圆锥形，光亮，具黏

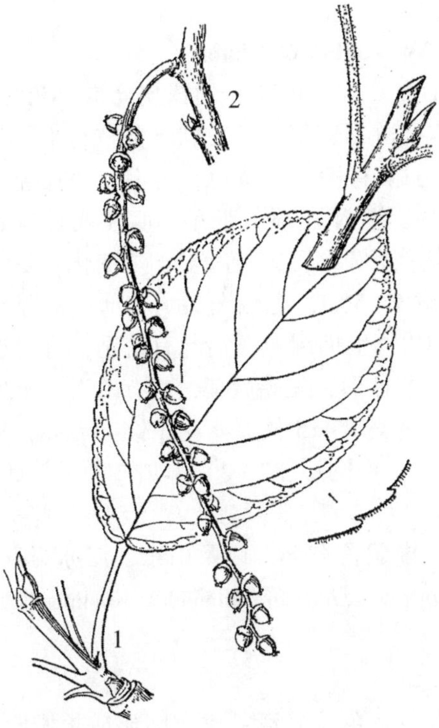

辽杨 *Populus maximowiczii* A. Henry

1. 叶枝和放大的叶缘 2. 果序

性。果枝叶倒卵状椭圆形、椭圆形、椭圆状卵形或宽卵形，长 5~10（14）cm，宽 3~6cm，先端短渐尖或急尖，通常扭转，基部近心形或近圆形，边缘具腺圆锯齿，有睫毛，上面深绿色，有皱纹，或近平滑，下面苍白色，两面脉上均被短柔毛；叶柄圆，长 1~4cm，具疏柔毛；萌枝叶较大，阔卵圆形或长卵形；叶柄短。雄花序长 5~10cm，花序轴无毛；苞片尖裂，边缘具长柔毛；雄蕊 30~40 枚；雌花序细长，花序轴无毛。果序长 10~18cm；蒴果卵球形，无柄或近无柄，无毛，3~4 瓣裂。花期 4~5 月，果熟期 5~6 月。

河南仅见于灵宝河西林场；生于海拔 500~1 800m 的山谷溪旁。分布于黑龙江、吉林、辽宁、河北、陕西、内蒙古等省区；俄罗斯东部、日本、朝鲜也有分布。木材白色，轻软，纹理直，致密耐腐，相对密度 0.5；可供建筑、造船、造纸、火柴杆等用。

（3）川杨 *Populus szechuanica* C. K. Schneid.

乔木，高达 40m。树皮灰白色，上部光滑，下部粗糙，开裂；树冠卵圆形；幼枝有棱，粗壮，绿褐色或淡紫色，无毛，老枝圆，黄褐色，后变灰色。芽先端尖，淡紫色，无毛，有黏质。叶初发时带红色，上面白色，无毛；萌枝叶通常卵状长椭圆形，长 11~20cm，宽 5~11cm，有时长达 28cm，宽达 16cm，先端急尖或短渐尖，基部近心形或圆形，边缘具腺齿；果枝叶宽卵形、卵圆形或卵状披针形，长 8~18cm，宽 5~15cm，先端通常短渐尖，基部圆形、楔形或浅心形，边缘有腺齿，初时有缘毛；萌枝叶柄较短，长 2~4cm，果枝叶柄较长，2.5~8cm，无毛。果序长 10~20cm 或更长，果序轴光滑；蒴果卵状球形，长 7~9mm，近无柄，光滑，3~4 瓣裂。花期 4~5 月，果熟期 5~6 月。

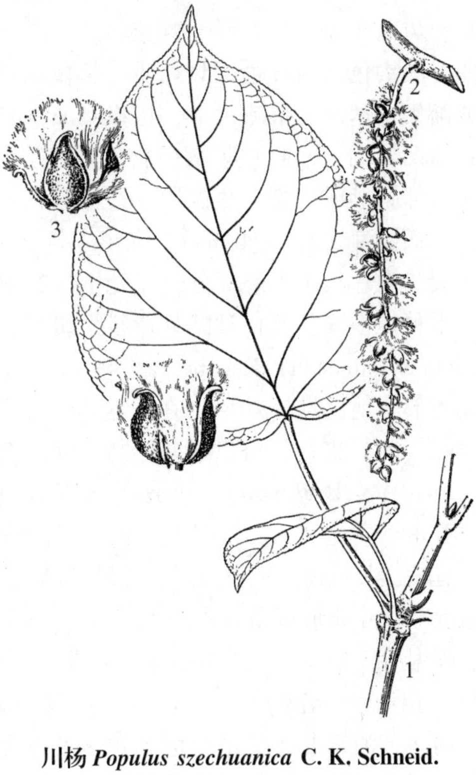

川杨 *Populus szechuanica* C. K. Schneid.

1. 叶枝 2. 果序 3. 蒴果

河南仅见于西峡黄石庵林场；生于海拔 1 000~2 000m 的山沟杂木林中。分布于四川、云南、甘肃和陕西。

（4）小钻杨 大关杨 ***Populus* × *xiaozhuanica* W. Y. Hsu & Liang**

乔木，高达 30m，树冠圆锥形或塔形。树干通直，尖削度小；幼树皮光滑，灰绿色、灰白色或绿灰色；老树主干基部浅裂，褐灰色，皮孔分布密集，呈菱状，侧枝与主干分枝角度较小，常小于 45°，斜上生长，幼枝呈圆筒状，微有棱，灰黄色，有毛。芽长椭圆状圆锥形，先端钝尖，长 8~14mm，赤褐色，有黏质，腋芽较顶芽细小。萌枝或长枝叶较大，菱状三角形，稀倒卵形，先端突尖，基部广楔形至圆形，短枝叶形，多变化，菱状三角形、菱状椭圆形或广菱状卵圆形，长 3~8cm，宽 2~5cm，先端渐尖，基部楔形至广楔形，边缘有腺锯齿，近基部全缘，有的有半透明的边，上面绿色，沿脉有疏毛，有时近基部较密，下面淡绿色，无毛；叶柄长 1.5~3.5cm，圆柱形，先端微扁，略有疏毛，至顶端较密，或光滑。雄花序长 5~6cm，有花 75~80 朵，雄蕊 8~15 枚；雌花序长 4~6cm，有花 50~100 朵，柱头 2 裂。果序长 10~16cm；蒴果较大，卵圆形，2（3）瓣裂。种子倒卵形，红褐色。花期 4 月，果期 5 月。

产于河南黄河以北平原；分布于辽宁、吉林、内蒙古东部，以及山东、江苏等省区。为小叶杨 *Populus simonii* Carr. 与钻天杨 *Populus nigra* var. *italica*（Moeuch）Koehne 的自然杂交种。

（5）北京杨 *Populus* × *beijingensis* W. Y. Hsu

乔木，高 25m。树干通直；树皮灰绿色，渐变绿灰色，光滑；皮孔圆形或长椭圆形，密集，树冠卵形或广卵形。侧枝斜上，嫩枝稍带绿色或呈红色，无棱。芽细圆锥形，先端外曲，淡褐色或暗红色，具黏质。长枝或萌枝叶，广卵圆形或三角状广卵圆形，先端短渐尖或渐尖，基部心形或圆形，边缘具波状皱曲的粗圆锯齿，有半透明边，具疏缘毛，后光滑；苗期枝端初放叶时叶腋内含有白色乳质；短枝叶卵形，长 7~9cm，先端渐尖或长渐尖，基部圆形或广楔形至楔形，边缘有腺锯齿，具窄的半透明边，上面亮绿色，下面青白色；叶柄侧扁，长 2~4.5cm。雄花序长 2.5~3cm，苞片淡褐色，长 4mm，具不整齐的丝状条裂，裂片长于不裂部分，雄蕊 18~21 枚。花期 3 月。

本种是中国林业科学院林业科学研究所 1956 年人工杂交育成。为钻天杨 *Populus nigra* var. *italica*（Moench）Koehne 和青杨 *Populus cathayana* Rehder 的杂交种，在华北、西北和东北南部等地区推广栽培，在土壤水肥条件较好的立地条件下，生长较快，12 年生高达 23.5m，胸径 28cm，可供建筑用材。河南有少量栽培。

（6）中东杨 *Populus* × *berolinensis* Dippel

乔木，高达 25m。枝斜上；树冠广圆锥形；树皮灰绿色，老皮有沟裂，色暗；小枝粗壮，有棱，黄灰色。芽长卵形，先端长渐尖，无毛，带绿色，有黏性；花芽特大，多着生于树冠上部。叶卵形或菱状卵形，长 7~10cm，宽约 5cm，先端长渐尖，基部宽楔形或圆形，边缘圆锯齿，具极狭半透明边缘，无缘毛，上面深绿色，下面绿色或淡白色；叶柄圆形，有稀疏的短柔毛。花序长 4~7cm，无毛。果序长达 18cm；蒴果无毛，2 瓣裂，果柄显著。

河南黄河以北有少量栽培。我国东北栽培较多，哈尔滨以北最多。在欧洲、亚洲都有栽培。耐干旱寒冷，生长快，但易发生病虫害，受害木常在十年生左右易遭风折。本种于 1870 年以前即栽培在德国柏林植物园，定名者认为是苦杨 *Populus laulifolia* Ledeb. 和钻天

中东杨 *Populus* × *berolinensis* Dippel

1. 枝叶 2. 长枝叶

杨 *Populus nigra* var. *italica*（Moench）Koehne 的杂交种。

2. 柳属 *Salix* L.

《河南植物志（第一册）》记载37种，4变种，3变型。除修订外，本书增补6种，1变种。

（1）南川柳 *Salix rosthornii* Seemen

［*Pleiarina dictyoneura*（Seemen）N. Chao & G. T. Gong;

Salix angiolepis H. Lév. & Vaniot;

Salix anisandra H. Lév. & Vaniot;

Salix argyi H. Lév.;

Salix dictyoneura Seemen;

Salix dodecandra Lév. & Vaniot;

Salix glandulosa var. *stenophylla* C. Wang & C. Y. Yu］

乔木或灌木，幼枝有毛，后无毛。叶披针形、椭圆状披针形或长圆形，稀椭圆形，长4~7cm，宽1.5~2.5cm，先端渐尖，基部楔形，上面亮绿色，下面浅绿色，两面无毛；幼叶脉上有短柔毛，边缘有整齐的腺锯齿；叶柄长7~12mm，有短柔毛，上端或有腺点；托叶偏卵形，有腺锯齿，早落；萌枝上的托叶发达，肾形或偏心形，

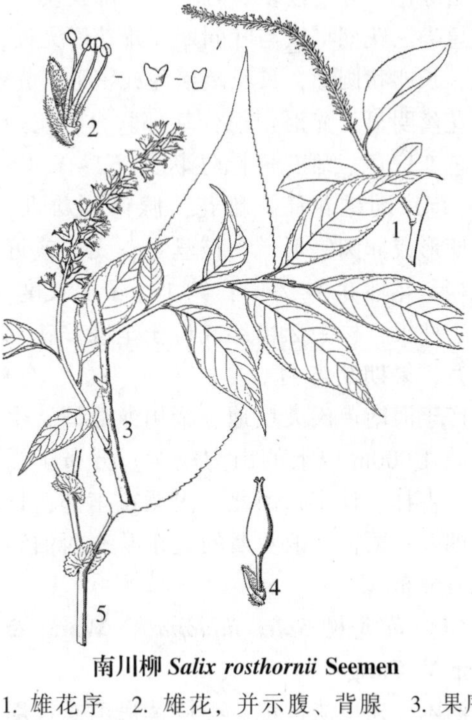

南川柳 *Salix rosthornii* Seemen

1. 雄花序 2. 雄花，并示腹、背腺 3. 果序枝，示果序及枝、叶 4. 雌花 5. 萌枝叶形，并示托叶

长达 12mm。花与叶同时开放；花序长 3. 5~6cm，粗约 6mm，疏花；花序梗长 1~2cm，有 3（~6）枚小叶；轴有短柔毛；雄蕊 3~6 枚，基部有短柔毛；苞片卵形，基部有柔毛；花具腹腺和背腺，形状多变化，常结合成多裂的盘状；雌花序长 3~4cm，粗约 5mm；子房狭卵形，无毛，有长柄，花柱短，2 裂；苞片同雄花；腺体 2 个，腹腺大，常抱柄，背腺有时不发育。蒴果卵形，长 5~6mm。花期 3 月下旬至 4 月上旬，果期 5 月。

产于河南大别山区新县、商城、罗山，以及伏牛山南部的西峡、内乡、淅川、南召；生于低山地区的溪旁湿地。分布于陕西南部、四川东南部、贵州、湖北、湖南、江西、安徽南部、浙江等省区。

（2）旱垂柳（变种）*Salix matsudana* var. *pseudomatsudana*（Y. L. Chou & Skv.）Y. L. Chou（彩版图 25）

［*Salix pseudomatsudana* Y. L. Chou & Skvortsov］

与原变种的主要区别：雌花仅有 1 个腹腺，雌花的苞片无毛。

河南安阳有引种栽培，作园林绿化树种。分布于黑龙江、辽宁、北京。

（3）蒿柳 *Salix schwerinii* E. L. Wolf（彩版图 26）

［*Salix dailingensis* Y. L. Chou & C. Y. King;

Salix viminalis var. *gmelinii* Turcz.］

灌木或小乔木，高达 10m，树皮灰绿色。小枝光滑或有毛，幼时通常被灰毛。芽黄色或赤褐色，卵形到椭圆形，被长毛。托叶狭披针形或镰刀形，边缘具齿；叶柄 5~12mm，具丝状毛；叶片线状披针形，长 15~20cm，宽 0. 2~0. 4cm，背面密被长丝状毛，亮银色，正面暗绿色，光滑或多少有毛，基部狭楔形，边缘全缘或多少浅波状，有时翻卷，顶端渐尖或急尖。花期早或与叶同期。雄花序无梗，长圆状卵形，长 2~3cm，宽约 1. 5cm；苞片棕色，长卵状圆形，具长疏松毛或密毛，先端黑色，钝或急尖。雄花：腺体 1 个，雄蕊 2 枚，花丝明显，光滑，很少基部联合；花药金黄色变棕色。雌花序圆柱状，（2~）3~4cm；苞片同雄花序。雌花：腺体同雄花，子房卵形或卵圆锥形，密被丝毛，无梗或近于无梗；花柱 0. 3~2mm；约 1/2 子房长度，但长于柱头，柱头 2 半裂或近于全缘。花期 4~5 月，果期 5~6 月。

产于河南卢氏大块地、栾川龙峪湾；生于海拔 1 000m 以上的山沟溪旁。分布于黑龙江、吉林、辽宁、河北、内蒙古东部；日本、朝鲜、蒙古、俄罗斯的远东及东西伯利亚也有分布。

黄龙柳 *Salix liouana* C. Wang & Chang Y. Yang
1. 雌花（幼果） 2. 叶形 3. 中脉附近放大，示脉上有毛 4. 雌花序枝

（4）黄龙柳 *Salix liouana* C. Wang & Chang Y. Yang

灌木，树皮淡黄色。小枝黄褐色或红褐色，沿芽附近常有短绒毛；1~2 年生枝密被灰绒毛；芽扁，卵圆形，密被绒毛。叶倒披

针形或披针形，常上部较宽，长 6~10cm，宽 1.5~2.5cm，短枝叶较小，先端短渐尖，基部楔形或阔楔形，边缘微外卷，有腺锯齿，上面淡绿色，下面苍白色，幼叶有短绒毛，成叶仅叶脉有毛，叶脉淡褐色，两面突出；叶柄长 5~10mm，密被绒毛；托叶披针形，先端渐尖，基部渐狭，具腺齿，长于叶柄。花几与叶同时开放；雄花序未见；雌花序卵圆形至短圆柱形，长 10~25mm，粗 6~7mm，无梗，基部具椭圆形、下面有长毛的鳞片；苞片倒卵圆形或圆形，先端圆，暗褐色或栗色，两面有灰白色长柔毛；腺体 1 个，腹生，细小；子房圆锥形，密被灰绒毛，无柄，花柱短至缺，柱头全缘或 2 裂。花期 4 月，果熟期 5 月。

产于河南灵宝、陕县、洛宁、卢氏；生于海拔 800~1 200m 的河边。分布于陕西、山东等省区。本种枝、叶多绒毛，近似山毛柳 *Salix permollis* C. Wang & C. Y. Yu，但本种叶常中部以上最宽；托叶披针形，花柱全缘或 2 裂。

（5）红皮柳 *Salix sinopurpurea* C. Wang & Chang Y. Yang

[*Salix purpurea* var. *longipetiolata* C. Y. Yu]

灌木，高 3~4m。小枝淡绿色或淡黄色，无毛；当年枝初有短绒毛，后无毛。芽长卵形或长圆形，棕褐色，初有毛，后无毛。叶对生或斜对生，披针形，长 5~10cm，宽 1~1.2cm；萌条叶长至 11cm，宽 2~3cm，先端短渐尖，基部楔形，边缘有腺锯齿，上面淡绿色，下面苍白色，中脉淡黄色，侧脉呈钝角开展，幼时有短绒毛，脉上尤密，成叶两面无毛；叶柄长 3~10mm，上面有绒毛；托叶卵状披针形或斜卵形，几等于叶柄长，边缘有凹缺腺齿，下面苍白色。花先叶开放，花序圆柱形，长 2~3cm，粗 5~6mm，对生或互生，无花序梗，基部具 2~3 枚下面密被长毛的椭圆形鳞片；苞片卵形，先端钝或微尖，黑色，两面有长柔毛；腺体 1 个，腹生；雄蕊 2 枚，花丝合生，纤细，无毛，花药 4 室，圆形，黄色或淡红色；子房卵形，密被灰绒毛，柄短，花柱长 0.1~0.2mm，柱头头状。花期 4 月，果熟期 5 月。

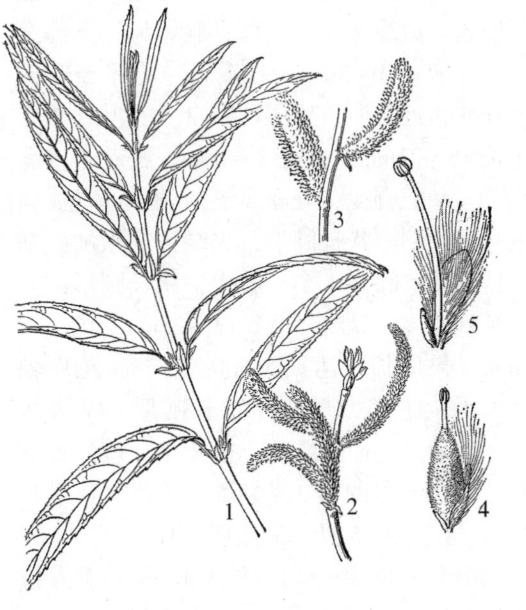

红皮柳 *Salix sinopurpurea* C. Wang & Chang Y. Yang
1. 叶枝 2. 雌花序枝 3. 雄花序 4. 雌花 5. 雄花

产于河南大别山、桐柏山、伏牛山和太行山；生于海拔 500~1 600m 的山沟溪旁。分布于甘肃、陕西、山西、河北、湖北等省区。枝条可供编制筐、簸箕、篮等用具。

（6）百里柳 *Salix baileyi* C. K. Schneid.（彩版图 27）

灌木，小枝无毛，棕褐色。幼芽有柔毛，长达 14mm，橄榄褐色，狭椭圆形，后无毛。叶厚纸质，披针形至椭圆状披针形，长 25~60mm，宽 8~18mm，小枝上部叶披针形，长至 11.5cm，宽 2.5cm，两端钝，或先端渐尖，上面暗绿色，无毛，或基部脉腋有疏毛，下面苍白色，边缘有尖腺锯齿，每 1cm 长有 3～4 枚齿；叶柄粗短，长约 6mm。花序无梗，圆柱形，长 35mm，粗 3mm，轴有柔毛；子房卵状圆柱形，长约 2mm，无毛，柱头 2 裂；苞片倒卵形，先端圆，2 色，与子房柄等长；腺体 1 个，腹生，约为子房柄长的 1/3。蒴果卵状圆柱形，无毛，长约 4mm。

河南见于信阳鸡公山；生于海拔 400～800m 山沟溪旁。为河南特有种。

（7）乌柳 *Salix cheilophila* C. K. Schneid.

灌木或小乔木，高达 5.4m。枝初被绒毛或柔毛，后无毛，灰黑色或黑红色。芽具长柔毛。叶线形或线状倒披针形，长 25～35（50）mm，宽 3～5（7）mm，先端渐尖或具短硬尖，基部渐尖，稀钝，上面绿色，疏被柔毛，下面灰白色，密被绢状柔毛，中脉显著突起，边缘外卷，上部具腺锯齿，下部全缘；叶柄长 1～3mm，具柔毛。花序与叶同时开放，近无梗，基部具 2～3 枚小叶；雄花序长 15～23mm，直径 3～4mm，密花；雄蕊 2 枚，完全合生，花丝无毛，花药黄色，4 室；苞片倒卵状长圆形，先端钝或微缺，基部具柔毛；腺体 1 个，腹生，狭长圆形，先端稀浅 2 裂；雌花序长 13～20mm，粗 1～2mm（果序长可达 3.5cm），密花，花序轴具柔毛；子房卵形或卵状长圆形，密被短毛，无柄，花柱短或无，柱头小；苞片近圆形，长为子房的 2/3；腺体同雄花。蒴果长 3mm。花期 4～5 月，果熟期 5 月。

产于河南太行山、伏牛山；生于海拔 500～2 000m 的山沟边。分布于河北、山西、陕西、宁夏、甘肃、青海、四川、云南、西藏东部。

乌柳 *Salix cheilophila* C. K. Schneid.

1. 果序枝 2. 雌花 3. 雄花 4. 强枝叶形

（三十五）胡桃科 Juglandaceae

《河南植物志（第一册）》记载 5 属，9 种，1 变种。

其中：

短翅枫杨（变种）*Pterocarya stenoptera* var. *brevialata* Pamp. 为枫杨 *Pterocarya stenoptera* C. DC. 的异名；

野核桃 *Juglans cathayensis* Dode 为胡桃楸 *Juglans mandshurica* Maxim. 的异名。

本书另增补 1 种，1 变种。

枫杨属 *Pterocarya* Kunth

《河南植物志（第一册）》记载2种，1变种。除修订外，本书增补1种，1变种。

（1）甘肃枫杨 *Pterocarya macroptera* Batalin

［*Pterocarya macroptera* Batalin var. *macroptera*］

乔木，高达15m；树皮褐色；枝赤褐色，具灰黄色皮孔。芽具长柄，芽鳞黄褐色，顶端具镰状弯曲的渐尖头及一簇长柔毛，基部被有较密的星芒状细柔毛。奇数羽状复叶长23~30（稀达40）cm，叶柄长4~8cm，与叶轴一同被有粗而短的灰黄色星芒状毛及细长的单柔毛；小叶7~13枚，边缘具细锯齿，侧脉16~18对，略成弧状弯曲，至叶缘环状连接；上面被有细小的星芒状毛及盾状着生的腺体，全部叶脉则密生细小的星芒状毛，在侧脉腋内则具粗壮的星芒状丛毛；侧生小叶对生或近对生，具长1~2mm的小叶柄，椭圆形至长椭圆形，基部歪斜，下端小叶基部为心脏形，上部小叶基部为圆形，顶端渐尖，长9~18cm，宽3~6cm；顶生小叶具长15~25mm的小叶柄，椭圆形，基部圆形或阔楔形，顶端渐尖，长7~14cm，宽5~8cm。雄性柔荑花序3~4条，各由芽鳞痕腋内生出，长10~12cm。雌性柔荑花序顶生于叶丛上方，长约20cm。果序长45~60cm，果序轴被毡毛。果实无梗，直径7~9mm，基部圆形，顶端阔锥形；果翅不整齐，椭圆状菱形，长2~3cm，宽约2cm；果实及果翅或多或少被毛及盾状着生的腺体；内果皮壁内具有显著的充满疏松的薄壁细胞的空隙。

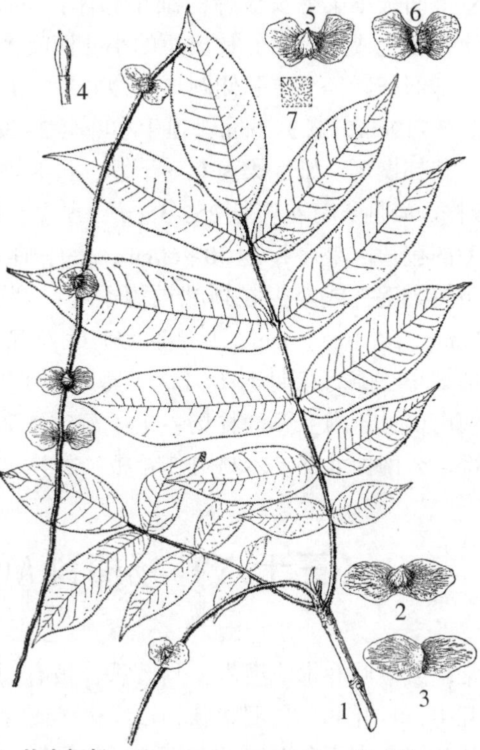

1~4. 甘肃枫杨 *Pterocarya macroptera* Batalin

1. 枝 2. 果实 3. 果实基部观 4. 芽

5~7. 云南枫杨（变种） *Pterocarya macroptera* var. *delavagi*（Franch.）W. E. Manning

5. 果实 6. 果实基部观 7. 果实的一部分放大（示毛）

产于河南内乡万沟林场、西峡黄石庵林场；生长在海拔1 500m以上的山谷溪涧。分布于甘肃、陕西、四川。花果期4~8月。

（2）云南枫杨（变种） *Pterocarya macroptera* var. *delavayi*（Franch.）W. E. Manning

［*Pterocarya delavayi* Franch.；

Pterocarya forrestii W. W. Sm.］

乔木，高10~15m，胸径达80cm；小枝黄褐色，较老时黑褐色而具浅色皮孔；芽具3枚芽鳞，芽鳞长椭圆状披针形，顶端渐尖，长2~3cm，被有盾状着生的腺体，并在顶端被有柔毛。奇数羽状复叶长 20~45cm，叶柄长 5~13cm，在背面密被与叶轴同样的黄褐色毡毛；小叶 7~13 枚，边缘具细锯齿，侧脉 15~25 对，近边缘处与邻脉环状连接，在下面稍浮凸；上面被细柔毛及极稀的细小腺体；下面沿全部叶脉被有柔毛（一部分毛成簇生）；侧生小叶对生或近对生，具极短的小叶柄或无柄，长椭圆形或长椭圆状卵形至长椭圆状披针形，基部歪斜，下方一侧圆形至微心形，上方一侧钝或阔楔形，顶端渐狭而成急尖至渐尖，长 7~19cm，宽 3~6cm；顶生小叶具 2~3cm 长的小叶柄，长椭圆状卵形至长椭圆状披针形，基部楔形。雄性柔荑花序下垂，长 8~10cm。雄花具密被黄褐色毡毛的苞片，雄蕊 9~16 枚。雌性柔荑花序长 25~35cm，顶生，俯垂，花序轴被有柔毛或毡毛。雌花具密被长毡毛的苞片。果序长达 50~60cm，果序轴被柔毛至毡毛。果实直径约 8mm，基部及顶端密被短柔毛，或至少在顶端被短柔毛；果翅歪斜，圆盘状卵形至椭圆形，顶端圆，长 10~25mm，宽 10~13mm，基部通常有毛及腺体，稀无毛；内果皮壁内具充满疏松的薄壁细胞的细小空隙。花期 4~6 月，果熟期 7~8 月。

河南仅见于内乡万沟林场；生于海拔 1 500m 以上的山沟溪旁。分布于湖北西部、四川西部、云南西北部。木材可作箱板、家具、器具等。

（三十六）杨梅科 Myricaceae（新增科）

常绿或落叶乔木或灌木，具芳香，被有圆形盾状着生的树脂质腺体；芽小，具芽鳞。单叶互生，具叶柄，具羽状脉，边缘全缘或有锯齿或不规则牙齿，或成浅裂，稀成羽状中裂；托叶不存在或存在（北美洲产的 1 属 *Comptonia* Banks ex Gaertn. 具托叶）。花通常单性，风媒，无花被，无梗，生于穗状花序上；雌雄异株或同株，若同株则雌雄异枝或偶为雌雄同序，稀具两性花而成杂性同株；穗状花序单一或分枝，常直立或向上倾斜，或稍俯垂；雄花序常着生于去年生枝条的叶腋内或新枝基部，单生或簇生，或者复合成圆锥状花序；雌雄同序者，穗状花序的下端为雄花，上端为雌花；雌花序与雄花序相似，有时较雄花序为短，常着生于叶腋。雄花单生于苞片腋内，不具或具 2~4 枚小苞片；雄蕊 2 枚至多数（多至 20 枚，通常 4~8 枚），着生于贴附在苞片基部的花托上；花丝短，离生或稍稍合生；花药直立，卵形，2 药室分离，并行，外向纵缝裂开；药隔不显著；有时存在钻形的退化子房。雌花在每一苞片腋内单生或稀 2~4 朵集生，通常具 2~4 枚小苞片；雌蕊由 2 枚心皮合生而成，无柄，子房 1 室，具 1 个直生胚珠；胚珠无柄，生于子房室基底或近基底处，具 1 层珠被，珠孔向上；花柱极短或几乎无花柱，具 2（稀 1 或 3）个细长的丝状或薄片状的柱头，其内面具乳头状的突起的柱头面。核果小，坚果状，具薄而疏松的或坚硬的果皮，或为球状或椭圆状的较大核果，外表布满略成规则排列的乳头状突起，有时被有毛茸或一层白色而厚的蜡质，外果皮或多或少肉质，多液汁及树脂，内果皮坚硬。种子直立，具膜质种皮，无胚乳或胚乳极贫乏（仅由一层细胞组成）；胚伸直，胚根短，向上，子叶向下，肉质，肥厚，平凸透镜状。

本科 2 属，50 余种，主要分布于南北半球的热带、亚热带和温带地区；其中 1 属 *Comptonia* Banks ex Gaertn. 为单种属，产于北美洲，以叶具托叶、羽状中裂不同于杨梅属 *Myrica* L.；我国产杨梅属。

杨梅属 *Myrica* L.（新增属，栽培）

常绿或落叶乔木或灌木，雌雄同株或异株；幼嫩部分被有树脂质的圆形盾状着生的腺体。单叶，常密集于小枝上端，无托叶，全缘或具锯齿，树脂质腺体大多数宿存而不脱落，脱落者则遗留一凹穴于叶面。穗状花序单一或分枝，直立或向上倾斜，或稍俯垂状。雄花具雄蕊 2~8 枚，稀多至 20 枚，花丝分离或在基部合生；有或没有小苞片。雌花具 2~4 枚小苞片，贴生于子房而与子房一同增大，或与子房分离而不增大；子房外表面具略成规则排列的突起，突起物随子房发育而逐渐增大，形成蜡质腺体或肉质乳头状突起。每 1 雌花序上的雌花全部或少数或者仅顶端 1 朵能发育成果实。核果小坚果状，具薄的果皮，或为较大的核果具多少肉质的外果皮及坚硬的内果皮。种子直立，具膜质种皮。

本属约 50 种，广泛分布于两半球热带、亚热带及温带。我国产 4 种，1 变种，分布于长江以南各省区。河南栽培 1 种。

杨梅 *Myrica rubra*（Lour.）Siebold & Zucc.

［*Morella rubra* Lour.；

Myrica rubra var. *acuminata* Nakai］

常绿乔木，高可达 15m 以上，胸径达 60cm 以上；树皮灰色，老时纵向浅裂；树冠圆球形。小枝及芽无毛，皮孔通常少而不显著，幼嫩时仅被圆形盾状着生的腺体。叶革质，无毛，生存至 2 年脱落，常密集于小枝上端部分；多生于萌发条上者为长椭圆状或楔状披针形，长达 16cm 以上，顶端渐尖或急尖，边缘中部以上具稀疏的锐锯齿，中部以下常为全缘，基部楔形；生于孕性枝上者为楔状倒卵形或长椭圆状倒卵形，长 5~14cm，宽 1~4cm，顶端圆钝或具短尖至急尖，基部楔形，全缘或偶有在中部以上具少数锐锯齿，上面深绿色，有光泽，下面浅绿色，无毛，仅被有稀疏的金黄色腺体，干燥后中脉及侧脉在上下两面均显著，在下面更为隆起；叶柄长 0.2~1cm。花雌雄异株。雄花序单独或数条丛生于叶腋，圆柱状，长 1~3cm，通常不分枝，呈单穗状，稀在基部有不显著的极短分枝现象，基部苞片不孕，孕性苞片近圆形，全缘，背面无毛，仅被有腺体，长约 0.1cm，每苞片腋内生 1 朵雄花。雄花具 2~4 枚卵形小苞片及 4~6 枚雄蕊；花药椭圆形，暗红色，无毛。雌花序常单生于叶腋，较雄花序短而细瘦，长 0.5~1.5cm，苞片和雄花的苞片相似，密接而呈覆瓦状排列，每苞片腋内生 1 朵雌花。雌花通常具 4 枚卵形小苞片；子房卵形，极小，无毛，顶端极短的花柱及 2 个鲜红色的细长的柱头，其内侧为具乳头状突起的柱头面。每一雌花序仅上端 1（稀 2）朵雌花能发育成果实。核果球状，外表面具乳头状突起，直径 1~1.5cm，栽培品种可达 3cm 左右，外果皮肉质，多汁液及树脂，味酸甜，成熟时深红色或紫红色；核常

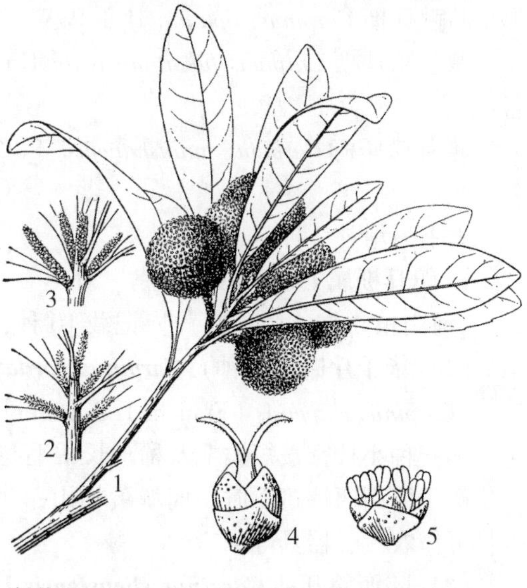

杨梅 *Myrica rubra*（Lour.）Siebold & Zucc.
1. 果枝 2. 部分雌花枝 3. 部分雄花枝 4. 雌花 5. 雄花

为阔椭圆形或圆卵形，略成压扁状，长 1~1.5cm，宽 1~1.2cm，内果皮极硬，木质。4 月开花，6~7 月果实成熟。

河南郑州、洛阳、南阳、许昌等地公园或庭院有栽培，作为常绿观赏植物。分布于长江流域以南各省区；日本、朝鲜和菲律宾也有分布。杨梅为我国江南的著名水果；树皮富含单宁，可用作赤褐色染料及医药上的收敛剂。根入药，有散血止血之功效。

（三十七）桦木科 Betulaceae

《河南植物志（第一册）》记载 6 属，27 种，4 变种。

其中：

牛皮桦（变种）*Betula albosinensis* var. *septentrionalis* C. K. Schneid. 为糙皮桦 *Betula utilis* D. Don 的异名；

赤杨、水冬瓜 *Alnus japonica* Siebold & Zucc. 为日本桤木、赤杨、水冬瓜 *Alnus japonica* (Thunb.) Steud. 的异名；

刺榛 *Corylus tibetica* Batalin 为藏刺榛（变种）*Corylus ferox* var. *tibetica* (Batalin) Franch. 的异名；

单齿鹅耳枥 *Carpinus simplicidentata* Hu 为小叶鹅耳枥 *Carpinus stipulata* H. J. P. Winkl. 的异名；

大穗鹅耳枥 *Carpinus fargesii* Franch. 为雷公鹅耳枥 *Carpinus viminea* Wall. ex Lindl. 的异名；

小叶鹅耳枥（变种）*Carpinus turczaninowii* var. *stipulata* (H. J. P. Winkl.) H. J. P. Winkl. 为小叶鹅耳枥 *Carpinus stipulata* H. J. P. Winkl. 的异名；

镰苞鹅耳枥 *Carpinus falcatibracteata* Hu 为昌化鹅耳枥 *Carpinus tschonoskii* Maxim. 的异名；

河南鹅耳枥 *Carpinus funiushanensis* P. C. Kuo 为湖北鹅耳枥 *Carpinus hupeana* Hu 的异名。

本书另增补 2 种，1 变种。

1. 鹅耳枥属 *Carpinus* L.

《河南植物志（第一册）》记载 10 种，2 变种。除修订外，本书增补 1 种，1 变种。

(1) 华千斤榆（变种）*Carpinus cordata* var. *chinensis* Franch.

[*Carpinus chinensis* (Franch.) S. J. Pei]

本变种小枝密被短柔毛及稀疏长柔毛与原变种相区别。

产于河南西峡黄石庵、商城黄柏山；生于山谷杂木林中。分布于华东、湖北、四川。木材可作农具、器具等。

(2) 陕西鹅耳枥 *Carpinus shensiensis* Hu

[*Carpinus shensiensis* var. *paucineura* S. C. Qu & K. Y. Wang]

乔木；小枝紫褐色，无毛。叶厚纸质，矩圆形或倒卵状矩圆形，长 6~9cm，宽 3~4.5cm，顶端锐尖或渐尖，基部心形，边缘具规则的细密重锯齿，上面无毛，下面沿脉疏被短柔毛，脉腋间疏生髯毛，侧脉 14~16 对；叶柄 0.7~1.7cm，密被短柔毛。果序长 7~9cm，直径约 4cm；序梗长 1.5~3cm，序梗、序轴均密被短柔毛兼稀疏的长柔毛；果苞半卵形，长约 2.5cm，宽 1~1.2cm，纸质，两面沿脉被长柔毛，背面毛较密，外侧基部无裂片，内侧基部边缘微内折，较少具耳凸，中裂片内侧边缘直，全缘，外侧边缘具细密的锯齿，顶端渐尖。小坚果宽卵圆形，长约 4mm，顶端密生长柔毛，疏生褐色树脂腺体。

陕西鹅耳枥 *Carpinus shensiensis* Hu

1. 叶与果序 2. 果苞 3. 小坚果

产于河南卢氏大块地、西峡黑烟镇和太平镇、内乡宝天曼；生于山谷或山坡杂木林中。分布于陕西南部和甘肃南部。树皮可提制栲胶，木材可供建筑、家具等用。

2. 桦木属 *Betula* L.

《河南植物志（第一册）》记载 6 种，1 变种。本书增补 1 种。

黑桦 棘皮桦 ***Betula dahurica* Pall.**

[*Betula dioica* Pall.;
Betula maackii Rupr.;
Betula maximowiczii Rupr.;
Betula wutaica Mayr]

落叶乔木，高 6~20m；树皮黑褐色，龟裂；枝条红褐色或暗褐色，光亮，无毛；小枝红褐色，疏被长柔毛，密生树脂腺体。叶厚纸质，通常为长卵形，间有宽卵形、卵形、菱状卵形或椭圆形，长 4~8cm，宽 3.5~5cm，顶端锐尖或渐尖，基部近圆形、宽楔形或楔形，边缘具不规则的锐尖重锯齿，上面无毛，下面密生腺点，沿脉疏被长柔毛，脉腋间具簇生的髯毛，侧脉 6~8 对；叶柄长 0.5~1.5cm，疏被长柔毛或近无毛。果序矩圆状圆柱形，单生，直立或微下垂，长 2~2.5cm，直径约 1cm；序梗长 0.5~1.2cm，疏被长柔毛或几无毛，有时具树脂腺体；果苞长 5~8mm，背面无毛，边缘具纤毛，基部宽楔形，上部 3 裂，中裂片矩圆形或披针形，顶端钝，侧裂片卵形或宽卵形，斜展，横展至下弯，比中裂片宽，与之等长或稍短。小坚果宽椭圆形，两面无毛，膜质翅宽约为果的 1/2。果熟期 9 月。

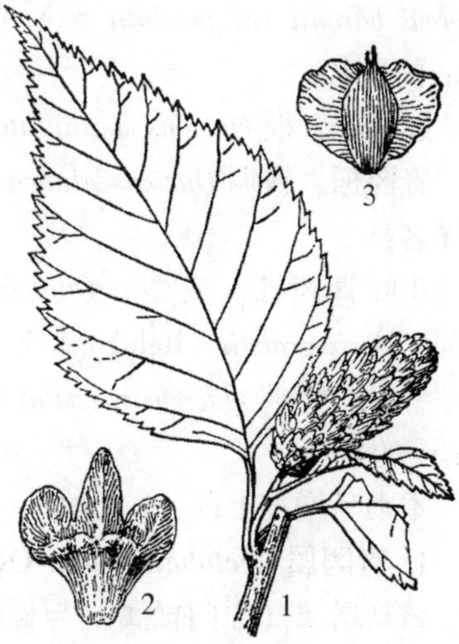

黑桦 *Betula dahurica* Pall.

1. 叶与果序 2. 果苞 3. 小坚果

河南仅见于济源斗岭，数量不多；生于海拔 1 800m 以上的山坡或岭脊。分布于黑龙江、辽宁北部、吉林东部、河北、山西、内蒙古；俄罗斯、蒙古东部、朝鲜、日本也有分布。木材质重，可作火车车厢、车轴、车辕、胶合板、家具、枕木及建筑用材。种子可榨油。

（三十八）壳斗科 Fagaceae

《河南植物志（第一册）》记载4属，25种，9变种。

其中：

塔形栓皮栎（变种）*Quercus variabilis* var. *pyramidalis* T. B. Chao, Z. I. Chang & W. C. Li 和大叶栓皮栎（变种）*Quercus variabilis* var. *megaphylla* T. B. Chao 均为栓皮栎 *Quercus variabilis* Blume 的异名；

枹树、小叶青冈 *Quercus glandulifera* Blume 及其种下绒毛枹树（变种）*Quercus glandulifera* var. *tomentosa* B. C. Ding & T. B. Chao 和短柄枹树（变种）*Quercus glandulifera* var. *brevipetiolata*（A. DC.）Nakai 均为枹栎 *Quercus serrata* Murray 的异名；

匙叶槲栎（变种）*Quercus aliena* var. *pellucida* Blume 有待进一步研究考证；

锐齿栎、锐齿槲栎、大叶青冈 *Quercus acutidentata*（Maxim. ex Wenz.）Koidz.、直锐齿栎（变种）*Quercus acutidentata* var. *latifolia* Lio 和南方槲栎、大叶青冈 *Quercus liouana* W. C. Cheng & T. Hong 均为锐齿槲栎（变种）*Quercus aliena* var. *acutidentata* Maxim. ex Wenz. 的异名；

无毛锐齿栎（变种）*Quercus acutidentata* var. *calvescens* Liou 有待进一步研究考证；

西南栎 *Quercus yuii* Liou 为云南波罗栎 *Quercus yunnanensis* Franch. 的异名；

辽东栎、小叶青冈 *Quercus liaotungensis* Koidz. 为蒙古栎 *Quercus mongolica* Fisch. ex Ledeb. 的异名；

毛黄橿子（变种）*Quercus baronii* var. *capillata*（Kozlov）Liou 和垂枝黄橿子（变种）*Quercus baronii* var. *pendula* S. Y. Wang & C. L. Chang 均为黄橿子、橿子栎 *Quercus baronii* Skan 的异名；

匙叶栎青橿 *Quercus spathulata* Seemen 为匙叶栎 *Quercus dolicholepis* A. Camus 的异名；

青冈栎、铁椆 *Quercus glauca* Thunb. 为青冈栎 *Cyclobalanopsis glauca*（Thunb.）Oerst. 的异名；

小叶青冈栎（变型）*Quercus glauca* f. *gracilis* Rehder & E. H. Wilson 为细叶青冈 *Cyclobalanopsis gracilis*（Rehder & E. H. Wilson）W. C. Cheng & T. Hong 的异名；

青栲、青椆 *Quercus myrsinifolia* Blume 为小叶青冈 *Cyclobalanopsis myrsinifolia*（Blume）Oerst. 的异名。

本书另增补1种，1变种。

1. 青冈属 *Cyclobalanopsis* Oerst.（新增属）

该新增属（原归栎属）与栎属 *Quercus* L. 的区别为小壳斗苞片结合，同心圆环状排列（栎属的小壳斗苞片分离，螺旋状排列）。本属约150种，主要分布于亚洲的热带和亚热带；我国有69种（43种特有），分布于秦岭、淮河流域以南各省区。

《河南植物志（第一册）》256～257页在栎属下记载2种，1变种（修订为3种）。本书增补 1 种。

多脉青冈 粉背青冈 ***Cyclobalanopsis multinervis* W. C. Cheng & T. Hong**

[*Cyclobalanopsis hypargyrea* (Seemen ex Diels) Y. C. Hsu & H. Wei Jen;

Quercus glauca var. *hypargyrea* Seemen;

Quercus hypargyrea (Seemen) C. C. Huang & Y. T. Chang]

常绿乔木，高 12m，树皮黑褐色。冬芽有毛。叶片长椭圆形或椭圆状披针形，长 7.5~15.5cm，宽 2.5~5.5cm，顶端突尖或渐尖，基部楔形或近圆形，叶缘 1/3 以上有尖锯齿，侧脉每边 10~15 条，叶背被伏贴单毛及易脱落的蜡粉层，脱落后带灰绿色；叶柄长 1~2.7cm。果序长 1~2cm，着生 2~6 个果。壳斗杯形，包着坚果 1/2 以下，直径 1~1.5cm，高约 0.8mm；小苞片合生成 6~7 条同心环带，环带近全缘。坚果长卵形，直径约 1cm，高 1.8cm，无毛；果脐平坦，直径 3~5mm。果熟期翌年 9~11 月。

产于河南大别山的商城黄柏山和金刚台，伏牛山的南召、淅川；生于海拔 1 000m 左右的山谷或山坡。分布于安徽（南部）、江西、福建、湖北（西部）、湖南、广西（东北部）及四川（东部）。

本种与青冈栎 *Cyclobalanopsis glauca* (Thunb.) Oerst. 的主要区别为：芽有毛，叶缘 1/3以上有锯齿，侧脉多，坚果翌年成熟。

2. 栎属 *Quercus* L.

《河南植物志（第一册）》记载 21 种，9 变种。本书除修订外，增补 1 变种。

北京槲栎（变种）*Quercus aliena* var. *pekingensis* Schott.

本变种与原变种的不同之处在于：叶片较小，长 5~11cm，稀长达 13cm，叶背无毛或近无毛；叶柄近无毛，壳斗包着约 1/2 坚果，小苞片扁平，有时小苞片在壳斗顶端向内卷

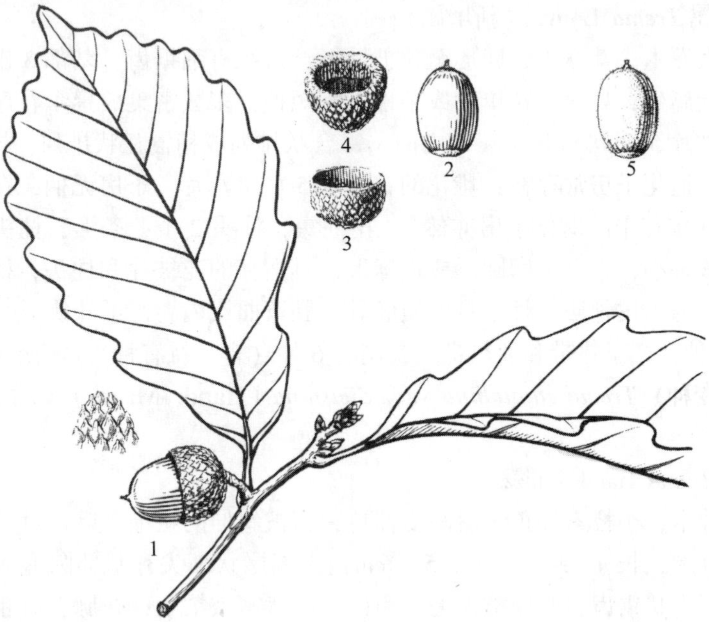

北京槲栎（变种）*Quercus aliena* var. *pekingensis* Schott.

1. 果枝 2. 坚果 3、4. 壳斗 5. 坚果

曲，形成厚缘壳斗。

河南产于伏牛山北部嵩县及太行山区的济源、林州；生于海拔 1 500m 以下的山坡杂木林中。分布于辽宁、河北、山西、陕西、山东等省。种子含淀粉 68.6%，可酿酒；木材坚硬，可作建筑、家具等用。

（三十九）榆科 Ulmaceae

《河南植物志（第一册）》记载 5 属，23 种，5 变种。

其中：

蒙古黄榆（变种）*Ulmus macrocarpa* var. *mongolica* Liou & Li 和太行榆 *Ulmus taihangshanensis* S. Y. Wang 均为大果榆 *Ulmus macrocarpa* Hance 的异名；

毛榆 *Ulmus wilsoniana* C. K. Schneid. 和春榆、山榆 *Ulmus propinqua* Koidz. 均为春榆（变种）*Ulmus davidiana* var. *japonica*（Rehder）Nakai 的异名；

龙爪榆、垂枝榆（变种）*Ulmus pumila* var. *pendula* Hort. ex Rehd. 有待进一步研究考证；

细枝榆（变型，应为变种）*Ulmus pumila* var. *tenue* S. Y. Wang 有待进一步研究考证；

小叶榆（变型，应为变种）*Ulmus pumila* var. *microphylla* Pers. 为榆树 *Ulmus pumila* L. 的异名；

毛叶朴 *Celtis pubescens* S. Y. Wang & C. L. Chang 有待进一步研究考证。

本书另增补 2 属，9 种，1 变种。

1. 山黄麻属 *Trema* Lour.（新增属）

小乔木或大灌木。叶互生，卵形至狭披针形，边缘有细锯齿，基部 3 出脉，稀 5 出脉或羽状脉；托叶离生，早落。花单性或杂性，有短梗，多数密集成聚伞花序而成对生于叶腋；雄花的花被片 5（~4）片，裂片内曲，镊合状排列或稍覆瓦状排列，雄蕊与花被片同数，花丝直立，退化子房常存在；雌花的花被片 5（~4）片，子房无柄，在其基部常有一环细曲柔毛（在雄花中的退化子房亦然），花柱短，柱头 2 个，条形，柱头面有毛，胚珠单生，下垂。核果小，直立，卵圆形或近球形，具宿存的花被片和柱头，稀花被脱落，外果皮多少肉质，内果皮骨质；种子具肉质胚乳，胚弯曲或内卷，子叶狭窄。

本属约 15 种，产于热带和亚热带。我国有 6 种（含 2 特有种）。河南仅有 1 变种。

山油麻（变种）*Trema cannabina* var. *dielsiana*（Hand. -Mazz.）C. J. Chen（彩版图 28）

[*Trema dielsiana* Hand. -Mazz.]

灌木或小乔木；小枝紫红色，后渐变棕色，密被斜伸的粗毛。叶薄纸质，卵形或卵状矩圆形，稀披针形，长 4~9cm，宽 1.5~4cm，先端尾状渐尖，基部圆形或浅心形，稀宽楔形，边缘具圆齿状锯齿，叶面被糙毛，粗糙，叶背密被柔毛，在脉上有粗毛；基部有明显的 3 出脉；其侧生的 2 条长达叶的中上部，侧脉 2（~3）对；叶柄被伸展的粗毛，长 4~8mm，被贴生短柔毛。花单性，雌雄同株，雌花序常生于花枝的上部叶腋，雄花序常生于花枝的下部叶腋，或雌雄同序，雄聚伞花序长过叶柄；雄花具梗，直径约 1mm，花被片

5片，卵形，外面被细糙毛和多少明显的紫色斑点。核果近球形或阔卵圆形，微压扁，直径2~3mm，熟时橘红色，有宿存花被。花期3~6月，果期9~10月。

河南仅见于新县连康山；生于海拔450m的向阳山坡灌丛中或沟边。分布于江苏（南部）、安徽、浙江、江西（东部）、福建、湖北、湖南、广东、广西、贵州、云南和四川。韧皮纤维供制麻绳、纺织和造纸用，种子油供制皂和作润滑油用。

2. 榆属 *Ulmus* L.

《河南植物志（第一册）》记载11种，5变种。本书增补8种（全为栽培）。

（1）美国榆 *Ulmus americana* L.（彩版图29）

[*Ulmus americana* var. *alba* Aiton;
Ulmus americana f. *ascendens* A. D. Slavin;
Ulmus americana var. *aspera* Chapm.;
Ulmus americana f. *columnaris* Rehder;
Ulmus americana var. *floridana* (Chapm.) Little;
Ulmus americana f. *intercedens* Fernald;
Ulmus americana f. *laevior* Fernald;
Ulmus americana var. *pendula* Aiton;
Ulmus americana f. *viridis* F. Seym.;
Ulmus floridana Chapm.]

落叶乔木，在原产地高达40m；树皮灰色，不规则纵裂；小枝幼时有细毛或几无毛，后变无毛；冬芽卵圆形。叶卵形或卵状椭圆形，长4~15cm，宽7~12cm，中部或中下部较宽，先端渐尖，基部极偏斜，一边楔形，一边半圆形至半心脏形，边缘具重锯齿，侧脉每边12~22条，叶面除主脉凹陷处有疏毛外，余处无毛，叶背有毛或近无毛，脉腋常有簇生毛，叶柄长5~9mm，上面有毛。花自花芽抽出，常10余个排成短聚伞花序，花梗细，不等长，长4~10mm，无毛，花被漏斗状，上部7~9浅裂，外面无毛，裂片先端有毛。翅果椭圆形或宽椭圆形，长13~16mm，两面无毛而边缘具睫毛，顶端缺口不封闭或微封闭，缺口内缘柱头面有毛，果核部分位于翅果近中部，上端接近或不接近缺口，果梗长5~15mm。花期3月，果熟期4月中旬。

原产于北美洲。河南获嘉县和孟州市林业科学研究所有引种栽培，生长快速，但虫害较多。江苏南京、山东、河北及北京等地也有引种栽培。

（2）醉翁榆 毛榆 ***Ulmus gaussenii* W. C. Cheng（彩版图30）**

落叶乔木，高达25m，胸径80cm；树皮黑色或暗灰色，纵裂，粗糙；幼枝密被灰白色或淡黄色柔毛，一二年生枝灰褐色、深褐色或暗灰色，密被柔毛，具散生黄褐色皮孔，有时两侧具对生而扁平的木栓翅；冬芽近球形或卵圆形，芽鳞背部多少被毛，边缘有毛。叶长圆状倒卵形、椭圆形、倒卵形或菱状椭圆形，长3~11cm，宽1.8~5.5cm，先端钝、渐尖或具短尖，基部歪斜，多少圆形，半心脏形或楔形，叶面密生硬毛，粗糙，主脉凹陷处有毛，叶背面幼时密生短毛，其后仅脉上有毛，微粗糙，侧脉每边8~16条，边缘常具单锯齿，或兼有重锯齿，叶柄密被柔毛，长4~8mm。花自花芽抽出，稀出自混合芽。翅果圆形或倒卵状圆形，长1.8~2.8cm，宽1.7~2.7cm，基部宽圆或圆，两面及边缘有或密或疏的毛，果核部分位于翅果中部，宿存花被钟状，被短毛，上部4~5浅裂，裂片边缘有毛，果梗长1~2mm，密生短毛。花期3月，果熟期4月。

本种近于大果榆 *Ulmus macrocarpa* Hance，但后者的一二年生枝无毛或有疏毛，淡褐黄色、淡黄褐色或淡红褐色，叶常为倒卵状圆形或宽倒卵形，先端短尾状，边缘常具重锯齿，翅果宽倒卵形、宽椭圆形或近圆形，基部微狭或圆形。

河南获嘉县和孟州市林业科学研究所有引种栽培，生长迅速。我国仅分布于安徽滁州市琅琊山。南京有栽培。木材重硬，纹理直，结构粗，有光泽，韧性强，弯挠性能良好，耐磨损，可供车辆、农具、家具、器具等用材。翅果含油量高，是医药和轻、化工业的重要原料。种子发酵后与榆树皮、红土、菊花末等加工成黄糊，用于杀虫、消积。

（3）假春榆 *Ulmus pseudopropinqua* Wang & Li

落叶乔木，高约10m；当年生枝多少被毛，去年生枝无毛，稀有毛，淡黄灰色，有较密而散生的黑色皮孔，小枝无木栓翅及膨大的木栓层；冬芽近圆形或卵圆形，芽鳞边缘密生白色长柔毛。叶卵形或微倒卵形，长2~5.5cm，宽1~2.5cm，先端渐尖，稀骤凸，基部偏斜，圆形或楔形，叶面密生硬毛或留有毛迹，叶背有短柔毛，边缘具重锯齿，侧脉每边12~17条；叶柄长5~7mm，被毛或上面有毛。花在去年生枝上排成簇状聚伞花序。翅果椭圆状长圆形、倒卵状长圆形或倒卵状圆形，长2~2.5cm，宽1.5~2cm，除顶端缺口柱头面有毛外，余处无毛，果翅稍厚，果核部分位于翅果的中部，成熟时果翅与果核均呈淡黄绿色，宿存花被钟形，无毛，4浅裂，裂片边缘具白色长柔毛，果梗长约2mm，被短毛。花果期4月下旬至6月上旬。

本种叶似春榆 *Ulmus davidiana* var. *japonica*（Rehd.）Nakai，果似旱榆 *Ulmus glaucescens* Franch.。与前者的区别在于翅果长2~2.5cm，宽1.5~2cm，果翅较厚，果核部分位于翅果的中部，芽鳞边缘密生白色长柔毛。与后者的不同在于花自花芽抽出，在去年生枝上排成簇状聚伞花序，叶两面有毛，叶柄被毛，边缘具重锯齿，果核部分较小，位于翅果的中部，芽鳞边缘密生白色长柔毛。

原产于黑龙江省哈尔滨市。河南获嘉县林业科学研究所有引种栽培，生长良好。

（4）红果榆 *Ulmus szechuanica* W. P. Fang

[*Ulmus erythrocarpa* W. C. Cheng]

落叶乔木，高达28m，胸径80cm；树皮暗灰色、灰黑色或褐灰色，不规则纵裂，粗糙；当年生枝淡灰色或灰色，幼时有毛，后变无毛或有疏毛，皮孔淡黄色；萌发枝的毛较密，有时具周围大而不规则纵裂的木栓层；冬芽卵圆形，芽鳞背面外露部分几无毛或有疏毛，下部毛较密，内部芽鳞的边缘毛较长而明显。叶倒卵形、椭圆状倒卵形、卵状长圆形或椭圆状卵形，长2.5~9cm，宽1.7~5.5cm（萌发枝的叶长达13.5cm，宽7cm），先端急尖或渐尖，稀尾状，基部偏斜，楔形、圆形或近心脏形，叶面幼时有短毛，沿中脉常有长柔毛，后则无毛，有时具圆形毛迹，不粗糙（萌发枝的叶面粗糙），叶背初有疏毛，沿主侧脉有较密之毛，后变无毛，有时脉腋具簇生毛，边缘具重锯齿，侧脉每边9~19条，叶柄长5~12mm，无毛或上面有毛。花在去年生枝上排成簇状聚伞花序。翅果近圆形或倒卵状圆形，长11~16mm，宽9~13mm，除顶端缺口柱头被毛外，余处无毛，果核部分位于翅果的中部或近中部，上端接近缺口，淡红色、褐色、红色或紫红色，宿存花被无毛，钟形，浅4裂，果柄较花被为短，长1~2mm，有短柔毛。花期3月下旬至4月上旬，果熟期4月中旬。

河南获嘉县和孟州市林业科学研究所有引种栽培。分布于安徽南部、江苏南部、浙江北部、江西及四川中部。材质坚韧，硬度适中，纹理直，结构略粗。可供制家具、农具、器具等用。树皮纤维可制绳索及人造棉。

（5）欧洲白榆 *Ulmus laevis* Pall.（彩版图 31）

[*Ulmus celtidea* Litv.;

Ulmus communis var. *ornata* Carrière;

Ulmus effusa Willd.;

Ulmus pedunculata Foug.;

Ulmus simplicidens E. L. Wolf]

落叶乔木，在原产地高达 30m；树皮淡褐灰色，幼时平滑，后成鳞状，老则不规则纵裂；当年生枝被毛或几无毛；冬芽纺锤形。叶倒卵状宽椭圆形或椭圆形，通常长 8~15cm，中上部较宽，先端凸尖，基部明显的偏斜，一边楔形，一边半心脏形，边缘具重锯齿，齿端内曲，叶面无毛或叶脉凹陷处有疏毛，叶背有毛或近基部的主脉及侧脉上有疏毛，叶柄长 6~13mm，全被毛或仅上面有毛。花常自花芽抽出，稀由混合芽抽出，20 余朵花至 30 余朵花排成密集的短聚伞花序，花梗纤细，不等长，长 6~20m，花被上部 6~9 浅裂，裂片不等长。翅果卵形或卵状椭圆形，长约 15mm，边缘具睫毛，两面无毛，顶端缺口常微封闭，果核部分位于翅果近中部，上端微接近缺口，果梗长 1~3cm。花期 4 月上旬，果熟期 4 月中下旬至 5 月。

原产于欧洲。河南获嘉县林业科学研究所有引种栽培，生长较慢。我国东北地区、新疆、北京、山东、江苏及安徽也有引种栽培。

（6）圆冠榆 *Ulmus densa* Litv.（彩版图 32）

落叶乔木，枝条直立或斜上，树冠密，近圆形；幼枝多少被毛，当年生枝无毛，淡褐黄色或红褐色，二三年生枝常被蜡粉；冬芽卵圆形，芽鳞背面多少被毛，尤以内部芽鳞片显著。叶卵形，长 4~9cm，宽 2.5~5cm，先端渐尖，基部多少偏斜，一边楔形，一边耳状，叶面幼时有硬毛，后有突起或平的毛迹，多少粗糙或平滑，叶背面幼时被密毛，后被疏毛或近无毛，脉腋有簇生毛，边缘具钝的重锯齿或兼有单锯齿，侧脉每边 11~19 条，叶柄长 5~11mm，上面被毛。花在去年生枝上排成簇状聚伞花序。翅果长圆状倒卵形、长圆形或长圆状椭圆形，长 10~16mm，宽 8~14mm，除顶端缺口柱头面被毛外，余处无毛，果核部分位于翅果中上部，上端接近缺口，宿存花被无毛，4 浅裂，果梗较花被为短，长约 1mm，无毛。花期 4 月上旬，果熟期 4 月中下旬至 5 月。

原产于俄罗斯。河南获嘉县林业科学研究所有引种栽培。我国新疆、内蒙古及北京也有引种栽培。木材供家具等用。

（7）多脉榆 *Ulmus castaneifolia* Hemsl.（彩版图 33）

[*Ulmus ferruginea* W. C. Cheng;

Ulmus multinervis W. C. Cheng]

落叶乔木，高达 20m，胸径 50cm；树皮厚，木栓层发达，淡灰色至黑褐色，纵裂成条状或成长圆状块片脱落；小枝较粗，无木栓翅及膨大的木栓层，当年生枝密被白色至红褐色或锈褐色长柔毛，毛曲或直，有时长短不等（萌发枝及幼树小枝的毛较长、直，常长短不等，颜色较深），去年生枝多少被毛，稀无毛，淡灰褐色或暗褐灰色，具散生黄色或褐黄色皮孔；冬芽卵圆形，常稍扁，芽鳞两面均有密毛。叶长圆状椭圆形、长椭圆形、长圆状卵形、倒卵状长圆形或倒卵状椭圆形，质地通常较厚（萌发枝及幼树之叶较薄），长8~15cm，宽3.5~6.5cm（小型叶长2~7cm，宽1~3cm），先端长尖或骤凸，基部常明显偏斜，一边耳状或半心脏形，一边圆形或楔形，较长的一边往往覆盖叶柄，长为叶柄之半或几相等长，叶上面幼时密生硬毛，后渐脱落，平滑或微粗糙（萌发枝及幼树之叶面的毛不脱落，粗糙），主侧脉凹陷处常多少有毛，叶背面密被长柔毛，脉腋有簇生毛，边缘具重锯齿，侧脉每边16~35条（幼树及萌发枝上之叶的侧脉较少），叶柄长3~10mm，密被柔毛。花在去年生枝上排成簇状聚伞花序。翅果长圆状倒卵形、倒三角状倒卵形或倒卵形，长1.5~3.3cm，常2~3cm，宽1~1.6cm，除顶端缺口柱头面有毛外，余处无毛，果核部分位于翅果上部，上端接近缺口，宿存花被无毛，4~5浅裂，裂片边缘有毛，果梗较花被为短，密生短毛。花期3月下旬至4月上旬，果熟期4月中下旬。

河南获嘉县和孟州市林业科学研究所有引种栽培，生长迅速。分布于湖北西部、四川东部、云南东南部、贵州北部、湖南西部至南部、广西西部及东北部、广东北部、江西南部、安徽南部、福建北部和浙江南部。木材坚实，纹理直，结构略粗，有光泽及花纹，可作家具、器具、地板、车辆、造船及室内装修等用材。

（8）琅琊榆 *Ulmus chenmoui* W. C. Cheng

落叶乔木，高达20m，胸径60cm；树皮淡褐灰色，裂成不规则的长圆形薄片脱落；一年生枝幼时密被柔毛，后逐渐脱落，小枝无木栓翅及膨大的木栓层；冬芽卵圆形，芽鳞背面部分被覆有毛。叶宽倒卵形、长圆状倒卵形、长圆形或长圆状椭圆形，长6~18cm，宽3~10cm，先端短尾状或尾状渐尖，基部偏斜，楔形、圆形或心脏形，叶面密生硬毛，粗糙，沿主脉凹陷处有柔毛，叶背面密生柔毛；沿脉较密，边缘具重锯齿，侧脉每边15~21条；叶柄长1~1.5cm，密被长柔毛。花在去年生枝上排成簇状聚伞花序。翅果窄倒卵形、长圆状倒卵形或宽倒卵形，长1.5~2.5cm，宽1~1.7cm，两面及边缘全有柔毛，或果核部分毛密、果翅毛疏或近无毛，果核部分位于翅果中上部，上端接近缺口，宿存花被无毛，上端4裂，裂片边缘有毛，果梗长1~2mm，被短毛。花期3月下旬至4月上旬，果熟期4月中下旬。

河南获嘉县和孟州市林业科学研究所有引种栽培。分布于安徽滁州市琅琊山及江苏句容宝华山。木材坚实，纹理直，耐火，可作家具、车辆、器具、室内装修等用材。

3. 糙叶树属 *Aphananthe* Planch.（新增属）

落叶或半常绿乔木或灌木。叶互生，纸质或革质，有锯齿或全缘，具羽状脉或3基出脉；托叶侧生，分离，早落。花与叶同时生出，单性，雌雄同株，雄花排成密集的聚伞花序，腋生，雌花单生于叶腋；雄花的花被4~5深裂，裂片多少呈覆瓦状排列，雄蕊与花被裂片同数，花丝直立或在顶部内折，花药矩圆形，退化子房缺或在中央的一簇毛中不明显；雌花的花被4~5深裂，裂片较窄，覆瓦状排列，花柱短，柱头2个，条形。核果卵状或近球状，外果皮多少肉质，内果皮骨质。种子具薄的胚乳或无，胚内卷，子叶窄。

本属约5种，主要分布在亚洲东部和澳大利亚东部的亚热带和热带地区，马达加斯加岛和墨西哥各产1种。我国产2种，1变种，分布于西南至台湾。河南1种。

糙叶树 *Aphananthe aspera*（Thunb.）Planch.

[*Aphananthe aspera*（Thunb.）Planch. var. *aspera*;
Aphananthe aspera var. *pubescens* C. J. Chen]

落叶乔木，高达25m，胸径达50cm，稀灌木状；树皮褐色或灰褐色，有灰色斑纹，纵裂，粗糙，当年生枝黄绿色，疏生细伏毛，一年生枝红褐色，毛脱落，老枝灰褐色，皮孔明显，圆形。叶纸质，卵形或卵状椭圆形，长5~10cm，宽3~5cm，先端渐尖或长渐尖，基部宽楔形或浅心形，有的稍偏斜，边缘锯齿有尾状尖头，基部3出脉，其侧生的1对直伸达叶的中部边缘，侧脉6~10对，近平行地斜直伸达齿尖，叶上面被刚伏毛，粗糙，叶背面疏生细伏毛；叶柄长5~15mm，被细伏毛；托叶膜质，条形，长5~8mm。雄聚伞花序生于新枝的下部叶腋，雄花被裂片倒卵状圆形，内凹陷呈盔状，长约1.5mm，中央有一簇毛；雌花单生于新枝的上部叶腋，花被裂片条状披针形，长约2mm，子房被毛。核果近球形、椭圆形或卵状球形，长8~13mm，直径6~9mm，由绿变黑，被细伏毛，具宿存的花被和柱头，果梗长5~10mm，疏被细伏毛。花期4~5月，果熟期8~9月。

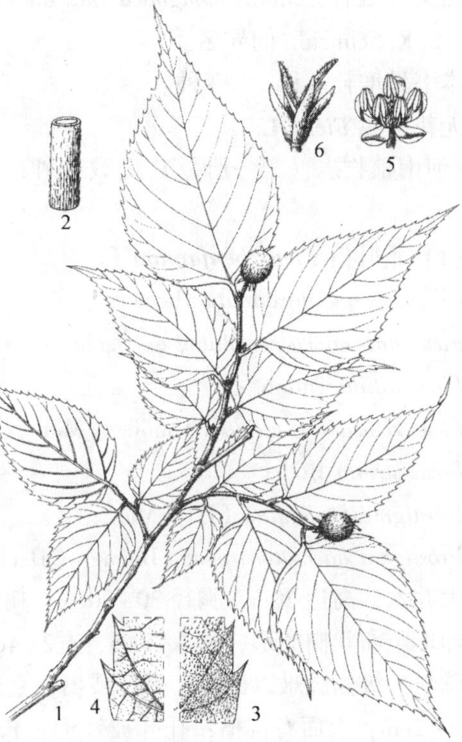

糙叶树 *Aphananthe aspera*（Thunb.）Planch.

1. 果枝　2. 小枝一段　3. 叶面的一部分
4. 叶背的一部分　5. 雄花　6. 雌花（王金凤　绘）

产于河南大别山区固始、罗山及太行山区的济源；生于山谷、溪边林中。分布于山西、山东、江苏、安徽、浙江、江西、福建、台湾、湖南、湖北、广东、广西、四川东南部、贵州和云南东南部；朝鲜、日本和越南也有分布。枝皮纤维供制人造棉、绳索用；木材坚硬细密，可供制家具、农具和建筑用；叶可作马饲料。

（四十）桑科 Moraceae

《河南植物志（第一册）》记载7属，15种，6变种。

其中：

柘树、柘桑、柘刺、棘叶 *Cudrania tricuspidata*（Carrière）Bureau ex Lavallée 为柘 *Macluratricuspidata* Carrière 的异名；

爬藤榕 *Ficus martini* H. Lév. & Vaniot 应为爬藤榕（变种）*Ficus sarmentosa* var. *impressa*

（Champ. ex Benth）Corner［《河南植物志（第一册）》279 页为纽榕］；

垂枝桑、龙须桑（变种）*Morus alba* var. *pendula* Dipp. 有待进一步研究考证；

花叶桑、花桑（变种）*Morus alba* var. *skeletoniana* C. K. Schneid. 有待进一步研究考证；

山桑（变种）*Morus mongolica* var. *diabolica* Koidz. 为蒙桑、山桑 *Morus mongolica*（Bureau）C. K. Schneid. 的异名。

本书另增补 1 种，1 变种。

无花果属 *Ficus* L.

《河南植物志（第一册）》记载 5 种，2 变种。本书增补 1 种（栽培），1 变种（栽培）。

（1）垂叶榕 *Ficus benjamina* L.

［*Ficus cuspidatocaudata* Hayata；

Ficus haematocarpa Blume ex Decne.；

Ficus nitida Thunb.；

Ficus retusa var. *nitida*（Thunb.）Miq.；

Ficus striata Roth；

Urostigma benjamina（L.）Miq.；

Urostigma haematocarpum（Blume ex Decne.）Miq.］

大乔木，高达 20m，胸径 30~50cm，树冠广阔；树皮灰色，平滑；小枝下垂。叶薄革质，卵形至卵状椭圆形，长 4~8cm，宽2~4cm，先端短渐尖，基部圆形或楔形，全缘，一级侧脉与二级侧脉难以区分，平行展出，直达近叶边缘，网结成边脉，两面光滑无毛；叶柄长 1~2cm，上面有沟槽；托叶披针形，长约 6mm。榕果成对或单生叶腋，基部缢缩成

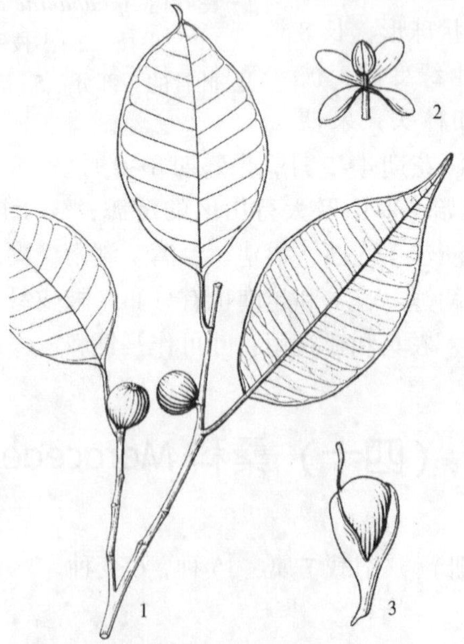

垂叶榕 *Ficus benjamina* L.

1. 果枝　2. 雄花　3. 雌花（张培英　绘）

柄，球形或扁球形，光滑，成熟时红色至黄色，直径 8~15mm，基生苞片不明显；雄花、瘿花、雌花同生于一榕果内；雄花极少数，具柄，花被片 4 片，宽卵形，雄蕊 1 枚，花丝短；瘿花具柄，多数，花被片4~5片，狭匙形，子房卵圆形，光滑，花柱侧生；雌花无柄，花被片短匙形。瘦果卵状肾形，短于花柱，花柱近侧生，柱头膨大。花期 8~11 月。

河南郑州、洛阳、开封等城市有引进栽培，花卉市场有出售；作室内盆栽观赏树木。分布于我国广东、海南、广西、云南、贵州；尼泊尔、不丹、印度、缅甸、泰国、越南、马来西亚、菲律宾、巴布亚新几内亚、所罗门群岛、澳大利亚北部均有分布。

(2) 长柄爬藤榕（变种）*Ficus sarmentosa* var. *luducca* (Roxb.) Corner

[*Ficus longipedata* H. Lév. & Vaniot;
Ficus luducca Roxb.;
Ficus sarmentosa var. *luducca* f. *sessilis* Corner;
Ficus sordida Hand. -Mazz.;
Ficus trichopoda H. Lév.]

藤状匍匐灌木，幼枝近无毛。小枝有明显皮孔。叶长椭圆状披针形，长 4~10cm，宽 4~5cm，先端渐尖为尾状，基部楔形，背面黄褐色，基生叶脉短，侧脉 10~12 对，网脉蜂窝状；叶柄长 2.5~3.5cm，粗壮。榕果腋生，球形，直径 8~12mm，表面疏生瘤状体，总梗短。

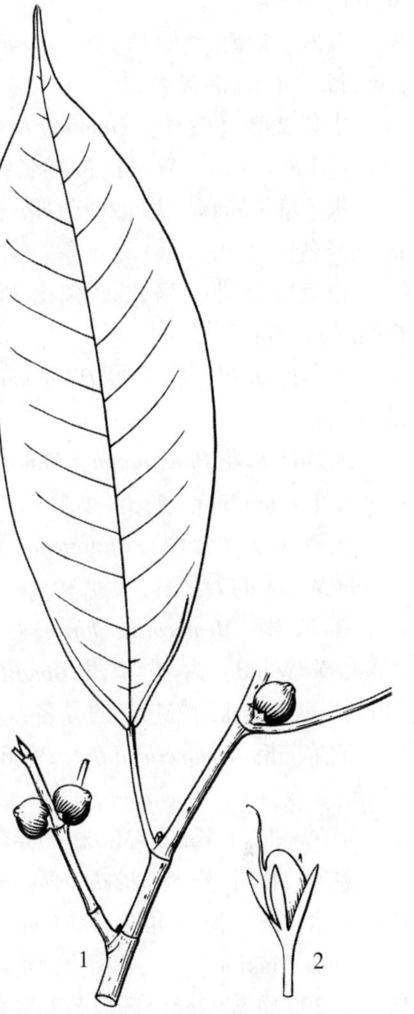

长柄爬藤榕（变种）*Ficus sarmentosa* var. *luducca* (Roxb.) Corner

1. 果枝 2. 雌花

河南仅见于伏牛山区西峡黄石庵林场二道沟及淅川荆子关；生于灌丛或沟旁。分布于湖北（巴东、兴山、丹江口以西）、江西、四川、贵州、云南、西藏、陕西。可作垂直绿化植物。

（四十一）荨麻科 Urticaceae

《河南植物志（第一册）》记载 10 属，29 种，2 变种。

其中：

毛花点草 *Nanocnide pilosa* Migo 为毛花点草 *Nanocnide lobata* Wedd. 的异名；

顶花螫麻 *Laportea terminalis* Wight 为珠芽艾麻 *Laportea bulbifera* (Siebold & Zucc.)

Wedd. 的异名；

艾麻、蜂麻、大叶蜂麻 *Laportea macrostachya*（Maxim.）Ohwi 为艾麻 *Laportea cuspidata*（Wedd.）Friis 的异名；

中华艾麻（变种）*Laportea bulbifera* var. *sinensis* S. S. Chien 为珠芽艾麻 *Laportea bulbifera*（Siebold & Zucc.）Wedd. 的异名；

蝎子草、蜂麻、大叶蜂麻 *Girardinia cuspidata* Wedd. 为艾麻 *Laportea cuspidata*（Wedd.）Friis 的异名；

粗齿冷水花、扁化冷水花 *Pilea fasciata* Franch. 为粗齿冷水花 *Pilea sinofasciata* C. J. Chen 的异名；

透茎冷水花、胖婆娘 *Pilea mongolica* Wedd. 为透茎冷水花 *Pilea pumila*（L.）A. Gray 的异名；

阴地冷水花 *Pilea hamaoi* Makino 为阴地冷水花（变种）*Pilea pumila* var. *hamaoi*（Makino）C. J. Chen 的异名；

大楼梯草（变种）*Elatostema lineolatum* var *olatum* Wight 的异名；

糯米团 *Memorialis hirta*（Blume ex Hassk.）Wedd. 为糯米团 *Gonostegia hirta*（Blume ex Hassk.）Miq. 的异名；

散生苎麻 *Boehmeria diffusa* Wedd. 为序叶苎麻（变种）*Boehmeria clidemioides* var. *diffusa*（Wedd.）Hand.-Mazz. 的异名；

悬铃木叶苎麻 *Boehmeria platanifolia* Franch. & Sav. 为八角麻 *Boehmeria tricuspis*（Hance）Makino［《河南植物志（第一册）》299 页称赤麻、三裂苎麻］的异名；

大叶苎麻 *Boehmeria grandifolia*（Thunb.）Wedd. 为野线麻 *Boehmeria japonica*（L. f.）Miq.［《河南植物志（第一册）》301 页为日本苎麻］的异名；

水麻 *Debregeasi aedulis*（Siebold & Zucc.）Wedd. 有待进一步研究考证。

本书另增补 1 属，11 种。

1. 冷水花属 *Pilea* Lindl.

《河南植物志（第一册）》记载 8 种。本书除修订外，增补 3 种。

（1）圆瓣冷水花 *Pilea angulata*（Blume）Blume

［*Pilea stipulosa*（Miq.）Miq.；*Urtica angulata* Blume；

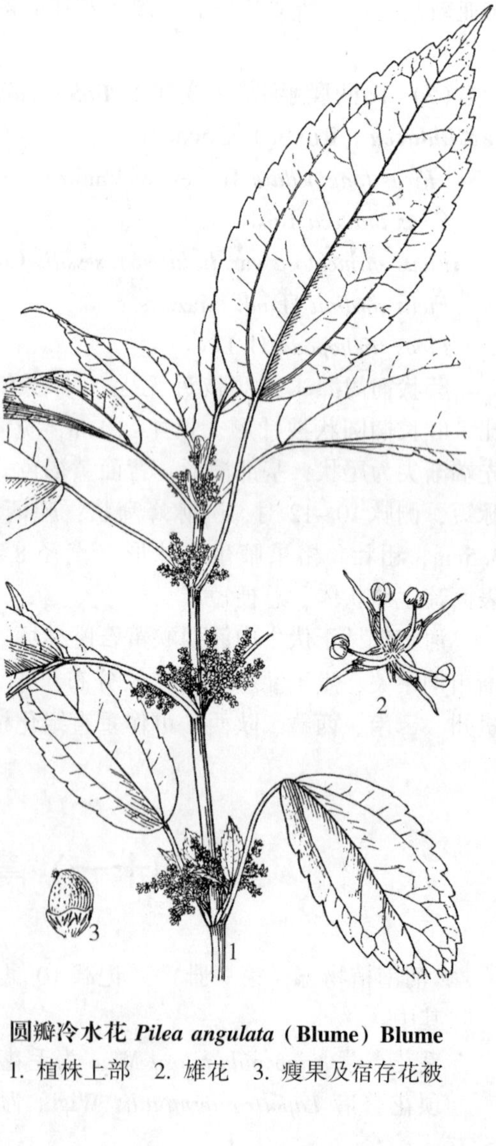

圆瓣冷水花 *Pilea angulata*（Blume）Blume

1. 植株上部 2. 雄花 3. 瘦果及宿存花被

Urtica stipulosa Miq.]

草本，无毛。茎肉质，高 30~100（~200）cm，粗 3~9mm，干时多少有棱，几乎不分枝。叶同对的近等大，草质，卵状椭圆形、卵状或长圆状披针形，长 7~23cm，宽 3~7cm，先端渐尖，基部圆形，稀微缺，边缘有粗锯齿或粗牙齿状锯齿，干时上面深绿色，下面浅绿色，钟乳体纺锤状条形，长约 0.4mm，两面散生，不甚明显，基出脉 3 条，其侧生的 2 条稍弧曲，伸达上部与侧脉环结，侧脉多数，上部的 3~4 对彼此网结，下部的数对斜展；叶柄长 2~9cm；托叶大，带绿色，长圆形，长 1~2.5cm，先端钝圆，半宿存。花雌雄异株；花序聚伞圆锥状，常成对生于叶腋，雄花序长 1~2cm，雄花密集生于花枝上，但不成头状花簇；雌花序长 2~5cm，常疏散。雄花具梗，在芽时长约 2mm；花被片常草质，带绿色，4 裂，裂片常倒卵状长圆形，先端锐尖，背面近先端有一长喙，外面有钟乳体；雄蕊 4 枚，药隔红色；退化雌蕊小，圆锥形，基部周围有白色绵毛。瘦果圆卵形，顶端歪斜，长 1.2~1.6mm，初时绿褐色，光滑，熟时变黑褐色，具短刺状突起物；宿存花被片膜质，带绿色，3 浅裂，近等大，合生至上部成杯状，裂片近半圆形或宽卵形，先端钝，长及果的 1/3~1/2。花期 7~8 月，果熟期 8~9 月。

产于河南伏牛山区嵩县、栾川、卢氏、西峡、内乡、南召和大别山区的商城、新县、罗山等地；常生于山谷阴湿处。分布于广东、广西、云南、西藏（东南部）、贵州、四川、陕西（南部）；印度尼西亚、越南、印度和斯里兰卡也有分布。

（2）疣果冷水花 *Pilea verrucosa* Killip

[*Pilea gracilis* Hand. -Mazz. ;

Pilea nanchuanensis C. J. Chen;

Pilea purpurella C. J. Chen;

Pilea symmeria var. *subcoriacea* Hand. -Mazz.]

多年生草本，近无毛，根状茎横走，常丛生。茎肉质，高 20~100cm，带红色，干时变褐色，下部常有棱，不分枝或分枝。叶近膜质至纸质，同对的近等大，椭圆形、椭圆状披针形、长圆状狭披针形，稀倒卵状长圆形，长 3~18cm，宽 1.8~5cm，先端渐尖至尾状渐尖，基部圆形或宽楔形，边缘有锯齿或圆齿状锯齿，上面深绿色，疏生透明粗毛，下面带紫红色或淡绿色，无毛，干时两面常变红褐色，钟乳体常细小，不明显，短杆状或纺锤形，长 0.1~0.2mm，基出脉 3 条，两面隆起，侧脉多数，横向结成网脉；叶柄长 1~7cm；托叶膜质，三角形，长约 1mm，宿存。雌雄异株；花序多回二歧聚伞状，有时雄花序聚伞圆锥状，成对生于叶腋，梗长 2~5cm，其中总花梗长 1~2.5cm；

疣果冷水花 *Pilea verrucosa* Killip
1. 植株上部　2. 雄花　3. 瘦果

雌花序具较短梗，长0.7~2cm，或有时近无梗，紧缩成簇生状。雄花大，具短梗，在芽时长约2mm；花被片4片，卵形，先端锐尖，几乎无短角突起；雄蕊4枚；退化雌蕊小，圆锥形。雌花近无梗；花被片3片，近等大或中间的1片较大，果时增厚，三角状卵形，长为果的1/3；退化雄蕊鳞片状，长圆形，较花被片稍短。瘦果圆卵形，顶端偏斜，双凸透镜状，长约0.7mm，成熟时有细疣状突起。花期6~7月，果熟期8~9月。

产于河南伏牛山西峡黄石庵及淅川；生于山谷溪旁阴湿处。分布于四川、贵州、湖北、湖南、广西和云南；越南也有分布。全草入药，对脾虚、水肿有疗效；茎叶也可作猪饲料。

（3）翅茎冷水花 *Pilea subcoriacea*（Hand.-Mazz.）C. J. Chen

［*Pilea pterocaulis*（S. S. Chien）C. J. Chen；

Pilea symmeria var. *pterocaulis* S. S. Chien；

Pilea symmeria var. *subcoriacea* Hand.-Mazz.］

多年生草本，近无毛；地下茎横走，茎高20~70cm，肉质，带紫红色，常有数条波状膜质翅，几不分枝。叶同对的近等大，纸质，倒卵状长圆形，有时椭圆形，长3~10cm，宽1.5~5.5cm，先端渐尖，基部圆形或钝形，稀微缺，边缘下部全缘，下部以上有圆齿状锯齿，上面深绿色，下面带紫红色或浅绿色，钟乳体极细，不明显，长约0.1mm，基出脉3条，在上面隆起，侧出2条弧曲，伸达上部与侧脉网结，侧脉10~13对，斜展，在上面稍隆起，在下面近平；叶柄长0.5~3.5cm；托叶薄膜质，褐色，心形，长4~7mm，宿存。雌雄异株；雄花序聚伞圆锥状，具长梗，长2~5cm，具少数分枝，连同花序梗常长过叶；雌花序多回二歧聚伞状，具短总梗，长1~1.5cm。雄花具梗，在芽时长约2mm；花被片4片，合生至中部，长圆状卵形，先端几无短角；退化雌蕊小，圆锥状卵形，雌花小，具短梗或无；花被片3片，稍不等大，背生的1片稍长，果时长及果1/4~1/3，增厚；退化雄蕊长圆形，与花被片近等长。瘦果近圆形或圆卵形，凸透镜状，长约0.8mm，熟时表面有细疣点。花期4月，果熟期5~6月。

翅茎冷水花 *Pilea subcoriacea*（Hand.-Mazz.）C. J. Chen

1. 植株　2. 雄花　3. 瘦果及宿存花被

河南仅见于伏牛山区的西峡黑烟镇林场；生于山谷林下阴湿处。分布于四川、贵州、云南、湖北、湖南西部和广西西北部。

2. 楼梯草属 *Elatostema* Forst.

《河南植物志（第一册）》记载1种，1变种。本书除修订外，增补7种。

楼梯草属分种检索表

1. 叶脉羽状或近羽状。
  2. 雄花序托初近球形，后开展并 2 深裂，近蝴蝶形 ………………………………………………… ……………………………（1）短齿楼梯草 *Elatostema brachyodontum*（Hand. -Mazz.） W. T. Wang
  2. 雄花序托平或不明显，不呈球形。
    3. 叶缘自顶端渐尖部分均有浅钝齿…………（2）长圆楼梯草 *Elatostema oblongifolium* S. H. Fu
    3. 叶边缘有尖锯齿，但顶端渐尖部分全缘。
      4. 茎高达 60cm。叶钟乳体长 0.2~0.4mm。雄花序梗长 7~32mm …………………………… ……………………………………………（3）楼梯草 *Elatostema involucratum* Franch. & Sav.
      4. 茎高达 30cm。叶钟乳体点状，长 0.1mm。雄花序梗长达 3mm …………………………… ………………庐山楼梯草 *Elatostema stewardii* Merr.（《河南植物志（第一册）》295 页）
1. 叶脉非羽状。
  5. 叶脉 3 出。
    6. 蔓生草本，茎背反曲短糙毛。叶顶端钝，边缘上部有疏圆齿 ………………………………… …………………………………………………………（4）钝叶楼梯草 *Elatostema obtusum* Wedd.
    6. 直立草本，茎疏被短柔毛或无毛。叶顶端长渐尖或渐尖，边缘基部以上有牙齿 …………… ………………………………（5）锐齿楼梯草 *Elatostema cyrtandrifolium*（Zoll. & Moritzi） Miq.
  5. 叶脉半离基 3 出。
    7. 茎有毛。
      8. 退化叶小。雄花萼片 5 枚，雄蕊 5 枚……（6）对叶楼梯草 *Elatostema sinense* H. Schroter
      8. 无退化叶。雄花萼片 4 枚，雄蕊 4 枚 ……………………………………………………… ………狭叶楼梯草 *Elatostema lineolatum* Wight［《河南植物志（第一册）》296 页称大楼梯草］
    7. 茎无毛 ………………………………………（7）宜昌楼梯草 *Elatostema ichangense* H. Schroter

（1）短齿楼梯草 *Elatostema brachyodontum*（Hand. -Mazz.） W. T. Wang

［*Elatostema ficoides* var. *brachydontum* Hand. -Mazz.］

多年生草本，茎高 60~100cm，上部有短分枝，无毛。叶具短柄或无柄；叶片草质或薄纸质，斜长圆形，有时稍镰状弯曲，长 7~17cm，宽 2.4~5.2cm，顶端突渐尖（渐尖部分全缘），基部狭侧楔形或钝，宽侧楔形或宽楔形，边缘下部全缘，其上通常有浅而钝的牙齿，无毛，间或上面散生少数短毛，钟乳体明显，密，长 0.1~0.2（~0.4）mm，叶脉羽状，侧脉每侧 5~7 条；叶柄长 1.5~4mm，无毛；托叶钻形，长 1.5~2.5mm，无毛，早落。花序雌雄同株或异株，单生叶腋。雄花序具梗；花序梗长 2.5~6mm，无毛；花序托初似球形或似无花果的隐头花序，直径约 1.2cm，顶部的宽卵形苞片互相覆压，后花序托开展并 2 深裂，近蝴蝶形，宽约 3cm；小苞片狭披针形，长约 4mm，无毛。雄花有梗：花被片 5 片，狭椭圆形，长约 2mm，下部合生，无毛，外面顶端下有短角状突起；雄蕊 4 枚；退化雌蕊极小。雌花序具极短梗，有多数花；花序托长方形或近方形，长 3~10mm，边缘的苞片宽卵形，顶端有长 1~2mm 的角状突起；小苞片多数，密集，倒梯形，长约 1mm。雌花无梗或有梗：子房狭卵形，与小苞片近等长。瘦果狭卵球形，长 0.8~1mm，约有 6 条不明显纵肋。花期 6~9 月。

河南仅见于淅川荆子关林场；生于山谷林中或沟边石上。分布于广西西北部、贵州、湖南西北部、四川南部及东部、湖北西部；越南北部也有分布。

短齿楼梯草 *Elatostema brachyodontum*（Hand. -Mazz.）W. T. Wang

1. 植株中部及上部　2. 梨形雄花序　3. 雄花序开始分裂

（2）长圆楼梯草 *Elatostema oblongifolium* S. H. Fu

［*Pellionia bodinieri* H. Lév.］

多年生草本，茎高约30cm，有少数分枝或不分枝，无毛。叶具短柄或无柄；叶片草质或纸质，斜狭长圆形，长6～14cm，宽1.4～3.5cm，顶端长渐尖或渐尖，基部在狭侧钝或楔形，在宽侧圆形或浅心形，边缘下部全缘，其上至顶端有浅钝齿，无毛，稀在上面有少数散生的糙伏毛，叶钟乳体稍明显，极密，长0.1～0.2mm，叶脉羽状，侧脉每侧约6条，下部叶较小，斜椭圆形；叶柄长0.5～2mm，无毛；托叶狭三角形至钻形，长2.5～5mm，宽0.2～0.5mm，无毛。花序雌雄异株或同株。雄花序聚伞状，直径6～15mm，无毛或近无毛，分枝下部合生；具短花序梗，0.5～3mm；苞片卵形、披针形或条形，长2～3mm。雄花无毛：花梗长达3mm；花被片5

长圆楼梯草 *Elatostema oblongifolium* S. H. Fu

1. 叶及腋生的雌花序　2. 叶及腋生的雄花序　3. 雄花序

片，狭椭圆形，长约 2mm，基部合生，无突起；雄蕊 5 枚；退化雌蕊不明显。雌花序具短梗，2 个腋生，近长方形，长 3~9mm，常3~4 深裂，边缘有苞片；花序梗长约 1mm；苞片披针形、狭三角形或条形，长约 1mm，有疏睫毛；小苞片披针形，长 0.5~1mm，有疏睫毛。雌花花梗长约 0.8mm；花被很小；子房卵形，长约 0.4mm。瘦果椭圆球形或卵球形，长 0.8~1mm，约有 8 条纵肋。花期 4~5 月。

河南仅见于西峡黑烟镇林场；生于山谷林下阴湿处。分布于贵州、四川南部和东部、湖南西北部、湖北西部。

（3）楼梯草 ***Elatostema involucratum*** **Franch. & Sav.**

[*Elatostema bijiangense* W. T. Wang;

Elatostema umbellatum var. *majus* Maxim.]

多年生草本，茎肉质，高 25~60cm，不分枝或有 1 个分枝，无毛，上部稀有疏柔毛。叶无柄或近无柄；叶片草质，斜倒披针状长圆形或斜长圆形，有时稍镰状弯曲，长 4.5~16（~19）cm，宽 2.2~4.5（~6）cm，顶端骤尖（骤尖部分全缘），基部在狭侧楔形，在宽侧圆形或浅心形，边缘在基部之上有较多牙齿，上面有少数短糙伏毛，叶下面无毛或沿脉有短毛，钟乳体明显，密，长 0.3~0.4mm，叶脉羽状，侧脉每侧 5~8 条；托叶狭条形或狭三角形，长 3~5mm，无毛。花序雌雄同株或异株。雄花序有梗，直径 3~9mm；花序

楼梯草 ***Elatostema involucratum*** **Franch. & Sav.**

1. 雄株上部　2. 雄花　3. 雄花序

4. 茎上部叶及腋生雌花序　5. 瘦果

梗长（4~）7~20（~32）mm，无毛或稀有短毛；花序托不明显，稀明显；苞片少数，狭卵形或卵形，长约2mm；小苞片条形，长约1.5mm。雄花有梗：花被片5片，椭圆形，长约1.8mm，下部合生，顶端之下有不明显突起；雄蕊5枚。雌花序具极短梗，直径1.5~4（~13）mm；花序托通常很小，周围有卵形苞片；小苞片条形，长约0.8mm，有睫毛。瘦果卵球形，长约0.8mm，有少数不明显纵肋。花期5~10月。

产于河南大别山区商城黄柏山和新县连康山、伏牛山区西峡黄石庵和淅川；生于山谷林下阴湿处及沟边石上。分布于云南东北部（镇雄）、贵州、四川、湖南、广西西部、广东北部、江西、福建、浙江、江苏南部、安徽南部、湖北西部、陕西南部及甘肃南部；日本也有分布。全草药用，有活血祛瘀、利尿、消肿之效。

（4）钝叶楼梯草 *Elatostema obtusum* Wedd.

蔓生草本，茎平卧或渐升，长10~40cm，分枝或不分枝，有反曲的短糙毛。叶无柄或具极短柄；叶片草质，斜倒卵形或斜倒卵状椭圆形，长0.5~1.5（~3）cm，宽0.4~1.2（~1.6）cm，顶端钝，基部在狭侧楔形，在宽侧心形或近耳形，边缘在狭侧上部有1~2枚钝齿，在宽侧中部以上或上部有2~4枚钝齿，两面无毛或上面疏被短伏毛，钟乳体明显或不明显，长0.3~0.5mm，基出脉3条，狭侧的1条沿边缘向上超过中部，侧脉约1对，不明显；叶柄长达1.5mm；托叶披针状狭条形，长约2mm。花雌雄异株。雄花序有梗，3~7朵花；花序梗长0.2~2（~6.5）cm，无毛；花序托极小；苞片2枚，卵形，长2.5mm，有短毛。雄花花梗长达4mm；花被片4片，倒卵形，长约3mm，基部合生，外面有疏毛，顶端之下有长约0.8mm的角状突起；雄蕊4枚，长约4mm，花药长约0.8mm，基部叉开；退化雌蕊三角形，长约0.2mm。雌花序无梗，生茎上部叶腋，有1（~2）朵花；苞片2枚，狭长圆形、披针形或狭卵形，长约2mm，外面有疏毛，常骤尖。雌花花被不明显；子房狭长圆形，长约1.6mm；退化雄蕊5枚，近圆形，长约0.2mm。瘦果狭卵球形，稍扁，长2~2.2mm，光滑。花期6~9月。

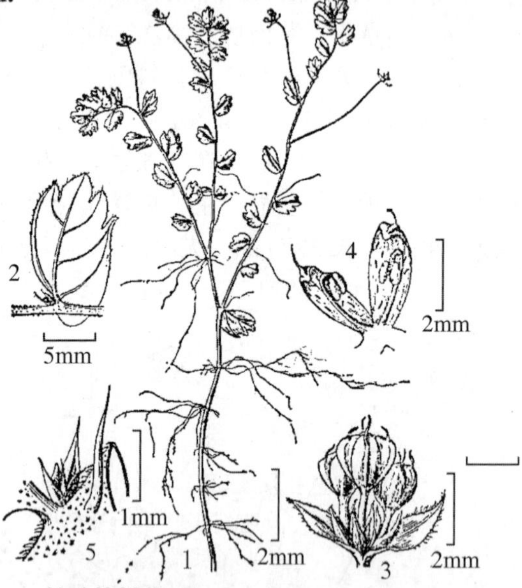

钝叶楼梯草 *Elatostema obtusum* Wedd.
1. 植株　2. 雌花　3. 雄花序
4. 雄蕊和花被片（部分）

河南仅见于淅川荆子关林场；生于林下、沟边岩石上，常与苔藓同生。分布于西藏东南部、云南、四川、湖南、湖北西部、甘肃南部、陕西南部；不丹、尼泊尔、印度东北部也有分布。

（5）锐齿楼梯草 *Elatostema cyrtandrifolium*（Zoll. & Moritzi）Miq.

［*Elatostema herbaceifolium* Hayata；

Elatostema sessile var. *cyrtandrifolium*（Zoll. & Moritzi）Wedd.；

Elatostema sessile var. *pubescens* Hook. f.；

Procris cyrtandrifolia Zoll. & Moritzi]

多年生草本，茎高 14~40cm，分枝或不分枝，疏被短柔毛或无毛。叶具短柄或无柄；叶片草质或膜质，斜椭圆形或斜狭椭圆形，长 5~12cm，宽 2.2~4.7cm，顶端长渐尖或渐尖（渐尖头全缘），基部在狭侧楔形，在宽侧宽楔形或圆形，边缘在基部之上有牙齿，上面散生少数短硬毛，下面沿中脉及侧脉有少数短毛或变无毛，钟乳体稍明显，密，长 0.2~0.4mm，具半离基 3 出脉或 3 出脉，侧脉在每侧 3~4 条；叶柄长 0.5~2mm；托叶狭披针形或钻形，长约 4mm。花序雌雄异株。雄花序单生叶腋，有梗，直径约 9mm；花序梗长约 6mm，有短毛；花序托直径约 6mm，2 浅裂；苞片大，约 5 枚，宽卵形，长约 2.5mm，疏被短柔毛；小苞片多数，密集，膜质，白色，船形，长约 2mm，无毛。雄花蕾直径约 1.2mm，四基数，无毛。雌花序近无梗或有短梗；花序梗长达 2mm；花序托宽椭圆形或椭圆形，长 5~9mm，不分裂或 2 浅裂；苞片三角状卵形或宽卵形，长约 1mm，多有角状突起；小苞片多数，密集，条状披针形或匙形，长约 0.8mm，顶部有白色短毛。瘦果褐色，卵球形，长约 0.8mm，有 6 条或更多的纵肋。花期 4~9 月。

河南仅见于西峡黄石庵林场；生于山谷林下、溪边岩石上。分布于云南东南部、广西西部、广东北部、台湾、福建、江西、湖南、贵州、湖北西部、四川、甘肃南部；喜马拉雅南麓山区、中南半岛、印度尼西亚也有分布。

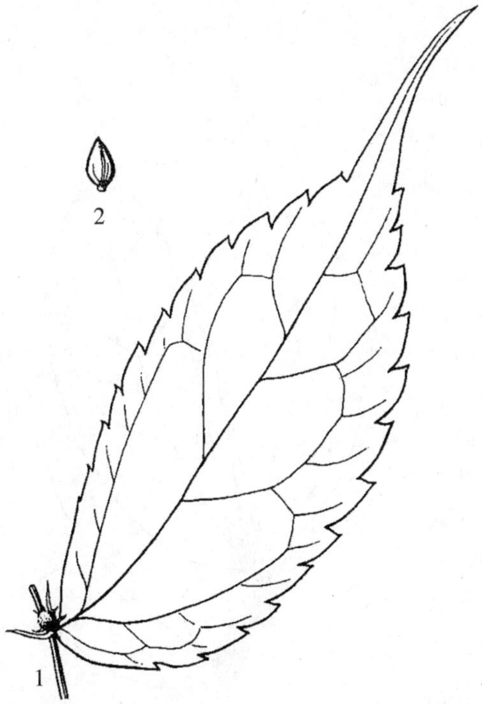

锐齿楼梯草 *Elatostema cyrtandrifolium*（Zoll. & Moritzi）Miq

1. 茎上部叶及腋生雌花序 2. 瘦果

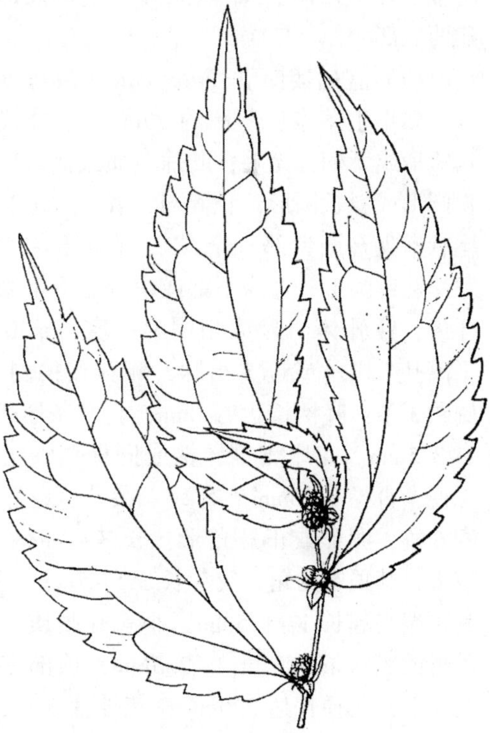

对叶楼梯草 *Elatostema sinense* H. Schroter

植株顶部

（6）对叶楼梯草 *Elatostema sinense* H. Schroter

[*Elatostema sinense* var. *trilobatum* W. T. Wang]

多年生草本，茎高 20~40cm，不分枝，稀分枝，上部稍密被向下反曲的短毛。叶具短柄或近无柄；叶片草质，斜椭圆形至斜长圆形，长 3.5~9.5cm，宽 1.5~2.8cm，顶端渐尖或尾状渐尖，在基部狭侧楔形，宽侧宽楔形、圆形或近耳形，边缘在基部之上有牙齿，上面散生少数短硬毛，下面或全部或只在脉上疏被短毛，钟乳体明显，密，线形，长 0.3~0.5mm，半离基 3 出脉，侧脉在狭侧约 4 条，宽侧 5~7 条；叶柄长 1~3mm；托叶披针状条形或披针形，长 4~6mm。退化叶小，椭圆形，长 3~5mm，全缘或有少数齿。花序雌雄异株。雄花序腋生，直径 2~7mm；花序托极小或不存在；花序梗长 1~2.5mm，有疏毛或无毛；苞片数枚，宽卵形或宽倒卵形，长 2~2.5mm，有短睫毛，外面顶端下有或无短突起，突起长达 0.4mm；小苞片多数膜质，长圆形或条形，长 2~2.5mm，上部有短睫毛。雄花花梗长 2~3mm，无毛；花被片 5 片，狭椭圆形，长约 1.5mm，基部合生，外面无突起，顶端有疏短毛；雄蕊 5 枚；退化雄蕊长约 0.1mm。雌花序具极短梗，直径约 5mm，有多数花；花序托小，近椭圆形，长约 3mm；花序梗长约 1mm；外方 2 枚苞片正三角形，长约 1.2mm，有疏睫毛，其他花序边缘的苞片狭三角形，长约 1.2mm，所有苞片在外面顶端之下均有短突起；小苞片多数密集，匙状条形，长 1.2~1.5mm，上部有长睫毛。瘦果卵球形，长约 0.6mm，约有 5 条不明显的纵肋。花期 6~9 月。

河南产于伏牛山区的内乡宝天曼、淅川荆子关、西峡黄石庵；生于山谷、林下、溪旁阴湿地方。分布于云南东北部、广西北部、贵州、四川东部、湖北西部、湖南、江西、福建西北部。

（7）宜昌楼梯草 *Elatostema ichangense* H. Schroter

多年生草本，茎高约 25cm，不分枝，无毛。叶具短柄或无柄，无毛；叶片草质或薄纸质，斜倒卵状长圆形或斜长圆形，长 6~12.4cm，宽 2~3cm，顶端尾状渐尖（渐尖部分全缘），在基部狭侧楔形或钝，宽侧钝或圆形，边缘下部或中部之下全缘，其上有浅牙齿，钟乳体明显或稍明显，密，长 0.2~0.4mm，半离基 2 出脉或近 3 出脉，侧脉在狭侧 1~2 条，宽侧约 3 条；叶柄长达 1.5mm；托叶条形或长圆形，长 2~3.5mm。花序雌雄异株或同株。雄花序无梗或近无梗，直径 3~6mm，有数十朵花；花序托小；苞片约 6 枚，卵形或正三角形，长 3~4mm，无毛，2 枚较大，其顶端的角状突起长 3.5~7mm，其他的较小，其顶端突起长 1~1.5mm；小苞片膜质，匙形或匙状条形或船状条形，长 2~2.5mm，顶部有疏睫毛。雄花无毛；花梗长达 2.5mm；花被片 5 片，狭椭圆形，长约 1.6mm，下部合生，外面顶端之下有长 0.1~0.3mm 的角状突起。雌花序有梗；花序梗长达 4mm；花序托近方形或长方形，有时 2 裂成蝴蝶形，长 3~8mm；苞片三角形或宽或扁三角形，长 0.5~1mm，顶端有短角状突起，有时少数苞片具长 1.5~2mm 的长角状突起；小苞片多数，密集，楔

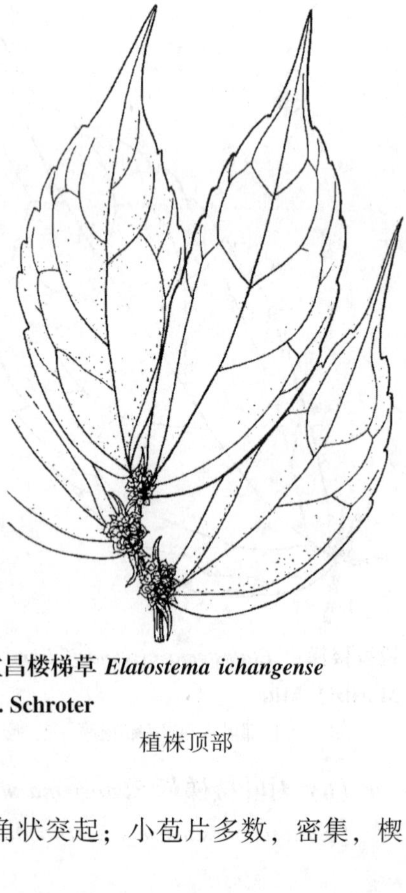

宜昌楼梯草 *Elatostema ichangense* H. Schroter

植株顶部

状或匙状条形，长 0.6~0.9mm，顶端密被短柔毛。瘦果椭圆球形，长约 0.6mm，约有 8 条纵肋。花期 8~9 月。

河南仅见于伏牛山卢氏淇河林场扁担沟林区；生于山谷、林下阴湿处。分布于广西北部、湖南西部、贵州、湖北西部、四川东南部。

3. 雾水葛属 *Pouzolzia* Gaud.（新增属）

灌木、亚灌木或多年生草本。叶互生，稀对生，边缘有牙齿或全缘，基出脉 3 条，钟乳体点状；托叶分生，常宿存。团伞花序通常两性，有时单性，生于叶腋，稀形成穗状花序；苞片膜质，小。雄花：花被片（3~）4~5 片，镊合状排列，基部合生，通常合生至中部，椭圆形；雄蕊与花被片对生；退化雌蕊倒卵形或棒状。雌花：花被管状，常卵形，顶端缢缩，有 2~4 枚小齿，果期多少增大，有时具纵翅。瘦果卵球形，果皮壳质，常有光泽。

本属约 37 种，分布于热带和亚热带地区。我国有 4 种，自西南、华南分布至湖北、安徽南部，多数产于西南。河南产 1 种。

雾水葛 *Pouzolzia zeylanica*（L.）Benn.

[*Parietaria zeylanica* L.；
Pouzolzia indica（L.）Gaudich.；
Pouzolzia indica var. *alienata* Wedd.；
Urtica alienata L.]

多年生草本；茎直立或渐升，高 12~40cm，不分枝，通常在基部或下部有 1~3 对对生的长分枝，枝条不分枝或有少数极短的分枝，有短伏毛，或混有开展的疏柔毛。叶全部对生，或茎顶部的对生；叶片草质，卵形或宽卵形，长 1.2~3.8cm，宽 0.8~2.6cm，短分枝的叶很小，长约 6mm，顶端短渐尖或微钝，基部圆形，边缘全缘，两面有疏伏毛，或有时下面的毛较密，侧脉 1 对；叶柄长 0.3~1.6cm。团伞花序通常两性，直径 1~2.5mm；苞片三角形，长 2~3mm，顶端骤尖，背面有毛。雄花有短梗：花被片 4 片，狭长圆形或长圆状倒披针形，长约 1.5mm，基部稍合生，外面有疏毛；雄蕊 4 枚，长约 1.8mm，花药长约 0.5mm；退化雌蕊狭倒卵形，长约 0.4mm。雌花花被椭圆形或近菱形，长约 0.8mm，顶端有 2 枚小齿，外面密被柔毛，果期呈菱状卵形，长约 1.5mm；柱头长 1.2~2mm。瘦果卵球形，长约 1.2mm，淡黄白色，上部褐色，或全部黑色，有光泽。花期秋季。

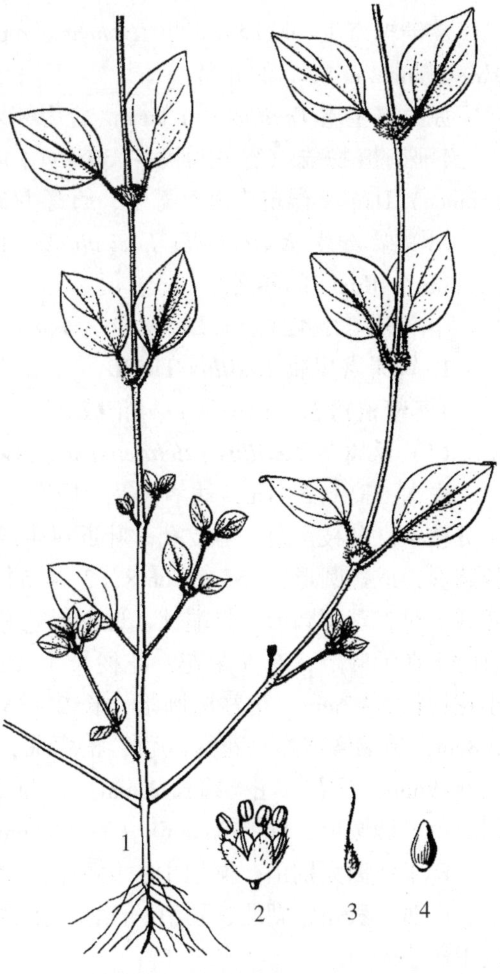

雾水葛 *Pouzolzia zeylanica*（L.）Benn.
1. 植株 2. 雄花 3. 雌花 4. 瘦果

见于河南大别山区的商城黄柏山；生于山谷、林下阴湿处。分布于云南南部和东部、广西、广东、福建、江西、浙江西部、安徽南部、湖北、湖南、四川、甘肃南部；亚洲热带地区广布。

全草入药，治痢疾、肠炎等症。也可作兽药，治牛、猪红肿毒疮等症。

（四十二）桑寄生科 Lorathaceae

《河南植物志（第一册）》记载4属，6种。

其中：

栎寄生属 *Hyphear* Danser 并入桑寄生属 *Loranthus* Jacq.；

湖北栎寄生 *Hyphear hemsleyanum*（King.）Danser 有待研究确认，很可能为周树桑寄生 *Loranthus delavayi* Tiegh. 的异名；

欧洲栎寄生、欧洲桑寄生 *Hyphear europaeum*（Jacq.）Danser 为北桑寄生 *Loranthus tanakae* Franch. & Sav. 的异名；

原桑寄生属 *Taxillus* van Tiegh. 应为钝果寄生属 *Taxillus* Tiegh.；

《河南植物志（第一册）》（308页）将钝果寄生属毛叶钝果寄生 *Taxillus nigrans*（Hance）Danser 误定为毛桑寄生、桑寄生 *Taxillus yadoriki*（Sieb. ex Maxim.）Dans.；

川陕栗寄生 *Korthalsella fasciculata*（Tiegh.）Lecomte 为栗寄生 *Korthalsella japonica*（Thunb.）Engl. 的异名。

本书另增补4种。

1. 钝果寄生属 *Taxillus* Tiegh.

《河南植物志（第一册）》记载1种。本书除修订外，增补2种。

（1）桑寄生 *Taxillus sutchuenensis*（Lecomte）Danser（彩版图34）

灌木，高0.5~1m，幼茎被毛，后变光滑，毛棕色、红棕色或灰色，星状毛，有时散生分枝状。分枝黑色，有皮孔。叶近对生或互生；叶柄长6~12 mm；叶片卵形，椭圆形至长圆形，或椭圆形，（5~8）cm×（3~4.5）cm，叶背总有毛，叶正面很快变光滑，侧脉4对或5对，基部圆形，先端钝。近伞形状总状花序单生或2个或3个簇生，轴短但明显，有时生在无叶节，2~5朵花；花梗长1~3mm，被毛；苞片卵形，长约1mm，先端急尖。小花梗长2~3mm。花萼椭圆形，长2~3mm，萼片环状，有4枚细齿。成熟芽长2.2~2.8cm，顶端椭球形。花冠红色，稍弯曲，具平伏星状毛，基部膨胀，花冠裂片披针形，长6~9mm，反卷。花丝约长2 mm；花药3~4mm，多室。花柱红色；柱头圆锥形。浆果绿黄色，椭圆形，（6~7）mm×（3~4）mm，淀粉粒状，具有长绒毛。花期6~9月。

产于河南大别山、桐柏山、伏牛山；寄生于桑树、栎树等。分布于福建、甘肃、广东、广西、贵州、湖北、湖南、江西、陕西、山西、四川、台湾、云南、浙江。本种为传统中药。

（2）绣毛钝果寄生 *Taxillus levinei*（Merr.）H. S. Kiu

[*Loranthus levinei* Merr.；

Scurrulalevinei（Merr.）Danser；

Taxillus rutilus Danser］

灌木，高 0.5~2m，幼茎、叶背面、叶柄、花序、花梗和花瓣被毛，毛锈红色，少棕色，分枝状。分枝灰棕色或深棕色，光滑，皮孔散生。叶互生或近对生；叶柄长 6~12（~15）mm；叶片革质，卵形，少椭圆形或长圆形，（4~10）×（1.5~4.5）cm，干燥时黄绿色或棕色；叶背总有毛，多数星状，比茎和花序苍白，叶正面很快变光滑，侧脉 4~6 对，正面明显，基部近圆形，先端钝，少急尖。伞形花序单生或双生，有时生在无叶节，每序通常 2 朵花，也有 1 朵或 3 朵花；花梗长 2~5.5mm；苞片三角形，长 0.5~1mm。小花梗长 1~2mm。花萼卵形，长约 2mm，萼片环状。成熟芽长（1.8~）2~2.2cm，顶端卵形。花冠红色，稍弯曲，花管肿大，花冠裂片匙形，长 5~7mm，反卷。花丝长 2.5~3mm；花药长 1.5~2mm。柱头头状。浆果黄色，卵形，约 6mm×4mm，淀粉粒状，具星状毛。花期 9~12 月，果期 4~5 月。

产于河南伏牛山；寄生于桑树、栎树等。分布于安徽、福建、广东、广西、贵州、湖北、湖南、江西、云南、浙江。

2. 槲寄生属 *Viscum* L.

《河南植物志（第一册）》记载 1 种。本书增补 2 种。

（1）枫寄生 *Viscum liquidambaricola* Hayata（彩版图 35）

［*Viscum articulatum* var. *liquidambaricola*（Hayata）S. Rao；

Viscum bongariense Hayata；

Viscum querci morii Hayata］

灌木，高 50~70cm，茎基部近圆柱状，枝和小枝均扁平；枝交叉对生或二歧状分枝，节间长 20~40mm，宽 4~6（~8）mm，干后边缘肥厚，纵肋 5~7 条，明显。叶退化呈鳞片状。聚伞花序，1~3 个腋生，总花梗几无，总苞舟形，长 1.5~2mm，具花 1~3 朵，通常仅具 1 朵雌花或雄花，或中央 1 朵为雌花，侧生的为雄花；雄花花蕾时近球形，长约 1mm，萼片 4 枚；花药圆形，贴生于萼片下半部；雌花花蕾时椭圆状，长 2~2.5mm，花托长卵球形，长 1.5~2mm，基部具杯状苞片或无；萼片 4 枚，三角形，长 0.5mm；柱头乳头状。果椭圆状，长 5~7mm，直径约 4mm，有时卵球形，长 6mm，直径约 5mm，成熟时橙红色或黄色，果皮平滑。花期通常 4~6 月。

产于河南大别山商城金刚台、新县老庙、伏牛山西峡黑烟镇；寄生于枫香、油桐和壳斗科 Fagaceae 树木上。分布于西藏、云南、四川、甘肃、陕西、湖北、贵州、广西、广东、湖南、江西、福建、浙江、台湾；尼泊尔、印度东北部、泰国北部、越南北部、马来西亚、印度尼西亚爪哇岛也有分布。全株入药，治风湿性关节疼痛、腰肌劳损，民间以寄生于枫香树上的为佳。

（2）棱枝槲寄生 柿寄生 ***Viscum diospyrosicola* Hayata**

［*Viscum filipendulum* Hayata］

亚灌木，高 30~50cm，直立或披散，枝交叉对生或二歧分枝，位于茎基部或中部以下的节间近圆柱状，小枝的节间稍扁平，长 15~25（~35）mm，宽 2~2.5mm，干后具明显的纵肋 2~3 条。幼苗期具叶片 2~3 对，叶片薄革质，椭圆形或长卵形，长 10~20mm，宽 3.5~6mm，顶端钝，基部狭楔形；基出脉 3 条；成长植株的叶退化呈鳞片状。聚伞花序，1~3 个腋生，总花梗几无；总苞舟形，长 1~1.5mm，具花 1~3 朵；3 朵花时，中央 1 朵为雌花，侧生的为雄花，通常仅具1朵雌花或雄花；雄花花蕾时卵球形，长1～1.5mm，萼片4枚，三角形；花药圆形，贴生于萼片下半部；雌花花蕾时椭圆状，长1.5～2mm，基部具环状苞片或无；花托椭圆状；萼片4枚，三角形，长约0.5mm；柱头乳头状。果椭圆状或卵球形，长4～5mm，直径3～4mm，黄色或橙色，果皮平滑。花期4～6月，果熟期10～11月。

产于河南大别山新县，商城黄柏山，伏牛山南部的内乡、南召、西峡；生于山地阔叶林中，寄生于杨树、栎树、油桐、柿树上。分布于西藏、云南、贵州、四川、甘肃、湖北、湖南、广西、广东、江西、福建、浙江、陕西、台湾。

棱枝槲寄生 *Viscum diospyrosicola* Hayata

（四十三）马兜铃科 Aristolochiaceae

《河南植物志（第一册）》记载3属，7种，1变种。

其中：

毛细辛、毛叶细辛 *Asarum himalaicum* Hook. f. & Thomson ex P. Duch. 应为苕叶细辛 *Asarum himalaicum* Hook. f. & Thomson ex Klotzsch；

北细辛、山细辛（变种）*Asarum heterotropoides* var. *mandshuricum*（Maxim.）Kitag. 应为细辛 *Asarum heterotropoides* F. Schmidt（传统中药）。

本书另增补6种。

1. 马兜铃属 *Aristolochia* L.

《河南植物志（第一册）》记载4种。本书增补1种。

大叶马兜铃 *Aristolochia kaempferi* Willd.（彩版图36）

[*Aristolochia chrysops*（Stapf）E. Wilson ex Rehder;

Aristolochia dabieshanensis C. Y. Cheng & W. Yu;

Aristolochia heterophylla Hemsl.;

Aristolochia kaempferi f. *heterophylla*（Hemsl.）S. M. Hwang;

Aristolochia kaempferi f. *mirabilis* S. M. Hwang;

Aristolochia mollis Dunn;

Aristolochia neolongifolia J. L. Wu & Z. L. Yang;

Aristolochia shimadae Hayata;

Isotrema chrysops Stapf;

Isotrema heterophyllum (Hemsl.) Stapf;

Isotrema lasiops Stapf]

草质藤本；根圆柱形，外皮黄褐色，揉之有芳香，味苦；嫩枝细长，密被倒生长柔毛，毛渐脱落，老枝无毛，明显具纵槽纹。叶纸质，叶形各式各样，卵形、卵状心形、卵状披针形或戟状耳形，长 5~18cm，下部宽 4~8cm，中部宽 2~5cm，顶端短尖或渐尖，基部浅心形或耳形，边全缘或因下部向外扩展而有 2 个圆裂片，叶上面嫩时疏生白色短柔毛；侧脉每边 3~4 条；叶柄长 1.5~6cm，密被长柔毛。花单生，稀 2 朵聚生于叶腋；花梗长 2~7cm，常向下弯垂，近中部或近基部具小苞片；小苞片卵形或圆形，长、宽均 5~15mm，抱茎，质地常与叶相同，干后绿色或褐色。花被管中部急弯，下部长圆柱形，长 20~25mm，直径 3~8mm，弯曲处至檐部较下部狭而稍短，外面黄绿色，有纵脉 10 条，密被白色长柔毛，内面无毛；檐部盘状，近圆形，直径 2~3cm，边缘 3 浅裂，裂片平展，阔卵形，近等大或在下一片稍大，顶端短尖，黄绿色，基部具紫色短线条，具网脉，外面疏被短柔毛，内面仅近基部稍被毛，其余无毛，喉部黄色；花药长圆形，成对贴生于合蕊柱近基部，并与其裂片对生；子房圆柱形，长 6~12mm，6 棱，密被长绒毛；合蕊柱顶端 3 裂；裂片顶端圆形，有时再二裂，边缘向下延伸，有时稍翻卷，具疣状突起。蒴果长圆状或卵形，长 3~7cm，近无毛，成熟时暗褐色；种子倒卵形，长 3~4mm，宽 2~3mm，背面平凸状，腹面凹入，中间具种脊。花期 4~6 月，果熟期 8~10 月。

产于河南伏牛山南部的西峡、内乡、南召、淅川；生于山坡灌丛、草地。分布于台湾、福建、江苏、江西、广东、广西、贵州、云南、陕西、甘肃、四川和湖北；日本也有分布。种子入药，治肚痛，磨粉服用作发散药。

2. 细辛属 *Asarum* L.

《河南植物志（第一册）》记载 2 种，1 变种。本书除修订外，增补 5 种。

(1) 杜衡 *Asarum forbesii* Maxim.

多年生草本；根状茎短，根丛生，稍肉质，直径 1~2mm。叶片阔心形至肾心形，长和宽各为 3~8cm，先端钝或圆形，基部心形，两侧裂片长 1~3cm，宽 1.5~3.5cm，叶面深绿色，中脉两旁有白色云斑，脉上及其近边缘有短毛，叶背浅绿色；叶柄长 3~15cm；芽苞叶肾心形或倒卵形，长和宽各约 1cm，边缘有睫毛。花暗紫色，花梗长 1~2cm；花被管钟状或圆筒状，长 1~1.5cm，直径 8~10mm，喉部不缢缩，喉孔直径 4~6mm，膜环极窄，宽不足 1mm，内壁具明显格状网眼，花被裂片直立，卵形，长 5~7mm，宽和长近相等，平滑、无乳突皱褶；药隔稍伸出；子房半下位，花柱离生，顶端 2 浅裂，柱头

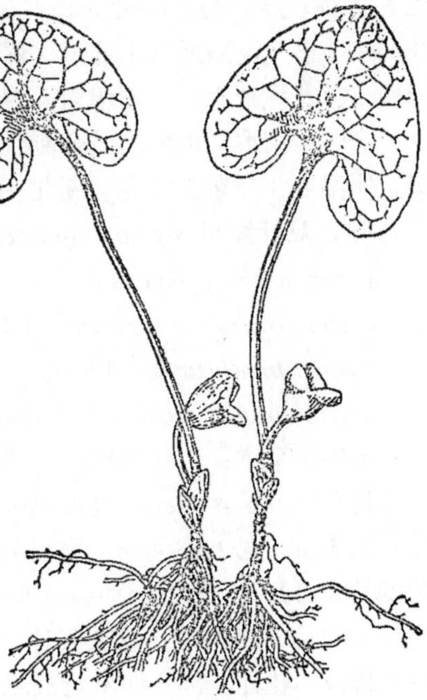

杜衡 *Asarum forbesii* Maxim.

卵状，侧生。花期4~5月。

产于河南大别山区的商城黄柏山、新县老庙及伏牛山南部的南召、内乡；生于林下阴湿处。分布于江苏、安徽、浙江、江西、湖北及四川东部。本种全草入药。含挥发油，对动物有明显的镇静作用。根及根茎为散寒止咳药。

（2）铜钱细辛 *Asarum debile* Franch.

多年生草本，植株通常矮小，高10~15cm；根状茎横走，粗1~2mm；根纤维状。叶2片，对生于枝顶，叶片心形，长25~40mm，宽30~60mm，先端急尖或钝，基部心形，两侧裂片长7~20mm，宽10~25mm，顶端圆形，叶缘在中部常内弯，叶面深绿色，散生柔毛，脉上较密，叶背浅绿色，光滑或脉上有毛；叶柄长5~12cm；芽苞叶卵形，长约10mm，宽约7mm，边缘密生睫毛。花紫色；花梗长1~1.5cm，无毛；花被在子房以上合生成短管，直径约8mm，裂片宽卵形，被长柔毛，长约10mm，宽约8mm，先端渐窄，有时成长约1mm的短尖头；雄蕊12枚，稀较少，与花柱近等长，花丝比花药长约1.5倍，药隔通常不伸出，稀略伸出；子房下位，近球状，具6棱，初有柔毛，后逐渐脱落，花柱合生，顶端辐射6裂，柱头顶生。花期5~6月。

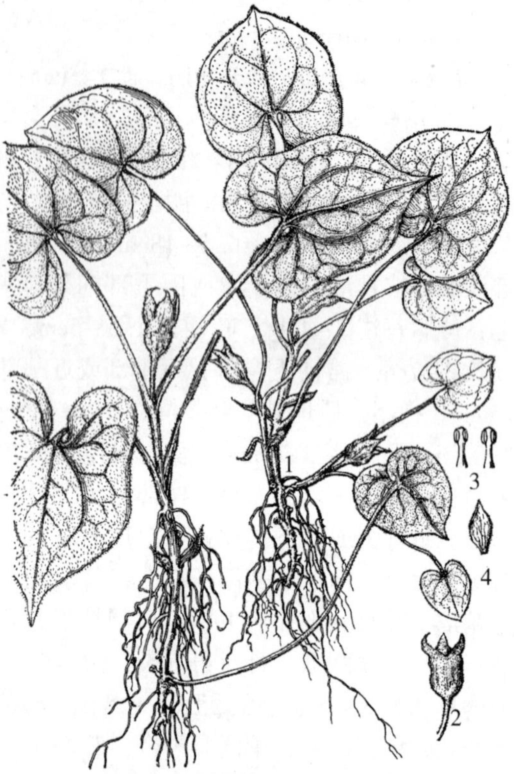

铜钱细辛 *Asarum debile* Franch.

1. 植株 2. 花 3. 雄蕊 4. 芽苞叶

产于河南大别山的商城金刚台林场平顶铺、伏牛山南部西峡黄石庵；生于林下石缝或溪边阴湿处。分布于安徽、湖北、陕西、四川。本种全草可供药用。

（3）双叶细辛 *Asarum caulescens* Maxim.

[*Asarum brevistylum* Franch.;

Asarum caulescens f. *geroense* J. Ohara;

Asarum franchetianum Diels;

Japonasarum caulescens (Maxim.) Nakai]

多年生草本；根状茎横走，节间长3~5cm，有多条须根；地上茎匍匐，有1~2对叶。叶片近心形，长4~9cm，宽5~10cm，先端常具长1~2cm的尖头，基部心形，两侧裂片长1.5~2.5cm，宽2.5~4cm，顶端圆形，常向内弯接近叶柄，两面散生柔毛，叶背毛较密；叶柄长6~12cm，无毛；芽苞叶近圆形，长、宽各约13mm，边缘密生睫毛，花紫色，花梗长1~2cm，被柔毛；花被裂片三角状卵形，长约10mm，宽约8mm，开花时上部向下反折；雄蕊和花柱上部常伸出花被之外，花丝比花药长约2倍，药隔锥尖；子房近下位，略成球状，有6纵棱，花柱合生，顶端6裂，裂片倒心形，柱头着生于裂缝外侧。果近球状，直径约1cm。花期4~5月。

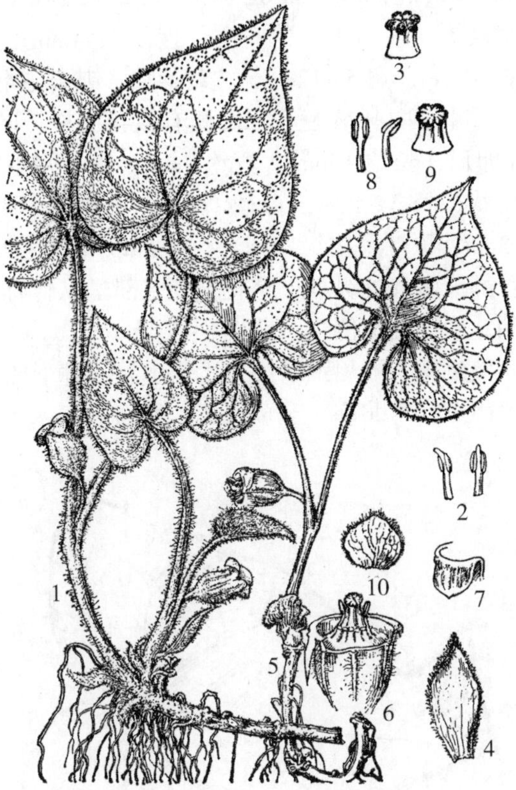

1~4. 长毛细辛 *Asarum pulchellum* Hemsl.

1. 植株 2. 雄蕊 3. 花柱及柱头 4. 芽苞叶

5~10. 双叶细辛 *Asarum caulescens* Maxim.

5. 植株 6. 花（除去部分花被） 7. 花被裂片 8. 雄蕊 9. 花柱及柱头 10. 芽苞叶

河南产于伏牛山南部西峡黄石庵林场二道沟；生于海拔 1 300m 左右的林下阴湿处。分布于陕西、甘肃、湖北、四川、贵州；日本也有分布。全草药用。

(4) 长毛细辛 *Asarum pulchellum* Hemsl.

[*Asarum caulescens* var. *setchuenense* Franch.;
Geotaenium pulchellum (Hemsl.) F. Maek.]

多年生草本，全株密生白色长柔毛（干后变黑棕色）；根状茎长可达 50cm，斜升或横走，地上茎长 3~7cm，多分枝。叶对生，1~2 对，叶片卵状心形或阔卵形，长 5~8cm，宽 5~9.5cm，先端急尖或渐尖，基部心形，两侧裂片长 1~2.5cm，宽 2~3cm，顶端圆形，两面密生长柔毛；叶柄长 10~22cm，有长柔毛；芽苞叶卵形，长 1.5~2cm，宽约 1cm，叶背及边缘密生长柔毛。花紫绿色；花梗长 1~2.5cm，被毛；花被裂片卵形，长约 10mm，宽约 7mm，外面被柔毛，紫色，先端黄白色，上部反折；雄蕊与花柱近等长，花丝长约为花药的 3 倍，药隔短舌状；子房半下位，具 6 棱，被柔毛；花柱合生，顶端辐射 6 裂，柱头顶生。果近球状，直径约 1.5cm。花期 4~5 月。

河南仅见于大别山的商城金刚台林场平顶铺；生于林下阴湿处。分布于安徽、江西、湖北、四川、贵州及云南东北部。本种全草药用。

（5）祁阳细辛 ***Asarum magnificum* Tsiang ex C. Y. Cheng & C. S. Yang**

多年生草本；根状茎极短，根丛生，稍肉质，直径 2~4mm。叶片近革质，三角状阔卵形或卵状椭圆形，长 6~13cm，宽 5~12cm，先端急尖，基部心状耳形，两侧裂片长 2~5cm，宽 2.5~6cm，外展，叶面中脉被短毛，两侧有白色云斑，叶背无毛，网脉不明显；叶柄长 6~16cm；芽苞叶卵形，长约 15mm，宽约 7mm，边缘密生睫毛。花绿紫色；花梗长约 1.5cm；花被管漏斗状，长 3~5cm，直径 1.5cm，喉部不缢缩，花被裂片三角状卵形，长约 3cm，宽 2.5~3cm，顶端及边缘紫绿色，中部以下紫色，基部有三角形乳突区，乳突扁平，向下延伸至管部成疏离的纵列，至花被管基部呈纵行脊状皱褶；药隔锥尖；子房下位，花柱离生，顶端 2 裂，柱头侧生。花期 3~5 月。

产于河南伏牛山西峡黑烟镇、淅川荆子关；生于山谷、林下阴湿处。分布于浙江、江西、湖北、陕西南部、湖南及广东北部。全草入药，称细辛。

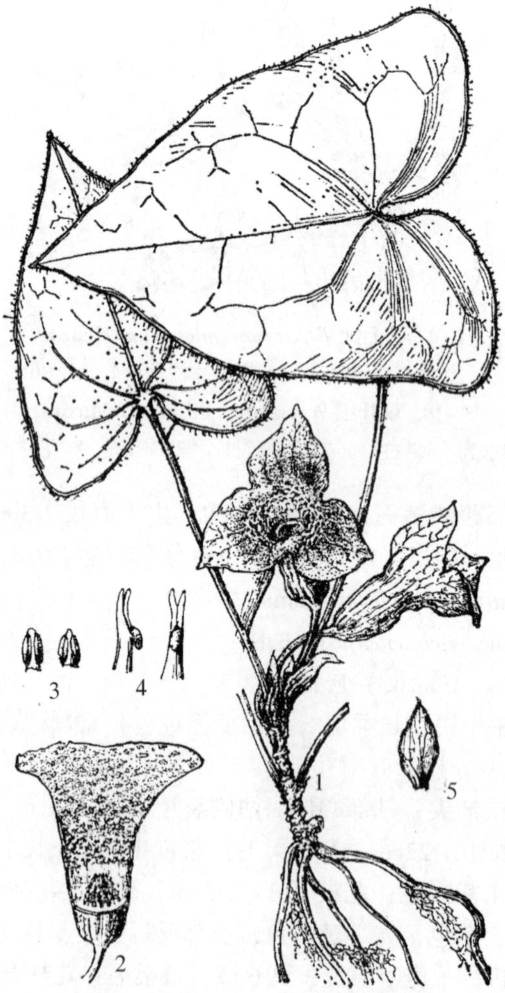

祁阳细辛 *Asarum magnificum* Tsiang ex C. Y. Cheng & C. S. Yang

1. 植株　2. 花被内面　3. 雄蕊　4. 花柱及柱头　5. 芽苞叶

（四十四）蛇菰科 Balanophoraceae

《河南植物志（第一册）》记载 1 属，3 种。

其中：

筒鞘蛇菰 *Balanophora involucrata* Hook. f. 应为红菌 *Balanophora involucrata* Hook. f. & Thomson；

蛇菰、长虫雾 *Balanophora japonica* Makino 应为葛菌 *Balanophora harlandii* Hook. f. ；

宜昌蛇菰 *Balanophora henryi* Hemsl. 为葛菌 *Balanophora harlandii* Hook. f. 的异名。

（四十五）蓼科 Polygonaceae

《河南植物志（第一册）》记载 7 属，59 种，9 变种。

其中：

波叶大黄 *Rheum franzenbachii* Münter 为波叶大黄 *Rheum rhabarbarum* L. 的异名；

土地黄、金不换 *Rumex daiwoo* Makino 有待进一步研究考证；

短毛金钱草 *Antenoron neofiliforme*（Nakai） H. Hara 为短毛金钱草（变种）*Antenoron filiforme* var. *neofiliforme*（Nakai） A. J. Li 的异名；

荞麦三七 *Fagopyrum cymosum*（Trevir.） Meisn. 为金荞 *Fagopyrum acutatum*（Lehm.） Mansf. ex K. Hammer 的异名；

荞麦 *Fagopyrum sagittatum* Gilib. 为荞麦 *Fagopyrum esculentum* Moench 的异名；

多茎萹蓄（变种）*Polygonum aviculare* var. *vegetum* Ledeb. 为萹蓄 *Polygonum aviculare* L. 的异名；

箭叶蓼 *Polygonum sagittifolium* H. Lév. & Vaniot 为大箭叶蓼 *Polygonum darrisii* H. Lév. 的异名；

雀翘、刺蓼、箭叶蓼 *Polygonum sieboldii* Meisn. 为箭头蓼 *Polygonum sagittatum* L. 的异名；

木藤蓼、康藏何首乌 *Polygonum aubertii* L. Henry 为木藤首乌 *Fallopia aubertii*（L. Henry） Holub 的异名；

何首乌、首乌 *Polygonum multiflorum* Thunb. 为何首乌 *Fallopia multiflora*（Thunb.） Haraldson 的异名；

朱砂七 *Polygonum ciliinerve*（Nakai） Ohwi 为毛脉首乌（变种）*Fallopia multiflora* var. *ciliinervis*（Nakai） Yonek. & H. Ohashi 的异名；

卷茎蓼、卷旋蓼 *Polygonum convolvulus* L. 为蔓首乌 *Fallopia convolvulus*（L.） H. Lév. 的异名；

齿翅蓼、野荞麦 *Polygonum dentatoalatum* F. Schmidt 为齿翅首乌 *Fallopia dentatoalata*（F. Schmidt） Holub 的异名；

虎杖、醋酸桶、花斑竹、刚牙根 *Polygonum cuspidatum* Siebold & Zucc. 为虎杖 *Reynoutria japonica* Houtt. 的异名；

圆穗蓼 *Polygonum sphaerostachyum* Meisn. 为圆穗拳参 *Polygonum macrophyllum* D. Don 的异名；

头状蓼、尼泊尔蓼 *Polygonum alatum* Buch. -Ham. ex D. Don 为尼泊尔蓼 *Polygonum nepalense* Meisn. 的异名；

干旱型两栖蓼、毛叶两栖蓼（变种）*Persicaria amphibia* var. *terrestris*（Leyss.）Munshi & Javeid 为两栖蓼 *Polygonum amphibium* L. 的异名；

黄斑酸模叶蓼（变种）*Polygonum lapathifolium* var. *xanthophyllum* H. W. Kung 和节蓼、大马蓼 *Polygonum nodosum* Pers. 为马蓼、酸模叶蓼、大马蓼 *Polygonum lapathifolium* L. 的异名；

宽桃叶蓼（变型）*Polygonum persicaria* f. *latifolium* S. X. Li & Y. L. Chang 为蓼、桃叶蓼 *Polygonum persicaria* L. 的异名；

长花蓼 *Polygonum macranthum* Meisn. 为蚕茧蓼 *Polygonum japonicum* Meisn. 的异名；

狭叶水蓼（变种）*Polygonum hidropiper* var. *angustifolium* A. Braun. 有待进一步研究考证；

中轴蓼、水蓼 *Polygonum excurrens* Steward 为黏蓼 *Polygonum viscoferum* Makino 的异名；

丛枝蓼 *Polygonum cespitosum* Blume 为丛枝蓼 *Polygonum posumbu* Buch. -Ham. ex D. Don 的异名。

本书另增补 10 种，2 变种。

1. 萹蓄属 *Polygonum* L.

《河南植物志（第一册）》称蓼属记载 38 种，8 变种。本书除修订外，增补 3 种，2 变种。

（1）伏毛蓼 *Polygonum pubescens* Blume

［*Persicaria flaccida*（Meisn.）H. Gross；

Persicaria hydropiper subsp. *flaccida*（Meisn.）Munshi & Javeid；

Persicaria pubescens（Blume）H. Hara；

Polygonum donii Meisn.；

Polygonum flaccidum Meisn.；

Polygonum flaccidum var. *hispidum*（Buch. -Ham. ex D. Don）Hook. f.；

Polygonum hispidum Buch. -Ham. ex D. Don；

Polygonum hydropiper var. *flaccidum*（Meisn.）Steward；

Polygonum hydropiper var. *hispidum*（Buch. -Ham. ex D. Don）Steward；

Polygonum oryzetorum Blume］

一年生草本，茎直立，高 60～90cm，疏生短

伏毛蓼 *Polygonum pubescens* Blume

1. 植株上部 2. 果时花被

硬伏毛，带红色，中上部多分枝，节部明显膨大。叶卵状披针形或宽披针形，长 5~10cm，宽 1~2.5cm，顶端渐尖或急尖，基部宽楔形，上面绿色，中部具黑褐色斑点，两面密被短硬伏毛，边缘具缘毛；无辛辣味，叶腋无闭花受精花。叶柄稍粗壮，长 4~7mm，密生硬伏毛；托叶鞘筒状，膜质，长 10~15mm，具硬伏毛，顶端截形，具粗壮的长缘毛。总状花序呈穗状，顶生或腋生，花稀疏，长 7~15cm，上部下垂，下部间断；苞片漏斗状，绿色，边缘近膜质，具缘毛，每苞内具 3~4 朵花；花梗细弱，比苞片长；花被 5 深裂，绿色，上部红色，密生淡紫色透明腺点，花被片椭圆形，长 3~4mm；雄蕊 8 枚，比花被短；花柱 3 个，中下部合生。瘦果卵形，具 3 棱，黑色，密生小凹点，无光泽，长 2.5~3mm，包于宿存花被内。花期8~9 月，果熟期 8~10 月。

产于河南大别山、桐柏山和伏牛山；生于海拔 1 000m 以下的沟边、水旁、田边湿地。分布于辽宁、陕西、甘肃、华东、华中、华南及西南；朝鲜、日本、印度尼西亚及印度也有分布。

（2）圆基长鬃蓼（变种）*Polygonum longisetum* var. *rotundatum* A. J. Li

[*Persicaria sungareensis* Kitag.；

Polygonum barbatum var. *gracile*（Danser）Steward；

Polygonum barbatum subsp. *gracile* Danser；

Polygonum koreense f. *viridiflorum* S. X. Li & Y. L. Chang；

Polygonum sungareense（Kitag.）Kitag.；

Polygonum sungareense f. *rubiflorum* S. X. Li & Y. L. Chang]

本变种与原变种的不同处是：叶基部圆形或近圆形。

产于河南大别山、桐柏山、伏牛山和太行山；生于沟边湿地或水塘边。分布于东北、华北以及陕西、甘肃、山东、江苏、浙江、安徽、湖北、江西、福建、广东、广西、四川、贵州、云南和西藏。

圆基长鬃蓼（变种）*Polygonum longisetum* var. *rotundatum* A. J. Li.

1. 植株上部 2. 植株下部 3. 花纵剖 4. 果实

（3）中华抱茎蓼（变种）*Polygonum amplexicaule* var. *sinense* Forb. & Hemsl. ex Stew.

多年生草本，根状茎粗壮，横走，紫褐色，长可达 15cm。茎直立，粗壮，分枝，高 20~60cm，通常数朵。基生叶卵形，长 4~10cm，宽 2~5cm，顶端长渐尖，基部心形，边缘脉端微增厚，稍外卷，上面绿色，无毛，下面淡绿色，有时沿叶脉具短柔毛，叶柄比叶片长或近等长；茎生叶长卵形，较小具短柄，上部叶近无柄或抱茎；托叶鞘筒状，膜质，褐色，长 2~4cm，开裂至基部，无缘毛。总状花序顶生或腋生，花在花序上排列稀疏，花被深红色，5 深裂，花被片狭椭圆形，长 3~4mm，宽 1.5~2mm。雄蕊 8 枚；花柱 3 个，离生，柱头头状。瘦果椭圆形，两端尖，黑褐色，有光泽，长 4~5mm，稍凸出花被之外。花期 8~9 月，果熟期 9~10 月。

产于河南伏牛山区；生于山坡草地或林缘；分布于陕西、甘肃、湖北、湖南、四川和云南。根状茎供药用，顺气解痉、散瘀止血。

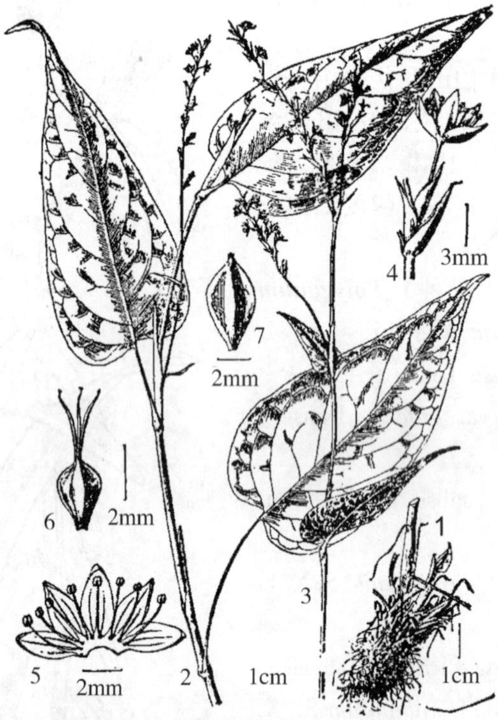

中华抱茎蓼（变种）*Polygonum amplexicaule* var. *sinense* Forb. & Hemsl. ex Stew.

1~3. 植株　4. 花簇　5. 花被和雄蕊　6. 雌蕊　7. 果实

（4）蓼子草 *Polygonum criopolitanum* Hance

［*Persicaria criopolitana*（Hance）Migo］

一年生草本，高 10~15cm。茎自基部分枝，平卧，丛生，节部生根，被长糙伏毛及稀疏的腺毛。叶狭披针形或披针形，长 1~3cm，宽 3~8mm，顶端急尖，基部狭楔形，两面被糙伏毛，边缘具缘毛及腺毛；叶柄极短或近无柄；托叶鞘膜质，密被糙伏毛，顶端截形，具长缘毛。花序头状，顶生，花序梗密被腺毛；苞片卵形，长 2~2.5mm，密生糙伏毛，具长缘毛，每苞内具 1 朵花；花梗比苞片长，密被腺毛，顶部具关节；花被 5 深裂，淡紫红色，花被片卵形，长 3~4mm；雄蕊 5 枚，花药紫色；花柱 2 个，中上部合生，瘦果椭圆形，双凸镜状，长约 2.5mm，有光泽，包于宿存花被内。花期 7~11 月，果熟期9~11 月。

产于河南大别山和伏牛山；生于低海拔河滩沙地、沟边湿地；分布于陕西、江苏、浙江、安徽、江西、湖南、湖北、福建、广东、广西。

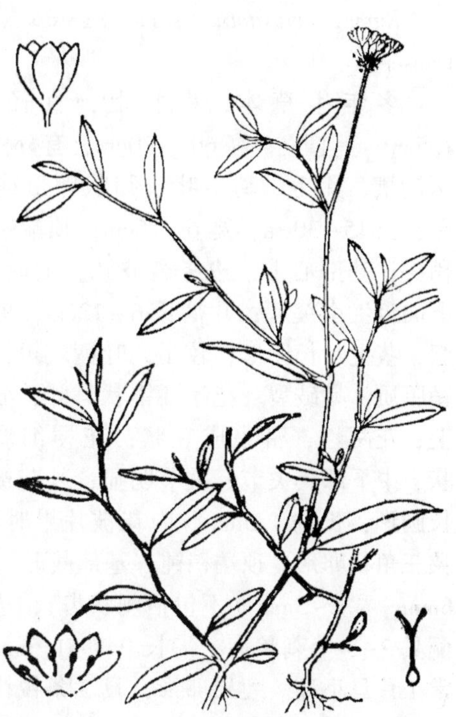

蓼子草 ***Polygonum criopolitanum*** **Hance**

(5) 长箭叶蓼 *Polygonum hastatosagittatum* Makino（彩版图 37）

[*Persicaria hastatosagittata*（Makino）Nakai ex T. Mori;

Persicaria ussuriensis（Regel）Nakai ex T. Mori;

Polygonum cavaleriei H. Lév.;

Polygonum korshinskianum Nakai;

Polygonum sagittatum var. *ussuriense* Regel;

Polygonum strigosum var. *hastatosagittatum*（Makino）Steward;

Polygonum ussuriense（Regel）Nakai;

Truellum hastatosagittatum（Makino）Soják;

Truellum korshinskianum（Nakai）Soják]

一年生草本。茎直立或下部近平卧，高 40~90cm，分枝，具纵棱，沿棱具倒生短皮刺，皮刺长 0.3~1mm。叶披针形或椭圆形，长 3~7（~10）cm，宽 1~2（~3）cm，顶端急尖或近渐尖，基部箭形或近戟形，上面无毛或被短柔毛，有时被短星状毛，下面有时被短星状毛，沿脉中脉具倒生皮刺，边缘具短缘毛；叶柄长 1~2.5cm，具倒生皮刺；托叶鞘筒状，膜质，长 1.5~2cm，顶端截形，具长缘毛。总状花序呈短穗状，长 1~1.5cm，顶生或腋生，花序梗二歧状分枝，密被短柔毛及腺毛；苞片宽椭圆形或卵形，长 2.5~3mm，具缘毛，每苞内通常具 2 朵花；花梗长 4~6mm，密被腺毛，比苞片长；花被 5 深裂，淡红色，花被片宽椭圆形，长 3~4mm；雄蕊 7~8 枚，花柱 3 个，中下部合生；柱头头状；瘦果卵形，具 3 棱，深褐色，具光泽。长 3~4mm，包于宿存花被内。花期 8~9 月，果熟期 9~10 月。

产于河南大别山、桐柏山和伏牛山；生于山沟、河滩湿地、溪旁。分布于东北、华东、华中、西南、华南地区；俄罗斯（西伯利亚）、朝鲜、日本也有分布。

2. 酸模属 *Rumex* L.

《河南植物志（第一册）》记载 10 种。本书增补 6 种。

(1) 钝叶酸模 *Rumex obtusifolius* L.

[*Rumex obtusifolius* var. *agrestis* Fr.;

Rumex obtusifolius subsp. *agrestis* （Fr.） Danser］

多年生草本，根粗壮，直径可达1.5cm。茎直立，高60~120cm，有分枝，具深沟槽，无毛。基生叶长圆状卵形或长卵形，长15~30cm，宽6~15cm，顶端钝圆或稍尖，基部心形，边缘微波状，上面无毛，下面疏生小突起；叶柄长6~12cm，被小突起；茎生叶长卵形，较小，叶柄较短；托叶鞘膜质，易破裂。花序圆锥状具叶，分枝斜上；花两性，密集成轮状；花梗细弱，丝状，中下部具关节，关节明显；外花被片狭长圆形，长约1.5mm，内花被片果时增大，狭三角状卵形，顶端稍钝，基部截形，长4~6mm，宽2~3mm（不包括刺状齿），边缘每侧具2~3个刺状齿，齿长0.8~1.5mm，通常1片具小瘤。瘦果卵形，具3条锐棱，长约2.5mm，暗褐色，有光泽。花期5~6月，果熟期6~7月。

钝叶酸模 *Rumex obtusifolius* L.

1. 基生叶　2. 花序一部分　3. 果时花被

产于河南济源、灵宝、栾川、西峡、商城等地；生于田边路旁、沟边湿地。分布于河北、山东、陕西、甘肃、江苏、浙江、江西、安徽、湖南、湖北及四川；日本以及欧洲、非洲也有分布。

（2）长叶酸模 *Rumex longifolius* DC.

［*Rumex domesticus* Hartm.］

多年生草本，茎直立，高60~120cm，粗壮，分枝，具浅沟槽。基生叶长圆状披针形或宽披针形，长20~35cm，宽5~10cm，顶端急尖，基部宽楔形或圆形，边缘微波状，下面沿叶脉具乳头状小突起；叶柄具沟槽，比叶片短；茎生叶披针形，顶端尖，基部楔形，叶柄短；托叶鞘膜质，破裂，脱落，花序圆锥状，花两性，多花轮生，花梗纤细，中下部具关节，关节果时膨大，明显；花被片6片，外花被片披针形；内花被片果时增大，圆肾形或圆心形；长5~6mm，宽6~7mm，顶端圆钝，基部心形，边缘全缘，具细网脉，全部无小瘤。瘦果狭卵形，长2~3mm，具2条锐棱，褐色有光泽。花期6~7月，果熟期7~8月。

产于河南伏牛山和太行山；生于山谷水边、山坡林缘。分布于东北、华北、西北以及山东、湖北和四川；日本、欧洲及北美洲也有分布。

（3）水生酸模 *Rumex aquaticus* L.

［*Rumex aquaticus* subsp. *protractus*（K. H. Rechinger）K. H. Rechinger；*Rumex protractus* K. H. Rechinger］

多年生草本，茎直立，高 30～120cm，通常上部分枝，具沟槽。基生叶长圆状卵形或卵形，长 10～30cm，宽 4～13cm，顶端尖，基部心形，边缘波状，两面无毛或下面沿叶脉具乳头状突起；叶柄与叶片近等长，无毛或具乳头状突起；茎生叶较小，长圆形或宽披针形，托叶鞘膜质，易破裂。花序圆锥状，狭窄，分枝近直立；花两性；花梗纤细，丝状，中下部具关节，关节果时不明显；外花被片长圆形，长约 2mm，内花被片果时增大，卵形，长 5～8mm，宽 4～6mm，顶端尖，基部近截形，边缘近全缘，全部无小瘤。瘦果椭圆形，两端尖，具 3 条锐棱，长 3～4mm，褐色，有光泽。花期 5～6 月，果熟期 6～7 月。

产于河南淅川、西峡；生于山谷水边、沟边湿地。分布于黑龙江、吉林、山西、陕西、宁夏、甘肃、青海、新疆、湖北及四川；日本、蒙古、高加索地区、哈萨克斯坦、俄罗斯、欧洲也有分布。

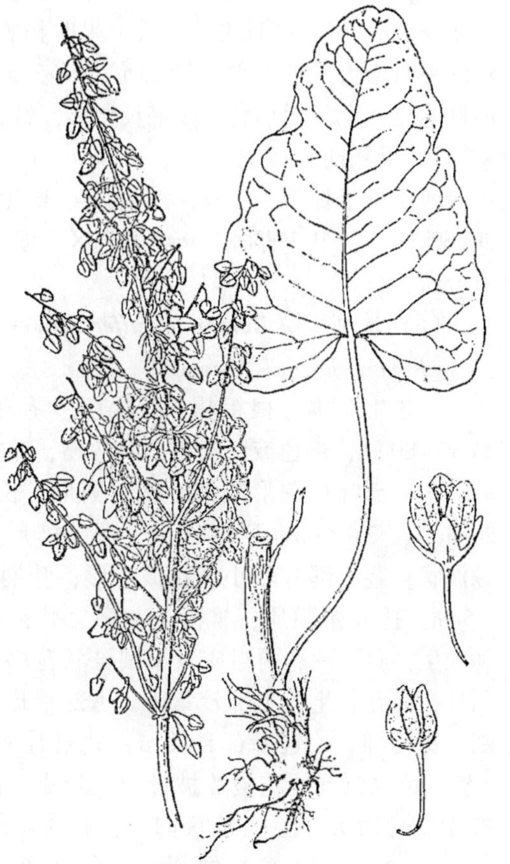

水生酸模 *Rumex aquaticus* L.

（4）毛脉酸模 *Rumex gmelinii* Turcz. ex Ledeb.（彩版图 38）

多年生草本，茎直立，高 40～100cm，粗壮，无毛，具沟槽，黄绿色或淡红色。基生叶钝三角状卵形，长 8～25cm，宽 5～20cm，顶端圆钝，基部深心形，上面无毛，下面沿叶脉密生乳头状突起，边缘全缘或呈微波状，叶柄长可达 30cm；茎生叶较小，长圆状卵形，顶端圆钝，基部心形，叶柄比叶片短；托叶鞘膜质，破裂。花序圆锥状，通常具叶片；花两性；花梗细弱，基部具关节；外花被片长圆形，长约 2mm；内花被片果时增大，椭圆状卵形，长 5～6mm，顶端钝，基部圆形，具网脉，全部无小瘤；雄蕊 6 枚；花柱 3 个。瘦果卵形，具 3 条棱，长 2.5～3mm，深褐色，有光泽。花期 5～6 月，果熟期 6～7 月。

河南见于灵宝、济源、沁阳；生于水边、沟边、山谷湿地。分布于东北、华北、陕西、甘肃、青海、新疆；朝鲜、日本、蒙古、西伯利亚也有分布。

（5）披针叶酸模 *Rumex pseudonatronatus*（Borbás）Murb.（彩版图 39）

[*Rumex domesticus* var. *pseudonatronatus* Borbás]

多年生草本，直根粗壮，直径可达 2cm。茎直立，高 80～100cm，不分枝或仅在上部分枝，具浅沟槽，无毛。基生叶披针形或狭披针形，长 15～30cm，宽 1.5～4cm，顶端急尖，基部楔形，边缘皱波状，上面无毛，下面沿叶脉具乳头状小突起；叶柄长 10～20cm；茎生叶狭披针形，较小，具短柄；托叶鞘薄膜质，白色，易破裂，脱落。花序狭圆锥状，紧密，长20~40cm，宽2~5mm；花两性，多朵，簇生成轮，花轮彼此接近；花梗细弱，长4~6mm，中下部具关节，关节果时稍膨大，明显；外花被片披针形，果时平展，内花被片果时增大，近圆形或圆心形，长3.5~4.5mm，顶端圆钝，基部心形，边缘近全缘，网脉明显，全部无小瘤。瘦果长卵形，具3条锐棱，长2~2.5mm，褐色，有光泽。花期6~7月，果熟期7~8月。

河南见于林州、济源、沁阳；生于山坡林缘、河谷草地。分布于黑龙江、吉林、河北、陕西、甘肃、青海、新疆等省区。蒙古、高加索地区、哈萨克斯坦、俄罗斯及欧洲也有分布。

（6）长刺酸模 *Rumex trisetifer* Stokes

［*Rumex chinensis* Campd.］

一年生草本。根粗壮，红褐色。茎直立，高30~80cm，褐色或红褐色，具沟槽，分枝开展。茎下部叶长圆形或披针状长圆形，长8~20cm，宽2~5cm，顶端急尖，基部楔形，边缘波状，茎上部叶较小，狭披针形；叶柄长1~5cm；托叶鞘膜质，早落。花序总状，顶生和腋生，具叶片，再组成大型圆锥状花序。花两性，多花轮生，上部较紧密，下部稀疏，间断；花梗细长，近基部具关节；花被片6片，2轮，黄绿色，外花被片披针形，较小，内花被片果时增大，狭三角状卵形，长3~4mm，宽1.5~2mm（不包括针刺），顶端狭窄，急尖，基部截形，全部具小瘤，边缘每侧具1个针刺，针刺长3~4mm，直伸或微弯。瘦果椭圆形，具3条锐棱，两端尖，长1.5~2mm，黄褐色，有光泽。花期5~6月，果熟期6~7月。

长刺酸模 *Rumex trisetifer* Stokes

1. 花序 2 花（示花瓣和雄蕊） 3. 雌蕊 4. 小坚果 5. 带花被片的果实

河南仅见于潢川；生于田边湿地。分布于安徽、福建、广东、广西、贵州、海南、湖北、湖南、江苏、江西、陕西、四川、台湾、云南、浙江；不丹、印度、老挝、缅甸、泰国、越南等国均有分布。

3. 首乌属 *Fallopia* Adanson（新增属）

一年生草本，稀多年生亚灌木。茎缠绕。叶单生、互生，具叶柄；叶片卵形或心形，全缘；托叶鞘管状，顶端斜或截形。花序总状或圆锥状；顶生或腋生。花两性。花被宿存，5瓣；外3瓣稍大，龙骨状或翼状，稀无龙骨或翼。雄蕊8枚。花柱很短；柱头头状。瘦果3棱，卵形。

本属约9种，广布于北温带；中国8种（特有3种）。产于由东北到西北、西南的各省区。《河南植物志（第一册）》记载4种，1变种（置于萹蓄属 *Polygonum* L.），本书增补1种。

牛皮消首乌 牛皮消蓼***Fallopia cynanchoides*（Hemsl.）Haraldson（彩版图 40）**

［*Polygonum cynanchoides* Hemsl.；

Fagopyrum cynanchoides（Hemsl.）Gross］

多年生草本，茎缠绕，长 1～1.5m，无纵棱，密被褐色短柔毛及稀疏的倒生长硬毛。叶宽心形或宽戟状心形，长 5～10cm，宽 3～8cm，顶端渐尖，基部深心形，侧生裂片圆钝，或急尖，边缘全缘，具缘毛，上面疏生短糙伏毛，下面密被褐色长柔毛；叶柄长 3～5cm，密被褐色短柔毛及稀疏的长硬毛；托叶鞘膜质，偏斜，顶端尖，密生硬毛。花序圆锥状，腋生或顶生，长 10～15cm，密被短柔毛及稀疏的倒生长硬毛；苞片卵形，长 1～1.5mm，顶端渐尖，被硬毛，每苞内具 2～4 朵花；花被 5 深裂，淡绿色，花被片宽椭圆形，长 1.5～2mm；花梗粗壮，长 2～2.5mm，上中部具关节，疏被短柔毛；雄蕊 8 枚，比花被短，花丝基部较宽；花柱 3 个，粗壮，基部合生；柱头头状，密被小突起。瘦果卵形，具 3 条棱，长 2～2.5mm，黑色，有光泽，包于宿存花被内。花期 8～9 月，果熟期 9～10 月。

产于河南伏牛山区的淅川荆子关和西峡黑烟镇；生于山谷灌丛、山坡林下。分布于陕西南部、甘肃南部、湖南、湖北、四川、贵州及云南。

（四十六）藜科 Chenopodiaceae

《河南植物志（第一册）》记载 10 属，30 种，4 变种。

其中：

糖萝卜（变种）*Beta vulgaris* var. *rapacea* Dumort. 有待进一步研究考证；

无刺菠菜（变种）*Spinacia oleracea* var. *inermis* Peterm. 有待进一步研究考证；

毛果蝇虫实（变种）*Corispermum declinatum* var. *tylocarpum*（Hance）C. P. Tsien & C. G. Ma 为毛果蝇虫实 *Corispermum tylocarpum* Hance 的异名；

光果软毛虫实（变种）*Corispermum puberulum* var. *ellipsocarpum* C. P. Tsien & C. G. Ma 为软毛虫实 *Corispermum puberulum* Iljin 的异名；

刺藜 *Chenopodium aristatum* L. 为刺藜 *Dysphania aristata*（L.）Mosyakin & Clemants 的异名；

菊叶藜 *Chenopodium foetidum* Schrad. 为菊叶香藜 *Dysphania schraderiana*（Schult.）Mosyakin & Clemants 的异名；

土荆芥 *Chenopodium ambrosioides* L. 为土荆芥 *Dysphania ambrosioides*（L.）Mosyakin & Clemants 的异名；

小藜、灰灰菜 *Chenopodium serotinum* L. 应为小藜 *Chenopodium ficifolium* Sm.；

碱地肤、野扫帚苗 *Kochia sieversiana*（Pall.）C. A. Mey. 应为地肤 *Kochia scoparia*（L.）Schrad.。

本书另增补 2 属，7 种。

1. 驼绒藜属 *Krascheninnikovia* Gueldenst.（新增属）

多年生植物，灌木，直立或呈垫状。全体密被星状毛，后期毛部分脱落。叶互生，单生或成束，具柄，柄平直或呈舟状；叶片扁平，条形、条状披针形至卵圆形，先端钝或圆形，基部楔形、圆形或心脏形，全缘；叶脉明显或不显，1 脉或羽状。花单性，同株。雄花无柄，数朵成簇在枝和小枝顶部构成念珠状或头状花序，无苞片和小苞片；花被片 4 片，膜质，基部稍联合，裂片卵形或椭圆形，背部被星状毛；雄蕊 4 枚，与花被片对生，花药矩圆形，2 室，纵裂，花丝条形，伸出被外；无花盘和子房。雌花无柄，1~2 朵腋生，具苞片，无花被；小苞片 2 枚，合生成雌花管，侧扁，椭圆形或倒卵形，上部分裂成 2 个角状或兔耳状裂片，果时管外具 4 束长毛或短毛（实为星状毛，仅其中 1 支射毛较长）；子房无柄，椭圆形，密被具 1 支长射毛的星状毛，花柱短，柱头 2 个，密被毛状突起，伸出管外。果实直生，内藏，扁平，椭圆形或狭倒卵形，上部被毛，果皮膜质，不与种皮相连。种子直生，与果同形，种皮膜质；胚马蹄形，胚根向下。

本属 6~7 种，除 2 种产于北美洲西部外，余者皆分布于欧亚大陆，其中以亚洲中部最多。我国产 4 种和 1 变种，主要分布于东北、华北、西北地区和青藏高原。河南仅 1 种，为该属新纪录。

华北驼绒藜 *Krascheninnikovia arborescens* (Losinsk.) Czerep.

[*Ceratoides arborescens* (Losinsk.) C. P. Tsien & C. G. Ma; *Eurotia arborescens* Losinsk.]

植株高 1~2m，分枝多集中于上部，较长，通常长 35~80cm。叶较大，柄短；披针形或矩圆状披针形，长 2~5（~7）cm，宽 0.7~1（~1.5）cm，向上渐狭，先端急尖或钝，基部圆楔形或圆形，通常具明显的羽状叶脉。雄花序细长而柔软，长可达 8cm。雌花管倒卵形，长约 3mm，花管裂片粗短，为管长的 1/5~1/4，先端钝，略向后弯；果时管外中上部具 4 束长毛，下部具短毛。果实狭倒卵形，被毛。花期 7~8 月，果熟期 8~9 月。

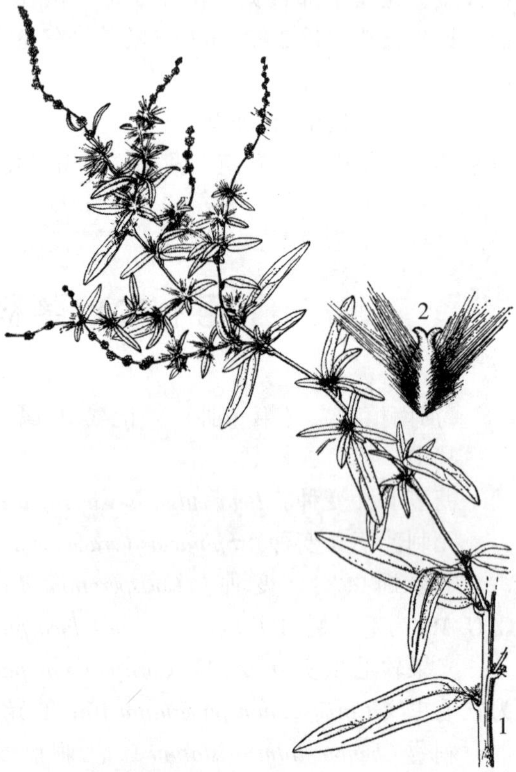

华北驼绒藜 *Krascheninnikovia arborescens* (Losinsk.) Czerep.
1. 植株 2. 雌花管

河南仅见于封丘黄陵；生于沙地、固定沙丘。分布于吉林、辽宁、河北、内蒙古、山西、陕西、甘肃和四川。

2. 碱蓬属 *Suaeda* Forsk. ex Scop

《河南植物志（第一册）》记载 3 种。本书增补 1 种。

角果碱蓬 *Suaeda corniculata*（C. A. Mey.）Bunge

［*Lerchia corniculata*（C. A. Mey.）Kuntze；*Schoberia corniculata* C. A. Mey.；*Suaeda corniculata* var. *microcarpa* P. Y. Fu & Wang-Wei］

一年生草本，高15~60cm，无毛。茎平卧、外倾或直立，圆柱形，微弯曲，淡绿色，具微条棱；分枝细瘦，斜升并稍弯曲。叶条形，半圆柱状，长10~20mm，宽0.5~1mm，劲直或茎下部的稍弯曲，先端微钝或急尖，基部稍缢缩，无柄。团伞花序通常含3~6朵花，于分枝上排列成穗状花序；花两性兼有雌性；花被顶基略扁，5深裂，裂片大小不等，先端钝，果时背面向外延伸增厚成不等大的角状突出；花药细小，近圆形，长0.15~0.2mm，黄白色，花丝短，稍外伸；柱头2个，花柱不明显。胞果扁，圆形，果皮与种子易脱离。种子横生或斜生，双凸镜状，直径1~1.5mm，种皮壳质，黑色，有光泽，表面具清晰的蜂窝状点纹，周边微钝。花果期8~9月。

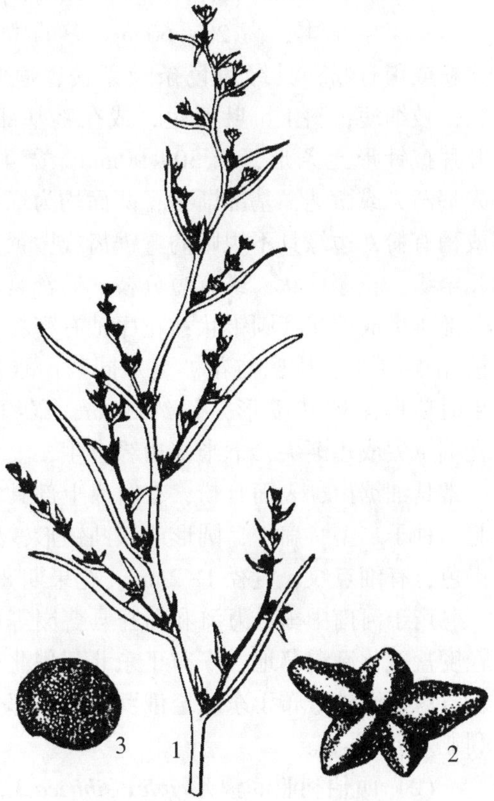

角果碱蓬 *Suaeda corniculata*（C. A. Mey.）Bunge
1. 枝 2. 花被 3. 种子

产于河南中牟县万滩镇和封丘县曹岗；生于盐碱地。分布于黑龙江、吉林、辽宁、内蒙古、河北、宁夏、甘肃西部、青海北部、新疆；中亚及俄罗斯西伯利亚也有分布。

3. 滨藜属 *Atriplex* L.（新增属）

一年生草本，较少为半灌木，通常有糠秕状被覆物（粉）。叶互生，很少对生，有柄或近无柄；叶片扁平，稍肥厚，条形、披针形、椭圆形、卵形、三角形、菱形或戟形，边缘具齿，较少全缘。团伞花序腋生；花单性，雌雄同株或异株（中国无此类）。雄花无苞片，花被5裂，较少3~4裂，花被裂片矩圆形或倒卵形，先端钝；雄蕊3~5枚，着生于花被基部，花丝离生或下部合生；退化子房狭圆锥状或圆柱状或无。雌花具2枚苞片，无花被；苞片离生或边缘不同程度合生，果时稍增大，形态多样，表面通常有附属物；有时与雄花相似的雌花（具花被而无苞片）同时存在；无花盘；子房卵形或扁球形；柱头2个，钻状或丝状，花柱极短。胞果包藏于苞片内，果皮膜质，与种子贴伏或贴生。种子直立或倒立，仅在具花被的雌花中横生，扁平，圆形或双凸镜形，种皮膜质、革质或壳质；胚环形，具块状胚乳。

本属约180种，分布于温带及亚热带。我国产17种及2变种，主要分布于北方各省区，尤以新疆荒漠地区最为丰富，南方沿海各省产3种。河南有5种。

（1）滨藜 *Atriplex patens*（Litv.）Iljin

［*Atriplex laevis* var. *patens*（Litv.）Grubov；

Atriplex littoralis var. *patens* Litv.；

Atriplex littoralis subsp. *stepposa* Kitag.］

一年生草本，高 20～60cm。茎直立或外倾，无粉或稍有粉，具绿色色条及条棱，通常上部分枝；枝细瘦，斜上。叶互生，或在茎基部近对生；叶片披针形至条形，长 30～90mm，宽 4～10mm，先端渐尖或微钝，基部渐狭，两面均为绿色，无粉或稍有粉，边缘具不规则的弯锯齿或微锯齿，有时几全缘。花序穗状，或有短分枝，通常紧密，于茎上部再集成穗状、圆锥状；花序轴有密粉；雄花花被片 4～5 裂，雄蕊与花被裂片同数；雌花的苞片果时菱形至卵状菱形，长约 3mm，宽约 2.5mm，先端急尖或短渐尖，下半部边缘合生，上半部边缘通常具细锯齿，表面有粉，有时靠上部具疣状小突起。种子二型，扁平，圆形或双凸镜形，黑色或红褐色，有细点纹，直径 1～2mm。花果期 8～10 月。

产于河南中牟县万滩和封丘县曹岗等地；生于轻度盐碱化潮湿草地。广布于东北、华北和西北许多省区。国外分布于东欧至俄罗斯中亚部分、西伯利亚及远东。

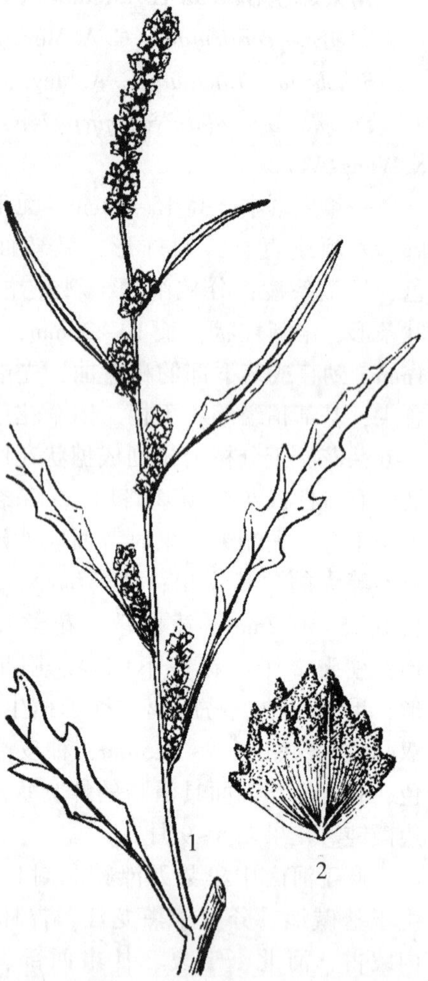

滨藜 *Atriplex patens*（Litv.）Iljin

1. 枝　2. 果苞

（2）西伯利亚滨藜 *Atriplex sibirica* L.

［*Obione muricata* Gaertn.；

Obione sibirica（L.）Fisch.］

一年生草本，高 20～50cm。茎通常自基部分枝；枝外倾或斜伸，钝四棱形，无色条，有粉。叶片卵状三角形至菱状卵形，长 3～5cm，宽 1.5～3cm，先端微钝，基部圆形或宽楔形，边缘具疏锯齿，近基部的 1 对齿较大，呈裂片状，或仅有 1 对浅裂片而其余部分全缘，上面灰绿色，无粉或稍有粉，下面灰白色，有密粉；叶柄长 3～6mm。团伞花序腋生；雄花花被 5 深裂，裂片宽卵形至卵形；雄蕊 5 枚，花丝扁平，基部连合，花药宽卵形至短矩圆形，长约 0.4mm；雌花苞片连合成筒状，仅顶缘分离，果时鼓胀，略呈倒卵形，长 5～6mm（包括柄），宽约 4mm，木质化，表面具多数不规则棘状突起，顶缘薄，牙齿状，基部楔形。胞果扁平，卵形或近圆形；果皮膜质，白色，与种子贴伏。种子直立，红褐色或黄褐色，直径 2～2.5mm。花期 6～7 月，果熟期 8～9 月。

河南仅见于封丘曹岗；生于盐碱地、黄河滩。分布于东北、华北和西北各省区。蒙古及哈萨克斯坦、俄罗斯西伯利亚也有分布。用作牧草，羊和骆驼喜食，也可采集作猪饲料。

(3) 榆钱菠菜 *Atriplex hortensis* L.

一年生草本，高可达 2m，无粉或幼嫩部分稍有粉。茎直立，粗壮；枝斜伸，钝四棱形，有绿色色条。叶片卵状矩圆形至卵状三角形，长 5~25cm，宽 3~18cm，先端微钝，基部戟形至宽楔形，两面均为绿色，下面稍有粉，全缘或具不整齐锯齿；叶柄长 1~3cm。花序穗状圆锥状，腋生及顶生；雄花花被片 5 片，雄蕊 5 枚；雌花二型：有花被雌花的花被裂片 5 片，矩圆形，无苞片；种子横生，扁球形，直径 1.5~2mm，种皮薄壳质，黑色，有光泽。无花被的雌花具 2 枚苞片，苞片仅基部着生点合生；苞片果时近圆形，直径 1~1.5cm，先端急尖，全缘，基部截形或微凹，有很短的柄，表面有浮凸的网状脉，无粉；种子直立，扁平，圆形，直径 3~4mm，种皮通常为膜质，黄褐色，无光泽。花期 7~8 月，果熟期 8~9 月。

原产于欧洲。河南洛阳等地有栽培，作蔬菜用，被称作洋菠菜。我国北方各省区多见栽培。

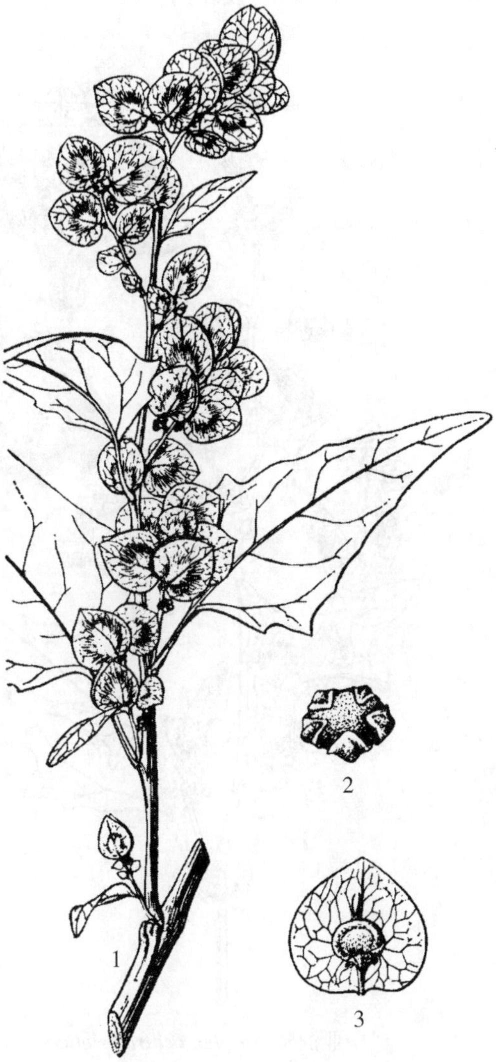

榆钱菠菜 *Atriplex hortensis* L.

1. 枝　2. 有花被的雌花及胞果　3. 果苞

(4) 中亚滨藜 *Atriplex centralasiatica* Iljin

[*Atriplex sibirica* var. *centralasiatica* (Iljin) Grubov;

Obione centralasiatica (Iljin) Kitag.]

一年生草本，高 15~30cm。茎通常自基部分枝；枝钝四棱形，黄绿色，无色条，有粉或下部近无粉。叶有短柄，枝上部的叶近无柄；叶片卵状三角形至菱状卵形，长 2~3cm，宽 1~2.5cm，边缘具疏锯齿，近基部的 1 对锯齿较大，呈裂片状，或仅有 1 对浅裂片，其余部分全缘，先端微钝，基部圆形至宽楔形，上面灰绿色，无粉或稍有粉，下面灰白色，有密粉；叶柄长 2~6mm。花集成腋生团伞花序；雄花花被 5 深裂，裂片宽卵形，雄蕊 5 枚，花丝扁平，基部连合，花药宽卵形至短矩圆形，长约 0.4mm；雌花的苞片近半圆形至平面钟形，边缘近基部以下合生，果时长 6~8mm，宽 7~10mm，近基部的中心部鼓胀并木质化，表面具多数疣状或肉棘状附属物，缘部草质或硬化，边缘具不等大的三角形牙齿；苞柄长 1~3mm。胞果扁平，宽卵形或圆形，果皮膜质，白色，与种子贴伏。种子直立，红褐色或黄褐色，直径 2~3mm。花期 7~8 月，果熟期 8~9 月。

河南见于中牟万滩镇、兰考、封丘曹岗；生于河岸、盐碱地。分布于吉林、辽宁、西藏以及华北、西北等省区；蒙古及俄罗斯中亚部分、西伯利亚也有分布。带苞的果实称“软蒺藜”，为明目、强壮药。鲜草、干草均可作猪饲料。

中亚滨藜 *Atriplex centralasiatica* Iljin

1. 枝　2、3. 果苞

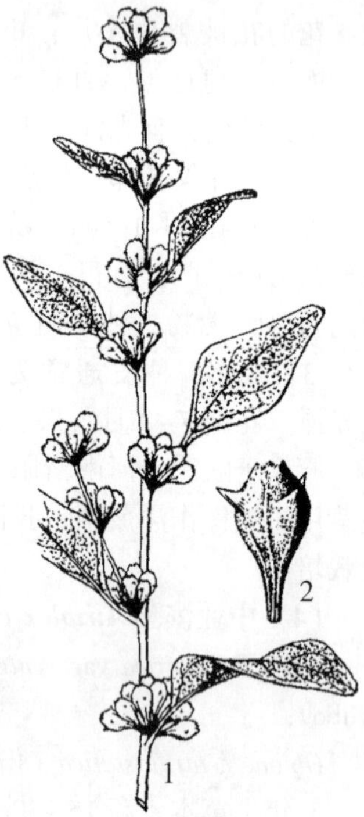

野滨藜 *Atriplex fera*（L.）Bunge

1. 枝　2. 果苞

（5）野滨藜 *Atriplex fera*（L.）Bunge

［*Obione fera*（L.）Moq.；
Spinacia divaricata Turcz. ex Moq.；
Spinacia fera L.］

一年生草本，高 20~80cm。茎直立或外倾，四棱形或下部圆柱形，有条棱及绿色色条，通常自基部起分枝；枝细瘦，斜升，上部通常弯曲，稍有粉。叶片卵状矩圆形至卵状披针形，长 2~7cm，宽 0.8~2cm，全缘，较少在中部以下具 1 对至数对波状钝齿，两面均为灰绿色，先端钝或短渐尖，基部宽楔形至楔形；叶柄长 6~12mm。团伞花序腋生；雄花 4 基数，早落；雌花在每团伞花序中 3~10 朵或更多；苞片边缘全部合生，果时两面鼓胀，坚硬，卵形或椭圆形，黄绿色，表面有浮凸的网状脉及 1~2 个位置不规则的棘状突起，稍有粉，顶缘具 3 枚短齿，苞柄长 3~4mm。胞果扁平，圆形；果皮膜质，白色，与种子贴伏。种子直立，棕色，直径 1.5~2mm。花期 7~8 月，果熟期 8~9 月。

河南仅见于黄河滩；生于沙滩或含盐碱处。分布于黑龙江、吉林、内蒙古、河北、山西、陕西、甘肃、青海至新疆东部；俄罗斯西伯利亚的东部、蒙古也有分布。为盐碱地牧草，牛、羊、骆驼均喜食，鲜草、干草均可作猪饲料。

（四十七）苋科 Amaranthaceae

《河南植物志（第一册）》记载 7 属，18 种，6 变种。

其中：

繁穗苋、苋菜、红苋菜、玉米菜 *Amaranthus paniculatus* L. 为老鸦谷 *Amaranthus cruentus* L. 的异名；

白花尾穗苋（变种）*Amaranthus caudatus* var. *albiflorus* Moq. 为尾穗苋、苋菜、云苋菜、玉米菜、老枪谷 *Amaranthus caudatus* L. 的异名；

红叶尾穗苋（变种）*Amaranthus caudatus* var. *atropurpureus* Hort. 和球花尾穗苋（变种）*Amaranthus caudatus* var. *gibbosus* Vilm. 有待进一步研究考证；

红苋（变种）*Amaranthus tricolor* var. *splendens* Bailey 有待进一步研究考证；

凹头苋、银丁菜 *Amaranthus ascendens* Loisel. 为凹头苋 *Amaranthus blitum* L. 的异名；

黄叶锦绣苋（变种）*Alternanthera bettzickiana* var. *aurea* Hort. 和花锦绣苋（变种）*Alternanthera bettzickiana* var. *tricolor* Hort. 有待进一步研究考证。

本书另增补 3 种。

苋属 *Amaranthus* L.

《河南植物志（第一册）》记载 8 种，4 变种。本书除修订外，增补 3 种。

（1）绿穗苋 *Amaranthus hybridus* L.

一年生草本，高 30~50cm；茎直立，分枝，上部近弯曲，有开展柔毛。叶片卵形或菱状卵形，长 3~4.5cm，宽 1.5~2.5cm，顶端急尖或微凹，具凸尖，基部楔形，边缘波

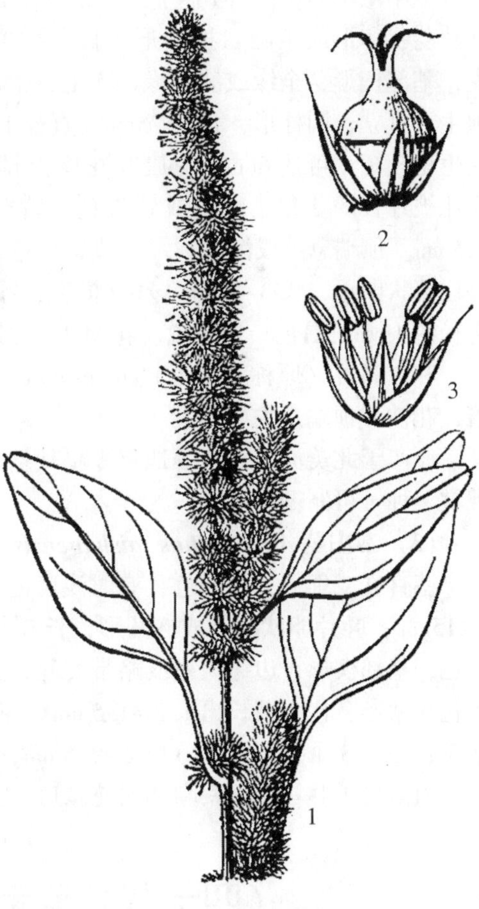

绿穗苋 *Amaranthus hybridus* L.

1. 花枝 2. 雌花 3. 雄花

状或有不明显锯齿，微粗糙，上面近无毛，下面疏生柔毛；叶柄长 1~2.5cm，有柔毛。圆锥花序顶生，细长，上升稍弯曲，有分枝，由穗状花序而成，中间花穗最长；苞片及小苞片钻状披针形，长 3.5~4mm，中脉坚硬，绿色，向前伸出成尖芒；花被片矩圆状披针形，长约 2mm，顶端锐尖，具凸尖，中脉绿色；雄蕊略和花被片等长或稍长；柱头 3 个。胞果卵形，长 2mm，环状横裂，超出宿存花被片。种子近球形，直径约 1mm，黑色。花期 8~9 月，果熟期 9~10 月。

河南产于宜阳、栾川、嵩县、洛宁等地；多生于海拔 400~1 000m 的田野、旷地或山坡。分布于陕西南部、安徽、江苏、浙江、江西、湖南、湖北、四川、贵州；欧洲、北美洲、南美洲也有分布。

本种和反枝苋 *Amaranthus retroflexus* L. 极相近，但本种花序较细长，苞片较短，胞果超出宿存花被片，可以区别。

（2）千穗谷 *Amaranthus hypochondriacus* L.

[*Amaranthus hybridus* var. *hypochondriacus*（L.）H. Rob.；
Amaranthus hybridus subsp. *hypochondriacus*（L.）Thell.]

一年生草本，高（10~）20~80cm；茎绿色或紫红色，分枝，无毛或上部微有柔毛。叶片菱状卵形或矩圆状披针形，长 3~10cm，宽 1.5~3.5cm，顶端急尖或短渐尖，具凸尖，基部楔形，全缘或波状缘，无毛，上面常带紫色；叶柄长 1~7.5cm，无毛。圆锥花序顶生，直立，圆柱形，长达 25cm，直径 1~2.5cm，不分枝或分枝，由多数穗状花序形成，侧生穗较短，可达 6cm，花簇在花序上排列极密；苞片及小苞片卵状钻形，长 4~5mm，为花被片长的 2 倍，绿色或紫红色，背部中脉隆起，成长凸尖；花被片矩圆形，长 2~2.5mm，顶端急尖或渐尖，绿色或紫红色，有 1 条深色中脉，成长凸尖；柱头 2~3 个。胞果近菱状卵形，长 3~4mm，环状横裂，绿色，上部带紫色，超出宿存花被。种子近球形，直径约 1mm，白色，边缘锐。花期 7~8 月，果熟期 8~9 月。

和老鸦谷（原称繁穗苋）*Amaranthus cruentus* L. 极相近，但本种苞片长为花被片的 2 倍，花被片顶端急尖或渐尖。

原产于北美洲。河南各地有零星栽培。内蒙古、河北、四川、云南等地也有栽培。供观赏，种子可制糖果。

（3）泰山苋 *Amaranthus taishanensis* F. Z. Li & C. K. Ni

茎直立或匍匐，浅绿色，有时浅紫色，高 10~30cm，多分枝，短柔毛或近无毛。叶柄 2~15mm；叶片卵状菱形或椭圆形，长 0.5~3cm，宽 3~15mm，无毛，背面绿白色，正面绿色，基部楔形，边缘全缘或略带突起，先端凹，带黏膜。花单性，聚集在叶腋。苞片和小苞片钻形，比花被长出 1.2~1.5mm。花被片 5 片，膜质。雄蕊 2 枚，很少 3 枚，比花被略长；柱头 3 个，长圆形，长 2~2.5mm，与花被近等长，不开裂。种子红棕色，约 1mm。

河南见于驻马店上蔡和郑州花园口；生于路旁、荒地、田边。分布于安徽、山东。

（四十八）紫茉莉科 Nyctaginaceae

《河南植物志（第一册）》记载栽培 2 属，3 种，1 变种。

其中：

花叶子花（变种）*Bougainvillea glabra* var. *variegata* Hort. 有待进一步研究考证。

（四十九）粟米草科 Molluginaceae（新增科）

一年或多年生草本，亚灌木或灌木，稀雌雄异株，光滑或稀有毛。茎直立或匍匐。单叶全缘，互生，稀对生，常基部簇生或在茎上假轮生；无托叶或托叶膜质。花序顶生或近腋生聚伞花序，稀单生花。花两性，稀单性，放射状，子房下位，稀周位。花被 5 片，稀 4 片，单生或下部结合成管状，被片白色或粉色到紫色，有时内部黄色（如星粟草属 *Glinus* L.）。花瓣缺或少到多，白色、粉红色或紫色。雄蕊 3~5 枚或多数，多环排列，散生或基部捆绑一起；花药纵向开裂。子房上位，合生心皮；心皮 2~5 枚或多数，中轴胎座，稀看似基生胎座。柱头与心室同数。胚珠每室 1 到多数。果实通常为室背开裂蒴果或深裂成（3~）5~15 果瓣（如吉粟草属 *Gisekia* L.）。种子具胚胎弯绕坚硬淀粉质胚乳。

全世界大约 14 属，120 种，分布于热带、亚热带干旱地区；中国 3 属，8 种。河南 1 属，2 种。《河南植物志（第一册）》（第 382 页记载 1 种）将该属（粟米草属 *Mollugo* L.）置于番杏科 Aizoaceae。

粟米草属 *Mollugo* L.

《河南植物志（第一册）》记载 1 种。本书增补 1 种。

种棱粟米草 *Mollugo verticillata* L.

[*Mollugo costata* Y. T. Chang & C. F. Wei.]

一年生草本，直立或铺散，高 10~30cm，无毛。基生叶莲座状，叶片倒卵形或倒卵状匙形，长 1.5~2cm；茎生叶 3~7 枚假轮生或 2~3 枚生于节的一侧，叶片倒披针形或线状倒披针形，长 1~3cm，宽 1.5~4（~8）mm，顶端急尖或钝，基部狭楔形，全缘，干时两

1

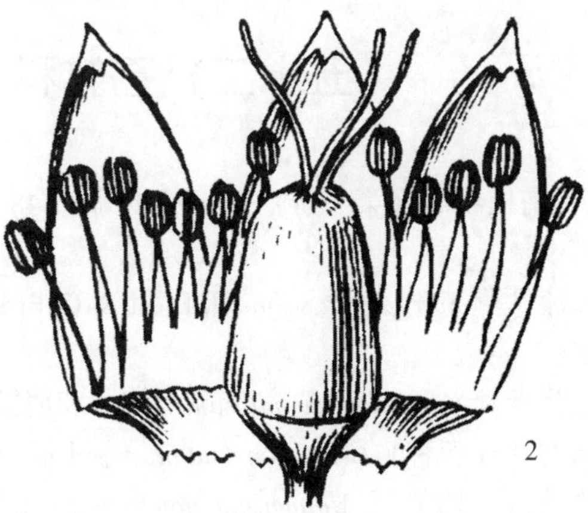
2

种棱粟米草 *Mollugo verticillata* L.

1. 花 2. 花解剖

面呈黄绿色；叶柄短或几无柄。花淡白色或绿白色，3~5 朵簇生于节的一侧，有时近腋生；花梗纤细，长 3~5mm；花被片 5 片，稀 4 片，长圆形或卵状长圆形，长 2.5~3mm，顶端尖，边缘膜质，覆瓦状排列；雄蕊 3 枚，稀 2 枚或 4~5 枚，花丝基部稍宽；子房 3 室，花柱 3 个。蒴果椭圆形或近球形，长 3~4mm，宽约 2.5mm，果皮膜质，宿存花被包围 1/2 以上，顶端有宿存花柱，3 瓣裂。种子多数，肾形，栗红色，平滑，有光泽，脊具 3~5 条弧形肋棱，棱间有细密横纹。花果期秋冬。

河南仅见于罗山；生于旱田或草地。分布于山东、福建、台湾、广东、广西、海南；日本以及美洲热带、欧洲南部均有分布。

（五十）番杏科 Aizoaceae

《河南植物志（第一册）》记载 2 属，6 种。除粟米草属 *Mollugo* L. 外，日中花属的弯叶日中花 *Mesembryanthemum uncatum* Salm-Dyck 为弯叶日中花 *Glottiphyllum longum*（Haw.）N. E. Br. 的异名；

食用日中花 *Mesembryanthemum edule* L. 为食用日中花 *Carpobrotus edulis*（L.）N. E. Br. 的异名；

龙须海棠 *Mesembryanthemum spectabile* Haw. 为龙须海棠 *Lampranthus spectabilis*（Haw.）N. E. Br. 的异名。

（五十一）落葵科 Basellaceae

《河南植物志（第一册）》记载栽培 1 属，1 种。

落葵、胭脂豆 *Basella rubra* L. 为落葵 *Basella alba* L. 的异名。

（五十二）石竹科 Caryophyllaceae

《河南植物志（第一册）》记载 17 属，48 种，1 变种。

其中：

拟漆姑草 *Spergularia salina* J. Presl & C. Presl 为拟漆姑 *Spergularia marina*（L.）Besser 的异名；

簇生卷耳 *Cerastium caespitosum* Gilib. 和婆婆指甲菜、套子巴 *Cerastium viscosum* L. 均为簇生泉卷耳（亚种）*Cerastium fontanum* subsp. *vulgare*（Hartm.）Greuter & Burdet 的异名；

牛繁缕、抽筋菜 *Malachium aquaticum*（L.）Fr. 为鹅肠菜 *Myosoton aquaticum*（L.）Moench 的异名；

假繁缕 *Pseudostellaria maximowicziana*（Franch. & Sav.）Pax 为异花假繁缕、异花孩儿参 *Pseudostellaria heterantha*（Maxim.）Pax 的异名；

石生繁缕、石灰草 *Stellaris saxatilis* Buch. -Ham. ex D. Don 为箐姑草 *Stellaris vestita* Kurz 的异名；

狗筋蔓 *Cucubalus baccifer* L. 为狗筋蔓 *Silene baccifera*（L.）Roth 的异名；

假狗筋蔓 *Silene cucubalus* Wibel 为白玉草 *Silene vulgaris*（Moench）Garcke 的异名；

狭叶匍生蝇子草（变种）*Silene repens* var. *angustifolia* Turcz. ex Regel 为匍生蝇子草、蔓茎蝇子草 *Silene repens* Patrin 的异名；

洋剪秋罗 *Lychnis viscaria* L. 为洋剪秋罗 *Silene viscaria*（L.）Jess. 的异名；

山女娄菜 *Melandrium tatarinowii*（Regel）Y. W. Cui 为石生蝇子草 *Silene tatarinowii* Regel 的异名；

女娄菜 *Melandrium apricum*（Turcz.）Rohrb. 为女娄菜 *Silene aprica* Turcz. 的异名；

无毛女娄菜 *Melandrium firmum*（Siebold & Zucc.）Rohrb. 为疏毛女娄菜 *Silene firma* Siebold & Zucc. 的异名；

王不留行、麦蓝菜、大麻子 *Vaccaria segetalis*（Neck.）Garcke ex Asch. 为麦蓝菜 *Vaccaria hispanica*（Mill.）Rauschert 的异名；

膜萼花 *Tunica saxifraga*（L.）Scop. 为膜萼花 *Petrorhagia saxifraga*（L.）Link 的异名。

本书另增补 1 属，18 种，1 变种。

1. 卷耳属 *Cerastium* L.

《河南植物志（第一册）》记载 3 种。本书除修订外，增补 1 种，1 亚种。

（1）鄂西卷耳　卵叶卷耳 ***Cerastium wilsonii* Takeda**

多年生草本，高 25~35cm。根细长。茎上升，近无毛。基生叶叶片匙形，基部渐狭成长柄状；茎生叶叶片卵状椭圆形，无柄，长 15~25mm，宽 8~12mm，顶端急尖，沿中脉和基部被长毛。聚伞花序顶生，具多数花，花序梗细长，具腺柔毛；苞片草质，小型，被柔毛；花梗细，具腺柔毛，长短不等，可达 3cm；萼片 5 枚，披针形或宽披针形，长约 6mm，顶端急尖，边缘膜质，外面被短柔毛；花瓣 5 片，白色，狭倒卵形，长为萼片的 2 倍，2 裂至中部，裂片披针形，顶端尖，无毛；雄蕊稍长于萼片，无毛；花柱 5 个，线形。蒴果圆柱形，长为宿存萼 1/2，裂齿 10 枚，直伸。种子近三角状球形，直径约 1mm，稍扁，褐色，具疣状突起。花期 4~5 月，果熟期 6~7 月。

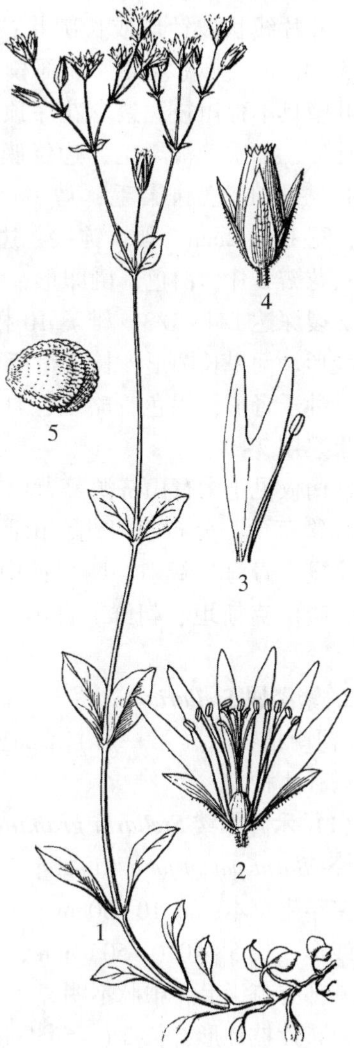

鄂西卷耳 *Cerastium wilsonii* Takeda
1. 植株一部分　2. 花解剖　3. 花瓣和雄蕊　4. 带萼的果实　5. 种子

河南产于伏牛山西峡的西坪和黄石庵；生于海拔1 000m以上的山坡或林缘。分布于陕西、甘肃、安徽、湖北、四川、云南。

（2）卷耳（亚种）*Cerastium arvense* subsp. *strictum* Gaudin

［*Cerastium arvense* var. *angustifolium* Fenzl；
Cerastium arvense var. *strictum* W. D. J. Koch；
Cerastium strictum Haenke］

多年生疏丛草本，高10~35cm。茎基部匍匐，上部直立，绿色并带淡紫红色，下部被下向的毛，上部混生腺毛。叶片线状披针形或长圆状披针形，长10~25mm，宽1.5~4mm，顶端急尖，基部楔形，抱茎，被疏长柔毛，叶腋具不育短枝。聚伞花序顶生，具3~7朵花；苞片披针形，草质，被柔毛，边缘膜质；花梗细，长10~15mm，密被白色腺柔毛；萼片5枚，披针形，长约6mm，宽1.5~2mm，顶端钝尖，边缘膜质，外面密被长柔毛；花瓣5片，白色，倒卵形，为萼片长2倍或更长，顶端2裂深达1/4~1/3；雄蕊10枚，短于花瓣；花柱5个，线形。蒴果长圆形，长于宿存萼1/3，顶端倾斜，10齿裂。种子肾形，褐色，略扁，具瘤状突起。花期5~8月，果熟期7~9月。

河南仅见于太行山济源鳌背山；生于海拔1 200m以上的林缘草地。分布于河北、山西、内蒙古、陕西、甘肃、宁夏、青海、新疆、四川；中欧、北欧、北极、俄罗斯、哈萨克斯坦、朝鲜、日本、蒙古、北美洲也有分布。

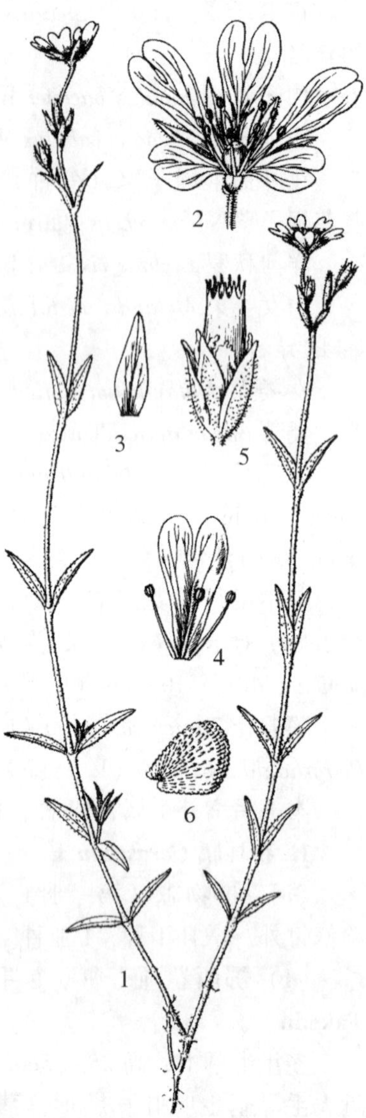

卷耳（亚种）*Cerastium arvense* subsp. *strictum* Gaudin

1. 植株 2. 花解剖 3. 萼片 4. 花瓣和雄蕊 5. 果实 6. 种子

2. 繁缕属 *Stellaria* L.

《河南植物志（第一册）》记载7种。本书除修订外，增补4种。

（1）禾叶繁缕 *Stellaria graminea* L.

［*Stellaria patentifolia* Kitag.］

多年生草本，高10~30cm，全株无毛。茎细弱，密丛生，近直立，具4棱。叶无柄，叶片线形，长5~40（~50）mm，宽1.5~3（~4）mm，顶端尖，基部稍狭，微粉绿色，边缘基部有疏缘毛，中脉不明显，下部叶腋生出不育枝。聚伞花序顶生或腋生，有时具少数花；苞片披针形，长2（~5）mm，边缘膜质，中脉明显；花梗纤细，长5~25mm；花直径约8mm；萼片5枚，披针形或狭披针形，长4~4.5mm，具3脉，绿色，有光泽，顶端渐尖，边缘膜质；花瓣5片，稍短于萼片，白色，2深裂；雄蕊10枚，花丝丝状，无毛，长4~4.5mm，花药带褐色，小，宽椭圆形，长0.3mm；子房卵状长圆形，花柱3个，稀4个，长约2mm。蒴果卵状长圆形，显著长于宿存萼，长约3.5mm；种子近扁圆形，深

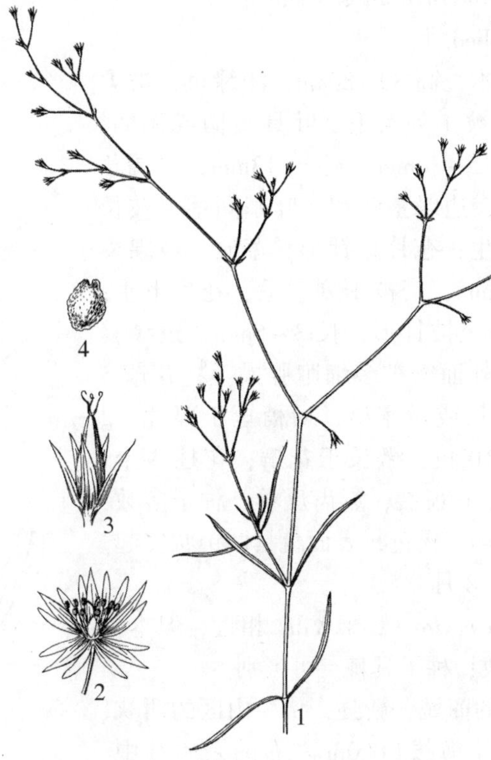

禾叶繁缕 ***Stellaria graminea*** **L.**

1. 花果枝 2. 花 3. 果实 4. 种子

栗褐色，具粒状钝突起，长约1mm。花期5~7月，果熟期8~9月。

河南见于太行山济源天台山和鳌背山；生于海拔1 200m以上的山坡草地、林下或石隙中。分布于北京、河北、山东、山西、陕西、甘肃、青海、湖北、四川、云南、西藏、新疆；印度、尼泊尔、不丹、俄罗斯、阿富汗及欧洲也有分布。

(2) 柳叶繁缕 ***Stellaria salicifolia*** **Y. W. Tsui ex P. Ke（彩版图41）**

多年生草本，高20~30cm。根茎细。茎直立或上升，通常不分枝，具4条棱，无毛。叶片披针形，长30~60mm，宽4~12mm，顶端渐尖，基部楔形，微抱茎，下面灰绿色，边缘软骨质，常皱波状，近基部被细毛。疏散的聚伞花序顶生，花序梗长至5cm；花梗纤细，长1~2.5cm，无毛；苞片膜质，披针形，长1~2mm；萼片披针形，长4~5mm，具明显3脉，顶端长渐尖，基部稍圆形，边缘透明，膜质；花瓣白色，微短于萼片，2深裂几达基部，裂片狭线形；雄蕊10枚，略短于花瓣，花药褐色，长圆形；子房卵圆形，花柱3个，线形。蒴果卵圆形，与宿存萼等长或稍短，顶端6裂；种子长卵圆形，深褐色，长不过1mm，具皱纹。花期5~6月，果熟期7~8月。

河南产于伏牛山区的西峡黄石庵和内乡宝天曼；生于海拔1 200m以上的山坡疏林下较湿润处。分布于宁夏、甘肃、陕西、四川、湖北、湖南、浙江。

(3) 鸡肠繁缕 赛繁缕、鹅肠繁缕 ***Stellaria neglecta*** **Weihe**

[*Stellaria media* var. *decandra* Fenzl;

Stellaria media var. *procera* Klatt & Richt. ;
Stellaria octandra Pobed.]

一年生或二年生草本，高 30~80cm，淡绿色，被柔毛。根纤细。茎丛生，被 1 列柔毛。叶具短柄或无柄，叶片卵形或狭卵形，长 15~30mm，宽 5~13mm，顶端急尖，基部楔形，稍抱茎，边缘基部和两叶基间茎上被长柔毛。二歧聚伞花序顶生；苞片披针形，草质，被腺柔毛；花梗细，长 10~15mm，密被 1 列柔毛，花后下垂；萼片 5 枚，卵状椭圆形至披针形，长 3~5mm，边缘膜质，顶端急尖，内折，外面密被多细胞腺柔毛；花瓣 5 片，白色，与萼片近等长或微露出，稀稍短于萼片，2 深裂；雄蕊（6~）8~10 枚，微长于花瓣；花柱 3 个。蒴果卵形，长于宿存萼，6 齿裂，裂齿反卷。种子多数，近扁圆形，直径约 1.5mm，褐色，表面疏具圆锥状突起。花期 4~6 月，果熟期 6~8 月。

本种与繁缕 *Stellaria media*（L.）Vill. 相近，但本种植株较高；雄蕊 8~10 枚；种子具棘突可区别。

产于河南大别山区的商城、新县，伏牛山区的西峡、内乡、南召、淅川；生于海拔1 000m 左右的杂木林中。分布于新疆、黑龙江、内蒙古、江苏、浙江、台湾、陕西、四川、贵州、云南、西藏和青海；俄罗斯、哈萨克斯坦、日本、土耳其及欧洲中南部、非洲北部和美洲北部也有分布。全草入药，有抗菌消炎作用。

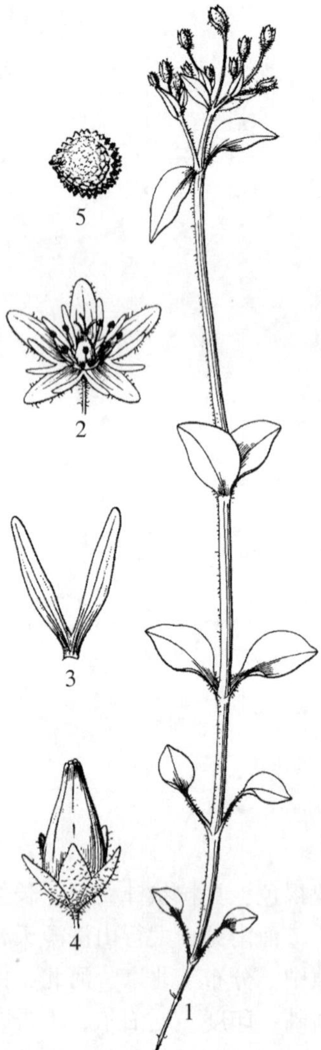

鸡肠繁缕 *Stellaria neglecta* Weihe
1. 植株 2. 花 3. 花瓣 4. 果实 5. 种子

（4）无瓣繁缕 *Stellaria pallida*（Dumort.）Crépin

[*Alsine pallida* Dumort.]

茎通常铺散，有时上升，基部分枝有 1 列长柔毛，但绝不被腺柔毛。叶小，近卵形，长 5~8mm，有时达 15mm，顶端急尖，基部楔形，两面无毛，上部及中部者无柄，下部者具长柄。二歧聚伞状花序；花梗细长；萼片披针形，长 3~4mm，顶端急尖，稀卵圆状披针形而近钝，多少被密柔毛，稀无毛；花瓣无或小，近于退化；雄蕊 3~5 枚，少见不存在；花柱极短。种子小，淡红褐色。

较繁缕 *Stellaria media*（L.）Cyr. 和鸡肠繁缕 *Stellaria neglecta* Weihe 等小 2~3 倍，直径 0.7~0.8mm，具不显著的小瘤突，边缘多少锯齿状或近平滑。

河南见于郑州和新县；为田间杂草。分布于江苏、新疆；欧洲、亚洲均有分布。

3. 种阜属 *Moehringia* L.（新增属）

一年生或多年生草本。茎纤细，丛生。叶线形、长圆形至倒卵形或卵状披针形，无柄或具短柄。花两性，单生或数朵花集成聚伞花序；萼片 4 枚或 5 枚；花瓣 4 片或 5 片，白色，全缘；雄蕊通常 10 枚，少有 5 枚或 8 枚；子房 1 室，具多数胚珠；花柱 3 个，少有 2

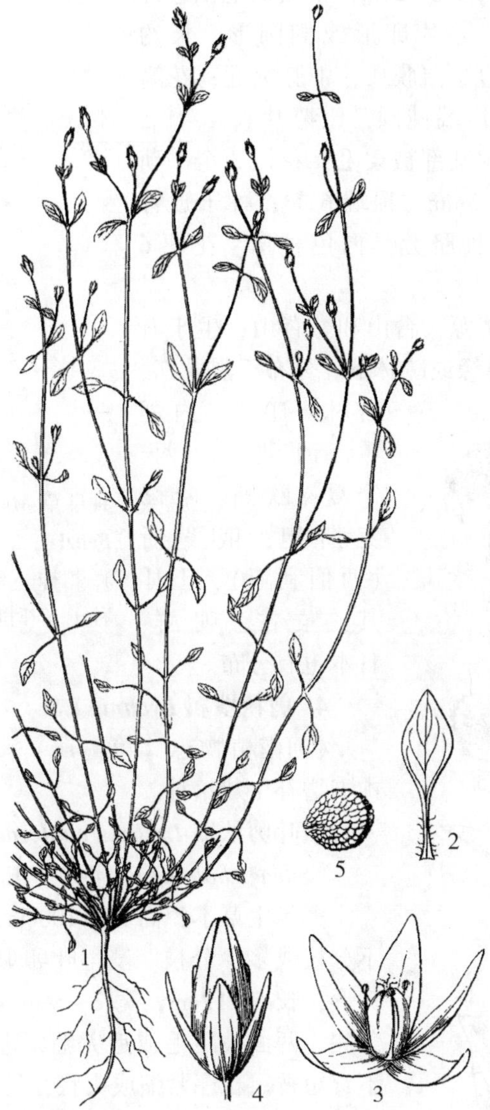

无瓣繁缕 *Stellaria pallida*（Dumort.）Crépin
1. 植株 2. 叶 3. 花 4. 果实 5. 种子

个。蒴果椭圆形或卵形，6 齿裂，少 4 齿裂。种子平滑，光泽，种脐旁有白色膜质种阜，有时种阜可达种子周围 1/3。

本属约 25 种，分布于北温带。我国 3 种，产于东北、华北、西北、华东、华中、西南地区。河南 1 种。

种阜草 *Moehringia lateriflora*（L.）Fenzl

［*Arenaria lateriflora* L.］

多年生草本，高 10~20cm，具匍匐根状茎。茎直立，纤细，不分枝或分枝，被短毛。叶近无柄，叶片椭圆形或长圆形，长 10~25mm，宽 4~10mm，顶端急尖或钝，边缘具缘毛，两面均粗糙，具小突起，下面沿中脉被短毛。聚伞花序顶生或腋生，具 1~3 朵花；

花序梗细长；花梗细，长0.5~2cm，密被短毛；苞片针状；花直径约7mm；萼片卵形或椭圆形，长约2mm，无毛，顶端钝，边缘白膜质，中脉突起；花瓣白色，椭圆状倒卵形，顶端钝圆，比萼片长1~1.5倍；雄蕊短于花瓣，花丝基部被柔毛；花柱3个。蒴果长卵圆形，长3.5~5.5mm，顶端6裂；种子近肾形，长约1mm，平滑，种脐旁具白色种阜。花期6月，果熟期7~8月。

河南见于太行山、济源天台山和鳌背山；生于海拔800~1 800m的山坡林缘或疏林下。分布于黑龙江、吉林、辽宁、内蒙古、河北、山西、宁夏；欧洲、哈萨克斯坦、俄罗斯（西伯利亚）、土耳其、蒙古、朝鲜、日本也有分布。

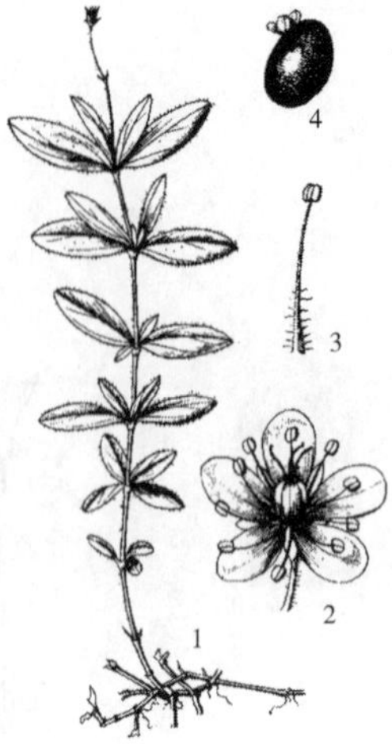

种阜草 ***Moethringla lateriflora*** **(L.) Fenzl**

1. 植株一部分 2. 花 3. 雄蕊 4. 种子（祁世章 绘）

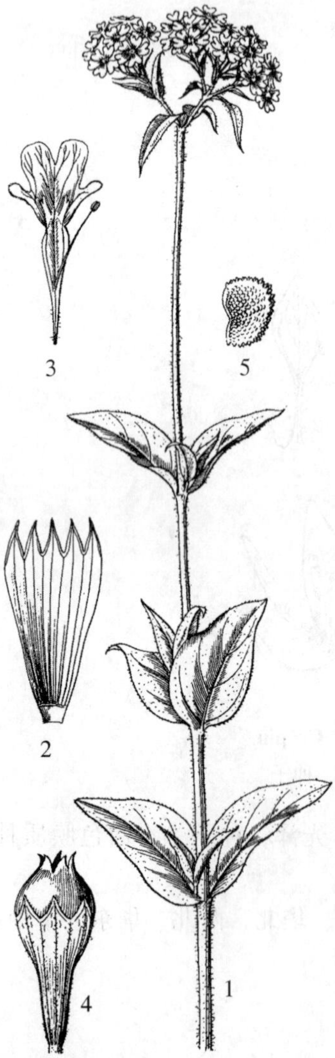

皱叶剪秋罗 ***Lychnis chalcedonica*** **L.**

1. 花枝 2. 花萼（剖开） 3. 花瓣和雄蕊 4. 果实 5. 种子

4. 剪秋罗属 *Lychnis* L.

《河南植物志（第一册）》记载6种。除修订外，本书增补1栽培种。

皱叶剪秋罗 ***Lychnis chalcedonica*** **L.**

[*Silene chalcedonica*（L.）E. H. L. Krause]

多年生草本，高50~100cm，全株被粗毛。茎直立，不分枝或多少分枝。基生叶卵形；茎生叶卵形或卵状披针形，长5~12cm，宽2~5cm，基部心形，抱茎，顶端急尖，两面被疏毛或近无毛，边缘具缘毛，从叶腋生出不育短枝。花序紧缩成头状，具10~50朵花；花直径15~20mm，花梗细，远比花萼短；苞片小，草质，披针形；花萼筒状或筒状棒形，长14~17mm，直径约3mm，沿脉被疏柔毛，萼齿三角状披针形，长约3mm；雌雄蕊柄无毛，长4~6mm；花瓣红色，长15~18mm，爪倒披针形，基部具缘毛，瓣片轮廓宽倒卵形，长7~9mm，2裂达瓣片的1/3，裂片倒卵形，全缘；副花冠片线形或钻形；雄蕊微外露。蒴果卵形，长约10mm；种子三角状肾形，长约1mm，暗红褐色，具棘突。花期6~7月，果熟期7~8月。

河南郑州、开封、新乡等城市庭院有栽培。产于新疆，全国各城市多有栽培；欧洲、中亚至西伯利亚以及蒙古也有分布。

5. 蝇子草属 *Silene* L.

《河南植物志（第一册）》记载6种，1变种。本书除修订外，增补4种，1变种。

（1）湖北蝇子草 *Silene hupehensis* C. L. Tang

多年生草本，高10～30cm，全株无毛。茎丛生，直立或上升，不分枝，基部常簇生不育茎。基生叶线形，长50～80mm，宽2～3.5mm，基部微抱茎，顶端渐尖，边缘具缘毛，中脉明显；茎生叶少数，较小。聚伞花序常具2～5朵花，稀多数或单生；花直立，直径15～20mm；花梗细，长20～50mm；苞片线状披针形，具缘毛；花萼钟形，长12～15mm，直径3.5～7mm，无毛，基部圆形，纵脉紫色，不明显，在萼齿脉端汇集，萼齿三角状卵形，长2～4mm，顶端圆或钝头，边缘膜质，具短缘毛；雌雄蕊柄被柔毛，长3～4mm；花瓣淡红色，长15～20mm，爪倒披针形，长8～10mm，不露或微露出花萼，无缘毛，耳不明显，瓣片轮廓倒心形或宽倒卵形，长7～9mm，2浅裂，稀深达瓣片的中部，裂片近卵形，微波状或具不明显的缺刻，有时瓣片两侧基部各具1枚线形小裂片或钝齿；副花冠片近肾形或披针形，长1～3mm，常具不规则裂齿；雄蕊微外露，花丝无毛；花柱微外露。蒴果卵形，长6～8mm；种子圆肾形，长约1.5mm，黑褐色。花期7月，果熟期8月。

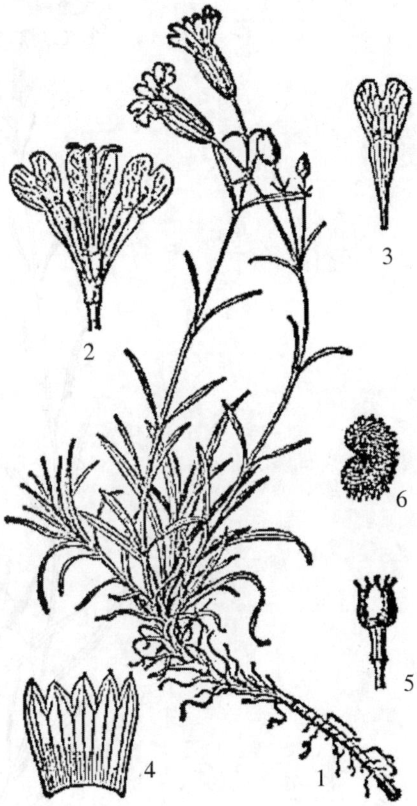

湖北蝇子草 *Silene hupehensis* C. L. Tang
1. 植株 2. 花 3. 花瓣 4. 花萼 5. 蒴果 6. 种子

河南产于伏牛山区的西峡老界岭和内乡宝天曼；生于海拔100～2 000m的草坡或林间岩石缝中。分布于湖北、陕西、甘肃、四川。

（2）毛湖北蝇子草（变种）*Silene hupehensis* var. *pubescens* C. L. Tang

本变种与原变种的主要区别：花萼密被短柔毛。

产于河南灵宝河西林场和栾川老君山；生于海拔1 500～2 000m的山坡岩石缝中。分布于陕西秦岭北部。

（3）须弥蝇子草 喜马拉雅蝇子草 ***Silene himalayensis*（Rohrb.）Majumdar（彩版图42）**

[*Lychnis apetala* var. *pallida* Edgew. & Hook. f.;
Lychnis himalayensis（Rohrb.）Edgew. & Hook. f.;
Lychnis macrorhiza Royle ex Benth.;
Melandrium apertum Pax & K. Hoffm.;
Melandrium apetalum var. *himalayense* Rohrb.;
Melandrium himalayense（Rohrb.）Y. Z. Zhao;

毛湖北蝇子草（变种）*Silene hupehensis* var. *pubescens* C. L. Tang
1. 植株　2. 花（放大）　3. 花瓣和雄蕊　4. 雌蕊和雄蕊

Melandrium macrorhizum（Royle ex Benth.）Walp.；
Melandrium qomolangmaense Y. W. Cui & P. Ke ex L. H. Zhou；
Melandrium souliei F. N. Williams；
Silene gonosperma subsp. *himalayensis*（Rohrb.）Bocquet；
Silene madens Majumdar]

多年生草本，高20~80cm。根粗壮。茎纤细，疏丛生或单生，直立，不分枝，被短柔毛，上部被稀疏腺毛。基生叶狭倒披针形，长4~10cm，宽0.4~1cm，基部渐狭成柄状，顶端渐尖，稀急尖，两面被短柔毛或近无毛，边缘具缘毛；茎生叶 3~6 对，叶片披针形或线状披针形，基部楔形或渐狭。总状花序，常具 3~7 朵花；花微俯垂，花梗细，长 1~5cm，密被短柔毛和稀疏腺毛；苞片线状披针形，草质，被毛；花萼卵状钟形，长约 1cm，紧贴果实，密被短柔毛和腺毛，纵脉紫色，多少分叉，脉端连合，萼齿三角形，顶端钝，边缘膜质，具缘毛；雌雄蕊柄长约 1mm；花瓣暗红色，长约 1cm，不露或微露出花萼，爪楔形，无毛，耳不明显，瓣片 2 浅裂，副花冠片小，鳞片状；雄蕊内藏，花丝无毛；花柱内藏。蒴果卵形，长 0.8~1cm，短于宿存萼，10 齿裂。种子圆形，压扁，褐色，连翅直径约 1.5mm。花期 6~7 月，果熟期 7~8 月。

河南见于伏牛山和太行山；生于山坡、草地、林缘、荒地。分布于河北、湖北、陕西、四川、云南、西藏等省区。印度锡金邦也有分布。

(4) 石缝蝇子草 *Silene foliosa* Maxim.

[*Silene foliosa* var. *mongolica* Maxim.;
Silene tatarica var. *foliosa* (Maxim.) Regel]

多年生草本，高 25~40cm。根粗壮，木质，具多头根颈。茎丛生，直立，纤细，下部被逆向毛。基生叶花期枯萎；茎生叶叶片线状倒披针形或披针状线形，长 20~40mm，宽3~6mm，基部渐狭，顶端渐尖，下面沿中脉被短柔毛，边缘具短缘毛。花序圆锥状，花梗细，长 4~6mm，具黏液；苞片披针状线形，边缘基部膜质，具缘毛；花萼卵状钟形，长6~8mm，无毛，萼齿宽三角状卵形，顶端钝，边缘膜质，具缘毛；雌雄蕊柄长 2~2.5mm，被微柔毛；花瓣白色，露出花萼长约 1 倍，爪倒披针形，无毛，瓣片轮廓狭倒卵形，深 2 裂达瓣片的 1/2 或更深，裂片线形，顶端钝；副花冠片乳头状；雄蕊明显外露，花丝无毛；花柱明显外露。蒴果长圆状卵形，长 5~7mm，直径 2.5~3mm；种子肾形，灰褐色，长约 1mm。花期 7~8 月，果熟期 8~9 月。

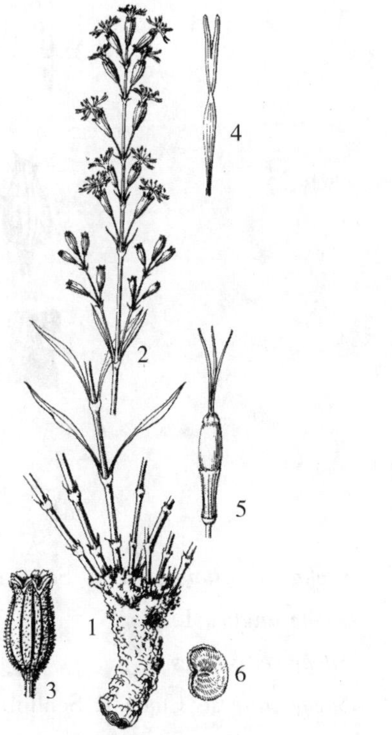

石缝蝇子草 *Silene foliosa* Maxim.

1. 植株下部（示根及根颈） 2. 花序 3. 带宿萼的果实 4. 花瓣 5. 雌蕊 6. 种子

产于河南伏牛山和太行山；生于湿润草地、河岸、林缘。分布于甘肃、黑龙江、内蒙古、宁夏、山西、陕西；日本、朝鲜、俄罗斯（远东地区）也有分布。

(5) 蝇子草 西欧蝇子草 ***Silene gallica* L.**

[*Corone gallica* Fourr.;
Corone quinquevulnera Hoffmanns. ex Steud.;
Cucubalus sylvestris Lam.;
Cucubalus variegatus Lam.;

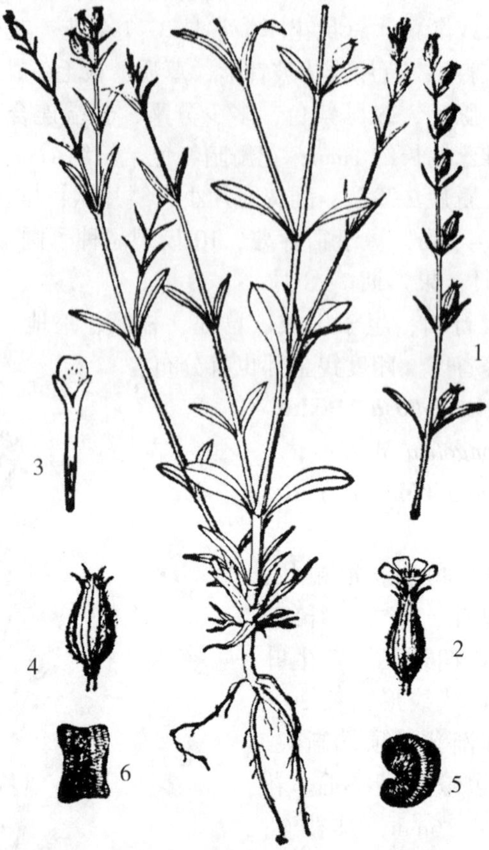

蝇子草 *Silene gallica* L.

1. 植株 2. 花 3. 花瓣 4. 蒴果 5~6. 种子

Lychnis cerastoides（L.）Scop.；

Silene anglica L.；

Silene cerastoides L.；

Silene chilensis Cham. & Schltdl. ex Rohrb.；

Silene gallica subsp. *anglica* Lév & D. Lév；

Silene gallica f. *quinquevulnera*（L.）W. D. J. Koch；

Silene giraldii Guss.；

Silene linophila Rothm.；

Silene quinquevulnera L.；

Silene transtagana Cout.]

一年生草本，高 15~45cm，全株被柔毛。茎单生，直立或上升，不分枝或分枝，被短柔毛和腺毛。叶片长圆状匙形或披针形，长 15~30mm，宽 5~10mm，顶端圆或钝，有时急尖，两面被柔毛和腺毛。单歧式总状花序；花梗长 1~5mm；苞片披针形，草质，长达 10mm；花萼卵形，长约 8mm，直径约 2mm，被稀疏长柔毛和腺毛，纵脉顶端多少连接，萼齿线状披针形，长约 2mm，顶端急尖，被腺毛；雌雄蕊柄几无；花瓣淡红色至白色，爪倒披针形，无毛，无耳，瓣片露出花萼，卵形或倒卵形，全缘，有时微凹缺；副花冠片小，线状披针形；雄蕊不外露或微外露，花丝下部具缘毛。蒴果卵形，长 6~7mm，比宿存萼微短或近等长；种子肾形，两侧耳状凹，长约 1mm，暗褐色。花期 5~6 月，果熟期6~7 月。

原产于欧洲西部。河南郑州、开封、新乡等城市公园、花圃有栽培，供观赏。我国各城市均有栽培。

6. 石竹属 *Dianthus* L.

《河南植物志（第一册）》记载连栽培 6 种。本书增补 1 种。

长萼瞿麦 *Dianthus longicalyx* Miq.

[*Dianthus oreadum* Hance；

Dianthus superbus f. *longicalycinus* Maxim.；

Dianthus superbus var. *longicalycinus*（Maxim.）F. N. Williams；

Dianthus superbus var. *oreadum*（Hance）Pamp.；

Dianthus superbus var. *taiwanensis*（Masam.）T. S. Liu & S. S. Ying；

Dianthus taiwanensis Masam.]

多年生草本，高 40~80cm。茎直立，基部分枝，无毛。基生叶数片，花期干枯；茎生叶线状披针形或披针形，长 4~10cm，宽 0.2~0.5（~1）cm，顶端渐尖，基部稍狭，边缘有微细锯齿。疏聚伞花序，具 2 朵至多朵花；苞片 3~4 对，草质，卵形，顶端短凸尖，边缘宽膜质，被短糙毛，长为花萼 1/5；花萼长管状，长 3~4cm，绿色，有条纹，无毛，萼齿披针形，长 0.5~0.6cm，顶端锐尖；花瓣倒卵形或楔状长圆形，粉红色，具长爪，瓣片深裂成丝状；雄蕊伸达喉部；花柱线形，长约 2cm。蒴果狭圆筒形，顶端 4 裂，略短于宿存萼。花期 6~8 月，果熟期 8~9 月。

产于河南大别山、桐柏山和伏牛山；生于海拔 1 200~1 900m 的山坡草地和林下。分布于东北、华北、华东、华中、华南地区以及陕西、甘肃、宁夏、四川、贵州；日本和朝鲜也有分布。

7. 石头花属 *Gypsophila* L.

《河南植物志（第一册）》（412 页）称霞草属，记载 2 种。本书增补 3 种（含 1 个栽培种）。

（1）细叶石头花 尖叶石头花 ***Gypsophila licentiana* Hand. -Mazz.**

多年生草本，高 30~50cm。茎细，无毛，上部分枝。叶片线形，长 10~30mm，宽约 1mm，顶端具骨质

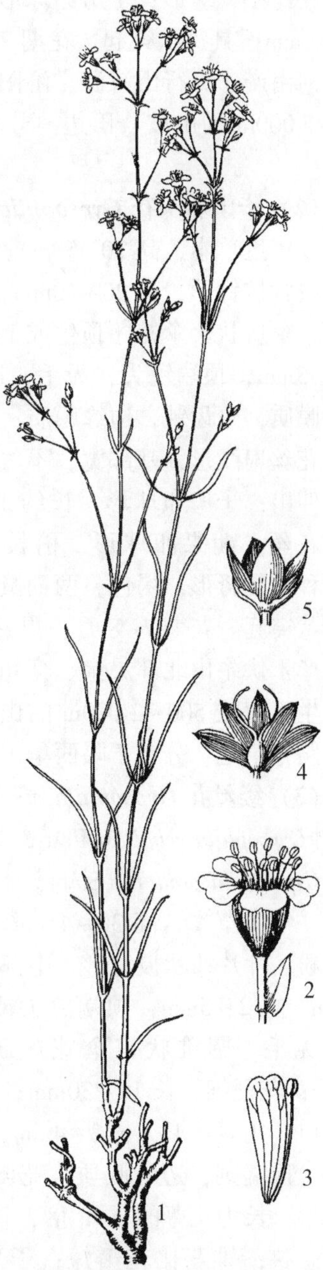

细叶石头花 *Gypsophila licentiana* Hand. -Mazz.

1. 植株 2. 花和苞片 3. 花瓣和雄蕊 4. 花萼和雌蕊 5. 果实和宿存萼

尖，边缘粗糙，基部连合成短鞘。聚伞花序顶生，花较密集；花梗长2~3（~10）mm，带紫色；苞片三角形，长1.5mm，渐尖，边缘白色，膜质，具短缘毛；花萼狭钟形，长2~3mm，具5条绿色或带深紫色脉，脉间白色，膜质，齿裂达1/3，卵形，渐尖；花瓣白色，三角状楔形，为萼长1.5~2倍，宽约1mm，顶端微凹；雄蕊比花瓣短，花丝线形，不等长，花药小，球形；子房卵球形，花柱与花瓣等长。蒴果略长于宿存萼；种子圆肾形，直径约1mm，具疣状突起。花期7~8月，果熟期8~9月。

河南产于太行山济源、沁阳、修武、辉县，伏牛山北部灵宝、栾川、卢氏；生于海拔500~2 000m的山坡、田边。分布于内蒙古、河北、山西、陕西、宁夏、甘肃、青海、新疆。

（2）华山石头花 *Gypsophila huashanensis* Y. W. Tsui & D. Q. Lu（彩版图43）

多年生草本，高20~50cm。根木质，有时较粗。茎疏丛生，直立，上部分枝，无毛。叶片线状披针形，长20~40mm，宽2~5mm，顶端急尖，基部渐狭，合成短鞘，下面中脉突起，伞房状聚伞花序顶生或上部腋生，密集成近头状；花梗细，长2~3mm；苞片卵形，长1~3mm，顶端锐尖，无毛，膜质；花萼钟形，长2~3mm，具5条紫褐色脉，脉间白色，膜质，萼齿钝，边缘膜质；花瓣白色带粉红色，长圆状倒披针形，长约5mm，顶端微凹；花丝扁线形，基部宽，不等长，比花瓣长或短，伸出；子房卵球形，长约1mm，花柱线形，长于花丝。蒴果卵球形，稍长于宿存萼，4瓣裂；种子圆肾形，褐色，两面具条状隆起，脊具尖疣状突起。花期7~8月，果熟期8~9月。

产于伏牛山北部灵宝、栾川、卢氏、嵩县等地；生于海拔500~2 000m的山坡石缝、山谷石滩、路旁草地。分布于陕西华山和秦岭山区。

（3）缕丝花 *Gypsophila elegans* M. Bieb.

［*Gypsophila ceballosi* Pau & Vicioso；
Gypsophila producta Stapf］

一年生草本，高30~45cm。茎直立，分枝，被白粉。叶片线状披针形，中部叶较大，长20~40mm，宽2~5mm，顶端急尖或钝，基部渐狭，两面无毛。圆锥状聚伞花序疏展；花直径约12mm；花梗细，长10~30mm；苞片三角形，边缘膜质；花萼钟形，长3~4mm，萼齿裂至中部，卵形，顶端圆，边缘膜质；花瓣白色或粉红色，长圆形，长为花萼的2~3倍，顶端截形或微凹，基部急狭；雄蕊比花瓣短；子房卵球形，花柱短。蒴果卵球形，长于宿存萼；种子直径1.2mm，具钝瘤。花期5~6月，果熟期7月。

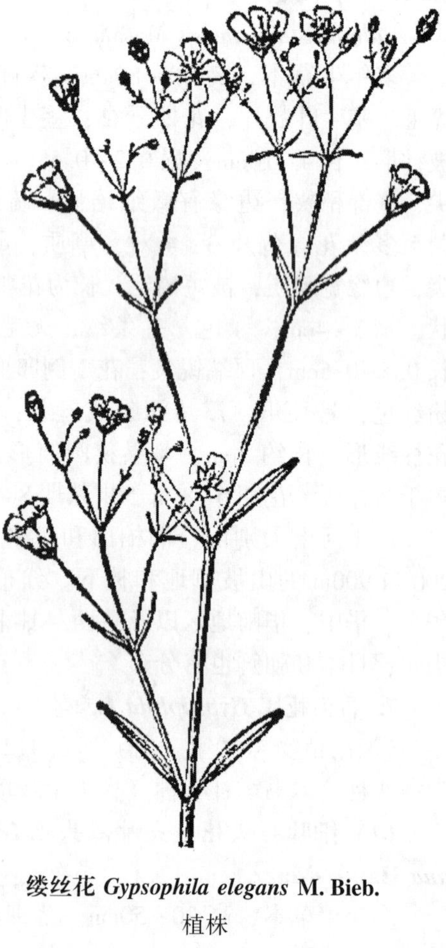

缕丝花 *Gypsophila elegans* M. Bieb.
植株

产于欧洲至高加索地区、土耳其东部和伊朗。河南城市公园、花圃有栽培供观赏。我国各城市均有栽培。

8. 蚤缀属（无心菜属）*Arenaria* L.

《河南植物志（第一册）》记载 2 种。本书增补 1 种。

秦岭无心菜 *Arenaria giraldii*（Diels）Mattf.

［*Lepyrodiclis giraldii* Diels］

柔软草本。根纺锤形，褐色。茎高 20~25cm，淡黄色发亮或带紫色。叶片卵形、狭椭圆形或椭圆状披针形，长 5~20mm，宽 2~5mm，基部较宽，边缘膜质，顶端钝或渐尖，质较薄，无柄。聚伞花序，具数花至多花；苞片与叶同形而小，花梗细，长 1~2.5cm；萼片 5 片，披针形或狭披针形，长 4~5mm，顶端钝，基部较宽，边缘膜质，外面被腺柔毛；花瓣 5 片，白色，倒卵形或楔形，长为萼片的 2 倍，基部渐狭，顶端 4 齿裂；雄蕊 10 枚，短于花瓣，花丝扁，线形，花药椭圆形；子房长圆形，长 2~2.5mm，花柱 2 个，长达 5mm。蒴果长圆形，顶端 4 裂；种子卵圆形，褐色，具皱纹。花果期 7~9 月。

河南见于伏牛山西峡的黑烟镇和黄石庵；生于海拔 1 500~2 000m 的山坡草地或路旁。分布于陕西以及甘肃东南部。

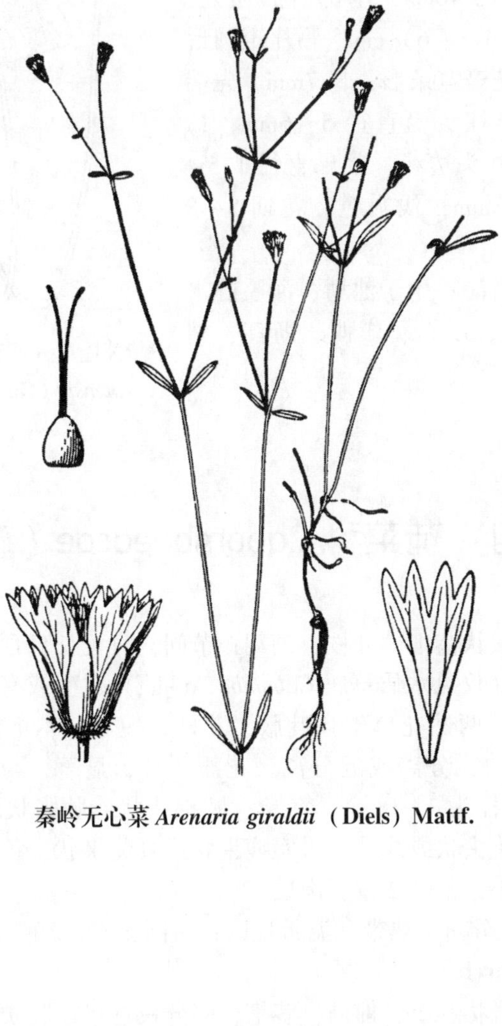

秦岭无心菜 *Arenaria giraldii*（Diels）Mattf.

（五十三）睡莲科 Nymphaeacae

《河南植物志（第一册）》记载连栽培 4 属，6 种，1 变种。本书增补 1 亚种。

萍蓬草属 *Nuphar* Smith

《河南植物志（第一册）》记载 1 种。本书增补 1 亚种。

中华萍蓬草（亚种）*Nuphar pumila* subsp. *sinensis*（Hand. -Mazz.）D. Padgett

［*Nuphar sinensis* Hand. -Mazz.］

多年水生草本，根茎直径 1 ~ 3cm。叶纸质，心状卵形，长 9 ~ 15cm，宽 7 ~ 12cm，基部弯缺约占叶片的 1/3，裂片开展，下面边缘密生柔毛，有的部分近无毛；叶柄长约 40cm，基部有膜质翅，具长柔毛。花直径 2 ~ 4. 5（~6）cm；萼片矩圆形或倒卵形，长 2. 5cm；花瓣宽条形，长 7mm，先端微缺；花药 3. 5 ~ 6mm；柱头盘直径 5 ~ 6mm，13 裂，离生且远离，超出柱头边缘。浆果直径 1. 5 ~ 2cm；种子卵形，长约 3mm，浅褐色。花期 5 ~ 8 月，果熟期 7 ~ 9 月。

河南仅见于商城长竹园；生于池塘、河溪静水中。分布于安徽、福建、广东、广西、浙江、湖南、江西、贵州。

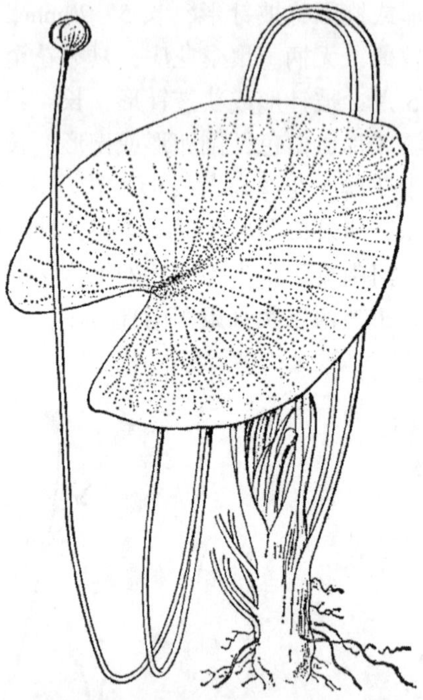

中华萍蓬草（亚种）*Nuphar pumila* subsp. *sinensis*（Hand. -Mazz）D. Padgett

（五十四）莼菜科 Cabombaeacae（新增科）

多年生水生草本。根状茎细，分枝，匍匐；节间幼时延长且顶端漂浮，后直立，生叶变短。叶两型：水下叶（仅见水盾草属 *Cabomba* Aublet）对生或有时轮生，掌状分裂；漂浮叶互生，盾形，全缘。两性花单生自叶腋，花梗长短不一，下位，辐射对称，生于水面；花被宿存。花萼 3 枚，分离或近分离。花瓣 3 片，显著，与花萼互生。雄蕊 3 ~ 36（~50）枚，花药纵裂。柱头 3 ~ 18 个，简单，圆棍棒状或肿胀状。子房 1 室；胚珠 1 ~ 3 个，下垂。花柱短。柱头头状或线性。果实瘦果状或蓇葖果状，革质，不开裂。种子胚乳小，外胚乳丰富；胚胎小；子叶 2 枚，肉质。

全世界 2 属，6 种；分布于热带和温带地区；中国 2 属，2 种；河南 1 属，1 种。

莼菜属 *Brasenia* Schreb.

多年生水生草本；根状茎小，匍匐；茎细，多分枝，包在胶质鞘内。叶二型：漂浮叶互生，盾状，全缘，有长叶柄；沉水叶至少在芽时存在。叶柄及花梗有胶质物。花小，单生；萼片及花瓣均宿存；雄蕊 12~18 枚，花丝锥状，花药侧向；心皮 6~18 枚，离生，生在小型花托上，花柱短，柱头侧生，胚珠垂生。坚果革质。

本属仅 1 种，分布于亚洲东部、大洋洲、非洲西部及北美洲。河南也产。

莼菜 *Brasenia schreberi* J. F. Gmel.

[*Brasenia purpurea*（Michx.）Casp.]

多年生水生草本；根状茎具叶及匍匐枝，后者在节部生根，并生具叶枝条及其他匍匐枝。叶椭圆状矩圆形，长 3.5~6cm，宽 5~10cm，下面蓝绿色，两面无毛，从叶脉处皱缩；叶柄长 25~40cm，和花梗均有柔毛。花直径 1~2cm，暗紫色；花梗长 6~10cm；萼片及花瓣条形，长 1~1.5cm，先端圆钝；花药条形，约长 4mm；心皮条形，具微柔毛。坚果矩圆卵形，有 3 枚或更多成熟心皮；种子 1~2 粒，卵形。花期 6 月，果期 10~11 月。

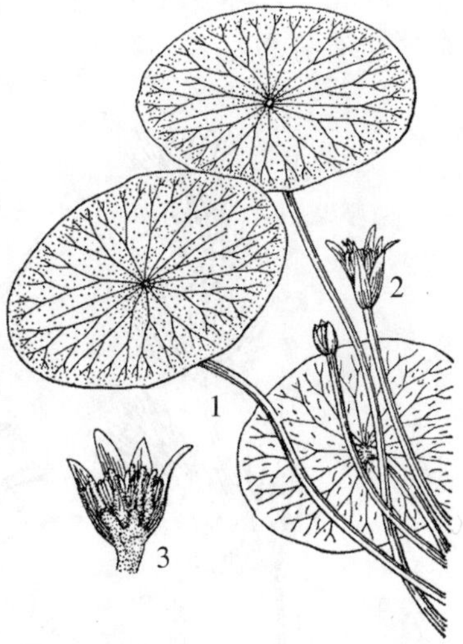

莼菜 *Brasenia schreberi* J. F. Gmel.
1. 叶　2. 花　3. 花纵剖

仅见于河南大别山区的商城黄柏山和金刚台；生于池塘、河湖或沼泽。分布于江苏、浙江、江西、湖南、四川、云南；俄罗斯、日本、印度、美国、加拿大、澳大利亚东部及非洲西部均有分布。本种富含胶质，嫩茎叶可作蔬菜食用。

（五十五）金鱼藻科 Ceratophyllaceae

《河南植物志（第一册）》记载 1 属，1 种。本书增补 1 亚种。

金鱼藻属 *Ceratophyllum* L.

五刺金鱼藻（亚种）*Ceratophyllum platyacanthum* subsp. *oryzetorum*（Kom.）Les

[*Ceratophyllum demersum* var. *pentacorne* Kitag.;
Ceratophyllum demersum var. *quadrispinum* Makino;
Ceratophyllum oryzetorum Kom.;
Ceratophyllum pentacanthum Hayata]

多年生沉水草本；茎长达 1m。叶深绿色，1~2 次二叉状分歧，轮生叶直径 2.5~4cm；裂片线形，（10~20）mm×（0.3~0.5）mm，不膨胀。未见花标本。坚果褐色或深绿色，长 4~5mm，直径 2~3mm，平滑或微具瘤突，边缘无翅，无刺；果实前端具 2 个刺，长 0.5~0.9mm；果实基部具 2 个刺，长 1.5~12.5mm；果实顶端具 1 个宿存花柱形成的刺，长 2~12.5mm。花果期 6~9 月。

本种和金鱼藻 *Ceratophyllum demersum* L. 的区别在于叶为 1~2 次二叉状分歧，果实有 5 个刺。

河南仅见于辉县百泉和林州；生于河沟、池沼中。分布于安徽、广西、河北、黑龙江、湖北、吉林、辽宁、内蒙古、宁夏、山东、浙江、台湾；日本、朝鲜、俄罗斯（远东）也有分布。

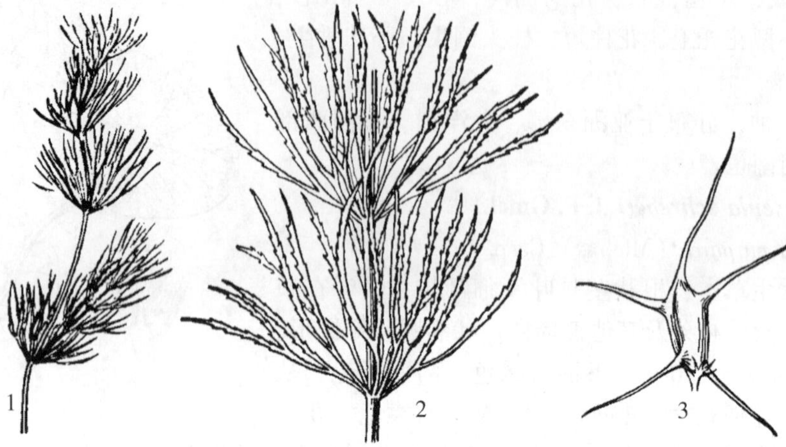

五刺金鱼藻（亚种）*Ceratophyllum platyacanthum* subsp. *oryzetorum*（Kom.）Les
1. 植株一部分 2. 轮生叶 3. 果实

（五十六）芍药科 Paeoniaceae（新增科）

灌木或多年生草本，高达3.5m。根肉质，厚，但向尖端变薄，或管根状。草本茎或当年灌木分枝圆形，基部有宿存疤痕。叶互生，复叶；近端1~3发育最好，1~3丛生或1或2羽状；小叶全缘或分叉。花单生且顶生，或每枝2朵或多朵顶生和腋生，直径大于4cm。苞片1~6枚，叶状，形状大小不一，与萼片排列界限不明显。花萼2~9枚，形状大小不一。花瓣4~13片，颜色不一。雄蕊达230枚；花丝、花药颜色不一。花盘革质或肉质，环状（草本）或延伸成鞘包裹1/3到全部心皮（灌木）。心皮1~5（~8）枚，分离，光滑或有毛；胚珠多数，沿腹股沟缝合线两行排列。花柱存在或缺失；柱头侧扁，下弯，具羽毛。蓇葖果。种子黑色或深褐色，球形或卵球形，直径达1.3cm。

本科全世界1属（芍药属 *Paeonia* L.），大约30种，非洲西北、温带亚洲和欧洲均有分布；中国15种（10种特有）。河南5种。

芍药属 *Paeonia* L.

《河南植物志（第一册）》将该属置于毛茛科 Ranunculaceae，记载5种，3变种。

其中：

一品朱衣（变种）*Paeonia suffruticosa* var. *anneslei* Rehder 和粉球（变种）*Paeonia suffruticosa* var. *banksii* Bailey 有待进一步研究考证；

紫斑牡丹、野牡丹 *Paeonia*× *papaveracea* Andrews 有待进一步研究考证；

川赤芍、赤芍 *Paeonia veitchii* Lynch 为川赤芍（亚种）*Paeonia anomala* subsp. *veitchii*（Lynch）D. Y. Hong & K. Y. Pan 的异名；

毛叶草芍药、白芍、野芍药（变种）*Paeonia obovata* var. *willmottiae*（Stapf）Stern 为拟

草芍药（亚种）*Paeonia obovata* subsp. *willmottiae*（Stapf）D. Y. Hong & K. Y. Pan 的异名；

本书另增补 4 种。

（1）美丽芍药 *Paeonia mairei* H. Lév.

［*Paeonia bifurcata* Schipcz.；

Paeonia mairei f. *oxypetala*（Hand. -Mazz.）W. P. Fang；

Paeonia oxypetala Hand. -Mazz.］

美丽芍药 *Paeonia mairei* H. Lév.

植株

多年生草本，茎高 0.5～1m，无毛。叶为二回三出复叶；叶片长 15～23cm；顶生小叶长圆状卵形至长圆状倒卵形，长 11～16cm，宽 5～6.5cm，顶端尾状渐尖，基部楔形，常下延，全缘，两面无毛；侧生小叶长圆状狭卵形，长 7～9cm，宽 3～3.5cm，基部偏斜；叶柄长 4～9cm，无毛。花单生茎顶，直径 6.5～12cm；苞片线状披针形，比花瓣长；萼片 5 枚，宽卵形，绿色，长 1～1.5cm，宽 0.9～1.2cm；花瓣 7～9 片，红色，倒卵形，长 3.5～6.5cm，宽 2～4.5cm，顶端圆形，有时稍具短尖头；花丝无毛，花盘浅杯状，包住心皮基部；心皮通常 2～3 枚，密生黄褐色短毛，少有无毛，花柱短，柱头外弯，干时紫红色。蓇葖果长 3～3.5cm，直径 1～1.2cm，生有黄褐色短毛或近无毛，顶端具外弯的喙。花期 4～5 月，果熟期 6～8 月。

本种与草芍药 *Paeonia obovata* Maxim. 相近，但本种小叶顶端尾状渐尖，无毛。

河南产于伏牛山南部的西峡黄石庵、淅川荆子关；生于海拔 1 000m 以上的山坡草地、林缘。分布于云南东北部、贵州西部、四川中南部、甘肃南部、陕西南部。根药用，有行瘀活血、止痛之效。

（2）矮牡丹 野牡丹 ***Paeonia jishanensis* T. Hong & W. Z. Zhao**

［*Paeonia spontanea*（Rehder）T. Hong & W. Z. Zhao；

Paeonia suffruticosa var. *jishanensis*（T. Hong & W. Z. Zhao）Halda；

Paeonia suffruticosa subsp. *spontanea*（Rehder）S. G. Haw & Lauener；

Paeonia suffruticosa var. *spontanea* Rehder］

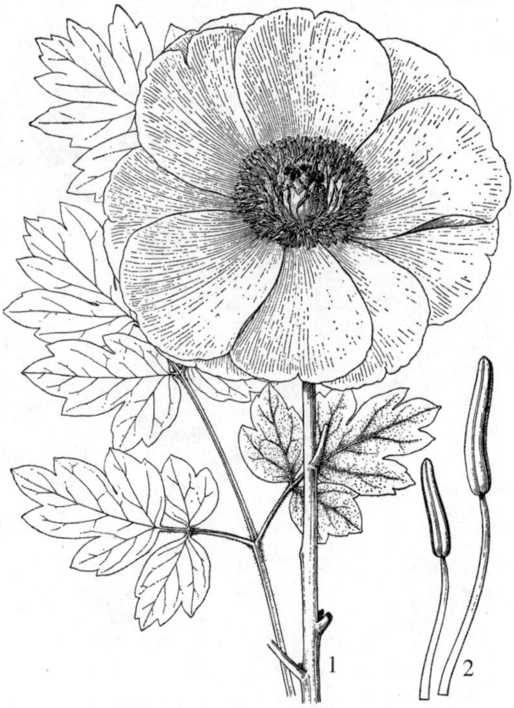

矮牡丹 *Paeonia jishanensis* T. Hong & W. Z. Zhao

1. 花枝　2. 雄蕊

灌木，高 0.5～1m。二回三出复叶，叶片纸质，下面和叶轴均生短柔毛，中央小叶宽椭圆形或近圆形，长4~5.5cm，3深裂，裂片再疏浅裂；叶柄长7~10cm；花单生枝顶，直径约11cm；花瓣多，白色或淡红色，宽倒卵形，长、宽均为4.5~5.5cm；雄蕊多数，花丝狭条形；花盘杯状，革质，高约1.3cm，包住心皮；心皮4枚，子房密被柔毛。蓇葖果卵形，长约2cm。花期4月下旬至5月下旬，果熟期7月。

产于太行山济源黄连树林场上家林区黑龙沟、黄背角；生于海拔700~1 200m山坡疏林下，呈小片状生长。分布于山西的稷山和永济，陕西的华山和铜川。根皮作牡丹皮入药。

（3）卵叶牡丹 *Paeonia qiui* Y. L. Pei & D. Y. Hong

[*Paeonia ridleyi* Z. L. Dai & T. Hong;

Paeonia suffruticosa var. *qiui*（Y. L. Pei & D. Y. Hong）Halda]

落叶灌木，高60~80cm，枝皮褐灰色，有纵纹，具根出条。二回三出复叶，长20~31cm，宽13~22cm，小叶9枚，表面多为紫红色，背面浅绿色，多为卵形或卵圆形，长6.5~8.2cm，宽5~6.5cm，先端钝尖，基部圆形，多全缘，仅顶生小叶有时浅裂或具齿；叶柄长8.5~15.5cm。花单生枝顶，直径8~12cm，花瓣5~9片，粉色或粉红色，长3.5~5.5cm，宽2~3.1cm，平展；雄蕊80~120枚，花丝粉色或粉红色，花药黄色；花柱极短，柱头扁平，反卷成耳状，多紫红色，旋转程度90°~360°，旋转方向顺时针和逆时针各半；花盘暗紫红色，革质，全包心皮；心皮5枚，密被白色或浅黄色柔毛。蓇葖果5枚，纺锤

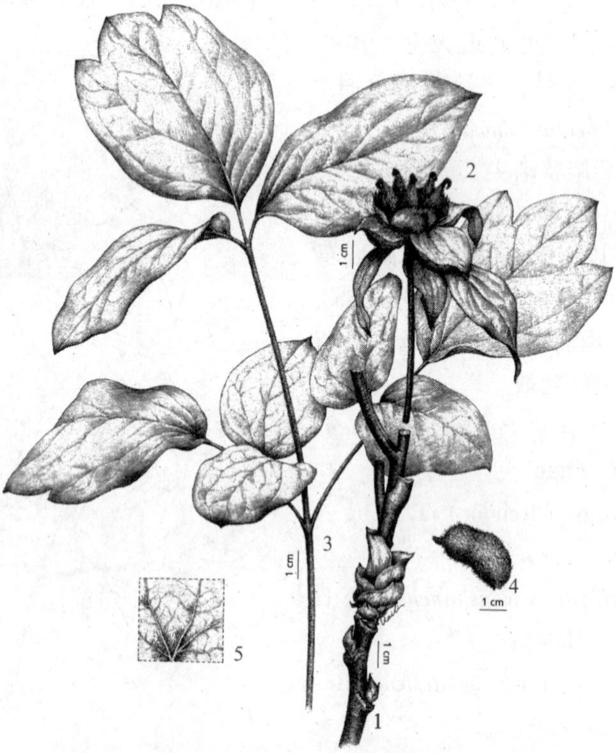

卵叶牡丹 *Paeonia qiui* Y. L. Pei & D. Y. Hong

1. 茎下部　2. 花　3. 叶　4. 蓇葖　5. 叶脉（LIAi-Li 绘）

形，长 1.4~1.8cm，宽 0.4~0.8cm，密被金黄色硬毛。种子卵圆形，长 0.6~0.8cm，宽 0.5~0.7cm，黑色，有光泽。花期 4 月下旬至 5 月上旬，果熟期 7~8 月。

本种与矮牡丹 *Paeonia jishanensis* T. Hong & W. Z. Zhao 相近，两者均具严格的二回三出复叶，小叶数目均为 9 枚，但本种小叶片卵形或卵圆形，上面多为紫红色，通常全缘，仅顶端小叶浅裂或具齿，可与后者区别。

产于伏牛山西峡县西坪和黄石庵；生于山坡、山沟林下。分布于湖北神农架。

(4) 凤丹 杨山牡丹 ***Paeonia ostii* T. Hong & J. X. Zhang（彩版图 44）**

[*Paeonia ostii* var. *lishizhenii* B. A. Shen;

Paeonia suffruticosa subsp. *ostii*（T. Hong & J. X. Zhang）Halda;

Paeonia suffruticosa subsp. *yinpingmudan* Hong, K. Y. Pan & Z. W. Xie]

落叶灌木，高约 1.5m，枝皮褐灰色，有纵纹，具根蘖。一年生新枝长达 20cm，淡黄绿色，具浅纵槽。二回羽状 5 小叶复叶，小叶多达 15 枚，窄卵状披针形、窄长卵形，长 5~10cm，宽 2~4cm，先端渐尖，基部楔形、圆形或近平截，全缘，通常不裂，顶生小叶有时 1~3 裂，上面近基部沿中脉疏被粗毛，下面无毛，侧脉 4~7 对，侧生小叶近无柄，稀具柄，小叶柄长达 6mm。花单生枝顶，花直径 12.5~13cm；苞片卵状披针形、椭圆状披针形或窄长卵形，长 3~5.5cm，宽 0.5~1.5cm，下面无毛；萼片三角状卵圆形或宽椭圆形，长 2.7~3.1cm，宽 1.4~1.8cm，先端尾尖；花瓣 11 片，白色倒卵形，长 5.5~6.5cm，宽 3.8~5cm，先端凹缺，基部楔形，内面下部及基部有淡紫色晕；雄蕊多数，花丝暗紫红色，花药黄色；花盘暗紫红色；心皮 5 枚，密被粗丝毛；柱头暗紫红色。蓇葖果 5 个，长 2~3.2cm，密被灰褐色粗硬丝毛。种子长 0.8~1cm，黑色，有光泽，无毛。花期 4 月中下旬至 5 月上旬。

产于伏牛山嵩县杨山；生于海拔 1 000m 以上的灌丛中。郑州航空工业管理学院有引种栽培。分布于湖南龙山，甘肃两当县林业局和陕西眉县太白山有栽培。

（五十七）毛茛科 Ranunculaceae

《河南植物志（第一册）》记载 24 属，80 种，28 变种。

除芍药属 *Paeonia* L. 另立一科外，草乌、乌头（变种）*Aconitum chinense* var. *angustius* W. T. Wang & P. K. Hsiao 有待进一步研究考证；

鞘柄乌头、活血莲 *Aconitum vaginatum* E. Pritz. 为聚叶花葶乌头（变种）*Aconitum scaposum* var. *vaginatum*（E. Pritz.）Rapaics 的异名；

铁棒锤 *Aconitum szechenyianum* Gáyer 为铁棒锤 *Aconitum pendulum* N. Busch 的异名；

牛扁 *Aconitum ochranthum* C. A. Mey. 为牛扁（变种）*Aconitum barbatum* var. *puberulum* Ledeb. 的异名；

卵瓣还亮草（变种）*Delphinium anthriscifolium* var. *calleryi*（Franch.）Finet & Gagnep. 为还亮草 *Delphinium anthriscifolium* Hance 的异名；

腺毛翠雀（变种）*Delphinium grandiflorum* var. *glandulosum* W. T. Wang 为腺毛翠雀（变种）*Delphinium grandiflorum* var. *gilgianum*（Pilg. ex Gilg）Finet & Gagnep. 的异名；

同色川陕翠雀（变型）*Delphinium henryi* f. *concolor* W. T. Wang 为川陕翠雀花 *Delphinium henryi* Franch. 的异名；

雨农花 *Chienia honanensis* W. T. Wang 为翠雀 *Delphinium grandiflorum* L. 的异名；

单叶升麻 *Beesia calthaefolia*（Maxim.）Ulbr. 应为铁破锣 *Beesia calthifolia* Ulbr.；

金龟草、小升麻、三叶升麻 *Cimicifuga acerina* Tanaka 及其 2 变型，硬毛金龟草（变型）*Cimicifuga acerina* f. *hispidula* P. K. Hsiao 和紫花金龟草（变型）*Cimicifuga acerina* f. *purpurea* P. K. Hsiao 均为小升麻 *Cimicifuga japonica*（Thunb.）Spreng. 的异名；

显脉铁线莲（变种）*Clematis uncinata* var. *biternata* W. T. Wang 为柱果铁线莲 *Clematis uncinata* Champ. ex Benth. 的异名；

丝柄短尾铁线莲（变种）*Clematis brevicaudata* var. *filipes* Rehder & E. H. Wilson 和细萼短尾铁线莲（变种）*Clematis brevicaudata* var. *tenuisepala* Maxim. 均为毛果扬子铁线莲（变种）*Clemati spuberula* var. *tenuisepala*（Maxim.）W. T. Wang 的异名；

粗齿铁线莲、老龙须、威灵仙 *Clematis argentilucida*（H. Lév. & Vaniot）W. T. Wang 应为粗齿铁线莲 *Clematis grandidentata*（Rehder & E. H. Wilson）W. T. Wang；

钝齿铁线莲、女娄 *Clematisobtu sidentata*（Rehder & E. H. Wilson）H. Eichler 为钝齿铁线莲（变种）*Clematis apiifolia* var. *argentilucida*（H. Lév. & Vaniot）W. T. Wang 的异名；

河南铁线莲 *Clematis honanensis* S. Y. Wang & C. L. Chang 为华中铁线莲 *Clematis pseudootophora* M. Y. Fang 的异名；

小毛茛、猫爪草 *Ranunculus extorris* Hance 为猫爪草 *Ranunculus ternatus* Thunb. 的异名；

假酸毛茛、毛茛 *Ranunculus propinquus* C. A. Mey. 为伏毛毛茛（变种）*Ranunculus japonicus* var. *propinquus*（C. A. Mey.）W. T. Wang 的异名；

秋唐松草、马尾黄连 *Thalictrum thunbergii* DC. 为东亚唐松草（变种）*Thalictrum minus* var. *hypoleucum*（Siebold & Zucc.）Miq. 的异名；

大银莲花（变种）*Anemone narcissiflora* var. *major* W. T. Wang 有待进一步研究考证。

本书另增补 1 属，14 种，6 变种。

1. 金莲花属 *Trollius* L.

《河南植物志（第一册）》记载 1 种。本书增补 1 种。

川陕金莲花 *Trollius buddae* Schipcz.

[*Trollius stenopetalus* Stapf]

植株全体无毛。茎高 60~70cm，常在中部或中部以上分枝。基生叶 1~3 枚，有长柄；叶片五角形，长 5.5~9cm，宽 9.5~18cm，基部深心形，3 深裂至距基部 2~3.5mm 处，中央深裂片菱形或宽菱形，3 浅裂，具少数小裂片及卵形小牙齿，脉上面下陷，下面隆起，侧深裂片斜扇形，不等二深裂；叶柄长 11~30cm，基部具狭鞘。茎生叶 3~4 枚，靠近基部的与基生叶相似，中部以上的变小。花序具 2~3 朵花；萼片黄色，干时不变绿色，5 枚，倒卵形或宽倒卵形，稀椭圆形，长 1.2~1.6cm，宽 0.9~1.6cm，脱落；花瓣与雄蕊等长或比雄蕊稍短，狭线形，长约 8mm，顶端不变宽或稍变宽；雄蕊长 8~10mm；心皮 20~30 枚。蓇葖果长 10~14mm，宽约 3mm，顶端稍外弯，具横脉，喙斜展或近水平地展出，长 1mm。花期 7 月，果熟期 8 月。

河南仅见于西峡黄石庵；生于海拔1 000m 以上山地草坡。

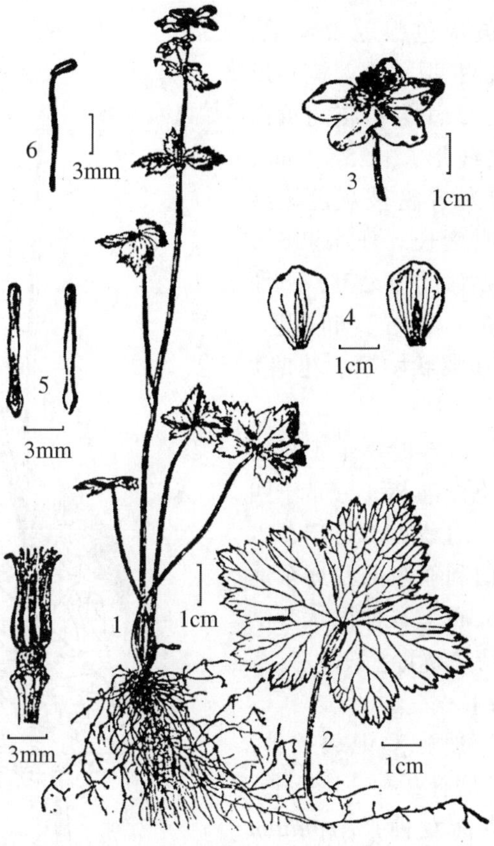

川陕金莲花 *Trollius buddae* Schipcz.

1. 植株　2. 叶　3. 花　4. 萼片　5. 蜜叶　6. 雄蕊　7. 心皮

分布于四川北部、甘肃南部及陕西南部。根供药用，有活血、破血的功效。

2. 升麻属 *Cimicifuga* L.

《河南植物志（第一册）》记载 2 种，2 变种。本书除修订外，增补 1 种。

单穗升麻 *Cimicifuga simplex*（DC.） Wormsk. ex Turcz.

[*Actaea cimicifuga* var. *simplex* DC.;

Actaea simplex（DC.） Wormsk. ex Fisch. & C. A. Mey.;

Cimicifuga foetida var. *intermedia* Regel;

Cimicifuga foetida var. *racemosa* Regel;

Cimicifuga foetida var. *simplex*（DC.） Regel;

Cimicifuga ussuriensis Oett.;

Thalictrodes simplex（DC.） Kuntze]

根状茎粗壮，横走，外皮带黑色。茎单一，高 1~1.5m，直径 4~7mm，无毛。下部茎生叶有长柄，为二至三回三出近羽状复叶；叶片卵状三角形，宽达 30cm；顶生小叶有柄，宽披针形至菱形，长 4.5~8.5cm，宽 2~5.5cm，常三深裂或浅裂，边缘有锯齿，侧生小叶通常无柄，狭斜卵形，比顶生小叶小，表面无毛，背面沿脉疏生白色长柔毛；叶柄长达 26cm；茎上部叶较小，一至二回羽状三出。总状花序长达 35cm，不分枝或有时在基部有少数短分枝；苞片钻形，远较花梗短；花梗长5~8mm，和轴均密被灰色腺毛及柔毛；萼片宽椭圆形，长约4mm；退化雄蕊椭圆形至宽椭圆形，顶端膜质，2浅裂；花药黄白色，长约1mm，花丝狭线形，长5~8mm，中央有1脉；心皮2~7枚，密被灰色短绒毛，具柄。柄在近果期时延长。蓇葖果长7~9mm，宽4~5mm，被贴伏的短柔毛，下面具长达5mm的柄；种子4~8粒，椭圆形，长约3.5mm，四周被膜质翼状鳞翅。花期8~9月；果熟期9~10月。

河南仅见于伏牛山济源斗岭；生于海拔1 800m以上山坡草地、潮湿灌丛。分布于四川、甘肃、陕西、河北、内蒙古、辽宁、吉林、黑龙江；俄罗斯西伯利亚东部和远东地区以及蒙古、日本也有分布。本种根状茎供药用，可发表驱风寒、清热解毒。

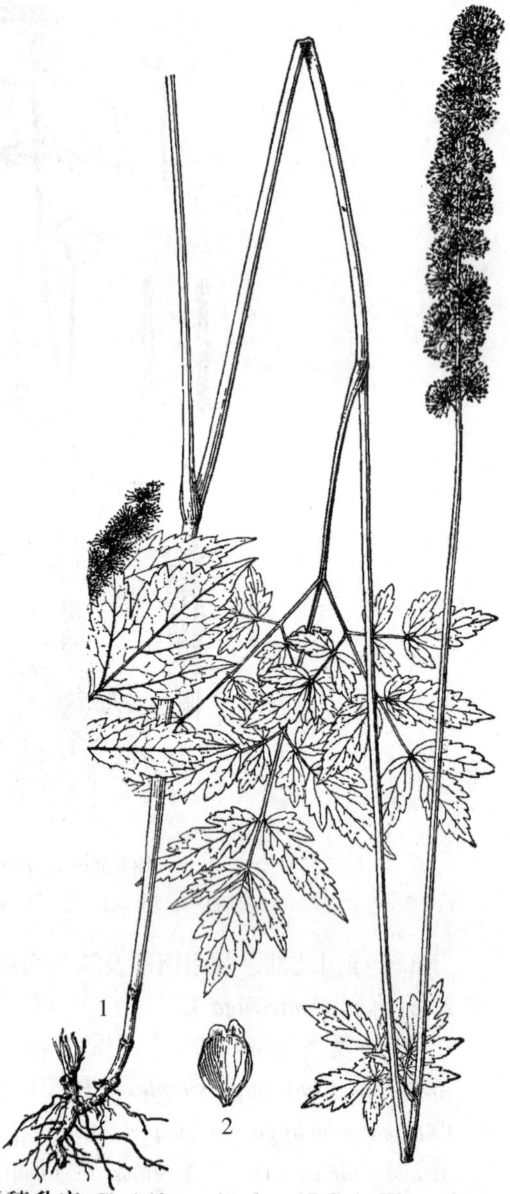

单穗升麻 *Cimicifuga simplex*（DC.）Wormsk. ex Turcz.

1. 植株 2. 退化雄蕊

3. 乌头属 *Aconitum* L.

《河南植物志（第一册）》记载8种，6变种。本书除修订外，增补2种，1变种。

（1）西伯利亚乌头（变种）*Aconitum barbatum* var. *hispidum*（DC.）Ser.（彩版图45）

［*Aconitum hispidum* DC.；
Aconitum sibiricum Poir.；
Lycoctonum sibiricum（Poir.）Nakai］

根近直立，圆柱形，长达15cm，粗约0.8cm。茎高达90cm，粗可达0.5cm，中部以下被伸展的短柔毛和开展的较长柔毛，上部被反曲而紧贴的短毛和开展的较长柔毛，生2~4枚叶，在花序之下分枝。基生叶2~4枚，与茎下部叶具长柄；叶片肾形或圆肾形，长4~8.5cm，宽7~20cm，分裂程度较小，中全裂片深裂不近中脉，末回小裂片三角形至狭披针形。表面疏被短毛，背面被长柔毛；叶柄长13~30cm，被伸展的短柔毛和开展的较长柔毛，基部具鞘。顶生总状花序长13~20cm，具密集的花；轴及花梗密被紧贴的短柔毛；下部苞片狭线形，长4.5~7.5mm，中部的披针状钻形，长约2.5mm，上部的三角形，长1~1.5mm，被短柔毛；花梗直展，长2~10mm；小苞片生花梗中部附近，狭三角形，长1.2~1.5mm；萼片黄色，外面密被短柔毛，上萼片圆筒形，高13~17mm，粗约3.8mm，直，下缘近直，长10~12mm；花瓣无毛，唇瓣长约2.5mm，距比唇瓣稍短，直或稍向后弯曲；花丝全缘，无毛或有短毛；心皮 3 枚。蓇葖果长约 10mm，疏被紧贴的短毛；种子倒卵球形，长约 2. 5mm，褐色，密生横狭翅。花期 7~8 月。

河南见于伏牛山灵宝和栾川、太行山济源；生于海拔 1 800m 以上的山地草坡或疏林中。分布于新疆、甘肃、宁夏、陕西、山西、河北、内蒙古、吉林和黑龙江。俄罗斯西伯利亚也有分布。根供药用，有镇痛之效，治风湿等症。

（2）太白乌头 *Aconitum taipeicum* Hand. -Mazz.

块根倒卵球形或胡萝卜形，长 1. 5~3cm。茎高 35~60cm，上部被反曲并紧贴的短柔毛，等距地生叶，上部分枝。茎下部在开花时枯萎。茎中部的叶片五角形，长 3. 5~5. 5cm，宽 5~7cm，3 深裂至距基部 2. 5~5mm 处，中央深裂片宽菱形，近羽状分裂，侧深裂片斜扇形，不等 2 深裂，两面疏被短柔毛；叶柄长约 22cm，被反曲的短柔毛，无鞘。总状花序生茎及分枝顶端，有 2~4 朵花；轴和花梗均被反曲的短柔毛；苞片 3 裂或长圆形；花梗长 1. 5~2. 5cm，近直展，顶端向下弯曲；小苞片生于花梗中部，线形，长 6~11mm，宽约 0. 5mm；萼片蓝色，上萼片外面无毛，盔形，具不明显的爪，高约 17mm，自基部至喙长约 15mm，下缘稍凹，喙短；花瓣无毛，瓣片长约 8mm，唇长约 3. 5mm，距小，长约 1mm，向后弯曲；雄蕊无毛，花丝有 2 枚小齿；心皮 5 枚，子房无毛或疏被短柔毛。蓇葖果长约 8mm；种子三棱形，只在一面密生横翅。花期 9 月。

产于河南伏牛山区的栾川、嵩县、卢氏、西峡、内乡；生于海拔 1 800m 以上的山坡、山谷林下。分布于陕西秦岭。根有大毒，供药用，治风湿性关节炎、跌打损伤等症。

（3）川鄂乌头 *Aconitum henryi* E. Pritz. ex Diels

块根胡萝卜形或倒圆锥形，长 1. 5~3. 8cm。茎缠绕，无毛，分枝。茎中部叶有短或稍长柄；叶片坚纸质，卵状五角形，长 4~10cm，宽 6. 5~12cm，3 全裂，中央全裂片披针形或菱状披针形，渐尖，边缘疏生或稍密生钝牙齿，两面无毛，或表面疏被紧贴短柔毛；叶柄长为叶片的 1/3~2/3，无毛。花序有（1~）3~6 朵花，轴和花梗无毛或有极稀疏的反曲短柔毛；苞片线形；花梗长 1. 8~3. 5（~5）cm；小苞片生花梗中部，线状钻形，长 3. 5~6. 5mm；萼片蓝色，外面疏被短柔毛或几无毛，上萼片高盔形，高 20~25mm，中部粗 6~9mm，下缘长 14~19mm，稍凹，外缘垂直，在中部或中部之下稍缢缩，继向外下方斜展与下缘形尖喙，侧萼片长 13~18mm；花瓣无毛，唇长约 8mm，微凹，距长 4~5mm，向内弯曲；雄蕊无毛，花丝全缘；心皮 3 枚，无毛或子房

川鄂乌头 *Aconitum henryi* E. Pritz. ex Diels

1. 茎生叶 2. 花

疏被短柔毛。花期 9~10 月。

产于伏牛山区的西峡黄石庵和淅川荆子关；生于海拔 1 000m 以上的山坡或山谷丛林中。分布于四川东部、湖北西部。

4. 唐松草属 *Thalictrum* L.

《河南植物志（第一册）》记载 12 种，2 变种。本书除修订外，增补 1 种，1 变种。

(1) 弯柱唐松草 *Thalictrum uncinulatum* Franch. ex Lecoy.

茎高 0.6~1.2m，疏被短柔毛，上部近二歧状分枝。基生叶在开花时枯萎。茎下部叶有稍长柄，为三回三出复叶；叶片长 10~21cm；小叶纸质，顶生小叶卵形，长 1.6~3cm，

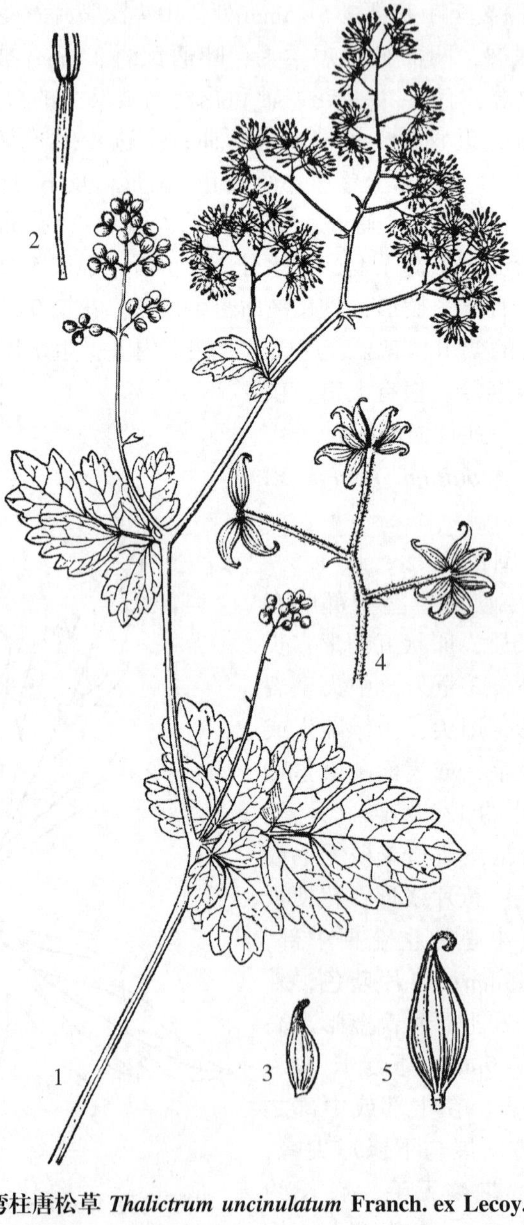

弯柱唐松草 *Thalictrum uncinulatum* Franch. ex Lecoy.

1. 植株上部　2. 雄蕊　3. 心皮　4. 部分果序　5. 瘦果

宽 1.3~2.9cm，顶端微钝，有短尖，基部心形或圆形，3 浅裂，边缘有钝牙齿，表面脉平，近无毛，背面脉隆起，脉网明显，有短柔毛；叶柄长 2.5~7cm，疏被短柔毛，基部稍变宽，托叶不规则分裂或呈波状，有柔毛。花序圆锥状，有密集的花；花梗长 1.5~3.5mm，密被短柔毛；萼片白色，椭圆形，长约 2.5mm，外面有少数柔毛或近无毛，早落；雄蕊长约 5mm，花药长圆形，长约 1mm，花丝与花药等宽或稍窄，上部倒披针状线形，下部丝形；心皮 6~8 枚，花柱拳卷，上部腹面密生柱头组织。瘦果狭椭圆球形，长 2~2.2mm，具 6 条纵肋，基部有短心皮柄，宿存花柱长约 0.5mm，拳卷。花期 7 月，果熟期 8 月。

产于河南伏牛山区的西峡黄石庵和淅川荆子关；生于海拔 1 200m 以上的山地草坡及林缘。分布于四川、贵州、湖北西部、甘肃南部、陕西南部。

(2) 直梗高山唐松草（变种）*Thalictrum alpinum* var. *elatum* O. E. Ulbr.

[*Thalictrum alpinum* var. *acutilobum* H. Hara;
Thalictrum alpinum f. *puberulum* W. T. Wang & S. H. Wang;
Thalictrum alpinum var. *setulosinerve* (H. Hara) W. T. Wang;
Thalictrum esquirolii H. Lév. & Vaniot;
Thalictrum nudum H. Lév. & Vaniot ex Hand. -Mazz.;
Thalictrum setulosinerve H. Hara;
Thalictrum tofieldioides Diels]

多年生小草本，全部无毛。叶 4~5 枚或更多，均基生，为二回羽状三出复叶；叶片长 1.5~4cm；小叶薄革质，有短柄或无柄，圆菱形、菱状宽倒卵形或倒卵形，长和宽均为 3~5mm，基部圆形或宽楔形，3 浅裂，浅裂片全缘，脉不明显；叶柄长 1.5~3.5cm。花葶 1~2 条，高 6~20cm，不分枝；总状花序长 2.2~9cm；苞片小，狭卵形；花梗向上直展，长 1~10mm；萼片 4 枚，脱落，椭圆形，长约 2mm；雄蕊 7~10 枚，长约 5mm，花药狭长圆形，长约 1.2mm，顶端有短尖头，花丝丝形；心皮 3~5 枚，柱头约与子房等长，箭头状。瘦果基部不变细成柄，狭椭圆形，稍扁，长约 3mm，有 8 条粗纵肋。花果期 7~8 月。

产于河南伏牛山灵宝、卢氏和栾川，太行山济源；生于山坡林下和灌丛中。分布于云南北部、西藏东部、四川西部、青海南部和东部、甘肃南部、宁夏、陕西南部、山西、河北西北部。全草可入药，治小儿疳积、小儿惊风；根可治胸闷、呕吐等症。

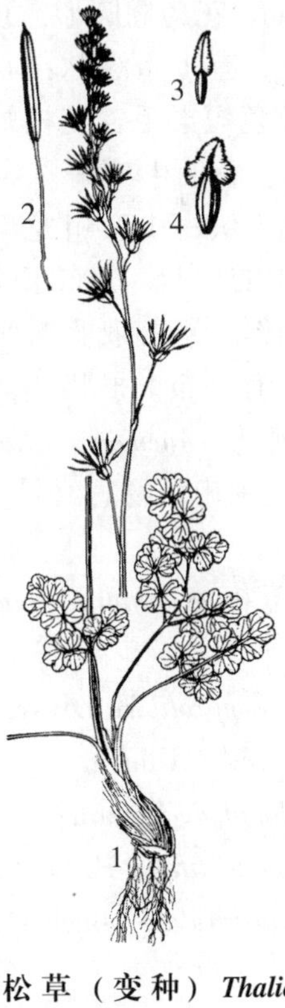

直梗高山唐松草（变种）*Thalictrum alpinum* var. *elatum* O. E. Ulbr.
1. 植株全形 2. 雄蕊 3. 心皮 4. 瘦果

5. 银莲花属 *Anemone* L.

《河南植物志（第一册）》记载 5 种，2 变种。本书除修订外，增补 3 种，1 变种。

（1）反萼银莲花 *Anemone reflexa* Stephan ex Willd.

［*Anemonoides reflexa*（Stephan ex Willd.）Holub］

植株高 16~26cm。根状茎横走，近圆柱形，粗约 4mm，节间长 2~4mm。基生叶通常不存在。花葶无毛；苞片 3（~4）枚，有柄，长 1~1.9cm，叶片近五角形，长 3.5~6.8cm，宽 3.4~7cm，3 全裂，中全裂片长圆状披针形或狭菱形，长渐尖，在中部不明显 3 浅裂，边缘有锯齿，侧全裂片不等 2 浅裂；花梗长 1.5~3.8cm，密被短柔毛；萼片 5 或 7 枚，白色，披针状线形，长 3~6.5mm，宽 1~1.5mm，开花时向下反折；雄蕊长 2~3.5mm，花药椭圆形，顶端圆形，花丝扁，狭线形，有 1 条纵脉；心皮约 12 枚，子房密被淡黄色短柔毛，花柱短，顶端有近球形的小柱头。花期 4~5 月。

河南仅见于伏牛山栾川龙峪湾；生于海拔 1 000m 以上的林下。分布于陕西秦岭和吉林长白山；朝鲜北部、俄罗斯西伯利亚地区和欧洲东部也有分布。根状茎药用，用途同阿尔泰银莲花 *Anemone altaica* Fisch. ex C. A. Mey.（《河南植物志（第一册）》476 页）。

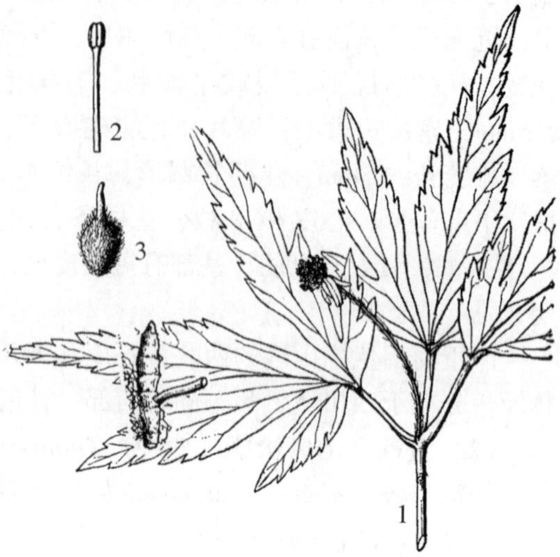

反萼银莲花 *Anemone reflexa* Stephan ex Willd.
1. 根状茎和植株上部 2. 雄蕊 3. 心皮

（2）草玉梅 *Anemone rivularis* Buch. -Ham. ex DC.

［*Anemone esquirolii* H. Lév. & Vaniot；
Anemone leveillei Ulbr.；
Anemone longipes Tamura；
Anemone saniculifolia H. Lév.；
Anemonidium rivulare（Buch. -Ham. ex DC.）Starod.］

植株高达 65cm。根状茎木质，垂直或稍斜，粗 0.8~1.4cm。基生叶 3~5 枚，有长柄；叶片肾状五角形，长（1.6~）2.5~

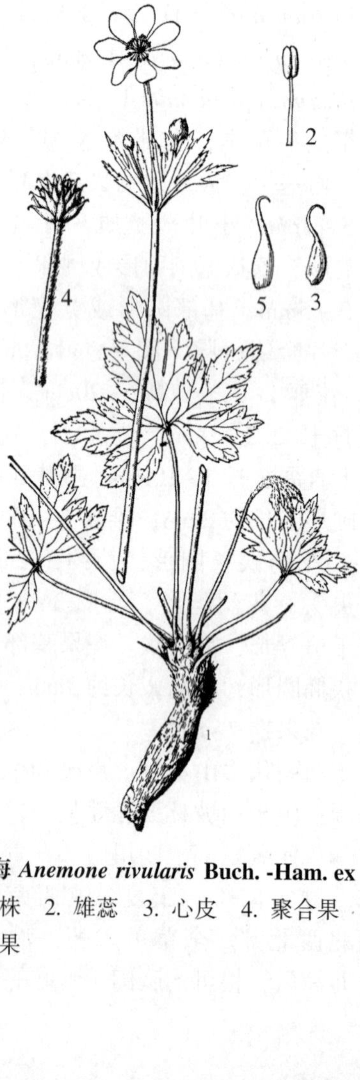

草玉梅 *Anemone rivularis* Buch. -Ham. ex DC.
1. 植株 2. 雄蕊 3. 心皮 4. 聚合果 5. 瘦果

7.5cm，宽（2～）4.5～14cm，3 全裂，中全裂片宽菱形或菱状卵形，有时宽卵形，宽（0.7～）2.2～7cm，3 深裂，深裂片上部有少数小裂片和牙齿，侧全裂片不等 2 深裂，两面都有糙伏毛；叶柄长（3～）5～22cm，有白色柔毛，基部有短鞘。花葶 1（～3）个，直立；聚伞花序长（4～）10～30cm，（1～）2～3 回分枝；苞片 3（～4）枚，有柄，近等大，长（2.2～）3.2～9cm，似基生叶，宽菱形，三裂近基部，一回裂片多少细裂，柄扁平，膜质，长 7～15mm，宽 4～6mm；花直径（1.3～）2～3cm；萼片（6～）7～8（～10）枚，白色，倒卵形或椭圆状倒卵形，长（6～）9～14mm，宽（3.5～）5～10mm，外面有疏柔毛，顶端密被短柔毛；雄蕊长约为萼片之半，花药椭圆形，花丝丝形；心皮 30～60 枚，无毛，子房狭长圆形，有拳卷的花柱。瘦果狭卵球形，稍扁，长 7～8mm，宿存花柱钩状弯曲。花期 5～8 月。

河南产于伏牛山西峡黄石庵；生于海拔1 500m 以上的山地草坡、山沟溪边。分布于西藏南部及东部、云南、广西西部、贵州、湖北西南部、四川、甘肃西南部、青海东南部；尼泊尔、不丹、印度、斯里兰卡也有分布。根状茎和叶入药，治喉炎、扁桃腺炎、肝炎、痢疾、跌打损伤等症。

（3）小花草玉梅（变种）*Anemone rivularis* var. *floreminore* Maxim.

[*Anemone barbulata* Turcz.；

Anemone rivularis subsp. *barbulata*（Turcz.）Ulbr.；

Anemone rivularis var. *barbulata*（Turcz.）Turcz. ex B. Fedtsch；

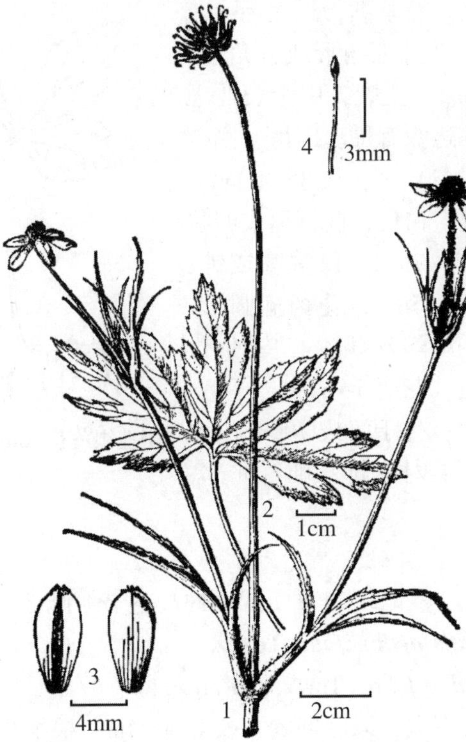

小花草玉梅（变种）*Anemone rivularis* var. *floreminore* Maxim.

1. 花枝　2. 叶　3. 萼片　4. 雄蕊

Ranunculus moellendorffii Hance］

与原种草玉梅 *Anemone rivularis* Buch.-Ham. ex DC. 的区别为：苞片的深裂片通常不分裂，披针形至披针状线形；花较小，直径11.8cm；萼片5枚，稀6枚，狭椭圆形或倒卵状狭椭圆形，长6~9mm，宽2.5~4mm。植株常粗壮，高42~125cm。

河南仅见于林州石板岩；生于海拔1 000m左右的山地林缘、草地。分布于四川西北部和北部、青海东部、新疆、甘肃南部和中部、宁夏、陕西、山西、河北西部和北部、内蒙古南部、辽宁西部。根状茎入药，治肝炎、筋骨疼痛等症。

（4）阴地银莲花 *Anemone umbrosa* C. A. Mey.

［*Anemone extremiorientalis*（Starod.）Starod.；
Anemone extremiorientalis（Starod.）Luferov；
Anemone umbrosa subsp. *extremiorientalis* Starod.；
Anemonoides extremiorientalis（Starod.）Starod.；
Anemonoides umbrosa（C. A. Mey.）Holub］

植株高8~19（~29）cm。根状茎横走，细长，粗约1mm，节间长8~10mm。基生叶通常不存在，有时1枚，有长柄，长约8.5cm；叶片三角状卵形，宽约3.5cm，基部心形，3全裂，全裂片近无柄，卵形，不明显3浅裂，边缘有浅锯齿，侧全裂片不等2裂，两面有短伏毛。花葶细，近无毛；苞片3枚，有柄长7~15mm，叶片三角形或五角形，长20~42mm，宽22~55mm，3全裂，中全裂片无柄，菱形，在中部3浅裂，边缘有稀疏锯齿，侧全裂片不等2浅裂；花梗1（~2）个，长35~60mm，有近贴伏的柔毛；萼片5枚，白色，椭圆形或卵状椭圆形，长7~12mm，宽4~7mm，顶端圆或钝，外面有短柔毛；雄蕊长4~5.5mm，花药椭圆形，长约0.7mm，顶端圆形，花丝丝状；心皮约11枚，子房密被柔毛，花柱短。花期5~6月。

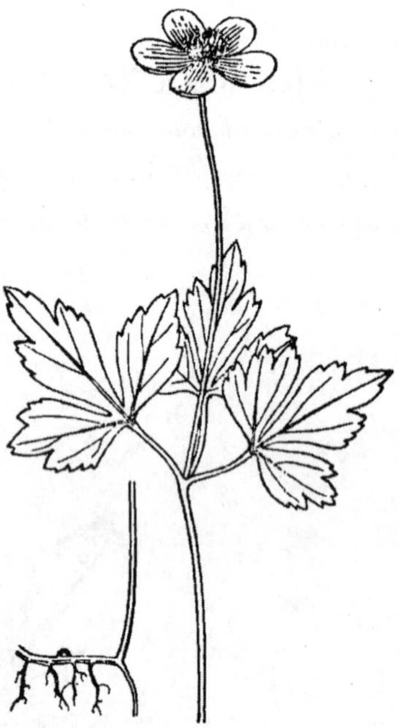

阴地银莲花 *Anemone umbrosa* C. A. Mey.

河南仅见于栾川龙峪湾；生于海拔700m山坡林下阴湿处。分布于辽宁、吉林东部；朝鲜北部、俄罗斯远东地区也有分布。

6. 铁线莲属 *Clematis* L.

《河南植物志（第一册）》记载21种，6变种。本书除修订外，增补5种，3变种。

（1）芹叶铁线莲 *Clematis aethusifolia* Turcz.

［*Clematis nutans* var. *aethusifolia*（Turcz.）Kuntze］

多年生草质藤本，幼时直立，以后匍匐，长0.5~4m。根细长，棕黑色。茎纤细，有纵沟纹，微被柔毛或无毛。二至三回羽状复叶或羽状细裂，连叶柄长达7~10cm，稀达15cm，末回裂片线形，宽2~3mm，顶端渐尖或钝圆，背面幼时微被柔毛，以后近于无毛，具1条中脉，在表面下陷，背面隆起；小叶柄短或长0.5~1cm，边缘有时具翅；小叶间隔

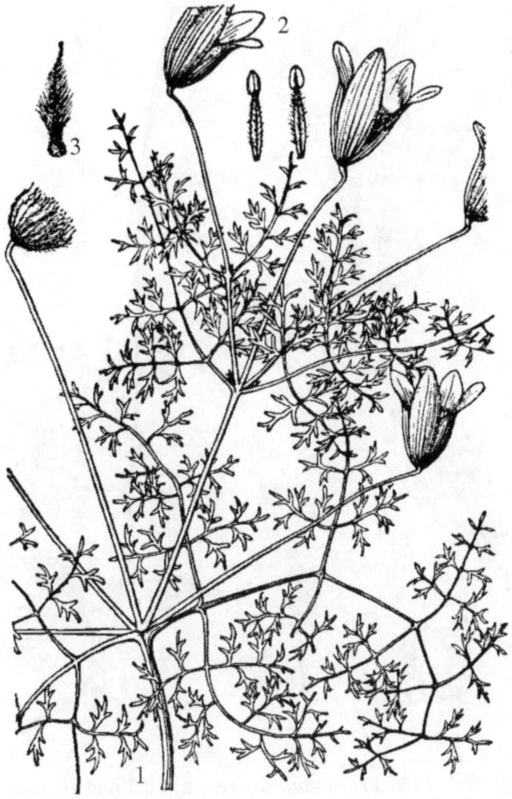

芹叶铁线莲 ***Clematis aethusifolia*** **Turcz.**

1. 花枝 2. 雄蕊 3. 心皮

1.5~3.5cm；叶柄长1.5~2cm，微被绒毛或无毛。聚伞花序腋生，常1（~3）朵花；苞片羽状细裂；花钟状下垂，直径1~1.5cm；萼片4枚，淡黄色，长方椭圆形或狭卵形，长15~20mm，宽5~8mm，两面近于无毛，外面仅边缘上密被乳白色绒毛，内面有3条直的中脉能见；雄蕊长为萼片之半，花丝扁平，线形或披针形，中部宽达1.5mm，两端渐窄，中上部被稀疏柔毛，其余无毛；子房扁平，卵形，被短柔毛，花柱被绢状毛。瘦果扁平，宽卵形或圆形，成熟后棕红色，长3~4mm，被短柔毛，宿存花柱长20~25mm，密被白色柔毛。花期7~8月，果熟期9~10月。

本种具羽状细裂的叶片，花丝线形，近于无毛，中部较宽，可达1.5mm，两端渐尖，上部有毛，较易与本属其他种相区别。

河南仅见于沁阳云台山；生于海拔900m左右山坡及水沟旁。分布于青海东部、甘肃、宁夏、陕西、山西、河北、内蒙古；蒙古、俄罗斯也有分布；生于山坡及水沟边。全草入药，能健胃、消食，治胃包囊虫和肝包囊虫；外用除疮、排脓。

（2）宽柄铁线莲 ***Clematis otophora*** **Franch. ex Finet & Gagnep.**

[*Clematis otophora* var. *nanensis* K. Sun & M. S. Yan]

攀缘草质藤本。茎圆柱形，有6条浅纵沟纹，干后淡棕色，光滑无毛，髓部中空，白色，有一圆形的小孔。三出复叶；小叶片纸质，老后亚革质，长方披针形，长7~11cm，宽1.5~4cm，顶端渐尖，基部亚心形、圆形或宽楔形，上部边缘有稀浅锯齿，下部全缘，

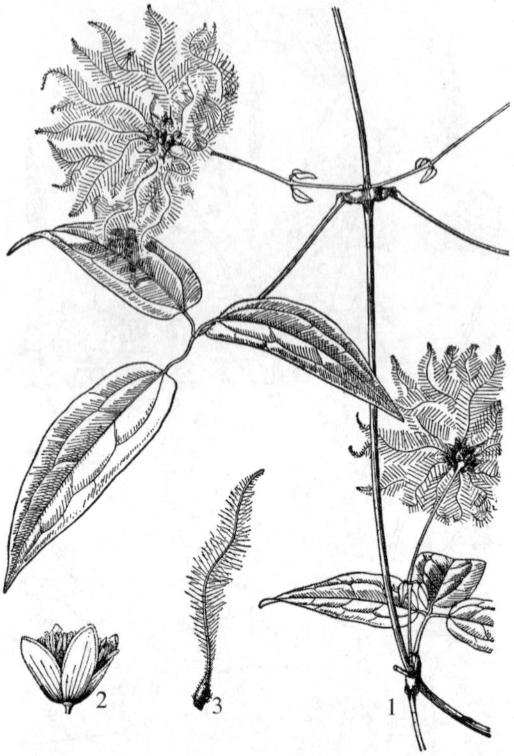

宽柄铁线莲 *Clematis otophora* Franch. ex Finet & Gagnep.

1. 果枝外形　2. 一朵花　3. 一枚瘦果

两面无毛，基出主脉 3 条，在上面平坦，在下面突起，侧脉不明显；叶柄长 7～12cm，基部扁平增宽，与对生叶柄结合，抱茎，每侧宽 0.3～1cm。聚伞花序腋生，常 1～3 朵花，花梗长 6～9cm，无毛，中部有 1 对苞片，苞片线状披针形，长 6mm；萼片 4 枚，黄色，长方椭圆形或长方卵圆形，长 20～27mm，宽 9～12mm，顶端有小尖头，内面的顶部有疏柔毛，其余无毛，边缘密被短绒毛；雄蕊微短于萼片，花丝线形，花药内向着生，长方椭圆形，药隔顶端微有尖头状突起，花丝基部无毛，其余全体被黄色柔毛，尤以花药及药隔上最密；心皮在开花时长仅为雄蕊之半，被黄色绢状毛。瘦果狭倒卵形或柱状菱形，长 5mm，宽 1～2mm，被黄色短柔毛，宿存花柱长达 35mm，被淡黄色长柔毛。花期 7～8 月，果熟期 9～10 月。

河南仅见于西峡黑烟镇；生于海拔 1 000m 以上的山沟林缘及灌丛中。分布于四川东部、湖北西部。

(3) 毛萼铁线莲 *Clematis hancockiana* Maxim.

[*Clematis florida* var. *hancockiana* (Maxim.) Courtois;
Clematis tsengiana F. P. Metcalf]

木质藤本，长 1～2m。茎圆柱形，节部常膨大，表面干后棕红色或紫红色，有 6 条浅纵沟，幼时被稀疏柔毛，以后近于无毛。茎上部叶常为三出复叶，茎中下部叶为羽状复叶或二回三出复叶，有 3～9 枚小叶；小叶片宽卵形至卵状披针形，长 4～6cm，宽 2～4cm，顶端钝尖，基部宽楔形或圆形，边缘全缘，通常顶端的小叶柄微短，长仅 1cm，下部的侧

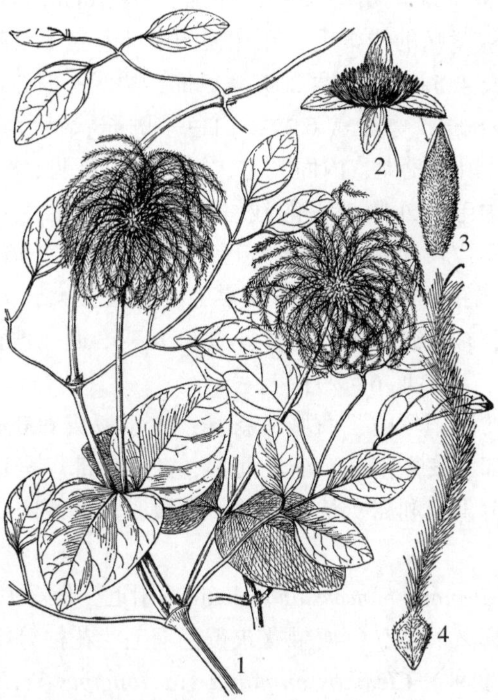

毛萼铁线莲 *Clematis hancockiana* Maxim.

1. 果枝外形 2. 一朵花 3. 萼片（外面） 4. 瘦果

生小叶柄略长，可达 2cm；叶柄长 4~11cm，淡白色，常在侧生小叶柄着生处成“之”字形的曲折或扭曲，基部微膨大，被稀疏开展的柔毛。花单生于叶腋；花梗直立，长达 4~8cm，稀达 13cm，被稀疏曲柔毛，在中部生 1 对叶状苞片；萼片 4 枚，紫红色或蓝紫色，长方椭圆形或狭倒卵形，长 15~25mm，宽 5~7mm，开花以后常反卷，内面无毛，3 条中脉及侧脉微现，外面被厚的曲柔毛及绒毛；雄蕊外轮较长，内轮微短，长 10~20mm，花丝无毛，紫黑色，花药线形，与花丝近于等长；子房及花柱下部被黄色长柔毛，花柱上部及柱头外侧仅被短柔毛，内侧无毛。瘦果扁平，宽卵形或近于圆形，长约 5mm，被黄色短柔毛，宿存花柱长 35~50mm，被灰黄色长柔毛，柱头不膨大。花期 5 月，果熟期 6 月。

产于河南大别山区的商城黄柏山和金刚台，新县连康山；生于海拔 300~1 000m 的山坡林缘及灌丛。分布于浙江东北部和江苏西南部。

本种与大花威灵仙 *Clematis courtoisii* Hand. -Mazz. 相近，区别在于本种仅有 4 枚萼片，蓝紫色或紫红色，萼片背面被厚的曲柔毛；羽状复叶在小叶着生处常成“之”字形的曲折。

（4）大花威灵仙 大花铁线莲 ***Clematis courtoisii* Hand. -Mazz.（彩版图 46）**

木质攀缘藤本，长 2~4m。须根黄褐色，新鲜时微带辣味。茎圆柱形，表面棕红色或深棕色，幼时被稀疏开展的柔毛，以后脱落至近于无毛。叶为三出复叶至二回三出复叶；叶片薄纸质或亚革质，长圆形或卵状披针形，长 5~7cm，宽 2~3.5cm，顶端渐尖或长尖，基部阔楔形稀圆形，边缘全缘稀有时 2~3 分裂，上面仅沿主脉微被浅柔毛，其余部分无毛，下面被极稀疏的柔毛，叶脉在两面显著隆起；顶端 3 枚小叶具短小叶柄或无柄，侧生小叶柄长可达 1~2cm，被稀疏紧贴的柔毛；叶柄长 6~10cm，基部微膨大。花单生于叶腋；花梗长 12~18cm，被紧贴的浅柔毛，在花梗的中部着生 1 对叶状苞片；苞片卵圆形或宽卵形，常较叶片宽，长 4.5~7cm，宽 2.5~4.5cm，边缘有时 2~3 分裂，基具长 2~4mm 的短柄；花大，直径 5~8cm；萼片常 6 枚，白色，倒卵状披针形或宽披针形，长 3.5~4.5cm，宽 1.5~2.5cm，顶端锐尖，内面无毛，褐色脉纹能见，外面沿 3 条直的中脉形成一青紫色的带，被稀疏柔毛，外侧被密的浅绒毛；雄蕊暗紫色，长达 1.5cm，常外轮较长，内轮较短，花药线形，长 5mm，花丝无毛，长为花药的 2 倍；心皮长 4~5mm，子房及花柱基部被紧贴的长柔毛，花柱上部被浅柔毛，柱头膨大，无毛。瘦果倒卵圆形，长 5mm，宽 4mm，棕红色，被稀疏柔毛，宿存花柱长 1.5~3cm，被黄色柔毛，膨大的柱头宿存，无毛。花期 5~6 月，果熟期 6~7 月。

产于河南大别山区的信阳罗山、商城、新县；生于海拔 600m 以下的山坡、溪边及杂木林中。分布于湖南东部、安徽南部、浙江北部、江苏南部。全草入药，治蛇咬伤，捣烂敷患处；根供药用，具解毒、利尿、祛瘀功效，治腹胀、大便闭结、牙痛、风火眼起星翳等。

本种与毛萼铁线莲 *Clematis hancockiana* Maxim. 相近，但萼片为白色，常 6 枚，外面不被曲柔毛，花柱柱头膨大而宿存，瘦果有灰黄色羽毛状花柱等特征，较易于区别。

（5）大花绣球藤（变种）*Clematis montana* var. *longipes* W. T. Wang

本变种与绣球藤（原变种）*Clematis montana* Buch. -Ham. ex DC. var. *montana*［《河南植物志（第一册）》457~458 页］的区别：小叶片为长圆状椭圆形、狭卵形至卵形，少数为椭圆形或宽卵形，长 3~9cm，宽 1~3.5（~5）cm，叶缘疏生粗锯齿至两侧各有 1 枚牙齿以至全缘；花大，直径 5~11cm，萼片长圆形至倒卵圆形，长 2.5~5.5cm，宽 1.5~3.5cm，顶端圆钝或凸尖，少数微凹，外面沿边缘密生短绒毛，中间无毛或少毛部分呈披针形至椭圆形或不明显，宽 0.8~1.5cm。花期 4~8 月，果熟期 7~8 月。

产于伏牛山栾川、卢氏、西峡、内乡、南召、嵩县；生于海拔 1 400m 左右的山坡灌丛、山谷沟旁。分布于西藏东南部、云南西北部、四川、贵州东北、湖南西部、湖北西

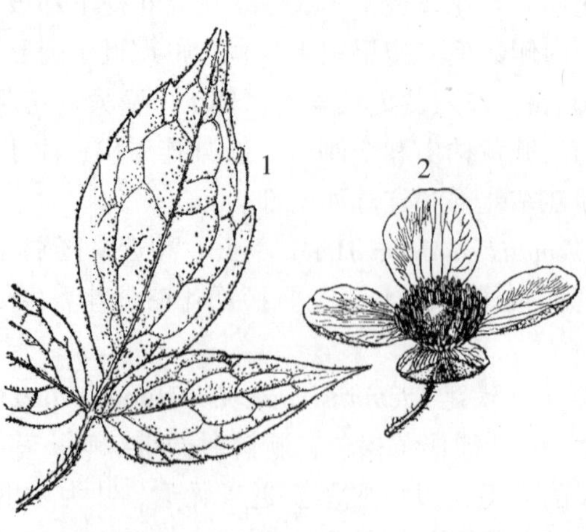

大花绣球藤（变种）*Clematis montana* var. *longipes* W. T. Wang

1. 叶　2. 花

部、陕西南部、甘肃南部；印度北部也有分布。

（6）扬子铁线莲（变种）*Clematis puberula* var. *ganpiniana*（H. Lév. & Vaniot）W. T. Wang

［*Clematis brevicaudata* var. *ganpiniana*（H. Lév. & Vaniot）Hand. -Mazz.；
Clematis brevicaudata var. *leiophylla* Hand. -Mazz.；
Clematis brevicaudata var. *lissocarpa* Rehder & E. H. Wilson；
Clematis ganpiniana（H. Lév. & Vaniot）Tamura；
Clematis parviloba var. *ganpiniana*（H. Lév. & Vaniot）Rehder；
Clematis parviloba var. *glabrescens* Finet & Gagnep.；
Clematis vitalba var. *ganpiniana* H. Lév. & Vaniot］

藤本，枝有棱，小枝近无毛或稍有短柔毛。一至二回羽状复叶，或二回三出复叶，有5~21枚小叶，基部2对常为3枚小叶或2~3裂，茎上部有时为三出叶；小叶片长卵形、卵形或宽卵形，有时卵状披针形，长1.5~10cm，宽0.8~5cm，顶端锐尖、短渐尖至长渐尖，基部圆形、心形或宽楔形，边缘有粗锯齿、牙齿或为全缘，两面近无毛或疏生短柔毛。圆锥状聚伞花序或单聚伞花序，多花或少至3朵花，腋生或顶生，常比叶短；花梗长1.5~6cm；花直径2~2.5（~3.5）cm；萼片4枚，开展，白色，干时变褐色至黑色，狭倒卵形或长椭圆形，长0.5~1.5（~1.8）cm，外面边缘密生短绒毛，内面无毛；雄蕊无毛，花药长1~2mm。子房无毛。瘦果常为扁卵圆形，长约5mm，宽约3mm，无毛，宿存花柱长达3cm。花期7~9月，果熟期9~10月。

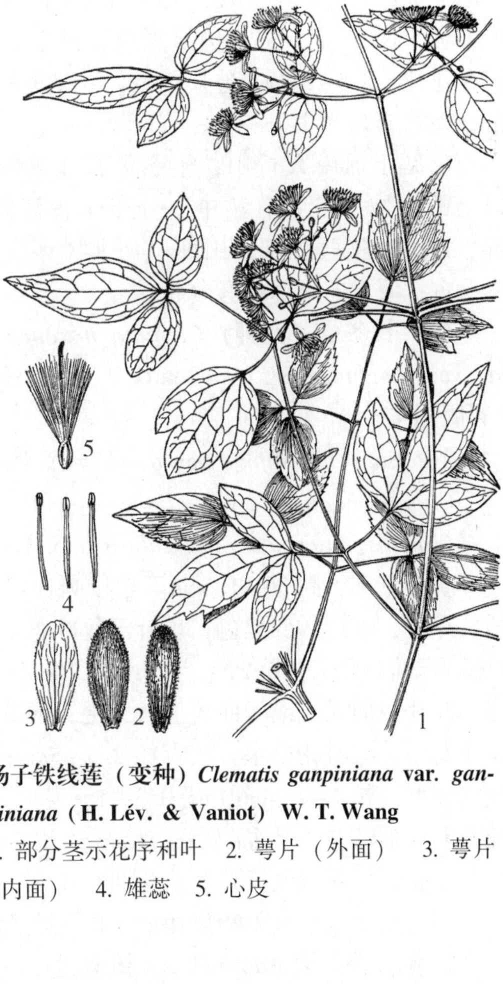

扬子铁线莲（变种）*Clematis ganpiniana* var. *ganpiniana*（H. Lév. & Vaniot）W. T. Wang

1. 部分茎示花序和叶 2. 萼片（外面） 3. 萼片（内面） 4. 雄蕊 5. 心皮

本变种与短尾铁线莲 *Clematis brevicaudata* DC.［《河南植物志（第一册）》452~453页］相似，区别在于：后者花梗较短，长1~1.5cm，花序较紧密；萼片干时不变色；花药较长，2~2.5mm；子房和瘦果有柔毛；瘦果较小，长约3mm，宽约2mm。

河南仅见于西峡西坪；生于海拔600m左右的山坡、溪沟边的灌丛中或杂木林中。分布于云南、四川、陕西、贵州、广西、广东、湖南、湖北、江西、浙江、安徽。

（7）黄花铁线莲 *Clematis intricata* Bunge

草质藤本，茎纤细，多分枝，有细棱，近无毛或有疏短毛。一至二回羽状复叶；小叶有柄，2~3全裂或深裂，浅裂，中间裂片线状披针形、披针形或狭卵形，长1~4.5cm，宽

0.2~1.5cm，顶端渐尖，基部楔形，全缘或有少数牙齿，两侧裂片较短，下部常2~3浅裂。聚伞花序腋生，通常为3朵花，有时单花；花序梗较粗，长1.2~3.5cm，有时极短，疏被柔毛；中间花梗无小苞片，侧生花梗下部有2枚对生的小苞片，苞片叶状，较大，全缘或2~3浅裂至全裂；萼片4枚，黄色，狭卵形或长圆形，顶端尖，长1.2~2.2cm，宽4~6mm，两面无毛，偶尔内面有极稀柔毛，外面边缘有短绒毛；花丝线形，有短柔毛，花药无毛。瘦果卵形至椭圆状卵形，扁，长2~3.5mm，边缘增厚，被柔毛，宿存花柱长3.5~5cm，被长柔毛。花期6~7月，果熟期8~9月。

仅见于河南太行山；生于海拔1 200m以上的山坡、路旁灌丛中。分布于青海东部、甘肃、陕西北部、山西、河北、辽宁、内蒙古；蒙古的南部也有分布。

黄花铁线莲 *Clematis intricata* Bunge

1. 花枝 2. 萼片内面 3. 雄蕊外、内面 4. 心皮

（8）长冬草（变种）*Clematis hexapetala* var. *tchefouensis*（Debeaux）S. Y. Hu（彩版图47）

［*Clematis angustifolia* var. *tchefouensis* Debeaux；
Clematis hexapetala var. *elliptica* S. Y. Hu；
Clematis hexapetala var. *insularis* S. Y. Hu.］

直立草本，高30~100cm。老枝圆柱形，有纵沟；茎疏生柔毛，后变无毛。叶片近革质，绿色，干后常变黑色，单叶至复叶，一至二回羽状深裂，裂片线状披针形、长椭圆状披针形至椭圆形，或线形，长1.5~10cm，宽0.1~2cm，顶端锐尖或凸尖，有时钝，全缘，叶片两面无毛或下面疏生长柔毛；网脉突出。花序顶生，聚伞花序或为总状、圆锥状聚伞花序，有时花单生，花直径2.5~5cm；萼片4~8枚，通常6枚，白色，长椭圆形或狭倒卵形，长1~2.5cm，宽0.3~1（~1.5）cm，萼片除外面边缘有绒毛外，其余无毛，花蕾时像棉花球，内面无毛；雄蕊无毛。瘦果倒卵形，扁平，密生柔毛，宿存花柱长1.5~3cm，有灰白色长柔毛。花期6~8月，果熟期8~9月。

河南见于上蔡城郊和焦作云台山；生于山坡草地。分布于江苏北部和山东东部。

7. 侧金盏花属 *Adonis* L.（新增属）

多年生或一年生草本，茎不分枝或分枝。叶基生、茎生，基生叶和茎下部叶常退化成鳞片状，茎生叶互生，数回掌状或羽状细裂。花单生于茎或分枝顶端，两性；萼片5~8枚，淡黄绿色或带紫色，长圆形或卵形；花瓣5~24片，黄色、白色或蓝色，倒卵形、倒披针形或长圆形，无蜜腺；雄蕊多数，花药长圆形或椭圆形，花丝狭线形或近丝形；心皮多数，螺旋状着生于圆锥状的花托上，子房卵形，有1个胚珠，花柱短，柱头小。瘦果倒卵球形或卵球形，通常有隆起的脉网，宿存花柱短。

本属约 30 种，分布于亚洲和欧洲。我国有 10 种，分布于西南、西北、东北地区和山西等省区。河南有 1 种。

侧金盏花 *Adonis amurensis* Regel & Radde

[*Adonis vernalis* var. *amurensis* (Regel & Radde) Finet & Gagnep.]

多年生草本，根状茎短而粗，有多数须根。开花时茎高 5~15cm，以后高达 30cm，无毛或顶部有稀疏短柔毛，不分枝或有时分枝，基部有数个膜质鳞片。叶在花后长大，茎下部叶有长柄，无毛；叶片正三角形，长达 7.5cm，宽达 9cm，3 全裂，全裂片有长柄，二至三回细裂，末回裂片狭卵形至披针形，有短尖头；叶柄长达 6.5cm。花直径 2.8~3.5cm；萼片约 9 枚，常带淡灰紫色，长圆形或倒卵形长圆形，与花瓣等长或稍长，长 14~18mm，无毛或近边缘有稀疏短柔毛；花瓣约 10 片，黄色，倒卵状长圆形或狭倒卵形，长 1.4~2cm，宽 5~7mm，无毛；雄蕊长约 3mm，无毛；心皮多数，子房有短柔毛，花柱长约 0.8mm，向外弯曲，柱头小，球形。瘦果倒卵球形，长约 3.8mm，被短柔毛，有短宿存花柱。花期 3~4 月。

侧金盏花 *Adonis amurensis* Regel & Radde
1. 开花的植株 2. 雄蕊 3. 心皮（自《中国药用植物志》）
金黄侧金盏花 *A. chrysocyatha*
4. 开花的植株 5. 瘦果
北侧金盏花 *A. sibirica*
6. 开花的植株 7. 瘦果（自《生物土壤沙漠研究》）
（张春方 绘）

河南仅见于林州石板岩；生于山坡草地或林下。分布于辽宁、吉林、黑龙江；朝鲜、日本、俄罗斯远东地区也有分布。根和全草含福寿草苷、加大麻苷、福寿草毒苷等强苷以及其他化合物，有毒，也可供药用，可治充血性心力衰竭、心脏性水肿、心房纤维性颤动等症。

（五十八）木通科 Lardizabalaceae

《河南植物志（第一册）》记载 5 属，9 种，2 变种。

其中：

猫儿屎 *Decaisnea fargesii* Franch. 为猫儿屎 *Decaisnea insignis* (Griff.) Hook. f. & Thomson 的异名；

多叶木通（变种）*Akebia quinata* var. *polyphylla* Nakai 为木通、野木瓜、八月炸藤、五月木通 *Akebia quinata*（Houtt.）Decne. 的异名；

短柄牛姆瓜 *Holboellia brevipes*（Hemsl.）P. C. Kuo 为鹰爪枫 *Holboellia coriacea* Diels 的异名；

五月瓜藤、野木瓜 *Holboellia fargesii* Réaub. 为五月瓜藤 *Holboellia angustifolia* Wall. 的异名。

（五十九）小檗科 Berberidaceae

《河南植物志（第一册）》记载 7 属，23 种，1 变种。

其中：

类叶牡丹、和尚头 *Leontice robusta*（Maxim.）Diels 为红毛七 *Caulophyllum robustum* Maxim. 的异名；

本书另增补 5 种。

1. 小檗属 *Berberis* L.

《河南植物志（第一册）》记载 12 种，1 变种。本书增补 4 种。

（1）河南小檗 *Berberis honanensis* Ahrendt

落叶灌木，高 1.5~3m。老枝灰色，光滑无毛，圆柱形，有时具棱槽，幼枝淡黄色，有时带淡紫色，散生黑色疣点；茎刺阙如，偶有单生，细弱，长不超过 1cm。叶薄纸质或纸质，椭圆形或长圆状椭圆形，偶倒卵形，长 2.5~8cm，宽 0.5~3cm，先端急尖或圆钝，基部楔形，上面深绿色，中脉扁平或微凹，侧脉和网脉显著，背面淡绿色，中脉明显隆起，侧脉和网脉隆起，不被白粉，叶缘平展，每边具 20~40 枚细刺齿；叶柄长达 1.5cm。总状花序具 8~14 朵花，长 4~6cm，包括总梗长 1.5~2.5cm，无毛；花梗长 4~9mm，细弱，无毛；苞片披针形，长约 2mm；花黄色；小苞片披针形，长约 3mm，宽约 1mm；萼片 3 轮，外萼片椭圆形，长约 3mm，宽约 2.5mm，中萼片阔椭圆形，长约 4.2mm，宽约 3mm，内萼片倒卵状椭圆形，长约 5.5mm，宽约 3.2mm；花瓣椭圆形，长约 5mm，宽约 3mm，先端全缘，基部缢缩成爪，具 2 个分离腺体；雄蕊长约 3.3mm，药隔先端延伸，突尖；胚珠 2 个。浆果卵圆形，红色，长 8~11mm，直径 7~8mm，顶端不具宿存花柱，不被白粉。花期 4~5 月，果熟期 7~9 月。

本种与陕西小檗 *Berberis shensiana* Ahrendt [《河南植物志（第一册）》491 页] 近似，但本种萼片 3 轮；花序长 4~6cm；胚珠 2 个；果顶端不具宿存花柱，易于区别。

产于河南鲁山尧山；生于海拔 1 000~1 600m 的山坡灌丛中、林缘、林中、岩石旁。

（2）日本小檗 *Berberis thunbergii* DC.

落叶灌木，一般高约 1m，多分枝。枝条开展，具细条棱，幼枝淡红色带绿色，无毛，老枝暗红色；茎刺单一，偶三分叉，长 5~15mm；节间长 10~15mm。叶薄纸质，倒卵形、匙形或菱状卵形，长 10~20mm，宽 5~12mm，先端骤尖或钝圆，基部狭而呈楔形，全缘，上面绿色，背面灰绿色，中脉微隆起，两面网脉不显，无毛；叶柄长 2~8mm。花 2~5 朵组成具总梗的伞形花序，或近簇生的伞形花序或无总梗而呈簇生状；花梗长 5~10mm，无毛；小苞片卵状披针形，长约 2mm，带红色；花黄色；外萼片卵状椭圆形，长 4~4.5mm，宽 2.5~3mm，先端近钝形，带红色，内萼片阔椭圆形，长 5~5.5mm，宽 3.3~3.5mm，先端钝圆；花瓣长圆状倒卵形，长 5.5~6mm，宽 3~4mm，先端微凹，基部略呈爪状，具 2 个近靠的腺体；雄蕊长 3~3.5mm，药隔不延伸，顶端平截；子房含胚珠 1~2 个，无珠柄。浆果椭圆形，长约 8mm，直径约 4mm，亮鲜红色，无宿存花柱。种子 1~2 粒，棕褐色。花期 4~6 月，果熟期 7~10 月。

原产于日本，河南洛阳、开封、郑州等地有栽培，常在庭院中作绿篱。我国大部分省区有栽培。根和茎含小檗碱，可作提取黄连素的原料。

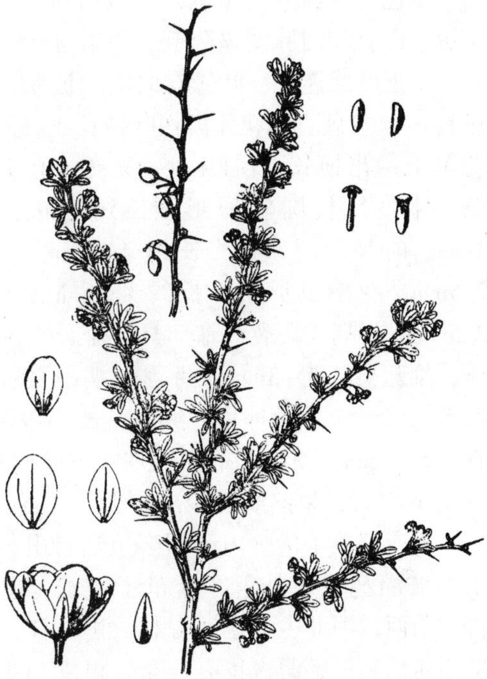

日本小檗 *Berberis thunbergii* DC.

（3）假豪猪刺 *Berberis soulieana* C. K. Schneid.（彩版图 48）

［*Berberis soulieana* var. *paucinervata* Ahrendt; *Berberis stenophylla* Hance］

常绿灌木，高 1~2m，有时可达 3m。老枝圆柱形，有时具棱槽，暗灰色，具稀疏疣点，幼枝灰黄色，圆柱形；茎刺粗壮，三分叉，腹面扁平，长 1~2.5cm。叶革质，坚硬，长圆形、长圆状椭圆形或长圆状倒卵形，长 3.5~10cm，宽 1~2.5cm，先端急尖，具 1 枚硬刺尖，基部楔形，上面暗绿色，中脉凹陷，背面黄绿色，中脉明显隆起，不被白粉，两面侧脉和网脉不显，叶缘平展，每边具 5~18 枚刺齿；叶柄长仅 1~2mm。花 7~20 朵簇生；花梗长 5~11mm；花黄色；小苞片 2 枚，卵状三角形，长约 2.2mm，宽约 1.5mm，先端急尖，带红色；萼片 3 轮，外萼片卵形，长约 3mm，宽约 2.4mm，中萼片近圆形，长约 5mm，宽约 4mm，内萼片倒卵状长圆形，长约 7mm，宽约 5mm；花瓣倒卵形，长约 5mm，宽 3.8~4mm，先端缺裂，基部呈短爪，具 2 个分离腺体；雄蕊长约 3mm，药隔略延伸，先端圆形；胚珠 2~3 个。浆果倒卵状长圆形，长 7~8mm，直径约 5mm，熟时红色，顶端具明显宿存花柱，被白粉。种子 2~3 粒。花期 3~4 月，果期 7~9 月。

河南仅见于淅川荆子关；生于山沟河边、灌丛中、林缘或疏林中。分布于湖北、四川、陕西、甘肃。

（4）西伯利亚小檗 *Berberis sibirica* Pall.

［*Berberis altaica* Pall.］

落叶灌木，高 0.5~1m。老枝暗灰色，无毛，幼枝被微柔毛，具条棱，带红褐色；茎刺 3~5（~7）分叉，细弱，长 3~11mm，有时刺基部增宽略呈叶状。叶纸质，倒卵形、倒披针形或倒卵状长圆形，长 1~2.5cm，宽 5~8mm，先端圆钝，具刺尖，基部楔形，上面深绿色，背面淡黄绿色，不被白粉，两面中脉、侧脉和网脉明显隆起，侧脉4~5对，斜上至近叶缘连接，叶缘有时略呈波状，每边具4~7枚硬直刺状牙齿；叶柄长3~5mm。花单生；花梗长7~12mm，无毛；萼片2轮，外萼片长圆状卵形，长约4mm，宽2mm，内萼片倒卵形，长约4.5mm，宽约2.5mm；花瓣倒卵形，长约4.5mm，宽约2.5mm，先端浅缺裂，基部具2个分离的腺体；雄蕊长2.5~3mm，药隔先端平截；胚珠5~8个。浆果倒卵形，红色，长7~9mm，直径6~7mm，顶端无宿存花柱，不被白粉。花期5~7月，果熟期8~9月。

河南仅见于伏牛山区的栾川老君山；生于山坡灌丛或疏林下。分布于新疆、内蒙古、山西、河北、辽宁、吉林、黑龙江；俄罗斯西伯利亚、蒙古也有分布。根皮和茎皮可入药。

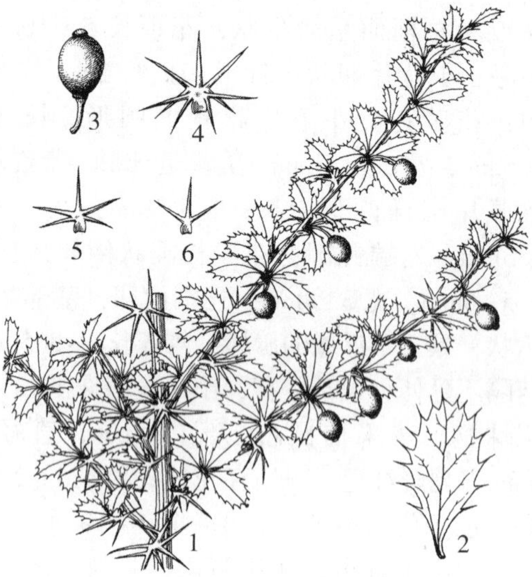

西伯利亚小檗 *Berberis sibirica* Pall.

1. 果枝　2. 叶放大　3. 果实　4~6. 茎刺，示变异

2. 淫羊藿属 *Epimedium* L.

《河南植物志（第一册）》记载4种。本书增补1种。

川鄂淫羊藿 *Epimedium fargesii* Franch.

多年生草本，植株高30~70cm，有时可达80cm。根状茎匍匐状，横走，质硬，多须根。一回三出复叶基生和茎生；茎生叶2枚对生，每叶具小叶3枚；小叶革质，狭卵形，长4~15cm，宽1.3~7cm，先端渐尖，基部深心形，顶生小叶基部裂片圆形，近等大，侧生小叶基部裂片不等大，内侧裂片圆形，外侧裂片三角形、急尖，上面暗绿色，无毛，背面苍白色，无毛或被疏柔毛，两面网脉显著，叶缘具刺锯齿；花茎具2枚对生叶或偶有3枚叶轮生。总状花序具7~15朵花，序轴被腺毛，无总梗；花梗长1.5~4cm，被腺毛；花紫红色，长约2cm；萼片2轮，外萼片狭卵形，先端钝圆，长3~4mm，宽约1.5mm，带紫蓝色，内萼片狭披针形，渐尖，向下反折，长15~18mm，宽约4mm，白色或带粉红色；花瓣远较内萼片短，暗紫蓝色，

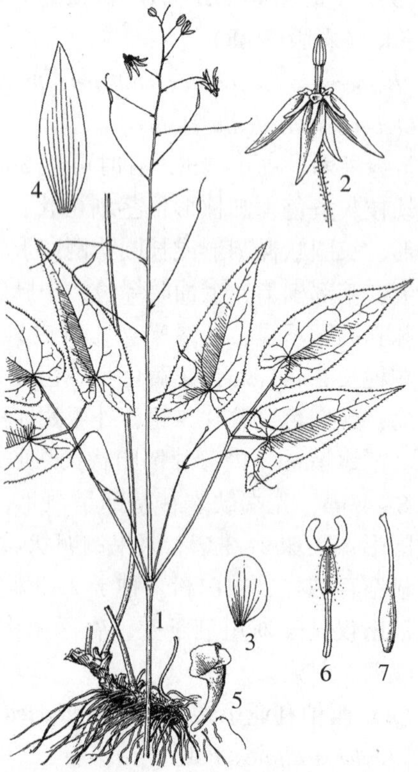

川鄂淫羊藿 *Epimedium fargesii* Franch.

1. 植株　2. 花　3. 外萼片　4. 内萼片
5. 花瓣　6. 雄蕊　7. 雌蕊

呈钻状距，挺直，长约 7mm，瓣片 2~3 浅裂；雄蕊长约 9mm，显著伸出，花药长 3~4mm，紫色；子房长约 13mm。蒴果连同宿存花柱长约 2cm。花期 3~4 月，果熟期 4~6 月。

河南仅见于淅川荆子关；生于山坡针阔叶混交林下或灌丛中。分布于湖北、四川。

（六十）防己科 Menispermaceae

《河南植物志（第一册）》记载 6 属，9 种，1 变种。

其中：

毛防己（变种）*Sinomenium acutum* var. *cinereum*（Diels）Rehder & E. H. Wilson 为风龙 *Sinomenium acutum*（Thunb.）Rehder & E. H. Wilson 的异名；

木防己、青藤 *Cocculus trilobus*（Thunb.）DC. 为木防己 *Cocculus orbiculatus*（L.）DC. 的异名。

（六十一）八角科 Illiciaceae（新增科）

常绿乔木或灌木，枝光滑或幼枝极少见被不明显毛。全株具油细胞及黏液细胞，有芳香气味，常有顶芽，芽鳞覆瓦状排列，通常早落。叶为单叶，互生，常在小枝近顶端簇生，有时假轮生或近对生，革质或纸质，全缘，边缘稍外卷，具羽状脉，中脉在叶上面常凹下，在下面突起或平坦，有叶柄，无托叶。花芽卵状或球状；花两性，红色或黄色，少数白色；常单生，有时 2~5 朵簇生，腋生或腋上生，有时近顶生，通常小枝枝梢花较多，很少成小的复团伞花序生于老枝或树干上；花梗有时具小苞片一至数枚；萼片和花瓣通常无明显区别，花被片 7~33 片，很少为 39~55 片，分离，常有腺点，常成数轮，覆瓦状排列，最外的花被片较小，有时为小苞片状，内面的较大，舌状膜质，或为卵形至近圆形稍肉质，最内面的花被片常变小；雄蕊 4 枚至多枚，1 轮至数轮，直立，花丝舌状或近圆柱状，花药 4 药囊 2 室，底着内侧向，纵裂，药隔有时具腺体，常与药室长度相等或有时稍超过；心皮通常 7~15 枚，稀更多（21 枚）或更少（5 枚），分离，单轮排列，侧向压扁，花柱短，钻形，子房 1 室，有倒生胚珠 1 个，生于近基部的腹面。聚合果由数至 10 余个蓇葖组成，单轮排列，斜生于短的花托上，呈星状，腹缝开裂。种子椭圆状或卵状，侧向压扁，浅棕色或稻秆色，有光泽，易碎，胚乳丰富，含油，胚微小。

本科全世界 1 属，大约 40 种；多分布在东亚和东南亚，少见于北美洲东南部和热带美洲；中国 27 种（含 18 种特有）。河南 1 属，2 种。

八角属 *Illicium* L.

《河南植物志（第一册）》将本属置于木兰科 Magnoliaceae，记载 2 种。

（六十二）水青树科 Tetracentraceae（新增科）

乔木，具长枝与短枝。芽细长，斜出，顶端尖。单叶，单生于短枝顶端，具掌状脉，边缘具齿；托叶与叶柄合生。花小，两性，呈穗状花序，着生于短枝顶端，与叶对生或互生，多花；苞片极小，花被片4片，覆瓦状排列；雄蕊4枚，与花被片对生，与心皮互生；雌蕊单一，子房上位，心皮4枚，沿腹缝合生，侧膜胎座，每室有胚珠4（~10）个；花柱4个，柱头点尖，初时外弯，最后形成基生。蓇葖果，背缝开裂，宿存花柱位于果基部。种子条状长圆形，小，有棱脊；胚小，胚乳丰富。

本科全世界1属，1种，分布于中国、尼泊尔、缅甸、越南。河南也产。

水青树属 *Tetracentron* L.

《河南植物志（第一册）》将该属及其1种置于木兰科 Magnoliaceae。

（六十三）五味子科 Schisandraceae（新增科）

木质藤本，雌雄同株或异株。无托叶。叶互生或多少丛生，单叶，常有透明的腺点，有柄。花单性，常单生于叶腋内；花被片数至多片，2轮至数轮排列，很相似，但最外和最内的较小而薄；雄蕊4~80枚，一部或全部合生成一肉质的雄蕊柱；心皮12~300枚，彼此分离，有胚珠2~5个（很少达11个），花时聚生于一短的花托上，但结果时或聚生成一球状的肉质体（南五味子属 *Kadsura* L.），或散布于极延长的花托上（北五味子属 *Schisandra* Michx.）；种子藏于肉质的果肉内。

本科全世界2属，大约39种；除北美洲有五味子属的1种外，主要分布在东亚和东南亚；中国2属，27种（含16种特有）。河南2属，5种，1变种。

1. 南五味子属 *Kadsura* L.

《河南植物志（第一册）》将该属置于木兰科 Magnoliaceae，记载1种。

2. 北五味子属 *Schisandra* Michx.

《河南植物志（第一册）》将该属置于木兰科 Magnoliaceae，记载2种，1变种。

其中：

狭叶五味子、铁箍散（变种）*Schisandra propinqua* var. *sinensis* Oliv. 为铁箍散（亚种）*Schisandra propinqua* subsp. *sinensis*（Oliv.）R. M. K. Saunders 的异名。

本书另增补2种。

（1）红花五味子 *Schisandra rubriflora* Rehder & E. H. Wilson

落叶木质藤本，全株无毛。小枝紫褐色，后变黑，直径0.5~1cm，具节间密的距状短枝。叶纸质，倒卵形、椭圆状倒卵形或倒披针形，很少为椭圆形或卵形，长6~15cm，宽4~7cm，先端渐尖，基部渐狭楔形，边缘具胼胝质齿尖的锯齿，上面中脉凹入，侧脉每边5~8片，中脉及侧脉在叶下面带淡红色。花红色，雄花：花梗长2~5cm，花被片5~8片，外花被片有缘毛，大小近相似，椭圆形或倒卵形，最大的长10~17mm，宽6~16mm，最外及最内的较小；雄蕊群椭圆状倒卵圆形或近球形，直径约 10mm；雄蕊 40~60 枚，花药长 1.5~2mm，外向开裂，药隔与药室近等长，有腺点，下部雄蕊的花丝长 2~4mm；雌花：花梗及花被片与雄花的相似，雌蕊群长圆状椭圆体形，长 8~10mm，心皮 60~100 枚，倒卵圆形，长 1.5~2.3mm，柱头长 3~8mm，具明显鸡冠状突起，基部下延成长 3~8mm 的附属体。聚合果轴粗壮，直径 6~10mm，长 9~18cm；小浆果红色，椭圆体形或近球形，直径 8~11mm，有短柄。种子淡褐色，肾形，长 3~4.5mm，宽 2.5~3mm，厚约 2mm；种皮暗褐色，平滑，微波状，不起皱，种脐尖长，斜"V"形，深达 1/3。花期 5~6 月，果期 7~9 月。

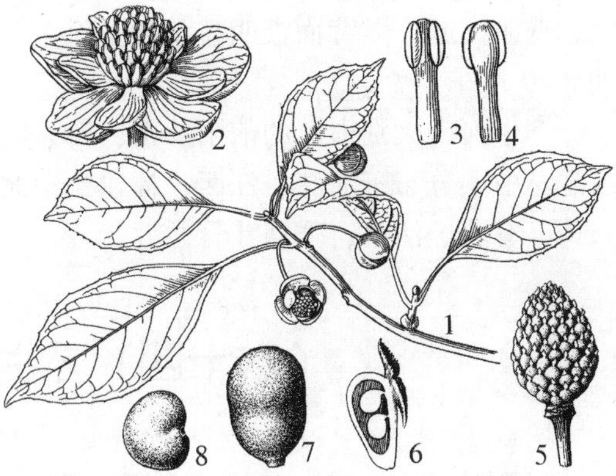

红花五味子 *Schisandra rubriflora* Rehder & E. H. Wilson

1. 花枝 2. 雄花 3、4. 雄蕊 5. 雌蕊群 6. 雌蕊纵切面 7. 小浆果 8. 种子

河南仅见于西峡黄石庵林场二道沟；生于海拔 1 000m 左右的河谷及山坡林中。分布于甘肃南部、湖北、四川、云南西部及西南部、西藏东南部。

（2）翼梗五味子 *Schisandra henryi* C. B. Clarke

落叶木质藤本，当年生枝淡绿色，小枝紫褐色，具宽近 1~2.5mm 的翅棱，被白粉；内芽鳞紫红色，长圆形或椭圆形，长 8~15mm，宿存于新枝基部。叶宽卵形、长圆状卵形或近圆形，长 6~11cm，宽 3~8cm，先端短渐尖或短急尖，基部阔楔形或近圆形，上部边缘具胼胝齿尖的浅锯齿或全缘，上面绿色，下面淡绿色，侧脉每边 4~6 条，侧脉和网脉在两面稍突起；叶柄红色，长 2.5~5cm，具叶基下延的薄翅。雄花：花柄长 4~6cm，花被片黄色，8~10 片，近圆形，最大 1 片直径 9~12mm，最外与最内的 1~2 片稍小，雄蕊群倒卵圆形，直径约 5mm；花托圆柱形，顶端具近圆形的盾状附属物；雄蕊 30~40 枚，花药长 1~2.5mm，内侧向开裂，药隔倒卵形或椭圆形，具凹入的腺点，顶端平或圆，稍长于花药，近基部雄蕊花丝长 1~2mm，贴生于盾状附属的雄蕊无花丝；雌花：花梗长 7~8cm，花被片与雄花的相似；雌蕊群长圆状卵圆形，长约 7mm，具雌蕊约 50 枚，子房狭椭圆形，花柱长 0.3~0.5mm。

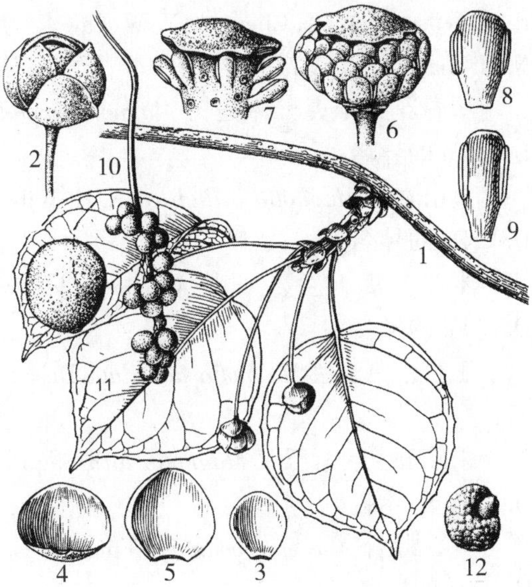

翼梗五味子 *Schisandra henryi* C. B. Clarke

1. 花枝 2. 花 3~5. 花被片 6、7. 雄蕊群 8、9. 雄蕊 10. 聚合果 11. 小浆果 12. 种子

小浆果红色，球形，直径 4~5mm，具长约 1mm 的果柄，顶端的花柱附属物白色，种子黄褐色，扁球形或扁长圆形，长 3~5mm，宽 2~4mm，高 2~2.5mm，种皮淡褐色，具乳头状突起或皱突起，以背面极明显，种脐斜“V”形，长为宽的 1/4~1/3。花期 5~7 月，果熟期 8~9 月。

产于河南大别山区的信阳罗山、新县以及商城黄柏山和金刚台；生于山谷、山坡林下或灌丛中。分布于浙江、江西、福建、湖北、湖南、广东、广西、四川、贵州、云南。茎入药，有通经活血、强筋壮骨之效。

（六十四）木兰科 Magnoliaceae

《河南植物志（第一册）》记载 8 属，23 种，1 变种。

其中：

夜合花 *Magnolia coco*（Lour.）DC. 为夜香木兰 *Lirianthe coco*（Lour.）N. H. Xia & C. Y. Wu 的异名；

天女花 *Magnolia sieboldii* K. Koch 为天女花 *Oyama sieboldii*（K. Koch）N. H. Xia & C. Y. Wu 的异名；

厚朴 *Magnolia officinalis* Rehder & E. H. Wilson 和凹叶厚朴 *Magnolia biloba*（Rehder & E. H. Wilson）W. C. Cheng & Y. W. Law 均为厚朴 *Houpoea officinalis*（Rehder & E. H. Wilson）N. H. Xia & C. Y. Wu 的异名；

望春花、辛夷、棒槌树 *Magnolia biondii* Pamp. 为望春玉兰 *Yulania biondii*（Pamp.）D. L. Fu 的异名；

黄山木兰 *Magnolia cylindrica* E. H. Wilson 为黄山玉兰 *Yulania cylindrica*（E. H. Wilson）D. L. Fu 的异名；

木兰、紫玉兰、辛夷 *Magnolia liliiflora* Desr. 为紫玉兰 *Yulania liliiflora*（Desr.）D. L. Fu 的异名；

玉兰、白玉兰 *Magnolia denudata* Desr. 为玉兰 *Yulania denudata*（Desr.）D. L. Fu 的异名；

朱砂玉兰、紫玉兰 *Magnolia diva* Stapf ex Dandy 为武当玉兰 *Yulania sprengeri*（Pamp.）D. L. Fu 的异名；

黄心野合 *Michelia bodinieri* Finet & Gagnep. 为黄心含笑 *Michelia martini*（H. Lév.）H. Lév. 的异名。

本书另补充 4 属，描述并增补 2 种。

1. 长喙木兰属 *Lirianthe* Spach（新增属，栽培）

常绿乔木或灌木。树皮通常灰色，光滑或有时粗糙和有纹。托叶膜质，与叶柄合生，并且在叶柄上留有托叶痕。叶螺旋排列，芽期折叠，幼时直立；叶片厚纸质或革质，全缘。花顶生在分枝先端，大，两性，通常具香味。佛焰苞状苞片 1 枚至多枚，花被片 9~12 片，3 片一轮，通常白色，大小近等。雄蕊早熟；花丝扁平；药隔伸出形成短尖头；花药内侧开裂。雌蕊无托；心皮少或多数。每心皮 2（~4）个胚珠。果实通常为椭圆体，两端急尖；成熟的心皮显著，革质或多少木质，均在花托上宿存，沿背缝线开裂，先端有喙。

本属约 12 种，产于东南亚，我国 8 种（含 5 个特有种）。《河南植物志（第一册）》在木兰属 *Magnolia* L. 记载 1 种（栽培）。

2. 厚朴属 *Houpoea* N. H. Xia & C. Y. Wu（新增属，栽培）

落叶乔木或灌木。树皮通常灰色，光滑。小枝具托叶年痕。托叶膜质，与叶柄合生，并且在叶柄上留有托叶痕。叶螺旋排列，常簇生和假轮生，芽期折叠，幼时直立；叶片膜质或厚纸质，边缘全缘或罕见在先端具 2 浅裂片。花单个顶生，两性，大，具香味。佛焰苞状苞片 1 枚。花被片 9~12 片，3 片或 4 片一轮，通常白色，大小近等。雄蕊早熟；花丝扁平；药隔伸出形成短尖头；花药内侧开裂。雌蕊无托；心皮多数。每心皮通常 2（~4）个胚珠。花柱向外弯曲，正面具乳突。成熟果实通常圆柱形。成熟的心皮显著，革质或多少木质，沿背缝线开裂，在花托上宿存，先端有长喙。

本属 9 种，分布于北美洲东部和东南亚温带地区，我国 3 种（含 1 个特有种，1 个引进种），《河南植物志（第一册）》在木兰属 *Magnolia* L. 记载 2 种（栽培），现修订为 1 种（栽培）。

3. 天女花属 *Oyama*（Nakai）N. H. Xia & C. Y. Wu（新增属，栽培）

落叶乔木或灌木。树皮通常灰色，光滑或有时粗糙和具深纹。小枝具托叶年痕。叶先对生，后轮生，芽期折叠，幼时直立；叶片膜质或纸质，背面灰绿色或覆有白粉，具短柔毛，边缘全缘。花单个顶生，两性，通常覆盖有腋生营养芽（使花看起来像腋生）。花梗纤细，花向下，但产花药时下垂或直立。花被片 9~12 片，3 片或 4 片一轮，通常白色，大小近等。雄蕊红色，早熟；花丝扁平；药隔不伸出，顶端钝或微凹；花药内侧开裂。雌蕊无托；心皮少或多数，显著。每心皮通常 2 个胚珠。花柱向外弯曲，正面具乳突。成熟果实通常椭圆体，下垂。成熟的心皮显著，革质或多少木质，沿背缝线开裂，在花托上宿存，先端有短喙。

本属 4 种，分布于东亚和东南亚，我国 4 种（含 2 个特有种）。《河南植物志（第一册）》在木兰属 *Magnolia* L. 记载 1 种（栽培）。

4. 玉兰属 *Yulania* Spach（新增属）

落叶乔木或灌木。托叶膜质，与叶柄合生，并且在叶柄上留有托叶痕。叶螺旋排列，芽期折叠，幼时直立；叶片膜质或厚纸质，边缘全缘或罕见在先端具 2 浅裂片。花大且亮丽，单个顶生在分枝先端，两性，通常具香味，先叶或与叶同时出现。花被片 9~15（~45）片，3 片一轮，白色、粉红色、紫红色，或少见黄色，大小近等，有时外层花被片小些，绿色或黄褐色，像萼片。雄蕊早熟；花丝扁平；药隔伸出形成长或短尖头；花药内侧开裂。雌蕊无托；心皮显著。每心皮通常 2（~4）个胚珠。花柱向外弯曲。成熟果实通常圆柱状，常弯曲（由部分心皮不育引起）。成熟的心皮显著或少见合生，革质或多少木质，沿背缝线开裂，在花托上宿存。

本属约 25 种，分布于东南亚和北美洲的温带和亚热带地区；我国 18 种包括 1~6 杂交种（16 个特有种和 1 个引进种）。《河南植物志（第一册）》在木兰属 *Magnolia* L. 记载连栽培 5 种，本书增补 1 种和 1 个杂交种。

（1）二乔玉兰 *Yulania* × *soulangeana*（Soul. -Bod.）D. L. Fu（彩版图 49）

［*Magnolia* × *soulangeana* Soul. -Bod.；

Magnolia yulan var. *soulangeana*（Soul. -Bod.）Lindl.］

小乔木，高 6～10m，小枝无毛。托叶痕大约为叶柄长的 1/3。叶柄 1～1.5cm，具短柔毛。叶片纸质，倒卵形，长 6～15cm，宽 4～7.5cm，先端短急尖，2/3 以下渐狭成楔形，上面基部中脉常残留有毛，下面多少被柔毛，侧脉每边 7～9 条，干时两面网脉突起。花蕾卵圆形，花先叶开放，浅红色至深红色，花被片6～9 片，外轮 3 片花被片常较短，约为内轮长的 2/3；雄蕊长 1～1.2cm，花药长约 5mm，侧向开裂，药隔伸出成短尖；花药大约 6mm，侧向开裂。雌蕊群无毛，圆柱形，长约 1.5cm。聚合果长约 8cm，直径约 3cm；蓇葖卵圆形或倒卵圆形，长1～1.5cm，熟时黑色，具白色皮孔。种子深褐色，宽倒卵圆形或倒卵圆形，侧扁。花期 2～3 月，果熟期 9～10 月。

河南郑州、洛阳等城市有引种栽培，作园林观赏树木。杭州、广州、昆明等地有栽培。

本种是玉兰 *Yulania denudata*（Desr.）D. L. Fu 与紫玉兰 *Yulania liliiflora*（Desr.）D. L. Fu 的杂交种，本种的花被片大小形状不等，紫色或有时近白色，芳香或无芳香。

（2）鸡公山玉兰 *Yulania jigongshanensis*（T. B. Chao et al.）D. L. Fu

［*Magnolia* × *jigongshanensis* T. B. Chao，D. L. Fu & W. B. Sun］

乔木，小枝紫褐色，有光泽，无毛，稀具短柔毛；幼枝浅黄绿色，圆柱状，密被短柔毛。叶柄 1～3cm，上面有槽；叶片宽椭圆形、宽卵形、圆形、近圆形、倒卵形、圆三角形，长 16.5～19.5cm，宽 5～17.5cm，薄革质或革质，上面淡黄绿色，密被弯曲短柔毛，下面深绿色，有光泽，沿叶脉密被短柔毛，侧脉 5～9 对，两面均显著，基部近圆形至阔楔形，先端钝，具长短尖头至 2 裂。分枝密被短柔毛。花芽卵形，小，密被灰白色至淡黄褐色绒毛。花先于叶。花被片 9 片；外面 3 片淡黄绿色，花萼状，三角形或披针形，1～5（～15）mm，膜质；内部 6 片淡黄白色，但外面基部中间淡紫色，花瓣状，匙形椭圆形，长 5～9cm，宽 3～5cm，先端钝，有时微凹。雄蕊 65～71 枚；花丝紫色；花药 0.8～1.3cm，侧向开裂。心皮多数，密被短柔毛。果实圆柱状，长 15～20cm，宽 3～5cm。花期 4 月，果熟期 8 月。

产于河南鸡公山国家级森林保护区。本种为辛夷种植园自然杂交种。

（六十五）蜡梅科 Calycanthaceae

《河南植物志（第一册）》记载 1 属 1 种，2 变种。

其中：

素心蜡梅（变种）*Chimonanthus praecox* var. *concolor* Makino 和罄口蜡梅（变种）*Chimonanthus praecox* var. *grandiflorus*（Lindl.）Makino 均为蜡梅 *Chimonanthus praecox*（L.）Link 的异名。

（六十六）樟科 Lauraceae

《河南植物志（第一册）》记载9属，34种，2变种。

其中：

豺皮黄肉楠、豺皮樟 *Actinodaphne chinensis* Nees 为豺皮樟（变种）*Litsea rotundifolia* var. *oblongifolia*（Nees）Allen 的异名；

红叶甘橿、大叶甘橿 *Lindera cercidifolia* Hemsl. 为三桠乌药、大叶甘橿 *Lindera obtusiloba* Blume 的异名；

乌药、三条筋 *Lindera strychnifolia*（Siebold & Zucc.）Fern. -Vill. 为乌药 *Lindera aggregata*（Sims）Kosterm. 的异名；

长叶乌药、乌药 *Lindera hemsleyana*（Diels）C. K. Allen 为川钓樟（变种）*Lindera pulcherrima* var. *hemsleyana*（Diels）H. B. Cui 的异名；

绿叶甘橿、甘橿 *Lindera fruticosa* Hemsl. 为绿叶甘橿 *Lindera neesiana*（Wall. ex Nees）Kurz 的异名。

本书另增补7种（含3栽培种）。

1. 木姜子属 *Litsea* Lam.

《河南植物志（第一册）》记载3种，2变种。本书增补4种。

（1）天目木姜子 *Litsea auriculata* S. S. Chien & W. C. Cheng

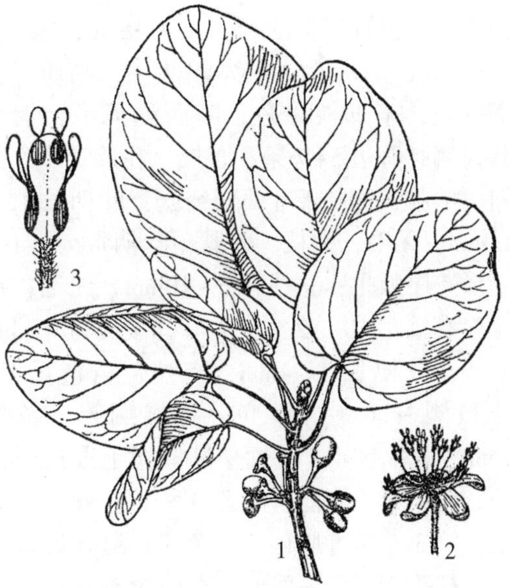

天目木姜子 *Litsea auriculata* S. S. Chien & W. C. Cheng

1. 果枝　2. 雄花　3. 第1、第2轮雄蕊

落叶乔木，高10~20m，胸径40~60cm；树皮灰色或灰白色，小鳞片状剥落，内皮深褐色。小枝紫褐色，无毛。叶互生，椭圆形、圆状椭圆形、近心形或倒卵形，长9.5~23cm，宽5.5~13.5cm，先端钝或钝尖或圆形，基部耳形，纸质，上面深绿色，有光泽，下面苍白绿色，有短柔毛，羽状脉，侧脉每边7~8条，中脉在叶上面下陷，被短柔毛，老时变无毛，下面中脉、侧脉均突起，沿脉有短柔毛；叶柄长3~8cm，无毛。伞形花序无总梗或具短梗，先叶开花或同时开放；苞片8枚，开花时尚存，每花序有雄花6~8朵；花梗长1.3~1.6cm，被丝状柔毛；花被裂片6片，有时8片，黄色，长圆形或长圆状倒卵形，长4~5mm，外面被柔毛，内面无毛；能育雄蕊9枚，花丝无毛，第3轮基部腺体有柄；退化雌蕊卵形，无毛；雌花较小，花梗长6~7mm，花被裂片长圆形或椭圆状长圆形，长2~2.5mm；退化雄蕊无毛；子房卵形，无毛，花柱近顶端略有短柔毛，柱头2裂或顶端平。果卵形，长13~17mm，直径11~13mm，成熟时黑色；果托杯状，深3~4mm，直径6~7mm；果梗长12~16mm。花期3~4

月，果熟期 7~8 月。

河南产于泌阳板乔林场、南召乔端、内乡宝天曼；生于山沟杂木林中。分布于浙江天目山和天合以及安徽南部。木材带黄色，重而致密，可供制作家具等用。果实和根皮民间用来治寸白虫；叶外敷治伤筋。

（2）红叶木姜子 *Litsea rubescens* Lecomte.

［*Litsea forrestii* Diels；

Litsea rubescens f. *nanchuanensis* Yen C. Yang］

落叶灌木或小乔木，高 4~10m；树皮灰绿色。小枝无毛，嫩时红色。顶芽圆锥形，鳞片无毛或仅上部有稀疏短柔毛。叶互生，椭圆形或披针状椭圆形，长 4~6cm，宽 1.7~3.5cm，两端渐狭或先端圆钝，膜质，上面绿色，下面淡绿色，两面均无毛，羽状脉，侧脉每边 5~7 条，直展，在近叶缘处弧曲，中脉、侧脉于叶两面突起；叶柄长 12~16mm，无毛；嫩枝、叶脉、叶柄常为红色。伞形花序腋生；总梗长 5~10mm，无毛；每花序有雄花 10~12 朵，先叶开放或与叶同时开放，花梗长 3~4mm，密被灰黄色柔毛；花被裂片 6 片，黄色，宽椭圆形，长约 2mm，先端钝圆，外面中肋有微毛或近于无毛，内面无毛；能育雄蕊 9 枚，花丝短，无毛，第 3 轮基部腺体小，黄色，退化雌蕊细小，柱头 2 裂。果球形，直径约 8mm；果梗长 8mm，先端稍增粗，有稀疏柔毛。花期 3~4 月，果熟期 9~10 月。

红叶木姜子 *Litsea rubescens* Lecomte.

1. 果枝　2. 花序

河南见于伏牛山西峡黄石庵林场二道沟、淅川荆子关林场；生于山沟杂木林中。分布于湖北、湖南、四川、贵州、云南、西藏、陕西南部。

（3）秦岭木姜子 *Litsea tsinlingensis* Yen C. Yang & P. H. Huang

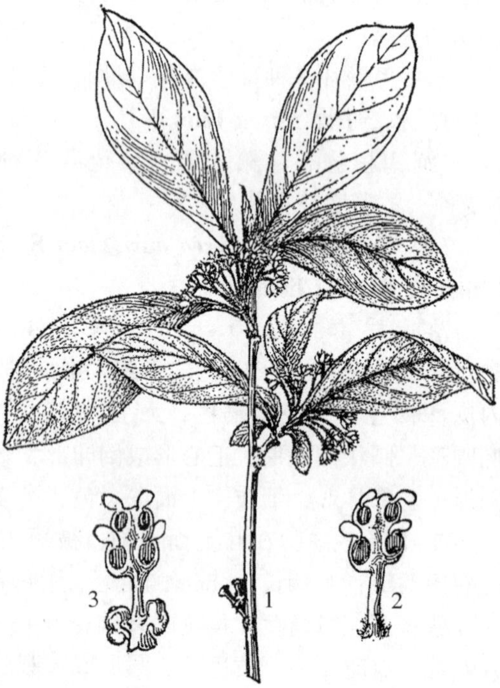

秦岭木姜子 *Litsea tsinlingensis* Yen C. Yang & P. H. Huang

1. 花枝　2. 第 1、2 轮雄蕊　3. 第 3 轮雄蕊

落叶灌木或小乔木，高可达 6m，有香味。幼枝红褐色，老枝灰绿色，均无毛。顶芽卵圆形，鳞片外面无毛或仅上部有柔毛。叶互生，倒卵形或倒卵状椭圆形，长 7~11cm，宽 3~5cm，先端短渐尖或钝圆，基部渐狭，质薄，幼时两面被白色绒毛，老时

叶上面除中脉外，其余无毛，下面毛渐稀疏或仅沿叶脉有毛，上面绿色，下面淡绿色，羽状脉，中脉在上面下陷，下面突起，侧脉每边 6~8 条，纤细，在上面微平或微陷，下面突起，老时网脉明显；叶柄长约 1cm，幼时被白色绒毛，老后脱落渐稀疏或近于无毛。伞形花序常生于枝梢，单生，苞片 4 枚，无毛；每花序有花 10~11 朵，花黄色，先叶开放或与叶同时开放，花序总梗长 3~4mm，被灰色柔毛；花梗长 8~12mm，被灰黄色柔毛；花被裂片 6 片，宽椭圆形，长 3mm，宽 2mm，先端圆钝，外面有稀疏柔毛，内面仅基部有柔毛，有 3 条脉，具腺点；能育雄蕊 9 枚，花丝短，无毛，第 3 轮基部腺体圆形，黄色；退化雌蕊无；雌花中退化雄蕊无毛；子房卵圆形，花柱粗短，无毛，柱头头状。果球形，成熟时黑色，直径 5~6mm；果梗细长，长 1.5~2mm，初时被灰黄色柔毛。花期 4~5 月，果熟期 7~8 月。

河南仅产于西峡黄石庵林场二道沟；生于海拔 1 000m 以上山坡或山谷林下或灌丛中。分布于陕西西南部和甘肃东南部。叶和果均可提取芳香油，为食用香精及化妆品原料。种子含脂肪油 54.31%，供制肥皂及提取月桂酸等。

(4) 宜昌木姜子 *Litsea ichangensis* Gamble

落叶灌木或小乔木，高达 8m；树皮黄绿色。幼枝黄绿色，较纤细，无毛，老枝红褐色或黑褐色。顶芽单生或 3 个集生，卵圆形，鳞片无毛。叶互生，倒卵形或近圆形，长2~5cm，宽 2~3cm，先端急尖或圆钝，基部楔形，纸质，上面深绿色，无毛，下面粉绿色，幼时脉腋处有簇毛，老时变无毛，有时脉腋具腺窝穴，羽状脉，侧脉每边 4~6 条，纤细，通常离基部第 1 对侧脉与第 2 对侧脉之间的距离较大，中脉、侧脉在叶两面微突起；叶柄长 5~15mm，纤细，无毛。伞形花序单生或 2 个簇生；总梗稍粗，长约 5mm，无毛；每花序常有花 9 朵，花梗长约 5mm，被丝状柔毛；花被裂片 6 片，黄色，倒卵形或近圆形，先端圆钝，外面有 4 条脉，无毛或近于无毛；能育雄蕊 9 枚，花丝无毛，第 3 轮基部腺体小，黄色，近于无柄；退化雌蕊细小，无毛；雌花中退化雄蕊无毛；子房卵圆形，花柱短，柱头头状。果近球形，直径约 5mm，成熟时黑色；果梗长 10~15mm，无毛，先端稍增粗。花期 4~5 月，果熟期 7~8 月。

宜昌木姜子 *Litsea ichangensis* Gamble
果枝

河南仅见于伏牛山南召宝天曼；生于山坡灌木丛中或山谷密林中。分布于湖北西部及西南部、四川东部及东北部以及湖南西部。

2. 樟属 *Cinnamomum* Bl.

《河南植物志（第一册）》记载 3 种。本书增补引种栽培 3 种。

(1) 黄樟 *Cinnamomum parthenoxylum*（Jack）Meisn.

[*Camphora parthenoxylon*（Jack）Nees;

Camphora porrecta (Roxb.) Voigt;

Cinnamomum barbatoaxillatum N. Chao;

Cinnamomum porrectum (Roxb.) Kosterm.;

Cinnamomum purpureaum H. G. Ye & F. G. Wang;

Laurus parthenoxylon Jack;

Laurus porrecta Roxb.;

Parthenoxylon porrectum (Roxb.) Blume;

Phoebe latifolia Champ. ex Benth.;

Sassafras parthenoxylon (Jack) Nees]

黄樟 *Cinnamomum parthenoxylum* (Jack) Meisn.
1. 花枝 2. 果枝 3. 花纵剖面 4. 第1、2轮雄蕊 5. 第三轮雄蕊 6. 退化雄蕊

常绿乔木，树干通直，高10~20m，胸径达40cm以上；树皮暗灰褐色，上部为灰黄色，深纵裂，小片剥落，厚3~5mm，内皮带红色，具有樟脑气味。枝条粗壮，圆柱形，绿褐色，小枝具棱，灰绿色，无毛。冬芽卵形，鳞片近圆形，被绢状毛。叶互生，通常为椭圆状卵形或长椭圆状卵形，长6~12cm，宽3~6cm，在花枝上的叶稍小，先端通常急尖或短渐尖，基部楔形或阔楔形，革质，上面深绿色，有光泽，下面色稍浅或带粉绿色，两面无毛或仅下面腺窝具毛簇，羽状脉，侧脉每边4~5条，与中脉两面明显，侧脉脉腋上面有不明显突起，下面无明显的腺窝，细脉和小脉网状；叶柄长1.5~3cm，腹凹背凸，无毛。圆锥花序于枝条上部腋生或近顶生，长4.5~8cm，总梗长3~5.5cm，与各级序轴及花梗无毛。花小，长约3mm，绿带黄色；花梗纤细，长达4mm。花被外面无毛，内面被短柔毛，花被筒倒锥形，长约1mm，花被裂片宽长椭圆形，长约2mm，宽约1.2mm，具点，先端钝形。能育雄蕊9枚，花丝被短柔毛，第1、2轮雄蕊长约1.5mm，花药卵圆形，与扁平的花丝近相等，第3轮雄蕊长约1.7mm，花药长圆形，长0.7mm，花丝扁平，近基部有1对具短柄的近心形腺体。退化雄蕊3枚，位于最内轮，三角状心形，连柄长不及1mm，柄被短柔毛。子房卵珠形，长约1mm，无毛，花柱弯曲，长约1mm，柱头盘状，不明显3浅裂。果球形，直径6~8mm，黑色；果托狭长倒锥形，长约10mm或稍短，基部宽1mm，红色，有纵长的条纹。花期4月下旬至5月上旬，果期4~10月。

河南郑州航空工业管理学院、河南农业大学以及新乡等城市有引种栽培，生长良好，但在河南只见开花未见结果。分布于广东、广西、福建、江西、湖南、贵州、四川、云南等省（区）；巴基斯坦、印度经马来西亚至印度尼西亚也有分布。叶可供饲养蚕。枝叶、根、树皮、木材可蒸樟油和提制樟脑，樟油是调配各种香精不可缺少的原料，樟脑多用于医药上。果核含脂肪高，核仁含油率达60%，油可供制肥皂用。此外，本种木材纹理通直，结构均匀细致，稍重而韧，易于加工，纵切面平滑，干燥后少开裂，且不变形，含油或黏液很丰富，各切面均极油润，颇能耐腐，纵切面具光泽，颇美观，适于作梁、柱、桁、桷、门、窗、天花板及农具等用材，供造船、水工、桥梁、上等家具等用材尤佳，广东地区以其木材有樟脑气味可驱臭虫，喜用之作床板，商品材名为大叶樟、黑骨樟、油

樟、浪樟等名称。

（2）猴樟 *Cinnamomum bodinieri* H. Lév.

[*Cinnamomum bodinieri* var. *glabrum* C. F. Ji；
Cinnamomum bodinieri var. *hupehanum*（Gamble）G. F. Tao；
Cinnamomum glanduliferum var. *longipaniculatum* Lecomte；
Cinnamomum inunctum var. *fulvipilosum* Yen C. Yang；
Cinnamomum hupehanum Gamble]

乔木，高达 16m，胸径 30~80cm；树皮灰褐色。枝条圆柱形，紫褐色，无毛，嫩时多少具棱角。芽小，卵圆形，芽鳞疏被绢毛。叶互生，卵圆形或椭圆状卵圆形，长 8~17cm，宽 3~10cm，先端短渐尖，基部锐尖，宽楔形至圆形，坚纸质，上面光亮，幼时被极细的微柔毛，老时无毛，下面苍白，密被绢状微柔毛，中脉在上面平坦，下面突起，侧脉每边 4~6 条，最基部的 1 对近对生，其余的均为互生，斜升，两面近明显，侧脉脉腋在下面有明显的腺窝，上面相应处明显呈泡状隆起，横脉及细脉网状，两面不明显，叶柄长 2~3cm，腹凹背凸，略被微柔毛。圆锥花序在幼枝上腋生或侧生，同时亦有近侧生，有时基部具苞叶，长（5~）10~15cm，多分枝，分枝两歧状，具棱角，总梗圆柱形，长 4~6cm，与各级序轴均无毛。花绿白色，长约 2.5mm，花梗丝状，长 2~4mm，被绢状微柔毛。花被筒倒锥形，外面近无毛，花被裂片 6 片，卵圆形，长约 1.2mm，外面近无毛，内面被白色绢毛，反折，很快脱落。能育雄蕊 9 枚，第 1、2 轮雄蕊长约 1mm，花药近圆形，花丝无腺体，第 3 轮雄蕊稍长，花丝近基部有 1 对肾形大腺体。退化雄蕊 3 枚，位于最内轮，心形，近无柄，长约 0.5mm。子房卵珠形，长约 1.2mm，无毛，花柱长 1mm，柱头头状。果球形，直径 7~8mm，绿色，无毛；果托浅杯状，顶端宽 6mm。花期 5~6 月，果熟期 7~8 月。

猴樟 *Cinnamomum bodinieri* H. Lév.
1. 花枝 2. 果枝 3. 叶片一部分，背面观，示毛被

河南洛阳、西峡、郑州等地有引种栽培，作庭院绿化树种，能在-9℃的低温下生长良好，但在河南只见开花未见结果。分布于贵州、四川东部、湖北、湖南西部及云南东部。枝叶含芳香油，果仁含脂肪。

（3）银木 *Cinnamomum septentrionale* Hand. -Mazz.（彩版图 50）

[*Cinnamomum inunctum* var. *albosericeum* Gamble]

中至大乔木，高 16~25m，胸径 60~150cm；树皮灰色，光滑。枝条稍粗壮，具棱，被白色绢毛。芽卵珠形，芽鳞先端微凹，具小突尖，被白色绢毛。叶互生，椭圆形或椭圆状倒披针形，长 10~15cm，宽 5~7cm，先端短渐尖，基部楔形，近革质，上面被短柔毛，下面尤其是在脉上明显被白色绢毛，羽状脉，侧脉每边约 4 条，弧曲上升，在叶缘之内消失，与中脉两面突起，侧脉脉腋在上面微突起，下面呈浅窝穴状，横脉两面多少明显，细

脉网结状，两面在放大镜下呈浅蜂巢状；叶柄长2~3cm，腹平背凸，初时被白色绢毛，后变无毛。圆锥花序腋生，长达15cm，多花密集，具分枝，分枝细弱，叉开，末端为3~7朵花的聚伞花序，总轴细长，长达6cm，与序轴被绢毛。花开放时长约2.5mm；花梗长1~2mm，被绢毛。花被筒倒锥形，外面密被白色绢毛，长约1mm，花被裂片6片，近等大，宽卵圆形，长约1.5mm，宽约1.2mm，先端锐尖，外面疏被、内面密被白色绢毛，具腺点。能育雄蕊9枚，花丝被柔毛，第1、2轮雄蕊长1.2mm，花药宽卵圆形，药室内向，花丝与花药近等长，无腺体，第3轮雄蕊长约1.5mm，花药卵圆状长圆形，药室外向，花丝基部有1对圆状肾形腺体。退化雄蕊3枚，位于最内轮，长三角状钻形，具短柄，被柔毛。子房卵珠形，长0.5mm，花柱伸长，长11mm，柱头盘状，明显。果球形，直径不及10mm，无毛，果托长5mm，先端增大成盘状，宽达4mm。花期5~6月，果熟期7~9月。

河南工业大学等校园有引种栽培，生长良好。分布于四川西部、陕西南部及甘肃南部。根含樟脑量较高。根材美丽，称银木，用作工艺美术品；木材黄褐色，纹理直，结构细，可制樟木箱及作建筑用材。叶可作纸浆黏合剂。

（六十七）罂粟科 Papaveraceae

《河南植物志（第二册）》记载12属，27种，3变种。

其中：

中国角茴香、雪里青、咽喉草 *Hypecoum chinense* Franch. 为细果角茴香 *Hypecoum leptocarpum* Hook. f. & Thomson 的异名；

荷包牡丹 *Dicentra spectabilis*（L.）Lem. 为荷包牡丹 *Lamprocapnos spectabilis*（L.）Fukuhara 的异名；

白花刻叶紫堇（变种）*Corydalis incisa* var. *alba* S. Y. Wang 为刻叶紫堇 *Corydalis incisa*（Thunb.）Pers. 的异名。

本书另增补1属，16种，1变种。

1. 罂粟属 *Papaver* L.

《河南植物志（第二册）》记载2种（栽培）。本书增补1种，1变种。

（1）野罂粟 野大烟 ***Papaver nudicaule* L.**

[*Papaver alpinum* L.;

Papaver chinense（Regel）Kitag.;

Papaver croceum Ledeb;

Papaver croceum subsp. *chinense*（Regel）Rändel;

Papaver nudicaule var. *chinense*（L.）Fedde;

Papaver nudicaule var. *corydalifolium* Fedde;

Papaver nudicaule var. *isopyroides* Fedde;

Papaver nudicaule subsp. *rubroaurantiacum*（Fisch. ex DC.）Fedde;

Papaver nudicaule var. *saxatile* Kitag.;

Papaver nudicaule var. *subcorydalifolium* Fedde;

Papaver rubroaurantiacum Fisch. ex Steud. ;

Papaver tenellum Tolm.]

多年生草本植物，高 20~60cm。主根圆柱形，延长，上部粗 2~5mm，向下渐狭，或为纺锤状；根茎短，增粗，通常不分枝，密盖麦秆色、覆瓦状排列的残枯叶鞘。茎极缩短。叶全部基生，叶片轮廓卵形至披针形，长 3~8cm，羽状浅裂、深裂或全裂，裂片 2~4 对，全缘或再次羽状浅裂或深裂，小裂片狭卵形、狭披针形或长圆形，先端急尖、钝或圆，两面稍具白粉，密被或疏被刚毛，极稀近无毛；叶柄长（1~）5~12cm，基部扩大成鞘，被斜展刚毛。花葶 1 至数枚，圆柱形，直立，密被或疏被斜展刚毛。花单生于花葶先端；花蕾宽卵形至近球形，长 1.5~2cm，密被褐色刚毛，通常下垂；萼片 2 枚，舟状椭圆形，早落；花瓣 4 片，宽楔形或倒卵形，长（1.5~）2~3cm，边缘具浅波状圆齿，基部具短爪，淡黄色、黄色或橙黄色，稀红色；雄蕊多数，花丝钻形，长 0.6~1cm，黄色或黄绿色，花药长圆形，长 1~2mm，黄白色、黄色或稀带红色；子房倒卵形至狭倒卵形，长 0.5~1cm，密被紧贴刚毛，柱头 4~8 个，辐射状。蒴果狭倒卵形、倒卵形或倒卵状长圆形，长 1~1.7cm，密被紧贴的刚毛，具 4~8 条淡色的宽肋；柱头盘平扁，具疏离、缺刻状的圆齿。种子多数，近肾形，小，褐色，表面具条纹和蜂窝小孔穴。花果期 5~6 月，果熟期 8~9 月。

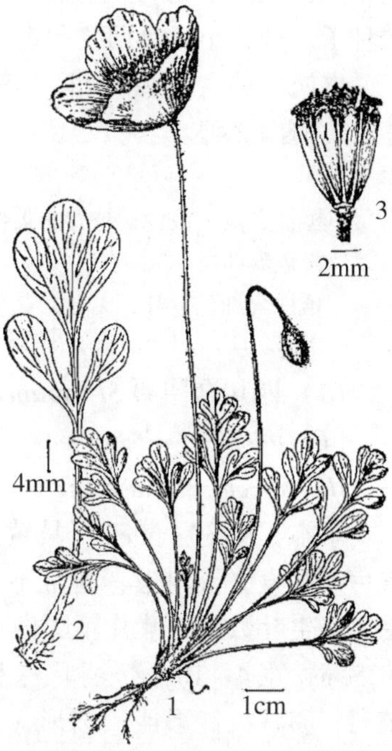

野罂粟 *Papaver nudicaule* L.

1. 植株　2. 叶片　3. 果实

河南见于济源黄楝树林场鳌背山；生于海拔 1 500m 以上的林下、林缘、山坡草地。分布于河北、山西、内蒙古、黑龙江、陕西、宁夏、新疆等省区；北半球北极区及中亚、北美洲也有分布。

（2）光果野罂粟（变种）*Papaver nudicaule* var. *aquilegioides* Fedde（彩版图 51）

[*Papaver anomalum* Fedde;

Papaver nudicaule var. *glabricarpum* P. Y. Fu]

与原种野罂粟 *Papaver nudicaule* L. 的区别：子房和蒴果无毛；花黄色或橙黄色。

河南仅见于济源黄楝树林场鳌背山；生于海拔 1 500m 以上的山坡、林缘、草地。分布于河北、山西、内蒙古、黑龙江、陕西、宁夏、甘肃、湖北西部和四川东部。

2. 金罂粟属 *Stylophorum* Nutt.（新增属）

多年生草本，具黄色或血红色液汁。茎 1（~3）条，直立，圆柱形，具条纹，被柔毛或无毛。基生叶少数，具长柄，叶片羽状深裂或全裂，裂片深波状或为不规则的锯齿；茎生叶 2~3 枚或 4~7 枚，具短柄，顶端 2 枚叶（稀 3 枚叶）近对生，或于总花梗下生出而近于顶生，具短柄或无柄，叶片同基生叶。花排列成伞房状花序或伞形花序，具花序梗和苞片。萼片 2 枚，宽卵形，被长柔毛，早落；花瓣 4 片，黄色，近圆形，覆瓦状排列；雄蕊多数（20 枚或更多），花丝丝状，花药长圆形或线状长圆形，2 室，纵裂；子房卵球形或圆柱形，被短柔毛，1 室，2~4 枚心皮，花柱圆柱形，柱头头状，2~4 浅裂，裂片与胎座互生，胚珠多数。蒴果狭卵形或狭长圆形，被短柔毛，2~4 瓣自先端向基部开裂，具多数种子。种子小，具网纹和鸡冠状种阜。

本属 3 种，1 种产于北美洲大西洋沿岸；我国产 2 种，分布于四川东部、湖北西部至秦岭。河南 2 种。

金罂粟属分种检索表

1. 植株含黄色液汁，被卷曲柔毛。茎生叶 4~7 枚。柱头裂片小。蒴果长圆形，常 2.5~3.5cm，密被褐色卷曲柔毛 ……………………………… （1）四川金罂粟 *Stylophorum sutchuense*（Franch.） Fedde
1. 植株含红色液汁，无毛。茎生叶 2~3 枚。柱头裂片大，近平展。蒴果狭圆柱形，常 5~8cm，被短柔毛 ……………………………………………… （2）金罂粟 *Stylophorum lasiocarpum*（Oliv.） Fedde

（1）四川金罂粟 *Stylophorum sutchuenense*（Franch.）Fedde

［*Chelidonium sutchuenense* Franch.；

Hylomecon sutchuenensis（Franch.） Diels］

草本，高 30~60cm，具黄色液汁。根茎略粗壮，黑褐色。茎直立或斜上，通常不分枝，密被淡褐色卷曲柔毛。基生叶数枚，叶片轮廓倒长卵形或倒披针形，长 10~25cm，宽 4~10cm，羽状深裂或全裂，裂片 4~8 对，疏离，卵状披针形或长圆形，长 2~5cm，宽1~2cm，下部裂片较小，先端钝，基部一侧向上弧曲，另一侧弯缺，边缘为不规则深圆齿，表面绿色，干后褐色，无毛，背面粉白色，沿脉（尤其中脉）被淡褐色卷曲的柔毛；叶柄长 10~15cm，被淡褐色卷曲柔毛；茎生叶 4~7 枚，互生，具短柄，顶端 2 枚叶近对生，几无柄，其他同基生叶。花数朵排列成顶生伞房花序；花梗长 5~7cm；苞片披针形，长2~4mm。花芽倒卵形或近圆形，直径 4~5mm；萼片卵形，长 5~7mm，先端渐尖，外面被柔毛和细毛；花瓣黄色，倒卵形，长 1~2cm，宽 1~1.5cm；花丝丝状，长 5~6mm，花药线形，长约 1.5mm；子房圆柱形，密被白色长柔毛，花柱长 4~5mm，柱头 2 裂，裂片小。蒴果长圆形，长 2.5~3.5cm，粗 5~6mm，密被淡褐色卷曲柔毛。种子多数，卵形或近球形，长约 1mm，黑褐色，具网纹及小瘤状突起，一侧有鸡冠状种阜。花期 4~5 月，果熟期 5~6 月。

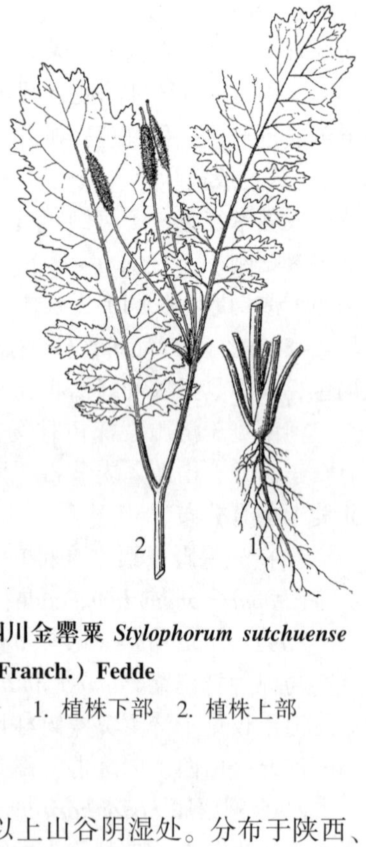

四川金罂粟 *Stylophorum sutchuense*（Franch.）Fedde

1. 植株下部 2. 植株上部

产于西峡黑烟镇林场、卢氏瓦窑沟；生于海拔1 000m 以上山谷阴湿处。分布于陕西、甘肃和四川东北部。

（2）金罂粟 *Stylophorum lasiocarpum*（Oliv.）Fedde

［*Chelidonium lasiocarpum* Oliv.；

Hylomecon lasiocarpa（Oliv.） Diels］

草本，高 30~50（~100）cm，具血红色液汁。茎直立，通常不分枝，无毛。基生叶数枚，叶片轮廓倒长卵形，大头羽状深裂，长 13~25cm，裂片 4~7 对，疏离，侧裂片卵

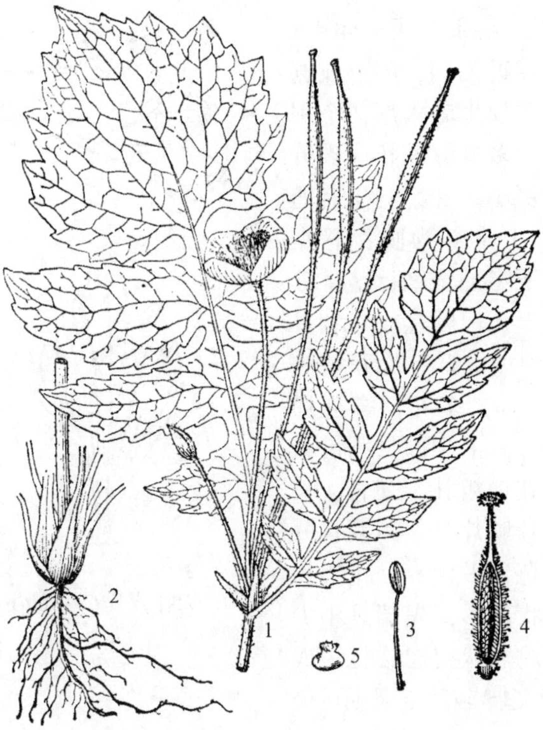

金罂粟 ***Stylophorum lasiocarpum*** **(Oliv.) Fedde**

1. 枝　2. 基生叶　3. 雄蕊　4. 子房　5. 种子

状长圆形，长 3~5cm，具有不规则锯齿或圆齿状锯齿，下部羽片较小，顶生裂片宽卵形，长 7~10cm，宽 5~7cm，边缘具有不等的粗齿，表面绿色，背面具白粉，两面无毛；叶柄长 7~10cm，无毛；茎生叶 2~3 枚，生于茎上部，近对生或近轮生，叶片同基生叶，叶柄较短。花 4~7 朵，于茎先端排列成伞形花序；花梗长 5~15cm；苞片狭卵形，渐尖，长1~1.5cm。萼片卵形，长约 1cm，急尖，外面被短柔毛；花瓣黄色，倒卵状圆形，长约 2cm；雄蕊长约 1.2cm，花丝丝状，花药长圆形，长约 1.5mm；子房圆柱形，长约 1.2cm，被短毛，花柱长约 3mm，柱头 2 裂，裂片大，近平展。蒴果狭圆柱形，长 5~8cm，粗约 5mm，被短柔毛。种子多数，卵圆形，长约 1mm，具网纹，有鸡冠状的种阜。花期 4~8 月，果熟期 7~9 月。

河南仅见于淅川县荆子关林场；生于林下或沟边。分布于陕西南部、湖北西部和四川东部。全草入药，治崩漏，煎水可洗疮毒；根和叶治外伤出血。陕西用全草或根治跌打损伤、外伤出血、劳伤、月经不调、疖疮。

3. 紫堇属 *Corydalis* DC.

《河南植物志（第二册）》记载 11 种，1 变种。本书除修订外，增补 12 种。

(1) 大叶紫堇 *Corydalis temulifolia* Franch.

多年生草本，高（20~）30~60（~90）cm。根纤细，具多数纤维状细根；根茎粗壮，密盖以残枯的叶柄基。茎 2~3 条，淡红绿色，5 棱，不分枝或分枝，具叶，有时被微柔毛。基生叶数枚，叶柄长 6~14（~37）cm，通常粗壮，基部膨大，叶片轮廓三角形，长4~10（~18）cm，二回三出羽状全裂，第1回全裂片具长柄，宽卵形至三角形，第2回全裂片具短柄或近无柄，卵形或宽卵形，先端急尖，基部顶生者楔形，个别植株中部分叶片顶裂片多少深齿状或再分裂成狭矩圆形锐尖的更小裂片，侧生者通常两侧不对称，边缘上半部为圆齿状锯齿，齿端具小尖头，下半部全缘；茎生叶2~4枚，与基生叶同形，但叶片较小和具较短的叶柄。总状花序生于茎及分枝先端，长3~7（~12）cm，多花，排列稀疏；苞片卵形或倒卵形，上半部具圆齿状锯齿，下半部全缘；花梗粗壮，劲直，长于或等长于苞片。萼片鳞片状，撕裂状分裂，早落；花瓣紫蓝色，平伸，上花瓣长2.5~3cm，花瓣片舟状菱形，先端具小尖头，边缘开展，背部鸡冠状突起矮且短或无，有时则高且宽，变异较大，距劲直，圆锥形，略短于花瓣片或与之等长，下花瓣匙形，长1.5~1.8cm，花瓣片小，先端具小尖头，边缘开展，背部具鸡冠状突起，爪狭楔形，长为花瓣片的3~4倍，内花瓣提琴形，长1.3~1.6cm，花瓣片倒卵状长圆形，先端圆或微凹，具短尖，基部平截，具1个侧生囊，背部具鸡冠状突起，爪线形，上端弯曲，长为花瓣片的2倍；雄蕊束长1.2~1.5cm，花药小，花丝披针形，蜜腺体贯穿距的1/4~1/3，先端棒状；子房线形，长1~1.2cm，胚珠约20个，花柱短，长约为子房的1/4，柱头双卵形，具10个乳突。蒴果线状圆柱形，长4~5cm，粗1.5~2mm，劲直，近念珠状。种子近圆形，直径1~1.5mm，黑色，具光泽。花期3~5月，果熟期5~6月。

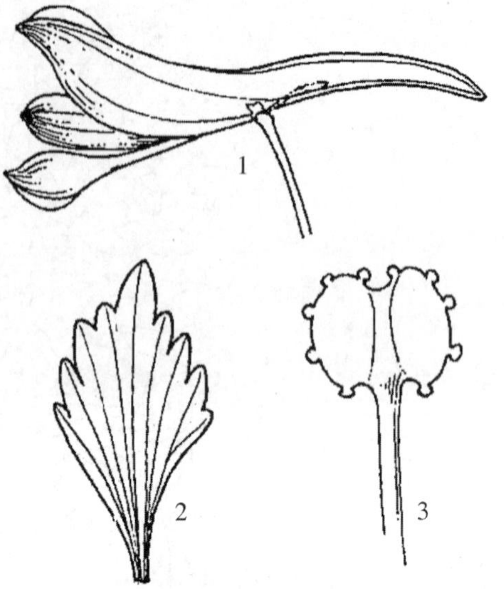

大叶紫堇 *Corydalis temulifolia* Franch.
1. 花外形　2. 苞片　3. 柱头

产于河南西峡黄石庵林场二道沟；生于海拔1 000m左右山谷林下阴湿处。分布于陕西南部、甘肃东南部、湖北西部和四川东部及北部。全草入药，有止痛止血之功效。

（2）地锦苗 *Corydalis sheareri* S. Moore

[*Corydalis chelidoniifolia* H. Lév. & Vaniot;
Corydalis sheareri var. *changyangensii* Fedde;
Corydalis suaveolens Hance;
Corydalis echinocarpa Franch.]

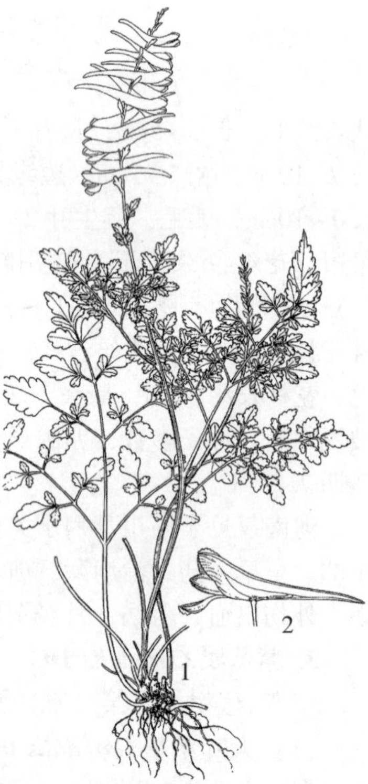

地锦苗 *Corydalis sheareri* S. Moore
1. 植株　2. 花外形

多年生草本，高（10~）20~40（~60）cm。主根明显，具多数纤维根，棕褐色；根茎粗壮，干时黑褐色，被以残枯的叶柄基。茎 1~2 条，绿色，有时带红色，多汁液，上部具分枝，下部裸露。基生叶数枚，长 12~30cm，具带紫色的长柄，叶片轮廓三角形或卵状三角形，长 3~13cm，二回羽状全裂，第 1 回全裂片具柄，第 2 回无柄，卵形，中部以上具圆齿状深齿，下部宽楔形，表面绿色，背面灰绿色，叶脉在表面明显，背面稍突起；茎生叶数枚，互生于茎上部，与基生叶同形，但较小和具较短柄。总状花序生于茎及分枝先端，长 4~10cm，有 10~20 朵花，通常排列稀疏；苞片下部者近圆形，3~5 深裂，中部者倒卵形，3 浅裂，上部者狭倒卵形至倒披针形，全缘；花梗通常短于苞片。萼片鳞片状，近圆形，具缺刻状流苏；花瓣紫红色，平伸，上花瓣长 2~2.5（~3）cm，花瓣片舟状卵形，边缘有时反卷，背部具短鸡冠状突起，鸡冠超出瓣片先端，边缘具不规则的齿裂，距圆锥形，末端极尖，长为花瓣片的 1.5 倍，下花瓣长 1.2~1.8cm，匙形，花瓣片近圆形，边缘有时反卷，先端具小尖突，背部鸡冠状突起月牙形，超出花瓣，边缘具不规则的齿裂，爪条形，长约为花瓣片的 2 倍，内花瓣提琴形，长 1.1~1.6cm，花瓣片倒卵形，具 1 个侧生囊，爪狭楔形，长于花瓣片；雄蕊束长 1~1.4cm，花药小，绿色，花丝披针形，蜜腺体贯穿距的 2/5；子房狭椭圆形，长 5~7mm，具 2 列胚珠，花柱稍短于子房，柱头双卵形，绿色，具 8~10 个乳突。蒴果狭圆柱形，长 2~3cm，粗 1.5~2mm。种子近圆形，直径约 1mm，黑色，具光泽，表面具多数乳突。花期 3~5 月，果熟期 5~6 月。

产于河南大别山商城黄柏山、新县老庙及伏牛山西峡黑烟镇；生于海拔 300~1 500m 山谷林下阴湿处。分布于江苏南部、安徽南部、浙江、江西、福建、湖北、湖南、广东、香港、广西东北部、陕西南部、四川、贵州、云南。全草入药，治瘀血，民间泡酒治跌打损伤。

（3）川东紫堇 *Corydalis acuminata* Franch.

[*Corydalis acuminate* subsp. *hupehensis* C. Y. Wu]

多年生草本，高 20~50cm。须根多，粗线形，具少数纤维状细根；根茎短，盖以残枯的叶柄基，叶基卵圆形，长 0.7~1.5cm，增厚。茎直立，上部具少数分枝。基生叶数枚，叶柄长 5~8cm，基部扩大成鞘，鞘长卵形，中部厚，边缘宽膜质，叶片轮廓宽卵形，长4~5.5cm，三回羽状分裂，第 1 回全裂片具柄，3 对，疏离，近对生，第 2 回裂片无柄，2~4 深裂，末回裂片披针形或倒披针形，表面绿色，背面具白粉；茎生叶 2~3 枚，疏离，互生，下部叶具柄，最上部叶近无柄，其他与基生叶相似。总状花序顶生和侧生，长 5~8cm，有 8~12 朵花；苞片最下部者同上部茎生叶，下部者羽状分裂，最上部者倒披针形、浅裂至全缘；花梗等长于或稍长于苞片，果

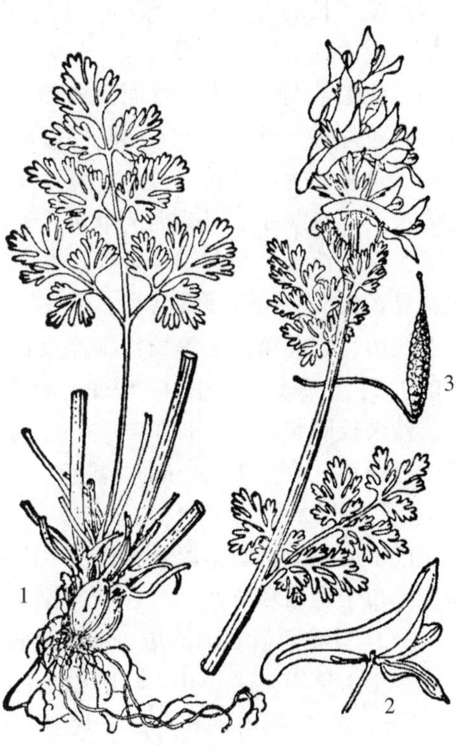

川东紫堇 *Corydalis acuminata* Franch.

1. 植株 2. 花 3. 蒴果

期远长于苞片。萼片鳞片状，白色，具缺刻状齿；花较小和纤细，花瓣紫色，上花瓣长1.7~2.3cm，花瓣片舟状卵形，先端极尖，有时渐尖，具尖头，边缘波状，背部具极矮的鸡冠状突起，距圆筒形，末端稍下弯，与花瓣片近等长或略长，下花瓣长1~1.1cm，上部舟状卵形，先端极尖，有时渐尖，具尖头，背部鸡冠状突起，极矮，中部缢缩，下部呈囊状，内花瓣提琴形，长0.7~0.9cm，花瓣片倒卵状长圆形，具1个侧生囊，基部耳垂，爪狭楔形，略长于花瓣片；雄蕊束长6~8mm，花药极小，花丝狭披针形，蜜腺体贯穿距的1/3~2/5；子房狭椭圆形，长3~4mm，胚珠多数，排成2列，花柱长2~3mm，向上渐狭，先端弯曲，柱头双卵形，具8个乳突。蒴果狭椭圆形，长1.5~2cm，成熟时自果梗先端反折，具多数种子。种子近圆形，直径约1.5mm，黑色，具光泽。花期4~7月，果熟期6~8月。

产于河南西峡黑烟镇林场、淅川荆子关林场；生于山坡林下阴湿处。分布于陕西南部、湖北西部和贵州东北部。

（4）陕西紫堇 *Corydalis shensiana* Lidén ex C. Y. Wu，H. Chuang & Z. Y. Su（彩版图52）

[*Corydalis curviflora* var. *giraldii* Fedde]

无毛草本，高17~35cm。须根极多成簇，狭纺锤状圆柱形，具少数纤维状细根。茎1~4条，直立，不分枝，上部具叶，下部裸露，近基部变细。基生叶少数，叶柄长7~9cm，基部变细，叶片轮廓近圆形或肾形，3全裂，全裂片近无柄，2~3深裂，有时指状全裂，小裂片线状长圆形或狭倒卵形，先端钝或圆，有钝尖头；茎生叶1~4枚，疏离，互生，无柄或近无柄，叶片掌状5~7全裂，裂片条形或狭倒披针形，长15~50mm，宽1.5~5mm，全缘，先端急尖，背面具白粉。总状花序顶生，长3~7cm，有10~15朵花，先密后疏；苞片最下部者3~5全裂，其余狭披针形至线状披针形，全缘；花梗极纤细，下部者短于苞片，上部者长于苞片。萼片鳞片状，极小，近圆形，边缘缺刻状。花瓣蓝色，上花瓣长1.4~1.6cm，花瓣片舟状卵形，先端略具短尖，边缘具浅波状齿，背部鸡冠状突起极矮，距圆筒形，与花瓣片近等长，末端圆，向上弯曲，下花瓣匙形，长7~8mm，花瓣片先端具短尖，边缘具浅波状齿，爪狭楔形，与花瓣片近等长，内花瓣提琴形，长6~7mm，爪宽线形，与花瓣片近等长；雄蕊束长5~6mm，花药极小，花丝狭椭圆形，蜜腺体贯穿距的1/2；子房线形，长4~5mm，具1列胚珠，花柱比子房短，柱头双卵形，具8个乳突。蒴果长圆状线形，长1~1.3cm，粗1.5mm，成熟时自果梗先端反折，种子3~6粒。种子近圆形，直径1~1.5mm，黑色，光亮，微具条纹；种阜小。花期5~6月，果熟期6~7月。

产于河南太行山济源㙘坪，伏牛山卢氏和西峡。生于海拔1 200m以上的林下灌丛或山顶。分布于山西和陕西。

（5）秦岭紫堇 *Corydalis trisecta* Franch.

多年生草本，高（10~）15~28cm。须根多数成簇，长圆形至倒卵形肉质增粗，长2~3.5cm，粗1.5~4mm，具纤维状细根。茎单一，细长，不分枝或稀分枝，上部具叶，下部裸露，近基部线形。基生叶具长柄，叶片近于5全裂或深裂至二回三出分裂，裂片椭圆形或披针形，肉质，近无柄；茎生叶2枚，互生于茎上部，明显具柄，叶片一回奇数羽状分裂，裂片2对，下部1对常2~3深裂，小裂片宽椭圆形，长2~3cm，宽0.8~1.5cm，先端钝至近急尖，肉质，纵脉明显，表面灰绿色，背面白绿色。总状花序顶生，有 5~10 朵花，先密后疏；苞片卵状披针形至披针形，全缘；花梗长 6~10mm，与苞片近等长。萼片鳞片状，白色，膜质，边缘撕裂状，早落；花瓣黄色，上花瓣长 2~2.2cm，花瓣片舟状卵形，先端急尖，背部具高鸡冠状突起，距圆筒形，稍向下弯曲，与花瓣片近等长，下花瓣匙形，长约 1cm，先端急尖，背部具高鸡冠状突起，爪与花瓣片近等长，内花瓣提琴形。雄蕊束长约 9mm，花丝披针形；子房线形。蒴果圆柱形，长达 3cm，粗 2~3mm，具数枚种子，排成 1 列。种子近圆形，直径约 1.5mm，黑色，具光泽。花期 5~6 月，果熟期 6~7 月。

产于河南卢氏大块地；生于山坡、山顶草丛中。分布于湖北西部、四川东北部和陕西西南部。

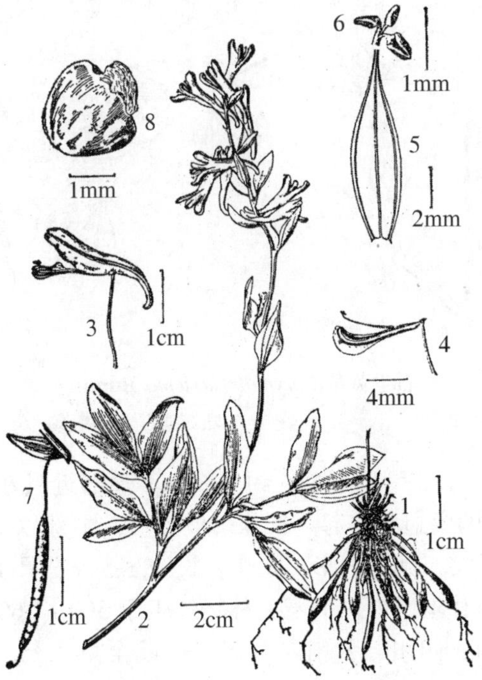

秦岭紫堇 *Corydalis trisecta* Franch.

1. 块根 2. 植株上部 3. 上面花瓣及下面花瓣 4. 内面花瓣及一雄蕊 5. 花丝 6. 花药 7. 果实 8. 种子

（6）石生黄堇 岩黄连 ***Corydalis saxicola* Bunting**

淡绿色易萎软草本，高 30~40cm，具粗大主根和单头至多头的根茎。茎分枝或不分枝；枝条与叶对生，花葶状。基生叶长约 10~15cm，具长柄，叶片约与叶柄等长，二回至一回羽状全裂，末回羽片楔形至倒卵形，长 2~4cm，宽 2~3cm，不等大 2~3 裂或边缘具粗圆齿。总状花序长 7~15cm，多花，先密集，后疏离。苞片椭圆形至披针形，全缘，下部的约长 1.5cm，宽 1cm，上部的渐狭小，全部长于花梗。花梗长约 5mm。花金黄色，平展。萼片近三角形，全缘，长约 2mm。外花瓣较宽展，渐尖，鸡冠状突起仅限于龙骨状突起之上，不伸达顶端。上花瓣长约 2.5cm；距约占花瓣全长的 1/4，稍下弯，末端囊状；

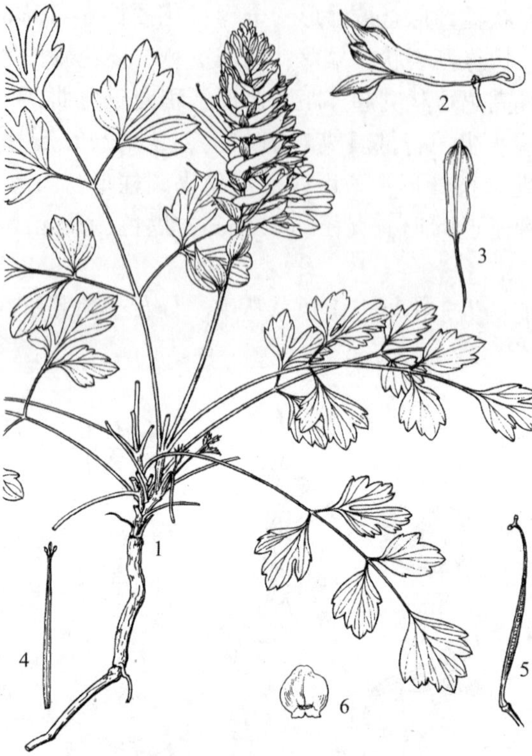

石生黄堇 *Corydalls saxicola* Bunting

1. 植株　2. 花　3. 内花瓣　4. 雄蕊　5. 雌蕊　6. 花萼

蜜腺体短，约贯穿距长的 1/2。下花瓣长约 1. 8cm，基部近具小瘤状突起。内花瓣长约 1. 5cm，具厚而伸出顶端的鸡冠状突起。雄蕊束披针形，中部以上渐缢缩。柱头二叉状分裂，各枝顶端具 2 裂的乳突。蒴果线形，下弯，长约 2. 5cm，具 1 列种子。

产于河南西峡黑烟镇林场、淅川荆子关林场；生于 500~1 600m 石灰岩石地。分布于浙江、湖北、陕西、广西、四川、云南等省区。根或全草入药，有清热止痛、消毒、消炎、健胃、止血等功效。

（7）房山紫堇 *Corydalis fangshanensis* W. T. Wang ex S. Y. He

灰绿色丛生草本，高 20~30cm，具主根。根茎多头，向上发出多茎。茎不分枝，花葶状，无叶，有时基部具 1~2 片叶。基生叶多数，约与花葶等长；叶柄稍长于叶片，基部具鞘；叶片披针形，二回羽状全裂，一回羽片 5~7 对，具短柄，末回羽片倒卵形，基部楔形，长 1. 5~2cm，宽 1. 3~2cm，3 深裂，裂片常 2~3 浅裂。总状花序长 5~8cm，疏具多花。苞片披针形，约与花梗等长。花梗长约 5mm。花淡红紫色至近白色，平展。萼片卵圆形，全缘，长约 2mm。外花瓣宽展，渐尖，具浅鸡冠状突起。上花瓣长约 2cm；距囊状，约占花瓣全长的 1/4；蜜腺体约贯穿距长的 1/2。下花瓣长约 1. 6cm，爪约与瓣片等长。内花瓣具高鸡冠状突起，爪约与瓣片等长。雄蕊束披针形。子房线形，长约是花柱长的 2 倍；柱头横向伸出 2 臂，各枝顶端具 2 裂的乳突。蒴果线形，下垂，长约 2cm，具 1 列种子。种子肾形，直径约 1. 5mm，种阜柄状，紧贴。

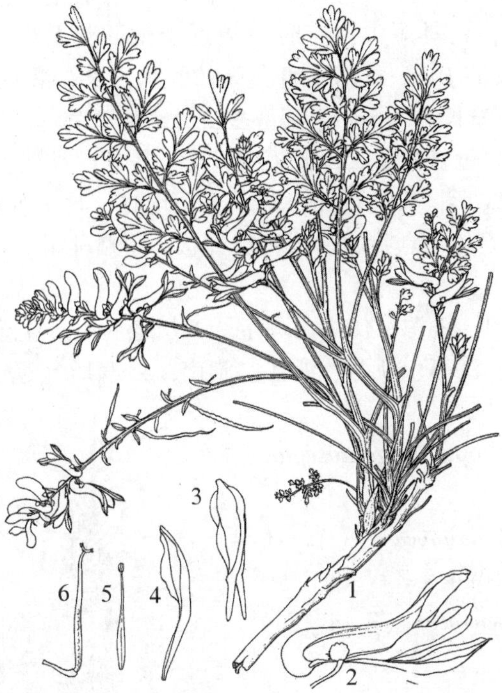

房山紫堇 *Corydalis fangshanensis* W. T. Wang ex S. Y. He

1. 植株　2. 花　3. 内花瓣　4. 下花瓣　5. 雄蕊　6. 雌蕊

产于河南林州、辉县、沁阳、修武、济源、博爱；生于 300~1 500m 的石灰岩多石山坡。分布于北京房山、河北、山西。根入药，有清热解毒之功效。

（8）球果黄堇 *Corydalis speciosa* Maxim.

［*Corydalis maximowicziana* Nakai；

Corydalis pallida var. *ramosissima* Kom.；

Corydalis pallida var. *speciosa*（Maxim.）Kom；

Corydalis speciosa var. *ramosissima*（Kom.）Kitag.］

多年生灰绿色草本，高 40~60cm，具主根。当年生和第二年生的茎常不分枝，3 年以上的茎多分枝。下部茎生叶具柄，上部的近无柄，叶片长约 15cm，狭长圆形，二回羽状全裂，一回羽片 5~7 对，下部的较疏离，上部的较密集，二回羽片 2~4 对，卵状椭圆形，上面绿色，下面苍白色，长 10~15mm，宽 5~8mm，羽状深裂，裂片线形至披针形，具短尖。总状花序生茎和腋生枝的顶端，密具多花，长 5~10cm，待下部的花结果时，上部的花渐疏离，可长达 19cm。苞片披针形至菱状披针形，具细长的顶端，约与花梗等长或稍长，有时从中部至顶端疏具锯齿。花梗长约 7mm，果时下

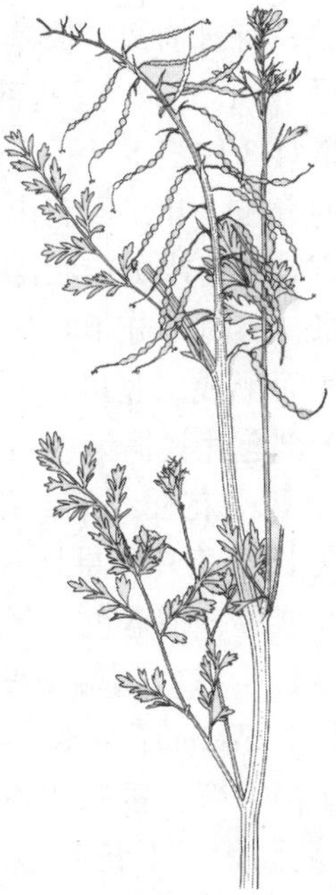

球果黄堇 *Corydalis speciosa* Maxim.

果枝（果锡麟　绘）

弯。花金黄色，近平展或稍俯垂。萼片小，近圆形，中央着生，直径约1mm，具疏齿。外花瓣较宽展，通常渐尖，近具短尖，有时顶端近于微凹，无鸡冠状突起。上花瓣长2~2.2cm；距约占花瓣全长的1/3，背部平直，腹部下垂，末端囊状；蜜腺体约占距长的1/2，末端钩状弯曲。下花瓣长约1.5cm，基部多少具小瘤状突起。内花瓣长约1.3cm，顶端微凹，具短尖和粗厚的鸡冠状突起。雄蕊束披针形，较狭。柱头呈二臂状横向伸出，各枝顶端具3个乳突。蒴果线形，长约3cm，俯垂，念珠状，具1列种子。种子黑亮，扁压，直径约2mm，边缘具密集的小点状印痕；种阜杯状，紧贴种子。花期5~6月，果熟期6~7月。

产于河南太行山林州、济源及伏牛山灵宝、栾川老君山；生于林缘、路边、水边。分布于东北及河北、山东、江苏、江西、浙江、湖南；俄罗斯（远东地区）、朝鲜、日本也有分布。

（9）北京延胡索 *Corydalis gamosepala* Maxim.

［*Corydalis remota* f. *haitaoensis*（Y. H. Chou & C. Q. Xu）C. Y. Wu & Z. Y. Su；

Corydalis remota f. *heteroclite*（K. T. Fu）C. Y. Wu & Z. Y. Su；

Corydalis remota var. *heteroclite* K. T. Fu；

Corydalis tutschaninovii f. *haitaoensis* Y. H. Chou & Ch. Q. Xu］

多年生草本，高（7~）10~22cm，通常近直立，有时匍匐。块茎圆球形或近长圆形，直径1~1.5cm。茎基部以上具1~2枚鳞片，常具3枚茎生叶；下部叶具叶鞘并常具腋生的分枝。叶二回三出，小叶的变异极大，通常具圆齿或圆齿状深裂，有时侧生的小叶全缘，有时部分小叶分裂成披针形或线形的裂片而形成二型叶。总状花序具7~13朵花。下部苞片具篦齿或粗齿，上部的全缘或具1~2齿。花梗纤细，花期长5~13mm，等长或稍长于苞片，果期长10~20mm。花桃红色或紫色，稀蓝色。萼片小，早落。外花瓣宽展，全缘，顶端微凹，通常无短尖。上花瓣长1.6~2cm；距长1~1.3cm，常稍上弯，末端稍下弯；蜜腺体贯穿距长的1/2~2/3，末端圆钝。下花瓣略向前伸出。内花瓣长8~10mm。柱头扁四方形，前端具4个乳突，两侧基部下延。蒴果线形，长1~2cm，具1列种子。果实成熟后开裂，弹出种子。种子直径约1.5mm，具带状种阜。花期3~5月，果期4~6月。

北京延胡索 *Corydalis gamosepala* Maxim.

1. 正常植株　2. 具二型叶植株的片段　3. 花　4. 上花瓣　5. 下花瓣　6. 雄蕊　7. 雌蕊

产于河南林州、辉县、济源、沁阳；生于山坡、灌丛或阴湿处。分布于辽宁、北京、河北、山东、内蒙古、山西、陕西、甘肃、宁夏等省区。

(10) 小药八旦子 *Corydalis caudata*（Lam.） Pers.

[*Fumaria caudata* Lam.；

Corydalis longiflora var. *caudata*（Lam.） DC.；

Corydalis repens var. *humosoides* Y. H. Zhang]

瘦弱多年生草本，高 15~20cm。块茎圆球形或长圆形，长 8~20mm，宽 8~12mm。茎基以上具 1~2 枚鳞片，鳞片上部具叶，枝条多发自叶腋，少数发自鳞片腋内。叶（1~）~2（~3）回三出，具细长的叶柄和小叶柄；叶柄基部常具叶鞘；小叶圆形至椭圆形，有时浅裂，下部苍白色，长 9~25mm，宽 7~15mm。总状花序具 3~8 朵花，疏离。苞片卵圆形或倒卵形，下部的较大，约长 6mm，宽 3mm。花梗明显长于苞片，下部的长 15~25（~40）mm。萼片小，早落。花蓝色或紫蓝色。上花瓣长约 2cm，瓣片较宽展，顶端微凹；距圆筒形，弧形上弯，长（1~）1.2~1.4cm；蜜腺体约贯穿距长的 3/4，顶端钝。下花瓣长约 1cm，瓣片宽展，微凹，基部具宽大的浅囊。内花瓣长 7~8mm。柱头四方形，上端具 4 个乳突，下部具二尾状的乳突。蒴果卵圆形至椭圆形，长 8~15mm，具 4~9 粒种子。种子光滑，直径约 2mm，具狭长的种阜。

小药八旦子 *Corydalis caudata*（Lam.）Pers.

1. 植株 2. 花 3. 上花瓣 4. 下花瓣 5. 内花瓣 6. 雌蕊

产于河南太行山和伏牛山；生于海拔 400~1 200m 的山坡或林缘。分布于北京、河北、山西、山东、江苏、安徽、湖北、陕西和甘肃东部。

(11) 小花宽瓣黄堇 *Corydalis giraldii* Fedde

灰绿色丛生草本，高 10~30cm，具主根。茎疏分枝，具叶。基生叶长 10~20cm，具长柄，叶片二回羽状全裂，一回羽片 2~4 对，具纤细的短柄，下部的具 1~2 对二回羽片，上部的常不具二回羽片，末回羽片近圆形，上面绿色，下面苍白色，长 1~1.5cm，宽 0.8~1.2cm，具不规则的圆齿状缺刻。茎生叶与基生叶同形，有时上部近于一回羽状全裂，羽片较大。总状花序顶生和腋生，高出叶不多，腋生花序通常花葶状，无叶，具短花序轴。苞片狭披针形，长 2~3mm，具短尖，约与花梗等长，花期苞片常稍长于花梗。花梗长 2~3mm，果期下弯。花淡黄色，平展。萼片鳞片状，近心形，长约 1mm，早落。外花瓣宽展，顶端圆钝至近微凹，具短尖，具鸡冠状突起。上花瓣长 7~10mm；距约占花瓣全长的 1/3，末端圆钝；蜜腺体约占距长的 1/2，末端渐尖。下花瓣多少向前伸出，稍狭，基部多少具小瘤状突起。内花瓣前端具半圆形，稍伸出顶端的鸡冠状突起；爪线状长圆形，约与瓣片等长。雄蕊束披针形，上部1/3渐狭成丝状。子房线形，多少扭曲，约与花柱等长；柱头二叉状深裂，具4个乳突，侧生2枚呈二臂状弧形上弯。蒴果线形，随弯曲的果梗下弯，多少弧形弯曲，长2~3cm，宽1.5mm，种子间多少呈节状。种子黑亮，近肾形，平滑至具轻微的小凹点；种阜小，狭三角形。

产于河南灵宝（亚武山）、信阳（鸡公山）、宜阳、济源（黄楝树）；生于海拔600~1 300m的河边或山谷湿地。分布于甘肃、陕西、山东、山西、河北、四川等省区。

本种极似小花黄堇 *Corydalis racemosa*（Thunb.）Pers.［《河南植物志（第二册）》15页］，但花相对较大，距较长，外花瓣宽展，具鸡冠状突起。种子无小刺状突起。

（12）假刻叶紫堇 *Corydalis pseudoincisa* C. Y. Wu

灰绿色多年生草本，高25~30cm。根茎短，长1~1.5cm，粗5~10mm，具多数簇生纤维状须根。茎直立，具叶，分枝，基部具1~2枚鳞片；鳞片长圆形，长约1.8cm，宽5mm。基生叶长约13cm，具长柄；叶柄基部具宽鞘；叶片长约3cm，宽2.5cm，上面绿色，下面苍白色，二回三出，一回羽片具短柄，二回羽片近无柄，具长圆形圆齿。茎生叶与基生叶相似，但叶片较大，叶柄较短，基部的叶鞘较小。总状花序密具多花，果期渐疏离。最下部苞片叶状，长约1.5cm，宽1cm，具短柄，三出，具缺刻状圆齿，其余的楔形，分裂，稍长于花梗。花梗长约5mm，果期长达1cm。花淡蓝色，平展。萼片小，具流苏状齿。外花瓣渐尖，多少具短尖，无鸡冠状突起。上花瓣长1.8~2cm；距圆筒形至漏斗状，约与瓣片等长；蜜腺体短，长约2mm，顶端稍增粗。下花瓣长约9mm，瓣片较宽展。内花瓣长约8mm，瓣片明显具耳状突起，爪纤细，约与瓣片等长。柱头近四方形，顶端2裂，具6个乳突，基部下延，两侧具2对并生乳突。蒴果线形至长圆形，长1.1cm，宽2~3.5mm，具3~6粒种子，1~2列，种阜小，贴生。

假刻叶紫堇 *Corydalis psudoincisa* C. Y. Wu
1. 植株 2. 花 3. 上花瓣 4. 下花瓣 5. 内花瓣 6. 雄蕊 7. 雌蕊

据大英博物馆1898年标本记录，该种产自河南西部伏牛山区，但具体地点和生境不详。分布于陕西（眉县）和甘肃（天水）。

4. 秃疮花属 *Dicranostigma* Hook. f. & Thoms.

《河南植物志（第二册）》记载1种。本书增补1种。

河南秃疮花 *Dicranostigma henanensis* S. Y. Wang & L. H. Wu

多年生草本，高 30~80cm，根狭倒圆锥形，长 10~38cm，顶端粗 1.2cm，根茎短，基部密盖残枯的叶基。茎 8~40 条，圆柱形，粗 2~4mm，有分枝，疏被白色短柔毛。基生叶较长，叶片大头羽状分裂，裂片疏离，叶柄近基部逐渐扩大成鞘；叶片长 8~17cm，宽 4~8.5cm，大头羽状分裂，裂片 4~6 对，对生或互生，上部裂片羽头半裂，下部裂片具不规则粗齿，裂片顶端都具腺体状短尖头，叶片上面灰绿色，具灰白斑，幼时有白色短毛，以后无毛，叶片下面具白粉，疏被白色短柔毛；主脉阔，侧脉二叉状；叶柄长 2~12cm，具翅和鞘；上部茎生叶较小，倒卵圆形或三角状卵形，有柄或无柄，大头羽状深裂或羽状深裂，向上逐渐变小，基部稍抱茎。1~3 朵花生于茎顶或分枝上部成聚伞花序；花梗长 2~3.5cm，疏被短柔毛，果期无毛，长达 8.5cm；萼片 2 枚，绿色，瓢形，长约 1.5cm，边缘膜质，先端延长成距，外面被短柔毛；花瓣 4 片，黄色，卵圆形或倒卵形，长 1.5~2.4cm，宽 1.5~2.2cm；雄蕊多数，花丝丝状，长 5~7mm，花药矩圆形，长约 1.2mm，最后外卷，花粉 3 沟型；子房圆柱形，长 5~9mm，密被疣状突起（短毛），花柱较短，柱头头状 2 裂，长约 1mm。蒴果线形，长 7~15cm，粗 3~4mm，疏被疣状突起，粗糙。种子卵球形，黑色，长 0.9~1mm，具网纹。花期 3~5 月，果熟期 5~7 月。

产于河南洛阳郊区孙旗屯乡以南及洛河以北广大丘陵地区；生于地势高、干燥及干旱处。

与秃疮花 *Dicranostigma leptopodum*（Maxim.）Fedde 相似，但区别在于茎 8~40 条，高达 80cm，下部茎生叶长达 29cm，花瓣长 1.5~2.4cm，蒴果线形，长 7~15cm，种子长 0.9~1mm。

（六十八）白花菜科 Cleomaceae

《河南植物志（第二册）》记载为白花菜科 Capparidaceae，有 2 种，其中：

白花菜、臭花菜 *Cleome gynandra* L. 为羊角菜 *Gynandropsis gynandra*（L.）Briq. 的异名；

醉蝶花 *Cleome spinosa* Jacq. 为醉蝶花 *Tarenaya spinosa*（Jacq.）Raf. 的异名。

（六十九）十字花科 Brassicaceae

《河南植物志（第二册）》记载 28 属，54 种，15 变种和变型。

其中：

大青 *Isatis indigotica* Fortune ex Lindl. 为菘蓝 *Isatis tinctoria* L. 的异名；

红萝卜（变型）*Raphanus sativus* f. *sinoruber* Makino 和卫青萝卜（变种）*Raphanus sativus* var. *acanthiformis* Makino 有待进一步研究确认；

蔊菜、野油菜 *Rorippa montana*（Wall. ex Hook. f. & Thomson）Small 为蔊菜 *Rorippa indica*（L.）Hiern 的异名；

宽叶独行菜（变种）*Lepidium latifolium* var. *affine*（Ledeb.）C. A. Mey. 为宽叶独行菜 *Lepidium latifolium* L. 的异名；

光果葶苈（变种）*Draba nemorosa* var. *leiocarpa* Lindblom 为葶苈 *Draba nemorosa* L. 的异名；

芝麻菜、瓢儿菜、臭油菜 *Eruca sativa* Mill. 和绵果芝麻菜（变种）*Eruca cappadocica* var. *eriocarpa* Boiss. 均为芝麻菜 *Eruca vesicaria*（L.）Cav. 的异名；

苤蓝 *Brassica caulorapa*（DC.）Pasq. 为苤蓝（变种）*Brassica oleracea* var. *gongylodes* L. 的异名；

大头菜、芥疙瘩、水芥 *Brassica napobrassica* Mill. 为蔓菁甘蓝（变种）*Brassica napus* var. *napobrassica*（L.）Rchb. 的异名；

花叶甘蓝、卷叶菜（变型）*Brassica oleracea* var. *acephala* f. *tricolor* Hort. 有待进一步研究考证；

赤叶甘蓝（变种）*Brassica oleracea* var. *rubra* L. 为野甘蓝 *Brassica oleracea* L. 的异名；

雪里蕻（变种）*Brassica juncea* var. *crispifolia* L. H. Bailey 为芥菜 *Brassica juncea*（L.）Czern. 的异名；

芸薹、油菜 *Brassica campestris* L. 和油菜（变种）*Brassica campestris* var. *oleifera* DC. 均为芸薹（变种）*Brassica rapa* var. *oleifera* DC. 的异名；

瓢菜、春黄菜 *Brassica narinosa* L. H. Bailey 和青菜、小油菜、小白菜 *Brassica chinensis* L. 均为青菜（变种）*Brassica rapa* var. *chinensis*（L.）Kitam. 的异名；

白菜、大白菜 *Brassica pekinensis*（Lour.）Rupr. 为白菜（变种）*Brassica rapa* var. *glabra* Regel 的异名；

湖北诸葛菜（变种）*Orychophragmus violaceus* var. *hupehensis*（Pamp.）O. E. Schulz 为诸葛菜 *Orychophragmus violaceus*（L.）O. E. Schulz 的异名；

裸茎碎米荠 *Cardamine denudata* O. E. Schulz 为裸茎碎米荠 *Cardamine scaposa* Franch. 的异名；

多叶紫花碎米荠（亚种）*Cardamine macrophylla* subsp. *polyphylla*（D. Don）O. E. Schulz 为大叶碎米荠 *Cardamine macrophylla* Willd. 的异名；

串珠芥、扭果芥 *Torularia humilis*（C. A. Mey.）O. E. Schulz 和细叶串珠芥（变种）*Torularia humilis* var. *piasezkii*（Maxim.）Jafri 均为蚓果芥 *Neotorularia humilis*（C. A. Mey.）Hedge & J. Léonard 的异名；

桂竹香 *Cheiranthus cheiri* L. 为桂竹香 *Erysimum cheiri*（L.）Crantz 的异名；

播娘蒿、米米蒿、葶苈 *Descurainia sophia*（L.）Schur 应为播娘蒿 *Descurainia sophia*（L.）Webb ex Prantl；

糖芥、糖芥菜、剪子股、剪刀股 *Erysimum aurantiacum*（Leyb.）Leyb. 为糖芥 *Erysimum amurense* Kitag. 的异名；

香紫罗兰（变种）*Matthiolaincana* var. *annua* Voss. 有待进一步研究确认；

拟南芥 *Arabidopsis thaliana*（L.）Haynh. 应为鼠儿芥 *Arabidopsis thaliana*（L.）Heynh.。

本书另增补 3 属，10 种，3 变种。

1. 芸薹属 *Brassica* L.

《河南植物志（第二册）》记载栽培 8 种，7 变种。本书除修订外，增补 1 种，3 变种。

（1）抱子甘蓝（变种）*Brassica oleracea* var. *gemmifera*（DC.）Zenker

［*Brassica oleracea* var. *bullata* DC. subvr. *gemmifera* DC.；

Brassica gemmifera H. Lév.；

Brassica oleracea subsp. *gemmifera*（DC.） O. E. Schulz］

二年生或多年生草本，茎粗壮，直立，高 0.5～1m。茎的全部叶腋有大的柔软叶芽，直径 2～3cm。下部叶大，大头羽状深裂，长达 40cm，具有色叶脉，有柄；顶裂片大，顶端圆形，基部歪心形，边缘波状，具细圆齿，顶裂片 3～5 对，倒卵形，上部叶长圆形，全缘，抱茎，所有叶肉质，无毛，具白粉霜。总状花序在果期长达 30cm 或更长；花浅黄色，直径 10～15mm；萼片长圆形，直立，长 8～11mm；花瓣倒卵形，长 15～20mm，顶端圆形，有爪。长角果圆筒形，长 5～10cm；喙长 5～10mm，无种子；果梗长约 2cm；种子球形，直径约 2mm，灰棕色。

河南南阳、信阳、洛阳、新乡、郑州等地有少量栽培。我国各大城市均有少量栽培。叶芽作蔬菜食用。

欧洲油菜 *Brassica napus* L.

1. 花枝 2. 花

（2）欧洲油菜 *Brassica napus* L.

一年或二年生草本，高 30～50cm，具粉霜。茎直立，有分枝，仅幼叶有少数散生刚毛。下部叶大头羽裂；顶裂片卵形，长 7～9 cm，顶端圆形，基部近截平，边缘具钝齿，侧裂片约 2 对，卵形，长 1.5～2.5cm；叶柄长 2.5～6cm，基部有裂片；中部及上部茎生叶由长圆椭圆形渐变成披针形，基部心形，抱茎。总状花序伞房状；花梗长 6～12mm；萼片卵形，长 5～8mm；花瓣浅黄色，倒卵形，长 5～15mm，爪长 4～6mm。长角果线形，长40～80mm，果瓣具 1 中脉，喙细，长 1～2cm；果梗长约 2cm。种子球形，直径约 1.5mm，黄棕色，近种脐处常带黑色，有网状窠穴。花期 3～4 月，果熟期 4～5 月。

河南各地有栽培。我国各地也均有栽培。为主要油料作物之一。

（3）紫菜薹（变种）*Brassica rapa* var. *purpuraria*（L. H. Bailey）Kitam.

茎、叶片、叶柄、花序轴及果瓣均带紫色，基生叶大头羽状分裂，下部基生叶三角状卵形或披针状长圆形，上部叶略包茎。

河南各地有少量栽培。我国各地有栽培，以南方省区较多。菜薹作蔬菜食用。

（4）榨菜（变种）*Brassica juncea* var. *tumida* Tsen & S. H. Lee（彩版图 53）

一年生草本，下部叶的叶柄基部肉质，膨大，形成高低不平的拳状；基生叶倒卵形或长圆形，长 40~80cm，平坦或皱缩，基部大头羽状深裂，成为具沟的粗叶柄。

河南南阳、郑州等地在 20 世纪 80 年代末期有少量栽培。我国主产于四川，以涪陵栽培最多。可制咸菜，称榨菜。

2. 菘蓝属 *Isatis* L.

《河南植物志（第二册）》记载 2 种。本书除修订外，增补 1 种。

宽翅菘蓝 *Isatis violascens* Bunge

[*Isatis pavlovii* Jarm. ex Pavl.]

一年生草本，高 20~60cm；茎直立，分枝，无毛。茎下部叶倒披针形或长圆状匙形，长 3.5~6cm，宽 1~1.5cm，顶端圆钝，全缘或有不明显锯齿，无毛；叶柄长 3~5mm；茎生叶长圆状倒卵形、卵形或线状披针形，长 15~60mm，宽 5~25mm，全缘，基部具叶耳，抱茎。圆锥花序疏生；萼片长圆形，长约 1mm；花瓣白色，长圆状倒卵形，长约 2mm。短角果提琴状，长 10~13mm，宽 4~6mm，扁平，顶端截状尖凹，基部圆形，密生短单毛，全部有膜质翅，翅和果室等宽；边缘增厚，中脉细；果梗长 5~12mm，顶端增粗。种子椭圆形，长约 4mm，黄棕色。花果期 4~6 月。

1996 年曾在河南黄河滩采到标本；生于沙滩。分布于新疆；中亚也有分布。

3. 碎米荠属 *Cardamine* L.

《河南植物志（第二册）》记载 8 种，1 变种。本书除修订外，增补 2 种。

（1）唐古碎米荠 石荠菜 ***Cardamine tangutorum* O. E. Schulz**

多年生草本，高 15~50cm；根状茎细长呈鞭状，匍匐生长。茎单一，不分枝。基部倾斜，上部直立，表面具沟棱，下部无毛，上部有少数柔毛。基生叶有长叶柄；小叶 3~5 对，顶生小叶与侧生小叶的形态和大小相似，长椭圆形，长 15~50mm，宽 5~20mm，顶端短尖，边缘具钝齿，基部呈楔形或宽楔形，无小叶柄，两面与边缘有少数短毛；茎生叶通常只有 3 枚，着生于茎的中、上部，有叶柄，长 10~40mm，小叶 3~5 对，与基生叶相似，但较狭小。总状花序有十几朵花，花梗长 10~15mm；外轮萼片长圆形，内轮萼片长椭圆形，基部囊状，长 5~7mm，边缘白色膜质，外面带紫红色，有少数柔毛；花瓣紫红色或淡紫色，倒卵状楔形，长 8~15mm，顶端截形，基部渐狭成爪；花丝扁而扩大，花药狭卵形；雌蕊柱状，无毛，花柱与子房近于等粗，柱头不显著。长角果线形，扁平，长 30~35mm，宽约 2mm，基部具长约 1mm 的子房柄；果梗直立，长 15~20mm。种子长椭圆形，长 2.5~3mm，宽约 1mm，褐色。花期 5~6 月，果熟期 6~8 月。

本种与大叶碎米荠 *Cardamine macrophylla* Willd. 在形态特征上很相似，主要区别：匍匐根状茎有鳞状物。茎生叶通常只有 3（4）枚，着生于茎的中、上部，小叶 3~5 对，叶形较小。

产于河南太行山和伏牛山；生于海拔 1 800m 以上的山沟草地及林下阴湿处。分布于河北、山西、陕西、甘肃、青海、四川、云南及西藏东部；尼泊尔及印度东部也有分布。嫩茎叶可作野菜食用，亦供药用，清热利湿，并可治黄水疮；花可治筋骨疼痛。

（2）小花碎米荠 *Cardamine parviflora* L.

［*Cardamine brachycarpa* Franch.；
Cardamine fallax（O. E. Schulz）Nakai；
Cardamine flexuosa subsp. *fallax* O. E. Schulz；
Cardamine flexuosa subsp. *fallax* f. *microphylla* O. E. Schulz；
Cardamine flexuosa var. *fallax*（O. E. Schulz）T. Y. Cheo & R. C. Fang；
Cardamine koshiensis Koidz.；
Cardamine manshurica（Kom.）Nakai；
Cardamine parviflora f. *hispida* Franch.；
Cardamine parviflora var. *manshurica* Kom.；
Cardamine parviflora var. *parviflora*；
Cardamine scutata subsp. *fallax*（O. E. Schulz）H. Hara］

一年生矮小草本，高 7～20cm。根短，纤维状。茎单一，直立，纤细，稍曲折，有时带紫色，无毛。基生叶有柄，小叶 1～5 对，多为线形，顶生小叶倒卵形，长 2.5～3mm，宽 1～2mm，顶端圆，基部楔形，侧生小叶较小；茎生叶有短柄，小叶 3～8 对，顶生与侧生小叶均相似，线形或长条形，顶端尖，基部渐狭，无柄，全缘，顶生小叶长 4～6mm，侧生小叶长 2.5～5mm，全部小叶均无毛。总状花序顶生，有多数花，花极小，直径约 2mm；花梗纤细，长 1.5～3mm；萼片狭卵形，长约 1.5mm；花瓣白色，长椭圆状楔形，长 1.3～3mm，顶端圆；花药卵形；雌蕊柱状，花柱极短，柱头比花柱稍宽。角果线形，微扁，直立，与向左右曲折的果序轴近于平行，长约 15mm，宽约 1mm；果瓣淡褐色，微隆起，光滑无毛，种子间缢缩；果梗斜向开展，纤细，长约 5mm。种子椭圆形，长近 1mm，褐色，边缘有极狭的翅。花期 5～6 月，果熟期 6～7 月。

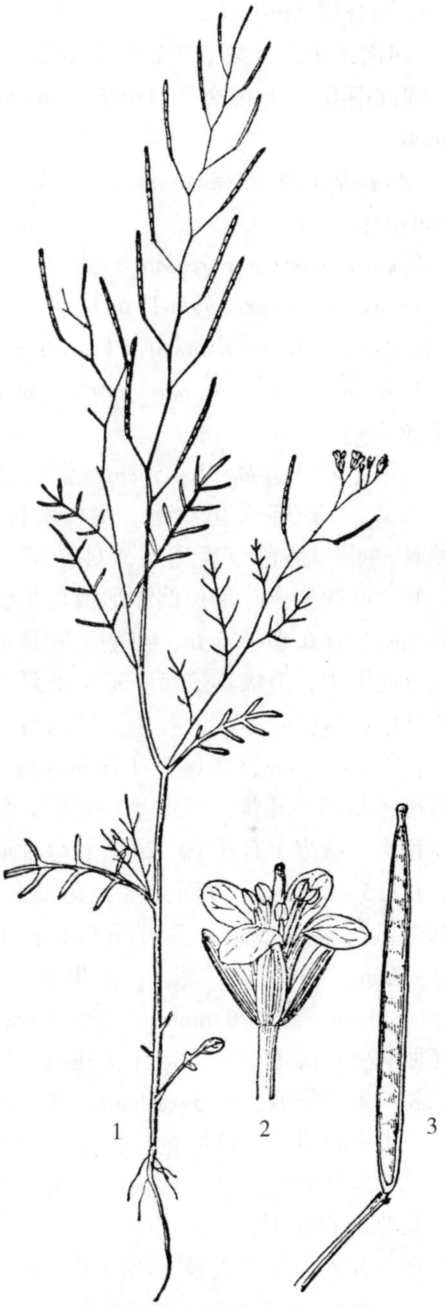

小花碎米荠 *Cardamine parviflora* L.
1. 全植株 2. 花，侧面观 3. 果实

与弹裂碎米荠 *Cardamine impatiens* L. 极相似，但在叶的基部没有叶状耳，可以区别。

产于河南商城黄柏山、桐柏太白顶及西峡老界岭；生于山坡、丘陵路旁。分布于黑龙江、内蒙古、陕西、山东、江苏等省区；欧洲、北非、俄罗斯高加索和西伯利亚地区、朝

鲜、日本亦有分布。

4. 南芥属 *Arabis* L.

《河南植物志（第二册）》记载2种。本书增补1种。

圆锥南芥 小花南芥 ***Arabis paniculata* Franch.**

［*Arabidopsis mollissima* var. *yunnanensis* O. E. Schulz；

Arabis alpina var. *parviflora* Franch.；

Arabis alpina var. *rigida* Franch.；

Arabis alpina var. *rubrocalyx* Franch.；

Arabis paniculata var. *parviflora*（Franch.）W. T. Wang］

二年生草本，高35~50cm，全株被单毛、二叉、三叉毛及星状毛。主根圆锥状，顶端具侧根，褐色。茎丛生，自基部常分枝。基生叶簇生，叶片长倒卵形或匙形，长2.5~5cm，宽0.8~1.5cm，与茎生叶顶端均为钝形或渐尖，边缘具疏齿，基部下延成翅状的叶柄；茎生叶多数，叶片长椭圆形至卵形，长1.5~3.5cm，宽0.7~1.5cm，边缘具疏锯齿，基部呈耳状，半抱茎；无柄。总状花序顶生或腋生，有花10~20朵；萼片卵圆形，长1.5~2.5mm，背面无毛；花瓣白色，长匙形，长4~4.5mm，基部呈爪状；子房长2~3mm，柱头浅2裂。长角果狭线形，长20~40mm，宽约0.8mm，向上外展；果瓣弧曲状，中脉不明显，宿存花柱短，长约0.2mm；果梗外展，长5~10mm。种子每室1行，种子卵圆形，黄褐色，长1~1.2mm，表面具颗粒状突起，边缘具狭翅。花期4~6月，果熟期6~8月。

圆锥南芥 *Arabis paniculata* Franch.
1. 植株 2. 茎、叶上的单毛及二叉、三叉毛 3. 果实 4. 种子

产于河南内乡宝天曼、西峡老界岭；生于海拔1 000m以上的林下或沟边草丛中。分布于湖北、陕西、甘肃、四川、贵州、云南。

5. 须弥芥属 *Crucihimalaya* Al-Shehbaz，O'Kane & R. A. Price（新增属）

一年或二年生草本，稀多年生；茎基部膨大。毛简单，一或二分叉，有时为星状毛。茎直立或斜升。基生叶轮生或非轮生，全缘或齿状，很少有羽状裂片。茎生叶无柄或短柄，通常耳形或箭形，全缘，齿状，或少有羽状裂片，罕见缺失。总状花序几朵到多朵花，无苞片或有苞片。果柄直立，上升或叉开。萼片椭圆形，直立，被短柔毛，侧面两片无囊突。花瓣白色、粉红色或紫色，长于萼片；花瓣片匙形，爪和瓣片不易区分。雄蕊6

枚，直立，稍微四强；花丝无齿，花药长圆形或卵形，先端钝。蜜腺着生花丝基部。子房有胚珠，有（30～）40～120（～150）个。果实为开裂角果，线形，圆柱状或有时四棱状，稀具宽隔膜，无柄或短柄；果瓣有1条明显的中脉，无或稀有短毛，光滑或粗糙；隔膜发育完整；花柱达1mm；柱头头状，全缘。种子每室1行，无翅，椭圆形，丰满；种皮细网状，遇水有胶黏物质；子叶背倚胚根。

本属9种，产于亚洲中部和西南部，蒙古、俄罗斯。我国有6种。河南1种。

柔毛须弥芥 *Crucihimalaya mollissima*（C. A. Mey.）Al-Shehbaz，O′Kane & R. A. Price（彩版图54）

［*Arabidopsis mollissima*（C. A. Mey.）N. Busch；

Arabidopsis mollissima var. *dentata* O. E. Schulz；

Arabidopsis mollissima var. *glaberrima* O. E. Schulz；

Arabidopsis mollissima var. *pamirica*（Korsh.）O. E. Schulz；

Arabidopsis mollissima var. *thomsonii*（Hook. f.）O. E. Schulz；

Hesperis mollissima（C. A. Mey.）Kuntze；

Sisymbrium mollissimum C. A. Mey.；

Sisymbrium mollissimum f. *pamiricum* Korsh.；

Sisymbrium thomsonii Hook. f.；

Stenophragma mollissimum（C. A. Mey.）B. Fedtsch.］

多年生草本，通常高10～40cm，被分叉毛和长单毛，茎单一或基部分枝，稀在上部分枝。基生叶莲座状，叶片长圆形，长15～50mm，宽1.3～3mm，顶端钝圆，基部渐窄成柄，边缘具齿或全缘；茎生叶长圆形、长圆状卵形，向上渐小，呈长圆状披针形，顶端钝，基部箭形，无柄，抱茎，被二叉毛与三叉毛，以边缘和叶脉上为多。花序伞房状，结果时伸长，无苞叶或下面数花有苞叶；花梗长2～3mm；萼片近直立，长圆形，长2～2.5mm，外轮的较内轮的为宽，顶端尖，基部略成囊状，内轮的顶端钝，有白色边缘，背部顶端常为紫色；花瓣长圆形，长3～4mm。长角果长20～40mm，宽约1mm，无毛，花柱长约1mm。种子每室1行，棕色。花期6～8月，果熟期7～8月。

产于河南伏牛山的内乡、西峡、南召等地；生于林下、山谷、农田。分布于我国东北地区、陕西南部、甘肃南部、四川、云南、西藏；俄罗斯远东、西伯利亚和中亚以及印度锡金邦、尼泊尔、不丹、克什米尔地区、伊朗也有分布。

6. 香芥属 *Clausia* Korn.-Trotzky（新增属）

一年生至多年生草本，具单毛及有柄多细胞腺毛（腺体）。茎直立，下部简单，上部分枝。基部叶有柄，非轮生或稀轮生，单一，全缘或有锯齿。茎生叶短柄或无柄，非耳状，全缘，有锯齿或细齿。总状花序无苞片，果期延伸。果梗增厚，侧向生长或斜上升。萼片椭圆形至线形，直立，无或有毛，内轮基部成囊状；花瓣紫色、堇色或稀白色，远长于萼片，坚挺；瓣片倒卵形，先端圆；爪明显；雄蕊6枚，显著四强；花丝基部不膨大；花药狭卵圆形，先端钝。侧蜜腺2个，半月状；无中蜜腺。每子房有25～45个胚珠。长角果圆柱状或侧扁，无柄，有四棱，迟裂，果瓣具明显中脉及侧脉，花柱短，柱头2裂，裂片直立，离生。种子每室1行；扁平，椭圆形，有窄翅；子叶缘倚胚根。

本属5种，产于亚洲中部和东部、欧洲东南部。我国有2种；河南1种。

毛萼香芥 *Clausia trichosepala* (Turcz.) Dvořák

[*Cheiranthus apricus* var. *trichosepalus* (Turcz.) Franch. ;
Clausia aprica var. *trichosepala* (Turcz.) Korn. -Trotzky;
Hesperis limprichtii O. E. Schulz;
Hesperis limprichtii var. *violacea* O. E. Schulz;
Hesperis trichosepala Turcz.]

一年或二年生草本，通常高 25~60cm；单毛与有柄多细胞腺毛（腺体）混生；茎直立，多为单一，有时数个，不分枝或上部分枝，具疏生单硬毛。基生叶在花期枯萎，茎生叶长圆状椭圆形或窄卵形，长 20~40mm，宽 3~18mm，顶端急尖，基部楔形，边缘有不等尖锯齿，两面及叶柄有极少毛；叶柄长 5~10mm。总状花序顶生；花直径约 1cm；花梗长 3~5mm；萼片直立，长 4~6mm，外轮 2 枚条形，内轮 2 枚窄椭圆形，两者顶端皆有少数白色长硬毛；花瓣倒卵形，长 1~1. 5mm，基部具线形长爪；花柱极短，柱头显著 2 裂。长角果窄线形，长 35~80mm，宽 0. 5~1mm，无毛；果瓣具 1 条明显中脉；果梗水平开展，长 5~7mm，增粗。种子卵形，长约 1mm，浅褐色。花果期 5~8 月。

河南仅见于太行山济源及林州；生于山坡林缘或灌丛中。分布于吉林、内蒙古、河北、山西、山东；朝鲜和蒙古也有分布。

毛萼香芥 *Clausia trichosepala* (Turcz.) Dvořák

7. 锥果芥属 *Berteroella* O. E. Schulz（新增属）

一年或二年生直立草本，全株被星状毛。叶全缘。萼片直立，展开，外轮的长圆形，内轮的窄卵形，顶端钝圆，基部略呈囊状；花瓣淡紫色，长圆形，顶端钝圆或微缺；长雄蕊花丝基部变宽，有翅，花药长圆形，基部钝；侧蜜腺半球形，不联合，位于短雄蕊两侧，中蜜腺无；子房长圆卵形，花柱针状，柱头扁压头状。角果四棱状细线形，花柱多偏向一侧；果瓣顶端近尖，基部钝，有纵的粗脉 3 条，脉上有星状毛，隔膜厚，有纵脉 2 条。种子每室 1 行，长圆卵形；子叶背倚胚根。

单种属，分布在亚洲东部；我国亦产。河南亦有分布。

锥果芥 北芥 ***Berteroella maximowiczii* (Pailb.) O. E. Schulz**

[*Sisymbrium maximowiczii* Palib.]

一年或二年生草本，高 20~60cm，具星状毛、3~4 叉毛，毛具短柄，分叉毛的分枝还可再分枝，植株因被毛浓密而呈灰白色。自基部或上部分枝，分枝较细弱，上部呈波曲状。基生叶早枯，基生叶与下部的茎生叶有柄，上部的近无柄或无柄；叶片匙状倒卵形，长 5~30mm，宽 3.5~9mm，顶端急尖，基部渐窄，全缘，两面密被毛，粗糙。花序伞房状，在果期伸长；花梗长 4~6cm，细丝状；萼片长约 2mm，密被星状毛；花瓣长约 3mm。长角果长 12~18mm，宽约 1mm，连同针状花柱呈细锥状，表面的毛密于其他部分，呈灰白色。花期 6~7 月。

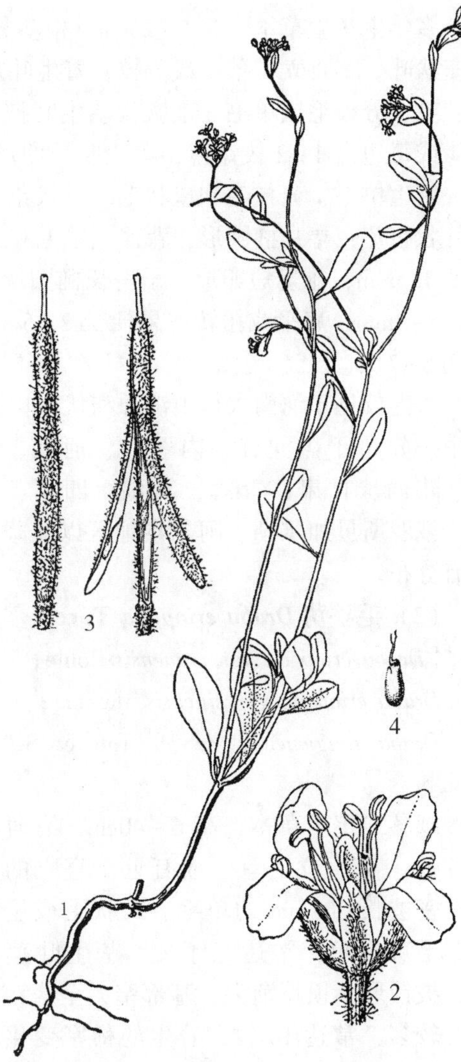

锥果芥 ***Berteroella maximowiczii* (Pailb.) O. E. Schulz**

1. 植株 2. 花 3. 长角果 4. 种子

产于河南各山区；生于山坡、林缘、灌丛及水边。分布于辽宁、河北、山东、江苏、浙江；日本和朝鲜也产。

8. 葶苈属 *Draba* L.

《河南植物志（第二册）》记载 2 种，1 变种。本书除修订外，增补 2 种。

(1) 蒙古葶苈 *Draba mongolica* Turcz.（彩版图 55）

[*Draba incana* var. *mongolica* (Turcz.) Regel;
Draba mongolica var. *chinensis* Pohle;
Draba mongolica var. *elongata* Pohle;

Draba mongolica var. *trichocarpa* O. E. Schulz;
Draba mongolica var. *turczaninoviana* Pohle]

多年生丛生草本，高5~20cm。根茎分枝多，分枝茎下部宿存纤维状枯叶，上部簇生莲座状叶。茎直立，单一或分枝，着生叶片变化较大，有的疏生，有的紧密，被灰白色小星状毛、分枝毛或单毛。莲座状茎生叶披针形，长8~18mm，顶端渐尖，基部缩窄成柄，全缘或每边有1~2枚锯齿；茎生叶长卵形，基部宽，无柄或近于抱茎；每边常有1~4枚齿，密生单毛、分枝毛和星状毛。总状花序有花10~20朵，密集呈伞房状，下面数花有时具叶状苞片；萼片椭圆形，背面生单毛和叉状毛；花瓣白色，长倒卵形，长2.5~3.5mm，宽约1.5mm；雄蕊短卵形，子房长椭圆形，无毛。短角果卵形或狭披针形，长5~10mm，宽1.5~3mm，扁平或扭转；果梗长2~5mm，近于直角开展或贴近花序轴。种子黄棕色。花期6~7月。

河南仅见于河南太行山济源和伏牛山灵宝；生于海拔1 800m以上的山顶草地及岩石缝中。分布于黑龙江、内蒙古、河北、山西、陕西、甘肃、青海、新疆、四川、西藏；俄罗斯贝加尔湖、阿尔泰地区以及蒙古也有分布。

（2）毛葶苈 *Draba eriopoda* Turcz.

[*Draba eriopoda* var. *kamensis* Pohle;
Draba eriopoda var. *sinensis* Maxim.;
Draba pingwuensis Z. M. Tan & S. C. Zhou]

越冬二年生草本，高6~40cm，有时可达69cm。茎直立，单一或有近于直立的分枝，密被长约1mm的单毛、叉状毛或星状毛，毛灰白色，常达花序梗。基生叶莲座状，披针形，顶端渐尖，基部窄，全缘；茎生叶较多，常达14枚，着生的稀密变化较大，下部的叶呈长卵形，上部的叶卵形，顶端渐尖，基部宽，两边各有1~4枚锯齿，上面的毛多为单毛、叉状毛，下面为单毛、叉状毛和星状毛，无柄或近于抱茎。总状花序有花20~50朵，密集呈伞房状，花后显著伸长，疏松；小花梗长2~5mm；萼片椭圆形或卵形，长约2mm，顶端钝，背面有毛；花瓣金黄色，倒卵形，长3~4mm，顶端微凹，基部爪短缩；雄蕊1.8~2mm，花药卵形；雌蕊卵形，无毛，柱头小，花柱不发育。短角果卵形或长卵形，长5~10mm，宽2.5~3mm，果瓣薄；果梗长3~8mm，与果序轴

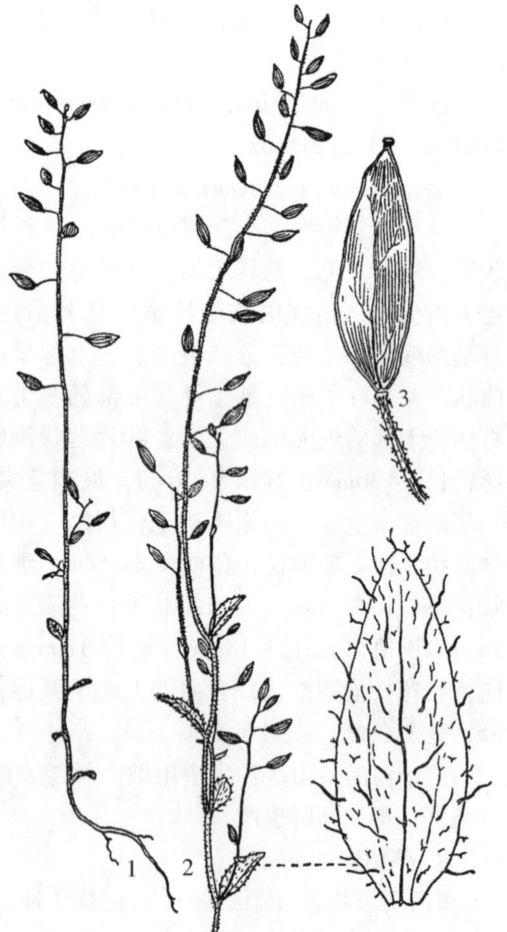

毛葶苈 *Draba eriopoda* Turcz.
1、2. 全植物 3. 果实

成近于直角开展。种子卵形，褐色。花果期6~8月。

产于河南太行山济源曼坪、伏牛山栾川老君山、鸡角尖；生于海拔1 800m以上的山坡、林下阴湿处。分布于山西、陕西、甘肃、青海、新疆、四川、西藏；印度锡金邦、亚洲北部至蒙古北部和西部、俄罗斯东西伯利亚也有分布。

（七十）景天科 Crassulaceae

《河南植物志（第二册）》记载7属（含3栽培属），36种（含7栽培种），1变种。

其中：

落地生根 *Bryophyllum crenatum* Baker 为落地生根 *Bryophyllum laxiflorum*（Baker）Govaerts 的异名；

青锁龙 *Crassula lycopodioides* Lam. 为青锁龙 *Crassula muscosa* L. 的异名；

豌豆七 *Rhodiola henryi*（Diels）S. H. Fu 为云南红景天 *Rhodiola yunnanensis*（Franch.）S. H. Fu 的异名；

费菜 *Sedum kamtschaticum* Fisch. 为堪察加费菜 *Phedimus kamtschaticus*（Fisch.）'t Hart 的异名；

土三七、景天三七、见肿消、血见愁 *Sedum aizoon* L. 为费菜 *Phedimus aizoon*（L.）'t Hart 的异名；

柔毛土三七（变种）*Sedum aizoon* var. *scabrum* Maxim. 为乳毛费菜 *Phedimus aizoon* var. *scabrus*（Maxim.）H. Ohba，K. T. Fu & B. M. Barthol. 的异名；

白景天 *Sedum pallescens* Freyn 为白八宝 *Hylotele phium pallescens*（Freyn）H. Ohba 的异名；

华北景天、土三七 *Sedum tatarinowii* Maxim. 为华北八宝 *Hylotelephium tatarinowii*（Maxim.）H. Ohba 的异名；

紫花景天、石蝴蝶 *Sedum mingjinianum* S. H. Fu 为紫花八宝 *Hylotelephium mingjinianum*（S. H. Fu）H. Ohba 的异名；

宽叶景天、土三七 *Sedum ellacombeanum* Praeger 有待进一步研究确认；

长药景天 *Sedum spectabile* Boreau 为长药八宝 *Hylotelephium spectabile*（Boreau）H. Ohba 的异名；

狭穗景天 *Sedum angustum* Maxim. 为狭穗八宝 *Hylotelephium angustum*（Maxim.）H. Ohba 的异名；

轮叶景天 *Sedum verticillatum* L. 为轮叶八宝 *Hylotelephium verticillatum*（L.）H. Ohba 的异名；

景天、八宝、活血三七 *Sedum erythrostictum* Miq. 为八宝 *Hylotelephium erythrostictum*（Miq.）H. Ohba 的异名；

大苞景天 *Sedum amplibracteatum* K. T. Fu 为大苞景天 *Sedum oligospermum* Maire 的异名；

山飘风 *Sedum major*（Hemsl.）Migo 应为山飘风 *Sedum majus*（Hemsl.）Migo；

晚红瓦松、瓦松 *Orostachy serubescens*（Maxim.）Ohwi 为晚红瓦松 *Orostachys japonica*

A. Berger 的异名。

本书另增补 1 属（栽培），3 种（含 2 栽培种），1 变种。

1. 景天属 *Sedum* L.

《河南植物志（第二册）》记载 23 种，1 变种。本书除修订外，另增补 1 种。

藓状景天 *Sedum polytrichoides* Hemsl.

多年生草本。茎带木质，细，丛生，斜上，高 5~10cm；有多数不育枝。叶互生，线形至线状披针形，长 5~15mm，宽 1~2mm，先端急尖，基部有距，全缘。花序聚伞状，有 2~4 分枝，花少数，花梗短；萼片 5 枚，卵形，长 1.5~2mm，急尖，基部无距；花瓣 5 片，黄色，狭披针形，长 5~6mm，先端渐尖；雄蕊 10 枚，稍短于花瓣；鳞片 5 枚，细小，宽圆楔形，基部稍狭；心皮 5 枚，稍直立。蓇葖果星芒状叉开，基部 1.5mm 合生，腹面有浅囊状突起，卵状长圆形，长 4.5~5mm，喙直立，长 1.5mm。种子长圆形，长不及 1mm。花期 6~7 月，果期 8~9 月。

产于河南伏牛山、大别山和桐柏山；生于海拔 1 000m 左右山坡岩石上。分布于江西、安徽、浙江、陕西、山东、黑龙江、辽宁、吉林等省。

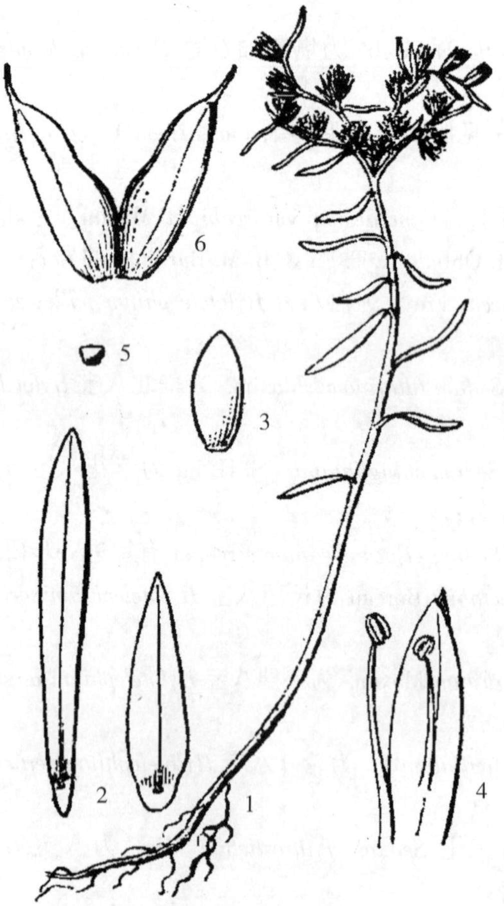

藓状景天 *Sedum polytrichoides* Hemsl.

1. 全株 2. 叶 3. 萼片 4. 花瓣及雄蕊 5. 鳞片 6. 心皮

2. 伽蓝菜属 *Kalanchoe* Adanson（新增属）

肉质草本，半灌木或灌木。茎、叶肉质，多浆汁，老茎常稍木质化。茎直立，分枝。单叶对生，叶片扁平，常有抱茎的叶柄，全缘或有牙齿，或羽状分裂，有毛或无毛。圆锥状聚伞花序，苞片小，花多，花常直立，白色、黄色或红色；花为4基数；萼片分离至基部或多少合生，三角形或披针形，常短于花冠管；花冠高脚碟形，花瓣合生成多少有四棱的管，管部不膨大或基部膨大成坛状，上部渐狭，分离部分短，基部稍狭；雄蕊8枚，贴生在花冠管中部以上或以下，花丝长度不同，有的可到达花冠裂片中部，通常很短；鳞片线形至半圆形；心皮直立，花柱长或短。蓇葖有种子多枚；种子圆柱形。

全属200种，分布自非洲至中国。美洲1种。我国有4种。河南室内栽培有1种。

伽蓝菜 裂叶落地生根 ***Kalanchoe ceratophylla* Haw.**

[*Kalanchoe gracilis* Hance;

Kalanchoe macrosepala Hance;

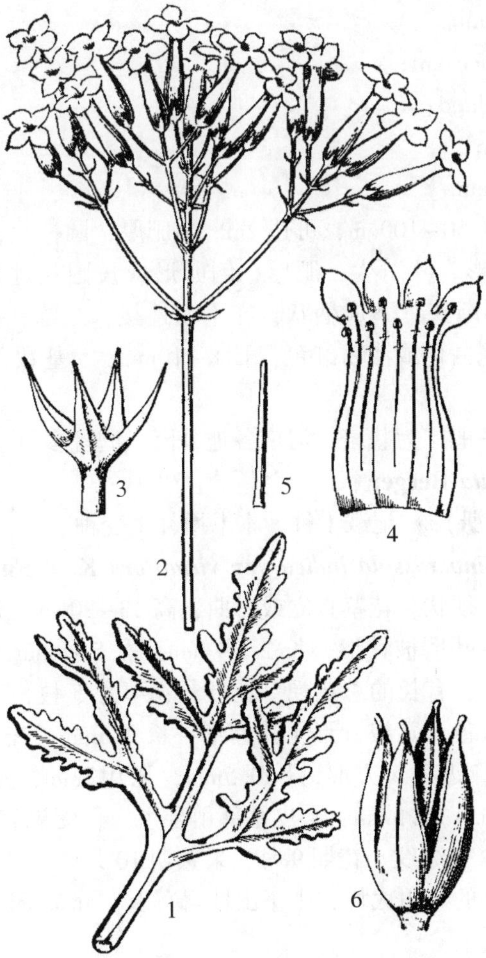

伽蓝菜 *Kalanchoe ceratophylla* Haw.

1. 叶 2. 花序 3. 萼 4. 花冠展开及雄蕊 5. 鳞片 6. 蓇葖

Kalanchoe takeoi Hayata]

多年生草本，高20~100cm。叶对生，中部叶羽状深裂，全长8~15cm，裂片线形或线状披针形，边缘有浅锯齿或浅裂，叶柄长2.5~4cm。聚伞花序排列圆锥状，长10~30cm；苞片线形；萼片4枚，披针形，长4~10mm，先端急尖；花冠黄色，高脚碟形，管部下部膨大，长1.5cm，裂片4个，卵形，长5~6mm；雄蕊8枚；鳞片4枚，线形，长3mm；心皮4枚，披针形，长5~6mm，花柱长2~4mm。花期3月。

河南各城市温室有盆栽，常作盆栽花卉。分布于云南、广西、广东、台湾、福建；亚洲热带、亚热带地区及非洲热带地区也有分布。全草入药，有解毒、散瘀之功效。

3. 青锁龙属 *Crassula* L.

《河南植物志（第二册）》记载栽培1种。本书除修订外，增补栽培1种。

燕子掌 玻璃翠 ***Crassula ovata* (Mill.) Druce（彩版图56）**

[*Cotyledon lutea* Lam.;

Cotyledon ovata Mill.;

Crassula argentea Thunb;

Crassula articulata Zuccagni;

Crassula nitida Schönland;

Crassula obliqua Aiton;

Crassula portulacea Lam.]

常绿肉质亚灌木，高50~100cm，可达2m。茎肥厚，圆柱状，基部木质化，多二歧对称分枝成一整齐美观树形。叶对生，肥厚，倒卵形或长圆状匙形，长2~5cm，宽1.5~2.5cm，先端圆钝，基部渐狭，不成柄状，亦不相连接，全缘，亮绿色，无毛。花10余朵，成密集圆锥花序；花白色或淡粉红色，长8~10mm，5基数；花瓣狭，有短尖头。栽培通常不见开花。

原产于南非。世界各地广为栽培。河南各地公园、庭院多有盆栽，为室内观叶花卉。

4. 石莲属 *Sinocrassula* Berger

《河南植物志（第二册）》记载1种。本书增补1变种。

绿花石莲（变种）*Sinocrassula indica* var. *viridiflora* K. T. Fu（彩版图57）

一年生草本，根短，须状。花茎直立或弓曲，高13~20cm，分枝。基生叶莲座状，匙状长圆形，先端尖。茎生叶倒披针形，长2.5~4cm，宽5~8mm，先端尖，基部渐狭，无柄。花序圆锥状或伞房状，有长的总花梗。花梗长；萼片5枚，三角形至卵形，长2mm，先端尖；花瓣5片，绿黄色，宽披针形至狭卵形，长2.5mm，先端钝或近尖；雄蕊5枚，长1.5~2mm；鳞片5枚，近横长方形，长0.5mm，宽0.7mm，先端钝；心皮5枚，长圆形，长2.5mm，花柱长0.4~0.5mm，心皮基部稍合生。蓇葖果有种子12~20粒。种子长圆形，长0.7mm，褐色，有纵纹。花期9月，果熟期10月。

河南仅见于伏牛山区的栾川大坪；生于山坡岩石上。分布于四川北部、陕西南部。

（七十一）虎耳草科 Saxifragaceae

《河南植物志（第二册）》记载连栽培 16 属，66 种，20 变种，3 变型。

其中：

聚叶虎耳草 *Saxifraga confertifolia* Engl. & Irmsch. 为橙黄虎耳草 *Saxifraga aurantiaca* Franch. 的异名；

虎耳草、金丝荷叶 *Saxifraga stolonifera* Meerb. 为虎耳草 *Saxifraga stolonifera* Curtis 的异名；

分枝虎耳草（变型）*Saxifraga cernua* f. *ramosa* J. G. Gmel. 为零余虎耳草 *Saxifraga cernua* L. 的异名；

北京虎耳草（变种）*Saxifraga sibirica* var. *pekinensis*（Maxim.）Engl. & Irmsch. 和楔基虎耳草（变种）*Saxifraga sibirica* var. *bockiana* Engl. 均为球茎虎耳草 *Saxifraga sibirica* L. 的异名；

异叶金腰、金腰子 *Chrysosplenium pseudofauriei* H. Lév. 为中华金腰 *Chrysosplenium sinicum* Maxim. 的异名；

互叶金腰（变种）*Chrysosplenium alternifolium* var. *sibiricum* Ser. 为五台金腰 *Chrysosplenium serreanum* Hand. -Mazz. 的异名；

多花红升麻、假升麻、升麻混子、多花落新妇 *Astilbe myriantha* Diels 为多花落新妇（变种）*Astilbe rivularis* var. *myriantha*（Diels）J. T. Pan 的异名；

齿叶钻地风（变型）*Schizophragma integrifolium* f. *denticulatum*（Rehder）Chun 为钻地风 *Schizophragma integrifolium* Oliv. 的异名；

心叶钻地风（变型）*Schizophragma integrifolium* f. *cordatum* S. Y. Wang 有待进一步研究确认；

大枝绣球、水通草 *Hydrangea rosthornii* Diels 为粗枝绣球 *Hydrangea robusta* Hook. f. & Thomson 的异名；

狭叶蜡莲绣球（变种）*Hydrangea strigosa* var. *angustifolia*（Hemsl.）Rehder 为蜡莲绣球 *Hydrangea strigosa* Rehder 的异名；

陕西东陵绣球（变种）*Hydrangea bretschneideri* var. *giraldii*（Diels）Rehder 为白背绣球 *Hydrangea hypoglauca* Rehder 的异名；

疏毛溲疏（变种）*Deutzia grandiflora* var. *glabrata* Maxim. 为大花溲疏 *Deutzia grandiflora* Bunge 的异名；

楔叶溲疏（变种）*Deutzia grandiflora* var. *baroniana*（Diels）Rehder 为钩齿溲疏 *Deutzia baroniana* Diels 的异名；

疏花溲疏（变种）*Deutzia schneideriana* var. *laxiflora* Rehder 为长江溲疏 *Deutzia schneideriana* Rehder 的异名；

溲疏 *Deutzia scabra* Thunb. 及其 5 变种：狭叶溲疏（变种）*Deutzia scabra* var. *angustifolia* Voss.，重瓣溲疏（变种）*Deutzia scabra* var. *plena* Rehd.，白花重瓣溲疏（变种）*Deutzia sca-*

bra var. *candidissima* Rehd.，黄斑溲疏（变种）*Deutzia scabra* var. *marmorata* Rehd.，白斑溲疏（变种）*Deutzia scabra* var. *punctata* Rehd. 均有待进一步研究确认；

长梗溲疏 *Deutzia vilmorinae* Lemoine & Bois ex M. Vilm. & Bois 为异色溲疏 *Deutzia discolor* Hemsl. 的异名；

卵叶小花溲疏（变种）*Deutzia parviflora* var. *ovatifolia* Rehder 为小花溲疏 *Deutzia parviflora* Bunge 的异名；

多花溲疏、碎花溲疏 *Deutzia micrantha* Engl. 为碎花溲疏（变种）*Deutzia parviflora* var. *micrantha*（Engl.）Rehder 的异名；

毛萼太平花、老密材（变种）*Philadelphus pekinensis* var. *dasycalyx* Rehder 为毛萼山梅花 *Philadelphus dasycalyx*（Rehder）S. Y. Hu 的异名；

川西茶藨子、尖叶茶藨子 *Ribes acuminatum* Wall. ex G. Don 为渐尖茶藨子 *Ribes takare* D. Don 的异名；

糖茶藨子 *Ribes emodense* Rehder 为糖茶藨子 *Ribes himalense* Royle ex Decne. 的异名；

瘤糖茶藨子（变种）*Ribes emodense* var. *verruculosum* Rehder 为瘤糖茶藨子（变种）*Ribes himalense* var. *verruculosum*（Rehder）L. T. Lu 的异名。

本书另增补 1 属，12 种，1 变种。

1. 虎耳草属 *Saxifraga* L.

《河南植物志（第二册）》记载 7 种，2 变种，1 变型。本书除修订外，增补 3 种。

（1）黑蕊虎耳草 *Saxifraga melanocentra* Franch.

[*Micranthes melanocentra*（Franch.）Losinsk.；

Micranthes pseudopallida（Engl. & Irmsch.）Losinsk.；

Saxifraga atrata var. *subcorymbosa* Engl.；

Saxifraga gageana W. W. Sm.；

Saxifraga melanocentra f. *angustispathulata* Engl.；

Saxifraga melanocentra f. *franchetiana* Engl. & Irmsch.；

Saxifraga melanocentra f. *pluriflora* Engl. & Irmsch.；

Saxifraga paludosa J. Anthony；

Saxifraga pseudopallida Engl. & Irmsch.；

Saxifraga pseudopallida f. *bracteata* Engl. & Irmsch.；

Saxifraga pseudopallida f. *foliosa* Engl. & Irmsch.；

Saxifraga sulphurascens Hand.-Mazz.]

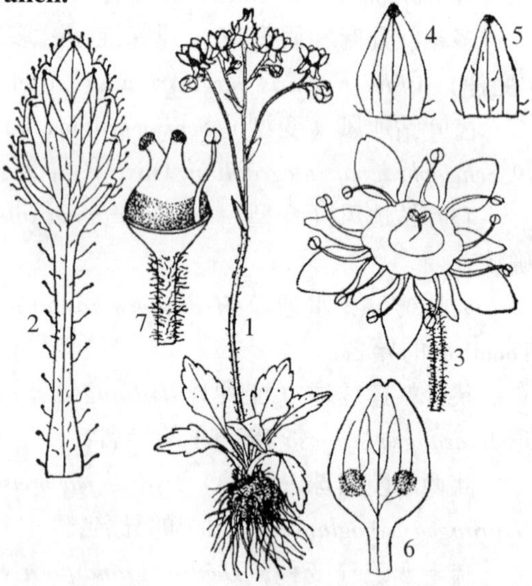

黑蕊虎耳草 *Saxifraga melanocentra* Franch.

1. 全株 2. 基生叶 3. 花 4. 萼片腹面 5. 萼片背面 6. 花瓣 7. 雄蕊和雌蕊

多年生草本，高 3.5~22cm。根状茎短。叶均基生，具柄，叶片卵形、菱状卵形、阔卵形、狭卵形至长圆形，长 0.8~4cm，宽 0.7~1.9cm，先端急尖或稍钝，边缘具圆齿状锯齿和腺睫毛，或无毛，基部楔形，稀心形，两面疏生柔毛或无毛；叶柄长 0.7~3.6cm，疏生柔毛。花葶被卷曲腺柔毛；苞叶卵形、椭圆形至长圆形，长 5~15mm，宽 1.1~11mm，先端急尖，全缘或具齿，基部楔形，稀宽楔形，两面无毛或疏生柔毛。聚伞花序伞房状，长 1.5~8.5cm，具 2~17 朵花；稀单花；萼片在花期开展或反曲，三角状卵形或狭卵形，长 2.9~6.5mm，宽 1.2~3mm，先端钝或渐尖，无毛或疏生柔毛，具 3~8 条脉，脉于先端会合成 1 个疣点；花瓣白色，稀红色至紫红色，基部具 2 个黄色斑点，或基部红色至紫红色，阔卵形、卵形至椭圆形，长 3~6.1mm，宽 2.1~5mm，先端钝或微凹，基部狭缩成长 0.5~1mm 爪，3~9（~14）条脉；雄蕊长 2.2~5.5mm，花药黑色，花丝钻形；花盘环形；2 枚心皮黑紫色，中下部合生；子房阔卵球形，长 2.8~4mm，花柱 2 个，长 0.5~3mm。花期 6~8 月，果熟期 8~9 月。

河南仅见于淅川荆子关；生于海拔1 000m 以上的山坡灌丛或草地。分布于陕西、甘肃南部、青海、四川西部、云南西北部。尼泊尔、印度锡金邦也有分布。花和枝叶入药，甘，温，无毒，有补血、散瘀之功效，可治眼疾。

（2）山地虎耳草 *Saxifraga sinomontana* J. T. Pan & Gornall

[*Saxifraga montana* Harry Sm.;
Hirculus montanus Losinsk.;
Saxifraga hirculus var. *indica* C. B. Clarke;
Saxifraga hirculus var. *kansuensis* Kanitz;
Saxifraga hirculus f. *vestita* Engl.;
Saxifraga montana f. *densifolia* T. C. Ku;
Saxifraga montana f. *humilis* Harry Sm.;
Saxifraga montana var. *splendens* Harry Sm.]

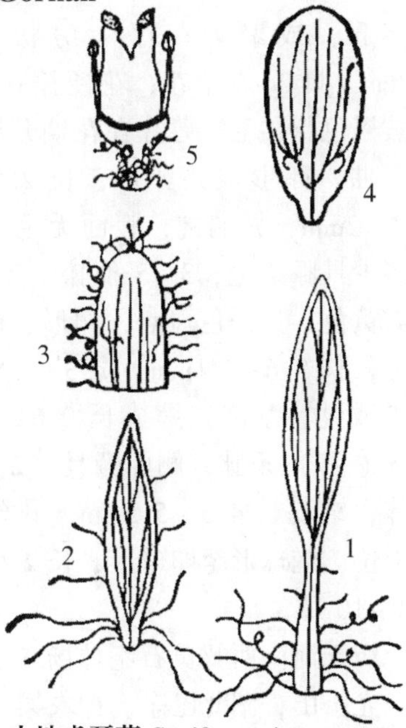

山地虎耳草 *Saxifraga sinomontana* J. T. Pan & Gornall
1. 基生叶 2. 茎生叶 3. 萼片 4. 花瓣 5. 雄蕊和雌蕊

多年生草本，丛生，高 4.5~35cm。茎疏被褐色卷曲柔毛。基生叶发达，具柄，叶片椭圆形、长圆形至线状长圆形，长 5~34mm，宽 1.5~5.5mm，先端钝或急尖，无毛，叶柄长 7~45mm，基部扩大，边缘具褐色卷曲长柔毛；茎生叶披针形至线形，长 9~25mm，宽 1.5~5.5mm，两面无毛或背面和边缘疏生褐色长柔毛，下部者具长 3~20mm 叶柄，上部者变无柄。聚伞花序长 14~40mm，具 2~8 朵花，稀单花；花梗长 4~18mm，被褐色卷曲柔毛；萼片在花期直立，近卵形至近椭圆形，长 3.8~5mm，宽 2~3.3mm，先端钝圆，腹面无毛，背面有时疏生柔毛，边缘具卷曲长柔毛，5~8 条脉于先端不会合；花瓣黄色，倒卵形、椭圆形、长圆形、提琴形至狭倒卵形，长 8~12.5mm，宽 3.3~6.9mm，先端钝圆或急尖，基部具 0.2~0.9mm 爪，5~15 条脉，基部侧脉旁具 2 个痂体；雄蕊长 4~6mm，花丝钻形；子房近上位，长 3.3~5mm，花柱 2 个，长 1.1~2.5mm。花期 5~7 月，果熟期 7~9 月。

河南仅见于西峡黑烟镇林场；生于海拔1 500m 以上灌丛、草甸、沼泽地。分布于陕西太白山、甘肃南部、青海、四川西部、云南西北部及西藏东部和南部；不丹至克什米尔地区也有分布。花入药，治头痛、神经痛等。

（3）秦岭虎耳草 *Saxifraga giraldiana* Engl.

［*Hirculus giraldianus*（Engl.）Losinsk.；
Saxifraga giraldiana var. *biondiana* Engl.；
Saxifraga giraldiana var. *hupehensis* Engl.；
Saxifraga hastigera H. Lév.］

多年生草本，丛生，高 8.5~21.5cm。茎被褐色卷曲长柔毛。基生叶和下部茎生叶于花期枯凋；中部以上茎生叶全部具柄，阔卵形、卵形、狭卵形至线状长圆形，长0.5~1.3cm，宽 0.2~1.15cm，先端急尖，基部圆形至楔形，两面无毛或多少被腺柔毛，边缘疏生褐色卷曲长腺毛，叶柄长 0.25~1.2cm，边缘具褐色长腺毛，以基部毛较多。单花生于茎顶，或聚伞花序伞房状，长 1.2~1.7cm，具2~6 朵花；花梗长 0.3~1.6cm，密被褐色腺柔毛；萼片在花期开展，于果期变反曲，卵形至狭卵形，长 2.5~3.6mm，宽 1~2mm，先端钝，腹面无毛，背面和边缘多少具腺柔毛，3~5 条脉于先端不会合；花瓣黄色，具褐色斑点，卵形、椭圆形至长圆形，长 5.6~7.1mm，宽 3~3.8mm，先端急尖或钝，基部狭缩成长 0.6~1.2mm 爪，3~5（~7）条脉，侧脉旁具（2~）4~6 个痂体；雄蕊长 4.5~5.5mm，花丝钻形；子房上位，椭球形至卵球形，长 2.6~4mm，花柱 2 个，长 1.2~1.3mm。花期 7~8 月，果熟期 8~10 月。

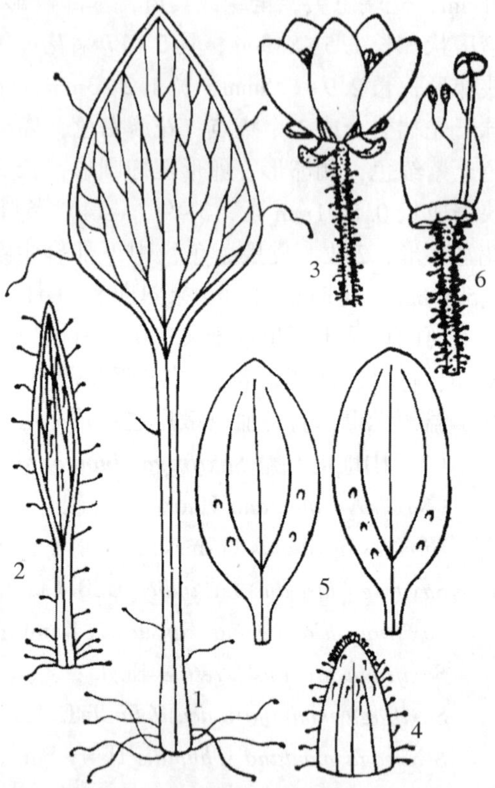

秦岭虎耳草 *Saxifraga giraldiana* Engl.

1. 茎中部叶　2. 茎上部叶　3. 花　4. 萼片背面　5. 花瓣　6. 花梗、雄蕊和雌蕊

产于河南西峡黄石庵林场二道沟；生于海拔1 000m以上林下或草甸。分布于陕西太白山、光头山，湖北巴东、神农架，四川茂汶、理县、峨眉山和云南巧家县。

2. 金腰属 *Chrysosplenium* L.

《河南植物志（第二册）》记载 7 种，2 变种。本书除修订外，增补 5 种。

（1）纤细金腰 *Chrysosplenium giraldianum* Engl.

多年生草本，高 7~17cm，无明显单宁质斑纹；地下具单鳞茎；鞭匐枝在地上，无毛。叶片通常肾形，长 0.7~2.3cm，宽 0.9~3cm，具 7~17 枚圆齿（齿先端微凹且具 1 个小疣点），基部通常心形，稀宽楔形，无毛；叶柄长 1.4~2.4cm。聚伞花序长 1~2.5cm，具6~15 朵花；苞叶肾形至阔卵形，长 0.3~2.5cm，宽 0.25~3cm，具 5~13 枚圆齿（齿先端微凹且具 1 个小疣点），有时全缘，基部通常浅心形，无毛，柄长 1.8~18mm，苞腋具褐色乳头突起；花梗长 1.2~1.8mm；花绿色，直径约 3.7mm；萼片在花期直立，阔卵形，长

1.2~1.6mm，宽1.2~1.9mm，先端钝，无毛；雄蕊8枚，长约0.5mm；子房半下位，花柱长约0.2mm，向两侧平伸；无花盘。蒴果长1.8~2.7mm，先端平截而微凹，2果瓣近等大，喙长约0.8mm，向下钩弯；种子黑褐色，近卵球形，长0.8~1mm，光滑无毛，有光泽。花期6~7月，果熟期8~9月。

河南仅见于灵宝小秦岭；生于海拔1 500m以上的林下或山谷阴湿处。分布于陕西和甘肃南部。

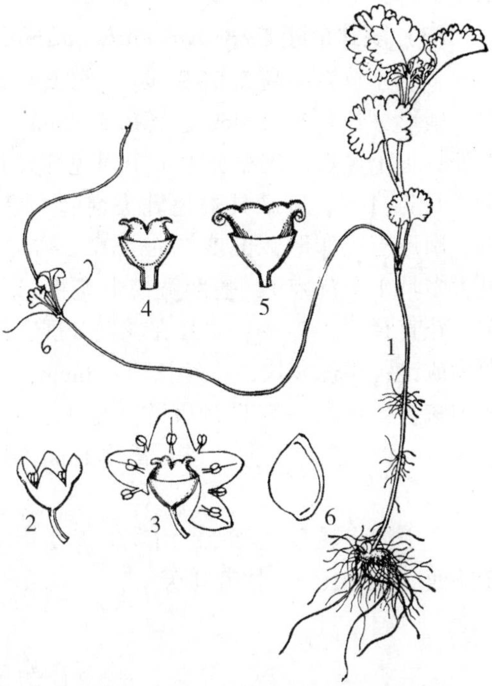

纤细金腰 *Chrysosplenium giraldianum* Engl.

1. 全株 2. 花 3. 花展开 4. 子房 5. 蒴果 6. 种子

(2) 肾叶金腰 *Chrysosplenium griffithii* Hook. f. & Thomson

多年生草本，高8.5~32.7cm，丛生。茎不分枝，无毛。无基生叶，或仅具1枚，叶片肾形，长0.7~3cm，宽1.2~4.6cm，7~19浅裂（裂片多数不相叠接，近阔卵形，长2~8.5mm，宽3~6mm），叶柄长7.3~8.7cm，疏生褐色柔毛和乳头突起；茎生叶互生，叶片肾形，长2.3~5cm，宽3.2~6.5cm，11~15浅裂（裂片近椭圆形至近卵形，长0.6~1.5cm，宽0.6~1.1cm，先端通常微凹且具1个疣点，稀具3枚圆齿），两面无毛，但裂片间弯缺处有时具褐色柔毛和乳头突起，叶柄长3~5cm，叶腋具褐色乳头突起和柔毛。聚伞花序长3.8~10cm，具多花（较疏离）；苞片肾形、扇形、阔卵形至近圆形，长0.3~3cm，宽0.36~4.3cm，3~12浅裂（裂片近卵形至近椭圆形，长0.2~1.3cm，宽0.2~1.1cm，裂片间弯缺处有时具褐色柔毛和乳头突起），柄长0.8~1.5cm，苞腋具褐色乳头突起和柔毛；花梗长0.25~1.1cm，被褐色乳头突起和柔毛；花黄色，直径4.2~4.6mm；萼片在花期开展，近圆形至菱状阔卵形，长1.3~2.6mm，宽1.5~3mm，先端钝圆，通常全缘，稀具不规则齿；雄蕊8枚，花丝长0.3~0.5mm；子房半下位，花柱长约0.4mm；花盘8裂。蒴果长约3mm，先端近平截而微凹，喙长约0.4mm，2果瓣近等大，近水平状叉开。种子黑褐色，卵球形，长0.7~1mm，无毛，有光泽。花期5~7月，果熟期8~9月。

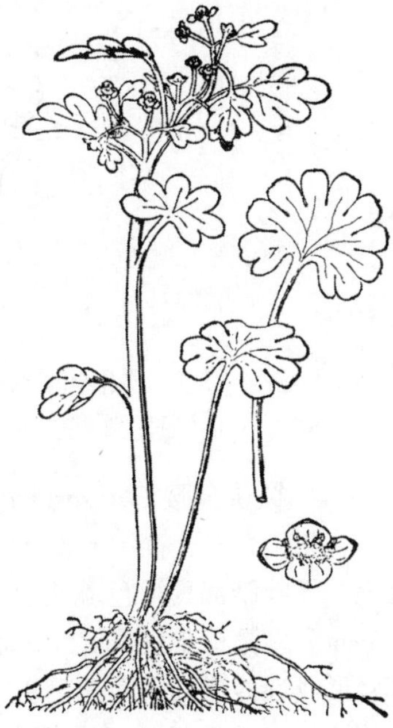

肾叶金腰 *Chrysosplenium griffithii* Hook. f. & Thomson

产于河南西峡黑烟镇、卢氏大块地；生于海拔1 500m以上的林下、林缘、草地。分布于陕西太白山、甘肃南部、四川西部和北部、云南北部和西藏东南部；缅甸北部、不丹、尼泊尔和印度北部也有分布。

(3) 陕甘金腰 *Chrysosplenium qinlingense* Z. P. Jien ex J. T. Pan

多年生草本，高 5.5~9.5cm；鞭匐枝出自叶腋，无毛。花茎无毛。茎生叶对生，1~2 对，扇形，长 0.4~1.4cm，宽 0.9~2cm，先端钝圆，边缘具 7~9 枚钝齿（齿先端微凹，凹处具 1 个疣点，疣点上生 1 个褐色卵球形瘤突），基部阔楔形至近截形，两面无毛；叶柄长 0.3~1cm，叶腋具褐色乳头突起。聚伞花序长约 3cm；花序分枝无毛；苞叶近扁圆形、扇形至阔卵形，长 2~7mm，宽 2~7.5mm，边缘具 3~7 枚钝齿（齿先端大多微凹，凹处大多具 1 个疣点），基部宽楔形至楔形，两面无毛，柄长 1.1~1.2mm，苞腋具球形瘤突；花直径约 4.7mm；萼片在花期开展，阔卵形，长 1.4~1.7mm，宽 1.7~1.8mm，先端急尖或钝；雄蕊 8 枚，花丝长约 0.6mm；子房近下位，花柱长约 0.5mm；花盘明显 8 裂，周围疏生褐色乳头突起。蒴果长约 2.8mm，先端近平截而微凹，2 果瓣近等大，喙长约 0.5mm。种子黑色，卵球形，长约 1mm，具 16 纵肋，肋上有横沟纹。花期 7~8 月，果熟期 8~9 月。

产于河南灵宝小秦岭、内乡宝天曼；生于海拔 1 500m 以上的山谷林下阴湿处。分布于陕西（太白山）、甘肃（天水）。

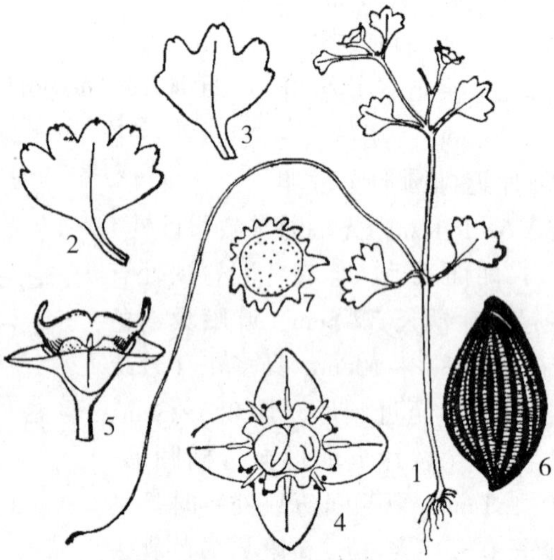

陕甘金腰 *Chrysosplenium qinlingense* Z. P. Jien ex J. T. Pan

1. 全株　2. 茎生叶　3. 苞叶　4. 花　5. 蒴果　6. 种子　7. 种子横剖面

(4) 微子金腰 *Chrysosplenium microspermum* Franch.

多年生草本，高（1.3~）5~12cm；不育枝出自基生叶腋部，纤细，具互生叶。花茎无毛，但叶腋部具褐色乳头突起。基生叶具柄，叶片阔卵形至近肾形，长约 4mm，宽约 5.3mm，边缘具 8 枚圆齿（齿通常扁圆形，相互叠接，齿间弯缺处具褐色乳头突起），基部肾形或近截形，两面无毛，叶柄长约 8.4mm，无毛；茎生叶通常 3 枚，互生，叶片通常近阔卵形，长 4.1~6mm，宽约 5mm，边缘具 7~8 枚圆齿（齿间弯缺处具 1 个褐色小疣点），两面无毛，叶柄长 7~8mm，无毛。聚伞花序长 0.8~1.1cm，具 5~9 朵花；花序分枝多少具褐色乳头突起；苞叶阔卵形，长 1.8~6mm，宽 1.5~6.5mm，边缘具 3~5 枚圆齿，基部宽楔形，柄长 0.7 ~ 5mm；花梗多少具褐色乳头突起；花直径约 2.5mm；萼片卵形至阔卵形，长 0.9 ~ 1mm，宽 1 ~ 1.2mm，先端钝圆，在花期近开展；雄蕊 8 枚，花丝长约 0.3mm；子房半下位，花柱长约 0.4mm；花盘 8 裂。蒴果长约 2.4mm，先端近平截而微凹，2 果瓣近等大且水平状叉开，喙长约 0.4mm。种子褐色，近卵球形，长约 0.4mm，具微瘤突。花期 4~6 月，果熟期 7~9 月。

产于河南卢氏大块地、西峡黑烟镇；生于海拔 1 500m 以上沟谷湿地。分布于陕西太白山、湖北西部和四川东部。

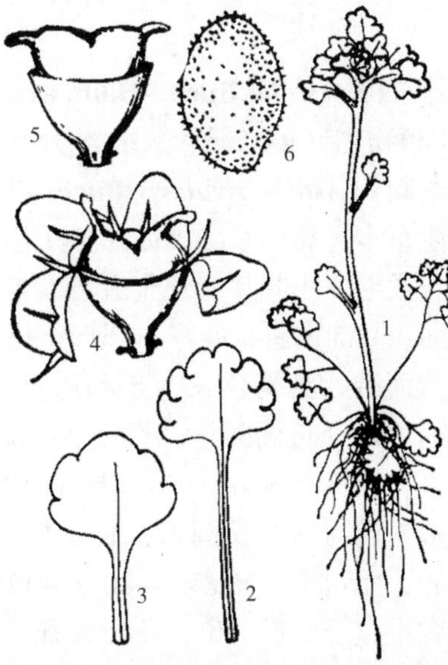

微子金腰 *Chrysosplenium microspermum* Franch.

1. 全株　2. 叶片　3. 苞叶　4. 花展开　5. 蒴果　6. 种子

(5) 太白金腰 *Chrysosplenium taibaishanense* J. T. Pan

多年生草本，高 7 ~ 11cm；鞭匐枝出自茎下部叶腋。茎疏生褐色柔毛。无基生叶；茎生叶互生，具柄，叶片近扇形至近半圆形，长 0.4 ~ 1cm，宽 0.55 ~ 1.5cm，先端钝，边缘具 7 ~ 9 枚浅齿 (齿先端微凹)，基部宽楔形至截形，腹面近叶柄处被褐色柔毛和乳头突起，背面无毛，齿间弯缺处具褐色柔毛和乳头突起，叶柄长 0.9 ~ 1.4cm，仅腹面和叶腋部具褐色柔毛和乳头突起。聚伞花序 2 ~3 朵花；花序分枝无毛；苞叶扇形至近半圆形，长 5.5 ~ 12mm，宽 7 ~ 15mm，先端钝圆，边缘具 3 ~ 9 枚浅齿（齿先端微凹)，腹面近柄处具褐色柔毛，背面无毛，柄长 1.5 ~ 3mm，腹面具褐色柔毛，苞腋具褐色柔毛和乳头突起；花梗长不过 0.5mm；花直径约 5mm；萼片在花期开展，阔卵形至近圆形，长 1.5 ~ 2mm，宽 1.9 ~ 2mm，先端钝圆或急尖，腹面中部具 1 条由褐色乳头突起组成的弧形横纹；雄蕊 8 枚，花丝长约 0.4mm；子房近下位，花柱长约 0.3mm；花盘极度退化，但仍可辨其痕迹。蒴果长约 3mm，先端近平截而微凹，2 果瓣近等大，喙长约 0.5mm。种子黑褐色，近卵球形，长约 0.8mm，具微瘤突。花期 6~7 月，果熟期 7~8 月。

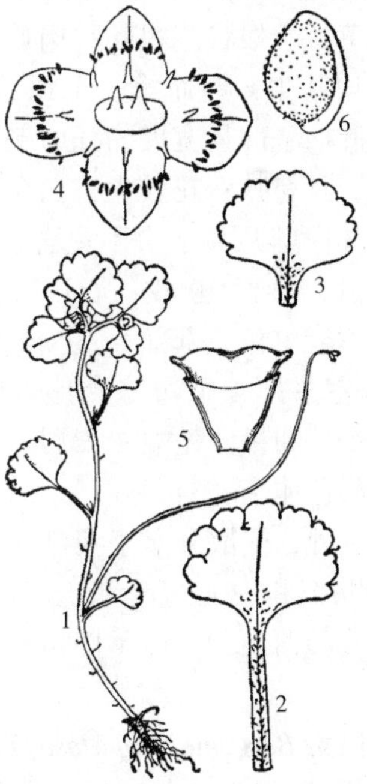

太白金腰 *Chrysosplenium taibaishanense* J. T. Pan

1. 全株　2. 茎生叶　3. 苞叶　4. 花　5. 蒴果　6. 种子

产于河南西峡黄石庵林场二道沟；生于海拔 1 500m 以上的山谷湿润处。分布于陕西太白山。

3. 落新妇属 *Astilbe* Buch. -Ham. ex D. Don

《河南植物志（第二册）》称红升麻属，记载 3 种。本书除修订外，增补 1 种。

溪畔落新妇 *Astilbe rivularis* Buch. -Ham. ex D. Don（彩版图 58）

多年生草本，高 0. 6~2. 5m。茎被褐色长腺柔毛。二至三回羽状复叶；叶轴与小叶柄均被褐色长柔毛；小叶片，顶生者菱状椭圆形至倒卵形，侧生者卵形，长 4~14. 5cm，宽 1. 7~8. 4cm。基部偏斜状心形、圆形至楔形，边缘有重锯齿，先端渐尖，腹面疏生褐色腺糙伏毛，背面沿脉具褐色长柔毛和腺毛。圆锥花序长 41~42cm，多花；花序分枝长 1~18cm；苞片 3 枚，近椭圆形，长1. 1~1. 4mm，宽 0. 2~0. 6mm，全缘或具齿牙，边缘疏生褐色柔毛；花梗长 0. 6~1. 8mm，与花序轴均被褐色卷曲腺柔毛；萼片 4~5 枚，近膜质，绿色，卵形、椭圆形至长圆形，长 1. 2~1. 5mm，宽约 1mm，内面稍凹陷，外面略弓凸，无毛，单脉；无花瓣；雄蕊 5~10（~12）枚，长 0. 5~2. 4mm；雌蕊长约 2mm，心皮 2 枚，基部合生，子房近上位，花柱叉开。花果期 7~11 月。

产于河南西部山区；生于海拔1 000m 以上的林下、林缘、灌丛和草丛中。分布于陕西、四川、云南和西藏等省区；泰国北部、印度北部、不丹、尼泊尔和克什米尔地区均有分布。根状茎入药，能活血散瘀，祛风除湿，止痛，治跌打损伤、风湿痛及慢性胃炎等。

4. 岩白菜属 *Bergenia* Moench（新增属）

多年生草本。根状茎粗壮，肉质，具鳞片。单叶，均基生，厚而大，全缘或具齿，具小腺窝；叶柄基部具宽展的托叶鞘。聚伞花序圆锥状，具苞片；花较大，白色、红色或紫色；托杯内壁几与子房不愈合；萼片 5 枚；花瓣 5 片；雄蕊 10 枚；心皮 2 枚，基部合生；子房近上位，基部 2 室，具中轴胎座，顶部 1 室，具 2 个边缘胎座，胚珠多数，花柱 2 个。蒴果，先端 2 瓣裂。种子黑色，具棱。染色体 2n=34。

本属有 9 种，零散分布于亚洲（主要在东亚、南亚北部和中亚东南部）。我国有 6 种，产于西北和西南，主产于四川、云南和西藏。

秦岭岩白菜 *Bergenia scopulosa* T. P. Wang

多年生草本，高 10~50cm。根状茎粗壮，直径 2. 5~4cm，密被褐色鳞片和残叶鞘，沿石隙匐生，半暴露。叶均基生；叶片革质，圆形、阔卵形至阔椭圆形，长（5~）16. 5~25cm，宽（4~）13. 2~22cm，先端钝圆，边缘波状或具波状齿，有时近全缘，基

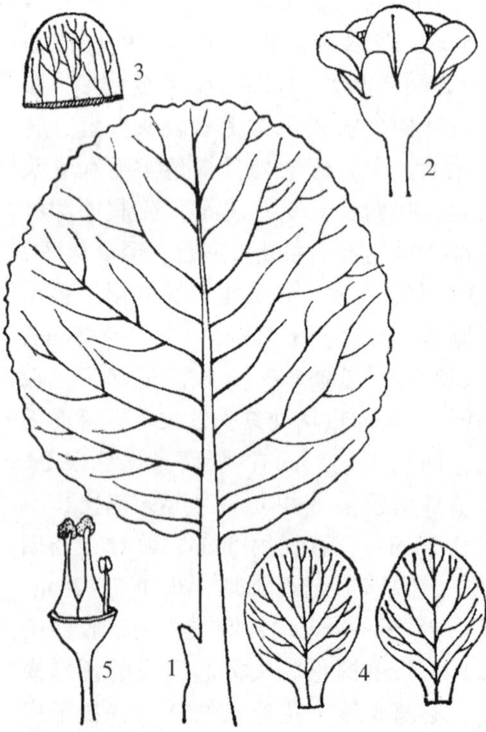

秦岭岩白菜 *Bergenia scopulosa* T. P. Wang

1. 基生叶 2. 花 3. 萼片 4. 花瓣
5. 雄蕊和雌蕊

部通常圆形，稀宽楔形，两面具小腺窝，无毛；叶柄长 1.5~13cm，托叶鞘无毛。花葶无毛，中部以上具 1 枚披针形苞叶。聚伞花序；花梗长 5~9mm，无毛；托杯紫红色，外面无毛；萼片革质，卵形至阔卵形，长 4~4.5mm，宽 3.3~5mm，先端钝，两面无毛，具多脉；花瓣椭圆形、阔卵形至近圆形，长 8~9mm，宽 6~7.8mm，先端钝，基部渐狭成长约 1mm 爪，羽状达缘脉序；雄蕊长 4.5~5mm；子房卵球形，长约 4.5mm，花柱 2 个，长约 5mm，柱头大，盾状。花期 5~7 月，果熟期 8~9 月。

产于河南西峡黄石庵林场二道沟、灵宝小秦岭；生于林下阴湿处或峭壁石隙。分布于陕西（秦岭）和祁连山地区。根状茎入药，有补脾健胃、除湿活血、清热败毒、收敛之功效，主治急性肠炎、崩漏、白带、痢疾、黄水疮等。

5. 溲疏属 *Deutzia* Thunb.

《河南植物志（第二册）》记载 10 种，9 变种。本书除修订外，增补 1 变种。

无柄溲疏（变种）*Deutzia glabrata* var. *sessilifolia*（Pamp.） Zaik.

本变种与原变种的不同在于叶阔卵状披针形，两面均无毛；花枝上的叶柄极短或无柄。花期 5~6 月。

产于河南伏牛山嵩县、西峡；生于海拔 400~1 300m 密林、山坡灌丛中。分布于陕西（南部）、山东（昆嵛山、烟台）、湖北、湖南等省。

6. 山梅花属 *Philadelphus* L.

《河南植物志（第二册）》记载 4 种，1 变种。本书除修订外，增补 1 种。

紫萼山梅花 *Philadelphus purpurascens*（Koehne） Rehder

灌木，高 1.5~4m；二年生小枝灰棕色或灰褐色，无毛，表皮片状脱落，当年生小枝暗紫红色，被极稀疏白色细柔毛或无毛。叶卵形或椭圆形，长 3.5~7cm，宽 2.5~4.5cm，先端渐尖或急尖，基部楔形或阔楔形，边全缘或上面具疏齿；叶脉离基出 3~5 条；叶柄长 2~6mm；花枝上叶椭圆状披针形或卵状披针形，较小，长 1.5~4cm，宽 0.5~1.5cm，先端急尖或钝，边近全缘，两面均无毛或下面叶脉上疏被毛，叶脉基出 3 条；叶柄长 2~3mm。总状花序有花 5~7（~9）朵；花序轴长 2~4.5cm，暗紫红色，无毛或疏被毛；花梗长 3~5mm，无毛；花萼紫红色，有时具暗紫色小点及常具白粉，外面疏被微柔毛或脱落变无毛，萼筒壶形，与裂片间常有缢纹，裂片卵形，长约 5mm，宽约 3.5mm，先端急尖；花冠盘状，直径 2~2.5cm；花瓣白色，椭圆形、倒卵形或阔倒卵形，长 1~1.5cm，宽 8~13mm，先端有时凹入；雄蕊 25~33 枚，最长的长达 7mm；花盘有时稀疏被白色长柔毛；花柱长约

紫萼山梅花 *Philadelphus purpurascens*（Koehne） Rehder.

6mm，先端不裂或稍开裂，基部无毛或有时稀疏被毛，柱头棒形，长 1~1.5mm，常较花药小。蒴果卵形，长 6~8mm，直径 4~6mm。种子长约 3mm，具短尾。花期 5~6 月，果熟期 7~9 月。

河南产于伏牛山区的内乡宝天曼以及西峡；生于海拔 1 800~2 000m 山坡林下灌丛中。分布于四川、云南。

7. 茶藨子属 *Ribes* L.

《河南植物志（第二册）》记载 10 种，3 变种。本书除修订外，增补 1 种。

簇花茶藨子 *Ribes fasciculatum* Siebold & Zucc.（彩版图 59）

落叶灌木，高达 1.5m；小枝灰褐色，皮稍剥裂，嫩枝开展，无毛或有疏柔毛，老时脱落，无刺；芽小，卵圆形或长卵圆形，长 2~5mm，先端急尖，具数枚棕色或褐色鳞片，外面无毛。叶近圆形，长（2）3~4cm，宽（2.5）3.5~5cm，基部截形至浅心脏形，两面无毛或疏生柔毛，边缘掌状 3~5 裂，裂片宽卵圆形，先端稍钝或急尖，顶生裂片与侧生裂片近等长或稍长，具粗钝单锯齿；叶柄长 1~3cm，被疏柔毛。花单性，雌雄异株，组成几无总梗的伞形花序；雄花序具花 2~9 朵；雌花 2~4（6）朵簇生，稀单生；花梗长（3）5~9mm，具关节，无毛，稀于关节以下部分微具柔毛；苞片长圆形，长 5~8mm，宽 2~3.5mm，先端钝或稍微尖，微被短柔毛，具单脉，早落；花萼黄绿色，外面无毛，有香味；萼筒杯形，长 2~3mm，宽稍大于长或几相等，萼片卵圆形或舌形，长 2~4mm，宽 1.5~3mm，先端圆钝，花期反折；花瓣近圆形或扇形，长 1.5~2mm，宽稍大于长，先端圆钝或平截；雄蕊长于花瓣，花丝极短，花药扁椭圆形；雌花的雄蕊不发育，花药无花粉；子房梨形，光滑无毛，雄花的子房退化；花柱先端 2 裂。果实近球形，直径 7~10mm，红褐色，无毛，味欠佳。花期 4~5 月，果熟期 7~9 月。

仅见于河南大别山区的商城；生于低海拔山坡灌丛中或林下。分布于安徽、甘肃（东部）、贵州（西北部）、湖北（西北部）、江苏、江西（北部）、陕西、山东（东北部）、浙江（北部）；日本、韩国也有分布。

（七十二）海桐花科 Pittosporaceae

《河南植物志（第二册）》记载 1 属，5 种，1 变种。

其中：

崖花海桐 *Pittosporum sahnianum* Gowda 为海金子 *Pittosporum illicioides* Makino 的异名。

（七十三）金缕梅科 Hamamelidaceae

《河南植物志（第二册）》记载连栽培 8 属，9 种。

其中：

枫香、枫香树、枫树、鬼股子狼眼 *Liquidambar taiwaniana* Hance 应为枫香树 *Liquidambar formosana* Hance。

（七十四）蔷薇科 Rosaceae

《河南植物志（第二册）》记载34属，211种，92变种和变型。

其中：

毛叶高丛珍珠梅（变种）*Sorbaria arborea* var. *dubia* C. Y. Wu 有待进一步研究确认；

黄果湖北山楂（变种）*Crataegus hupehensis* var. *flavida* S. Y. Wang 为湖北山楂 *Crataegus hupehensis* Sarg. 的异名；

黄脉花楸 *Sorbus xanthoneura* Rehder 为江南花楸 *Sorbus hemsleyi*（C. K. Schneid.）Rehder 的异名；

椤木石楠 *Photinia davidsoniae* Rehder & E. H. Wilson 为贵州石楠 *Photinia bodinieri* Levl. 的异名；

石楠、冬青 *Photinia serrulata* Lindl. 为石楠 *Photinia serratifolia*（Desf.）Kalkman 的异名；

光序中华石楠（变种）*Photinia beauverdiana* var. *notabilis*（C. K. Schneid.）Rehder & E. H. Wilson 为中华石楠 *Photinia beauverdiana* C. K. Schneid. 的异名；

贴梗海棠、木瓜海棠、贴角海棠 *Chaenomeles lagenaria*（Loisel.）Koidz. 为贴梗海棠 *Chaenomeles speciosa*（Sweet）Nakai 的异名；

木桃、狭叶木瓜（变种）*Chaenomeles lagenaria* var. *cathayensis*（Hemsl.）Rehder 和木瓜海棠、毛木瓜（变种）*Chaenomeles lagenaria* var. *wilsonii* Rehder 均为木瓜海棠 *Chaenomeles cathayensis*（Hemsl.）C. K. Schneid. 的异名；

毛豆梨（变型）*Pyrus calleryana* f. *tomentella* Rehder［《河南植物志（第二册）》191 页为毛豆梨变种］为豆梨 *Pyrus calleryana* Decne. 的异名；

太行梨 *Pyrus taihangshanensis* S. Y. Wang & C. L. Chang 有待进一步研究确认；

垂枝山荆子（变型）*Malus baccata* f. *gracilis* Rehder 为垂枝山荆子（变种）*Malus baccata* var. *gracilis*（Rehder）T. C. Ku 的异名；

毛山荆子（变种）*Malus baccata* var. *mandshurica*（Maxim.）C. K. Schneid. 为毛山荆子 *Malus mandshurica*（Maxim.）Kom. ex Juz. 的异名；

伏牛海棠（变种）*Malus komarovii* var. *funiushanensis* S. Y. Wang 为陇东海棠 *Malus kansuensis*（Batalin）C. K. Schneid. 的异名；

无毛甘肃海棠（变型）*Malus kansuensis* f. *calva* Rehder 为光叶陇东海棠（变种）*Malus kansuensis* var. *calva*（Rehder）T. C. Ku & Spongberg 的异名；

重瓣黄木香（变种）*Rosa banksiae* var. *lutescens*Voss 应为重瓣黄木香（变型）*Rosa banksiae* f. *lutescens* Voss；

米黄月季（变种）*Rosa chinensis* var. *mutabilis* Rehder 应为米黄月季（变型）*Rosa chinensis mutabilis*（Correvon）Rehder；

绿月季（变种）*Rosa chinensis* var. *viridiflora* Dipp. 应为绿月季（变型）*Rosa chinensis* f. *viridiflora*（Lavall，e）C. K. Schneid.；

七姊妹（变种）*Rosa multiflora* var. *platyphylla* Thory 有待进一步研究确认；

龙牙草、仙鹤草、猴头草（变种）*Agrimonia pilosa* var. *japonica*（Miq.）Nakai 为龙牙草 *Agrimonia pilosa* Ledeb. 的异名；

重瓣棣棠花（变种）*Kerria japonica* var. *pleniflora* Witte 有待进一步研究确认；

红毛悬钩子 *Rubus pinfaensis* Levl. & Vaniot 为红毛悬钩子 *Rubus wallichianus* Wight & Arn. 的异名；

刺悬钩子（变种）*Rubus pungens* var. *indefensus* Focke 为香莓（变种）*Rubus pungens* var. *oldhamii*（Miq.）Maxim. 的异名；

羽裂路边青（变种）*Geum aleppicum* var. *bipinnatum*（Batalin）Hand.-Mazz. 为路边青 *Geum aleppicum* Jacq. 的异名；

伞房草莓 *Fragaria corymbosa* Losinsk. 为东方草莓 *Fragaria orientalis* Losinsk. 的异名；

中华草莓 *Fragaria chinensis* Losinsk. 为野草莓 *Fragaria vesca* L. 的异名；

草莓 *Fragaria*×*ananassa* Duchesne 应为草莓 *Fragaria*×*ananassa*（Duchesne ex Weston）Duchesne ex Rozier；

山莓草 *Sibbaldia aphanopetala* Hand.-Mazz. 为隐瓣山莓草（变种）*Sibbaldia procumbens* var. *aphanopetala*（Hand.-Mazz.）T. T. Yu & C. L. Li 的异名；

华西银蜡梅（变种）*Potentilla arbuscula* var. *veitchii*（Wils.）T. N. Liou 有待进一步研究确认；

小瓣委陵菜 *Potentilla parvipetala* B. C. Ding & S. Y. Wang 有待进一步研究确认；

朝天委陵菜、野芫荽 *Potentilla paradoxa* Nutt. ex Torr. & A. Gray 为朝天委陵菜 *Potentilla supina* L. 的异名；

大莓叶委陵菜（变种）*Potentilla fragarioides* var. *sprengeliana*（Lehm.）Maxim. 为莓叶委陵菜 *Potentilla fragarioides* L. 的异名；

红叶李、红叶海棠（变种）*Prunus cerasifolia* var. *pissardii* Koehne 有待进一步研究确认；

西伯利亚杏、山杏 *Prunus sibirica* L. 为山杏 *Armeniaca sibirica*（L.）Lam. 的异名；

杏、杏树 *Prunus armeniaca* L. 为杏 *Armeniaca vulgaris* Lam. 的异名；

山杏、野杏（变种）*Prunus armeniaca* var. *ansu* Maxim. 为野杏（变种）*Armeniaca vulgaris* var. *anus*（Maxim.）T. T. Yu & L. T. Lu 的异名；

梅、酸梅 *Prunus mume*（Siebold）Siebold & Zucc. 为梅 *Armeniaca mume* Siebold 的异名；

《河南植物志（第二册）》（263~264 页）梅、酸梅 *Prunus mume*（Siebold）Siebold & Zucc. 种下的 6 个栽培变种：白梅（变种）*Prunus mume* var. *alba* Rehder，红梅（变种）*Prunus mume* var. *alphandii* Rehder，冰梅（变种）*Prunus mume* var. *alboplena* Baeily，碎花梅（变种）*Prunus mume* var. *cryptopetala* Makino，垂枝梅（变种）*Prunus mume* var. *pendula* Nichols.，品字梅（变种）*Prunus mume* var. *pleiocarpa* Maxim. 均有待进一步研究确认；

榆叶梅 *Prunus triloba* Lindl. 和重瓣榆叶梅（变种）*Prunus triloba* var. *plena* Dipp. 均为榆叶梅 *Amygdalus triloba*（Lindl.）Ricker 的异名；

紫榆叶梅（变种）*Prunus triloba* var. *atropurpurea* Hort. 有待进一步研究确认；

扁桃、巴旦杏 *Prunus communis*（L.）Arcang. 为扁桃 *Amygdalus communis* L. 的异名；

山桃、山毛桃 *Prunus davidiana*（Carrišre）Franch. 为山桃 *Amygdalus davidiana*（Carrišre）de Vos ex L. Henry 的异名；

红花山桃（变种）*Prunus davidiana* var. *rubra* Bean 和白花山桃（变种）*Prunus davidiana* var. *alba* Bean 均有待进一步研究确认；

桃、桃树 *Prunus persica*（L.）Batsch 为桃 *Amygdalus persica* L. 的异名；

油桃（变种）*Prunus persica* var. *nectarina* Maxim. 为杏李 *Prunus simonii* CarriŠre 的异名；

《河南植物志（第二册）》（266~267 页）原桃、桃树 *Prunus persica*（L.）Batsch 种下的 6 个栽培变型：白花桃（变型）*Prunus persica* f. *alba* C. K. Schneid.，紫叶桃（变型）*Prunus persica* f. *atropurpurea* C. K. Schneid.，碧桃（变型）*Prunus persica* f. *duplex* Rehder，白碧桃（变型）*Prunus persica* f. *alboplena* C. K. Schneid.，垂枝桃（变型）*Prunus persica* f. *pendula* Dipp.，红碧桃（变型）*Prunus persica* f. *rubroplena* C. K. Schneid. 均有待进一步研究确认；

蟠桃、扁桃 *Prunus compressa*（Bean）Bean 为桃 *Amygdalus persica* L. 的异名；

毛樱桃、山樱桃、野樱桃 *Prunus tomentosa* Thunb. 及其种下 2 变种：小叶毛樱桃（变种）*Prunus tomentosa* var. *endotricha* Koehne 和小花毛樱桃（变种）*Prunus tomentosa* var. *breviflora* Koehne 均为毛樱桃 *Cerasus tomentosa*（Thunb.）Wall. ex T. T. Yu & C. L. Li 的异名；

另一种下栽培变型白果毛樱桃（变型）*Prunus tomentosa* f. *leucocarpa* Rehd. 有待进一步研究确认；

郁李 *Prunus japonica* Thunb. 和重瓣郁李（变种）*Prunus japonica* var. *keri*（Steud.）Koehne 均为郁李 *Cerasus japonica*（Thunb.）Loisel. 的异名；

显脉欧李、牛李、毛叶欧李 *Prunus dictyoneura* Diels 为毛叶欧李 *Cerasus dictyoneura*（Diels）Holub 的异名；

欧李、牛李 *Prunus humilis* Bunge 为欧李 *Cerasus humilis*（Bunge）S. Ya. Sokolov 的异名；

麦李、牛李（变种）*Prunus glandulosa* var. *trichostyla* Koehne 为麦李 *Cerasus glandulosa*（Thunb.）Sokolov 的异名；

白千瓣麦李（变种）*Prunus glandulosa* var. *alboplena* Koehne 和红千瓣麦李（变种）*Prunus glandulosa* var. *sinensis* Koehne 均有待进一步研究确认；

樱花、日本樱花 *Prunus yedoensis* Matsum. 为东京樱花 *Cerasus yedoensis*（Matsum.）A. N. Vassiljeva 的异名；

《河南植物志（第二册）》（270~271 页）原樱花、日本樱花 *Prunus yedoensis* Matsum. 种下的 4 个栽培变型：彩霞樱花（变型）*Prunus yedoensis* f. *shojo* Wils.，粉红樱花（变型）*Prunus yedoensis* f. *taizanfukus* Wils.，垂直樱花（变型）*Prunus yedoensis* f. *perperdens* Wils.，光萼樱花（变型）*Prunus yedoensis* f. *nudiflora* Wils. 均有待进一步研究确认；

山樱花、山樱桃、黑樱桃 *Prunus serrulata* Lindl. 为山樱花 *Cerasus serrulata*（Lindl.）Loudon 的异名；

毛山樱花（变种）*Prunus serrulata* var. *pubescens*（Makino）E. H. Wilson 为毛叶山樱花（变种）*Prunus serrulata* var. *pubescens*（Makino）T. T. Yu & C. L. Li 的异名；

灰毛樱花 *Prunus canescens* Bois 有待进一步研究确认；

尾页樱桃、山樱桃、野樱桃 *Prunus dielsiana* C. K. Schneid. 为尾页樱桃 *Cerasus dielsiana*（C. K. Schneid.）T. T. Yu & C. L. Li 的异名；

樱桃 *Prunus pseudocerasus* Lindl. 和崖樱桃 *Prunus scopulorum* Koehne 均为樱桃 *Cerasus pseudocerasus*（Lindl.）Loudon 的异名；

盘腺樱桃、野樱桃 *Prunus discadenia* Koehne 为盘腺樱桃 *Cerasus discadenia*（Koehne）C. L. Li & S. Y. Jiang 的异名；

锥腺樱桃 *Prunus conadenia* Koehne 为锥腺樱桃 *Cerasus conadenia*（Koehne）T. T. Yu & C. L. Li 的异名；

微毛樱桃 *Prunus pilosiuscula*（C. K. Schneid.）Koehne 为微毛樱桃 *Cerasus clarofolia*（C. K. Schneid.）T. T. Yu & C. L. Li 的异名；

多毛樱桃 *Prunus polytricha* Koehne 为多毛樱桃 *Cerasus polytricha*（Koehne）T. T. Yu & C. L. Li 的异名；

毛序稠李、显脉稠李 *Prunus venosa* Koehne 和柏氏稠李（变种）*Prunus buergeriana* var. *nudiuscula* Koehne 均为橉木 *Padus buergeriana*（Miq.）T. T. Yu & T. C. Ku 的异名；

绢毛稠李 *Prunus sericea*（Batalin）Koehne 为绢毛稠李 *Padus wilsonii* C. K. Schneid. 的异名；

稠李（变种）*Prunus padus* var. *pubescens* Regel & Tiling 为毛叶稠李（变种）*Padus avium* var. *pubescens*（Regel & Tiling）T. C. Ku & B. M. Barthol. 的异名；

灰叶稠李 *Prunus grayana* Maxim. 为灰叶稠李 *Padus grayana*（Maxim.）C. K. Schneid. 的异名；

短柄稠李、桃子木 *Prunus brachypoda* Batalin 和长序稠李（变种）*Prunus brachypoda* var. *pseudossiori* Koehne 均为短梗稠李 *Padus brachypoda*（Batalin）C. K. Schneid. 的异名；

细齿稠李、桃子木 *Prunus vaniotii* Levl. 为细齿稠李 *Padus obtusata*（Koehne）T. T. Yu & L. T. Lu 的异名；

毡毛稠李 *Prunus velutina* Batalin 为毡毛稠李 *Padus velutina*（Batalin）C. K. Schneid. 的异名。

本书另增补 2 属，23 种（含 3 栽培种），6 变种，1 变型（栽培）。

1. 绣线菊属 *Spiraea* L.

《河南植物志（第二册）》记载 26 种，7 变种。本书增补 1 种。

曲萼绣线菊 *Spiraea flexuosa* Fisch. ex Cambess.

[*Spiraea chamaedryfolia* var. *flexuosa*（Fisch. ex Cambess.）Maxim.]

灌木，高达 1.5m；小枝细瘦，稍屈曲，褐黄色至紫褐色，幼时有棱角，无毛；冬芽长卵形，先端渐尖，具 2 枚外露鳞片。叶片长圆椭圆形至长圆卵形，长 1～5cm，宽 0.9～2.5cm，先端急尖或短渐尖，基部楔形，稀圆形，常在先端或中部以上有单锯齿，稀全缘，下面有稀疏短柔毛或无毛，具白霜；叶柄长 2～5mm，无毛。伞形总状花序直径 1～2cm，无毛，有花 4～10 朵；花梗长 5～15mm；苞片椭圆披针形，无毛；花直径 5～8mm；花萼外面无毛，萼筒钟状；萼片卵状三角形，先端急尖，内面有稀疏短柔毛；花瓣卵形至长圆形，先端钝，长 3～4mm，宽几与长相等，白色，有时为淡粉色；雄蕊 20 枚，长于花瓣；

花盘圆环形，有10个裂片；子房具短柔毛，花柱短于雄蕊。蓇葖果直立，具短柔毛，花柱直立，顶生，萼片反折。花期5~6月，果熟期8~9月。

河南仅见于太行山林州石板岩；生于阔叶杂木林下、岩石坡地。分布于吉林、黑龙江、辽宁、内蒙古、山西、陕西、新疆；蒙古、朝鲜、俄罗斯也有分布。

本种与石蚕叶绣线菊 *Spiraea chamaedryfolia* L. 极为近似，本种的小枝具显著棱角，叶片较窄，长椭圆形至长卵形，多单锯齿，极少数全缘，花序较小，花数目也较少，可以区别。

曲萼绣线菊 *Spiraea flexuosa* Fisch. ex Cambess.

2. 白鹃梅属 *Exochorda* Lindl.

《河南植物志（第二册）》记载2种，1变种。本书增补1变种。

多毛白鹃梅（变种）*Exochorda serratifolia* var. *polytricha* C. S. Zhu

本变种叶片中部以上边缘有锯齿，花梗长2~3mm，雄蕊25枚，叶柄长10~20mm，区别于白鹃梅 *Exochorda racemosa*（Lindl.）Rehder 和红柄白鹃梅 *Exochorda giraldii* Hesse；当年生小枝，花序轴、花梗、叶柄和叶片下面均密被白色曲柔毛，而区别于齿叶白鹃梅原变种 *Exochorda serratifolia* S. Moore var. *serratifolia*。

3. 蔷薇属 *Rosa* L.

《河南植物志（第二册）》记载24种，9变种。本书除修订外，增补6种（含3栽培种），1变种，1变型（栽培）。

（1）樱草蔷薇 *Rosa primula* Boulenger（彩版图60）

直立小灌木，高1~2m；小枝圆柱形，细弱，无毛；散生直立稍扁而基部膨大的皮刺。小叶9~15枚，稀7枚，连叶柄长3~7cm；小叶片椭圆形、椭圆状倒卵形至长椭圆形，长6~15mm，宽3~8mm，先端圆钝或急尖，基部近圆形或宽楔形，边缘有重锯齿，两面均无毛，下面中脉突起，密被腺点；叶轴、叶柄有稀疏腺；托叶卵状披针形，大部贴生于叶柄，边缘有不明显锯齿和腺点，无毛。花单生于叶腋，无苞片；花梗长8~10mm，无毛；花直径2.5~4cm；萼筒、萼片外面无毛，萼片披针形，先端渐尖，全缘，内面有稀疏长柔毛；花瓣淡黄色或黄白色，倒卵形，先端微凹，基部宽楔形；花柱分离，被长柔毛，较雄蕊短。果卵球形或近球形，直径约1cm，红色或黑褐色，无毛，萼片反折、宿存，果梗长可达1.5cm。花期5~7月，果熟期7~9月。

产于河南伏牛山栾川、灵宝、卢氏及太行山济源；生于山坡林下、路旁及灌丛中。分布于河北、山西、甘肃、陕西、四川。可作庭院花灌木。

（2）粉红单瓣玫瑰（变型）*Rosa rugosa* f. *rosea*（Rehder）Rehder（彩版图 61）

与原变型的区别：花单瓣，粉红色。洛阳、开封、郑州有栽培。

（3）野蔷薇 *Rosa multiflora* Thunb.

落叶灌木；茎细长，小枝圆柱形，无毛，有短、粗稍弯曲皮刺。小叶 5~7 枚，近花序的小叶有时 3 枚；小叶片倒卵形、长圆形或卵形，长 2~6cm，宽 1~3cm，先端急尖或渐尖，基部近圆形或宽楔形，边缘有尖锐单锯齿，稀混有重锯齿，表面无毛，背面沿中脉被柔毛。小叶柄和叶轴均被柔毛和腺毛，疏生钩刺；托叶篦齿状，长约 2cm，2/3 贴生于叶柄，边缘有或无腺毛。伞房花序，多朵；花梗长 1.5~2.5cm，无毛或有腺毛，有时基部有篦齿状小苞片；花白色，直径 1.5~2cm，萼片披针形，有时中部具 2 个线形裂片，外面无毛，内面密被短柔毛；花瓣白色，宽倒卵形，先端微凹，基部楔形；花柱结合成束，无毛，伸出花托口外，比雄蕊稍长。果球形，直径 8mm，红色或紫褐色，有光泽，无毛，萼片脱落。花期 5~6 月，果熟期 8~9 月。

原产于日本和朝鲜。河南各公园有栽培，可作嫁接月季的砧木。

（4）百叶蔷薇 *Rosa centifolia* L.（彩版图 62）

小灌木，高 2~3m；小枝上有不等皮刺；小叶 5~7 枚，小叶片薄，长圆形，先端急尖，基部圆形或近心形，边缘通常有单锯齿，上面无毛或偶有毛，下面有柔毛；小叶柄和叶轴有腺毛；托叶大部分贴生于叶柄，离生部分卵形，边缘有腺。花单生，无苞片，常重瓣，芳香；花梗细长，弯曲，密被腺毛；萼片卵形，先端不明显，叶状；花瓣粉红色；花柱离生，被毛。果卵球形或近球形，萼片宿存。

原产于欧洲高加索地区，在欧洲栽培历史悠久。我国各地广为栽培。在河南，与洋蔷薇 *Rosa gallica* L. 均称洋蔷薇，混合应用，但本种生长势旺，叶片较宽大而薄，叶轴无刺，花常重瓣，香味浓，微垂，着生在弯曲的长花梗上，花瓣直立，重叠如包心菜状；果卵球形或近球形，有宿存萼片区别于洋蔷薇。

（5）白蔷薇 *Rosa × alba* L.

直立灌木，高约 2m；小枝有不等钩状皮刺，有时混有刺毛。小叶通常 5 枚，稀 7 枚，宽椭圆形或卵形，长 2~6cm，边缘有单锯齿，下面被毛，托叶宽，半边有锯齿。花排列成伞房状，花梗有腺毛，花直径 6~8cm；萼筒光滑，萼片卵状披针形，有羽状裂片，外被腺毛；花单瓣或重瓣，白色或粉红色，有香味。果长圆卵形，长约 2cm，鲜红色，萼片脱落。

此园艺杂种，欧洲南部诸国和我国有栽培。河南各地零星栽培，供观赏用。

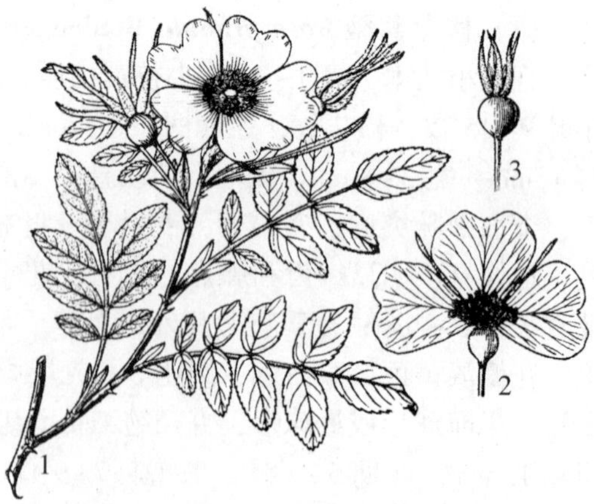

山刺玫 *Rosa davurica* Pall.

1. 花枝　2. 花纵剖面　3. 果实

（6）山刺玫 *Rosa davurica* Pall.

直立灌木，高约 1.5m；分枝较多，小枝圆柱形，无毛，紫褐色或灰褐色，有带黄色皮刺，皮刺基部膨大，稍弯曲，常成对生于小枝或叶柄基部。小叶 7~9 枚，连叶柄长

7~10cm；小叶片长圆形或阔披针形，长15~35mm，宽5~15mm，先端急尖或圆钝，基部圆形或宽楔形，边缘有单锯齿和重锯齿，上面深绿色，无毛，中脉和侧脉下陷；下面灰绿色，中脉和侧脉突起，有腺点和稀疏短柔毛；叶柄和叶轴有柔毛、腺毛和稀疏皮刺；托叶大部贴生于叶柄，离生部分卵形，边缘有带腺锯齿，下面被柔毛。花单生于叶腋，或2~3朵簇生；苞片卵形，边缘有腺齿，下面有柔毛和腺点；花梗长5~8mm，无毛或有腺毛；花直径3~4cm；萼筒近圆形，光滑无毛，萼片披针形，先端扩展成叶状，边缘有不整齐锯齿和腺毛，下面有稀疏柔毛和腺毛，上面被柔毛，边缘较密；花瓣粉红色，倒卵形，先端不平整，基部宽楔形；花柱离生，被毛，比雄蕊短很多。果近球形或卵球形，直径10~15mm，红色，光滑，萼片宿存，直立。花期6~7月，果期8~9月。

河南仅见于济源市黄楝树林场及林州市石板岩；生于山坡林下或山沟疏林下。分布于我国东北、华北、西北地区；朝鲜北部、俄罗斯（远东和西伯利亚地区）也有分布。

（7）刺蔷薇 *Rosa acicularis* Lindl.

[*Rosa acicularis* var. *albiflora* X. Lin & Y. L. Lin;
Rosa acicularis var. *glandulosa* Liou;
Rosa acicularis var. *gmelinii* (Bunge) C. A. Mey.;
Rosa baicalensis Turcz. ex Besser;
Rosa carelica Fr.;
Rosa desertorum (Gand.) Kurtto;
Rosa fauriei H. L,v.;
Rosa gmelinii Bunge;
Rosa korsakoviensis H. L,v.;
Rosa lissinensis (Gand.) Kurtto;
Rosa ruprechtiana (Gand.) Kurtto;
Rosa sichotealinensis Kolesn.;
Rosa suavis Nakai;
Rosa suavis var. *gmelinii* (Bunge) H. Hara]

灌木，高1~3m；小枝圆柱形，稍微弯曲，红褐色或紫褐色，无毛；有细直皮刺，常密生针刺，有时无刺。小叶3~7枚，连叶柄长7~14cm；小叶片宽椭圆形或长圆形，长15~50mm，宽8~25mm，先端急尖或圆钝，基部近圆形，稀宽楔形，边缘有单锯齿或不明显重锯齿，上面深绿色，无毛，中脉和侧脉稍微下陷，下面淡绿色，中脉和侧脉均突起，有柔毛，沿中脉较密；叶柄和叶轴有柔毛、腺毛和稀疏皮刺；托叶大部贴生于叶柄，离生部分宽卵形，边缘有腺齿，下面被柔毛。花单生或2~3朵集生，苞片卵形至卵状披针形，先端渐尖或尾尖，边缘有腺齿

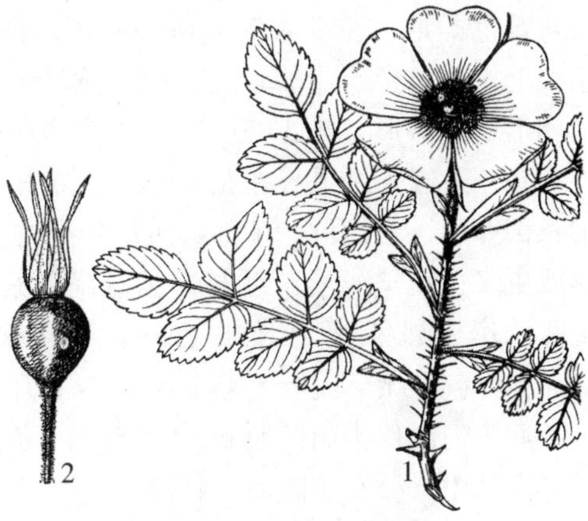

刺蔷薇 *Rosa acicularis* Lindl.

1. 花枝　2. 果实

或缺刻，花梗长20~35mm，无毛，但密被腺毛；花直径35~50mm；萼筒长椭圆形，光滑无毛或有腺毛；萼片披针形，先端常扩展成叶状，外面有腺毛或稀疏刺毛，内面密被柔毛；花瓣粉红色，芳香，倒卵形，先端微凹，基部宽楔形；花柱离开，被毛，比雄蕊短。果梨形、长椭圆形或倒卵球形，直径10~15mm，有明显颈部，红色，有光泽，有腺或无腺。花期6~7月，果熟期7~9月。

产于河南灵宝、济源市黄楝树林场黑龙沟；生于山坡向阳处的灌丛或林下。分布于黑龙江、吉林、辽宁、内蒙古、河北、山西、陕西、甘肃、新疆等省区；北欧、北亚、日本、朝鲜、蒙古以至北美洲也有分布。

本种与山刺玫 *Rosa davurica* Pall. 极为相似，特别是叶片下面无腺粒。但山刺玫的果实为扁球形，小叶片稍窄，锯齿较浅，可以识别。

（8）光叶美蔷薇（变种）*Rosa bella* var. *nuda* T. T. Yu & H. T. Tsai（彩版图63）

本变种与原变种美蔷薇 *Rosa bella* Rehder & E. H. Wilson var. *bella* 的区别：花较小，萼筒和花梗平滑而无腺刺。

产于河南嵩县龙池曼、杨山；生于山坡或山沟疏林下。陕西终南山也有分布。

4. 悬钩子属 *Rubus* L.

《河南植物志（第二册）》记载26种，5变种。本书除修订外，增补7种。

（1）柱序悬钩子 *Rubus subcoreanus* T. T. Yu & L. T. Lu

直立灌木，高1~2m；枝红褐色，弓曲，无白粉，常无毛，具直立或微钩状扁平皮刺。小叶常5枚，卵形、宽卵形或菱状卵形，长2~6cm，宽1.5~4cm，顶端急尖，基部楔形或宽楔形，稀近圆形，上面无毛或有稀疏柔毛，背面仅沿叶脉有柔毛，边缘有缺刻状粗锐锯齿或重锯齿，顶生小叶有时羽状浅裂；叶柄长2~4cm，顶生小叶柄长1~2cm，侧生小叶无柄或近无柄，和叶轴均具细柔毛和稀疏小皮刺；托叶线状披针形，有细柔毛。总状花序短缩成圆柱形，生于侧枝顶端；总花梗和花梗密被灰黄色柔毛；花梗长5~10mm；苞片披针形，被灰黄色柔毛；花直径5~8mm；花萼外面密被灰黄色柔毛；萼片卵形或宽卵形，长3~5mm，顶端圆钝或急尖，常有短突尖头，边缘无绒毛，在花果时均直立开展；花瓣匙形，稀长倒卵形，紫红色，基部具短爪并有柔毛，长于萼片1倍或更多；花丝线形，近基部稍宽扁，紫红色；花柱无毛，子房密被灰白色长柔毛。果实近球形，直径6~8mm，红色，无毛或近无毛。花期5~6月，果熟期7~8月。

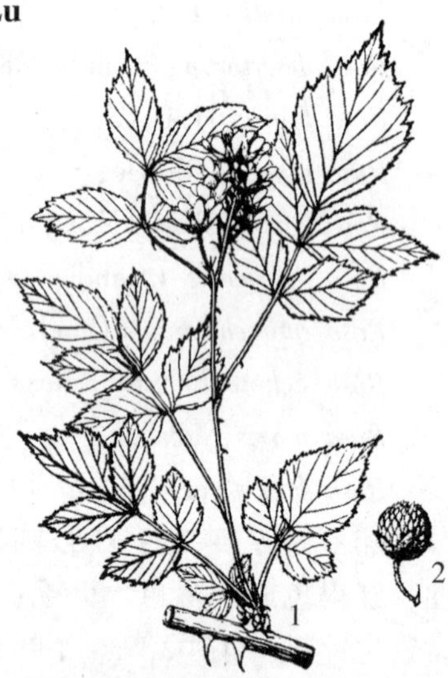

柱序悬钩子 *Rubus subcoreanus* T. T. Yu & L. T. Lu

1. 花枝　2. 果实

产于河南伏牛山的西峡、南召、内乡、卢氏等地；生于海拔1 000m以上的山坡或沟溪旁灌丛中。分布于陕西、甘肃。

此种和高丽悬钩子 *Rubus coreanus* Miq. 很近似，区别在于后者为伞房花序；萼片长卵形至卵状披针形，顶端渐尖，外面被灰白色短柔毛，边缘具绒毛，果期常反折；花瓣倒卵形，与萼片近等长或稍短。

(2) 拟覆盆子 *Rubus idaeopsis* Focke（彩版图 64）

落叶灌木，高 1~3m；小枝褐色或灰褐色，具宽扁皮刺，密被绒毛状柔毛和疏密不等长 1~2mm 的腺毛或无腺毛。小叶 5~7 枚，稀在花序基部具 3 枚小叶，长 3~7cm，宽 2~4cm，顶端急尖至短渐尖，顶生小叶椭圆形至卵状披针形，稀卵形，基部楔形至圆形，侧生小叶斜椭圆形至斜卵状披针形，基部楔形至圆形，上面疏生柔毛，下面密被灰白色绒毛，边缘有不整齐粗单锯齿；叶柄长 3~5cm，顶生小叶柄长 1~2cm，侧生小叶几无柄，与叶轴均密被绒毛状柔毛和短腺毛，疏生小皮刺；托叶线形，有柔毛和稀疏短腺毛。花形呈较短总状花序或近圆锥状花序；总花梗和花梗均具绒毛状柔毛和短腺毛；花梗长 7~12mm；苞片线形，具柔毛和腺毛；花直径 1~1.5cm；花萼外面密被绒毛状柔毛和短腺毛；萼片卵形，长 5~7mm，顶端急尖，外面边缘具灰白色绒毛，在花果时均直立；花瓣近圆形，紫红色，边缘啮蚀状，基部具短爪，稍短于萼片；雄蕊排成单列，花丝基部宽扁；花柱无毛，子房具柔毛。果实半球形或近球形，直径约 1cm，红色，无毛或有稀疏柔毛；核有皱纹和小凹孔。花期 5~6 月，果熟期 7~8 月。

产于河南伏牛山西峡、内乡、南召、嵩县等地；生于海拔 1 000m 以上的山谷溪旁或山坡灌丛中。分布于陕西、甘肃、江西、福建、广西、四川、贵州、云南、西藏。果可食或酿酒。

此种和白叶莓 *Rubus innominatus* S. Moore 的区别在于后者小叶常 3 枚，稀 5 枚，小叶片较宽，顶生小叶卵形或近圆形，稀卵状披针形，基部圆形至浅心形，边缘常 3 裂或缺刻状浅裂，侧生小叶斜卵状披针形或斜椭圆形，基部楔形至圆形，边缘有不整齐粗锯齿或缺刻状粗重锯齿。本种小叶常 5~7 枚，稀于花序基部有 3 枚小叶，小叶片较狭窄，顶生小叶椭圆形至卵状披针形，稀卵形，基部楔形至圆形，稀浅心形，边缘常不分裂，侧生小叶斜椭圆形至斜卵状披针形，基部楔形至圆形，边缘有不整齐粗单锯齿。

(3) 陕西悬钩子 *Rubus piluliferus* Focke

[*Rubus lachnocarpus* Focke]

灌木；枝拱曲，长达 2m，圆柱形，幼时被柔毛，具稀疏针状皮刺或近于无刺，稀有较密细刺。小叶 3~5 枚，卵形、菱状卵形或卵状披针形，长 3~8cm，宽 1.5~5.5cm，顶生小叶顶端尾状渐尖，侧生小叶急尖至短渐尖，基部宽楔形或圆形，上面有稀疏短柔毛或近无毛，下面密被白色绒毛，边缘常羽状浅裂，有缺刻状粗重锯齿，侧脉 5~6 对；叶柄长 2~4cm，顶生小叶柄长 1~2cm，侧生小叶几无柄，与叶轴均被柔毛和稀疏小刺；托叶线形，长 5~10mm，有柔毛。花 5~15 朵呈伞房花序，着生于侧生短枝顶端；总花梗和花梗均被带黄色柔毛；花梗长 0.7~1.5cm；苞片与托叶相似；花直径 1~1.5cm；

陕西悬钩子 *Rubus piluliferus* Focke

1. 果枝 2. 花纵剖面

花萼外面被柔毛；萼片披针形或卵状披针形，顶端渐尖；花瓣浅红色，近圆形，基部有长爪，稍短于萼片；雄蕊多数，花丝线形，近基部较宽扁；雌蕊20~40枚，花柱基部和子房密被白色绒毛。果实近球形，直径5~8mm，密被白色短绒毛；核微皱或较平滑。花期5~6月，果熟期7~8月。

产于河南伏牛山区；生于山坡或山谷林下。分布于陕西、甘肃、湖北、四川。

本种与红泡刺藤 *Rubus niveus* Thunb. 的区别在于后者小叶常7~9枚，稀5枚或11枚；叶边常不分裂，常有不整齐的粗锐锯齿；萼片顶端急尖；心皮60~70枚；果实较大，直径8~12mm。

（4）宜昌悬钩子 *Rubus ichangensis* Hemsl. & Kuntze

［*Rubus eugenius* Focke；

Rubus ichangensis var. *latifolius* Cardot；

Rubus papyrus H. L,v. ］

落叶或半常绿攀缘灌木，高达3m；枝圆柱形，浅绿色，无毛或近无毛，幼时具腺毛，逐渐脱落，疏生短小微弯皮刺。单叶，近革质，卵状披针形，长8~15cm，宽3~6cm，顶端渐尖，基部深心形，弯曲较宽大，两面均无毛，下面沿中脉疏生小皮刺，边缘浅波状或近基部有小裂片，有稀疏具短尖头小锯齿；叶柄长2~4cm，无毛，常疏生腺毛和短小皮刺；托叶钻形或线状披针形，全缘，脱落。顶生圆锥花序狭窄，长达25cm，腋生花序有时形似总状；总花梗、花梗和花萼有稀疏柔毛和腺毛，有时具小皮刺；花梗长3~6mm；苞片与托叶相似，有腺毛；花直径6~8mm；萼片卵形，顶端急尖或短渐尖，外面疏生柔毛和腺毛，边缘有时被灰白色短柔毛，故呈白色，里面密被白色短柔毛；花瓣直立，椭圆形，白色，短于或几与萼片等长；雄蕊多数，花丝稍宽扁；雌蕊12~30枚，无毛。果实近球形，红色，无毛，直径6~8mm；核有细皱纹。花期7~8月，果熟期9~10月。

产于河南大别山、桐柏山区及伏牛山南部；生于山坡、山谷疏密林中或灌丛内。分布于陕西、甘肃、湖北、湖南、安徽、广东、广西、四川、云南、贵州。

果味甜美，可食用或酿酒；种子可榨油；根入药，有利尿、止痛、杀虫之效；茎皮和根皮含单宁，可提取栲胶。

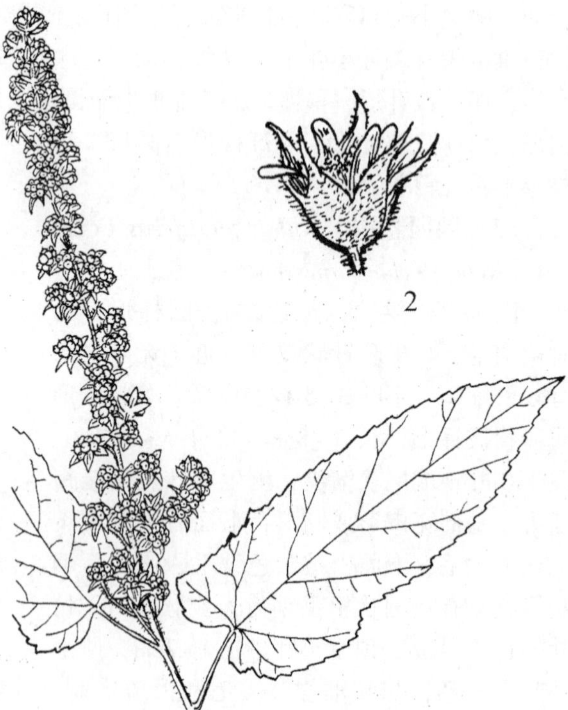

宜昌悬钩子 *Rubus ichangensis* Hemsl. & Kuntze

1. 果枝　2. 花

(5) 黄脉莓 *Rubus xanthoneurus* Focke

[*Rubus dielsianus* Focke;

Rubus gentilianus H. L, v. & Vaniot;

Rubus lambertianus var. *xanthoneurus* Focke;

Rubus lambertianus subsp. *xanthoneurus* (Focke) Focke;

Rubus spinipes Hemsl.]

攀缘灌木，高达3m；小枝具灰白色或黄灰色绒毛，老时脱落，疏生微弯小皮刺。单叶，长卵形至卵状披针形，长7~12cm，宽4~7cm，顶端渐尖，基部浅心形或截形，上面沿叶脉有长柔毛，下面密被灰白色或黄白色绒毛，侧脉7~8对，棕黄色，边缘常浅裂，有不整齐粗锐锯齿；叶柄长2~3cm，有绒毛，疏生小皮刺；托叶离生。长7~9mm，边缘或顶端深条裂，裂片线形，有毛。圆锥花序顶生或腋生；总花梗和花梗被绒毛状短柔毛；花梗长达1.2cm；苞片与托叶相似；花小，直径在1cm以下；萼筒外被绒毛状短柔毛，老时毛较稀疏；萼片卵形，外被灰白色绒毛，顶端渐尖，外萼片浅条裂，边缘干膜质而绒毛不脱落，至老时常显现白色边缘；花瓣小，白色，倒卵圆形，长约3mm，比萼片短得多，有细柔毛；雄蕊多数，短于萼片，花丝线形；雌蕊10~35枚；无毛。果实近球形，暗红色，无毛；核具细皱纹。花期6~7月，果熟期8~9月。

产于河南西峡黄石庵林场二道沟及南召乔端镇；生于山坡疏林阴湿处或密林下。分布于陕西、湖北、湖南、福建、广东、广西、四川、云南、贵州。

(6) 刺毛白叶莓 *Rubus spinulosoides* F. P. Metcalf

[*Rubus innominatus* subsp. *plebejus* Focke;

Rubus teledapos Focke;

Rubus triphyllus var. *internuntius* Hance.]

灌木；枝褐色，小枝具带黄色长柔毛和浅红色腺毛，疏生钩状皮刺。小叶通常3枚，卵形、椭圆形或菱状椭圆形，长4~10cm，宽2~6cm，顶端急尖，基部宽楔形至圆形，上面疏生平贴柔毛，下面密被灰色或黄灰色绒毛，边缘有不整齐粗钝锯齿，顶生小叶有时浅裂；叶柄长5~9cm，顶生小叶柄长2~3.5cm，侧生小叶近无柄，均被长柔毛，稀疏小刺和短腺毛；托叶线形，密被长柔毛。大型圆锥花序顶生，侧生花序近总状；总花梗和花梗均被长柔毛、紫红色短腺毛和稀疏针状刺；花梗长1.5~2.5cm；苞片线形，具柔毛。花直径约1cm；花萼外面被长柔毛、紫红色腺毛和疏针刺；萼片披针形或卵状披针形，长1~1.5cm，顶端尾尖，外面边缘具灰白色绒毛，在花果时直立开展；花瓣粉红色，近圆形，边缘缺刻状，基部有短爪；雄蕊多数，直立，花丝近基部宽扁；雌蕊较多，子房有柔毛。果实近球形，直径约1cm，红色，成熟时无毛；核具明显皱纹和洼穴。

河南仅见于伏牛山区的卢氏；生于海拔850~1 000m的杂木林中。分布于湖北、山东。

本种和白叶莓 *Rubus innominatus* S. Moore [《河南植物志（第二册）》233~234页] 的区别在于后者顶生花序为总状花序，稀近圆锥状，仅花序和花萼具腺毛；花梗长不足1cm；萼片卵形，顶端急尖。而大型圆锥花序顶生，腋生者近总状；小枝、花序和花萼外面均具腺毛；花梗长1.5~2.5cm；萼片披针形或卵状披针形，顶端尾尖。和茅莓 *Rubus parvifolius* L. [《河南植物志（第二册）》231页] 的区别在于后者花较少数，形成伞房花序，稀顶生花序成短总状；小枝、花序和花萼外面无腺毛或仅在花萼外面具腺毛。

（7）针刺悬钩子 *Rubus pungens* Cambess.

［*Rubus pungens* var. *discolor* Prochanov；

Rubus pungens var. *fargesii* Cardot.］

匍匐灌木，高达3m；枝圆柱形，幼时被柔毛，老时脱落，常具较稠密的直立针刺。小叶常5~7枚，稀3枚或9枚，卵形、三角卵形或卵状披针形，长2~5cm，宽1~3cm，顶端急尖至短渐尖，顶生小叶常渐尖，基部圆形至近心形，上面疏生柔毛，下面有柔毛或仅在脉上有柔毛，边缘具尖锐重锯齿或缺刻状重锯齿，顶生小叶常羽状分裂；叶柄长(2~)3~6cm，顶生小叶柄长0.5~1cm，侧生小叶近无柄，与叶轴均有柔毛或近无毛，并有稀疏小刺和腺毛；托叶小，线形，有柔毛。花单生或2~4朵成伞房状花序，顶生或腋生；花梗长2~3cm，有柔毛和小针刺，或有疏腺毛；花直径1~2cm；花萼外面具柔毛和腺毛，密被直立针刺；萼筒半球形；萼片披针形或三角披针形，长达1.5cm，顶端长渐尖，在花果时均直立，稀反折；花瓣长圆形、倒卵形或近圆形，白色，基部具爪，比萼片短；雄蕊多数，直立，长短不等，花丝近基部稍宽扁；雌蕊多数，花柱无毛或基部具疏柔毛，子房有柔毛或近无毛。果实近球形，红色，直径1~1.5cm，具柔毛或近无毛；核卵球形，长2~3mm，有明显皱纹。花期4~5月，果熟期7~8月。

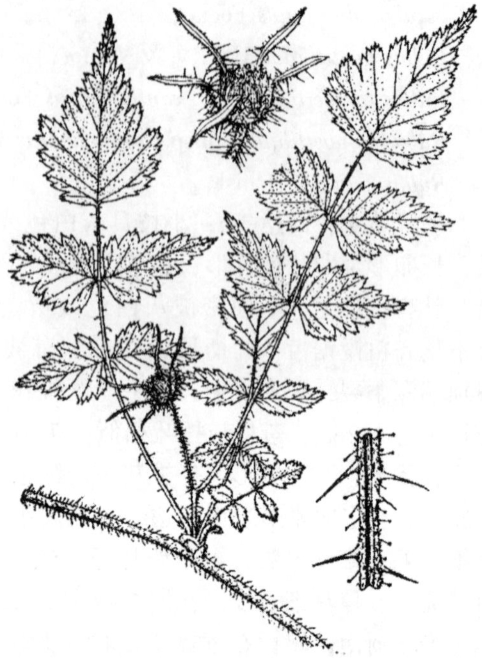

针刺悬钩子 *Rubus pungens* Cambess.

河南产于伏牛山；生于杂木林中。分布于甘肃、陕西、四川、台湾、西藏、云南；不丹、印度（西北部）、日本、克什米尔地区、韩国、缅甸（北部）、尼泊尔以及亚洲西南部均有分布。根供药用，有清热解毒、活血止痛之效。

5. 委陵菜属 *Potentilla* L.

《河南植物志（第二册）》记载18种，3变种。本书除修订外，增补1种，1变种。

（1）薄叶皱叶委陵菜（变种）*Potentilla ancistrifolia* var. *dickinsii*（Franch. & Sav.）Koidz.（彩版图65）

［*Potentilla dickinsii* Franch. & Sav.］

本变种与原变种区别在于，基生叶有小叶2~3对，常混生有3枚小叶，小叶两面被稀疏柔毛或脱落几无毛，上面不皱褶，下面网脉不明显突出，成熟瘦果光滑或脉纹不明显。花果期6~9月。

产于河南太行山和伏牛山；生于山坡岩石缝中、沟边、草地及林下。分布于辽宁、河北、山西、陕西、甘肃、安徽；日本也有分布。

（2）菊叶委陵菜 *Potentilla tanacetifolia* Willd. ex Schlecht.

［*Potentilla acervata* Sojak；

Potentilla filipendula Willd. ex Schltdl.;
Potentilla nudicaulis Willd. ex Schltdl.;
Potentilla tanacetifolia f. *decumbens* Krylov;
Potentilla tanacetifolia var. *decumbens* (Krylov) Th. Wolf;
Potentilla tanacetifolia f. *erecta* Krylov;
Potentilla tanacetifolia var. *erecta* (Krylov) Th. Wolf]

多年生草本。根粗壮，圆柱形。花茎直立或上升，高 15~65cm，被长柔毛、短柔毛或卷曲柔毛，并被稀疏腺体，有时脱落。基生叶羽状复叶，有小叶 5~8 对，间隔 0.3~1cm，连叶柄长 5~20cm，叶柄被长柔毛、短柔毛或卷曲柔毛，有稀疏腺体，稀脱落；小叶互生或对生，顶生小叶有短柄或无柄，最上面 1~3 对小叶基部下延与叶轴会合，小叶片长圆形、长圆披针形或长圆倒卵披针形，长 1~5cm，宽 0.5~1.5cm，顶端圆钝，基部楔形，边缘有缺刻状锯齿，上面伏生疏柔毛或密被长柔毛，或脱落几无毛，下面被短柔毛，叶脉伏生柔毛，或被稀疏腺毛；茎生叶与基生叶相似，小叶对数较少；基生叶托叶膜质，褐色，外被疏柔毛，茎生叶托叶革质，绿色，边缘深撕裂状，下面被短柔毛或长柔毛。伞房状聚伞花序，多花，花梗长 0.5~2cm，被短柔毛；花直径 1~1.5cm；萼片三角卵形，顶端渐尖或急尖，副萼片披针形或椭圆披针形，顶端圆钝或急尖，比萼片短或近等长，外被短柔毛和腺毛；花瓣黄色，倒卵形，顶端微凹，比萼片长约 1 倍；花柱近顶生，圆锥形，柱头稍扩大。瘦果卵球形，长 2.5mm，具脉纹。花期 5~7 月，果熟期 8~10 月。

菊叶委陵菜 *Potentilla tanacetifolia* Willd. ex Schlecht.

产于河南太行山和伏牛山北部；生于山坡草地、低洼地、沙地和林缘及黄土高原。分布于黑龙江、吉林、辽宁、内蒙古、河北、山西、陕西、甘肃、山东；俄罗斯西伯利亚、蒙古均有分布。全草入药，有清热解毒、消炎止血之效，根含 27%鞣质。

6. 桃属 *Amygdalus* L.

《河南植物志（第二册）》记载在李属 *Prunus* L.，本书增补 1 种，1 变种。

(1) 甘肃桃 *Amygdalus kansuensis* (Rehder) Skeels

[*Prunus kansuensis* Rehder;
Persica kansuensis (Rehder) Kovalev & Kostina]

落叶小乔木或灌木，高 3~7m；小枝细长，无毛，绿褐色，向阳处转变成红褐色，具不明显小皮孔；冬芽卵形至长卵形，顶端稍钝，无毛。叶片卵状披针形或披针形，长 5~12cm，宽 1.5~3.5cm，在中部以下最宽，先端渐尖，基部宽楔形，上面无毛，下面近基部沿中脉具柔毛或无毛，叶边有稀疏细锯齿，齿端有或无腺体；叶柄长 5~10mm，无毛，常无腺体。花单生，先于叶开放，直径 2~3cm；花梗极短或几无梗；萼筒钟形，外被短柔毛，稀几无毛；萼片卵形至卵状长圆形，先端圆钝，外被短柔毛；花瓣近圆形或宽倒卵形，白色或浅粉红色，先端圆钝，边缘有时呈波状或浅缺刻状，基部渐狭成爪；雄蕊 20~30 枚；子房被柔毛，花柱长于雄蕊。果实卵圆形或近球形，直径约 2cm，熟时淡黄色，外面密被短柔毛，肉质，熟时不开裂；果梗长 4~5mm；核近球形，两侧明显，扁平，顶端圆钝，基部近截形，两侧对称，表面具纵、横浅沟纹，但无孔穴。花期 3~4 月，果熟期 8~9 月。

河南见于伏牛山区西峡、内乡、南召；生于海拔 1 000m 以上的山坡。分布于陕西、甘肃、湖北、四川。

本种为野生，抗旱耐寒，可利用作为桃的砧木，也可供观赏。与桃 *Amygdalus persica* L. 极为近似，唯冬芽无毛；叶片在中部以下最宽，叶边缘锯齿较稀，下面近基部有柔毛；花柱长于雄蕊，大约与花瓣等长；核面有纵沟纹，但无孔纹，易于区别。

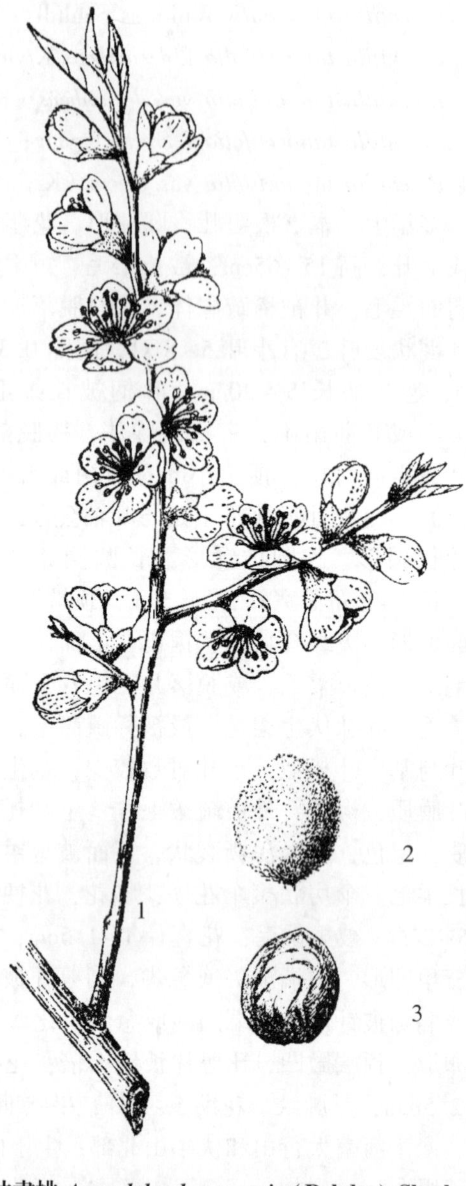

甘肃桃 *Amygdalus kansuensis* (Rehder) Skeels
1. 花枝 2. 果实 3. 核

(2) 陕甘山桃（变种）*Amygdalus davidiana* var. *potaninii* (Batalin) T. T. Yu & L. T. Lu

[*Prunus persica* var. *potaninii* Batalin;

Amygdalus persica var. *potaninii* (Batalin) Ricker;

Persica potaninii (Batalin) Kovalev & Kostina;

Prunus davidiana var. *potaninii* (Batalin) Rehder]

本变种与原变种山桃 *Amygdalus davidiana* (Carrišre) de Vos ex L. Henry var. *davidiana* 的区别：本变种叶片基部圆形至宽楔形，边缘锯齿较细钝；果实及核均为椭圆形或长圆形。而原变种叶片基部常为楔形，边缘锯齿较尖锐，果实及核均近球形。

产于河南济源黄楝树、沁阳云台山；生于山坡灌丛或疏林下。分布于陕西、甘肃、山西。本变种可作为核果类果树重要砧木，其他经济用途同于山桃。

7. 杏属 *Armeniaca* Scopoli

《河南植物志（第二册）》记载在李属（*Prunus* L.），本书增补 1 变种。

毛杏（变种）*Armeniaca sibirica* var. *pubescens* Kostina（彩版图 66）

［*Prunus sibirica* var. *pubescens*（Kostina）Nakai.］

本变种与原变种山杏 *A. sibirica*（L.）Lam. var. *sibirica* 的区别：本变种小枝、花梗和叶片下面被短柔毛，老时叶片上的毛逐渐脱落，仅下面脉腋间或沿叶脉具毛。

河南见于太行山林州石板岩、济源黄楝树上家林区；生于向阳山坡阳处杂木林或灌丛中。分布于内蒙古、河北、山西、陕西、甘肃；朝鲜也有分布。可用作嫁接杏树的砧木。

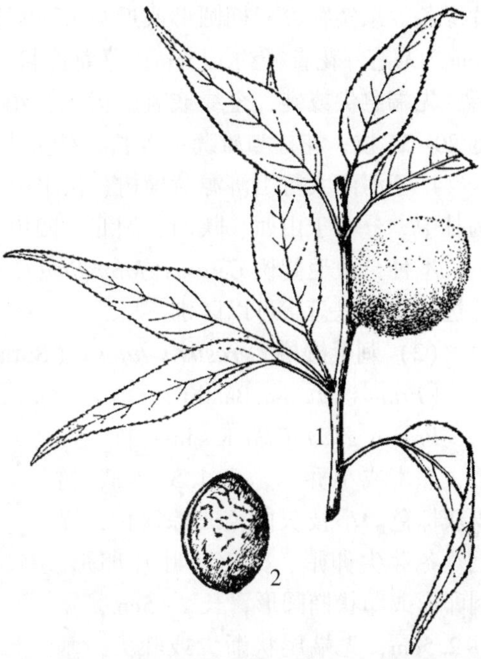

陕甘山桃（变种）*Amygdalus davidiana* var. *potaninii*（Batalin）T. T. Yu & L. T. Lu

1. 果枝 2. 核

8. 樱属 *Cerasus* Mill.（新增属）

落叶乔木或灌木；腋芽单生或 3 个并生，中间为叶芽，两侧为花芽。幼叶在芽中为对折状，后于花开放或与花同时开放；叶有叶柄和脱落的托叶，叶边有锯齿或缺刻状锯齿，叶柄、托叶和锯齿常有腺体。花常数朵着生在伞形、伞房状或短总状花序上，或 1~2 朵花生于叶腋内，常有花梗，花序基部有芽鳞宿存或有明显苞片；萼筒钟状或管状，萼片反折或直立开张；花瓣白色或粉红色，先端圆钝、微缺或深裂；雄蕊 15~50 枚；雌蕊 1 枚，花柱和子房有毛或无毛。核果成熟时肉质多汁，不开裂；核球形或卵球形，核面平滑或稍有皱纹。

本属约 150 种，分布在温带亚洲、欧洲、北美洲。中国有 43 种（含 29 特有种和 5 种引种栽培）。河南有 16 种。

《河南植物志（第二册）》在李属 *Prunus* L. 记载 13 种，本书现增补 3 种。

（1）康定樱桃 *Cerasus tatsienensis*（Batalin）T. T. Yu & C. L. Li

［*Prunus tatsienensis* Batalin］

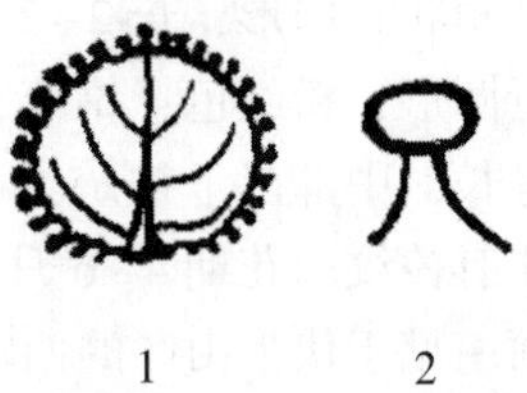

康定樱桃 *Cerasus tatsienensis*（Batalin）T. T. Yu & C. L. Li

1. 苞片　2. 盘状腺体

灌木或小乔木，高 2~5m，树皮灰褐色。小枝灰色，嫩枝绿色，被疏柔毛或无毛。冬芽卵圆形，无毛。叶片卵形或卵状椭圆形，长 1~4.5cm，宽 1~2.5cm，先端渐尖，基部圆形，边缘有重锯齿，齿端有小腺体，上面绿色，几无毛，下面淡绿色，无毛或脉腋有簇毛，侧脉 6~9 对；叶柄长 0.8~1cm，无毛或被疏柔毛，顶端有腺体或无腺体；托叶椭圆披针形或卵状披针形，边有锯齿，齿端有盘状腺体。花序伞形或近伞形，有花 2~4 朵，花叶同开；总苞片紫褐色，匙形，长约8mm，宽约4mm，外面无毛或被疏长毛，总梗长5~12mm，无毛或被疏柔毛；苞片绿色，果实宿存，椭圆形或近圆形，直径3~5mm，边缘齿端有盘状腺体；总花梗长1~2cm，无毛，花直径约1.5cm；萼筒钟状，长3~4mm，宽2~3mm，无毛，萼片卵状三角形，先端急尖或钝，全缘或有疏齿，长约为萼筒的1/2；花瓣白色或粉红色，卵圆形；雄蕊20~35枚；花柱与雄蕊近等长，柱头头状。花期4~6月。

产于河南太行山济源黄楝树、伏牛山卢氏大块地、嵩县杨树岭、栾川老君山；生于山沟林中。分布于山西、陕西、湖北、四川、云南。

本种与微毛樱桃 *Cerasus clarofolia*（C. K. Schneid.）T. T. Yu & C. L. Li 相近，唯本种苞片边缘腺体呈盘状可以区别。

（2）刺毛樱桃 *Cerasus setulosa*（Batalin）T. T. Yu & C. L. Li

[*Prunus setulosa* Batalin;

Prunus gracilifolia Koehne.]

灌木或小乔木，高1.5~5m，树皮灰棕色。小枝灰白色或棕褐色，无毛。冬芽尖卵形，无毛。叶片卵形、倒卵形或卵状椭圆形，长2~5cm，宽1~2.5cm，先端尾状渐尖或骤尖，基部圆形，边缘有圆钝重锯齿，齿尖有小腺体，上面绿色，伏生小糙毛，下面浅绿色，沿脉被稀疏柔毛，脉腋有簇毛，侧脉6~8对；叶柄长4~8mm，无毛；托叶卵状长圆形或倒卵状披针形，长4~8mm，宽1.5~3mm，边缘有腺齿。花序伞形，有花2~3朵，花叶同开；总苞褐色，匙形，长约5mm，宽约1.5mm，边缘有腺体，内面被柔毛，早落；总花梗长5~7mm，无毛；苞片2~3枚，绿色，呈叶状，卵圆形，长5~20mm，边有锯齿，齿端有腺体，两面疏被糙毛；花梗长8~12mm，被疏柔毛或无毛；花直径6~8mm；萼筒管状，长5~6mm，宽3~4mm，外面疏被糙毛，萼片开展，三角状长卵形，长2~3mm，两面均被稀疏柔毛，先端急尖，边缘有疏齿；花瓣倒卵形或近圆形，粉红色；雄蕊30~40枚，与萼片近等长或短于萼片；花柱比雄蕊略长或与雄蕊近等长，中部以下被疏柔毛。核果红色，卵状椭球形，纵径约8mm，横径约6mm；核表面略有棱纹。花期4~6月，果熟期6~8月。

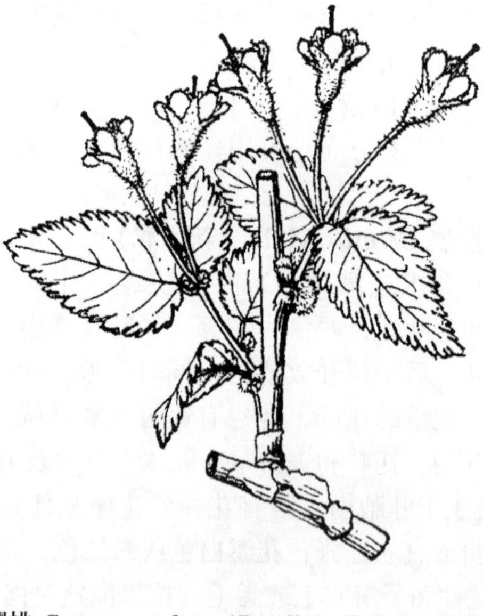

刺毛樱桃 *Cerasus setulosa*（Batalin）T. T. Yu & C. L. Li
花序

河南见于伏牛山区的西峡、南召、内乡和淅川；生于山坡、山谷林中或灌木丛中。分布于陕西、甘肃、四川、贵州。

本种叶片卵形、倒卵形或卵状椭圆形，边缘锯齿圆钝，2~3朵花组成伞形花序，基部有2~3枚叶状苞片，通常总花梗长5~7mm，易于识别。

(3) 华中樱桃 *Cerasus conradinae* (Koehne) T. T. Yu & C. L. Li

[*Prunus conradinae* Koehne;

Cerasus glabra (Pamp.) T. T. Yu & C. L. Li;

Prunus conradinae var. *trichogyna* Cardot;

Prunus glabra (Pamp.) Koehne;

Prunus helenae Koehne;

Prunus hirtipes var. *glabra* Pamp.;

Prunus rufoides var. *glabrifolia* C. K. Schneid.;

Prunus twymaniana Koehne]

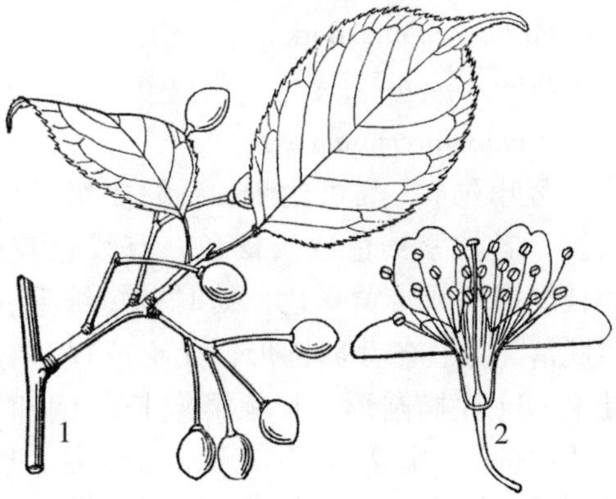

华中樱桃 *Cerasus conradinae* (Koehne) T. T. Yu & C. L. Li

1. 果枝 2. 花纵剖面

乔木，高 3~10m，树皮灰褐色。小枝灰褐色，嫩枝绿色，无毛。冬芽卵形，无毛。叶片倒卵形、长椭圆形或倒卵状长椭圆形，长 5~9cm，宽 2.5~4cm，先端骤渐尖，基部圆形，边有向前伸展锯齿，齿端有小腺体，上面绿色，下面淡绿色，两面均无毛，有侧脉7~9 对；叶柄长 6~8mm，无毛，有 2 腺体；托叶线形，长约 6mm，边有腺齿，花后脱落。伞形花序，有花 3~5 朵，先叶开放，直径约 1.5cm；总苞片褐色，倒卵椭圆形，长约 8mm，宽约 4mm，外面无毛，内面密被疏柔毛；总花梗长 4~15mm，稀总梗不明显，无毛；苞片褐色，宽扇形，长约 1.3mm，有腺齿，果时脱落；小花梗长 10~15mm，无毛；萼筒管形钟状，长约 4mm，宽约 3mm，无毛，萼片三角卵形，长约 2mm，先端圆钝或急尖；花瓣白色或粉红色，卵形或倒卵圆形，先端 2 裂；雄蕊 32~43 枚；花柱无毛，比雄蕊短或稍长。核果卵球形，红色，纵径 8~11mm，横径 5~9mm；核表面棱纹不显著。花期 3 月，果期 4~5 月。

河南见于伏牛山区的栾川、嵩县、西峡、南召和内乡；生于山坡或山沟杂木林中。分布于陕西、湖南、湖北、四川、贵州、云南、广西。

本种外形与栽培种樱桃 *Cerasus pseudocerasus* (Lindl.) Loudon 相近似，但本种小枝、叶、花梗、萼筒均无毛；核果卵球形、非球形，可以区别。

9. 稠李属 *Padus* Mill.（新增属）

落叶小乔木或灌木；分枝较多；冬芽卵圆形，具有数枚覆瓦状排列鳞片。叶片在芽中呈对折状，单叶互生，具齿稀全缘；叶柄通常在顶端有 2 个腺体或在叶片基部边缘上具 2 个腺体；托叶早落。花多数，成总状花序，基部有叶或无叶，生于当年生小枝顶端；苞片早落；萼筒钟状，裂片 5 枚，花瓣 5 片，白色，先端通常啮蚀状，雄蕊 10 枚至多数；雌蕊 1 枚，周位花，子房上位，心皮 1 枚，具有 2 个胚珠，柱头平。核果卵球形，外面无纵沟，中果皮骨质，成熟时具有 1 粒种子，子叶肥厚。

本属有 20 余种，主要分布于北温带。我国有 15 种（含 9 特有种）。河南有 8 种。《河南植物志（第二册）》在李属 *Prunus* L. 记载 6 种，1 变种，本书现增补 2 种。

(1) 稠李 *Padus avium* Mill.

[*Cerasus padus* (L.) Delarbre;

Padus germanica Borkh.；
Padus racemosa（Lam.）Gilib.；
Padus vulgaris Borkh.；
Prunus padus L.；
Prunus racemosa Lam.］

落叶乔木，高可达 15m；树皮粗糙而多斑纹，老枝紫褐色或灰褐色，有浅色皮孔；小枝红褐色或带黄褐色，幼时被短绒毛，以后脱落无毛；冬芽卵圆形，无毛或仅边缘有睫毛。叶片椭圆形、长圆形或长圆倒卵形，长 4~10cm，宽 2~4.5cm，先端尾尖，基部圆形或宽楔形，边缘有不规则锐锯齿，有时混有重锯齿，上面深绿色，下面淡绿色，两面无毛；下面中脉和侧脉均突起；叶柄长 1~1.5cm，幼时被短绒毛，以后脱落近无毛，顶端两侧各具 1 腺体；托叶膜质，线形，先端渐尖，边缘有带腺锯齿，早落。总状花序具有多花，长 7~10cm，基部通常有 2~3 枚叶，叶片与枝生叶同形，通常较小；花梗长 1~1.5（~2.4）cm，总花梗和花梗通常无毛；花直径 1~1.6cm；萼筒钟状，比萼片稍长；萼片三角状卵形，先端急尖或圆钝，边有带腺细锯齿；花瓣白色，长圆形，先端波状，基部楔形，有短爪，比雄蕊长近 1 倍；雄蕊多数，花丝长短不等，排成紧密不规则 2 轮；雌蕊 1 枚，心皮无毛，柱头盘状，花柱比长雄蕊短近 1/2。核果卵球形，顶端有尖头，直径 8~10mm，红褐色至黑色，光滑，果梗无毛；萼片脱落；核有褶皱。花期 4~5 月，果熟期 5~7 月。

稠李 *Padus avium* Mill.
1. 花枝 2. 花 3. 果实 4. 果核

河南见于太行山和伏牛山区；生于海拔 800~2 000m 山坡或山谷杂木林中。分布于黑龙江、吉林、辽宁、内蒙古、河北、山西、山东等省区；朝鲜、日本以及俄罗斯也有分布。

在欧洲和北亚长期栽培，有垂枝、花叶、大花、小花、重瓣、黄果和红果等变种，供观赏用，也可作绿化树种。木材可用于建筑，制作家具、器具。

（2）星毛稠李 *Padus stellipila*（Koehne）T. T. Yu & L. T. Lu

［*Prunus stellipila* Koehne］

落叶乔木，高 6~9m，老枝黑褐色，无毛，有浅色皮孔；小枝灰褐色或灰绿色，密被短绒毛；冬芽圆锥形，无毛或仅鳞片边缘有短柔毛。叶片椭圆形、窄长圆形，稀倒卵状长圆形，长 5~10（~13）cm，宽 2.5~4cm，先端尾尖，长渐尖或稀急尖，基部圆形或宽楔形，边缘有开展不整齐锐锯齿，上面无毛或沿主脉和侧脉有短柔毛，下面沿主脉和脉腋被棕色星状毛；叶柄长 5 ~ 8mm，被短柔毛，先端无腺体，有时在叶片基部两侧各有 1 腺体；托叶膜质，线状披针形，长可达 1cm，先端渐尖，边有腺齿，早落。总状花序具有多花，长 5 ~ 8cm，基部无叶；花梗长 2 ~ 4cm，总花梗和花梗被短绒毛；花直径 5 ~ 7mm；小苞片早落；萼筒钟状，比萼片稍长或近等长；萼片三角状卵形，先端钝，边有带腺细齿，萼筒和萼片外面无毛，内面被疏短柔毛；花瓣白色，宽倒卵形，先端啮蚀状，基部楔形，有短爪，比萼片长近 2 倍；雄蕊 10 枚，着生在萼筒边缘，与花瓣近等长；雌蕊 1 枚，心皮无毛，柱头盘状或半圆形，比雄蕊稍短。核果近球形，顶端有尖头，直径 5 ~ 6mm，黑色；果梗无毛，萼片宿存。花期 4~5 月，果熟期 5~10 月。

河南产于熊耳山；生于山坡、路旁或灌丛中。分布于甘肃、陕西、湖北、四川、贵州、江西、浙江。

本种和橉木 *Padus buergeriana*（Miq.）T. T. Yu & T. C. Ku 极相似，不同点是本种小枝密被短绒毛，叶片下面至少沿脉或脉腋被棕色星状毛。

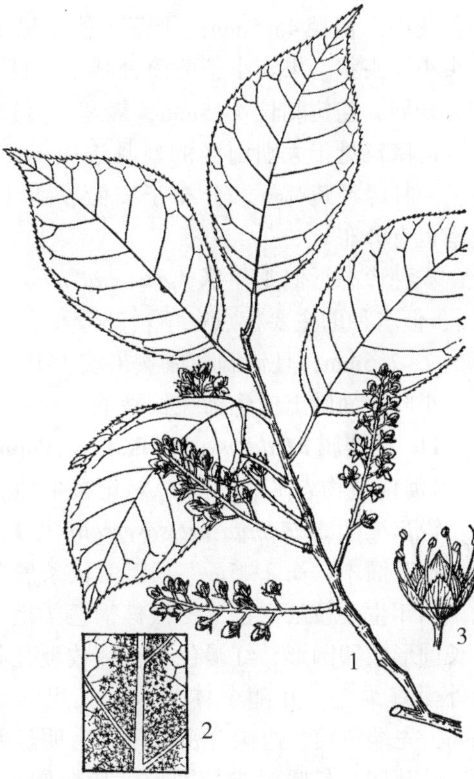

星毛稠李 *Padus stellipila*（Koehne）T. T. Yu & L. T. Lu

1. 花枝　2. 叶片背面示星状毛　3. 幼果

10. 龙芽草属 *Agrimonia* L.

《河南植物志（第二册）》记载 2 变种。本书除修订外，增补 1 变种。

小花龙芽草（变种）*Agrimonia nipponica* var. *occidentalis* Skalicky

多年生草本。主根粗短，常呈块状，周围生多数纤细侧根，根茎稍长，基部常有地下芽。茎高 30 ~ 90cm，上部密被短柔毛，下部密被黄色长硬毛。叶为间断奇数羽状复叶，下部叶通常有小叶 3 对，稀 2 对，最下面 1 对小叶通常较小，中部叶具小叶 2 对，最上部 1 ~ 2 对，稀仅 3 出，叶柄被疏柔毛及短柔毛；小叶片无柄或有短柄，棱状椭圆形或椭圆形，最宽处常在叶片中部或近中部，长 1.5 ~4cm，宽 1 ~ 2cm，顶端通常急尖或圆钝，基部宽楔形，边缘有圆齿，上面伏生疏柔毛，下面沿脉上横生稀疏长硬毛，被稀疏腺体或不明显；托叶镰形或半圆形，稀长圆形，边缘有急尖锯齿，茎下部托叶常全缘。花序通常分

小花龙芽草（变种）*Agrimonia nipponica* var. *occidentalis* Skalicky

茎生叶

枝，纤细，花梗长1~3mm；苞片小，3深裂，小苞片1对，卵形，通常不分裂，顶端短渐尖；花小，直径4~5mm；雄蕊5枚，稀10枚；心皮2枚，常1枚完全发育，花柱2个，柱头小，头状。果实小，萼筒钟状，半球形，外面有10条肋，被疏柔毛，顶端具数层钩刺，开展，连钩刺长4~5mm，最宽处直径2~2.5mm。花果期8~11月。

河南仅见于大别山区的新县连康山；生于海拔300~1 100m的山坡草地、山谷溪边、灌丛、林缘及疏林下。分布于安徽、浙江、广东、广西、江西、贵州（东南部）；老挝、越南也有分布。

本种形态近似龙芽草 *Agrimonia pilosa* Ledeb. [《河南植物志（第二册）》218~219页]，但本种的主要特点在于：花较小，直径4~5mm；果实较小，连钩刺长4~5mm，最宽处2~2.5mm，且钩刺在成熟果实上开展而不向内靠合；小叶棱状椭圆形，最宽处在中部，小叶下面脉上横生稀疏长硬毛，两者易于识别。

11. 臭樱属 *Maddenia* Hook. f. & Thomson

《河南植物志（第二册）》记载1种。本书增补1种。

锐齿臭樱 *Maddenia incisoserrata* T. T. Yu & T. C. Ku

落叶灌木，高2~5m；多年生枝条黑色或紫黑色，无毛，当年生小枝红褐色，密被棕褐色柔毛，逐渐脱落；冬芽长圆形或卵圆形，红褐色，有数枚覆瓦状排列鳞片，鳞片外面有柔毛，并随个体长大，长可达1.5cm，宽可达8mm，先端急尖，边缘有密腺齿，有明显并行脉，脱落很迟。叶片卵状长圆形或长圆形，稀椭圆形，长5~10（~15）cm，宽3~5（~8）cm（侧枝上叶片明显小），先端急尖或尾尖，基部近圆形或宽楔形，边缘有缺刻状重锯齿，上面深绿色，无毛或偶有贴生稀疏柔毛，下面淡绿色，无毛，侧脉10~15（~17）对，中脉和侧脉均明显突起，而带赭黄色；叶柄长2~3mm，被棕褐色长柔毛；托叶膜质，披针形或线形，长可达1.5cm，先端渐尖，边缘有腺齿或下半部有腺齿，上半部全缘。总状花序，长3~5cm，花多数密集；花梗长约2mm，总花梗和花梗密被棕褐色柔毛；苞片膜质，披针形或线形，边缘有腺齿或无，有毛；萼筒钟状，外面有毛，内面近无毛；萼片长圆形，先端急尖，全缘，外面有柔毛，内面基部有毛，比萼筒短1/3~1/2倍，两性花：雄蕊30~35枚，排成紧密不规则2轮，着生在萼筒口部；雌蕊1枚，心皮无毛，柱头偏斜，花柱细长，伸出雄蕊之外。核果卵球形，紫黑色，直径约8mm，顶端有尖头，花柱基部宿存，无毛；果梗长3~4mm，密被棕褐色长柔毛；萼片宿存。花期4月，果熟期6月。

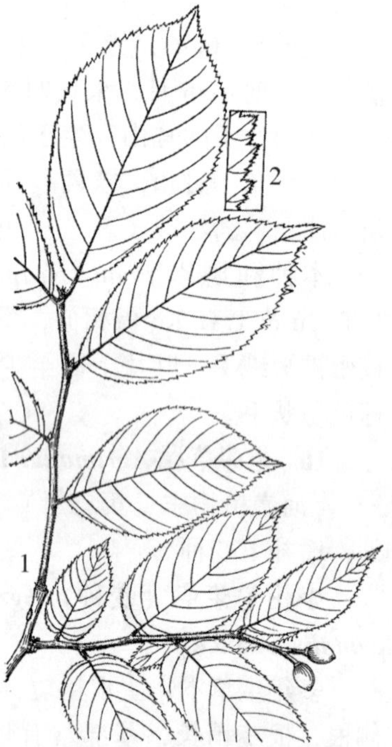

锐齿臭樱 *Maddenia incisoserrata* T. T. Yu & T. C. Ku

1. 果枝 2. 叶片边缘

河南产于伏牛山区的嵩县龙池曼和鲁山尧山；生于海拔1 800~2 600m的山坡灌丛中或山谷密林下及河边等处。分布于安徽、山西、青海、陕西、甘肃、四川、贵州、浙江。

12. 栒子属 *Cotoneaster* Medik.

《河南植物志（第二册）》记载 13 种，3 变种。本书增补 1 种。

尖叶栒子 *Cotoneaster acuminatus* Lindl.

［*Cotoneaster bakeri* G. Klotz；

Cotoneaster kongboensis G. Klotz；

Cotoneaster mucronatus Franch.；

Cotoneaster nepalensis Andr.；

Mespilus acuminata Lodd.］

落叶直立灌木，高 2~3m；枝条开张，小枝圆柱形，灰褐色至棕褐色，幼时密被带黄色糙伏毛，老时无毛。叶片椭圆卵形至卵状披针形，长 3~6.5cm，宽 2~3cm，先端渐尖，稀急尖，基部宽楔形，全缘，两面被柔毛，下面毛较密；叶柄长 3~5mm，有柔毛；托叶披针形，至果期尚宿存。花 1~5 朵，通常 2~3 朵，呈聚伞花序，总花梗和花梗被带黄色柔毛；苞片披针形，边缘有柔毛；花梗长 3~5mm；花直径 6~8mm；萼筒钟状，外面微具柔毛，内面无毛；萼片三角形，先端急尖，外面微具柔毛，内面仅先端和边缘有柔毛；花瓣直立，卵形至倒卵形，长 4mm，先端圆钝，基部具爪，粉红色；雄蕊 20 枚，比花瓣短；花柱 2 个，离生，稍短于雄蕊；子房先端有柔毛。果实椭圆形，长 8~10mm，直径 7~8mm，红色，内具 2 个小核。花期 5~6 月，果熟期 9~10 月。

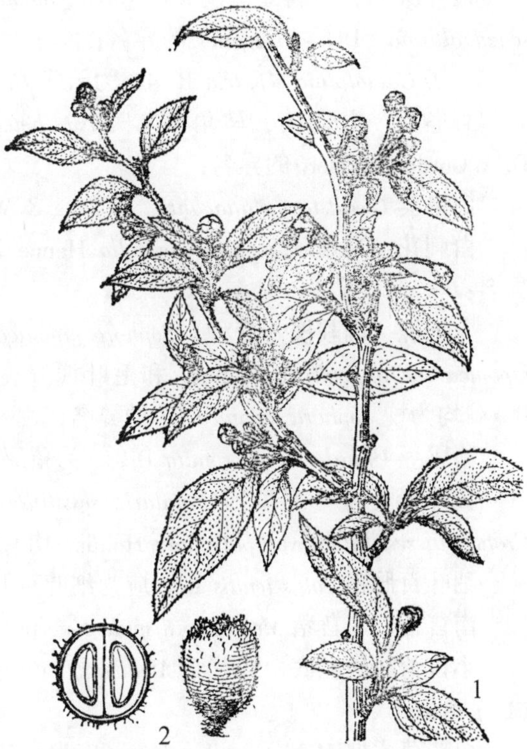

尖叶栒子 *Cotoneaster acuminatus* Lindl.

1. 枝 2. 梨果

河南见于伏牛山区的卢氏淇河万沟及二道沟；生于海拔 1 500~2 000m 的杂木林中。分布于四川、云南、西藏；尼泊尔、不丹、印度（北部）亦有分布。

此种的叶片常为椭圆卵形，两面被柔毛，果实红色，椭圆形，与常见的灰栒子 *Cotoneaster acutifolius* Turcz. ［《河南植物志（第二册）》165 页］很相似，唯后者的果实为黑色，叶片多急尖而少渐尖，可以区别。

（七十五）豆科 Fabaceae（Leguminosae）

《河南植物志（第二册）》记载 59 属，197 种，9 变种。

其中：

合欢属 *Albizzia* Durazz. 应为合欢属 *Albizia* Durazz.；

伏牛紫荆 *Cercis funiushanensis* S. Y. Wang & T. B. Chao 和毛紫荆 *Cercis pubescens* S. Y. Wang 均为湖北紫荆 *Cercis glabra* Pamp. 的异名；

决明、草决明 *Cassia tora* L. 为决明 *Senna tora*（L.）Roxb. 的异名；

望江南、羊奶子角 *Cassia occidentalis* L. 为望江南 *Senna occidentalis*（L.）Link 的异名；

茳芒决明、望江南 *Cassia sophera* L. 为槐叶决明 *Senna sophera*（L.）Roxb. 的异名；

豆茶决明、山扁豆 *Cassia nomame*（Makino）Kitagawa 为豆茶决明 *Senna nomame*（Makino）T. C. Chen 的异名；

短叶决明、山扁豆、夜关门 *Cassia leschenaultiana* DC. 为大叶山扁豆 *Chamaecrista leschenaultiana*（DC.）Degener 的异名；

云实 *Caesalpinia sepiaria* Roxb. 为云实 *Caesalpinia decapetala*（Roth）Alston 的异名；

野皂荚、山皂荚、马角刺 *Gleditsia heterophylla* Bunge 为野皂荚 *Gleditsia microphylla* D. A. Gordon ex Isely 的异名；

山皂荚 *Gleditsia melanacantha* T. Tang & Wang 为山皂荚 *Gleditsia japonica* Miq. 的异名；

白刺花、马角刺 *Sophora viciifolia* Hance 为白刺槐 *Sophora davidii*（Franch.）Skeels 的异名；

龙爪槐、倒栽槐（变种）*Sophora japonica* var. *pendula* Loud.、五叶槐（变种）*Sophora japonica* var. *oligophylla* Franch. 和毛叶槐（变种）*Sophora japonica* var. *pubescens*（Tausch）Bosse 均为槐 *Sophora japonica* L. 的异名；

猪屎豆 *Crotalaria mucronata* Desv. 为猪屎豆 *Crotalaria pallida* Aiton 的异名；

钝叶野百合（变型）*Crotalaria sessiliflora* f. *obtusata* Matsum. 和多枝野百合（变种）*Crotalaria sessiliflora* var. *polyclada* Honda. 均有待进一步研究确认；

细叶百脉根 *Lotus tenuis* Kit. 应为细叶百脉根 *Lotus tenuis* Waldst. & Kit.；

南苜蓿、花苜蓿 *Medicago hispida* Gaertn. 为南苜蓿 *Medicago polymorpha* L. 的异名；

小苜蓿、破鞋底、野苜蓿 *Medicago minima*（L.）Lamk. 应为小苜蓿 *Medicago minima*（L.）Bartal.；

白花草木樨 *Melilotus albus* Desr. 应为白花草木樨 *Melilotus albus* Medik.；

黄香草木樨、黄花草木樨 *Melilotus officinalis*（L.）Desr. 应为草木樨 *Melilotus officinalis*（L.）Lamarck；

草木樨、野木樨 *Melilotus suaveolens* Ledeb. 为草木樨 *Melilotus officinalis*（L.）Lamarck 的异名；

卢豆 *Trigonella coerulea*（Desr.）Ser. 为蓝胡卢巴 *Trigonella caerulea*（L.）Ser. 的异名；

花苜蓿（变种）*Trigonella ruthenica* var. *robusta* Vass. 有待进一步研究确认；

二型豆、野大豆 *Amphicarpaea trisperma*（Miq.）Baker 为两型豆 *Amphicarpaea edgeworthii* Benth. 的异名；

茸毛黧豆、兔子腿、兔蹄 *Stizolobium deeringianum* Bort 为黧豆（变种）*Mucuna pruriens* var. *utilis*（Wall. ex Wight）L. H. Bailey 的异名；

葛、葛条、葛麻 *Pueraria lobata*（Willd.）Ohwi 为葛麻姆（变种）*Pueraria montana* var. *lobata*（Willd.）Sanjappa & Pradeep 的异名；

野绿豆、山绿豆 *Phaseolus minimus* Roxb. 为贼小豆 *Vigna minima*（Roxb.）Ohwi & H. Ohashi 的异名；

绿豆 *Phaseolus radiates* L. 为绿豆 *Vigna radiata*（L.）R. Wilczek 的异名；

赤小豆 *Phaseolus calcaratus* Roxb. 为赤小豆 *Vigna umbellata*（Thunb.）Ohwi & H. Ohashi 的异名；

赤豆、赤小豆 *Phaseolus angularis*（Willd.）W. Wight 为赤豆 *Vigna angularis*（Willd.）Ohwi & H. Ohashi 的异名；

野豇豆、豆叁 *Vigna vexillate*（L.）Benth. 为野豇豆 *Vigna vexillata*（L.）A. Rich. 的异名；

饭豇豆、豇豆 *Vigna cylindrical*（L.）Skeels 为眉豆（亚种）*Vigna unguiculata* subsp. *cylindrical*（L.）Verdc. 的异名；

豇豆、豆角、菜豆角 *Vigna sinensis*（L.）Savi 为豇豆 *Vigna unguiculata*（L.）Walp. 的异名；

长豇豆、长豆角、菜豆角 *Vigna sesquipedalis*（L.）Fruwirth 为长豇豆（亚种）*Vigna unguiculata* subsp. *sesquipedalis*（L.）Verdc. 的异名；

扁豆、白扁豆、眉豆、眉豆角 *Dolichos lablab* L. 为扁豆 *Lablab purpureus*（L.）Sweet 的异名；

长扁豆 *Dolichos dolichocarpa* Wang & Tang 有待进一步研究确认；

窄叶野豌豆、野豌豆、小虫豌豆 *Vicia angustifolia* L. 为窄叶野豌豆（亚种）*Vicia sativa* subsp. *nigra*（L.）Ehrh. 的异名；

四籽野豌豆、野扁豆 *Vicia tetrasperma*（L.）Moench 为四籽野豌豆 *Vicia tetrasperma*（L.）Schreb. 的异名；

大野豌豆、斑矛架 *Vicia gigantean* Bunge 为大野豌豆 *Vicia sinogigantea* B. J. Bao & Turland 的异名；

山野豌豆、豆豆苗、芦豆苗、野豌豆、透骨草、宿根苕子 *Vicia amoena* Fisch. 应为山野豌豆 *Vicia amoena* Fisch. ex Ser.；

河南香豌豆 *Lathyrus henanensis* S. Y. Wang 为安徽山黧豆 *Lathyrus anhuiensis* Y. J. Zhu & R. X. Meng 的异名；

矮香豌豆 *Lathyrus humilis* Fisch. 应为矮山黧豆 *Lathyrus humilis*（Ser.）Spreng.；

华中木蓝 *Indigofera chalara* Craib 为兴山木蓝（变种）*Indigofera decora* var. *chalara*（Craib）Y. Y. Fang & C. Z. Zheng 的异名；

宜昌木蓝 *Indigofera ichangensis* Craib 为宜昌木蓝（变种）*Indigofera decora* var. *ichangensis*（Craib）Y. Y. Fang & C. Z. Zheng 的异名；

波氏木蓝、青杭子梢、山豆根 *Indigofera potaninii* Craib 为四川木蓝 *Indigofera szechuensis* Craib 的异名；

野蓝枝、小杭子梢、山豆根、豆根 *Indigofera bungeana* Steud. 应为河北木蓝 *Indigofera bungeana* Walp.；

马棘、野蓝枝、青杭子梢 *Indigofera pseudotinctoria* Matsum. 为河北木蓝 *Indigofera bun-*

geana Walp. 的异名；

补骨脂、破故纸 *Psoralea corylifolia* L. 为补骨脂 *Cullen corylifolium*（L.）Medik. 的异名；

多花紫藤、葛花、藤萝 *Wisteria floribunda* DC. 应为多花紫藤 *Wisteria floribunda*（Willd.）DC.；

紫藤、葛花、葛藤 *Wisteria sinensis* Sweet 应为紫藤 *Wisteria sinensis*（Sims）Sweet；

多叶紫藤（变种）*Wisteria sinensis* var. *multijuga* Hook. f. 有待进一步研究确认；

田菁 *Sesbania cannabina*（Retz.）Pers. 应为田菁 *Sesbania cannabina*（Retz.）Poir.；

苦马豆、牻牛蛋 *Swainsonia salsula*（Pall.）Taub. 为苦马豆 *Sphaerophy sasalsula*（Pall.）DC. 的异名；

长柄锦鸡儿（变种）*Caragana sinica* var. *longipedunculata* C. W. Chang 为毛掌叶锦鸡儿 *Caragana leveillei* Kom. 的异名；

树锦鸡儿 *Caragana arborescens*（Amm.）Lam. 应为树锦鸡儿 *Caragana arborescens* Lam.；

直立黄芪、沙打旺、薄地犟 *Astragalus adsurgens* Pall. 为斜茎黄耆 *Astragalus laxmannii* Jacq. 的异名；

毛细柄黄芪 *Astragalus capillipes* Fisch. 应为草珠黄耆 *Astragalus capillipes* Bunge；

皱黄芪 *Astragalus tataricus* Franch. 为小果黄耆 *Astragalus zacharensis* Bunge 的异名；

扁茎黄芪、沙苑子、潼蒺藜 *Astragalus complanatus* R. Br. 为背扁膨果豆 *Phyllolobium-chinense* Fisch. 的异名；

黄芪 *Astragalus membranaceus*（Fisch.）Bunge 为蒙古黄耆 *Astragalus mongholicus* Bunge 的异名；

砂珍棘豆、毛地丁 *Oxytropis psammocharis* Hance 为砂珍棘豆 *Oxytropis racemosa* Turcz. 的异名；

蓝花棘豆、毛地丁 *Oxytropis coerulea*（Pall.）DC. 应为蓝花棘豆 *Oxytropis caerulea*（Pall.）DC.；

球花棘豆 *Oxytropis strobilacea* Bunge 有待进一步研究确认；

狭叶米口袋 *Gueldenstaedtia stenophylla* Bunge，米口袋、地丁、紫花地丁、米布袋 *Gueldenstaedtia multiflora* Bunge 和长柄米口袋、地丁 *Gueldenstaedtia harmsii* Ulbr. 均为少花米口袋 *Gueldenstaedtia verna*（Georgi）Boriss. 的异名；

拟蚕豆岩黄耆 *Hedysarum vicioides* Turcz. 为拟蚕豆岩黄耆 *Hedysarum ussuriense* Schischk. & Kom. 的异名；

红花岩黄耆、棉耆、红耆 *Hedysarum multijugum* Maxim. 为红花山竹子 *Corethrodendron multijugum*（Maxim.）B. H. Choi & H. Ohashi 的异名；

河南岩黄耆、棉耆 *Hedysarum honanensis* P. K. Hsiao 有待进一步研究确认；

驴食草 *Onobrychis viciaefolia* Scop. 应为驴食草 *Onobrychis viciifolia* Scop.；

小槐花 *Desmodium caudatum*（Thunb.）DC. 为小槐花 *Ohwia caudata*（Thunb.）H. Ohashi 的异名；

波叶山蚂蟥、山绿豆 *Desmodium sinuatum* Bl. 为长波叶山蚂蟥 *Desmodium sequax* Wall.

的异名；

羽叶山蚂蟥、山野绿豆 *Desmodium oldhamii* Oliv. 为羽叶长柄山蚂蟥 *Hylodesmum oldhamii*（Oliv.）H. Ohashi & R. R. Mill 的异名；

四川山蚂蝗 *Desmodium szechuenense*（Craib）Schindl. 为四川长柄山蚂蝗（亚种）*Hylodesmum podocarpum* subsp. *szechuenense*（Craib）H. Ohashi & R. R. Mill 的异名；

宽卵叶山蚂蝗、山野绿豆 *Desmodium fallax* Schindl. 为宽卵叶长柄山蚂蝗（亚种）*Hylodesmum podocarpum* subsp. *fallax*（Schindl.）H. Ohashi & R. R. Mill 的异名；

山蚂蝗、山绿豆 *Desmodium racemosum*（Thunb.）DC. 为尖叶长柄山蚂蝗（亚种）*Hylodesmum podocarpum* subsp. *oxyphyllum*（DC.）H. Ohashi & R. R. Mill 的异名；

圆菱叶山蚂蝗、山野绿豆 *Desmodium podocarpum* DC. 为长柄山蚂蝗 *Hylodesmum podocarpum*（DC.）H. Ohashi & R. R. Mill 的异名；

美丽胡枝子、杭子梢 *Lespedeza formosa*（Vogel）Koehne 为美丽胡枝子（亚种）*Lespedeza thunbergii* subsp. *formosa*（Vogel）H. Ohashi 的异名；

尖叶铁扫帚、铁扫帚 *Lespedeza hedysaroides*（Pall.）Kitag. 为尖叶铁扫帚 *Lespedeza juncea*（L. f.）Pers. 的异名；

截叶铁扫帚、铁扫帚、毛桃 *Lespedeza cuneata* G. Don 应为截叶铁扫帚 *Lespedeza cuneata*（Dum. Cours.）G. Don；

宜昌杭子梢、毛杭子梢 *Campylotropis ichangensis* Schindl. 有待进一步研究确认；

白花杭子梢（变种）*Campylotropis macrocarpa* var. *alba* S. Y. Wang 有待进一步研究确认。

本书另增补 26 种（含 1 栽培种），2 变种。

1. 皂荚属 *Gleditsia* L.

《河南植物志（第二册）》记载 4 种。本书增补 1 栽培种。

美国皂荚 *Gleditsia triacanthos* L.（彩版图 67）

落叶乔木或小乔木，高可达 45m；树皮灰黑色，厚 1~2cm，具深的裂缝及狭长的纵脊；小枝深褐色，粗糙，微有棱，具圆形皮孔；刺略扁，粗壮，深褐色，常分枝，长 2.5~10cm，少数无刺。叶为一回或二回羽状复叶，具羽片 4~14 对，长 11~22cm；小叶 11~18 对，纸质，椭圆状披针形，长 1.5~3.5cm，宽 4~8mm，先端急尖，有时稍钝，基部楔形或稍圆，微偏斜，边缘疏生波状锯齿并被疏柔毛，上面暗绿色，有光泽，无毛，偶尔中脉疏被短柔毛，下面暗黄绿色，中脉被短柔毛；小叶柄长约 1mm，被柔毛。花黄绿色；花梗长 1~2mm；雄花：直径 6~7mm，单生或数朵簇生组成总状花序；花序常数个簇生于叶腋或顶生，长 5~13cm，被短柔毛；花托长约 2mm；萼片 2~3 枚，披针形，长 2~2.5mm；花瓣 3~4 片，卵形或卵状披针形，长约 2.5mm，与萼片两面均同被短柔毛，雄蕊 6~9 枚；雌花组成较纤细的总状花序，花较少，花序常单生，与雄花序近等长；子房被灰白色绒毛。荚果带形，扁平，长 30~50cm，镰刀状弯曲或不规则旋扭，果瓣薄而粗糙，暗褐色，被疏柔毛。种子多数，扁，卵形或椭圆形，长约 8mm，为较厚的果肉所分隔。花期 4~6 月，果熟期 10~11 月。

原产于美国，河南洛阳有栽培。我国上海市公园和植物园有栽培。

2. 锦鸡儿属 *Caragana* Fabr.

《河南植物志（第二册）》记载 7 种，3 变种。本书除修订外，增补 2 种。

（1）甘肃锦鸡儿 *Caragana kansuensis* Pojark.

矮灌木，高 40~60cm，基部多分枝，开展。枝条细长，灰褐色，疏被伏生柔毛，具突起纵条纹。假掌状复叶有 4 枚小叶，托叶长 1~3mm，长枝者硬化成针刺，宿存；叶柄在长枝者长 4~10mm，硬化，宿存，在短枝者长 1~2mm，脱落；小叶线状倒披针形，长 5~12mm，宽 1~2mm，先端锐尖，具针刺，基部渐狭，两面绿色无毛或疏被短柔毛。花梗长 5~12mm，关节在中部以上，无毛或疏被柔毛；花萼管状，长 6~9mm，宽 3~5mm，绿色或稍带红色，基部具囊状突起，萼齿三角形，边缘有毛；花冠黄色，旗瓣卵形或宽卵形，先端凹入，中央有土黄色斑点，长 2~2.5cm，基部渐狭成瓣柄，长约为瓣片的 1/3，翼瓣与旗瓣近等长，瓣片宽约 4mm，耳长约 2mm，瓣柄与瓣片等长；龙骨瓣与旗瓣等长，瓣柄与瓣片略等长，耳长约 1mm；子房无毛。荚果圆筒形，长 2.5~3.5cm，宽 3~4mm，先端尖。花期 4~6 月，果熟期 6~8 月。

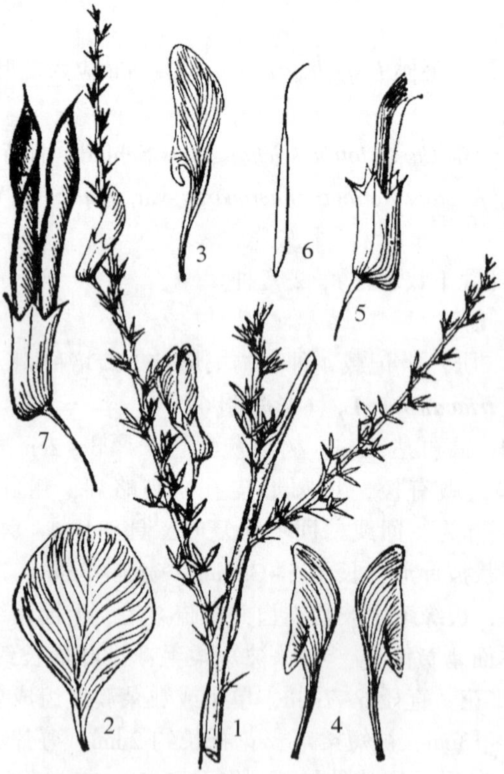

甘肃锦鸡儿 *Caragana kansuensis* Pojark.

1. 花枝 2. 旗瓣 3. 翼瓣 4. 龙骨瓣
5. 雄蕊和花萼 6. 雌蕊 7. 荚果

河南仅见于洛阳首阳山；生于黄土丘陵灌丛中。分布于内蒙古、山西北部、陕西北部、宁夏河东、甘肃东北部。

（2）狭叶锦鸡儿 *Caragana stenophylla* Pojark.

［*Caragana pygmaea* var. *pallasiana* Kom.；
Caragana stenophylla var. *parviflora* Zhan Wang & H. C. Fu］

矮灌木，高 30~80cm。树皮灰绿色、黄褐色或深褐色；小枝细长，具条棱，嫩时被短柔毛。假掌状复叶有 4 枚小叶；托叶在长枝者硬化成针刺，刺长 2~3mm；长枝上叶柄硬化成针刺，宿存，长 4~7mm，直伸或下弯，短枝上叶无柄，簇生；小叶线状披针形或线形，长 4~11mm，宽 1~2mm，两面绿色或灰绿色，常由中脉向上折叠。花梗单生，长 5~10mm，关节在中部稍下；花萼钟状管形，长 4~6mm，宽约 3mm，无毛或疏被毛，萼齿三角形，长约 1mm，具短尖头；花冠黄色，旗瓣圆形或宽倒卵形，长 14~17（~20）mm，中部常带橙褐色，瓣柄短宽，翼瓣上部较宽，瓣柄长约为瓣片的 1/2，耳长圆形，龙骨瓣的瓣柄较瓣片长 1/2，耳短钝；子房无毛。荚果圆筒形，长 2~2.5cm，宽 2~3mm。花期 4~6 月，果熟期 7~8 月。

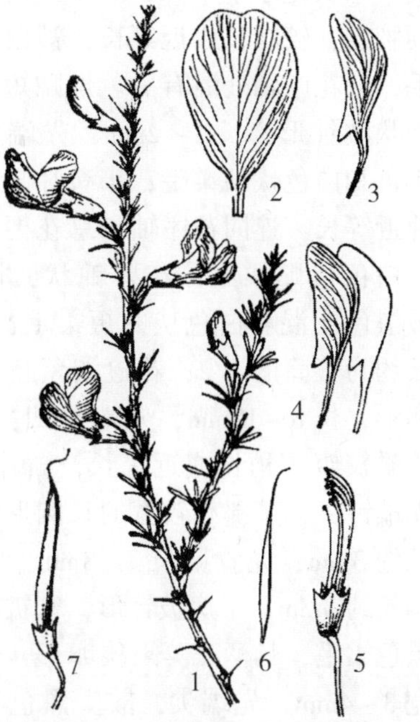

狭叶锦鸡儿 *Caragana stenophylla* Pojark.

1. 花枝 2. 旗瓣 3. 翼瓣 4. 龙骨瓣 5. 雄蕊及花萼 6. 雌蕊 7. 幼果

河南仅见于灵宝故县镇黄土丘陵；生于黄土坡。分布于东北地区、内蒙古、河北、山西、陕西、宁夏、甘肃西北部、新疆东部及北部。耐旱性强，为良好的固沙和水土保持植物。

3. 黄耆属 *Astragalus* L.

《河南植物志（第二册）》称黄芪属，记载 13 种。本书除修订外，增补 4 种。

（1）细叶黄耆 *Astragalus tenuis* Turcz.

［*Astragalus melilotoides* var. *tenuis* Ledeb.］

植株多分枝，呈扫帚状；小叶 3 枚，稀 5 枚，狭线形或丝状，长 10~15（~17）mm，宽约 0.5mm。

河南见于郑州邙山岭；生于黄土丘陵。分布于长江以北各省区。

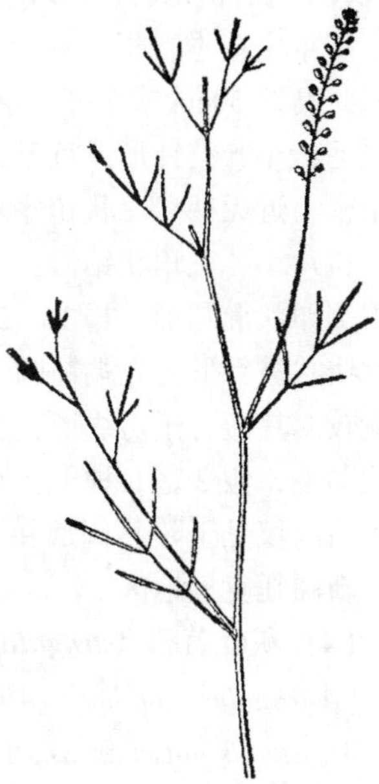

细叶黄耆 *Astragalus tenuis* Turcz.

（2）华山黄耆 *Astragalus havianus* E. Peter

［*Astragalus havianus* var. *pallidiflorus* Y. C. Ho；
Astragalus tataricus var. *maior* H. T. Tsai & T. T. Yu］

多年生草本，茎细弱，多分枝，高约 30cm；幼枝疏被白色短柔毛，老时近无毛。奇数羽状复叶，具 13~19 枚小叶，长 5~8cm；叶柄长 0.5~5cm；托叶离生，卵形或卵状披针形，近无毛；小叶卵形或长圆形，长 6~15mm，宽 3~6mm，先端微凹，基部近圆形，上面无毛，下面被白色伏贴短柔毛，尤以中脉为多，具短柄。总状花序生 7～10 朵花，稍密集；总花梗腋生，较叶长或近等长，被白色伏贴短柔毛，近花序轴处混有黑色伏贴短柔毛；苞片卵状披针形，长 1～2mm，先端尖，下面被黑色和白色伏贴柔毛；小苞片缺；花梗与苞片近等长，连同花序轴和总花梗被黑色或混有白色伏贴柔毛；花萼钟状，长 3～4mm，被黑色或混有白色伏贴短柔毛，萼齿锥状，长约为萼筒的 1/2；花冠淡紫色，旗瓣宽倒卵形，长 8～10mm，先端微凹，基部渐狭，翼瓣较旗瓣稍长或近等长，瓣片狭长圆形，先端钝尖，基部有较宽的长圆形短耳，瓣柄长约 3mm，龙骨瓣长 7～8mm，具短耳，瓣柄长约 3mm；子房披针形，密被白色或混有黑色柔毛，具柄。荚果狭卵形，长 7～8mm，宽 3～4mm，先端尖，散生黑色短柔毛，果颈稍露出宿萼，1 室，有种子 3～4 粒。种子淡褐色，肾形，长约 2.5mm。花期 6～7 月，果熟期 7～8 月。

华山黄耆 *Astragalus havianus* E. Peter
1. 花枝 2. 花萼（展开） 3. 旗瓣 4. 翼瓣 5. 龙骨瓣 6. 雄蕊 7. 雌蕊 8. 荚果

河南仅见于灵宝小秦岭老鸦岔；生于海拔 2 000m 左右的山坡或岩石缝中。分布于陕西的华山、太白山。

（3）长管萼黄耆 *Astragalus limprichtii* Ulbr.

多年生草本，根圆柱状，长达 50cm，黄褐色。茎斜上或平卧，灰绿色，被伏贴毛，细弱，高约 30cm 或更高。羽状复叶通常有 9～11 枚小叶，长 5～8cm；托叶长约 2mm，疏被白毛；小叶披针形或近长圆形，长 8～12mm，宽 2.5～4mm，上面疏被白色伏贴毛，下面稍密，近无柄。总状花序具排列稀疏的花；总花梗长 5～6cm，结果期稍延长，腋生或顶生；苞片小，三角状钻形；花萼管状钟形，长约 10mm，被白色伏贴毛；花冠淡紫红色，旗瓣倒卵状椭圆形，长 15～20mm，先端微缺，下部渐狭成不明显的瓣柄，翼瓣较旗瓣短，瓣片线状披针形，先端钝圆或稍尖，瓣柄与瓣片等长，龙骨瓣长约 15mm，瓣片半长圆形，瓣柄较瓣片短；子房线形，含多个胚珠。荚果线形，微弯，长约 30mm，粗约 3mm，被白色伏贴毛，假 2 室。种子斜肾形。花期 5～6 月，果熟期 7 月。

河南仅见于陕县闵底镇、盘豆镇；生于山坡或沙土地。分布于山西西南部、陕西东部、新疆托克逊地区。

（4）灰叶黄耆 *Astragalus discolor* Bunge ex Maxim.

[*Astragalus biondianus* Ulbr.；
Astragalus ulaschanensis Franch.]

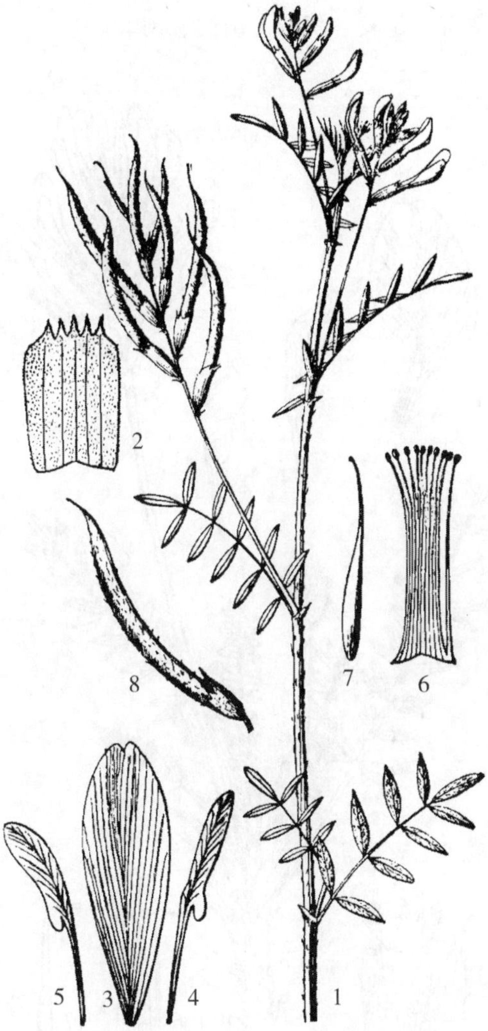

长管萼黄耆 ***Astragalus limprichtii*** **Ulbr.**

1. 花果枝 2. 花萼（展开） 3. 旗瓣 4. 翼瓣 5. 龙骨瓣 6. 雄蕊 7. 雌蕊 8. 荚果

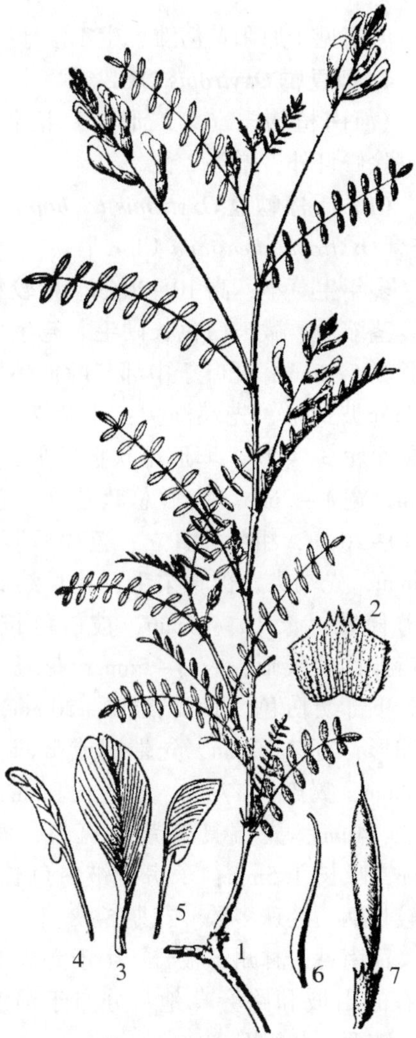

灰叶黄耆 ***Astragalus discolor*** **Bunge ex Maxim.**

1. 花枝 2. 花萼（展开） 3. 旗瓣 4. 翼瓣 5. 龙骨瓣 6. 雌蕊 7. 荚果

多年生草本，高30~50cm，全株灰绿色。根直伸，木质化，颈部增粗，数茎生出。茎直立或斜上，上部有分枝，具条棱，密被灰白色伏贴毛。羽状复叶有9~25枚小叶；叶柄较叶轴短；托叶三角形，先端尖，离生；小叶椭圆形或狭椭圆形，长4~13mm，宽1~4mm，先端钝或微凹，基部阔楔形，上面疏被白色伏贴毛或近无毛，下面较密，灰绿色。总状花序较叶长；苞片小，卵圆形，较花梗稍长；花萼管状钟形，长4~5mm，被白色或黑色伏贴毛，萼齿三角形，长不及1mm；花冠蓝紫色，旗瓣匙形，长12~14mm，先端微缺，基部渐狭成不明显的瓣柄，翼瓣较旗瓣稍短，瓣片狭长圆形，瓣柄较瓣片短，龙骨瓣较翼瓣短，瓣片半圆形，瓣柄较瓣片短；子房有柄，被伏贴毛。荚果扁平，线状长圆形，长17~30mm，基部有露出花萼的长果颈，被黑白色混生的伏贴毛。花期7~8月，果熟期

8~9 月。

河南见于原阳黄河滩；生于沙地。分布于内蒙古、宁夏、陕西、山西、河北。

4. 棘豆属 *Oxytropis* DC.

《河南植物志（第二册）》记载 8 种。本书除修订外，增补 2 种。

（1）毛序棘豆 *Oxytropis trichophora* Franch.

[*Oxytropis shensiana* Ulbr.]

多年生草本，高 10~20cm。根较粗，直伸。茎缩短，微被白色长硬毛。轮生羽状复叶长 2.5~6cm；托叶于中部与叶柄贴生，分离部分披针形，先端渐尖；小叶 7~12 轮；通常每轮 3~4 枚，卵形至狭披针形，长 2~8mm，宽 1~2mm。头形总状花序；总花梗长 10~20cm，粗壮，直立；苞片卵形，长 4~5mm，先端尖，被长柔毛；花长约 20mm；花萼筒状，长 12~17mm，被白色长柔毛，萼齿披针状线形，长 4~5mm；花冠上部蓝色，下部淡白色，旗瓣长 15~20mm，瓣片宽卵形，宽 7~9mm，先端圆或微凹，瓣柄长 8mm，翼瓣长 17mm，瓣柄长 9mm，龙骨瓣长 14mm，先端具蓝紫色斑块，瓣柄长 9mm，喙长 1.5mm；子房密被白色长柔毛，具较长柄，胚珠多数。花期 5~8 月。

河南见于林州石板岩；生于海拔 1 000m 左右的山坡和路旁草地。分布于河北、山西、陕西、甘肃等省。

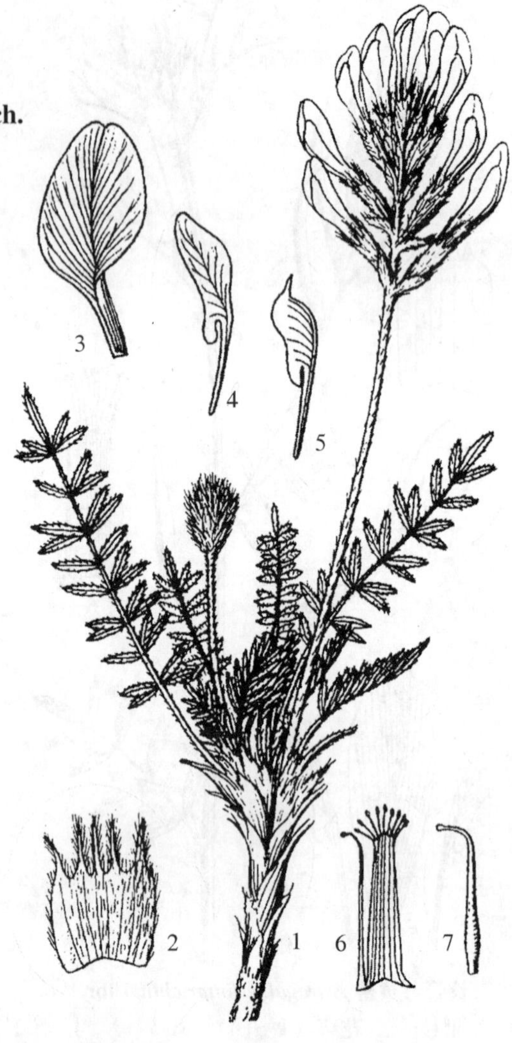

毛序棘豆 *Oxytropis trichophora* Franch.

1. 植株一部分 2. 花萼展开 3. 旗瓣 4. 翼瓣 5. 龙骨瓣 6. 雄蕊 7. 雌蕊

（2）多叶棘豆 *Oxytropis myriophylla* (Pall.) DC.

[*Phaca myriophylla* Pall.;
Astragalus myriophyllus (Pall.) Pall.;
Oxytropis davidii Franch.;
Oxytropis myriophylloides Hurus.]

多年生草本，高 20~30cm，全株被白色或黄色长柔毛。根褐色，粗壮，深长。茎缩短，丛生。轮生羽状复叶长 10~30cm；托叶膜质，卵状披针形，基部与叶柄贴生，先端分离，密被黄色长柔毛；叶柄与叶轴密被长柔毛；小叶 25~32 轮，每轮 4~8 枚或有时对生，线形、长圆形或披针形，长 3~15mm，宽 1~3mm，先端渐尖，基部圆形，两面密被长柔毛。多花组成紧密或较疏松的总状花序；总花梗与叶近等长或长于叶，疏被长柔毛；苞片披针形，长 8~15mm，被长柔毛；花长 20~25mm；花梗极短或近无梗；花萼筒状，长 11mm，被长柔毛，萼齿披针形，长约 4mm，两面被长柔毛；花冠淡红紫色，旗瓣长椭圆

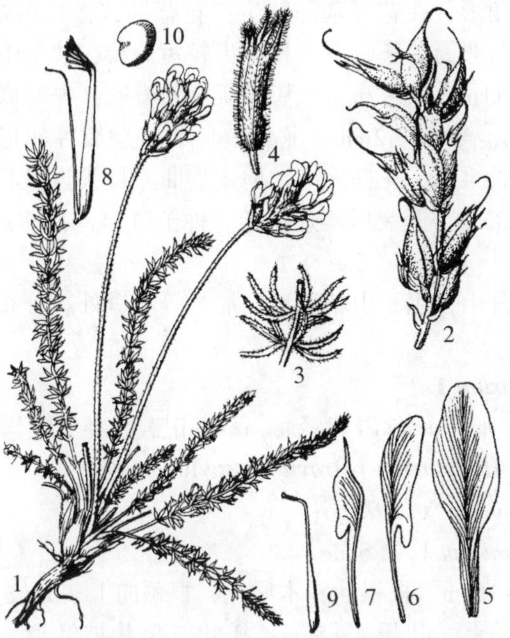

多叶棘豆 ***Oxytropis myriophylla*** **(Pall.) DC.**

1. 植株一部分 2. 果序 3. 枝叶放大（示毛） 4. 花萼 5. 旗瓣 6. 翼瓣 7. 龙骨瓣 8. 雄蕊 9. 雌蕊 10. 种子

形，长 18.5mm，宽 6.5mm，先端圆形或微凹，基部下延成瓣柄，翼瓣长 15mm，先端急尖，耳长 2mm，瓣柄长 8mm；龙骨瓣长 12mm，喙长 2mm，耳长约 15mm；子房线形，被毛，花柱无毛，无柄。荚果披针状椭圆形，鼓胀，长约 15mm，宽约 5mm，先端喙长 5~7mm，密被长柔毛，隔膜稍宽，不完全 2 室。花期 5~6 月，果熟期 7~8 月。

河南仅见于封丘县黄陵乡；生于沙滩。分布于黑龙江、吉林、辽宁、内蒙古、河北、山西、陕西、宁夏等省区；俄罗斯、蒙古也有分布。

5. 米口袋属 ***Gueldenstaedtia*** **Fisch.**

《河南植物志（第二册）》记载 3 种。本书除修订外，增补 1 种。

太行米口袋 ***Gueldenstaedtia taihangensis*** **H. P. Tsui**

多年生草本，主根直下，根颈具多数多年生较长的分茎，叶及花序在分茎先端丛生。叶长 3.5~7.5cm，叶柄纤细具沟，被稀疏柔毛；小叶 5~13 枚，宽卵形到近圆形，长 6~9mm，宽 5~7mm，先端截形或深缺，基部圆形，两面被稀疏柔毛；小叶柄极短。伞形花序，总花梗具沟，纤细，开花时约与叶等长；花序具 2~3 朵花；苞片狭三角形；

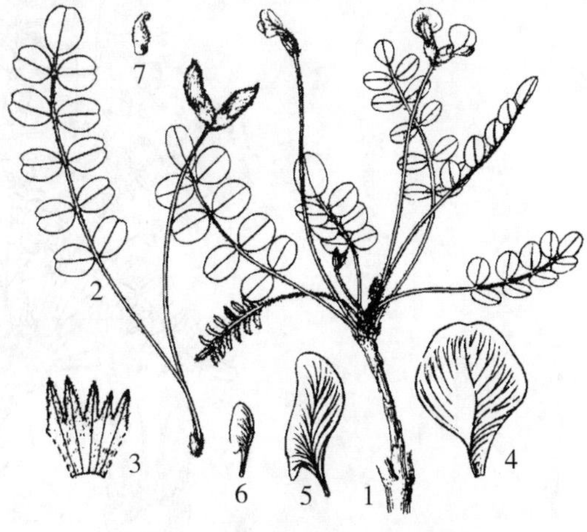

太行米口袋 ***Gueldenstaedtia taihangensis*** **H. P. Tsui**

1. 植株 2. 果枝 3. 花萼（展开） 4. 旗瓣 5. 翼瓣 6. 龙骨瓣 7. 子房

花梗极短；小苞片狭三角形，在花萼基部贴生；花萼钟状，长约7mm，密被贴伏长柔毛，萼齿5枚，上2枚萼齿与萼筒等长，下3枚萼齿较短而狭，狭为上2枚萼齿之半；花冠紫堇色，旗瓣长圆形，长11mm，宽7mm，基部渐狭成瓣柄，先端微缺，翼瓣倒卵形，具斜截头，长9mm，宽3mm，瓣柄长2mm，龙骨瓣长5mm，瓣片卵形，瓣柄线形，较瓣片稍短。子房长圆形，密被长柔毛，花柱无毛，向内卷曲，柱头近盘状。荚果圆锥状，被稀疏柔毛，长1.5cm，直径3mm，开裂后瓣片扭卷。种子肾形，具凹点。花期5月，果熟期8月。

河南仅见于博爱县月山；生于山坡草地、灌丛等干燥处。分布于河北中西部、山西东南太行山麓。

6. 岩黄耆属 *Hedysarum* L.

《河南植物志（第二册）》称岩黄蓍属，本书记载5种。除修订外，增补3种。

（1）贺兰山岩黄耆 *Hedysarum petrovii* Yakovlev

[*Hedysarum alaschanicum* Y. Z. Zhao；
Hedysarum liupanshanicum L. Z. Shue]

多年生草本，高8~15cm。根粗壮，木质化；根颈向上多分枝。茎短缩不明显，长1~2cm，被贴伏和开展的柔毛。叶长4~8cm；托叶三角状披针形，棕褐色干膜质，长3~5mm，合生至上部，被贴伏柔毛；具约等长于叶轴的叶柄；小叶7~11枚，具约1mm长的小叶柄；小叶片长卵形或椭圆形，长4~7（~9）mm，宽3~5mm，先端圆形，基部圆楔

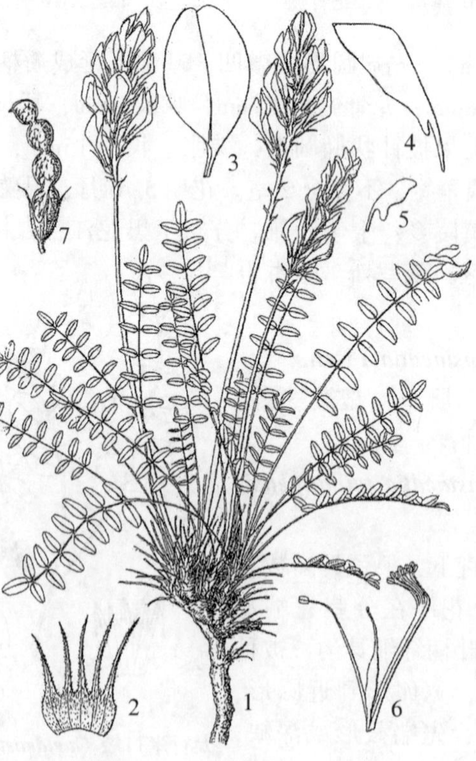

贺兰山岩黄耆 *Hedysarum petrovii* Yakovlev

1. 植株　2. 展开的花萼　3. 旗瓣　4. 翼瓣　5. 龙骨瓣　6. 雌、雄蕊　7. 荚果

形，上面几无毛或具星散柔毛，下面密被贴伏柔毛。总状花序腋生，上部明显超出叶，总花梗被伏贴柔毛或开展毛；花序具 12～16 朵花，紧密组成卵球状或长球状，长 2～3cm，花后期延伸达 5cm；苞片披针形，棕褐色，长 2～3mm，外被柔毛；花长 13～15mm，具不长于 1mm 的矩花梗；萼钟状，长 8～12mm，被绢状毛，萼齿披针状钻形，长为萼筒的 2～3 倍，花冠玫瑰紫色，旗瓣倒卵形，长 12～14mm，宽 6～7mm，先端圆形、微凹，翼瓣长为旗瓣的 1/4～1/3，龙骨瓣稍长于或等于旗瓣；子房线形，被短柔毛。荚果 2～3 节，节荚卵圆形，直径 3mm，两侧突起，具皮刺和密集的柔毛。花期 6～8 月，果熟期 8～9 月。

河南仅见于灵宝故县镇；生于黄土坡。分布于黄河中下游黄土区的甘肃、宁夏、内蒙古和陕西。

（2）山岩黄耆 *Hedysarum alpinum* L.

［*Hedysarum alpinum* var. *chinense* B. Fedtsch.；

Hedysarum chinense（B. Fedtsch.）Hand. -Mazz.；

Hedysarum polybotrys var. *robustum* K. T. Fu；

Hedysarum smithianum Hand. -Mazz.］

多年生草本，高 50～120cm。根为直根系，主根深长，粗壮。茎多数，直立，具细条纹，无毛或上部枝条被疏柔毛，基部被多数无叶片的托叶所包围。叶长 8～12cm；托叶三角状披针形，棕褐色干膜质，长 10～14mm，合生至上部；叶轴无毛；小叶 9～17 枚，具 1～2mm 长的短柄；小叶片卵状长圆形或狭椭圆形，长 15～30mm，宽 4～7mm，先端钝圆，具不明显短尖头，基部圆形或圆楔形，上面无毛，下面被灰白色贴伏短柔毛，主脉和侧脉明显隆起。总状花序腋生，长 16～24cm，总花梗和花序轴被短柔毛；花多数，长 12～16mm，较密集着生，稍下垂，时而偏向一侧，具 2～4mm 长的花梗；苞片钻状披针形，暗褐色干膜质，等于或稍长于花梗，外被短柔毛；花萼钟状，长约 4mm，被短柔毛，萼齿三角状钻形，长为萼筒的 1/4 或 1/3，下萼齿较长；花冠紫红色，旗瓣倒长卵形，长约 10mm，先端钝圆、微凹，翼瓣线形，等于或稍长于旗瓣，龙骨瓣长于旗瓣约 2mm；子房线形，无毛。荚果 3～4 节，节荚椭圆形或倒卵形，长 6～8mm，宽 4～5mm，无毛，两侧扁平，具细网状脉纹，边缘无明显的狭边，果柄明显地从萼筒中伸出。种子圆肾形，黄褐色，长约 2mm，宽约 1.5mm。花期 7～8 月，果熟期 8～9 月。

山岩黄耆 *Hedysarum alpinum* L.

河南产于太行山区的辉县和林县，伏牛山区的嵩县；生于海拔 1 300m 以上砾石质山坡草地、灌丛。分布于甘肃（南部）、河北、黑龙江、吉林、内蒙古（东北部）、陕西（南部）、山西、四川；克什米尔地区、朝鲜、蒙古（北部）、巴基斯坦、俄罗斯以及东欧、北欧、北美洲也有分布。

（3）齿翅岩黄耆 *Hedysarum dentatoalatum* K. T. Fu

多年生草本，高约100cm。茎直立，具沟纹，被疏柔毛。叶长11~19cm；托叶三角状披针形，棕褐色干膜质，下部合生；叶轴被疏柔毛。小叶11~21枚，具长约1mm的短叶柄；小叶片长卵形或卵状披针形，长20~25mm，宽10~17mm，先端钝或急尖，基部圆形，上面无毛，下面被疏柔毛。总状花序腋生，等高于或低于叶，具长4~5cm的总花梗；花20~30朵；小苞片线形，长4~5mm，外被疏柔毛；萼筒长为萼齿的1/2~2/3，萼齿线状披针形，下萼齿稍长于上萼齿。荚果下垂，2~4节，节荚扁平，近圆形或椭圆形，长8~12mm，被疏长柔毛和细网纹，边缘具宽达3mm的翅，翅上具不整齐的长牙齿。花期5月，果熟期6月。

河南仅见于伏牛山区的嵩县；生于海拔1 200m左右的山地灌丛。分布于陕西秦岭东部。

7. 野豌豆属 *Vicia* L.

《河南植物志（第二册）》记载14种。本书除修订外，增补3种。

（1）宽苞野豌豆 三昆草藤 ***Vicia latibracteolata* K. T. Fu**

［*Vicia latibracteolata* var. *acerosa* K. T. Fu］

多年生草本，高60~120cm；茎直立，少分枝，有棱，被疏柔毛。羽状复叶长9~11cm，叶轴末端卷须有2~3分枝；托叶半箭头形、菱形至披针形，二裂，长0.5~1.2cm；小叶通常9对，线披针形、卵圆披针形或长圆形，长1.2~2.7cm，宽0.7~1.1cm，先端渐尖或圆，有短尖头，基部渐狭，近楔形；侧脉9~13对至叶缘连接。总状花序明显短于叶，长6~10cm，花10~20朵，密集于总花序轴上端，花较大，长11~16mm，有小苞叶，线形、狭长披针形或菱形，长5~10mm，宽约1mm；小花梗长3mm；萼近钟状，长7mm；下萼齿长，锥形，约3mm；外面被疏柔毛；花冠紫色、紫红色、淡紫色或带粉红色；旗瓣长圆形，长约1.4cm，宽约0.5cm，于中上部微缢缩，先端圆，微凹，基部宽楔形；翼瓣与旗瓣近等长，耳垂形，瓣柄细长、微弯；龙骨瓣略短于翼瓣，有短耳及瓣柄；子房线形，长0.5cm，无毛，胚珠6个，子房柄长0.6cm，花柱与子房弯联处成大于90°夹角，花柱上部四周疏被柔毛。荚果侧扁，狭长圆形长2~2.5cm，先端有喙。种子3~6粒，近长圆形，长0.5cm，褐色种脐相当于种子周长1/

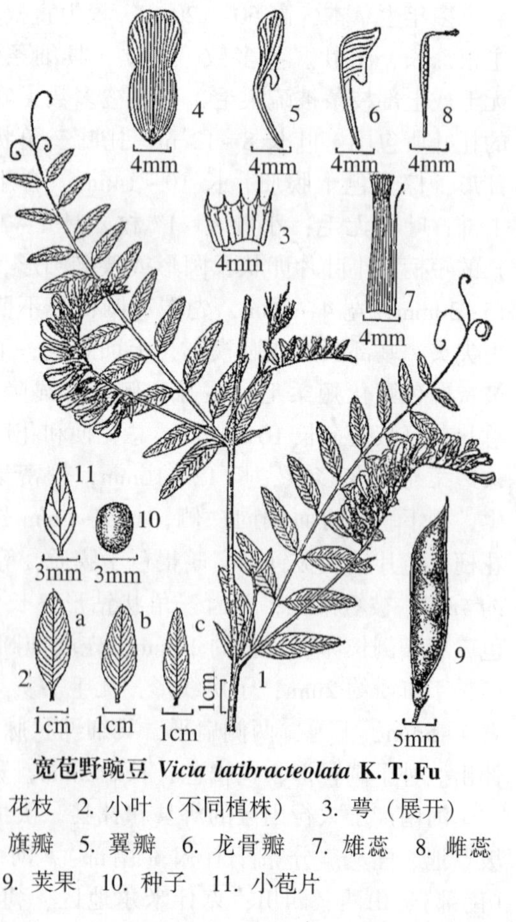

宽苞野豌豆 *Vicia latibracteolata* K. T. Fu

1. 花枝 2. 小叶（不同植株） 3. 萼（展开）
4. 旗瓣 5. 翼瓣 6. 龙骨瓣 7. 雄蕊 8. 雌蕊
9. 荚果 10. 种子 11. 小苞片

3。花期 4~5 月，果熟期 6~7 月。

产于河南陕县、灵宝；生于山坡、河坝及草地。分布于陕西、宁夏、甘肃等省区。

（2）东方野豌豆 *Vicia japonica* A. Gray（彩版图 68）

［*Ervum amoenum* var. *pallidum* Trautv.；

Vicia amurensis var. *pallida* Kitagawa；

Vicia japonica var. *comosa* Boiss.；

Vicia japonica var. *laxiracemis* Ohwi；

Vicia japonica var. *pallida* Vorosch.；

Vicia japonica var. *pallida* H. Hara；

Vicia pallida Turcz.；

Vicia pallida var. japonica（A. Gray）Matsum.；

Vicia woroschilovii N. S. Pavlova］

多年生草本，高 60~120cm。茎细，具棱，匍匐、蔓生或攀缘，被淡黄白色柔毛，后渐脱落。偶数羽状复叶长 5~15cm；叶轴顶端卷须有 2~3 分枝；托叶小，线形或线状披针形，长 5~7mm，宽 1mm，2 深裂至基部附近，裂片线形、锐尖；小叶 5~8 对，椭圆形或卵形至长圆形或长卵形，长 1~3mm，宽 6~14mm，先端圆钝，微凹，有短尖头，基部渐狭，表面绿色，稍有毛或近无毛，背面淡绿色或带苍白色，无光泽，伏生细柔毛，侧脉 7~9 对与主脉成锐角（45°~60°）。总状花序腋生，比叶稍长或近等长，被长柔毛，通常具 5~7 朵花，排列于花序轴上部，总花梗甚长；小花梗长约 3mm；花冠蓝紫色或紫色，长 10~13mm；萼钟状，外面被长柔毛，萼齿三角状锥形，长 1~2mm，显著短于萼筒；旗瓣长圆形，先端微凹，基部圆形，长 10~14mm，翼瓣与旗瓣近等长，龙骨瓣略短；子房线形，长 6~12mm，子房柄长约 4mm，胚珠 2~7 个，花柱急弯，上部四周被毛，柱头头状。荚果近长圆状菱形，长 15~25mm，先端有喙，长约 3mm，具 1~3 粒种子，扁圆球形，直径约 3mm，表面黑褐色，种脐线性。花期 6~8 月，果熟期 7~9 月。

产于河南林州石板岩、沁阳白松岭；生于山崖、河谷、林下。分布于东北、华北、西北等省区；俄罗斯西伯利亚、朝鲜、韩国、日本也有分布。为牛羊优良牧草，亦可作绿肥。

（3）头序歪头菜 *Vicia ohwiana* Hosok.

［*Orobus ohwianus*（Hosok.）Stank. & Roskov；

Vicia unijuga var. *apoda* Maxim.；

Vicia unijuga var. *ohwiana*（Hosok.）Nakai］

头序歪头菜 *Vicia ohwiana* Hosok.
花枝

多年生草本，高 70cm，根茎木质化。茎直立，单一或少数分枝，微被柔毛。叶具 1 对小叶，几无柄，叶轴顶端具细短尖头；托叶与小叶同型，卵状披针形，先端锐尖，基部钝圆，呈耳状，全缘。小叶宽卵形至近菱形，长4~7（~10）cm，宽3.5~5（~17）cm，纸质，先端锐尖，基部钝圆至宽楔形，无毛或仅在边缘和脉上被稀疏柔毛。总状花序缩短，生于叶腋呈头状，花密集，在茎上部常因小叶不发达，花序腋生于托叶；花蓝紫色，萼钟形，长8~10mm，被披散长柔毛，萼齿锥尖，长3.5~5.5mm，等长或稍长于筒；旗瓣长圆状倒卵形，先端钝圆或微凹，长1~1.4cm；翼瓣等长，龙骨瓣较短。荚果斜长圆形，长2.5~3cm，宽约5mm，先端具短喙，无毛。表皮成熟后暗棕色。花果期7~9月。

产于河南大别山区的商城和太行山区的林县；生于向阳山坡、草地。分布于河北、黑龙江、吉林、辽宁、陕西、山东、山西；日本、韩国、俄罗斯（远东、西伯利亚）也有分布。

8. 山黧豆属 *Lathyrus* L.

《河南植物志（第二册）》称香豌豆属，记载5种。本书除修订外，增补1种。

中华山黧豆 *Lathyrus dielsianus* Harms

[*Lathyrus davidii* var. *roseus* C. W. Chang;
Lathyrus wilsonii W. G. Craib]

多年生草本，高80~100cm，具纤细根状茎，直立或横走。茎圆柱状，具细沟纹，直立，无毛。托叶斜卵形，下缘常具齿，无毛；叶轴末端有具分枝的卷须，小叶（2~）3~4（~5）对，卵形到卵状披针形，稍不对称，长3.5~4.5（~6.5）cm，宽1.3~2（~3.3）cm，先端圆而微下凹，或渐尖而钝尖头，具细尖，基部楔形、宽楔形或有时圆，上面绿色，下面灰绿色，两面无毛，具羽状脉。总状花序腋生，有花9~11（~13）朵；较叶短；萼钟状，无毛，长7~8mm，萼齿短，最下1枚齿长1.5~2mm，最上2枚齿针刺状；花粉红色或紫色，长18~19mm；旗瓣长（16~）18~19mm，宽（6~）8~9（~11）mm，瓣片扁圆形或近圆形，先端微凹，瓣柄长11mm，翼瓣长倒卵形，先端圆形，长7~8mm，宽约3mm，具耳，线形瓣柄长9~12mm；龙骨瓣瓣片长卵形，先端渐尖，长7~8mm，宽约3mm，具耳，线形瓣柄长8mm；子房线形，无毛。荚果线形，长5.5~8cm，宽6~7mm，柄长6~7mm，褐色。种子椭圆形，长5mm，宽4mm，种脐长2mm，平滑。花期5~6月，果熟期7~8月。

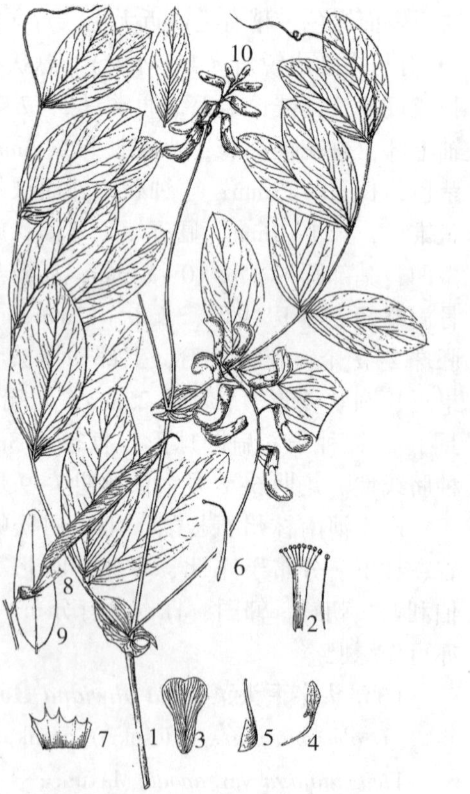

中华山黧豆 *Lathyrus dielsianus* Harms
1. 花枝 2. 雄蕊 3. 旗瓣 4. 翼瓣 5. 龙骨瓣 6. 子房 7. 花萼 8. 荚果 9. 不同形状的小叶

河南见于卢氏骑马河、淅川荆子关、西峡黑烟镇；生于水旁、山坡、山沟阴湿处或疏林下。分布于陕西南部、山西西南部、四川东部、南部、湖北西部。

9. 苜蓿属 *Medicago* L.

《河南植物志（第二册）》记载5种。本书除修订外，增补1种。

花苜蓿 *Medicago ruthenica*（L.）Trautv.

［*Medicago liaosiensis*（P. Y. Fu & Y. A. Chen）X. Y. Zhu & Y. F. Du；
Medicago ruthenica var. *inschanica*（H. C. Fu & Y. Q. Jiang）X. Y. Zhu；
Melilotoides ruthenica（L.）Sojak；
Melilotoides ruthenica var. *inschanica*（H. C. Fu & Y. Q. Jiang）H. C. Fu & Y. Q. Jiang；
Melilotoides ruthenica var. *liaosiensis*（P. Y. Fu & Y. A. Chen）H. C. Fu & Y. Q. Jiang；
Melissitus liaosiensis（P. Y. Fu & Y. A. Chen）Yakovlev；
Melissitus ruthenicus（L.）Peshkova；
Melissitus ruthenicus var. *inschanicus*（H. C. Fu & Y. Q. Jiang）H. C. Fu & Tsiang；
Melissitus ruthenicus var. *liaosiensis*（P. Y. Fu & Y. A. Chen）H. C. Fu & Y. Q. Jiang；
Pocockia ruthenica（L.）P. Y. Fu & Y. A. Chen；
Pocockia ruthenica（L.）Boiss.；
Pocockia ruthenica var. *inschanica* H. C. Fu & Y. Q. Jiang；
Trigonella ruthenica L.］

多年生草本，高20~70（~100）cm。主根深入土中，根系发达。茎直立或斜升，四棱形，基部分枝，丛生，羽状三出复叶；托叶披针形，锥尖，先端稍上弯，基部阔圆，耳状，具1~3枚浅齿，脉纹清晰；叶柄比小叶短，长2~7（~12）mm，被柔毛；小叶形状变化很大，长圆状倒披针形、楔形、线形以至卵状长圆形，长（6~）10~15（~25）mm，宽（1.5~）3~7（~12）mm，先端截平，钝圆或微凹，中央具细尖，基部楔形、阔楔形至钝圆，边缘在基部1/4处以上具尖齿，或仅在上部具不整齐尖锯齿，上面近无毛，下面被贴伏柔毛，侧脉8~18对，分叉并伸出叶边成尖齿，两面均隆起；顶生小叶稍大，小叶柄长2~6mm，侧生小叶柄甚短，被毛。花序伞形，有时长达2cm，具花（4~）6~9（~15）朵；总花梗腋生，通常比叶长，挺直，有时也纤细并比叶短；苞片刺毛状，长1~2mm；花长（5~）6~9mm；花梗长1.5~4mm，被柔毛；萼钟形，长2~4mm，宽1.5~2mm，被柔毛，萼齿披针状锥尖，与萼筒等长或短；花冠黄褐色，中央深红色至紫色条纹，旗瓣倒卵状长圆形、倒心形至匙形，先端凹头，翼瓣稍短，长圆形，龙骨瓣明显短，卵形，均具长瓣柄；子房线形，无毛，花柱短，胚珠4~8个。荚果长圆形或卵状长圆形，扁平，长8~15（~20）mm，宽3.5~5（~7）mm，先端钝急尖，具短喙，基部狭尖并稍弯曲，具短颈，脉纹横向

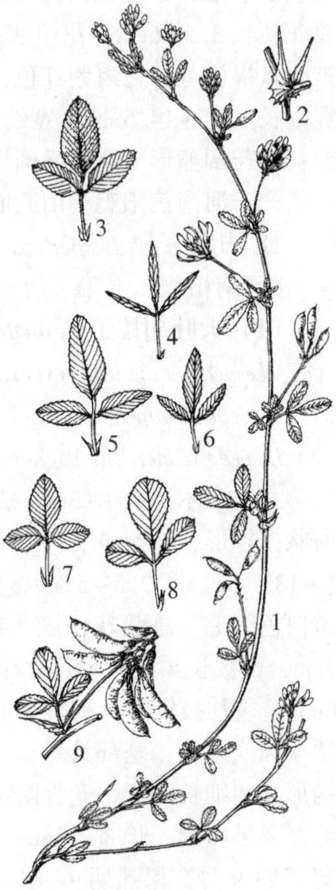

花苜蓿 *Medicago ruthenica*（L.）Trautv.

1. 花、果株　2. 托叶
3~8. 各类型复叶　9. 果序

倾斜，分叉，腹缝有时具流苏状的狭翅，熟后变黑；有种子 2~6 粒。种子椭圆状卵形，长 2mm，宽 1.5mm，棕色，平滑，种脐偏于一端；胚根发达。花期 6~9 月，果熟期 8~10 月。

产于河南太行山、沁阳云台山、鹤壁市、林州石板岩、黄河滩；生于沙地、河岸及石砾质土壤的山坡旷野。分布于东北、华北地区及甘肃、四川、山东；蒙古、俄罗斯（西伯利亚、远东地区）也有分布。可作为牛羊优良牧草。

10. 木蓝属 *Indigofera* L.

《河南植物志（第二册）》记载 11 种。本书除修订外，增补 1 种。

鸡公木蓝 *Indigofera jikongensis* Y. Y. Fang & C. Z. Zheng

灌木，高达 4m。主根粗大、坚硬，长约 22cm，粗约 7mm。分枝明显四棱，与叶柄、叶轴及花序轴均被二歧开展毛。羽状复叶长 11~22cm；叶柄长 1.5~5.5cm；托叶披针形，长 5~8mm，早落；小叶 2~4 对，对生，卵形、卵状椭圆形或倒卵状椭圆形，长 2.8~7.5cm，宽 1.5~4cm，先端圆钝、微凹或短尖，有小尖头，基部宽楔形至圆形，两面密被白色丁字毛；小叶柄长约 2mm；小托叶线状，长 2~4mm。总状花序与复叶等长或稍长；总花梗长 3.5~6cm，花梗细，长 2~3mm；萼筒长 1.5~2mm，萼齿三角形，长 1~1.3mm，被少量褐色毛；花冠紫红色，旗瓣阔长圆形，长 13~14mm，宽约 8mm，外面密被短柔毛，翼瓣长 13.5~14.5mm，宽约 4mm，基部有耳，龙骨瓣与翼瓣等长，中部具长约 1.5mm 的距；花药阔卵形至卵状椭圆形，两端具髯毛；子房无毛，有胚珠 9 个。花期 5 月。

产于河南信阳鸡公山武胜关；生于山坡下或灌丛。湖北有分布。

11. 胡枝子属 *Lespedeza* Michx.

《河南植物志（第二册）》记载 14 种。本书除修订外，增补 5 种。

（1）大叶胡枝子 *Lespedeza davidii* Franch.

[*Lespedeza davidii* var. *exalata* L. H. Lou;
Lespedeza hupehensis Ricker;
Lespedeza merrillii Ricker]

直立灌木，高 1~3m。枝条较粗壮，稍曲折，有明显的条棱，密被长柔毛。托叶 2 枚，卵状披针形，长 5mm；叶柄长 1~4cm，密被短硬毛；小叶宽卵圆形或宽倒卵形，长 3.5~7（~13）cm，宽 2.5~5（~8）cm，先端圆或微凹，基部圆形或宽楔形，全缘，两面密被黄白色绢毛。总状花序腋生或于枝顶形成圆锥花序，花稍密集，比叶长；总花梗长 4~7cm，密被长柔毛；小苞片卵状披针形，长 2mm，外面被柔毛；花萼阔钟形，5 深裂，长 6mm，裂片披针形，被长柔毛；花红紫色，旗瓣倒卵状长圆形，长 10~11mm，宽约 5mm，顶端圆或微凹，基部具耳和短柄，翼瓣狭长圆形，比旗瓣和龙骨瓣短，长 7mm，基部具弯钩形耳和细长瓣柄，龙骨瓣略呈弯刀形，与旗瓣近等长，基部有明显的耳和柄，子房密被毛。荚果卵形，长 8~10mm，稍歪斜，先端具短尖，基部圆，表面具网纹和稍密的绢毛。花期 7~9 月，果熟期 9~10 月。

产于河南大别山区的新县和商城；生于海拔 800m 左右的干旱山坡、路旁。分布于安徽、福建、广东、广西、贵州、湖北、湖南、江苏、江西、四川、浙江。

（2）广东胡枝子 *Lespedeza fordii* Schindl.

[*Lespedeza anhweiensis* Ricker;

Lespedeza paradoxa Ricker]

直立灌木，高约 40cm。枝红褐色或灰褐色，无毛。托叶 2 枚，线状披针形，长约 3mm；叶柄长约 1cm，无毛；小叶卵状长圆形、倒卵状长圆形或长圆形，长 2.5~5cm，宽 1~2cm，先端圆或微凹，具短刺尖，基部圆形，上面无毛，下面贴生短柔毛，有时近无毛，叶干后常呈灰黑色。总状花序腋生，几无总花梗，比叶短；小苞片卵状披针形，长 1.5mm，密被短柔毛；小花梗超出小苞片 2~3 倍，长 3.5mm；花萼钟状，长 4~5mm，5 裂至中部以下，上方 2 裂片合生至中部，裂片狭披针形，外面密被毛；花冠紫红色，长7~8mm，旗瓣广倒卵形，顶端圆或微凹，基部具耳和短瓣柄，翼瓣狭长圆形，比旗瓣和龙骨瓣均短，基部有耳和细瓣柄，龙骨瓣呈稍斜的倒卵形，比旗瓣稍长，基部具细长瓣柄；子房有毛，花柱丝状。荚果长圆状椭圆形，扁平，长可达 15mm，具短柄和刺尖，被贴生的短毛。花期 6~8 月，果熟期 8~10 月。

广东胡枝子 *Lespedeza fordii* Schindl.
果枝

河南仅见于新县；生于海拔 800m 以下山地路旁、山谷沙壤土中。分布于江苏、安徽、浙江、江西、福建、湖南、广东、广西等省区。

（3）宽叶胡枝子 *Lespedeza maximowiczii* Schneid.（彩版图 69）

[*Lespedeza buergeri* var. *praecox* Nakai；
Lespedeza friebeana Schindl.]

直立灌木。多分枝，枝近圆柱形，稍具棱，暗褐色，被白色疏柔毛。羽状复叶具 3 枚小叶；托叶披针形或钻形，长 4~5mm，褐色；叶柄长 1~4.5cm，被疏柔毛；小叶宽椭圆形或卵状椭圆形，长 3~6（~9）cm，宽 2~4cm，先端渐尖到急尖，具短刺尖，基部圆形或圆楔形，上面暗绿色，被疏短毛，下面淡绿色，贴生短柔毛。总状花序腋生，超出叶片；总花梗长 3~5cm，或构成顶生的圆锥花序；小苞片卵形至卵状披针形，长 1mm，褐色，被短柔毛；花梗长约 3mm，被短柔毛；花萼钟状，长 4~5mm，5 裂至中部，裂片卵状披针形，先端急尖，上方 2 裂片合生较高，外面被短柔毛；花冠紫红色，长 8~10mm，旗瓣倒卵形，长 9~10mm，先端微凹，基部具短柄，翼瓣长圆形，比旗瓣和龙骨瓣均短，长 6~8mm，基部有耳和细长瓣柄，龙骨瓣略呈弯刀形，长 8~9mm，基部有耳和细长瓣柄；子房被毛，具短柄。荚果卵状椭圆形，长 9mm，宽 10mm，表面有网纹，被短柔毛。花期 7~8 月，果熟期 9~10 月。

河南产于新县、商城、桐柏；生于海拔 1 000m 以下山坡或杂木林下。分布于安徽、浙江等省；朝鲜、日本也有分布。

（4）春花胡枝子 *Lespedeza dunnii* Schindl.

［*Lespedeza metcalfii* Ricker］

直立灌木，微具条棱，被疏短柔毛，分枝多，被微柔毛或绒毛。托叶钻形，基部宽，长约5mm，红褐色，被疏柔毛；叶柄长7~10mm，被黄色或白色柔毛；小叶长倒卵形或卵状椭圆形，长3~5.5cm，宽约2cm，先端圆或微凹，具短刺尖，基部圆形，上面被疏柔毛，下面被长柔毛或丝状毛。总状花序腋生，比叶长，长4~5cm，密被短而开展的绒毛；小苞片2枚，卵状披针形，长2mm，红褐色，具突起的脉纹，外面被短柔毛；花梗长约1.5mm，密被毛；花萼钟状，长5~7（~9）mm，5深裂，裂片线状披针形，密被短柔毛；花冠紫红色，长约1cm，旗瓣倒卵形，先端微凹，基部具短柄，翼瓣长圆形，具耳和柄，比旗瓣和龙骨瓣稍短，长7.5mm，龙骨瓣斜倒卵形，先端钝，基部具瓣柄，与旗瓣近等长；子房椭圆形，具短柄，密被毛。荚果长圆状椭圆形，长8mm，两端尖，具长喙，密被短柔毛。花期4~5月，果熟期6~7月。

春花胡枝子 *Lespedeza dunnii* Schindl.
花枝一部分

产于河南大别山区的新县和商城；生于海拔800m以下针叶林下。分布于安徽、福建、浙江等省区。

（5）日本胡枝子 *Lespedeza thunbergii*（Candolle）Nakai（彩版图70）

［*Desmodium thunbergii* DC.；
Lespedeza penduliflora（Oudem.）Nakai］

灌木或多年生草本，高1~3m。多分枝，枝伸展，被疏柔毛。托叶披针形至线状披针形，长4~9mm，褐色，被疏柔毛；叶柄长1~5cm；被短柔毛；小叶椭圆形、长圆状椭圆形或卵形，稀倒卵形，两端稍尖或稍钝，长2.5~6cm，宽1~3cm，上面绿色，稍被短柔毛，下面淡绿色，贴生短柔毛。总状花序单一，腋生，比叶长，或构成顶生的圆锥花序；总花梗长可达10cm，被短柔毛；苞片卵状渐尖，长1.5~2mm，密被绒毛；花梗短，被毛；花萼钟状，长5~7mm，5深裂，裂片长圆状披针形，长为萼筒的1~1.5倍，外面密被短柔毛；花冠红紫色，长10~15mm，旗瓣近圆形或稍长，先端圆，基部具明显的耳和瓣柄，翼瓣倒卵状长圆形，短于旗瓣和龙骨瓣，长7~8mm，基部有耳和细长瓣柄，龙骨瓣比旗瓣稍长，在花盛开时明显长于旗瓣，基部有耳和细长瓣柄。荚果倒卵形或倒卵状长圆形，长8mm，宽4mm，表面具网纹且被疏柔毛。花期7~9月，果熟期9~10月。

河南产于伏牛山区的内乡和灵宝；生于海拔1 300m以下山坡、山谷。分布于安徽、福建、甘肃、广东、河北、湖北、湖南、江苏、江西、陕西、山东、浙江；印度、日本、韩国也有分布。

12. 槐属 *Sophora* L.

《河南植物志（第二册）》记载 4 种，3 变种。本书除修订外，增补 1 变种。

毛苦参（变种）*Sophora flavescens* var. *kronei*（Hance）C. Y. Ma（彩版图 71）

［*Sophora kronei* Hance］

草本或亚灌木，稀呈灌木状，通常高 1m 左右，稀达 2m。小枝、叶、小叶柄密被灰褐色或锈色柔毛。茎具纹棱。羽状复叶长达 25cm；托叶披针状线形，渐尖，长 6~8mm；小叶 6~12 对，互生或近对生，纸质，形状多变，椭圆形、卵形、披针形至披针状线形，长 3~4（~6）cm，宽（0.5~）1.2~2cm，先端钝或急尖，基部宽楔形或浅心形，上面无毛，下面疏被灰白色短柔毛或近无毛。中脉下面隆起。总状花序顶生，长 15~25cm；花多数，疏或稍密；花梗纤细，长约 7mm；苞片线形，长约 2.5mm；花萼钟状，明显歪斜，具不明显波状齿，完全发育后近截平，长约 5mm，宽约 6mm，疏被短柔毛；花冠比花萼长 1 倍，白色或淡黄白色，旗瓣倒卵状匙形，长 14~15mm，宽 6~7mm，先端圆形或微缺，基部渐狭成柄，柄宽 3mm，翼瓣单侧生，强烈皱褶几达瓣片的顶部，柄与瓣片近等长，长约 13mm，龙骨瓣与翼瓣相似，稍宽，宽约 4mm，雄蕊 10 枚，分离或近基部稍连合；子房近无柄，被淡黄白色柔毛，花柱稍弯曲，胚珠多数。荚果长 5~10cm，种子间稍缢缩，呈不明显串珠状，稍四棱形，荚果成熟时，毛被仍十分明显，后开裂成 4 瓣，有种子 1~5 粒；种子长卵形，稍压扁，深红褐色或紫褐色。花期 6~8 月，果熟期 7~10 月。

河南产于伏牛山区的卢氏和栾川、太行山区的沁阳；生于海拔 1 000m 以下山坡灌木林或田野。分布于甘肃、河北、湖北、江苏、陕西、山东、山西。

13. 鹿藿属 *Rhynchosia* Lour.

《河南植物志（第二册）》记载 2 种。本书增补 1 种。

渐尖叶鹿藿 *Rhynchosia acuminatifolia* Makino

缠绕草本。茎纤细，微被短柔毛。叶具羽状 3 枚小叶；托叶小，膜质，卵形，早落；叶柄长 2.5~7cm，被短柔毛；小叶近膜质，顶生小叶卵形，宽椭圆形，长 4~8cm，宽 2.5~5.5cm，先端渐尖或长渐尖，基部圆形，叶两面均微被柔毛，下面具松脂状腺点；基出脉 3 条，侧脉每边约 3 条，上面略被短柔毛，侧生小叶斜卵形，稍小；小托叶刚毛状；小叶柄短。总状花序腋生，纤细，通常与叶柄等长或近等长，被短柔毛；花较密，长约 1cm；花梗纤细，长 5~10mm；花萼钟状，长 3~5mm，裂片三角形，远短于萼管，下面一裂片稍长，微被短柔毛；花冠黄色，伸出萼外，各瓣近等长，均具瓣柄，旗瓣近圆形，基部两侧各具一内弯的耳，翼瓣狭椭圆形，一侧具明显下弯的耳，龙骨瓣先端具长喙；雄蕊二体；子房线形，胚珠 2 个，花柱长而弯。荚果长圆形，扁平，长约 1.5cm，宽约 0.9cm，于种子间略收缩；种子 2 粒，肾状圆形，直径约 5mm，通常黑色。

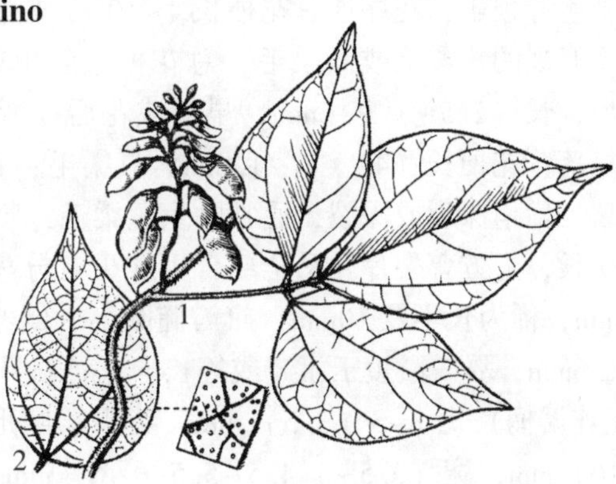

渐尖叶鹿藿 *Rhynchosia acuminatifolia* Makino

1. 花果枝　2. 叶背

花果期7~10月。

产于河南大别山区的商城、伏牛山区的卢氏；生于林下、路边。分布于安徽、贵州、江苏、浙江；日本亦有分布。

本种与菱叶鹿藿 *Rhynchosia dielsii* Harms 近似，但花序纤细而短，长1~3cm，花较密，各部分被毛较为稀疏。

14. 杭子梢属 *Campylotropis* Bunge

《河南植物志（第二册）》记载2种，1变种。本书除修订外，增补1变种。

太白山杭子梢（变种）*Campylotropis macrocarpa* var. *hupehensis*（Pamp.）Lokawa & H. Ohashi（彩版图72）

［*Lespedeza macrocarpa* var. *hupehensis* Pamp.；

Campylotropis bodinieri Schindl.；

Campylotropis giraldii（Schindl.）Schindl.；

Campylotropis macrocarpa f. *giraldii*（Schindl.）P. Y. Fu；

Campylotropis macrocarpa var. *giraldii*（Schindl.）K. T. Fu ex P. Y. Fu；

Campylotropis macrocarpa f. *hupehensis*（Pamp.）P. Y. Fu；

Lespedeza giraldii Schindl.］

灌木，高1~2（3）m。小枝贴生或近贴生短或长柔毛，嫩枝毛密，枝具绒毛。羽状复叶具3小叶；托叶狭三角形、披针形或披针状钻形，长（2）3~6mm；叶柄长（1）1.5~3.5cm，密生长柔毛，枝上部（或中部）的叶柄常较短，有时长不及1cm；小叶椭圆形或宽椭圆形，有时过渡为长圆形，长（2~）3~7cm，宽1.5~3.5（~4）cm，先端圆形、钝或微凹，具小凸尖，基部圆形，稀近楔形，上面通常无毛，脉明显，下面通常贴生或近贴生短柔毛或长柔毛，疏生至密生，中脉明显隆起，毛较密。总状花序单一（稀二）腋生并顶生，花序连总花梗长4~10cm或有时更长，总花梗长1~4（~5）cm，花序轴密生开展的短柔毛或微柔毛，总花梗常斜生或贴生短柔毛，稀为具绒毛；苞片丝状至披针形，长（2.5~）3~6mm，早落或花后逐渐脱落，小苞片近线形或披针形，长1~1.5mm，早落；花梗长（4~）6~12mm，具柔毛；花萼钟形，长3~4（~5）mm，稍浅裂或近中裂，稀稍深裂或深裂，通常贴生短柔毛，萼裂片狭三角形或三角形，渐尖，下方萼裂片较狭长，上方萼裂片几乎全部合生或少有分离；花冠紫红色或近粉红色，长10~12（~13）mm，稀为长不及10mm，旗瓣椭圆形、倒卵形或近长圆形等，近基部狭窄，瓣柄长0.9~1.6mm，翼瓣微短于旗瓣或等长，龙骨瓣呈直角或微钝角内弯，瓣片上部通常比瓣片下部（连瓣柄）短1~3（3.5）mm。荚果长圆形、近长圆形或椭圆形，长（9~）10~14（~16）mm，宽（3.5~）4.5~5.5（~6）mm，先端具短喙尖，果颈长1~1.4（~1.8）mm，稀短于1mm，无毛，具网脉，边缘生纤毛。花果期6~10月。

河南产于太行山区和伏牛山区；生于海拔200m以上的山坡、灌丛、沟谷及林下。分布于甘肃、广东、贵州、河北、湖北、陕西、山西、四川、台湾。

（七十六）酢浆草科 Oxalidaceae

《河南植物志（第二册）》记载 1 属，6 种。本书增补 2 种（含栽培 1 种）。

酢浆草属 *Oxalis* L.

《河南植物志（第二册）》记载 6 种。本书增补 2 种。

（1）白花酢浆草 *Oxalis acetosella* L.

多年生草本，高 8～10cm。根纤细；根茎横生，节间具 1～2mm 长的褐色或白色小鳞片和细弱的不定根。茎短缩不明显，基部围以残存覆瓦状排列的鳞片状叶柄基。叶基生；托叶阔卵形，被柔毛或无毛，与叶柄茎部合生；叶柄长 3～15cm，近基部具关节；小叶 3 枚，倒心形，长 5～20mm，宽 8～30mm，先端凹陷，两侧角钝圆，基部楔形，两面被毛或背面无毛，有时两面均无毛。总花梗基生，单花，与叶柄近等长或更长；花梗长 2～3cm，被柔毛；苞片 2 枚，对生，卵形，长约 3mm，被柔毛；萼片 5 枚，卵状披针形，长 3～5mm，宽 1～2mm，先端具短尖，宿存；花瓣 5 片，白色或稀粉红色，倒心形，长为萼片的 1～2 倍，先端凹陷，基部狭楔形，具白色或带紫红色脉纹；雄蕊 10 枚，长、短互间，花丝纤细，基部合生；子房 5 室，花柱 5 个，细长，柱头头状。蒴果卵球形，长 3～4mm。种子卵形，褐色或红棕色，具纵肋。花期 7～8 月，果熟期 8～9 月。

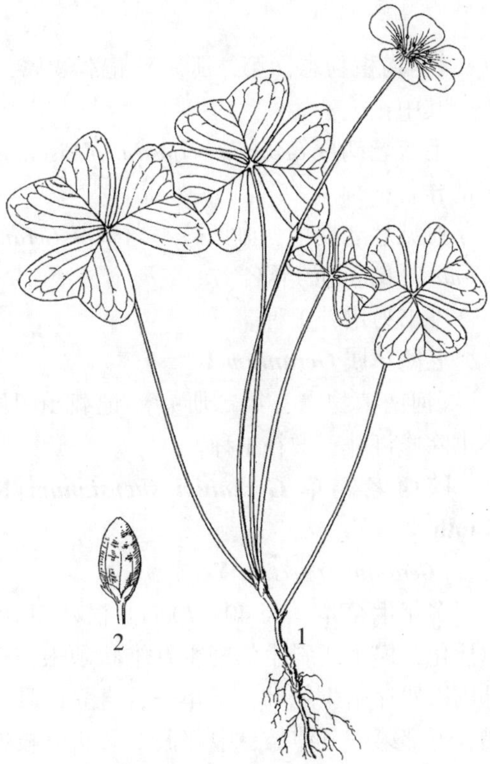

白花酢浆草 *Oxalis acetosella* L.
1. 植株　2. 果实

河南产于太行山区的济源天台山，伏牛山区的灵宝、卢氏、西峡、内乡；生于海拔 800m 以上的针阔混交林下和灌丛中。分布于东北、华北、西北和西南等地；北美洲、日本、朝鲜、俄罗斯至中欧皆有分布。

（2）黄花酢浆草 *Oxalis pescaprae* L.（彩版图 73）

［*Oxalis cernua* Thunb.］

多年生草本，高 5～10cm。根茎匍匐，具块茎，地上茎短缩不明显或无地上茎，基部具褐色膜质鳞片。叶多数，基生；无托叶；叶柄长 3～6cm，基部具关节；小叶 3 枚，倒心形，长约 2cm，宽 2～2.5cm，先端深凹陷，基部楔形，两面被柔毛，具紫斑。伞形花序基生，明显长于叶，总花梗被柔毛；苞片狭披针形，长 2.5～4mm，宽约 1mm，先端急尖；花梗与苞片近等长或稍长，被柔毛，下垂；萼片披针形，长 4.5～6mm，宽 1.5～2mm，先端急尖，边缘白色膜质，具缘毛。花瓣黄色，宽倒卵形，长为萼片的4~5倍，先端圆形、微凹，基部具爪；雄蕊10枚，2轮，内轮长为外轮的2倍，花丝基部合生；子房被柔毛。蒴果圆柱形，被柔毛。种子卵形。

原产于南非；河南各大城市有栽培，供欣赏。我国作为观赏草本花卉引种，全国分布，温带和热带分布广。

（七十七）牻牛儿苗科 Geraniaceae

《河南植物志（第二册）》记载3属，19种。

其中：

毛蕊老鹳草 *Geranium eriostemon* Fisch. ex DC. 为毛蕊老鹳草 *Geranium platyanthum* Duthie 的异名；

血见愁老鹳草、血见愁、老鹳草 *Geranium henryi* R. Knuth 为湖北老鹳草 *Geranium rosthornii* R. Knuth 的异名。

本书另增补1种。

老鹳草属 *Geranium* L.

《河南植物志（第二册）》记载10种。本书除修订外，增补1种。

陕西老鹳草 *Geranium shensianum* R. Knuth

[*Geranium retectum* Yeo]

多年生草本，高40~70cm。根茎粗壮，木质化，横生或斜生，密生纤维状须根，上部围以残存基生托叶。茎单一，直立，具棱槽，下部第一节伸长，中部假二叉状分枝或有时几不分枝，被倒向绢状疏柔毛或下部几无毛。叶基生和茎上对生；托叶披针形，长10~12mm，宽3~4mm，被疏柔毛；基生叶具长柄，柄长为叶片的4~5倍，被倒向绢状毛，近叶片处被毛密集，下部茎生叶柄稍长于叶片，最上部叶近无柄；叶片五角状肾圆形，长7~10cm，宽8~15cm，掌状5~7深裂，裂片菱形，裂片基部之间宽凹，中部以下全缘，上部为锯齿状或撕裂状，表面被短伏毛，背面被短伏毛和沿脉被毛较密。花序腋生和顶生，明显长于叶，总花梗被倒向短柔毛和细腺毛，总花梗具2朵花或多花，常于茎顶集成圆锥状聚伞花序；苞片钻状，长

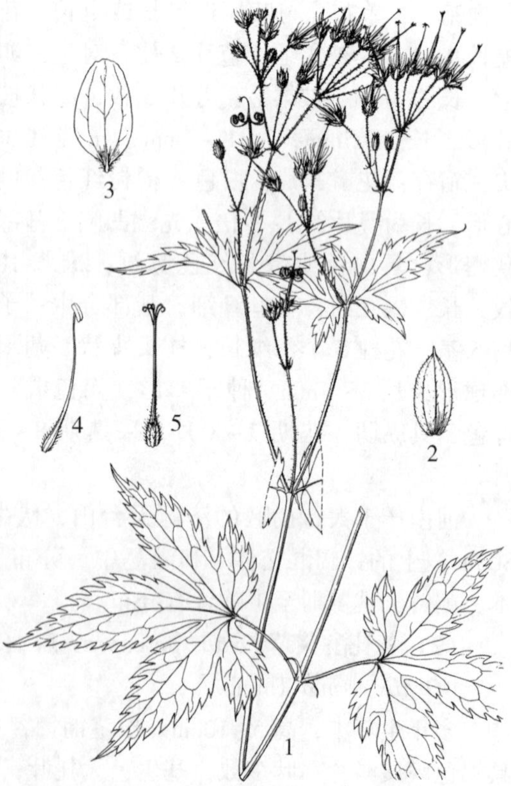

陕西老鹳草 *Geranium shensianum* R. Knuth

1. 果枝 2. 萼片 3. 花瓣 4. 雄蕊 5. 雌蕊

4~6mm；花梗与总花梗相似，长为花的1.5~2倍；萼片长卵形或卵状椭圆形，长6~8mm，宽约3mm，先端具短的细尖头，边缘和沿脉被细腺毛；花瓣黄色或白色，倒卵形，与萼片近等长，向上反折，先端圆形，基部具短柄和被长柔毛；雄蕊长为萼片的2倍，花丝棕褐色，基部被疏长柔毛；雌蕊被微糙毛，花柱分枝棕褐色。蒴果长2~2.5cm，被微糙毛。花期6~7月，果熟期7~8月。

河南见于伏牛山南部的西峡、南召、内乡、淅川；生于山地草甸和林下。分布于陕西南部、甘肃和四川西北部。

（七十八）亚麻科 Linaceae

《河南植物志（第二册）》记载2属，4种。

其中：

石海椒、黄亚麻 *Reinwardtia trigyna* Planch. 为石海椒 *Reinwardtia indica* Dumort. 的异名。

本书另增补2种。

亚麻属 *Linum* L.

《河南植物志（第二册）》记载3种。本书增补2种。

（1）宿根亚麻 *Linum perenne* L.

[*Linum sibiricum* DC.]

多年生草本，高20~90cm。根为直根，粗壮，根颈头部木质化。茎多数，直立或仰卧，中部以上多分枝，基部木部质化，具密集狭条形叶的不育枝。叶互生；叶片狭条形或条状披针形，长8~25mm，宽3~8mm，全缘内卷，先端锐尖，基部渐狭，1~3条脉（实际上由于侧脉不明显而为1条脉）。花多数，组成聚伞花序，蓝色、蓝紫色、淡蓝色，直径约2cm；花梗细长，长1~2.5cm，直立或稍向一侧弯曲。萼片5枚，卵形，长3.5~5mm，外面3枚先端急尖，内面2枚先端钝，全缘，5~7条脉，稍突起；花瓣5片，倒卵形，长1~1.8cm，顶端圆形，基部楔形；雄蕊5枚，长于或短于雌蕊，或与雌蕊近等长，花丝中部以下稍宽，基部合生；退化雄蕊5枚，与雄蕊互生；子房5室，花柱5个，分离，柱头头状。蒴果近球形，直径3.5~8mm，草黄色，开裂。种子椭圆形，褐色，长4mm，宽约2mm。花期6~7月，果熟期8~9月。

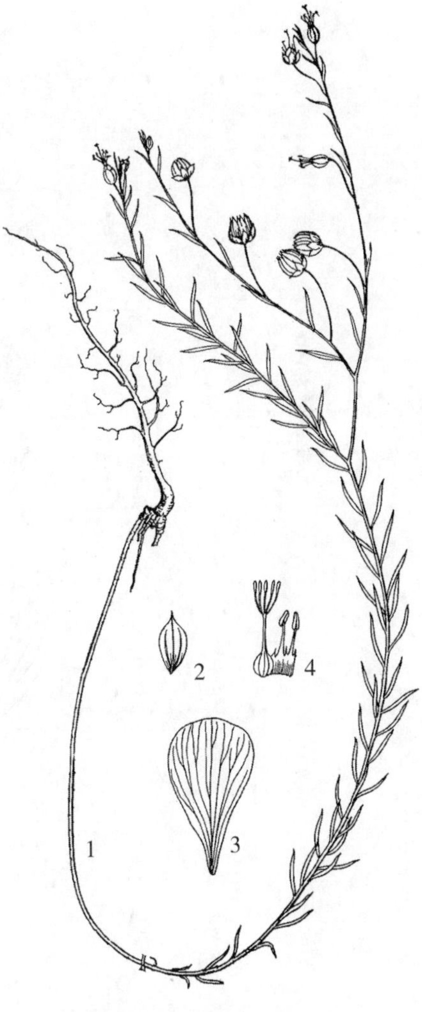

宿根亚麻 *Linum perenne* L.
1. 植株 2. 萼片 3. 花瓣 4. 雄蕊和雌蕊

产于河南林州石板岩、修武云台山；生于山坡干旱草地或阳坡灌丛中。分布于河北、山西、内蒙古、西北和西南地区；俄罗斯西伯利亚至欧洲和西亚皆有分布。

（2）短柱亚麻 *Linum pallescens* Bunge

多年生草本，高 10~30cm。直根系，粗壮，根茎木质化。茎多数丛生，直立或基部仰卧，不分枝或上部分枝，基部木质化，具卵形鳞片状叶；不育枝通常发育，具狭的密集的

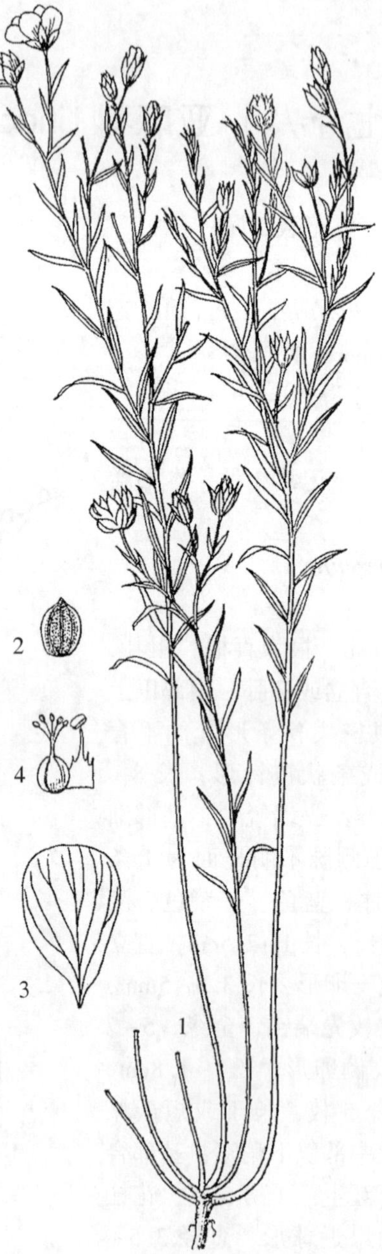

短柱亚麻 *Linum pallescens* Bunge

1. 植株 2. 萼片 3. 花瓣 4. 雄蕊和雌蕊

叶。茎生叶散生，线状条形，长 7~15mm，宽 0.5~1.5mm，先端渐尖，基部渐狭，叶缘内卷，1 脉或 3 脉。单花腋生或组成聚伞花序，花直径约 7mm；萼片 5 枚，卵形，长约 3.5mm，宽约 2mm，先端钝，具短尖头，外面 3 枚具 1~3 脉或间为 5 脉，侧脉纤细而短，果期中脉明显隆起；花瓣倒卵形，白色或淡蓝色，长为萼片的 2 倍，先端圆形、微凹，基部楔形；雄蕊和雌蕊近等长，长约 4mm。蒴果近球形，草黄色，直径约 4mm。种子扁平，椭圆形，褐色，长约 4mm，宽约 2mm。花期 6~8 月，果熟期 7~9 月。

河南仅见于济源五龙口。生于低山山坡、荒地和河谷沙砾地。分布于内蒙古、宁夏、陕西、甘肃、青海、新疆和西藏；俄罗斯西西伯利亚至中亚各国皆有分布。

（七十九）芸香科 Rutaceae

《河南植物志（第二册）》记载连栽培 10 属，27 种，7 变种。

其中：

柄果花椒、狗椒（变种）*Zanthoxylum simulans* var. *podocarpum*（Hemsl.）C. C. Huang 为野花椒 *Zanthoxylum simulans* Hance 的异名；

竹叶椒、狗椒、刺椒 *Zanthoxylum planispinum* Siebold & Zucc. 为竹叶花椒 *Zanthoxylum armatum* DC. 的异名；

臭辣树 *Evodia fargesii* Dode 为楝叶吴萸 *Tetradium glabrifolium*（Champ. ex Benth.）T. G. Hartley 的异名；

吴茱萸、吴萸臭辣树、辣子树 *Evodia ruticarpa*（A. Juss.）Benth. 和石虎（变种）*Evodia ruticarpa* var. *officinalis*（Dode）C. C. Huang 均为吴茱萸 *Tetradium ruticarpum*（A. Juss.）T. G. Hartley 的异名；

臭檀、臭辣树 *Evodia daniellii*（Benn.）F. B. Forbes & Hemsl.，假黄檗（变种）*Euodia daniellii* var. *henryi*（Dode）C. C. Huang 和湖北臭檀（变种）*Evodia daniellii* var. *hupehensis*（Dode）C. C. Huang 均为臭檀吴萸 *Tetradium daniellii*（Benn.）T. G. Hartley 的异名；

枳、构橘、臭橘、臭鸡蛋、铁篱寨、香园 *Poncirus trifoliata*（L.）Raf. 为枳 *Citrus trifoliata* L. 的异名；

金橘、羊奶橘、金枣 *Fortunella margarita*（Lour.）Swingle 为金柑 *Citrus japonica* Thunb. 的异名；

佛手（变种）*Citrus medica* var. *sarcodactylus*（Siebold ex Hoola van Nooten）Swingle 为香橼 *Citrus medica* L.［《河南植物志（第二册）》440 页称枸橼、佛桃］的异名；

柚、柚子 *Citrus grandis*（L.）Osbeck 为柚 *Citrus maxima*（Burm.）Merr. 的异名；

代代花、大橘红（变种）*Citrus aurantium* var. *amara* L. 为酸橙 *Citrus*×*aurantium* L. 的异名；

枳橘、香园、枳壳（杂交种）*Citrus sinensis*（L.）Osbeck×*Citrus trifoliata* L. 有待进一步认证。

本书另增补 1 属，2 种。

1. 花椒属 *Zanthoxylum* L.

《河南植物志（第二册）》记载 11 种，3 变种。本书增补 1 种。

异叶花椒 *Zanthoxylum dimorphophyllum* Hemsl.；

［*Fagara dimorphorphulla*（Hemsl.）Engl.；

Fagara robiginosa Reeder & S. Y. Cheo；

Zanthoxylum acanthopodium var. *deminutum*（Rehder）Reeder & S. Y. Cheo；

Zanthoxylum dimorphophyllum var. *deminutum* Reeder；

Zanthoxylum evoidiifolium Guillaumin；

Zanthoxylum pistaciiflorum Hayata；

Zanthoxylum robiginosum（Reeder & S. Y. Cheo）C. C. Huang］

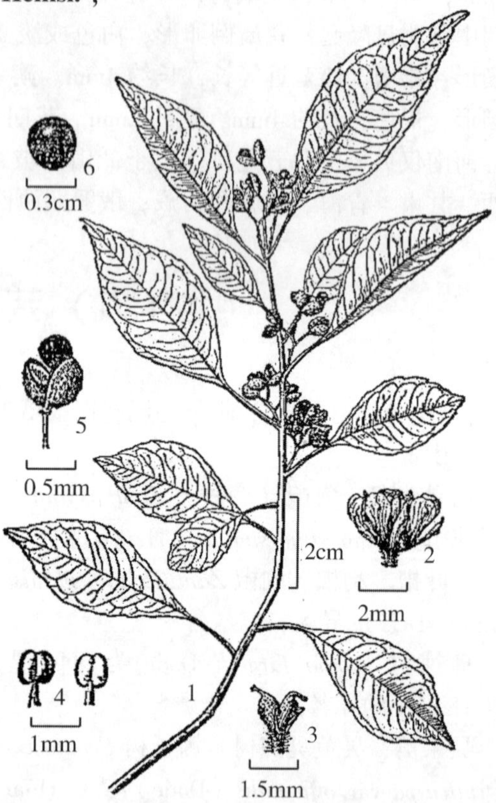

异叶花椒 *Zanthoxylum dimorphophyllum* Hemsl.
1. 果枝 2. 雄花 3. 雌花 4. 雄蕊 5. 果实 6. 种子

高达 10m 的落叶乔木；枝灰黑色，嫩枝及芽常有红锈色短柔毛，枝很少有刺。单小叶，指状 3 枚小叶，2~5 枚小叶或 7~11 枚小叶；小叶卵形、椭圆形，有时倒卵形，通常长 4~9cm，宽 2~3.5cm，大的长达 20cm，宽 7cm，小的长约 2cm，宽 1cm，顶部钝、圆或短尖至渐尖，常有浅凹缺，两侧对称，叶缘有明显的钝裂齿，或有针状小刺，油点多，在扩大镜下可见，叶背的最清晰，网状叶脉明显，干后微突起，叶面中脉平坦或微突起，被微柔毛。花序顶生；花被片 6~8 片，稀 5 片，大小不等，形状略不相同，上宽下窄，顶端圆，大的长 2~3mm；雄花的雄蕊常 6 枚；退化雌蕊垫状；雌花的退化雄蕊 5 枚或 4 枚，长约为子房高的一半，常有萎缩的花药但无花粉；心皮 2~3 枚，花柱斜向背弯。分果瓣紫红色，幼嫩时常被疏短毛，直径 6~8mm；基部有甚短的狭柄，油点稀少，顶侧有短芒尖；种子直径 5~7mm。花期 4~6 月，果期 9~11 月。

河南仅见于内乡万沟林场银虎沟；生于山地林中阴湿处。分布于秦岭南坡以南，南至海南西南部，东南至台湾。尼泊尔、印度锡金邦及缅甸东北部也有分布。根皮入药，味辛，麻辣，性平；能舒筋活血、消肿、镇痛。果可健胃及作驱虫剂。

2. 榆橘属 *Ptelea* L.（新增属，栽培）

落叶小乔木或灌木。叶互生，很少对生，指状 3~5 枚小叶，有透明油点，小叶无柄。聚伞花序，花单性或杂性；萼片及花瓣均 5 片或 4 片；萼片基部合生；花瓣覆瓦状排列，外面有短细毛；雄花的雄蕊 5 枚或 4 枚，与花瓣互生，着生于花盘基部四周，花丝分离，退化雌蕊细小；雌花有退化雄蕊 5 枚或 4 枚，子房 3 室或 2 室，每室有 3 个胚珠，胚珠上下叠生，花柱短，纤细，柱头 2 或 3 浅裂，花盘明显。翅果扁圆形，有 2~3 个宽阔、具明显脉纹的膜质翅，内果皮坚韧，通常每室有 1 粒种子；种皮革质，胚乳肉质，子叶长圆形，胚短小。

本属约 10 种，分布于北美洲东部至加拿大南部。我国引入 1 种：榆橘。河南也有室内盆栽。

榆橘 *Ptelea trifoliata* L.

树高约 3m。树冠圆形，二年生枝赤褐色；芽重叠，无顶芽。叶互生，有 3 枚小叶，小叶无柄，卵形至长椭圆形，长 6～12cm，宽 3～5cm，基部两侧略不对称，中央 1 枚小叶的基部楔尖，全缘或边缘细齿裂，叶背脉上有疏毛，侧脉纤细。伞房状聚伞花序，花序宽 4～10cm；花梗被毛；花蕾近圆球形；花淡绿色或黄白色，略芳香；萼片长 1～2mm，花瓣椭圆形或倒披针形，边缘被毛，长约 8mm。翅果外形似榆钱，扁圆，直径 1.5～2cm 或更大，顶端短齿尖，网脉明显。花期 7～8 月，果期 8～9 月。

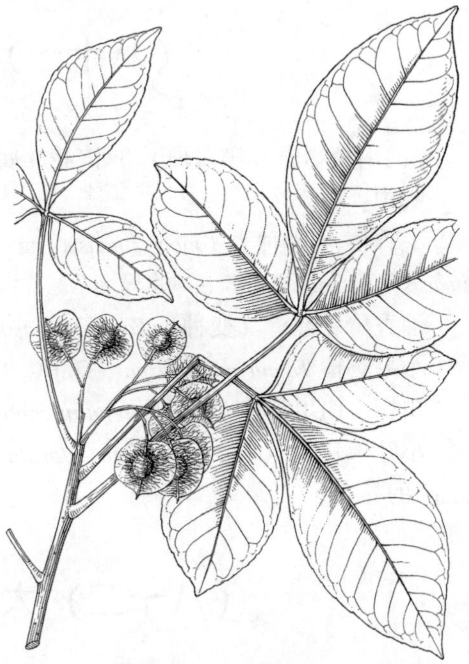

榆橘 *Ptelea trifoliata* L.
果枝

原产于美国。郑州、洛阳、开封等地室内有盆栽。我国辽宁（大连、熊岳）、北京均有栽种。树皮药用，是一种温和的强壮药，果实带苦味。

（八十）苦木科 Simaroubaceae

《河南植物志（第二册）》记载 2 属，5 种，4 变种，1 变型。

其中：

小叶臭椿（变种）*Ailanthus altissima* var. *microphylla* B. C. Ding & T. B. Chao、红果臭椿（变种）*Ailanthus altissima* var. *erythrocarpa*（Carrière）Rehder、垂叶臭椿（变型）*Ailanthus altissima* f. *pendulifolia*（Dipp.）Rehd. 和白材臭椿、白椿（变种）*Ailanthus altissima* var. *leucoxyla* B. C. Ding & T. B. Chao 均为臭椿 *Ailanthus altissima*（Mill.）Swingle 的异名；

千头臭椿、千头椿（变种）*Ailanthus altissima* var. *myriocephala* B. C. Ding & T. B. Chao 有待进一步研究确认；

大果臭椿 *Ailanthus sutchuenensis* Dode 为大果臭椿（变种）*Ailanthus altissima* var. *sutchuenensis*（Dode）Rehd. & E. H. Wilson 的异名。

（八十一）楝科 Meliaceae

《河南植物志（第二册）》记载3属，5种，3变种。

其中：

毛香椿（变种）*Toona sinensis* var. *schensiana* C. DC. 为香椿、红椿、香椿树 *Toona sinensis*（A. Juss.）Roem. 的异名；

油香椿、红椿（变种）*Toona sinensis* var. *carmesinixylon* D. C. W 有待进一步研究确认；

小果香椿 *Toona microcarpa*（C. DC.）Harms 为红椿 *Toona ciliata* M. Roem. 的异名；

川楝、四川苦楝 *Melia toosendan* Siebold & Zucc. 为楝 *Melia azedarach* L. 的异名；

小叶米仔兰（变种）*Aglaia odorata* var. *microphyllina* C. DC. 为米仔兰 *Aglaia odorata* Lour. 的异名。

（八十二）大戟科 Euphorbiaceae

《河南植物志（第二册）》记载连栽培19属，40种，4变种。

其中：

馒头果 *Glochidion fortunei* Hance 为算盘子 *Glochidion puberum*（L.）Hutch. 的异名；

小果叶底珠 *Securinega microcarpa* B. C. Ding & S. Y. Wang 和叶底珠、一叶萩 *Securinega suffruticosa*（Pall.）Rehder 均为一叶萩 *Flueggea suffruticosa*（Pall.）Baill. 的异名；

蜜甘草、止痢草 *Phyllanthus matsumurae* Hayata 为蜜甘草 *Phyllanthus ussuriensis* Rupr. & Maxim. 的异名；

雀儿舌头、黑钩叶 *Andrachne chinensis* Bunge 为雀儿舌头 *Leptopus chinensis*（Bunge）Pojark. 的异名；

重阳木、乌杨 *Bischofia racemosa* W. C. Cheng & W. M. Chu 为重阳木 *Bischofia polycarpa*（H. Lév.）Airy Shaw 的异名；

油桐、桐油树 *Aleurites fordii* Hemsl. 为油桐 *Vernicia fordii*（Hemsl.）Airy Shaw 的异名；

短序铁苋菜 *Acalypha brachystachya* Hornem. 为裂苞铁苋菜 *Acalypha supera* Forssk. 的异名；

白木乌桕、白乳木 *Sapium japonicum*（Siebold & Zucc.）Pax & K. Hoffm. 为白木乌桕 *Neoshirakia japonica*（Siebold & Zucc.）Esser 的异名；

乌桕、木蜡树、木油树、木子树、血血木 *Sapium sebiferum*（L.）Roxb.，心果乌桕（变种）*Sapium sebiferum* var. *cordatum* S. Y. Wang，复序乌桕、鸡爪桕、木子树（变种）*Sapium sebiferum* var. *multiracemosum* B. C. Ding & T. B. Chao，大别乌桕（变种）*Sapium sebiferum* var. *dabeshanense* B. C. Ding & T. B. Chao，垂枝乌桕（变种）*Sapium sebiferum* var. *pendulum* B. C. Ding & T. B. Chao 和多果乌桕 *Sapium pleiocarpum* Y. C. Tseng 均为乌桕 *Triadica sebifera*（L.）Small 的异名；

猫眼草 *Euphorbia lunulata* Bunge 为乳浆大戟 *Euphorbia esula* L. 的异名。

本书另增补 3 属（含 2 栽培属），11 种（含 4 栽培种），2 变种。

1. 白饭树属 *Flueggea* Willd.（新增属）

直立灌木或小乔木，通常无刺。单叶互生，常排成 2 列，全缘或有细钝齿；羽状脉；叶柄短；具有托叶。花小，雌雄异株，稀同株，单生、簇生或组成密集聚伞花序；苞片不明显；无花瓣；雄花：花梗纤细；萼片 4~7 枚，覆瓦状排列，边缘全缘或有锯齿；雄蕊 4~7 枚，着生在花盘基部，且与花盘腺体互生，顶端长过萼片，花丝分离，花药直立，外向，2 室，纵裂；花盘腺体 4~7 个，分离或靠合，稀为合生；花粉粒近圆球状，具 3 孔沟；退化雌蕊小，2~3 裂，裂片伸长；雌花：花梗圆柱形或具棱；萼片与雄花的相同；花盘碟状或盘状，全缘或分裂；子房 3（稀 2 或 4）室，分离，每室有横生胚珠 2 个，花柱 3 个，分离，顶端 2 裂或全缘。蒴果，圆球形或三棱形，基部有宿存的萼片，果皮革质或肉质，3 爿裂或不裂而呈浆果状；中轴宿存；种子通常三棱形，种皮脆壳质，平滑或有疣状突起，胚乳丰富，胚直或弯曲，子叶扁而宽，长于胚根。

本属约 12 种，分布于亚洲、美洲、欧洲及非洲的热带至温带地区。我国产 4 种，河南有 3 种。《河南植物志（第二册）》（461~463 页）记载 2 种，但被误列入叶底珠属 *Securinega* Comm. ex Juss.（我国不产）。本书增补 1 种。

白饭树 *Flueggea virosa*（Roxb. ex Willd.）Voigt

[*Acidoton obovatus*（Willd.）Kuntze；
Acidoton virosus（Roxb. ex Willd.）Kuntze；
Cicca obovata（Willd.）Kurz；
Flueggea microcarpa Blume；
Flueggea sinensis Baill.；
Phyllanthus virosus Roxb. ex Willd.；
Securinega obovata（Willd.）Müll. Arg.；
Securinega virosa（Roxb. ex Willd.）Baill.；
Xylophylla obovata Willd.；
Flueggea monticola G. L. Webster；
Securinega multiflora S. B. Liang]

灌木，高 1~6m；小枝具纵棱槽，有皮孔；全株无毛。叶片纸质，椭圆形、长圆形、倒卵形或近圆形，长 2~5cm，宽 1~3cm，顶端圆至急尖，有小尖头，基部钝至楔形，全缘，下面白绿色；侧脉每边 5~8 条；叶柄长 2~9mm；托叶披针形，长 1.5~3mm，边缘全缘或微撕裂。花小，淡黄色，雌雄异株，多朵簇生于叶腋；苞片鳞片状，长不及 1mm；雄花：花梗纤细，长 3~6mm；萼片 5 枚，卵形，长 0.8~1.5mm，宽 0.6~

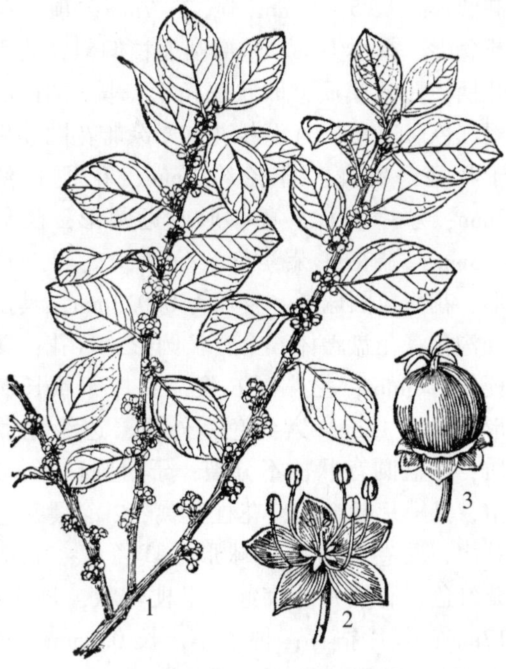

白饭树 *Flueggea virosa*（Roxb. ex Willd.）Voigt
1. 花枝　2. 雄花　3. 蒴果

1.2mm，全缘或有不明显的细齿；雄蕊 5 枚，花丝长 1～3mm，花药椭圆形，长 0.4～0.7mm，伸出萼片之外；花盘腺体 5 个，与雄蕊互生；退化雌蕊通常 3 深裂，高 0.8～1.4mm，顶端弯曲；雌花：3～10 朵簇生，有时单生；花梗长 1.5～12mm；萼片与雄花的相同；花盘环状，顶端全缘，围绕子房基部；子房卵圆形，3 室，花柱 3 个，长 0.7～1.1mm，基部合生，顶部 2 裂，裂片外弯。蒴果浆果状，近圆球形，直径 3～5mm，成熟时果皮淡白色，不开裂；种子栗褐色，具光泽，有小疣状突起及网纹，种皮厚，种脐略圆形，腹部内陷。花期 3~8 月，果熟期 7～11 月。

产于河南伏牛山南部、桐柏山和大别山；生于山地灌木丛中。分布于华东、华南及西南各省区；广布于非洲、大洋洲和亚洲的东部及东南部。全株供药用，可治风湿关节炎、湿疹、脓疱疮等。

2. 叶下珠属 *Phyllanthus* L.

《河南植物志（第二册）》记载 4 种。本书增补 1 种。

黄珠子草 *Phyllanthus virgatus* G. Forst.

[*Phyllanthus simplex* Retz.；
Phyllanthus simplex var. *virgatus*（G. Forst.）Müll. Arg.]

一年生草本，通常直立，高达 60cm；茎基部具窄棱，或有时主茎不明显；枝条通常自茎基部发出，上部扁平具棱；全株无毛。叶片近革质，线状披针形、长圆形或狭椭圆形，长 5～25mm，宽 2～7mm，顶端钝或急尖，有小尖头，基部圆而稍偏斜；几无叶柄；托叶膜质，卵状三角形，长约 1mm，褐红色。通常 2~4 朵雄花和 1 朵雌花同簇生于叶腋；雄花：直径约 1mm；花梗长约 2mm；萼片 6 枚，宽卵形或近圆形，长约 0.5mm；雄花 3 朵，花丝分离，花药近球形；花粉粒圆球形，直径为 0.023mm，具多合沟孔；花盘腺体 6 个，长圆形；雌花：花梗长约 5mm；花萼深 6 裂，裂片卵状长圆形，长约 1mm，紫红色，外折，边缘稍膜质；花盘圆盘状，不分裂；子房圆球形，3 室，具鳞片状突起，花柱分离，2 深裂几达基部，反卷。蒴果扁球形，直径 2～3mm，紫红色，有鳞片状突起；果梗丝状，长 5～12mm；萼片宿存；种子小，长 0.5mm，具细疣点。花期 4~5 月，果熟期 6~11 月。

黄珠子草 *Phyllanthus virgatus* G. Forst.
1. 花枝　2. 叶片　3. 雌花　4. 子房横切面，示胚珠着生　5. 蒴果

产于河南各地；生于平原至海拔 1 300m 的山地草坡、沟边草丛或路旁灌丛中。分布

于河北、山西、陕西以及华东、华中、华南和西南等省区；印度、东南亚到澳大利亚昆士兰和太平洋沿岸也有分布。全株入药，清热利湿，治小儿疳积等。

3. 秋枫属（重阳木属）*Bischofia* Bl.

《河南植物志（第二册）》记载 1 种（栽培）。本书除修订外，增补 1 种（栽培）。

秋枫 *Bischofia javanica* Blume

[*Andrachne trifoliata* Roxb.；

Bischofia cummingiana Decne.；

Bischofia leptopoda Müll. Arg.；

Bischofia oblongifolia Decne.；

Bischofia roeperiana Decne.；

Bischofia toui Decne；

Bischofia trifoliate（Roxb.）Hook.；

Microelus roeperianus（Dence.）Wight & Arn.；

Stylodiscus trifoliatus（Roxb.）Benn.]

常绿或半常绿大乔木，高达 40m，胸径可达 2.3m；树干圆满通直，但分枝低，主干较短；树皮灰褐色至棕褐色，厚约 1cm，近平滑，老树皮粗糙，内皮纤维质，稍脆；砍伤树皮后流出汁液红色，干凝后变瘀血状；木材鲜时有酸味，干后无味，表面槽棱突起；小枝无毛。三出复叶，稀 5 小叶，总叶柄长 8~20cm；小叶片纸质，卵形、椭圆形、倒卵形或椭圆状卵形，长 7~15cm，宽 4~8cm，顶端急尖或短尾状渐尖，基部宽楔形至钝，边缘有浅锯齿，每 1 厘米长有 2~3 个，幼时仅叶脉上被疏短柔毛，老渐无毛；顶生小叶柄长 2~5cm，侧生小叶柄长 0.5~2cm；托叶膜质，披针形，长约 8mm，早落。花小，雌雄异株，多朵组成腋生的圆锥花序；雄花序长 8~13cm，被微柔毛至无毛；雌花序长 15~27cm，下垂；雄花：直径达 2.5mm；萼片膜质，半圆形，内面凹成勺状，外面被疏微柔毛；花丝短；退化雌蕊小，盾状，被短柔毛；雌花：萼片长圆状卵形，内面凹成勺状，外面被疏微柔毛，边缘膜质；子房光滑无毛，3~4 室，花柱 3~4 个，线形，顶端不分裂。果实浆果状，圆球形或近圆球形，直径 6~13mm，淡褐色；种子长圆形，长约 5mm。花期 4~5 月，果熟期 8~10 月。

河南鸡公山铁路苗圃有引种栽培。分布于陕西、江苏、安徽、浙江、江西、福建、台湾、湖北、湖南、广东、海南、广西、四川、贵州、云南等省区；印度、缅甸、泰国、老挝、柬埔寨、越南、马来西亚、印度尼西亚、菲律宾、日本、澳大利亚和波利尼西亚等也有分布。木材红褐色，心材与边材区别不甚明显，结构细，质重、坚韧耐用、耐腐、耐水湿，可供建筑、桥梁、车辆、造船、矿柱、枕木等用。果肉可酿酒。种子含油量 30%~54%，供食用，也可作润滑油。树皮可提取红色染料。叶可作绿肥，也可治无名肿毒。根有祛风消肿作用，主治风湿骨痛、痢疾等。

4. 野桐属 *Mallotus* L.

《河南植物志（第二册）》记载 4 种。本书增补 1 种，2 变种。

（1）粗糠柴 *Mallotus philippensis*（Lam.）Müll. Arg.

[*Croton philippensis* Lam.；

Euonymus hypoleucus H. Lév.；

Rottlera aurantiaca Hook. & Arn. ;

Rottlera tinctoria Roxb.]

小乔木或灌木，高 2~18m；小枝、嫩叶和花序均密被黄褐色短星状柔毛。叶互生或有时小枝顶部的对生，近革质，卵形、长圆形或卵状披针形，长 5~18（~22）cm，宽 3~6cm，顶端渐尖，基部圆形或楔形，边近全缘，上面无毛，下面被灰黄色星状短绒毛，叶脉上具长柔毛，散生红色颗粒状腺体；基出脉 3 条，侧脉 4~6 对；近基部有褐色斑状腺体 2~4 个；叶柄长 2~5（~9）cm，两端稍增粗，被星状毛。花雌雄异株，花序总状，顶生或腋生，单生或数个簇生；雄花序长 5~10cm，苞片卵形，长约 1mm，雄花 1~5 朵簇生于苞腋，花梗长 1~2mm；雄花：花萼裂片 3~4 枚，长圆形，长约 2mm，密被星状毛，具红色颗粒状腺体；雄蕊 15~30 个，药隔稍宽。雌花序长 3~8cm，果序长达 16cm，苞片卵形，长约 1mm；雌花：花梗长 1~2mm；花萼裂片 3~5 枚，卵状披针形，外面密被星状毛，长约 3mm；子房被毛，花柱 2~3 个，长 3~4mm，柱头密生羽毛状突起。蒴果扁球形，直径 6~8mm，具 2（~3）个分果爿，密被红色颗粒状腺体和粉末状毛；种子卵形或球形，黑色，具光泽。花期 4~5 月，果熟期 5~8 月。

粗糠柴 *Mallotus philippensis*（Lam.）Müll. Arg.

产于河南大别山、桐柏山以及伏牛山南坡；生于海拔 300~1 600m 的山地林中或林缘。分布于安徽、福建、广东、广西、贵州、海南、湖北、湖南、江苏、江西、四川、台湾、西藏、云南、浙江；孟加拉国、不丹、印度、老挝、马来西亚、缅甸、尼泊尔、新几内亚、巴基斯坦、菲律宾、斯里兰卡、泰国、越南以及澳大利亚北部均有分布。木材淡黄色，为家具等用材；树皮可提取栲胶；种子的油可作工业用油；果实的红色颗粒状腺体有时可作染料，但有毒，不能食用。

（2）杠香藤（变种）*Mallotus repandus* var. *chrysocarpus*（Pamp.）S. M. Hwang（彩版图 74）

[*Mallotus chrysocarpus* Pamp. ;

Mallotus contubernalis var. *chrysocarpus*（Pamp.）Hand. -Mazz. ;

Mallotus illudens Croiz.]

攀缘灌木，高 2~5m；分枝被褐色短柔毛。叶片卵形或卵状披针形，（6~10）cm×（1.5~4.5）cm，纸质，正面被短柔毛和稀疏的黄色腺鳞，或无毛，基部楔形或钝，先端短渐尖。花序不分枝，5~7cm，被黄褐色疏短柔毛。雄花萼片 3 裂，约 2.5mm；雄蕊 35~45 枚。雌花子房 3 室，被黄褐色短柔毛；花柱 3 个，约 3.5mm，约在 1mm 处合生，羽状。果柄 3~5mm；蒴果具 3 室，被褐色短柔毛。花期 5~6 月，果熟期 8~9 月。

产于河南大别山、桐柏山以及伏牛山南部；生于海拔 800m 以下的山地疏林中或林缘。分布于安徽、甘肃、贵州、湖北、湖南、陕西、四川。

(3) 红叶野桐（变种）*Mallotus tenuifolius* var. *paxii* (Pamp.) H. S. Kiu（彩版图 75）

[*Mallotus paxii* Pamp.;

Mallotus stewardii Merr. ex Metcalf]

灌木，高 1~3.5m；嫩枝、叶柄和花序梗均被黄色星状短绒毛或间生星状长柔毛。叶互生，纸质，卵状三角形，稀卵形或心形，长 6~12（~18）cm，宽 5~12cm，顶端渐尖，基部圆形或截平，稀心形，边缘具不规则锯齿，上部常有 1~2 个裂片或粗齿，上面干后暗褐色或红褐色，疏生白色星状柔毛，下面被灰白色星状绒毛和散生橘红色颗粒状腺体；基出脉 5 条，近基部两条常纤细，侧脉 4~6 对；基部近叶柄外常具 2 个褐色斑状腺体；叶柄长 8~10cm。花雌雄异株，花序总状，下部常分枝，雄花序顶生，长 5~20cm；苞片钻形，长 3~4mm，苞腋有雄花 3~8 朵；雄花：花梗长达 4mm；花萼裂片 5 片，卵状披针形，长约 3.5mm，外面密被淡黄色星状毛和红色颗粒状腺体，内面无毛；雄蕊 40~55 枚，长约 3mm。雌花序长 5~16cm；苞片卵形或卵状披针形，长约 3mm；苞腋有雌花 1（~3）朵；雌花：花梗长 1~2mm；花萼裂片卵状披针形，长 3~3.5mm，被淡黄色星状毛和颗粒状腺体，花柱 3~4 个，基部稍合生，柱头长 2~3mm，密生羽毛状突起。蒴果球形，稀疏排列，直径约 15mm，具 3~4 个分果爿，被星状毛和散生橙红色颗粒状腺体；软刺紫红色或红棕色，长 6~8mm。种子卵球形，长约 3mm，黑色，具光泽。花期 6~8 月，果熟期 10~11 月。

产于河南大别山新县老庙、商城黄柏山和金刚台；生于海拔 100~1 200m 的山坡或灌丛中。分布于陕西、四川、湖北、湖南、广西、广东、江苏、安徽、江西、福建、贵州、浙江。

5. 铁苋菜属 *Acalypha* L.

《河南植物志（第二册）》记载 4 种（含栽培 2 种）。本书增补 1 种。

木本铁苋菜 尾叶铁苋菜 ***Acalypha acmophylla* Hemsl.**

[*Acalypha szechuanensis* Hutch.]

落叶灌木，高 1~1.5m；嫩枝被白色柔毛，小枝细长，暗红色，具散生皮孔。叶膜质，卵形、长卵形或菱状卵形，长（2.5~）4.5~8（~10）cm，宽（1.2~）1.8~3.5cm，顶端渐尖或尾状渐尖，基部楔形至圆钝，上半部边缘具疏生长腺齿，两面沿叶脉具柔毛或疏毛；基出脉 3 条，侧脉 2~3

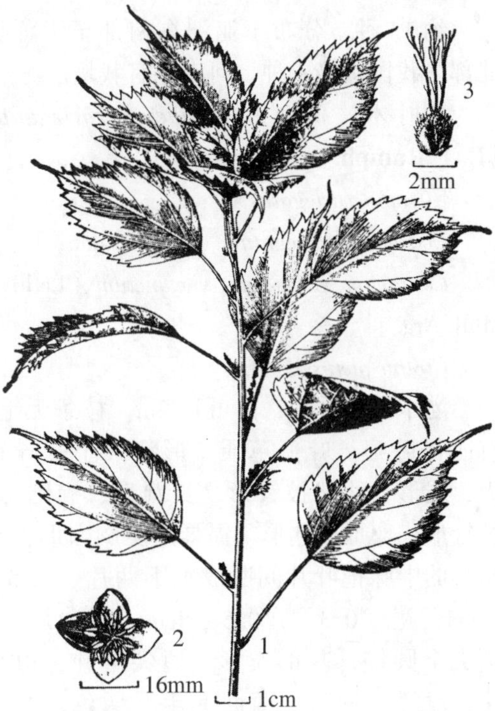

木本铁苋菜 *Acalypha acmophylla* Hemsl.

1. 植株上部　2. 雄花　3. 雌花

对；叶柄长 1~3.5（~5）cm，具柔毛；托叶长三角形，长 2~2.5mm，具疏柔毛。雌雄同株，通常雌雄花同序，花序腋生，长 4~6cm，花序梗长 3~10mm，花序轴纤细，具微柔毛，雌花 1 朵，生于花序基部，其余为雄花，有的花序无雌花或雌花单朵腋生；雌花苞片构状，花后增大，长 5mm，宽约 8mm，边缘具长尖齿 11 枚，外面沿脉具疏生短毛；雄花苞片近卵形，散生，长约 1mm，外面具疏毛，苞腋具雄花 3~9 朵，簇生；花梗长约 1mm；雄花：花蕾时球形，花萼裂片 4 枚，卵形，长 0.8mm；雄蕊 8 枚；雌花：萼片 3~4 枚，长 1~1.2mm，外面具微毛及缘毛；子房球形，被毛，花柱 3 个，长 4~5mm，撕裂 7 条；花梗几无。蒴果直径约 3mm，具 3 个分果爿，果皮具短柔毛和散生的小瘤状毛。花期 4~8 月。

河南仅见于济源蟒河林场及五龙口；生于山谷、沟旁坡地灌木丛中。分布于陕西南部，甘肃南部，四川东北部、东部和西南部，云南东北部和中部，湖北西部，贵州，广西。

6. 变叶木属 *Codiaeum* A. Juss.（新增属，栽培）

灌木或小乔木。叶互生，全缘，稀分裂；具叶柄；托叶小或缺。花雌雄同株，稀异株，总状花序；雄花数朵簇生于苞腋，花萼（3~）5（~6）裂，裂片覆瓦状排列；花瓣细小，5~6 枚，稀缺；花盘分裂为 5~15 个离生腺体；雄蕊 15~100 枚；无不育雌蕊；雌花单生于苞腋，花萼 5 裂；无花瓣；花盘近全缘或分裂；子房 3 室，每室有 1 个胚珠，花柱 3 个，不分裂，稀 2 裂。蒴果；种子具种阜，子叶阔，扁平。

约 15 种，分布于亚洲东南部至大洋洲北部。我国栽培 1 种。河南也有栽培。

变叶木 洒金榕 ***Codiaeum variegatum* (L.) Rumph. ex A. Juss.**

[*Croton variegatus* L.;

Codiaeum variegatum（L.）Blume;

Codiaeum variegatum var. *pictum*（Lodd.）Müll. Arg.;

Croton pictus Lodd.]

灌木或小乔木，高可达 3m。枝条无毛，有明显叶痕。叶薄革质，形状大小变异很大，线形、线状披针形、长圆形、椭圆形、披针形、卵形、匙形、提琴形至倒卵形，有时长的中脉把叶片间断成上下两片。长 5~30cm，宽（0.3~）0.5~8cm，顶端短尖、渐尖至圆钝，基部楔形、短尖至钝，边全缘、浅裂至深裂，两面无毛，绿色、淡绿色、紫红色、紫红色与黄色相间、黄色与绿色相间或有时在绿色叶片上散生黄色或金黄色斑点或斑纹；叶柄长 0.2~2.5cm。总状花

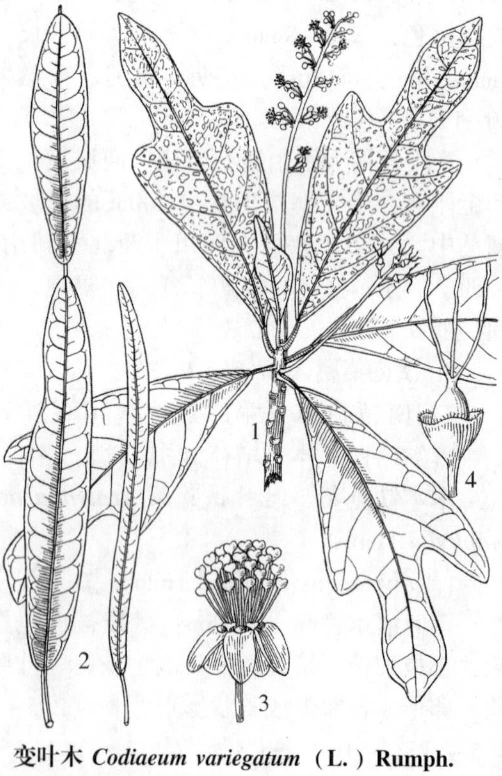

变叶木 *Codiaeum variegatum*（L.）Rumph. ex A. Juss.

1. 花枝 2. 异形叶 3. 雄花 4. 雌花

序腋生，雌雄同株异序，长 8~30cm，雄花白色，萼片 5 枚；花瓣 5 枚，远较萼片小；腺体 5 个；雄蕊 20~30 枚；花梗纤细；雌花淡黄色，萼片卵状三角形；无花瓣；花盘环状；子房 3 室，花往外弯，不分裂；花梗稍粗。蒴果近球形，稍扁，无毛，直径约 9mm；种子长约 6mm。花期 9~10 月，果熟期 11~12 月。

原产于亚洲马来半岛至大洋洲；现广泛栽培于热带地区。我国南部各省区常见栽培。河南各城市公园温室有栽培，为观叶植物。易扦插繁殖，园艺品种多。

7. 大戟属 *Euphorbia* L.

《河南植物志（第二册）》记载连栽培 19 种。本书增补 4 种。

（1）通奶草 *Euphorbia hypericifolia* L.

一年生草本，根纤细，长 10~15cm，直径 2~3.5mm，常不分枝，少数由末端分枝。茎直立，自基部分枝或不分枝，高 15~30cm，直径 1~3mm，无毛或被少许短柔毛。叶对生，狭长圆形或倒卵形，长 10~25mm，宽 4~8mm，先端钝或圆，基部圆形，通常偏斜，不对称，边缘全缘或基部以上具细锯齿，上面深绿色，下面淡绿色，有时略带紫红色，两面被稀疏的柔毛，或上面的毛早脱落；叶柄极短，长 1~2mm；托叶三角形，分离或合生。苞叶 2 枚，与茎生叶同形。花序数个簇生于叶腋或枝顶，每个花序基部具纤细的柄，柄长 3~5mm；总苞陀螺状，高与直径各约 1mm 或稍大；边缘 5 裂，裂片卵状三角形；腺体 4 个，边缘具白色或淡粉色附属物。雄花数枚，微伸出总苞外；雌花 1 朵，子房柄长于总苞；子房三棱状，无毛；花柱 3 个，分离；柱头 2 浅裂。蒴果三棱状，长约 1.5mm，直径约 2mm，无毛，成熟时分裂为 3 个分果爿。种子卵棱状，长约 1.2mm，直径约 0.8mm，每个棱面具数个皱纹，无种阜。花期 8~10 月，果熟期 9~11 月。

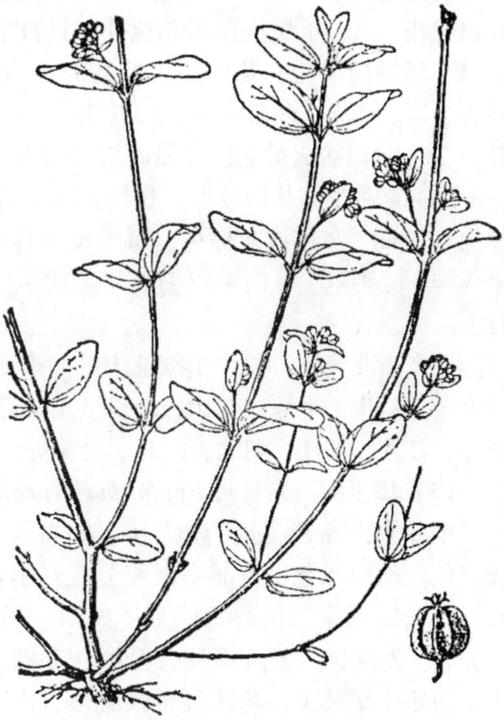

通奶草 *Euphorbia hypericifolia* L.

河南产于伏牛山西峡和内乡；生于旷野荒地、路旁、灌丛及田间。分布于长江以南的江西、台湾、湖南、广东、广西、海南、四川、贵州和云南；近年在我国北京发现逸为野生的现象。全草入药，通奶，故名。

（2）斑地锦 *Euphorbia maculata* L.

[*Chamaesyce maculata*（L.）Small；
Euphorbia supina Raf.]

一年生草本，根纤细，长 4~7cm，直径约 2mm。茎匍匐，长 10~17cm，直径约 1mm，被白色疏柔毛。叶对生，长椭圆形至肾状长圆形，长 6~12mm，宽 2~4mm，先端钝，基部偏斜，不对称，略呈渐圆形，边缘中部以下全缘，中部以上常具细小疏锯齿；叶正面绿色，中部常具有1个长圆形的紫色斑点，叶背面淡绿色或灰绿色，新鲜时可见紫色斑，干时不清楚，两面无毛；叶柄极短，长约1mm；托叶钻状，不分裂，边缘具睫毛。花序单生于叶腋，基部具短柄，柄长1~2mm；总苞狭杯状，高0.7~1 mm，直径约0.5mm，外部具白色疏柔毛，边缘5裂，裂片三角状圆形；腺体4个，黄绿色，横椭圆形，边缘具白色附属物。雄花4~5朵，微伸出总苞外；雌花1朵，子房柄伸出总苞外，且被柔毛；子房被疏柔毛；花柱短，近基部合生；柱头2裂。蒴果三角状卵形，长约2mm，直径约2mm，被稀疏柔毛，成熟时易分裂为3个分果爿。种子卵状四棱形，长约1mm，直径约0.7mm，灰色或灰棕色，每个棱面具5个横沟，无种阜。花期4~7月，果熟期7~9月。

原产于北美洲，归化于欧亚大陆。产于河南全省；生于平原或低山坡路旁。分布于江苏、江西、浙江、湖北、河北、台湾等。

斑地锦 ***Euphorbia maculata* L.**

1. 植株 2. 托叶 3. 花枝 4. 花序 5. 种子

(3) 绿玉树 光棍树 ***Euphorbia tirucalli* L.**

小乔木，高2~6m，直径10~25cm，老时呈灰色或淡灰色，幼时绿色，上部平展或分枝；小枝肉质，具丰富乳汁。叶互生，长圆状线形，长7~15mm，宽0.7~1.5mm，先端钝，基部渐狭，全缘，无柄或近无柄；常生于当年生嫩枝上，稀疏且很快脱落，由茎行使光合功能，故常呈无叶状态；总苞叶干膜质，早落。花序密集于枝顶，基部具柄；总苞陀螺状，高约2mm，直径约1.5mm，内侧被短柔毛；腺体5个，盾状卵形或近圆形。雄花数朵，伸出总苞之外；雌花1朵，子房柄伸出总苞边缘；子房光滑无毛；花柱3个，中部以下合生；柱头2裂。蒴果棱状三角形，长度与直径均约8mm，平滑，略被毛或无毛。种子卵球状，长与直径均约4mm，平滑；具微小的种阜。花期7~9月，果熟期8~10月。

原产于非洲安哥拉。河南城市公园温室有引种栽培，花市有出售。我国南北方均有栽培，或作为行道树（南方）或温室栽培供观赏（北方）。本种亦为人造石油的重要原料之一。

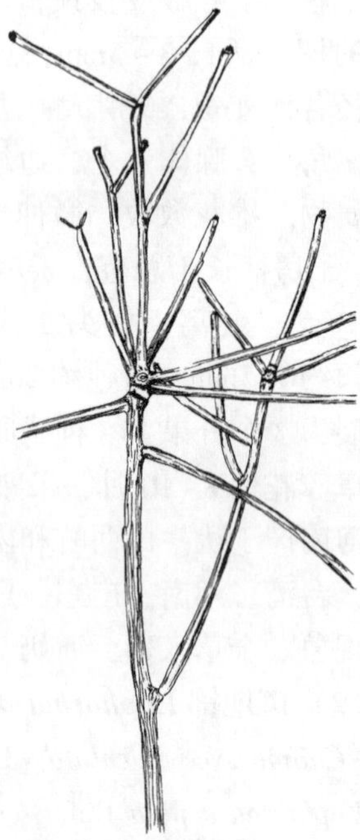

绿玉树 ***Euphorbia tirucalli* L.**

植株

（4）甘青大戟 *Euphorbia micractina* Boiss.

［*Euphorbia lucorum* var. *parvifolia* H. L. Yang；
Euphorbia tangutica Prokh.；
Euphorbia villifera W. T. Wang；
Euphorbia wangii Oudejans］

多年生草本，根圆柱状，长10~12cm，直径6~9mm。茎自基部3~4分枝，每个分枝向上不再分枝，高20~50cm，直径3~6mm。叶互生，长椭圆形至卵状长椭圆形，长10~30mm，宽5~7mm，先端钝，中部以下略宽或渐狭，变异较大，基部楔形或近楔形，两面无毛，全缘；侧脉羽状，不明显至清晰可见；总苞叶5~8枚，与茎生叶同形；伞幅5~8枚，长2~4cm；苞叶常3枚，卵圆形，长约6mm，宽4~5mm，先端圆，基部渐狭。花序单生于二歧分枝顶端，基部近无柄；总苞杯状，高约2mm，直径约1.5mm，边缘4裂，裂片三角形或近舌状三角形；腺体4个，半圆形，淡黄褐色。雄花多枚，伸出总苞；雌花1朵，明显伸出总苞之外；子房被稀疏的刺状或瘤状突起，变异幅度较大；花柱3个，基部合生；柱头微2裂。蒴果球状，长与直径均约3.5mm，果脊上被稀疏的刺状或瘤状突起；花柱宿存，成熟时分裂为3个分果爿。种子卵状，长约2mm，宽约1.5mm，灰褐色，腹面具淡白色条纹；种阜盾状，具极短的柄。花期5~6月，果熟期6~7月。

甘青大戟 *Euphorbia micractina* Boiss.
1. 植株　2. 花序　3. 种子

产于河南伏牛山区的灵宝、栾川、嵩县、卢氏以及太行山区的济源；生于海拔1 500~2 000m的山坡、草甸、林缘及沙石砾区域。分布于四川、山西、陕西、甘肃、宁夏、青海、新疆、西藏；克什米尔地区、巴基斯坦和喜马拉雅也有分布。本种是我国西半部果具瘤的广布种类之一，变异幅度较大；但其稳定的特征是总苞叶和伞幅均为5~8枚，且种子小，灰褐色，盾状种阜基部具极短的柄，易与其他种类区别。

8. 红雀珊瑚属 *Pedilanthus* Neck. ex Poit.（新增属，栽培）

［*Tithymaloides* Ortega；
Tithymalus Miller］

直立灌木或亚灌木；茎带肉质，具丰富的乳状汁液。叶互生，全缘，具羽状脉；托叶小，腺体状或不存在。花单性，雌雄同株，聚集成顶生或腋生杯状聚伞花序，此花序由1枚鞋状或舟状的总苞所包围；总苞歪斜，两侧对称，基部具长短不等的柄，且盾状着生，顶端唇状2裂，内侧的裂片比外侧的狭而短；腺体2~6个，着生于总苞的底部或有时无腺体。雄花多数，着生于总苞内，无花被，每花仅有1枚雄蕊，花丝短而与花梗相似，由关节所连接，花药球形，药室内向，纵裂；雌花单生于总苞中央，斜倾，具长梗；子房3室，每室具1个胚珠，花柱多少合生，柱头3个，2裂。蒴果干燥，分果爿3个；种子无珠柄。

本属约 15 种，产自美洲。我国南部常见栽培的有 1 种。河南也有栽培。

红雀珊瑚 *Pedilanthus tithymaloides*（L.）Poit.（彩版图 76）

[*Euphorbia tithymaloides* L.]

直立亚灌木，高 40~70cm；茎、枝粗壮，带肉质，“之”字状扭曲，无毛或嫩时被短柔毛。叶肉质，近无柄或具短柄，叶片卵形或长卵形，长 3.5~8cm，宽 2.5~5cm，顶端短尖至渐尖，基部钝、圆，两面被短柔毛，毛随叶片变老而逐渐脱落；中脉在背面显著突起，侧脉 7~9 对，远离边缘网结，网脉略明显；托叶为一圆形的腺体，直径约 1mm。聚伞花序丛生于枝顶或上部叶腋内，每一聚伞花序为 1 枚鞋状的总苞所包围，内含多数雄花和 1 朵雌花；总苞鲜红色或紫红色，仰卧，无毛，两侧对称，长约 1cm，顶端近唇状 2 裂，一裂片小，长圆形，长约 6mm，顶端具 3 枚细齿；另一裂片大，舟状，长约 10mm，顶端 2 深裂。雄花：每花仅具 1 枚雄蕊；花梗纤细，长 2.5~4mm，无毛，其与花丝极相似，为关节所连接；花药球形，略短于花丝。雌花：着生于总苞中央而斜伸出于总苞之外；花梗远粗于雄花者，长 6~8mm，无毛；子房纺锤形，花柱大部分合生，柱头 3 个，2 裂。花期 12 月至翌年 6 月。

原产自美洲。河南各城市公园温室内有栽培，作盆栽花卉。云南、广西、广东南部常见栽培，北方城市温室栽培，供观赏，亦可入药。

（八十三）水马齿科 Callitrichaceae

《河南植物志（第二册）》记载 1 属，1 种。

水马齿 *Callitriche stagnalis* Scop. 应为水马齿 *Callitriche palustris* L.。

（八十四）黄杨科 Buxaceae

《河南植物志（第二册）》记载含栽培 3 属，5 种，1 变种。本书增补 1 种。

黄杨属 *Buxus* L.

《河南植物志（第二册）》记载 3 种，1 变种。本书增补 1 种。

宜昌黄杨 *Buxus ichangensis* Hatusima

灌木，高 15~30（~100）cm，枝圆柱形；小枝密生，四棱形，极细瘦，直径约 0.5mm，被密或疏的短柔毛。叶薄革质，倒披针形或狭倒卵形，长 10~16mm，宽 4~6mm，先端圆，屡有小尖凸头，基部楔形，两面均平滑，无侧脉，叶面光亮，中脉凸出，叶背无光泽，中脉或凸或平；叶柄长约 1mm。花序腋生或顶生，头状，花序轴被毛，苞片卵形，急尖，长 1~2mm，雄花：8~12 朵，花梗长仅 0.4mm，萼片卵形，长 1.8~2mm，苞片、萼片均有多数红棕色间断的线条，雄蕊连花药长 4~5mm，不育雌蕊细瘦，有柱状柄，末端膨大，高 1.4~1.8mm，和萼片长度近相等；雌花：萼片卵状长圆形，长约 2.5mm，受粉期子房较花柱稍长，无毛。蒴果椭圆形或长圆形，长 5mm，光亮，有纵沟，宿存花柱长

2mm，细瘦，斜开或直立，柱头下延达花柱中部。花期 3 月，果熟期 7 月。

本种叶较小，两面全无侧脉，不育雌蕊长柱状，苞片及萼片干后有红棕色线条，极易和其他种区别。

河南仅见于伏牛山淅川荆子关；生于河岸、向阳处的岩石上。分布于湖北。

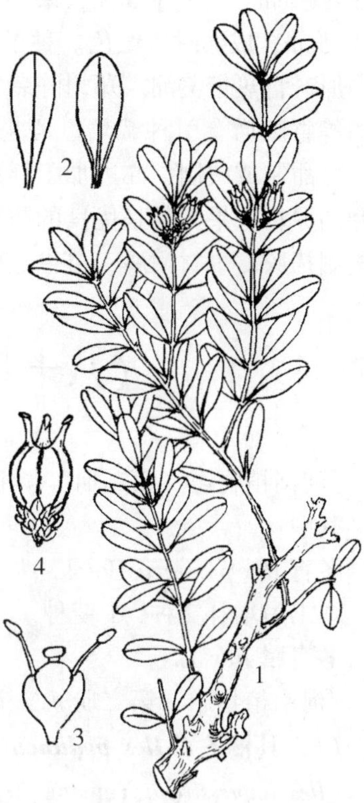

宜昌黄杨 *Buxus ichangensis* Hatusima
1. 果枝 2. 叶片，左：叶面，右：叶背 3. 雄花 4. 果实

（八十五）马桑科 Coriariaceae

《河南植物志（第二册）》记载 1 属，1 种。

马桑、胖婆娘腿 *Coriaria sinica* Maxim. 为马桑 *Coriaria nepalensis* Wall. 的异名。

（八十六）漆树科 Anacardiaceae

《河南植物志（第二册）》记载含栽培 4 属，10 种，2 变种。本书增补 1 属（栽培），1 种（栽培）。

腰果属 *Anacardium*（L.）Rottboell（新增属）

灌木或乔木，单叶互生，革质，全缘，无柄或具柄。圆锥花序顶生，多分枝，略呈伞房状；具苞片；花小，杂性或雌雄异株；花萼 5 深裂，裂片在芽中覆瓦状排列；花瓣 5 片，芽中覆瓦状排列，开花时外卷；雄蕊 8~10 枚，不等长，通常仅 1 枚发育，花丝线形，基部多少合生或与伸长的花托合生，花药阔椭圆形，丁字着生，侧向纵裂；子房无柄，略不对称，压扁，1 室，1 个胚珠，花柱通常侧生，线形。核果肾形，侧向压扁，种脐于内弯处，果期花托肉质膨大成棒状或梨形（有时极大）的假果，托于果的下部。种子肾形，直立。

本属约 15 种，主产自热带美洲，其中 1 种全世界热带广为栽培，我国云南、广西、广东、福建等省区有少量引种。河南也有引种。

腰果 *Anacardium occidentale* L.（彩版图 77）

灌木或小乔木，高 4~10m；小枝黄褐色，无毛或近无毛。叶革质，倒卵形，长 8~14cm，宽 6~8.5cm，先端圆形，平截或微凹，基部阔楔形，全缘，两面无毛，侧脉约 12 对，侧脉和网脉两面突起；叶柄长 1~1.5cm。圆锥花序宽大，多分枝，排成伞房状，长 10~20cm，多花密集，密被锈色微柔毛；苞片卵状披针形，长 5~10mm，背面被锈色微柔毛；花黄色，杂性，无花梗或具短梗；花萼外面密被锈色微柔毛，裂片卵状披针形，先端急尖，长约 4mm，宽约 1.5mm；花瓣线状披针形，长 7~9mm，宽约 1.2mm，外面被锈色微柔毛，里面疏被毛或近无毛，开花时外卷；雄蕊 7~10 枚，通常仅 1 枚发育，长 8~9mm，在两性花中长 5~6mm，不育雄蕊较短（长 3~4mm），花丝基部多少合生，花药小，卵圆形；子房倒卵圆形，长约 2mm，无毛，花柱钻形，长 4~5mm。核果肾形，两侧压扁，长2~2.5cm，宽约1.5cm，果基部为肉质梨形或陀螺形的假果所托，假果长3~7cm，最宽处4~5cm，成熟时紫红色。种子肾形，长1.5~2cm，宽约1cm。

原产自热带美洲。郑州陈砦室内植物园有引种栽培。我国云南、广西、广东、福建、台湾等省区均有引种栽培。假果可生食或制果汁、果酱、蜜饯、罐头和酿酒。种子可炒食，可甜制或咸制，亦可加工糕点或糖果，含油量较高，为上等食用油，多用于硬化巧克力糖的原料。果壳油是优良的防腐剂或防水剂，可入药，治牛皮癣、铜钱癣及香港脚，还可提制栲胶。木材耐腐，可供造船。树皮用于杀虫、治白蚁和制不褪色墨水。

（八十七）冬青科 Aquifaliaceae

《河南植物志（第二册）》记载连栽培1属，8种。

其中：

冬青 *Ilex purpurea* Hassk. 为冬青 *Ilex chinensis* Sims 的异名；

本书另增补2种，1变种。

冬青属 *Ilex* L.

《河南植物志（第二册）》记载含栽培8种。本书增补2种，1变种。

（1）具柄冬青 *Ilex pedunculosa* Miq.

[*Ilex impressivena* Yamam.;

Ilex morii Yamam.;

Ilex pedunculosa f. *aurantiaca* (Koidz.) Ohwi;

Ilex pedunculosa var. *aurantiaca* Koidz.;

Ilex pedunculosa f. *continentalis* Loes.;

Ilex pedunculosa var. *continentalis* (Loes.) Bean;

Ilex purpurea var. *leveilleana* Loes.]

常绿灌木或乔木，高2~10（~15）m；幼枝近圆柱形，具纵棱角，淡褐色或栗色，无毛或节上被微小的微柔毛。叶可见于三年生枝上，叶片薄革质，卵形、长圆状椭圆形或椭圆形，长4~9cm，宽2~3cm，先端渐尖，基部钝或圆形，全缘或近顶端常具少数疏而不明显的锯齿，叶面绿色，具光泽，干时栗黑色，背面淡绿色，两面无毛，主脉在叶面平坦或稍凹入，在背面隆起，侧脉8~9对，两面不明显；叶柄纤细，长1.5~2.5cm，上面具纵槽，背面具皱纹。聚伞花序单生于当年生枝的叶腋内，花4或5基数，白色或黄白色。雄花序为一至二回二歧分枝，具3~9朵花，总花梗长约2.5cm，二级轴长约3mm，花梗长2~4mm，小苞片披针形，长1~1.5mm，被微柔毛；花萼盘状，直径约1.5mm，4或5裂，裂片三角形，急尖，无毛；花瓣4片或5片，卵形，长1.5~1.8mm，基部稍合生；雄蕊短于花瓣，花药卵球形；退化子房卵球形。雌花单生于当年生枝叶腋内，稀为具3朵花的聚伞花序，花梗细而长，长1~1.5cm，其中部具2枚钻形小苞片；花萼直径约3mm，4或5裂，裂片具缘毛；花冠直径约5mm，花瓣4片或5片，卵形，长约2mm，退化雄蕊短于花瓣，不育花药卵形；子房阔圆锥状，直径约2mm，柱头乳头状。单花的果梗长2.5~4cm，少数1~3个果的果梗长约4.5cm；果球形，直径7~8mm，成熟时红色，宿存花萼裂片三角形，具缘毛，宿存柱头厚盘状，突起。分核 4~6 个，椭圆形，长约 6mm，背部宽约 2.5mm，平滑，沿背部中线具单条纹，内果皮革质。花期 6 月，果熟期 9~10 月。

产于河南大别山金刚台、桐柏山、伏牛山南部的南召宝天曼；生于海拔 1 000m 以上的阔叶杂木林中。分布于陕西、安徽、浙江、江西、福建、台湾、湖北、湖南、广西、四川、贵州等省区；日本也有分布。

（2）狭叶冬青 *Ilex fargesii* Franch.

［*Ilex burmanica* Merr.；
Ilex fargesii f. *kingii* Loes.；
Ilex fargesii f. *subcoriacea*；
Ilex opienensis］

常绿乔木，高 4~8m，全株无毛；小枝褐色或栗褐色，圆柱形，无毛，具横皱纹、三角形突起的叶痕和皮孔，幼时绿色，具纵棱脊；顶芽狭圆锥形，急尖。叶生于一至三年生枝上，叶片近革质，倒披针形或线状倒披针形，长 5~13（~16）cm，宽 1.5~2.5（~3.7）cm，先端渐尖，基部楔形或钝，边缘中部以上具疏细锯齿，中下部全缘，叶面绿色，背面浅绿色，主脉在叶面稍凹陷，背面隆起，侧脉每边 8~10 条，在叶正面明显，背面突起，网状脉在叶正面不明显，背面明显；叶柄长 8~16mm，上面具槽，顶部具叶片下延的狭翅，无毛。花序簇生于二年生枝叶腋内，花白色，芳香。雄花：每束的单个分枝为具 3 朵花的聚伞花序，总花梗长约 1mm，无毛，苞片膜质，三角形，具缘毛，花梗长约 2mm，无毛，近基部具 2 枚小苞片三角形或阔三角形，具缘毛；花萼盘状，直径约 2mm，4 浅裂，裂片近圆形，长约 1mm，具疏缘毛；花冠直径约 5mm，花瓣 4 片，倒卵状长圆形，长 2~2.5mm，宽约 1.5mm，具缘毛，基部稍合生；雄蕊长为花瓣的 3/4，花药长圆形；退化子房卵状圆锥形，先端钝，微 4 裂。雌花：单个分枝具 1 朵花，花梗长 2~3mm，中下部具 2 枚小苞片；花萼与雄花相同；花瓣长圆形，长约 2mm，分离；退化雄蕊长不及花瓣，败育花药箭头形；子房卵球形，直径 1.2~2mm，柱头盘状。果序簇生，单个分枝具 1 个果，果柄长 5~7mm，无毛，中下部具宿存小苞片；果球形，直径 5~7mm，成熟时红色，具纵条纹，宿存柱头薄盘状，4 浅裂，宿存花萼平展；分核 4 个，长圆形，长 4~4.5mm，背宽 3~3.5mm，背面突起，具掌状条纹和沟，两侧具纵条纹及沟或有时具网状沟纹，内果皮木质。花期 5 月，果熟期 9~10 月。

狭叶冬青 *Ilex fargesii* Franch.
1. 雄花枝　2. 果枝　3. 果　4. 分核

产于伏牛山西峡黑烟镇林场和黄石庵林场；生于海拔 1 500m 以上的山谷林中。分布于陕西、甘肃、湖北和四川。

(3) 长梗冬青（变种）*Ilex macrocarpa* var. *longipedunculata* S. Y. Hu

本变种与大果冬青 *Ilex macrocarpa* Oliv. ［《河南植物志（第二册）》508~509 页］的主要区别在于果梗长 1.4~3.3cm，为叶柄长的 2 倍以上。

河南仅见于商城黄柏山；生于山坡林中。分布于江苏、安徽（南部）、浙江、湖北、湖南、广西、云南、贵州、四川。本变种的根药用，有固精、止血之功效；用于遗精、月经过多、崩漏等症。

（八十八）卫矛科 Celastraceae

《河南植物志（第二册）》记载 2 属，32 种，15 变种。

其中：

毛卫矛（变种）*Euonymus alatus* var. *pubescens* Maxim. 为卫矛 *Euonymus alatus* (Thunb.) Siebold 的异名；

八宝茶 *Euonymus przewalskii* Maxim. 为中亚卫矛 *Euonymus semenovii* Regel & Herder 的异名；

栓翅卫矛、大叶鬼见愁、鬼见愁 *Euonymus pheliomanes* Loes. 应为栓翅卫矛、大叶鬼见愁、鬼见愁 *Euonymus phellomanus* Loes. 的异名；

白杜、明开夜合、丝绵木、桃叶卫矛 *Euonymus bungeanus* Maxim. 为白杜 *Euonymus maackii* Rupr. ［《河南植物志（第二册）》518 页称华北卫矛］的异名；

江户卫矛 *Euonymus yedoensis* Koehne 和披针叶卫矛（变型）*Euonymus hamiltonianus* f. *lanceifolius* (Loes.) C. Y. Cheng ex Q. H. Chen 均为西南卫矛 *Euonymus hamiltonianus* Wall. 的异名；

紫花卫矛、金丝吊蝴蝶 *Euonymus porphyreus* Loes. 为冷地卫矛 *Euonymus frigidus* Wall. 的异名；

短硬石枣子（变种）*Euonymus sanguineus* var. *brevipedunculatus* Loes. 和曲脉石枣子（变种）*Euonymus sanguineus* var. *camptoneurus* Loes. ex Diels 均为石枣子 *Euonymus sanguineus* Loes. ex Diels 的异名；

狭翅纤齿卫矛（变种）*Euonymus giraldii* var. *angustialatus* Loes. 和毛缘纤齿卫矛（变种）*Euonymus giraldii* var. *ciliatus* Loes. 均为纤齿卫矛 *Euonymus giraldii* Loes. 的异名；

银边冬青卫矛（变种）*Euonymus japonicus* var. *albomarginatus* T. Moore，银心冬青卫矛（变种）*Euonymus japonicus* var. *argenteovariegatus* Regel，金边冬青卫矛、金边黄杨（变种）*Euonymus japonicus* var. *aureomarginatus* Rehder 和金心冬青卫矛、金心黄杨（变种）*Euonymus japonicus* var. *aureovariegatus* Regel 均为冬青卫矛 *Euonymus japonicus* Thunb. 的异名；

胶东卫矛 *Euonymus kiautschovicus* Loes.，小叶扶芳藤（变种）*Euonymus fortunei* var. *minimus* Rehder，攀缘扶芳藤（变种）*Euonymus fortunei* var. *radicans* (Miq.) Rehder，斑叶扶芳藤（变种）*Euonymus fortunei* var. *reticulatus* Rehder 和花叶扶芳藤（变种）*Euony-*

mus fortunei var. gracilis Rehder 均为扶芳藤 *Euonymus fortunei* (Turcz.) Hand. -Mazz. 的异名；

紫叶扶芳藤（变种）*Euonymus fortunei* var. *coloratus* Rehder 有待进一步研究确认。

本书增补 1 属，4 种，1 变种。

1. 卫矛属 *Euonymus* L.

《河南植物志（第二册）》记载 26 种，14 变种。本书增补 1 种。

矮卫矛 *Euonymus nanus* M. Beib.

小灌木，直立或有时匍匐，高约 1m。枝条绿色，具多数纵棱。叶互生或三叶轮生，偶有对生，线形或线状披针形，长 15~35mm，宽 2.5~6mm，先端钝，具短刺尖，基部钝或渐窄，边缘具稀疏短刺齿，常反卷，主脉明显，侧脉不明显；近无柄。聚伞花序 1~3 朵花；花序梗细长丝状，长 20~30mm；小花梗丝状，长 8~15mm，紫棕色；花紫绿色，直径 7~8mm，4 基数；雄蕊无花丝，花药顶裂；子房每室 3~4 个胚珠。蒴果粉红色，扁圆，4 浅裂，长约 7mm，直径约 9mm。种子稍扁球状，种皮棕色，假种皮橙红色，包被种子一半。花期 5~6 月，果熟期 8~9 月。

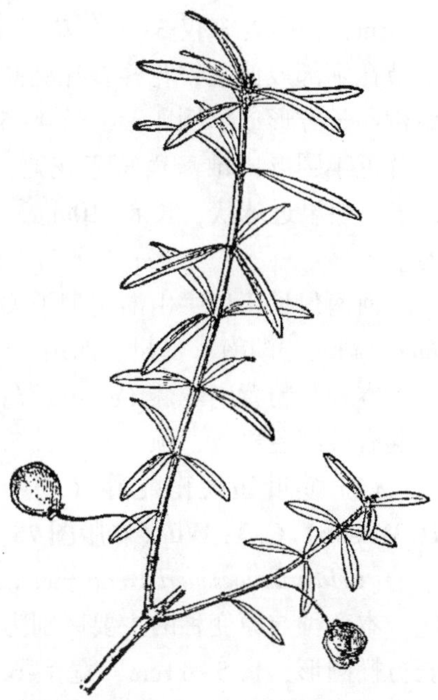

矮卫矛 *Euonymus nanus* M. Bieb.

产于河南太行山区的林州、济源、沁阳、辉县；生于山坡或山谷林下、灌丛中。分布于内蒙古、山西、陕西、宁夏、甘肃、青海、西藏；中亚和俄罗斯也有分布。

2. 南蛇藤属 *Celastrus* L.

《河南植物志（第二册）》记载 6 种。本书增补 2 种，1 变种。

(1) 灰叶南蛇藤 *Celastrus glaucophyllus* Rehder & E. H. Wilson

[*Celastrus glaucophyllus* var. *angustus* Q. H. Chen]

藤状灌木。小枝具椭圆形至长椭圆形疏散皮孔。叶在果期常半革质，长方椭圆形、近倒卵椭圆形或椭圆形，稀窄椭圆形，叶的大小宽窄常有较大的变化，通常长 5~10cm，宽 2.5~6.5cm，先端短渐尖，基部圆或阔楔形，边缘具稀疏细锯齿，齿端具内曲的腺状小凸头，侧脉 4~5 对，稀为 6 对，叶面绿

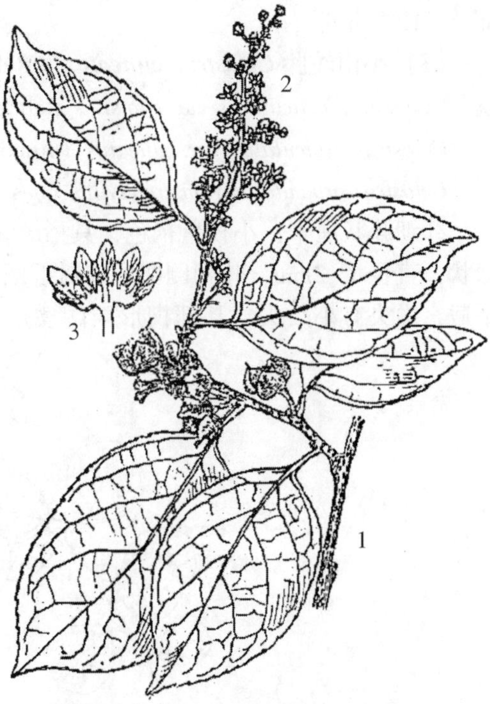

灰叶南蛇藤 *Celastrus glaucophyllus* Rehder & E. H. Wilson

1. 果枝　2. 花枝　3. 花

色，叶背灰白色或苍白色；叶柄长 8~12mm。花序顶生及腋生，顶生成总状圆锥花序，长 3~6cm，腋生者多仅 3~5 朵花，花序梗通常很短，长仅 1~2mm，小花梗长 2.5~3.5mm，关节在中部或偏上；花萼裂片椭圆形或卵形，长 1.5~2mm，边缘具稀疏不整齐小齿；花瓣倒卵长方形或窄倒卵形，长 4~5mm，宽 2.2mm，在雌花中稍小；花盘浅杯状，稍肉质，裂片近半圆形；雄蕊稍短于花冠，花药阔椭圆形至近圆形，雄花中的退化雌蕊长 1.5~2mm。朔果近球状，长 8~10mm，果梗长 5~9mm，近黑色。花期 3~6 月，果熟期 9~10 月。

河南仅见于伏牛山淅川荆子关；生长于海拔 700m 以上的杂木林中。分布于陕西（南部）、湖北、湖南、贵州、四川、云南等省。

本种与粉背南蛇藤 *Celastrus hypoleucus*（Oliv.）Warb. ex Loes. 相似，但后者果皮裂瓣内侧有樱红色斑点，顶生花序长 7~10cm，果梗长 10~25mm。

（2）宽叶短梗南蛇藤（变种）*Celastrus rosthornianus* var. *loeseneri*（Rehder & E. H. Wilson）C. Y. Wu（彩版图 78）

[*Celastrus loeseneri* Rehder & E. H. Wilson]

本变种与原变种的主要区别为：叶较宽大稍厚，近半革质，叶片椭圆形、阔椭圆形或长方椭圆形，长 5~11cm，宽 3~6.5cm，脉细，在两面稍隆起，果稍大，果梗较粗壮，并多具呈瘤状突起的皮孔。

河南产于伏牛山区的栾川、嵩县、卢氏、灵宝、西峡、内乡、南召、鲁山；生长于海拔 1 500m 以下的山地灌丛或密林中。分布于陕西、甘肃、湖北西部、贵州南部、四川东部及广西西北部。

（3）小南蛇藤 *Celastrus cuneatus*（Rehder & E. H. Wilson）C. Y. Cheng & T. C. Kao

[*Celastrus articulatus* var. *cuneatus* Rehder & E. H. Wilson;

Celastrus orbiculatus var. *cuneatus*（Rehder & E. H. Wilson）Wuzhi;

Celastrus orbiculatus f. *microphyllus* Loes.]

纤细藤状灌木；小枝紫褐色，具稀疏纵向椭圆形皮孔，当年小枝常被短硬毛，腋芽近球状，直径 1~2mm，叶阔倒卵形或稀近圆形，长 1.5~4.5cm，宽 1.5~4cm，先端圆阔近平截，中央有小凸尖，基部楔形至阔楔形，边缘具细锯齿，侧脉 3~5 对，与主脉成 45°

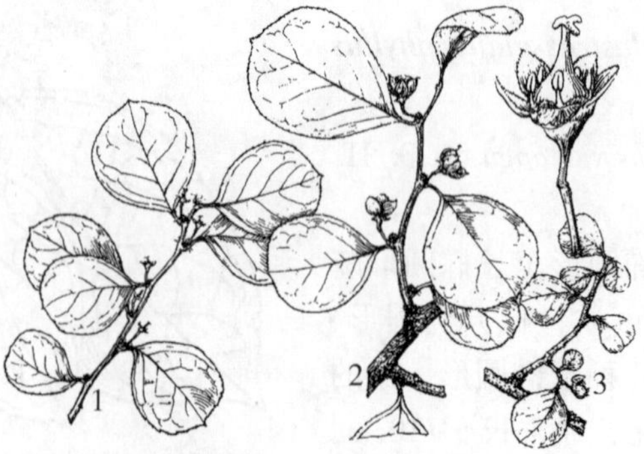

小南蛇藤 *Celastrus cuneatus*（Rehder & E. H. Wilson）C. Y. Cheng & T. C. Kao

1. 花枝 2. 果枝 3. 花放大

角，直出后上升；叶柄长 1～5mm。聚伞花序腋生，有花 1～4 朵，稀顶生，花序梗细长，4～6.5mm，小花梗长 2～3mm，关节在中部或偏下；雄花萼片三角形或三角椭圆形，长约 1.5mm，上部宽 2mm，下部较窄；花盘浅杯状，裂片近弧形或近平截；雄蕊短于花瓣，花丝长 2.5mm，花药近球状，退化雄蕊小，窄长三角形；雌花花被与雄花近似；花盘稍长，裂较显著，退化雄蕊短小，长约 1.5mm；雌蕊瓶状，子房球状，花柱长约 1mm，柱头棒状 3 深裂，外展，顶端扁平膨大。蒴果球状，直径 6～7mm，种子略平凸，椭圆状，长 3.5～4mm。花期 4～5 月，果熟期 8～9 月。

河南仅见于伏牛山西峡黑烟林场；生于山坡或路旁灌木丛中。分布于湖北和四川东部。

本种与南蛇藤 *Celastrus orbiculatus* Thunb. 近似，主要区别在于本种植株纤细短小，小枝紫褐色，当年生小枝被短硬毛，叶明显较小，仅（1.5～4.5）cm×（1.5～4）cm，两面光滑无毛，叶柄仅长 1～5mm，一般无顶生花序，果实直径 6～7mm。而后者为较高大藤本，小枝灰棕色，光滑无毛，叶片大，（5～13）cm×（3～9）cm，两面光滑或叶背脉上具稀短毛，叶柄长 1～2cm，有顶生花序，果实直径 8～10mm。

3. 雷公藤属 *Tripterygium* Hook. f.（新增属）

藤本灌木；小枝常有 4～6 条锐棱，表皮密被细点状与表皮同色的皮孔，密被锈色毡毛状毛或光滑无毛。叶互生，有柄，托叶细小早落。圆锥聚伞花序，常单歧分枝，小聚伞花序有 2～3 朵花，花序梗及分枝均较粗壮，小花梗通常纤细；花杂性，5 基数，白色、绿色或黄绿色，较小，一般直径 3～5mm，多为两性；萼片 5 枚；花瓣 5 片；花盘扁平，全缘或极浅 5 裂；雄蕊 5 枚，着生于花盘外缘，花丝细长，花药侧裂；子房下部与花盘愈合，上部三角锥状，不完全 3 室，每室有 2 个胚珠，只 1 室 1 个胚珠发育成种子，花柱通常圆柱状，柱头常稍膨大。蒴果细窄，具 3 枚膜质翅包围果体。种子 1 粒，细窄，无假种皮。

全属只有 3 种，分布于东亚，我国 3 种，河南有 1 种。

雷公藤 *Tripterygium wilfordii* Hook. f.

［*Aspidopterys hypoglauca* H. Lév.；

Tripterygium hypoglaucum（H. Lév.）Hutch.；

Tripterygium regelii Sprague & Takeda］

藤本灌木，高 1～3m，小枝棕红色，具 4～6 条细棱，被密毛及细密皮孔。叶椭圆形、倒卵椭圆形、长方椭圆形或卵形，长 4～7.5cm，宽 3～4cm，先端急尖或短渐尖，基部阔楔形或圆形，边缘有细锯齿，侧脉 4～7 对，达叶缘后稍上弯；叶柄长 5～8mm，密被锈色毛。圆锥聚伞花序较窄小，长 5～7cm，宽 3～4cm，通常有 3～5 个分枝，花序、分枝及小花梗均被锈色毛，花序梗长 1～2cm，小花梗细长达 4mm；花白色，直径 4～5mm；萼片先端急尖；花瓣长方卵形，边缘微蚀；花盘略 5 裂；雄蕊插生花盘外缘，花丝长达 3mm；子房具 3 条棱，花柱柱状，柱头稍膨大，3 裂。翅果长圆状，长 1～1.5cm，直径 1～1.2cm，中央果体较大，占全长 1/2～2/3，中央脉及侧脉共 5 条，分离较疏，占翅宽 2/3，小果梗细圆，长达 5mm。种子细柱状，长达 10mm。

仅见于河南大别山区的商城黄柏山；生于山谷林下阴湿处。

分布于台湾、福建、江苏、浙江、安徽、湖北、湖南、广西；朝鲜、日本也有分布。

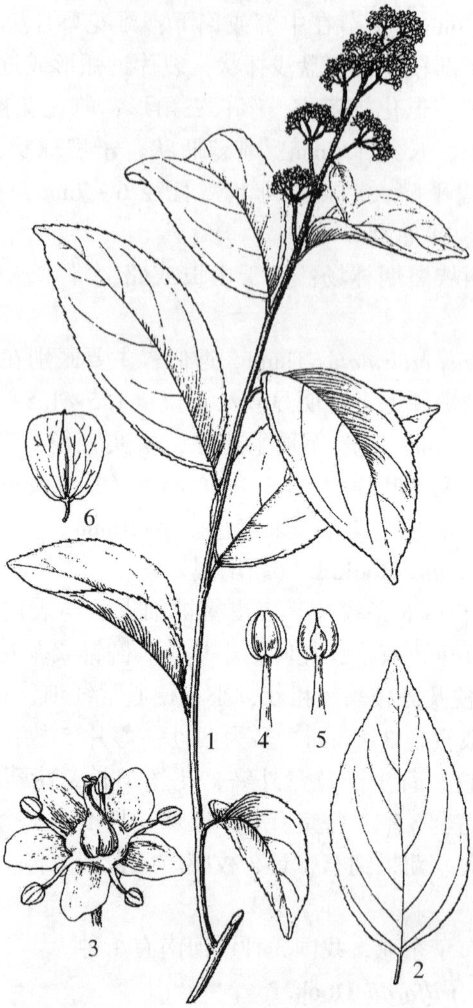

雷公藤 *Tripterygium wilfordii* Hook. f.

1. 花枝　2. 叶　3. 花放大　4、5. 雄蕊　6. 翅果

（八十九）省沽油科 Staphyleaceae

《河南植物志（第二册）》记载 2 属，3 种，3 变种。

其中：

小叶省沽油（变种）*Staphylea bumalda* var. *microphylla* B. C. Ding & T. B. Chao 有待进一步研究确认；

毛野鸦椿（变种）*Euscaphis japonica* var. *jianningensis* Q. J. Wang 为野鸦椿 *Euscaphis japonica*（Thunb.）Kanitz［《河南植物志（第二册）》误为野鸦椿 *Euscaphis japonica* Dipp.］的异名；

银雀树 *Tapiscia sinensis* Oliv. 应为瘿椒树科 Tapisciaceae 的瘿椒树 *Tapiscia sinensis* Oliv.。

（九十）瘿椒树科 Tapisciaceae（新增科）

落叶乔木，雄花与两性花异株。叶互生，具托叶，奇数羽状复叶 5~9 枚，连接处有腺体或小托叶，叶片边缘有锯齿到圆锯齿，托叶早落。圆锥花序腋生，花小，雄花单生或雌雄同生，辐射对生，白色或黄色。花萼柱状，5 裂。花瓣 5 片，雄蕊 5 枚，常凸出。花托小或无。子房上位，1 室具 1 个胚珠。果实不开裂，核果状或浆果状，果壁肉质或革质。

本科 2 属，6 种，分布于中国、西印度群岛和南美洲北部。中国 1 属（特有），2 种。河南有 1 属，1 种。

瘿椒树属 *Tapiscia* Oliv.

落叶乔木，高 8~25m；叶互生，奇数羽状复叶，托叶早落，小叶常 3~10 对，具短柄，有锯齿，有小托叶。花极小，黄色，两性或雌雄异株，辐射对称，为腋生的圆锥花序，雄花序由长而纤弱的总状花序组成，花密聚，花单生于苞腋内；萼管状，5 裂，花瓣 5 片，雄蕊 5 枚，突出，花盘小或缺，子房 1 室，有胚珠 1 个，雄花较小，有退化子房。果实不开裂，为核果状的浆果或浆果。

本属 2 种，主要产于我国江南各省。河南 1 种。

瘿椒树　银雀树 ***Tapiscia sinensis* Oliv.**

[*Tapiscia sinensis* var. *concolor* W. C. Cheng
Tapiscia sinensis var. *macrocarpa* T. Z. Hsu]

落叶乔木，高 8~15m，树皮灰黑色或灰白色，小枝无毛；芽卵形。奇数羽状复叶，长达 30cm；小叶 5~9 枚，狭卵形或卵形，长 6~14cm，宽 3.5~6cm，基部心形或近心形，边缘具锯齿，两面无毛或仅背面脉腋被毛，上面绿色，背面带灰白色，密被近乳头状白粉点；侧生小叶柄短，顶生小叶柄长达 12cm。小叶片狭卵形到卵形，长 4~14cm，宽 3.5~6cm；上面灰白色，无毛或在叶脉腋处有簇生毛；下面绿色，无毛，基部心形或亚心形，边缘有锯齿，先端渐尖。雄花序长 15~25cm，两性花的花序长 5~10cm，花小，直径约 2mm，黄色，有香气；花萼边缘有纤毛，呈钟状，长约 1mm，5 裂；花瓣狭倒卵形，稍长于萼片，边缘有纤毛；雄蕊 5 枚，花丝绿色，长 1~2mm；花药黄色。子房 1 室，有 1 个胚珠，两性花的花柱长过雄蕊；雄花有退化雌蕊。果扁球形或椭圆形，直径 7~18mm，果柄粗短。花期 3~5 月，果熟期 5~6 月。

瘿椒树 *Tapiscia sinensis* Oliv.
1. 花枝　2. 雄花　3. 果

河南仅见于伏牛山内乡宝天曼国家级自

然保护区红丝河林区；生于山沟杂木林中。郑州航空工业管理学院、河南农业大学校园有栽培。分布于浙江、安徽、湖北、湖南、广东、广西、四川、云南、贵州。

（九十一）槭树科 Aceraceae

《河南植物志（第二册）》记载 2 属，21 种，8 变种。

其中：

地锦槭、五角枫 *Acer mono* Maxim. 为五角枫（亚种）*Acer pictum* subsp. *mono*（Maxim.）H. Ohashi 的异名；

茶条槭、华北茶条槭、稀撒叶、茶条 *Acer ginnala* Maxim. 为茶条枫（亚种）*Acer tataricum* subsp. *ginnala*（Maxim.）Wesm. 的异名；

苦条槭、苦津茶、银桑叶（亚种）*Acer ginnala* subsp. *theiferum*（W. P. Fang）W. P. Fang 为苦条枫（亚种）*Acer tatarcum* subsp. *theiferum*（W. P. Fang）Y. S. Chen & P. C. de Jong 的异名；

陕甘长尾槭（变种）*Acer caudatum* var. *multiserratum*（Maxim.）Rehder 为长尾槭 *Acer caudatum* Wall. 的异名；

小鸡爪槭（变种）*Acer palmatum* var. *thunbergia* Pax 有待进一步研究确认；

多裂鸡爪槭（变种）*Acer palmatum* var. *dissectum*（Thunb.）Miq. ［《河南植物志（第二册）》542 页误为 *Acer palmatum* var. *dissectum* Koch.］和红枫（变型）*Acer palmatum* f. *atropurpureum*（Van Houtte）G. Nicholson ［《河南植物志（第二册）》542 页列为红枫（变种）*Acer palmatum* var. *atropurpureum* Schwer.］均为鸡爪槭 *Acer palmatum* Thunb. 的异名；

杈叶槭 *Acer robustum* Pax，河南杈叶槭（变种）*Acer robustum* var. *honanense* W. P. Fang 和小杈叶槭（变种）*Acer robustum* var. *minus* W. P. Fang 均为杈叶枫 *Acer ceriferum* Rehder 的异名；

太白槭 *Acer giraldii* Pax 为茶条枫（亚种）*Acer caesium* subsp. *giraldii*（Pax）A. E. Murray 的异名；

绿叶飞蛾槭（变种）*Acer oblongum* var. *concolor* Pax 为飞蛾槭 *Acer oblongum* Wall. ex DC. 的异名；

桦叶四蕊槭（变种）*Acer tetramerum* var. *betulifolium*（Maxim.）Rehder 和裂叶四蕊槭（变种）*Acer tetramerum* var. *lobulatum* Rehder 均为四蕊枫（亚种）*Acer stachyophyllum* subsp. *betulifolium*（Maxim.）P. C. DeJong 的异名；

葛萝槭、青皮椴 *Acer grosseri* Pax 和长裂葛萝槭、青皮椴、何氏槭（变种）*Acer grosseri* var. *hersii*（Rehder）Rehder 均为葛萝枫（亚种）*Acer davidii* subsp. *grosseri*（Pax）P. C. DeJong 的异名；

房县槭、山枫香 *Acer franchetii* Pax 为房县枫（亚种）*Acer sterculiaceum* subsp. *franchetii*（Pax）A. E. Murray 的异名。

本书另增补 7 种，2 亚种。

枫属（槭属、槭树属）*Acer* L.

《河南植物志（第二册）》记载 20 种，1 亚种，7 变种。本书除修订外，增补 2 种。

（1）庙台枫 *Acer miaotaiense* P. C. Tsoong

［*Acer miaotaiense* var. *glabrum* M. C. Wang;

Acer miyabei subsp. *miaotaiense*（P. C. Tsoong）A. E. Murray;

Acer yangjuechi W. P. Fang & P. L. Chiu］

落叶大乔木，高 20~25m。树皮深灰色，稍粗糙。小枝近于圆柱形，当年生枝紫褐色、无毛，多年生枝灰色，皮孔淡黄色，近于椭圆形。叶纸质，近于阔卵形，长 7~9cm，宽6~8cm，基部心形或近于心形，稀截形，常 3~5 裂，裂片卵形、先端短急锐尖，边缘微呈浅波状，裂片间的凹块钝形，上面深绿色，无毛，下面淡绿色，有短柔毛，沿叶脉较密；在下面的初生脉 3~5 条和次生脉 5~7 对较在上面为均显著；叶柄比较细瘦，长 6~7cm，基部膨大，无毛。花的特性未详。果序伞房状，连同长 0. 8~1cm 的总果梗在内约长 5cm，无毛；果梗细瘦，约长 3cm。小坚果扁平，长与宽均约 8mm，被很密的黄色绒毛；翅长圆形，宽 8~9mm，连同小坚果长 2. 5cm，张开几成水平。果熟期 9 月。

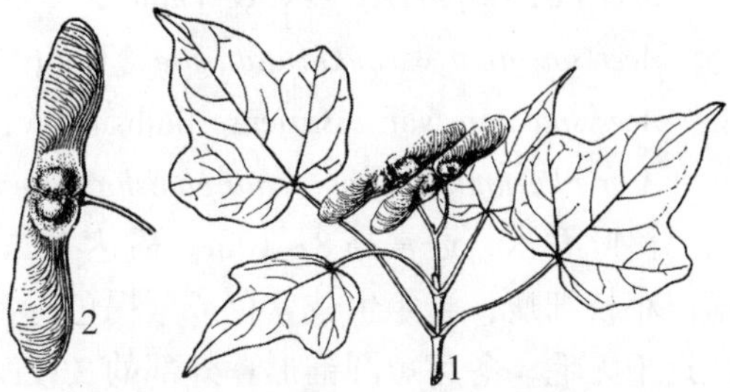

庙台枫 *Acer miaotaiense* P. C. Tsoong

1. 果枝 2. 翅果

河南产于伏牛山西峡和南召宝天曼；生于海拔 1 200~1 500m 的杂木林中。分布于陕西西南部和甘肃东南部。

（2）陕甘枫 三尾青皮槭 ***Acer shenkanense* W. P. Fang ex C. C. Fu**

［*Acer cappadocicum* var. *tricaudatum*（Rehder ex Veitch）Rehder;

Acer cappadocicum f. *tricaudatum*（Rehder ex Veitch）Rehder;

Acer cappadocicum subsp. *trilobum* A. E. Murray;

Acer laetum var. *tricaudatum* Rehder ex Veitch］

落叶乔木，高达 10m。树皮棕色或灰棕色。小枝红绿色，无毛。冬芽扁球形，外面无毛。叶柄 7~12cm，细，被短柔毛或无毛；叶片上面浅绿色，下面深绿色，长 5~10cm，宽 4~12cm，纸质，上面被短柔毛或无毛，下面无毛；主脉（3~）5 条，侧脉网状在叶片正面显著。叶片通常 3 或 5 裂；裂片基部截形，全缘，先端急尖或尾尖。花序顶生，伞房状。花黄绿色。花萼 5 片，倒卵形，长 2~2. 5mm。花瓣 5 片，椭圆形至倒卵形，长约 5mm。雄蕊 6~8 枚。花盘近无毛。翅果椭圆形，连翅在内长 1. 2~3cm；小坚果凸；翅宽0. 4~1cm，张开成锐角或钝角。花期 4~5 月，果熟期 7~9 月。

陕甘枫 *Acer shenkanense* W. P. Fang ex C. C. Fu

果枝

河南仅见于伏牛山西峡黄石庵和黑烟镇；生于海拔 1 500m 以上的杂木林中。分布于陕西、甘肃、湖北、四川和云南等省。

（3）花楷槭 *Acer ukurunduense* Trautv. & C. A. Mey.

［*Acer caudatum* subsp. *ukurunduense*（Trautv. & C. A. Mey.）A. E. Murray；

Acer caudatum var. *ukurunduense*（Trautv. & C. A. Mey.）Rehder；

Acer dedyle Maxim.；

Acer lasiocarpum H. Lév. & Vaniot；

Acer spicatum var. *ukurunduense*（Trautv. & C. A. Mey.）Maxim.；

Acer spicatum var. *ussuriense* Budishchev；

Acer ukurunduense var. *changbaishanense* W. Cao.］

落叶乔木，通常高 8~10m，稀达 15m。树皮粗糙，灰褐色或深褐色，常裂成薄片脱落。小枝细瘦，当年生枝紫色或紫褐色，常有黄色短柔毛，多年生枝褐色或深褐色，无毛或近于无毛。冬芽短圆锥形；外部的 2 枚鳞片深紫色，有黄色短柔毛，内部的 2 枚苞片有褐色短柔毛。叶膜质或纸质，基部截形或近于心脏形，外貌近于圆形，长 10~12cm，宽 7~9cm，常 5 裂，稀 7 裂；裂片阔卵形或稀三角卵形，先端锐尖，边缘有粗锯齿，裂片间的凹缺锐尖，深达叶片全长的 2/5；上面深绿色，近于无毛，下面淡绿色或黄绿色，密被淡黄色柔毛，叶脉上更密；主脉 5 条，在上面显著，在下面突起，侧脉 11~13 对，在下面显著，小叶脉在上面不显著，在下面显著，叶柄长 5~8cm，微有短柔毛或无毛。花黄绿

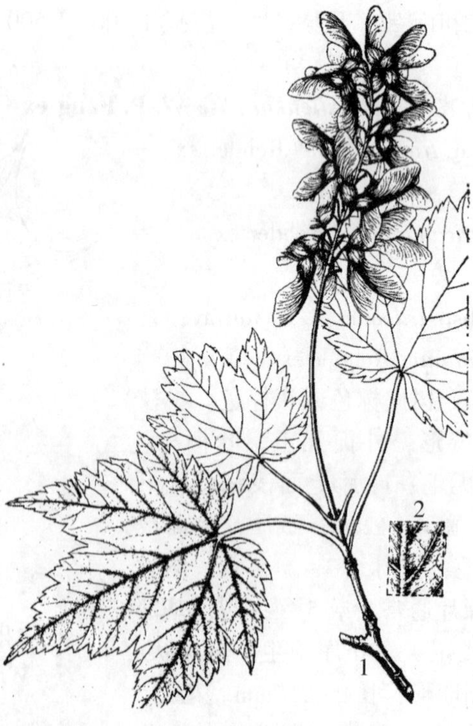

花楷槭 *Acer ukurunduense* Trautv. & C. A. Mey.

1. 果枝　2. 叶的一部分放大以示其下面的毛（张泰利　绘）

色，单性，雌雄异株，常有短柔毛的直立的顶生总状圆锥花序，长 8~10cm，总花梗长约 3cm，生于着叶的小枝上；萼片 5 枚，淡黄绿色，披针形，长 2mm，微有短柔毛；花瓣 5 片，白色微现淡黄色，倒披针形，长约 3mm；雄蕊 8 枚，无毛，着生于花盘的中部，长约 5mm，伸出花外，花药黄色；花盘无毛，微裂；子房密被绒毛；花梗长 5~8mm，细瘦，被短柔毛。翅果嫩时淡红色，成熟时黄褐色，常成直立的穗状果序；小坚果卵圆形，微有毛，直径 6mm；翅与小坚果共长 1.5~2cm，宽 6mm，张开成直角。花期 5 月，果熟期 9 月。

产于河南大别山区的商城、伏牛山区的卢氏县大块地；生于海拔 500~1 500m 的疏林中。分布于黑龙江、吉林、辽宁；俄罗斯（东部）、朝鲜、日本也有分布。

（4）青楷枫 *Acer tegmentosum* Maxim.

［*Acer pensylvanicum* var. *tegmentosum* (Maxim.) Wesm.］

落叶乔木，高 10~15m。树皮灰色或深灰色，平滑，现裂纹。小枝几无毛，当年生小枝紫色或紫绿色，多年生枝黄绿色或灰褐色。冬芽椭圆形；鳞片浅褐色，无毛，叶纸质，近于圆形或卵形，长 10~12cm，宽 7~9cm，边缘有钝尖的重锯齿。基部圆形或近于心脏形，3~7 裂，通常 5 裂；裂片三角形或钝尖形，先端常具短锐尖头；裂片间的凹缺通常钝尖，上面深绿色，无毛，下面淡绿色，脉腋有淡黄色的丛毛；主脉 5 条，由基部生出，侧脉 7~8 对，均在上面微现，在下面显著；叶柄长 4~7cm，稀达 13cm，无毛。花黄绿色，杂性，雄花与两性花同株，成无毛的总状花序；萼片 5 枚，长圆形，先端钝形，长 3mm，宽 1.5mm；花瓣 5 片，倒卵形，长 3mm，宽 2mm；雄蕊 8 枚；无毛，在两性花中不发育；花盘无毛，位于雄蕊的内侧；子房无毛，在雄花中不发育，花柱短，柱头微被短柔毛，略弯曲。翅果无毛，黄褐色；小坚果微扁平；翅连同小坚果长 2.5~3cm，宽 1~1.3cm，张开成钝角或近于水平；果梗细瘦，长约 5mm。花期 4 月，果熟期 9 月。

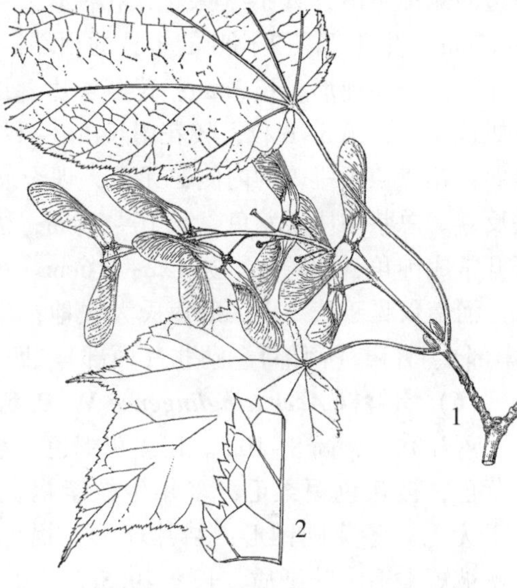

青楷枫 *Acer tegmentosum* Maxim.

1. 果枝 2. 叶边缘的一部分和锯齿

产于河南大别山区的商城金刚台、信阳鸡公山和李家寨；生于疏林中。分布于黑龙江、吉林、辽宁；俄罗斯东部和朝鲜也有分布。

（5）四蕊枫（亚种）*Acer stachyophyllum* subsp. *betulifolium*（Maxim.）P. C. de Jong（彩版图 79）

［*Acer betulifolium* Maxim；

Acer lauyuense W. P. Fang；

Acer megalodum W. P. Fang & H. Y. Su；

Acer tetramerum Pax；

Acer tetramerum var. *betulifolium*（Maxim.）Rehder；

Acer tetramerum var. *haopingense* W. P. Fang;

Acer tetramerum f. *latialatum* Rehder;

Acer tetramerum var. *lobulatum* Rehder]

落叶乔木，高7~12m。树皮平滑，灰褐色或深褐色。小枝细瘦，无毛及皮孔，紫色或紫绿色。冬芽卵圆形；鳞片淡紫色，卵形，外侧无毛，边缘微被纤毛。叶菱形或长圆卵形，略小，长5~7cm，宽3~4cm，基部阔楔形或近于圆形，微分裂或不分裂，边缘有较粗的钝锯齿，上面深绿色，嫩时被稀疏的短柔毛，老时毛均脱落，下面无毛，由基部生出的侧脉仅1对；叶柄细瘦，长2.5~5cm，嫩时微被柔毛，渐老时无毛。花黄绿色，单性，雌雄异株，成无毛而细瘦的总状花序；雄花的总状花序很短，几无总花梗，由无叶的小枝旁边的侧芽生出，具3~5朵花，花梗长1~1.5cm；雌花的总状花序长4~5cm，总花梗长8~15mm，生于仅具2枚叶的短枝的顶端，有5~8朵花，花梗长8~20mm；萼片4枚，长圆卵形，先端钝形，长3mm；花瓣4片，长圆椭圆形，与萼片等长或微长于萼片；雄花中有雄蕊4枚，稀5~6枚，较花瓣长1/3~1/2，常伸出于花外，花药阔椭圆形，黄色，花丝瘦弱；花盘位于雄蕊的内侧，无毛，现裂痕；子房紫色，无毛，花柱无毛，长1.5mm，柱头反卷。总状果序淡紫色，长10~13cm，稀达18cm，果梗长1.5~2.5cm，翅果长3~4cm，张开常成钝角，翅较宽，宽1.2~1.6cm。花期4月，果熟期9月。

河南仅见于伏牛山区的卢氏大块地；生于海拔1 500m以上山谷疏林中。分布于陕西（南部）、甘肃（南部）、湖北（西部）、四川、云南；缅甸也有分布。

（6）秦岭枫 *Acer tsinglingense* W. P. Fang & C. C. Hsieh

落叶乔木，高8~10m。树皮灰褐色。小枝细瘦，近于圆柱形或略呈棱角状；当年生枝淡紫色，被灰色短柔毛；多年生枝紫褐色，近于无毛。冬芽圆锥形；鳞片卵形，褐色，外侧被短柔毛。叶纸质，长4~9.5cm，宽4~11cm，基部圆形，稀近于心脏形，3裂，各裂片先端锐尖，中裂片长圆卵形，边缘波状稀有圆齿1~2枚；侧生的裂片三角状卵形，边缘浅波状或近于全缘；上面深绿色，无毛，下面淡绿色，有淡黄色短柔毛，在叶脉上更密；初生脉3条，在下面突起，次生脉9~11条，在下面显著；叶柄长6~10cm，被淡黄色短柔毛。总状花序被短柔毛，由无叶的小枝旁边生出；花梗长1~1.5cm，被短柔毛。花单性，雌雄异株，淡绿色；萼片5枚，长圆卵形，长5mm；花瓣5片，长圆形，较长于萼片；雄蕊8枚，长7mm，花丝无毛，花药黄色，长圆椭圆形；花盘位于雄蕊外侧；雌花的特性未详。小坚果黄色，特别突起，脊纹显著，被淡黄色疏柔毛，直径1cm；翅镰刀形，宽1.5cm，连同小坚果长4~4.2cm，张开近于直立。花期4月，果熟期8~9月。

秦岭枫 *Acer tsinglingense* W. P. Fang & C. C. Hsieh

1. 果枝 2. 翅果

河南仅见于伏牛山北部的灵宝；生于海拔1 200~1 500m的疏林中。分布于陕西和甘肃（东南部）。

本种与房县枫（亚种）*Acer sterculiaceum* subsp. *franchetii*（Pax）A. E. Murray 相似，区别在于本种的当年生小枝、叶柄和叶下面均有宿存的短柔毛，叶显著 3 裂，边缘波状有圆齿 1~2 枚，翅果有宿存的淡黄色疏柔毛。

（7）锐角枫 *Acer acutum* W. P. Fang

［*Acer acutum* var. *quinquefidum* W. P. Fang & P. L. Chiu；

Acer acutum var. *tientungense* W. P. Fang & M. Y. Fang］

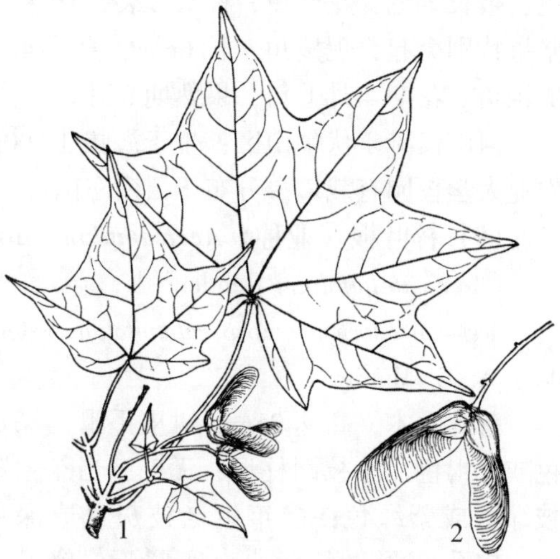

锐角枫 *Acer acutum* W. P. Fang

1. 果枝　2. 翅果

落叶小乔木，高 10~15m。树皮褐色或灰褐色，平滑或微现裂纹。小枝圆柱形，无毛，当年生枝淡红色或红绿色，多年生枝褐色或深褐色，具卵形或圆形皮孔。冬芽褐色，卵圆形，鳞片 6 枚，边缘具纤毛。叶纸质，冬季脱落，基部心脏形或近于心脏形，长 9~15cm，宽 6~20cm，通常 7 裂；裂片阔卵形或三角形，中央裂片顶端和侧裂片的先端锐尖，基部裂片的先端钝尖或不发育，两裂片间的凹缺钝尖；上面深绿色，无毛；下面淡绿色或黄绿色，嫩时被短柔毛，在叶脉上更密，老时仅沿叶脉被长柔毛；由基部生出的 5 条主脉直达裂片的先端，在上面微凹，在下面凸出而显著，侧脉在上面不显著，在下面显著；叶柄长 4~12cm，嫩时顶端微被短柔毛，渐老即脱落。伞房花序长和直径均约 7cm，微被短柔毛，总花梗长 3~5mm，生于着叶的枝顶端，嫩叶初长时开花；花黄绿色，杂性，雄花与两性花同株；萼片 5 枚，长圆形，先端钝形，边缘具纤毛，外侧微被疏柔毛，长 2.8~3.2mm，宽 1.8~2mm；花瓣 5 片，线状倒披针形或倒卵形，先端钝，无毛，长 3~3.5mm，宽 0.5~1mm；雄蕊 8 枚，生于雄花者与萼片等长，生于两性花者，仅长 1.5mm，花丝无毛，花药黄色；花盘位于雄蕊的外侧；子房、花柱无毛，柱头反卷。小坚果压扁状，长 9~11 mm，宽 7mm，绿色，无毛，翅长圆形，两侧平行或中段略宽，宽9~10mm，连同小坚果长 3~3.5cm，展开成锐角。花期 4 月，果熟期 8 月。

产于河南大别山区的新县连康山以及商城；生于低山疏林中。分布于浙江、江西、安徽（南部）。

（8）富宁枫 *Acer paihengii* W. P. Fang

［*Acer amoenum* Hu & W. C. Cheng］

落叶乔木，高达 12m。树皮深褐色或紫褐色，比较粗糙。小枝圆柱形，无毛，当年生枝紫绿色，多年生枝黄绿色，最后变褐色，具椭圆形皮孔。叶革质或厚革质，卵形或长椭圆形，长 4~6cm，宽 1.6~2.8cm，基部圆形，先端锐尖，全缘或中段以上微裂，具 2 枚不发育的钝形侧裂片；上面深绿色；下面灰色，微被白粉；初生脉在上面显著，在下面突起，基部有侧脉 2 条，直达叶片的中段，在上面显著，在下面微突起，其余的侧脉不显著；叶柄圆柱形，长 1.8~（3~5）cm，淡黄色或淡黄褐色。花绿色，杂性，雄花与两性花同株，常成密被黄色长柔毛的伞房花序；总花梗长 4～6mm；萼片 5 枚，绿色，披针形或稀长圆形，长 3.5～4.3mm，宽 0.8～1mm，无毛；花瓣 5 片，淡绿色，与萼片的大小相等；雄蕊 8 枚，伸出花外，花丝无毛，花药卵形；花盘无毛，位于雄蕊的外侧；子房紫色，被长柔毛，花柱短，柱头 2 裂，直立。翅果嫩时紫红色，被毛，成熟后变黄褐色，小坚果特别突起，现棱角，长 6mm，直径 4mm；翅宽 7mm，连同小坚果长 2～2.2cm，张开成钝角。花期 4 月上旬，果熟期 8 月。

河南仅见于伏牛山区；生于海拔 1 000m 左右的混交阔叶林中。洛阳林业学校、河南农业大学校园有栽培。分布于云南东南部。

（9）梓叶枫（亚种）*Acer amplum* subsp. *catalpifolium*（Rehder）Y. S. Chen

［*Acer catalpifolium* Rehder；*Acer cappadocicum* subsp. *catalpifolium*（Rehder）A. E. Murray］

落叶乔木，高达 25m。树皮平滑，深灰色或灰褐色。小枝圆柱形，无毛，当年生嫩枝绿色或紫绿色；多年生老枝灰色或深灰色，皮孔圆形。冬芽小，卵圆形；鳞片 6 枚，近于无毛。叶纸质，卵形或长圆卵形，长 8～20cm，宽 5～9cm，基部圆形，先端钝尖具尾状尖尾，不分裂或在中段以下具 2 枚微发育的裂片；上面深绿色，无毛，下面除脉腋具黄色丛毛外，其余均无毛；初生脉和次生脉均在上面微凹下，在下面显著；叶柄无毛，长 5～14cm。伞房花序长 6cm，直径 20cm，具长 2～3mm 的总花梗；花黄绿色，杂性，雄花与两性花同株，4 月于叶初生时开放；萼片 5 枚，长圆卵形，先端钝形，现凹缺，无毛；花瓣 5 片，长圆倒卵形或倒披针形，长 4～5mm，宽 1～5（～2）mm，无毛；雄蕊 8 枚，在雄花中长 3～3.5mm，两性花中的雄蕊较短，花丝细瘦，无毛，花药黄色，近于球形；花盘盘状，无毛，位于雄蕊的外侧；子房无毛，花柱细瘦，2 裂柱头反卷，小坚果压扁状，卵形，长 1.5cm，宽 6～8mm，淡黄色；翅长 3.5～4cm，上段宽 1.4cm，下段宽 0.6cm，连同小坚果长 5～5.5cm，宽约 1.4cm，嫩时绿色，成熟时淡黄色，展开成锐角或近于直角；果梗长 2～3cm。花期 4 月上旬，果熟期 8～10 月。

梓叶枫（亚种）*Acer amplum* subsp. *catalpifolium*（Rehder）Y. S. Chen

河南仅见于伏牛山北部栾川龙峪湾；生于海拔 1 000m 左右混交阔叶林中。分布于四川、贵州（北部）、广西（东北部）。

（九十二）七叶树科 Hippocastanaceae

《河南植物志（第二册）》记载1属，2种。

其中：

天师栗、猴板栗 *Aesculus wilsonii* Rehder 为天师栗（变种）*Aesculus chinensis* var. *wilsonii*（Rehder）Turland & N. H. Xia 的异名。

本书另增补1种。

七叶树属 *Aesculus* L.

《河南植物志（第二册）》记载2种，本书除修订外，增补1种（栽培）。

长柄七叶树 *Aesculus assamica* Griff.

[*Aesculus punduana* Wall. ex Hiern]

落叶乔木，高常超过10m，树皮灰褐色。小枝圆柱形，淡褐色，无毛，有稀疏的淡黄色近于圆形的皮孔。掌状复叶，有长18~30cm的叶柄；小叶6~9枚，近于革质，长圆披针形，先端锐尖，基部阔楔形，边缘有紧贴的钝尖形细锯齿，各小叶的大小不等，中间的小叶长20~25（~42）cm，宽6~12cm，两侧的小叶较小，长12~20cm，常为中间小叶长度的1/2，无毛，上面深绿色，下面淡绿色，干后略带淡紫色；中肋在上面显著，在下面突起，侧脉23~25对，平斜向伸展，在上面微显著，在下面显著，小叶脉在下面微显著；小叶柄紫色或淡紫色，长5~15mm。花序顶生，细长圆筒形，基部直径10 cm，连同长10cm的总花梗在内共长40~45cm，总花梗有淡黄色微柔毛，基部的小花序长4~4.5cm，有5~6朵花，平斜向伸展；花梗长5~7mm，有淡黄色柔毛。花杂性；花萼管状，长7~8mm，外面有淡黄灰色微柔毛，裂片5个，大小不等，钝尖或三角形；花瓣4片，白色有紫褐色斑块，前面2片花瓣匙状，长14mm，宽6mm，基部爪状，旁边的2片花瓣长圆倒卵形，长16mm，宽7mm；雄蕊5~7枚，长短不等，长20~25mm，花丝细瘦，花药长圆形，长3mm；子房长圆倒卵圆形或长卵圆形，紫色，有短柔毛；花柱细长，柱头粗大。蒴果倒卵圆形或近于椭圆形。花期2~5月，果熟期6~10月。

本种有较长的叶柄，常长达30cm，小叶较厚，近于革质，中间的小叶较两侧的小叶常长2倍，花序比较粗壮，基部直径约10cm，极易与相近种区别。

郑州、洛阳等地有引种栽培，作为庭院观赏树木，生长良好。原产于云南西南部和广西南部；越南北部、泰国、缅甸北部、不丹、孟加拉国和印度东北部也有分布。

（九十三）无患子科 Sapindaceae

《河南植物志（第二册）》记载4属，6种。

其中：

无患子、木栜哨 *Sapindus mukorossi* Gaertn. 为无患子 *Sapindus saponaria* L. 的异名；

小叶栾树 *Koelreuteria minor* Hemsl. 为黄梨木 *Boniodendron minus*（Hemsl.）T. C. Chen

的异名；

黄山栾树、黄山栾 *Koelreuteria integrifoliola* Merr. 为复羽叶栾树 *Koelreuteria bipinnata* Franch. 的异名。

本书另增补 1 属。

黄梨木属 *Boniodendron* Gagnep.（新增属）

常绿小乔木，叶互生，偶数羽状复叶，无托叶；小叶互生或近对生，基部两侧不对称，边缘有钝锯齿。聚伞圆锥花序大型，顶生及腋生；分枝多，每花序上有多数雄花和少数雌花；花单性，花蕾球形；花梗具关节；萼片 5 枚，覆瓦状排列，外面 1 枚较小；花瓣 5 片，较萼片长，倒卵形或长圆形，具爪，瓣片基部两侧各具 1 枚向内折的耳状小鳞片；花盘环状，5 浅裂；雄蕊（雄花）8 枚，花丝无毛，长伸出于花瓣之上，花药小，卵形，基部以上背着；子房（雌花）被毛，3 室，每室有叠置的胚珠 2~3 个，柱头浅 2 裂或 3 裂。蒴果卵状球形或球形，具 3 翅，果瓣 3 个，膜质，外面有脉纹，内面有光泽。种子每室 1 粒，近球形，种皮 2 层，外层的脆壳质，黑色，有光泽，内层的较薄；胚螺旋状卷曲，胚根短。

本属 2 种。1 种产于越南北部，1 种产于我国西南至南部，河南也有分布，黄梨木 *Boniodendron minus*（Hemsl.）T. C. Chen［原为小叶栾树 *Koelreuteria minor* Hemsl.《河南植物志（第二册）》556 页］。

（九十四）清风藤科 Sabiaceae

《河南植物志（第二册）》记载 2 属，13 种，3 变种。

其中：

毛清风藤 *Sabia puberula* Rehder & E. H. Wilson 为云南清风藤 *Sabia yunnanensis* Franch. 的异名；

阔叶清风藤、青条菜 *Sabia latifolia* Rehder & E. H. Wilson 为阔叶清风藤（亚种）*Sabia yunnanensis* subsp. *latifolia*（Rehder & E. H. Wilson）Y. F. Wu 的异名；

巴东泡花树 *Meliosma platypoda* Rehder & E. H. Wilson 为泡花树 *Meliosma cuneifolia* Franch. 的异名；

柯南树 *Meliosma beaniana* Rehder & E. H. Wilson 为柯南树 *Meliosma alba*（Schltdl.）Walp. 的异名。

本书增补 1 亚种。

清风藤属 *Sabia* Colebr.

《河南植物志（第二册）》记载 4 种，1 变种。本书除修订外，增补 1 亚种。

鄂西清风藤　青条菜（亚种）*Sabia campanulata* subsp. *ritchieae*（Rehder & E. H. Wilson）Y. F. Wu

［*Sabia gaultheriifolia* Stapf. ex L. Chen；
Sabia ritchieae Rehder & E. H. Wilson；
Sabia shensiensis H. Y. Chen］

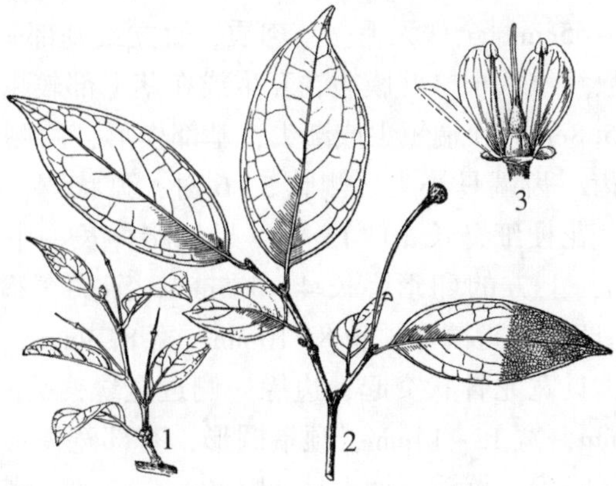

鄂西清风藤（亚种）*Sabia campanulata* subsp. *ritchieae*（Rehder & E. H. Wilson）Y. F. Wu

1. 花枝 2. 果枝 3. 花去部分花瓣，示花萼、花瓣、雄蕊、花盘和雌蕊

落叶攀缘藤本；小枝淡绿色，有褐色斑点、斑纹及纵条纹，无毛。芽鳞卵形或阔卵形，先端尖，有缘毛。叶膜质，嫩时披针形或狭卵状披针形，成长叶长圆形或长圆状卵形，长3.5~8cm，宽3~4cm，先端尾状渐尖或渐尖，基部楔形或圆形，叶面深绿色，有微柔毛，老叶脱落近无毛，叶背灰绿色，无毛或脉上有细毛；侧脉每边4~5条，在离叶缘4~5mm处开叉网结，网脉稀疏，侧脉和网脉在叶面不明显；叶柄长4~10mm，被长柔毛。花深紫色，直径1~1.5cm，花梗长1~1.5cm，单生于叶腋，很少2朵并生；萼片5枚，半圆形，长约0.5mm，宽约2mm；花瓣5片，宽倒卵形或近圆形，长5~6mm，宽4~7mm，果时不增大，不宿存而早落，顶端圆，有7条脉纹；雄蕊5枚，长4~5mm，花丝扁平，花药外向开裂；花盘肿胀，高长于宽，基部最宽，边缘环状；子房无毛。分果爿阔倒卵形，长约7mm，宽约8mm，幼嫩时为宿存花瓣所包围；果核有中肋，中肋两边有蜂窝状凹穴，两侧面具块状或长块状凹穴，腹部稍凸出。花期3~4月，果熟期5~6月。

产于河南大别山、桐柏山、伏牛山；生于山谷杂木林中。分布于江苏、安徽、浙江、福建、江西、广东、湖南、湖北、陕西、甘肃、四川、贵州。嫩叶可作蔬菜，群众称青条菜，也可作园林垂直绿化树种。

（九十五）凤仙花科 Balsaminaceae

《河南植物志（第二册）》记载1属，8种。

其中：

异萼凤仙花 *Impatiens heterosepala* S. Y. Wang 为卢氏凤仙花 *Impatiens lushiensis* Y. L. Chen 的异名。

本书另增补1种。

凤仙花属 *Impatiens* L.

《河南植物志（第二册）》记载8种。本书除修订外，增补1种。

畸形凤仙花　奇异凤仙花 ***Impatiens paradoxa* C. S. Zhu & H. W. Yang（彩版图 80）**

一年生草本，高 30~65cm，全株无毛。茎肉质，直立或基部斜升，有分枝，干时具条纹，下部节膨大，具多数纤维状根。叶膜质，互生或在茎上部较密集，椭圆形或卵状椭圆形，长 6~12cm，宽 3~5.8cm，顶端短尖或渐尖，基部楔形，两侧具 2~4 对具柄腺体，边缘具粗圆齿或圆齿状锯齿，齿端具小尖，侧脉 5~6 对，弧状弯，上面深绿色，下面浅绿色。花单生于上部叶腋；花梗细，长 10~15mm，果期略伸长，中上部具 2 枚苞片，下方的线形，长 1.5~2.5mm，上方的卵形，长 4~5.5mm，渐尖，宿存。花黄色，长 2.5~3cm；侧生萼片 2 枚，斜卵形或近圆形，长 8~10mm，宽 8~9mm，不等侧，顶端急尖，背面有紫色斑，中脉增厚，具宽龙骨状突起，边缘一侧近全缘，另一侧具 4（~5）枚尖齿；旗瓣近圆形，长 10~12mm，宽 13~14mm，顶端圆形，基部宽楔形，背面中肋增厚，中部以上具鸡冠状突起，顶端喙尖。翼瓣具柄，长 28~30mm，2 裂，基部裂片小，长圆形，长 4.5~6mm，宽约 4mm，顶端圆形，具伸长达 6~7mm 的细丝，上部裂片斧形，长 22~25mm，宽 11~13mm，顶端尖，但无细丝。背部具宽小耳；唇瓣囊状，长 30mm，口部斜上，长 18~20mm，先端渐尖，基部圆形或近截形，急狭成 2~3 个距，每个距又 2 分裂，状似 4~6 个距。距稍内弯，长 3.5~5mm。花丝线形；花药卵圆形，顶端钝；子房纺锤状，长 4~5mm，顶端喙尖。蒴果线状圆柱形，长 30~40mm，喙尖。种子多数，长圆状球形，长约 2mm，褐色，具疣状突起。花期 8~9 月，果熟期 9~10 月。

本种外形近似齿萼凤仙花 *Impatiens dicentra* Franch.，但花梗中上部具大小不同的 2 枚苞片，翼瓣仅下部裂片具细丝，上部裂片无细丝，唇瓣具 2~3 个 2 裂的短距。

仅产于河南伏牛山嵩县龙池曼、栾川龙峪湾和鸡脚尖、鲁山尧山、内乡宝天曼、西峡黄石庵；生于海拔 1 000m 以上的山沟溪旁和林下阴湿处。

（九十六）鼠李科 Rhamnaceae

《河南植物志（第二册）》记载 7 属，25 种，4 变种。

其中：

葫芦枣（变种）*Ziziphus jujuba* var. *lageniformis*（Nakai）Cheng. 应为葫芦枣（变型）*Ziziphus jujuba* f. *lageniformis*（Nakai）Kitag.；

龙爪枣、蟠龙枣（变种）*Ziziphus jujuba* var. *tortuosa* Hort 应为龙爪枣（变型）*Ziziphus jujuba* f. *tortuosa* C. Y. Cheng；

辽东鼠李 *Rhamnus meyeri* C. K. Schneid. 为圆叶鼠李 *Rhamnus globosa* Bunge 的异名；

金背鼠李、黄背鼠李 *Rhamnus hypochrysa* C. K. Schneid. 为毛冻绿（变种）*Rhamnus utilis* var. *hypochrysa*（C. K. Schneid.）Rehder 的异名；

雀梅藤 *Sageretia theezans* Brongn. 为雀梅藤 *Sageretia thea*（Osbeck）M. C. Johnst. 的异名；

卵叶猫乳、长叶绿柴 *Rhamnella obovalis* C. K. Schneid. 为猫乳 *Rhamnella franguloides*（Maxim.）Weberb. 的异名；

牛儿藤 *Berchemia hypochrysa* C. K. Schneid. 为黄背沟儿茶 *Berchemia flavescens*（Wall.）Wall. ex Brongn. 的异名；

纪氏牛儿藤、奇氏牛儿藤 *Berchemia giraldiana* C. K. Schneid. 为多花沟儿茶 *Berchemia floribunda*（Wall.）Brongn. 的异名。

本书另增补 9 种，3 变种。

1. 雀梅藤属 *Sageretia* Brongn.

《河南植物志（第二册）》记载 3 种。本书除修订外，增补 1 种，1 变种。

（1）少脉雀梅藤 对结刺 ***Sageretia paucicostata* Maxim.**

［*Sageretia tibetica* Pax & K. Hoffm.］

直立灌木，稀小乔木，高可达 6m；幼枝被黄色茸毛，后脱落，小枝刺状，对生或近对生。叶纸质，互生或近对生，椭圆形或倒卵状椭圆形，稀近圆形或卵状椭圆形，长 2.5~4.5cm，宽 1.4~2.5cm，顶端钝或圆形，稀锐尖或微凹，基部楔形或近圆形，边缘具钩状细锯齿，上面无光泽，深绿色，下面黄绿色，无毛，侧脉每边 2~3 条，稀 4 条，弧状上升，中脉在上面下陷，侧脉稍突起，中脉和侧脉在下面突起，网脉多少明显；叶柄长 4~6mm，稀较长，被短细柔毛。花无梗或近无梗，黄绿色，无毛，单生或 2~3 个簇生，排成疏散穗状或穗状圆锥花序，常生于侧枝顶端或小枝上部叶腋，花序轴无毛；萼片稍厚，三角形，顶端尖；花瓣匙形，短于萼片，顶端微凹；雄蕊稍长于花瓣；花药圆形，子房扁球形，藏于花盘内，3 室，每室具 1 个胚珠，花柱粗短，柱头头状，3 浅裂。核果倒卵状球形或圆球形，长 5~8mm，直径 4~6mm，成熟时黑色或黑紫色，具 3 个分核；种子扁平，两端微凹。花期 5~9 月，果熟期 7~10 月。

河南产于太行山区的济源和沁阳、伏牛山区的栾川和西峡；生于山坡或山谷灌丛或疏林中。分布于河北、山西、陕西、甘肃、四川、云南、西藏（东部）。

（2）毛叶雀梅藤（变种）*Sageretia thea* var. *tomentosa*（C. K. Schneid.）Y. L. Chen & P. K. Chou（彩版图 81）

藤状或直立灌木；小枝具刺，互生或近对生，褐色，被短柔毛。叶纸质，近对生或互生，通常卵形、矩圆形或卵状椭圆形，下面被绒毛，后逐渐脱落，长 1~4.5cm，宽 0.7~2.5cm，顶端锐尖，钝或圆形，基部圆形或近心形，边缘具细锯齿，上面绿色，无毛，下面浅绿色，无毛或沿脉被柔毛，侧脉每边 3~4（5）条，上面不明显，下面明显突起；叶柄长 2~7mm，被短柔毛。花无梗，黄色，有芳香，通常 2 至数个簇生排成顶生或腋生疏散穗状或圆锥状穗状花序；花序轴长 2~5cm，被绒毛或密短柔毛；花萼外面被疏柔毛；萼片三角形或三角状卵形，长约 1mm；花瓣匙形，顶端 2 浅裂，常内卷，短于萼片；花柱极短，柱头 3 浅裂，子房 3 室，每室具 1 个胚珠。核果近圆球形，直径约 5mm，成熟时黑色或紫黑色，具 1~3 个分核，味酸；种子扁平，两端微凹。花期 7~11 月，果熟期翌年 3~5 月。

产于河南大别山区的新县连康山、商城金刚台；生于海拔 1 000m 左右的山坡灌丛或疏林。分布于甘肃、安徽、江苏、江西、福建、台湾、广东、广西、云南、四川；朝鲜和泰国也有分布。

本种的叶可代茶，也可供药用，治疮疡肿毒；根可治咳嗽，降气化痰；果酸味，可食。由于此植物枝密集具刺，在南方常栽培作绿篱。

2. 鼠李属 *Rhamnus* L.

《河南植物志（第二册）》记载12种。本书除修订外，增补5种，1变种。

（1）异叶鼠李 *Rhamnus heterophylla* Oliv.

［*Rhamnus cavaleriei* H. Lév.；

Rhamnus heterophylla var. *oblongifolius* E. Pritz.］

矮小灌木，高2m，枝无刺，幼枝和小枝细长，被密短柔毛。叶纸质，大小异形，在同侧交替互生，小叶近圆形或卵圆形，长0.5~1.5cm，顶端圆形或钝；大叶矩圆形、卵状椭圆形或卵状矩圆形，长1.5~4.5cm，宽1~2.2cm，顶端锐尖或短渐尖，常具小尖头，基部楔形或圆形，边缘具细锯齿或细圆齿，干时多少背卷，上面浅绿色，两面无毛或仅下面脉腋被簇毛，稀沿脉被疏短柔毛，侧脉每边2~4条，上面不明显，下面稍突起，叶柄长2~7mm，有短柔毛；托叶钻形或线状披针形，短于叶柄，宿存。花单性，雌雄异株，单生或2~3朵簇生于侧枝上的叶腋，5基数，花梗长1~2mm，被疏微柔毛；萼片外面被疏柔毛，内面具3条脉；雄花的花瓣匙形，顶端微凹，具退化雌蕊，子房不发育，花柱3半裂；雌花花瓣小，2浅裂，早落，有极小的退化雄蕊，子房球形，3室，每室有1个胚珠，花柱短，3半裂。核果球形，基部有宿存的萼筒，成熟时黑色，具3个分核；果梗长1~2mm。种子背面具长为种子4/5上窄下宽的纵沟。花期5~8月，果熟期9~11月。

异叶鼠李 *Rhamnus heterophylla* Oliv.

1. 枝 2. 花 3. 果

产于河南伏牛山南部的淅川、西峡、南召、内乡；生于海拔400~1 500m的山坡灌丛或林缘。分布于甘肃东南部、陕西南部、湖北西部、四川、贵州及云南。果实含黄色染料；嫩叶可代茶。

（2）黑桦树 *Rhamnus maximovicziana* J. J. Vassil.

［*Rhamnus virgata* var. *aprica* Maxim.；

Rhamnus virgata var. *mongolica* Maxim.］

多分枝灌木，高达2.5m；小枝对生或近对生，枝端及分叉处常具刺，桃红色或紫红色，后变紫褐色，被微毛或无毛，有光泽或稍粗糙。叶近革质，在长枝上对生或近对生，在短枝上端簇生，椭圆形、卵状椭圆形或宽卵形，稀匙形，长10~35mm，宽6~12mm，顶端圆钝，稀微凹，基部楔形或近圆形，近全缘或具不明显的细锯齿，上面绿色，下面浅绿

黑桦树 *Rhamnus maximovicziana* J. J. Vassil.

1. 果枝 2. 种子

色，两面无毛，侧脉每边 2～3 条，上面稍凹，下面突起，具明显的网脉；叶柄长 5～20mm，无毛或近无毛；托叶狭披针形，长达 4mm。花单性，雌雄异株，通常数朵至 10 余朵簇生于短枝端，4 基数，花梗长 4～5mm。核果倒卵状球形或近球形，长 4mm，直径 4～6mm，基部有宿存的萼筒，具 2 或 3 个分核，红色，成熟时变黑色；果梗长 4～6mm，无毛。种子背面具长为种子 1/2～3/5 倒心形的宽沟。花期 5～6 月，果熟期 6～9 月。

产于河南太行山济源的天台山和伏牛山灵宝的老鸦岔；生于山坡灌丛中或林缘。分布于内蒙古、河北、山西、陕西、甘肃、宁夏、四川。

（3）甘青鼠李 *Rhamnus tangutica* J. J. Vassil.

[*Rhamnus leptophylla* var. *scabrella* Rehder;

Rhamnus potaninii J. J. Vassil.;

Rhamnus virgata var. *parvifolia* Maxim.]

灌木，稀乔木，高 2～6m；小枝红褐色或黑褐色，平滑有光泽，对生或近对生，枝端和分叉处有针刺；短枝较长，幼枝绿色，无毛或近无毛。叶纸质或厚纸质，对生或近对生，或在短枝上簇生，椭圆形、倒卵状椭圆形或倒卵形，长 2.5～6cm，宽 1～3.5cm，顶端短渐尖或锐尖，稀近圆形，基部楔形，边缘具钝或细圆齿，上面深绿色，有白色疏短毛或近无毛，下面浅绿色，干时变黄色，无毛或仅脉腋窝孔内有疏短毛，稀沿脉被疏短柔毛，侧脉每边 4～5 条，下面突起，脉腋常有小窝孔；叶柄长 5～10mm，有疏短柔毛；托叶线形，常宿存。花单性，雌雄异株，4 基数，有花瓣；花梗长 4～6mm，无毛或近无毛；雄花数朵至 10 余朵；雌花 3～9 朵簇生于短枝端，花柱 2 浅裂。核果倒卵状球形，长 5～6mm，直径 4～5mm，基部有宿存的萼筒，具 2 个分核，成熟时黑色；果梗长 6～8mm，无毛；种子红褐色，背侧具长为种子 3/4～4/5 的纵沟。花期 5～6 月，果熟期 6～9 月。

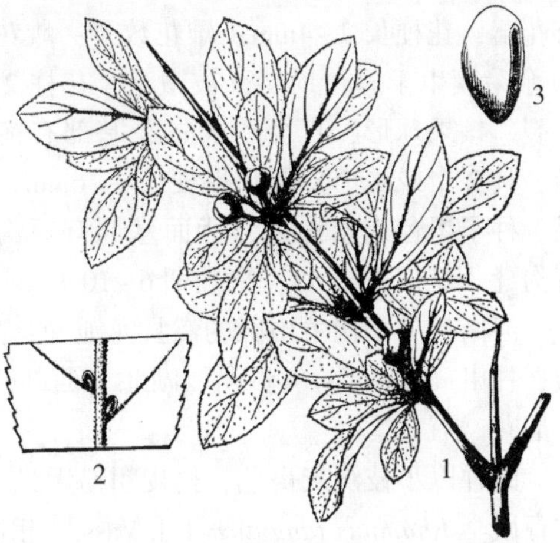

甘青鼠李 ***Rhamnus tangutica*** **J. J. Vassil.**
1. 果枝 2. 叶背面 3. 种子

产于伏牛山区的灵宝、卢氏、栾川、西峡等地；生于海拔 1 000m 以上的山谷灌丛或林下。分布于甘肃东南部、青海东部至东南部、陕西中部、四川西部和西藏东部。果实可提取染料。

（4）湖北鼠李 *Rhamnus hupehensis* C. K. Schneid.

灌木，高 1.5～2m，刺未见；小枝互生，黄绿色，无毛，干时具纵条纹，多少有皮孔，老枝灰褐色，皮开裂；顶芽较大，卵圆形，长 3～6mm，鳞片少数，顶端尖，淡黄色，基部黑褐色，被缘毛。叶纸质或薄纸质，互生，脱落，椭圆形或矩圆状卵形，稀披针状椭圆形，长 5～11cm，宽 2.5～5cm，顶端短渐尖或渐尖，基部楔形，边缘有钩状内弯的锯齿，上面深绿色，下面浅绿色，两面无毛，侧脉每边 5～7（～8）条，弧状内弯，上面下陷，下面突起；叶柄长 1～1.5cm，上面有沟，无毛；托叶早落。花未见。核果通常 1～2 个生于短枝上部叶腋，倒卵状球形，直径 4～7mm，成熟时紫黑色，具 2～3 个分核，基部有宿存的萼筒；果梗长5~10mm，被疏毛。种子矩圆状倒卵圆形，长5~7mm，褐色，有光泽，背面有长为种子5/7的纵沟。花期4~5月，果熟期6~9月。

产于河南伏牛山区的嵩县、南召、栾川、内乡、西峡等；生于海拔500~1 800m的山坡、路旁或沟边灌丛中。分布于湖北房县、神农架。

（5）刺鼠李 *Rhamnus dumetorum* C. K. Schneid.

灌木，高3~5m；小枝浅灰色或灰褐色，树皮粗糙，无光泽，对生或近对生，枝端和分叉处有细针刺，当年生枝有细柔毛或近无毛。叶纸质，对生或近对生，或在短枝上簇生，椭圆形，稀倒卵状、倒披针状椭圆形或矩圆形，长2.5~9cm，宽1~3.5cm，顶端锐尖或渐尖，稀近圆形，基部楔形，边缘具不明显的波状齿或细圆齿，上面绿色，被疏短柔毛，下面稍淡绿色，沿脉有疏短毛，或腋脉有簇毛，稀无毛，侧脉每边4~5条，稀6条，上面稍下陷，下面突起，脉腋常有浅窝孔；叶柄长2~7mm，有短微毛；托叶披针形，短于叶柄或几与叶柄等长。花单性，雌雄异株，4基数，有花瓣，花梗长2~4mm；雄花数朵；雌花数朵至10余朵簇生于短枝顶端，被微毛，花柱2浅裂或半裂。核果球形，直径约5mm，基部有宿存的萼筒，具2个或1个分核；果梗长3~6mm，有疏短毛。种子黑色或紫黑色，背面基部有短沟，上部有沟缝。花期4~5月，果熟期6~10月。

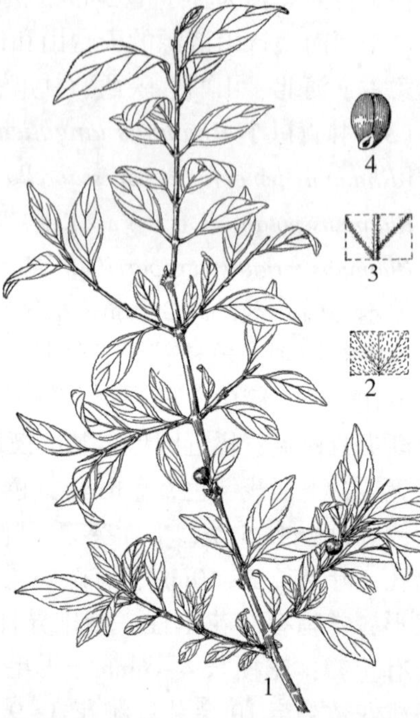

刺鼠李 *Rhamnus dumetorum* C. K. Schneid.
1. 果枝 2. 叶上面 3. 叶背面 4. 种子

河南仅见于伏牛山区的嵩县龙池曼；生于海拔1 180m的山坡灌丛或林下。分布于安徽、甘肃（东南部）、贵州、湖北（西部）、江西、山西（南部）、四川、西藏、云南（东北部）、浙江。

此种以小枝浅灰褐色，树皮粗糙无光泽，叶柄较短和种子黑色仅背面基部具短沟，与甘青鼠李 *Rhamnus tangutica* J. J. Vassil. 相区别。

（6）毛山鼠李（变种）*Rhamnus wilsonii* var. *pilosa* Rehder（彩版图82）

灌木，高1~3m；小枝互生或兼近对生，银灰色或灰褐色，无光泽，枝端有时具钝针刺，顶芽卵形，有数枚鳞片，鳞片浅绿色，有缘毛。幼枝，叶下面，特别是沿脉和叶柄被柔毛。叶纸质或薄纸质，互生或稀兼近对生，在当年生枝基部或短枝顶端簇生，通常宽椭圆形，宽达7.5cm，长5~15cm；顶端渐尖，尖头直或弯，基部楔形，边缘具钩状圆锯齿，两面无毛，侧脉每边5~7条，上面稍下陷，下面突起，有较明显的网脉；叶柄长2~4mm，无毛。花单性，雌雄异株，黄绿色，数朵至20余朵簇生于当年生枝基部或1至数朵腋生，4基数；花梗长6~10mm；雄花有花瓣；雌花有退化雄蕊，子房球形，3室，每室有1个胚珠，花柱长于子房，（2~）3浅裂或近半裂。核果倒卵状球形，长约9mm，直径6~7mm，成熟时紫黑色或黑色，具2~3个分核，基部有宿存的萼筒；果梗长6~15mm，无毛；种子倒卵状矩圆形，暗褐色，长约6.5mm，背面基部至中部有长为种子1/2的沟，无沟缝。花期 4~5 月，果熟期 6~10 月。

仅见于河南大别山区商城金刚台；生于海拔 500~1 000m 的山坡路旁、林缘或疏林下。分布于浙江、江西、安徽、福建。

3. 枳椇属 *Hovenia* Thunb.

《河南植物志（第二册）》记载 1 种。本书增补 1 种。

枳椇 拐枣、甜半夜 ***Hovenia acerba* Lindl.**

[*Hovenia dulcis* var. *acerba*（Lindl.）Sengupta & Safui；

Hovenia inaequalis DC.；

Hovenia parviflora Nakai & Y. Kimura；

Ziziphus esquirolii H. Lév.]

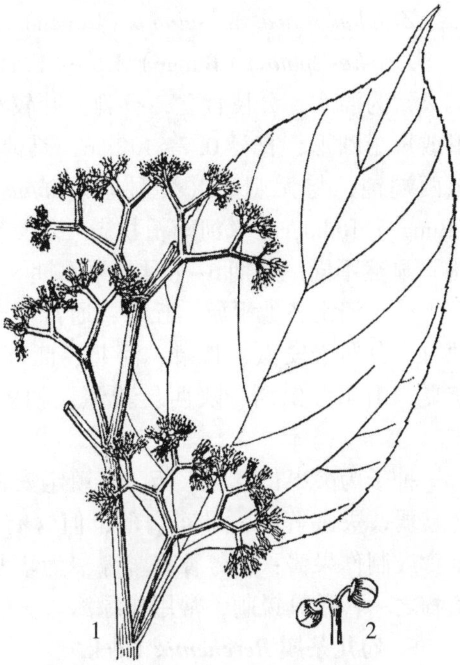

枳椇 *Hovenia acerba* Lindl.

1. 花枝 2. 果实

高大乔木，通常高 10~25m；小枝褐色或黑紫色，被棕褐色短柔毛或无毛，有明显白色的皮孔。叶互生，厚纸质至纸质，宽卵形、椭圆状卵形或心形，长 8~17cm，宽 6~12cm，顶端长渐尖或短渐尖，基部截形或心形，稀近圆形或宽楔形，边缘常具整齐浅而钝的细锯齿，上部或近顶端叶有不明显的齿，稀近全缘，上面无毛，下面沿脉或脉腋常被短柔毛或无毛；叶柄长 2~5cm，无毛。二歧式聚伞圆锥花序，顶生和腋生，被棕色短柔毛；花两性，直径 5~6.5mm；萼片具网状脉或纵条纹，无毛，长 1.9~2.2mm，宽 1.3~2mm；花瓣椭圆状匙形，长 2~2.2mm，宽 1.6~2mm，具短爪；花盘被毛；花柱半裂，稀浅裂或深裂，长 1.7~2.1mm，无毛。浆果状核果近球形，直径 5~6.5mm，无毛，成熟时黄褐色或棕褐色；果序轴明显膨大。种子暗褐色或黑紫色，直径 3.2~4.5mm。花期 5~7 月，果熟期 8~10 月。

产于河南大别山区的信阳、罗山、新县、商城以及伏牛山区的西峡、南召、内乡、淅川；生于海拔 2 000m 以下的山坡林缘或疏林中。分布于甘肃、陕西、安徽、江苏、浙江、江西、福建、广东、广西、湖南、湖北、四川、云南、贵州；印度、尼泊尔、不丹和缅甸北部也有分布。

木材细致坚硬，为作建筑和细木工用具的良好用材。果序轴肥厚，含丰富的糖，可生食、酿酒、熬糖，民间常用以浸制“拐枣酒”，能治风湿。种子为清凉利尿药，能解酒毒，适用于热病消渴、酒醉、烦渴、呕吐、发热等症。

本种外形酷似北枳椇 *Hovenia dulcis* Thunb. 且容易混淆。由于鉴定错误，前人经常将本种误认为北枳椇，但本种的叶常具整齐的浅钝细锯齿，花序为顶生和腋生的二歧式聚伞圆锥花序，花柱半裂或几深裂至基部，果实较小，而后者叶具不整齐的深粗锯齿，花序为不对称的聚伞圆锥花序，顶生，稀兼腋生；花柱浅裂；果实较大，显然不同。

4. 枣属 *Ziziphus* Miller

《河南植物志（第二册）》记载 1 种，3 变种。本书除修订外，增补 1 变种。

酸枣（变种）*Ziziphus jujuba* var. *spinosa*（Bunge）Hu ex H. F. Chow

[*Ziziphus vulgaris* var. *spinosa* Bunge；
Ziziphus sativa var. *spinosa*（Bunge） C. K. Schneid.；
Ziziphus spinosa（Bunge） Hu ex F. H. Chen]

常为灌木，分枝直立，有刺，叶较小，核果小，近球形或短矩圆形，直径 0.7~1.2cm，具薄的中果皮，味酸，核两端钝，与无刺枣（变种）*Ziziphus jujuba* var. *inermis*（Bunge） Rehder［《河南植物志（第二册）》576 页为枣树］显然不同。花期 6~7 月，果熟期 8~9 月。

产于河南各地平原、丘陵；通常生于较为干燥向阳的地方。分布于安徽、甘肃、河北、江苏、辽宁、内蒙古、宁夏、山东、山西、陕西、新疆；朝鲜、俄罗斯也有分布。

种子为酸枣仁，可入药，有镇定安神之功效，主治神经衰弱、失眠等症；果实肉薄，但含有丰富的维生素 C，生食或制作果酱；花芳香多蜜腺，为华北地区的重要蜜源植物之一；枝具锐刺，常用作绿篱。

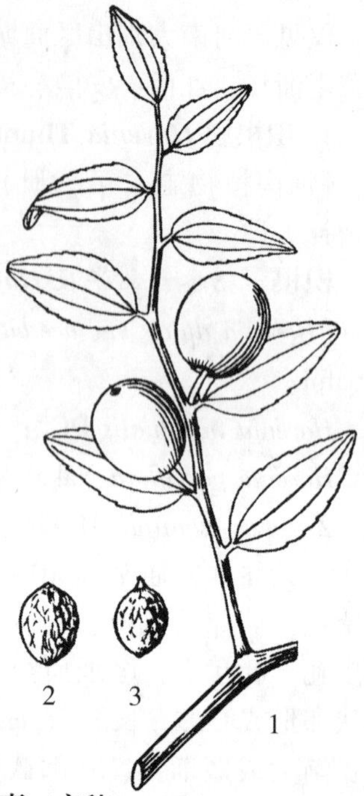

酸枣（变种）*Ziziphus jujuba* var. *spinosa*（Bunge）Hu et H. F. Chow
1. 果枝　2、3. 核

5. 勾儿茶属 *Berchemia* Neck.

《河南植物志（第二册）》记载 4 种。本书除修订外，增补 2 种。

（1）多叶勾儿茶 *Berchemia polyphylla* Wall. ex M. A. Lawssen

[*Berchemia yunnanensis* var. *trichoclada* Rehder & E. H. Wilson；
Berchemia trichoclada（Rehder & E. H. Wilson） Hand. -Mazz.]

藤状灌木，高 3~4m；小枝黄褐色，被短柔毛。叶纸质，卵状椭圆形、卵状矩圆形或椭圆形，长 1.5~4.5cm，宽 0.8~2cm，顶端圆形或钝，稀锐尖，常有小尖头，基部圆形，稀宽楔形，两面无毛，上面深绿色，下面浅绿色，干时常变黄色，侧脉每边 7~9 条，叶脉在上面明显突起，下面稍突起；叶柄长 3~6mm，被短柔毛；托叶小，披针状钻形，基部合生，宿存。花浅绿色或白色，无毛，通常 2~10 朵簇生排成具短总梗的聚伞总状，或稀下部具短分枝的窄聚伞圆锥花序，花序顶生，长达 7cm，花序轴被疏或密短柔毛，花梗长 2~5mm；花芽锥状，顶端锐尖；萼片卵状三角形或三角形，顶端尖；花瓣近圆形。核果圆柱形，长 7~9mm，直径 3~3.5mm，顶

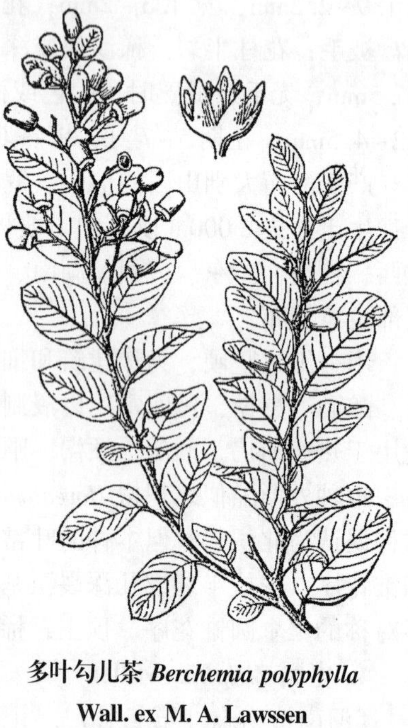
多叶勾儿茶 *Berchemia polyphylla* Wall. ex M. A. Lawssen

端尖，成熟时红色，后变黑色，基部有宿存的花盘和萼筒；果梗长 3～6mm。花期 6～9 月，果熟期 7～10 月。

产于河南伏牛山区的嵩县（白河）、南召、卢氏（淇河）、西峡；生于海拔 300～1 700m 的山地灌丛或林中。分布于陕西、甘肃、四川、贵州、云南、广西；印度、缅甸也有分布；全株入药，治淋巴腺结核。

(2) 腋毛勾儿茶 *Berchemia barbigera* C. Y. Wu ex Y. L. Chen & P. K. Chou

藤状灌木；小枝红褐色，平滑无毛，全株近无毛。叶薄纸质，卵状椭圆形或卵状矩圆形，长 5～9cm，宽 3～5. 5cm，顶端钝或圆形，基部圆形，上面绿色，下面灰绿色，仅下面脉腋有灰白色细柔毛，侧脉每边 8～13 条；叶柄长 1～2. 5cm，无毛。花芽卵圆形，顶端锐尖；花黄绿色，无毛，排成顶生的窄聚伞圆锥花序，花序轴无毛，花梗长 2～3mm。核果圆柱形，长 5～7mm，直径约 3mm，成熟时红色，后变黑色，基部宿存的花盘盘状，果梗长约 3mm，无毛。花期 6～8 月，果熟期翌年 5～6 月。

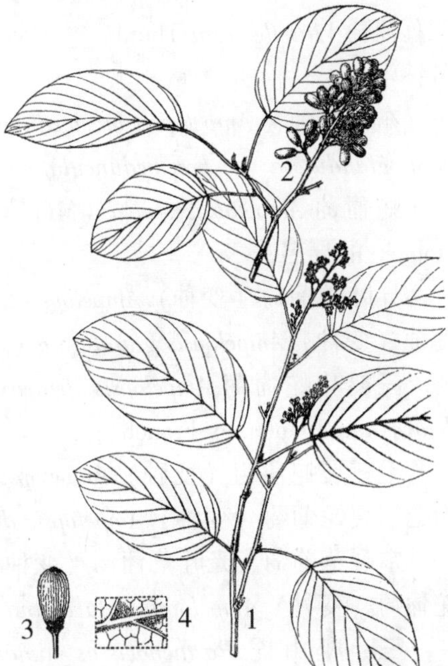

腋毛勾儿茶 *Berchemia barbigera* C. Y. Wu ex Y. L. Chen & P. K. Chou

1. 花枝　2. 果枝　3. 果实　4. 叶片背面

产于河南大别山区的新县连康山、商城金刚台；生于海拔 1 000m 以上的山地杂木林。分布于浙江（北部的天目山）、安徽（南部的黄山）。

（九十七）葡萄科 Vitaceae

《河南植物志（第二册）》记载 5 属，29 种，8 变种。

其中：

少毛复叶葡萄（变种）*Vitis piasezkii* var. *pagnuccii*（Rom. Caill.）Rehder 为变叶葡萄 *Vitis piasezkii* Maxim.［《河南植物志（第二册）》592 页为复叶葡萄、野葡萄］的异名；

桑叶葡萄、河南毛葡萄、野葡萄 *Vitis ficifolia* Bunge 为桑叶葡萄（亚种）*Vitis heyneana* subsp. *ficifolia*（Bunge）C. L. Li 的异名；

蘡薁、野葡萄 *Vitis adstricta* Hance 为蘡薁 *Vitis bryoniifolia* Bunge 的异名；

毛葡萄 *Vitis quinquangularis* Rehder 为毛葡萄 *Vitis heyneana* Roem. & Schult. 的异名；

多裂华北葡萄（变种）*Vitis bryoniifolia* var. *multilobata* S. Y. Wang & Y. H. Hu 为蘡薁 *Vitis bryoniifolia* Bunge［《河南植物志（第二册）》误为华北葡萄、野葡萄 *Vitis bryoniaefolia* Bunge］的异名；

小叶葛藟、山葡萄、野葡萄（变种）*Vitis flexuosa* var. *parvifolia*（Roxb.）Gagnep. 为葛藟葡萄 *Vitis flexuosa* Thunb. ［《河南植物志（第二册）》598 页为葛藟、野葡萄］的异名；

东北蛇葡萄 *Ampelopsis brevipedunculata*（Maxim.）Trautv. 为东北蛇葡萄（变种）*Ampelopsis glandulosa* var. *brevipedunculata*（Maxim.）Momiy. 的异名；

蛇葡萄 *Ampelopsis sinica*（Miq.）W. T. Wang 为蛇葡萄 *Ampelopsis glandulosa*（Wall.）Momiy. 的异名；

异叶蛇葡萄（变种）*Ampelopsis humulifolia* var. *heterophylla*（Thunb.）K. Koch 为异叶蛇葡萄（变种）*Ampelopsis glandulosa* var. *heterophylla*（Thunb.）Momiy. 的异名；

三裂叶蛇葡萄 *Ampelopsis delavayana*（Franch.）Planch. 应为三裂蛇葡萄 *Ampelopsis delavayana* Planch. ex Franch.；

毛三裂蛇葡萄（变种）*Ampelopsis delavayana* var. *gentiliana*（H. Lév. & Vaniot）Rehder 为毛三裂蛇葡萄（变种）*Ampelopsis delavayana* var. *setulosa*（Diels & Gilg）C. L. Li 的异名；

掌裂草葡萄、光叶草葡萄（变种）*Ampelopsis aconitifolia* var. *glabra* Diels & Gilg 为掌裂蛇葡萄（变种）*Ampelopsis delavayana* var. *glabra*（Diels & Gilg）C. L. Li 的异名；

三叶爬山虎 *Parthenocissus himalayana*（Royle）Planch. 为三叶地锦 *Parthenocissus semicordata*（Wall.）Planch. 的异名；

粉叶爬山虎 *Parthenocissus thomsonii*（M. A. Lawson）Planch. 为俞藤 *Yua thomsonii*（M. A. Lawson）C. L. Li 的异名；

川鄂爬山虎、红叶爬山虎 *Parthenocissus henryana*（Hemsl.）Diels et Gilg 应为花叶地锦 *Parthenocissus henryana*（Hemsl.）Graebn. ex Diels & Gilg；

绿爬山虎 *Parthenocissus laetivirens* Rehd. 应为绿叶地锦 *Parthenocissus laetevirens* Rehder；

毛叶崖爬藤（变种）*Tetrastigma obtectum* var. *pilosum* Gagnep. 为崖爬藤 *Tetrastigma obtectum*（Wall. ex M. A. Lawson）Planch. ex Franch. 的异名。

本书另增补 1 属，4 种，4 变种。

1. 地锦属 *Parthenocissus* Planch.

《河南植物志（第二册）》604 页为爬山虎属，记载 7 种。本书除修订外，增补 1 变种。

毛脉花叶地锦（变种）*Parthenocissus henryana* var. *hirsuta* Diels & Gilg（彩版图 83）

木质藤本，小枝显著四棱形，无毛。卷须总状 4~7 分枝，相隔两节间断与叶对生，卷须顶端嫩时膨大呈块状，后遇附着物扩大成吸盘状。叶为掌状 5 枚小叶，小叶倒卵形、倒卵长圆形或宽倒卵披针形，长 3~10cm，宽 1.5~5cm，最宽处在上部，顶端急尖、渐尖或圆钝，基部楔形，边缘上半部有 2~5（~6）枚锯齿，上面绿色，无毛或嫩时微被稀疏短柔毛；下面浅绿色，脉上被短柔毛。侧脉 3~6（~7）对，网脉上面不明显，下面微突起；叶柄长 2.5~8cm，小叶柄长 0.3~1.5cm，无毛。圆锥状多歧聚伞花序主轴明显，假顶生，花序内常有退化较小的单叶；花序梗长 1.5~9cm，无毛；花梗长 0.5~1.5mm，无毛；花蕾椭圆形或近球形，高 1~2.2mm，顶端圆形；萼片碟形，边缘全缘，无毛；花瓣 5 片，长椭圆形，高 0.8~2mm，无毛；雄蕊 5 枚，花丝长 0.7~0.9mm，花药长椭圆形，长 0.9~1.1mm；花盘不明显；子房卵状椭圆形，花柱基部略比子房顶端小或界限极不明显，柱头不显著或微扩大。果实近球形，直径 0.8～1cm，有种子 1～3 粒；种子倒卵形，顶端圆形，基部有短喙，种脐在种子背面中部呈椭圆形，腹部中棱脊突出，两侧洼穴呈沟状，从种子基部向上达种子顶端。花期 5～6 月，果熟期 7～8 月。

本变种常与绿叶地锦 *Parthenocissus laetevirens* Rehder 相混淆，但本变种茎干明显呈四方形，花序梗上无毛，叶面无泡状隆起，叶缘仅顶端有少数锯齿，可以区别。

产于河南伏牛山西峡黄石庵林场二道沟和淅川荆子关林场；生于山沟岩石上、火山坡林中。分布于陕西、湖北、四川。可作假山、石壁等绿化植物。

2. 俞藤属 *Yua* C. L. Li（新增属）

木质藤本，树皮有皮孔，髓白色。卷须二叉分枝。叶互生，掌状 5 小叶。复二歧聚伞花序与叶对生，最后一级分枝顶端近乎集生成伞形。花两性；萼杯形，边缘全缘；花瓣通常 5 片，花蕾时黏合，以后展开脱落；雄蕊通常 5 枚，花盘发育不明显；雌蕊 1 枚，花柱明显，柱头扩大不明显；子房 2 室，每室胚珠 2 个，胚乳横切面呈“M”形。浆果圆球形，多肉质，味甜酸。种子呈梨形，背腹侧扁，顶端微凹，基部有短喙；腹面洼穴从基部向上达种子 2/3 处，背面种脐在种子中部。

本属有 2 种，分布于中国、印度、尼泊尔。中国 2 种（特有 1 种）。《河南植物志（第二册）》在地锦属（爬山虎属）*Parthenocissus* Planch. 下记载有 1 种。本书增补 1 变种。

华西俞藤（变种）*Yua thomsonii* var. *glaucescens*（Deils & Gilg）C. L. Li（彩版图 84）

[*Parthenocissus henryana* var. *glaucescens* Diesl & Gilg;
Yua chinensis C. L. Li]

木质藤本，小枝圆柱形，褐色，嫩枝略有棱纹，无毛；卷须二叉分枝，相隔 2 节间断与叶对生。叶为掌状 5 枚小叶，草质，小叶披针形或卵披针形，长 2.5～7cm，宽 1.5～3cm，顶端渐尖或尾状渐尖，基部楔形，边缘上半部每侧有 4～7 枚细锐锯齿，上面绿色，下面淡绿色，常被白色粉霜，至少在叶片下面的叶脉上有短柔毛。网脉不明显突出，侧脉 4～6 对；小叶柄长 2～10cm，有时侧生小叶近无柄，无毛；叶柄长 2.5～6cm，无毛。花序为复二歧聚伞花序，与叶对生，无毛；萼碟形，边缘全缘，无毛；花瓣 5 片，稀 4 片，长 3～3.5mm，无毛，花蕾时黏合，以后展开脱落，雄蕊 5 枚，稀 4 枚，长约 2.5mm，花药长椭圆形，长约 1.5mm；雌蕊长约 3mm，花柱细，柱头不明显扩大。果实近球形，直径 1～1.3cm，紫黑色，味淡甜。种子梨形，长 5～6mm，宽约 4mm，顶端微凹，背面种脐达种子中部，腹面两侧洼穴从基部达种子 2/3 处，周围无明显横肋纹，胚乳横切面呈“M”形。花期 4～6 月，果熟期 8～10 月。

产于河南伏牛山卢氏大块地、小沟河；生于山坡、沟谷、灌木丛中或林下。分布于贵州、湖北、四川、云南。

3. 蛇葡萄属 *Ampelopsis* Michx.

《河南植物志（第二册）》记载 7 种，4 变种。本书除修订外，增补 1 变种。

光叶蛇葡萄（变种）*Ampelopsis glandulosa* var. *hancei*（Planch.）Momiy.

[*Ampelopsis heterophylla* var. *hancei* Planch.;
Ampelopsis brevipedunculata var. *hancei*（Planch.）Rehder;
Ampelopsis sinica var. *hancei*（Planch.）W. T. Wang]

落叶灌木或爬藤，枝条圆柱状，具脊状突起，卷须 2～3 分叉。分枝、叶柄和叶片通常无毛。单叶3~5裂，通常与不分裂的叶片混生，花枝叶不分裂；叶柄长1~7cm，叶片长3.5~14cm，宽3~11cm。叶基部5脉，侧脉4或5对；叶基心形，叶的缺刻通常尖形，极少为圆形，叶缘具尖齿。花序梗1~2.5mm，花梗1~3mm；花芽小，1~2mm，花瓣卵形至椭圆形，长0.8~1.8mm，花药长椭圆形，子房基部着生于花盘。浆果直径5~8mm，具2~4粒种子，种子长椭圆形。花期4~8月，果熟期7~10月。

产于河南大别山新县连康山自然保护区、商城黄柏山以及伏牛山西峡黑烟镇；生于山谷湿地、灌丛。分布于山东、江苏、江西、福建、湖南、广东、广西、四川、贵州、云南；日本也有分布。

4. 乌蔹莓属 *Cayratia* Juss.

《河南植物志（第二册）》记载1种。本书增补1种，1变种。

（1）华中乌蔹莓 *Cayratia oligocarpa*（H. Lév. & Vaniot）Gagnep.

［*Vitis oligocarpa* H. Lév. & Vaniot；*Cissus oligocarpa*（H. Lév. & Vaniot）L. H. Bailey；*Columella oligocarpa*（H. Lév. & Vaniot）Rehder］

草质藤本，小枝圆柱形，有纵棱纹，被褐色节状长柔毛，毛长1~1.5mm。卷须二叉分枝，相隔2节间断与叶对生。叶为鸟足状5小叶，中央小叶长椭圆披针形或长椭圆形，长4.5~10cm，宽2.5~5cm，顶端尾状渐尖，基部楔形，边缘有（5~）7~14（~17）枚锯齿，侧生小叶卵椭圆形或卵圆形，长3.5~7cm，宽1.3~3.5cm，顶端急尖或渐尖，基部楔形或近圆形，边缘每侧有5~10枚锯齿，上面绿色，伏生疏柔毛或近无毛，下面浅绿褐色，密被节状毛，在中脉上毛平展；侧脉4~9对，网状脉不明显；叶柄长2.5~7cm，中央小叶柄长1.5~3cm，侧生小叶有短柄，侧生小叶总柄长0.5~1.5cm，密被褐色节状长柔毛；托叶膜质，褐色，狭披针形，长3~3.5mm，宽约1mm，几无毛。花序腋生，复二歧聚伞花序；花序梗长1~4.5cm，密被褐色节状长柔毛；花梗长1.5~2mm，密被褐色节状长柔毛；花蕾卵圆形，高1.5~2mm，顶端截圆形；萼浅碟形，萼齿不明显，外面被褐色节状毛；花瓣4片，卵圆形，高1~1.5mm，外面被节状毛；雄蕊4枚，花药卵圆形，长宽近相等；花盘发达，4浅裂，子房下部与花盘合生，花柱细小，柱头略为扩大。果近球形，直径0.8~1cm，有种子2~4粒；种子倒卵长椭圆形，顶端圆形或微凹，基部有短喙，种脐在种子背面下部与

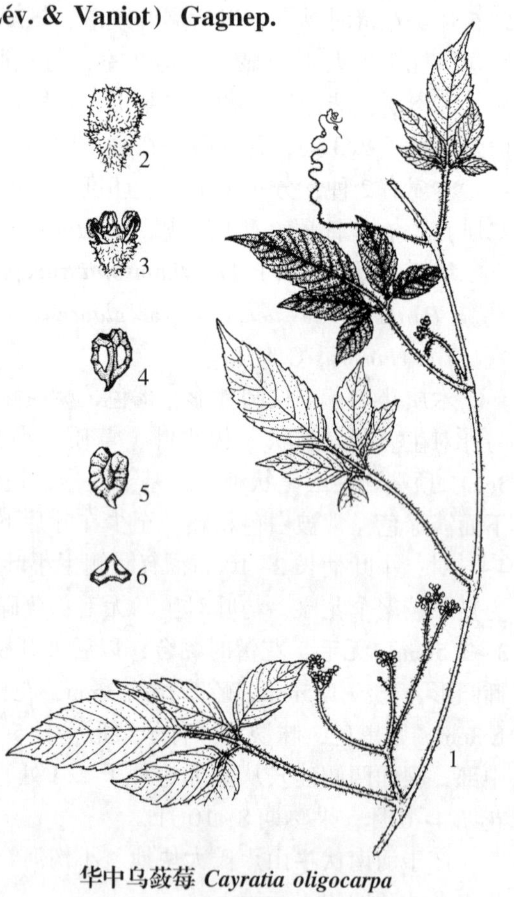

华中乌蔹莓 *Cayratia oligocarpa*（H. Lév. & Vaniot）Gagnep.

1. 花枝 2. 花蕾 3. 示花去花瓣 4. 种子腹面观 5. 种子背面观 6. 种子横切面

种脊无异，种脊呈带形，突出，表面横肋微突出，腹部中棱脊突出，两侧洼穴宽阔，倒卵长椭圆形，从下部达种子近顶端。花期 5~7 月，果熟期 8~9 月。

产于河南伏牛山西峡西坪和南召宝天曼；生于海拔 400~2 000m 山谷或山坡林中。分布于陕西、湖北、四川、贵州、云南。

（2） 尖叶乌蔹莓（变种）*Cayratia japonica* var. *pseudotrifolia*（W. T. Wang）C. L. Li

[*Cayratia pseudotrifolia* W. T. Wang]

本变种与原变种的主要区别在于：叶多为 3 枚小叶。花期 5~8 月，果熟期 9~10 月。

产于河南大别山商城黄柏山和新县连康山；生于山谷和山坡林下或阴湿处。分布于陕西、甘肃、江西、浙江、湖北、湖南、广东、四川、贵州、云南。

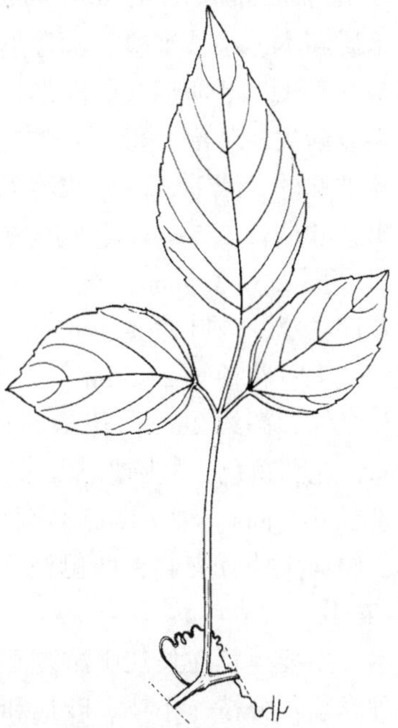

尖叶乌蔹莓（变种）*Cayratia japonica* var. *pseudotrifolia*（W. T. Wang）C. L. Li
叶枝

5. 葡萄属 *Vitis* L.

《河南植物志（第二册）》记载 15 种，3 变种。本书除修订外，增补 3 种。

（1）湖北葡萄 *Vitis silvestrii* Pamp.

木质藤本，小枝细瘦，圆柱形，有纵棱纹，密被短柔毛，或以后脱落无毛。卷须二叉分枝，每隔 2 节间断与叶对生。叶卵圆形，长 3~5cm，宽 2~3cm，规则或不规则 3~5 浅裂或深裂，裂缺凹成钝角，稀锐角，或凹成圆形，顶端急尖或渐尖，基部浅心形或近截形，每侧边缘有 5~9 枚粗锯齿，上面绿色，初时疏被短柔毛，以后脱落，下面浅绿色，被短柔毛，基生脉 5 出，中脉有侧脉 3~4 对；叶柄长 1~3cm，被短柔毛；托叶膜质，褐色，披针形，长 1.5~2mm，宽 0.5~1mm，被疏柔毛或脱落无毛。花杂性异株；圆锥花序狭窄，长 2~4.5cm，与叶对生，下部分枝不发达，花序梗长 1~1.5cm，被短柔毛或脱落近无毛；花梗长 2~3mm，无毛；花蕾卵椭圆形，高 1.5~2mm，顶端圆形；萼碟形，几全缘；花瓣 5 片，呈帽状黏合脱落；雄蕊 5 枚，花丝丝状，长 1.3~1.5mm，花药黄色，椭圆形，长约 4mm；花盘发达，5 裂；雌蕊在雄花中退化。花期 5 月。

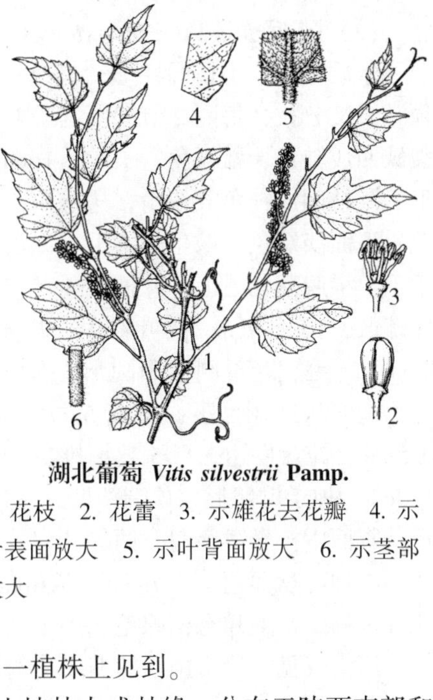

湖北葡萄 *Vitis silvestrii* Pamp.
1. 花枝 2. 花蕾 3. 示雄花去花瓣 4. 示叶表面放大 5. 示叶背面放大 6. 示茎部放大

本种的形态变异主要表现在叶片的分裂程度上，规则或不规则 3~5 浅裂或深裂，这种变异常在同一植株上见到。

产于河南信阳鸡公山、新县老庙以及西峡；生于山坡林中或林缘。分布于陕西南部和湖北西部。

(2) 武汉葡萄 *Vitis wuhanensis* C. L. Li

[*Vitis wuhanensis* var. *arachnoidea* X. D. Wang & C. L. Li]

木质藤本，小枝细瘦，圆柱形，有纵棱纹，疏被蛛丝状绒毛。卷须不分枝，每隔2节间断与叶对生。叶卵形或卵圆形，长3~7cm，宽2.5~6cm，3浅裂或不明显3~5裂，顶端急尖或渐尖，基部心形，每侧边缘有5~13枚粗锯齿，上面绿色，无毛，下面苍白色，嫩时疏被蛛丝状绒毛，以后脱落无毛，基生脉5出，中脉有侧脉4~5对，网状脉在果时两面突出；叶柄长1.5~4cm，初时疏被蛛状丝绒毛，以后脱落无毛；托叶膜质，褐色，椭圆披针形，长2.5~3.5mm，宽1~1.5mm，顶端钝或急尖，边缘全缘，无毛。花杂性异株；圆锥花序狭窄，与叶对生，长2.5~4cm，下部分枝不发达，花序梗长1.5~2.5cm，疏被蛛丝状绒毛；花梗长2~3mm，无毛；花蕾倒卵椭圆形，高1.5~2.5mm，顶端圆形；萼碟形，几全缘，高约2mm；花瓣5片，呈帽状黏合脱落；雄蕊5枚，花丝丝状，长1.2~1.8mm，花药黄色，椭圆形，长约0.5mm；花盘发达，5裂；雌蕊在雄花中退化。果实球形，直径6~7mm。种子倒卵椭圆形，顶端微凹，基部有短喙，种脐在种子背面中部呈椭圆形，腹面中棱脊突起，两侧洼穴狭窄呈条形，向上达种子近顶端。花期4~5月，果熟期5~7月。

本种主要生长在长江中游夏季炎热地区。过去与湖北葡萄 *Vitis silvestrii* Pamp. 相混淆，但本种卷须不分枝，小枝、叶柄和叶下面不被短柔毛，无毛或疏生蛛丝状绒毛，网状脉在果期干时两面显著突出，很好区别。本种也易和小叶葡萄 *Vitis sinocinerea* W. T. Wang 相混淆，但后者嫩枝、叶柄和花序梗或多或少被短柔毛，叶片下面密被蛛丝状绒毛，果期干时叶片网脉不明显突出，可以区别。

产于信阳鸡公山武胜关和新县周河；生于沟谷灌丛及林下。分布于湖北、江西。

(3) 陕西葡萄 *Vitis shenxiensis* C. L. Li

木质藤本，小枝圆柱形，有纵棱纹，疏生短柔毛和有柄腺体，腺毛长0.8~1mm；卷须常二叉分枝，每隔2节间断与叶对生。叶卵圆形，明显3~5浅裂，稀3深裂或3全裂，裂缺凹成钝角，稀锐角，长11~16cm，宽9~14cm，顶端渐尖或短尾尖，稀急尖，基部心形，基缺凹成钝角或锐角，边缘有不整齐25~32枚粗锯齿，齿端较钝，上面深绿色，近无毛，下面淡绿色，散生疏柔毛，以后脱落；基生脉5出，中脉有侧脉5~6对，脉上被横展柔毛，稀脱落几无毛；叶柄长4~5.5cm，被疏柔毛和稀疏有柄腺毛。花杂性异株，圆锥花序疏散，长8~9cm，与叶对生，基部分枝发达；花序梗长1.5~2cm，几无毛；花梗长3~4mm，无毛；花蕾倒卵椭圆形，高2~2.5mm，顶端圆形；萼碟形，全缘，无毛；花瓣6片，呈帽状黏合脱落；雄蕊5枚，花丝丝状，长1.7~2mm，花药黄色，椭圆形，长约0.5mm；花盘发达，微5裂；雄花中雌蕊完全退化。果实球形，成熟时紫黑色，直径约1.2cm。种子倒卵形，顶端微凹，基部渐狭成短喙，表面光滑，种脐在种子背面中部呈圆形，腹面中棱脊微突起，两侧洼穴狭窄，向上达种子1/3处。花期6月，果熟期8~9月。

本种与秋葡萄 *Vitis romanetii* Roman. Caill. 相近，但本种叶片显著分裂，小枝、叶柄、花梗被稀疏柔毛和有柄腺毛，腺毛较短而稀疏，托叶较小，花瓣多为6基数，很好区别。

河南仅见于伏牛山西峡黄石庵林场二道沟；生于山谷或山坡林下。分布于陕西南部。果实可酿酒。

（九十八）椴树科 Tiliaceae

《河南植物志（第三册）》记载 4 属，14 种（含 1 栽培种），4 变种。

其中：

短柄椴（变种）*Tilia japonica* var. *brevvipes* Chang 有待进一步研究确认；

假黄麻 *Corchorus acutangulus* Lam. 为甜麻 *Corchorus aestuans* L. 的异名；

田麻属 *Corchoropsis* Sieb. & Zucc. 现已归入梧桐科 Sterculiaceae。

（九十九）锦葵科 Malvaceae

《河南植物志（第三册）》记载连栽培 6 属，15 种，1 变种。

其中：

锦葵 *Malva sinensis* Cav. 为锦葵 *Malva cathayensis* M. G. Gilbert，Y. Tang & Dorr 的异名；

圆叶锦葵、土黄花、烧饼棵 *Malva rotundifolia* L. 为圆叶锦葵 *Malva pusilla* Sm 的异名；

中华野葵（变种）*Malva verticillata* var. *chinensis*（Mill.）S. Y. Hu 为野葵 *Malva verticillata* L. 的异名；

蜀葵属 *Althaea* L. 应为蜀葵属 *Alcea* L.；

蜀葵、麻秆花 *Althaea rosea*（L.）Cav. 为蜀葵 *Alcea rosea* L. 的异名。

本书另增补 1 属，1 种，1 变种（栽培），3 品种（栽培）。

1. 黄花稔属 *Sida* L.（新增属）

草本或亚灌木，具星状毛。叶为单叶或稍分裂。花单生，簇生或几圆锥花序式，腋生或顶生；无小苞片；萼钟状或杯状，5 裂；花瓣黄色，5 片，分离，基部合生；雄蕊柱顶端着生多数花药；子房具心皮 5~10 枚，花柱枝与心皮同数，柱头头状，每心皮具 1 个胚珠。蒴果盘状或球形，分果爿顶端具 2 芒或无芒，成熟时与中轴分离。

本属 100~150 种。分布于非洲、亚洲、澳大利亚、北美洲和南美洲。我国有 14 种（含 6 特有种）。河南有 1 种。

湖南黄花稔 *Sida cordifolioides* K. M. Feng（彩版图 85）

直立、多枝亚灌木状草本，高 40cm；茎和小枝疏被星状柔毛或近于无毛。叶卵形，长 1.5~4cm，宽 0.6~2.2cm，先端钝，基部心形，偶有圆形，具圆锯齿，上面近无毛或疏被星状柔毛，下面被星状柔毛；叶柄长 0.6~2mm，疏被星状柔毛；托叶线形，长约 6mm，被星状柔毛。花单生于叶腋或近簇生，花梗长 4~7mm，疏被星状柔毛，近端具节；萼钟形，长约 4mm，5 齿裂，被星状柔毛；花冠黄色，直径约 8mm，花瓣倒卵楔形；雄蕊柱疏被长硬毛。分果爿 5 个，密被星状柔毛，端具 2 芒尖，连芒尖长约 4mm。

见于河南济源和汝南（金铺）；生于草地、路边、宅旁。分布于湖南。

2. 木槿属 *Hibiscus* L.

《河南植物志（第三册）》记载连栽培 6 种。本书增补 1 变种（栽培），3 品种（栽培）。

（1）重瓣朱槿（变种）*Hibiscus rosasinensis* var. *rubroplenus* Sweet（彩版图 86）

本变种与原变种的主要区别在于：花重瓣，红色、淡红色、橙黄色等。

洛阳、郑州、开封、许昌等地公园、园林及机关庭院有引种盆栽，供观赏用。广东、广西、云南、四川、北京等地广为栽培。

（2）白花重瓣木槿（栽培品种）*Hibiscus syriacus* cv. Albusplenus

[*Hibiscus syriacus* f. *albusplenus* Loudon]

本栽培品种与原栽培变种的主要区别在于花重瓣，白色，直径 6~10cm。

安阳、焦作等地有栽培，供园林观赏用。花可作蔬食，民间常食用，别有风味。福建、广东、广西、四川、贵州、云南、湖南、湖北、江西、安徽、浙江、江苏等省区均有栽培。

（3）牡丹木槿（栽培品种）*Hibiscus syriacus* cv. Paeoniflorus

[*Hibiscus syriacus* f. *paeoniflorus* Gagnep.]

本栽培品种的主要特征：花重瓣，粉红色或淡紫色。直径 7~9cm。

郑州西流湖公园有引种栽培，作园林景观灌木。浙江、陕西、江西、贵州等省区有引种栽培。

（4）白花单瓣木槿（栽培品种）*Hibiscus syriacus* cv. Totusalbus

[*Hibiscus syriacus* f. *totusalbus* T. Moore]

本栽培品种与原栽培变种的主要区别在于花单瓣，纯白色。

河南伏牛山内乡公园有引种栽培，作园林景观灌木。台湾、福建、广东、江西、安徽、四川、陕西、贵州等省区有引种栽培。

（一〇〇）木棉科 Bombacaceae（新增科）

乔木，主干基部常有板状根。叶互生，掌状复叶或单叶，常具鳞秕；托叶早落。花两性，大而美丽，辐射对称，腋生或近顶生，单生或簇生；花萼杯状，顶端截平或不规则的 3~5 裂；花瓣 5 片，覆瓦状排列，有时基部与雄蕊管合生，有时无花瓣；雄蕊 5 枚至多数，退化雄蕊常存在，花丝分离或合生成雄蕊管，花药肾形至线形，常 1 室或 2 室；子房上位，2~5 室，每室有倒生胚珠 2 个至多数，中轴胎座，花柱不裂或 2~5 浅裂。蒴果，室背开裂或不裂；种子常为内果皮的丝状绵毛所包围。

本科约有 20 属，180 种，广布于热带（特别是美洲）地区。我国原产 1 属，2 种，引种栽培 5 属，5 种。河南引进室内盆栽 2 属，2 种。

木棉科分属检索表

1. 雄蕊管上部花丝集为多束，每束再分离为 7~10 枚细长的花丝；萼截平，内面无毛；种子大，长达 2. 5cm…………………………………………………………………（1）瓜栗属 *Pachira* Aubl.
1. 雄蕊管上部花丝集为 5 束或散生；萼具齿，内面被毛；种子小，长不及 5mm…（2）木棉属 *Bombax* L.

1. 瓜栗属 *Pachira* Aubl.（新增属，栽培）

乔木。叶互生，掌状复叶，小叶 3~9 枚，全缘。花单生叶腋，具梗；苞片 2~3 枚；花萼杯状，短、截平或具不明显的浅齿，内面无毛，果期宿存；花瓣长圆形或线形，白色或淡红色，外面常被茸毛；雄蕊多数，基部合生成管，基部以上分离为多束，每束再分离为多数花丝，花药肾形；子房 5 室，每室胚珠多数；花柱伸长，柱头 5 浅裂。果近长圆形，木质或革质，室背开裂为 5 爿，内面具长绵毛。种子大，近梯状楔形，无毛，种皮脆壳质，光滑；子叶肉质，内卷。

本属 2 种，分布于美洲热带，我国引入 1 种。河南有室内盆栽。

瓜栗 马拉巴栗、发财树 ***Pachira aquatica* Aubl.**

[*Bombax aquaticum* (Aubl.) K. Schum.;

Bombax macrocarpum (Schltdl. & Cham.) K. Schum.;

Carolinea macrocarpa Schltdl. & Cham.;

Carolinea princeps L. f.;

Pachira macrocarpa (Cham. & Schlecht.) Walp.]

小乔木，高 4~5m，树冠较松散，幼枝栗褐色，无毛。小叶 5~11 枚，具短柄或近无柄，长圆形至倒卵状长圆形，渐尖，基部楔形，全缘，上面无毛，背面及叶柄被锈色星状茸毛；中央小叶长 13~24cm，宽 4.5~8cm，外侧小叶渐小；中肋表面平坦，背面强烈隆起，侧脉 16~20 对，几平伸，至边缘附近连接为一圈波状集合脉，其间网脉细密，均于背面隆起；叶柄长 11~15cm。花单生枝顶叶腋；花梗粗壮，长 2cm，被黄色星状茸毛，脱落；萼杯状，近革质，高 1.5cm，直径 1.3cm，疏被星状柔毛，内面无毛，截平或具 3~6 枚不明显的浅齿，宿存，基部有 2~3 枚圆形腺体；花瓣淡黄绿色，狭披针形至线形，长达 15cm，上半部反卷；雄蕊管较短，分裂为多数雄蕊束，每束再分裂为 7~10 枚细长的花丝，花丝连同雄蕊管长 13~15cm，下部黄色，向上变红色，花药狭线形，弧曲，长 2~3mm，横生；花柱长于雄蕊，深红色，柱头小，5 浅裂。蒴果近梨形，长 9~10cm，直径 4~6cm，果皮厚，木质，黄褐色，外面无毛，内面密被长绵毛，开裂，每室种子多数。种子大，不规则的梯状楔形，长 2~2.5cm，宽 1~1.5cm，表皮暗褐色，有白色螺纹，内含多胚。花期 5~11 月，果先后成熟，种子落地后自然萌发。

原产于中美洲墨西哥至哥斯达黎加。河南各地近 20 多年有引种栽培，多采用 4 株高 1m 左右苗木扭辫在一起，栽于盆中，作为观叶树木，称发财树，多放置于机关办公室或居家客厅，在河南未见开花、结果。我国云南西双版纳有栽培，生长正常。果皮未熟时可食用，种子可炒食。

2. 木棉属 *Bombax* L.（新增属，栽培）

落叶大乔木，幼树树干通常有圆锥状的粗刺。叶为掌状复叶。花单生或簇生于叶腋或近顶生，花大，先叶开放，通常红色，有时橙红色或黄白色；无苞片；萼革质，杯状，截平或具短齿，花后基部周裂，连同花瓣和雄蕊一起脱落；花瓣 5 片，倒卵形或倒卵状披针形；雄蕊多数，合生成管，花丝排成若干轮，最外轮集生为 5 束，各束与花瓣对生，花药 1 室，肾形，盾状着生；子房 5 室，每室有胚珠多数，花柱细棒状，比雄蕊长，柱头星状 5 裂。蒴果室背开裂为 5 爿，果爿革质，内有丝状绵毛；种子小，黑色，藏于绵毛内。

本属约 50 种，主要分布于美洲热带，少数产于亚洲热带、非洲和大洋洲。我国南部和西南部有 2 种。河南室内盆栽 1 种。

木棉 *Bombax ceiba* L.

[*Bombax malabaricum* DC.;

Gossampinus malabarica（DC.）Merr.；

Salmalia malabarica（DC.）Schott & Endl］

落叶大乔木，高可达25m，树皮灰白色，幼树的树干通常有圆锥状的粗刺；分枝平展。掌状复叶，小叶5~7枚，长圆形至长圆状披针形，长10~16cm，宽3.5~5.5cm，顶端渐尖，基部阔或渐狭，全缘，两面均无毛，羽状侧脉15~17对，上举，其间有1条较细的二级侧脉，网脉极细密，两面微突起；叶柄长10~20cm；小叶柄长1.5~4cm；托叶小。花单生枝顶叶腋，通常红色，有时橙红色，直径约10cm；萼杯状，长2~3cm，外面无毛，内面密被淡黄色短绢毛，萼齿3~5枚，半圆形，高1.5cm，宽2.3cm，花瓣肉质，倒卵状长圆形，长8~10cm，宽3~4cm，两面被星状柔毛，但内面较疏；雄蕊管短，花丝较粗，基部粗，向上渐细，内轮部分花丝上部分二叉，中间10枚雄蕊较短，不分叉，外轮雄蕊多数，集成5束，每束花丝10枚以上，较长；花柱长于雄蕊。蒴果长圆形，钝，长10~15cm，粗4.5~5cm，密被灰白色长柔毛和星状柔毛。种子多数，倒卵形，光滑。花期3~4月，果实夏季成熟。

木棉 *Bombax ceiba* L.

1. 花枝　2. 外轮雄蕊　3. 内轮雄蕊　4. 果　5. 果上的毛被

洛阳林业学校温室早在20世纪60年代就有引种盆栽。郑州植物园也有盆栽，花市有盆栽出售。分布于云南、四川、贵州、广西、江西、广东、福建、台湾等亚热带省区。印度、斯里兰卡、马来西亚、印度尼西亚至菲律宾及澳大利亚北部都有分布。花可供蔬食，入药清热除湿，能治菌痢、肠炎、胃痛；根皮祛风湿、理跌打；树皮为滋补药，亦用于治痢疾和月经过多。果内绵毛可作枕、褥、救生圈等填充材料。种子油可作润滑油、制肥皂。木材轻软，可用作蒸笼、箱板、火柴梗、造纸等。花大而美，树姿巍峨，可植为公园庭院观赏树，行道树。

（一〇一）梧桐科 Sterculiaceae

《河南植物志（第三册）》记载3属，3种。本书修订更改1属，1种。

田麻属 *Corchoropsis* Sieb. & Zucc.

《河南植物志（第三册）》（8~9页）将其列入椴树科 Tiliaceae。

其中：

田麻 *Corchoropsis tomentosa*（Thunb.）Makino 为田麻 *Corchoropsis crenata* Siebold & Zucc. 的异名；

光果田麻 *Corchoropsis psilocarpa* Harms & Loes. ex Gilg & Loes. 为光果田麻（变种）*Corchoropsis crenata* var. *hupehensis* Pamp. 的异名。

（一〇二）猕猴桃科 Actinidiaceae

《河南植物志（第三册）》记载 2 属，11 种，6 变种。

其中：

紫果猕猴桃（变种）*Actinidia arguta* var. *purpurea*（Rehder）C. F. Liang 为软枣猕猴桃 *Actinidia arguta*（Siebold & Zucc.）Planch. ex Miq. 的异名；

凸脉猕猴桃（变种）*Actinidia arguta* var. *nevosa* C. F. Liang［《河南植物志（第三册）》误为 *Actinidia arguta* var. *venosa* C. F. Liang］为陕西猕猴桃（变种）*Actinidia arguta* var. *giraldii*（Diels）Vorosch. 的异名；

河南猕猴桃 *Actinidia henanensis* C. F. Liang 为黑蕊猕猴桃 *Actinidia melanandra* Franch. 的异名；

硬毛猕猴桃、美味猕猴桃 *Actinidia deliciosa*（A. Chev.）C. F. Liang & A. R. Ferguson［《河南植物志（第三册）》为 *A. deliciousa* C. F. Liang］为美味猕猴桃（变种）*Actinidia chinensis* var. *deliciosa*（A. Chev.）A. Chev. 的异名；

猕猴桃藤山柳 *Clematoclethra actinidioides* Maxim.，杨叶藤山柳（变种）*Clematoclethra actinidioides* var. *populifolia* C. F. Liang & Y. C. Chen 和藤山柳 *Clematoclethra lasioclada* Maxim. 均为猕猴桃藤山柳（亚种）*Clematoclethra scandens* subsp. *actinidioides*（Maxim.）Y. C. Tang & Q. Y. Xiang 的异名。

本书另增补 1 种。

猕猴桃属 *Actinidia* Lindl.

《河南植物志（第三册）》记载 9 种，5 变种。本书除修订外，增补 1 种。

大籽猕猴桃 *Actinidia macrosperma* C. F. Liang

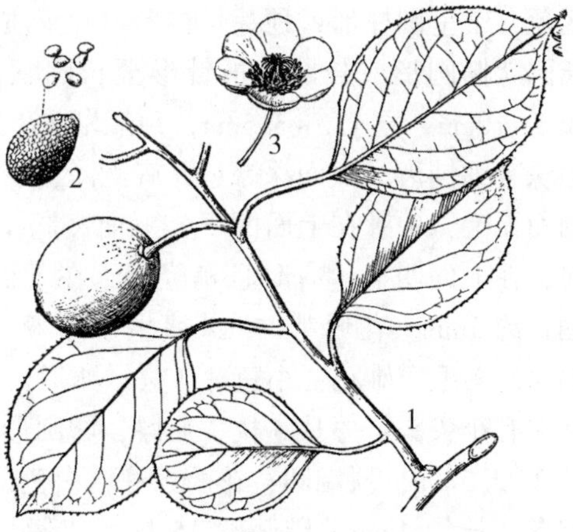

大籽猕桃猴 *Actinidia macrosperma* C. F. Liang

1. 果枝　2. 种子　3. 雌花

中型落叶藤本；藤蔓常见短型果枝。着生花的小枝淡绿色，长 5~20cm，一般 12cm，直径 2~2.5mm，无毛或下部薄被锈褐色小腺毛，皮孔不显著或稍显著，叶腋上偶见花柄萎断后残存的刺状遗体；芽无毛；二年生枝绿褐色，皮孔小且稀，仅仅可见；髓白色，实心。叶幼时膜质，老时近革质，卵形或椭圆形，长约 8cm，宽约 5cm，顶端渐尖、急尖至浑圆形，基部阔楔形至圆形，两侧对称或稍不对称，边缘具圆锯齿，老叶近全缘，叶背浅绿色，脉腋上有髯毛，中脉和叶柄无软刺。腹面绿色，无毛；叶脉不发达，侧脉 4~5 对；叶柄水红色，长 10~22mm，无毛。花常单生，白色，芳香，直径 2（♂）~3（♀）cm；花序柄长 6~7mm，花柄长 9~15mm，均无毛或局部有少数小腺毛；苞片披针形或条形，长 1~2mm，边缘有若干腺状毛；萼片常见 2

枚，卵形至长卵形，顶端有喙，长6~12mm，绿色，两面均洁净无毛；花瓣一般5~6片，最多不超过9片。瓢状倒卵形，长10~15mm；花丝丝状，长3~7mm，花药黄色，卵形箭头状，长1.5~2.5mm；子房瓶状，长6~8mm，直径7mm，无毛，花柱长约5mm。果成熟时橘黄色，卵圆形或球形，长3~3.5cm，顶端有乳头状的喙，基部有或无宿存萼片，果皮上无斑点，种子较大，纵径4mm。花期5月中旬，果熟期10月上、中旬。

产于河南大别山商城黄柏山和金刚台；生于海拔1 000m以下的山地丛林中或林缘。分布于广东、湖北、江西、浙江、江苏、安徽等省区。

（一〇三）山茶科 Theaceae

《河南植物志（第三册）》记载6属（含1栽培属），16种（含1栽培种），1变种。其中：

小叶紫茎（变种）*Stewartia sinensis* var. *microphylla* Yan 有待进一步研究确认；

陕西紫茎 *Stewartia shensiensis* Hung T. Chang 为陕西紫茎（变种）*Stewartia sinensis* var. *shensiensis* (Hung T. Chang) T. L. Ming & J. Li 的异名。

本书另增补3种。

1. 柃木属（柃属）*Eurya* Thunb.

《河南植物志（第三册）》记载5种。本书增补2种。

（1）四角柃 *Eurya tetragonoclada* Merr. & Chun

灌木或乔木，高2~14m，胸径可达25cm，全株无毛；嫩枝和小枝红褐色，具显著四棱，老枝灰褐色，常呈圆柱形；顶芽长锥形。叶革质，长圆形、长圆状椭圆形或长圆状披针形至长圆状倒披针形，长5~10cm，宽1.5~3.5cm，顶端渐尖，基部楔形，边缘有细钝齿，上面深绿色，有光泽，下面淡绿色，两面无毛，中脉在上面凹下，下面突起，侧脉8~10对，在上面明显，有时且稍隆起，在下面突起；叶柄长约5mm。花通常1~3朵簇生于叶腋，花梗长约2mm，无毛。雄花：小苞片2枚，卵形，长约1mm，顶端有小尖头；萼片5枚，质厚，卵圆形或近圆形，长2~2.5mm，顶端圆；花瓣5片，白色，长圆状倒卵形，长约4mm；雄蕊约15枚，花药具分格，退化子房无毛。雌花：小苞片和萼片与雄花同，但较小；花瓣5片，长圆形，长约2.5mm；子房卵圆形，无毛，花柱长约2mm，顶端3裂。果实圆球形，直径约4mm，成熟时紫黑色。种子肾圆形，稍扁，亮褐色，表面具密网纹。花期11~12月，果期翌年5~8月。

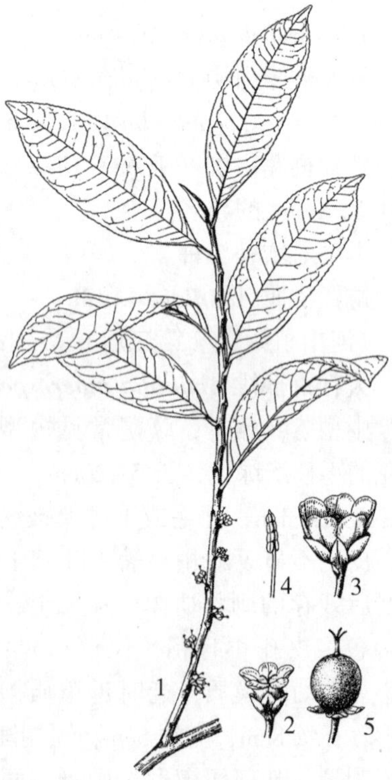

四角柃 *Eurya tetragonoclada* Merr. & Chun
1. 雌花枝　2. 雌花　3. 雄花　4. 雄蕊　5. 果实

本种和翅柃 *Eurya alata* Kobuski 在外形上很相似，但后者的花药不具分格以及侧脉在叶上面凹下等，有明显的区别。

产于河南大别山区的新县连康山和商城黄柏山；生于海拔 300~1 200m 的沟谷、山顶密林中或山坡灌丛阴地。分布于江西南部、湖北西部、湖南西部和南部、广东北部和西南部、广西、四川东部、贵州北部、云南东南部。

（2）钝叶柃 *Eurya obtusifolia* H. T. Chang

灌木或小乔木状，高 1~3m，有时可达 7m；嫩枝圆柱形，淡褐色，被微毛，小枝灰褐色，无毛或几无毛；顶芽披针形，密被微毛和黄褐色短柔毛。叶革质，长圆形或长圆状椭圆形，长 3~5.5（~7）cm，宽 1~2.2（~3）cm，顶端钝或略圆，偶有渐尖，基部楔形，边缘上半部有疏钝齿，有时近全缘，上面暗绿色，下面黄绿色，两面均无毛，中脉在上面凹下，下面突起，侧脉 5~7 对，在两面均不明显；叶柄长 1~1.5mm，被微毛。花 1~4 朵腋生，花梗长 1~1.5mm，被微毛或疏生短柔毛。雄花：小苞片 2 枚，近圆形，长约 0.5mm，被微毛和短柔毛；萼片 5 枚，近膜质，卵圆形，长 1~1.5mm，顶端圆，有小突尖，被微毛，边缘无纤毛，外层的 1~2 枚，除被微毛外，尚疏生短柔毛；花瓣 5 片，白色，长圆形或椭圆形，长约 3mm；雄蕊约 10 枚，花药不具分格，退化子房无毛。雌花：小苞片和萼片与雄花同，但略小；花瓣 5 片，卵形或椭圆形，长约 2mm；子房圆球形，3 室，无毛，花柱长约 1mm，顶端 3 浅裂。果实圆球形，直径 3~4mm，成熟时蓝黑色。花期 2~3 月，果熟期 8~10 月。

钝叶柃 *Eurya obtusifolia* H. T. Chang

1. 果枝 2. 雄花 3. 雄蕊

本种和微毛柃 *Eurya hebeclados* Ling 极为近似，区别在于顶芽除被微毛外，尚有短柔毛疏生，萼片卵圆形或长圆状卵形，顶端无微凹，外面常有短柔毛，边缘无纤毛，雄蕊约 10 枚以及叶片较小等。

河南产于伏牛山区的西峡、内乡、淅川；生于海拔 400~1 400m 的山地疏林或密林中以及林缘路旁灌丛中。分布于陕西南部、湖北西部、湖南西北部、四川、贵州、云南。种子可榨油；果实入药，治脑炎、泻痢等症。

2. 山茶属 *Camellia* L.

《河南植物志（第三册）》记载 5 种。本书增补 1 种。

连蕊茶 *Camellia cuspidata*（Kochs）H. J. Veitch

灌木，高达 3m，嫩枝无毛，或最初开放的新枝有微毛，很快变秃净。叶革质，卵状披针形或椭圆形，长 5~8cm，宽 1.5~2.5cm，先端渐尖至尾状渐尖，基部楔形或略圆，上面干后黄绿色，发亮，下面浅绿色，无毛；侧脉 6~7 对，在上面略下陷，在下面不明显；边缘密具细锯齿，齿刻相隔 1~1.5mm，叶柄长 3~5mm，略有残留短毛。花单独顶生，花柄长 3mm，有时稍长；苞片 3~4 枚，卵形，长 1.5~2.5mm，无毛；花萼杯状，长 4~5mm，萼片 5 枚，无毛，不等大，分离至基部，厚革质，阔卵形，先端略尖，薄膜质，花冠白色，长 2~2.4cm，无毛；花瓣 6~7 片，基部连生 2~3mm，并与雄蕊的花丝贴生，外侧 2~3 片较小，革质，长 1.2~1.5cm，内侧 4 或 5 片长达 2.4cm；雄蕊比花瓣短，无毛，外轮雄蕊只在基部和花瓣合生，其余部分离生，花药背部着生；雌蕊长 1.8~2.3cm，子房无毛；花柱长 1.5~2cm，无毛，顶端 3 浅裂，裂片长约 2mm。蒴果圆球形，直径 1.5cm，有宿存苞片和萼片，果皮薄，1 室，种子 1 粒，圆球形。花期 4~7 月。

连蕊茶 ***Camellia cuspidata*** **(Kochs) H. J. Veitch**

1. 果枝　2. 花　3. 萼及花柱

产于河南大别山区的商城、新县（连康山）；生于山坡林中。分布于安徽（南部）、江西、湖北、湖南、广西（北部）、贵州、广东（北部）、云南（南部）、陕西（南部）、福建、四川、浙江等省区。

（一〇四）藤黄科 Clusiaceae

《河南植物志（第三册）》36 页为藤黄科 Guttiferae，记载 1 属，10 种。

其中：

金丝梅 *Hypericum patulum* Thunb. ex Murry 应为金丝梅 *Hypericum patulum* Thunb.；

赶山鞭 *Hypericum attenuatum* Choisy 应为赶山鞭 *Hypericum attenuatum* Fisch. ex Choisy。

本书另增补 1 种，1 亚种。

金丝桃属 *Hypericum* L.

《河南植物志（第三册）》记载 10 种。本书增补 1 种，1 亚种。

（1）圆果金丝桃（亚种）*Hypericum longistylum* subsp. *giraldii*（R. Keller）N. Robson

[*Hypericum giraldii* R. Keller;

Hypericum longistylum var. *giraldii*（R. Keller）Pamp.]

与原亚种不同在于：萼片长 5~7mm，子房及蒴果圆球形而无柄。

河南见于伏牛山西峡黄石庵和淅川荆子关；生于山坡向阳处。分布于陕西、甘肃、湖北。

（2）川鄂金丝桃 *Hypericum wilsonii* N. Robson

灌木，高 0.5~1m，有下垂至稍为匍地的枝条。茎红色，幼时具四纵线棱及两侧压扁，短于至长于叶；皮层灰褐色。叶具柄，叶柄长 0.5~1.5mm；叶片椭圆形或椭圆状披针形至披针形或卵状披针形，长 2.3~5.5（~6）cm，宽（0.6~）1.2~2.9cm，先端近锐尖或具小尖突的钝形至圆形，基部宽楔形至圆形，边缘平坦，坚纸质，上面绿色，下面淡绿色或多少呈苍白色，主侧脉4~5对，中脉在上方不明显分枝，第三级脉网几不可见，腹腺体稀疏或无，叶片腺体点状和短至略长的线状。花序具（1~）3~22朵花，自茎顶端第1（~2）节生出，近伞房状；花梗长0.8~1.2cm；苞片叶状至狭披针形，或凋落。花直径4~5（~6）cm，星状；花蕾狭卵球形，先端锐尖至近渐尖。萼片离生，在花蕾及结果时多少直立，披针形或狭椭圆形，等大，长7~10mm，宽2~4.5mm，先端锐渐尖至具短芒，全缘，中脉显著，小脉不明显，约有腺线10条。花瓣金黄色，无红晕，开张，倒卵形，长2~2.5cm，宽1.2~2cm，长为萼片2.5~3倍，边缘向顶端有具腺的细小齿或为全缘，有近顶端的小尖突，小尖突先端锐尖。雄蕊5束，每束有雄蕊30~35枚，最长者长1~1.5cm，长为花瓣的1/3~1/2，花药金黄色。子房多少呈宽卵球形，长5~6mm，宽3~3.5mm；花柱长7~9mm，长为子房的1.5~1.8倍，离生，直立，顶端外弯；柱头小。蒴果卵球形，长7~11mm，宽5~6mm。种子深橙褐色，狭圆柱形，几无龙骨状突起，多少有浅的线状网纹。花期6~7月，果熟期8~9月。

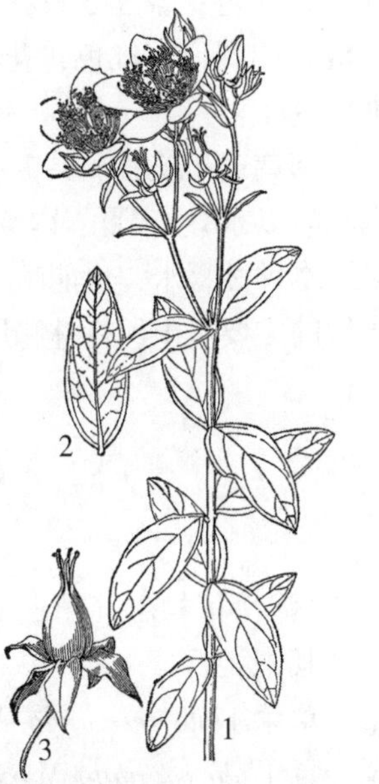

川鄂金丝桃丝 *Hypericum wilsonii* N. Robson
1. 花枝 2. 叶，下面观 3. 果

河南产于伏牛山西峡黄石庵和淅川荆子关；生于山坡灌丛、林下或草地上。分布于湖北西部、四川东部及南部。

（一〇五）柽柳科 Tamaricaceae

《河南植物志（第三册）》记载2属，3种。本书增补1种。

柽柳属 *Tamarix* L.

《河南植物志（第三册）》记载1种。本书增补1种。

甘蒙柽柳 *Tamarix austromongolica* Nakai（彩版图87）

［*Tamarix chinensis* subsp. *austromongolica*（Nakai）S. Q. Zhou］

灌木或乔木，高1.5~4（~6）m，树干和老枝栗红色，枝直立；幼枝及嫩枝质硬直伸而不下垂。叶灰蓝绿色，木质化生长枝上基部的叶阔卵形，急尖，上部的叶卵状披针形，长均2~3mm，先端均呈尖刺状，基部向外鼓胀；绿色嫩枝上的叶长圆形或长圆状披针形，渐尖，基部亦向外鼓胀。春和夏秋均开花；春季开花，总状花序自去年生木质化的枝上发出，侧生，花序轴质硬而直伸，长30~40mm，宽5mm，着花较密，有短总花梗或无梗；有苞叶或无，苞叶蓝绿色，宽卵形，突渐尖，基部渐狭；苞片线状披针形，浅白色或带紫蓝绿色；花梗极短。夏、秋季开花，总状花序较春季的狭细，组成顶生大型圆锥花序，生在当年生幼枝上，多挺直向上；花5基数，萼片5枚，卵形，急尖，绿色，边缘膜质透明；花瓣5片，倒卵状长圆形，淡紫红色，顶端向外反折，花后宿存。花盘5裂，顶端微缺，紫红色；雄蕊5枚，伸出花瓣之外，花丝丝状，着生于花盘裂片间，花药红色；子房三棱状卵圆形，红色，花柱与子房等长，柱头3个，下弯。蒴果长圆锥形，长约5mm。花期5~9月。

河南产于陕县、灵宝；生于黄河滩及黄土丘陵。分布于青海（东部）、甘肃（秦岭以北、乌鞘岭以东）、宁夏、内蒙古（中南部和东部）、陕西（北部）、山西、河北（北部）等省区。本种性喜水，也能耐干旱、盐碱和霜冻，为黄河中游半干旱和半湿润地区、黄土高原及山坡的主要水土保持林和用材林造林树种。枝条坚韧，为编筐原料，老枝用作农具柄。

（一〇六）堇菜科 Violaceae

《河南植物志（第三册）》记载1属，21种（含栽培），1亚种。

其中：

堇菜 *Viola verecunda* A. Gray 为如意草 *Viola arcuata* Blume 的异名；

萱 *Viola vaginata* Maxim. 有待进一步研究确认；

尼泊尔堇菜（亚种）*Viola betonicifolia* subsp. *nepalensis*（Ging.）W. Becker 为戟叶堇菜 *Viola betonicifolia* Sm. 的异名；

紫花地丁、紫花菜 *Viola yedoensis* Makino 为紫花地丁 *Viola philippica* Cav. 的异名；

心叶堇菜 *Viola cordifolia* W. Beck. 应为心叶堇菜 *Viola cordifolia* Schweinitz。

本书另增补4种（含1栽培种），1变种。

堇菜属 *Viola* L.

（1）香堇菜 *Viola odorata* L.

多年生草本，无地上茎，具匍匐枝，高3~15cm。根状茎较粗，垂直或斜生，淡褐色，密生节，向下生多数细根，横向发出细长匍匐枝，其节处生根、发叶可成新植株。叶基生；叶片圆形或肾形至宽卵状心形，开花期叶片较小，长、宽均为1.5~2.5cm，花后叶片渐增大，长、宽可达4.5cm，先端圆或稍尖，基部深心形，边缘具圆钝齿，两面被稀疏短柔毛或近无毛。花较大，深紫色，有香味；花梗细长，被细柔毛或近无毛，中部或中部以上有2枚线形小苞片；萼片长圆形或长圆状卵形，先端钝圆，基部的附属物长2~3mm，末端圆钝或具浅齿；花瓣边缘波状，上方花瓣倒卵形，侧方花瓣里面近基部有短须毛，下方花瓣宽倒卵形，连距长15~20mm；距长2~4mm，直或微弯曲；下方2枚雄蕊的

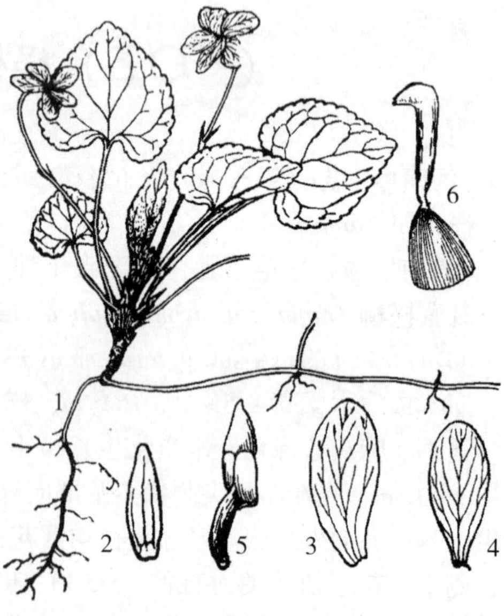

香堇菜 *Viola odorata* L.

1. 花期植株 2. 萼片 3. 侧瓣 4. 上瓣 5. 带距雄蕊 6. 雌蕊

距较粗，长约 4mm；子房被细柔毛，花柱基部细而直，向上增粗而稍扁，顶部弯曲成钩状短喙，喙长度与花柱直径近相等，喙端具较细的柱头孔。蒴果球形，密被短柔毛。

郑州、开封、洛阳、许昌等地有引种栽培。北京、天津、西安、上海、广州等地也常见栽培。欧洲、非洲北部、亚洲西部有野生。花芳香，花色变化较大，园艺品种多，栽培供观赏。

（2）细距堇菜 *Viola tenuicornis* W. Becker

［*Viola interposita* Kitag.；

Viola tenuicornis var. *brachytricha* W. Becker；

Viola variegata var. *chinensis* Bunge ex Regel；

Viola variegata var. *viridis* Kitag.］

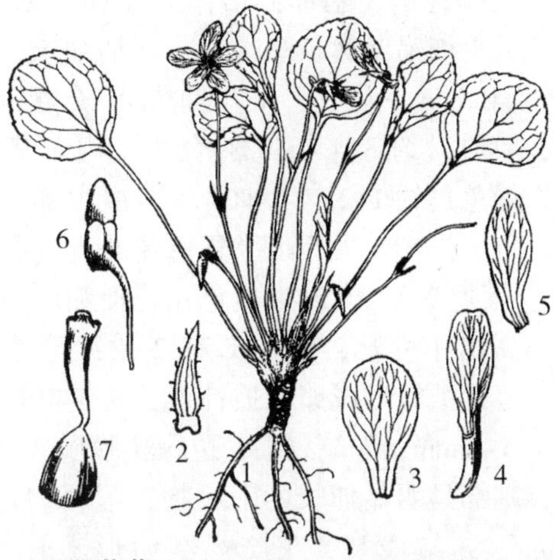

细距堇菜 *Viola tenuicornis* W. Becker

1. 花期植株 2. 萼片 3. 上瓣 4. 侧瓣 5. 下瓣 6. 带距雄蕊 7. 雌蕊

多年生细弱草本，无地上茎，高 2～13cm。根状茎短，细或稍粗，节间缩短，节密生，长 2～10mm，通常垂直，有数条淡黄色细根。叶 2 枚至多数，均基生；叶片卵形或宽卵形，长 1～3cm，宽 1～2cm，果期增大，长可达 6cm，宽约达 4.5cm，先端钝，基部微心形或近圆形，边缘具浅圆齿，两面皆为绿色，无毛或沿叶脉及叶缘有微柔毛；叶柄细弱，长 1.5～6cm，无翅或仅上部具极狭的翅，通常有细短毛或近无毛；托叶外侧者近膜质，内侧者淡绿色，2/3 与叶柄合生，离生部分线状披针形或披针形，边缘疏生流苏状短齿。花紫堇色；花梗细弱，稍超出或不超出于叶，被细毛或近无毛，在中部或中部稍下处有 2 枚线形小苞片；萼片通常绿色或带紫红色，披针形、卵状披针形，长 5～8mm，无毛，先端尖，边缘狭膜质，具 3 脉，基部附属物短，长 1～1.5mm，末端截形或圆形，稀具浅齿；花瓣倒卵形，上方花瓣长 1～12mm，宽约 6mm，侧方花瓣长 8～10mm，宽 3～4.5mm，里面基部稍有须毛或无毛，下方花瓣连距长 15～17（～20）mm；距圆筒状，较细或稍粗，长 5～7（～9）mm，粗 1.2～3mm，末端圆而向上弯；花药长约 1.5mm，下方 2 枚雄蕊背部的距长而细，长约 5.5mm，粗约 0.3mm，末端圆而稍弯曲；子房无毛，花柱棍棒状，基部向前方膝曲，上部明显增粗，柱头两侧及后方增厚成直伸的边缘，中央部分微隆起，前方具稍粗的短喙，喙端具向上开口的柱头孔。蒴果椭圆形，长 4～6mm，无毛。花期 4～6 月，果熟期 7～9 月。

河南产于太行山区的林州、辉县、沁阳、济源等；生于山坡草地、灌丛或林缘。分布于黑龙江、吉林、辽宁、河北、山西、陕西、甘肃；朝鲜、俄罗斯远东地区也有分布。

本种与其近缘种斑叶堇菜 *Viola variegata* Fisch. ex Link 相似，但叶片呈卵形或卵状心形，两面均为绿色，上面沿叶脉无白色斑带，花距细长，可以区别。

（3）北京堇菜 *Viola pekinensis*（Regel）W. Becker

［*Viola dolichoceras* Ching J. Wang；

Viola kamtschatica var. *pekinensis* Regel；

Viola liaosiensis P. Y. Fu & Y. C. Teng；

Viola mongolica f. *longisepala* P. Y. Fu & Y. C. Teng]

多年生草本，无地上茎，高达6~8cm。根状茎稍粗壮，短缩，长0.5~1cm，粗约0.5cm，绿色，无毛。叶基生，莲座状；叶片圆形或卵状心形，长2~3cm，宽与长几相等，先端钝圆，基部心形，边缘具钝锯齿，两面无毛或沿叶脉被疏柔毛；叶柄细长，长1.5~4.5cm，无毛；托叶外方者较宽，白色，膜质，约3/4与叶柄合生，内部者较窄，绿色，约1/2与叶柄合生，离生部分狭披针形，先端渐尖，边缘具稀疏的流苏状细齿。花淡紫色，有时近白色；花梗细弱，通常稍高出于叶丛，近中部有2枚线形小苞片；萼片披针形或卵状披针形，长7~9mm，宽1.5~2mm，先端急尖，边缘狭膜质，具3脉，基部具明显伸长的附属物，附属物长2~3cm，末端浅裂；花瓣宽倒卵形，上方花瓣长约11mm，宽约7mm，侧方花瓣长约11mm，宽约6mm，里面近基部有明显须毛，下方花瓣连距长15~18mm；距圆筒状，稍粗壮，长6~9mm，直伸，末端钝圆；花药长约2mm，药隔顶端附属物与花药近等长，下方雄蕊背部的距线形，长约5mm；子房无毛，花柱棍棒状，基部通常直且较细，向上渐增粗，顶部平坦，两侧及后方具明显边缘，前方具短喙，喙端具较宽的柱头孔。蒴果无毛。花期4~5月，果熟期5~7月。

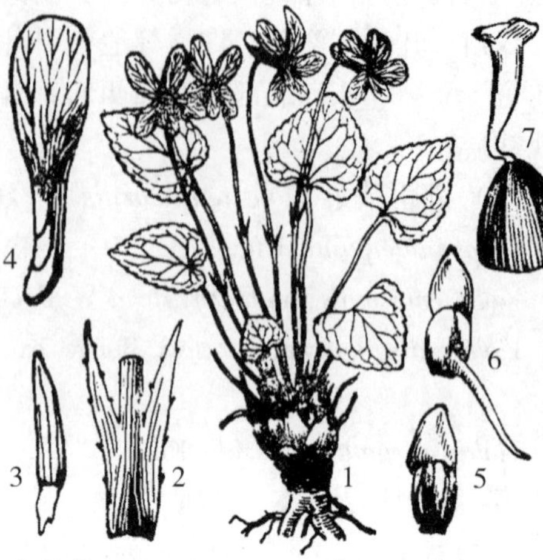

北京堇菜 ***Viola pekinensis*** **(Regel) W. Becker**

1. 花期植株 2. 托叶 3. 萼片 4. 下瓣 5、6. 雄蕊 7. 雌蕊

河南仅见于太行山济源黄楝树林场上家林区；生于山坡草地、灌丛、林下或林缘。分布于河北、陕西。

(4) 长萼堇菜 ***Viola inconspicua*** **Blume**

[*Viola betonicifolia* subsp. *novaguineensis* D. M. Moore;

Viola betonicifolia var. *oblongosagittata* (Nakai) F. Maek. & T. Hashim.;

Viola chinensis G. Don;

Viola confusa Champ. ex Benth.;

Viola confusa subsp. *nagasakiensis* (W. Becker) F. Maek. & Hashim.;

Viola hunanensis Hand.-Mazz.;

Viola inconspicua subsp. *nagasakiensis* (W. Becker) J. C. Wang & T. C. Huang;

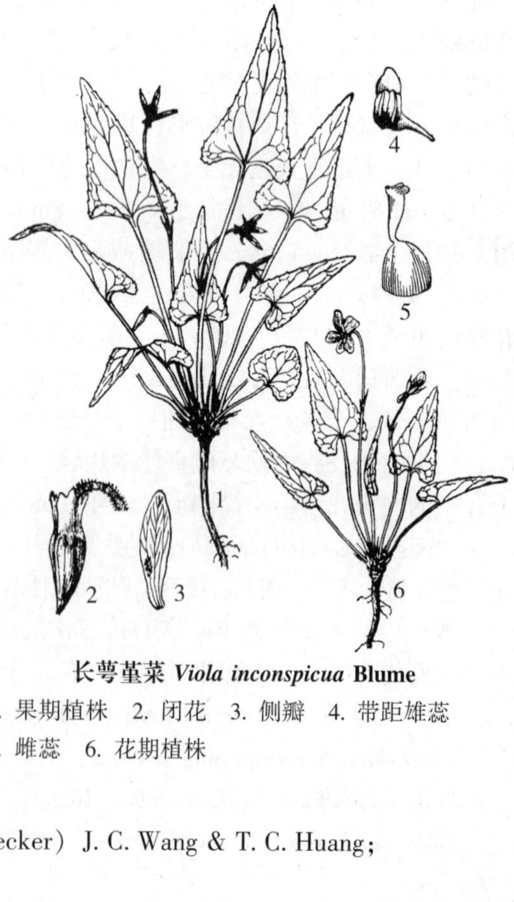

长萼堇菜 ***Viola inconspicua*** **Blume**

1. 果期植株 2. 闭花 3. 侧瓣 4. 带距雄蕊 5. 雌蕊 6. 花期植株

Viola mandshurica subsp. *nagasakiensis* W. Becker;

Viola minor (Makino) Makino;

Viola oblongosagittata Nakai;

Viola patrinii var. *minor* Makino;

Viola philippica subsp. *malesica* W. Becker;

Viola primulifolia Lour. ;

Viola pseudomonbeigii Chang;

Viola serpens var. *confusa* (Champ. ex Benth.) Hook. f. & Thomson]

多年生草本，无地上茎。根状茎垂直或斜生，较粗壮，长 10~20mm，粗 2~8mm，节密生，通常被残留的褐色托叶所包被。叶均基生，呈莲座状；叶片三角形、三角状卵形或戟形，长 1.5~7cm，宽 1~3.5cm，最宽处在叶的基部，中部向上渐变狭，先端渐尖或尖，基部宽心形，弯缺呈宽半圆形，两侧垂片发达，通常平展，稍下延于叶柄成狭翅，边缘具圆锯齿，两面通常无毛，少有，在下面的叶脉及近基部的叶缘上有短毛，上面密生乳头状小白点，但在较老的叶上则变成暗绿色；叶柄无毛，长 2~7cm；托叶 3/4 与叶柄合生，分离部分披针形，长 3~5mm，先端渐尖，边缘疏生流苏状短齿，稀全缘，通常有褐色锈点。花淡紫色，有暗色条纹；花梗细弱，通常与叶片等长或稍高出于叶，无毛或上部被柔毛，中部稍上处有 2 枚线形小苞片；萼片卵状披针形或披针形，长 4~7mm，顶端渐尖，基部附属物伸长，长 2~3mm，末端具缺刻状浅齿，具狭膜质缘，无毛或具纤毛；花瓣长圆状倒卵形，长 7~9mm，侧方花瓣里面基部有须毛，下方花瓣连距长 10~12mm；距管状，长 2.5~3mm，直，末端钝；下方雄蕊背部的距角状，长约 2.5mm，顶端尖，基部宽；子房球形，无毛，花柱棍棒状，长约 2mm，基部稍膝曲，顶端平，两侧具较宽的缘边，前方具明显的短喙，喙端具向上开口的柱头孔。蒴果长圆形，长 8~10mm，无毛。种子卵球形，长 1~1.5mm，直径 0.8mm，深绿色。花期 4~5 月，果熟期 6~10 月。

产于河南大别山和伏牛山（南部）；生于山坡草地、田边及溪旁等处。分布于陕西、甘肃（南部）、江苏、安徽、浙江、江西、福建、台湾、湖北、湖南、广东、海南、广西、四川、贵州、云南；缅甸、菲律宾、马来西亚也有分布。全草入药，清热解毒。

本种与戟叶堇菜 *Viola betonicifolia* Smith 近似，但本种叶片三角形或戟形，先端渐尖，基部弯缺呈宽半圆形，两侧垂片发达，稍下延于叶柄；萼片伸长，基部附属物长 2~3mm，末端具浅裂齿等极易辨认。

（5）凤凰堇菜 维西堇菜（变种）***Viola tokubuchiana* var. *takedana* (Makino) F. Maek.**

[*Viola funghuangensis* P. Y. Fu & Y. C. Teng;

Viola takedana Makino]

多年生草本，无地上茎，高 8~15cm。根状茎长，木质化，粗 3~4mm，通常弯曲，带白色，散生数条白色根。叶基生，叶片深绿色，卵形或狭卵形，长 2~4.5cm，宽 1.5~3cm，先端尖或尾状渐尖，基部深心形，有时两裂片互相叠置，边缘具钝锯齿，两面近无毛或幼叶下面有细柔毛；叶柄长 2.5~6cm，上部有狭翅；托叶带白色或绿色，外方者卵状披针形，全缘，内方者 1/2 以上与叶柄合生，离生部分狭披针形，先端渐尖，边缘疏生细齿。花白色，长 1.7~1.9cm；花梗通常高出于叶或与叶近等长，下部稍带紫色，中部或中部稍下处有 2 枚对生的线形小苞片；萼片长圆状或卵状披针形，长 5~7mm（不包括附属物），宽 2~2.5mm，先端钝或尖，基部附属物近方形，长 1.8~2.5mm，末端具浅齿或有时齿较深，具 3 脉；花瓣倒卵形，侧方花瓣长 12~13mm，宽约 4.5mm，里面近基部稍有须毛，下方花瓣连距长 16~19mm；距圆筒状，长 5~7mm，直，末端圆；子房无毛，花柱基部较细，稍膝曲，长约 2.5mm，上部明显增粗，柱头两侧及后方具直立缘边，前方具较粗的短喙，喙端具较粗的柱头孔。蒴果椭圆形，无毛。花期 4~7 月。

产于河南大别山区的商城黄柏山和太行山区的林州、济源、沁阳；生于山地阴坡草丛、山谷溪旁等处。分布于吉林、辽宁、河北、陕西、甘肃、山东、江苏、安徽、浙江、江西、四川、云南等省区。

（一〇七）旌节花科 Stachyuraceae

《河南植物志（第三册）》记载 1 属，2 种，1 变种。

其中：

宽叶旌节花（变种）*Stachyurus chinensis* var. *latus* H. L. Li 为中国旌节花 *Stachyurus chinensis* Franch. 的异名。

（一〇八）西番莲科 Passifloraceae

《河南植物志（第三册）》记载 1 属，1 种（栽培）。

西番莲 *Passiflora coerulea* L. 应为西番莲 *Passiflora caerulea* L.

（一〇九）秋海棠科 Begoniaceae

《河南植物志（第三册）》记载 1 属，6 种（含 4 栽培种）。

其中：

球茎秋海棠 *Begonia tuberhybrida* Voss 有待进一步研究确认；

四季海棠 *Begonia semperflorens* Link & Otto［《河南植物志（第三册）》60 页为 *Begonia semperflora* Link et Otto］为四季海棠 *Begonia cucullata* Willd. 的异名；

秋海棠 *Begonia evansiana* Andrews 为秋海棠 *Begonia grandis* Dryand. 的异名；

中华秋海棠 *Begonia sinensis* A. DC. 为中华秋海棠（变种）*Begonia grandis* subsp. *sinensis*（A. DC.）Irmsch. 的异名。

（一一〇）仙人掌科 Cactaceae

《河南植物志（第三册）》记载栽培 10 属，32 种。

其中：

姬珊瑚树 *Opuntia leptocaulis* DC. 为姬珊瑚树 *Cylindropuntia leptocaulis*（DC.）F. M. Knuth 的异名；

鬼子角 *Opuntia imbricata*（Haw.）DC. 为鬼子角 *Cylindropuntia imbricata*（Haw.）F. M. Knuth 的异名；

珊瑚树 *Opuntia saliniana* Parm. 应为珊瑚树 *Opuntia salmiana* Parm. ex Pfeiff.；

绿仙人掌 *Opuntia vulgaris* Mill. 为梨果仙人掌 *Opuntia ficus-indica*（L.）Mill. 的异名；

蟹爪兰 *Schlumbergera fruncata*（Haw.）Moran 应为蟹爪兰 *Schlumbergera truncata*（Haw.）Moran；

令箭荷花 *Nopalxochia ackermannii*（Haw.）F. M. Knuth 为令箭荷花 *Disocactus ackermannii*（Haw.）Ralf Bauer 的异名；

小令箭荷花 *Nopalxochia phyllanthoides*（DC.）Britton & Rose 为小令箭荷花 *Disocactus phyllanthoides*（DC.）Barthlott 的异名；

鼠尾鞭、扭仙人指 *Aporocactus flagelliformis*（L.）Lem. 为鼠尾鞭 *Disocactus flagelliformis*（L.）Barthlott 的异名；

鹿角柱、鹿角掌 *Echinocereus procumbens*（Engelm.）Lem. 为鹿角柱 *Echinocereus pentalophus*（DC.）Lem. 的异名；

仙人鞭、仙人杖 *Nyctocereus serpentinus*（Lag. & Rodr.）Britton & Rose 为仙人鞭 *Disocactus flagelliformis*（L.）Barthlott 的异名；

山影拳、仙人山 *Cereus pitajaya* DC. 为山影拳 *Acanthocereus tetragonus*（L.）Hummelinck 的异名；

雪白球 *Mammillaria candida* Scheidw. 为雪白球 *Neomammillaria candida*（Scheidw.）Britton & Rose 的异名；

雪月花 *Mammillaria elegans* DC. 为雪月花（亚种）*Mammillaria haageana* subsp. *elegans* D. R. Hunt 的异名。

本书另增补 3 属（栽培，其中 2 属补充描述），2 种（栽培）。

1. 木麒麟属 *Pereskia* Mill.（新增属，栽培）

直立或攀缘灌木，稀小乔木。分枝多数，开展，圆柱状，节间细长，嫩时稍肉质；小窠生叶腋，具绒毛和 1 根至多刺；刺针状、钻形或钩状。叶互生，卵形、椭圆形、长圆形或披针形，全缘，具羽状脉和叶柄。花两性，辐状，具梗，在小枝上部排成总状、聚伞状或圆锥花序，白天开放；花托杯状，外面散生小窠及叶状鳞片，稀裸露；花被片多数，螺旋状聚生于花托上部，外轮萼片状，较小，内轮花瓣状，开展，稀直立；雄蕊多数，螺旋状着生于花托内面上方，短于内轮花被片，多少开展；子房上位至下位，1 室，侧膜胎座，有时为基底胎座状或悬垂胎座状；花柱圆柱状；柱头 3~20 个，直立或近直立。浆果梨形、球形或陀螺状。种子多数至少数，倒卵形至双凸镜状，长大于宽，黑色，具光泽，种脐小，基生，白色；胚弯曲；子叶叶状扁平。

本属 16 种，原产于热带美洲，分布于北起墨西哥南部和西印度群岛，南至阿根廷北部和乌拉圭。我国引种栽培 4 种，河南引种 1 种。

木麒麟 *Pereskia aculeate* Mill.

[*Cactus pereskia* L.]

攀缘灌木，高3~10m。基部主干直径达2~3cm，灰褐色，表皮纵裂；分枝多数，圆柱状，具长的节间，绿色或带红褐色，无毛；小窠生叶腋，垫状，直径1.5~2mm，具灰色或淡褐色绒毛，于老枝上增大并突起呈结节状，直径达15mm，具1~6（~25）根刺；刺针状至钻形，长达1~4（~8）cm，褐色，在攀缘枝上常成对着生并下弯成钩状，较短。叶片卵形、宽椭圆形至椭圆状披针形，长4.5~7（~10）cm，宽1.5~5cm，先端急尖至短渐尖，边缘全缘，基部楔形至圆形，稍肉质，无毛，上面绿色，下面绿色至紫色；侧脉每侧4~7条，在上面稍下陷或平坦，于下面略突起；叶柄长3~7mm，无毛。花于分枝上部组成总状或圆锥状花序，辐射状，芳香，直径2.5~4cm；花梗长5~10mm；花托外面散生披针形至线状披针形叶质鳞片及腋生小窠，鳞片长8~25mm，宽2~6mm，小窠具黄褐色至淡灰色绒毛和细刺；萼状花被片2~6片，卵形至倒卵形，长12~15mm，宽4~8mm，先端急尖或圆形，有时具小尖头，淡绿色或边缘近白色；瓣状花被片6~12片，倒卵形至匙形，长15~23mm，宽6~8mm，先端圆形、截形或近急尖，有时具小尖头，白色，或略带黄色或粉红色；雄蕊多数，无毛；花丝长5~7mm，白色；花药椭圆形，长1~1.2mm，黄色；雌蕊无毛，子房上位；少数胚珠着生于侧膜胎座下部呈基底胎座状；花柱长10~11mm，直径1~2mm，白色；柱头4~7个，直立，长3~4mm，白色。浆果淡黄色，倒卵球形或球形，长1~2cm，具刺。种子2~5粒，双凸镜状，黑色，平滑，直径4.5~5mm，厚1.4~1.6mm；种脐略凹陷。

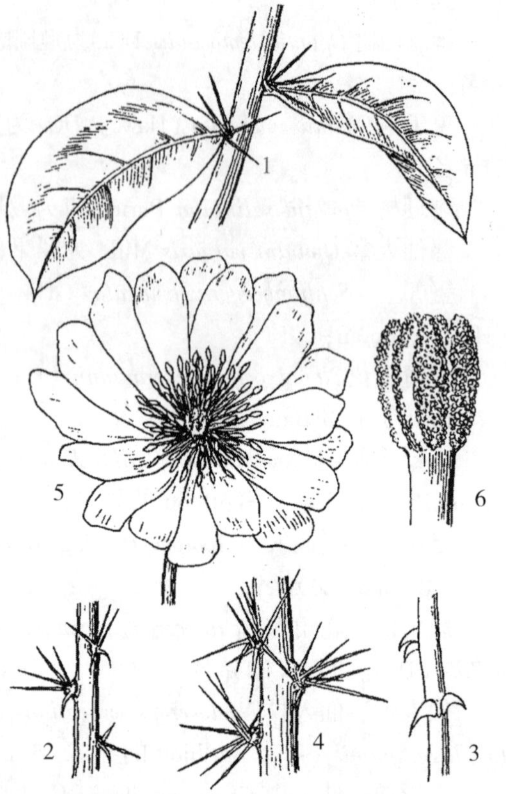

木麒麟 *Pereskia aculeata* Mill.

1. 营养枝部分 2. 分枝部分 3. 主茎部分 4. 攀缘枝部分 5. 花 6. 柱头

原产于中美洲、南美洲北部及东部、西印度群岛；河南各地有引种栽培，常作嫁接仙人球的砧木，为温室盆栽花卉。叶可作蔬菜，果酸甜可食。云南、广西、广东、福建、台湾、浙江及江苏均有栽培，河北及辽宁等北方省区温室栽培。

2. 仙人掌属 *Opuntia* Mill.

《河南植物志（第三册）》记载栽培11种。本书增补栽培1种。

单刺仙人掌 *Opuntia monacantha*（Willd.）Haw.

[*Cactus monacanthos* Willd.;

Cactus indicus Roxb.]

肉质灌木或小乔木，高1.3~7m，老株常具圆柱状主干，直径达15cm。分枝多数，开展，倒卵形、倒卵状长圆形或倒披针形，长 10～30cm，宽 7.5～12.5cm，先端圆形，边缘全缘或略呈波状，基部渐狭至柄状，嫩时薄而波皱，鲜绿而有光泽，无毛，疏生小窠；小窠圆形，直径 3～5mm，具短绵毛、倒刺刚毛和刺；嫩时，小窠无刺，老时生刺，在主干上每小窠可具 10～12 根刺；刺针状，单生或 2（～3）根聚生，直立，长 1～5cm，灰色，具黑褐色尖头，基部直径 0.2～1.5mm 短绵毛灰褐色，密生，宿存；倒刺刚毛黄褐色至褐色，有时隐藏于短绵毛中。叶钻形，长 2～4mm，绿色或带红色，早落。花辐状，直径 5～7.5cm；花托倒卵形，长 3～4cm，先端截形，凹陷，直径 1.5～2.2cm，基部渐狭，绿色，无毛，疏生小窠，小窠具短绵毛和倒刺刚毛，无刺或具少数刚毛状刺；萼状花被片深黄色，外面具红色中肋，卵圆形至倒卵形，长 0.8～2.5cm，宽 0.8～1.5cm，先端圆形，有时具小尖头，边缘全缘；瓣状花被片深黄色，倒卵形至长圆状倒卵形，长 2.3～4cm，宽 1.2～3cm，先端圆形或截形，有时具小尖头，边缘近全缘；花丝长 12mm，淡绿色；花药淡黄色，长约 1mm；花柱淡绿色至黄白色，长 12～20mm，直径约 1.5mm；柱头 6～10 个，长 4.5～6mm，黄白色。浆果梨形或倒卵球形，长 5～7.5cm，直径 4～5cm，顶端凹陷，基部狭缩成柄状，无毛，紫红色，每侧具 10～15（～20）个小窠，小窠突起，具短绵毛和倒刺刚毛，通常无刺。种子多数，肾状椭圆形，长约 4mm，宽约 3mm，厚 1.5mm，淡黄褐色，无毛。花期 4～8 月。

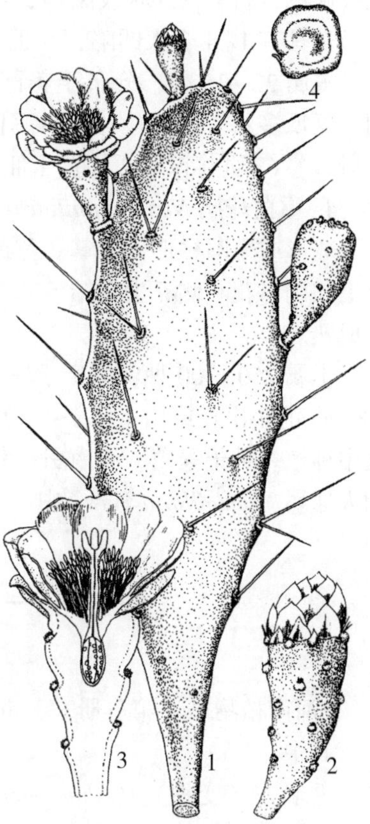

单刺仙人掌 *Opuntia monacantha* (Willd.) Haw.

1. 花、果枝 2. 花蕾 3. 花纵切 4. 种子

原产于巴西、巴拉圭、乌拉圭及阿根廷，世界各地广泛栽培，在热带地区及岛屿常逸生；我国各省区有引种栽培，在云南南部及西部、广西、福建南部和台湾沿海地区归化，生于海边或山坡开旷地带。河南有公园温室盆栽培育，各地花市有出售。可在温暖地区植作围篱。浆果酸甜可食，茎为民间草药。

3. 姬珊瑚树属 *Cylindropuntia*（Engelm.）F. M. Knuth（新增属，栽培）

乔木或灌木，茎很少匍匐，直立，通常多分枝。茎段牢固附着，一起脱落，直或弯曲，圆柱状至稍微棒状，2～40（～50）cm×（0.3～5.5）cm，通常无毛，结节状；叶椭圆形、圆形、卵形、倒卵形或带状至菱形，直径 0.7～5mm。毛白色、黄色或棕褐色。刺皮表皮脱落；刺仅基部有角度地平坦。沟毛通常在簇绒毛的近轴缘处，黄色至棕色。花两性或有时具功能雌蕊，径向对称；外部花被绿色；内部花被黄绿色、黄色至青铜色，或红色至洋红色。花粉刺状、点状，不呈网状（圆柱形类型）。果实肉质，绿色、黄色或猩红色，有时红色到紫色，或者干燥，棕褐色到棕色，圆柱形到亚球形，有时是棒状的，肉质的或干燥的，无毛的或多刺的；各种颜色的短毡毛，经常是棕褐色或灰色。种子淡黄色至棕褐

色或灰色，扁平鳞片状或圆形，经常翘曲，长1.9~7mm，由于相邻发育种子的压力，每面通常具有1~4个大凹陷，无毛。

本属22~35种，分布于美国（中部和西南部）、墨西哥、西印度群岛；南美洲（智利、厄瓜多尔、秘鲁），南非有引种，并广泛种植。河南引种栽培2种。《河南植物志（第三册）》63页将该属2种置于仙人掌属 *Opuntia* Mill. 中。

4. 雪白球属 *Neomammillaria* Britton & Rose（新增属，栽培）

球形或短圆柱形仙人掌。茎覆盖着从叶的根部生长的结节。在结节上的腋芽上，有1束毛和刺。花和侧芽生在结节的腋窝中。花通常很小，长在花茎顶部。果实为浆果，第二年成熟。

本属250~300种，原产于墨西哥、委内瑞拉和哥伦比亚的干旱地区，生长在海拔高达2 800m的小山丘或山上。一些物种形成大块。这类仙人掌多是观赏植物，可在温室或家庭中种植。种子繁殖。河南引种栽培1种。《河南植物志（第三册）》69页将雪白球置于仙人球属 *Mammillaria* Haw. 中。

（一一一）瑞香科 Thymelaeaceae

《河南植物志（第三册）》记载5属，13种，1变种。

其中：

毛瑞香（变种）*Daphne odora* var. *atrocaulis* Rehder 为毛瑞香（变种）*Daphne kiusiana* var. *atrocaulis*（Rehder）F. Maek. 的异名；

荛花 *Wikstroemia canescens* Meissn. 应为荛花 *Wikstroemia canescens* Wall. ex Meisn.；

河朔荛花 *Wikstroemia chamaedaphne* Meissn. 应为河朔荛花 *Wikstroemia chamaedaphne*（Bunge）Meisn.。

本书另增补3种（含1栽培种）。

1. 荛花属 *Wikstroemia* Endl.

《河南植物志（第三册）》记载5种。本书增补2种。

（1）多毛荛花 *Wikstroemia pilosa* Cheng

[*Daphne kulingensis*（Domke）Halda；

Wikstroemia kulingensis Domke；

Wikstroemia pilosa var. *kulingensis* S. C. Huang；

Wikstroemia sericea Domke]

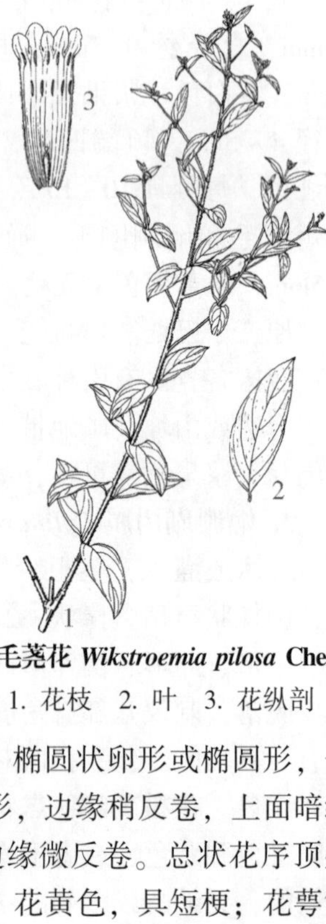

多毛荛花 *Wikstroemia pilosa* Cheng

1. 花枝 2. 叶 3. 花纵剖

灌木，高达1m；当年生枝纤细，圆柱形，被长柔毛，越年生枝黄色，变为无毛。叶膜质，对生、近对生或互生，卵形、椭圆状卵形或椭圆形，长1.5~3.8cm，宽0.7~1.8cm，先端尖，基部宽楔形、圆形或截形，边缘稍反卷，上面暗绿色，下面粉绿色，两面被长柔毛，侧脉每边3~5条，凸出，边缘微反卷。总状花序顶生或腋生，密被疏柔毛，长等于叶或稍露出于叶外，具短花序梗；花黄色，具短梗；花萼筒纺锤形，具 10 脉，外面密被长柔毛，内面无毛，长约 10mm，裂片 5 个，长圆形，端圆，长 1~1.2mm；雄蕊 10 枚，2 列，上列近喉部着生，下列固着于花萼筒中部以上，花药长圆形，长约 1mm；子房纺锤形，被长柔毛，长约 6mm，柱头头状；花盘鳞片 1 枚，线形，长约 1mm。果红色。花期秋季，果熟期冬季。

仅见于河南大别山区的商城金刚台；生于山坡、路旁的灌丛中。分布于安徽、江西、浙江、广东和湖南。

（2）白腊叶荛花 *Wikstroemia ligustrina* Rehder

［*Daphne ligustrina*（Rehder） Halda］

灌木，高 0.5~1.5m；幼枝纤细，圆柱形，密被灰白色绢状糙伏毛，越年生小枝褐色，毛被逐渐变稀疏而近于无毛；芽近圆形，被白色绒毛。叶坚纸质至薄纸质，互生，椭圆形、窄长圆形或倒披针状长圆形，长 1~4cm，宽 0.4~1.5cm，先端钝或微尖，基部宽楔形或近钝圆，两面均被灰白色柔毛，后渐变为少毛或近无毛，上面绿色，下面略苍白色，侧脉每边 4~6 条，在上面不明显，在下面与网脉均明显，中肋在下面稍凸出；叶柄短，长约 1.5mm，被短柔毛。花黄色，无柄或具短柄，组成顶生或腋生单生、少花或多花的具短花序梗的头状或穗状花序；花序梗长 1~5mm，被绢状平伏毛，花序短于叶、等于叶或稍长于叶；花萼长 6~11mm，被紧贴的绢状柔毛，裂片 4 个，先端钝，微啮蚀状，长是花萼管的 1/6~1/5；雄蕊 8 枚，2 列，上列 4 枚着生于花萼管喉部，下列 4 枚着生于花萼管中部，花药长圆形，长约 1mm，花丝极短，花盘鳞片长方形或正方形，先端具不规则的小齿，或线状披针形；子房窄长圆形，密被平贴短柔毛，花柱极短，柱头头状。果红色。花期秋季。

白腊叶荛花 *Wikstroemia ligustrina* Rehder

河南仅见于伏牛山区的嵩县杨树岭；生于海拔 1 900~2 100m 的林边阴处、山坡灌丛中。分布于河北、山西、陕西、云南、四川。

2. 瑞香属 *Daphne* L.

《河南植物志（第三册）》记载 5 种，1 变种。本书增补 1 种（栽培）。

瑞香 *Daphne odora* Thunb.

［*Daphne chinensis* Spreng.；

Daphne hybrida Lindl.；

Daphne japonica Thunb.；

Daphne kiusiana var. *odora*（Thunb.） Makino；

Daphne mazelii Carrière；

Daphne odora f. *alba*（Hemsl.） H. Hara；

Daphne odora var. *alba* Hemsl.；

Daphne odora var. *leucantha* Makino；

Daphne odora f. *marginata*（Miq.）Makino；

Daphne odora var. *marginata* Miq.；

Daphne odora var. *mazelii*（Carrière）Hemsl.；

Daphne odora f. *rosacea*（Makino）H. Hara；

Daphne odora var. *rosacea* Makino；

Daphne odora var. *variegata* Bean；

Daphne sinensis Lam.；

Daphne speciosissima Carrière；

Daphne triflora Lour.]

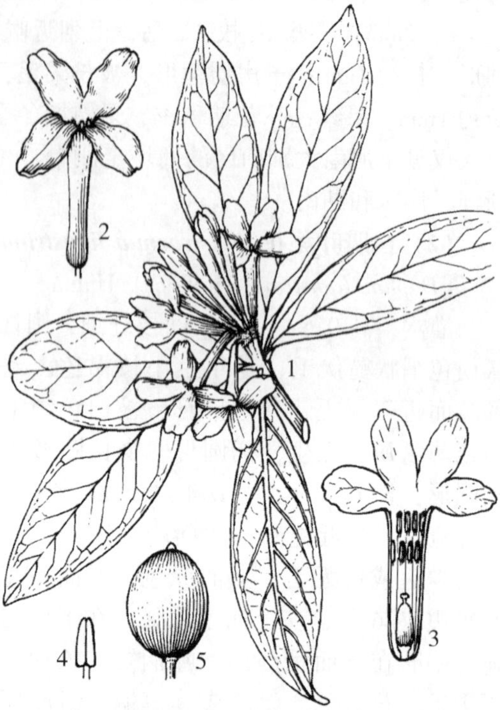

瑞香 *Daphne odora* Thunb.

1. 花枝 2. 花 3. 花纵剖面 4. 雄蕊 5. 果实

常绿直立灌木；枝粗壮，通常二歧分枝，小枝近圆柱形，紫红色或紫褐色，无毛。叶互生，纸质，长圆形或倒卵状椭圆形，长7~13cm，宽2.5~5cm，先端钝尖，基部楔形，边缘全缘，上面绿色，下面淡绿色，两面无毛，侧脉7~13对，与中脉在两面均明显隆起；叶柄粗壮，长4~10mm，散生极少的微柔毛或无毛。花外面淡紫红色，内面肉红色，无毛，数朵至12朵组成顶生头状花序；苞片披针形或卵状披针形，长5~8mm，宽2~3mm，无毛，脉纹显著隆起；花萼筒管状，长6~10mm，无毛，裂片4个，心状卵形或卵状披针形，基部心脏形，与花萼筒等长或超过之；雄蕊8枚，2轮，下轮雄蕊着生于花萼筒中部以上，上轮雄蕊的花药1/2伸出花萼筒的喉部，花丝长0.7mm，花药长圆形，长2mm；子房长圆形，无毛，顶端钝形，花柱短，柱头头状。果实红色。花期3~5月，果熟期7~8月。

河南各城市均有引种栽培，多为盆栽。我国各大城市都有栽培。作观叶盆栽花卉，根可入药。

（一一二）胡颓子科 Elaeagnaceae

《河南植物志（第三册）》记载2属，6种，1亚种，1变种。本书增补3种。

胡颓子属 *Elaeagnus* L.

《河南植物志（第三册）》记载6种，1变种。本书增补3种。

(1) 大叶胡颓子 *Elaeagnus macrophylla* Thunb.

常绿直立灌木，高2~3m，无刺；小枝成45°角开展，幼枝扁棱形，灰褐色，密被淡黄白色鳞片，老枝鳞片脱落，黑色。叶厚纸质或薄革质，卵形至宽卵形或阔椭圆形至近圆形，长4~9cm，宽4~6cm，顶端钝形或钝尖，基部圆形至近心形，全缘，上面幼时被银白色鳞片，成熟后脱落，绿色，干燥后黑褐色，下面银白色，密被鳞片，侧脉6~8对，与中脉开展成 60°~80°的角，近边缘 3/5 处分叉而互相连接，两面略明显突起；叶柄扁圆形，银白色，上面有宽沟，长 15~25mm。花白色，被鳞片，略开展，常 1~8 朵花生于叶腋短小枝上，花枝褐色，长 2~3mm；花梗银白色或淡黄色，长 3~4mm；萼筒钟形，长4~5mm，在裂片下面开展，在子房上骤收缩，裂片宽卵形，与萼筒等长，比萼筒宽，顶端钝尖，内面疏生白色星状柔毛，包围子房的萼管椭圆形，黄色，长 3mm；雄蕊的花丝极短，花药椭圆形，花柱被白色星状柔毛，顶端略弯曲，超过雄蕊。果实长椭圆形，被银白色鳞片，长 14~18mm，直径 5~6mm；果核具 8 肋，内面具丝状绵毛；果梗长 6~7mm。花期 9~10 月，果熟期翌年 3~4 月。

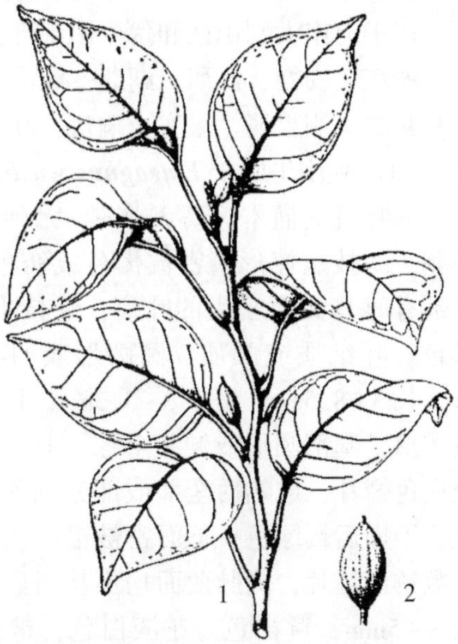

大叶胡颓子 *Elaegnus macrophylla* Thunb.

1. 果枝 2. 果

郑州、洛阳、三门峡等地有引种栽培，作为庭院观赏闻香花果灌木。产于山东、江苏、浙江的沿海岛屿和台湾；日本、韩国有分布。各地庭院常有栽培，供观赏。

（2）宜昌胡颓子 *Elaeagnus henryi* Warb. ex Diels

［*Elaeagnus fargesii* Lecomte］

常绿直立灌木，高 3~5m，具刺，刺生叶腋，长 8~20mm，略弯曲；幼枝淡褐色，被鳞片，老枝鳞片脱落，黑色或灰黑色。叶革质至厚革质，阔椭圆形或倒卵状阔椭圆形，长 6~15cm，宽 3~6cm，顶端渐尖或急尖，尖头三角形，基部钝形或阔楔形，稀圆形，边缘有时稍反卷，上面幼时被褐色鳞片，成熟时脱落，深绿色，干燥后黄绿色或黄褐色，下面银白色，密被白色和散生少数褐色鳞片，侧脉 5~7 对，近边缘分叉而互相连接或消失，上面不甚明显，下面甚突起；叶柄粗壮，长 8~15mm，黄褐色。花淡白色；质厚，密被鳞片，1~5 朵花生于叶腋短小枝上成短总状花序，花枝锈色，长 3~6mm；花梗长 2~5mm；萼筒圆筒状漏斗形，长 6~8mm，在裂片下面扩展，向下渐窄狭，在子房上略收缩，裂片三角形，长 1.2~3mm，顶端急尖，内面密被白色星状柔毛和少数褐色鳞片；雄蕊的花丝极短，花药矩圆形，长约 1.5mm；花柱直立或稍弯曲，无毛，连柱头长 7~8mm，略超过雄蕊。果实矩圆形，多汁，长 18mm，幼时被银白色鳞片和鳞毛，散生少数褐色鳞片，淡黄白色或黄褐色，成熟时红色；果核内面具丝状绵毛；果梗长 5~

宜昌胡颓子 *Elaeagnus henryi* Warb. ex Diels

1. 花枝 2. 花纵切面 3. 花

8mm，下弯。花期 10~11 月，果熟期翌年 4 月。

产于河南大别山区和伏牛山南部；生于海拔 400~1 500m 的疏林或灌丛中。分布于陕西、浙江、安徽、江西、湖北、湖南、四川、云南、贵州、福建、广东、广西。果实可生食和酿酒、制果酱。果实止痢疾，叶治肺虚短气，根治吐血或煎水洗恶疮疥。

(3) 巫山牛奶子 *Elaeagnus wushanensis* C. Y. Chang

落叶直立灌木，高 3~5m，无刺或疏生小刺；幼枝扁棱形，密被褐色或锈色鳞片，基部有时具大而密生的叶痕，老枝不平滑，黑色。叶纸质或膜质，椭圆形或卵状椭圆形，长 3~8.5cm，宽 1.3~3.3cm，顶端钝尖或圆形，基部圆形或钝，全缘，上面幼时具淡白色鳞片，成熟后全部或部分脱落，深绿色，干燥后褐绿色，下面密被银白色和散生少数锈色鳞片，侧脉两面均不甚明显；叶柄长 3~5mm，黄褐色。花淡白色，被白色鳞片和散生少数褐色鳞片，1~3 朵花簇生于新枝基部，单生叶腋，花蕾时倒卵形，顶端钝尖，花梗长 3mm；萼筒圆筒形，长 5~6mm，在裂片下面微收缩，在子房上明显收缩，喉部有白色星状长柔毛，裂片三角形，长 3~4mm，顶端钝尖，内面无毛，包围子房的萼管椭圆形，长 2mm，褐色，雄蕊的花丝长不超过 1mm，花药黄色，椭圆形，长 1.2mm，达裂片的 1/3；花柱直立，散生白色星状短柔毛，超过雄蕊，柱头棒状，长 3mm。果实长椭圆形，长 12~14mm，密被锈色鳞片，成熟时红色；果梗粗壮，直立，长 8~16mm，锈色。花期 4~6 月，果熟期 8~9 月。

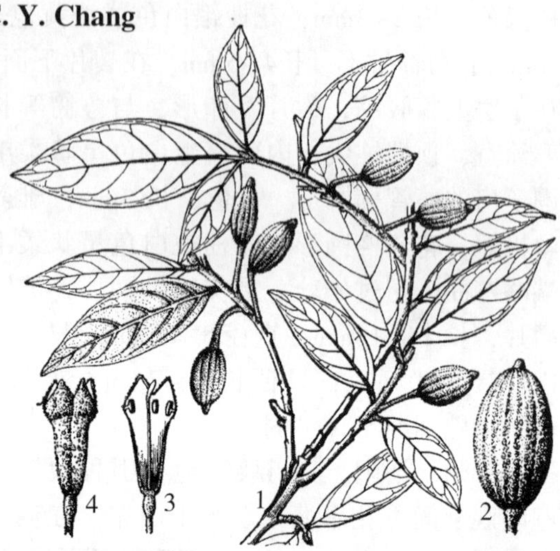

巫山牛奶子 *Elaeagnus wushanensis* C. Y. Chang

1. 果枝　2. 果实　3. 花纵切面　4. 花

河南产于伏牛山南部；生于海拔 1 000m 以上的向阳山坡或潮湿林缘。分布于湖北西部、四川东部、陕西南部。果实较大，多汁而甜香，可供食用和酿酒。

（一一三）千屈菜科 Lythraceae

《河南植物志（第三册）》记载 4 属，8 种。

其中：

耳基水苋 *Ammannia arenaria* Kunth［《河南植物志（第三册）》为 *Ammannia arenaria* H. B. K.］为耳基水苋 *Ammannia auriculata* Willd. 的异名。

本书另增补 1 属，5 种栽培。

1. 萼距花属 *Cuphea* Adans. ex P. Br. （新增属，栽培）

草本或灌木，全株多数具有黏质的腺毛。叶对生或轮生，稀互生。花左右对称，单生或组成总状花序，生于叶柄之间，稀腋生或腋外生；小苞片 2 枚；萼筒延长而呈花冠状，有颜色，有棱 12 条，基部有距或驼背状突起，口部偏斜，有 6 枚齿或 6 裂片，具同数的附属体；花瓣6片，不相等，稀只有2片或缺；雄蕊11枚，稀9枚、6枚或4枚，内藏或凸出，不等长，2枚较短，花药小，2裂或矩圆形；子房通常上位，无柄，基部有腺体，具不等的2室，每室有3个至多数胚珠，花柱细长，柱头头状，2浅裂。蒴果长椭圆形，包藏于萼管内，侧裂。

本属约300种，原产于美洲和夏威夷群岛。花美丽，多栽培于温室供观赏。现我国引种栽培和逸生的有7种，河南4种。

萼距花属分种检索表

1. 花梗极短，仅长2mm；全株密被黏质紫色长腺毛；茎基部平卧。……………………………………………………………………………（1）平卧萼距花 *Cuphea procumbens* Ortega.

1. 花梗长2~10mm，细长；植物体被黏质柔毛及硬毛；茎直立。
  2. 花瓣深紫色，不等大，上方2枚特大，其余4枚极小，锥形；仅小枝被柔毛。……………………………………………………………（2）萼距花 *Cuphea hookeriana* Walp.
  2. 花瓣玫瑰色或紫色，大小不等；上方2枚稍大；全株密被极黏质柔毛及硬毛。
    3. 叶片卵状披针形或线状披针形；花萼较小，长8~13mm，雄蕊不凸出。……………………………………………………………（3）黏毛萼距花 *Cuphea petiolata* Jacq.
    3. 叶片矩圆形或披针形；花萼较大，长16~24mm；雄蕊略凸出。……………………………………………………………（4）披针叶萼距花 *Cuphea lanceolata* W. T. Aiton.

（1）平卧萼距花 *Cuphea procumbens* Ortega

一年生草本，茎圆柱形，基部平卧，上部直立，长20~50cm，被黏质的粉红色至紫色腺毛，同时被短柔毛或柔毛；小枝略四棱形。叶对生，纸质，卵状披针形，长25~70mm，宽8~15mm，顶部的渐变小而成苞片状，顶端渐尖，基部圆形或阔楔形至微心形，两面微被柔毛或粗伏毛，全缘或浅波状；叶柄短，长约2mm。花数朵成带叶的总状花序状，松散；花单生于节上，稀生叶腋；花梗短，长约2mm，被腺毛；花萼圆筒状，长1.5~2cm，有棱12条，被黏质腺状柔毛，基部的上方一侧肿胀成粗短的距，口部偏斜，略成二唇形，裂片6片，不等大；花冠二唇状，花瓣6片，着生于萼筒口部，且与花萼裂片互生，倒卵状匙形，玫瑰紫色或淡紫色，边缘波状，上面2片较大；雄蕊12枚，2轮，着生于萼筒上，其中2枚的花药下面密生紫色绒毛；子房矩圆形，花柱白色，柱头头状。花期6~10月。

平卧萼距花 *Cuphea procumbens* Ortega

花枝

原产于墨西哥。河南洛阳、新乡等地有引种栽培。北京、上海等地也有引种栽培。常作温室盆栽花卉供观赏或作插花，亦用于布置庭院及花坛。

（2）萼距花 *Cuphea hookeriana* Walp.

灌木或亚灌木状，高30~70cm，直立，粗糙，被粗毛及短小硬毛，分枝细，密被短柔毛。叶薄革质，披针形或卵状披针形，稀矩圆形，顶部的线状披针形，长20~40mm，宽5~15mm，顶端长渐尖，基部圆形至阔楔形，下延至叶柄，幼时两面被贴伏短粗毛，后渐脱落而粗糙，侧脉约4对，在上面凹下，在下面明显突起，叶柄极短，长约1mm。花单生于叶柄之间或近腋生，组成少花的总状花序；花梗纤细；花萼基部上方具短距，带红色，背部特别明显，密被黏质的柔毛或绒毛；花瓣6片，其中上方2片特大而显著，矩圆形，深紫色，波状，具爪，其余4片极小，锥形，有时消失；雄蕊11枚，有时12枚，其中5~6枚较长，突出萼筒之外，花丝被绒毛；子房矩圆形。

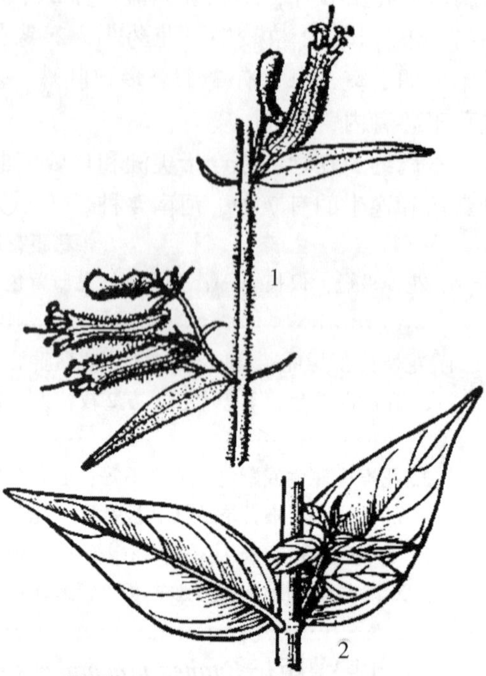

萼距花 *Cuphea hookeriana* Walp.
1. 花枝 2. 基部叶

原产于墨西哥。郑州、洛阳、开封等地有引种栽培，作为盆栽或庭院观赏花卉。北京等地有引种栽培。

（3）黏毛萼距花 *Cuphea viscosissima* Jacq.

［*Cuphea petiolata*（L.）Koehne］

直立一年生草本，高20~55cm，枝圆柱形，密被极黏质柔毛及紫色硬毛。叶纸质，对生，卵状披针形或线状披针形，长20~50mm，宽5~20mm，顶端钝形，基部渐狭，上面被黏质粗毛，后变粗糙，下面被较少毛或无毛，中脉及侧脉纤细，在下面略突起；具叶柄。花单生叶腋，花梗长2~3mm，被黏质粗毛；花萼长8~13mm，有距，口部偏斜，常被紫色黏质毛；花瓣6片，不等大，玫瑰色或紫色，上面2片较大，倒卵形或倒卵状矩圆形，长约8mm；雄蕊不凸出。蒴果具4~6粒种子，种子长达3mm。花期7~8月。

原产于美国。河南许昌、南阳等地公园有引种栽培，多地花市有经营出售。我国其他省区也有引种栽培。

（4）披针叶萼距花 *Cuphea lanceolata* W. T. Aiton（彩版图88）

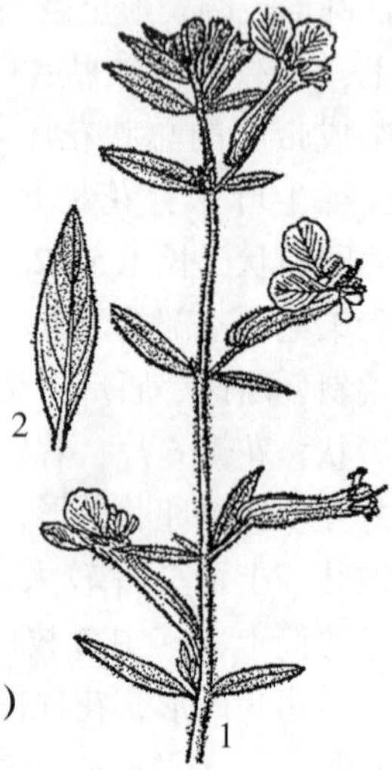

披针叶萼距花 *Cuphea lanceolata* W. T. Aiton
1. 花 2. 叶

茎具黏质柔毛或硬毛，高可达1m。叶对生，矩圆形或披针形，稀近卵形，长2~4.5cm，宽0.6~2cm，顶端渐尖，基部短尖，中脉在下面突起，有叶柄。花单生，花梗长2~6（~15）mm，花萼长16~24mm，被紫色黏质柔毛或粗毛，基部有距；花瓣6片，背面2片较大，近圆形，淡紫红色，其余4片较小，倒卵形或倒卵状圆形；雄蕊稍凸出萼外；子房长约3mm。花期7~9月，果熟期8~9月。

原产于墨西哥。开封公园有引种栽培，河南花市有经营出售。花美丽，多作盆栽花卉，栽培供观赏。北京也有引种栽培。

2. 紫薇属 *Lagerstroemia* L.

《河南植物志（第三册）》记载栽培2种。本书增补栽培1种。

大花紫薇 *Lagerstroemia speciosa*（L.）Pers.（彩版图89）

大乔木，高可达25m；树皮灰色，平滑；小枝圆柱形，无毛或微被糠秕状毛。叶革质，矩圆状椭圆形或卵状椭圆形，稀披针形，甚大，长10~25cm，宽6~12cm，顶端钝形或短尖，基部阔楔形至圆形，两面均无毛，侧脉9~17对，在叶缘弯弓连接；叶柄长0.6~1.5cm，粗壮。花淡红色或紫色，直径5cm，顶生圆锥花序长15~25cm，有时可达46cm；花梗长1~1.5cm，花轴、花梗及花萼外面均被黄褐色糠秕状的密毡毛；花萼有棱12条，被糠秕状毛，长约13mm，6裂，裂片三角形，反曲，内面无毛，附属体鳞片状；花瓣6片，近圆形至矩圆状倒卵形，长2.5~3.5cm，几不皱缩，有短爪，长约5mm；雄蕊多数，达100~200枚；子房球形，4~6室，无毛，花柱长2~3cm。蒴果球形至倒卵状矩圆形，长2~3.8cm，直径约2cm，灰褐色，6裂；种子多数，长1~1.5cm。花期5~7月，果熟期10~11月。

原产于斯里兰卡、印度、马来西亚、越南及菲律宾。我国广东、广西及福建有引种栽培。河南近一二十年也有引种栽培，花市有经营出售。花大，美丽，常栽于庭院供观赏；木材坚硬，耐腐力强，色红而亮，常用于家具、舟车、桥梁、电杆、枕木及建筑等，也作水中用材，其木材经济价值可与柚木相比；树皮及叶可作泻药；种子具有麻醉性；根含单宁，可作收敛剂。

（一一四）八角枫科 Alangiaceae

《河南植物志（第三册）》记载1属，3种，3亚种，1变种。

其中：

瓜木、八角枫 *Alangium platanifolium*（Siebold & Zucc.）Harms 应为三裂瓜木（变种）*Alangium platanifolium* var. *trilobum*（Miq.）Ohwi。

（一一五）桃金娘科 Myrtaceae

《河南植物志（第三册）》记载栽培1属，1种。

红千层 *Callistemon rigidus* R. Br. 为红千层 *Melaleuca linearis* Schrad. & J. C. Wendl. 的异名。

（一一六）菱科 Trapaceae

《河南植物志（第三册）》记载1属，5种。

其中：

细果野菱 *Trapa maximowiczii* Korsh. 为细果野菱 *Trapa incisa* Siebold & Zucc. 的异名；

丘角菱 *Trapa japonica* Flerow，菱、菱角 *Trapa bispinosa* Roxb.，乌菱 *Trapa bicornis* Osbeck 和格菱 *Trapa pseudoincisa* Nakai 均为欧菱 *Trapa natans* L. 的异名。

（一一七）柳叶菜科 Onagraceae

《河南植物志（第三册）》记载7属，21种。

其中：

曲毛露珠草 *Circaea hybrida* Hand. -Mazz. 为露珠草 *Circaea cordata* Royle 的异名；

水珠草 *Circaea quadrisulcata*（Maxim.）Franch. & Sav. 为水珠草（亚种）*Circaea canadensis* subsp. *quadrisulcata*（Maxim.）Boufford 的异名；

倒挂金钟 *Fuchsia hybrida* Voss. 应为倒挂金钟 *Fuchsia* × *hybrida* Hort.；

长筒倒挂金钟 *Fuchsia fulgens* DC. 应为长筒倒挂金钟 *Fuchsia fulgens* Moc. & Sessé ex DC.；

待霄草、夜来香 *Oenothera odorata* Jacq. 应为待宵草 *Oenothera striata* Ledeb. ex Link；

多枝柳叶菜 *Epilobium fastigiatoramosum* Hausskn. 应为多枝柳叶菜 *Epilobium fastigiatoramosum* Nakai；

光华柳叶菜 *Epilobium cephalostigma* Hausskn. 为光滑柳叶菜（亚种）*Epilobium amurense* subsp. *cephalostigma*（Hausskn.）C. J. Chen，Hoch & P. H. Raven 的异名；

异叶柳叶菜 *Epilobium propinquum* Hausskn. 为细籽柳叶菜 *Epilobium minutiflorum* Hausskn. 的异名；

柳兰属 *Chamaenerion* Adans. 应为柳兰属 *Chamerion*（Rafinesque）Rafinesque；

柳兰 *Chamaenerion angustifolium*（L.）Scop. 为柳兰 *Chamerion angustifolium*（L.）Holub 的异名。

本书另增补6种（含1栽培种），2亚种。

1. 露珠草属 *Circaea* L.

《河南植物志（第三册）》记载5种。本书除修订外，增补1种，1亚种。

（1）谷蓼 *Circaea erubescens* Franch. & Sav.

［*Circaea delavayi* H. Lév.；

Circaea kawakamii Hayata］

植株高10~120cm，无毛；根状茎上无块茎。叶披针形至卵形，稀阔卵形，长2.5~10cm，宽1~6cm，基部阔楔形至圆形或截形，稀近心形，先端短渐尖，边缘具锯齿。顶生总状花序不分枝或基部分枝，长 2~20cm；花梗与花序轴垂直，基部通常无刚毛状小苞片，如有小苞片，则通常于果实成熟前脱落。花芽无毛；花管长 0.5~0.8mm；萼片矩圆状椭圆形至披针形，长 0.6~2.5mm，宽 0.8~1.2mm，红色至紫红色，先端渐尖，开花时反曲；花瓣狭倒卵状菱形至阔倒卵状菱形或倒卵形，长 0.8~1.7mm，宽 0.7~1mm，粉红色，先端凹缺至花瓣长度的 1/10~1/5；花瓣裂片具细圆齿或具小的二级裂片；雄蕊短于花柱；蜜腺伸出于花管之外。果实长 1.7~3.2mm，直径 1.2~2.1mm，2 室，具 2 粒种子，倒卵形至阔卵形，略呈背向压扁，基部平滑地渐狭向果梗，纵沟不明显，但果实上有一狭槽至果梗之延伸部分；成熟果实连果梗长 6~12mm。花期 6~9 月，果熟期 7~9 月。

产于河南大别山商城黄柏山和金刚台、伏牛山西峡黄石庵二道沟和淅川荆子关；生于砾石河谷和渗水隙缝，以及山谷林下阴湿处。分布于陕西、江苏、安徽、浙江、福建、台湾、湖北、湖南、广东、四川、贵州及云南；日本和韩国也有分布。

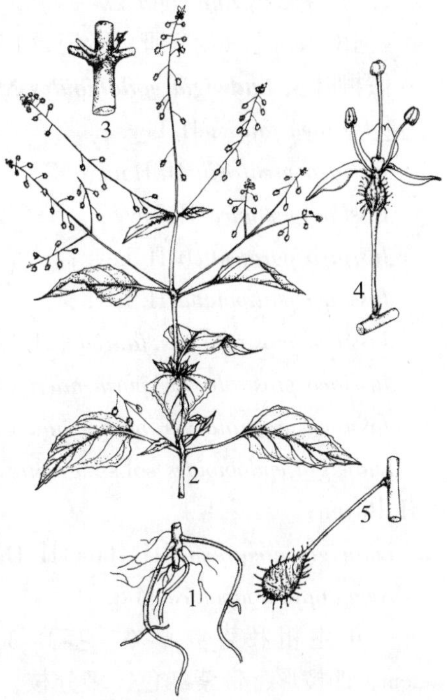

谷蓼 *Circaea erubescens* Franch. & Sav.

1. 茎基部示匍匐茎及根 2. 花枝 3. 茎中部的节 4. 花，去掉一花瓣示伸出的蜜腺 5. 果实

（2）高原露珠草（亚种）*Circaea alpina* subsp. *imaicola*（Asch. & Magnus）Kitam.

[*Circaea alpina* var. *imaicola* Asch. & Magnus;
Circaea hohuanensis S. S. Ying;
Circaea imaicola（Asch. & Magnus） Hand. -Mazz. ;
Circaea minutula Ohwi;
Circaea pricei Hayata;
Circaea taiwaniana S. S. Ying]

植株高 3.5~4.5cm，茎被密或稀毛。叶卵形至阔卵形，稀呈卵状圆形，长 2~7cm，宽 1.4~4.5cm，先端急尖至短渐尖，基部阔楔形至近心形，但更常见为截形或圆形，边缘近全缘，偶尔具明显牙齿。花序被短腺毛，稀无毛，单花序或具分枝；花梗无毛，直立或呈上升，开花时花序轴停止延伸，花集生于花序轴之顶端；花梗基部具 1 枚刚毛状小苞片。花芽无毛，稀近无毛，开花时子房具钩状毛；花管不存在或花管仅长 0.3mm；萼片矩圆状椭圆形至卵形，先端钝圆；花瓣白色或粉红色，狭倒卵形至阔倒卵形，先端凹缺至花瓣长度的 1/4~1/2，裂片圆。果实上钩状毛不具色素。花期 7~9（~10）月，果熟期 8~11 月。

产于河南大别山和伏牛山；生于海拔 500~2 000m 的沟边湿地、灌丛中和林下。分布于山西、陕西、甘肃、青海、安徽、浙江、江西、福建、台湾、河南、湖北、四川、贵州、云南及西藏；越南、缅甸、印度和阿富汗也有分布。

2. 丁香蓼属 *Ludwigia* L.

《河南植物志（第三册）》记载1种。本书增补1种。

假柳叶菜 *Ludwigia epilobioides* Maxim.

[*Jussiaea fauriei* H. Lév.；
Jussiaea greatrexii H. Hara；
Jussiaea japonica H. Lév.；
Jussiaea parmentieri H. Lév.；
Jussiaea philippiana H. Lév.；
Jussiaea prostrata var. *fauriei*（H. Lév.）H. Lév.；
Jussiaea prostrata var. *parmentieri*（H. Lév.）H. Lév.；
Jussiaea prostrata var. *philippiana*（H. Lév.）H. Lév.；
Ludwigia epilobioides subsp. *greatrexii*（H. Hara）P. H. Raven；
Ludwigia greatrexii（H. Hara）H. Hara；
Nematopyxis japonica Miq.]

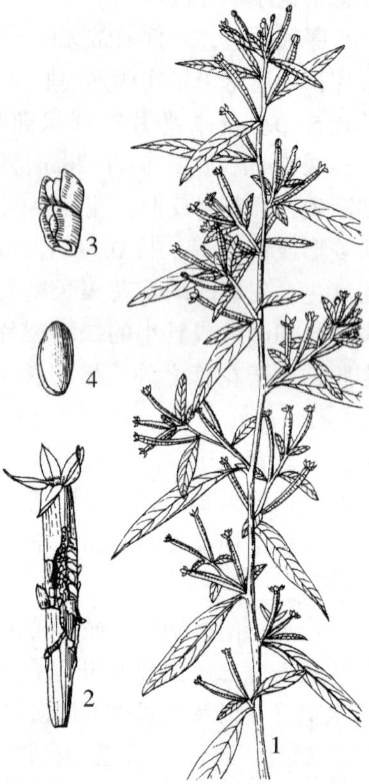

假柳叶菜 *Ludwigia epilobioides* Maxim.
1. 植株　2. 蒴果　3. 嵌埋入木栓质内果皮里的种子　4. 种子

一年生粗壮直立草本；茎高30~150cm，粗3~1.2cm，四棱形，带紫红色，多分枝，无毛或被微柔毛。叶狭椭圆形至狭披针形，长（2~）3~10cm，宽（0.5~）0.7~2cm，先端渐尖，基部狭楔形，侧脉每侧8~13条，两面隆起，在近边缘彼此环结，但不明显，脉上疏被微柔毛；叶柄长4~13mm；托叶很小，卵状三角形，长约1.5mm。萼片4~5（~6）枚，三角状卵形，长2~4.5mm，宽0.6~2.8mm，先端渐尖，被微柔毛；花瓣黄色，倒卵形，长2~2.5mm，宽0.8~1.2mm，先端圆形，基部楔形；雄蕊与萼片同数，花丝长0.5~1mm；花药宽长圆状，长约0.5mm，开花时以单花粉直接授在柱头上；花柱粗短，长0.5~1mm；柱头球状，直径0.6~0.8mm，顶端微凹；花盘无毛。蒴果近无梗，长1~2.8cm，粗1.2~2mm，初时具4~5条棱，表面瘤状隆起，熟时淡褐色，内果皮增厚变硬成木栓质，表面变平滑，使果成圆柱状，每室有1或2列稀疏嵌埋于内果皮的种子；果皮薄，熟时不规则开裂。种子狭卵球状，稍歪斜，长0.7~1.4mm，直径0.3~0.4mm，顶端具钝突尖头，基部偏斜，淡褐色，表面具红褐色纵条纹，其间有横向细网纹；种脊不明显。花期8~10月，果熟期9~11月。

产于河南大别山、桐柏山、伏牛山；生于池塘、稻田、溪边等湿润处。分布于黑龙江、吉林、辽宁、内蒙古、陕西、山东、安徽、浙江、江西、福建、台湾、广东、海南、广西、湖南、湖北、四川、贵州、云南；日本、朝鲜、韩国、俄罗斯远东地区、越南也有分布。嫩枝叶可作饲料，全草入药，有清热利水之效，治痢疾效果显著。

3. 月见草属 *Oenothera* L.

《河南植物志（第三册）》记载栽培2种。本书除修订外，增补1种（栽培）。

黄花月见草 *Oenothera glazioviana* Micheli

[*Oenothera erythrosepala*（Borbás）Borbás；
Onagra erythrosepala Borbás]

直立二年生至多年生草本，具粗大主根；茎高 70~150cm，粗 0.6~2cm，不分枝或分枝，常密被曲柔毛与疏生伸展长毛（毛基红色疱状），在茎枝上部常密混生短腺毛。基生叶莲座状，倒披针形，长 15~25cm，宽 4~5cm，先端锐尖或稍钝，基部渐狭并下延为翅，边缘自下向上有远离的浅波状齿，侧脉 5~8 对，白色或红色，上部深绿色至亮绿色，两面被曲柔毛与长毛；叶柄长 3~4cm；茎生叶螺旋状互生，狭椭圆形至披针形，自下向上变小，长 5~13cm，宽 2.5~3.5cm，先端锐尖或稍钝，基部楔形，边缘疏生远离的齿突，侧脉 2~8 对，毛被同基生叶；叶柄长 2~15mm，向上变短。花序穗状，生于茎枝顶，密生曲柔毛、长毛与短腺毛；苞片卵形至披针形，无柄，长 10~35mm，宽 5~12mm，毛被同花序。花蕾锥状披针形，斜展，长 25~40mm，直径 5~7mm，顶端具长约 6mm 的喙；花管长 35~50mm，粗 1~1.3mm，疏被曲柔毛、长毛与腺毛；萼片黄绿色，狭披针形，长 30~40mm，宽 5~6mm，先端尾状，彼此靠合，开花时反折，毛被同花管，但较密；花瓣黄色，宽倒卵形，长 40~50mm，宽 40~52mm，先端钝圆或微凹；花丝近等长，长 18~25mm；花药长 10~12mm；花粉约一半发育；子房绿色，圆柱状，具 4 条棱，长 8~12mm，直径 1.5~2mm，毛被同萼片；花柱长 5~8cm，伸出花管部分长 2~3.5cm；柱头开花时伸出花药，裂片长 5~8mm。蒴果锥状圆柱形，向上变狭，长 25~35mm，径 5~6mm，具纵棱与红色的槽，毛被同子房，但较稀疏。种子棱形，长 1.3~2mm，直径 1~1.5mm，褐色，具棱角，各面具不整齐洼点，有约一半败育。花期 5~10 月，果熟期 8~12 月。

本种源于栽培或野化于欧洲的一个杂交种，1860 年由英国传布至各国园艺栽培。河南鸡公山国家级自然保护区以及郑州、洛阳等地有栽培。我国东北、华北、华东（含台湾）、西南常见栽培，并逸为野生。常生于开旷荒地、田园路边。

4. 柳叶菜属 *Epilobium* L.

《河南植物志（第三册）》记载 8 种。本书除修订外，增补 3 种。

(1) 中华柳叶菜 *Epilobium sinense* H. Lév.

多年生粗壮草本，常丛生，自茎基部生出多叶的根出条。茎圆柱状，高 10~50cm，粗 1.5~5mm，不分枝或有少数分枝，密生叶，棱线明显，其上有曲柔毛。其余无毛，叶近基部对生，其余螺旋状互生，狭匙形至长圆状披针形或线形，长 1.2~7cm，宽 0.3~1cm，先端钝，基部狭楔形，边缘每边疏生 3~12 枚不明显的齿，中脉明显，淡白色，在背面隆起，侧脉每侧 4~5 条，脉上及边缘有毛；叶柄长2~11mm。花序直立。花直立；花蕾椭圆状长圆形，长 40~45mm，直径 2~2.5mm，近无毛；子房长 12~25mm，疏被曲柔毛；花柄长 7~20mm；花管长 1~1.2mm，直径 1.5~2.2mm，喉部有一环长毛；花萼长圆状披针形，长 4.5~6.5mm，宽 1~1.2mm；花瓣白色、粉红色或紫红色，倒卵形，长5.5~8mm，宽3~4.5mm，先端凹缺深1~1.7mm；花药长圆状椭圆形，长

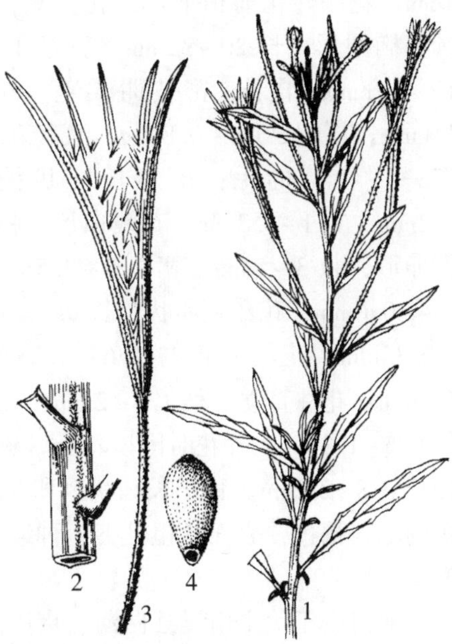

中华柳叶菜 *Epilobium sinense* H. Lév.

1. 植株上部　2. 茎中部一段　3. 蒴果　4. 种子

0. 7~1mm，直径 0. 3~0. 45mm；花丝外轮的长 3~4mm，内轮的长 1. 5~2mm；花柱长 3. 5~4mm，无毛；柱头头状，有时宽棍棒状，高 0. 8~1. 7mm，直径 0. 7~1. 7mm，开花时被外轮花药包围。蒴果长 22~55mm，褐色，疏被曲柔毛或变无毛；果梗长 13~40mm。种子长圆状倒卵形，长 1. 2~1. 3mm，直径 0. 5~0. 6mm，顶端圆，有时近急尖，具短喙，褐色，表明有细乳突；种缨淡红色，长 6~8mm，易脱落。花期 6~8（~9）月，果熟期 8~10 月。

河南仅见于南阳；生于河谷、溪沟及塘边湿地。分布于陕西、甘肃、湖北、湖南、四川、贵州和云南。

（2）阔柱柳叶菜 *Epilobium platystigmatosum* C. B. Rob.

［*Epilobium cephalostigma* var. *linearifolium* Hisauti；
Epilobium formosanum Masam.；
Epilobium sohayakiense Koidz.］

多年生草本，常丛生，从茎地面下生出根出条。茎圆柱状，常紫红色，高 15~70（~90）cm，粗 2~6mm，自下至上多分枝，侧枝有时 2~3 次再分枝，纤细，周围被曲柔毛，无棱线。叶对生，茎上部叶互生，狭披针形至近线形，长10~45mm，宽 1. 5~5mm，先端锐尖或稍钝，基部渐狭至狭楔形，边缘中上部每侧具 3~8 枚不明显的齿突，侧脉每边 4~5 条，背面渐变紫色，脉上与边缘疏生曲柔毛，其余无毛；叶柄长 1~4mm。花序开花前稍下弯。花直立，花蕾椭圆形或长圆状椭圆形，长 20~32mm；直径 1. 2~2mm；子房长 10~12mm，柔弱，密被曲柔毛；花柄纤细，长 4~11mm；花管长 0. 6~0. 8mm，直径 1. 5~1. 8mm，喉部有一环稀疏的毛；花萼长圆状披针形，长 2. 5~3. 2mm，宽 1~1. 2mm；花瓣白色、粉红色，稀玫瑰色，倒卵形，长 3~5mm，宽 1. 8~2. 5mm，先端的凹缺深 0. 4~0. 6mm，花药宽卵状，长 0. 4~0. 6mm，直径 0. 25~0. 35mm；花丝外轮的 1. 6~2mm，内轮的长 0. 6~1. 2mm；花柱直立，长 1. 8~2mm，无毛；柱头头状，有时宽棍棒状，高 0. 7~1. 4mm，直径 0. 5~1. 3mm，开花时围以花药。蒴果长 2. 3~5cm，褐色，疏被曲柔毛或渐变无毛；果梗长 0. 8~2. 2cm。种子长圆状倒卵状，长 0. 8~0. 9mm，直径 0. 3~0. 4mm，顶端圆，具很短的喙，褐色，表面具粗乳突；种缨灰白色，长 6~8mm，易脱落。花期 8~10 月，果熟期 9~11 月。

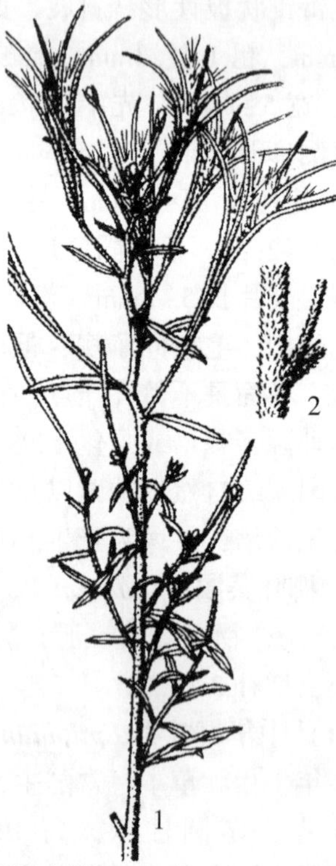

阔柱柳叶菜 *Epilobium platystigmatosum* C. B. Rob.

1. 植株上部　2. 茎中部一段

河南产于伏牛山嵩县白河、卢氏淇河、西峡太平镇、内乡宝天曼、淅川荆子关；生于海拔 500~2 000m 的山坡草地、沟谷溪边湿润处。分布于河北、陕西、甘肃、青海、台湾、广西、湖北、四川、云南；日本和菲律宾也有分布。

（3）短梗柳叶菜 *Epilobium royleanum* Hausskn.

［*Epilobium himalayense* Hausskn.；

Epilobium lividum Hausskn.;

Epilobium roseum var. *dalhousieanum* C. B. Clarke;

Epilobium roseum var. *indicum* C. B. Clarke;

Epilobium royleanum f. *glabrum* P. H. Raven;

Epilobium royleanum f. *glandulosum* P. H. Raven]

多年生草本，直立或上升，自茎基部生出越冬肉质根出条。茎高 10~60cm，粗 1.5~5mm，常多分枝，周围被曲柔毛，上部常混生有腺毛，无棱线。叶对生，花序上的互生，基部稍抱茎，狭卵形至披针形，有时椭圆形或长圆状披针形，长 1.5~5.5（~7）cm，宽 0.5~2.5（~3.3）cm，先端锐尖或近渐尖，基部楔形，稀近圆形，边缘每边具10~24枚细锯齿，侧脉每侧 4~6 条，脉上与边缘有曲柔毛；叶柄长 2~7mm。花序直立。花直立。花蕾长圆状卵形，长 35~50mm，直径 2~2.5mm；子房长 18~25mm，密被曲柔毛，常混生腺毛；花梗长 3~8mm；花管长 0.6~1mm，直径 1.3~2mm，喉部有一环长毛；萼片倒披针形，长 3.8~6mm，宽 0.8~1.6mm，被曲柔毛与腺毛；花瓣粉红色至玫瑰紫色，狭倒心形，长 5~7.2mm，宽 2.5~3.8mm，先端凹缺深 0.6~1mm；花药长圆状卵形，长 0.6~0.8mm，宽 0.4~0.5mm；花丝外轮的长 2.8~4.5mm，内轮的长 1.8~2.7mm；花柱长 2~3.2mm，直立，通常无毛；柱头头状或宽棍棒状，高 1.6~2mm，直径 1.2~1.5mm，开花时围以外轮花药。蒴果长 3.5~7cm，被曲柔毛与少量腺毛；果梗长 0.4~1cm。种子长圆状倒卵形，长 0.9~1.2mm，直径 0.3~0.4mm，顶端具短喙，淡褐色，表面具乳突；种缨灰白色，长 5~6mm，易脱落。花期 7~9 月，果熟期 8~10 月。

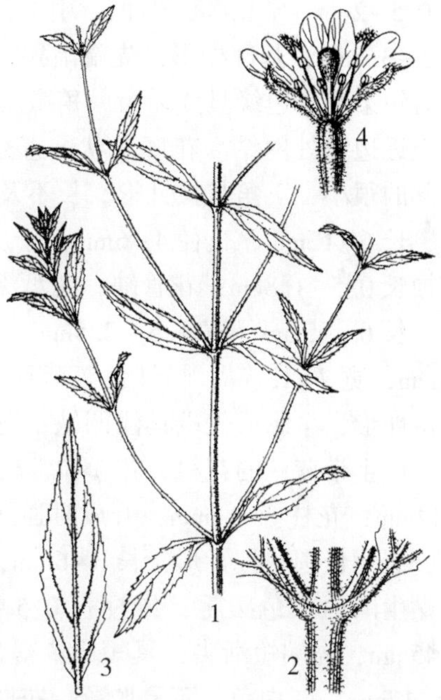

短梗柳叶菜 *Epilobium royleanum* Hausskn.

1. 植株中部 2. 茎中部一段 3. 茎中部的叶
4. 花，去掉一片花瓣与萼片示纵面观

河南产于伏牛山嵩县龙池曼、卢氏大块地、西峡黑烟镇等；生于海拔 1 000m 以上的山区河谷、溪沟、荒坡湿地。分布于甘肃、青海、新疆、湖北、四川、贵州、云南和西藏；喜马拉雅山区、尼泊尔、印度北部、克什米尔地区及阿富汗也有分布。

5. 柳兰属 *Chamerion*（Rafinesque）Rafinesque

《河南植物志（第三册）》106~107 页为柳兰属 *Chamaenerion* Adans.，记载 1 种。本书除修订外，增补 1 亚种。

毛脉柳兰（亚种）*Chamerion angustifolium* subsp. *circumvagum*（Mosquin）Hoch（彩版图 90）

[*Epilobium angustifolium* subsp. *circumvagum* Mosquin;

Chamaenerion angustifolium subsp. *circumvagum*（Mosquin）Moldenke;

Chamaenerion angustifolium var. *platyphyllum* Daniels]

多年生粗壮草本，直立，丛生；根状茎广泛匍匐于表土层，长达 2m，粗达 2cm，木质化，自茎基部生出强壮的越冬根出条。茎高 20~130cm，粗 2~10mm，不分枝或上部分枝，圆柱状；茎中上部周围被曲柔毛，下部多少木质化，表皮撕裂状脱落。叶螺旋状互生，稀近基部对生，多少具短柄，长 2~7mm，茎下部的近膜质，披针状长圆形至倒卵形，长 0.5~2cm，常枯萎，褐色，中上部的叶近革质，线状披针形或狭披针形，长 9~23cm，宽 1~3.5cm，基部楔形，先端渐狭，基部钝圆或有时宽楔形，上面绿色或淡绿色，下面脉上有短柔毛，边缘具浅牙齿，稍微反卷，侧脉常不明显，每侧 10~25 条，近平展或稍上斜出至近边缘处网结。花序总状，直立，长 5~40cm，无毛；苞片下部的叶状，长 2~4cm，上部的很小，三角状披针形，长不及 1cm。花在芽时下垂，到开放时直立展开；花蕾倒卵状，长 6~12mm，直径 4~6mm；子房淡红色或紫红色，长 0.6~2cm，被贴生灰白色柔毛；花梗长 0.5~1.8cm；花管缺，花盘深 0.5~1mm，直径 2~4mm；萼片紫红色，长圆状披针形，长 6~15mm，宽 1.5~2.5mm，先端渐狭渐尖，被灰白色柔毛；花瓣较大，长 12~23mm，宽 7~13mm；粉红色至紫红色，稀白色，稍不等大，上面 2 枚较长大，倒卵形或狭倒卵形，全缘或先端具浅凹缺；花药长圆形，长 2~2.5mm，初期红色，开裂时变紫红色，产生带蓝色的花粉，花粉粒常较大（平均直径 85μm），有 1/3 具 4 或 5 孔；花丝长 7~14mm；花柱 8~14mm，开放时强烈反折，后恢复直立，下部被长柔毛；柱头白色，深 4 裂，裂片长圆状披针形，长 3~6mm，宽 0.6~1mm，上面密生小乳突。蒴果长 4~8cm，密被贴生的白灰色柔毛；果梗长 0.5~1.9cm。种子狭倒卵状，长0.9~1mm，直径 0.35~0.45mm，先端短渐尖，具短喙，褐色，表面近光滑但具不规则的细网纹；种缨丰富，长 10~17mm，灰白色，不易脱落。花期 6~9 月，果熟期 7~10 月。

河南见于伏牛山区的济源黄楝树、灵宝河西林场、嵩县杨山；生境与柳兰 *Chamerion angustifolium*（L.）Holub 类似，生于山坡灌丛、草地、林下。分布于黑龙江、吉林、辽宁、内蒙古、河北、山西、山东、陕西、宁夏、甘肃、青海、江西、湖北、四川、贵州、云南和西藏。在亚洲分布于俄罗斯堪察加南部、萨哈林南向日本、朝鲜、韩国，向西经喜马拉雅达高加索地区与土耳其；在北美洲也广为分布。

（一一八）小二仙草科 Haloragidaceae

《河南植物志（第三册）》记载 1 属，3 种。本书增补 1 属，1 种。

小二仙草属 *Gonocarpus* Thunberg（新增属）

陆生平卧或直立的纤细草本，稀亚灌木；多数种类的茎沿叶柄下延成棱，分枝或不分枝。叶小，下部和幼枝上的叶常对生，上部叶有时互生，革质或薄革质，全缘或具锯齿，具叶柄或近无叶柄。花小，单生或簇生于上部叶腋，成假二歧聚伞花序，有时生于苞腋内为短穗状花序，多为总状花序或圆锥花序，具 2 枚小苞片；萼管圆柱形，具棱，4 裂，宿存；花瓣 4~8 片或缺，兜状凹陷，稀平坦；雄蕊 4 或 8 枚，花丝短，花药线形；子房下位，果具 2~4 室，有时 1 室，每室有 1 个下垂胚珠，柱头 2 或 4 裂，裂片羽状半裂。果小，坚果状，不开裂，具纵条纹。种子 1~4 粒，有膜质的外种皮和肉质的胚乳。

本属约 60 种，分布于大洋洲、北美洲、亚洲和地中海沿岸，主产于大洋洲。我国产 2 种，分布于东部至西部各省区。河南有 1 种。

小二仙草 *Gonocarpus micranthus* Thunb.

[*Gonocarpus citriodorus* A. Cunn.;
Gonocarpus depressus A. Cunn.;
Haloragis citriodora (A. Cunn.) Walp.;
Haloragis depressa (A. Cunn.) Walp.;
Haloragis micrantha (Thunb.) R. Br. ex Sieb. & Zucc.;
Haloragis minima Colenso]

多年生陆生草本，高 5~15（~45）cm；茎直立或下部平卧，具纵槽，多分枝，多少粗糙，带赤褐色，光滑，无毛。叶对生，卵形或卵圆形，长 6~17mm，宽 4~8mm，基部圆形，先端短尖或钝，边缘具稀疏锯齿，通常两面无毛，淡绿色，背面带紫褐色，具 0.5~2mm 长的叶柄；茎上部的叶有时互生，逐渐缩小而变为苞片。花序为顶生的圆锥花序，由纤细的总状花序组成；花先直立后下垂，两性，极小，直径约 1mm，基部具 1 枚苞片与 2 枚小苞片；萼筒长 0.8mm，4 深裂，宿存，绿色，裂片较短，三角形，长 0.5mm；花瓣 4 片，淡红色，比萼片长 2 倍；雄蕊 8 枚，花丝短，长 0.2mm，花药线状椭圆形，长 0.3~0.7mm；子房下位，4 室。坚果灰色发红，倒卵球形至扁球形，长 0.9~1mm，宽 0.8~1.1mm，有 8 条纵钝棱，无毛。含 1 粒种子。花期 4~8 月，果熟期 5~10 月。

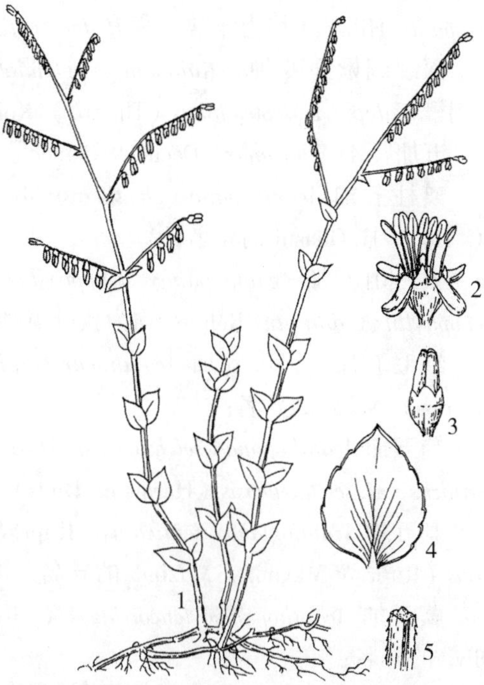

小二仙草 *Gonocarpus micranthus* Thunb.
1. 植株　2. 花　3. 去花被与雄蕊示雌蕊　4. 叶　5. 茎一段

产于河南大别山区的商城黄柏山和信阳鸡公山，伏牛山区的嵩县白河、栾川龙峪湾、南召县乔端镇、西峡黄石庵和淅川荆子关；生于荒山草丛中。分布于河北、山东、江苏、浙江、安徽、江西、福建、台湾、湖北、湖南、四川、贵州、广东、广西、云南等省区；澳大利亚、新西兰、马来西亚、印度、越南、泰国、日本、朝鲜等国亦有分布。全草入药，能清热解毒，利水除湿，散瘀消肿，治毒蛇咬伤，还是牧羊的好饲料。

（一一九）五加科 Araliaceae

《河南植物志（第三册）》记载 8 属（含栽培），29 种，8 变种，1 变型。

其中：

八角金盘 *Fatsia japonica* Decne et Planch. 应为八角金盘 *Fatsia japonica*（Thunb.）Decne & Planch.；

斑叶常春藤（变种）*Hedera helix* var. *argenteovariegata* Weston，黄边常春藤（变种）*Hedera helix* var. *aureovariegata* Weston，红边常春藤（变种）*Hedera helix* var. *triloba* Hibberd，掌状常春藤（变种）*Hedera helix* var. *digitata* Bosse 和鸟足常春藤（变种）*Hedera helix* var. *padta* Hibberd 均为洋常春藤 *Hedera helix* L. 的异名；

深裂刺楸（变种）*Kalopanax septemlobus* var. *maximowiczii*（Van Houtte）Hand. -Mazz. 为刺楸 *Kalopanax septemlobus*（Thunb.）Koidz. 的异名；

五加属 *Acanthopanax*（Decne & Planch.）Miq. 为五加属 *Eleutherococcus* Maxim. 的异名；

离柱五加 *Acanthopanax eleutherostylus* G. Hoo 为离柱五加 *Eleutherococcus eleutheristylus*（G. Hoo）H. Ohashi 的异名；

太白山五加 *Acanthopanax stenophyllus* Harms 和阔叶太白五加（变型）*Acanthopanax stenophyllus* f. *dilatatus* Rehder 均为狭叶五加 *Eleutherococcus wilsonii*（Harms）Nakai 的异名；

红毛五加、纪氏五加 *Acanthopanax giraldii* Harms 为红毛五加 *Eleutherococcus giraldii*（Harms）Nakai 的异名；

蜀五加 *Acanthopanax setchuenensis* Harms ex Diels 为蜀五加（变种）*Eleutherococcus leucorrhizus* var. *setchuenensis*（Harms ex Diels）C. B. Shang & J. Y. Huang 的异名；

刺五加 *Acanthopanax senticosus*（Rupr. & Maxim.）Harms 为刺五加 *Eleutherococcus senticosus*（Rupr. & Maxim.）Maxim. 的异名；

藤五加 *Acanthopanax leucorrhizus*（Oliv.）Harms 为藤五加 *Eleutherococcus leucorrhizus* Oliv. 的异名；

狭叶藤五加（变种）*Acanthopanax leucorrhizus* var. *scaberulus* Harms 和刚毛五加、西门五加 *Acanthopanax simonii* Simon Louis ex Mouill. 均为狭叶藤五加（变种）*Eleutherococcus leucorrhizus* var. *scaberulus*（Harms & Rehder）Nakai 的异名；

糙叶五加 *Acanthopanax henryi*（Oliv.）Harms 为糙叶五加 *Eleutherococcus henryi* Oliv. 的异名；

毛梗糙叶五加（变种）*Acanthopanax henryi* var. *faberi* Harms 为毛梗糙叶五加（变种）*Eleutherococcus henryi* var. *faberi*（Harms）S. Y. Hu 的异名；

五加、五加皮 *Acanthopanax gracilistylus* W. W. Sm. 和短毛五加（变种）*Acanthopanax gracilistylus* var. *pubescens*（Pamp.）H. L. Li 均为细柱五加 *Eleutherococcus nodiflorus*（Dunn）S. Y. Hu 的异名；

白簕 *Acanthopanax trifoliatus*（L.）Voss 为白簕 *Eleutherococcus trifoliatus*（L.）S. Y. Hu. 的异名；

两歧五加 *Acanthopanax divaricatus*（Siebold & Zucc.）Seem. 应为毛梗糙叶五加（变种）*Eleutherococcus henryi* var. *faberi*（Harms）S. Y. Hu；

无梗五加 *Acanthopanax sessiliflorus*（Rupr. & Maxim.）Seem. 为无梗五加 *Eleutherococcus sessiliflorus*（Rupr. & Maxim.）S. Y. Hu 的异名；

白背叶楤木（变种）*Aralia chinensis* var. *nuda* Nakai 和湖北楤木 *Aralia hupehensis* G. Hoo 均为楤木 *Aralia elata*（Miq.）Seem. ［《河南植物志（第三册）》误为楤木 *Aralia chinensis* L.］的异名；

毛叶楤木（变种）*Aralia chinensis* var. *dasyphylloides* Hand. -Mazz. 为头序楤木 *Aralia dasyphylla* Miq. 的异名；

辽东楤木 *Aralia elata*（Miq.）Seem. 应为辽东楤木（变种）*Aralia elata* var. *glabrescens*

(Franch. & Sav.) Pojark.;

鹅掌柴属 *Scheffera* J. R. et G. Forst. 应为鹅掌柴属 *Schefflera* J. R. Forst. & G. Forst.;

鹅掌柴、鸭脚木 *Schefflera octophylla* (Lour.) Harms 为鹅掌柴 *Schefflera heptaphylla* (L.) Frodin 的异名;

三七、田七 *Panax notoginseng* F. H. Chen ex C. Chow et al. 应为三七 *Panax notoginseng* (Burkill) F. H. Chen ex C. Chow & W. G. Huang;

大叶三七、竹节人参 *Panax japonica* C. A. Mey. 为竹节参 *Panax japonicus* (T. Nees) C. A. Mey. 的异名。

本书另增补 1 属，1 种，1 变种。

1. 五加属 *Eleutherococcus* Maxim.

《河南植物志（第三册）》记载 12 种，3 变种，1 变型。本书除修订外，另增补 1 变种。

单叶离柱五加（变种）*Eleutherococcus eleutheristylus* var. *simplex*（G. Hoo）H. Ohashi

[*Acanthopanax eleutheritylus* var. *simplex* G. Hoo]

灌木；枝棕紫色，小枝深紫色。无毛，无刺。枝上部为单叶，叶片卵形至长圆状椭圆形，长 6~11cm，宽 4. 5~6. 5cm，先端尖，基部圆形，枝中部和下部的叶 3 深裂或有 3 枚小叶，叶柄长 1. 5~10cm。小叶片纸质，中央小叶片椭圆形，长 6~8cm，宽 1. 5~4cm，两侧小叶菱状椭圆形，长 3~8cm，宽 1. 5~3cm，先端渐尖至尾尖，基部圆形至狭楔形，两面均无毛，边缘有单锯齿至细重锯齿，侧脉 6~8 对，两面明显，网脉上面下陷，下面隆起；无小叶柄。花未见。伞形果序单个顶生，直径 3. 5~4. 5cm，约有果实 20 个；总花梗长 2. 5~4cm，无毛。果实 5 室，长圆状球形，长 7~8mm，直径 6~7mm，有 5 棱；宿存花柱 5 个，长 1. 5mm，离生，先端反曲；果梗长 8~12mm，无毛。果熟期 7 月。

河南仅见于伏牛山灵宝河西林场老鸦岔；生于海拔 2 000m 以上的林下或灌丛中。分布于陕西华山、太白山。

2. 人参木属 *Chengiopanax* C. B. Shang & J. Y. Huang（新增属）

落叶乔木，雌雄同株，无刺。掌状复叶，叶有小叶 3~7（~9）枚，边缘有细齿，背面在主侧脉腋具有短柔毛小腺体结构；托叶小，与叶柄结合。伞房状圆锥花序顶生；主花序轴短；苞片早落。花梗不伸出子房下方。花萼边缘有锯齿；花瓣 5 片，镊合状排列。雄蕊 5 枚，子房 2 枚心皮；花柱 2 个，结合成柱，宿存。果实核果，侧面压扁，球形。种子 2 粒；胚乳均匀。

本属 2 种，产于中国和日本，其中 1 种中国特有。河南 1 种。

人参木 中华五加 ***Chengiopanax fargesii*（Franch.）C. B. Shang & J. Y. Huang**

[*Acanthopanax fargesii*（Franch.）C. B. Shang;

Acanthopanax sinensis G. Hoo;

Eleutherococcus fargesii（Franch.）H. Ohashi;

Heptapleurum fargesii Franch.]

落叶乔木，高约 25m；胸径达 60cm；小枝淡黄棕色或紫红色，无刺。有小叶 3~5 枚，叶柄长 3~7cm，无毛，小叶片纸质或薄革质，披针形、椭圆形或长圆形，长 4. 5~11cm，宽 1. 6~4. 5cm，先端短渐尖，基部阔楔形，最外 1 对侧生小叶片基部略歪斜，两面均无毛，边缘疏生细锯齿，侧脉6~8对，两面均隆起而明显，网脉明显；小叶柄短，长2~10mm，无毛。伞房状圆锥花序顶生，直径约20cm；主轴短，长约1cm；分枝长7~12cm，上部者在主轴顶端轮生，下部者伞房状排列；花未见；伞形果序直径1.3~1.8cm，约有10个果实，轮生于分枝顶端，在下部者总状排列；总花梗长1~3cm，无毛；苞片早落。果实扁球形，直径4~5mm，厚1mm，2室，有5个三角形萼齿；花盘圆锥形，不发达；宿存花柱合生成柱状，长约1mm，柱头2裂；果梗短，长2~4mm，无毛；宿存小苞片锥形，长约0.5mm。果熟期9月。

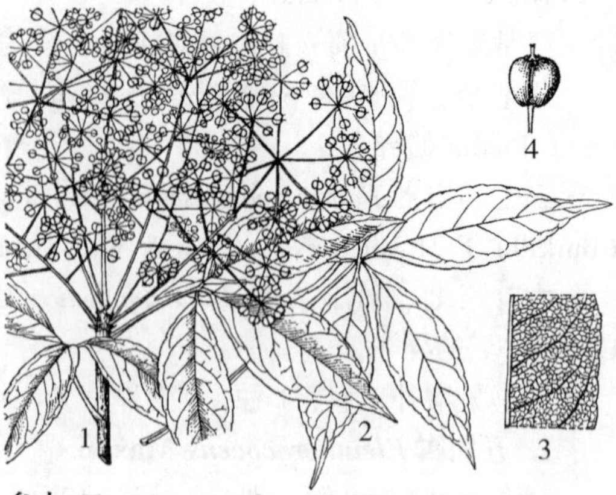

人参木 *Chengiopanax fargesii* (Franch.) C. B. Shang & J. Y. Huang

1. 果枝　2. 枝条下部的叶　3. 小叶片下面（示网脉）　4. 果实

河南仅见于伏牛山西峡黄石庵林场二道沟；生于山沟杂木林中。分布于四川东部和湖南。该种在1985年河南全省中草药普查时，被误鉴定为芸香科 Rutaceae 吴茱萸属 *Tetradium* Lour. 的1个种。

（一二〇）伞形科 Apiaceae（Umbellifera）

《河南植物志（第三册）》记载31属，65种，5变种。

其中：

棱子芹 *Pleurospermum camtschaticum* Hoffm. 为棱子芹 *Pleurospermum uralense* Hoffm. 的异名；

宽叶羌活、岷羌活 *Notopterygium forbesii* H. Boissieu 为宽叶羌活 *Notopterygium franchetii* H. Boissieu 的异名；

紫花大叶柴胡（变种）*Bupleurum longiradiatum* var. *porphyranthum* R. H. Shan & Y. Li 为紫花阔叶柴胡 *Bupleurum boissieuanum* H. Wolff 的异名；

中华水芹 *Oenanthe sinensis* Dunn 为线叶水芹 *Oenanthe linearis* Wall. ex DC. 的异名；

川芎 *Ligusticum chuanxiong* Hort. 应为川芎（栽培种）*Ligusticum sinense* ‘*chuanxiong*’ S. H. Qiu, Y. Q. Zeng, K. Y. Pan, Y. C. Tang & J. M. Xu；

辽藁本 *Ligusticum jeholense* Nakai & Kitag. 应为辽藁本 *Ligusticum jeholense*（Nakai & Kitag.）Nakai & Kitag.；

大齿当归 *Angelica grosseserrata* Maxim. 为大齿山芹 *Ostericum grosseserratum*（Maxim.）Kitag. 的异名；

紫花前胡、土当归、前胡 *Peucedanum decursivum*（Miq.）Maxim. 为紫花前胡 *Angelica decursiva*（Miq.）Franch. & Sav. 的异名；

石防风 *Peucedanum terebinthaceum*（Fisch.）Fisch. ex Turcz. 应为石防风 *Peucedanum terebinthaceum*（Fisch. ex Trevir.）Ledeb.。

本书另增补 1 属，5 种，1 亚种，1 变种，3 变型。

1. 迷果芹属 *Sphallerocarpus* Bess. ex DC.（新增属）

多年生草本，茎圆柱形，多分枝，有柔毛。叶片二至三回羽状分裂，裂片渐尖。复伞形花序顶生和侧生，伞辐多数，通常无总苞片，小总苞片 5 枚，卵状披针形，边缘膜质；花白色，在顶生的伞形花序中几乎全是两性，侧生的伞形花序有时为雄性，花序外缘有时有辐射瓣；萼齿微小，不明显，卵状三角形或钻形；花瓣倒卵形；花柱短而直立或外折，花柱基部圆锥形或平压状，全缘或呈波状皱褶。果实椭圆状长圆形，两侧微扁，合生面收缩，皮有 5 条凸出的波状棱，棱槽有油管 2~3 个，合生面油管 4~6 个；心皮柄 2 裂，种子近圆锥形，胚乳腹面有槽。

本属仅 1 种，产于俄罗斯西伯利亚东部及蒙古。我国分布于东北和西北部。河南也有分布。

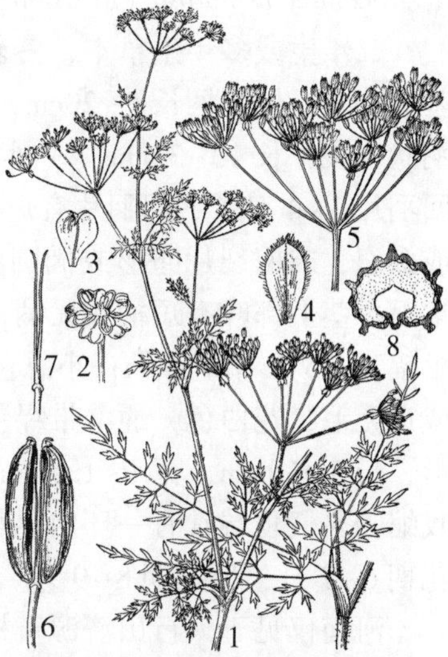

迷果芹 *Sphallerocarpus gracilis*（Besser ex Trevir.）Koso-Pol.

1. 植株上部 2. 花 3. 花瓣 4. 小总苞片 5. 果序 6. 果实 7. 心皮柄 8. 分生果横剖面

迷果芹 *Sphallerocarpus gracilis*（Besser ex Trevir.）Koso-Pol.

［*Chaerophyllum gracile* Besser ex Trevir.；

Sphallerocarpus cyminum Besser ex DC.］

多年生草本，高 50~120cm。根块状或圆锥形。茎圆形，多分枝，有细条纹，下部密被或疏生白毛，上部无毛或近无毛。基生叶早落或凋存；茎生叶二至三回羽状分裂，二回羽片卵形或卵状披针形，长 1.5~2.5cm，宽 0.5~1cm，顶端长尖，基部有短柄或近无柄；末回裂片边缘羽状缺刻或齿裂，通常表面绿色，背面淡绿色，无毛或疏生柔毛；叶柄长1~7cm，基部有阔叶鞘，鞘棕褐色，边缘膜质，被白色柔毛，脉 7~11 条；花序托叶的柄呈鞘状，裂片细小。复伞形花序顶生和侧生；伞辐 6~13 个，不等长，有毛或无；小总苞片通常 5 枚，长卵形至广披针形，长 1.5~2.5mm，宽 1~2mm，常向下反曲，边缘膜质，有毛；小伞形花序有花 15~25 朵；花柄不等长；萼齿细小；花瓣倒卵形，长约 1.2mm，宽 1mm，顶端有内折的小舌片；花丝与花瓣同长或稍超出，花药卵圆形，长约 0.5mm。果实椭圆状长圆形，长 4~7mm，宽 1.5~2mm，两侧微扁，背部有 5 条突起的棱，棱略呈波状，棱槽内油管 2~3 个，合生面油管 4~6 个；胚乳腹面内凹。花期 7~9 月，果熟期 9~10 月。

河南仅见于太行山济源黄楝树林场；生于山坡路旁、菜园地以及荒草地上；分布于黑龙江、吉林、辽宁、河北、山西、内蒙古、甘肃、新疆、青海等省区；蒙古和俄罗斯西伯利亚东部、远东地区也有分布。

2. 峨参属 *Anthriscus*（Pers.）Hoffm.

《河南植物志（第三册）》记载 1 种。本书增补 1 亚种。

刺果峨参（亚种）*Anthriscus sylvestris* subsp. *nemorosa*（M. Bieb.）Koso-Pol.

［*Anthriscus nemorosa*（M. Bieb.）Spreng.；

Anthriscus sylvestris var. *nemorosa*（M. Bieb.）Trautv.；

Chaerefolium nemorosum（M. Bieb.）Bornm.；

Scandix nemorosa（M. Bieb.）Hornem.］

二年生或多年生草本，茎较粗壮，高 0.6~1.5m，多分枝，近无毛或下部有细柔毛。基生叶有长柄，柄长 5~20cm，基部有长约 4cm，宽约 1cm 的鞘；叶片轮廓呈卵形，二回羽状分裂，长 10~30cm，一回羽片有长柄，卵形至宽卵形，长 4~12cm，宽 2~8cm，有二回羽片 3~4 对，二回羽片有短柄，轮廓卵状披针形，长 2~6cm，宽 1.5~4cm，羽状全裂或深裂，末回裂片卵形或椭圆状卵形，有粗锯齿，长 1~3cm，宽 0.5~1.5cm。背面疏生柔毛；茎上部叶有短柄或无柄，基部呈鞘状，有时边缘有毛。复伞形花序直径 2.5~8cm，伞辐 4~15 个。不等长；小总苞片 5~8 枚，卵形至披针形，顶端尖锐，反折，边缘有睫毛或近无毛；花白色，通常带绿色或黄色；花柱较花柱基部长 2 倍。果实长卵形至线状长圆形，长 5~10mm，宽 1~1.5mm，表面密被疣毛或细刺毛，顶端渐狭成喙状，合生面明显收缩，果柄顶端常有一环白色小刚毛，分生果横剖面近圆形，油管不明显，胚乳有深槽。花期 6~7 月，果熟期 8~9 月。

河南仅见于太行山济源黄楝树林场；生于海拔 1 000m 以上的山坡草地和林下。分布于吉林、辽宁、河北、陕西、四川、内蒙古、甘肃、新疆、西藏；亚洲北部及欧洲东部也有分布。根可入药，为滋补强壮剂，治脾虚食胀、肺虚咳喘、水肿等。

3. 柴胡属 *Bupleurum* L.

《河南植物志（第三册）》记载4 种，2 变种。本书除修订外，增补1 种，1 变种，2 变型。

（1）秦岭柴胡（变种）*Bupleurum longicaule* var. *giraldii* H. Wolff（彩版图 91）

［*Bupleurum giraldii*（H. Wolff）Koso Pol.］

一、二年生草本，高 20~40cm，茎单生或丛生，少分枝，叶稀疏。下部叶倒披针形，顶端钝或圆，中部以下收缩成长柄，连叶柄长 6~10cm，宽 10~17mm，5~7 条脉；茎生叶无柄，卵圆形至广卵形，上部长 1.5~5cm，宽 1~2cm，顶端钝尖，基部扩大近心形抱茎，11~15 条脉；伞辐 4~6 个，长 3~4cm；总苞片 2~3 枚，与茎上部叶相似而较小，不等大；小总苞片 5~7 枚，椭圆状披针形、广卵形至近圆形，顶端钝尖或圆，5~7 条脉，比花略长。

河南产于伏牛山灵宝老鸦岔、栾川鸡角尖；生于海拔 2 000m 以上的山顶草丛中。分布于陕西（太白山）和山西、青海。

（2）锥叶柴胡 *Bupleurum bicaule* Helm

［*Bupleurum falcatum* var. *bicaule*（Helm）H. Wolff］

多年生丛生草本，高 12~20cm。直根发达，外皮深褐色或红褐色，表面皱缩，有较明显的横纹和突起，质地坚硬，木质化，断面纤维状，很少分枝，根颈分枝极多，每一分枝的基部均簇生有残叶鞘。茎常多数，细弱，纵棱明显，上端有少数短分枝。叶全部线形，长 7~16cm，宽 1~3mm，3~5 条脉，顶端渐尖，有锐尖头，基部变狭成叶柄；茎叶很少，长 0.4~4cm，宽 0.5~2.5cm，基部不收缩，半抱茎，5~7 条脉，向上渐小，侧枝上的叶更小如针形。复伞形花序少，直径 1~2cm；伞辐 4~7 个，长 4~15mm；小伞形花序直径 3~6mm，花 7~13 朵；总苞片常无或 1~3 枚，长 1~3mm，宽 1mm，脉 1~3 条；小总苞片 5 枚，披针形，长 2~2.5mm，宽 0.6~0.8mm，短于小伞形花序，顶端尖锐，3 条脉；花柄长 0.7~1.3mm；花直径1~1.5mm，花瓣鲜黄色，小舌片顶端浅 2 裂，较小，中脉不突起；花柱基部深黄色。果广卵形，两侧略扁，两端截形，蓝褐色，长 2.5~3mm，宽 2mm，

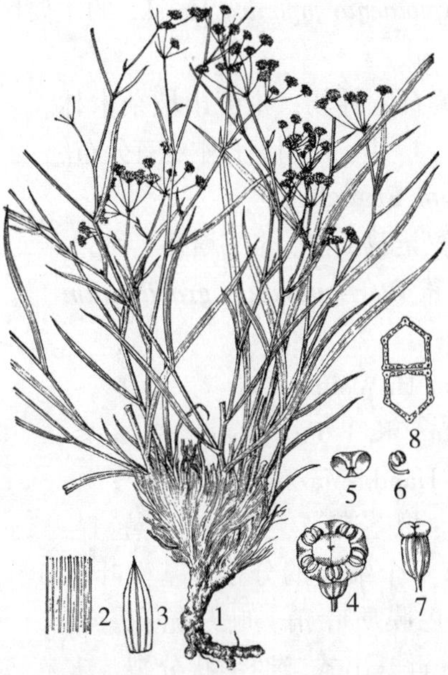

锥叶紫胡 *Bupleurum bicaule* Helm

1. 植株 2. 叶片一部分 3. 小总苞片 4. 花 5. 花瓣 6. 雄蕊 7. 雌蕊 8. 幼果横剖面

棱凸出，细线状，淡棕色；棱槽中油管 3 个，合生面油管 2~4 个，很细，成熟后不甚清楚。花期 7~8 月，果熟期 8~9 月。

河南仅见于太行山济源黄楝树林场；生于海拔 1 500m 以下的山坡草地和干旱多石砾的草地上。分布于山西北部、陕西北部及河北、内蒙古等省区；伊朗、阿富汗、叙利亚、俄罗斯高加索地区、西伯利亚东部及中部、蒙古、朝鲜和日本也有分布。

(3) 北京柴胡（变型）*Bupleurum chinense* f. *pekinense*（Franch. ex Forbes & Hemsl.）R. H. Shan & Y. Li（彩版图 92）

［*Bupleurum pekinense* Franch. ex Forbes & Hemsl.］

本变型与原种北柴胡 *Bupleurum chinense* DC. 的主要区别在于：下部茎生叶椭圆状披针形，长 5~10cm，宽 1~2cm，硬纸质，两面灰绿色。

河南产于太行山济源和伏牛山小秦岭；生于海拔 1 500m 以下的山坡草地。分布于北京、河北、山西和陕西等省区。

(4) 南方大叶柴胡（变型）*Bupleurum longiradiatum* f. *australe* R. H. Shan & Y. Li

本变型植株较高大粗壮。茎中部以上的叶呈披针形或狭倒卵形，基部渐窄呈楔形或圆楔形，很少呈心状耳形；花柄较粗短，花时长 3~4mm，果时可延长至 6~8mm，花瓣黄色，中脉带紫色。果长圆形，长 5.5~7mm，宽约 2mm。

仅见于河南大别山区的新县连康山；生于海拔 750~950m 的山坡、林下阴湿处或溪谷草丛中。分布于安徽、浙江、江西等省。

4. 鸭儿芹属 *Cryptotaenia* DC.

《河南植物志（第三册）》记载 1 种。本书增补 1 变型。

深裂鸭儿芹（变型）*Cryptotaenia japonica* f. *dissecta*（Y. Yabe）H. Hara（彩版图 93）

［*Cryptotaenia japonica* var. *dissecta* Y. Yabe］

本变型与原种鸭儿芹 *Cryptotaenia japonica* Hassk. 的主要区别在于：小叶羽状半裂或深裂，边缘有锐锯齿。

河南仅见于伏牛山西峡黄石庵林场；生于山坡杂木林中。分布于陕西、湖北、湖南、广西、四川；日本也有分布。

5. 囊瓣芹属 *Pternopetalum* Franch.

《河南植物志（第三册）》记载1种。本书增补1种。

纤细囊瓣芹 天全囊瓣芹 ***Pternopetalum gracillimum* (H. Wolff) Hand. -Mazz.**

[*Cryptotaeniopsis gracillima* H. Wolff;
Pternopetalum lamellosociliare K. T. Fu;
Pternopetalum wangianum Hand. -Mazz.]

植株细小，高10~20cm。根茎有节，棕褐色。茎1~6条，多数不分枝，或中部有1个细弱的分枝。基生叶有长柄，长2~7cm，基部有褐色膜质叶鞘。叶片轮廓三角形，长和宽近相等，1~3cm，近三出式二回羽状分裂，末回裂片倒披针形，长约2mm，宽不足1mm；无茎生叶，或少有1枚，与基生叶同形。复伞形花序顶生，少数有1枚总苞片，披针形；伞辐5~30个，长1~3cm；小总苞片2枚，披针形；小伞形花序通常有花2~3朵，花瓣阔倒卵形；白色；萼齿细小；花柱基及花柱较短。果实长卵形，2枚心皮都发育。花期5~7月，果熟期7~8月。

河南产于伏牛山区的栾川老君山和西峡黄石庵；生于海拔1 500m以上的林下、覆盖苔藓的岩石上。分布于湖北、四川、甘肃。

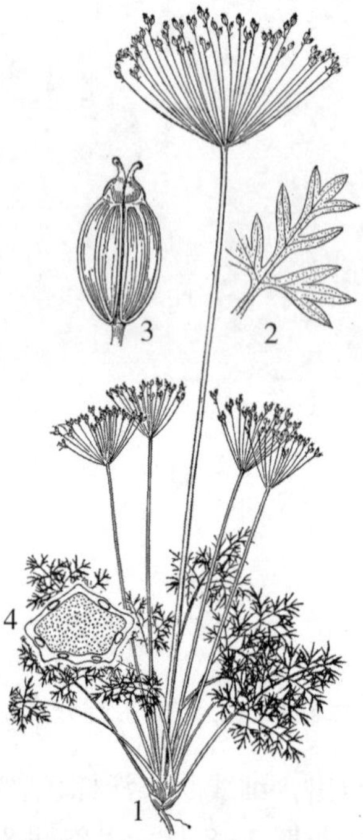

纤细囊瓣芹 *Pternopetalum gracillimum* (H. Wolff) Hand. -Mazz.
1. 植株 2. 小羽片 3. 果实

6. 茴芹属 *Pimpinella* L.

《河南植物志（第三册）》记载5种。本书增补2种。

（1）城口茴芹 *Pimpinella fargesii* H. Boissieu

[*Pimpinella fargesii* var. *alba* H. Boissieu]

多年生草本，高0.4~1m。直根或须根。茎直立，中、上部分枝，无毛。基生叶有柄，长3~10cm；叶片羽状分裂，裂片2~3对，下面1对有柄，长1~3cm，宽1.5~3cm，稀二回羽状分裂，裂片卵形或长卵形，长3~4cm，宽1.5~3cm，基部楔形或微心形，顶端长尖，边缘有锯齿；茎中、下部叶与基生叶同形；茎上部叶较小，无柄，叶片基部有膜质叶鞘，3裂，裂片线状披针形。通常无总苞，或偶有1枚，线形；伞辐7~15个，近等长，长2~3cm；小总苞片1~5枚，线形，短于花柄；小伞形花序有花10~20朵；无萼齿；花瓣卵

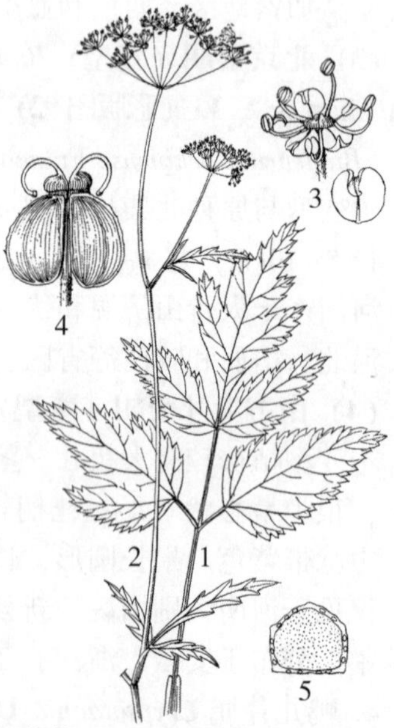

城口茴芹 *Pimpinella fargesii* H. Boissieu
1. 基生叶 2. 植株上部 3. 花及花瓣 4. 果实 5. 分生果横剖面

形、倒卵形，白色，基部楔形，顶端微凹，有内折小舌片；花柱基部圆锥形，花柱长为花柱基部的2~3倍，向两侧弯曲。果实卵球形，基部心形，微被柔毛，果棱不明显；每棱槽内有油管2~3个，合生面油管4个；胚乳腹面平直。花期7~8月，果熟期8~9月。

河南产于伏牛山区的西峡黄石庵和淅川荆子关；生于沟边、林下或草坡上。分布于四川东部及西部、湖北西部。

（2）川鄂茴芹 *Pimpinella henryi* Diels（彩版图94）

[*Pimpinella sutchuensis* H. Boissieu]

高大草本，高0.5~1m。根圆柱形。茎中、上部有3~5个分枝。基生叶有长柄，长18~25cm；叶片二回三出分裂，稀三出式二回羽状分裂，裂片长卵形或菱形，长4~12cm，宽2~10cm，基部楔形或截形，顶端渐尖或长尖，边缘条裂，有重锯齿或粗齿；茎中、下部叶与基生叶同形；茎上部叶较小，仅有膜质叶鞘，无柄，叶片3裂。顶生花序直径约10cm，无总苞片和小总苞片；伞辐15~25个，不等长，长2~4cm，粗糙；小伞形花序有花15~30朵，杂性花，雌花柄较粗；无萼齿；花瓣长圆形，顶端全缘，不凹陷，无内折小舌片；花柱基部较小，圆锥形，花柱短于果实或与之近等长，向两侧弯曲。果柄长2~5mm；果实卵球形，基部心形，顶端收缩，无毛；每棱槽内油管3个，合生面油管4~6个；胚乳腹面微凹。花期5~8月，果熟期8~9月。

河南仅见于伏牛山西峡黑烟镇林场；生于海拔1 500m以上的林下、溪旁草地上。分布于湖北、四川、陕西、甘肃。

（一二一）山茱萸科 Cornaceae

《河南植物志（第三册）》记载6属，16种，3变种。

其中：

灯台树属 *Bothrocaryum*（Koehne）Pojark.，梾木属 *Swida* Opiz 和四照花属 *Dendrobenthamia* Hutch. 均并入山茱萸属 *Cornus* L.，属山茱萸科 Cornaceae；

桃叶珊瑚属 *Aucuba* Thunberg 分出另立桃叶珊瑚科 Aucubaceae；

青荚叶属 *Helwingia* Willd. 分出另立青荚叶科 Helwingiaceae；

灯台树 *Bothrocaryum controversum*（Hemsl.）Pojark. 为灯台树 *Cornus controversa* Hemsl. 的异名；

红瑞木 *Swida alba*（L.）Opiz 为红瑞木 *Cornus alba* L. 的异名；

光皮树 *Swida wilsoniana*（Wangerin）Soják 为光皮梾木 *Cornus wilsoniana* Wangerin 的异名；

沙梾 *Swida bretschneideri*（L. Henry）Soják 和细梗沙梾（变种）*Swida bretschneideri* var. *gracilis*（Wangerin）W. K. Hu 均为沙梾 *Cornus bretschneideri* L. Henry 的异名；

红椋子 *Swida hemsleyi*（C. K. Schneid. & Wangerin）Soják 为红椋子 *Cornus hemsleyi* C. K. Schneid. & Wangerin 的异名；

黑椋子 *Swida poliophylla*（C. K. Schneid. & Wangerin）Soják 为灰叶梾木（亚种）*Cornus schindleri* subsp. *poliophylla*（C. K. Schneid. & Wangerin）Q. Y. Xiang 的异名；

卷毛梾木 *Swida ulotricha*（C. K. Schneid. & Wangerin）Soják 为卷毛梾木 *Cornus ulotricha* C. K. Schneid. & Wangerin 的异名；

小梾木 *Swida paucinervis*（Hance）Soják 为小梾木 *Cornus quinquinervis* Franch. 的异名；

梾木、椋子 *Swida macrophylla*（Wall.）Soják 为梾木 *Cornus macrophylla* Wall. 的异名；

毛梾 *Swida walteri*（Wangerin）Soják 为毛梾 *Cornus walteri* Wangerin 的异名；

尖叶四照花 *Dendrobenthamia angustata*（Chun）W. P. Fang 为尖叶四照花（亚种）*Cornus capitata* subsp. *angustata*（Chun）Q. Y. Xiang 的异名；

四照花、石枣（变种）*Dendrobenthamia japonica* var. *chinensis*（Osborn）W. P. Fang 为四照花（亚种）*Cornus kousa* subsp. *chinensis*（Osborn）Q. Y. Xiang 的异名。

本书另增补 1 种，1 变种。

山茱萸属 *Cornus* L.（Swida Opiz）

《河南植物志（第三册）》记载 2 种。本书除修订外，增补 1 种。

川陕梾木 *Cornus koehneana* Wangerin

［*Swida koehneana*（Wangerin）Soják］

乔木，高 6~10m；树皮黄灰黑色；幼枝纤细，略呈方形，紫红绿色，密被灰色贴生短柔毛，老枝灰褐色，无毛，疏生淡黄白色长椭圆形皮孔。冬芽顶生，尖圆锥形，长 3.5mm，密被灰白色细伏毛。叶对生，厚纸质，卵状椭圆形，长 3.3 ~ 8cm，宽 2.3 ~ 4.5cm，先端钝尖或渐尖，基部楔形或宽楔形，有时下延，两侧稍不对称，边缘全缘，上面绿色，疏被灰白色平贴短柔毛，下面灰绿色，有较密灰白色的贴生短柔毛，中脉在上面明显，下面凸出，侧脉 4 对，纤细，弓形内弯，在下面稍突起，细脉网状，不明显；叶柄细瘦，长 1.2~2.2cm，密被灰色贴生短柔毛，上面有浅沟，下面圆形。圆锥状聚伞花序顶生，宽 6cm，疏被灰白色贴生短柔毛；总花梗长 1.7~2cm，密被灰白色平贴短柔毛；花小，白色；花萼裂片 4 个，三角形，长 0.4mm，稍长于花盘，外侧疏生淡白色短柔毛；花瓣 4 片，舌状长圆形，长 4.5mm，宽 0.9mm，上面无毛，下面有淡白色平贴短柔毛，先端突尖；雄蕊 4 枚，长 4mm，花丝细长形，微扁，无毛，花药淡黄色，长圆卵形，2 室，长 1.8mm，丁字形着生；花盘垫状，无毛，厚约 0.3mm；花柱棍棒形，长 3.8mm，疏生淡白色平贴短柔毛，柱头小，头状，不宽于花柱，子房下位，花托倒卵形或近于球形，直径约 1.2mm，密被灰白色平贴短柔毛；花梗细圆柱形，长 0.5~3mm，疏生灰白色平贴短柔毛。核果卵圆形，直径约 5mm，长 6mm，被白色贴生短柔毛；核骨质，近于卵圆形，直径 4mm，高约 5mm。花期 5~6 月，果熟期 7~8 月。

川陕梾木 *Cornus koehneana* Wangerin.

1. 着果枝 2. 叶片下面的一部分示毛被 3. 果实

河南产于伏牛山济源曼坪、灵宝老鸦岔、西峡黄石庵；生于较高海拔山区的林下或山谷间。分布于山西东南部、陕西、甘肃和四川西部。

（一二二）桃叶珊瑚科 Aucubaceae（新增科）

乔木或灌木，雌雄异株，树枝对生，圆筒状。叶单生，对生，无托叶或有托叶，具网状脉；叶片背面淡绿色，正面亮深绿色，干时深棕色，有些种具有黄色或白色痕迹，厚革质到纸质，有毛或无毛，边缘有细到粗锯齿，稀全缘。花序顶生，圆锥花序或总状圆锥花序。花 4 基数，单性，辐射对称，具 1 枚或 2 枚苞片。雄蕊 4 枚，与花瓣互生。子房下位，心皮 1 枚，1 室；胚珠 1 个，下垂；花柱短，粗壮；柱头头状，直立或弯曲，2~4 浅裂。果实为肉质核果，成熟时红色，干后黑色，顶端有宿存的花萼齿、花柱和柱头。

本科 1 属 10 种，分布于中国、不丹、印度（北部）、日本、朝鲜、缅甸、越南。我国有 10 种（含 7 特有种）。

桃叶珊瑚属 *Aucuba* Thunb.

《河南植物志（第三册）》在山茱萸科 Cornaceae 下记载 1 种，1 变种。

（一二三）青荚叶科 Helwingiaceae（新增科）

灌木，稀小乔木，雌雄异株，常绿或落叶。单叶互生，具叶柄，有托叶；托叶 2 枚，早落，全缘或分裂；叶片边缘有腺锯齿或圆齿；具网状脉。伞形花序，无柄，生于叶片中脉上，稀生在幼枝的叶柄上方。花 3~5 基数，绿色或紫绿色，单性；萼齿 3~5 枚；花瓣 3~5片；花盘扁，肉质。雄花每花序 3~20 朵；雄蕊 3~5 枚，与花瓣互生；花药 2 室。雌花每花序 1~4 朵；花柱短；柱头 3~5 裂，反曲；子房下位，3~5 室；胚珠每室 1 个，下垂，贴生于被缝线。核果状浆果。种子 1~4 粒或 5 粒，干后具凹槽和脊，顶端有宿存的花萼和花柱。胚乳光滑；胚直。

本科 1 属 4 种，分布于中国、不丹、印度（北部）、日本、韩国、缅甸（北部）、尼泊尔、泰国、越南（北部）。我国有 4 种（含 1 特有种）。

青荚叶属 *Helwingia* Willd.

《河南植物志（第三册）》在山茱萸科 Cornaceae 下记载 2 种。本书增补 1 变种。

钝齿青荚叶（变种）*Helwingia chinensis* var. *crenata*（Lingelsh. ex Limpr.）W. P. Fang

[*Helwingia chinensis* f. *megaphylla* W. P. Fang;

Helwingia chinensis f. *oblanceolata* S. S. Chien;

Helwingia crenata Lingelsh. ex Limpr.;

Helwingia himalaica var. *crenata*（Lingelsh. ex Limpr.）H. L. Li]

叶为厚纸质，常为披针形或卵状披针形，长 4~10（~15）cm，宽 1~4（~5）cm，先端渐尖或锐尖，基部楔形或近于圆形，边缘具钝圆锯齿。易与原种中华青荚叶 *Helwingia chinensis* Batal. 区别。

河南仅见于淅川荆子关；生于山谷或山坡林中。分布于陕西（南部）、甘肃（东南部）、四川、贵州、云南等省区。

（一二四）鹿蹄草科 Pyrolaceae

《河南植物志（第三册）》记载 3 属，8 种，1 变种。

现已全部并入杜鹃花科 Ericaceae。

（一二五）杜鹃花科 Ericaceae

《河南植物志（第三册）》记载 2 属，9 种，1 亚种。除并入的鹿蹄草科 Pyrolaceae，本书另增补 5 种（含 1 栽培种），1 变种。

1. 鹿蹄草属 *Pyrola* L.

《河南植物志（第三册）》在鹿蹄草科 Pyrolaceae 下记载 5 种。

其中：

红花鹿蹄草 *Pyrola incarnata*（DC.）Freyn［《河南植物志（第三册）》189 页误为 *Pyrola incarnata* Fisch. ex DC.］为红花鹿蹄草（亚种）*Pyrola asarifolia* subsp. *incarnata*（DC.）Haber & Hir. Takah. 的异名。

本书另增补 1 种。

肾叶鹿蹄草 *Pyrola renifolia* Maxim.

［*Pyrola soldanellifolia* Andres］

常绿草本状小灌木，高 10~21cm；根茎细长，横生，斜升，有分枝。叶 2~6 枚，基生，薄革质，肾形或圆肾形，长 1~2.5（~3）cm，宽 1.5~3.5（~4）cm，先端圆钝，基部深心形，边缘有不整齐的疏细锯齿，上面深绿色，沿叶脉常为淡绿色，下面淡绿色；叶柄长 2~5（~6）cm。花葶细长，具棱，直径 1~1.5mm，无或有 1 枚褐色鳞片状叶，近膜质，披针形，长 3~5mm，宽 0.5~1.5mm，先端急尖或渐尖，基部稍抱花葶。总状花序长 1.8~3.5（~5）cm，有 2~5 朵花，疏生，花倾斜，稍下垂，花冠宽碗状，直径 1~1.2（~1.5）cm，白色微带淡绿色；花梗长 3.5~5mm，果期长达 5~8mm，腋间有膜质苞片，狭披针形，长 1~2（~3）mm，宽 0.6~0.8（~1）mm，短于花梗之半；萼片较小，半圆形或三角状半圆形，长 1.2~1.5mm，基部宽 1.5~2mm，先端圆钝，边缘有疏齿；花瓣倒卵圆形，长 5~6.5mm，宽 4~5.5mm，先端圆钝；雄蕊 10 枚，花丝无毛，花药长 2.5~3mm，宽 1~1.5mm，具小角，黄色；花柱长 8~11mm，倾斜，上部稍向上弯曲，伸出花冠，果期更明显，顶端稍加

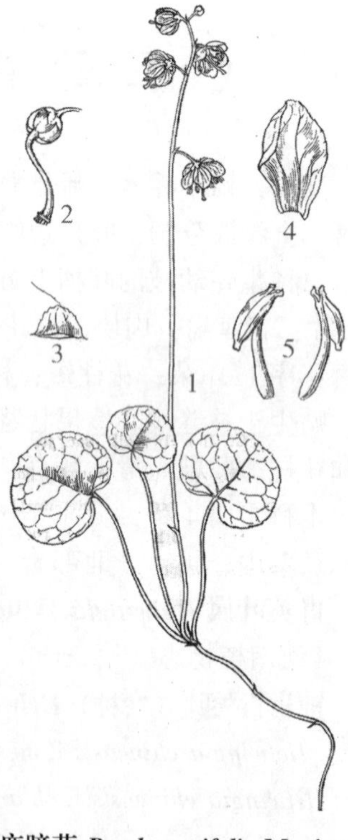

肾叶鹿蹄草 *Pyrola renifolia* Maxim.
1. 植株 2. 雄蕊 3. 萼花 4. 花瓣 5. 雄蕊（许芝源 绘）

粗成环状突起；柱头 5 圆裂。蒴果扁球形，直径（4～）4.5～6（～6.5）mm。花期 6～7 月上旬，果熟期 7 月中旬至 8 月。

河南仅见于太行山林州石板岩；生于山坡林下和灌丛中。分布于黑龙江、吉林、辽宁、内蒙古、河北；朝鲜、日本，俄罗斯远东地区也有分布。

本种与紫背鹿蹄草 *Pyrola atropurpurea* Franch. 相近，但本种主要特征为叶肾形或圆肾形，上面为深绿色，下面为淡绿色，边缘有不整齐的疏细锯齿；萼片半圆形或三角状半圆形；苞片狭披针形等，易于区别。

2. 水晶兰属 *Monotropa* L.

《河南植物志（第三册）》在鹿蹄草科 Pyrolaceae 下记载 2 种，1 变种。

其中：

毛花松下兰（变种）*Monotropa hypopitys* var. *hirsuta* Roth 为松下兰 *Monotropa hypopitys* L. 的异名。

3. 杜鹃属（杜鹃花属）*Rhododendron* L.

《河南植物志（第三册）》记载 7 种，1 亚种。本书增补 4 种（含 1 栽培种），1 变种。

（1）美容杜鹃 *Rhododendron calophytum* Franch.

美容杜鹃 *Rhododendron calophytum* Franch.

1. 花枝 2. 花 3. 果实 4. 雌蕊 5. 雄蕊

常绿灌木或小乔木，高 2～12m；树皮黄灰色或棕褐色，片状剥落；幼枝粗壮，绿色或带紫色，被白色绒毛，不久脱净。冬芽顶生，阔卵圆形，长 1.4cm，近于无毛。叶厚革质，长圆状倒披针形或长圆状披针形，长 11～30cm，宽 4～7.8cm，先端突尖成钝圆形，基部渐狭成楔形，边缘微反卷，上面亮绿色，无毛，下面淡绿色，幼时有白色绒毛，不久变为无毛，中脉在上面凹下，下面明显凸出，无毛或稀具白色绒毛，侧脉 18～22 对；叶柄粗壮，长 2～2.5cm，无毛。顶生短总状伞形花序，有花 15～30 朵；总轴长 1.5～2cm，被黄褐色细毛；花梗粗壮，长 3～6.5cm，红色，无毛；苞片黄白色，狭长形，长 4.5cm，宽约 1cm，先端短渐尖，被有白色绢状细毛；花萼小，长 1.5mm，无毛，裂片 5 个，宽三角形；花冠阔钟形，长 4～5cm，直径 4～5.8cm，红色或粉红色至白色，基部略膨大，内面基部上方有 1 枚紫红色斑块，裂片 5～7 个，不整齐，长 2～2.5cm，宽 2.3～3cm，有明显的缺刻；雄蕊 15～22 枚，不等长，长 1.5～2.6cm，花丝白色，基部有少量微柔毛，花药长圆形，黄褐色，长 2～3mm；子房圆屋顶形，绿色，长 6mm，无毛，花柱粗壮，长约 3cm，淡黄绿色，无毛，柱头大，盘状，绿色，宽约 6.5mm。蒴果斜生于果梗上，长圆柱形至长圆状椭圆形，长 2～4.5cm，有肋纹，花柱宿存。花期 4～5 月，果熟期 9～10 月。

河南仅见于伏牛山西峡黄石庵；生于海拔 1 300m 以上的林中或冷杉林下。分布于陕西南部，甘肃东南部，湖北西部，四川东南部、西部及北部，贵州中部及北部，云南东北部。

（2）云锦杜鹃 *Rhododendron fortunei* Lindl.

常绿灌木或小乔木，高 3～12m；主干弯曲，树皮褐色，片状开裂；幼枝黄绿色，初具腺体；老枝灰褐色。顶生冬芽阔卵形，长约 1cm，无毛。叶厚革质，长圆形至长圆状椭圆形，长 8～14.5cm，宽 3～9.2cm，先端钝至近圆形，稀急尖，基部圆形或截形，稀近于浅心形，上面深绿色，有光泽，下面淡绿色，在放大镜下可见略有小毛，中脉在上面微凹下，下面突起，侧脉 14～16 对，在上面稍凹入，下面平坦；叶柄圆柱形，长1.8～4cm，淡黄绿色，有稀疏的腺体。顶生总状伞形花序，疏松，有花 6～12 朵，有香味；总轴长 3～5cm，淡绿色，多少具腺体；总梗长 2～3cm，淡绿色，疏被短柄腺体；花萼小，长约 1mm，稍肥厚，边缘有浅裂片 7 个，具腺体；花冠漏斗状钟形，长 4.5～5.2cm，直径 5～5.5cm，粉红色，外面有稀疏腺体，裂片 7 个，阔卵形，长 1.5～1.8cm，顶端圆或波状；雄蕊 14 枚，不等长，长 18～30mm，花丝白色，无毛，花药长椭圆形，黄色，长 3～4mm；子房圆锥形，长 5mm，直径 4.5mm，淡绿色，密被腺体，10 室，花柱长约 3cm，疏被白色腺体，柱头小，头状，宽 2.5mm。蒴果长圆状卵形至长圆状椭圆形，直或微弯曲，长 2.5～3.5cm，直径 6～10mm，褐色，有肋纹及腺体残迹。花期 4～5 月，果熟期 8～10 月。

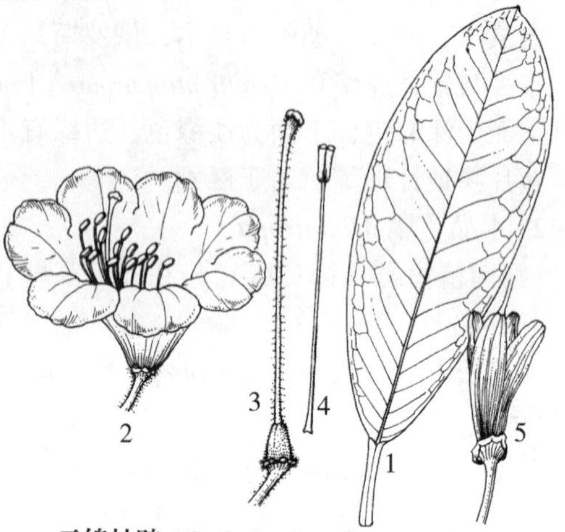

云锦杜鹃 *Rhododendron fortunei* Lindl.

1. 叶片 2. 花 3. 雌蕊 4. 雄蕊 5. 果实

产于河南大别山，伏牛山南部；生于海拔 700～2 000m 的山脊阳面或林下。分布于陕西、湖北、湖南、安徽、浙江、江西、福建、广东、广西、四川、贵州及云南。

（3）毛房杜鹃（变种）*Rhododendron praeteritum* var. *hirsutum* W. K. Hu

灌木，幼枝淡绿色，疏被白色微柔毛，老枝红褐色，在花序下的小枝直径 5mm。叶革质，倒卵状长圆形或长圆状椭圆形，长 6.5～8.5cm，宽 3.1～4.5cm，先端钝或宽圆形，有小突尖头，基部圆形至截形，边缘反卷，上面暗绿色，略有皱纹，中脉凹下，侧脉 12～16 对，稍凹陷，下面苍白绿色，除中脉及其附近有散生的柔毛外，其余无毛，中脉凸出；叶柄粗壮，长 1～2cm，幼时具散生的微柔毛，后变为无毛。顶生短总状伞形花序，有花 7～10 朵；总轴长 1.5cm，散生白色微柔毛；花梗长 1.8～2cm，幼时被微柔

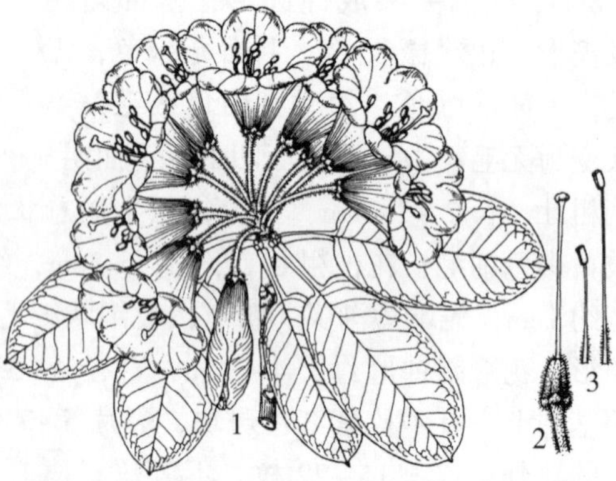

毛房杜鹃（变种）*Rhododendron praeteritum* var. *hirsutum* W. K. Hu

1. 花枝 2. 雌蕊 3. 雄蕊

毛，后变为无毛；花萼长1~1.4mm，外面无毛，裂片5个，阔卵形；花冠宽钟形，长2~4cm，直径1.7~2cm，白色或淡红色，内面基部有5枚深色的蜜腺囊，裂片5个，宽卵形，长7~15mm，宽8~25mm，顶端有缺刻；雄蕊10枚，不等长，长1.2~3.5cm，花丝基部有白色微柔毛，花药长圆形，长1.6mm；子房长卵圆形，长4mm，直径2.5mm，有浅沟纹，密被黄褐色长硬毛，花柱长1.2cm，无毛，柱头小，头状，宽约1.2mm。幼果长圆状卵形，长1.5cm，有浅肋纹。花期5月，果熟期9月。

河南仅见于伏牛山西峡和淅川；生于海拔800~1 300m的灌丛或密林中。分布于湖北西部。

（4）钝叶杜鹃 *Rhododendron obtusum*（Lindl.）Planch.（彩版图95）

［*Azalea obtusa* Lindl.］

矮灌木，高1m，稀达4m；小枝纤细，分枝繁多，常呈假轮生状，有时近于平卧，密被锈色糙伏毛。叶膜质，常簇生枝端，形状多变，椭圆形至椭圆状卵形或长圆状倒披针形至倒卵形，长1~2.5cm，宽4~12mm，先端钝尖或圆形，有时具短尖头，基部宽楔形，边缘被纤毛，上面鲜绿色，下面苍白绿色，两面散生淡灰色糙伏毛，沿中脉更明显，中脉在上面凹陷，下面突起，侧脉在下面明显；叶柄长约2mm，被灰白色糙伏毛。花芽卵球形，鳞片卵形，先端渐尖，边缘具糙伏毛，沿中脊具淡灰色糙伏毛。伞形花序，通常有花2~3朵；花梗长4~8mm，密被扁平锈色糙伏毛；花萼裂片5个，绿色，卵形，长达4mm，被糙伏毛；花冠漏斗状钟形，红色至粉红色或淡红色，长1.5cm，直径2.5cm，裂片5个，长圆形，长1cm，宽约5mm，顶端钝，有1裂片具深色斑点；雄蕊5枚，约与花冠等长，花丝无毛，花药淡黄褐色，子房密被褐色糙伏毛，花柱长2.5cm，无毛。蒴果圆锥形至阔椭圆球形，长6mm，密被锈色糙伏毛。

原产于日本，是杜鹃花属中著名的栽培种。河南洛阳、信阳等城市公园有盆栽。在我国东部及东南部均有栽培，且变种及园艺品种甚多。

（5）耳叶杜鹃 *Rhododendron auriculatum* Hemsl.

常绿灌木或小乔木，高5~10m；树皮绿萝 *Epipremnum aureum*（Linden & André）G. S. Bunting（梁金镛）灰色；幼枝密被长腺毛，老枝无毛。冬芽大，顶生，尖卵圆形，长3.5~5.5cm，外面鳞片狭长形，长3.5cm，先端渐尖，有较长的渐尖头，无毛。叶革质，长圆形、长圆状披针形或倒披针形，长9~22cm，宽3~6.5cm，先端钝，有短尖头，基部稍不对称，圆形或心形，上面绿色，无毛，中脉凹下，下面突起，侧脉20~22对，下面淡绿色，幼时密被柔毛，老后仅在中脉上有柔毛；叶柄稍粗壮，长1.8~3cm，密被腺毛。顶生伞形花序大，疏松，有花7~15朵；总轴长2~3cm，密被腺体；花梗长2

耳叶杜鹃 *Rhododendron auriculatum* Hemsl.

1. 花枝 2. 具冬芽的小枝 3. 果实 4. 雄蕊 5. 雌蕊和花萼（胡清 绘）

~3cm，密被长柄腺体；花萼小，长2~4mm，盘状，裂片6个，不整齐，膜质，外面具稀疏的有柄腺体；花冠漏斗形，长6（~10）cm，直径6cm，银白色，有香味，筒状部外面有长柄腺体，裂片7个，卵形，开展，长2cm，宽1.8cm；雄蕊14~16枚，不等长，长2.5~3.4（~4）cm，花丝纤细，无毛，花药长倒卵圆形，长5.5mm；子房椭圆状卵球形，长6mm，有肋纹，密被腺体，花柱粗壮，长约3cm，密被短柄腺体，柱头盘状，有8个浅裂片，宽4.2mm。蒴果长圆柱形，微弯曲，长3~4cm，8室，有腺体残迹。花期7~8月，果熟期9~10月。

产于河南舞阳石漫滩林场和鲁山尧山；生于山坡灌丛中。分布于陕西南部、湖北西部、四川东部、贵州北部。

（一二六）报春花科 Primulaceae

《河南植物志（第三册）》记载6属，38种。

其中：

假报春 *Cortusa pekinensis*（A. G. Richt.）Losinsk. 为河北假报春（亚种）*Cortusa matthioli* subsp. *pekinensis*（A. G. Richt.）Kitag. 的异名；

山西报春 *Primula handeliana* W. W. Smith et Forrest 应为陕西报春 *Primula handeliana* W. W. Sm. & Forrest；

长穗珍珠菜 *Lysimachia chikungensis* Bail. 应为长穗珍珠菜 *Lysimachia chikungensis* L. H. Bailey；

小叶珍珠菜 *Lysimachia parvifolia* Franch. ex Hemsl. 应为小叶珍珠菜 *Lysimachia parvifolia* Franch.。

本书另增补5种。

1. 珍珠菜属 *Lysimachia* L.

《河南植物志（第三册）》记载22种。本书除修订外，增补2种。

（1）宜昌过路黄 *Lysimachia henryi* Hemsl.（彩版图96）

[*Lysimachia iteophylla* C. Y. Wu；

Lysimachia klattiana var. *pseudoklattiana* Bonati]

多年生草本，茎簇生，直立或基部有时倾卧生根，高8~30cm，圆柱形，直径可达2mm，单一或有分枝，疏被铁锈色多细胞柔毛。叶对生，茎端的2~3对间距极短，呈轮生状，近等大或较下部茎叶大1~2倍，叶片披针形至卵状披针形，稀卵状椭圆形，长10~45mm，宽5~16mm，先端锐尖或稍钝，基部楔状渐狭，稀为阔楔形，无毛或仅下面沿中肋被疏柔毛，干时坚纸质，两面密布粒状突起的小腺点，中肋在下面隆起，侧脉不明显；叶柄长4~10mm。花集生于茎端，略成头状花序；花梗极短或长可达4mm，被疏柔毛；花萼长约8mm，分裂近达基部，裂片披针形，先端渐尖，无毛或近基部被极稀疏的柔毛，密布透明腺点；花冠黄色，长约12mm，基部合生部分长3~4.5mm，裂片卵状椭圆形，宽4~6mm，先端圆钝；花丝下部合生成高约3mm的筒，分离部分长3~5mm；花药长圆形，长约1.5mm；子房被毛，花柱长5~6mm。蒴果褐色，直径约3mm，被疏柔毛。花期5~6月，果熟期6~7月。

河南仅见于伏牛山西峡黄石庵；生于山谷林下。分布于四川东部和湖北西部。

（2）巴东过路黄 *Lysimachia patungensis* Hand. -Mazz.

多年生草本，茎纤细，匍匐伸长，节上生根，长 10~40cm，密被铁锈色多细胞柔毛；分枝上升，长 3~10cm，节间长 1~3.5cm。叶对生，茎端的 2 对（其中 1 对常缩小成苞片状）密聚，呈轮生状，叶片阔卵形或近圆形，极少近椭圆形，长 13~38mm，宽 8~30mm，先端钝圆、圆形或有时微凹，基部宽截形，稀为楔形，草质而稍厚，上面绿色，下面粉绿色，两面密布具节糙伏毛，边缘透光可见透明粗腺条，中肋稍宽，在下面微隆起，侧脉不明显；叶柄长约为叶片的一半或与叶片近等长，密被柔毛。花 2~4 朵集生于茎和枝的顶端，无苞片；花梗长 6~25mm，密被铁锈色柔毛；花萼长 6~7mm，分裂近达基部，裂片披针形，宽约 1.5mm，顶端稍钝，具极狭的膜质边缘，背面被疏柔毛；花冠黄色，内面基部橙红色，长 12~14mm，基部合生部分长 2~3mm，裂片长圆形，宽 3~5mm，先端圆钝，有少数透明粗腺条（干后有时呈淡褐色）；花丝下部合生成高 2~3mm 的筒，分离部分长 4~6mm；花药卵状长圆形，长约 1.5mm；花粉粒具 3 孔沟，近球形（28~30）μm×（25~27）μm，表面具网状纹饰；子房上部被毛，花柱长达 6mm。蒴果球形，直径 4~5mm。花期 5~6 月，果熟期 7~8 月。

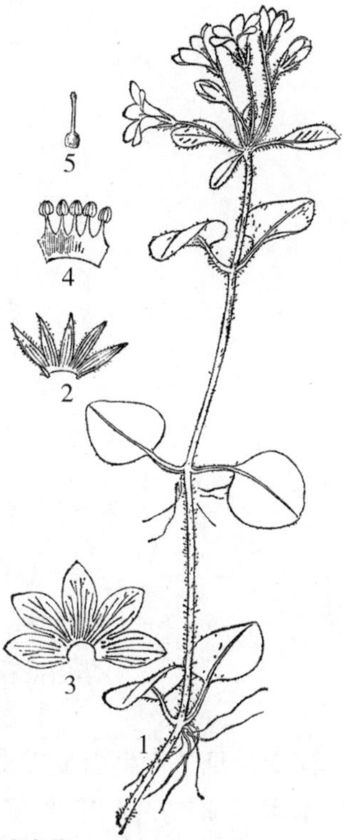

巴东过路黄 *Lysimachia patungensis* Hand. -Mazz.
1. 植株 2. 花萼展开 3. 花冠展开 4. 雄蕊 5. 雌蕊

产于河南大别山商城黄柏山；生于海拔 1 000m 以下的山谷溪边和林下。分布于湖北、湖南、广东、江西、安徽、浙江、福建。

2. 报春花属 *Primula* L.

《河南植物志（第三册）》记载 10 种。本书除修订外，增补 3 种。

（1）华山报春 *Primula huashanensis* F. H. Chen & C. M. Hu

多年生草本，全株无粉。根状茎短，具多数长根。叶丛基部无鳞片；叶片卵状椭圆形至椭圆形或椭圆状倒披针形，连柄长 15~55mm，宽 7~13mm，果期长可达 7cm，宽至 1.8cm，先端圆形或钝，基部渐狭窄，边缘具啮蚀状小牙齿，干时近膜质，上面被微柔毛，两面均被小腺体，中肋在下面稍隆起，侧脉 5~7 对，稍纤细，在下面明显；叶柄甚短，或与叶片近等长，具翅，基部稍增宽，膜质，白色，微呈鞘状。花葶稍纤细，曲折，高 4~7cm，近顶端被小腺体；伞形花序 2~5 朵花；苞片披针形，长 3~5mm，先端渐尖，基部稍隆起，不呈囊状；花梗长 6~9mm，被小腺体；花萼钟状，长 5.5~6.5mm，外面疏被小腺点，分裂约达全长的 2/3，裂片矩圆形，先端钝或稍锐尖，边缘具腺状小缘毛；花冠紫色，冠筒长 7~9mm，冠檐直径 1.3~1.6cm，裂片阔倒卵形，长 6~8mm，先端深 2 裂；长花柱花：雄蕊着生处距冠筒基部约 2mm，花柱长近达冠筒口；短花柱花：雄蕊着生于冠筒中上部，距冠筒基部约 5mm，花柱长约 2mm。花期 5 月。

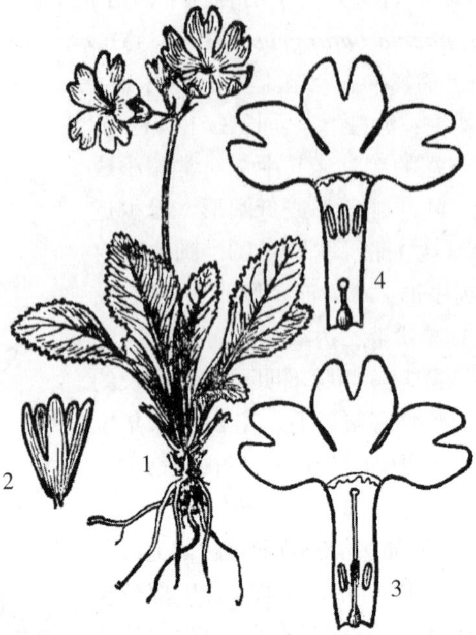

华山报春 *Primula huashanensis* F. H. Chen & C. M. Hu

1. 植株 2. 花萼 3. 长花柱花 4. 短花柱花

河南仅见于伏牛山灵宝老鸦岔；生于山坡林下。分布于陕西华山。

本种与产于四川北部的 *Primula erratca* W. W. Smith 近似，但花较大，花萼分裂达中部以下，裂片矩圆形，易于区别。

（2）散布报春 *Primula conspersa* Balf. f. & Purdom

［*Primula gemmifera* var. *licentii*（W. W. Sm. & Forrest）W. W. Sm. & H. R. Fletcher；

Primula licentii W. W. Sm. & Forrest］

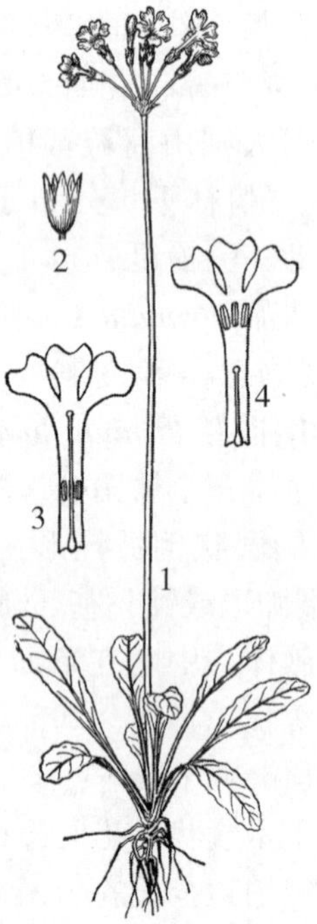

散布报春 *Primula conspersa* Balf. f. & Purdom

1. 植株 2. 花萼 3. 长花柱花 4. 短花柱花

多年生草本。根状茎极短，具多数细长的须根。叶椭圆形、狭矩圆形或披针形，长1~5（7）cm，宽0.5~2（3）cm，先端圆形或钝，基部渐狭窄，边缘具整齐的牙齿，幼时两面被短柄小腺体，渐变为秃净，中肋稍宽，侧脉极纤细；叶柄长仅达叶片的1/2或与叶片近等长，具狭翅。花葶直立，高10~45cm，近顶端被粉质腺体；伞形花序1~2轮，每轮（2）5~15朵花；苞片线状披针形，长4~7mm，基部稍膨大；花梗纤细，长1~5cm，被粉质腺体；花萼钟状，长3.5~5.5mm，外面被粉质腺体，分裂约达中部，裂片狭三角形，边缘具小腺毛；花冠蓝紫色或淡蓝色，冠筒口周围橙黄色，冠筒管状，长 9~12mm，冠檐直径 1~1.5cm，裂片倒卵形，先端具深凹缺；长花柱花：雄蕊着生于冠筒中部，花柱微伸出冠筒口；短花柱花：雄蕊靠近冠筒喉部环状附属物，花柱约与花萼等长。蒴果长圆形，略长于宿存花萼。花期 5~7 月，果熟期 8~9 月。

河南产于太行山林州石板岩、灵宝老鸦岔、栾川老君山；生长在海拔 1 000m 以上的湿草地上、林缘边。分布于甘肃、陕西、山西三省的南部。

(3) 宝兴报春 *Primula moupinensis* Franch.

多年生草本。根状茎粗短，具多数纤维状须根。开花期叶丛基部有少数鳞片；鳞片卵形至矩圆形，长 1.5~3cm，先端钝，背面褐色，腹面常被乳黄色粉。叶矩圆状倒卵形至倒卵形，连柄长 4~10cm，宽 1~3cm，先端圆形，基部渐狭成具宽翅的短柄，边缘具不整齐的锐尖牙齿，无粉或有时下面微被黄粉，中肋稍宽，侧脉 6~10 对，纤细，在下面显著；花后叶增大，呈倒卵形至倒卵状椭圆形，长 6~17cm，宽 4~7.5cm，边缘多少呈浅裂状；叶柄极短或长达叶片的 1/2。初花期花葶约与叶柄等长，疏被小腺体，后渐伸长，至果期长可达 29cm；伞形花序（2~）4~16 朵花；苞片三角形至卵状三角形，长 3~6（~8）mm；花梗长 1.5~2.5cm，果期长可达 3cm，被小腺体或微被粉；花萼钟状，长 6~7mm，被粉质腺体或淡黄色粉，果期稍增大成杯状，分裂达中部，裂片卵形至三角形，先端锐尖或钝；花冠淡蓝色与淡玫瑰红色，冠筒长 1.1~1.3cm，冠檐直径 1.5~2.5cm，裂片阔倒卵形，先端具深凹缺；长花柱花：雄蕊近冠筒中部着生，花柱微高出筒口；短花柱花：雄蕊着生于冠筒上部，花药微露出筒口，花柱长 5~6mm。蒴果近球形，直径 4~5mm。花期 4 月，果熟期 5 月。

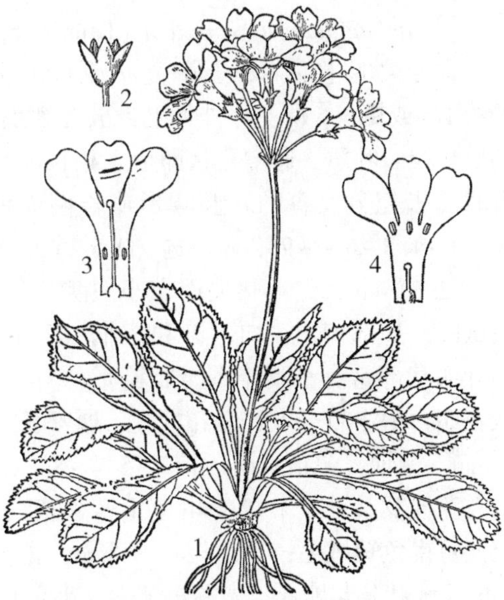

宝兴报春 *Primula moupiensis* Franch.

1. 植株 2. 花萼 3. 长花柱花 4. 短花柱花

河南仅见于伏牛山区南部的淅川；生于阴湿沟谷中或林下。分布于四川。本种花谢后有时自叶丛中发出纤匍枝，枝端生出小叶丛，着地生根，发育成小植株。

（一二七）白花丹科（蓝雪科）Plumbaginaceae

《河南植物志（第三册）》记载 2 属，3 种。本书增补栽培 1 属，1 种。

白花丹属 *Plumbago* L.（新增属，栽培）

[*Thela* Lour.]

灌木、半灌木或多年生（稀一年生）草本，有时上部蔓状。叶互生，叶片宽阔，下部狭细成柄，叶柄基部常具耳，半抱茎。花序由枝或分枝延伸而成一小穗在枝上部排列成通常伸长的穗状花序；每小穗含 1 朵花，有 1 枚显著较花萼短的苞片和 2 枚小苞片；苞片和小苞片均为草质，带绿色；花大，具极短宿存花梗；花萼管状（花谢后常略膨大成狭细圆锥状），具5条脉棱，沿脉两侧为草质，棱间（除基部）膜质，先端有5枚远较筒部短的裂片，沿花萼的草质部（至少萼筒上半部和裂片上）着生具柄的腺，花后不形成鸡冠状突起；花冠高脚碟状，花冠筒细，远较花萼长，裂片5枚，先端圆或尖，外展成辐状花冠檐，雄蕊下位，花丝基部扩张而内凹，花药线形；子房椭圆形、卵形至梨形；花柱1个；柱头5个，伸长，指状，内侧具钉状或头状腺质突起（受粉面）。蒴果先端常有花柱基部残存而成的短尖。种子椭圆形至卵形。

本属约17种，主要分布于热带。我国有2种，分布于华南和西南各省区南部；另引进1种；许多地区有栽培。河南有栽培1种。本属有些种已作庭园观赏植物广为栽培，有些种则供药用，我国白花丹 *Plumbago zeylanica* L. 在《唐本草》中已经收载。本属所含主要有用成分为白花丹素。

蓝花丹 *Plumbago auriculata* Lam.

[*Plumbagidium auriculatum* (Lam.) Spach; *Plumbago capensis* Thunb.]

常绿柔弱半灌木，上端蔓状或极开散，长约1m或更长，除花序外无毛，被有细小的钙质颗粒。叶薄，通常菱状卵形至狭长卵形，有时（未充分发育的）椭圆形或长倒卵形，长（1~）3~6（~7）cm，宽（0.5~）1.5~2（~2.5）cm，先端骤尖而有小短尖，稀钝或微凹，基部楔形，向下渐狭成柄，上部叶的叶柄基部常有小型半圆至长圆形的耳。穗状花序含18~30朵花；总花梗短，通常长2~12mm，穗轴（包括果期）长2~5（~8）cm，与总花梗及其下方1~2节的茎上密被灰白色至淡黄褐色短绒毛；苞片长4~10mm，宽1~2mm，线状狭长卵形，先端短渐尖，小苞长2~6mm，宽1~2mm，狭卵形或长卵形，先端急尖或有短尖；萼长11~13.5mm，萼筒中部直径1~1.2mm，先端有5枚长卵状三角形的短小裂片，裂片外面被有均匀的微柔毛，萼筒上半部或上部和裂片的绿色部分着生具柄的腺；花冠淡蓝色至蓝白色，花冠筒长3.2~3.4cm，中部直径0.5~1mm，花冠檐宽阔，直径通常2.5~3.2cm，裂片长1.2~1.4cm，宽约1cm，倒卵形，先端圆；雄蕊略露出喉部之外，花药长约1.7mm，蓝色；子房近梨形，有5条棱，棱在子房上部变宽而凸出成角，花柱无毛，柱头内藏。果实未见。花期6~9月。

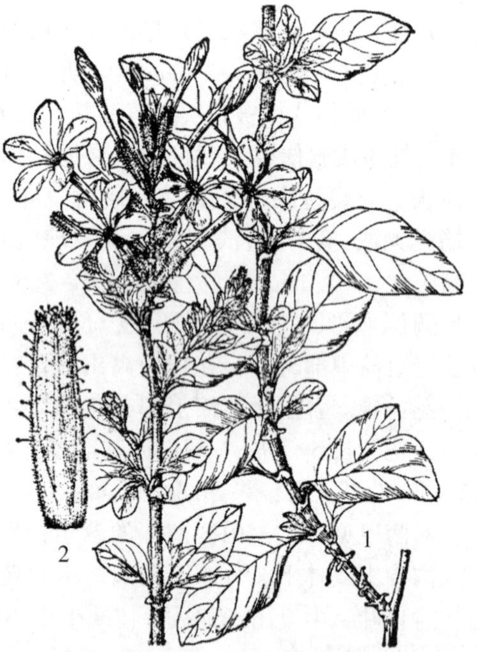

蓝花丹 *Plumbago auriculata* Lam.

1. 枝条上部，示花序 2. 花萼

原产于南非南部，河南各城市公园有盆栽供观赏。华南、华东、西南和北京也常有栽培。本种植物在适宜条件下可常年开花，而以冬春（12月至翌年4月）和夏秋（6~9月）为两个盛花期。

（一二八）柿树科 Ebenaceae

《河南植物志（第三册）》记载 1 属，3 种，1 变种，1 变型。

其中：

长叶君迁子（变型）*Diospyros lotus* f. *longifolia* Z. Y. Zhang 为君迁子、软枣 *Diospyros lotus* L. 的异名。

（一二九）山矾科 Symplocaceae

《河南植物志（第三册）》记载 1 属，3 种。

其中：

白檀、灰木、断河清树 *Symplocos paniculata* Miq. 为白檀 *Symplocos paniculata*（Thunb.）Miq.；

华山矾 *Symplocos chinensis*（Lour.）Druce 为白檀 *Symplocos paniculata*（Thunb.）Miq. 的异名。

此外，本书增补 2 种（含 1 栽培种）。

山矾属 *Symplocos* Jacq.

（1）光亮山矾 叶萼山矾 ***Symplocos lucida*（Thunb.）Siebold & Zucc.**

［*Bobua ilicifolia*（Hayata）Kaneh. & Sasaki；

Dicalix shinodanus Migo；

Laurus lucidus Thunb.；

Lodhra crassifolia（Benth.）Miers；

Symplocos acutangula Brand；

Symplocos coronigera H. Lév.；

Symplocos crassifolia Benth.；

Symplocos discolor Brand；

Symplocos ernestii Dunn；

Symplocos henryi Brand；

Symplocos howii Merr. & Chun ex H. L. Li；

Symplocos ilicifolia Hayata；

Symplocos multipes Brand；

Symplocos phyllocalyx C. B. Clarke；

Symplocos potaninii Gontsch.；

Symplocos setchuensis Brand；

Symplocos shilanensis Y. C. Liu &

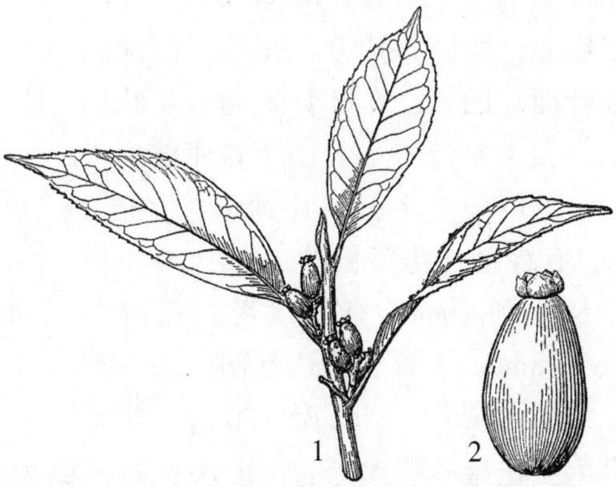

光亮山矾 *Symplocos lucida*（Thunb.）Siebold & Zucc.

1. 果枝 2. 核果

F. Y. Lu；

Symplocos sinuata Brand；

Symplocos tetragona Chen ex Y. F. Wu；

Symplocos theifolia D. Don；

Symplocos xanthoxantha H. Lév.]

常绿小乔木；小枝粗壮，黄绿色，稍具棱，无毛。叶革质，狭椭圆形、椭圆形或长圆状倒卵形，长6~9（~13）cm，宽2~4cm，先端急尖或短渐尖，基部楔形，边缘具波状浅锯齿；中脉和侧脉在叶面均突起，侧脉每边8~12条，直向上，在近叶缘处分叉网结；叶柄长8~15mm。穗状花序与叶柄等长或稍短，长8~15mm，通常基部分枝，花序轴具短柔毛；苞片阔卵形，长约2mm；花萼长约4mm，裂片长圆形，长约3mm，背面无毛；花冠长约4mm，5深裂几达基部；雄蕊40~50枚，花盘有毛；子房3室。核果椭圆形，长10~15mm，宽约6mm，顶端有直立的宿存花萼裂片，核骨质，不分开成3分核。花期3~4月，果熟期6~8月。

产于河南大别山商城黄柏山以及伏牛山西峡和淅川；生于山区杂木林中。分布于福建、浙江、安徽、江西、湖南、湖北、陕西、四川、西藏、云南、贵州、广西、广东；印度锡金邦、不丹也有分布。茎皮纤维可代麻用或作造纸原料；种子可榨油，供制肥皂用。

（2）老鼠矢 *Symplocos stellaris* Brand

[*Symplocos dunniana* H. Lév.；

Symplocos eriobotryifolia Hayata；

Symplocos limprichtii H. Winkl.；

Symplocos wilsonii Hemsl.]

常绿乔木，小枝粗，髓心中空，具横隔；芽、嫩枝、嫩叶柄、苞片和小苞片均被红褐色绒毛。叶厚革质，叶面有光泽，叶背粉褐色，披针状椭圆形或狭长圆状椭圆形，长6~20cm，宽2~5cm，先端急尖或短渐尖，基部阔楔形或圆形，通常全缘，很少有细齿；中脉在叶面凹下，在叶背明显突起，侧脉每边9~15条，侧脉和网脉在叶面均凹下，在叶背不明显；叶柄有纵沟，长1.5~2.5cm。团伞花序着生于二年生枝的叶痕之上；苞片圆形，直径3~4mm，有缘毛；花萼长约3mm，裂片半圆形，长不到1mm，有长缘毛；花冠白色，长7~8mm，5深裂几达基部，裂片椭圆形，顶端无缘毛，雄蕊35~50枚，花丝基部合生；花盘环形，无毛；子房3室；核果圆柱形，长约1cm，顶端宿存花萼裂片直立；核具6~8条纵棱。花期4~5月，果熟期6月。

老鼠矢 *Symplocos stellaris* Brand

1. 小枝　2. 花枝　3. 花冠展开示雄蕊　4. 花去花冠、雄蕊花盘和雌蕊　5. 果枝　6. 核果（余峰　绘）

分布于我国长江以南及台湾各省区。河南洛阳温室有栽培。

（一三〇）安息香科（野茉莉科）Styracaceae

《河南植物志（第三册）》记载 2 属，7 种。

其中：

玉玲花、灰驴退 *Styrax obassia* Sieb. et Zucc. 应为玉玲花 *Styrax obassis* Siebold & Zucc.；

野茉莉、灰驴退 *Styrax japonica* Sieb. et Zucc. 应为野茉莉 *Styrax japonicus* Sieb. & Zucc.；

老鸹铃、灰驴退 *Styrax hemsleyana* Diels 应为老鸹铃 *Styrax hemsleyanus* Diels；

郁香野茉莉 *Styrax odoratissima* Champ. 应为芬芳安息香 *Styrax odoratissimus* Champ. ex Benth.；

灰叶野茉莉、灰驴退 *Styrax calvescens* Perk. 应为灰叶安息香 *Styrax calvescens* Perk.；

垂珠花 *Styrax dasyantha* Perk. 应为垂珠花 *Styrax dasyanthus* Perk.。

本书另增补 1 属（栽培），2 种（含 1 栽培种）。

1. 安息香属（野茉莉属）*Styrax* L.

《河南植物志（第三册）》记载 6 种。本书除修订外，增补 1 种。

栓叶安息香、栓叶野茉莉 ***Styrax suberifolius* Hook. & Arn.**

[*Styrax caloneurus* Perkins；

Styrax oligophlebius Merr. ex H. L. Li；

Styrax suberifolius var. *caloneurus* Perkins；

Styrax suberifolius var. *fargesii* Perkins]

栓叶安息香 *Styrax suberifolius* Hook. & Arn.

1. 花枝 2. 花 3. 雄蕊腹、背面观 4. 雌蕊 5. 果实开裂 6. 果实，示花萼包围果实 1/3 7. 果实，示花萼包围果实基部

乔木，高 4～20m，胸径达 40cm，树皮红褐色或灰褐色，粗糙；嫩枝稍扁，具槽纹，被锈褐色星状绒毛，老枝渐变无毛，圆柱形，紫褐色或灰褐色。叶互生，革质，椭圆形、长椭圆形或椭圆状披针形，长 5～15（～18）cm，宽 2～5（～8）cm，顶端渐尖，尖头有时稍弯，基部楔形，边近全缘，上面无毛或仅中脉疏被星状毛，下面密被黄褐色至灰褐色星状绒毛，侧脉每边 5～12 条，中脉在上面凹陷，下面隆起，第三级小脉近平行，下面较明显隆起；叶柄长 1～1.5（～2）cm，上面具深槽或近四棱形，密被灰褐色或锈色星状绒毛。总状花序或圆锥花序，顶生或腋生，长 6～12cm；花序梗和花梗均密被灰褐色或锈色星状柔毛；花白色，长 10～15mm；花梗长 1～3mm；小苞片钻形或舌形，长 2～3cm，密被星状柔毛；花萼杯状，高 3～5（～7）mm，宽 2～4（～7）mm，萼齿三角形或波状，外面密被灰黄色星状绒毛和疏生褐棕色或黄褐色星状短柔毛，内面近顶端疏被白色长柔毛；花冠 4（～5）裂，裂片披针形或长圆形，长 8～10mm，宽 2～3mm，外面密被紧

贴星状短柔毛，内面无毛，干时暗紫色或黄褐色，边缘常狭内褶，花蕾时作镊合状排列，花冠管短，无毛；雄蕊 8~10 枚，较花冠稍短，花丝扁平，下部联合成管，无毛，上部分离，被星状短柔毛，花药长圆形，长约 3mm；花柱约与花冠近等长，无毛。果实卵状球形，直径 1~1.8cm，密被灰色至褐色星状绒毛，成熟时从顶端向下 3 瓣开裂；种子褐色，无毛，宿存，花萼包围果实的基部至一半。花期 4~6 月，果熟期 9~10 月。

河南仅见于伏牛山内乡万沟林场银壶沟；生于山沟杂木林中；分布于长江流域以南各省区；越南也有分布。属阳性树种，生长迅速，可用种子繁殖。本种木材坚硬，可供家具和器具用材；种子可制肥皂或油漆；根和叶可作药用，可祛风、除湿、理气止痛，治风湿关节痛等。

本种的分布区较广，外部形态常因生境不同而有较大变异，除了叶、花和果实的大小以及被毛的颜色变异外，宿存花萼的大小与包围果实多少的比例亦有变异。

2. 白辛树属 *Pterostyxa* Siebold & Zucc.（新增属，栽培）

乔木或灌木；冬芽裸露。叶互生，有叶柄，边缘有锯齿。伞房状圆锥花序，顶生或生于小枝上部叶腋，花有短梗；花梗与花萼之间有关节；花萼钟状，5 脉，顶端 5 齿，萼管全部贴生于子房上；花冠 5 裂，裂片常基部稍合生，花蕾时覆瓦状排列；雄蕊 10 枚，5 长 5 短或有时近等长，伸出，一列，花丝扁平，上部分离，下部合生成膜质管，花药长圆形或卵形，药室内向，纵裂，花柱棒状，延伸，柱头不明显 3 裂，子房近下位，3 室，稀 4~5 室，胚珠每室 4 个，生于中轴胎座上，在上部的向上，在下部的下垂。核果干燥，除圆锥状的喙外，几全部为宿存的花萼所包围，并与其合生，不开裂，有翅或棱，外果皮薄，脆壳质，内果皮近木质，有种子 1~2 粒。

本属 4 种，产于中国、日本和缅甸。我国 2 种。河南引种栽培 1 种。

白辛树 *Pterostyrax psilophyllus* Diels ex Perkins

[*Pterostyrax cavaleriei* Guill.]

白辛树 *Pterostyrax psilophyllus* Diels ex Perkins
1. 花枝 2. 叶，示有齿裂的异型叶 3. 花 4. 果实 5. 叶背一部分示被毛 6. 子房纵切 7. 子房横切

乔木，高达 15m，胸径达 45cm；树皮灰褐色，呈不规则开裂；嫩枝被星状毛。叶硬纸质，长椭圆形、倒卵形或倒卵状长圆形，长 5~15cm，宽 5~9cm，顶端急尖或渐尖，基部楔形，少近圆形，边缘具细锯齿，近顶端有时具粗齿或 3 深裂，上面绿色，下面灰绿色，嫩叶上面被黄色星状柔毛，以后无毛，下面密被灰色星状绒毛，侧脉每边 6~11 条，近平行，在两面均明显隆起，中脉在上面平坦或稍凹陷，下面隆起，第三级小脉彼此近平行；叶柄长 1~2cm，密被星状柔毛，上面具沟槽。圆锥花序顶生或腋生，第二次分枝几成穗状，长 10~15cm；花序梗、花梗和花萼均密被黄色星状绒毛；花白色，长 12~14mm；花梗长约 2mm；苞片和小苞片早落；花萼钟状，高约 2mm，5 脉，萼齿披针形，长约 1mm，顶端渐

尖；花瓣长椭圆形或椭圆状匙形，长约 6mm，宽约 2.5mm，顶端钝或短尖；雄蕊 10 枚，近等长，伸出，花丝宽扁，两面均被疏柔毛，花药长圆形，稍弯，子房密被灰白色粗毛，柱头稍 3 裂。果近纺锤形，中部以下渐狭，连喙长约 2.5cm，5～10 条棱或有时相间的 5 条棱不明显，密被灰黄色疏展、丝质长硬毛。花期 4～5 月，果熟期 8～10 月。

本种属于国家级保护植物，河南内乡宝天曼国家级自然保护区平房有引种栽培，生长正常。我国自然分布于湖南、湖北、四川、贵州、广西和云南。

本种具有萌芽性强和生长迅速的特点，可作为低湿地造林或护堤树种。木材为散孔材，心材淡黄色，材质轻软，纹理致密，加工容易，可作为一般器具用材。

（一三一）木樨科 Oleaceae

《河南植物志（第三册）》为木樨科 Oleaceae，记载 9 属，39 种，10 变种。

其中：

雪柳、五谷树 *Fontanesia fortune* Carrière 为雪柳（亚种）*Fontanesia phillyreoides* subsp. *fortune*（Carrière）Yalt. 的异名；

大叶白蜡树 *Fraxinus rhynchophylla* Hance 为花曲柳（亚种）*Fraxinus chinensis* subsp. *rhynchophylla*（Hance）A. E. Murray 的异名；

青梣、洋白蜡（变种）*Fraxinus pennsylvanica* var. *subintegerrima*（Vahl）Fernald 为美国红梣、毛白蜡、洋白蜡 *Fraxinus pennsylvanica* Marshall 的异名；

北京丁香 *Syringa pekinensis* Rupr. 为北京丁香（亚种）*Syringa reticulata* subsp. *pekinensis*（Rupr.）P. S. Green & M. C. Chang 的异名；

暴马丁香、荷花丁香（变种）*Syringa reticulata* var. *mandshurica*（Maxim.）H. Hara 为暴马丁香（亚种）*Syringa reticulata* subsp. *amurensis*（Rupr.）P. S. Green & M. C. Chang 的异名；

紫萼丁香（变种）*Syringa oblata* var. *giraldii*（Lemoine）Rehder 和白丁香（变种）*Syringa oblata* var. *affinis*（L. Henry）Lingelsh. 均为紫丁香 *Syringa oblata* Lindl. ［《河南植物志（第三册）》239～240 页为华北丁香、丁香］的异名；

小叶丁香、四季丁香 *Syringa microphylla* Diels 和秦岭丁香 *Syringa giraldiana* C. K. Schneid. 均为小叶巧玲花（亚种）*Syringa pubescens* subsp. *microphylla*（Diels）M. C. Chang & X. L. Chen 的异名；

紫丁香 *Syringa julianae* C. K. Schneid. 为光萼巧玲花（亚种）*Syringa pubescens* subsp. *julianae*（C. K. Schneid.）M. C. Chang & X. L. Chen 的异名；

柊树、刺桂 *Osmanthus heterophyllus* P. S. Green 应为柊树 *Osmanthus heterophyllus*（G. Don）P. S. Green；

蜡子树 *Ligustrum acutissimum* Koehne 和光蜡子树（变种）*Ligustrum acutissimum* var. *glabrum* Z. Ying Zhang 均为蜡子树 *Ligustrum leucanthum*（S. Moore）P. S. Green 的异名；

黄素馨、毛叶探春 *Jasminum giraldii* Diels 为探春花 *Jasminum floridum* Bunge 的异名。

本书另增补 6 种（含 1 栽培种描述），1 亚种，1 变种。

1. 梣属（白蜡树属）*Fraxinus* L.

《河南植物志（第三册）》记载 8 种，3 变种。本书增补 2 种和 1 栽培种描述。

（1）美国红梣 洋梣、洋白蜡 ***Fraxinus pennsylvanica* Marshall**

［*Fraxinus pennsylvanica* var. *subintegerrima*（Vahl）Fernald］

《河南植物志（第三册）》记载为青梣、洋白蜡（变种），现本书增补描述如下：

落叶乔木，高 10~20m；树皮灰色，粗糙，皱裂。顶芽圆锥形，尖头，被褐色糠秕状毛。小枝红褐色，圆柱形，被黄色柔毛或秃净，老枝红褐色，光滑无毛。羽状复叶长 18~44cm；叶柄长 2~5cm，基部几不膨大；叶轴圆柱形，上面具较宽的浅沟，密被灰黄色柔毛（变种和一些栽培型常无毛）；小叶 7~9 枚，薄革质，长圆状披针形、狭卵形或椭圆形，长 4~13cm，宽 2~8cm，顶生小叶与侧生小叶几等大，先端渐尖或急尖，基部阔楔形，叶缘具不明显钝锯齿或近全缘，上面黄绿色，无毛，下面淡绿色，疏被绢毛，脉上较密，中脉在上面凹入，侧脉 7~9 对，与细脉在下面突起；小叶无柄或下方 1 对小叶具短柄。圆锥花序生于去年生枝上，长 5~20cm；花密集，雄花与两性花异株，与叶同时开放；花序梗短；花梗纤细，被短柔毛；雄花花萼小，萼齿不规则深裂，花药大，长圆形，花丝短；两性花花萼较宽，萼齿浅裂，花柱细，柱头 2 裂。翅果狭倒披针形，长 3~5（~7）cm，宽 0.4~0.7（~1.2）cm，上中部最宽，先端钝圆或具短尖头，翅下延至近坚果中部，坚果圆柱形，长 1.5~2cm，宽约 2mm，脉棱明显。花期 4 月，果熟期 8~10 月。

美国红梣 *Fraxinus pennsylvanica* Marshall

1. 果枝　2. 两性花　3. 雄花

原产于美国东海岸至落基山脉一带，生于河湖岸边湿润地段，树姿美丽。我国引种栽培已久，遍及全国各地。河南各城市也均有引种栽培，多见于庭院以及作行道树。本种树皮不含七叶苷和七叶素有效成分，故不能作秦皮药用。

本种与美国白梣 *Fraxinus americana* Linn. ［《河南植物志（第三册）》235~236 页为美国白蜡树、洋蜡树］甚易混淆，后者是本属中最高大的种，原产地树高有 48m 的纪录，但引入我国栽植时不如美国红梣生长良好。两者的区别是：美国红梣顶芽圆锥形，尖头，老枝上的叶痕上缘截平，小叶无柄或近无柄，果翅下延超过坚果的 1/3，几达中部；美国白梣顶芽卵形，钝头，叶痕上缘凹形，小叶柄长 0.5~1.5cm，果翅下延不超过坚果的 1/3 处。

（2）苦枥木 *Fraxinus insularis* Hemsl.（彩版图 97）

［*Fraxinus championii* Little；

Fraxinus floribunda subsp. *insularis*（Hemsl.）S. S. Sun；

Fraxinus insularis var. *henryana* (Oliv.) Z. Wei;

Fraxinus retusa Champ. ex Benth.;

Fraxinus retusa var. *calcicola* C. Y. Wu ex P. Y. Bai;

Fraxinus retusa var. *henryana* Oliv.;

Fraxinus taiwaniana Masam.]

落叶乔木，高20~30m，胸径30~85cm；树皮灰色，平滑。芽狭三角状圆锥形，密被黑褐色绒毛，干后变黑色光亮，芽鳞紧闭，内侧密被黄色曲柔毛。嫩枝扁平，细长而直，棕色至褐色，皮孔细小，点状突起，白色或淡黄色，节膨大。羽状复叶长10~30cm；叶柄长5~8cm，基部稍增厚，变黑色；叶轴平坦，具不明显浅沟；小叶（3~）5~7枚，嫩时纸质，后期变硬纸质或革质，长圆形或椭圆状披针形，长6~9（~13）cm，宽2~3.5（~4.5）cm，顶生小叶与侧生小叶近等大，先端急尖、渐尖以至尾尖，基部楔形至钝圆，两侧不等大，叶缘具浅锯齿，或中部以下近全缘，两面无毛，上面深绿色，下面淡白色，散生微细腺点，中脉在上面平坦，下面突起，侧脉7~11对，细脉网结甚明显；小叶柄纤细，长（0.5~）1~1.5cm。圆锥花序生于当年生枝端，顶生及侧生叶腋，长20~30cm，分枝细长，多花，叶后开放；花序梗扁平而短，基部有时具叶状苞片，无毛或被细柔毛；花梗丝状，长约3mm；花芳香；花萼钟状，齿截平，上方膜质，长1mm，宽1.5mm；花冠白色，裂片匙形，长约2mm，宽1mm；雄蕊伸出花冠外，花药长1.5mm，顶端钝，花丝细长；雌蕊长约2mm，花柱与柱头近等长，柱头2裂。翅果红色至褐色，长匙形，长20~40mm，宽3.5~4mm，先端钝圆，微凹头并具短尖，翅下延至坚果上部，坚果近扁平；花萼宿存。花期4~5月，果熟期8~9月。

河南产于伏牛山西峡、内乡、南召等；生于山坡杂木林中及沟谷溪边。分布于长江以南、台湾至西南各省区；日本也有分布。

本种适应性强，分布较广，在各种立地条件下形态多变，尤以小叶形状和小叶柄长度差异甚大，在干燥的石灰岩山地所采标本小叶柄甚短，不到1cm，常被分类学家鉴定成不同的种与变种。唯一可依据的是花萼较宽，萼齿截平，上方膜质，这个特征无论在花期和果期的标本中都很稳定。

（3）尖萼梣 *Fraxinus odontocalyx* Hand.-Mazz.（彩版图98）

[*Fraxinus huangshanensis* S. S. Sun;

Fraxinus nanchuanensis S. S. Sun & J. L. Wu.]

落叶乔木，高10~12m；树皮灰色。芽卵状三角形，鳞片2~3对，外侧密被红褐色糠秕状腺毛，干后变黑，内侧密被黄色硬毛。小枝灰黄色，无毛，皮纵裂，散生细小、突起的淡黄色皮孔，老枝灰褐色，圆柱形，具明显突起的纵棱，不挺直，节稍大。羽状复叶长10~15cm；叶柄长3~4.5cm，基部扩大；叶轴具深沟，小叶着生处具关节，稍呈“之”字形曲折；小叶（3~）5（~7）枚，硬纸质，长椭圆形或披针形，长3~7.5cm，宽1.5~3cm，先端长渐尖，基部狭楔形，叶缘具内弯的粗锯齿，两面无毛或下面基部稀被柔毛，散生细腺点，中脉在上面凹入，侧脉6~10对，细脉突起，下面脉纹明显网结；小叶柄长约5mm。圆锥花序顶生枝端，长约7cm，花疏生，分枝基部常具叶状苞片，节间整齐而明显；花序梗扁平，近无毛或嫩时被疏散曲柔毛，无皮孔；花梗细而短，长约1.5mm；雄花与两性花异株；花萼阔杯状，直径1.5mm，萼齿三角形，先端锥尖，无毛，膜质；花冠黄绿色，裂片线形，长约 1.5mm，两端均狭尖；雄花具雄蕊 2 枚，藏于花冠之内，花药椭圆形，长约 1.5mm，花丝极短，花冠裂片早落；两性花的雄蕊与雌蕊近等长，花柱短，柱头长圆形，2 浅裂。翅果倒披针形，长 2~3cm，宽 4~6mm，中上部最宽，先端斜凹，中央具宿存花柱，紫色甚美丽，翅延至坚果中部，坚果长约 1cm，脉棱细直；花萼宿存。花期 5 月，果熟期 9 月。

河南见于伏牛山北部的卢氏和嵩县龙池曼；生于山地旷野、路旁。分布于陕西、安徽、浙江、福建、广东、广西、湖北、四川、贵州。

2. 连翘属 *Forsythia* Vahl

《河南植物志（第三册）》记载 3 种（含 1 栽培种）。本书增补 1 种。

奇异连翘 *Forsythia mira* M. C. Chang

落叶或攀缘灌木，高 1.2~3m。枝圆柱形，棕色，无毛，密生浇状突起皮孔，小枝淡棕色，四棱形，被微柔毛，节间中空。叶片近革质，卵状椭圆形、椭圆形至披针形，长3~7.5cm，宽 1~4cm，先端锐尖，基部楔形、宽楔形至近圆形，全缘，叶缘反卷，两面被短柔毛，下面较密，侧脉 3~5 对，在上面不明显，下面明显；叶柄长 0.5~2cm，被微柔毛。花萼深裂，裂片宽披针形，长约 5mm，无毛。果单生，宽卵形，长 1.5~2cm，宽0.8~1cm，先端呈长喙状，表面疏生皮孔；果梗长 1.2~2cm，无毛。果熟期 6 月。

奇异连翘 *Forsythia mira* M. C. Chang
果枝

仅见于河南卢氏淇河；生于山坡路旁。分布于陕西山阳。

本种特征介于连翘 *Forsythia suspensa* (Thunb.) Vahl 和秦连翘 *Forsythia giraldiana* Lingelsh. 之间，不同于前者在于本种叶片为全缘，两面被短柔毛；不同于后者在于枝的节间中空，果梗长 1.2~2cm。

3. 丁香属 *Syringa* L.

《河南植物志（第三册）》记载含栽培 11 种，3 变种。本书除修订外，增补 1 种，1 亚种。

（1）西蜀丁香 *Syringa komarowii* C. K. Schneid.

[*Syringa glabra* (C. K. Schneid.) Lingelsh.;
Syringa komarowii var. *sargentiana* (C. K. Schneid.) C. K. Schneid.;
Syringa sargentiana C. K. Schneid.;
Syringa villosa var. *glabra* C. K. Schneid.]

落叶灌木，高 1.5~6m。枝粗壮，直立，具皮孔，小枝淡棕色或棕褐色，圆柱形，无毛或被短柔毛，疏生皮孔。叶片卵状长圆形至长圆状披针形，或为椭圆形、宽椭圆形至椭圆状倒卵形，长 5~19cm，宽 1.5~7（~9）cm，先端锐尖至长渐尖或钝，基部楔形或宽楔形，上面深绿色，干时常带红棕色，无毛或沿中脉被短柔毛，下面淡黄绿色，疏被短柔毛或沿叶脉较密，有时近无毛；叶柄长 1~3cm，疏被短柔毛或无毛。圆锥花序由顶芽抽生，微下垂至下垂，紧缩或疏展，长圆柱形至塔形，长 4~25cm，宽 3~13cm；花序轴和花梗密被或疏被短柔毛至无毛，皮孔疏或密；无花梗或具短花梗，长 1.5mm；花萼被短柔毛或无毛，长 2~3mm，截形或萼齿锐尖、圆钝至平头；花冠外面紫红色、红色或淡紫色，内面白色或带白色，呈漏斗状，长 1~2.2cm，花冠管长 8~15（~20）mm，通常直径 2~3mm，裂片近直立或略开展，卵形、宽卵形至卵状长椭圆形，长 2~4mm，先端稍内弯具喙或不内弯；花药黄色，长约 3mm，位于距花冠管喉部 0~2mm 处或略凸出。果熟时常反折，长椭圆形，长 1~1.5（~2）cm，先端锐尖而具小尖头，或钝，皮孔不明显或疏生皮孔。花期 5~7 月，果熟期 7~9 月。

西蜀丁香 *Syringa komarowii* C. K. Schneid.
1. 花枝 2. 花冠展开 3. 果序

河南仅见于伏牛山西峡黑烟镇；生于山坡、山谷的灌丛中或疏林中。分布于甘肃、陕西、四川和云南。

（2）垂丝丁香（亚种）*Syringa komarowii* subsp. *reflexa*（C. K. Schneid.）P. S. Green & M. C. Chang（彩版图 99）

［*Syringa reflexa* C. K. Schneid.；
Syringa komarowii var. *reflexa*（C. K. Schneid.）Z. P. Jien ex M. C. Chang & X. L. Chen］

与西蜀丁香 *Syringa komarowii* C. K. Schneid. 的区别仅在于本变种的花冠颜色较浅，外面呈淡红色或淡紫色，花冠管直径较细，花冠裂片常成直角开展。花期 5~6 月，果熟期 7~10 月。

河南产于伏牛山西峡和内乡；生于山坡灌丛、林缘或山谷林下。分布于湖北西部和四川东北部。

4. 女贞属 *Ligustrum* L.

《河南植物志（第三册）》记载 7 种，1 变种。本书增补 1 种，1 变种。

（1）宜昌女贞 *Ligustrum strongylophyllum* Hemsl.

灌木，高 1~4m；树皮灰褐色或灰黑色。枝褐色或灰褐色，圆柱形，被短柔毛或近无毛，疏生皮孔，小枝黄褐色，纤细，圆柱形或稍具棱，密被短柔毛。叶片厚革质，卵形、卵状椭圆形或近圆形，稀倒卵形，长 1.5~3cm，宽 1.5~2cm，先端钝或近锐尖，基部近圆形、宽楔形至楔形，叶缘反卷，上面光亮，干时常具横皱纹，下面淡绿色，两面无毛或上面中脉被微柔毛，中脉在上面凹入，下面突起，侧脉 3~5 对，上面不明显，下面略突起或不明显；叶柄长 0.2~0.7cm，被微柔毛。圆锥花序疏松，开展，顶生，长 4.5~12cm，宽 4~9cm；花序轴和分枝轴具棱，果时尤明显，主轴被微柔毛，向上渐疏，分枝轴无毛；

宜昌女贞 *Ligustrum strongylophyllum* Hemsl.

1. 花枝 2. 花 3. 果枝

无花序梗或具花序梗长达2cm；花序基部具1对叶状苞片，长7~13mm，小苞片常凋落；花萼长1~1.5mm，先端截形或浅裂；花冠长4~5mm，花冠管长1~3mm，裂片长2~3mm，与花冠管近等长或稍长，常反折；花丝长1~3mm，稍短于裂片，花药长1~2mm；花柱长1.5~3mm。果倒卵形，长6~9mm，直径3~5mm，两侧不对称，略弯，呈黑色。花期6~8月，果熟期8~9月。

河南产于伏牛山南部的西峡、内乡、淅川；生于山谷林中、山顶灌丛中或河边、沟旁。分布于陕西、甘肃、湖北、四川。

（2）光萼小蜡（变种）*Ligustrum sinense* var. *myrianthum*（Diels）Hoefker（彩版图100）

［*Ligustrum bodinieri* H. Lév.；

Ligustrum groffiae Merr.；

Ligustrum myrianthum Diels］

与原种小蜡 *Ligustrum sinense* Lour. 的区别在于：本变种幼枝、花序轴和叶柄密被锈色或黄棕色柔毛或硬毛，稀为短柔毛；叶片革质，长椭圆状披针形、椭圆形至卵状椭圆形，上面疏被短柔毛，下面密被锈色或黄棕色柔毛，尤以叶脉为密，稀近无毛；花序腋生，基部常无叶。花期5~6月，果熟期9~10月。

河南产于伏牛山卢氏燕子河和淅川荆子关；生于山坡、山谷、溪旁密林、疏林或灌丛中。分布于陕西、甘肃、江西、福建、湖北、湖南、广东、广西、四川、贵州、云南。

（一三二）马钱科 Loganiaceae

《河南植物志（第三册）》记载2属，5种，1变种。

其中：

蓬莱葛 *Gradneria multiflora* Makino 应为蓬莱葛 *Gardneria multiflora* Makino；

周至醉鱼草（变种）*Buddleja albiflora* var. *giraldii*（Diels）Rehder & E. H. Wilson 为巴东醉鱼草 *Buddleja albiflora* Hemsl. 的异名。

本书另增补2种。

醉鱼草属 *Buddleja* L.

《河南植物志（第三册）》记载4种，1变种。本书除修订外，增补2种。

（1）白背枫 *Buddleja asiatica* Lour.

［*Buddleja acuminatissima* Blume；

Buddleja amentacea Kraenzl.；

Buddleja arfakensis Kaneh. & Hatus.；

Buddleja asiatica var. *brevicuspe* Koord.；

Buddleja asiatica var. *densiflora*（Blume）Koord. & Valeton；

Buddleja asiatica var. *salicina*（Lam.）Koord. & Valeton；

Buddleja asiatica var. *sundaica*（Blume）Koord. & Valeton；

Buddleja densiflora Blume；

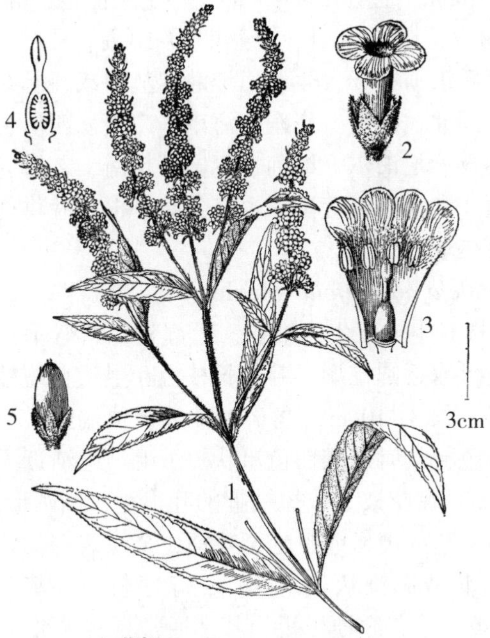

白背枫 *Buddleja asiatica* Lour.

1. 花枝　2. 花　3. 花冠展开，示雌蕊和雄蕊着生　4. 子房纵切，示胚珠着生　5. 蒴果

Buddleja neemda Buch. -Ham. ex Roxb. ;
Buddleja neemda var. *philippensis* Cham. & Schltdl. ;
Buddleja salicina Lam. ;
Buddleja serrulata Roth;
Buddleja subserrata Buch. -Ham. ex D. Don;
Buddleja sundaica Blume;
Buddleja virgata Blanco;
Vitex esquirolii H. Lév.]

直立灌木或小乔木，高1~8m。嫩枝条四棱形，老枝条圆柱形；幼枝、叶下面、叶柄和花序均密被灰色或淡黄色星状短绒毛，有时毛被极密而成绵毛状。叶对生，叶片膜质至纸质，狭椭圆形、披针形或长披针形，长6~30cm，宽1~7cm，顶端渐尖或长渐尖，基部渐狭而成楔形，有时下延至叶柄基部，全缘或有小锯齿，上面绿色，干后黑褐色，通常无毛，稀有星状短柔毛，下面淡绿色，干后灰黄色；侧脉每边10~14条，上面扁平，干后凹陷，下面突起；叶柄长2~15mm。总状花序窄而长，由多个小聚伞花序组成，长5~25cm，宽0.7~2cm，单生或者3至数个聚生于枝顶或上部叶腋内，再排列成圆锥花序；花梗长0.2~2mm；小苞片线形，短于花萼；花萼钟状或圆筒状，长1.5~4.5mm，外面被星状短柔毛或短绒毛，内面无毛，花萼裂片三角形，长为花萼之半；花冠芳香，白色，有时淡绿色，花冠管圆筒状，直立，长3~6mm，外面近无毛或被稀疏星状毛，内面仅中部以上被短柔毛或绵毛，花冠裂片近圆形，长1~1.7mm，宽1~1.5mm，广展，外面几无毛；雄蕊着生于花冠管喉部，花丝极短，花药长圆形，基部心形，花粉粒长球状，具3沟孔；雌蕊长2~3mm，无毛，子房卵形或长卵形，长1~1.5mm，宽0.8~1mm，花柱短，柱头头状，2裂。蒴果椭圆状，长3~5mm，直径1.5~3mm。种子灰褐色，椭圆形，长0.8~1mm，宽0.3~0.4mm，两端具短翅。花期7~9月，果熟期8~10月。

河南仅见于伏牛山卢氏淇河林场；生于山坡灌木丛中或疏林缘，多为灌木。分布于陕西、江西、福建、台湾、湖北、湖南、广东、海南、广西、四川、贵州、云南和西藏等省区；巴基斯坦、印度、不丹、尼泊尔、缅甸、泰国、越南、老挝、柬埔寨、马来西亚、巴布亚新几内亚、印度尼西亚和菲律宾等国家也有分布。根和叶供药用，有祛风化湿、行气活络之功效。花芳香，可提取芳香油。

（2）互叶醉鱼草 *Buddleja alternifolia* Maxim.

灌木，高1~4m。长枝对生或互生，细弱，上部常弧状弯垂，短枝簇生，常被星状短绒毛或近无毛；小枝四棱形或近圆柱形。叶在长枝上互生，在短枝上为簇生，在长枝上的叶片披针形或线状披针形，长3~10cm，宽0.2~1cm，顶端急尖或钝，基部楔形，通常全缘或有波状齿，上面深绿色，幼时被灰白色星状短绒毛，老渐近无毛，下面密被灰白色星状短绒毛；叶柄长1~2mm；在花枝上或短枝上的叶很小，椭圆形或倒卵形，长5~15mm，宽2~10mm，顶端圆至钝，基部楔形或下延至叶柄，全缘兼有波状齿，毛被与长枝上的叶片相同。花多朵组成簇生状或圆锥状聚伞花序；花序较短，密集，长1~4.5cm，宽1~3cm，常生于二年生的枝条上；花序梗极短，基部通常具有少数小叶；花梗长3mm；花芳香；花萼钟状，长2.5~4mm，具四棱，外面密被灰白色星状绒毛和一些腺毛，花萼裂片三角状披针形，长0.5~1.7mm，宽0.8~1mm，内面被疏腺毛；花冠紫蓝色，外面被星状毛，后变无毛或近无毛，花冠管长 6~10mm，直径 1.2~1.8mm，喉部被腺毛，后变无毛，花冠裂片近圆形或宽卵形，长、宽均为 1.2~3mm；雄蕊着生于花冠管内壁中部，花丝极短，花药长圆形，长 1~1.8mm，顶端急尖，基部心形；子房长卵形，长约 1.2mm，直径约 0.7mm，无毛，花柱长约 1mm，柱头卵状。蒴果椭圆状，长约 5mm，直径约 2mm，无毛；种子多数，狭长圆形，长 1.5~2mm，灰褐色，周围边缘有短翅。花期 5~7 月，果熟期 7~10 月。

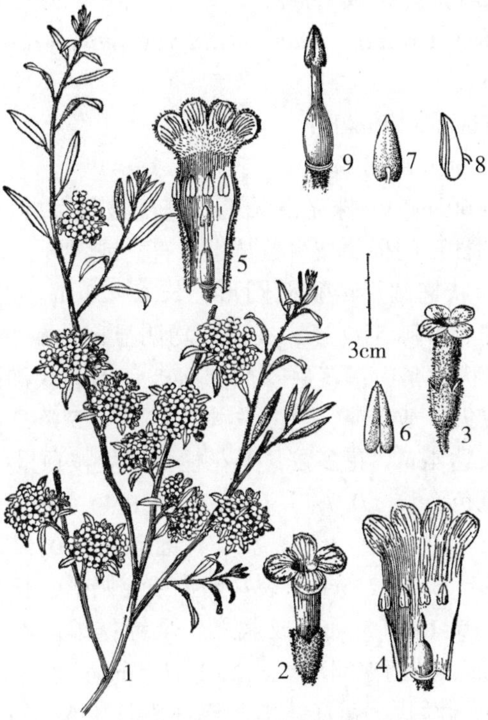

互叶醉鱼草 *Buddleja alternifolia* Maxim.

1. 花枝 2、3. 花 4、5. 花冠展开，示雌蕊和雄蕊着生，以及毛被由有至无 6. 雄蕊腹面观 7. 雄蕊背面观 8. 雄蕊侧面观 9. 雌蕊

河南产于太行山和伏牛山；生于海拔 1 000m 以上的干旱山地灌木丛中。为我国特有种，分布于内蒙古、河北、山西、陕西、宁夏、甘肃、青海、四川和西藏等省区。

（一三三）龙胆科 Gentianaceae

《河南植物志（第三册）》记载 10 属，32 种，3 变种。

其中：

七叶龙胆、太白龙胆（变种）*Gentiana arethusae* var. *delicatula* C. Marquand 应为六叶龙胆 *Gentiana hexaphyll* Maxim. ex Kusn.；

苞叶龙胆 *Gentiana incompta* Harry Sm. 为大颈龙胆 *Gentiana macrauchena* C. Marquand 的异名；

显脉獐牙菜 *Swertia nervosa*（G. Don）Wall. ex C. B. Clarke 应为叶脉獐牙菜 *Swertia nervosa*（*Wall*. ex G. Don）C. B. Clarke；

睡菜属 *Menyanthes* L. 和荇菜属（莕菜属）*Nymphoides* Seguier 现置于睡菜科 Menyanthaceae。

本书另增补 2 种，3 变种。

1. 龙胆属 *Gentiana*（Tourn.）L.

《河南植物志（第三册）》记载 13 种，2 变种。本书除修订外，增补 1 种，2 变种。

（1）大花秦艽（变种）*Gentiana macrophylla* var. *fetissowii*（Regel et Winkl.）Ma & K. C. Hsia（彩版图 101）

［*Gentiana fetissowii* Regel & Winkl.；

Gentiana wutaiensis C. Marquand］

多年生草本，高 30~60cm，全株光滑无毛，基部被枯存的纤维状叶鞘包裹。须根多条，扭结或黏结成一个圆柱形的根。枝少数丛生，直立或斜升，黄绿色或有时上部带紫红色，近圆形。莲座丛叶卵状椭圆形或狭椭圆形，长 6~28cm，宽 2.5~6cm，先端钝或急尖，基部渐狭，边缘平滑，叶脉 5~7 条，在两面均明显，并在下面突起，叶柄宽，长 3~5cm，包被于枯存的纤维状叶鞘中；茎生叶椭圆状披针形或狭椭圆形，长 4.5~15cm，宽 1.2~3.5cm，先端钝或急尖，基部钝，边缘平滑，叶脉 3~5 条，在两面均明显，并在下面突起，无叶柄或具叶柄长达 4cm。花多数，无花梗，簇生枝顶呈头状或腋生轮状；花萼筒膜质，黄绿色或有时带紫色，长（0.7~）1~1.2（~1.4）cm，一侧开裂呈佛焰苞状，先端截形或圆形，萼齿 4~5 枚，稀 1~3 枚，甚小，锥形，长 0.5~1mm；花冠筒部黄绿色，冠檐蓝色或蓝紫色，筒形，长 2~2.5cm，裂片卵形或卵圆形，长 3~4mm，先端钝或钝圆，全缘，褶整齐，三角形，长 1~1.5mm，或截形，全缘；雄蕊着生于冠筒中下部，整齐，花丝线状钻形，长 5~7mm，花药狭卵球形，长 2~2.5mm；子房无柄，椭圆状披针形或狭椭圆形，长 9~11mm，先端渐狭，花柱线形，连柱头长 1.5~2mm，柱头 2 裂，裂片矩圆形。蒴果内藏或先端外露，卵状椭圆形，长 15~17mm。种子红褐色，有光泽，矩圆形，长 1.2~1.4mm，表面具细网纹。花果期 7~10 月。

河南产于太行山区的济源、林州、辉县等；生于山坡草地、路边、河滩。分布于四川、甘肃、新疆、宁夏、陕西、山西、河北；俄罗斯（中亚）也有分布。

（2）心叶灰绿龙胆（变种）*Gentiana yokusai* var. *cordifolia* T. N. Ho

一年生草本，高 2.5~14cm。茎直立或斜升，黄绿色或紫红色，密被黄绿色乳突，自基部起多分枝，稀不分枝。叶略肉质，灰绿色，卵形，先端钝，具长至 0.7mm 的长小尖头，基部钝，边缘软骨质，下缘具短睫毛，上缘疏生乳突，上面光滑，稀具极细乳突，中脉在背面突起，光滑，叶柄边缘具睫毛，背面光滑，长 1~2mm；基生叶在花期不枯萎，常与下部叶等大，稀更大，长 7~22mm，宽 4.5~8mm；茎生叶淡绿色，心形，开展，常疏离，短于节间，稀密集，长于节间，长 4~12mm，宽 3~6mm。花多数，单生于小枝顶端，小枝常 2~5 个密集成头状；花梗黄绿色或紫红色，具乳突，长 1.2~5mm，藏于最上部叶中；花萼倒锥状筒形，长 5~8mm，裂片开展，稍不整齐，卵形或披针形，长 2~3mm，先端钝或渐尖，具长小尖头，基部常微收缩，边缘软骨质，疏生乳突，腹面具细乳突，背面光滑，中脉白色软骨质，在背面突起，并向萼筒下延成脊，弯缺较宽，截形；花冠蓝色、紫色或白色，漏斗形，长 7~12mm，裂片卵形，长 2~2.5mm，先端钝，无小尖头，褶整齐，卵形，长 1~2mm，先端钝，边缘有不整齐细齿或全缘；雄蕊着生于冠筒中下部，整齐，花丝丝状，长 2~2.5mm，花药椭圆形，长 0.5~0.8mm；子房椭圆形，长 2.5~3.5mm，两端渐狭，花柱线形，连柱头长 1.5~2mm，柱头 2 裂，裂片外翻，线形。蒴果外露或内藏，卵圆形或倒卵状矩圆形，长 3~6.5mm，先端钝圆，有宽翅，两侧边缘具狭翅，基部钝，柄粗壮，长至 13mm；种子淡褐色，椭圆形或矩圆形，长 0.7~1mm，表面具致密的细网纹。花果期 3~9 月。

河南产于伏牛山区的灵宝、栾川、卢氏、嵩县，太行山区的济源、林州、辉县；生于海拔 1 000m 左右的山沟和山坡林下。分布于陕西、山西、河北、内蒙古。

(3) 陕南龙胆 龙胆 ***Gentiana piasezkii* Maxim.（彩版图 102）**

[*Gentiana pubicaulis* Harry Sm.]

一年生草本，高 7~10cm。茎紫红色，密被紫色乳突，在基部多分枝，枝铺散，斜升。叶先端钝，边缘密生细乳突，两面光滑，中脉在下面突起；基生叶大，卵状矩圆形或狭椭圆形，长 20~30mm，宽 3~3.5mm，叶柄宽，长 2~3mm；茎生叶小，长于节间，披针形至线形，长 10~20mm，宽 1.5~2mm，叶柄边缘和背面密生乳突，连合成长 1~2mm 的筒。花多数，单生于小枝顶端，下部连花梗均包被于最上部叶中；花梗紫红色，密生乳突，长 2~5mm；花萼筒状漏斗形，达花冠喉部，长 2~2.3cm，裂片钻形，长 6~7mm，先端急尖，边缘密生细乳突，中脉绿色或紫红色，在背面呈龙骨状突起，并向萼筒下延成翅，密被细乳突，弯缺截形；花冠紫红色，高脚杯状，长 3~3.2cm，裂片卵状披针形，长 7~8mm，先端渐尖，褶卵形或卵状椭圆形，长 4~5mm，先端钝，全缘；雄蕊着生于冠筒中部，整齐，花丝钻形，长 5~5.5mm，花药狭矩圆形，长 1.5~2mm；子房狭矩圆形，长 7~8mm，先端钝，基部渐狭；花柱线形，连柱头长 4~5mm。蒴果内藏，稀外露，狭椭圆形，长 1~1.3cm，先端钝，基部渐狭，边缘具狭翅，柄长至 2.5cm；种子褐色，有光泽，卵状椭圆形或椭圆形，长 1.2~1.5mm，表面被致密的细网纹。花期 5~6 月，果熟期 7 月。

河南产于伏牛山卢氏（淇河）、嵩县（白河）、西峡、南召、内乡、淅川；生于山坡草地或疏林下。分布于四川北部、甘肃东南部、陕西南部。

本种与灰绿龙胆 *Gentiana yokusai* Burkill 相似，主要区别：后者叶先端尖，花较小，花冠长约 1.5cm；而本种叶先端钝，花较大，花冠长 3~3.2cm。

2. 双蝴蝶属 *Tripterospermum* Blume

《河南植物志（第三册）》记载 3 种。本书增补 1 种。

峨眉双蝴蝶 *Tripterospermum cordatum*（C. Marquand）Harry Sm.

[*Gentiana cordata* C. Marquand]

多年生缠绕草本。具根茎，根细，黄褐色。茎圆形，通常黄绿色，稀为紫色或带紫纹，螺旋状扭转，下部粗壮，节间短，长 4~5cm，上部节间长 10~17cm。叶心形、卵形或卵状披针形，长（1.5~）3.5~12cm，宽（1~）2~5cm，先端渐尖或急尖，常具短尾，基部心形或圆形，边缘膜质，细波状，叶脉 3~5 条，叶片下面淡绿色或带紫色，叶柄长 1~3（~4.5）cm。花单生或成对着生于叶腋，有时 2~6 朵呈聚伞花序；花梗较短，长 5~15mm，具 1~4 对披针形，长 2~10mm、宽约 1.5mm 的小苞片或无；花萼钟形，萼筒长（5~）10~13mm，不开裂，稀一侧开裂，明显具翅，裂片线状披针形，长 7~16mm，直立或向外倾斜开展，基部下延成翅，弯缺截形或圆形；花冠紫色，钟形，长35~40mm，裂片卵形三角形，长4~6mm，宽3~4mm，褶宽三角形，长1.5~2mm，宽3~4mm，先端微波状；雄蕊着生于花冠筒下部，不整齐，花丝线形，下部稍加宽，长15~18mm，花药矩圆形，长1~2mm；子房椭圆形，长约10mm，通常近无柄或具长不超过5mm的短柄，基部具长1~2mm，5浅裂的环状花盘，花柱细长，长15~20mm，柱头线形，2裂。浆果紫红色，内藏，长椭圆形，两端急狭呈圆形，长20~30mm，宽7~8mm，稍扁，近无柄或具长不超过5mm的短柄。种子暗紫色，椭圆形或卵形、三棱状，长2~2.5mm，宽约1.5mm，边缘具棱，无翅。花期7~10月，果熟期8~11月。

峨眉双蝴蝶 *Tripterospermum cordatum*（C. Marquand）Harry Sm.

1. 花枝 2. 花冠纵剖 3. 雌蕊 4. 果实

河南产于伏牛山南部的西峡、南召、内乡、淅川等地；生于山坡林下、林缘、灌木丛中。分布于云南、四川、陕西、湖北、贵州、湖南。

3. 獐牙菜属 *Swertia* L.

《河南植物志（第三册）》记载7种。本书增补1变种。

日本獐牙菜（变种）*Swertia diluta* var. *tosaensis*（Makino）H. Hara（彩版图103）

一年生草本，高20~70cm。根黄色。茎直立，四棱形，棱上具窄翅，基部直径2~4mm，多分枝，枝细瘦，斜升。叶无柄，线状披针形至线形，长10~45mm，宽1.5~9mm，两端渐狭，下面中脉明显突起。圆锥状复聚伞花序具多朵花；花梗直立，四棱形，长至15mm；花5基数，直径10~15mm；花萼绿色，长于或等于花冠，裂片线形，长6~12mm，先端锐尖，背面中脉明显；花冠黄白色，裂片椭圆状披针形，长6~11mm，先端急尖，基部有2个腺窝，腺窝窄矩圆形，沟状，周缘具长柔毛状流苏；花丝线形，长达6mm，花药狭矩圆形，长约 1.6mm；子房无柄，椭圆状卵形至卵状披针形，花柱粗短，柱头 2 裂，裂片半圆形。蒴果卵形，长至 12mm；种子深褐色，矩圆形，长 0.6~0.8mm，表面具小瘤状突起。花果期 8~10 月。

河南仅见于伏牛山济源黄楝树；生于山坡疏林下。分布于青海以及华北地区；朝鲜、日本也有分布。民间用全草治疗黄疸型肝炎，并可治疗菌痢、消化不良等病症。

（一三四）睡菜科 Menyanthaceae（新增科）

多年生或稀一年生水生或湿生植物。叶通常互生，稀对生；单叶或 3 小叶；无托叶。花 5 基数或稀 4 基数；花萼片分离或联合；花冠裂片联合，在蕾中内向镊合状排列；雄蕊 5 枚与花瓣互生；花粉粒侧面扁压，多少呈三棱形，每棱上各具 1 个萌发孔；子房上位，1 室，无隔膜。蒴果开裂或不开裂。种子多数或少数，有的具翅；胚乳丰富。

本科 5 属，约 60 种，广布全世界的温带和热带。中国 2 属，7 种。河南 2 属，4 种。《河南植物志（第三册）》记载 2 属，2 种列入龙胆科 Gentianaceae。

其中：

睡菜 *Menyanthes trifolia* L. 应为睡菜 *Menyanthes trifoliata* L.；

荇菜、莲叶荇菜 *Nymphoides peltatum*（Gmel.）O. Kuntze 应为荇菜 *Nymphoides peltata*（S. G. Gmel.）Kuntze。

本书另增补 2 种。

荇菜属（莕菜属）*Nymphoides* Seguier

《河南植物志（第三册）》记载 1 种。本书增补 2 种。

（1）金银莲花 印度荇菜、白花莕菜 ***Nymphoides indica*（L.）O. Kuntze**

［*Limnanthemum esquirolii* H. Lév.
Menyanthes indica L.
Nymphoides humboldtiana（Kunth）Kuntze］

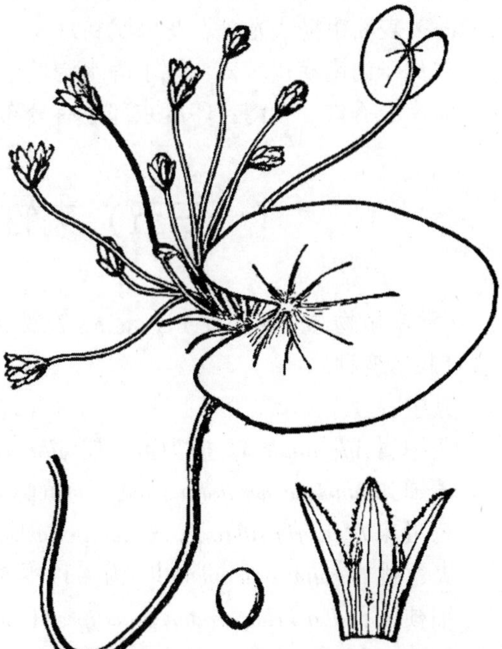

金银莲花 *Nymphoides indica*（L.）O. Kuntze

多年生水生草本。茎圆柱形，不分枝，形似叶柄，顶生单叶。叶漂浮，近革质，宽卵圆形或近圆形，长 3~18cm，下面密生腺体，基部心形，全缘，具不甚明显的掌状叶脉，叶柄短，圆柱形，长 1~2cm。花多数，簇生节上，5 基数；花梗细弱，圆柱形，不等长，长 3~5cm；花萼长 3~6mm，分裂至近基部，裂片长椭圆形至披针形，先端钝，脉不明显；花冠白色，基部黄色，长 7~12mm，直径 6~8mm，分裂至近基部，冠筒短，具 5 束长柔毛，裂片卵状椭圆形，先端钝，腹面密生流苏状长柔毛；雄蕊着生于冠筒上，整齐，花丝短，扁平，线形，长1.5~1.7mm，花药箭形，长2~2.2mm；子房无柄，圆锥形，长2mm，花柱粗壮，圆柱形，长约2.5mm，柱头膨大，2裂，裂片三角形。蒴果椭圆形，长3~5mm，不开裂。种子鼓胀，褐色，近球形，长1.2~1.5mm，光滑。花期7~9月，果熟期8~10月。

河南产于信阳、林州等地；生于湖泊、河流。分布于黑龙江、吉林、辽宁、江苏、浙江、湖南、江西、福建、广东、广西、贵州、云南、海南、台湾等省区；朝鲜、日本、斯里兰卡、印度、尼泊尔、缅甸、越南、柬埔寨、印度尼西亚、马来西亚、澳大利亚以及太平洋群岛等世界的热带至温带均有分布。

《河南植物志（第三册）》记载本属荇菜 *Nymphoides peltata*（S. G. Gmel.）Kuntze，其茎多分枝；上部叶对生，下部叶互生；花金黄色，较大，长2~3cm；蒴果大，长1.7~2.5cm，区别于本种。

（2）水皮莲 *Nymphoides cristata*（Roxb.）Kuntze（彩版图104）

[*Menyanthes cristata* Roxb.]

多年生水生草本。茎圆柱形，不分枝，形似叶柄，顶生单叶。叶漂浮，近革质，宽卵圆形或近圆形，长3~10cm，下面密生腺体，基部心形，全缘，具不明显的掌状叶脉，叶柄短，圆柱形，长1~3cm。花多数，簇生节上，5基数；花梗细弱，圆柱形，不等长，短于叶柄，长3~4.5cm；花萼长3~5.5mm，分裂近基部，裂片卵状椭圆形或卵形，先端钝，全缘，脉不明显；花冠白色，基部黄色，长4~8mm，分裂近基部，冠筒短，喉部具5束长毛，裂片卵形，先端钝，边缘平滑，有一隆起的纵褶达裂片两端；雄蕊着生于冠筒上，整齐，花丝线形，长1~2mm，花药长0.8~1mm。子房无柄，柱头2裂，裂片三角形。蒴果近球形，直径3~5mm，成熟时不开裂。种子常少数，黄色，近球形，直径1.3~1.5mm，表面粗糙或光滑。花果期9月。

仅见于河南潢川城郊；生于静水沟塘中。分布于四川、湖北、湖南、江苏、福建、广东、海南、香港、台湾；印度东部也有分布。

（一三五）夹竹桃科 Apocynaceae

《河南植物志（第三册）》记载7属（含5栽培属），7种（含4栽培种），2变种（含1栽培变种）。

其中：

黄婵属 *Allemanda* L. 应为黄婵属 *Allamanda* L.；

黄婵 *Allamanda neriifolia* Hook. 为黄婵 *Allamanda schottii* Pohl 的异名；

鸡蛋花 *Plumeria rubra* L. cv. *acutifolia* 应为鸡蛋花 *Plumeria rubra* L.；

夹竹桃 *Nerium indicum* Mill. 为夹竹桃 *Nerium oleander* L. 的异名；

细梗络石 *Trachelospermum gracilipes* Hook. f. 为亚洲络石 *Trachelospermum asiaticum*（Siebold & Zucc.）Nakai 的异名；

石血（变种）*Trachelospermum jasminoides* var. *heterophyllum* Tsiang 为络石 *Trachelospermum jasminoides*（Lindl.）Lem. 的异名。

（一三六）萝藦科 Asclepiadaceae

《河南植物志（第三册）》记载6属，24种，2变种。

其中：

紫花合掌消（变种）*Cynanchum amplexicaule* var. *castaneum* Makino 为合掌消 *Cynanchum amplexicaule*（Siebold & Zucc.）Hemsl. 的异名；

蔓剪草 *Cynanchum chekiangense* M. Cheng ex Tsiang et P. T. Li 应为蔓剪草 *Cynanchum chekiangense* M. Cheng；

雀瓢（变种）*Cynanchum thesioides* var. *australe*（Maxim.）Tsiang & P. T. Li 为地梢瓜 *Cynanchum thesioides*（Freyn）K. Schum. 的异名；

丽子藤 *Dregea yunnanensis* Tsiang & P. T. Li 应为丽子藤 *Dregea yunnanensis*（Tsiang）Tsiang & P. T. Li。

本书另增补1属，7种。

1. 鹅绒藤属 *Cynanchum* L.

《河南植物志（第三册）》记载16种，2变种。本书增补3种。

（1）柳叶白前 白前 ***Cynanchum stauntonii* (Decne.) Schltr. ex H. Lév.**

[*Cynanchum linearifolium* Hemsl.；
Pentasachme brachyantha Hand.-Mazz.；
Pentasachme stauntonii Decne.；
Vincetoxicum linearifolium（Hemsl.）Kuntze；
Vincetoxicum stauntonii（Decne.）C. Y. Wu & D. Z. Li]

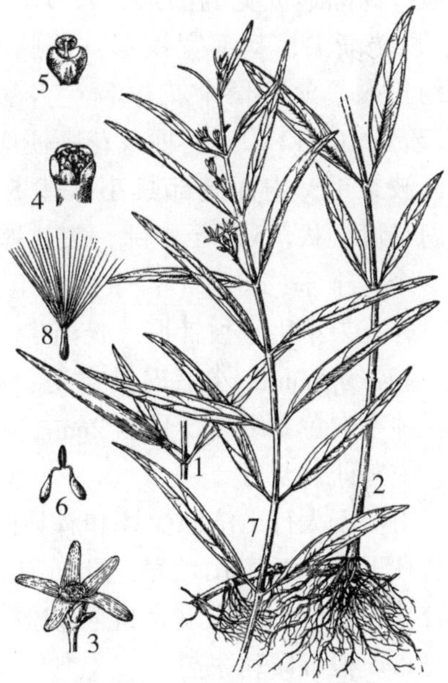

柳叶白前 *Cynanchum stauntonii*（Decne.）Schltr. ex H. Lév.

1、2. 植株 3. 花 4. 合蕊柱和副花冠 5. 雄蕊的腹面观 6. 花粉器 7. 果枝 8. 种子

直立半灌木，高约1m，无毛，分枝或不分枝；须根纤细、节上丛生。叶对生，纸质，狭披针形，长6~13cm，宽3~5mm，两端渐尖；中脉在叶背显著，侧脉约6对；叶柄长约5mm。伞形聚伞花序腋生；花序梗长达10mm，小苞片众多；花萼5深裂，内面基部腺体不多；花冠紫红色，辐状，内面具长柔毛；副花冠裂片盾状，膨大，比花药为短；花粉块每室1个，长圆形，下垂；柱头微凸，包在花药的薄膜内。蓇葖果单生，长披针形，长达9cm，直径6mm。花期5~8月，果熟期9~10月。

河南产于黄淮平原及低海拔山区；生于山谷湿地、水旁及浅水中。分布于甘肃、安徽、江苏、浙江、湖南、江西、福建、广东、广西和贵州等省区。全株供药用，有清热解毒、降气下痰之效；民间用其根治肺病、小儿疳积、感冒咳嗽及慢性支气管炎等症。

（2）潮风草 ***Cynanchum acuminatifolium* Hemsl.**

［*Alexitoxicon acuminatum* Pobed.；

Antitoxicum acuminatum Pobed.；

Cynanchum ascyrifolium（Franch. & Sav.）Matsum.；

Cynanchum acuminatifolium Hemsl.；

Cynanchum acuminatum Matsum.；

Vincetoxicum ascyrifolium Franch. & Sav.；

Vincetoxicum acuminatum Decne.］

直立草本，高达60cm；根须状；除嫩叶、花序具柔毛外，其余皆无毛。叶对生或4枚叶轮生，薄膜质，椭圆形或宽椭圆形，长9~13cm，宽4~5cm，顶端渐尖，基部宽楔形；侧脉6~7对；叶柄长约1cm。伞形聚伞花序顶生及腋生，长3~5cm，着花10~12朵；花梗及花序梗均被柔毛；花萼外面被柔毛，内面基部具小腺体5个；花冠白色；副花冠杯状，5裂至中部，裂片卵形；花粉块每室1个，下垂，近球形；子房无毛，柱头扁平。蓇葖果单生，披针形，长渐尖，长6~7cm，直径约5mm，外果皮具柔毛；种子长圆形；种毛白色，绢质，长约2cm。花期6~7月，果熟期7~9月。

潮风草 *Cynanchum acuminatifolium* Hemsl.

1. 花枝 2. 根 3. 花 4. 花萼 5. 合蕊柱和副花冠 6. 雌蕊 7. 花粉器 8. 蓇葖

河南产于太行山济源曼坪和辉县白云寺；生于疏林下向阳处、山坡草地上或沟边。分布于吉林、辽宁、山东和河北；朝鲜和日本也有分布。根可作利尿剂。

（3）华北白前 ***Cynanchum mongolicum* (Maxim.) Hemsl.**

［*Cynanchum hancockianum*（Maxim.）Iljinski；

Cynanchum komarovii Iljinski；

Pycnostelma lateriflorum Hemsl.；

Vincetoxicum hancockianum（Maxim.）C. Y. Wu & D. Z. Li；

Vincetoxicum lateriflorum（Hemsl.）Kitag.；

Vincetoxicum mongolicum Maxim.；

Vincetoxicummongolicum var. *hancockianum*

华北白前 *Cynanchum mongolicum* (Maxim.) Hemsl.

1. 花枝 2. 花 3. 花萼展开示腺体 4. 合蕊冠和副花冠 5. 雌蕊 6. 花粉器 7. 蓇葖果

Maxim.]

多年生直立草本，高达 50cm；根须状；除茎被有单列柔毛及幼嫩部分有微毛外，其余皆无毛。单茎或略有分枝。叶对生，薄纸质，卵状披针形，长 3~10cm，宽 1~3cm，顶端渐尖，基部宽楔形；侧脉约 4 对，在边缘网结，有时有边毛；叶柄长约 5mm，顶端腺体成群。伞形聚伞花序腋生，长约 2cm，较叶为短，着花不到 10 朵；花萼 5 深裂，内面基部有小腺体 5 个；花冠紫红色，裂片卵状长圆形；花粉块每室 1 个，下垂；副花冠肉质、裂片龙骨状，在花药基部贴生；柱头圆形，略为突起。蓇葖果双生，狭披针形，向顶部长渐尖，基部紧窄，外果皮有细直纹，长约 7cm，直径 5mm。种子黄褐色，扁平，长圆形，长约 5mm，宽 3mm；种毛白色，绢质，长 2cm。花期 5~7 月，果熟期 6~8 月。

河南产于伏牛山区的栾川、嵩县、卢氏和内乡，太行山区的辉县、济源等地；生于山岭、旷野及疏林下。分布于四川、甘肃、陕西、河北、山西、内蒙古。

本种与竹灵消 *Cynanchum inamoenum* (Maxim.) Loes. [《河南植物志（第三册）》282~283 页] 相似。唯后者叶基部近心形，花黄色，为主要区别。

2. 秦岭藤属 *Biondia* Schltr.（新增属）

多年生草质藤本；茎柔弱，缠绕。叶对生，具柄，羽状脉。聚伞花序伞形，腋生，着花多朵；花萼 5 深裂，裂片镊合状排列，花萼内面基部有 5 个腺体；花冠坛状或近钟状；副花冠着生于合蕊冠基部，极短，端部 5 浅裂，稀齿状；合蕊冠极短；花药近四方形，顶端具薄膜片；花粉块每室 1 个，长圆形，下垂；子房由 2 枚离生心皮组成；柱头盘状五角形，端部略呈 2 裂。蓇葖果常单生，稀双生，狭披针形。种子线形，顶端具白色绢质种毛。

本属共约 13 种，我国特产。河南有 2 种。

(1) 宽叶秦岭藤 *Biondia hemsleyana* (Warb.) Tsiang

[*Gongronema hemsleyana* Warburg]

柔弱缠绕藤本；茎直径约 2mm，节间长 8~9cm；枝、叶柄、花序梗和花梗均被单列短柔毛。叶纸质，狭披针形，长 5~9cm，宽 10~15mm，两端短渐尖，边缘略为反卷；中脉在叶面凹陷，被短柔毛，在叶背突起，侧脉不明显；叶柄长 5~7mm，顶端上面有丛生腺体。花序腋生，长 3~4cm，着花 5~7 朵；花萼 5 深裂，裂片镊合状排列，卵形，花萼内面基部无腺体；花冠白色，钟状，直径 4mm，顶端短 5 裂，裂片宽三角形，比花冠筒短；副花冠由 5 个三角形小齿组成，着生于合蕊冠基部，极短；合蕊柱近四方形；花药端部有圆形薄膜片；花粉块圆球状，下垂；子房无毛，柱头盘状五角形，端部扁平。蓇葖线状披针形，长 5~6cm，直径 3~5mm，苍白色，有条纹。种子卵状长圆形，

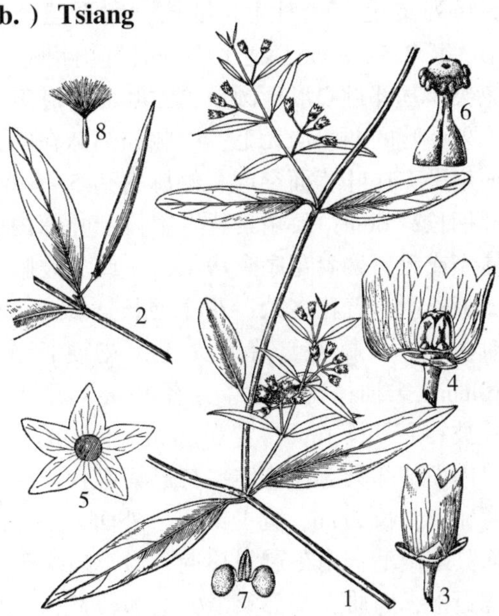

宽叶秦岭藤 *Biondia hemsleyana* (Warb.) Tsiang

1. 花枝 2. 果枝 3. 花 4. 花冠展开示合蕊柱和副花冠 5. 花萼 6. 雌蕊 7. 花粉器 8. 种子

长 5mm，宽 2mm，顶端具白色绢质种毛；种毛长约 2cm。花期 4~9 月，果熟期 10~12 月。

仅见于河南鲁山尧山千丈崖；生于海拔 1 280m 左右山地杂木林中。分布于四川。

（2）短叶秦岭藤 *Biondia yunnanensis*（H. Lév.）Tsiang

［*Dischidia yunnanensis* H. Lév.；

Adelostemma mairei Hand. -Mazz.］

缠绕藤本，除花外全株无毛；茎灰色，有纵裂纹，直径 4mm；枝绿色，柔细，直径 1.5mm。叶膜质，狭长圆形至线状披针形，长 20~35mm，宽 3~7mm，两端钝头；中脉在叶面凹陷，在叶背略突起，侧脉两面均扁平，不明显；叶柄 1~2mm，顶端具丛生腺体。聚伞花序近伞形，腋外生，比叶为短，着花 4~6 朵；花序梗长 4~10mm，几无毛；花梗长 3~5mm，柔细无毛；花萼裂片卵状长圆形，外面和边缘被微毛，花萼内面基部有 5 个腺体；花冠淡黄色，坛状，花冠筒内面密被短柔毛，裂片长圆形，与花冠筒等长；副花冠着生于合蕊冠的基部，裂片齿状；花药顶端有圆形膜片；花粉块长圆形，下垂；子房无毛，柱头顶端突起，基部五角形。蓇葖果单生，披针形，长 40~55mm，直径 6mm，顶端渐尖，基部膨大，无毛。种子卵形，长 7mm，宽 3mm，有薄边缘，顶端具白色绢质种毛；种毛长 13mm。花期 9 月，果熟期 10 月。

本属产于河南大别山区的新县连康山和商城金刚台；生于山地林中。分布于云南、四川。

3. 娃儿藤属 *Tylophora* R. Br.

《河南植物志（第三册）》记载 1 种。本书增补 2 种。

（1）紫花娃儿藤 *Tylophora henryi* Warb.

多年生草质藤本。须根丛生；茎和叶柄具单列柔毛。叶对生，纸质，卵形至宽卵形，长 7.5~16cm，宽 3~13cm，顶端渐尖至急尖，基部近心形至圆形，除叶面中脉有微毛外，叶的两面均无毛；中脉和侧脉在叶正面扁平，在叶背面突起，侧脉每边 5~6 条；叶柄长2~6cm，顶端具丛生腺体；叶脉内腺体小或无。聚伞花序伞房状，一或二歧腋生或腋外生，着花多朵；花序梗长达 3cm，有时极短，被微毛，有时无毛，花梗长 5~10mm，柔细；花紫色，直径 9mm；花萼裂片披针形，长 1mm，宽 0.3mm，有缘毛，花萼内面基部具 5 枚腺体；花冠辐射状，裂片宽卵形，长 2mm，宽 1.5mm，外面无毛，内面具疏微毛；副花冠裂片近方形，贴生于合蕊冠上，肉质，基部狭窄，上部较宽，顶端截平，高达药隔的基部；花药顶端具圆形内弯膜片；花粉块每室 1 个，圆球状，平展；子房无毛，柱头盘状五角形。蓇葖果通常单生，披针形，长约 8cm，直径 0.8cm，无毛。

紫花娃儿藤 *Tylophora henryi* Warb.

1. 花枝 2. 花 3. 花萼 4. 花冠展开 5. 合蕊柱和副花冠 6. 副花冠裂片腹面观 7. 雄蕊腹面观 8. 雌蕊 9. 花粉器

种子顶端具白色绢质毛。花期 6~8 月，果熟期 8~10 月。

河南产于伏牛山区的西峡、内乡、南召、淅川等地；生长于山地林下或灌丛。分布于湖北、四川和贵州。

本种与七层楼、多花娃儿藤 *Tylophora floribunda* Miq. ［《河南植物志（第三册）》292~293 页，《Flora of China》16 卷 261 页］相似。唯后者花序较叶为长，叶卵状披针形，长 3~5cm，宽 0.6~2.5cm，为主要区别。

（2）湖北娃儿藤 *Tylophora silvestrii*（Pamp.）Tsiang & P. T. Li

［*Henrya silvestrii* Pamp.；

Henryastrum silvestrii（Pamp.）Happ］

多年生草质藤本；茎柔细缠绕，有条纹，具单列短柔毛。叶卵状长圆形，长 20~30mm，宽 8~13mm，顶端渐尖，基部截形至浅心形，叶面被短柔毛，叶背苍白色，无毛，叶脉在叶面略突起，在叶背除中脉外不明显；叶柄长 6~10mm，柔细，被微毛。二歧聚伞花序腋生，与叶等长；花序梗长 12~20mm；花梗长 3~8mm，柔细；花直径 5mm；花萼裂片顶端渐尖，长 1mm；花冠裂片披针形，长 2mm，宽 1mm，具脉纹，边缘透明；副花冠裂片贴生于合蕊冠上，短于花药，背部膨大肉质；花丝合生成合蕊冠，雄蕊与雌蕊合生成合蕊柱，花药肾形，顶端具圆形膜片。花期 6 月。

仅见于河南大别山区的商城金刚台；生于山地林中或灌丛中。分布于湖北。

本种花序柔弱纤细；副花冠裂片肉质膨大，贴生于合蕊冠上且短于花药，这些特征是娃儿藤属的主要特征。

（一三七）旋花科 Convolvulaceae

《河南植物志（第三册）》记载 11 属（含 5 栽培属），20 种（含 10 栽培种），1 变种。其中：

马蹄金 *Dichondra repens* Forst. 应为马蹄金 *Dichondra micrantha* Urb.；

土丁桂 *Evolvulus alsinoides* L. 应为土丁桂 *Evolvulus alsinoides*（L.）L.；

牵牛属 *Pharbitis* Choisy，月光花属 *Calonyction* Choisy 和茑萝属 *Quamoclit* Mill. 均为番薯属 *Ipomoea* L. ［《河南植物志（第三册）》299~300 页又称甘薯属］的异名；

牵牛、裂叶牵牛、黑白丑、二丑 *Pharbitis nil*（L.）Choisy 为牵牛 *Ipomoea nil*（L.）Roth 的异名；

紫牵牛、圆叶牵牛 *Pharbitis purpurea*（L.）Voigt 为圆叶牵牛 *Ipomoea purpurea*（L.）Roth 的异名；

丁香茄 *Calonyction muricatum*（L.）G. Don 为丁香茄 *Ipomoea muricata*（L.）Jacq. 的异名；

月光花 *Calonyction aculeatum*（L.）House 为月光花 *Ipomoea alba* L. 的异名；

圆叶茑萝 *Quamoclit coccinea*（L.）Moench 为圆叶茑萝 *Ipomoea cholulensis* Kunth 的异名；

茑萝 *Quamoclit pennata*（Desr.）Bojer 为茑萝 *Ipomoea quamoclit* L. 的异名；

槭叶茑萝 *Quamoclit* × *sloteri* House 为槭叶茑萝 *Ipomoea* × *sloteri*（House）Ooststr. 的异名；

飞蛾藤属 *Porana* Burm. 为飞蛾藤属 *Dinetus* Buch. -Ham. 的异名；

飞蛾藤 *Porana racemosa* Roxb. 为飞蛾藤 *Dinetus racemosus*（Roxb.）Buch. -Ham. ex Sweet 的异名。

本书另增补 1 种。

菟丝子属 *Cuscuta* L.

《河南植物志（第三册）》记载 4 种。本书增补 1 种。

啤酒花菟丝子 *Cuscuta lupuliformis* Krock.

［*Cuscuta flava* Siev. ex Ledeb.］

一年生草本，茎粗壮，细绳状，直径达 3mm，红褐色，具瘤，多分枝，无毛。花无柄或具短柄，淡红色，花谢时近白色，聚集成断续的穗状总状花序；苞片广椭圆形或卵形；花萼长 2mm，半球形，带绿色，干后褐色，裂片宽卵形或卵形，钝；花冠圆筒状，超出花萼约 1 倍，裂片长圆状卵形，全缘或稍具齿，直立或多少反折，短于冠筒 2 倍；雄蕊着生于花冠喉部稍下方，其顶端几达花冠裂片间凹陷处；花药长圆状卵形，花丝无或很短；鳞片在花冠筒下部，不超过中部，广椭圆形或卵形，全缘或 2 裂，有时极退化，沿边缘呈不等的流苏状；子房近球状或宽卵形，花柱多少圆柱状，柱头广椭圆形，2 裂，短于花柱3~4 倍。蒴果卵形或卵状圆锥形，长 7~9mm，通常在顶端具凋存的干枯花冠。种子卵形，长 2~3mm，具喙，浅棕色或暗棕色，脐线形。花期 7 月，果熟期 8 月。

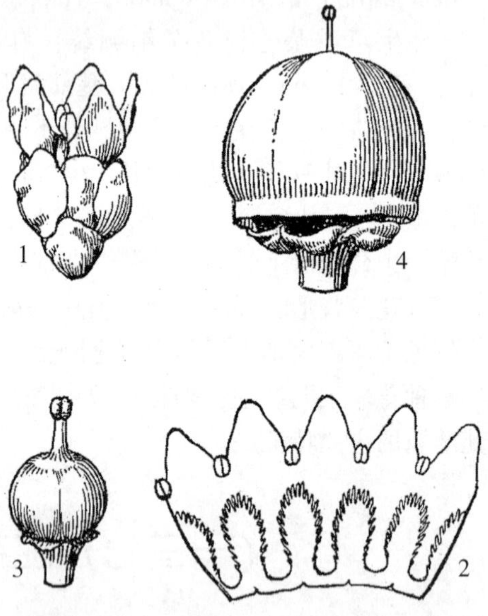

啤酒花菟丝子 *Cuscuta lupuliformis* Krock.
1. 花外形　2. 花冠展开　3. 雌蕊　4. 果

河南产于太行山区的济源、沁阳、林州，伏牛山区的灵宝、陕县、栾川；寄生于乔灌木或多年生草本植物上。分布于辽宁、吉林、河北、山东、山西、陕西、甘肃、新疆、内蒙古；俄罗斯和蒙古也有分布。

（一三八）花荵科 Polemoniaceae

《河南植物志（第三册）》记载 2 属（含 1 栽培属），3 种（含 2 栽培种），1 变种。

其中：

花荵 *Polemonium coeruleum* L. 应为花荵 *Polemonium caeruleum* L.；

中华花荵（变种）*Polemonium caeruleum* var. *chinensis* Brand 为中华花荵 *Polemonium chinense*（Brand）Brand 的异名。

（一三九）紫草科 Boraginaceae

《河南植物志（第三册）》记载 13 属，23 种，3 变种。

其中：

厚壳树属 *Ehretia* L. 应为厚壳树属 *Ehretia* P. Browne；

厚壳树 *Ehretia thyrsiflora*（Siebold & Zucc.）Nakai 为厚壳树 *Ehretia acuminata* R. Br. 的异名；

粗糠树、野枇杷 *Ehretia macrophylla* Wall. 应为粗糠树 *Ehretia dicksonii* Hance；

毛果天芥菜（变种）*Heliotropium europaeum* var. *lasiocarpum*（Fisch. & C. A. Mey.）Kazmi 为毛果天芥菜 *Heliotropium lasiocarpum* Fisch. & C. A. Mey. 的异名；

砂引草属 *Messerschmidia* L. 为紫丹属 *Tournefortiopsis* L. 的异名；

细叶砂引草、羊担子（变种）*Messerschmidia sibirica* var. *angustior*（DC.）W. T. Wang 为细叶砂引草（变种）*Tournefortia sibirica* var. *angustior*（DC.）G. L. Chu & M. G. Gilbert 的异名；

狼紫草属 *Lycopsis* L. 为牛舌草属 *Anchusa* L. 的异名；

狼紫草 *Lycopsis orientalis* L. 为狼紫草 *Anchusa ovata* Lehm. 的异名；

勿忘草 *Myosotis silvatica* Ehrh. ex Hoffm. 应为勿忘草 *Myosotis alpestris* F. W. Schmidt；

附地菜、鸡肠草、老婆指甲 *Trigonotis peduncularis*（Trevis.）Benth. 应为附地菜 *Trigonotis peduncularis*（Trevis.）Steven ex Baker & S. Moore；

钝萼附地菜 *Trigonotis amblyosepala* Nakai & Kitag. 为钝萼附地菜（变种）*Trigonotis peduncularis* var. *amblyosepala*（Nakai & Kitag.）W. T. Wang 的异名；

浙赣车前紫草 *Sinojohnstonia chekiangensis*（Migo）W. T. Wang ex Z. Y. Zhang 应为浙赣车前紫草 *Sinojohnstonia chekiangensis*（Migo）W. T. Wang；

鹤虱、刺种 *Lappula echinata* Gilib. 为鹤虱 *Lappula myosotis* V. Wolf 的异名；

柔软斑种草、细累工草 *Bothriospermum tenellum*（Hornem.）Fisch. et Mey. 为柔软斑种草 *Bothriospermum zeylanicum*（J. Jacq.）Druce 的异名；

琉璃草 *Cynoglossum zeylanicum*（Vahl）Thunb. ex Lehm. 为琉璃草 *Cynoglossum furcatum* Wall. 的异名。

本书另增补 1 属（栽培），6 种（含 1 栽培种），1 变种。

1. 紫丹属（砂引草属）*Tournefortia* L.（*Messerschmidia* L.）

《河南植物志（第三册）》记载 1 变种。本书经修订后，增补 1 种。

砂引草 *Tournefortia sibirica* L.

[*Argusia sibirica*（L.）Dandy；

Messerschmidia arguzia L.；

Messerschmidia sibirica（L.）L.；

Messerschmidia sibirica var. *latifolia*（DC.）H. Hara；

Tournefortia arguzia Roem. & Schult.；

Tournefortia arguzia var. *latifolia* DC.；

Tournefortia sibirica var. *grandifolia* H. J. P. Winkl.]

多年生草本，高 10~30cm，有细长的根状茎。茎单一或数条丛生，直立或斜升，通常分枝，密生糙伏毛或白色长柔毛。叶披针形、倒披针形或长圆形，长 1~5cm，宽 0.6~1cm，先端渐尖或钝，基部楔形或圆，密生糙伏毛或长柔毛，中脉明显，上面凹陷，下面突起，侧脉不明显，无柄或近无柄。花序顶生，直径 1.5~4cm；萼片披针形，长 3~4mm，密生向上的糙伏毛；花冠黄白色，钟状，长 10~13mm，裂片卵形或长圆形，外弯，花冠筒较裂片长，外面密生向上的糙伏毛；花药长圆形，长 2.5~3mm，先端具短尖，花丝极短，长约 0.5mm，着生花筒中部；子房无毛，略现 4 裂，长 0.7~0.9mm，花柱细，长约 0.5mm，柱头浅 2 裂，长 0.7~0.8mm，下部环状膨大。核果椭圆形或卵球形，长 7~9mm，直径 5~8mm，粗糙，密生伏毛，先端凹陷，核具纵肋，成熟时分裂为 2 个各含 2 粒种子的分核。花期 5 月，果熟期 7 月。

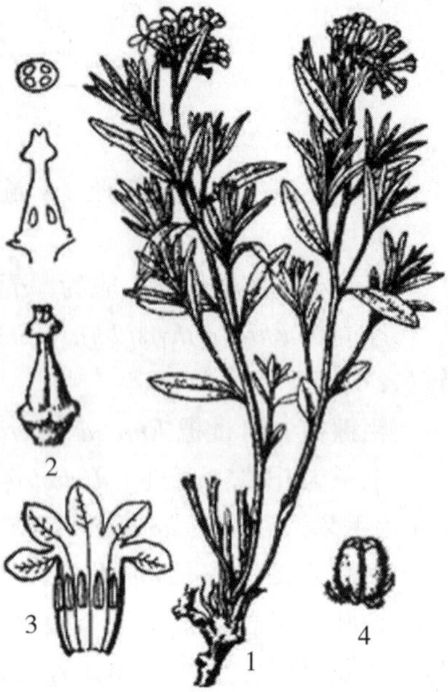

砂引草 *Tournefortia sibirica* L.
1. 花枝　2. 子房　3. 花　4. 果

河南见于郑州市林场、中牟、民权、封丘、原阳、长垣等黄河两岸地区；生于沙滩或沙地。分布于黑龙江、辽宁、河北、山东、陕西、甘肃、宁夏、河南、内蒙古等省区；蒙古、朝鲜及日本也有分布。

2. 勿忘草属 *Myosotis* L.

《河南植物志（第三册）》记载 1 种。本书除修订外，增补 1 种。

湿地勿忘草 *Myosotis caespitosa* Schultz

[*Myosotis lingulata* Lehm.；

Myosotis scorpioides subsp. *caespitosa*（Schultz）Herm.；

Myosotis uliginosa Schrad.]

多年生草本，密生多数纤维状不定根。茎高 15~50（~70）cm，通常单一，有时数条，自下部或上部分枝，分枝斜升或开展，疏被向上的糙伏毛。茎下部叶具柄，叶片长圆形至倒披针形，长 2~3cm，宽 3~8mm，全缘，先端钝，基部渐狭，两面被稀疏的糙伏毛；茎中部以上叶无柄，叶片倒披针形或线状披针形，长 3~7cm，宽 0.5~1.3cm。花序花期较短，花后伸长，果期长 10~20cm，无苞片或仅下部数花有线形苞片；花梗在果期长 6~8mm，通常比花萼长，平伸；花萼钟状，基部楔形，5 裂

湿地勿忘草 *Myosotis caespitosa* Schultz
1. 植株上部　2. 花萼　3. 小坚果侧面
4. 小坚果腹面

近中部，长约 2mm，果期稍增大，长 3～4mm，裂片三角形，短而直立，先端钝，外面疏生糙伏毛；花冠淡蓝色，长 2～3mm，筒部与花萼近等长，檐部直径 3～4mm，裂片长约 1.5mm，卵形，平展，喉部黄色，有 5 个附属物；花药椭圆形，长约 0.6mm，顶端具圆形附属物，比花药短 3 倍；花柱比花萼极短。小坚果卵形，长 1.5～2mm，光滑，暗褐色，上半部具狭边，顶端钝。

仅见于河南济源；生于溪边湿地及山坡湿润处。分布于云南、四川、甘肃、新疆、河北、黑龙江、吉林、辽宁；亚洲、欧洲的温带及亚热带地区、北美洲及非洲北部也有分布。

3. 附地菜属 *Trigonotis* Stev.

《河南植物志（第三册）》记载 2 种。本书增补 1 种，1 变种。

（1）湖北附地菜 *Trigonotis mollis* Hemsl.

多年生密丛细弱草本，全体密被灰色柔毛。茎多条，纤细而柔软，斜升，高 15～20cm。叶片柔软，近膜质，宽卵形或近圆形，直径 0.5～1.5cm，先端圆或尖，基部圆或宽楔形；基部叶具细长的叶柄，柄长 3～4cm；茎生叶较小，具短柄。花序顶生，细而柔软，长约 7cm，花稀疏着生，下部者 1～2 朵腋生，上部者无苞片；花梗细丝状，长 2～6mm，常平伸；花萼裂片倒卵状匙形，先端圆钝，长 1.5mm，花后略增大；花冠淡蓝色，直径约 2.5mm，筒部短，裂片近圆形；花药椭圆形，顶端具短尖；子房光滑，花柱内藏。小坚果 4 个，半球状四面体形，长约 0.6mm，灰褐色，平滑无毛，背面凸呈宽卵形，宽 0.5～0.6mm，顶端尖，腹面的基底面极小，其余 2 个侧面近等大，中央具 1 纵棱，柄极短。

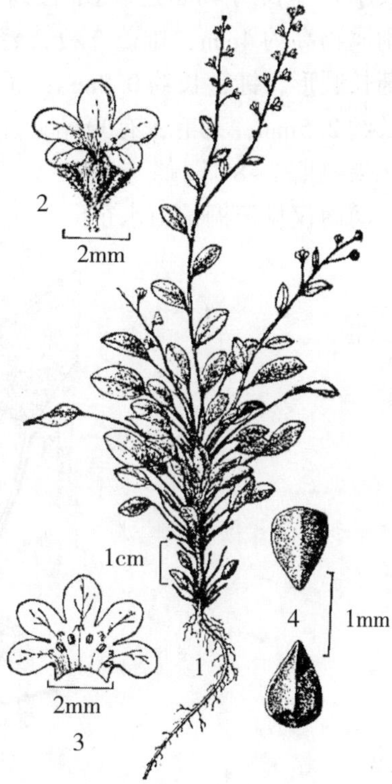

湖北附地菜 *Trigonotis mollis* Hemsl.
1. 植株　2. 花　3. 花冠展开　4. 种子

河南见于伏牛山区的栾川老君山和桐柏山区的桐柏太白顶；生于海拔 900～1 100m 的山沟石壁或山谷河边。分布于湖北、陕西。

（2）大花附地菜（变种）*Trigonotis peduncularis* var. *macrantha* W. T. Wang（彩版图 105）

本变种与附地菜的区别在于花冠大，直径 5～6mm，筒部较长而粗，直径约 2mm。

河南产于内黄、长垣、封丘等地；生于黄河滩沙土地上。我国北方地区甘肃、陕西、河北、山西诸省较常见。

4. 车前紫草属 *Sinojohnstonia* Hu

《河南植物志（第三册）》记载 2 种。本书增补 1 种。

车前紫草 *Sinojohnstonia plantaginea* Hu

根状茎横走，粗约6mm。茎数条，高15~20cm，有短伏毛。基生叶数枚，叶片心状卵形，长6~13cm，宽3~10cm，先端短渐尖，两面疏生短伏毛；叶柄长7~20cm，茎生叶生茎上部，较小，长1.5~3.5cm。花序长达5cm，含多数花，无苞片，密生短伏毛；花萼长约3.5mm，5裂至基部1/4处，裂片卵状披针形，背面密生短伏毛；花冠钟状，白色，稍长于萼（长约4mm），筒部长约2.2mm，檐部全裂，裂片狭三角形，比花冠筒稍短，喉部附属物高约4mm；雄蕊5枚，着生于附属物之间，伸出花冠外，花丝丝形，长约4mm，花药长圆形，钝，长约0.8mm；子房4裂，花柱长约6mm，外伸，柱头微小，头状。小坚果长约2.5mm，无毛，有光泽，碗状突起，淡黄褐色，高约1mm。花期3月下旬至4月上旬，果熟期7~8月。

河南仅见于桐柏山水帘洞；生于山沟林下。分布于四川及甘肃东南部。

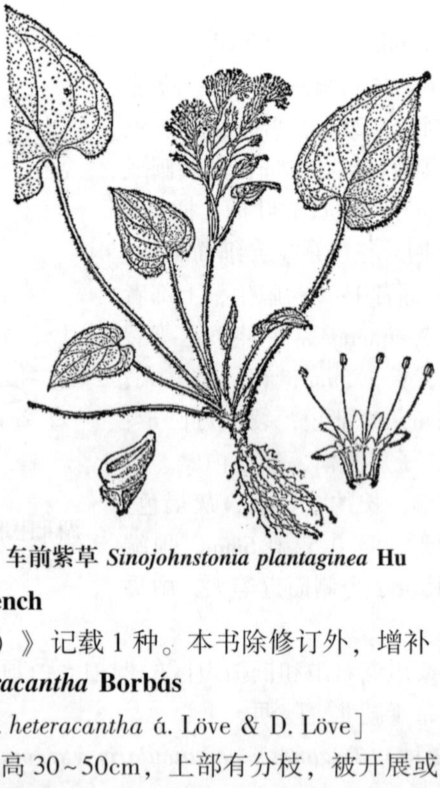

车前紫草 *Sinojohnstonia plantaginea* Hu

5. 鹤虱属 *Lappula* Moench

《河南植物志（第三册）》记载1种。本书除修订外，增补1种。

异刺鹤虱 *Lappula heteracantha* Borbás

[*Lappula myosotis* subsp. *heteracantha* á. Löve & D. Löve]

一年生草本。茎直立，高30~50cm，上部有分枝，被开展或近贴伏的灰色柔毛，茎下部的毛渐脱落。基生叶常呈莲座状，长圆形，长2~7cm，宽3~8mm，全缘，先端钝，基部渐狭成叶柄，两面被开展或近开展具基盘的灰色糙毛；茎生叶似基生叶，但较小而狭，无叶柄。花序疏松，果期强烈伸长；苞片线形，下方者比果实长，上方者比果实短；花梗短，果期伸长，下方者长3~5mm，中部者长2~3mm，直立而粗壮，基部渐细；花萼深裂至基部，裂片线形，花期直立，长2~3mm，果期增大，长约5mm，常星状开展；花冠淡蓝色，钟状，长3~3.5mm，檐部直径2~4mm，喉部白色或淡黄色，附属物梯形。小坚果卵形，长3~3.5mm，背面长圆状披针形，有小疣状突起，边缘有2行锚状刺，内行刺黄色，长1.5~2mm，基部扩展相互连合成狭翅，外行刺比内行刺短，通常生于小坚果腹面的中下部，小坚果腹面具疣状突起；花柱隐藏于小坚果上方锚状刺之中。花果期6~9月。

见于河南开封、郑州（花园口）、巩义（浮戏山）；生于干旱山坡、沙丘及荒地。分布于我国东北和华北。伊朗、巴基斯坦、印度（西北部）、克什米尔地区以及欧洲东部、俄罗斯中亚地区均有分布。

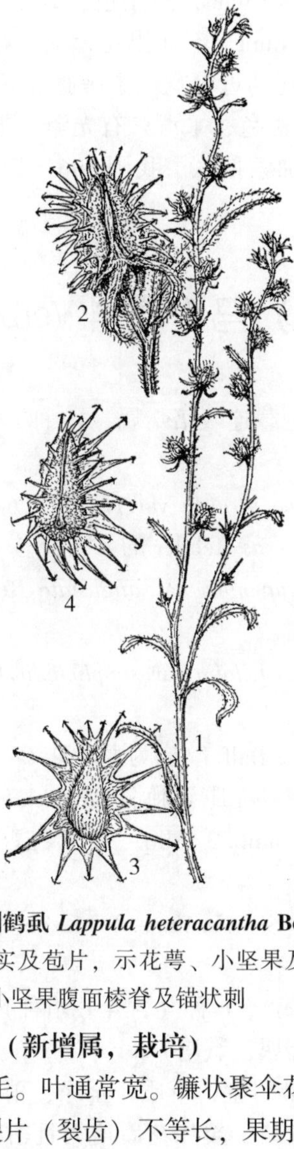

异刺鹤虱 *Lappula heteracantha* Borbás

1. 植株上部 2. 果实及苞片，示花萼、小坚果及雌蕊基 3. 小坚果背面及内行刺 4. 小坚果腹面棱脊及锚状刺

6. 聚合草属 *Symphytum* L.（新增属，栽培）

多年生草本，有硬毛或糙伏毛。叶通常宽。镰状聚伞花序在茎的上部集呈圆锥状，无苞片。花萼 5 裂至 1/2 或近基部，裂片（裂齿）不等长，果期稍增大；花冠筒状钟形，淡紫红色至白色，稀为黄色，檐部 5 浅裂，裂片三角形至半圆形，先端有时外卷，喉部具 5 个披针形附属物，附属物边缘有乳头状腺体；雄蕊 5 枚，着生于喉部，不超出花冠檐，花药线状长圆形；子房 4 裂，花柱丝形，通常伸出花冠外，具细小的头状柱头；雌蕊基平。小坚果卵形，有时稍偏斜，通常有疣点和网状皱纹，较少平滑，着生面在基部，碗状，边缘常具细齿。

本属约 20 种，分布于亚洲和欧洲。现在世界各地均有栽培，我国栽培 1 种。河南也有栽培。

聚合草 *Symphytum officinale* L.（彩版图 106）

丛生型多年生草本，高 30~90cm，全株被向下稍弧曲的硬毛和短伏毛。根发达、主根粗壮，淡紫褐色。茎数条，直立或斜升，有分枝。基生叶通常 50~80 枚，最多可达 200 枚，具长柄，叶片带状披针形、卵状披针形至卵形，长 30~60cm，宽 10~20cm，稍肉质，先端渐尖；茎中部和上部叶较小，无柄，基部下延。花序含多数花；花萼裂至近基部，裂片披针形，先端渐尖；花冠长 14~15mm，淡紫色、紫红色至黄白色，裂片三角形，先端外卷，喉部附属物披针形，长约 4mm，不伸出花冠檐；花药长约 3.5mm，顶端有稍凸出的药隔，花丝长约 3mm，下部与花药近等宽；子房通常不育，偶尔个别花内成熟 1 个小坚果。小坚果歪卵形，长 3~4mm，黑色，平滑，有光泽。花期 5~10 月。

原产于俄罗斯欧洲部分及高加索地区。我国 1963 年引进，现河南常见栽培。茎叶可作家畜青饲料。

（一四〇）马鞭草科 Verbenaceae

《河南植物志（第三册）》记载连栽培 7 属，19 种，5 变种。

其中：

毛叶老鸦糊（变种）*Callicarpa giraldii* var. *lyi*（H. Lév.）C. Y. Wu 为毛叶老鸦糊（变种）*Callicarpa giraldii* var. *subcanescens* Rehder 的异名；

窄叶紫珠（变种）*Callicarpa japonica* var. *angustata* Rehder 为窄叶紫珠 *Callicarpa membranacea* C. H. Chang 的异名；

单叶蔓荆、蔓荆（变种）*Vitex trifolia* var. *simplicifolia* Cham. 为单叶蔓荆 *Vitex rotundifolia* L. f. 的异名；

龙吐珠 *Clerodendrum thomsonae* Balf. f. 应为龙吐珠 *Clerodendrum thomsoniae* Balf. f.；

赪桐 *Clerodendrum japonicum* Sweet 应为赪桐 *Clerodendrum japonicum*（Thunb.）Sweet；

兰香草 *Caryopteris incana*（Thunb.）Miq. 应为兰香草 *Caryopteris incana*（Thunb. ex Houtt.）Miq.；

叉枝莸 *Caryopteris divaricata*（Sieb. et Zucc.）Maxim. 应为莸 *Caryopteris divaricata* Maxim.。

本书另增补 4 属（含 3 栽培属），6 种（含 4 栽培种）。

1. 蓝花藤属 *Petrea* L.（新增属，栽培）

木质藤本，小枝向上开展。叶对生，革质，全缘，稍粗糙。花蓝色或淡紫色，组成顶生总状花序；萼管短，陀螺状，5 裂，裂片花后增大且宿存，膜质，具明显的脉纹，喉部有 5 枚鳞片与裂片互生；花冠管短，圆柱状，喉部有毛，上部稍扩大而偏斜，近二唇形，5 深裂，裂片直立而开展，稍不等大；雄蕊 4 枚，等长或近二强，内藏，着生于花冠管喉部；花药直立，2 室，纵裂；子房 2 室，每室有 1 个胚珠；花柱顶生，内藏，柱头顶端近盘状。果不开裂，藏于宿存花萼管内，萼齿明显闭合，有种子 2 粒或 1 粒。

本属约 25 种，主要分布于热带美洲。我国引种栽培 1 种，河南也有引入。

蓝花藤 *Petrea volubilis* L.（彩版图 107）

木质藤本，长达 5m；小枝灰白色，具椭圆形皮孔，被毛，叶痕显著。叶对生，革质，触之粗糙，椭圆状长圆形或卵状椭圆形，长 6.5~14cm，宽 3.5~6.5cm，顶端钝或短尖，基部钝圆，全缘，或稍作波浪形，侧脉 8~18 对，第 3 回羽脉在两面均隆起，表面仅主脉被毛，背面被疏毛；叶柄粗壮，长 0.4~0.8cm，被毛。总状花序顶生，下垂，总花梗长 10cm 以上，被短毛。花蓝紫色；萼管长 2~3mm，陀螺形，密被棕色微绒毛，裂片狭长圆形，开展，结果时长约 20mm，宽约 5m；花冠长 8~10mm，5 深裂，外面密被微绒毛，喉部有髯毛；雄蕊 4 枚，近等长。花期 4~5 月。

原产于古巴，河南花卉市场近十多年有引进出售。花紫蓝色，排成串，下垂，为美丽的观赏植物。

2. 假连翘属 *Duranta* L.（新增属，栽培）

有刺或无刺灌木。单叶对生或轮生，全缘或有锯齿。花序总状、穗状或圆锥状，顶生或腋生；苞片细小；花萼顶端有 5 枚齿，宿存，结果时增大；花冠管圆柱形，直或弯，顶部 5 裂，裂片平展，稍不等长；雄蕊 4 枚，内藏，2 长 2 短，着生于花冠管内的中部或中部以上，花药卵形；子房由 4 个 2 室的心皮组成 8 室，每室有 1 个下垂胚珠；花柱短，不外露，柱头为近偏斜的头状。核果几完全包藏在增大宿存的花萼内，中果皮肉质，内果皮硬，有 4 核，每核 2 室，每室有 1 粒种子。

本属约 30 种，分布于热带美洲和中美洲；我国引进栽培 1 种。河南也有引入。

假连翘 *Duranta erecta* L.（彩版图 108）

[*Duranta repens* L.]

灌木，高 1.5~3m；枝条有皮刺，幼枝有柔毛。叶对生，少有轮生，叶片卵状椭圆形或卵状披针形，长 2~6.5cm，宽 1.5~3.5cm，纸质，顶端短尖或钝，基部楔形，全缘或中部以上有锯齿，有柔毛；叶柄长约 1cm，有柔毛。总状花序顶生或腋生，常排成圆锥状；花萼管状，有毛，长约 5mm，5 裂，有 5 棱；花冠通常蓝紫色，长约 8mm，稍不整齐，5 裂，裂片平展，内外有微毛；花柱短于花冠管；子房无毛。核果球形，无毛，有光泽，直径约 5mm，成熟时红黄色，被增大宿存花萼包围。花期 5~9 月，果熟期 9~10 月，在南方可为全年。

原产于热带美洲。我国南方常见栽培，有时逸为野生。河南各城市花卉市场有盆栽出售。花期长而花美丽，是一种很好的绿篱植物。根、叶、果均可药用。

3. 大青属 *Clerodendrum* L.

《河南植物志（第三册）》记载 4 种。本书除修订外，增补 1 种（栽培）。

长管大青 *Clerodendrum indicum*（L.）Kuntze

[*Clerodendrum siphonanthus* R. Br.;
Siphonanthus indicus L.]

灌木或草本状灌木，高 1~2m，嫩枝紫色至浅紫色，小枝 4~8 棱，棱间有纵沟，无毛，老枝褐色，干后中空，同对叶柄之间有一毛环，老时毛渐脱落而有痕迹。叶通常 3~5 枚轮生，稀对生，厚纸质，长圆状披针形、披针形或长椭圆形，长 3~16cm，宽 1~4cm，顶端渐尖或急尖，基部楔形，全缘或微波状，两面无毛，侧脉 5~7 对，叶几无柄或少有长达 1cm 的叶柄。聚伞花序以 2~4 个对生或轮生茎上部叶腋或枝顶，每聚伞花序有 3~8 朵花，花序梗长 1.5~5.5cm，无毛；苞片披针形或线状披针形，长 1~2cm，小苞片线形，均无毛；花萼钟状，革质，长 1~1.5cm，内外无毛，有盾形腺体，以内面为多，裂片卵状披针形，长 5~8mm，宽约 3mm；花冠白色至淡黄色，外面被腺点，花冠管长 5~9cm，裂片披针形或倒卵状长圆形或椭圆形，长 8～15mm，宽 3～6mm；花丝与花柱稍伸出花冠外；子房无毛，柱头 2 裂，顶端尖。浆果状核果近球形，幼果有2～4 深沟，包于增大的宿萼内。花期 8～9 月，果熟期 9～10 月。

河南各城市有引种栽培，花卉市场有盆栽出售供观赏。分布于广东、云南；尼泊尔、孟加拉国、中南半岛、马来西亚、印度尼西亚等地也有分布。

长管大青 *Clerodendrum indicum*（L.）Kuntze

4. 冬红属 *Holmskioldia* Retz.（新增属，栽培）

灌木，小枝被毛。叶对生，全缘或有锯齿，具叶柄。聚伞花序腋生或聚生于枝顶；花萼膜质，由基部向上扩大成碟状，近全缘，有颜色；花冠管弯曲，顶端 5 浅裂；雄蕊 4 枚，二强，着生于花冠管基部，与花柱同伸出花冠外，花药纵裂；花柱细长，柱头顶端浅 2 裂；子房稍压扁，有 4 个胚珠。果实 4 裂几达基部。

本属约 3 种，分布于印度、马达加斯加和热带非洲。我国引种栽培 1 种。河南也有引入。

冬红 *Holmskioldia sanguinea* Retz.（彩版图 109）

常绿灌木，高 3～7m；小枝四棱形，具四槽，被毛。叶对生，膜质，卵形或宽卵形，基部圆形或近平截，叶缘有锯齿，两面均有稀疏毛及腺点，但沿叶脉具毛，较密；叶柄长 1～2cm，具毛及腺点，有沟槽。聚伞花序常 2～6 个再组成圆锥状，每聚伞花序有 3 朵花，中间的 1 朵花柄较两侧为长，花柄及花序梗具短腺毛及长单毛；花萼朱红色或橙红色，由基部向上扩张成一阔倒圆锥形的碟，直径可达 2cm，边缘有稀疏睫毛，网状脉明显；花冠朱红色，花冠管长 2～2.5cm，有腺点；雄蕊 4 枚，花丝长 2.5～3cm，具腺点。果实倒卵形，长约 6mm，4 深裂，包藏于宿存、扩大的花萼内。花期冬末春初。

原产于喜马拉雅。近十多年河南各城市花卉市场有引种盆栽出售。广东、广西、台湾等地有栽培，供观赏。

5. 紫珠属 *Callicarpa* L.

《河南植物志（第三册）》记载 6 种，2 变种。本书除修订外，增补 1 种。

湖北紫珠 *Callicarpa gracilipes* Rehder

灌木，高 2～3.5m。小枝圆柱形，与叶柄、花序均被灰褐色星状茸毛。叶片卵形或卵状椭圆形，长 3～6cm，宽 2～3cm，顶端渐尖或短尖，基部宽楔形，表面绿色，干后变黑褐色，几无毛，背面密生厚灰色星状茸毛，毛下隐藏细小黄色腺点，侧脉 5～8 对，在表面下陷，边缘疏生小齿或近全缘；叶柄长 5～10mm。聚伞花序 2～3 次分歧，宽 10～15mm，花序梗等于或稍长于叶柄；苞片线形，花萼杯状，具星状毛，长约 1mm，萼齿钝或近于截头状；花未见。果实长圆形，淡紫红色；直径约 2mm，被微毛和黄色腺点。果期 8~10 月。

河南仅见于伏牛山西峡黄石庵；生于海拔 1 500m 以下的山坡灌丛中。分布于湖北西部和四川东部。

6. 莸属 *Caryopteris* Bunge

《河南植物志（第三册）》记载 4 种。本书除修订外，增补 1 种。

单花莸 *Caryopteris nepetifolia*（Benth.）Maxim.（彩版图 110）

［*Teucrium nepetifolium* Benth.］

多年生草本，有时蔓生，仅基部木质化，高 30~60cm；茎方形，被向下弯曲的柔毛。叶片纸质，宽卵形至近圆形，长 1.5~5cm，宽 1.5~4cm，顶端钝，基部阔楔形至圆形，边缘具 4~6 对钝齿，两面均被柔毛及腺点，侧脉 3~5 对；叶柄长 3~10mm，被柔毛。单花腋生，有长 15~30mm 的纤细花柄，近花柄中部生 2 枚锥形细小苞片；花萼杯状，长约 6mm，结果时略增大，两面均被柔毛和疏生腺点，5 裂，裂片卵圆形至卵状披针形，有明显脉纹；花冠淡蓝色，外面疏生细毛和腺点，喉部通常被柔毛，下唇中裂片较大，全缘，花冠管长 6~9mm；雄蕊 4 枚，与花柱均伸出花冠管外，子房密生绒毛。蒴果 4 瓣裂，果瓣倒卵形，无翅，表面被粗毛，不明显凹凸成网纹，长约 4mm，淡黄色。花期 5~6 月，果熟期 7~9 月。

仅见于河南大别山的商城黄柏山；生于阴湿山坡、林边或水沟边。分布于江苏、安徽、浙江、福建。全草祛暑解表，利尿解毒。治中暑、感冒、尿路感染、白带等症。民间用全草作刀伤药；也有用全草提制外用止血粉，效果良好。

本种近似三花莸 *Caryopteris terniflora* Maxim.，但三花莸腋生有 3 朵花，很少为 5 朵花；花萼披针形；果瓣倒卵状舟形，表面明显凹凸成网纹，可以区别。

（一四一）唇形科 Lamiaceae（Labiatae）

《河南植物志（第三册）》记载连栽培 32 属，96 种，14 变种。

其中：

掌叶石蚕 *Rubiteucris palmata*（Benth.）Kudô 应为掌叶石蚕 *Rubiteucris palmata*（Benth. ex Hook. f.）Kudô；

短紫背金盘（变种）*Ajuga nipponensis* var. *pallescens*（Maxim.）C. Y. Wu & C. Chen 为紫背金盘 *Ajuga nipponensis* Makino 的异名；

夏至草、风车草 *Lagopsis supina*（Steph.）Ik. -Gal. ex Knorr. 应为夏至草 *Lagopsis supina*（Steph. ex Willd.）Ikonn. -Gal.；

多裂叶荆芥属 *Schizonepeta* Briq. 被并入荆芥属 *Nepeta* L.；

多裂叶荆芥 *Schizonepeta multifida*（L.）Briq. 为多裂叶荆芥 *Nepeta multifida* L. 的异名；

裂叶荆芥、荆芥 *Schizonepeta tenuifolia*（Benth.）Briq. 为裂叶荆芥 *Nepeta tenuifolia* Benth. 的异名；

长毛糙苏（变型）*Phlomis umbrosa* f. *villosa* C. Y. Wu 为糙苏 *Phlomis umbrosa* Turcz. 的

异名；

坚硬野芝麻（变种）*Lamium barbatum* var. *rigidum* C. Y. Wu & S. J. Hsuan 为野芝麻 *Lamium barbatum* Siebold & Zucc. 的异名；

益母草 *Leonurus artemisia*（Lour.）S. Y. Hu 为益母草 *Leonurus japonicus* Houtt. 的异名；

针筒菜、地参 *Stachys oblongifolia* Benth. 应为针筒菜 *Stachys oblongifolia* Wall. ex Benth.；

匍匐风轮菜 *Clinopodium repens*（D. Don）Wall. ex Benth. 应为匍匐风轮菜 *Clinopodium repens*（Buch. -Ham. ex D. Don）Benth.；

风车草 *Clinopodium urticifolium*（Hance）C. Y. Wu & S. J. Hsuan 应为麻叶风轮菜 *Clinopodium urticifolium*（Hance）C. Y. Wu & S. J. Hsuan ex H. W. Li；

百里香 *Thymus mongolicus* Ronn. 应为百里香 *Thymus mongolicus*（Ronniger）Ronniger；

薄荷、野薄荷 *Mentha haplocalyx* Briq. 为薄荷 *Mentha canadensis* L. 的异名；

地笋、地瓜苗儿 *Lycopus lucidus* Turcz. 应为地笋 *Lycopus lucidus* Turcz. ex Benth.；

野生紫苏（变种）*Perilla frutescens* var. *acuta*（Thunb.）Kudô 为野生紫苏（变种）*Perilla frutescens* var. *purpurascens*（Hayata）H. W. Li 的异名；

石荠苧属 *Mosla* Buch. -Ham. ex Maxim. 应为石荠苎属 *Mosla*（Benth.）Buch. -Ham. ex Maxim.；

小鱼仙草、野荆芥 *Mosla dianthera*（Buch. -Ham.）Maxim. 应为小鱼仙草 *Mosla dianthera*（Buch. -Ham. ex Roxb.）Maxim.；

穗状香薷 *Elsholtzia stachyodes*（Link）C. Y. Wu 为穗状香薷 *Elsholtzia stachyodes*（Link）Raizada & H. O. Saxena 的异名；

野香薷、野薄荷 *Elsholtzia cyprianii*（Pavol.）S. Chow ex P. S. Hsu 为野香草 *Elsholtzia cyprianii*（Pavol.）C. Y. Wu & S. Chow 的异名；

香茶菜属 *Rabdosia*（Bl.）Hassk. 为香茶菜属 *Isodon*（Schrader ex Benth.）Spach 的异名；

显脉香茶菜 *Rabdosia nervosa*（Hemsl.）C. Y. Wu & H. W. Li 为显脉香茶菜 *Isodon nervosus*（Hemsl.）Kudô 的异名；

香茶菜 *Rabdosia amethystoides*（Benth.）H. Hara 为香茶菜 *Isodon amethystoides*（Benth.）H. Hara 的异名；

内折香茶菜 *Rabdosia inflexa*（Thunb.）H. Hara 为内折香茶菜 *Isodon inflexus*（Thunb.）Kudô 的异名；

溪黄草 *Rabdosia serra*（Maxim.）H. Hara 为溪黄草 *Isodon serra*（Maxim.）Kudô 的异名；

毛叶香茶菜、山苏子 *Rabdosia japonica*（Burm. f.）H. Hara 为毛叶香茶菜 *Isodon japonicus*（Burm. f.）H. Hara 的异名；

蓝萼香茶菜（变种）*Rabdosia japonica* var. *glaucocalyx*（Maxim.）H. Hara 为蓝萼香茶菜（变种）*Isodon japonicus* var. *glaucocalyx*（Maxim.）H. W. Li 的异名；

碎米桠、冬凌草、冰凌草、六月令、山荏 *Rabdosia rubescens*（Hemsl.）H. Hara 为碎米桠 *Isodon rubescens*（Hemsl.）H. Hara 的异名；

线纹香茶菜 *Rabdosia lophanthoides*（Buch. -Ham. ex D. Don）H. Hara 为线纹香茶菜 *Isodon lophanthoides*（Buch. -Ham. ex D. Don）H. Hara 的异名；

鄂西香茶菜 *Rabdosia henryi*（Hemsl.）H. Hara 为鄂西香茶菜 *Isodon henryi*（Hemsl.）Kudô 的异名；

拟缺香茶菜 *Rabdosia excisoides*（Y. Z. Sun ex C. H. Hu）C. Y. Wu & H. W. Li 为拟缺香茶菜 *Isodon excisoides*（Y. Z. Sun ex C. H. Hu）H. Hara；

芝麻花 *Physostegia virginiana* Benth. 应为芝麻花 *Physostegia virginiana*（L.）Benth.。

本书另增补 5 属（含 3 栽培属），18 种（含 7 栽培种）。

1. 香科科属 *Teucrium* L.

《河南植物志（第三册）》为香科属，记载 2 种，2 变种。本书增补 1 种。

穗花香科科 *Teucrium japonicum* Willd.

多年生草本，具匍匐茎。茎不分枝或分枝，高 50~80cm，四棱形，具明显的四槽，平滑无毛，极少于近节处有极疏的长柔毛。叶柄长 0.8~1.5cm；叶片卵圆状长圆形至卵圆状披针形，长 5~10cm，宽 1.5~4.5cm，分枝上者十分小，先端急尖或短渐尖，基部心形、近心形或平截，边缘为带重齿的锯齿或圆齿，除叶柄及叶下面中肋的基部偶见疏生的短柔毛外，余部均无毛。假穗状花序生于主茎及上部分枝的顶端，主茎上者由于下部有短的侧生花序因而俨如圆锥花序，长 3~4.5cm，无毛，由极密接、有时交错而不整齐的具 2 朵花的轮伞花序组成；苞片线状披针形；花梗短，长约 1.5mm，与苞片均无毛，极少有极疏生长柔毛。花萼钟形，长 4~4.5mm，宽 3~3.5mm，萼筒稍下方一面鼓，除齿缘稍具缘毛外，余部均无毛，10 脉，萼齿 5 枚，上 3 枚齿正三角形，等大，下 2 枚齿锐三角形，与上 3 枚齿等长，直伸。花冠白色或淡红色，长 1.2~1.4cm，外面在唇片上被鳞状短毛，余部无毛，冠筒长为花冠的 1/4，不伸出于花萼，唇片与冠筒在一条直线上，中裂片极发达，菱状倒卵形，外倾，长几达唇片的 1/2，侧裂片卵状长圆形，先端急尖。雄蕊稍短于唇片。花柱与雄蕊等长。花盘小，盘状，微显波状边缘。子房圆球形，4 裂。小坚果倒卵形，长 1.2mm，栗棕色，平滑，疏被白色波状毛，合生面超过果长 1/2。花期 7~10 月。

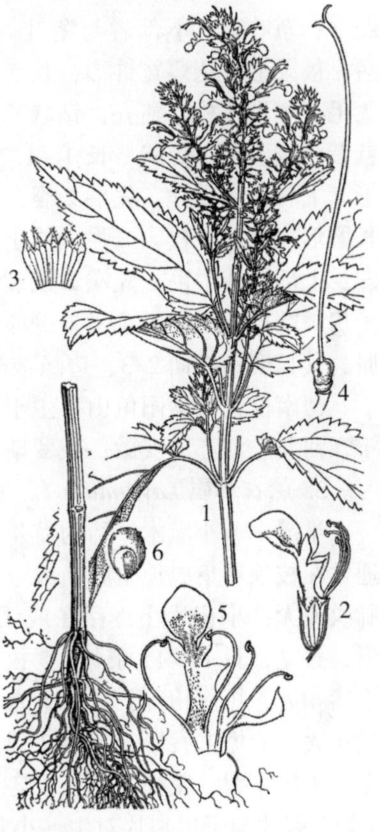

穗花香科科 *Teucrium japonicum* Willd.

1. 植株上部，示花序 2. 花，侧面观 3. 花萼纵剖，内面观 4. 雌蕊 5. 花冠纵剖，内面观 6. 小坚果，腹面观

仅见于河南大别山的商城黄柏山；生于山地及原野。分布于江苏、浙江、江西、湖南、四川、贵州、广东；朝鲜、日本也有分布。全草入药，可治外感风寒。

2. 筋骨草属 *Ajuga* L.

《河南植物志（第三册）》记载 5 种，1 变种。本书除修订外，增补 1 种。

多花筋骨草 ***Ajuga multiflora*** **Bunge（彩版图 111）**

多年生草本。茎直立，不分枝，高 6~20cm，四棱形，密被灰白色绵毛状长柔毛，幼嫩部分尤密。基生叶具柄，柄长 0.7~2cm，茎上部叶无柄；叶片均纸质，椭圆状长圆形或椭圆状卵圆形，长 1.5~4cm，宽 1~1.5cm，先端钝或微急尖，基部楔状下延，抱茎，边缘有不甚明显的波状齿或波状圆齿，具长柔毛状缘毛，上面密被、下面疏被柔毛状糙伏毛，脉 3 或 5 出，两面突起。轮伞花序自茎中部向上渐靠近，至顶端呈一密集的穗状聚伞花序；苞叶大，下部者与茎叶同形，向上渐小，呈披针形或卵形，渐变为全缘；花梗极短，被柔毛。花萼宽钟形，长 5~7mm，外面被绵毛状长柔毛，以萼齿上柔毛最密，内面无毛，萼齿 5 枚，整齐，钻状三角形，长为花萼的 2/3，先端锐尖，具柔毛状缘毛。花冠蓝紫色或蓝色，筒状，长 1~1.2cm，内外两面被微柔毛，内面近基部有毛环，冠檐二唇形，上唇短，直立，先端 2 裂，裂片圆形，下唇伸长，宽大，3 裂，中裂片扇形，侧裂片长圆形。雄蕊 4 枚，二强，伸出，微弯，花丝粗壮，具长柔毛。花柱细长，微弯，超出雄蕊，上部被疏柔毛，先端 2 浅裂，裂片细尖。花盘环状，裂片不明显，前面呈指状膨大。子房顶端被微柔毛。小坚果倒卵状三棱形，背部具网状皱纹，腹部中间隆起，具 1 个大果脐，其长度占腹面 2/3，边缘被微柔毛。花期 4~5 月，果熟期 5~6 月。

河南仅见于信阳龟山；生于山坡草丛、灌丛及河边湿地。分布于内蒙古、黑龙江、辽宁、河北、江苏、安徽；俄罗斯、朝鲜也有分布。

3. 薰衣草属 ***Lavandula*** **L.（新增属，栽培）**

半灌木或小灌木，稀为草本。叶线形至披针形或羽状分裂。轮伞花序具 2~10 朵花，通常在枝顶聚集成顶生间断或近连续的穗状花序。苞片形状多样，比萼短或超过萼片，具脉纹或无；小苞片小，存在或无。花蓝色或紫色，具短梗或近无梗。花萼卵状管形或管形，直立，具 13~15 条脉，5 枚齿，二唇形，上唇 1 齿，有时较宽大或稍伸长成附属物，下唇 4 齿，短而相等，有时上唇 2 齿，较下唇 3 齿狭；果期稍增大。花冠筒外伸，在喉部近扩大，冠檐二唇形，上唇 2 裂，下唇 3 裂。雄蕊 4 枚，内藏，前对较长，花药会合成 1 室。子房 4 裂。花柱着生在子房基部，顶端 2 裂，裂片压扁，卵圆形，常黏合。花盘相等 4 裂，裂片与子房裂片对生。小坚果光滑，有光泽，具有一基部着生面。

本属约 28 种，分布于巴基斯坦、印度、亚洲西南、非洲、大西洋群岛及欧洲。我国栽培 2 种。河南 1 种。

薰衣草 ***Lavandula angustifolia*** **Mill.**

[*Lavandula spica* L.]

半灌木或矮灌木，分枝，被星状绒毛，在幼嫩部分较密；老枝灰褐色或暗褐色，皮层作条状剥落，具有长的花枝及短的更新枝。叶线形或披针状线形，在花枝上的叶较大，疏离，长 3~5cm，宽 0.3~0.5cm，被密的或疏的灰色星状绒毛，干时灰白色或橄榄绿色，在更新枝上的叶小，簇生，长不超过 1.7cm，宽约 0.2cm，密被灰白色星状绒毛，干时灰白色，均先端钝，基部渐狭成极短柄，全缘，边缘外卷，中脉在下面隆起，侧脉及网脉不明显。轮伞花序通常具 6~10 朵花，多数，在枝顶聚集成间断或近连续的穗状花序，穗状花序长 3（~5）cm，花序梗长约为花序的 3 倍，密被星状绒毛；苞片菱状卵圆形，先端渐尖成钻状，具 5~7 条脉，干时常带锈色，被星状绒毛，小苞片不明显；花具短梗，蓝色，密被灰色、分枝或不分枝绒毛。花萼卵状管形或近管形，长 4~5mm，13 条脉，内面近无毛，二唇形，上唇1枚齿较宽而长，下唇具4枚短齿，齿相等而明显。花冠长约为花萼的2倍，具13条脉纹，外面被与花萼同一毛被，但基部近无毛，内面在喉部及冠檐部分被腺状毛，中部具毛环，冠檐二唇形，上唇直伸，2裂，裂片较大，圆形，且彼此稍重叠，下唇开展，3裂，裂片较小。雄蕊4枚，着生在毛环上方，不外伸，前对较长，花丝扁平，无毛，花药被毛。花柱被毛，在先端压扁，卵圆形。花盘4浅裂，裂片与子房裂片对生。小坚果4个，光滑。花期6月。

原产于地中海地区。河南各公园有引种，作盆栽花卉，花市上有出售。我国南方省区广为栽培。为一种观赏及芳香油植物。花中含芳香油，是调制化妆品、皂用香精的重要原料，尤为橄榄型香皂及花露水香精中的主要原料。

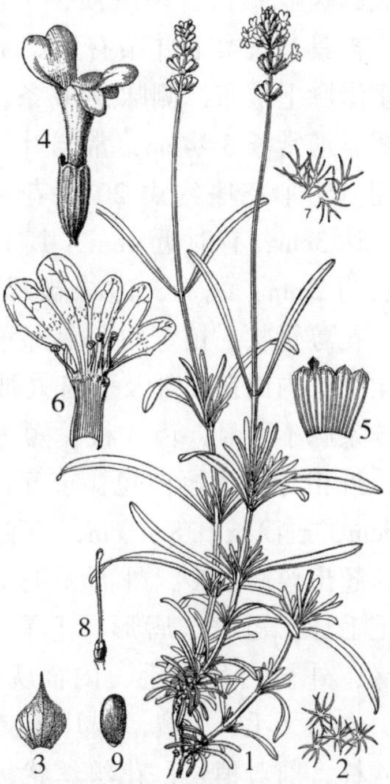

薰衣草 *Lavandula angustifolia* Mill.

1. 植株上部，示花序 2. 叶上的毛 3. 苞片，背面观 4. 花，侧面观 5. 花萼纵剖，内面观 6. 花冠纵剖，内面观，兼示雄蕊 7. 花冠上的毛 8. 雌蕊 9. 小坚果，背面观

4. 假糙苏属 *Paraphlomis*（Prain）Prain（新增属）

草本或半灌木，具根茎；根茎匍匐，斜行，密生须根。茎上升或直立，常下部伏地。叶膜质、薄纸质、坚纸质至近革质，边缘具齿，无柄或具长柄。轮伞花序多花至少花，有时少至每叶腋具1朵花，有时多少明显地由具总梗或无梗的紧缩聚伞花序组成，在后种情况下常具叶状苞片；小苞片披针形、线状披针形、钻形、线形至刺芒状，有时极微小而早落；花梗无或明显。花萼管状、管状钟形或倒圆锥形，外被单毛或具节毛，口部有时略收缩，逐渐增大，或骤然增大，平截至多折叠，5条脉，多少明显，齿5枚，宽三角形、卵圆状三角形、三角形、长三角形，或不明显，先端钻形，刚毛状渐尖、针状、锐尖、渐尖，短尖至明显由脉向外呈翅状伸展、直伸、开展或反折。花冠筒内藏或伸出，内面具毛环，向上逐渐增大，冠檐二唇形，上唇扁平而直伸，或盔状而内凹，外面密被毛，下唇近水平开张，3裂，中裂片较大。雄蕊4枚，前对较长，花丝丝状，扁平，多少被毛，花药2室，室平行或略叉开。花柱丝状，超出雄蕊之外，先端近相等2浅裂，裂片钻形。子房4裂，顶部截平，无毛或被毛。花盘环状或杯状，平顶。小坚果倒卵球形至长圆状三棱形，无毛或被毛。

本属约24种，产于中国、印度、缅甸、泰国、老挝、越南、马来西亚、印度尼西亚。我国有23种。河南1种。

白花假糙苏 *Paraphlomis albiflora*（Hemsl.） Hand. -Mazz.

[*Paraphlomis hirsuta* Hand. -Mazz.;

Phlomis albiflora Hemsl.]

多年生草本，从纤细须根生出，直立或曲折上升，高30~60cm。茎钝四棱形，具槽，密被具节长柔毛并杂有短柔毛，基部带紫色，向基部无叶，上部具叶，不分枝。叶卵圆形，有时下部茎叶为圆形，通常长6~8cm，宽3.5~4cm，边缘为具胼胝尖有时不规则的

粗大圆齿状锯齿，坚纸质，上面绿色，下面灰绿色，两面被具节长柔毛并杂有短柔毛，但下面长柔毛较多且多沿脉上散布，侧脉5~6条，两面均不显著，叶柄细弱，通常长3~4cm，常与叶片等长，腹平背凸，微具翅。轮伞花序约由20朵花组成，轮廓近圆球形，直径达3cm，有时近4cm，其下承以稀少的苞片；苞片长约2mm，线形，边缘被缘毛；花梗极短或近于无。花萼管状，稍弯曲，上部稍膨大，外面被有长及短柔毛，内面在喉部及萼齿处被糙伏毛，10条脉，齿间5条脉不明显，齿5枚，短三角形，具胼胝尖小尖头，近相等。花冠白色，或于喉部有紫斑，长1.2~1.5cm，冠筒长0.8~1cm，直伸，圆柱形，喉部微扩大，超出萼筒很多，外面无毛，内面在中部稍下方具柔毛毛环，冠檐二唇形，上唇长圆形，直伸，内凹，全缘，外被白色柔毛，内面无毛，下唇外被白色柔毛，内面无毛，3裂，裂片近圆形，中裂片稍大。雄蕊4枚，前对稍长，花丝丝状，具髯毛，插生于花冠喉部，花药椭圆形，2室，室叉开。花柱丝状，先端近相等2浅裂。子房顶端截形，无毛。花盘平顶。小坚果三棱形，无毛，顶端截形。花期6月。

河南仅见于伏牛山的淅川荆子关；生于山谷林下潮湿处。分布于湖北西部和四川东部。

白花假糙苏 ***Paraphlomis albiflora*** **(Hemsl.) Hand. -Mazz.**

1. 花枝一部分 2. 花，侧面观 3. 花冠纵剖，内面观，兼示雄蕊 4. 花萼纵剖，外面观 5. 花萼纵剖，内面观 6. 雌蕊 7. 小苞片 8. 茎上毛被 9. 花萼外面毛被 10. 花萼内面上部毛被 11. 叶上面毛被 12. 叶背面毛被

5. 药水苏属 *Betonica* L.（新增属，栽培）

多年生草本，直立，被疏柔毛。叶宽卵形或披针形，基生叶及下部茎叶具长柄，先端锐尖或钝，基部常为深心形，苞叶近于无柄，边缘均具粗大规则的圆齿。轮伞花序多花，多数密集成顶生穗状花序，间或最下方有远离的轮伞花序；小苞片与花萼等长或在外方者比花萼长。花萼管状钟形，5条脉，萼齿5枚，等大，直伸，具硬刺尖，内面喉部无毛。花冠筒圆柱形，与花萼等长或常常伸出于花萼，内面无柔毛环，直伸或略下弯，喉部稀增大，冠檐二唇形，上唇内凹，全缘或微缺，下唇开张，3裂，中裂片较大，先端钝或微缺。雄蕊4枚，平行，上升至上唇片之下，前对较长，花后稀在喉部侧向弯曲，药室近于平行。花柱丝状，先端近相等2浅裂。花盘平顶。小坚果顶端钝圆或几截平。

本属约15种，分布于欧洲和亚洲西南。我国引种栽培1种。河南也有引种。

药水苏 *Betonica officinalis* L.

[*Betonica glabrata* K. Koch；

Stachys betonica Benth.；

Stachys officinalis（L.）Trevis.]

多年生草本，高50~100cm；根茎纤维状。茎直立，钝四棱形，具条纹，密被微疏柔毛。基生叶具长柄，宽卵圆形，长8~12cm，宽3~5cm，先端钝，基部深心形，边缘具圆

齿，两面被疏柔毛；茎生叶卵圆形，长 4.5～5.5cm，宽 3～4cm，通常 2 对，远离，最下的 1 对具长柄，柄长达 7.5cm，被疏柔毛，上面的 1 对较小，叶柄长仅及 4cm；苞叶最下部的 1 对无柄，长圆状披针形，长约 2.5cm，宽 1cm，先端锐尖，边缘具齿，上部的苞叶线形，很小，全缘，与花萼等长。轮伞花序多花，密集成紧密的长 4cm 长圆形穗状花序，有时最下方的一轮伞花序稍远离；小苞片卵圆形或线形，先端具硬的锐刺尖头，外面被微柔毛，边缘密被疏柔毛，内面无毛，与花萼等长；花梗近于无。花萼管状钟形，连齿长约 6.5mm，外面在中部以上密被疏柔毛，中部以下被微柔毛或近于无毛，内面除在齿上被疏柔毛外，余部无毛，脉 5 条，不明显，齿 5 枚，长三角形，长约 2.5mm，等大，先端具硬刺尖头。花冠紫色，长约 1.2cm，外面除在冠筒中部以下无毛外，余皆被微柔毛，内面各处疏被微柔毛，但无柔毛环，冠筒圆柱形，直伸或略下弯，近于等大，长约 8mm，伸出于花萼很多，冠檐二唇形，上唇长圆形，长约 4mm，宽 2.5mm，边缘波齿状，下唇轮廓扁圆形，宽大，长 4mm，宽 6mm，3 裂，中裂片较大，直径达 4mm，宽卵圆形，边缘波齿状，侧裂片细小，卵圆形，宽约 1.5mm。雄蕊 4 枚，前对较后对几长 1 倍，均超出冠筒，花丝丝状，扁平，被微柔毛，花药卵圆形，2 室，室近于平行。花盘平顶。子房黑褐色，无毛。花期 5 月。

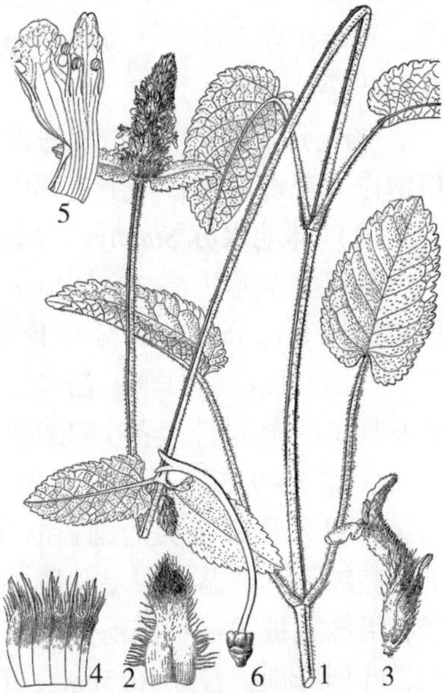

药水苏 *Betonica officinalis* L.

1. 植株上部，示花序 2. 小苞片，外面观 3. 花，侧面观 4. 花萼纵剖，内面观 5. 花冠纵剖，内面观，兼示雄蕊 6. 雌蕊

原产于欧洲及西亚。郑州等药圃场有引种栽培。我国各地植物园及药圃也有作为药用植物引种栽培。

6. 水苏属 *Stachys* L.

《河南植物志（第三册）》记载 6 种。本书增补 2 种（栽培）。

（1）绵毛水苏 *Stachys lanata* Jacq.（彩版图 112）

多年生草本，高约 60cm。茎直立，四棱形，密被有灰白色丝状绵毛。基生叶及茎生叶长圆状椭圆形，长约 10cm，宽约 2.5cm，两端渐狭，边缘具小圆齿，质厚，两面均密被灰白色丝状绵毛，侧脉不明显，叶柄近于扁平，密被灰白色丝状绵毛，基部半抱茎；苞叶近于无柄，细小，最下部者稍长于轮伞花序，上部者则短于轮伞花序。轮伞花序多花，向上密集组成顶生长 10～22cm 的穗状花序，有时在此花序的最下方 1～3 个轮伞花序远离；小苞片线形至线状披针形，长约 6mm，外面密被丝状绵毛，内面无毛；花梗无。花萼管状钟形，稍弯曲，连齿长约 1.2cm，外面密被丝状绵毛，内面除萼齿被丝状绵毛外，余皆无毛，10 条脉，居间的脉不明显，齿 5 枚，近等大或后 3 枚齿稍大，卵圆状三角形，长 2～3mm，先端具小硬尖头。花冠长约 1.2cm，外面除冠筒基部无毛外，余部被丝状绵毛，内面在冠筒近基部 1/3 处有斜向的微柔毛环，冠筒长 6mm，冠檐二唇形，上唇卵圆形，全缘，下唇近于平展，3 裂，中裂片宽卵圆形，侧裂片长圆形，细小。雄蕊 4 枚，前对较长，

均延伸至上唇片中部，花丝丝状，扁平，中部以下密被长柔毛。花柱丝状，超出雄蕊很多，先端相等2浅裂，裂片钻形。花盘平顶。未成熟小坚果长圆形，褐色，无毛。花期7月。

原产于巴尔干半岛、黑海沿岸至西亚。河南各公园有栽培，花市有出售。我国不少城市常作为观赏植物栽培于花圃中。

（2）林地水苏 *Stachys sylvatica* L.

多年生草本，高30~120cm。茎直立或稍曲折，上部分枝，各分枝顶端均具花序。茎、枝均四棱形，具槽，沿棱上被具节的刚毛及具腺的微柔毛。茎叶卵圆状心形，长8~12cm，宽5~9.5cm，先端渐尖，基部心形，边缘有粗大具胼胝尖的圆齿状锯齿，纸质，上面亮绿色，被贴生柔毛状刚毛，下面灰绿色，沿脉上被柔毛状刚毛，余部具浅黄色腺点，叶柄纤细，长3~6.5cm，近于扁平，被平展柔毛状刚毛；最下部苞叶与茎叶同形，具柄，细小，长约3cm，宽3cm，边缘具齿，上部苞叶无柄，极小，长圆状披针形，长10~15mm，宽2~4mm，稍超出轮伞花序，全缘。轮伞花序通常6朵花，偶具8朵花，远离而组成长10~20cm的长穗状花序；小苞片极小或无，线形，长约1mm，被小刺毛；花梗短，长约1mm，被小刺毛。花萼管状钟形，连齿长约7mm，外面被平展刚毛及具腺的微柔毛，内面无毛，10条脉，次脉不明显，齿5枚，三角状披针形，长2~3mm，近等大，先端具刺尖，果时稍为囊状增大。花冠红色至紫色，长1.4cm，外面仅二唇片疏被微柔毛，内面下唇片中部疏被微柔毛，冠筒近基部1/3处具斜向微柔毛环，冠筒直伸，在柔毛环的上方向前浅囊状膨大，冠檐二唇形，上唇直伸，长圆形，长近5mm，宽3mm，下唇平展，长7mm，宽6mm，3裂，中裂片较大，近圆形，先端微缺，侧裂片卵圆形，微小。雄蕊4枚，前对较长，均延伸至上唇之下，花丝丝状，扁平，中部以下借丝状柔毛而连接，花药卵圆形，2室，室极叉开。花柱丝状，略超出雄蕊，先端具相等2浅裂，裂片钻形。花盘平顶。小坚果卵圆状三棱形，暗褐色，无毛。花期7~8月，果熟期8月。

林地水苏 *Stachys sylvatica* L.

1. 植株上部，示叶及花序 2. 花，外面观，兼示小苞片 3. 花萼纵剖，内面观 4. 花冠纵剖，内面观，兼示雄蕊 5. 雌蕊 6. 小坚果背面观（a）和腹面观（b）

野生于新疆天山。全国各地栽培作观赏；河南各城市公园有栽培，花卉市场有出售。中欧、西亚、俄罗斯均有分布。

7. 鼠尾草属 *Salvia* L.

《河南植物志（第三册）》记载9种，1变种。本书增补3种（含1栽培种）。

(1) 朱唇 *Salvia coccinea* Buc' hoz ex Etl. (彩版图 113)

一年生或二年生草本。根纤维状，密集。茎直立，高达 70cm，四棱形，具浅槽，被开展的长硬毛及向下弯的灰白色疏柔毛，单一或多分枝，分枝细弱，伸长。叶片卵圆形或三角状卵圆形，长 2~5cm，宽 1.5~4cm，先端锐尖，基部心形或近截形，边缘具锯齿或钝锯齿，草质，上面绿色，被短柔毛，下面灰绿色，被灰色的短绒毛；叶柄长 0.5~2cm，被下向的疏柔毛及开展的长硬毛或仅被绒毛状柔毛。轮伞花序 4 朵至多花，疏离，组成顶生总状花序；苞片卵圆形，比花梗长，先端尾状渐尖，基部圆形，上面无毛，下面被疏柔毛，边缘具长缘毛；花梗长 2~3mm，与花序轴密被白色向下的短疏柔毛。花萼筒状钟形，长 7~9mm，外被短疏柔毛及微柔毛，其间混生浅黄色腺点，内面在中部及以上被微硬伏毛，二唇形，上唇卵圆形，长约 2.5mm，宽 3mm，全缘，先端具小尖头，边缘被小缘毛，下唇与上唇近等长，深裂成 2 齿，齿卵状三角形，先端锐尖。花冠深红色或绯红色，长 2~2.3cm，外被短柔毛，内面无毛，冠筒长约 1.6cm，基部宽 1.5mm，斜向上升，向上渐宽，至喉部宽达 4mm，冠檐二唇形，上唇比下唇短，伸直，长圆形，长约 6mm，宽约 4mm，先端微凹，下唇较上唇稍长，长 7mm，宽 8.5mm，3 裂，中裂片最大，倒心形，长 5mm，宽 8.5mm，先端微缺，边缘波状，侧裂片卵圆形，短，宽 2mm。能育雄蕊 2 枚，伸出，花丝长约 4mm，药隔长约 1.5mm，极纤细，近伸直，下臂药室不育，顶端彼此分离，上下臂近等长。花柱伸出，先端稍增大，2 裂，后裂片极小，不明显。花盘平顶。小坚果倒卵圆形，长 1.5~2.5mm，黄褐色，具棕色斑纹。花期 4~7 月。

原产于美洲。河南各城市公园及花市作盆栽花卉，供观赏用；我国多地都有栽培，云南南部及东南部已逸为野生。全草可入药，治血崩、高热、腹痛不适。

(2) 湖北鼠尾草 *Salvia hupehensis* E. Peter (彩版图 114)

草本，高 35~55cm。茎单一，直立，具叶，除节上多少密被长柔毛外，变无毛。叶片心状圆形，长 4~8cm，中部者最大，先端圆形或中齿增大成细尖或短而宽的渐尖，边缘具整齐的重圆齿状锯齿，齿具短尖头，上面稍密被具关节紧贴的柔毛，下面较淡，密被腺点及极疏的柔毛；叶柄与叶片近等长，稍粗，疏被长柔毛，狭鞘状。花序疏分枝，轮伞花序 2 朵花，疏离，花序轴密被具腺疏柔毛；下部苞片披针状卵圆形，比花萼长，上部苞片宽卵圆形，与花梗近等长，均先端尾状渐尖，满布无柄腺点及具腺疏柔毛。花萼钟形，开花时长 8~10mm，萼口约为长的 1/2，密被小缘毛，外面极密被极小的乳突及沿主脉上被开展的具腺长柔毛，二唇裂至上部 1/3，上唇全缘，宽卵圆状三角形，先端短渐尖，具小尖头，下唇 2 齿，齿卵圆形，稍长渐尖，长 3~4mm，果时花萼增大，上唇反折。花紫色，长 3~4.5cm，花梗长 3~5mm。花冠筒自基部向上渐腹状膨大，长约为花萼的 3 倍，口部宽 10~15mm，微向上弯，外面无毛，内面具疏柔毛毛环，上唇宽卵圆形，压扁，长 10~14mm，自基部成 45°向上弯，边缘下部伸直，边缘上部内凹，顶端微缺，裂片圆形，被极小缘毛，背面主要被小疏柔毛，下唇约为上唇的 1.5 倍，3 裂，侧裂片倒卵圆形，中裂片最大，极宽的倒心形，浅波状，干时青紫色。药隔弯，长 8~12mm，在花丝连接处被小疏柔毛，下臂为上臂长 1/2，药室先端联合。未成熟小坚果近球形，无毛，栗色。

河南产于鲁山尧山、修武；生于林缘、灌丛及草丛中。分布于湖北西部。

(3) 白马鼠尾草 *Salvia baimaensis* S. W. Su & Z. A. Shen (彩版图 115)

多年生植物。茎直立，少数，40~60cm，密被短柔毛和柔毛。叶片大多简单；叶柄2~8cm，茎下部叶柄（0.5~）1~4.5cm，上部叶无柄；基部叶片卵形至长圆形卵形，长3~9.5cm，宽1.5~7cm，背面有腺毛，边缘为不规则的圆形；茎叶1或2或3配对，叶倒卵形至椭圆形倒卵形，（2.5~）（4~13）×（2~8）cm。轮状花序6朵花，宽间距，总状花序或圆锥花序至30cm；轴密被逆行白色短柔毛；苞片披针形，（3~10）（~20）×（1~1.5）（~2）mm。花梗2~3mm，密被短柔毛。花萼绿色，管状，6~7mm，脉疏生短柔毛，淡黄色腺体；上唇半圆形三角形，0.5~1mm，3小齿状；下唇1.5~2mm，齿三角形。花冠白色，但正下唇中部靠下端为红色，长约1.1cm，具短柔毛或腺体短柔毛；管倾斜柔软的内侧，直径约8mm，基座宽1.5~2mm；上唇约2mm；下唇的中冠2×（3.5~4）mm；侧瓣亚圆形，约1mm。雄蕊有些外露；长丝约0.7mm；结节略弯曲，约3.5mm，上臂约3mm，下臂很短。花期5~6月。

仅见于河南大别山区的商城金刚台；生于海拔600~1 000m的山坡林下或灌丛中。分布于安徽金寨县天堂寨白马大峡谷。

8. 水蜡烛属 *Dysophylla* Blume（新增属）

草本植物。茎具通气组织。叶3~10枚轮生，无柄，线形至倒披针形，全缘或具疏齿，通常近无毛。轮伞花序多花，在茎或分枝顶部密集组成紧密而连续或极少于基部间断的穗状花序；苞片与花等长或略短。花极小，无梗。花萼钟形，外面被毛，内面无毛，萼齿5枚，短，通常无结晶体。花冠自花萼伸出，为其长1.5~2.5mm，冠筒向上渐增大，冠檐4裂，裂片近相等，后裂片全缘或微缺。雄蕊4枚，伸出，花丝极长，近相等，直立，具髯毛，花药顶生，小，近球形，贯通为一室。花柱与雄蕊近等长，先端2浅裂，裂片等长，钻形。花盘平顶，近全缘。小坚果近球形，小，光滑。

本属约27种，分布于亚洲（大多数在印度），其中有1种延至澳大利亚。我国有7种。河南1种。

水虎尾 *Dysophylla stellata*（Lour.）Benth.

植株

水虎尾 *Dysophylla stellata*（Lour.）Benth.

［*Mentha stellata* Lour.；

Dysophylla benthamiana Hance；

Dysophylla benthamiana var. *hainanensis* C. Y. Wu & S. J. Hsuan；

Dysophylla benthamiana var. *intermedia* C. Y. Wu & S. J. Hsuan；

Dysophylla esquirolii H. Lév.；

Dysophylla japonica Miq.；

Dysophylla stellata var. *hainanensis*（C. Y. Wu & S. J. Hsuan）C. Y. Wu & H. W. Li；

Dysophylla stellata var. *intermedia*（C. Y. Wu & S. J. Hsuan）C. Y. Wu & H. W. Li；

Dysophylla verticillata（Roxb.）Benth.；

Eusteralis pumila Rafinesque-Schmaltz；

Pogostemon benthamianus Kuntze;

Pogostemon verticillatus Miq.]

一年生直立草本。茎高 15~40cm，基部粗至 1cm，于中部以上具轮状分枝，无毛，有时节上被灰色柔毛，下部节间极短。叶 4~8 枚轮生，线形，长 2~7cm，宽 1.5~4mm，先端急尖，基部渐狭而无柄，边缘具疏齿或几无齿，不外卷，上面榄绿色，下面灰白色，两面均无毛；生于茎下部的叶有时狭而小。穗状花序长 0.5~4.5cm，宽 4~6.5mm，极密集，不间断；苞片披针形，明显，超过花萼。花萼钟形，密被灰色绒毛，长约 1.2mm，宽约 1mm，果时增大至长约 1.8mm。花冠紫红色，长 1.8~2mm，冠檐 4 裂，裂片近相等。雄蕊 4 枚，伸出，花丝被髯毛。花柱先端 2 浅裂。花盘平顶。小坚果倒卵形，极小，棕褐色，光滑。花、果期全年。

河南仅见于伏牛山区的嵩县龙池曼；生于稻田及水边湿地。分布于安徽、福建、广东、广西、海南、湖南、江西、云南、浙江；孟加拉国、不丹、柬埔寨、印度、印度尼西亚、日本、老挝、马来西亚、澳大利亚均有分布。

9. 美国薄荷属 *Monarda* L.（新增属，栽培）

一年生或多年生直立草本。叶具柄，边缘具齿。苞片与茎叶同形，较小，色常鲜艳。小苞片小。轮伞花序密集多花，在枝顶成单个头状花序，或为多个而远离。花萼管状，伸长，直立或稍弯，具 15 条脉，萼齿 5 枚，近相等，在喉部常常有长柔毛或硬毛。花冠鲜艳，有红色、紫色、白色、灰白色、黄色，常具斑点，冠筒伸出花萼或内藏，内无毛环，喉部稍扩大，冠檐二唇形，上唇狭窄，直伸或弓形，全缘或微凹，下唇开展，浅 3 裂，中裂片较大，先端微缺。前对雄蕊能育，插生于下唇下方冠筒内，常常靠上唇伸出，花丝分离，无齿，花药线形，中部着生，初时 2 室，室极叉开，后贯通为 1 室，后对雄蕊退化，极小或不存在。花柱先端 2 裂，裂片钻形，近相等。花盘平顶。小坚果卵球形，光滑。

本属 6~12 种，分布于北美洲。我国栽培 2 种。河南 2 种均有栽培。

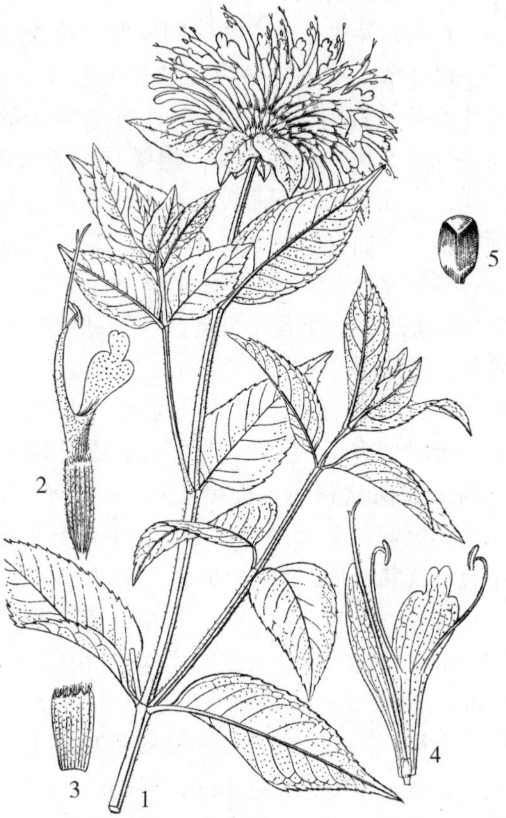

拟美国薄荷 *Monarda fistulosa* L.

1. 花枝　2. 花，侧面观　3. 花萼纵剖，内面观　4. 花冠纵剖，内面观　5. 小坚果，腹面观

（1）拟美国薄荷 *Monarda fistulosa* L.

一年生草本。茎钝四棱形，带红色或多少具紫红色斑点，下部不分枝，无毛或仅于节上被柔毛，上部分枝，茎、枝均密被倒向白色柔毛。叶片披针状卵圆形或卵圆形，长达 8cm 或以上，宽达 3cm，先端渐尖，基部圆形或近截形，边缘具不相等的锯齿，纸质，上

面绿色，下面较淡，两面均被柔毛，但渐变稀疏，沿脉上较密，下面密布凹陷腺点，侧脉10~11对与中脉在上面稍凹陷，下面隆起；叶柄长2~15mm，腹凹背凸，被柔毛。轮伞花序多花，在茎、枝顶部密集成径达5cm的头状花序；苞叶叶状，变小，全缘，密被短柔毛及腺点，具短柄或近无柄；小苞片线形，长约1cm，向上弯曲，被疏柔毛及腺点；花梗短，长约1mm，被微柔毛。花萼管状，狭窄，长7~9mm，外被短柔毛及棕色腺点，内面在喉部密被一环白色长髯毛，具15条脉，萼齿5枚，钻形，先端具硬刺尖头，长约1mm，等大，常与自喉部生出长髯毛环等长，混在一起且不易分清。花冠紫红色，长为花萼长3~4倍，外密被柔毛及腺点，冠檐二唇形，上唇斜上举，稍内弯，全缘，下唇近平展，3裂，中裂片较长，顶端微缺。能育雄蕊2枚，靠着上唇外伸，花丝无毛，花药线形，中部着生。花柱超出雄蕊，被短柔毛，先端为不相等2浅裂。花盘平顶。小坚果倒卵圆形，顶部截平。花期6~7月。

原产于北美洲。河南各地公园花圃栽培作观赏。花冠颜色鲜艳美观，在全国各地园圃中均有栽培繁育。

（2）美国薄荷 ***Monarda didyma*** **L.**

直立一年生草本。茎锐四棱形，具条纹，近无毛，仅在节上或上部沿棱上被长柔毛，毛易脱落。叶片卵状披针形，长达10cm，宽达4.5cm，先端渐尖或长渐尖，基部圆形，边缘具不等大的锯齿，纸质，上面绿色，下面较淡，上面疏被长柔毛，毛渐脱落，下面仅沿脉上被长柔毛，余部散布凹陷腺点，侧脉9~10对，在上面平坦下面突起，中肋在上面明显凹陷，下面十分隆起，网脉仅在下面清晰可见；茎中部叶柄长达2.5cm，向上渐短，在顶部近无柄，腹凹背凸，基部略宽大，幼时密被长柔毛，老时变秃净。轮伞花序多花，在茎顶密集成径达6cm的头状花序；苞片叶状，染红色，短于花序，具短柄，全缘，疏被柔毛，下面具凹陷腺点，小苞片线状钻形，长约10mm，基部宽1.5mm，先端长尾尖，具肋，被微柔毛，染红色；花梗短，长约1mm，被微柔毛。花萼管状，稍弯曲，长约10mm，宽2.5mm，干时紫红色，具15条脉，外面沿肋上被短柔毛，内面在喉部被稀疏硬毛，萼齿5枚，钻状三角形，长约1mm，先端具硬刺尖头，等大。花冠紫红色，长约为花萼的2.5倍，外面被微柔毛，内面在冠筒被微柔毛，冠檐二唇形，上唇直立，先端稍外弯，全缘，下唇3裂，平展，中裂片较狭长，顶端微缺。能育雄蕊2枚，靠着上唇微外伸，花丝无毛，花药线形，中部着生。花柱超出雄蕊，无毛，先端为不相等2浅裂。花期7月。

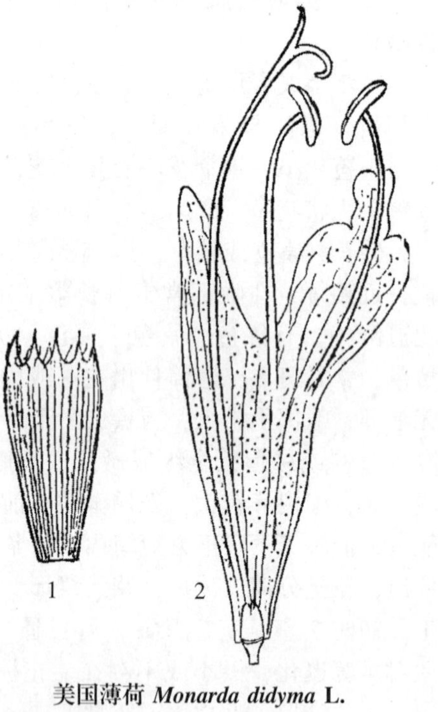

美国薄荷 *Monarda didyma* L.
1. 花萼纵剖，内面观　2. 花冠纵剖，内面观

原产于美洲。河南各地公园花圃有栽培，供观赏，花市上有作盆栽花卉出售。全国各地园圃均有栽培。

10. 薄荷属 *Mentha* L.

《河南植物志（第三册）》记载 3 种。本书除修订外，增补 3 种（栽培）。

（1）圆叶薄荷 *Mentha suaveolens* Ehrh.

多年生草本，具地下及地上不结实枝。茎直立，高 30~80cm，钝四棱形，具条纹，被皱曲多节柔毛，多分枝，上部呈塔状分枝式。叶通常无柄，圆形、卵形或长圆状卵形，长 2~4.5cm，宽 1.5~3cm，先端钝，基部心形，边缘具圆齿或圆齿状锯齿，坚纸质，上面绿色，疏被柔毛，下面淡绿色，密被柔毛，侧脉 7~10 对，与中脉在上面稍凹陷，下面隆起。轮伞花序在茎及分枝顶端密集成圆柱形穗状花序，此花序长 2~4cm，直径约 6mm，常常下部 1~2 轮伞花序间断；苞片披针形，叶状，长 3mm，具皱，两面被柔毛；花梗长 1mm，无毛。花萼花时宽钟形，长 2.5mm，外面被短柔毛，内面无毛，果时近于球形，膨大，喉部不收缩，具不明显的脉，萼齿 5 枚，披针状钻形，短小，长 1mm。花冠白色、淡紫色、淡蓝色或紫色，长约 2.5mm，外面无毛，冠筒长 1.5mm，冠檐 4 裂，裂片近等大，上裂片微凹。雄蕊 4 枚，伸出，花丝丝状，无毛，花药紫色，卵圆形，2 室。花柱超出雄蕊，先端相等 2 浅裂。花盘平顶。子房无毛。

原产于中欧。河南多城市花卉市场有引种盆栽出售。我国北京、江苏（南京）、上海、云南（丽江、昆明）等省区均有引种栽培。

（2）唇萼薄荷 *Mentha pulegium* L.（彩版图 116）

[*Pulegium vulgare* Mill.]

多年生芳香草本；地下枝具鳞叶，节上生根；茎大多上升，极稀直立或匍匐，高 15~30（~50）cm，钝四棱形，有微硬毛，具条纹，常染红紫色，多分枝，节间通常比叶长。茎叶具短柄，柄长 2~3mm，被微柔毛，叶片卵圆形或卵形，长 8~13mm，宽 5~7mm，先端钝，基部近圆形，边缘具疏圆齿，但常为全缘，草质，上面绿色，下面灰绿色，两面被微柔毛，侧脉 1~3 对，与中肋在上面凹陷，下面多少显著；苞叶无柄，筒形，下弯，比轮伞花序短，细小；轮伞花序多花，具 10~30 朵花，圆球状，疏散，直径 1~1.5cm，彼此远离；花梗长 2~3mm，被微硬毛；花萼管形，长 2.5~3mm，外面被微硬毛及腺点，内面在喉部被髯毛，10 条脉，多少显著，萼筒长 1.5mm，萼齿 5 枚，呈二唇形，上唇 3 齿，齿披针状三角形，长约 1mm，下唇 2 齿，齿钻形，长约 1.5mm。花冠鲜玫瑰红色、紫色，稀有白色，长约 4.5mm，外面被微柔毛，内面近无毛，冠筒长 3mm，在上部骤然囊状增大，冠檐 4 裂，裂片长约 1.5mm，上裂片披针形，其余下方 3 裂片长圆形，全缘；雄蕊 4 枚，前对较长，均伸出，花丝丝状，无毛，花药长圆形，2 室，室横裂；花柱稍伸出花冠，先端相等 2 浅裂；花盘平顶；子房无毛。花期 9 月。

原产于中欧及西亚。河南多地花市均有引种栽培出售。我国北京、南京等城市有引种栽培。

（3）欧薄荷 *Mentha longifolia*（L.）L.

[*Mentha longifolia*（L.）Huds.;

Mentha picata var. *longifolia* L.;

Mentha sylvestris L.]

多年生草本，高达 1m；根茎匍匐，节上生根，具地下枝；植株各部被扁平具横缢的具节柔毛；茎直立，极分枝，锐四棱形，带白色，具条纹，特别在上部被有倒向短而柔软的绒状具节柔毛。叶无柄或下部叶具短柄，卵圆形至长圆状披针形或披针形，长达 6cm，宽 1.5cm，先端锐尖，基部圆形至浅心形，边缘具粗大而不整齐的锯齿状牙齿，上面暗绿色或深绿色，多少密被有贴生的绒状具节柔毛，其后近于无毛，下面为绿色，密被贴生绒状具节柔毛。轮伞花序在茎及分枝顶端集合组成圆柱形先端锐尖的穗状花序，此花序长 3~8cm，轮伞花序位于其下方的稍远离，位于上方者密集；苞叶类似苞片，线状钻形，除下部苞叶外均短于轮伞花序；花梗长可达 2mm，被绒状具节长柔毛；花萼钟形，长约 2mm，外面被绒状具节柔毛，内面无毛，5 条脉，不显著，萼齿 5 枚，线状钻形，果时靠合，近等于萼筒，长约 1mm；花冠淡紫色，长 4mm，外面在唇上疏被微柔毛，内面无毛，冠筒向上渐扩大，与唇片等长，长 2mm，冠檐 4 裂，上裂片长圆状卵形，先端微凹，其余 3 裂片长圆形，较狭，先端钝；雄蕊 4 枚，伸出，彼此近等长，花丝丝状，无毛，花药卵圆形，2 室；花柱超出花冠很多，先端稍扁平，相等 2 浅裂，裂片钻形；花盘平顶；子房无毛。花期 7~9 月。

原产于欧洲。河南多地花市均有作盆栽花卉出售。上海、南京等城市有引种栽培。在原产地欧洲作芳香及药用植物广为栽培，是一个极为多型的种。

11. 地笋属 *Lycopus* L.

《河南植物志（第三册）》记载 1 种。本书除更正外，增补 1 种。

小叶地笋 *Lycopus cavaleriei* H. Lév.（彩版图 117）

［*Lycopus coreanus* H. Lév.；

Lycopus coreanus var. *cavaleriei*（H. Lév.）C. Y. Wu & H. W. Li；

Lycopus europaeus var. *sinensis* H. Lév.；

Lycopus maackianus var. *ramosissimus* Makino；

Lycopus ramosissimus（Makino）Makino］

多年生草本，高 15~60cm；根茎横走，有先端逐渐肥大的地下长匍枝，地下匍枝有时几与植株同长，但通常短小而纤细，节上有鳞叶及须根。茎直立，四棱形，具槽，节上多少被柔毛，余皆被微柔毛至无毛，下部节间伸长，节间通常比叶长。叶小，无柄，长圆状卵圆形至卵圆形，长 1.5~3cm，宽 0.6~1.5cm，先端锐尖，基部楔形，边缘在基部以上疏生浅波状牙齿，薄纸质，上面绿色，下面灰绿色，两面近无毛，具腺点，侧脉 3~8 对，于中脉上面不显著，下面隆起。轮伞花序无梗，多花密集，轮廓圆球形，直径 5~7mm，其下承以小苞片；小苞片线状钻形，具肋，被微柔毛，长 1.5~2.5mm，通常均较萼短，先端刺尖；花梗无。花萼钟形，连萼齿在内长 2.5~3mm，外被微柔毛，内面无毛，10~15 条脉，不显著，萼齿 4~5 枚，长约 1mm，三角状披针形，先端硬刺尖。花冠白色，钟状，略超出花萼，长 3~3.5mm，外面在唇片上具腺点，内面于花丝着生的花冠筒部具白色交错纤毛，冠檐不明显二唇形，唇片长 1mm，几等长，上唇圆形，先端微凹，下唇 3 裂，裂片近相等。前对雄蕊能育，与花冠等长，几不超出，花丝丝状，无毛，花药卵圆形，2 室，室略叉开，后对雄蕊不存在或甚退化成丝状。花柱略超出雄蕊，先端相等 2 浅裂，裂片钻形。花盘平顶。小坚果背腹扁平，倒卵状四边形，褐色，边缘加厚，腹面略隆起而具腺点，基部有一小白痕。花期 7~8 月，果熟期 8~9 月。

产于河南大别山区的商城金刚台和桐柏山区的桐柏固庙；生于水边或路旁湿地。分布于安徽、贵州、江西、吉林、四川、云南、浙江；日本、韩国也有分布。

12. 石荠苎属 *Mosla*（Benth.） Buch. -Ham. ex Maxim.

《河南植物志（第三册）》记载3种。本书除修订外，增补1种。

长苞荠苎 *Mosla longibracteata*（C. Y. Wu & S. J. Hsuan） C. Y. Wu & H. W. Li

［*Orthodon longibracteatus* C. Y. Wu & S. J. Hsuan］

一年生草本。茎高30~50cm，四棱形，棱及节上被倒生短硬毛，多分枝，分枝斜向上。叶倒卵形或菱形，长1.6~3.3cm，宽0.9~1.6cm，先端钝，基部渐狭，下延成长6~12mm的柄，边缘在中部以上具圆齿或圆齿状锯齿，下部全缘，纸质，两面均为榄绿色，无毛，下面被疏腺点。总状花序顶生于主茎及侧枝上，长6~11cm；苞片卵状披针形至披针形，长4~6.5mm，宽0.8~3mm，有时最下部的叶状，远较花梗长。花萼钟形，长约2.7mm，宽约2.2mm，外面被微柔毛但沿脉上被倒生短硬毛，满布黄色腺点，萼齿5枚，后3枚齿呈钝三角形，中齿极小，前2枚齿披针形，其长微超过前者，果时花萼增大，长至6mm，宽至5mm。花冠淡粉红色或近白色，生于花序顶部者其长微超过花萼，内面无毛环。小坚果黄褐色，近球形，直径约1.5mm，具极疏的网纹。花期9~10月，果熟期10月以后。

河南仅见于伏牛山区北部的嵩县明白川；生于山谷沟边湿地。分布于浙江、广西。

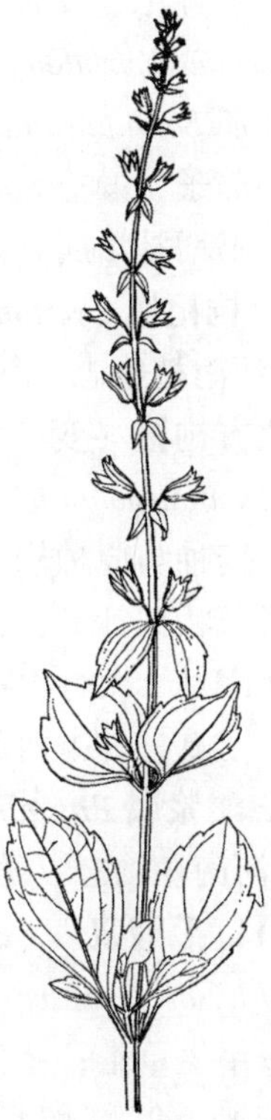

长苞荠苎 *Mosla longibracteata*（C. Y. Wu & S. J. Hsuan） C. Y. Wu & H. W. Li
花枝

（一四二）茄科 Solanaceae

《河南植物志（第三册）》记载连栽培14属，33种，5变种。

其中：

日本散血丹、刺酸浆 *Physalia strumjaponicum*（Franch. & Sav.） Honda 应为日本散血丹 *Physalia strumechinatum*（Yatabe） Makino；

菜椒、灯笼椒（变种）*Capsicum annuum* var. *grossum*（Willd.） Sendtn.，朝天椒（变种）*Capsicum annuum* var. *conoides*（Mill.） Irish 和簇生椒（变种）*Capsicum annuum* var. *fasciculatum*（Sturtev.） Irish 均为辣椒、辣子 *Capsicum annuum* L. 的异名；

腺龙葵 *Solanum sarachioides* Rusby［《河南植物志（第三册）》为 *Solanum sarachioides* Sendt］为腺龙葵 *Solanum cochabambense* Bitter 的异名；

光白英 *Solanum borealisinense* C. Y. Wu & S. C. Huang 为光白英 *Solanum kitagawae* Schonb. -Tem. 的异名；

千年不烂心 *Solanum cathayanum* C. Y. Wu & S. C. Huang 为白英 *Solanum lyratum* Thunb. 的异名；

单叶青杞（变种）*Solanum septemlobum* var. *subintegrifolium* C. Y. Wu & S. C. Huang 为青杞 *Solanum septemlobum* Bunge 的异名；

红茄 *Solanum integrifolium* Lam. 为红茄 *Solanum aethiopicum* L. 的异名；

牛茄子、颠茄 *Solanum surattense* Burm. f. 为毛果茄 *Solanum virginianum* L. 的异名。

本书增补 1 属（栽培），4 种（栽培），1 变种。

1. 枸杞属 *Lycium* L.

《河南植物志（第三册）》记载 2 种。本书增补 1 变种。

北方枸杞（变种）*Lycium chinense* var. *potaninii*（Pojark.）A. M. Lu（彩版图 118）

[*Lycium potaninii* Pojark.]

本变种与原种枸杞 *Lycium chinense* Mill. 的主要区别在于：叶通常为披针形、矩圆状披针形或条状披针形；花冠裂片的边缘缘毛稀疏、基部耳不显著；雄蕊稍长于花冠。

河南见于太行山；生于向阳山坡、沟旁。分布于河北北部、山西北部、陕西北部、内蒙古、宁夏、甘肃西部、青海东部和新疆。

2. 酸浆属 *Physalis* L.

《河南植物志（第三册）》记载 2 种，1 变种。本书增补 2 种（栽培）。

（1）毛酸浆 洋姑娘 ***Physalis philadelphica* Lam.**

[*Physalis cavaleriei* H. Lév.]

一年生草本；茎生柔毛，常多分枝，分枝毛较密。叶阔卵形，长 3～8cm，宽 2～6cm，顶端急尖，基部歪斜心形，边缘通常有不等大的尖牙齿，两面疏生毛但脉上毛较密；叶柄长 3～8cm，密生短柔毛。花单独腋生，花梗长 5～10mm，密生短柔毛。花萼钟状，密生柔毛，5 中裂，裂片披针形，急尖，边缘有缘毛；花冠淡黄色，喉部具紫色斑纹，直径 6～10mm；雄蕊短于花冠，花药淡紫色，长 1～2mm。果萼卵状，长 2～3cm，直径 2～2.5cm，具 5 棱角和 10 纵肋，顶端萼齿闭合，基部稍凹陷；浆果球状，直径约 1.2cm，黄色或有时带紫色。种子近圆盘状，直径约 2mm。花期 5～8 月，果熟期 8～11 月。

毛酸浆 *Physalis philadelphica* Lam.
植株上部

原产于美洲。河南中牟县 1981 年引种栽培。吉林、黑龙江有栽培或逸为野生。果实可作鲜果食用。

（2）灯笼果 *Physalis peruviana* L.（彩版图 119）

多年生草本，高 45～90cm，具匍匐根状茎。茎直立，不分枝或少分枝，密生短柔毛。叶较厚，阔卵形或心形，长 6～15cm，宽 4～10cm，顶端短渐尖，基部对称心形，全缘或有少数不明显的尖牙齿，两面密生柔毛；叶柄长2~5cm，密生柔毛。花单生叶腋，梗长约1.5cm。花萼阔钟状，同花梗一样密生柔毛，长7~9mm，裂片披针形，与筒部近等长；花冠阔钟状，长1.2~1.5cm，直径1.5~2cm，黄色，喉部有紫色斑纹，5浅裂，裂片近三角形，外面生短柔毛，边缘有睫毛；花丝及花药蓝紫色，花药长约3mm。果萼卵球状，长2.5~4cm，薄纸质，淡绿色或淡黄色，被柔毛；浆果直径1~1.5cm，成熟时黄色。种子黄色，圆盘状，直径约2mm。花期6~7月，果熟期8~9月。

原产于南美洲。河南中牟县在20世纪80年代有引种栽培。广东、云南也有栽培，或逸为野生。果实成熟后酸甜，可生食或作果酱。

3. 茄属 *Solanum* L.

《河南植物志（第三册）》记载12种，3变种。本书除修订外，增补1种（栽培）。

澳洲茄 *Solanum laciniatum* Aiton

灌木，高达3m，全株无毛，小枝具棱角。叶二型，分裂或全缘，分裂叶羽状3~5裂，基部阔楔形，长约15cm，宽约10cm，基部的裂片常较上部的为短，裂片线状披针形，长2~7cm，宽0.5~1cm，中间的裂片披针形，长约10cm，宽约2.5cm，边缘微波状；全缘叶披针形，长10~20cm，宽1.5~3cm，先端渐尖，基部楔形下延，边缘略向下卷；叶柄长约1cm。蝎尾状花序顶生，后来腋生或近腋生，或生于枝的分叉处，长约8cm，总花梗短或近于无，花梗长约2cm；萼片革质，直径约0.7cm，5裂，萼齿圆，先端具凸尖头；花蓝紫色，直径约2.5cm；花冠筒隐于萼内，冠檐长约1cm，5浅裂，裂片先端微缺；花丝锥形，初时微短于花药，以后大大伸长，而长于花药；花药椭圆形，长3~4mm，顶孔向内，偏斜；子房卵形，直径约2mm，花柱丝状，长约8mm，柱头2浅裂。浆果卵状椭圆形，长约3cm，直径约2.5cm；种子棕黄色，近卵形，长约3mm，宽约2mm，两侧压扁。花期4~6月，果熟期7~9月。

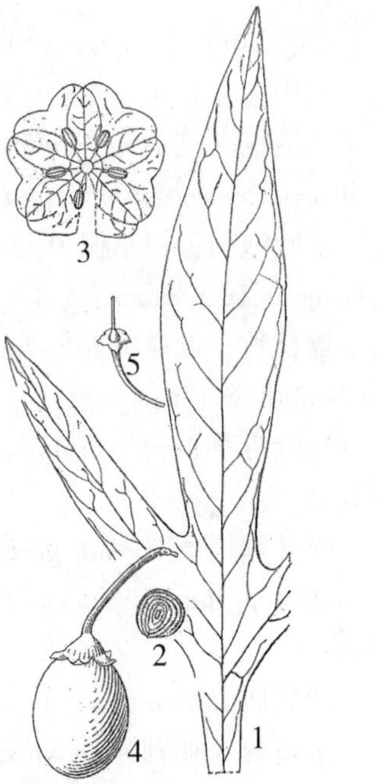

澳洲茄 *Salanum laciniatum* Aiton

1. 叶　2. 花萼及子房　3. 花冠展开去雌蕊　4. 果　5. 种子

原产于澳大利亚，河南项城、中牟有引种栽培。云南、河北、湖北、江苏等植物园及药用植物研究机构均有栽培。叶和果实可入药，含生物碱、茄解碱、索拉马琴。

4. 曼陀罗属 *Datura* L.

《河南植物志（第三册）》记载3种。本书增补1种（栽培）。

木本曼陀罗 *Datura arborea* L.（彩版图120）

[*Brugmansia arborea*（L.）Steud.]

小乔木，高2m余。茎粗壮，上部分枝。叶卵状披针形、矩圆形或卵形，顶端渐尖或急尖，基部不对称楔形或宽楔形，全缘、微波状或有不规则缺刻状齿，两面有微柔毛，侧脉每边7~9条，长9~22cm，宽3~9cm；叶柄长1~3cm。花单生，俯垂，花梗长3~5cm。

花萼筒状，中部稍鼓胀，长8~12cm，直径2~2.5cm，裂片长三角形，长1.5~2.5cm；花冠白色，脉纹绿色，长漏斗状，筒中部以下较细而向上渐扩大成喇叭状，长达23cm，檐部裂片有长渐尖头，直径8~10cm；雄蕊不伸出花冠筒，花药长达3cm；花柱伸出花冠筒，柱头稍膨大。浆果状蒴果，表面平滑，广卵形，长达6cm。

原产于热带美洲，河南郑州、项城、中牟药圃场有引种栽培。北京、青岛等北方城市也有栽培，冬季放在温室；南方福州、广州等市及云南西双版纳等地区则终年可在户外栽培生长。叶和花含莨菪碱和东莨菪碱。

（一四三）玄参科 Scrophulariaceae

《河南植物志（第三册）》记载连栽培23属，58种，1亚种，2变种。

其中：

光泡桐（变种）*Paulownia tomentosa* var. *tsinlingensis* Gong Tong 应为光泡桐（变种）*Paulownia tomentosa* var. *tsinlingensis*（Pai）T. Gong；

楸叶泡桐、长葛桐 *Paulownia catalpifolia* Gong Tong 应为楸叶泡桐 *Paulownia catalpifolia* T. Gong ex D. Y. Hong；

爆仗竹、吉祥草 *Russelia equisetiformis* Schlecht. et Cham. 应为爆仗竹 *Russelia equisetiformis* Schltdl. & Cham.；

狭叶母草 *Lindernia angustifolia*（Benth.）Wettst. 为狭叶母草 *Lindernia micrantha* D. Don 的异名；

光叶蝴蝶草 *Torenia glabra* Osbeck 为光叶蝴蝶草 *Torenia asiatica* L. 的异名；

通泉草 *Mazus japonicus*（Thunb.）Kuntze 为通泉草 *Mazus pumilus*（Burm. f.）Steenis 的异名；

地黄属 *Rehmannia* Libosch. 应为地黄属 *Rehmannia* Libosch. ex Fisch. & C. A. Mey.；

水蔓菁（亚种）*Veronica linariifolia* subsp. *dilatata*（Nakai & Kitag.）D. Y. Hong 为水蔓菁（亚种）*Pseudolysimachion linariifolium* subsp. *dilatatum*（Nakai & Kitag.）D. Y. Hong 的异名；

大婆婆纳 *Veronica daurica* Steven［《河南植物志（第三册）》为 *Veronica dahurica* Stev.］为大穗花 *Pseudolysimachion dauricum*（Steven）Holub 的异名；

朝鲜婆婆纳（变种）*Veronica rotunda* var. *coreana*（Nakai）T. Yamaz. 为朝鲜穗花（亚种）*Pseudolysimachion rotundum* subsp. *coreanum*（Nakai）D. Y. Hong 的异名；

小婆婆纳 *Veronica sepyllifolia* L. 应为小婆婆纳 *Veronica serpyllifolia* L.；

婆婆纳、野芫荽 *Veronica didyma* Ten. 为婆婆纳 *Veronica polita* Fr. 的异名；

松蒿属 *Phtheirospermum* Bunge 应为松蒿属 *Phtheirospermum* Bunge ex Fischer；

条纹马先蒿 *Pedicularis lineata* Franch. 应为条纹马先蒿 *Pedicularis lineata* Franch. ex Maxim.；

大拟鼻花马先蒿（亚种）*Pedicularis rhinanthoides* subsp. *labellata*（Jacquem.）Tsoong 为大唇拟鼻花马先蒿（亚种）*Pedicularis rhinanthoides* subsp. *labellata*（Jacquem.）Pennell

的异名；

达乌里芯芭 *Cymbaria dahurica* L. 应为达乌里芯芭 *Cymbaria daurica* L.；

鹿茸草属 *Monochasma* Maxim. 应为鹿茸草属 *Monochasma* Maxim. ex Franch. & Sav.；

鹿茸草 *Monochasma sheareri* Maxim. 应为鹿茸草 *Monochasma sheareri*（S. Moore）Maxim. ex Franch. & Sav.。

本书另增补 2 属，14 种（含 3 栽培种），1 亚种。

1. 泡桐属 *Paulownia* Sieb. & Zucc.

《河南植物志（第三册）》记载 4 种，1 变种。本书除修订外，增补 3 种（栽培）。

（1）川泡桐 川桐 ***Paulownia fargesii* Franch.**

落叶乔木，高达 10m，树冠宽圆锥形，主干明显；小枝紫褐色至褐灰色，有圆形凸出皮孔；全株被棕黄色星状绒毛，枝条和叶面上变无毛。叶柄长达 11cm。叶片卵圆形至卵状心形，长达 5~21cm，宽 12~14cm，全缘或波状全裂，顶端长渐尖成锐尖头，上面疏生短毛，下面的毛具柄和短分枝，毛的疏密度有很大变化，一直变化到无毛为止；花序枝的侧枝长可达主枝之半，故花序为宽大圆锥形，长约 1m，小聚伞花序无总梗或几无梗，有花 3~5 朵，花梗长不及 1cm；萼倒圆锥形，基部渐狭，长约 1.5cm，不脱毛，分裂至中部成三角状卵圆形萼齿，边缘有明显较薄之沿；花冠近钟形，白色有紫色条纹至紫色，长 5.5~7.5cm，外面有短腺毛，内面常无紫斑，管在基部以上突然膨大，多少弓曲；雄蕊 4 枚，二强，长 2~2.5cm；子房有腺，花柱长 3cm。蒴果椭圆形或卵状椭圆形，长约 4cm，幼时被黏质腺毛，果皮较薄，有明显的横行细皱纹，宿萼贴伏于果基或稍伸展，常不反折；种子长圆形，连翅长 5~6mm。花期 4 月下旬至 5 月上旬，果熟期 9~10 月。

川泡桐 *Paulownia fargesii* Franch.

1. 果枝 2. 叶 3. 花冠 4. 果纵剖面 5. 树枝状毛

河南南阳有栽培。分布于湖北、湖南、四川、云南、贵州。

（2）南方泡桐 *Paulownia × taiwaniana* T. W. Hu & H. J. Chang

［*Paulownia australis* T. Gong］

落叶乔木，高达 20m；树冠伞状，枝条开展。叶片卵形或宽卵形，长 10~30cm，宽 8~30cm，全缘或 3~5 浅裂，顶端锐尖或渐尖，基部心形，纸质，下面密生绒毛和黏腺毛。花序宽大，其侧枝长超过中央主枝之半，故花序成宽圆锥形，长达 80cm，小聚伞花序有短总花梗，仅位于花序顶端的小聚伞有极短而不明显的总花梗；萼钟状，在开花后部分脱毛或不脱毛，浅裂达 2/5~1/2；花冠紫色，腹部稍带白色并有 2 条明显纵褶，漏斗状钟形，长5~7cm，檐部二唇形。蒴果椭圆形，长约4cm，幼时具星状毛，果皮厚可达2cm。花期4月，果熟期7~8月。

河南郑州、禹州以及淮河以南地区有引种栽培。分布于浙江、福建、湖南、广东等省。

本种介于台湾泡桐 *Paulownia kawakamii* T. Itô 和白花泡桐 *Paulownia fortunei*（Seem.）Hemsl. 之间，和台湾泡桐的区别在于后者小聚伞花序有短总花梗，花较大，花冠管状钟形，长5~7cm，花萼浅裂，果实长约4cm，椭圆形。和白花泡桐的区别在于后者花序狭长几成圆柱形，小聚伞花序的总花梗较长，花冠长8~12cm，腹部无明显纵褶，果实长圆形或长圆状椭圆形，长6~10cm。

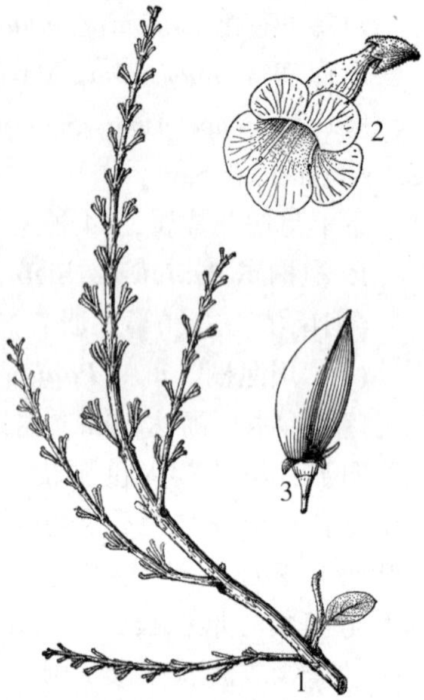

南方泡桐 *Paulownia × taiwaniana* T. W. Hu & H. J. Chang

1. 花枝 2. 花冠 3. 果实及宿萼

（3）台湾泡桐 *Paulownia kawakamii* T. Itô

[*Paulownia rehderiana* Hand. -Mazz.；
Paulownia thyrsoidea Rehder；
Paulownia viscosa Hand. -Mazz.]

落叶小乔木，高6~12m；树冠伞形，主干矮；小枝褐灰色，有明显皮孔。叶片心形，大者长达48cm，顶端锐尖头，全缘或3~5裂或有角，两面均有黏毛，老时显现单条粗毛，叶面常有腺；叶柄较长，幼时具长腺毛。花序枝的侧枝发达而几与中央主枝等长或稍短，故花序为宽大圆锥形，长可达1m，小聚伞花序无总花梗或位于下部者具短总梗，但比花梗短，有黄褐色绒毛，常具花3朵，花梗长达12mm；萼有绒毛，具明显的突脊，深裂至一半以上，萼齿狭卵圆形，锐头，边缘有明显的绿色之沿；花冠近钟形，浅紫色至蓝紫色，长3~5cm，为该属中花最小者。外面有腺毛，管基部细缩，向上扩大，檐部二唇形，直径3~4cm；雄蕊10~15mm；子房有腺，花柱长约14mm。蒴果卵圆形，长2.5~4cm，顶端有短喙，果皮薄，厚不到1mm，宿萼辐射状，常强烈反卷。种子长圆形，连翅长3~4mm。花期4月下旬至5月上旬，果熟期8~9月。

河南郑州和禹州有引种栽培。分布于湖北、湖南、江西、浙江、福建、台湾、广东、广西、贵州等省区。

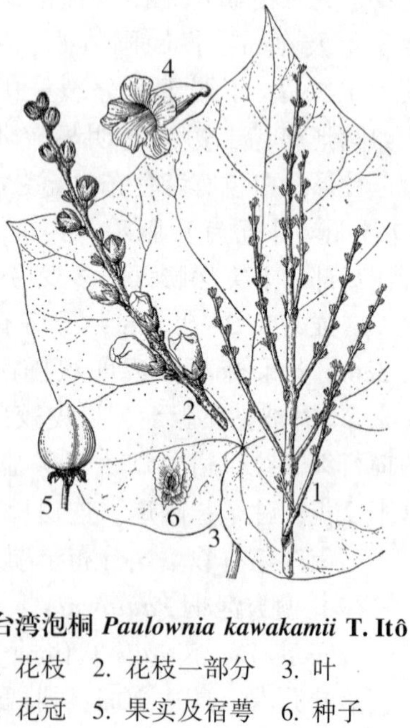

台湾泡桐 *Paulownia kawakamii* T. Itô

1. 花枝 2. 花枝一部分 3. 叶 4. 花冠 5. 果实及宿萼 6. 种子

2. 玄参属 *Scrophularia* L.

《河南植物志（第三册）》记载3种。本书增补2种。

（1）太行山玄参 *Scrophularia taihangshanensis* C. S. Zhu & H. W. Yang

多年生草本，高20~45cm；茎四棱形，茎和叶柄均被扁平节毛及短腺毛。基生叶卵形或三角状卵形，长 3.5~5cm，宽（2.5~）3~4.5cm，基部心形或浅心形；茎生叶对生，中部叶椭圆形或卵状椭圆形，长 3.5~5cm，宽约 3.5cm，基部微心形、圆形或宽楔形；全部叶先端钝或急尖，两面被粉粒状微毛，下面沿主脉和侧脉被平展短毛，边缘具浅裂片状的正三角形重锯齿。叶柄扁平，长 4~6cm。圆锥花序顶生，松散；花序分枝长 8~15cm，具（8~）10~25 朵花；花序轴及花序分枝纤细，之字形曲折；花梗纤细，长 10~20mm；花序轴，花梗，苞片和花萼背面均被扁平节毛和短腺毛；苞片披针形或线形，长 2~2.5mm；花萼 5 深裂至近基部，裂片狭卵形或长圆状披针形，长 2.5~3mm，先端锐尖或渐尖；花冠黄绿色，二唇形，长 6~7.5（~8）mm，筒长 4~5mm，直径 2~2.5mm，上唇长于下唇 0.5~1mm，上唇 2 裂，裂片倒卵状长圆形，长 2~2.5mm，宽约 1.5mm；下唇 3 裂，中裂较小，近长圆形，长 2~2.5mm，宽 1~1.5mm，侧裂片倒卵状长圆形，长约 3mm，宽 1.5~2mm；能育雄蕊 4 枚，与花冠近等长，后对雄蕊稍短于前对雄蕊，花丝无毛，退化雄蕊的花药长圆形，微小，且不明显；子房卵球形，长约 1.2mm；花柱长 5.5~6mm。蒴果卵圆形，连同短喙长 4~5mm。种子多数，长圆形，长 0.4~0.5mm，直径约 0.3mm，具棱。花期 7~8 月，果熟期 9~10 月。

河南仅产于太行山焦作云台山白松岭；生于海拔 800~1 000m 的山沟林下阴湿处。

（2）华北玄参 *Scrophularia moellendorffii* Maxim.

多年生草本，高达 60cm，茎一至数条从根生出，后者年久后常呈条状撕裂。茎中空，易压扁，近圆柱形，因叶柄下延而微有翅，上部常有腺毛，下部节上具鳞片状叶。叶柄长 0.5~2.5cm，叶片卵形至矩圆状卵形，少有矩圆状披针形，长达 10cm，基部多为宽楔形，偶有近乎截形，边缘常具粗锯齿，齿多少重出，很不规则。花序顶生，多为长穗状，少有短而头状，由对生作轮状排列的聚伞花序组成，下部的轮间距达 4cm，总花梗和花梗均极短而密生腺毛，花密集；花萼歪斜，长不及 3mm，裂片卵形，顶端钝或略尖；花冠黄色，长约 7mm，外面有微腺毛，上唇长于下唇约 2mm，全缘或微缺，下唇裂片宽圆形，中裂片较小，花冠筒略呈球形；雄蕊约与花冠筒等长，退化雄蕊极小；花柱细长，长于子房 2~3 倍，子房长约 2mm。蒴果卵圆形，连同短喙长约 7mm。花期 6~7 月，果熟期 7~8 月。

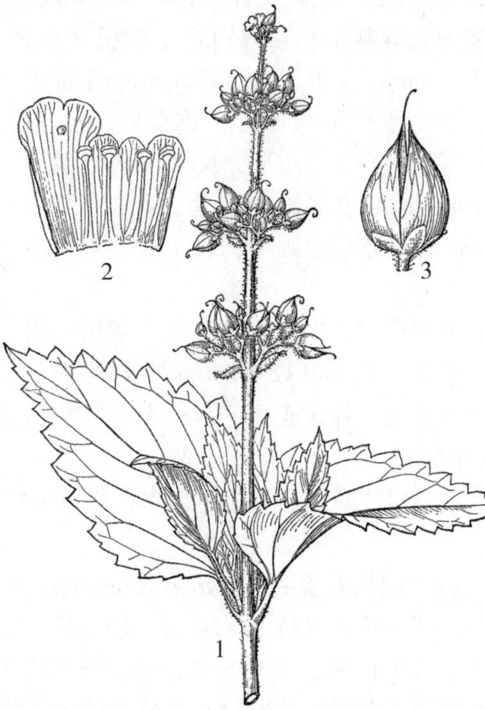

华北玄参 *Scrophularia moellendorffii* Maxim.
1. 植株（上部） 2. 花冠（剖开）及雄蕊 3. 果

河南仅见于太行山区的济源黄楝树林场曼坪；生于海拔 1 500m 以上的山梁及石隙阴处。分布于山西（太行山区）。

3. 婆婆纳属 *Veronica* L.

《河南植物志（第三册）》记载 10 种，1 变种。本书除修订外，增补 2 种。

(1) 四川婆婆纳 *Veronica szechuanica* Batalin

多年生草本，植株高（5～）15～35cm；根茎细长而斜升。茎直立或上升，不分枝或少分枝，有两列柔毛。叶柄两侧有睫毛，叶片卵形，通常上部的较大，长 1.5～5.5cm，宽 1～3cm，基部宽楔形、圆钝形或浅心形，顶端钝至急尖，边缘具尖锯齿或钝齿，仅上面疏生多细胞硬毛，下部叶具 5～10mm 的叶柄，上部的叶具较短的叶柄。总状花序有花数朵，极短，长不过 3cm，数枝，侧生于茎顶端叶腋，茎顶端节间缩短，故花序集成伞房状；苞片条形，与花梗近等长，边缘有睫毛，有时位于花梗中下部；花梗直，长约 5mm；花萼裂片条形至倒卵状披针形，长 3～5mm，有多细胞腺睫毛；花冠白色，少淡紫色，长 5～7mm，筒部长 1.5～2mm，内面无毛，裂片卵形至圆卵形；雄蕊略短于花冠。蒴果倒心状三角形，长 4～6mm，宽 6～7mm，边缘生多细胞睫毛，花柱长 2～3mm。种子卵状矩圆形，长 1mm。花期 7 月。

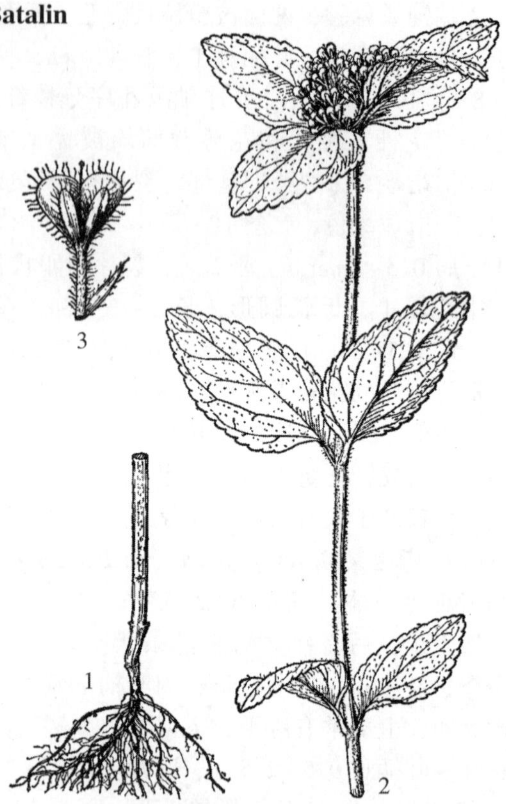

四川婆婆纳 *Veronica szechuanica* Batalin
1. 植株（下部） 2. 植株（上部） 3. 果（许介眉绘）

河南产于伏牛山区的西峡、淅川、南召、内乡；生于海拔 1 000m 以上的沟谷或山坡草地、林缘或林下。分布于甘肃（东南部）、陕西（南部）、湖北（西部）、四川（东半部）。

该种以它短的总状花序数支在茎顶端集成伞房状花序和倒心状三角形的蒴果很容易识别。

(2) 陕川婆婆纳 *Veronica tsinglingensis* D. Y. Hong

多年生草本，高 10～20cm；茎上升，近基部匍匐，节外疏生须根，疏被灰白色多细胞柔毛，节下较密。叶 3～5 对，均匀分布或茎基部及上部或仅上部较密集，叶柄长 5～7mm，叶片膜质，卵形至长卵形，上部的较大，长 15～35mm，宽 8～15mm，基部钝，顶端钝至急尖，上面被微柔毛，背面无毛，偶有毛，每边有 4～9 枚规则或不规则的钝齿或急尖的锯齿，少数为重锯齿。总状花序 1～2 支，侧生于茎近顶端叶腋，长 5～10cm，有花 5～10 朵，具长 2～3cm 的总梗，花序轴及花梗被细柔毛；苞片条形至条状椭圆形，通常比花梗短，几乎无毛；花梗挺直，长 5～8mm；花萼裂片条状披针形至条状椭圆形，长 3～4mm，疏生多细胞腺睫毛；花冠白色，有紫色条纹，直径约 10mm，喉部疏生柔毛；雄蕊稍超过花冠。蒴果折扇状菱形，长 3～3.5mm，宽 7～8mm，基部楔状平截形，成大于 120°的角，两侧角急尖或稍钝，上缘疏生多细胞腺睫毛，花柱长 5.5～8mm。种子扁，卵状矩圆形，长 1.2mm。花期 6～7 月。

河南产于伏牛山区的西峡、内乡、南召；生于海拔 1 500m 以上的林中及草地上。分布于陕西南部、四川东北部和湖北西部。

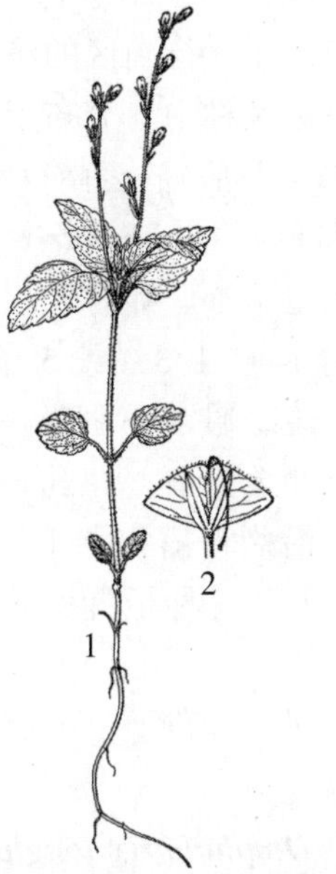

陕川婆婆纳 *Veronica tsinglingensis* D. Y. Hong

1. 植株体态　2. 蒴果和宿存的花萼及花柱

4. 小米草属 *Euphrasia* L.（新增属）

一年生或多年生草本。叶通常在茎下部的较小，向上逐渐增大，过渡为苞叶，苞叶比营养叶大而宽，叶和苞叶均对生，掌状叶脉，边缘为胼胝质增厚，具齿。穗状花序顶生，花无小苞片；花萼管状或钟状，4 裂，前后两方裂的较深；花冠筒管状，上部稍扩大，檐部二唇形，上唇直，盔状，顶端 2 裂，裂片多少翻卷，下唇开展，3 裂，裂片顶端常凹缺；雄蕊 4 枚，二强，花药藏于盔下，全部靠拢，药室并行而分离，部分药室或全部药室基部具尖锐的距，其余药室基部具小突尖；柱头稍扩大，全缘或 2 裂。蒴果矩圆状，多少侧扁，有 2 条沟槽，室背 2 裂。种子多数，椭圆形，具多数纵翅，翅上有细横纹。本属为多少半寄生的植物，常寄生于禾本科植物的根上。

本属约 200 种，广布于全世界。我国产 11 种，分隶于 2 个地理上明显间断的组。河南 1 种。

短腺小米草 *Euphrasia regelii* Wettst.

[*Euphrasia fangii* H. L. Li;
Euphrasia forrestii H. L. Li;
Euphrasia kingdon wardii Pugsley;
Euphrasia rockii H. L. Li]

一年生草本，植株干时几乎变黑；茎直立，高 3～35cm，不分枝或分枝，被白色柔毛。叶和苞叶无柄，下部的楔状卵形，顶端钝，每边有 2～3 枚钝齿；中部的稍大，卵形至卵圆形；基部宽楔形，长 5～15mm，宽 3～13mm，每边有 3～6 枚锯齿，锯齿急尖、渐尖，有时为芒状，同时被刚毛和顶端为头状的短腺毛，腺毛的柄仅 1 个细胞，少有 2 个细胞。花序通常在花期短，果期伸长可达 15cm；花萼管状，与叶被同类毛，长 4～5mm，果期长达 8mm，裂片披针状渐尖至钻状渐尖，长 3～5mm；花冠白色，上唇常带紫色，背面长 5～10mm，外面多少被白色柔毛，背部最密，下唇比上唇长，裂片顶

短腺小米草 *Euphrasia regelii* Wettst.

1. 植株　2. 苞叶上腺毛　3. 茎上柔毛及腺毛

端明显凹缺，中裂片宽至3mm。蒴果长矩圆状，长4~9mm，宽2~3mm。花期5~9月。

河南产于太行山区的济源黄楝树、伏牛山区的灵宝河西和西峡黄石庵；生于亚高山草地、湿草地及林中。分布于西北（仅宁夏未见标本）、山西、河北、内蒙古（南部）、四川、湖北（西部）、云南（西北部）。

5. 脐草属 *Omphalotrix* Maxim.（新增属）

一年生草本。叶对生。总状花序集成圆锥状；花萼管状钟形，前后两方裂达2/5，两侧方裂达1/4~1/3，具5条脉；花冠上唇盔状，直，顶端微凹，边缘通常不翻卷，下唇3深裂，裂片开展；雄蕊4枚，伸至盔下，花药箭形，药室基部延伸成距，药室开裂后沿裂口露出须毛；柱头头状。蒴果矩圆状，侧扁，室背开裂。种子椭圆形，有白色种翅，翅上有横条纹。

单种属，分布于中国、朝鲜和俄罗斯（远东部分）。河南也有。

脐草 *Omphalotrix longipes* Maxim.

一年生草本，植株高约60cm；茎直立而纤细，被白色倒毛，上部分枝。叶无柄，条状椭圆形，长5~15mm，宽2~4mm，无毛，边缘胼胝质加厚，每边有几个尖齿，到果期几乎全部叶脱落。苞片与叶同形；花梗细长，直或稍弓曲，花期长5~10mm，果期稍伸长，与茎同样被毛；花萼长3~5mm，裂片卵状三角形，边缘有糙毛；花冠白色，长5mm，外被柔毛。蒴果与花萼近等长，被细刚毛。种子长1mm。花期6~9月。

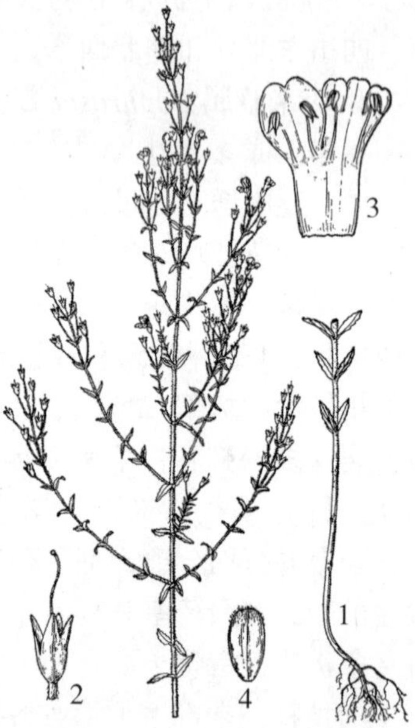

脐草 *Omphalothrix longipes* Maxim.
1. 植株　2. 花萼和花柱　3. 花冠纵剖　4. 蒴果

见于河南太行山区；生于山坡草地。分布于北京、河北、黑龙江、吉林、辽宁、内蒙古；韩国、俄罗斯（远东地区）也有分布。

6. 蝴蝶草属 *Torenia* L.

《河南植物志（第三册）》记载1种，已修订。本书另增补1种。

紫萼蝴蝶草 *Torenia violacea*（Azaola ex Blanco）Pennell

[*Mimulus violaceus* Azaola ex Blanco;

Torenia exappendiculata Regel;

Torenia peduncularis Benth. ex Hook. f.;

Torenia violacea var. *chinensis* T. Yamazaki.]

草本，直立或多少外倾，高8~35cm，自近基部起分枝。叶具长5~20mm柄；叶片卵形或长卵形，先端渐尖，基部楔形或多少截形，长2~4cm，宽1~2cm，向上逐渐变小，边缘具略带短尖的锯齿，两面疏被柔毛。花具长约1.5cm梗，果期梗长可达3cm，在分枝顶部排成伞形花序或单生叶腋，稀可同时有总状排列的存在；萼矩圆状纺锤形，具5翅，长1.3~1.7cm，宽0.6~0.8cm，在果期长达2cm，宽1cm，翅宽达2.5mm，略带紫红色，基部圆形，翅几不延，顶部裂成5小齿；花冠长1.5~2.2cm，其超出萼齿部分仅2~7mm，淡黄色或白色；上唇多少直立，近于圆形，直径约 6mm；下唇 3 裂片彼此近于相等，长约 3mm，宽约 4mm，各有 1 个蓝紫色斑块，中裂片中央有 1 个黄色斑块，花丝不具附属物。花果期 8~11 月。

河南仅见于桐柏的刘湾；生于山坡、草地、田边、林下、路旁潮湿地。分布于广东、广西、贵州、湖北、江西、四川、台湾、云南、浙江；不丹、柬埔寨、印度、印度尼西亚（爪哇）、老挝、马来西亚、菲律宾、泰国、越南均有分布。

紫萼蝴蝶草 *Torenia violacea*（Azaola ex Blanco）Pennell

1. 植株 2. 剖开的花萼 3. 剖开的花冠 4. 雌蕊（刘春荣 绘）

7. 阴行草属 *Siphonostegia* Benth.

《河南植物志（第三册）》记载 1 种。本书增补 1 种。

腺毛阴行草 *Siphonostegia laeta* S. Moore

直立草本，高 30~70cm，干时稍变为黑色，全体密被腺毛；根系浅，主根常短缩或不发达，由根颈部及主根上发出多数侧根，纤细，木质，长约 5cm，直径 1~1.5（~3）mm，散生多数须根；茎常单条，基部木质化，不分枝，常在中部以上分枝，枝对生，3~5 对，较细长柔弱，约以 45°角叉分，顶端常向一侧偏弯，均为圆筒形，中空，上部具明显的棱角，密被褐色细腺毛，节间短，长 1.5~2cm。叶对生，基出者与下部者多早枯，中下部以上稠密，膜质，具短柄，长 6~10mm，扁平，密被腺毛，叶片下延成翅；叶片三角状长卵形，长 15~25mm，宽 8~15mm，两面密被细腺毛，中肋在背面微凸，不十分明显，缘亚掌状 3 深裂，裂片不等，中裂片较大，菱状长卵形，羽状半裂至羽状浅裂，裂片向前渐浅，每边 3~6 枚，小裂片卵形，顶端微钝，无锯齿；侧裂斜三角状卵形，仅外侧羽状半裂，裂片 2~3 枚，卵形，无锯齿。花序总状，生于茎枝顶端，但有时伸展到植物的中部以下，较稀疏；花成对，苞片叶状，与萼等长或较短，菱状长卵形至卵状披针形，端渐尖，稍稍羽裂或近于全缘，密被细腺毛；花无梗或具仅长 2~3mm 的梗；小苞 1 对。长卵形，长 3~5mm；萼管状钟形，管长 10~15mm，10 条主脉细，仅微微突起，远较处于其间的萼管不褶叠的膜质部分为狭，沿脉密被腺毛，萼齿 5 枚，绿色，草质，长 6~10mm，为萼管长的 1/2~2/3，披针形，全缘；花冠黄色，有时盔背部微带紫色，长 23~27mm，外面密被混杂的长腺毛

腺毛阴行草 *Siphonostegia laeta* S. Moore

及长毛，内面被短毛。花管长 15~17mm，伸直，细长，上部略膨大，稍伸出于萼管外，盔略镰状弯曲，前缘下部稍膨撇，额部回形，前方斜下成一截形之端，其下角有 1 对小齿微微伸出，背部无长毛，下唇约与盔等长，顶端 3 裂，裂片近于相等，宽三角状卵形，端急尖，具多细胞长缘毛，中裂稍凸出，褶襞稍隆起，但绝不成囊状，密被多细胞长柔毛；雄蕊二强，着生于花管的中上部，前方的 1 对较短，着生的部位也较高，2 对花丝皆密被短柔毛，花药 2 室，长椭圆形，背着，药室纵裂，开裂后常弯成新月形；子房长卵圆形，长 2~3mm，柱头头状，顶端微凹，稍伸出于盔外。蒴果黑褐色，包于宿萼内，卵状长椭圆形，长 12~13mm，直径约 3.5mm，顶端稍有一短突尖。种子多数，长 1~1.5mm，黄褐色，长卵圆形，种皮疏松透明，其一侧有龙骨状狭翅 1 条，顶端向外卷曲，此外尚有较短而细的 5 条，其上均有细密的网纹，在各翅之间更有横纹 10~20 条构成网眼。花期 7~9 月，果熟期 9~10 月。

河南见于新县（连康山）、商城、鲁山；常生于草丛或灌木林中。分布于安徽、河南、江西、福建、湖南、浙江、广东。

8. 马先蒿属 *Pedicularis* L.

《河南植物志（第三册）》记载 9 种，1 亚种。本书除修订外，增补 3 种，1 亚种。

（1）埃氏马先蒿 短茎马先蒿 ***Pedicularis artselaeri* Maxim.**

多年生草本，草质，干时略变黑色；根多数，有时有分枝，多少纺锤形，肉质，粗者直径达 6cm，自短而弯曲的根茎上发出，根茎上方在强大的植株中分枝，发出 2~4 条茎，在新生的植株中茎单一，基部被有披针形至卵形的黄褐色膜质鳞片及枯叶柄，不发达，细弱而短，长 3~6cm，为多数叶柄与花梗所遮蔽而不显著，有毛。叶有长柄，软弱而铺散地面，叶柄下半部扁平而薄，在中肋两旁有膜质翅，中部以上渐厚，长约 5.5cm，最长者可达 9cm，密被短柔毛；叶片长圆状披针形，长 7~10cm，宽 2~2.5cm，上面有疏长之毛，下面沿脉有锈色短毛，羽状全裂，裂片卵形，每边 8~14 个，羽状深裂，小裂片每边 2~4 个，或有缺刻状重锯齿，齿端有尖刺状胼胝。花腋生，具有长梗，梗长可达 6.5cm，细柔弯曲，被有长柔毛；花大，长 3~3.5cm，浅紫红色；萼圆筒形，前方不裂，长 1.2~1.8cm，被长柔毛，主脉 5 条不显著而网脉则很显著，齿 5 枚，长于萼管或略相等，中部狭细，基部三角状卵形而连于管，上部作卵状披针形的膨大而有细锐的锯齿；花冠之管伸直，下部圆筒状，近端处稍扩大，略长于萼或为它的 1.5 倍，无毛，下唇很大，稍长于盔，以锐角伸展，裂片圆形，几相等，中裂两侧略叠置于侧裂之下；盔长约 13mm，镰形弓曲，盔端尖而顶端微钝，指向前上方；花丝 2 对均被长毛；花柱稍伸出于盔端以下的前缘。蒴果卵圆形，稍扁平，顶端有偏指下方的突尖，长约 13mm，

埃氏马先蒿 *Pedicularis artselaeri* Maxim.

1. 植株 2. 花 3. 花萼、果实

全部为膨大的宿萼所包裹。花期 4 月下旬，果熟期 5~6 月。

河南仅见于太行山济源黄楝树林场上家林区黑龙沟；生于海拔 1 200m 以上的石坡草地或林下较干处。分布于河北、山西、陕西、湖北和四川（东北部）。

（2）法氏马先蒿 华中马先蒿 ***Pedicularis fargesii* Franch.**

一年生或二年生草本，高达 20~40cm，干时不变黑色，几无毛；根状茎细长，在根颈上发出少数长侧根；茎弱，常仅具叶 2 枚或无叶。基出叶有长柄，柄长 4~7cm；叶片卵状长圆形至椭圆状长圆形，长 5~6cm，宽 2.5~3.5cm，其中部以下为全裂，轴无翅而裂片小叶状，中部以上则为羽状深裂而轴有翅，或全部为羽状深裂，裂片每边 5~8 个，常不相对，长达 5~6mm，宽 2.5~3.5mm，缘有缺刻状重锯齿，上面无毛，下面沿脉微有白色短毛；茎生叶对生或近于对生，较小。花序顶生，以 5~6 朵花集成头状，苞片下部膜质，宽，上部叶状，有锐重锯齿，略有细毛；萼卵状短圆筒形，前方稍开裂，长约 10mm，具有 5 条显著的主脉，在齿下略有网脉，脉上有微毛，齿 5 枚，几相等，长约 2mm，缘有锯齿；花冠白色，长约 20mm，管细长，约等于萼的 2 倍，下唇稍短于盔。裂片圆形，中裂略小，均微有缘毛，盔直立部分短，前端先向前上方再折转向前下方成一新月形的弓曲，其中喙与合有雄蕊的部分约各占一半，喙端稍稍向下钩曲；花丝 2 对，上部均被长毛；柱头常伸出。花期 6~7 月。

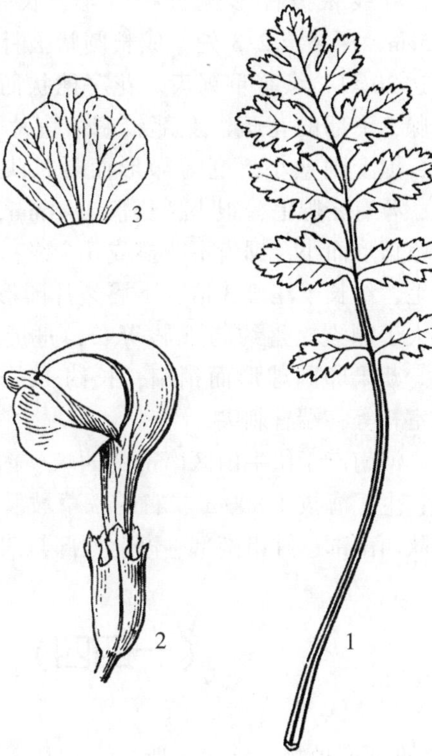

法氏马先蒿 *Pedicularis fargesii* Franch.
1. 叶 2. 花 3. 下唇

河南产于伏牛山区南部的嵩县白河、卢氏淇河林场大块地、西峡黄石庵、内乡宝天曼；生于海拔 1 200m 以上的石灰岩石上及松林中。分布于湖北西部、四川东部和甘肃南部。

（3）鼬臭返顾马先蒿（亚种）*Pedicularis resupinata* subsp. *galeobdolon*（Diels）Tsoong（彩版图 121）

［*Pedicularis galeobdolon* Diels；

Pedicularis resupinata var. *galeobdolon*（Diels）H. Limpr.］

本亚种与原种返顾马先蒿 *Pedicularis resupinata* L. 的区别在于：其叶质较薄，无毛，柄长达 12mm，边缘的锯齿有刺尖而无胼胝，花冠带黄色，其果狭长而为斜线状披针形，长于其萼 2 倍或更多。

河南仅见于西峡黄石庵；生于海拔 1 200m 以上的山坡草地和林下。分布于四川东部、湖北西部与陕西南部。

（4）美观马先蒿 *Pedicularis decora* Franch.

［*Pedicularis lasiantha* H. L. Li］

多年生草本，植株高达1m，干时多少变成黑色，多毛；茎单一或有时上部分枝，中空，生有白色无腺的疏长毛。根状茎肉质肥壮，以多少伸长而具节的鞭状根茎连接于接近地表而生有稠密须状根的根茎之上。叶线状披针形至狭披针形，长达10cm，宽达2.5cm，深裂至2/3处，成长圆状披针形的裂片，裂片达20对，缘有重锯齿。花序穗状而长，毛较密而具腺，下部的花疏，上部较密；苞片下方为叶状较长，愈上则愈小，变为卵形而具长尖，全缘；花黄色，萼有密腺毛，很小，长仅3~4mm，少有更长者，齿三角形而小，锯齿不明显或几全缘；花管长12mm，有毛，约长于花萼3倍，下唇裂片卵形，钝头，中裂较大于侧裂，盔约与下唇等长，舟形，下缘有长须毛。蒴果卵圆球形而稍扁，长约14mm，宽约8mm，两室相等，端有刺尖。

美观马先蒿 *Pedicularis decora* Franch.
1. 植株　2. 花　3. 花萼、果实

河南产于伏牛山区南部的西峡、内乡、南召、淅川；生于海拔1 800m左右的荒草坡及疏林中。分布于陕西南部、甘肃南部、湖北西部与四川东北部。

（一四四）紫薇科 Bignoniaceae

《河南植物志（第三册）》记载3属（含1栽培属），7种（含2栽培种），1变型。其中：

光灰楸（变型）*Catalpa fargesii* f. *duclouxii*（Dode）Gilmour 为灰楸 *Catalpa fargesii* Bureau 的异名；

黄金树 *Catalpa speciosa* Warder ex Engelm. 应为黄金树 *Catalpa speciosa*（Warder ex Barney）Warder ex Engelm.；

凌霄、紫葳 *Campsis grandiflora*（Thunb.）Loisel. 应为凌霄 *Campsis grandiflora*（Thunb.）K. Schum.；

本书另增补3属（栽培），3种（栽培）。

1. 葫芦树属 *Crescentia* L.（新增属，栽培）

乔木或灌木，无卷须。掌状复叶或单叶，对生或互生。花簇生于叶丛中或老茎上。花萼在花期2~5深裂。花冠左右对称，筒状，喉部膨大，前端有深横皱，檐部裂片5个，边缘具齿。雄蕊4枚，2强，内藏或略外露；花药叉开。花盘浅，环状。子房1室，侧膜胎座，胚珠多数。果实近球形，葫芦状，不开裂，果皮坚硬，内有纤维状组织。种子多数，不具长毛，无翅。

本属5种，产于美洲热带。现已在全世界热带广为栽培。我国广东、台湾、云南南部栽培2种。河南盆栽1种。

十字架树 *Crescentia alata* Kunth

[*Crescentia ternata* Sessé & Moc.;
Crescentia trifolia Blanco;
Otophora paradoxa Blume;
Parmentiera alata (Kunth) Miers;
Pteromischus alatus (Kunth) Pichon]

小灌木，高3~6m，胸径15~25cm。叶簇生于小枝上；小叶3枚，长倒披针形至倒匙形，几无柄，侧生小叶2枚，长1.5~6cm，宽1.5~2cm，顶生小叶长5~8cm，宽1.5~2cm；叶柄长4~10cm，具阔翅。花1~2朵生于小枝或老茎上；花梗长约1cm；花萼2裂达基部，淡紫色；花冠褐色，具有紫褐色脉纹，近钟状，具褶皱，喉部常膨胀成浅囊状，长5~7cm，檐部成五角形；雄蕊4枚，插生于花冠筒下部，花药“个”字形着生，外露。花盘环状，淡黄色；花柱长6cm，柱头薄片状，2裂；子房淡黄色。果近球形，直径5~7cm，光滑，不开裂，淡绿色。

原产于墨西哥至哥斯达黎加。河南有引种盆栽，不少花市有出售，作室内观赏花卉。菲律宾、印度尼西亚、大洋洲有广泛栽培。我国广东、福建、云南有栽培，供观赏及药用(果壳入药)。

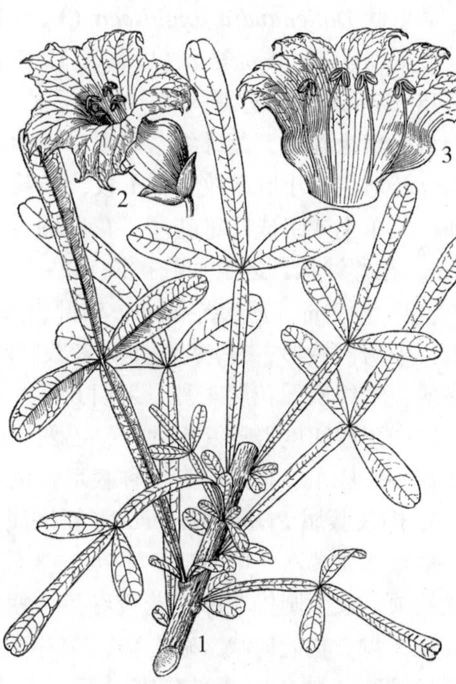

十字架树 *Crescentia alata* Kunth

1. 枝条 2. 花 3. 花冠展开示雄蕊

2. 猫爪藤属 *Dolichandra* Cham.（*Macfadyena* A. DC.）（新增属）

常绿藤本；卷须与叶对生，顶端2裂。叶对生；小叶通常2枚，稀1枚或3枚，具短柄，叶轴顶端有3枚锋利的爪状钩。花单生或组成短的圆锥花序；花萼钟状，近平截；花冠漏斗状，淡黄色，檐部裂片5枚，不等大，近圆形；雄蕊2枚，内藏，花药极叉开，“丁”字形着生，黑色；花柱外露，柱头扁平，2裂，子房四棱形，2室，胚珠多数。蒴果，线形，果瓣2个，革质。种子多数，椭圆形，极薄，有膜质翅。

本属约21种，产于热带美洲。我国广东、福建仅栽培下述1种，有时逸出野生。河南有引种盆栽。

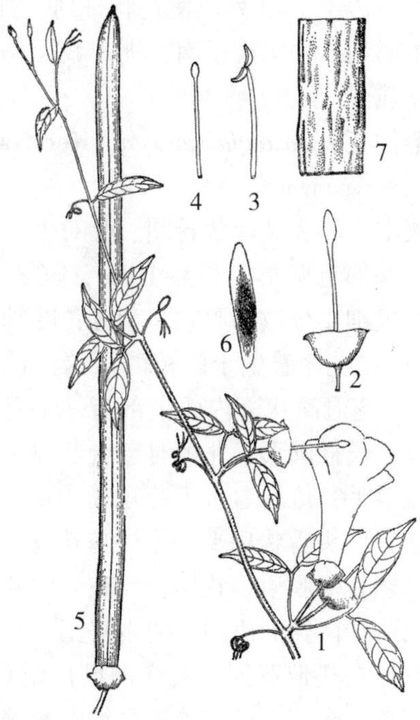

猫爪藤 *Dolichandra unguiscati*（L.）L. G. Lohmann

1. 花枝 2. 花萼和雌蕊 3. 雄蕊 4. 花柱和柱头 5. 果实 6. 种子 7. 隔膜

猫爪藤 *Dolichandra unguiscati*（L.）L. G. Lohmann

[*Macfadyena unguiscati*（L.）A. H. Gentry；

45 more synonym]

常绿攀缘藤本，茎纤细、平滑；卷须与叶对生，长 1.5~2.5cm，顶端分裂成 3 枚钩状卷须。叶对生，小叶 2 枚，稀 1 枚，长圆形，长 3.5~4.5cm，宽 1.2~2cm，顶端渐尖，基部钝。花单生或组成圆锥花序，花序轴长约 6.5cm，有花 2~5 朵，被疏柔毛；花梗长 1.5~3cm。花萼钟状，近于平截，长 1.2~1.5cm，直径约 2cm，薄膜质。花冠钟状至漏斗状，黄色，长 5~7cm，宽 2.5~4cm，檐部裂片 5 个，近圆形，不等大；雄蕊 4 枚，两两成对，内藏；子房四棱形，2 室，每室具多数胚珠。蒴果长线形，扁平，长 28cm，宽 0.8~1cm；隔膜薄，海绵质。花期 4 月，果期 6 月。

原产于西印度群岛及墨西哥、巴西、阿根廷。河南有引种盆栽，花市有出售，作室内观赏花卉。广东、福建均有引种栽培，供观赏。

3. 炮仗藤属 *Pyrostegia* Presl（新增属）

攀缘木质藤本。叶对生；小叶 2~3 枚，顶生小叶常变 3 叉的丝状卷须。顶生圆锥花序。花橙红色，密集成簇。花萼钟状，平截或具 5 齿。花冠筒状，略弯曲，裂片 5 枚，镊合状排列，花期反折。雄蕊 4 枚，二强，药室平行。花盘环状。子房上位，线形，有胚珠多个，排成 2 列或 1~3 列。蒴果线形，室间开裂，隔膜与果瓣平行，果瓣扁平，薄或稍厚，革质，平滑并有纵肋。种子在隔膜边缘 1~3 列成覆瓦状排列，具翅。

本属约 5 种，产于南美洲。我国南方引入栽培 1 种。河南有引种盆栽。

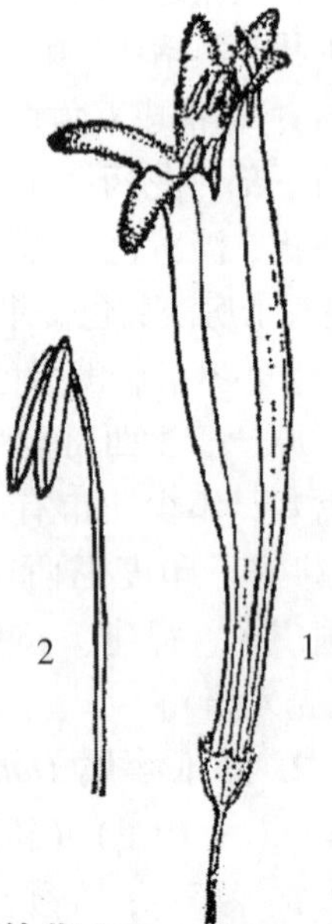

炮仗花 *Pyrostegia venusta*（Ker Gawl.）Miers

1. 花 2. 雄蕊

炮仗花 *Pyrostegia venusta*（Ker Gawl.）Miers

[18 synonym]

藤本，具 3 叉丝状卷须。叶对生；小叶 2~3 枚，卵形，顶端渐尖，基部近圆形，长4~10cm，宽 3~5cm，上下两面无毛，下面具有极细小分散的腺穴，全缘；叶轴长约 2cm；小叶柄长 0.5~2cm。圆锥花序着生于侧枝的顶端，长 10~12cm；花萼钟状，有 5 小齿。花冠筒状，内面中部有一毛环，基部收缩，橙红色，裂片 5 枚，长椭圆形，花蕾时镊合状排列，花开放后反折，边缘被白色短柔毛；雄蕊着生于花冠筒中部，花丝丝状，花药叉开；子房圆柱形，密被细柔毛，花柱细，柱头舌状扁平，花柱与花丝均伸出花冠筒外。果瓣革质，舟状，内有种子多列，种子具翅，薄膜质。花期长，在云南西双版纳热带植物园可长达半年，通常在 1~6 月。

原产于南美洲巴西。河南洛阳、开封等城市温室有引种盆栽，花市有出售，作室内观赏花卉。在热带亚洲、大洋洲已广泛作为庭院观赏藤架植物栽培。我国广东、海南、广西、福建、台湾、云南等省区均有栽培。

（一四五）列当科 Orobanchaceae

《河南植物志（第三册）》记载2属，3种。本书增补1种。

列当属 *Orobanche* L.

《河南植物志（第三册）》记载2种。本书增补1种。

中华列当 *Orobanche mongolica* G. Beck

寄生草本，植株高15~30cm。茎细弱，被黄褐色短腺毛，基部不增粗或稍增粗。叶多数，下部的卵形，长3~6mm，宽3~4mm，上部的渐变长，披针形，长10~15mm，宽2~3mm，外面被短腺毛。花序近穗状，短圆柱状，长7~13cm，宽3~3.5cm，顶端圆，具多数花；苞片披针形，比花萼稍短，长10~12mm，宽2~3mm，连同小苞片和花萼外面及边缘密被黄褐色短腺毛；小苞片2枚，狭线形，长7~9mm，具1条脉，顶端钻状；近无梗。花萼斜钟状，长12~16mm，外面混生柔毛，4深裂，裂片狭披针形，近等长，长6~9mm，顶端长渐尖或钻状。花冠淡紫色，长18~25mm，在花丝着生处稍缢缩，向上渐漏斗状膨大，筒部外面密被黄褐色短腺毛；上唇2浅裂，裂片近三角形，长2~2.5mm，宽3.5~4.5mm，下唇前伸，明显长于上唇，3裂，裂片长圆形，中间1个稍大，长3.5~5.5mm，宽3~4mm，边缘浅波状或具小圆齿，全部裂片外面、内面及边缘密被白色长柔毛。花丝着生于距筒基部4~6mm处，长10~12mm，近无毛或仅在基部被短柔毛，花药长卵形，长1.5~1.8mm，沿缝线密被明显的白色绵毛状长柔毛。子房椭圆球状，上部连同花柱被短腺毛，花柱长12~15mm，柱头2浅裂。蒴果长椭圆球形，长约10mm，直径4~5mm。种子近长圆球形，长约0.4mm，直径0.3mm，种皮表面具网状纹饰，网眼底部具网状纹饰。花期4~6月，果熟期6~8月。

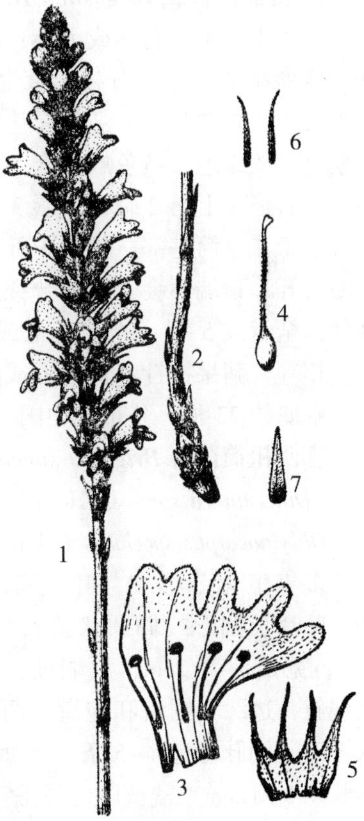

中华列当 *Orobanche mongolica* G. Beck

1、2. 植株　3. 花冠展开　4. 雌蕊　5. 花萼展开　6. 小苞片　7. 苞片

河南见于伏牛山区北部的卢氏扁担沟和灵宝；生于河谷沙滩上。分布于辽宁南部（千山）、陕西西南部（凤县）和山东东部（艾山）。

（一四六）苦苣苔科 Gesneriaceae

《河南植物志（第三册）》记载6属，7种，1变种。

其中：

绣毛石花（变种）*Corallodiscus flabellatus* var. *puberulus* K. Y. Pan 和珊瑚苣苔 *Corallodiscus cordatulus*（Craib）B. L. Burtt 均为西藏珊瑚苣苔 *Corallodiscus lanuginosus*（Wall. ex DC.）B. L. Burtt 的异名；

半蒴苣苔 *Hemiboea henryi* C. B. Clarke 为半蒴苣苔［《河南植物志（第三册）》464 页为降龙草］*Hemiboea subcapitata* C. B. Clarke 的异名。

本书另增补 1 属，2 种。

1. 粗筒苣苔属 *Briggsia* Craib（新增属）

多年生草本。有茎或无茎；根状茎短而粗。叶对生或全部基生，似莲座状，有柄或无柄。聚伞花序 1~2 次分枝，腋生；苞片 2 枚，有时具小苞片；花梗具柔毛或腺状柔毛。花中等大。花萼钟状，5 裂至近基部，稀裂至中部，裂片近相等。花冠粗筒状，下方肿胀，蓝紫色、淡紫色、黄色或白色，无斑纹或有紫色或紫红色斑纹；筒长为檐部的 2~3 倍；檐部二唇形，上唇 2 裂，下唇 3 裂，裂片近相等。能育雄蕊 4 枚，2 强，内藏，花丝扁平，多着生于花冠筒基部，稀近中部着生，花药卵圆形或肾形，顶端成对连着，药室 2 个，基部略叉开，顶端不会合或会合；退化雄蕊 1 枚或偶尔不存在，位于上（后）方中央。花盘环状，全缘或 5 裂。雌蕊有毛或无毛，子房长圆形、线形，比花柱长或近等长，柱头 2 个，相等。蒴果披针状长圆形或倒披针形，褐黄色。种子小，多数，两端无附属物。

本属约 22 种，分布于中国、缅甸、不丹、印度、越南。我国 21 种，河南 1 种。

鄂西粗筒苣苔 *Briggsia speciosa*（Hemsl.）Craib

［*Didissandra speciosa* Hemsl.；

Didymocarpus speciosus（Hemsl.）H. Lév.］

多年生无茎草本。叶全部基生，具叶柄；叶片长圆形或椭圆状狭长圆形，长 3~8cm，宽 0.8~3.2cm，顶端钝，向基部渐窄而偏斜，边缘具锯齿和钝齿，两面被白色贴伏柔毛，侧脉每边 4~5 条，下面微凹陷；叶柄长 4.5~12cm，密被白色柔毛。聚伞花序，1~6 条，每花序具 1~2 朵花；花序梗长 9~16cm，被褐色长柔毛；苞片 2 枚，长圆形至卵状披针形，长 3~7mm，宽 1.5~2mm，被白色短柔毛，顶端钝，全缘。花萼 5 裂至近基部，裂片卵形至卵状长圆形，长 4~6mm，宽 1~3mm，外面被褐色柔毛，内面无毛。花冠粗筒状，紫红色，下方肿胀，长 3.8~5.3cm，外面疏生短柔毛，内面下唇一侧具 2 条黄褐色斑纹，有时有紫色斑点；筒长 3.6cm；上唇长 9mm，2 裂至中部，裂片宽三角形，长 5mm，宽 4~5mm，顶端钝，下唇长 12~17mm，3 裂至中部，裂片长圆形，

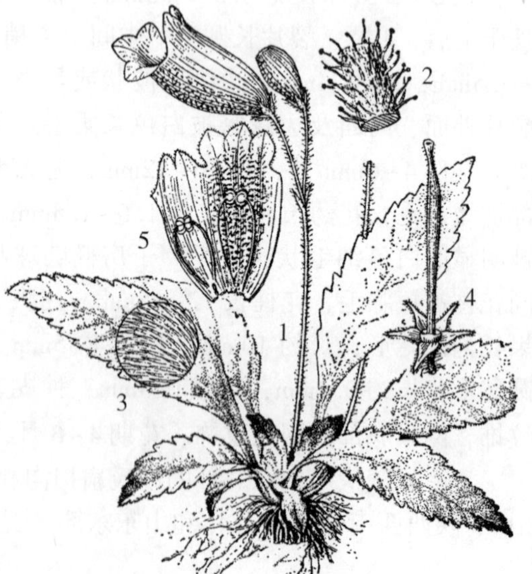

鄂西粗筒苣苔 *Briggsia speciosa*（Hemsl.）Craib
1. 植株全形　2. 花梗放大　3. 叶片上面部分放大　4. 花萼及雌蕊　5. 花冠打开

长 7~10mm，宽 5~6mm，顶端圆形。上雄蕊长约 24mm，着生于距花冠基部 0.5mm 处，下雄蕊长约 30mm，着生于距花冠基部 1mm 处，花丝疏被腺状柔毛，花药肾形，长约 1.2mm，药室顶端不会合；退化雄蕊长约 4mm，着生于距花冠基部 1mm 处。花盘环状，高 1.5mm，雌蕊疏被腺状短柔毛，子房线状长圆形，长约 20mm，直径约 1.8mm，花柱短，长约 3mm，柱头 2 个，近圆形，长 0.4mm。蒴果线状披针形，长 60~68mm，直径 2~2.2mm。花期 6~7 月。

河南仅见于伏牛山区南部的淅川荆子关；生于山坡阴湿岩石上。分布于四川东部、湖北西部及湖南西南部。

2. 半蒴苣苔属 *Hemiboea* C. B. Clarke

《河南植物志（第三册）》记载 2 种。本书增补 1 种。

纤细半蒴苣苔 *Hemiboea gracilis* Franch.

纤细半蒴苣苔 *Hemiboea gracilis* Franch.

1. 植株 2. 花解剖 3. 花萼 4. 蒴果

多年生草本。茎上升，细弱，通常不分枝，具 3~5 节，肉质，无毛，散生紫褐色斑点。叶对生，叶片稍肉质，干时草质，倒卵状披针形、卵状披针形或椭圆状披针形，多少偏斜，长 3~15cm，宽 1.2~5cm，全缘或具疏的波状浅钝齿，基部楔形或狭楔形，通常不对称，上面深绿色，疏生短柔毛，背面绿白色或带紫色，无毛；蠕虫状石细胞少量嵌生于维管束附近的基本组织中；侧脉每侧 4~6 条；叶柄长 2~4cm，纤细，无毛。聚伞花序假顶生或腋生，具 1~3 朵花；花序梗长 2~12mm，无毛，总苞球形，直径 10~14（~20）mm，顶端具细长尖头，无毛，开放后呈船形；花梗长 2~5mm，无毛；萼片 5 枚，线状披针形至长椭圆状披针形，长 5~8mm，宽 2~4mm，无毛。花冠粉红色，具紫色斑点，长3~3.8cm；筒长 2.2~2.8cm，外面疏生腺状短柔毛，内面基部上方 4~5mm 处有一毛环，口部直径 15~17mm，基部上方直径 8mm；上唇长 5~8mm，2 浅裂，裂片半圆形，下唇长 8~10mm，3 浅裂，裂片半圆形。雄蕊：花丝着生于花冠基部 8~11mm 处，狭线形，长 11~12mm，花药长圆形，长（1.1~）1.7~2.5mm，顶端连着；退化雄蕊 2 枚，长 4~5mm，顶端小头状，分离。花盘环状，高 1mm。雌蕊：长 2~2.5cm，无毛，子房线形，柱头头状。蒴果线状披针形，长 17~25mm，宽 2.2~3mm，无毛。花期 7~10 月，果熟期 9~11 月。

河南仅见于伏牛山区南部的淅川荆子关；生于山谷阴湿岩石上。分布于江西（西部）、湖北（西部）、湖南、四川和贵州。

（一四七）狸藻科 Lentibulariaceae

《河南植物志（第三册）》记载1属2种。本书增补2种。

狸藻属 *Utricularia* L.

《河南植物志（第三册）》记载2种。本书增补2种。

(1) 短梗挖耳草 *Utricularia caerulea* L.

[*Calpidisca tatenakae* Nakai;
Utricularia albina Ridl.;
Utricularia caerulea var. *filicaulis* (Wall. ex A. DC.) Haines;
Utricularia capillaris D. Don;
Utricularia cavaleriei Stapf;
Utricularia filicaulis Wall. ex A. DC.;
Utricularia filicaulis var. *papillosa* Pellegr.;
Utricularia kerrii W. G. Craib;
Utricularia nivea Vahl;
Utricularia obtusiloba Benj.;
Utricularia ophirensis Ridl.;
Utricularia racemosa Wall. ex Walp.;
Utricularia racemosa var. *filicaulis* (Wall. ex A. DC.) C. B. Clarke;
Utricularia rosea Edgew.;
Utricularia roseopurpurea Stapf ex Gamble;
Utricularia sampathii Subr. & Yogan.;
Utricularia sootepensis W. G. Craib;
Utricularia squamosa Benj.]

短梗挖耳草 *Utricularia caerulea* L.
1. 植株外形 2. 捕虫囊 3. 花 4. 蒴果

陆生小草本。假根少数至多数，丝状，不分枝或分枝。匍匐枝丝状，具稀疏的分枝。叶器于开花前凋萎或于花期宿存，基生呈莲座状和散生于匍匐枝上，狭倒卵状匙形，长5~10mm，宽1~1.5mm，顶端圆形，具1脉，无毛。捕虫囊少数散生于匍匐枝及侧生于叶器上，卵球形，长0.7~1.5mm，侧扁，具柄；口顶生，边缘密生腺毛，上唇具1条龙骨状的喙，喙长0.3~1.5mm，喙上面疏生而下面密生腺毛，下唇无附属物。花序直立，长5~44cm，不分枝或具少数分枝，中部以上具1~15朵疏离或密集的花，无毛；花序梗丝状，粗0.3~1.2mm，具1~12枚鳞片；苞片与鳞片同形，中部着生，狭长圆状披针形或倒披针形，顶端渐尖，基部渐尖，急尖或钝形，长2~3mm；小苞片狭长圆状披针形或线状披针形，长 1~2mm；花梗于花期直立，于果期开展或反折，丝状，长 0.2~1mm。花萼 2 裂达基部，裂片不相等，密生细小的乳突，无毛；上唇卵状长圆形，长 2~3mm，顶端圆形，下唇较短，横椭圆形或圆形。花冠紫色、蓝色、粉红色或白色，喉部常有黄斑，长 4~10mm；上唇狭卵状长圆形，长于上方萼片，顶端圆形或截形，下唇较大，近圆形，顶端微凹，喉凸隆起；距狭圆锥状或近筒状，基部宽圆锥状，伸直或弯曲，通常长于下唇并与其平行或成钝角叉开。雄蕊无毛；花丝线状，近伸直，长约 1mm；药室会合，具细小的乳突。雌蕊无毛；子房球形；花柱短；柱头下唇圆形，上唇极小，正三角形。蒴果球形或长球形，长 2~3mm，果皮坚硬且不透明，室背开裂。种子多数，长球形或长圆状椭圆球形，长 0.25~0.3mm，无毛，散生明显的乳头状突起和稍突起的网纹，网格纵向延长。花期 6 月至次年春，果期 7 月至次年春。

河南仅见于大别山区的商城黄柏山；生于沼泽地、水湿草地或滴水岩壁上。分布于山东、江苏、安徽、浙江、江西、福建、台湾、湖南、广东、海南、广西、贵州和云南；印度、孟加拉国、斯里兰卡、中南半岛、马来西亚、印度尼西亚、菲律宾、日本、朝鲜和澳大利亚也均有分布。

（2）黄花狸藻 *Utricularia aurea* Lour.

[*Utricularia confervifolia* Jacks. & D. Don;
Utricularia extensa Hance;
Utricularia pilosa (Makino) Makino;
Utricularia vulgaris var. *pilosa* Makino]

水生草本。假根通常不存在，存在时轮生于花序梗的基部或近基部，扁平并多少膨大，长 2~6cm，粗 1~3mm，具丝状分枝。匍匐枝圆柱形，长 15~50cm，粗 0.5~2mm，具分枝。叶器多数，互生，长 2~6cm，3~4 深裂达基部，裂片先羽状深裂，后一至四回二歧状深裂，末回裂片毛发状，具细刚毛。捕虫囊通常多数，侧生于叶器裂片上，斜卵球形，侧扁，具短梗，长 1~4mm；口侧生，上唇具 2 条常疏生分枝的刚毛状附属物，下唇无附属物。花序直立，长 5~25cm，中部以上具 3~8 朵多少疏离的花，无毛；花序梗圆柱形，粗 0.3~1.3mm，无鳞片；苞片基部着生，宽卵圆形，长 1.5~2mm，顶端圆形或急尖；无小苞片；花梗丝状，背腹扁，横断面呈椭圆形，长 4~20mm，于花期直立，花后下弯。花萼 2 裂达基部，裂片近相等，上唇稍长，卵形，花期长 3~4mm，稍肉质，顶端钝形，边缘内曲，果期明显增大，长 7~9mm，开展或反折。花冠黄色，喉部有时具橙红色条纹，外面无毛或疏生短柔毛，长 10~15mm；上唇宽卵形或近圆形，顶端圆形，长约为上方萼片的 2 倍，下唇较大，横

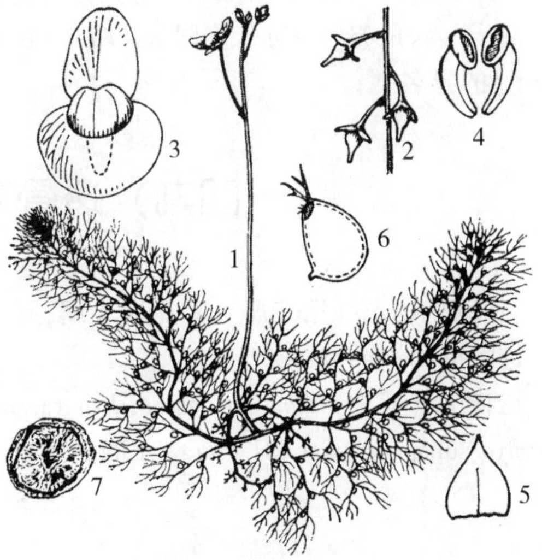

黄花狸藻 *Utricularia aurea* Lour.

1. 植株 2. 蒴果 3. 花 4. 雄蕊 5. 苞片 6. 捕虫囊 7. 种子

椭圆形，顶端圆形或微凹，喉凸隆起呈浅囊状；距近筒状，基部圆锥状，顶端钝形，较下唇短并与其平行或成锐角叉开。雄蕊无毛；花丝线形，上部扩大，长约2mm；药室会合。子房球形，密生腺点，无毛；花柱长约为子房的一半，花后延长，无毛；柱头下唇半圆形，边缘具缘毛，上唇极短，钝形，无毛。蒴果球形，直径4~5mm，顶端具喙状宿存花柱，周裂。种子多数，压扁，具5~6个角和细小的网状突起，直径0.8~2mm，角上具极狭的棱翅，淡褐色，无毛。花期6~10月，果熟期7~11月。

河南产于信阳地区；生于池塘和稻田中。分布于江苏、安徽、浙江、江西、福建、台湾、湖北、湖南、广东、广西和云南；印度、尼泊尔、孟加拉国、斯里兰卡、中南半岛、马来西亚、印度尼西亚、菲律宾、日本和澳大利亚也均有分布。

（一四八）爵床科 Acanthaceae

《河南植物志（第三册）》记载6属，6种。

其中：

水蓑衣 *Hygrophila salicifolia*（Vahl）Nees 为水蓑衣 *Hygrophila ringens*（L.）R. Br. ex Spreng. 的异名；

虾衣草、麒麟吐珠、虾衣花 *Calliaspidia guttata*（Brandegee）Bremek. 为虾衣草 *Justicia brandegeeana* Wassh. & L. B. Sm. 的异名；

爵床属 *Rostellularia* Reichenb. 为爵床属 *Justicia* L. 的异名；

爵床、六角英、香苏、赤眼 *Rostellularia procumbens*（L.）Nees 为爵床 *Justicia procumbens* L. 的异名。

（一四九）透骨草科 Phrymaceae

《河南植物志（第三册）》记载1属，1变种。

透骨草属 *Phryma* L.

透骨草（变种）*Phryma leptostachya* var. *asiatica* H. Hara 为透骨草（亚种）*Phryma leptostachya* subsp. *asiatica*（H. Hara）Kitam. 的异名。

（一五〇）车前科 Plantaginaceae

《河南植物志（第三册）》记载1属，4种。本书增补1种。

车前属 *Plantago* L.

《河南植物志（第三册）》记载4种。本书增补1种。

北美车前 *Plantago virginica* L.（彩版图 122）

一年生或二年生草本。直根纤细，有细侧根；根茎短。叶基生呈莲座状，平卧至直立；叶片倒披针形至倒卵状披针形，长（2～）3～18cm，宽 0.5～4cm，先端急尖或近圆形，边缘波状、疏生牙齿或近全缘，基部狭楔形，下延至叶柄，两面及叶柄散生白色柔毛，脉（3～）5 条；叶柄长 0.5～5cm，具翅或无翅，基部鞘状。花序 1 至多数；花序梗直立或弓曲上升，长 4～20cm，较纤细，有纵条纹，密被开展的白色柔毛，中空；穗状花序细圆柱状，长（1～）3～18cm，下部常间断；苞片披针形或狭椭圆形，长 2～2.5mm，龙骨突宽厚，宽于侧片，背面及边缘有白色疏柔毛。萼片与苞片等长或略短，前对萼片倒卵圆形，龙骨突较宽，不达顶端，先端钝，两侧片不等宽，先端及背面有白色短柔毛，后对萼片宽卵形，龙骨突较狭，伸出顶端，两侧片较宽，龙骨突及边缘疏生白色短柔毛。花冠淡黄色，无毛，冠筒等长或略长于萼片；花两型，能育花的花冠裂片卵状披针形，长 1.5～2.5mm，直立，雄蕊着生于冠筒内面顶端，被直立的花冠裂片所覆盖，花药狭卵形，长仅 0.25～0.3mm，淡黄色，干后黄色，具狭三角形小尖头，花柱内藏或略外伸，以闭花受粉为主；风媒花通常不育，花冠裂片与能育花同形，但开展并于花后反折，雄蕊与花柱明显外伸，花药宽椭圆形，长 1～1.1mm，淡黄色，干后黄褐色，具三角形小尖头。胚珠 2 个。蒴果卵球形，长 2～3mm，于基部上方周裂。种子 2 粒，卵形或长卵形，长（1～）1.4～1.8mm，腹面凹陷成船形，黄褐色至红褐色，有光泽；子叶背腹向排列。花期 4～5 月，果熟期 5～6 月。

原产于北美洲。河南仅见于信阳罗山；生于田边、路旁、荒地、田野。分布于安徽、重庆、福建、广西、湖北、湖南、江苏、江西、台湾、浙江；在中美洲、欧洲以及日本均已归化。

（一五一）茜草科 Rubiaceae

《河南植物志（第三册）》记载 10 属，20 种，7 变种。

其中：

水冬瓜、鸡仔木 *Adina racemosa*（Siebold & Zucc.）Miq. 为鸡仔木 *Sinoadina racemosa*（Siebold & Zucc.）Ridsdale 的异名；

栀子花（变型）*Gardenia jasminoides* f. *grandiflora*（Lour.）Makino［河南植物志（第三册）载为栀子花（变种）var. *grandflora* Nakai］为栀子 *Gardenia jasminoides* J. Ellis 的异名；

六月雪属 *Serissa* Comm. 应为白马骨属 *Serissa* Comm. ex Juss.；

六月雪、满天星 *Serissa foetida*（L. f.）Lam.［《河南植物志（第三册）》误为 *Serissa foetida* Comm.］为六月雪 *Serissa japonica*（Thunb.）Thunb. 的异名；

鸡矢藤、臭老婆蔓 *Paederia scandens*（Lour.）Merr. 和毛鸡矢藤（变种）*Paederia scandens* var. *tomentosa*（Blume）Hand. -Mazz. 均为鸡矢藤 *Paederiafoetida* L. 的异名；

卵叶茜草 *Rubia ovatifolia* Z. Ying Zhang 应为卵叶茜草 *Rubia ovatifolia* Z. Ying Zhang ex Q. Lin；

内弯茜草（变种）*Rubia membranacea* var. *incurvata* Z. Y. Zhang 为金钱草 *Rubia membra-*

nacea Diels［《河南植物志（第三册）》为膜叶茜草］的异名；

披针叶茜草 *Rubia lanceolata* Hayata 为金剑草 *Rubia alata* Wall. 的异名；

粗糙蓬子菜（变种）*Galium verum* var. *trachyphyllum* Wallr. 和长叶蓬子菜（变种）*Galium verum* var. *asiaticum* Nakai 均为蓬子菜 *Galium verum* L. 的异名；

显脉拉拉藤 *Galium kinuta* Nakai 应为显脉拉拉藤 *Galium kinuta* Nakai & H. Hara；

六叶葎（变种）*Galium asperuloides* var. *hoffmeisteri*（Klotzsch）Hand. -Mazz. 为六叶葎 *Galium hoffmeisteri*（Klotzsch）Ehrend. & Schönb. -Tem. ex R. R. Mill 的异名；

猪殃殃（变种）*Galium aparine* var. *tenerum*（Gren. & Godr.）Rchb. f. 为猪殃殃 *Galium spurium* L. 的异名；

麦仁珠 *Galium tricorne* Stokes 应为麦仁珠 *Galium tricornutum* Dandy。

本书另增补 3 属（含 2 栽培属），8 种（含 2 栽培种），4 变种。

1. 水团花属 *Adina* Salisb.

《河南植物志（第三册）》记载 2 种。本书除修订外，增补 1 种。

水团花 *Adina pilulifera*（Lam.） Franch. ex Drake

［*Adina globiflora* Salisb.；

Adina globiflora var. *tonkinensis* Pit.；

Adina pilulifera var. *tonkinensis*（Pit.） Merr. ex H. L. Li；

Cephalanthus pilulifer Lam.；

Cephalanthus piluliflorus Willd. ex Roem. & Schult.；

Nauclea pilulifera（Lam.） Baill. ex Franch.；

Nauclea adina Sm.；

Nauclea adinoides Lindl.；

Nauclea nipponica Masam.］

常绿灌木至小乔木，高达 5m；顶芽不明显，由开展的托叶疏松包裹。叶对生，厚纸质，椭圆形至椭圆状披针形，或有时倒卵状长圆形至倒卵状披针形，长 4~12cm，宽 1.5~3cm，顶端短尖至渐尖而钝头，基部钝或楔形，有时渐狭窄，上面无毛，下面无毛或有时被稀疏短柔毛；侧脉 6~12 对，脉腋窝陷有稀疏的毛；叶柄长 2~6mm，无毛或被短柔毛；托叶 2 裂，早落。头状花序明显腋生，极稀顶生，不计花冠直径 4~6mm，花序轴单生，不分枝；小苞片线形至线状棒形，无毛；总花梗长 3~4.5cm，中部以下有轮生小苞片 5 枚；花萼管基部有毛，上部有疏散的毛，萼裂片线状长圆形或匙形；花冠白色，窄漏斗状，花冠管被微柔毛，花冠裂片卵状长圆形；雄蕊 5 枚，花丝短，着生于花冠喉部；子房 2 室，每室有胚珠多数，花柱伸出，柱头小，球形或卵圆球形。果序直径 8~10mm；小蒴果楔形，长 2~5mm。种子长圆

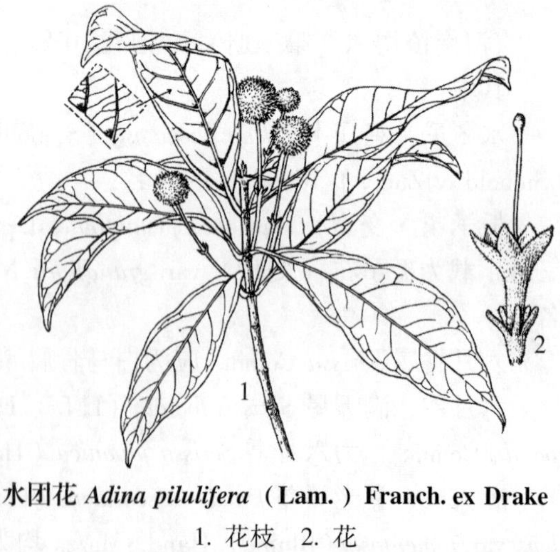

水团花 *Adina pilulifera*（Lam.）Franch. ex Drake

1. 花枝 2. 花

形，两端有狭翅。花期 6~7 月。

河南产于伏牛山区的嵩县龙池曼和桐柏山区的桐柏太白顶。生于海拔 500m 以下山谷疏林、旷野路旁、溪边水畔；分布于福建、广东、广西、贵州、海南、湖南、江苏、江西、云南、浙江；日本、越南也有分布。全株可治家畜瘢痧热症。木材供雕刻用。根系发达，是很好的固堤植物。

2. 长柱草属 *Phuopsis*（Griseb.）Benth. & Hook. f.（新增属，栽培）

多年生草本。叶 6~10 片轮生，无柄，边缘有小刺状细缘毛；托叶叶状。花两性，组成顶生的头状花序，具总苞、苞片和 2 枚小苞片；萼管倒卵形，檐部不明显，花冠管状漏斗形，喉部无毛，花冠裂片 5 枚，长圆状卵形，镊合状排列；雄蕊 5 枚，着生在萼管上，花丝丝状，略短，花药线状长圆形，内藏；花盘不明显；子房 2 室，花柱似线，常伸出，柱头小棒状，不明显 2 裂，胚珠每室 1 个，直立于隔膜基部，倒生。果为小坚果，干燥，具 2 个分果爿。

本属 1 种，分布于俄罗斯、土耳其、伊朗。我国引入栽培。河南也有栽培。

长柱花 *Phuopsis stylosa*（Trin.）Hook. f. ex B. D. Jacks.

［*Crucianella stylosa* Trin.］

多年生草本，高 20~60cm；茎具四角棱，棱上有疏刺毛，通常不分枝，节间长 3~7cm。叶 6~10 枚轮生，狭披针形，长 12~20mm，宽 1.5~3mm，顶端渐尖，尖头成针尖状，基部渐狭，边缘有向上的小刺状细缘毛，两面无毛，1 条脉，脉在叶上面凹下，在叶下面突起，具疏小刺，无柄。花很多密集成头状花序，生于茎顶，围以多数密生的苞片；苞片叶状、披针形，常渐尖，长 8~12mm，边缘具长刺状白毛；萼管倒卵形；花冠粉红色，管状漏斗形，长约 10mm，花冠裂片长圆状卵形，顶端尖，长约 2mm；花柱纤细，长伸出，伸出花冠之上达 7mm，柱头顶端不明显 2 裂。果长圆状倒卵形，长近 1.5mm，稍密集。花期 5~8 月。

分布于俄罗斯、土耳其、伊朗。河南新乡、南阳、许昌有引种，栽培于花坛、花带、园地或花圃，作绿化观赏花卉。陕西等省区也有栽培。

长柱花 *Phuopsis stylosa*（Trin.）Hook. f. ex B. D. Jacks.
1. 花枝 2. 花

3. 车叶草属 *Asperula* L.（新增属，栽培）

一年生或多年生草本，茎基部常木质而成灌木状，分枝；枝常纤细，具四角棱。叶常 3~8（~11）枚轮生，稀 2 枚对生，狭或宽，无柄或具短柄；托叶叶状。花小，两性，通常 4 基数，稀 3 基或 5 基数，簇生成束或组成近伞形花序、头状花序、聚伞花序、圆锥花序，常具总苞和苞片；萼檐不明显，稀微细的具齿；花冠高脚碟状、漏斗状或管状漏斗形，花冠喉部无毛，花冠裂片开展，镊合状排列；雄蕊着生在花冠管内或喉部，花丝丝状，花药短伸出，长圆形或线形；花盘不明显；花柱 2 裂或为 2 个，柱头头状或棍棒状，子房下位，2 室，每室有 1 个胚珠；胚珠横生，着生在隔膜上。果为小坚果，球形，干燥或稍肉质，为 2 个分果爿，不开裂，背面凸，腹面平或有沟纹，被毛或无毛；种子附着在外果皮上，外种皮膜质，胚乳角质；胚弯，子叶叶状，胚根圆柱形，下位。

本属约200种，分布于欧洲、亚洲、大洋洲，尤以地中海地区最多。我国有2种，其中1种为栽培。河南有栽培1种。

蓝花车叶草 *Asperula orientalis* Boiss. & Hohen.

[*Asperula arvensis* subsp. *orientalis*（Boiss. & Hohen.）J. Thiébaut；
Asperula azurea Jaub. & Spach]

一年生草本，高约30cm；茎具四角棱，上部多分枝，被刺毛。茎下部的叶对生，宽卵形或近圆形，长4~7mm，宽3~5mm，早落；茎上部的叶4~8枚轮生，披针形或线状披针形，长12~30mm，宽2~3mm，顶端钝圆，基部渐狭，两面均被短刺毛，边缘具白色长缘毛，叶脉在两面均不明显，近无柄或具短柄。花密集成头状花序，生于枝顶端，花序周围具多数叶状苞片；苞片线形，边缘具白色缘毛；萼管与子房合生，萼裂片不明显；花冠淡紫蓝色，长约10mm，花冠裂片顶端钝圆。果平滑。花期6~7月，果熟期8~9月。

原产俄罗斯、土耳其、伊朗及欧洲等。河南洛阳、南阳、信阳等地的花圃有引种栽培，作花坛、花带等观赏花卉。西安、合肥、南京等地亦有栽培。

4. 拉拉藤属（猪殃殃属）*Galium* L.

《河南植物志（第三册）》记载6种，4变种。本书除修订外，另增补2种，4变种。

（1）东北猪殃殃 山猪殃殃（**变种**）***Galium dahuricum* var. *lasiocarpum*（Makino）Nakai**

[*Galium asprellum* var. *lasiocarpum* Makino；
Galium dahuricum var. *manshuricum*（Kitag.）H. Hara；
Galium manshuricum Kitag.；
Galium pseudoasprellum Makino]

多年生草本，高30~70cm；茎直立，柔弱，纤细，在上部多分枝，具四角棱，在棱上有倒向的疏小刺；根干时微红色。叶纸质，5~6枚轮生，长圆形或倒卵状长圆形，长11~40mm，宽2~9mm，顶端渐尖，具硬尖或急短渐尖，基部渐狭，在节上和叶缘有倒向的刚毛，两面常无毛，具1条中脉；叶柄长约1mm或近无柄。伞房状聚伞花序顶生和生于上部叶腋，花序疏而广展，无毛，常2~3歧分枝；总花梗毛发状，伸长，在果时常极叉开，长约20mm；苞片和小苞片匙状狭长圆形；花多数，小，直径3~4mm；花梗纤细，毛发状，长1~2.5mm，果时可长达10mm，稍弯；花冠白色，辐射状，开展，花冠裂片4枚，卵状椭圆形，顶端急尖或稍急尖，长约1mm；雄蕊4枚，短，花丝丝状，较花药长；花柱2个，

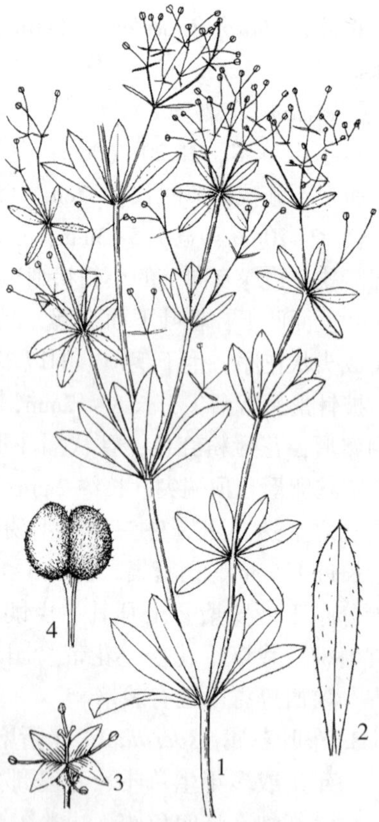

东北猪殃殃（变种）*Galium dahuricum* var. *lasiocarpum*（Makino）Nakai

1. 果枝 2. 叶 3. 花 4. 果

柱头头状。果密被紧贴的钩状刚毛、小瘤状突起，分果爿广椭圆形或近肾形，直径约2mm，单生或双生；果柄纤细。花期6~7月，果熟期8~10月。

产于河南大别山区的商城和新县，伏牛山区的栾川、卢氏、嵩县、西峡和南召，太行山区的林州和济源；生于海拔200~2 000m的沟边、山地林下、灌丛或草地。分布于吉林、辽宁、河北、山西、陕西、甘肃、青海、江苏、浙江、湖北、四川、云南；日本、朝鲜也有分布。

（2）密花拉拉藤（变种）*Galium dahuricum* var. *densiflorum*（Cufod.）Ehrend.

［*Galium pseudoasprellum* var. *densiflorum* Cufod.］

多年生草本，常攀缘，长达2.5m；根稠密；茎柔弱，纤细，常附在其他树木上，分枝，具四角棱，在棱上有倒向的疏小刺。叶纸质，6枚轮生，有时4~5枚，线状披针形、线状长圆形或狭长圆形，长7~40mm，宽3~11mm，顶端短尖或稍钝，具短硬尖，基部急渐狭，在边缘和下面中脉上有倒向的小刺毛，在上面和中脉上有向上的糙硬毛，1条脉；叶柄很短或近无柄。聚伞花序腋生或顶生，多数，较疏散，2~3次分歧；总花梗常纤细而稍长，无毛或在下部有倒向的疏刺状毛；苞片或小苞片对生，线形或披针形，常短于总花梗或花梗，小苞片常微小；花小，直径1.8~3mm；花梗毛发状，比花长，长达12mm，果时常叉开；花冠淡绿色或白色，辐状，4裂，裂片三角形，顶端稍微具喙；雄蕊短；花柱直立，2裂，长约1mm，柱头头状，子房有钩状硬毛。果直径约2mm，有开展的钩状硬毛，分果爿椭圆状长圆形，单生或双生；果柄纤细，常叉开。花期7~8月，果熟期8~11月。

本变种与东北猪殃殃（变种）*Galium dahuricum* var. *lasiocarpum*（Makino）Nakai不同的是：叶通常较小；花序较短、较稠密；苞片较大，与叶近相似；花梗较短，长约5mm，稀超过。

河南产于太行山和伏牛山；生于山地林下、灌丛或草地。分布于内蒙古、河北、山西、陕西、宁夏、甘肃、青海、江西、四川、贵州、云南、西藏。

（3）茜砧草（变种）*Galium boreale* var. *rubioides*（L.）Celak.

［*Galium rubioides* L.］

多年生直立草本，高20~65cm；茎有四棱角，无毛或有极短的毛。叶纸质或薄革质，4枚轮生，狭披针形或线状披针形，长10~30mm，宽1~4mm，顶端钝或稍尖，基部楔形或近圆形，边缘常稍反卷，两面无毛，边缘有微毛；基出脉3条，在下面常突起，在上面常凹陷；无柄或具极短的柄。聚伞花序顶生和生于上部叶腋，常在枝顶结成圆锥花序式，密花；花小；花梗长0.5~1.5mm；花萼被毛；花冠白色或淡黄色，直径3~4mm，辐状，花冠裂片卵状披针形，长1.5~2mm；花丝长约1.4mm，花柱2裂至近基部。果小，直径1~2mm，分果爿单生或双生，密被白色稍弯的糙硬毛；果柄长1.5~3.5mm。花果期7~9月。

本变种与原种北方拉拉藤 *Galium boreale* L.不同的是：叶卵状披针形或卵形，叶下面至少在脉上有疏柔毛或粗糙；萼管和果无毛。

河南产于太行山区的林州和辉县；生于海拔1 000m以上的山坡草地，分布于黑龙江、吉林、辽宁、河北、新疆；欧洲及俄罗斯也有分布。

（4）车轴草 *Galium odoratum*（L.）Scop.

［*Asperula odorata* L.］

多年生草本，高10~60cm；茎直立，少分枝，具四角棱，无毛，仅在节上具一环白色刚毛。叶纸质，6~10枚轮生，倒披针形、长圆状披针形或狭椭圆形，长15~65mm，宽4.5~17mm，在下部的较小，长6~15mm，宽3~5mm，顶端短尖或渐尖，或钝而有短尖头，基部渐狭，沿边缘和有时在下面沿脉上具短的、向上的刚毛或在两面被稀薄紧贴的刚毛，1条脉，无柄或具极短的柄。伞房花序式的聚伞花序顶生，长达9cm；苞片在花序基部4~6枚，在分枝处常成对，最小的长1.5~2mm，披针形；花直径3~7mm；花梗长2~3mm，与总花梗均无毛；花冠白色或蓝白色，短漏斗状，长约4.5mm，花冠裂片4个，长圆形，长2.5mm，比冠管长；雄蕊4枚，具短的花丝；花柱短，2深裂，柱头球形。分果爿双生或单生，球形，直径约2mm，密被钩毛；果柄长约4mm。花期6~7月，果熟期8~9月。

河南仅见于伏牛山灵宝林场；生于海拔1 500m以上的山地林下或灌丛中。分布于黑龙江、吉林、辽宁、陕西、宁夏、甘肃、新疆、山东、四川；日本、朝鲜、俄罗斯、亚洲西部、欧洲、非洲北部、美洲北部都有分布。茎叶含有芳香油，芳香油主要成分为香豆素，可用作调和香精原料。

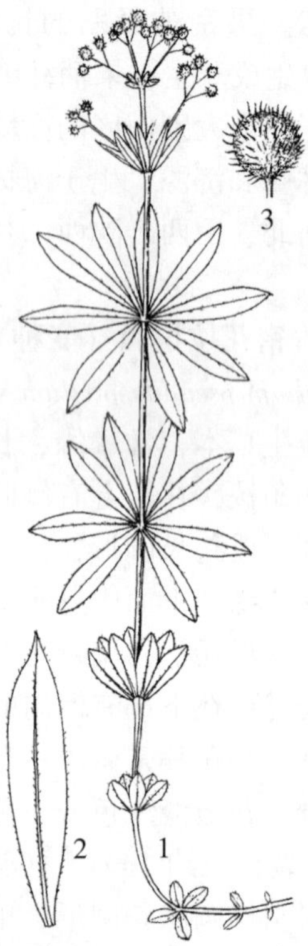

车轴草 ***Galium odoratum*** **（L.）Scop.**

1. 果枝　2. 叶　3. 果

（5）异叶轮草 ***Galium maximowiczii*** **（Kom.）Pobed.**

［*Asperula maximowiczii* Kom.；
Asperula platygalium var. *pratensis* Maxim.］

多年生草本，高0.3~1m；茎直立，具四角棱，无毛，分枝。叶纸质，每轮4~8枚，长圆形、椭圆形、卵形或卵状披针形，长1.5~5.3cm，宽0.7~2cm，顶端钝圆，稀稍尖，基部短尖或渐狭成短柄，上面无毛或散生短粗毛，在边缘和下面脉上具向上的粗毛，通常3条脉，稀4~5条脉；叶柄长2~6mm，有粗毛。聚伞花序顶生和生于上部叶腋，疏散，再组成大而开展的顶生圆锥花序，长约20cm，宽约15cm；花序轴长，与花梗均无毛；花多而稍疏；花梗纤细，长2~4mm；花冠白色，钟状，直径3mm，长2.5mm，花冠裂片4个，长圆形，顶端钝，与冠管等长或稍短；雄蕊具短的花丝，着生在冠管的中部；花柱短，顶端2深

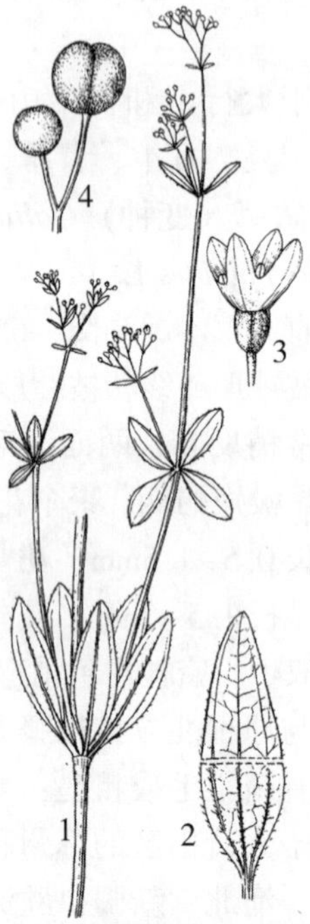

异叶轮草 ***Galium maximowiczii*** **（Kom.）Pobed.**

1. 果枝　2. 叶　3. 花　4. 果

裂，柱头球形。果直径 2~2.5mm，无毛，有小颗粒状突起，分果爿近球形，双生或单生；果柄纤细。花期 6~7 月，果熟期 7~10 月。

河南产于太行山区的林州、沁阳、济源，伏牛山区的灵宝、栾川、嵩县、西峡、内乡；生于海拔 400~1 500m 的山地、旷野、沟边林下、灌丛或草地。分布于黑龙江、吉林、辽宁、内蒙古、河北、山西、陕西、山东、安徽、浙江；俄罗斯、朝鲜也有分布。

(6) 硬毛四叶葎（变种）*Galium bungei* var. *hispidum*（Matsuda）Cufod.

[*Galium martini* H. Lév. & Vaniot;

Galium gracile f. *hispidum* Matsuda;

Galium trachyspermum var. *hispidum*（Matsuda）Kitag.]

多年生丛生直立草本，高 5~50cm，有红色丝状根；茎有 4 棱，不分枝或稍分枝，被柔毛，毛的长度比茎的直径较短。叶纸质，4 枚轮生，叶形变化较大，常在同一株上上部与下部的叶形均不同，卵状长圆形、卵状披针形、披针状长圆形或线状披针形，长 0.6~3.4cm，宽 2~6mm，顶端尖或稍钝，基部楔形，中脉和边缘常有刺状硬毛，有时两面亦有糙伏毛，1 条脉，近无柄或有短柄。聚伞花序顶生和腋生，稠密或稍疏散，总花梗纤细，常 3 歧分枝，再形成圆锥状花序；花小；花梗纤细，长 1~7mm；花冠黄绿色或白色，辐状，直径 1.4~2mm，无毛，花冠裂片卵形或长圆形，长 0.6~1mm。分果爿近球状，直径 1~2mm，通常双生，有小疣点、小鳞片或短钩毛，稀无毛；果柄纤细，常比果长，长可达 9mm。花期 4~6 月，果熟期 5~9 月。

河南仅见于伏牛山区北部的嵩县龙池曼。生于山坡、河滩、灌丛、草地。分布于山西、陕西、甘肃、江苏、安徽、浙江、福建、湖北、四川、云南。

5. 新耳草属 *Neanotis* W. H. Lewis（新增属）

直立或平卧草本。叶对生，卵形或披针形；托叶生于叶柄间。花细小，组成腋生或顶生松散的聚伞花序或头状花序；萼管压扁，萼檐裂片直立或外反，常有阔隙；花冠漏斗形或管形，喉部无毛或被疏长毛，裂片 4 枚，通常短于冠管，镊合状排列；雄蕊 4 枚，生于冠管喉部，花丝短或延长，花药背着，线状长圆形，内藏或伸出；花盘不明显；子房 2 室，罕有 3 或 4 室，花柱线形，柱头 2~4 个，线形，每子房室胚珠数粒，生于隔膜近基部上举的胎座上。蒴果双生，侧面压扁，革质或膜质，顶部冠以宿存的萼檐裂片，成熟时室背开裂，罕有不开裂，每室有 1 至数粒种子，罕有多粒。种子盾形、舟形或平凸形，极少具翅，表面具粗窝孔；胚棒形，藏于角质胚乳内。

本属约有 30 种，主产于热带亚洲和澳大利亚。我国有 8 种（含特有种）。

薄叶新耳草 *Neanotis hirsuta*（L. f.）W. H. Lewis（彩版图 123）

[*Oldenlandia hirsuta* L. f. ;

Anotis hirsuta（L. f.）Boerlage;

Hedyotis hirsuta（L. f.）Smith;

Hedyotis stipulata R. Br. ex Hook. f. ;

Oldenlandia japonica Miq.]

匍匐草本，下部常生不定根；茎柔弱，具纵棱。叶卵形或椭圆形，长 2~4cm，宽 1~1.5cm，顶端短尖，基部下延至叶柄，两面被毛或近无毛；叶柄长 4~5mm；托叶膜质，基部合生，宽而短，顶部分裂成刺毛状。花序腋生或顶生，有花 1 至数朵，常聚集成头状，有长5~10mm、纤细、不分枝的总花梗；花白色或浅紫色，近无梗或具极短的花梗；萼管管形，萼檐裂片线状披针形，顶端外反，比萼管略长；花冠漏斗形，长4~5mm，裂片阔披针形，顶端短尖，比冠管短；花柱略伸出，柱头2浅裂。蒴果扁球形，直径2~2.5mm，顶部平，宿存萼檐裂片长约1.2mm。种子微小，平凸，有小窝孔。花、果期7~10月。

河南仅见于桐柏水帘洞；生于林缘或溪旁湿地。分布于广东、海南、江苏、江西、台湾、云南、浙江；不丹、柬埔寨、印度、日本、韩国、老挝、缅甸、尼泊尔、巴基斯坦、泰国、越南均有分布。

6. 茜草属 *Rubia* L.

《河南植物志（第三册）》记载4种，1变种。本书除修订外，增补2种。

(1) 中国茜草 *Rubia chinensis* Regel & Maack

[*Rubia mitis* Miq.]

多年生直立草本，高30~60cm，具有发达的紫红色须根；茎通常数条丛生，较少单生，不分枝或少分枝，具4直棱，棱上被向上钩状毛，有时老茎上的毛脱落。叶4枚轮生，薄纸质或近膜质，卵形至阔椭圆形，通常长4~9cm，宽2~4cm，顶端短渐尖或渐尖，基部圆或阔楔尖，很少不明显心形，边缘有密缘毛，上面近无毛或基出脉上被短硬毛，下面被白色柔毛；基出脉5或7条，纤细，两面微突起；叶柄长0.5~2cm，上部叶有时近无柄。聚伞花序排成圆锥花序式，顶生和在茎的上部腋生，通常结成大型带叶的圆锥花序，长15~30cm，花序轴和分枝均较纤细，无毛或被柔毛；苞片披针形；长1.5~2mm；花梗长2~5mm，稍纤细；萼管近球形，直径约0.8mm，干时黑色，无毛；花冠白色，干后变黄色，质地薄，冠管长0.2~0.4mm，裂片5~6枚，卵形或近披针形，长1.7~2mm，有明显的3脉，顶端尾尖；雄蕊5~6枚，生在冠管近基部，花丝长0.1~0.2mm，花药长0.1mm。浆果近球形，直径约4mm，黑色。花期5~7月，果熟期9~10月。

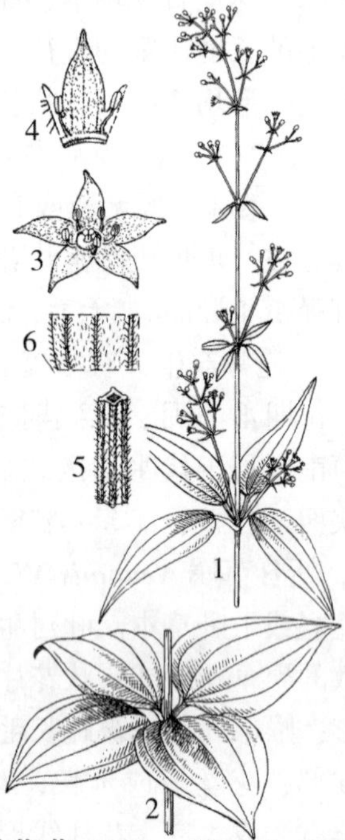

中国茜草 *Rubia chinensis* Regel & Maack

1. 花枝　2. 轮生叶序　3. 花　4. 花冠剖开，示雄蕊着生位置　5. 茎一段，示皮刺　6. 叶下面一部分，示刺毛

河南产于太行山区的林州、辉县、沁阳、济源；生于海拔1 500m以下的山地林下、林缘和草甸。分布于我国的东北和华北；俄罗斯（阿穆尔地区）、朝鲜和日本也有分布。

(2) 东南茜草 *Rubia argyi* (H. Lév. & Vaniot) H. Hara ex Lauener & D. K. Ferguson

[*Galium argyi* H. Lév. & Vaniot;

Rubia akane Nakai;

Rubia akane var. *erecta* Masam.;

Rubia chekiangensis Deb]

多年生草质藤本。茎、枝均有4直棱，或4狭翅，棱上有倒生钩状皮刺，无毛。叶4

枚轮生，茎生的偶有 6 枚轮生，通常一对较大，另一对较小，叶片纸质，心形至阔卵状心形，有时近圆心形，长 0.1~5cm 或过之，宽 1~4.5cm 或过之，顶端短尖或骤尖，基部心形，极少近浑圆，边缘和叶背面的基出脉上通常有短皮刺，两面粗糙，或兼有柔毛；基出脉通常 5~7 条，在上面凹陷，在下面多少突起；叶柄长通常 0.5~5cm，有时可达 9cm，有直棱，棱上生许多皮刺。聚伞花序分枝成圆锥花序式，顶生和小枝上部腋生，有时结成顶生、带叶的大型圆锥花序，花序梗和总轴均有 4 直棱，棱上通常有小皮刺，多少被柔毛或有时近无毛；小苞片卵形或椭圆状卵形，长 1.5~3mm；花梗稍粗壮，长 1~2.5mm，近无毛或稍被硬毛；萼管近球形，干时黑色；花冠白色，干时变黑色，质地稍厚，冠管长 0.5~0.7mm，裂片（4~）5 枚，伸展（非反折），卵形至披针形，长 1.3~1.4mm，外面稍被毛或近无毛，里面通常有许多微小乳突；雄蕊 5 枚，花丝短，带状，花药通常微露出冠管口外；花柱粗短，2 裂，柱头 2 个，头状。浆果近球形（1 心皮发育），直径 5~7mm，有时臀状（2 枚心皮均发育），宽达 9mm，成熟时黑色。

产于河南大别山区、桐柏山区和伏牛山区；常生于林缘、灌丛或村边园篱等处。分布于陕西（南部）、江苏、安徽、浙江、江西、福建（北部）、台湾、湖北、湖南、广东（北部）、广西（北部）、四川东部和东北部；日本和朝鲜也有分布。

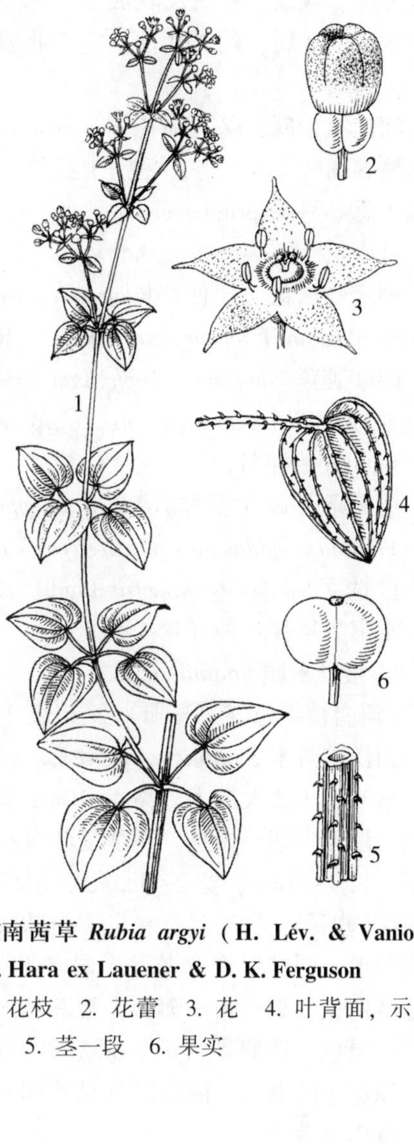

东南茜草 ***Rubia argyi*** **(H. Lév. & Vaniot) H. Hara ex Lauener & D. K. Ferguson**
1. 花枝 2. 花蕾 3. 花 4. 叶背面，示皮刺 5. 茎一段 6. 果实

（一五二）五福花科 Adoxaceae

《河南植物志（第三册）》526 页记载 1 属（1 种），现并入 2 属。修改科的描述如下：

灌木，少多年生草本或乔木。叶对生，单叶或复叶；三出小叶，二回三出小叶，羽状三出小叶或奇数复叶。花序为顶生圆锥花序，伞房花序，穗状花序或聚伞头状花序。花两性；花萼和花瓣合生，3~5 基数；雄蕊 5 枚、4 枚或 3 枚，与花冠裂片互生，着生在花冠上，花丝分裂为 2 枚雄蕊；花药 1 室，盾形，外向，纵裂；内面有退化雄蕊 5 枚、4 枚或 3 枚，与花冠裂片对生。子房半下位至下位，1 室或 3~5 室；花柱 5 个、4 个或 3 个，连合或分离，或缺；柱头头状或2~3浅裂。果为核果。具1粒或3~5粒种子。

本科共4属，约220种，主产北温带。我国4属（含1特有属），81种（含49特有种）。

河南有3属，除五福花属 *Adoxa* L.（1种）外，另外2属为荚蒾属 *Viburnum* L. 和接骨木属 *Sambucus* L. 共19种，1亚种，2变种，1变型，在《河南植物志（第三册）》中隶属于忍冬科 Caprifoliaceae。

其中：

蝴蝶戏珠花（变种）*Viburnum plicatum* var. *tomentosum* Miq. 为蝴蝶戏珠花（变型）*Viburnum plicatum* f. *tomentosum*（Miq.）Rehder 的异名；

阔叶荚蒾 *Viburnum lobophyllum* Graebn.，湖北荚蒾 *Viburnum hupehense* Rehder 和北方荚蒾（亚种）*Viburnum hupehense* subsp. *septentrionale* P. S. Hsu 均为桦叶荚蒾 *Viburnum betulifolium* Batalin 的异名；

鸡树条荚蒾（变种）*Viburnum opulus* var. *calvescens*（Rehder）H. Hara 为鸡树条（亚种）*Viburnum opulus* subsp. *calvescens*（Rehder）Sugim. 的异名；

接骨草 *Sambucus chinensis* Lindl. 为接骨草 *Sambucus javanica* Blume 的异名。

本书另增补4种（含1栽培种）。

1. 接骨木属 *Sambucus* L.

《河南植物志（第三册）》记载2种。本书除修订外，增补1栽培种。

西洋接骨木 *Sambucus nigra* L.（彩版图124）

落叶乔木或大灌木，高4~10m；幼枝具纵条纹，二年生枝黄褐色，具明显突起的圆形皮孔；髓部发达，白色。羽状复叶有小叶片1~3对，通常2对，具短柄，椭圆形或椭圆状卵形，长4~10cm，宽2~3.5cm，顶端尖或尾尖，边缘具锐锯齿，基部楔形或阔楔形至钝圆而两侧不等，揉碎后有恶臭，中脉基部、小叶柄基部及叶轴均被短柔毛；托叶叶状或退化成腺形。圆锥形聚伞花序分枝5出，平散，直径达12cm；花小而多；萼筒长于萼齿；花冠黄白色，裂片长矩圆形；雄蕊花丝丝状，花药黄色；子房3室，花柱短，柱头3裂。果实亮黑色。花期4~5月，果熟期7~8月。

原产于欧洲。河南洛阳（植物园）等地有引种栽培。山东、江苏、上海等地民间和庭院也有引种栽培。

2. 荚蒾属 *Viburnum* L.

《河南植物志（第三册）》记载16种（含2栽培种），1亚种，2变种，1变型。

本书另增补3种。

（1）醉鱼草状荚蒾 *Viburnum buddleifolium* C. H. Wright

落叶灌木，高达5m；当年生小枝、冬芽、叶下面、叶柄、花序和萼筒均被由黄白色或带褐色簇状毛组成的绒毛，二年生小枝灰褐色或褐色，渐变无毛，散生圆形小皮孔。叶纸质，矩圆状披针形，长6~11（~18）cm，顶端渐尖，有时钝形，基部微心形或圆形，边缘有波状小齿，老叶齿不明显，上面密被簇状、叉状或简单短毛，侧脉8~12对，直伸至齿端或部分在近缘处互相网结，连同中脉上面凹陷，下面突起，小脉在下面稍突起或不明显；叶柄长5~15mm。聚伞花序直径4~7cm，总花梗长1~1.5（~2）cm，第一级辐射枝6~7条，花生于第二级辐射枝上；萼筒筒状倒圆锥形，长2~3mm，萼齿三角形，顶稍尖，基部连合，有少数簇状毛或几无毛；花冠白色，辐状钟形，直径 7~9mm，无毛，筒部长约 2mm，裂片卵圆形，长约 3mm；雄蕊与花冠裂片几等长，花药宽椭圆形，长约 1mm；花柱高出萼齿。果实椭圆形；核长约 7mm，直径约 4mm，有 2 条背沟和 3 条腹沟。

河南产于伏牛山区的西峡黄石庵和淅川荆子关；生于海拔 1 000m 左右的山坡丛林或灌丛中。分布于陕西西南部、甘肃南部和湖北西部。

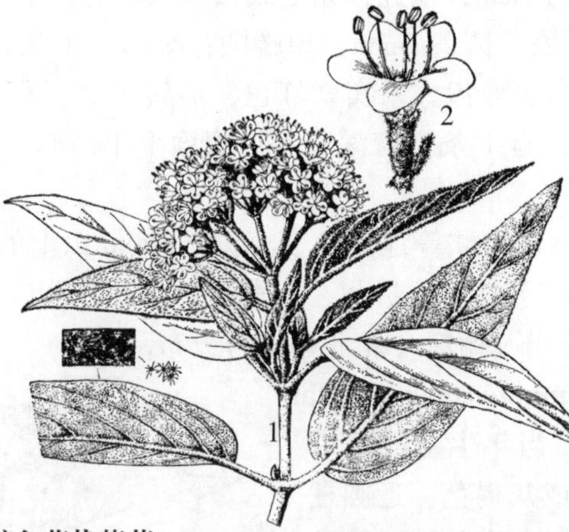

醉鱼草状荚蒾 *Viburnum buddleifolium* C. H. Wright

1. 花枝 2. 花放大

（2）红荚蒾 淡红荚蒾 ***Viburnum erubescens* Wall.**

［*Solenotinus erubescens*（Wall.）Oerst.；
Viburnum botryoideum H. Lév.；
Viburnum burmanicum（Rehder）C. Y. Wu ex P. S. Hsu；
Viburnum burmanicum var. *motoense* P. S. Hsu；
Viburnum erubescens var. *burmanicum* Rehder；
Viburnum erubescens var. *gracilipes* Rehder；
Viburnum erubescens var. *parvum* P. S. Hsu & S. C. Hsu；
Viburnum erubescens var. *prattii*（Graebn.）Rehder；
Viburnum prattii Graebn.；
Viburnum pubigerum Wight & Arn.；
Viburnum thibeticum C. Y. Wu & Y. F. Huang；
Viburnum wightianum Wall.］

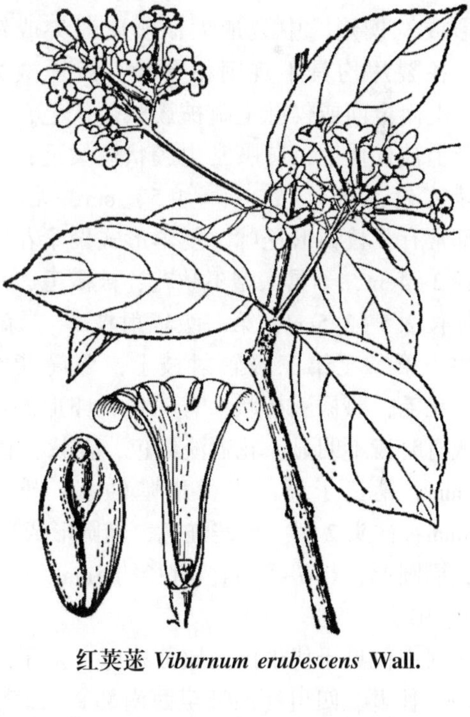

红荚蒾 *Viburnum erubescens* Wall.

落叶灌木或小乔木，高达 6m；当年小枝被簇状毛至无毛。冬芽有 1 对鳞片。叶纸质，椭圆形、矩圆状披针形至狭矩圆形，稀卵状心形或略带倒卵形，长 6~11cm，顶端渐尖、急尖至钝形，基部楔形、钝形至圆形或心形，除边缘基部外，具细锐锯齿，上面无毛或中脉有细短毛，下面中脉和侧脉被簇状毛，稀全面有毛，侧脉4~6对，大部分直达齿端，连同中脉上面略凹陷，下面突起；叶柄长1~2.5cm，被簇状毛或无毛。圆锥花序生于具1对叶的短枝之顶，长（5~）7.5~10cm，通常下垂，被簇状短毛或近无毛，有时毛密而呈绒状，总花梗长2~6cm，花无梗或有短梗，生于序轴的第一至第三级分枝上；萼筒筒状，长2.5~3mm，通常无毛，有时具红褐色微腺，萼齿卵状三角形，长约1mm，顶钝，无毛或被簇状微毛；花冠白色或淡红色，高脚碟状，筒长5~6mm，裂片开展，长2~3mm，顶端圆；雄蕊生于花冠筒顶端，花丝极短，花药黄白色，微外露；花柱高出萼齿。果实紫红色，后转黑色，椭圆形；核倒卵圆形，扁，长7~9mm，直径4~5mm，有1条宽广深腹沟，腹面上半部有1条隆起的脊。花期4~6月，果熟期8月。

河南产于伏牛山区南部的西峡等地；生于海拔1 000m以上的山坡灌丛或林中以及山谷溪旁密林中或林缘。分布于甘肃、贵州、湖北、陕西、四川、云南、西藏（东南部）；印度（北部）、尼泊尔、不丹及缅甸（北部）也有分布。

（3）甘肃荚蒾 *Viburnum kansuense* Batal.

落叶灌木，高达3m；当年生新枝略带四角状，二年生小枝灰色或灰褐色，近圆柱形，皮孔散生。冬芽具2对分离的鳞片。叶纸质，轮廓宽卵形至矩圆状卵形或倒卵形，长3~5（~8）cm，中3裂至深3裂或左右2裂片再2裂，掌状3~5出脉，基部截形至近心形或宽楔形，中裂最大，顶端渐尖或锐尖，各裂片均具不规则粗牙齿，齿顶微突尖，上面全面或仅脉上疏被簇状短伏毛，下面脉上被长伏毛，脉腋密生簇状短柔毛；叶柄紫红色，长1~2.5（~4.5）cm，无毛，基部常有2枚钻形托叶。复伞形式聚伞花序直径2~4cm，不具大型不孕花，被微毛，总花梗长2.5~3.5cm，第一级辐射枝5~7条，花生于第二至第三级辐射枝上；萼筒紫红色，无毛，萼檐浅杯状，有三角状卵形的小齿或有时齿不明显；花冠淡红色，辐状，直径约6mm，裂片近圆形，基部狭窄，长宽各约2.5mm，稍长于筒，边缘稍啮蚀状；雄蕊略长于花冠，花药红褐色，圆形，直径约0.8mm；柱头2裂。果实红色，椭圆形或近圆形，长8~10（~12）mm，直径7~8mm；核扁，椭圆形，长7~9mm，直径约5mm，有2条浅背沟和3条浅腹沟。花期6~7月，果熟期9~10月。

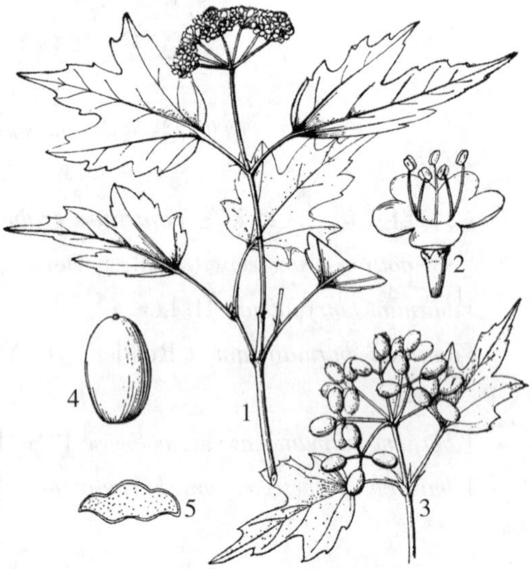

甘肃荚蒾 *Viburnum kansuense* Batal.
1. 花枝　2. 花放大　3. 果枝　4. 果放大　5. 果核横切面放大

河南仅见于伏牛山西峡黄石庵；生于海拔1 600m以上的冷杉林或杂木林中。分布于陕西、甘肃、四川（西部至西南部）、云南（西北部）及西藏（东南部）。茎皮纤维可制绳索和造纸。

（一五三）锦带花科 Diervillaceae（新增科）

落叶灌木。冬芽具数枚鳞片。单叶对生，边缘有锯齿，无托叶。花单生或由 2~6 朵花组成聚伞花序生于侧生短枝上部叶腋或枝顶；萼筒长圆柱形，萼檐 5 裂，裂片深达中部或基底；花冠 5 裂，不整齐或近整齐，筒长于裂片；雄蕊 5 枚，着生于花冠筒中部，内藏，花药内向；子房上位，一侧生 1 个球形腺体，2 室，含多数胚珠，花柱细长，柱头头状，常伸出花冠筒外。蒴果圆柱形，2 瓣裂，种子小而多。

本科 2 属，约 15 种：分布于亚种东部和北美东北部。我国 1 属，2 种。

《河南植物志（第三册）》509 页记载锦带花属 *Weigela* Thunb. 有 1 种，1 变种隶属于忍冬科 Caprifoliaceae。

其中：

半边月（变种）*Weigela japonica* var. *sinica*（Rehder）L. H. Bailey 应为半边月 *Weigela japonica* Thunb.。

（一五四）忍冬科 Caprifoliaceae

《河南植物志（第三册）》记载 7 属，55 种，4 亚种，4 变种，1 变型。

其中：

接骨木属 *Sambucus* L. 和荚蒾属 *Viburnum* L. 被并入五福花科 Adoxaceae；

锦带花属 *Weigela* Thunb. 被并入锦带花科 Diervillaceae；

糯米条属 *Abelia* R. Br. [《河南植物志（第三册）》505 页称该属为六道木属] 和蝟实属 *Kolkwitzia* Graebn. 被并入北极花科 Linnaeaceae；

穿心莛子藨 *Triosteum himalayanum* Wall. ex Roxb. 应为穿心莛子藨 *Triosteum himalayanum* Wall.；

毛药忍冬、山咪咪 *Lonicera serreana* Hand. -Mazz.，袋花忍冬 *Lonicera saccata* Rehder，短苞忍冬 *Lonicera schneideriana* Rehder 和四川忍冬 *Lonicera szechuanica* Batalin 均为唐古特忍冬 *Lonicera tangutica* Maxim. 的异名；

小叶忍冬 *Lonicera microphylla* Willd. ex Roem. et Schult. 应为小叶忍冬 *Lonicera microphylla* Willd. ex Schult.；

华西忍冬 *Lonicera webbiana* Wall. et DC. 应为华西忍冬 *Lonicera webbiana* Wall. ex DC.；

短梗忍冬 *Lonicera graebneri* Rehder 为下江忍冬 *Lonicera modesta* Rehder 的异名；

蓝靛果（变种）*Lonicera caerulea* var. *edulis* Turcz. ex Herder 为蓝果忍冬 *Lonicera caerulea* L. 的异名；

刚毛忍冬 *Lonicera hispida* Pall. ex Roem. et Schult. 应为刚毛忍冬 *Lonicera hispida* Pall. ex Schult.；

苦糖果、驴头布袋（亚种）*Lonicera fragrantissima* subsp. *standishii*（Carrière）P. S. Hsu

& H. J. Wang 为郁香忍冬 *Lonicera fragrantissima* Lindl. & J. Paxton［《河南植物志（第三册）》误为郁香忍冬 *Lonicera fragrantissima* Lindl. et Paxon］的异名；

樱桃忍冬（亚种）*Lonicera fragrantissima* subsp. *phyllocarpa*（Maxim.）Hsu et H. J. Wang 有待进一步研究确认；

金花忍冬 *Lonicera chrysantha* Turcz. 应为金花忍冬 *Lonicera chrysantha* Turcz. ex Ledeb.；

须蕊忍冬（亚种）*Lonicera chrysantha* subsp. *koehneana*（Rehder）P. S. Hsu & H. J. Wang 为须蕊忍冬（变种）*Lonicera chrysantha* var. *koehneana*（Rehder）Q. E. Yang，Landrein，Borosova & J. Osborne 的异名；

红花金银忍冬（变种）*Lonicera maackii* var. *erubescens* Rehd. 应为红花金银忍冬（变种）*Lonicera maackii* var. *erubescens*（Rehder）Q. E. Yang，Landrein，Borosova & J. Osborne。

本书另增补 4 种（含 1 栽培种）。

忍冬属 *Lonicera* L.

《河南植物志（第三册）》记载 25 种，3 亚种，2 变种。本书除修订外，增补 3 种，1 栽培种。

（1）凹叶忍冬 *Lonicera retusa* Franch.

［*Lonicera kachkarovii*（Batalin）Rehder；*Lonicera limprichtii* Pax & K. Hoffm.；*Lonicera orientalis* var. *kachkarovii* Batalin］

落叶灌木，高达 3m；幼枝无毛或疏生短腺毛，连同叶柄和总花梗均带紫色。冬芽外鳞片 6 对，披针形，顶端尖，直伸。叶纸质，倒卵形、倒卵状匙形、椭圆形至宽卵形，长 1~2.5cm，顶端钝、截形或微凹，稀稍尖，基部楔形，近基部具疏腺缘毛，上面深绿色而无毛，下面灰白色，常有白粉及微毛，两面叶脉隆起；叶柄长 2~3mm，无毛或有疏腺毛。总花梗长 2.5~5mm，无毛；苞片钻形，长为萼筒的（1/5~）1/3~4/5，连同小苞片和萼齿都有小腺缘毛；杯状小苞有时浅 2 裂，长约为萼筒的 1/3；相邻两萼筒全部合生或有时顶端分离，无毛，萼齿条状披针形，长 1.5~2mm；花冠由白色变黄色，基部带淡红色，唇形，长 10~12mm，外面无毛，筒基部有囊，内有柔毛，唇瓣长为花冠筒的 2 倍，上唇裂片短，阔卵形，下唇反折，雄蕊稍高出花冠，花丝基部有柔毛；花柱稍短于雄蕊，有短柔毛。果实黑色，近圆形，直径 6~8mm；种子圆形或卵圆形，浅褐色，长 3.5~5mm，有细凹点。花期 5~6 月，果熟期 9~10 月。

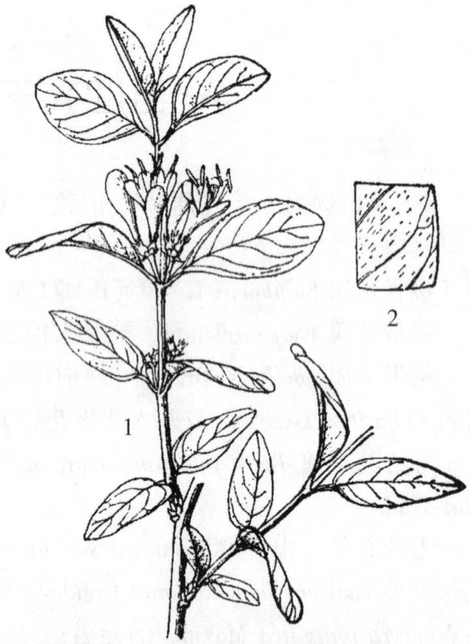

凹叶忍冬 *Loniucera retusa* Franch.

1. 花枝　2. 叶背放大示毛

河南仅见于伏牛山灵宝河西林场老鸦岔；生于海拔 900~2 000m 的山坡或山谷灌木林中。分布于山西西南部、陕西南部、甘肃南部、四川西部及云南西北部。

本种同红脉忍冬 *Lonicera nervosa* Maxim. 近缘，但那个种的叶较大，长 2.5~6cm，下面无毛，相邻两萼筒分离或连合至中部，花冠淡紫色或紫红色，可以区分。

（2）细毡毛忍冬 细苞忍冬 ***Lonicera similis* Hemsl.**

[*Lonicera buchananii* Lace；
Lonicera delavayi Franch.；
Lonicera macrantha var. *biflora* Collett & Hemsl.；
Lonicera macrantha var. *heterotricha* P. S. Hsu & H. J. Wang；
Lonicera macranthoides var. *heterotricha*（P. S. Hsu & H. J. Wang）B. K. Zhou；
Lonicera omeiensis（P. S. Hsu & H. J. Wang）B. K. Zhou；
Lonicera similis var. *delavayi*（Franch.）Rehder；
Lonicera similis var. *omeiensis* P. S. Hsu & H. J. Wang]

落叶藤本；幼枝、叶柄和总花梗均被淡黄褐色、开展的长糙毛和短柔毛，并疏生腺毛，或全然无毛；老枝棕色。叶纸质，卵形、卵状矩圆形至卵状披针形或披针形，长3~10（~13.5）cm，顶端急尖至渐尖，基部圆形或截形至微心形，两侧稍不等，有或无糙缘毛，上面初时中脉有糙伏毛，后变无毛，侧脉和小脉下陷，下面被由细短柔毛组成的灰白色或灰黄色细毡毛，脉上有长糙毛或无毛，老叶毛变稀而网脉明显突起；叶柄长3~8（~12）mm。双花单生于叶腋或少数集生枝端成总状花序；总花梗下方者长可达4cm，向上则渐变短；苞片、小苞片和萼齿均有疏糙毛及缘毛或无毛；苞片三角状披针形至条状披针形，长约2（~4.5）mm；小苞片极小，卵形至圆形，长约为萼筒的1/3；萼筒椭圆形至长圆形，长约2（~3）mm，无毛，萼齿近三角形，长约达1mm，宽近相等；花冠先白色后变淡黄色，长4~6cm，外被开展的长、短糙毛和腺毛或全然无毛，唇形，筒细，长3~3.6cm，超过唇瓣，内有柔毛，上唇长1.4~2.2cm，裂片矩圆形或卵状矩圆形，长2~5.5mm，下唇条形，长约2cm，内面有柔毛；雄蕊与花冠几等高，花丝长约2cm，无毛；花柱稍超出花冠，无毛。果实蓝黑色，卵圆形，长7~9mm；种子褐色，稍扁，卵圆形或矩圆形，长约5mm，有浅的横沟纹，两面中部各有1棱。花期5~6（~7）月，果熟期9~10月。

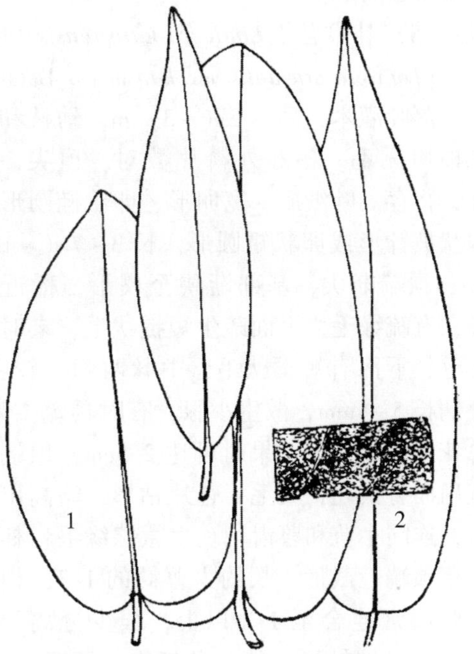

细毡毛忍冬 *Lonicera similis* Hemsl.
1. 不同的叶形 2. 叶背面放大示毛

河南产于伏牛山区南部的西峡、南召和内乡；生于海拔1 000m以上的山坡灌丛或林中。分布于陕西、甘肃、浙江、福建、湖北、湖南、广西、四川、贵州和云南。缅甸也有分布。花供药用，是西南地区“金银花”中药材的主要来源，收购以野生品为主，近年来有些地区已引种栽培。

（3）贯月忍冬 穿叶忍冬 ***Lonicera sempervirens* L.（彩版图125）**

[*Periclymenum sempervirens*（L.）Mill.；
Phenianthus semperivens（L.）Raf. ex B. D. Jacks.］

常绿藤本，全体近无毛；幼枝、花序梗和萼筒常有白粉。叶宽椭圆形、卵形至矩圆形，长 3~7cm，顶端钝或圆而常具短尖头，基部通常楔形，下面粉白色，有时被短柔伏毛，小枝顶端的 1~2 对基部相连成盘状；叶柄短或几不存在。花轮生，每轮通常 6 朵，2 至数轮组成顶生穗状花序；花冠近整齐，细长漏斗形，外面橘红色，内面黄色，长 3.5~5cm，筒细，中部向上逐渐扩张，中部以下一侧略肿大，长为裂片的 5~6 倍，裂片直立，卵形，近等大；雄蕊和花柱稍伸出，花药远比花丝短。果实红色，直径约 6mm。花期 4~8 月。

原产于北美洲。开封、南阳等地公园温室有引种栽培，作盆栽观赏花卉。上海、杭州等城市也有栽种。

（4）甘肃忍冬 *Lonicera kansuensis*（Batal. ex Rehd.）Pojark.

[*Lonicera orientalis* var. *kansuensis* Batalin ex Rehder]

落叶灌木，高达 2（~3）m；幼枝和总花梗均无毛。冬芽外鳞片数对，顶尖，直伸，宿存。叶纸质，宽卵形、卵状椭圆形至卵状披针形或卵状矩圆形，长 3~7（~10）cm，顶端渐尖，基部渐狭至楔形，稀近圆形，有疏缘毛，上面疏生短糙伏毛，老时近无毛，下面有短柔伏毛，中脉两侧毛较密；叶柄长 5~8mm，散生小腺，有时具疏柔毛。总花梗长约 1cm，果时可达 2.5cm，顶端稍宽扁而有狭翅，无毛；苞片钻形，略高出萼筒，连同小苞和萼齿均疏生微腺缘毛；杯状小苞顶端近截形，长约为萼筒的 1/3；相邻两萼筒常连合至 1/2 以上，很少分离，无毛，萼齿披针形，基部微相连，长短不一，与萼筒近等长或稍较长；花冠淡黄色，唇形，长约 1cm，外面无毛，筒长 4~5mm，上唇有浅圆裂，下唇反折，宽约 3.5mm；雄蕊和花柱都比唇瓣短，外露；花柱下半部有柔毛。果实红色，圆形，直径 7~8mm。种子褐色，稍扁，近圆形，长 4mm，有细凹点。花期 6 月，果熟期 9 月。

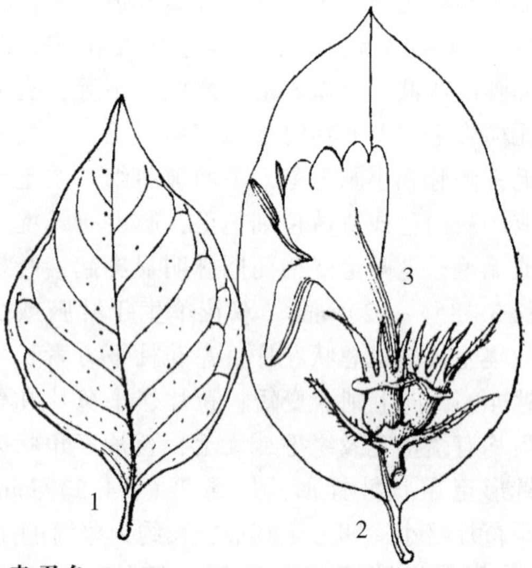

甘肃忍冬 *Lonicera kansuensis*（Batal. ex Rehd.）Pojark.

1、2. 两种叶形 3. 花放大

河南产于伏牛山区；生于海拔 1 600m 以上的山坡或山脊疏林中。分布于陕西南部、甘肃南部和四川北部。

本种外貌酷似红脉忍冬 *Lonicera nervosa* Maxim. 和凹叶忍冬 *Lonicera retusa* Franch.，但那两个种的相邻两萼筒分离或仅下半部连合，幼枝、叶柄和总花梗都有短柔毛，花冠筒至少囊部有微柔毛，可与本种区别。下江忍冬 *Lonicera modesta* Rehder 与本种的区别在于：叶柄和总花梗都比较短，相邻两萼筒全部连合，幼枝和叶柄有毛，以及叶形不同。

（一五五）北极花科 Linnaeaceae（新增科）

灌木，直立或匍匐。单叶对生，或有时轮生，无托叶，叶柄之间有条线。由 3 朵花组成的聚伞花序顶生或腋生；花序对生或单生；苞片叶状或萎缩，生于子房下部成为副萼片状。花两性，或多或少左右对称；花被 4 或 5 基数。花冠在花芽期覆瓦状排列，花冠管内的蜜腺由腺毛组成；雄蕊 4 枚，与花冠裂片互生；花丝于花冠管的 1/3～1/2 处连合；子房下位，3 室或 4 室，中央胎座；1 或 2 个子房室具 1 个发育胚珠，2 子房室具有不育胚珠多数；花柱长，柱头头状。果为瘦果，其顶端具有 1 个宿存萼片。种子 1～2 粒；胚小，直；胚乳丰富。

本科 7 属，19 种（含 1 栽培杂交种）。分布于中国、阿富汗、印度、日本、朝鲜、吉尔吉斯斯坦、尼泊尔、巴基斯坦、俄罗斯、乌兹别克斯坦以及欧洲和北美洲。中国 6 属（含 2 特有属），15 种（含 8 特有种，1 栽培杂交种）。

河南有 3 属：六道木属 *Zabelia*（Rehder）Makino（新增属），糯米条属 *Abelia* R. Br.［《河南植物志（第三册）》505 页称该属为六道木属］和蝟实属 *Kolkwitzia* Graebn.，后 2 属在《河南植物志（第三册）》中隶属于忍冬科 Caprifoliaceae。

其中：

糯米条 *Abelia chinensis*（Graebn.）R. Br. 应为糯米条 *Abelia chinensis* R. Br.；

二翅六道木 *Abelia macrotera*（Graebn. et Buchw.）Rehd. 应为二翅糯米条 *Abelia macrotera*（Graebn. & Bruchw.）Rehder；

蓪梗花、短梗六道木 *Abelia engleriana*（Graebn.）Rehder 为蓪梗花 *Abelia uniflora* R. Br.；

六道木 *Abelia biflora* Turcz. 为六道木 *Zabelia biflora*（Turcz.）Makino 的异名；

南方六道木 *Abelia dielsii*（Graebn.）Rehder 为南方六道木 *Zabelia dielsii*（Graebn.）Makino 的异名。

六道木属 *Zabelia*（Rehder）Makino（新增属）

落叶灌木。老枝常具 6 道纵深凹槽，幼枝常具反折的硬毛。叶对生，全缘或齿牙或圆锯齿，具短柄，无托叶，对生叶的短柄在基部膨大连接，一起包裹着冬芽。花序是由多个无柄聚伞花序簇生的聚伞圆锥花序，每聚伞花序有 1～3 朵花；花萼有 4～5 片，开展，狭长圆形到卵圆形，宿存；花冠白色、淡玫瑰色，或有时红色，盘状，多少左右对称，4～5 裂；花冠管基部通常不具明显的膨大，内侧有腺体；雄蕊 4 枚，二强，着生于花冠筒中部或基部，内藏，花药黄色，内向；子房通常 3 室，其中 2 室各具 2 列不育的胚珠，仅 1 室具 1 个能育的胚珠，花柱丝状，柱头头状，绿色，黏液质。果实为革质瘦果，矩圆形，冠以宿存的萼裂片。种子近圆柱形，种皮膜质；胚乳肉质。

本属 6 种。分布于中国、阿富汗、印度（西北部）、日本、朝鲜、吉尔吉斯斯坦、尼泊尔、俄罗斯（远东）。我国有 3 种（含 1 特有种）。河南 2 种［《河南植物志（第三册）》508～509 页，原归糯米条属 *Abelia* R. Br.］。

（一五六）败酱科 Valerianaceae

《河南植物志（第三册）》记载 2 属，9 种。

其中：

败酱、黄花龙牙 *Patrinia scabiosifolia* Fisch. ex Link 应为败酱 *Patrinia scabiosifolia* Link；

白花败酱 *Patrinia villosa* Juss. 应为攀倒甑 *Patrinia villosa*（Thunb.）Dufr.；

窄叶败酱 *Patrinia angustifolia* Hemsl. 为墓回头 *Patrinia heterophylla* Bunge［《河南植物志（第三册）》531 页载为异叶败酱］的异名。

（一五七）川续断科 Dipsacaceae

《河南植物志（第三册）》记载 2 属，4 种。

其中：

川续断 *Dipsacus asperoides* C. Y. Cheng & T. M. Ai 为川续断 *Dipsacus asper* Wall. ex C. B. Clarke 的异名；

华北蓝盆花、山萝卜 *Scabiosa tschiliensis* Grüning 为蓝盆花 *Scabiosa comosa* Fisch. ex Roem. & Schult.［《河南植物志（第三册）》误为窄叶蓝盆花、山萝卜 *Scabiosa comosa* Fisch.］的异名。

（一五八）葫芦科 Cucurbitaceae

《河南植物志（第三册）》记载 15 属，27 种，4 变种。

其中：

盒子草 *Actinostemma lobatum*（Maxim.）Franch. & Sav. 为盒子草 *Actinostemma tenerum* Griff. 的异名；

南赤瓟、裸花赤瓟、水瓜 *Thladiantha nudiflora* Hemsl. ex Forbes et Hemsl. 应为南赤瓟 *Thladiantha nudiflora* Hemsl.；

马瓞儿属 *Melothria* Endl. 应为马瓞儿属 *Zehneria* Endl.；

马瓞儿、野梢瓜、老鼠拉冬瓜 *Melothria indica* Lour. 为马瓞儿 *Zehneria japonica*（Thunb.）H. Y. Liu 的异名；

湖北裂瓜 *Schizopepon dioicus* Cogn. 应为湖北裂瓜 *Schizopepon dioicus* Cogn. ex Oliv.；

丝瓜 *Luffa cylindrica*（L.）M. Roem. 为丝瓜 *Luffa aegyptiaca* Mill. 的异名；

西瓜属 *Citrullus* Neck. 应为西瓜属 *Citrullus* Schrad. ex Ecklon & Zeyher；

西瓜 *Citrullus lanatus*（Thunb.）Mansteld 应为西瓜 *Citrullus lanatus*（Thunb.）Matsum. & Nakai；

菜瓜、梢瓜（变种）*Cucumis melo* var. *conomon*（Thunb.）Makino 应为菜瓜（亚种）*Cucumis melo* subsp. *agrestis*（Naudin）Pangalo；

瓠子（变种）*Lagenaria siceraria* var. *hispida*（Thunb.）H. Hara 为冬瓜 *Benincasa hispida*（Thunb.）Cogn. 的异名；

小葫芦（变种）*Lagenaria siceraria* var. *microcarpa*（Naudin）H. Hara 和瓠瓜（变种）*Lagenaria siceraria* var. *depressa*（Ser.）H. Hara 均为葫芦 *Lagenaria siceraria*（Molina）Standl. 的异名；

南瓜、倭瓜 *Cucurbita moschate*（Duch.）Poir. 应为南瓜 *Cucurbita moschate* Duchesne；

雪胆属 *Hemsleya* Cogn. 应为雪胆属 *Hemsleya* Cogn. ex F. B. Forbes & Hemsl.；

雪胆 *Hemsleya chinensis* Cogn. 应为雪胆 *Hemsleya chinensis* Cogn. ex F. B. Forbes & Hemsl.。

本书另增补 1 栽培属，1 种，1 栽培种。

1. 赤瓟属 *Thladiantha* Bunge

《河南植物志（第三册）》记载 5 种。本书增补 1 种。

皱果赤瓟 *Thladiantha henryi* Hemsl.

[*Thladiantha dictyocarpa* Hand.-Mazz.；

Thladiantha henryi var. *verrucosa*（Cogn.）A. M. Lu & Zhi Y. Zhang；

Thladiantha verrucosa Cogn.]

皱果赤瓟 ***Thladiantha henryi* Hemsl.**

1. 雌花枝 2. 雄花 3. 去部分花冠的雌花 4. 果实

攀缘藤本；根块状，肥大。茎、枝有纵向棱沟，疏被短柔毛，后渐脱落而变近无毛。叶柄细，长 4～12cm，生短柔毛；叶片膜质或薄膜质，宽卵状心形，长 8～16cm，宽 7～14cm，先端急尖或短渐尖，边缘具胼胝质小齿，有时具三角形的不等大锯齿，顶端具胼胝质小尖头，基部心形，弯缺张开成半圆形，深 1～3cm，宽 1～2cm，基部的 1 对侧脉沿叶基弯缺向外展开，叶面深绿色，具白色短刚毛，后来刚毛断裂而基部成疣状糙点，因此十分粗糙，叶背浅绿色，被短柔毛。卷须纤细，初时被短柔毛，后来变近无毛，2 歧或有时单一。雌雄异株。雄花：6～10 朵花生于花序轴的上端成总状花序，或花序分枝成圆锥花序，花序轴稍粗壮，生短柔毛或近无毛，长 5～12cm；花梗长 1～3cm，疏生短柔毛；花萼筒宽钟形，上部宽 5～7mm，疏生短柔毛，裂片披针形，长 10～12mm，顶端渐尖，1 脉，生短柔毛；花冠黄色，裂片长圆状椭圆形或长圆形，长约 20mm，宽 8mm，先端短渐尖或急尖，5 脉，稍生微柔毛；雄蕊 5 枚，其中 4 枚两两成对，花丝基部靠合，1 枚分离，花丝稍粗壮，长 4～5mm，被短柔毛，花药长圆形，长约 4mm；花丝的基部有 3 枚黄色、长约 2mm 的鳞片状附属物；退化雌蕊缺。雌花：单生、双生或 3 朵至数朵生于长 2~3cm 的总花梗上，花梗生稀疏短柔毛，长 2~6cm，花萼和花冠与雄花同，但均较雄花稍大；退化雄蕊 5 枚，棒状，长 2.5mm，被短柔毛，橙黄色，像在雄花中那样，两两成对生，1 枚分离；子房长卵形或卵状长圆形，被柔毛，多瘤状突起成皱褶状，基部下延达花梗顶端达 0.5cm，下延部分的边缘有小裂片，花柱短粗，长 3~4mm，顶端分 3 叉，柱头极膨大，圆肾形，淡黄色，2 深裂。果梗稍粗壮，长 6~9cm，果实椭圆形，长 5~10cm，直径 3~4cm，果皮隆起呈皱褶状，果实基部下延至果梗顶端可达 1cm。种子长卵形，长 5~6mm，宽20~25mm，扁压，顶端稍狭，两面较平滑。花期 6~8 月，果熟期 8~10 月。

河南产于伏牛山区的西峡、内乡、淅川、南召；生于海拔 1 000~2 000m 的山坡林下、路旁或灌丛中。分布于湖北西部、四川东部、陕西南部和湖南西部。

2. 油渣果属 *Hodgsonia* Hook. f. & Thoms. （新增属）

大型木质藤本；茎、枝粗壮。叶片厚革质，常绿；卷须粗壮，2~5 歧。雌雄异株。雄花：总状花序；花萼筒伸长，上部短钟状，檐部呈五角形，裂片短；花冠辐状，5 深裂，基部合生，裂片倒楔状截形，具长流苏；雄蕊 3 枚，花丝不明显，花药伸出，合生，1 枚 1 室，2 枚 2 室，药室折曲。雌花单生；花萼和花冠同雄花；子房球形，1 室，花柱长，柱头 3 个，2 裂，伸出；胎座 3 个，每胎座的两边各着生 1 对胚珠。果实大，扁压，具 12 条纵沟，有能育种子和不发育种子（附着于能育种子的一侧）各 6 粒。种子大型，扁平，椭圆形。

本属 2 种，分布于热带亚洲。中国产 1 种，河南栽培 1 种。

油渣果油瓜 *Hodgsonia heteroclita*（Roxb.）Hook. f. & Thomson

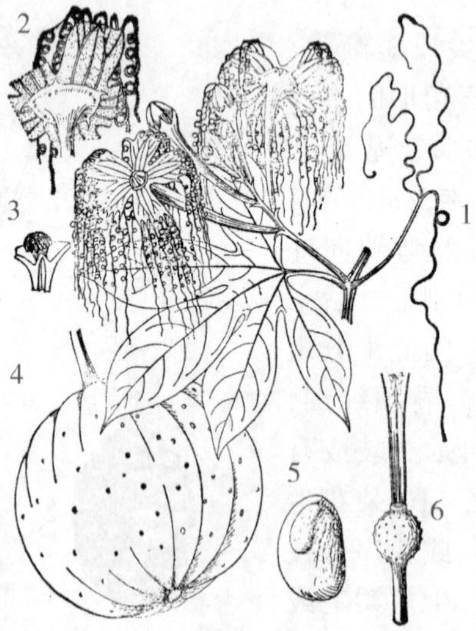

油渣果油瓜 *Hodgsonia heteroclita*（Roxb.）Hook. f. & Thomson

1. 花枝 2. 花 3. 柱头 4. 果实 5. 种子 6. 花柱

[*Trichosanthes heteroclita* Roxb.;
Hodgsonia heteroclita subsp. *indochinensis* W. J. de Wilde & Duyfjes.]

木质藤本，长达20~30m；茎、枝粗壮，具纵棱及槽，无毛。叶片厚革质，3~5 深裂、中裂、浅裂或有时不分裂，长、宽均为 15~24cm，裂片卵状长圆形，中裂片较大，侧裂片较小，先端尾尖或渐尖，全缘，叶基平截或微凹，上面亮绿色，背面淡绿色，两面光滑无毛，主脉 3~5 条，在背面隆起；叶柄粗壮，长 4~8cm，具纵条纹，无毛。卷须颇粗壮，2~5 歧，光滑无毛。雌雄异株。雄花：总状花序，花序轴长 15~30cm；苞片长圆状披针形，肉质，长 0.5~1cm；花梗短粗，光滑无毛或被微柔毛；花萼筒狭管状，淡黄色，长 8~10cm，直径 0.7~0.9cm，5 裂，裂片三角状披针形，长 5mm；花冠辐状，外面黄色，里面白色，5 裂，裂片长 5cm，先端流苏状，流苏长达 15cm；雄蕊 3 枚，花丝不明显，花药靠合，药室折曲。雌花：单生，花梗粗壮，短；子房近球形，直径 2~2.2cm，具 12 个胚珠，外面被微柔毛，花柱长，柱头 3 个，顶端 2 裂。果实大型，扁球形，直径 20cm，厚 10~16cm，淡红褐色，有 12 条槽沟，具绒毛，有 6 粒大型种子（另外 6 粒不育）。种子长圆形，长 7cm，宽 3cm。花期 7~8 月，果熟期 8~10 月。

作为油料植物资源，本种种子富含油脂，可榨油食用。早在 20 世纪 60 年代，由西安植物园张继祖和刘建成同志引入原阳和封丘栽培。分布于云南南部、西藏东南部及广西壮族自治区。

3. 绞股蓝属 *Gynostemma* Blume

《河南植物志（第三册）》记载 1 种。本书增补 1 种。

光叶绞股蓝 *Gynostemma laxum*（Wall.）Cogn.

[*Gynostemma wightianum*（Arn.）Benth. & Hook. f.；
Gynostemma crenulatum Ridl.；
Pestalozzia laxa（Wall.）Thwaites；
Alsomitra laxa（Wall.）M. Roem.；
Zanonia laxa Wall.；
Zanonia wightiana Arn.]

攀缘草本；茎细弱，多分枝，具纵棱及槽，无毛或疏被微柔毛。叶纸质，鸟足状，具小叶 3 枚，叶柄长 1.5~4cm，具纵条纹，无毛；中央小叶片长圆状披针形，有时稍带菱形，长 5~10cm，宽 2~4cm，先端急尖或短渐尖，基部阔楔形，侧生小叶卵形，较小，长 4~7cm，宽 2~3.5cm，稍不对称，边缘具浅波状阔钝齿，两面无毛；小叶柄长（2）5~7mm，无毛或有时被短柔毛。花雌雄异株。雄圆锥花序顶生或腋生，纤细，长（5~）10~30cm，被短柔毛，侧枝短，基部具钻状披针形苞片，苞片长 1mm，被短柔毛；花梗丝状，长 3~7mm，小苞片钻状，细小；花萼 5 裂，裂片狭三角状卵形，长约 0.5mm；花冠黄绿色，5 深裂，裂片狭卵状披针形，长约 1.5mm，宽约 0.5mm，无毛，

光叶绞股蓝 *Gynostemma laxum*（Wall.）Cogn.
1. 果枝 2. 雌花 3. 雄花 4. 花冠裂片 5. 花萼裂片 6. 种子

先端渐尖，全缘，具1脉；雄蕊5枚，花丝合生，花药着生于其顶端。雌花序同雄花；花冠裂片狭三角形；子房球形，直径约1mm，花柱3个，离生，顶端2裂。浆果球形，直径8~10mm，黄绿色，无毛，不开裂。种子阔卵形，直径约4mm，淡灰色，压扁，先端略急尖，基部圆形，两面具乳突。花期8月，果熟期8~9月。

仅见于河南大别山区的商城金刚台；生于山坡林下阴湿地。分布于广西、海南、云南（东南部）；印度、印度尼西亚、马来西亚、缅甸、尼泊尔、菲律宾、泰国、越南均有分布。

本种的主要特征为叶具3枚小叶，中央小叶长圆状披针形，颇坚挺，两面无毛，且平滑，或有时上面沿主脉被短柔毛。花萼裂片狭三角状卵形，长约0.5mm，花冠裂片狭披针形，无毛，全缘。果较大，直径8~10mm。种子阔卵形，直径约4mm。这些特征不同于绞股蓝 *Gynostemma pentaphyllum*（Thunb.）Makino。

（一五九）桔梗科 Campanulaceae

《河南植物志（第三册）》记载6属，20种。

其中：

羊乳、四叶参 *Codonopsis lanceolata* Benth. et Hook. f. 应为羊乳 *Codonopsis lanceolata*（Siebold & Zucc.）Benth. & Hook. f. ex Trautv.；

杏叶沙参 *Adenophora hunanensis* Nannf. 为杏叶沙参（亚种）*Adenophora petiolata* subsp. *hunanensis*（Nannf.）D. Y. Hong & S. Ge 的异名；

多歧沙参 *Adenophora wawreana* Zahlbr. 为多歧沙参（亚种）*Adenophora potaninii* subsp. *wawreana*（Zahlbr.）S. Ge & D. Y. Hong 的异名；

细叶沙参、紫沙参 *Adenophora paniculata* Nannf. 为细叶沙参（亚种）*Adenophora capillaris* subsp. *paniculata*（Nannf.）D. Y. Hong & S. Ge 的异名。

本书另增补2亚种。

1. 党参属 *Codonopsis* Wall.

《河南植物志（第三册）》记载4种。本书增补1亚种。

川党参（亚种）*Codonopsis pilosula* subsp. *tangshen*（Oliv.）D. Y. Hong

[*Codonopsis tangshen* Oliv.]

植株除叶片两面密被微柔毛外，全株几近于光滑无毛。茎基部微膨大，具多数瘤状茎痕，根常肥大呈纺锤状或纺锤状圆柱形，较少分枝或中部以下略有分枝，长15~30cm，直径1~1.5cm，表面灰黄色，上端1~2cm部分有稀或较密的环纹，而下部则疏生横长皮孔，肉质。茎缠绕，长可达3m，直径2~3mm，有多数分枝，侧枝长15~50cm，小枝长1~5cm，具叶，不育或顶端着花，淡绿色、黄绿色或下部微带紫色，叶在主茎及侧枝上互生，在小枝上的近于对生，叶柄长0.7~2.4cm，叶片卵形、狭卵形或披针形，长2~8cm，宽0.8~3.5cm，顶端钝或急尖，基部楔形或较圆钝，仅个别叶片近于心形，边缘浅钝锯齿，上面绿色，下面灰绿色。花单生于枝端，与叶柄互生或近对生；花有梗；花萼几乎完全不贴生于子房上，几乎全裂，裂片矩圆状披针形，长14~17mm，宽5~7mm，顶端急尖，微波状或近全缘；花冠上位，与花萼裂片着生处相距约 3mm，钟状，长 1.5~2cm，直径 2.5~3cm，淡黄绿色而内有紫斑，浅裂，裂片近于正三角形；花丝基部微扩大，长7~8mm，花药长 4~5mm；子房对花冠而言为下位，直径 5~14mm。蒴果下部近于球状，上部短圆锥状，直径 2~2.5cm。种子多数，椭圆状，无翅，细小，光滑，棕黄色。花期7~8月，果熟期 9~10 月。

河南产于伏牛山区南部的西峡、内乡、南召、淅川；生于海拔 800m 以上的山坡林缘灌丛中。分布于四川北部及东部、贵州北部、湖南西北部、湖北西部以及陕西南部。现已大量栽培。

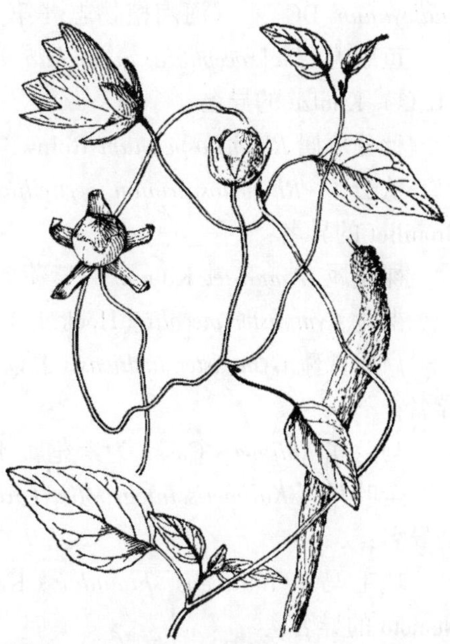

川党参（亚种）*Codonopsis pilosula* subsp. *tangshen*（Oliv.）D. Y. Hong

2. 沙参属 *Adenophora* Fisch.

《河南植物志（第三册）》记载 11 种。本书除修订外，增补 1 亚种。

无柄沙参（亚种）*Adenophora stricta* subsp. *sessilifolia* D. Y. Hong（彩版图 126）

[*Adenophora stricta* subsp. *henanica* P. F. Tu & G. J. Xu]

茎高 40~80cm，不分枝。茎叶被短毛，基生叶心形，大而具长柄；茎生叶无柄，或仅下部的叶有极短而带翅的柄，叶片椭圆形、狭卵形，基部楔形，少近于圆钝的，顶端急尖或短渐尖，边缘有不整齐的锯齿，两面疏生短毛或长硬毛，或近于无毛，长 3~11cm，宽 1.5~5cm。花序常不分枝而成假总状花序，或有短分枝而成极狭的圆锥花序，极少具长分枝而为圆锥花序的。花梗常极短，长不足 5mm；花萼多被短硬毛或粒状毛，少无毛的，筒部常倒卵状，少为倒卵状圆锥形，裂片狭长，多为钻形，少为条状披针形，长 6~8mm，宽至 1.5mm；花冠宽钟状，蓝色或紫色，花冠外面无毛或仅顶端脉上有几根硬毛，长 1.5~2.3cm，裂片长为全长的 1/3，三角状卵形；花盘短筒状，长 1~1.8mm，无毛；花柱常略长于花冠，少较短的。蒴果椭圆状球形，极少为椭圆状，长 6~10mm。种子棕黄色，稍扁，有 1 条棱，长约 1.5mm。花期 8~10 月。

河南产于伏牛山区的西峡、栾川、嵩县、卢氏、内乡、淅川；生于海拔 600~2 000m 的草地或林缘草地中。分布于云南（东北部）、四川、贵州、广西、湖南（西部）、湖北（西部）、陕西（南部）、甘肃（东南部）。

（一六〇）菊科 Asteraceae（Compositae）

《河南植物志（第三册）》记载 94 属，277 种，32 变种。

其中：

下田菊属 *Adenostemma* Forst. 应为下田菊属 *Adenostemma* J. R. Forst. & G. Forst.；

轮叶泽兰（变种）*Eupatorium lindleyanum* var. *trifoliatum* Makino 为林泽兰 *Eupatorium lindleyanum* DC. ［《河南植物志（第三册）》570 页为白鼓钉］的异名；

鱼眼草 *Dichrocephala auriculata*（Thunb.）Druce 为鱼眼草 *Dichrocephala integrifolia*（L. f.）Kuntze 的异名；

秋分草属 *Rhynchospermum* Reinw. 现为紫菀属 *Aster* L.；

秋分草 *Rhynchospermum verticillatum* Reinw. 为秋分草 *Aster verticillatum*（Reinw.）Brouillet 的异名；

裸菀属 *Gymnaster* Kitam. 为紫菀属 *Aster* L. 的异名；

裸菀 *Gymnaster piccolii*（Hook. f.）Kitam. 为裸菀 *Aster piccolii* Hook. f. 的异名；

卢氏裸菀 *Gymnaster lushiensis* J. Q. Fu 为卢氏裸菀 *Aster lushiensis*（J. Q. Fu）Brouillet 的异名；

马兰属 *Kalimeris* Cass. 为紫菀属 *Aster* L. 的异名；

全叶马兰 *Kalimeris integrifolia* Turcz. ex DC. 为全叶马兰 *Aster pekinensis*（Hance）Chen 的异名；

毡毛马兰 *Kalimeris shimadai*（Kitam.）Kitam. 为毡毛马兰 *Aster shimadai*（Kitam.）Nemoto 的异名；

马兰、田边菊 *Kalimeris indica*（L.）Sch. Bip. 和狭叶马兰（变种）*Kalimeris indica* var. *stenophylla* Kitam. 均为马兰 *Aster indicus* L. 的异名；

狭苞马兰（变种）*Kalimeris indica* var. *stenolepis*（Hand. -Mazz.）Kitam. 为狭苞马兰（变种）*Aster indicus* var. *stenolepis*（Hand. -Mazz.）Soejima & Igari 的异名；

山马兰 *Kalimeris lautureana*（Debeaux）Kitam. 为山马兰 *Aster lautureanus*（Debeaux）Franch. 的异名；

羽叶马兰 *Kalimeris pinnatifida*（Maxim.）Kitam. 有待进一步研究确认；

北方马兰 *Kalimeris mongolica*（Franch.）Kitam. 为蒙古马兰 *Aster mongolica* Franch. 的异名；

狗娃花属 *Heteropappus* Less. 为紫菀属 *Aster* L. 的异名；

阿尔泰狗娃花、阿尔泰紫菀 *Heteropappus altaicus*（Willd.）Novopokr. 为阿尔泰狗娃花 *Aster altaicus* Willd. 的异名；

灰白狗娃花（变种）*Heteropappus altaicus* var. *canescens*（Nees）Koroljuk 为灰白阿尔泰狗娃花（变种）*Aster altaicus* var. *canescens*（Nees）Serg. 的异名；

狗娃花 *Heteropappus hispidus*（Thunb.）Less. 为狗娃花 *Aster hispidus* Thunb. 的异名；

砂狗娃花 *Heteropappus meyendorffii*（Regel. et Maack.）Komar. et Kolb. -Alis. 为砂狗娃花 *Aster meyendorffii*（Regel & Maack）Voss 的异名；

东风菜属 *Doellingeria* Nees ［《河南植物志（第三册）》583 页］仅产于北美洲，我国为紫菀属 *Aster* L.；

东风菜 *Doellingeria scaber*（Thunb.）Nees 应为东风菜 *Aster scaber* Thunb.；

三脉紫菀、三脉叶马兰 *Aster ageratoides* Turcz. 为三脉紫菀（亚种）*Aster trinervius* subsp. *ageratoides*（Turcz.）Grierson 的异名；

坚叶三脉紫菀（变种）*Aster ageratoides* var. *firmus*（Diels）应为坚叶三脉紫菀（变种）*Aster ageratoides* var. *firmus*（Diels）Hand. -Mazz.；

小舌紫菀 *Aster albescens*（DC.）Hand. -Mazz. 应为小舌紫菀 *Aster albescens*（DC.）Wall. ex Hand. –Mazz.；

无毛小舌紫菀（变种）*Aster albescens* var. *levissimus* Hand. -Mazz. 为无毛小舌紫菀（变种）*Aster albescens* var. *glabratus*（Diels）Boufford 的异名；

镰叶紫菀 *Aster brachyphyllus* C. C. Chang 为镰叶紫菀 *Aster falcifolius* Hand. -Mazz. 的异名；

短星菊属 *Brachyactis* Ledeb. 为联毛紫菀属 *Symphyotrichum* Nees 的异名；

短星菊 *Brachyactis ciliata*（Ledeb.）Ledeb. 为短星菊 *Symphyotrichum ciliatum*（Ledeb.）G. L. Nesom 的异名；

碱菀 *Tripolium vulgare* Nees 为碱菀 *Tripolium pannonicum*（Jacq.）Dobrocz. 的异名；

飞蓬 *Erigeron acer* L. 应为飞蓬 *Erigeron acris* L.；

堪察加飞蓬 *Erigeron kamtschaticus* DC. 为堪察加飞蓬（亚种）*Erigeronacris* subsp. *kamtschaticus*（DC.）Hara 的异名；

白酒草属 *Conyza* Less. 为飞蓬属 *Erigeron* L. 的异名；

香丝草、野塘蒿 *Conyza bonariensis*（L.）Cronquist 为香丝草 *Erigeron bonariensis* L. 的异名；

小白酒草、赶驴棍、绿尾巴蒿 *Conyza canadensis*（L.）Cronquist 为小蓬属 *Erigeron canadensis* L. 的异名；

厚茸薄雪火绒草（变种）*Leontopodium japonicum* var. *xerogenes* Hand. -Mazz. 为薄雪火绒草 *Leontopodium japonicum* Miq. 的异名；

小头火绒草、打火草 *Leontopodium microcephalum*（Hand. -Mazz.）Ling 为小头薄雪火绒草（变种）*Leontopodium japonicum* var. *microcephalum* Hand. -Mazz. 的异名；

矮火绒草、打火草 *Leontopodium nanum*（Hook. f. et Thoms.）Hand. -Mazz. 应为矮火绒草 *Leontopodium nanum*（Hook. f. & Thomson ex Hook. f. & Thomson）Hand. -Mazz.；

长叶火绒草 *Leontopodium longifolium* Ling 为长叶火绒草 *Leontopodium junpeianum* Kitam. 的异名；

线叶珠光香青（变种）*Anaphalis margaritacea* var. *japonica*（Sch. -Bip.）Makino 为线叶珠光香青（变种）*Anaphalis margaritacea* var. *angustifolia*（Franch. & Sav.）Hayata 的异名；

疏生香青（变种）*Anaphalis sinica* var. *remota* Ling 为疏生香青（变种）*Anaphalis sinica* var. *alata*（Maxim.）S. X. Zhu & R. J. Bayer 的异名；

脱毛黄腺香青（变型）*Anaphalis aureopunctata* f. *calvescens*（Pamp.）Y. L. Chen 为黄腺香青 *Anaphalis aureopunctata* Lingelsh. & Borza 的异名；

宽叶鼠麴草 *Gnaphalium adnatum*（DC.）Wall. ex Thwaites 为宽叶拟鼠麴草 *Pseudognaphalium adnatum*（DC.）Y. S. Chen 的异名；

丝棉草 *Gnaphalium luteoalbum* L. 为丝棉草 *Pseudognaphalium luteoalbum*（L.）Hilliard & B. L. Burtt 的异名；

鼠麴草 *Gnaphalium affine* D. Don 为拟鼠麴草 *Pseudognaphalium affine*（D. Don）Anderb. 的异名；

秋鼠麴草 *Gnaphalium hypoleucum* DC. 为秋拟鼠麴草 *Pseudognaphalium hypoleucum*

（DC.）Hilliard & B. L. Burtt 的异名；

拟蜡菊属 *Helichrysum* Mill. ［《河南植物志（第三册）》607 页载为蜡菊属 *Helichrysum* Mill.，该属河南不产］应为蜡菊属 *Xerochrysum* Tzvelev；

拟蜡菊 *Helichrysum bracteatum*（Vent.）Andrews ［《河南植物志（第三册）》607 页为蜡菊］为蜡菊 *Xerochrysum bracteatum*（Vent.）Tzvelev 的异名；

大花旋覆花 *Inula britanica* L. 应为欧亚旋覆花 *Inula britannica* L.；

多花旋覆花（变型）*Inula japonica* f. *giraldii*（Diels）J. Q. Fu 为旋覆花 *Inula japonica* Thunb. 的异名；

棉毛烟管头草（变种）*Carpesium cernuum* var. *lanatum* Hook. f. &Thomson ex C. B. Clarke 为棉毛尼泊尔天名精（变种）*Carpesium nepalense* var. *lanatum*（C. B. Clarke）Kitam. 的异名；

毛暗花金挖耳（变种）*Carpesium triste* var. *sinense* Diels 为暗花金挖耳 *Carpesium triste* Maxim. 的异名；

苍耳 *Xanthium sibiricum* Patrin ex Widder 为苍耳 *Xanthium strumarium* L. 的异名；

无腺豨莶（变型）*Sigesbeckia pubescens* f. *eglandulosa* Ling & X. L. Huang 为腺梗豨莶 *Sigesbeckia pubescens*（Makino）Makino 的异名；

秋英草属 *Cosmos* L. 应为秋英草属 *Cosmos* Cav.；

白花鬼针草（变种）*Bidens pilosa* var. *radiata* Sch. Bip. 为鬼针草 *Bidens pilosa* L. 的异名；

孔雀草 *Tagetes patula* L. 为万寿菊 *Tagetes erecta* L. 的异名；

云南蓍 *Achillea wilsoniana* Heimerl 应为云南蓍 *Achillea wilsoniana*（Heimerl ex Hand. -Mazz.）Heimerl；

欧茼蒿、茼蒿 *Chrysanthemum coronarium* L. 为茼蒿 *Glebionis coronaria*（L.）Cass. ex Spach 的异名；

木茼蒿属 *Argyranthemum*（L.）Sch. Bip. 应为木茼蒿属 *Argyranthemum* Webb ex Sch. Bip.；

菊属 *Dendranthema*（DC.）Des Moul. 为菊属 *Chrysanthemum* L. ［《河南植物志（第三册）》631 页误为茼蒿属 *Chrysanthemum* L.，而该属应为茼蒿属 *Glebionis* Cass.］的异名；

甘菊、甘野菊 *Dendranthema lavandulifolium*（Fisch. ex Trautv.）Kitam. 和甘野菊（变种）*Dendranthema lavandulifolium* var. *seticuspe*（Maxim.）C. Shih 均为甘菊 *Chrysanthemum lavandulifolium*（Fisch. ex Trautv.）Makino 的异名；

野菊、野菊花 *Dendranthema indicum*（L.）Des Moul. 和菊花脑 *Dendranthema nankingense*（Hand. -Mazz.）X. D. Cui 均为野菊 *Chrysanthemum indicum* L. 的异名；

毛华菊 *Dendranthema vestitum*（Hemsl.）Ling 为毛华菊 *Chrysanthemum vestitum*（Hemsl.）Stapf 的异名；

小红菊 *Dendranthema chanetii*（H. Lév.）C. Shih 为小红菊 *Chrysanthemum chanetii* H. Lév. 的异名；

菊花 *Dendranthema grandiflorum*（Ramat.）Kitam. 为菊花 *Chrysanthemum grandiflorum*（Desf.）Dum. Cours. 的异名；

紫花野菊 *Dendranthema zawadskii*（Herbich）Tzvelev 为紫花野菊 *Chrysanthemum zawadskii Herbich* 的异名；

银背菊 *Dendranthema argyrophyllum* Y. Ling & C. Shih 为银背菊 *Chrysanthemum argyrophyllum*Y. Ling 的异名；

小黄菊属 *Pyrethrum* Zinn. 为菊蒿属 *Tanacetum* L. 的异名；

除虫菊 *Pyrethrum cinerariifolium* Trevir. 为除虫菊 *Tanacetum cinerariifolium*（Trevir.）Sch. Bip. 的异名；

大籽蒿 *Artemisia sieversiana* Willd. 应为大籽蒿 *Artemisia sieversiana* Ehrh. ex Willd；

牛尾蒿 *Artemisia subdigitata* Mattf. 为无毛牛尾蒿（变种）*Artemisia dubia* var. *subdigitata*（Mattf.）Y. R. Ling 的异名；

圆叶蒿（变种）*Artemisia eriopoda* var. *rotundifolia*（deb.）W. Wang 应为圆叶南牡蒿（变种）*Artemisia eriopoda* var. *rotundifolia*（deb.）Y. R. Ling；

青蒿、香蒿 *Artemisia apiacea* Hance 为青蒿 *Artemisia carvifolia* Buch. -Ham. ex Roxb. 的异名；

毛莲蒿、万年蒿 *Artemisia vestica* Wall. ex DC. 应为毛莲蒿 *Artemisia vestica* Wall. ex Bess.；

野艾蒿 *Artemisia lavandulaefolia* DC. 应为野艾蒿 *Artemisia lavandulifolia* DC.；

野艾（变种）*Artemisia lavandulaefolia* var. *lancea*（Vant.）Pamp. 和矮蒿 *Artemisia feddei* H. Lév. & Vaniot 均为矮蒿 *Artemisia lancea* Vaniot 的异名；

蒙古蒿 *Artemisia mongolica* Fisch. ex Besser 应为蒙古蒿 *Artemisia mongolica*（Fisch. ex Besser）Nakai；

白叶蒿 *Artemisia leucophylla* ex C. B. Clarke 应为白叶蒿 *Artemisia leucophylla* C. B. Clarke；

三七草、菊叶三七 *Gynura japonica*（L. f.）Juel 应为菊三七 *Gynura japonica*（Thunb.）Juel；

瓜叶菊属 *Cineraria* L. 应为瓜叶菊属 *Pericallis* D. Don；

瓜叶菊 *Cineraria cruenta* Masson ex L' Hér. 应为瓜叶菊 *Pericallis hybrida*（Regel）B. Nord.；

蟹甲草属 *Cacalia* L. 应为蟹甲草属 *Parasenecio* W. W. Sm. & J. Small；

山尖子 *Cacalia hastata* L. 为山尖子 *Parasenecio hastatus*（L.）H. Koyama 的异名；

无毛山尖子（变种）*Cacalia hastate* var. *glabra* Ledeb. 为无毛山尖子（变种）*Parasenecio hastatus* var. *glaber*（Ledeb.）Y. L. Chen 的异名；

两似蟹甲草 *Cacalia ambigua* Ling 为两似蟹甲草 *Parasenecio ambiguus*（Ling）Y. L. Chen 的异名；

红毛蟹甲草 *Cacalia rufipilis*（Franch.）Ling 为红毛蟹甲草 *Parasenecio rufipilis*（Franch.）Y. L. Chen 的异名；

山西蟹甲草 *Cacalia dasythyrsa* Hand. -Mazz. 为山西蟹甲草 *Parasenecio dasythyrsus*（Hand. -Mazz.）Y. L. Chen 的异名；

耳叶蟹甲草 *Cacalia auriculata* DC. 为耳叶蟹甲草 *Parasenecio auriculatus*（DC.）J. R. Grant 的异名；

耳翼蟹甲草 *Cacalia otopteryx* Hand. -Mazz. 为耳翼蟹甲草 *Parasenecio otopteryx*（Hand. -Mazz.）Y. L. Chen 的异名；

太白山蟹甲草 *Cacalia pilgeriana*（Diels）Ling 为太白蟹甲草 *Parasenecio pilgerianus*（Diels）Y. L. Chen 的异名；

中华蟹甲草 *Cacalia sinica* Ling 为中华蟹甲草 *Parasenecio sinicus*（Ling）Y. L. Chen 的异名；

狗舌草 *Senecio kirilowii* Turcz. ex DC. 为狗舌草 *Tephroseris kirilowii*（Turcz. ex DC.）Holub的异名；

红轮千里光 *Senecio flammeus* Turcz. ex DC. 为红轮狗舌草 *Tephroseris flammea*（Turcz. ex DC.）Holub 的异名；

蒲儿根 *Senecio oldhamianus* Maxim. 为蒲儿根 *Tephroseris oldhamianus* Maxim. 的异名；

东北千里光 *Senecio manshuricus* Kitam. 为琥珀千里光 *Senecio ambraceus* Turcz. ex DC. 的异名；

齿叶千里光 *Senecio prionophyllus* Franch. 为锯叶合耳菊 *Synotis nagensium*（C. B. Clarke）C. Jeffrey & Y. L. Chen 的异名；

箭叶橐吾 *Ligularia sagitta*（Maxim.）Mattf. 应为箭叶橐吾 *Ligularia sagitta*（Maxim.）Mattf. ex Rehder & Kobuski；

蓝刺头 *Echinops latifolius* Tausch 为驴欺口 *Echinops davuricus* Fisch. ex Hornemann 的异名；

北苍术（变种）*Atractylodes lancea* var. *chinensis*（Bunge）Kitam. 为苍术 *Atractylodes lancea*（Thunb.）DC. 的异名；

鳍蓟 *Olgaea leucophylla* Iljin 应为蝟菊 *Olgaea leuco*phylla（Turcz.）Iljin；

刺儿菜属 *Cephalonoplos* Necker（该属已不存在）《河南植物志（第三册）》681~682 页记载 2 种，均并入蓟属 *Cirsium* Mill. ［《河南植物志（第三册）》683 页误为蓟属 *Cirsium* Adans.］；

刺儿菜、刺脚菜 *Cephalonoplos segetum*（Bunge）Kitam. 为刺儿菜 *Cirsium arvense* var. *integrifolium* Wimm. & Grab. 的异名；

大刺儿菜 *Cephalonoplos setosus*（Willd.）Kitam. 为丝路蓟 *Cirsium arvense*（L.）Scop. 的异名；

烟管蓟 *Cirsium pendulum* Fisch. 应为烟管蓟 *Cirsium pendulum* Fisch. ex DC.；

大蓟 *Cirsium japonicum* Fisch. ex DC. 应为蓟 *Cirsium japonicum* DC.；

绒背蓟 *Cirsium vlassovianum* Fisch. 应为绒背蓟 *Cirsium vlassovianum* Fisch. ex DC.；

湖北蓟、细叶蓟 *Cirsium hupehense* Pamp. 为线叶蓟 *Cirsium lineare*（Thunb.）Sch. Bip. 的异名；

泥胡菜属 *Hemistepta* Bunge 应为泥胡菜属 *Hemisteptia* Bunge ex Fisch. & C. A. Mey.；

泥胡菜、石灰菜 *Hemistepta lyrata* Bunge 应为泥胡菜 *Hemisteptia lyrata*（Bunge）Fisch. & C. A. Mey.；

三角叶风毛菊 *Saussurea deltoidea*（DC.）C. B. Clarke 为三角叶须弥菊 *Himalaiella deltoidea*（DC.）Raab-Straube 的异名；

蓖苞风毛菊 *Saussurea pectinata* Bunge 应为蓖苞风毛菊 *Saussurea pectinata* Bunge ex DC.；

秦岭风毛菊 *Saussurea tsinlingensis* Hand.-Mazz. 为城口风毛菊 *Saussurea flexuosa* Franch. 的异名；

绣毛风毛菊 *Saussurea dutaillyana* Franch. 为心叶风毛菊 *Saussurea cordifolia* Hemsl. 的异名；

陕西风毛菊（变种）*Saussurea dutaillyana* var. *shensiensis* Pai 和大头风毛菊（变种）*Saussurea rufostrigillosa* var. *macrocephala* Ling 均为四川风毛菊 *Saussurea sutchuenensis* Franch. 的异名；

肾叶风毛菊 *Saussurea reniformis* Y. Ling 为肾叶风毛菊 *Saussurea acromelaena* Hand.-Mazz. 的异名；

华北风毛菊 *Saussurea mongolica* Franch. 应为蒙古风毛菊 *Saussurea mongolica*（Franch.）Franch.；

山牛蒡 *Synurus deltoides* Nakai 应为山牛蒡 *Synurus deltoides*（Aiton）Nakai；

钟苞麻花头 *Serratula cupuliformis* Nakai & Kitag. 为钟苞麻花头（亚种）*Klasea centauroides* subsp. *cupuliformis*（Nakai & Kitag.）L. Martins 的异名；

华麻花头 *Serratula chinensis* S. Moore 为华漏芦 *Rhaponticum chinense*（S. Moore）L. Martins & Hidalgo 的异名；

蕴苞麻花头 *Serratula strangulata* Iljin 为缢苞麻花头（亚种）*Klasea centauroides* subsp. *strangulata*（Iljin）L. Martins 的异名；

麻花头 *Serratula centauroides* L. 为麻花头 *Klasea centauroides*（L.）Cass. ex Kitag. 的异名；

祁州漏芦属 *Rhaponticum* Lam. 应为漏芦属 *Rhaponticum* Vaillant；

矢车菊属 *Centaurea* L.《河南植物志（第三册）》706 页记载 2 种，现分别转入蓝花矢车菊属 *Cyanus* Mill. 和珀菊属 *Amberboa* Vaillant；

矢车菊 *Centaurea cyanus* L. 为蓝花矢车菊 *Cyanus segetum* Hill 的异名；

香矢车菊 *Centaurea moschata* L. 为珀菊 *Amberboa moschata*（L.）DC. 的异名；

杏香兔耳风 *Ainsliaea fragrans* Champ. 应为杏香兔耳风 *Ainsliaea fragrans* Champ. ex Benth.；

红背兔耳风 *Ainsliaea rubrifolia* Franch. 为杏香兔耳风 *Ainsliaea fragrans* Champ. ex Benth. 的异名；

扶郎花属 *Gerbera* L. ex Cass. 应为火石花属 *Gerbera* L.；

扶郎花 *Gerbera jamesonii* Bolus ex Gard. 应为非洲菊 *Gerbera jamesonii* Bolus ex Hook. f.；

大丁草 *Leibnitzia anandria*（L.）Nakai 为大丁草 *Leibnitzia anandria*（L.）Turcz. 的异名；

稻槎菜属 *Lapsana* L. 应为稻槎菜属 *Lapsanastrum* Pak & K. Bremer；

稻槎菜 *Lapsana apogonoides* Maxim. 为稻槎菜 *Lapsanastrum apogonoides*（Maxim.）Pak & K. Bremer 的异名；

猫儿菊属 *Achyrophorus* Scop. 为猫儿菊属 *Hypochaeris* L. 的异名；

猫儿菊 *Achyrophorus ciliatus*（Thunb.）Sch. Bip. 为猫儿菊 *Hypochaeris ciliata*（Thunb.）

Makino 的异名；

桃叶鸦葱 *Scorzonera sinensis* Lipsch. & Krasch. 应为桃叶鸦葱 *Scorzonera sinensis*（Lipsch. & Krasch.）Nakai；

毛连菜（亚种）*Picris hieracioides* subsp. *japonica*（Thunb.）Krylov 为日本毛连菜 *Picris japonica* Thunb. 的异名；

蒲公英属 *Taraxacum* Weber 应为蒲公英属 *Taraxacum* F. H. Wigg.；

药蒲公英 *Taraxacum officinale* F. H. Wigg. 目前在该名称下，或许有 3 个或更多的种，有待进一步研究澄清；

白花蒲公英 *Taraxacum leucanthum*（Ledeb.）Ledeb. 有待进一步研究澄清；

苦荬菜 *Sonchus arvensis* L. 应为苣荬菜 *Sonchus wightianus* DC.；

异叶莴苣 *Lactuca diversifolia* Vaniot 为林生假福王草 *Paraprenanthes diversifolia*（Vaniot）N. Kilian；

高莴苣（变种）*Lactuca raddeana* var. *elata*（Hemsl.）Kitam. 为毛脉翅果菊 *Lactuca raddeana* Maxim. 的异名；

多裂山莴苣（变种）*Lactuca indica* var. *runcinata-pinnatifida*（Kom.）Chu 有待进一步研究确认；

盘果菊属 *Prenanthes* L. ［《河南植物志（第三册）》726~727 页记载 2 种］均并入耳菊属 *Nabalus* Cass.；

盘果菊 *Prenanthes tatarinowii*（L.）Maxim. 为盘果菊 *Nabalus tatarinowii*（Maxim.）Nakai 的异名；

大叶盘果菊 *Prenanthes macrophylla* Franch. 为多裂耳菊（亚种）*Nabalus tatarinowii* subsp. *macrantha*（Stebbins）N. Kilian 的异名；

苦荬菜属 *Ixeris* Cass. 应为苦荬菜属 *Ixeris*（Cass.）Cass.；

齿缘苦荬菜 *Ixeris dentata*（Thunb.）Nakai 为小苦荬 *Ixeridium dentatum*（Thunb. ex Thunb.）Tzvelev 的异名；

细叶苦荬菜 *Ixeris gracilis*（DC.）Stebbins 为细叶小苦荬 *Ixeridium gracile*（DC.）Pak & Kawano 的异名；

多头苦荬菜 *Ixeris polycephala* Cass. 应为苦荬菜 *Ixeris polycephala* Cass. ex DC.；

抱茎苦荬菜 *Ixeris sonchifolia*（Maxim.）Hance 为尖裂假还阳参 *Crepidiastrum sonchifolium*（Maxim.）Pak & Kawano 的异名；

苦荬菜、秋苦荬菜 *Ixeris denticulata*（Houtt.）Stebbins 为黄瓜假还阳参 *Crepidiastrum denticulatum*（Houtt.）Pak & Kawano 的异名。

本书另增补 16 属（含 1 栽培属，另有 11 属仅有描述），31 种（含 3 栽培种），5 变种。

1. 旋覆花属 *Inula* L.

《河南植物志（第三册）》记载 4 种，1 变种。本书除修订外，增补 3 种（含 2 栽培种）。

（1）总状土木香 *Inula racemosa* Hook. f.

［*Inula royleana* C. B. Clarke］

多年生草本。根状茎块状。茎高 0.6~2m，基部木质，直径达 14mm，常有长分枝，稀不分枝，下部常稍脱毛，上部被长密毛；节间长 4~20cm。基部和下部叶椭圆状披针形，有具翅的长柄，长 20~50cm，宽 10~20cm，椭圆状披针形，边缘有不规则齿或重锯齿，顶端尖，上面被基部疣状糙毛，下面被黄绿色密绒毛，中脉粗壮，与侧脉 15~20 对在下面稍突起；中部叶长圆形或卵圆状披针形，长 15~35cm，宽 5~18cm，基部心形，半抱茎；上部叶较小。头状花序少数或较多数，直径 5~8cm，无或有长 0.5~4cm 的花序梗，排列成总状花序。总苞宽 2.5~3cm，长 0.8~2.2cm；总苞片 5~6 层，外层叶质，宽达 7mm；内层较外层长约 2 倍；最内层干膜质；线形，背面有疏毛。有缘毛；舌状花黄色，舌片线形，长约 2.5cm，宽 1.5~2mm，顶端有 3 齿；管状花长 9~9.5mm。冠毛污白色，长 9~10mm，有 40 余个具微齿的毛。瘦果四面形或五面形，有棱和细沟，长 3~4mm，无毛。花果期 8~9 月。

1、2 总状土木香 *Inula racemosa* Hook. f.
花枝及上部叶
3. 土木香 *Inula helenium* L.

原产于新疆天山阿尔泰山一带。河南中牟县、原河南医学院中药苗圃场、南召县医药公司、洛阳、郑州河南中医学院药圃场等均有引种栽培。

本种与土木香 *Inula helenium* L. 极近似，仅以头状花序总状排列且无花序梗或有短花序梗为区别。

（2）土木香 *Inula helenium* L.

［*Aster helenium*（L.）Scop.；

Corvisartia helenium（L.）Mérat］

多年生草本，根状茎块状，有分枝。茎直立，高 0.6~1.5m 或达 2.5m，粗壮，直径达 1cm，不分枝或上部有分枝，被开展的长毛，下部有较疏的叶；节间长 4~15cm，基部叶和下部叶在花期常生存，基部渐狭成具翅长达 20cm 的柄，连同柄长 30~60cm，宽 10~25cm；叶片椭圆状披针形，边缘有不规则的齿或重齿，顶端尖，上面被基部疣状的糙毛，下面被黄绿色密茸毛；中脉和近 20 对的侧脉在下面稍突起，网脉显明；中部叶卵圆状披针形或长圆形，长 15~35cm，宽 5~18cm，基部心形，半抱茎；上部叶较小，披针形。头状花序少数，直径 6~8cm，排列成伞房状花序；花序梗长 6~12cm，为多数苞叶所围裹；总苞 5~6 层，外层草质，宽卵圆形，顶端钝，常反折，被茸毛，宽 6~9cm，内层长圆形，顶端扩大成卵圆三角形，干膜质，背面有疏毛，有缘毛，较外层长达 3 倍，最内层线形，顶端稍扩大或狭尖；舌状花黄色；舌片线形，长 2~3cm，宽 2~2.5mm，顶端有 3~4 个浅裂片；管状花长 9~10mm，有披针形裂片；冠毛污白色，长 8~10mm，有极多数具细齿的毛。瘦果四面形或五面形，有棱和细沟，无毛，长 3~4mm。花期 6~7 月，果熟期 8~9 月。

原产于欧洲中部、北部、南部，亚洲西部、中部，俄罗斯西伯利亚西部至蒙古北部和北美洲。在我国分布于新疆，河南郑州等中药圃场有引种栽培。

（3）柳叶旋覆花 *Inula salicina* L.（彩版图 127）

[*Aster salicinus*（L.）Scop.；
Conyza salicina（L.）Rupr.；
Inula salicina subsp. *asiatica*（Kitam.）Kitag.]

多年生草本。地下茎细长；茎从膝曲的基部直立，高 30~70cm，不分枝或上部有 2~3 个，稀达 7 个花序枝，有深或浅沟，下部有疏或密或有时脱落的短硬毛；全部有较密的叶，节间长 1~2.5cm；下部叶在花期常凋落，长圆状匙形；中部叶较大，稍直立，椭圆形或长圆状披针形，长 3~8cm，宽 1~1.5cm，基部稍狭，心形或有圆形小耳，半抱茎，边缘有小尖头状或明显的细齿，顶端尖，稍革质，两面无毛或仅下面中脉有短硬毛，边缘有密糙毛；侧脉 5~6 对与网脉在两面稍突起；上部叶较小。头状花序直径 2.5~4cm，单生于茎或枝端，常为密集的苞状叶所围绕；总苞半球形，直径 12~15mm；总苞片 4~5 层，长10~12mm，外层稍短，披针形或匙状长圆形，下部革质，上部叶质且常稍红色，顶端钝或尖，背面有密短毛，常有缘毛；内层线状披针形，渐尖，上部背面有密毛。舌状花较总苞长达 2 倍，舌片黄色，线形，长 12~14mm；管状花花冠长 7~9mm，有尖裂片；冠毛 1 层，白色或下部稍红色，约与花冠等长。瘦果有细沟及棱，无毛。花期 7~9 月，果熟期 9~10 月。

河南产于嵩山、嵩县、栾川；生于海拔1 000m以下的山顶、山坡草地。分布于内蒙古东部和北部、黑龙江、吉林、辽宁、山东等省区；欧洲、俄罗斯和朝鲜都有广泛的分布。

2. 鬼针草属 *Bidens* L.

《河南植物志（第三册）》记载 4 种，1 变种。本书除修订外，增补 1 种。

大狼把草 接力草、外国脱力草 ***Bidens frondosa* L.**

[*Bidens frondosa* var. *anomala* Porter ex Fernald；
Bidens frondosa var. *caudata* Sherff；
Bidens frondosa var. *pallida*（Wiegand）Wiegand；
Bidens frondosa var. *stenodonta* Fernald & H. St. John；
Bidens melanocarpa Wiegand；
Bidens melanocarpa var. *pallida* Wiegand]

一年生草本。茎直立，分枝，高 0.2~1.2m，被疏毛或无毛，常带紫色。叶对生，具柄，为一回羽状复叶，小叶 3~5 枚，披针形，长 3~10cm，宽 1~3cm，先端渐尖，边缘有粗锯齿，通常背面被稀疏短柔毛，至少顶生者具明显的柄。头状花序单生茎端和枝端，连同总苞苞片直径 12~25mm，高约 12m；总苞钟状或半球形，外层苞片 5~10 枚，通常 8 枚，披针形或匙状倒披针形，叶状，边缘有缘毛，内层苞片长圆形，长 5~9mm，膜质，具淡黄色边缘，无舌状花或舌状花不发育，极不明显，筒状花两性，花冠长约 3mm，冠檐 5 裂；瘦果扁平，狭楔形，长 5~10mm，近无毛或是糙伏毛，顶端芒刺 2 枚，长约 2.5mm，有倒刺毛。

原产于北美洲。现上海近郊有野生，由国外传入。近十多年来，郑州市陈砦、郑州市林场、郑州轻工业学院等处也有野生；生于河沟旁等潮湿地方。全草入药，有强壮、清热解毒的功效。主治体虚乏力、盗汗、咯血、痢疾、疳积、丹毒等。

3. 蒿属 *Artemisia* L.

《河南植物志（第三册）》记载 29 种，3 变种。本书除修订外，增补 6 种，4 变种。

（1）密毛白莲蒿（变种）*Artemisia gmelinii* var. *messerschmidtiana*（Besser）Poljakov

半灌木状草本。主根稍粗，木质；根状茎略粗，木质，直径 1~2cm，有多数多年生木质的营养枝。茎通常多数，丛生，高 10~40（~80）cm，下部木质，上部半木质，紫红色，自下部分枝，稀不分枝；茎、枝初时被灰白色绒毛，后渐稀疏或无毛。叶上面初时被灰白色短柔毛，后渐稀疏或近无毛，暗绿色，常有凹穴与白色腺点或凹皱纹，背面密被灰色或淡灰黄色蛛丝状柔毛；茎下部、中部与营养枝叶卵形或三角状卵形，长 2~4cm，宽 1~2cm，二至三回栉齿状的羽状分裂，第一至二回为羽状全裂，每侧裂片 4~5 枚，裂片间排列紧密，小裂片栉齿状的短线形或短线状披针形，边缘通常具数枚小栉齿，栉齿长 1~2mm，宽 0. 2~0. 5mm，稀无小栉齿，叶柄长 8~13mm，基部有小型栉齿状分裂的假托叶；上部叶一至二回栉齿状的羽状分裂；苞片叶呈栉齿状羽状分裂或不分裂，而为披针形或披针状线形。头状花序近球形，直径 3~4（~6）mm，有短梗或近无梗，斜生或下垂，密集着生在茎端或在分枝端排成穗状花序或为穗状花序式的总状花序，并在茎上组成狭窄的总状花序式的圆锥花序；总苞片 3~4 层，外层总苞片椭圆形或椭圆状披针形，背面有灰白色短柔毛或近无毛，边缘狭膜质，中层总苞片卵形，无毛，边缘宽膜质，内层总苞片膜质花序托突起，半球形；雌花 10~12 朵，花冠狭圆锥状，背面有腺点，花柱线形，略伸出花冠外，先端 2 叉；两性花 40~60 朵，花冠管状，背面微有腺点，花药线形，上端附属物尖，长三角形，基部钝，花柱与花冠近等长，先端 2 叉，叉端截形，有睫毛。瘦果长圆形，果壁上有细纵纹。花果期 8~10 月。

产于河南大别山、桐柏山、伏牛山和太行山；生于低海拔的山坡、路旁。分布于内蒙古（西部）、宁夏、甘肃、青海、新疆、四川（西部）及西藏；蒙古、俄罗斯（中亚、西伯利亚、欧洲部分）也有分布。

（2）灰莲蒿（变种）*Artemisia gmelinii* var. *incana*（Besser）H. C. Fu（彩版图 128）

[*Artemisia messerschmidiana*var. *incana* Besser；

Artemisia gmelinii var. *discolor*（Komarov）Nakai；

Artemisia sacrorum var. *incana*（Besser）Y. R. Ling；

Artemisia vestita var. *discolor*（Komarov）Kitag.]

半灌木状草本。根稍粗大，木质，垂直；根状茎粗壮，直径可达 3cm，常有多数木质、直立或斜上长的营养枝。茎多数，常组成小丛，高 50~100（~150）cm，褐色或灰褐色，具纵棱，下部木质，皮常剥裂或脱落，分枝多而长；茎、枝初时被微柔毛，后下部脱落无毛，上部宿存或无毛，上面绿色，初时微有灰白色短柔毛，后渐脱落，幼时有白色腺点，后腺点脱落，留有小凹穴，背面初时密被灰白色平贴的短柔毛，后无毛。叶面初时被灰白色短柔毛，后毛脱落，背面密被灰白色短柔毛。茎下部与中部叶长卵形、三角状卵形或长椭圆状卵形，长 2~10cm，宽 2~8cm，二至三回栉齿状羽状分裂，第一回全裂，每侧有裂片3~5个，裂片椭圆形或长椭圆形，每裂片再次羽状全裂，小裂片栉齿状披针形或线状披针形，每侧具数枚细小三角形的栉齿或小裂片短小成栉齿状，叶中轴两侧具4~7枚栉齿，叶柄长1~5cm，扁平，两侧常有少数栉齿，基部有小型栉齿状分裂的假托叶；上部叶略小，一至二回栉齿状羽状分裂，具短柄或近无柄；苞片叶栉齿状羽状分裂或不分裂，为线形或线状披针形。头状花序近球形，下垂，直径2~3.5（~4）mm，具短梗或近无梗，在分枝上排成穗状花序式的总状花序，并在茎上组成密集或略开展的圆锥花序；总苞片3~4层，外层总苞片披针形或长椭圆形，初时密被灰白色短柔毛，后脱落无毛，中肋绿色，边缘膜质，中、内层总苞片椭圆形，近膜质或膜质，背面无毛；雌花10~12朵，花冠狭管状或狭圆锥状，外面微有小腺点，檐部具2（~3）裂齿，花柱线形，伸出花冠外，先端2叉，叉端锐尖；两性花20~40朵，花冠管状，外面有微小腺点，花药椭圆状披针形，上端附属物尖，长三角形，基部圆钝或有短尖头，花柱与花冠管近等长，先端2叉，叉端有短睫毛。瘦果狭椭圆状卵形或狭圆锥形。花果期8~10月。

产于河南大别山、桐柏山、伏牛山和太行山；生于低海拔的山坡、路旁、灌丛及森林草甸。国内除高寒地区外，几乎都有分布；朝鲜、日本、蒙古也有分布。

(3) 南艾蒿 白蒿、大青蒿、苦蒿 ***Artemisia verlotorum* Lamotte（彩版图129）**

[*Artemisia verlotorum* var. *lobata* Pamp.;

Artemisia verlotorum var. *rigida* Pamp.;

Artemisia dubia f. *pseudolavendulifolia* Pamp.;

Artemisia verlotorum f. *glabrescens* Pamp.]

多年生草本，植株有香气。主根稍明显，侧根多；根状茎短，常具匍匐茎，并有营养枝。茎单生或少数，高50~100cm，具纵棱，中上部分枝，枝长5~6（~8）cm，斜向上贴向茎部；茎、枝初时微有短柔毛，后脱落无毛。叶纸质，上面浓绿色，近无毛，被白色腺点及小凹点，干后常成黑色，背面除叶脉外密被灰白色绵毛；基生叶与茎下部叶卵形或宽卵形，一至二回羽状全裂，具柄，花期叶均萎谢；中部叶卵形或宽卵形，长5~10（~13）cm，宽3~8cm，一（至二）回羽状全裂，每侧有裂片3~4个，裂片披针形或线状披针形、稀线形，长3~5cm，宽3~5mm，先端锐尖，不分裂或偶有数枚浅裂齿，边反卷，叶柄短或近无柄；上部叶3~5全裂或深裂；苞片叶不分裂，披针形或椭圆状披针形。头状花序椭圆形或长圆形，直径2~2.5mm，无梗，直立，在分枝上排成密或疏松的穗状花序，而在茎上组成狭而长或为中等开展的圆锥花序；总苞片3层，覆瓦状排列，外层总苞片略小，卵形，背面初时微有蛛丝状柔毛，后脱落无毛，边缘狭膜质，中层、内层总苞片长卵形或椭圆状倒卵形，背面无毛，边缘宽膜质或全为半膜质；雌花3~6朵，花冠狭管状，檐部具2裂齿，紫色，花柱长，伸出花冠外，先端2叉，叉端尖；两性花8~18朵，花冠管状，檐部紫红色，花药线形，上端附属物尖，长三角形，基部钝，花柱与花冠等长，先端2叉，叉端扁，扇形，有睫毛。瘦果小，倒卵形或长圆形，稍压扁。花期7~8月，果熟期9~10月。

河南产于各山区；生于低海拔地区的山坡、路旁、田边。分布于黑龙江、吉林、辽宁、内蒙古（南部）、河北、山西、陕西（南部）、甘肃（南部）、山东、江苏、浙江、安徽、江西、福建、台湾、湖北、湖南、广东、广西、四川、云南、贵州等省区；为旧大陆南温带、亚热带及热带地区的广布种。朝鲜、日本、越南、老挝、柬埔寨、马来西亚、泰国、印度尼西亚、印度、尼泊尔、斯里兰卡以及小亚细亚、欧洲中部以南至非洲北部及东部国家都有。入药，作“艾”（家艾）的代用品，有消炎、止血作用。

（4）黄毛蒿 *Artemisia velutina* Pamp.（彩版图 130）

［*Artemisia velutina* f. *foliosa* Pamp.］

多年生草本。根状茎短，直径 3～7mm。茎通常单生，稀少数，高 60～100cm，具纵棱；上部分枝，枝长 5～15cm；茎、枝具卷曲的短柔毛。叶厚纸质或纸质，上面具少量糙毛，背面密被灰白色或淡灰黄色长绒毛，除叶脉外还被浅灰色短柔毛；茎下部叶一至二回羽状深裂或近全裂，花期凋谢；中部叶卵圆形或长卵形，长 4～6cm，宽 2～3cm，一（至二）回羽状深裂、半裂或浅裂，有时近全裂，每侧有裂片 2～3 个，裂片形状变化大，披针形、长圆形或椭圆形，长 1～2cm，宽 0.5～1.2cm，边缘有小裂齿、锯齿或全缘，先端钝尖，叶柄长 5～10mm，无假托叶；上部叶与苞片叶椭圆形或披针形，羽状分裂或不分裂。头状花序椭圆形，直径 1.5～2mm，单生或 2～7 枚集生，在分枝或极短的小枝上排成短穗状或复总状花序，并在茎上组成狭长的圆锥花序；总苞片 3 层，外层总苞片略小，外层、中层总苞片卵形或长卵形，背面微被蛛丝状毛；雌花 8～10 朵，花冠狭圆锥状或狭管状，花柱伸出花冠外，先端 2 叉，叉端尖；两性花 10～15 朵，花冠管状，花药线形，先端附属物尖，长三角形，基部钝，花柱与花冠近等长，先端 2 叉，叉端截形，具睫毛。瘦果小，倒卵形。花期 9～10 月，果熟期 10～11 月。

产于河南大别山、桐柏山、伏牛山和太行山；生于低海拔荒坡、灌丛、草地。分布于山西、陕西（南部）、山东、江西、福建、湖北、安徽、湖南、四川（西部）、云南（西部）、西藏（东南部）等省区。

（5）密序阴地蒿（变种）*Artemisia sylvatica* var. *meridionalis* Pamp.

多年生草本；植株有香气。主根稍明显，侧根细，垂直或斜向下；根状茎稍粗短，斜向上，直径 3～6mm。茎少数或单生，直立，高 80～130cm，有纵纹；中部以上分枝，枝细长，开展，长 10～20cm 或更长；茎、枝初时微被短柔毛，后脱落。叶厚纸质，上面绿色，初时叶面微有短柔毛并疏生少量白色腺点，后脱落无毛，无腺点，唯叶脉上留有少量稀疏短腺毛状柔毛，背面被灰白色蛛丝状薄绒毛；茎下部叶具长柄，叶片卵形或宽卵形，二回羽状浅裂，花期叶凋谢；中部叶具柄，叶片卵形或长卵形，长 8～12（～15）cm，宽 7～11cm，一至二回羽状深裂，每侧有裂片 2～3 枚，裂片椭圆形或长卵形，长 6～7（～9）cm，宽 1～1.5（～2）cm，再次 3～5 深裂或浅裂或不分裂，小裂片或裂片长椭圆形或椭圆状披针形，边缘常有疏锯齿或无锯齿，叶柄长 2～4（～5）cm，基部有小型假托叶；上部叶小，有短柄，羽状深裂，每侧有裂片 1～2 个，裂片披针形或椭圆状披针形，中央裂片最长，先端具钝尖头，偶有 1～2 枚小锯齿；苞片叶 3～5 深裂，裂片或不分裂之苞片叶为线状披针形或椭圆状披针形。头状花序多数，近球形或宽卵形，直径 2～2.5mm，具短梗及细小、线形的小苞叶，下垂，在分枝的小枝上排成穗状花序式的一总状花序，而在分枝上排成复总状花序，在茎上常再组成疏松、开展、具多级分枝的圆锥花序；总苞片 3～4 层，外层略小，外、中层总苞片卵形或长卵形，背面初时微被蛛丝状薄毛，后脱落，近无毛，中肋绿色，边膜质，内层总苞片长卵形或长圆状倒卵形，半膜质，背面近无毛；雌花 4～7 朵，花冠狭管状或狭圆锥状，花柱伸出花冠外，先端 2 叉，叉端尖；两性花 8～14 朵，花冠管状，外面有腺点，花药线形，先端附属物尖，长三角形，基部圆钝，花柱近与花冠等长，先端2叉，叉端截形，有睫毛。瘦果小，狭卵形或狭倒卵形。花果期9~10月。

河南仅见于太行山区的济源黄楝树林场上家林区；生于海拔1 000m以上的山坡林下阴湿处。分布于山西、江苏。

（6）南毛蒿 *Artemisia chingii* Pamp.

多年生草本。主根稍明显，侧根数条；根状茎稍粗或细，短，直径3~8mm。茎少数或单生，高80~100（~140）cm，具纵棱，淡紫褐色或褐色；上部具着生头状花序的分枝，枝斜向上，长2~7cm，偶有小分枝；茎、枝密被黏质柔毛及稀疏的腺毛。叶纸质，上面被腺毛，初时疏被蛛丝状薄毛，后脱落，背面除叶脉外密被灰白色或灰黄色蛛丝状平贴绵毛，脉上具淡黄色腺毛，背面脉隆起；茎下部叶宽卵形或卵形，长5~6cm，宽4~5cm，一（至二）回羽状深裂或近全裂，每侧裂片2~3枚，侧裂片椭圆形，不再分裂或边缘具2~3枚浅裂片或裂齿，叶柄长0.5~1.5cm，基部有小型假托叶；中部叶卵形、长卵形或宽卵形，长3.5~5cm，宽2~4cm，羽状深裂，每侧有裂片2~3枚，裂片椭圆形或椭圆状披针形，长10~20mm，宽3~6（~8）mm，先端具短尖头，边缘稍反卷，不再分裂或边缘具1~2枚浅裂齿，叶基部宽楔形，渐狭成柄状，基部有小型假托叶；上部叶小，3~5深裂，苞片叶3深裂或不分裂，长椭圆形或线状披针形。头状花序小，宽卵形或长圆形，直径1.5~2mm，无梗或近无梗，有细小线形的小苞叶，在茎上部短的分枝或小枝上排成密穗状花序，并在茎上组成狭窄的圆锥花序；总苞片3~4层，外层短小，外、中层总苞片卵形或长卵形，初时背面密被灰白色蛛丝状毛，后稍稀疏或光滑，中肋绿色，边缘膜质，内层总苞片长卵形，半膜质，背面近无毛；雌花3~5朵，花冠狭管状，檐部具2裂齿，花柱细长，先端2叉，叉端钝尖；两性花8~12朵，花冠管状，檐部黄色或紫色，花药线形，先端附属物尖，长三角形，基部钝，花柱近与花冠等长，先端2叉，叉端截形并有睫毛。瘦果倒卵形或卵形。花期8~9月，果熟期9~10月。

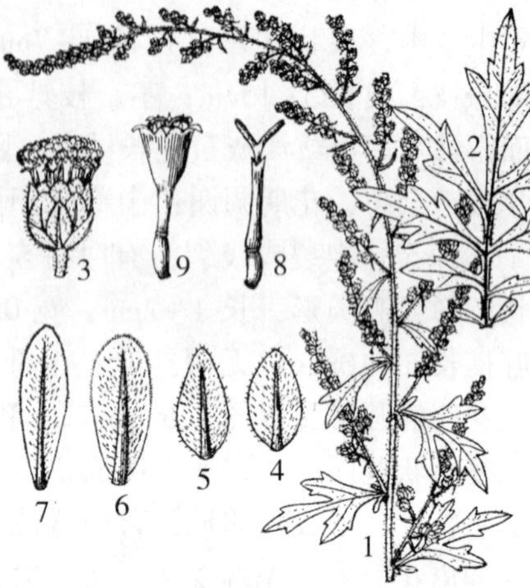

南毛蒿 *Artemisia chingii* Pamp.

1. 茎上半部 2. 中部叶 3. 头状花序 4~7. 外、中、内层总苞片 8. 雌花 9. 两性花

产于河南大别山、桐柏山和伏牛山；生于低海拔山坡、草地等处。分布于山西（南部）、陕西（南部）、甘肃（南部）、安徽、浙江（西部）、江西、湖北、湖南、广东、广西、四川、贵州、云南等省区；越南和泰国也有分布。

（7）牛尾蒿 *Artemisia dubia* Wall. ex Besser

半灌木状草本。主根木质，稍粗长，垂直，侧根多；根状茎粗短，直径0.5~2cm，有营养枝。茎多数或少数，丛生，直立或斜向上，高80~120cm，基部木质，纵棱明显，紫褐色或绿褐色，分枝多，开展，枝长15~35cm或更长，常呈屈曲延伸；茎、枝幼时被短柔毛，后渐稀疏或无毛。叶厚纸质或纸质，叶面微有短柔毛，背面毛密，宿存；基生叶与茎下部叶大，卵形或长圆形，羽状5深裂，有时裂片上还有1~2枚小裂片，无柄，花期叶

凋谢；中部叶卵形，长 5~12cm，宽 3~7cm，羽状 5 深裂，裂片椭圆状披针形、长圆状披针形或披针形，长 3~8cm，宽 0.5~1.2cm，先端尖，边缘无裂齿，基部渐狭，楔形，成柄状，有小型披针形或线形的假托叶；上部叶与苞片叶指状 3 深裂或不分裂，裂片或不分裂的苞片叶椭圆状披针形或披针形。头状花序多数，宽卵球形或球形，直径 1.5~2mm，有短梗或近无梗，基部有小苞叶，在分枝的小枝上排成穗状花序或穗状花序状的总状花序，而在分枝上排成复总状花序，在茎上组成开展、具多级分枝大型的圆锥花序；总苞片 3~4 层，外层总苞片略短小，外、中层总苞片卵形、长卵形，背面无毛，有绿色中肋，边膜质，内层总苞片半膜质；雌花 6~8 朵，花冠狭小，略呈圆锥形，檐部具 2 裂齿，花柱伸出花冠外甚长，先端 2 叉，叉端尖；两性花 2~10 朵，不孕育，花冠管状，花药线形，先端附属物尖，长三角形，基部圆钝，花柱短，先端稍膨大，2 裂，不叉开。瘦果小，长圆形或倒卵形。花果期 8~10 月。

河南产于伏牛山区的济源和修武；生于山坡、疏林下、林缘。分布于甘肃（中部和南部）、广西（西北）、贵州、河北、湖北（西部）、内蒙古、宁夏、青海、陕西、山东（西部）、山西、四川、西藏（东部）、云南；不丹、印度、日本、尼泊尔、泰国均有分布。入药，有清热、解毒、消炎、杀虫之效。

牛尾蒿 *Artemisia dubia* Wall. ex Besser

1. 茎上半部 2. 中部叶 3. 头状花序 4~6. 外、中、内层总苞片 7. 雌花 8. 两性花

(8) 华北米蒿 *Artemisia giraldii* Pamp.

半灌木状草本。主根明显，木质或稍木质化，侧根多，根状茎稍粗短，直立或斜向上，直径 4~10cm。茎多数或少数，常成小丛，直立，高 50~80（~120）cm，具纵棱，下部稍木质化，分枝多，长 8~20cm；茎、枝幼时被微柔毛，后渐稀疏或无毛。叶纸质，灰绿色，干后暗绿色或深绿褐色，叶面疏被灰白色或淡灰色短柔毛，背面初时密被灰白色微蛛丝状柔毛，后毛渐脱落；茎下部叶卵形或长卵形，指状 3 深裂，少数为 5 深裂，裂片披针形或线状披针形，具短柄或近无柄，花期凋谢；中部叶椭圆形，长 2~3cm，宽 0.8~1.5cm，指状 3 深裂，裂片线形或线状披针形，长 1~2cm，宽 0.1~0.2cm，先端尖，边略反卷或不反卷，叶基部渐狭成短柄状，基部无假托叶或假托叶极不明显；上部叶与苞片叶 3 深裂或不分裂，为线形或线状披针形。头状花序多数，宽卵形、近球形或长圆形，直径 1.5~2mm，无梗

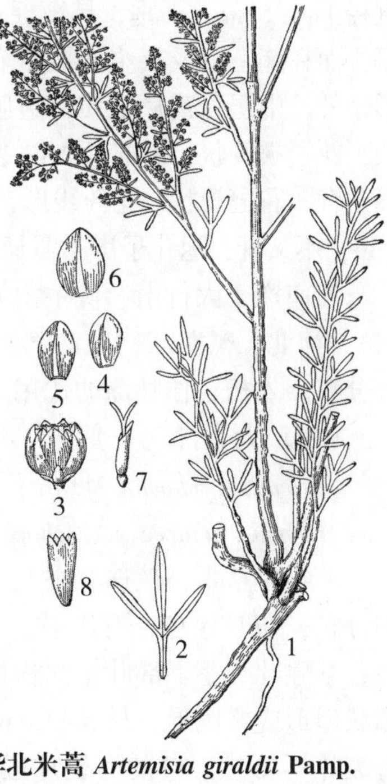

华北米蒿 *Artemisia giraldii* Pamp.

1. 植株一部分 2. 中部叶 3. 头状花序 4~6. 外、中、内层总苞片 7. 雌花 8. 两性花

或具极短的梗，有小苞叶，下垂或斜展，在分枝上排成穗状花序式的总状花序或复总状花序，而在茎上组成开展的圆锥花序；总苞片3~4层，外层略短小，外、中层总苞片卵形、长卵形，背面无毛，有绿色中肋，边缘宽膜质，内层总苞片长椭圆形或长卵形，半膜质；雌花4~8朵，花冠狭管状或狭圆锥状，檐部具2裂齿，花柱伸出花冠外，先端2叉，叉端尖；两性花5~7朵，不孕育，花冠管状，檐部黄色或红色，花药线形，先端附属物尖，长三角形，基部圆钝，花柱短，先端棒状，通常不叉开，退化子房不明显。瘦果倒卵形。花果期7~10月。

河南产于伏牛山区的卢氏杜关和太行山区的林州；生于山坡、干河谷、滩地、丘陵、路旁、灌丛、林缘及草地。分布于甘肃、河北、内蒙古、宁夏、陕西、山西以及四川的西北部。入药，有清热、解毒、利肺功用。

（9）狭叶牡蒿 *Artemisia angustissima* Nakai（彩版图131）

多年生草本。主根稍明显，侧根多；根状茎细，稍膨大，具少数营养枝。茎少数或单生，高20~50cm，具细纵纹，暗褐色；上部分枝，长2~5cm；茎、枝、叶两面初时被微柔毛，后脱落无毛。叶纸质，小；基生叶与茎下部叶卵形或近圆形，长、宽1.5~2.2cm，（一至）二回羽状全裂，每侧裂片2（~3）枚，裂片长0.5~1cm，宽0.3~0.5cm，再次羽状深裂或具深裂齿；中部叶近无柄，卵形或近圆形，长、宽1.5~2cm，羽状全裂或近全裂，每侧有裂片2枚，裂片狭线形或狭线状披针形，长0.5~0.8（~1）cm，宽0.8~3mm；先端尖，边全缘或有少数疏锯齿，叶基部狭窄，稍呈楔形，基部有极小型的假托叶；上部叶与苞片叶3全裂或不分裂，裂片或不分裂的苞片叶线形或线状披针形。头状花序小，卵球形或近球形，直径1~1.5mm，下垂，具短梗或近无梗，基部具极小的小苞叶，在分枝上排成疏的穗状花序，而在茎上组成狭窄的圆锥花序；总苞片3层，外层总苞片小，卵形，中层总苞片长卵形，外、中层总苞片纸质，边膜质，具绿色中肋，内层总苞片长卵形，半膜质；雌花2~3朵，花冠狭管状，檐部具2~3裂齿，花柱伸出花冠外，先端2叉，叉端尖；两性花2~5朵，不孕育，花冠管状，花药线形，先端附属物尖，长三角形，基部圆，花柱短，先端稍膨大，2裂，不叉开，退化子房不明显。瘦果小，倒卵形。花果期8~10月。

河南产于太行山、伏牛山及大别山区；生于低海拔的山坡、路旁。分布于甘肃（南部）、河北、黑龙江（东南部）、江苏、吉林、辽宁、陕西（南部）、山东、山西；韩国也有分布。入药，作牡蒿的代用品。

（10）大头青蒿（变种）*Artemisia caruifolia* var. *schochii*（Mattf.）Pamp.

[*Artemisia schochii* Mattf.;

Artemisia apiacea var. *schochii*（Mattf.）Hand.-Mazz.]

一年生草本；植株有香气。主根单一，垂直，侧根少。茎单生，高30~150cm，上部多分枝，幼时绿色，有纵纹，下部稍木质化，纤细，无毛。叶两面青绿色或淡绿色，无毛；基生叶与茎下部叶三回栉齿状羽状分裂，有长叶柄，花期叶凋谢；中部叶长圆形、长圆状卵形或椭圆形，长5~15cm，宽2~5.5cm，二回栉齿状羽状分裂，第一回全裂，每侧有裂片4~6枚，叶的侧裂片近于楔形，每裂片具多枚长三角形的栉齿或为细小、略呈线状披针形的小裂片，先端锐尖，两侧常有1~3枚小裂齿或无裂齿，中轴与裂片羽轴常有小锯齿，叶柄长0.5~1cm，基部有小型半抱茎的假托叶；上部叶与苞片叶一（至二）回栉齿状羽状分裂，无柄。头状花序半球形或近半球形，直径4.5~7mm，具短梗，下垂，基部有线形的小苞叶，在分枝上排成总状花序状；总苞片 3~4 层，外层总苞片狭小，长卵形或卵状披针形，背面绿色，无毛，有细小白点，边缘宽膜质，中层总苞片稍大，宽卵形或长卵形，边宽膜质，内层总苞片半膜质或膜质，顶端圆；总苞片开花后呈放射状开张，花易于脱落；花序托球形；花淡黄色；雌花 10~20 朵，花冠狭管状，檐部具 2 裂齿，花柱伸出花冠管外，先端 2 叉，叉端尖；两性花 30~40 朵，孕育或中间若干朵不孕育，花冠管状，花药线形，上端附属物尖，长三角形，基部圆钝，花柱与花冠等长或略长于花冠，顶端 2 叉，叉端截形，有睫毛。瘦果长圆形至椭圆形。花果期 6~9 月。

河南仅见于郑州花园口。分布于江苏、江西、湖北、湖南、广东、广西、云南、贵州。

4. 春黄菊属 *Anthemis* L.

《河南植物志（第三册）》记载 1 种（栽培）。本书增补 1 种（栽培）。

田春黄菊 *Anthemis arvensis* L. （彩版图 132）

一年生草本，高 20~30（40）cm。茎多数，外展或上升，上部有分枝，疏被短柔毛。叶全形矩圆形，二回羽状全裂，小裂片条形或披针形，顶端急尖，下面疏被柔毛。头状花序单生枝端，直径 1~2cm，有长梗；总苞片卵状矩圆形，稍被柔毛，顶端及边缘宽膜质，外层尖，内层钝；花托长圆锥形，有时缩短；托片披针形，龙骨状，顶端凸尖；雌花舌片椭圆形，白色，管部具翅，有乳头状突起；两性花花冠管状，5 齿裂，基部有时扩大。瘦果陀螺状四棱形，有沟纹，平滑，顶端边缘瘤状肿大。花期 6 月，果熟期 7~8 月。

原产于欧洲。郑州、开封、许昌等地有少量栽培。我国东北铁路沿线偶有野生，山东也有栽培。

5. 滨菊属 *Leucanthemum* Mill. （新增属，栽培）

多年生草本，无毛或具简单基部着生毛。叶互生，边缘全缘，或具锯齿，或羽状分裂。头状花序单生，很少茎生 2~5 个头状花序。异型，边缘雌花 1 层，舌状，中央盘状花多数，两性，管状。总苞碟状。总苞片 3~4 层，边缘膜质。花托稍突起，无托毛。舌状花白色；管状花黄色，顶端 5 齿裂。花柱分枝线形，顶端截形。花药基部钝，顶端附片卵状披针形。瘦果有 8~12 条，但通常 10 条强烈突起的等距排列的椭圆形纵肋，纵肋光亮。舌状花瘦果显著压扁，弯曲，腹面的纵肋彼此贴近，顶端无冠齿或有长 0.8mm 的侧缘冠齿；管状花瘦果顶端无冠齿或有长 0.3mm 的由果肋伸延形成的钝形冠齿。

本属 33 种，主要分布于中欧和南欧山区。中国 1 种（栽培）。河南也有栽培。

滨菊 *Leucanthemum vulgare* (Vaill.) Lam.

多年生草本，高 15~80cm。茎直立，通常不分枝，被绒毛或卷毛至无毛。基生叶花期生存，长椭圆形、倒披针形、倒卵形或卵形，长 3~8cm，宽 1.5~2.5cm，基部楔形，渐狭成长柄，柄长于叶片自身，边缘圆或钝锯齿。中下部茎叶长椭圆形或线状长椭圆形，向基部收窄，耳状或近耳状扩大半抱茎，中部以下或近基部有时羽状浅裂。上部叶渐小，有时羽状全裂。全部叶两面无毛，腺点不明显。头状花序单生茎顶，有长花梗，或茎生 2~5 个头状花序，排成疏松伞房状。总苞直径 10~20mm。全部苞片无毛，边缘白色或褐色膜质。舌状花的舌片长 10~25mm。瘦果长 2~3mm，无冠毛或舌状花瘦果有长达 0.4mm 的侧缘冠齿。花果期 5~8 月，果熟期 7~10 月。

河南各城市公园广为栽培作观赏用，也有归化为野生类型，生山坡草地或河边。我国江西、甘肃等省也有栽培并归化成野生类型。欧洲、俄罗斯、北美洲、日本等地野生、引种栽培观赏或归化逸生等各种类型都有。

6. 风毛菊属 *Saussurea* DC.

《河南植物志（第三册）》记载23种，2变种。本书除修订外，增补1种。

尾尖风毛菊 *Saussurea saligna* Franch.（彩版图133）

多年生草本。茎直立，单生，高70~120cm，有条纹，上部有分枝。中部与下部茎叶有叶柄，柄长1~3cm，叶片长圆状披针形，长10cm，宽4cm，顶端渐尖，基部圆形或略截形，边缘有不明的微锯齿，两面绿色，无毛或几无毛；上部叶有极短的柄，叶片披针形，长18~20cm，宽3.5~4.5cm，顶端尾状长渐尖；最上部茎叶披针形。头状花序5~7个，排成伞房花序，生叶腋与茎端，花序梗长0.3~3cm。总苞圆柱状，长3~5mm；总苞片4~5层，外层卵形，顶端钝，中层长圆形至披针形，顶端钝，内层倒披针形，顶端钝且有髯毛。小花紫色，长9~10mm，细管部长6mm，檐部长4mm。瘦果圆柱状，长4~5mm，有肋，无毛。冠毛污白色，2层，外层短，糙毛状，内层长，羽毛状。花期7~8月，果熟期8~10月。

河南仅见于灵宝河西林场乐范沟；生于山坡或山坡林下。分布于陕西（太白山、户县、华阴）、四川（城口）。

7. 蓝刺头属 *Echinops* L.

《河南植物志（第三册）》记载3种。本书增补2种。

（1）华东蓝刺头 *Echinops grijsii* Hance

［*Echinops cathayanus* Kitag.］

多年生草本，高30~80cm。茎直立，单生，上部通常有短或长花序分枝，基部通常有棕褐色的残存的纤维状撕裂的叶柄，全部茎枝被密厚的蛛丝状绵毛，下部花期变稀毛。叶质地薄，纸质。基部叶及下部茎生叶有长叶柄，全形椭圆形、长椭圆形、长卵形或卵状披针形，长10~15cm，宽4~7cm，羽状深裂；侧裂片4~5（~7）对，卵状三角形、椭圆形、长椭圆形或线状长椭圆形；全部裂片边缘有均匀而细密的刺状缘毛。向上叶渐小。中部茎叶披针形或长椭圆形，与基部及下部茎叶等样分裂，无柄或有较短的柄。全部茎叶两面异色，上面绿色，无毛无腺点，下面白色或灰白色，被密厚的蛛丝状绵毛。复头状花序单生枝端或茎顶，直径约4cm。头状花序长1.5~2cm。基部毛多数，白色，不等长，扁毛状，长7~8mm，为总苞长度之半。外层苞片与基部毛近等长，线状倒披针形，爪部中部以下有白色长缘毛，缘毛长达6mm，上部椭圆状扩大，褐色，边缘短缘毛；中层苞片长椭圆形，长约1.3cm，上部边缘有短缘毛，中部以上渐窄，顶端芒刺状短渐尖；内层苞片长椭圆形，长1.5cm，顶端芒状齿裂或芒状片裂。全部苞片24~28枚，外面无毛无腺点。小花长1cm，花冠5深裂，花冠管外面有腺点。瘦果倒圆锥状，长1cm，被密厚的顺向贴伏的棕黄色长直毛，不遮盖冠毛。冠毛量杯状，长3mm；冠毛膜片线形，边缘糙毛状，大部结合。花期7~8月，果熟期9~10月。

华东蓝刺头 *Echinops grijsii* Hance

1. 植株中部　2. 植株上部　3. 头状花序

产于河南大别山区的商城金刚台和黄柏山；生于山坡草地。分布于辽宁（南部）、山东、安徽、江苏、福建、台湾、广西等省区。为我国特有种。

（2）糙毛蓝刺头 *Echinops setifer* Iljin

多年生草本，高达1.2m。茎直立，单生，不分枝或上部有短花序分枝，茎下部被稠密的褐色多细胞长节毛及稀疏的贴伏蛛丝状毛，向上蛛丝状毛和褐色多细胞节毛渐多，复头状花序下部白色或灰白色，被密厚的蛛丝状绵毛。基部叶及下部茎叶椭圆形或倒披针状椭圆形，长15~25cm，宽7~14cm，二回羽状分裂。一回为全裂或几全裂；一回侧裂片5~7对，椭圆形或倒披针形，中部侧裂片较大，向上向下渐小，二回为浅裂或深裂，二回裂片长椭圆形或披针状三角形，边缘刺齿或三角刺齿裂，顶部渐尖成针刺。中上部茎叶通常羽状深裂，侧裂片及顶裂片边缘刺齿或三角形刺齿裂。上部及接复头状花序下部的叶长椭圆形，边缘刺齿或浅裂或半裂。全部叶质地薄，纸质，两面异色，上面绿色，被稀疏短糙毛，下面白色或灰白色，被密厚的蛛丝状绵毛，中下部茎叶下面沿脉被稠密的褐色的多细胞长节毛。复头状花序单生茎顶或茎生2~3个复头状花序，直径4~5cm。头状花序长2cm，基毛白色，不等长，扁毛状，长8~9mm，约为总苞长度之半。外层苞片稍长于基毛，线状倒披针形，顶端椭圆形扩大，褐色，上部边缘被稀疏缘毛，顶端针芒状短渐尖，爪部自中部以上有白色长达3mm的长缘毛；中层苞片倒披针形，长1.4~1.6cm，自最宽处向上突然收窄成针芒状渐尖，边缘有缘毛；内层苞片椭圆形，长约1.5cm，顶端芒片裂，中间裂片为长。全部苞片17~22枚，外面无毛。小花蓝色，长1.3cm，花冠5深裂，裂片线形，花冠管上部有稀疏的腺点。瘦果倒圆锥状，长约7mm，被稠密的淡黄色的顺向贴伏的长直毛，遮盖冠毛。冠毛量杯状，高2mm；冠毛膜片线形，边缘糙毛状，中部以下结合。花期7~8月，果熟期8~9月。

河南产于伏牛山卢氏小沟河、熊耳山、淇河；生于山坡灌丛、草地。分布于山东（崂山等）；日本、朝鲜也有分布。

8. 蓟属 *Cirsium* Mill.

《河南植物志（第三册）》记载7种。本书增补2种。

（1）牛口蓟 *Cirsium shansiense* Petr.

[*Cirsium chinense* var. *australe* Diels;
Cirsium lineare f. *incisolobatum* Kitam.；
Cirsium lineare var. *intermedium*（Pamp.）Petr.；
Cirsium lineare var. *rigidum* Petr.；
Cirsium lineare var. *spatulatum* Petr.；
Cirsium lineare var. *tenii* Petr.；
Cirsium lineare f. *vestitum* Kitam.；
Cirsium lineare var. *yunnanense* Petr.；
Cirsium wallichii var. *intermedium* Pamp.；
Cnicus chinensis（Gardner. & Champ.）C. B. Clarke]

牛口蓟 *Cirsium shansiense* Petr.
植株上部

多年生草本，高0.3~1.5m。根直伸，直径可达2cm。

茎直立，上部分枝或有时不分枝，全部茎枝有条棱，或全部茎枝被多细胞长节毛或多细胞长节毛和绒毛兼而有之，但通常中部以上有稠密的绒毛。中部茎叶卵形、披针形、长椭圆形、椭圆形或线状长椭圆形，长 5~14cm，宽 1~6cm，羽状浅裂、半裂或深裂，基部渐狭，有长柄或短柄，或无柄，基部扩大抱茎；侧裂片 3~6 对，偏斜三角形或偏斜半椭圆形，中部侧裂片较大，全部侧裂片不等大 2 齿裂；顶裂片长三角形、宽线形或长线形，宽 0. 5~1. 5cm；全部裂片顶端或齿裂顶端及边缘有针刺，裂片顶端或齿裂顶端针刺较长，长 3~6mm，齿缘及裂片边缘较短，紧贴叶缘或平展；自中部叶向上的叶渐小，与中部茎叶同形并等分裂并具有等样的齿裂，或叶不裂，基部渐狭，有叶柄或无叶柄。全部茎叶两面异色，上面绿色，被多细胞长或短节毛，下面灰白色，被密厚的绒毛。头状花序多数在茎枝顶端排成明显或不明显的伞房花序，少有头状花序单生茎顶而植株仅含 1 个头状花序。总苞卵形或卵球形，无毛，直径20~25mm。总苞片 7 层，覆瓦状排列，向内层逐渐加长，最外层长三角形，宽近 1mm，包括顶端针刺长 7mm，顶端渐尖成针刺，针刺长 2mm，外层三角状披针形或卵状披针形，宽 2~3mm，包括顶端针刺长 8~10mm，顶端有长约 1mm 的短针刺，中外层顶端针刺贴伏或开展；内层及最内层披针形或宽线形，长 12~17mm，宽 1. 2~3mm，顶端膜质扩大，红色。全部苞片外面有黑色黏腺。小花粉红色或紫色，长 18mm，檐部长近 10mm，不等 5 深裂，细管部长 8mm。瘦果偏斜椭圆状倒卵形，长 4mm，宽 2mm，顶偏截形。冠毛浅褐色，多层，基部连合成环，整体脱落。冠毛长羽毛状，长 15mm，向顶端渐细。花期 7~9 月，果熟期 9~11 月。

产于河南大别山区的商城和新县，伏牛山区的西峡和南召，太行山区的济源和沁阳；生于山坡、山谷林下或灌木林下、草地。分布于青海、甘肃、陕西、山西、河北、安徽、湖北、湖南、四川、贵州、云南、广西和广东；印度及中南半岛均有分布。

（2）野蓟 *Cirsium maackii* Maxim.（彩版图 134）

［*Cirsium asperum* Nakai；

Cirsium japonicum var. *amurense* Kitam.；

Cirsium japonicum var. *maackii* Maxim.；

Cirsium japonicum var. *maackii*（Maxim.） Matsum.；

Cirsium japonicum subsp. *maackii*（Maxim.） Nakai；

Cirsium japonicum var. *ussuriense*（Regel） Kitam. ex Ohwi；

Cirsium litorale var. *ussuriense* Regel；

Cirsium maackii f. *albiflorum* W. Wang & C. Y. Li；

Cirsium maackii f. *koraiensis*（Nakai） Nakai；

Cirsium maackii f. *koreiense*（Nakai） Nakai；

Cirsium maackii var. *koreiense*（Nakai） Nakai；

Cnicus japonicus subsp. *maackii*（Maxim.） Nakai；

Cnicus japonicus var. *maackii*（Maxim.） Maxim.；

Cnicus maackii（Maxim.） Nakai；

Cnicus maackii var. *koraiensis* Nakai］

多年生草本，高 40~150cm，不定根可以发育成萝卜状的块根。茎直立，分枝或不分枝，被多细胞长或短节毛，上部或接头状花序，下部灰白色，有稠密的绒毛。基生叶和下部茎叶全形长椭圆形、披针形或披针状椭圆形，向下渐狭成翼柄，柄基有时扩大半抱茎，柄翼边缘三角形刺齿或针刺，包括翼柄长 20~25cm，宽 7~9cm，羽状半裂、深裂或几全裂，侧裂片 4~8 对，半长椭圆形，中部侧裂片较大，宽 1~2cm，全部侧裂片边缘具大型或小型三角形刺齿及缘毛状针刺，有时边缘刺齿裂度较深而使叶呈现近乎二回羽状态，刺齿顶端有针刺，针刺较长，长达 5mm，齿缘针刺及缘毛状针刺较短，长不足 1mm；向上的叶渐小，与下部及基生叶同形，等样分裂或不裂而边缘有刺齿，基部为扩大的耳状抱茎。全部叶两面异色，上面绿色，沿脉被稀疏的多细胞长或短节毛，下面灰色或浅灰色，被稀疏绒毛，或至少上部叶两面异色。头状花序单生茎端，或在茎枝顶端排成伞房花序。总苞钟状，直径 2cm。总苞片约 5 层，覆瓦状排列，外层及中层长三角状披针形至披针形，长 6~13mm，宽 2~2. 5mm，顶端急尖成短针刺，针刺长不足 0. 5mm，边缘有缘毛；内层及最内层披针形至线状披针形，长 13~23mm。全部苞片背面有黑色黏腺。小花紫红色，花冠长 24mm，檐部与细管部等长，5 裂不达檐部中部。瘦果淡黄色，偏斜倒披针状，长 4 mm，宽 1. 8mm，压扁，顶端截形。冠毛多层，白色，基部连合成环，整体脱落；冠毛刚毛长羽毛状，长达 20mm，内层顶端纺锤状扩大。花期 6~7 月，果熟期 7~9 月。

产于河南大别山区的商城和新县，太行山区的济源和沁阳；生于山坡草地、林缘、草甸。分布于黑龙江、吉林、辽宁、河北、山东、江苏、浙江、安徽、四川等省；俄罗斯远东地区及朝鲜也有分布。

9. 飞廉属 *Carduus* L.

《河南植物志（第三册）》记载 1 种。本书增补 1 种。

节毛飞廉 *Carduus acanthoides* L.

二年生或多年生草本，高 40~150cm。茎直立，有条棱，不分枝或最上部有极短或较长分枝，被稀疏的多细胞长节毛，上部或接头状花序下部有稀疏或较稠密的蛛丝状毛或蛛丝状绵毛。下部茎叶全形椭圆形、长椭圆形或倒披针形，长 5~18cm，宽 1~7cm，羽状深裂或半裂，侧裂片 7~12 对，偏斜半椭圆形、半长椭圆形、三角形或卵状三角形，边缘有大小不等的三角形或偏斜三角形刺齿，齿顶及齿缘被浅褐色或淡黄色的针刺，齿顶针刺较长，长达 3. 5mm，齿缘针刺较短，或下部茎叶不为羽状分裂，边缘大锯齿或重锯齿；中部茎叶与下部茎叶同形并等样分裂，但渐小，最上部茎叶线状倒披针形或宽线形；全部茎叶两面明显异色，上面绿色，有稀疏的多细胞长节毛，但沿中脉的毛较多，下面灰绿色或浅灰白色，被蛛丝状薄绵毛，沿脉有较多的多细胞长节毛，基部渐狭，两侧沿茎下延成茎翼。茎翼边缘齿裂，齿顶及齿缘有黄白色或浅褐色的针刺，针刺长 2~3mm，极少长达 5mm，上部或接头状花序下部的茎翼常为针刺状。头状花序梗极短，通常 3~5 个集生于分枝顶端或茎端，或头状花序单生分枝顶端，形成不明显的伞房花序。总苞卵圆形，直径 1. 5~2（~2. 5）cm。总苞片多层，覆瓦状排

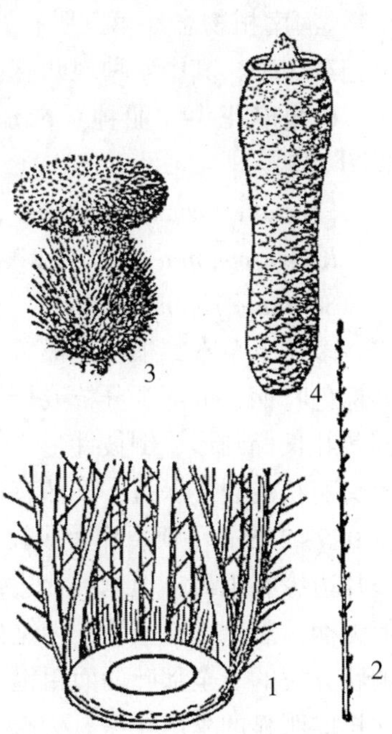

节毛飞廉 *Carduns acanthoides* L.
1. 冠毛基部 2. 单根冠毛
3. 刚毛 4. 瘦果

列，向内层渐长；最外层长三角形，长约 3mm，宽约 0.7mm；中内层苞片钻状长三角形或钻状披针形或披针形，长 4~13mm，宽 0.9~2mm；最内层苞片线状披针形，长 15mm，宽不及 1mm；中外层顶端针刺状短渐尖或尖头，最内层及近最内层顶端长渐尖，无针刺。全部苞片无毛或被稀疏的蛛丝毛。小花红色或紫色，长 15mm，檐部长 8mm，5 深裂，裂片线形，长达 6mm，细管部长 7mm。瘦果稍压扁，楔状椭圆形，长约 4mm，有明显的横皱纹，基底着生面平，顶端斜截形，有果缘，果缘软骨质，边缘全缘，无锯齿。冠毛多层，白色或污白色，不等长，向内层渐长，冠毛刚毛锯齿状，长达 15mm，顶端扁平扩大，基部连合成环，整体脱落。花期 5~6 月，果熟期 6~7 月。

产于河南各山区；生于山坡、草地、林缘、灌丛中或山谷、山沟、水边、田间等处。其他省区均有分布；欧洲、北美洲、俄罗斯（西伯利亚、中亚）、蒙古、朝鲜都有分布。它是一种田间杂草，也是一种优良的蜜源植物。

以往河南均将本种鉴定为飞廉 *Carduus nutans* L.，主要区别为：后者叶两面同色，绿色，沿叶脉仅有多细胞长节毛，下面并无蛛丝状薄绵毛。

10. 麻花头属 *Klasea* Cass.（新增属）

《河南植物志（第三册）》702~705 页在伪泥胡菜属（原也称麻花头属）*Serratula* L. 下记载 5 种，其中 4 种现归麻花头属 *Klasea* Cass.，另本书增补 1 亚种。

碗苞麻花头（亚种）*Klasea centauroides* subsp. *chanetii*（H. Lév.）L. Martins（彩版图 135）

[*Serratula chanetii* H. Lév.;

Klasea potanini（Iliin）Kitag.;

Serratula potanini Iljin]

多年生草本，根状茎极短。茎簇生或单生，高 40~100cm，基部被残存的纤维状撕裂的棕色叶柄，上部少分枝或分枝多数，极少不分枝，全部茎枝被多细胞节毛。基生叶及下部茎叶长椭圆形、倒披针形、倒卵形或披针状椭圆形，长 10~21cm，宽 4~9cm，羽状或大头羽状浅裂或深裂，下部有长 2.5~9cm 的叶柄；侧裂片 6~10 对，椭圆形或半椭圆形，宽 0.5~2.5cm，顶裂片大或较大或与侧裂片几等大，卵形、菱形、椭圆形或长卵形，全部裂片边缘有锯齿，但侧裂片边缘少锯齿；中部茎叶与基生叶及下部茎叶同形并等样分裂，但无柄，裂片边缘全缘，无锯齿或几无锯齿；上部的叶不裂，宽线形或线形，少有 3~5 羽状分裂的。全部叶两面粗糙，两面沿脉有多细胞节毛。头状 3~6（~12）个，在茎枝顶端排成明显的伞房花序，少有植株含 1 个头状花序而单生茎顶的；花序梗长，裸露，几无叶。总苞碗状，上部无收缢，直径 2~3（~3.5）cm。总苞片 7~8 层，外层三角形、卵形或卵状披针形，长 3~5.5mm，宽 2~3mm；中层椭圆状披针形，长 7~10mm，宽约 3mm；内层及最内层线状披针形至线形，长 12~18mm，宽 1~1.5mm。全部苞片边缘白色狭膜质，中内层顶端急尖，有长不足 1mm 的针刺或刺尖，内层上部淡黄色，硬膜质。全部小花两性，花冠紫色或粉红色，长 2.4cm，细管部长 1cm，檐部长 1.4cm，花冠裂片长 8mm。瘦果楔状长椭圆形，黄白色，长 5mm，宽 2mm，有 4 条肋棱，顶端截形。冠毛淡黄白色，长达 10mm；冠毛刚毛糙毛状，分散脱落。花果期 5~7 月，果熟期 7~8 月。

河南产于伏牛山和太行山；生于山坡草地、林下、荒地与田间。分布于河北、山西、陕西、山东、安徽、内蒙古及甘肃；蒙古也有分布。

11. 豚草属 *Ambrosia* L. （新增属）

一年或多年生草本；茎直立；叶互生或对生，全缘或浅裂，或 1~3 次羽状细裂。头状花序小，单性，雌雄同株；雄头状花序无花序梗或有短花序梗，在枝端密集成无叶的穗状或总状花序；雌头状花序，无花序梗，在上部叶腋单生或密集成团伞状。雄头状花序有多数不育的两性花。总苞宽半球状或碟状；总苞片 5~12 枚，基部结合；花托稍平，托片丝状或几无托片。不育花花冠整齐，有短管部，上部钟状，上端 5 裂。花药近分离，基部钝，近全缘，上端有披针形具内屈尖端的附片。花柱不裂，顶端膨大成画笔状。雌头状花序有 1 个无被能育的雌花。总苞有结合的总苞片，闭合，倒卵形或近球形，背面在顶部以下有 1 层 4~8 枚瘤或刺，顶端紧缩成围裹花柱的嘴部。花冠不存在。花柱 2 深裂，上端从总苞的嘴部外露。瘦果倒卵形，无毛，藏于坚硬的总苞中。植物全部有腺，有芳香或树脂气味，风媒。本属在美洲有亚灌木或灌木。

本属有数十种，分布于美洲的北部、中部和南部。中国有 2 个外来的驯化种，都隶属于豚草组（Sect. Ambrosia. ——Sect. Euambrosia Torr. et Gray，in Fl. North. Amer. II，290）。组的特征是：雄头状花序多少有花序梗；花托有丝状托片或无托片；总苞整齐，边缘有齿或近全缘；包裹瘦果的总苞近球形或卵形。河南有 1 种。

豚草 *Ambrosia artemisiifolia* L.

［*Ambrosia artemisiifolia* var. *elatior*（L.）Descourt.；

Ambrosia elatior L.］

一年生草本，高 20~150cm；茎直立，上部有圆锥状分枝，有棱，被疏生密糙毛。下部叶对生，具短叶柄，2 次羽状分裂，裂片狭小，长圆形至倒披针形，全缘，有明显的中脉，上面深绿色，被细短伏毛或近无毛，背面灰绿色，被密短糙毛；上部叶互生，无柄，羽状分裂。雄头状花序半球形或卵形，直径 4~5mm，具短梗，下垂，在枝端密集成总状花序。总苞宽半球形或碟形；总苞片全部结合，无肋，边缘具波状圆齿，稍被糙伏毛。花托具刚毛状托片；每个头状花序有 10~15 朵不育的小花；花冠淡黄色，长 2mm，有短管部，上部钟状，有宽裂片；花药卵圆形；花柱不分裂，顶端膨大成画笔状。雌头状花序无花序梗，在雄头花序下面或在下部叶腋单生，或 2~3 个密集成团伞状，有 1 个无被能育的雌花，总苞闭合，具结合的总苞片，倒卵形或卵状长圆形，长 4~5mm，宽约 2mm，顶端有围裹花柱的圆锥状嘴部，在顶部以下有 4~6 个尖刺，稍被糙毛；花柱 2 深裂，丝状，伸出总苞的嘴部。瘦果倒卵形，无毛，藏于坚硬的总苞中。花期 8~9 月，果熟期 9~10 月。

豚草 *Ambrosia artemisiifolia* L.

原产于北美洲。河南鸡公山有栽培，现已成为野生状。在我国长江流域已驯化野生成为路旁杂草。

12. 蒲公英属 *Taraxacum* F. H. Wiggers

《河南植物志（第三册）》记载4种。本书增补1种。

白缘蒲公英 *Taraxacum platypecidum* Diels

多年生草本。根颈部有黑褐色残存叶柄。叶宽倒披针形或披针状倒披针形，长10~30cm，宽2~4cm，羽状分裂，每侧裂片5~8片，裂片三角形，全缘或有疏齿，侧裂片较大，三角形，疏被蛛丝状柔毛或几无毛。花葶1至数个，高达45cm，上部密被白色蛛丝状绵毛；头状花序大型，直径40~45mm；总苞宽钟状，长15~17mm，总苞片3~4层，先端有或无小角；外层总苞片宽卵形，中央有暗绿色宽带，边缘为宽白色膜质，上端粉红色，被疏睫毛，内层总苞片长圆状线形或线状披针形，长约为外层总苞片的2倍；舌状花黄色，边缘花舌片背面有紫红色条纹，花柱和柱头暗绿色，干时多少黑色。瘦果淡褐色，长约4mm，宽1~1.4mm，上部有刺状小瘤，顶端突然缢缩为圆锥至圆柱形的喙基，喙基长约1mm，喙纤细，长8~12mm；冠毛白色，长7~10mm。花期3~5月，果熟期5~6月。

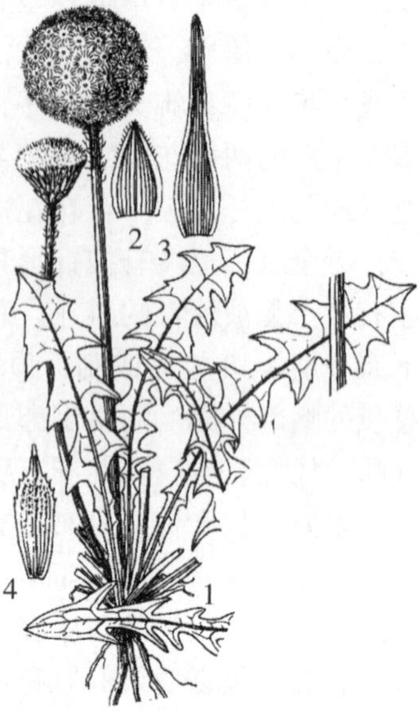

白缘蒲公英 *Taraxacum platypecidum* Diels.

1. 植株　2. 外层总苞片　3. 内层总苞片　4. 瘦果（余汉平　绘）

河南产于太行山和伏牛山；生于海拔1 500m以上的山坡草地或路旁。分布于黑龙江、吉林、辽宁、内蒙古、河北、山西、陕西、湖北、四川等省区；朝鲜、俄罗斯、日本也有分布。全草供药用，有清热解毒功效。

13. 鸦葱属 *Scorzonera* L.

《河南植物志（第三册）》记载3种。本书增补1种。

蒙古鸦葱 *Scorzonera mongolica* Maxim.

[*Scorzonera fengtienensis* Nakai；

Scorzonera mongolica var. *putjatae* C. Winkl.]

多年生草本，高5~35cm。根垂直直伸，圆柱状。茎多数，直立或铺散，上部有分枝，分枝少数，全部茎枝灰绿色，光滑，无毛；茎基部被褐色或淡黄色的鞘状残遗。基生叶长椭圆形或长椭圆状披针形或线状披针形，长2~10cm，宽0.4~1.1cm，顶端渐尖，基部渐狭成长或短柄，柄基鞘状扩大；茎生叶披针形、长披针形、椭圆形、长椭圆形或线

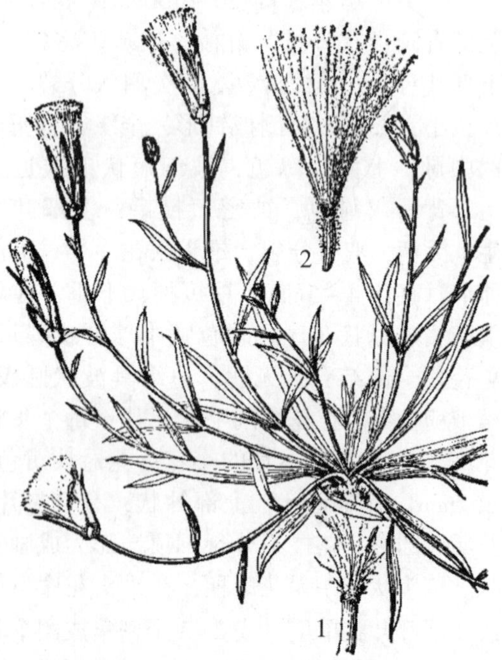

蒙古鸦葱 *Scorzonera mongolica* Maxim.

1. 植株　2. 瘦果及冠毛

状长椭圆形，与基生叶等宽或稍窄，顶端急尖或渐尖，基部楔形收窄，无柄，不扩大抱茎，互生，但茎常有对生的叶；全部叶质地厚，肉质，两面光滑无毛，灰绿色，离基 3 出脉，在两面不明显。头状花序单生于茎端，或茎生 2 个头状花序，成聚伞花序状排列，含 19 枚舌状小花。总苞狭圆柱状，宽约 0.6mm；总苞片 4~5 层，外层苞片小，卵形、宽卵形，长 3~5mm，宽 2~5mm，顶端急尖；中层苞片长椭圆形或披针形，长 12~18mm，宽 2.8~3.5mm，顶端钝或稍渐尖，内层线状披针形，长 20mm，宽 2mm。全部总苞片外面无毛或被蛛丝状柔毛。舌状小花黄色，偶见白色。瘦果圆柱状，长 5~7mm，淡黄色，有多数高起纵肋，无脊瘤，顶端被稀疏柔毛，成熟瘦果常无毛。冠毛白色，长 22mm，羽毛状，羽枝蛛丝毛状，纤细，仅顶端微锯齿状。花期 4~7 月，果熟期 7~8 月。

河南产于新乡、原阳、封丘、长垣等市县；生于盐碱地、河滩地等。分布于辽宁、河北、山西、陕西、宁夏、甘肃、青海、新疆、山东；哈萨克斯坦及蒙古也有分布。

14. 毛连属 *Picris* L.

《河南植物志（第三册）》记载 1 亚种，毛连菜 *Picris hieracioides* subsp. *japonica* (Thunb.) Krylov，有建议应为 *Picris hieracioides* Sibth. & Sm.。

本书另增补 1 种。

日本毛连菜 *Picris japonica* Thunb.（彩版图 136）

[*Picris hieracioides* var. *japonica* Regel;
Picris hieracioides subsp. *japonica* (Thunb.) Hand.-Mazz.;
Asteresquirolii H. Lév.;
Picris mairei H. Lév.]

多年生草本，高 30~120cm。根垂直直伸，有少数侧根。茎直立，有纵沟纹，基部有时稍带紫红色，上部伞房状或伞房圆锥状分枝，全部茎枝被稠密或稀疏的钩状硬毛，硬毛黑色或黑绿色。基生叶花期枯萎，脱落；下部茎叶倒披针形、椭圆状披针形或椭圆状倒披针形，长 12~20cm，宽 1~3cm，先端钝或急尖或渐尖，基部渐狭成有翼的长柄或短柄，边缘有细尖齿或钝齿，或边缘浅波状，两面被分叉的钩状硬毛；中部叶披针形，无柄，叶基部稍抱茎，两面被分叉的钩状硬毛；上部茎叶渐小，线状披针形，具有与中下部茎叶相同的毛被。头状花序多数，在茎枝顶端排成伞房花序或伞房圆锥花序，有线形苞叶。总苞圆柱状钟形，总苞片 3 层，黑绿色，外层线形，长 2.5~5mm，宽不足 1mm，先端渐尖，内层长圆状披针形或线状披针形，长 10~12mm，宽约 1.6mm，先端渐尖，边缘宽膜质，全部总苞片外面被黑色或近黑色的硬毛。舌状小花黄色，舌片基部被稀疏的短柔毛。瘦果椭圆状，长 3~5mm，棕褐色，有高起的纵肋，肋上及肋间有横皱纹。冠毛污白色，外层极短，糙毛状，内层长，羽毛状，长 7mm。花期 6~7 月，果熟期 7~10 月。

河南产于太行山和伏牛山；生于海拔 600~2 000m 的山坡草地、林缘或灌丛中。分布于黑龙江、吉林、辽宁、内蒙古、河北、山西、陕西、甘肃、青海、新疆、山东、安徽、四川、贵州、云南、西藏；日本及俄罗斯（东西伯利亚、远东地区）也有分布。全草入蒙药，具有清热、消肿及止痛作用；主治流感、乳痈。

15. 苦苣菜属 *Sonchus* L.

《河南植物志（第三册）》记载 3 种。本书增补 1 种。

长裂苦苣菜 ***Sonchus brachyotus* DC.（彩版图137）**

多年生草本，有匍匐茎。茎直立，高20~80cm，有细条纹，基部直径达6mm，上部有伞房状花序分枝，全部茎枝光滑无毛，但在头状花序下部有蛛丝状柔毛。基生叶与茎生叶同形，中下部茎叶灰绿色或青绿色，线形、长椭圆形、匙形、披针形或倒披针形或线状长椭圆形，长4~27cm，宽1~4cm，顶端急尖或钝，基部渐狭，无柄，边缘全缘或有刺尖或凹齿或浅齿，两面光滑无毛；向上的及最上部的及花序分叉处的叶渐小，与中下部茎叶同形。头状花序少数或多数在茎枝顶端排成伞房花序。总苞钟状，长1~1.5cm，宽1.5~2cm；总苞片3~4层，外层苞片披针形或三角形，长3~5mm，宽1.5mm，中内层苞片渐长，长披针形或长椭圆状披针形，长12~14mm，宽约2mm，全部总苞片顶端急尖或钝，外面光滑无毛。全部舌状小花多数，黄色或淡黄色。瘦果椭圆形，暗褐色，长3.8mm，宽1.5mm，压扁三棱形，每面有5条高起的纵肋，中间的1条增粗，肋间有横皱纹。冠毛单毛状，白色，长9mm，彼此纠缠。花期5~7月，果熟期7~9月。

河南产于太行山和伏牛山；生于海拔300~2 000m的山坡草地、水田湿地或田边。分布于黑龙江、辽宁、吉林、内蒙古、河北、山西、陕西、宁夏、甘肃、青海、新疆、湖南、四川、云南、西藏；伊朗、印度北部、东地中海地区、高加索地区及乌兹别克斯坦均有分布。

16. 莴苣属 ***Lactuca* L.**

《河南植物志（第三册）》记载7种（含1栽培种），5变种（含3栽培变种）。本书除修订外，增补1种。

野莴苣 ***Lactuca serriola* L.**

[*Lactuca altaica* Fisch. & C. A. Mey.;
Lactuca scariola L.]

野莴苣 *Lactuca serriola* L.
1. 植株下部　2. 植株上部　3. 单性花　4. 瘦果及冠毛

一年生草本，高50~80cm。茎单生，直立，无毛或有时有白色茎刺，上部圆锥状花序分枝或自基部分枝。中下部茎叶倒披针形或长椭圆形，长3~7.5cm，宽1~4.5cm，倒向羽状或羽状浅裂、半裂或深裂，有时茎叶不裂，宽线形，无柄，基部箭头状抱茎，顶裂片与侧裂片等大，三角状卵形或菱形，或侧裂片集中在叶的下部或基部而顶裂片较长，宽线形，侧裂片3~6对，镰刀形、三角状镰刀形或卵状镰刀形，最下部茎叶及接圆锥花序下部的叶与中下部茎叶同形或披针形、线状披针形或线形，全部叶或裂片边缘有细齿或刺齿或细刺或全缘，下面沿中脉有刺毛，刺毛黄色。头状花序多数，在茎枝顶端排成圆锥状花序。总苞果期卵球形，长12mm，宽约6mm；总苞片约5层，外层及最外层小，长1~2mm，宽可达约1mm，中内层披针形，长7~12mm，宽至2mm，全部总苞片顶端急尖，外面无毛。舌状小花15~25朵，黄色。瘦果倒披针形，长3.5mm，宽1.3mm，压扁，浅褐色，上部有稀疏的上指的短糙毛，每面有8~10条高起的细肋，顶端急尖成细丝状的喙，喙长 5mm。冠毛白色，微锯齿状，长 6mm。花期 6~7 月，果熟期 7~8 月。

河南产于灵宝故县及郑州邙山黄河滩；生于荒地、路旁、河滩。分布于新疆；欧洲、俄罗斯（欧洲部分、西伯利亚）、高加索地区、伊朗、哈萨克斯坦、乌兹别克斯坦、印度北部及蒙古均有分布。在西安植物园有栽培；据 Handel-Mazzettii（Sym. Sin. 7：1181，1936）记载，在云南昆明有分布，估计也可能是栽培的。

17. 苦荬菜属 *Ixeris*（Cass.）Cass.

《河南植物志（第三册）》记载 6 种。本书除修订外，增补 1 种。

剪刀股 *Ixeris japonica*（Burm. f.）Nakai

［*Barkhausia repens*（Lour.）Spreng.；

Chondrilla debilis（Thunb.）Poir.；

Ixeris debilis（Thunb.）A. Gray；

Ixeris debilis f. *sinuata* Franch. & Sav.；

Ixeris japonica f. *dissecta* Nakai；

Ixeris japonica f. *integra*（Kuntze）Nakai；

Ixeris japonica var. *litoralis*（Kitam.）H. L. Li；

Lactuca debilis var. *integra* Kuntze；

Lapsana japonica Burm. f.；

Picris repens Lour.；

Youngia debilis（Thunb.）DC.］

剪刀股 *Ixeris japonica*（Burm. f.）Nakai
1. 植株 2. 单性花及幼果 3. 瘦果及冠毛

多年生草本。根垂直直伸，生多数须根。茎基部平卧，高 12~35cm，基部有匍匐茎，节上生不定根与叶。基生叶花期生存，匙状倒披针形或舌形，长 3~11cm，宽 1~2cm，基部渐狭成具狭翼的长或短柄，边缘有锯齿、羽状半裂或深裂或大头羽状半裂或深裂，侧裂片 1~3 对，集中在叶片的中下部，偏斜三角形或椭圆形，顶端急尖或钝，顶裂片椭圆形、长倒卵形或长椭圆形，顶端钝或圆形，有小尖头；茎生叶少数，与基生叶同形，或长椭圆形或长倒披针形，无柄或渐狭成短柄；花序分枝上或花序梗上的叶极小，卵形。头状花序 1~6 个在茎枝顶端排成伞房花序。总苞钟状，长 14mm，宽约 7mm；总苞片 2~3 层，外层苞片极短，卵形，长 2mm，宽 1.2mm，顶端急尖，内层苞片长，长椭圆状披针形或长披针形，长 14mm，宽 2mm，顶端钝，外面顶端有小鸡冠状突起或无小鸡冠状突起。舌状小花 24 朵，黄色。瘦果褐色，几纺锤形，长 5mm，宽 1mm，无毛，有 10 条高起的尖翅肋，顶端急尖成细喙，喙长 2mm，细丝状。冠毛白色，纤细，不等长，微糙，长 6.5mm。花期 3~4 月，果熟期 4~5 月。

河南产于郑州市郊、中牟、新郑、密县；生于路边潮湿地及田边。分布于东北地区、浙江、福建、广东；日本、朝鲜也有分布。

18. 联毛紫菀属 *Symphyotrichum* Nees（新增属）

一年生或多年生草本。茎直立或斜升，常自基部分枝和有总状圆锥状的短枝，叶互生，全缘或具齿；头状花序具异型花，盘状，多数或较多数排成总状或总状圆锥花序，稀单生或数个生于上部叶腋；总苞半球状，总苞片草质，2~3层，线形或线状披针形，不等长，外层常叶质，绿色，边缘具狭膜质或具粗缘毛；花托平，无毛，多少具窝孔；花全部结实，外围的雌花多数，1至数层，花冠管状，管部短于花柱顶端斜切，具微毛，无舌片，或舌状，具极细的舌片，明显超出花柱；中央的两性花，常短于冠毛，花冠管状，上端具5齿裂。花柱分枝披针形，顶端尖；花药基部钝，全缘；瘦果倒卵形或长圆形，扁压，基部缩小，被贴伏微毛；冠毛白色或污白色，2层，糙毛状，外层极短。

本属约90种。分布于亚洲、欧洲、北美洲和南美洲。中国3种（包括引进2种）。河南有2种（含1引进种）。

《河南植物志（第三册）》591~592页在短星菊属（现作为联毛紫菀属的异名）下记载1种。本书另增加1种（引进归化）。

钻叶紫菀 *Symphyotrichum subulatum*（Michx.） G. L. Nesom（彩版图138）

[*Aster subulatus* Michx.]

多年生草本，高25~80cm。茎基部略带红色，上部有分枝。叶互生，无柄；基部叶倒披针形，花期凋落；中部叶线状披针形，长6~10cm，宽0.5~1cm，先端尖或钝，全缘，上部叶渐狭线形。头状花序顶生，排成圆锥花序；总苞钟状；总苞片3~4层，外层较短，内层较长，线状钻形，无毛，背面绿色，先端略带红色；舌状花细狭、小，红色；管状花多数，短于冠毛。瘦果略有毛。花期9~11月。

原产于北美洲。河南见于郑州、汲县、开封；生于田野、荒地、沟边、路旁。我国云南、贵州、江西、浙江等省均有逸生、归化。

19. 紫菀属 *Aster* L.

《河南植物志（第三册）》记载11种，3变种。本书除修订外，增补1种。

甘川紫菀 *Aster smithianus* Hand. -Mazz.

[*Aster smithianus* var. *pilosior* Hand. -Mazz.；
Kalimeris smithiana（Hand. -Mazz.） S. Y. Hu.]

木质草本或亚灌木。茎直立，高60~150cm，多分枝，下部粗壮，有浅沟，灰紫褐色，被多少贴伏的微柔毛，下部有较密的叶和发育的腋芽。下部叶在花期枯落；中部叶狭卵圆形或披针形，长5~10cm，宽1~2cm，基部狭或近圆形，顶端尖，全缘，稀中部以上有浅锯齿，上部叶渐小，卵圆状或线状披针形；全部叶两面被极密而稍贴伏的微柔毛，下面有腺点，且常在脉上被粗毛，中脉在下面突起，离基三出脉，2~4对细侧脉。头状花序多数，直径1.5~2.5cm，排列成伞房状，花序梗长达4cm，有渐转为总苞片的苞叶。总苞半球形，长4~6mm，宽6~9mm；总苞片2~3层，外层长圆状或匙状线形，长约3.5mm，宽几达1mm，顶端钝或尖，草质，密被微柔毛，内层卵圆披针形，下部革质，长4.5~5mm，宽

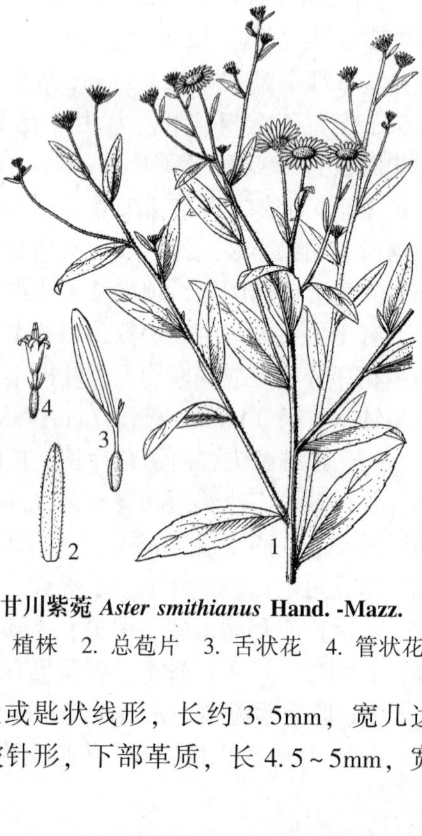

甘川紫菀 *Aster smithianus* Hand. -Mazz.
1. 植株 2. 总苞片 3. 舌状花 4. 管状花

1.2mm，上部被密微毛，常有短缘毛。舌状花约 30 朵，管部长 1.5mm，舌片白色或浅紫红色，长 6~10mm，宽 1~2mm。管状花长约 4mm，管部长 1mm，裂片长约 1mm，外面常有疏短毛；花柱附片长 0.5mm。冠毛白色或稍红色，有少数约与花冠管部等长的微糙毛，舌状花常无冠毛。瘦果倒卵圆形，黑色稍扁，长 2~2.5mm，宽 1~1.5mm，一面有肋，被密伏毛。花期 8~10 月，果熟期 9~10 月。

河南仅见于伏牛山区的内乡宝天曼；生于山坡、沟谷、草地。分布于甘肃南部、四川西部、云南西北部。此种由于具木质多枝的茎，被密微柔毛的茎和叶，短而较少的冠毛及舌状花常无冠毛等特征，极易与本属的其他种区别。

20. 菊属 *Chrysanthemum* L.

《河南植物志（第三册）》在茼蒿属 *Chrysanthemum* L. 下记载 1 种，在菊属 *Dendranthema*（*Candolle*）Des Moul. 下记载 8 种，1 变种。除全部修订外，本书增补 2 种，1 变种。

（1）委陵菊 *Chrysanthemum potentilloides* Hand. -Mazz.

[*Dendranthema potentilloides*（Hand. -Mazz.）C. Shih]

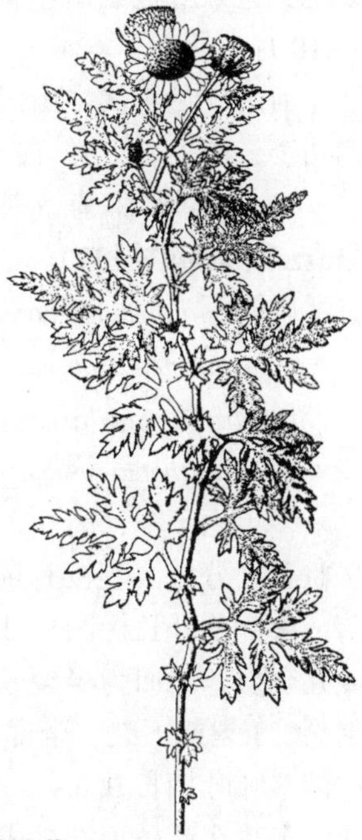

委陵菊 *Chrysanthemum potentilloides* Hand. -Mazz.
植株上部

多年生草本，高 30~70cm。有地下匍匐茎。茎直立，或基部弯曲，粗壮，而且有粗壮分枝。全部茎枝灰白色，被稠密厚实的贴伏的短柔毛。基生叶及下部茎叶花期脱落。中部茎叶宽卵形、卵形、宽三角状卵形，长 1.5~3cm，宽 2~3.5cm。二回羽状分裂。一回为全裂，侧裂片 2 对；二回为半裂、深裂、浅裂。二回裂片椭圆形，宽 2.5~3mm，边缘有锯齿。上部叶渐小，与中部茎叶同形且等样分裂。全部叶两面异色，上面绿色或灰绿色，被稀疏短柔毛，下面灰白色，被稠密厚实的贴伏短柔毛，柄基有抱茎分裂的叶耳。头状花序直径 1.5~2cm，通常 8~10 个在茎枝顶端排成伞房花序或更多排成复伞房花序。总苞碟状，直径 1~1.5cm。总苞片 4 层，外层线形或线状倒披针形，长 5mm，顶端圆形膜质扩大；中层椭圆形，长 6~7mm，内层短，长约 5mm。全部苞片外面被稠密短柔毛，边缘白色或褐色膜质。舌状花黄色，舌片长 8~10mm，顶端 2~3 微齿。花期 7~9 月。

河南见于太行山区的沁阳和辉县；生于低山丘陵地。分布于山西南部、陕西东部至西北部。

（2）拟亚菊 *Chrysanthemum glabriusculum*（W. W. Sm.）Hand. -Mazz.

[*Dendranthema glabriusculum*（W. W. Sm.）Shih；
Chrysanthemum brachyglossum Y. Ling；
Tanacetum glabriusculum W. W. Sm.]

多年生草本，高 60~80cm。茎直立，自中部分枝，分枝开展。茎枝全部被短柔毛，中上部以上的毛稠密，中下部稀毛或无毛。中部茎叶全形卵形、倒卵形或椭圆形，长 2.5~6cm，宽 1.5~3cm，二回羽状分裂。一回全裂、几全裂或深裂，侧裂片 2 对。二回为深裂或半裂。末回裂片披针形或长斜三角形，宽 1.5~3mm。上部叶与中部茎叶同形，但较小，羽状浅裂、半裂或深裂。中部茎叶叶柄长 2~3cm。全部叶两面异色，上面绿色或淡绿色，稀毛或几无毛，下面灰白色，被稠密厚实的贴伏短柔毛。头状花序多数在茎枝顶端排成复伞房花序。总苞钟状，直径5~10mm。总苞片4层，外层披针形或三角状披针形，长2~3mm；中内层长椭圆形，长4~5.5mm。全部苞片沿中脉或仅基部或仅外层外面被稀疏短柔毛，边缘褐色或白色膜质。舌状花舌片长1~2.5mm，黄色，顶端2~3齿或全缘。花期9~10月。

河南仅见于伏牛山区的栾川老君山；生于海拔1 500~2 000m的山坡。分布于陕西、四川、云南。

（3）毛叶甘菊（变种）*Chrysanthemum lavandulifolium* var. *tomentellum* Hand.-Mazz.（彩版图139）

［*Chrysanthemum boreale* var. *tomentellum*（Hand.-Mazz.）Kitam.；

Dendranthema boreale var. *tomentellum*（Hand.-Mazz.）Kitam.；

Dendranthema lavandulifolium var. *tomentellum*（Hand.-Mazz.）Y. Ling & C. Shih；

Dendranthema seticuspe var. *tomentellum*（Hand.-Mazz.）Kitam.；］

多年生草本，高0.3~1.5m，有地下匍匐茎。茎直立，自中部以上多分枝或仅上部伞房状花序分枝。茎枝有稀疏的柔毛，但上部及花序梗上的毛稍多。基部和下部叶花期脱落。中部茎叶长椭圆形或长卵形，长2~5cm，宽1.5~4.5cm。二回羽状分裂，一回全裂或几全裂，二回为半裂或浅裂。一回侧裂片2~3（4）对。最上部的叶或接花序下部的叶羽裂、3裂或不裂。全部叶两面同色或几同色，上面几无毛，下面被稠密的长或短柔毛；中部茎叶叶柄长0.5~1cm，柄基有分裂的叶耳或无耳。头状花序直径10~15（20）mm，通常多数在茎枝顶端排成疏松或稍紧密的复伞房花序。总苞碟形，直径5~7mm。总苞片约5层。外层线形或线状长圆形，长2.5mm，无毛或有稀柔毛；中内层卵形、长椭圆形至倒披针形，全部苞片顶端圆形，边缘白色或浅褐色膜质。舌状花黄色，舌片椭圆形，长5~7.5mm，端全缘或2~3个不明显的齿裂。瘦果长1.2~1.5mm。花果期5~11月。

河南产于伏牛山区嵩县的上寺和卢氏的熊耳山；生于山坡。分布于江苏、浙江、台湾、云南。

21. 线叶菊属 *Filifolium* Kitam.（新增属）

多年生草本，茎基部残留厚密的纤维状叶鞘。基生叶莲座状，茎生叶互生，羽状全裂，末次裂片丝形。头状花序盘状，在茎枝顶端排成伞房花序，边花雌性，1层，能育；盘花两性，通常不育；总苞半球形；总苞片3层，覆瓦状排列，无毛，卵形至宽卵形，边缘膜质，背部厚硬。花托稍突起，蜂窝状。雌花花冠扁筒状，顶端稍收狭，2~4裂；两性花花冠筒状，顶端5裂，无狭管部。花柱2裂，顶端截形，花药基部钝，顶端有三角形附片。瘦果球状倒卵形，稍压扁，腹面有2条纹，无冠状冠毛。

本属1种，分布于中国、蒙古、韩国、日本、俄罗斯（西伯利亚）。河南也产。

线叶菊 *Filifolium sibiricum*（L.）Kitam.

［*Tanacetum sibiricum* L.；

Artemisia sibirica（L.）Maxim.；

Chrysanthemum trinioides Hand.-Mazz.］

多年生草本；根粗壮，直伸，木质化。茎丛生，密集，基部具密厚的纤维鞘，高20~60cm，不分枝或上部稍分枝，分枝斜升，无毛，有条纹。基生叶有长柄，倒卵形或矩圆形，长 20cm，宽 5~6cm，茎生叶较小，互生，全部叶二至三回羽状全裂；末次裂片丝形，长达 4cm，宽达 1mm，无毛，有白色乳头状小突起。头状花序在茎枝顶端排成伞房花序，花梗长 1~11mm；总苞球形或半球形，直径 4~5mm，无毛；总苞片 3 层，卵形至宽卵形，边缘膜质，顶端圆形，背部厚硬，黄褐色。边花约 6 朵，花冠筒状，压扁，顶端稍狭，具 2~4 齿，有腺点。盘花多数，花冠管状，黄色，长约 2. 5mm，顶端 5 裂齿，下部无狭管。瘦果倒卵形或椭圆形稍压扁，黑色，无毛，腹面有 2 条纹。花果期 6~9 月。

河南见于太行山；生于 1 300m 以上的山坡草地。分布于黑龙江、吉林、辽宁、内蒙古、河北、山西；韩国、日本、蒙古、俄罗斯（西伯利亚）也有分布。

22. 鼠麴草属 *Gnaphalium* L.

《河南植物志（第三册）》604~607 页记载 5 种，其中 4 种并入拟鼠麴草属 *Pseudognaphalium* Kirp.，本书另增补 1 种。

多茎鼠麴草 *Gnaphalium polycaulon* Pers.

[*Gnaphalium multicaule* Willd.]

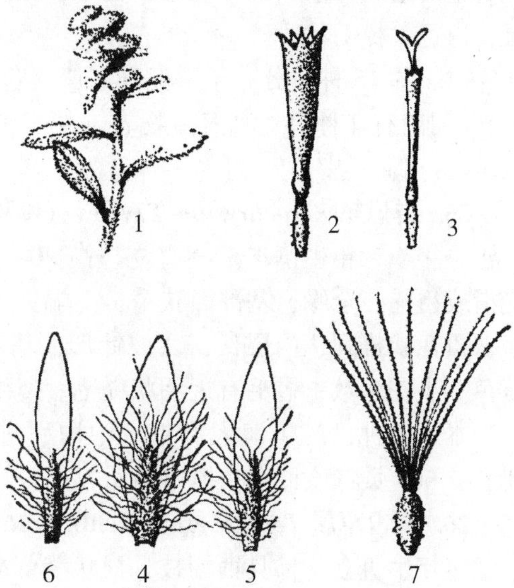

多茎鼠麴草 *Gnaphaliun polycaulon* Pers.

1. 花枝 2. 两性花 3. 雌花 4. 外层总苞片
5、6. 内层总苞片 7. 瘦果及冠毛

一年生草本。茎多分枝，下部匍匐或斜升，高 10~25cm，基部直径 1~2mm，具纵细纹，密被白色绵毛或基部有时多少脱毛，节间较短，长 1~1. 5cm。下部叶倒披针形，长 2~4cm，宽 4~8mm，基部长渐狭，下延，无柄，顶端通常短尖，全缘或有时微波状，两面被白色绵毛或上面有时多少脱毛；中部和上部的叶较小，倒卵状长圆形或匙状长圆形，长 1~2cm，宽 2~4mm，向下渐长狭，顶端具短尖头或中脉延伸成刺尖状。头状花序多数，长 2~3mm，直径 2~2. 5mm，在茎枝顶端密集成穗状花序；总苞卵形，宽近 2mm；总苞片 2 层，麦秆黄色或污黄色，膜质，外层长圆状披针形，长约 2mm，顶端短尖，背面中部以下沿脊有淡红色条状增厚，被绵毛，内层线形，几与外层等长，顶端尖，基部稍弯曲，背面被疏毛或几无毛；花托干时平或仅于中央稍凹入，无毛。雌花多数，花冠丝状，长约 1. 5mm，顶端 3 齿裂。两性花少数，花冠管状，长约 1. 5mm，向上渐扩大，檐部 5 浅裂，裂片顶端尖，无毛。瘦果圆柱形，长约 0. 5mm，具乳头状突起。冠毛绢毛状，污白色，基部分离，易脱落，长约 1. 5mm。花期 1~4 月。

河南见于大别山区的商城金刚台和桐柏山区的桐柏太白顶；生于潮湿山坡、草地、荒地。分布于福建、浙江、广东、云南、贵州、海南、台湾；泰国、印度、日本、巴基斯坦、澳大利亚以及热带和亚热带非洲、热带美洲均有分布。

23. 拟鼠麴草属 *Pseudognaphalium* Kirp.（新增属）

草本，一年生或多年生。叶互生，扁平、全缘，两面被绒毛。头状花序单生或几个在一起。叶子纸质，棕色；完整不分裂。花盘扁平。外面的小花紫色，丝状。中央小花两性，紫色。花药具扁平附属物。花柱的分枝截短，顶端有毛。瘦果长圆形，具短双冠毛。

冠毛粗壮，分离。

本属约80种，全世界分布。中国有6种，河南有4种。《河南植物志（第三册）》604~606页将该4种记载在鼠麹草属 *Gnaphalium* L. 下。

24. 假还阳参属 *Crepidiastrum* Nakai（新增属，栽培）

半灌木或多年生草本。茎生叶集中于枝端或互生，基生叶莲座状，全部叶不分裂或羽状浅裂，有叶柄。头状花序同型，舌状，含多数舌状小花，多数头状花序排成伞房状花序。总苞圆柱状；总苞片2~3层，外层最短，3~5枚，内层最长，长5~8mm，不成覆瓦状排列。花托平，无托毛。舌状小花黄色或白色，舌片顶端截形，5齿裂；花柱分枝细长，花药基部附属物箭头形。瘦果圆柱形，微扁，有10条高起纵肋，顶端截形，无喙。冠毛1层，白色，糙毛状。

本属约15种，分布于中亚和东亚（包括北太平洋小笠原群岛）。中国9种（含2特有种）。河南有2种。《河南植物志（第三册）》732~733页将该2种列在苦荬菜属 *Ixeris*（Cass.）Cass. 中。

25. 蜡菊属 *Xerochrysum* Tzvelev（新增属，栽培）

一年或二年生草本。茎直立，高20~120cm，分枝直立或斜升。叶长披针形至线形，光滑或粗糙，全缘，基部渐狭窄，上端尖，主脉明显。头状花序单生于枝端。总苞片外层短，覆瓦状排列，内层长，宽披针形，基部厚，顶端渐尖，有光泽，黄色或白色、红色、紫色。小花多数；冠毛有近羽状糙毛。瘦果无毛。

本属6种，产于澳大利亚。中国引进1种。河南也有引进。《河南植物志（第三册）》607页将该种列在拟蜡菊属 *Helichrysum* Mill. 中。

26. 狗舌草属 *Tephroseris*（Rchb.）Rchb.（新增属）

多年生直立，稀具匍匐枝，根状茎草本，或稀二年生或一年生，具纤维状根。茎具茎生叶，近葶状或稀葶状，常被蛛丝状绒毛（至少在幼时）。叶不分裂，互生，具柄或无柄，基生及茎生，或稀多数或全部基生；基生叶莲座状，在花期生存或凋萎；叶片宽卵形至线状匙形，羽状脉，边缘具粗深波状锯齿至全缘，基部心形至楔状狭；叶柄无翅或具翅，基部扩大但无耳。头状花序通常少数至较多数，排列成顶生近伞形，简单或复伞房状聚伞花序，稀单生。小花异形，结实，辐射状，或有时同形，盘状（在同种中）；具花序梗。总苞无外层苞片，半球形，钟状或圆柱状钟形，花托平；总苞片草质，18~25层，线状披针形或披针形，通常具狭干膜质或膜质边缘。舌状花雌性，11~15朵，通常13朵，稀18或20~25朵；舌片黄色、黄色或紫红色，长圆形，稀线形或椭圆状长圆形，具4脉，顶端通常具3枚小齿；管状花多数，两性，花冠黄色，枯黄色或橘红色，有时染有紫色；檐部漏斗状或稀钟状；裂片5枚；花药线状长圆形或稀长圆形，基部通常具短耳，或钝至圆形，花药颈部狭圆柱形至圆柱形，略宽于花丝；细胞同形；花药内壁组织细胞壁增厚多数，极状及辐射状排列。花柱分枝顶端凸或极少呈截形，被少数，较短或短钝边生乳头状微毛。瘦果圆柱形，具肋，无毛或被疏至较密柔毛；表皮细胞光滑。冠毛细毛状，同形，白色或变红色，宿存。

本属约50种，分布于温带及极地欧亚地区，1种扩展至北美洲。我国14种（含4特有种）。河南有3种。《河南植物志（第三册）》664~665页将该3种列在千里光属 *Senecio* L. 中。

27. 合耳菊属 *Synotis* (C. B. Clarke) C. Jeffrey & Y. L. Chen (新增属)

直立或有时攀缘，或多少藤状多年生草本，灌木状草本或亚灌木。根状茎木质。茎在花期下部通常无叶，上部具叶或花序基部具莲座状叶。叶不分裂，具柄或无柄，有时基部有耳，宽卵状心形至狭长圆状披针形，通常不分裂，稀羽状分裂，边缘通常具尖锯齿或齿，羽状脉，稀离基三出脉。头状花序少数至多数，排成顶生，或腋生兼顶生，疏至密简单或复伞房花序，或排成狭至宽多数聚伞状圆锥花序，具异形小花，辐射状或盘状，或具同形小花，盘状，直立或斜升，具花序梗或有时近无梗。总苞钟状或圆柱状，具外层苞片；花托平；总苞片（2~）4~5 枚，或 7~8 枚，或 10~15 枚，离生，草质至革质，具干膜质边缘，边缘小花舌状或丝状，雌性，1~10（~20）朵或无，舌片黄色，明显或不明显，有时极小，（1~3）4（~6）条脉，顶端具 2~3（~5）细齿，稀无齿；管状花 1 朵至多数，两性，花冠黄色，有时淡黄色或乳白色；檐部漏斗状；裂片 5 枚。花药线状长圆形或线形，基部通常具明显的长为花药颈部 1/3 至 2 倍的尾，稀具长仅达颈部 1/4 的尾部；花药颈部杆状至近圆柱状，粗，向基部几不至明显增大，两侧具增大的基生细胞；花药内壁细胞壁增厚少数至多数，辐射状排列，细胞通常短。花柱分枝顶端截形或凸，两侧被短至长乳头状毛，中央有较长的束状乳头状毛。瘦果圆柱形，具肋，无毛，或稀被柔毛；表皮细胞几平滑，具条纹或乳头状突起。冠毛毛状，同形，白色，禾秆黄色或变红色。

本属约 54 种，除苍术叶合耳菊 *Synotis atractilifolia* (Ling) C. Jeffrey et Y. L. Chen 产于我国宁夏贺兰山外，全部种类均分布于中国至喜马拉雅地区。在中国已知有 43 种（含 30 特有种）。主要集中于西南部山区。河南有 1 种。《河南植物志（第三册）》666~667 页将该种列在千里光属 *Senecio* L. 中。

28. 须弥菊属 *Himalaiella* Raab-Straube (新增属)

草本，两年或多年生，很少无茎。茎通常密生叶或很少鳞片状。基生叶经常羽状分裂。花序头状茎端单生，或为总状，圆锥形聚生，通常下垂，有时直立，无梗或有梗，半球到钟状。叶片有时反折。花盘托通常密被硬毛。花冠红紫色、紫色、粉红色或白色，腺体点缀。花药中裂。瘦果黑色，2~5.5mm，四角或五角，无毛，起皱，鳞状或糜烂的顶端边缘形成明显的冠。刚毛雪白色、暗白色或褐色、黄褐色，基部合生成环状。

本属 13 种，分布于阿富汗、不丹、中国、印度（北部）、克什米尔地区、老挝、缅甸、尼泊尔、巴基斯坦、泰国（北部）、越南（北部）、伊朗及其他亚洲西南部国家。中国有 7 种（含 1 特有种）。河南有 1 种。《河南植物志（第三册）》691~692 页将该种列在风毛菊属 *Saussurea* DC. 中。

29. 蓝花矢车菊属 *Cyanus* Mill. (新增属，栽培)

草本，一年生或多年生。叶具网状绒毛，通常蔓延到茎上。头状花序异型，生在茎枝顶端。总苞卵球形。总苞片有各种各样的附属物。小花通常蓝色，很少白色、奶油色、粉红色或紫色；边缘小花通常无雄蕊，辐射状，极为膨大瘦果被长柔毛，基部具丛毛，顶端截形。冠毛 2 列，白色或褐色，外列冠毛与内列冠毛相似，但明显短于内层冠毛。

本属 25~30 种，分布于亚洲（东南部）、欧洲及地中海地区。中国引进栽培 1 种。河南也有引进。《河南植物志（第三册）》706 页将该种列在矢车菊属 *Centaurea* L. 中。

30. 珀菊属 *Amberboa* Vaillant (新增属，栽培)

一年生或二年生草本。茎直立，不分枝或分枝。叶不分裂，全缘或有锯齿，或羽状深裂，无毛至有毛，基生叶与下部茎叶有柄，中上部茎叶无柄，全部茎叶质地薄。头状花序中等大小，异型，含多数小花，单生茎顶，或植株含多数头状花序而生茎枝顶端。总苞卵形、碗形或半球形，无毛或被稀疏的蛛丝毛。总苞片多层，坚硬或几坚硬，覆瓦状排列，向内层渐长，中外层顶端钝，无膜质附属物，内层顶端有白色膜质附属物。花托平，有托毛。边花无性，1层，长于或等于中央的盘花，上部成扩大的檐部，檐部多裂，5~20裂，花冠中部多少有毛；盘花两性，花冠5裂。全部小花红色或黄色。花药基部附属物长，长椭圆形。花丝有乳突。花柱分枝细长。瘦果椭圆形或楔状，稍压扁，有多数细脉纹，被稠密贴伏的白色长直柔毛，顶端截形，有果缘，果缘边缘有锯齿，侧生着生面。冠毛与瘦果几等长，多层，不脱落，向内层渐长，全部冠毛，刚毛长膜片状，在栽培种中，冠毛有时缺如。

本属约7种，分布于西南亚及中亚地区。我国3种，1种为野生，分布于新疆，其他两种为引种栽培。河南引进栽培1种。《河南植物志（第三册）》706页将该种列在矢车菊属 *Centaurea* L. 中。

31. 假福王草属 *Paraprenanthes* C. C. Chang ex C. Shih（新增属）

一年生或多年生草本。茎直立，上部伞房状或圆锥状花序分枝。叶不分裂或羽状分裂。头状花序小，同型，舌状，含4~15朵舌状小花，多数或少数在茎枝顶端排成圆锥状或伞房状花序。总苞圆柱状，花后绝不为卵形，总苞片3~4层，外层及最外层小，顶端急尖或钝，内层长，全部总苞片外面通常淡红紫色。花托平，无托毛。舌状小花红色或紫色，舌片顶端截形，5齿裂，喉部有白色短柔毛。花药基部附属物箭头状。花柱分枝细。瘦果黑色，纺锤状，粗厚，不压扁，向上渐窄，顶端白色，无喙或有不明显喙状物，每面有4~6条高起的纵肋。冠毛2层，纤细，白色，微糙毛状。

本属12种，分布于东亚及东南亚。我国有全部12种（含11特有种）。河南有1种。《河南植物志（第三册）》723页将该种列在莴苣属 *Lactuca* L. 中。

32. 耳菊属 *Nabalus* Cass.（新增属）

多年生草本。茎直立，具多叶。叶羽状分裂。头状花序同型，舌状，有25~35朵舌状小花，中等大小，沿茎枝顶端排成总状花序或圆锥花序。总苞钟状；总苞片3~4层，三角形或长披针形。花托平，无托毛。舌状小花黄色或白色。花柱分枝细长。花药基部有渐尖的附属物。瘦果肉红色或褐色，压扁，倒披针形，顶端截形，无喙，每面通常有5个明显高起的细肋。冠毛2~3层，褐色，细锯齿状或糙毛状。

本属约15种，分布于东亚及北美洲。我国2种。河南有1种，1变种。《河南植物志（第三册）》727页将该1种和1变种列在盘果菊属 *Prenanthes* L. 中。

33. 小苦荬属 *Ixeridium*（A. Gray）Tzvel.（新增属）

多年生草本，有时有长根状茎。茎直立，上部伞房花序状分枝，或有时自基部分枝。叶羽状分裂或不分裂，基生叶花期生存，极少枯萎脱落。头状花序多数或少数，在茎枝顶端排成伞房状花序，同型，舌状。总苞圆柱状；总苞片2~4层，外层及最外层短，内层长；舌状小花（5）7~27朵，黄色，极少白色或紫红色；花柱分枝细，花药基部附属物箭头形。瘦果压扁或几压扁，褐色，少黑色，有8~10条高起的钝肋，上部通常有上指的小硬毛，顶端急尖成细丝状的喙。冠毛白色或褐色，不等长，糙毛状。

本属15种，分布于东亚及东南亚地区。我国有8种（含3特有种）。河南有2种。

《河南植物志（第三册）》731~732 页将该 2 种列在苦荬菜属 *Ixeris*（Cass.）Cass. 中。

Ⅱ. 单子叶植物纲 Monocotyledoneae

（一六一）香蒲科 Typhaceae

《河南植物志（第四册）》记载 1 属，7 种。

其中：

长苞香蒲、毛蜡烛 *Typha angustata* Bory & Chaub. 为长苞香蒲 *Typha domingensis* Pers. 的异名；

小香蒲 *Typha minima* Funk. 应为小香蒲 *Typha minima* Funck ex Hoppe。

本书另增补 1 属（描述），修订 2 种。

黑三棱属 *Sparganium* L.

多年生水生或沼生草本，稀湿生。块茎膨大，肥厚或较小；根状茎粗壮或细弱。茎直立或倾斜，挺水或浮水，粗壮或细弱。叶条形，2 列，互生，叶片扁平，或中下部背面隆起龙骨状突起或呈三棱形，挺水或浮水。花序由许多个雄性和雌性头状花序组成大型圆锥花序、总状花序或穗状花序；总状花序，下部 1~2 个雌性头状花序具总花梗，其总花梗下部多少贴生于主轴；雄性头状花序 1 至多数，着生于主轴或侧枝上部，雌性头状花序位于下部；雄花被片膜质，雄蕊通常 3 枚或更多，基部有时联合，花药基着，纵裂；雌花具小苞片，膜质，鳞片状，短于花被片，花被片 4~6 片，生于子房基部或子房柄上，宿存，厚纸质至裂，顶端具小尖头，花粉粒椭圆形，单沟；雌花序乳白色，佛焰苞数枚，长约 8cm，宽约 3cm，膜质，条形、楔形或近倒三角形，先端全缘、不整齐、缺刻、浅裂或深裂，柱头单一或分叉，单侧，花柱较长至无，子房无柄或有柄，1 室，稀 2 室，胚珠 1 个，悬垂。果实具棱或无棱，外果皮较厚，海绵质，内果皮坚纸质。种子具薄膜质种皮。

本属约 19 种，主产北半球温带或寒带。中国有 11 种（含 3 特有种）。河南 2 种。

《河南植物志（第四册）》5~7 页将该属置于黑三棱科 Sparganiaceae 下，记载 2 种。

其中：

黑三棱、三棱 *Sparganium stoloniferum*（Graebn.）Buch. -Ham. ex Juz. 应为黑三棱 *Sparganium stoloniferum*（Buch. -Ham. ex Graebn.）Buch. -Ham. ex Juz.；

小黑三棱、单枝黑三棱 *Sparganium simplex* Huds. 为小黑三棱 *Sparganium emersum* Rehmann 的异名。

（一六二）黑三棱科 Sparganiaceae

《河南植物志（第四册）》记载 1 属，2 种。现并入香蒲科 Typhaceae。

（一六三）眼子菜科 Potamogetonaceae

《河南植物志（第四册）》记载1属，14种，1变种。

其中：

单果眼子菜 *Potamogeton acutifolius* Link. 应为东北眼子菜 *Potamogeton mandschuriensis*（A. Benn.）A. Benn.；

竹叶眼子菜、马来眼子菜 *Potamogeton malaianus* Miq. 应为竹叶眼子菜 *Potamogeton wrightii* Morong；

钝脊眼子菜（变种）*Potamogeton octandrus* var. *minduhikimo*（Makino）H. Hara 为南方眼子菜 *Potamogeton octandrus* Poir. 的异名；

篦齿眼子菜、龙须眼子菜 *Potamogeton pectinatus* L. 为篦齿眼子菜 *Stuckenia pectinata*（L.）Börner 的异名。

本书另增加1属描述。

篦齿眼子菜属 *Stuckenia* Börner（新增属）

多年生水下植物，生于淡水或咸水。具根状茎，通常不分蘖，有块根或无。茎延长，柱状。托叶非管状，与叶片基部合生达托叶的2/3或更长，非合生部分延伸为叶舌；叶互生，无叶柄，不透明，线性，具沟槽，膨肿；叶脉1~5条；叶基部急尖，先端钝至急尖；叶全缘。花序穗状，浸没于水下。头形或桶形；花序梗柔软，花序不出水面；柱头4个。果实背面圆，有喙或无，膨肿；胚少于一盘卷。

本属7种，全世界广布。中国4种，河南1种。《河南植物志（第四册）》16~17页将该种列在眼子菜属 *Potamogeton* L. 中。

（一六四）水东麦科 Juncaginaceae

《河南植物志（第四册）》记载1属，2种。

其中：

海韭菜 *Triglochin maritimum* L. 应为海韭菜 *Triglochin maritima* L.。

（一六五）茨藻科 Najadaceae

《河南植物志（第四册）》记载2属，4种，1变种。

其中：

角果藻属 *Zannichellia* L.（1种，1变种）现并入角果藻科 Zannichelliaceae；

茨藻属 *Najas* L.（3种）现并入水鳖科 Hydrocharitaceae。

（一六六）角果藻科 Zannichelliaceae（新增科）

沉水草本，生于淡水、半咸水或海水中。具匍匐茎，多分枝，细弱而纤长，每节疏生须根。叶线形，无柄，互生（有时近对生），全缘，先端渐尖，基部具鞘状托叶。花序腋生；花单性同株，1 朵雄花和 1 朵雌花同生于 1 个无色苞状鞘内；雄花仅 1 枚雄蕊，无花被，花丝细长，着生于雌花基部；雌花生于 1 个透明的杯状苞内，心皮通常（2～）4（～8）枚，离生，花柱长，柱头斜盾形。瘦果肾形略扁，无柄或具短柄，先端具喙，稍向背面弯曲。

全世界广布，仅 1 属，1 种。我国产 1 属，1 种。河南也产。

角果藻属 *Zannichellia* L.

《河南植物志（第四册）》（列入茨藻科 Najadaceae）记载 1 种，1 变种。

其中：

柄果角果藻（变种）*Zannichellia palustris* var. *pedicellata* Wahlenb. & Rosén 为角果藻 *Zannichellia palustris* L. 的异名。

（一六七）泽泻科 Alismataceae

《河南植物志（第四册）》记载 2 属，6 种，1 变种，1 变型。

其中：

剪刀草（变型）*Sagittaria trifolia* f. *longiloba*（Turcz.）Makino 为野慈姑 *Sagittaria trifolia* L. 的异名；

慈姑、华夏慈姑（变种）*Sagittaria trifolia* var. *sinensis*（Sims）Makino 为华夏慈姑（亚种）*Sagittaria trifolia* subsp. *leucopetala*（Miq.）Q. F. Wang 的异名。

（一六八）水鳖科 Hydrocharitaceae

《河南植物志（第四册）》记载 5 属，6 种，1 变种。

其中：

水筛 *Blyxa japonica*（Miq.）Maxim. ex Asch. 应为水筛 *Blyxa japonica*（Miq.）Maxim. ex Asch. & Gürke。

此外，增加茨藻属 *Najas* L.（原茨藻科 Najadaceae）3 种［《河南植物志（第四册）》20～22 页］。

（一六九）禾本科 Poaceae（Gramineae）

《河南植物志（第四册）》记载 108 属，263 种，2 亚种，44 变种（含 9 栽培变种），3 变型。

其中：

簕竹属 *Bambusa* Retz. 应为簕竹属 *Bambusa* Schreber；

凤凰竹 *Bambusa multiplex*（Lour.）Raeusch. ex J. A. et J. H. Schult. 应为孝顺竹 *Bambusa multiplex*（Lour.）Raeusch. ex Schult. & J. H. Schult.；

刚竹（栽培型）*Phyllostachys sulphurea*（Carr.）A. et C. Riv. cv. Viridis 应为刚竹（变种）*Phyllostachys sulphurea* var. *viridis* R. A. Young；

绿皮黄筋竹（栽培型）*Phyllostachys sulphurea*（Carr.）A. et C. Riv. cv. Houzeau 和黄皮绿筋竹（栽培型）*Phyllostachys sulphurea*（Carr.）A. et C. Riv. cv. Young 均有待进一步查证；

人面竹、罗汉竹、寿星竹 *Phyllostachys aurea* Carr. ex A. et C. Riv 应为人面竹 *Phyllostachys aurea* Carr. ex Rivière & C. Rivière；

筠竹、花斑竹（栽培型）*Phyllostachys glauca* McClure cv. Yunzhu 均有待进一步查证；

变竹（栽培型）*Phyllostachys glauca* McClure cv. Varibilis 应为变竹（变种）*Phyllostachys glauca* var. *variabilis* J. L. Lu；

曲竿竹、甜竹、紫竹 *Phyllostachys flexuosa*（Carr.）A. et C. Riv. 应为曲竿竹 *Phyllostachys flexuosa* Rivière & C. Rivière；

黄纹竹（栽培型）*Phyllostachys vivax* McClure cv. Huanwenzhu 和黄竿乌哺鸡竹（栽培型）*Phyllostachys vivax* McClure cv. Aureocaulis 均有待进一步查证；

早竹 *Phyllostachys praecox* C. D. Chu & C. S. Chao 为早竹 *Phyllostachys violascens* Rivière & C. Rivière 的异名；

毛竹、江南竹、楠竹（栽培型）*Phyllostachys heterocycla*（Carr.）Mitford. cv. Pubescens 为毛竹 *Phyllostachys edulis*（Carrière）J. Houz. 的异名；

京竹（栽培型）*Phyllostachys aureosulcata* McClure cv. Pekinensis 为黄槽竹 *Phyllostachys aureosulcata* McClure 的异名；

桂竹、刚竹、大叶金竹、黄竹、毛竹、五月竹 *Phyllostachys bambusoides* Sieb. et Zucc.，斑竹（变型）*Phyllostachys bambusoides* f. *lacrimadeae* Keng f. & T. H. Wen 和黄槽斑竹（变型）*Phyllostachys bambusoides* f. *mixta* Z. P. Wang & N. X. Ma 均为桂竹 *Phyllostachys reticulata*（Rupr.）K. Koch 的异名；

毛环水竹 *Phyllostachys aurita* J. L. Lu 为红边竹 *Phyllostachys rubromarginata* McClure 的异名；

光箨篌竹（变型）*Phyllostachys nidularia* f. *glabrovagina* T. H. Wen 为篌竹 *Phyllostachys nidularia* Munro 的异名；

假稻 *Leersia japonica* Makino 应为假稻 *Leersia japonica*（Makino ex Honda）Honda；

菰、茭儿菜、茭白 *Zizania caduciflora*（Turcz. ex Trin.）Hand. -Mazz. 为菰 *Zizania latifolia*（*Griseb*.）Turcz. ex Stapf 的异名；

芦苇属 *Phragmites* Trin. 应为芦苇属 *Phragmites* Adanson；

芦苇 *Phragmites communis* Trin. 为芦苇 *Phragmites australis*（Cav.）Trin. ex Steud. 的异名；

龙常草 *Diarrhena manshurica* Maxim. 应为龙常草 *Diarrhena mandshurica* Maxim.；

大花臭草 *Melica grandiflora*（Hack.）Koidz. 应为大花臭草 *Melica grandiflora* Koidz.；

远东羊茅（亚种）*Festuca subulata* subsp. *japonica*（Hack.）T. Koyama & Kawan 为远东羊茅 *Festuca extremiorientalis* Ohwi 的异名；

扁杆早熟禾（变种）*Poa pratensis* var. *anceps* Gaudich. 为草地早熟禾 *Poa pratensis* L. 的异名；

细叶早熟禾 *Poa angustifolia* L. 为细叶早熟禾（亚种）*Poa pratensis* subsp. *angustifolia*（L.）Lej. 的异名；

高原早熟禾 *Poa alpigena* Lindm. 为高原早熟禾（亚种）*Poa pratensis* subsp. *alpigena*（Lindm.）Hiitonen 的异名；

细弱早熟禾（变种）*Poa nemoralis* var. *tenella* Rchb. 为林地早熟禾 *Poa nemoralis* L. 的异名；

窄叶早熟禾（变种）*Poa nemoralis* var. *stenophylla* Keng 有待进一步查证；

细长早熟禾 *Poa prolixior* Rendle 为法氏早熟禾 *Poa faberi* Rendle［《河南植物志（第四册）》89 页称华东早熟禾］的异名；

贫叶早熟禾 *Poa oligophylla* Keng 为贫叶早熟禾（亚种）*Poa araratica* subsp. *oligophylla*（Keng）Olonova & G. Zhu 的异名；

山地早熟禾 *Poa orinosa* Keng 为山地早熟禾（亚种）*Poa versicolor* subsp. *orinosa*（Keng）Olonova & G. Zhu 的异名；

多叶早熟禾 *Poa plurifolia* Keng 为多叶早熟禾（变种）*Poa sphondylodes* var. *erikssonii* Melderis 的异名；

华东早熟禾 *Poa sinoglauca* Ohwi 为堇色早熟禾（亚种）*Poa araratica* subsp. *ianthina*（Keng ex Shan Chen）Olonova & G. Zhu 的异名；

硬草属 *Sclerochloa* L.《河南植物志（第四册）》94-95 页记载 1 种，该种现隶属假硬草属 *Pseudosclerochloa* Tzvelev；

硬草 *Sclerochloa kengiana*（Ohwi）Tzvelev 为耿氏假硬草 *Pseudosclerochloa kengiana*（Ohwi）Tzvelev 的异名；

星星草 *Puccinellia tenuiflora*（Turcz.）Scribn. et Merr. 应为星星草 *Puccinellia tenuiflora*（Griseb.）Scribn. & Merr.；

碱茅 *Puccinellia distans*（L.）Parl. 应为碱茅 *Puccinellia distans*（Jacq.）Parl.；

东北碱茅 *Puccinellia kobayashii* Ohwi 为鹤甫碱茅 *Puccinellia hauptiana*（Krecz.）Kitag. 的异名；

鹅观草属 *Roegneria* C. Koch.［《河南植物志（第四册）》102-111 页记载 13 种，3 变种，1 变型］现全部隶属披碱草属 *Elymus* L.；

鹅观草 *Roegneria kamoji* Ohwi 为柯孟披碱草 *Elymus kamoji*（Ohwi）S. L. Chen 的异名；

东瀛鹅观草、日本鹅观草 *Roegneria mayebarana*（Honda）Ohwi 应为山东披碱草 *Elymus shandongensis* B. Salomon；

大鹅观草 *Roegneria grandis* Keng & S. L. Chen 为大披碱草 *Elymus grandis*（Keng）S. L. Chen 的异名；

缘毛鹅观草 *Roegneria pendulina* Nevski 为缘毛披碱草 *Elymus pendulinus*（Nevski）Tzvelev 的异名；

多秆鹅观草 *Roegneria multiculmis* Kitag. 为多秆缘毛草（亚种）*Elymus pendulinus* subsp. *multiculmis*（Kitag.）á. Löve 的异名；

五龙山鹅观草、本田鹅观草 *Roegneria hondae* Kitag. 为本田披碱草 *Elymus hondae*（Kitag.）S. L. Chen 的异名；

涞源鹅观草 *Roegneria aliena* Keng 为涞源披碱草 *Elymus alienus*（Keng）S. L. Chen 的异名；

纤毛鹅观草 *Roegneria ciliaris*（Trin.）Nevski 和毛节纤毛草（变型）*Roegneria ciliaris* f. *eriocaulis* Kitag. 均为纤毛披碱草 *Elymus ciliaris*（Trin.）Tzvelev 的异名；

短芒纤毛草（变种）*Roegneria ciliaris* var. *submutica*（Honda）Keng 为短芒纤毛草（变种）*Elymus ciliaris* var. *submuticus*（Honda）S. L. Chen 的异名；

毛叶纤毛草（变种）*Roegneria ciliaris* var. *lasiophylla*（Kitag.）Kitag. 为毛叶纤毛草（变种）*Elymus ciliaris* var. *lasiophyllus*（Kitag.）S. L. Chen 的异名；

竖立鹅观草 *Roegneria japonensis*（Honda）Keng 为日本纤毛草（变种）*Elymus ciliaris* var. *hackelianus*（Honda）G. H. Zhu & S. L. Chen 的异名；

直穗鹅观草 *Roegneria turczaninovii*（Drobow）Nevski 和细穗鹅观草（变种）*Roegneria turczaninowii* var. *tenuiseta*（Ohwi）H. L. Yang & C. P. Wang 均为直穗披碱草 *Elymus gmelinii*（Ledeb.）Tzvelev 的异名；

肃草、鹅观草 *Roegneria stricta* Keng 和多变鹅观草 *Roegneria varia* Keng 均为肃草 *Elymus strictus*（Keng）S. L. Chen 的异名；

秋鹅观草 *Roegneria serotina* Keng 为秋披碱草 *Elymus serotinus*（Keng）á. Löve ex B. Rong Lu 的异名；

披碱草 *Elymus dahuricus* Turcz. 应为披碱草 *Elymus dahuricus* Griseb.；

肥披碱草 *Elymus excelsus* Griseb. 应为肥披碱草 *Elymus excelsus* Griseb.；

圆柱披碱草 *Elymus cylindricus*（Franch.）Honda 为圆柱披碱草（变种）*Elymus dahuricus* var. *cylindricus* Franch. 的异名；

华山新麦草 *Psathyrostachys huashanica* Keng ex P. C. Kuo 应为华山新麦草 *Psathyrostachys huashanica* Keng；

青稞（变种）*Hordeum vulgare* var. *nudum*（L.）Hook. f. 为裸麦（变种）*Hordeum distichon* var. *nudum* L. 的异名；

落草 *Koeleria cristata* Pers. 应为落草 *Koeleria macrantha*（Ledeb.）Schult.；

贫花三毛草 *Tristum pauciflorum* Keng ex P. C. Kuo 应为贫花三毛草 *Trisetum pauciflorum* Keng；

异燕麦 *Helictotrichon schellianum*（Hack.）Kitag. 为奢异燕麦（亚种）*Helictotrichon hookeri subsp. schellianum*（Hack.）Tzvelev 的异名；

变绿异燕麦 *Helictotrichon virescens*（Nees ex Steud.）Henrard 为变绿异燕麦 *Helictotrichon junghuhnii*（Buse）Henrard 的异名；

光轴野燕麦（变种）*Avena fatua* var. *mollis* Keng 为光稃野燕麦（变种）*Avena fatua* var. *glabrata* Peterm. 的异名；

茅香属 *Hierochloe* R. Br. 为黄花茅属 *Anthoxanthum* L. 的异名；

茅香 *Hierochloe odorata*（L.）P. Beauv. 和毛鞘柔香（变种）*Hierochloe odorata* var. *pubescens* Krylov 均为茅香 *Anthoxanthum nitens*（G. H. Weber）Y. Schouten & Veldkamp 的异名；

日本短颖草（变种）*Brachyelytrum erectum* var. *japonicum* Hack. 为日本短颖草 *Brachyelytrum japonicum*（Hack.）Matsum. ex Honda 的异名；

野青茅属 *Deyeuxia* Clarion 应为野青茅属 *Deyeuxia* Clarion ex P. Beauv.；

房县野青茅 *Deyeuxia henryi* Rendle 和湖北野青茅 *Deyeuxia hupehensis* Rendle 均为野青茅 *Deyeuxia pyramidalis*（Host）Veldkamp 的异名；

野青茅 *Deyeuxia arundinacea* P. Beauv. 应为野青茅 *Deyeuxia pyramidalis*（Host）Veldkamp；

华高野青茅 *Deyeuxia sinelatior* Keng ex P. C. Kuo 应为华高野青茅 *Deyeuxia sinelatior* Keng；

疏花野青茅（变种）*Deyeuxia arundinacea* var. *laxiflora*（Rendle）P. C. Kuo & S. L. Lu 为疏穗野青茅 *Deyeuxia effusiflora* Rendle 的异名；

纤毛野青茅（变种）*Deyeuxia arundinacea* var. *ciliata*（Honda）P. C. Kuo & S. L. Lu 应为纤毛野青茅（变种）*Deyeuxia pyramidalis* var. *ciliata*（Honda）P. C. Kuo & S. L. Lu；

长舌野青茅（变种）*Deyeuxia arundinacea* var. *ligulata*（Rendle）P. C. Kuo & S. L. Lu 应为长舌野青茅（变种）*Deyeuxia pyramidalis* var. *ligulata*（Rendle）P. C. Kuo & S. L. Lu；

北方野青茅（变种）*Deyeuxia arundinacea* var. *borealis*（Rendle）P. C. Kuo & S. L. Lu 应为北方野青茅（变种）*Deyeuxia pyramidalis* var. *borealis*（Rendle）P. C. Kuo & S. L. Lu；

西塔茅（变种）*Deyeuxia arundinacea* var. *sciuroides*（Franch. & Sav.）P. C. Kuo & S. L. Lu 应为西塔茅（变种）*Deyeuxia pyramidalis* var. *sciuroides*（Franch. & Sav.）P. C. Kuo & S. L. Lu；

糙毛野青茅（变种）*Deyeuxia arundinacea* var. *hirsuta*（Hack.）P. C. Kuo & S. L. Lu 应为糙毛野青茅（变种）*Deyeuxia pyramidalis* var. *hirsuta*（Hack.）P. C. Kuo & S. L. Lu；

短毛野青茅（变种）*Deyeuxia arundinacea* var. *brachytricha*（Steud.）P. C. Kuo & S. L. Lu 应为短毛野青茅（变种）*Deyeuxia pyramidalis* var. *brachytricha*（Steud.）P. C. Kuo & S. L. Lu；

大叶章 *Deyeuxia langsdorffii*（Link）Kunth 为大叶章 *Deyeuxia purpurea*（Trin.）Kunth 的异名；

拂子茅 *Calamagrostis epigejos*（L.）Roth. 应为拂子茅 *Calamagrostis epigeios*（L.）Roth；

密花拂子茅（变种）*Calamagrostis epigeios* var. *densiflora* Griseb. 为拂子茅 *Calamagrostis epigeios*（L.）Roth 的异名；

细弱剪股颖 *Agrostis tenuis* Sibth. 为细弱剪股颖 *Agrostis capillaris* L. 的异名；

多花剪股颖 *Agrostis myriantha* Hook. f. 为多花剪股颖 *Agrostis micrantha* Steud. ［《河南植物志（第四册）》151 页称小花剪股颖］的异名；

剪股颖 *Agrostis matsumurae* Hack. ex Honda 为华北剪股颖 *Agrostis clavata* Trin. 的异名；

台湾剪股颖（变种）*Agrostis canina* var. *formosana* Hack. 为台湾剪股颖 *Agrostis sozanensis* Hayata 的异名；

落芒草属 *Oryzopsis* Michax. 应为落芒草属 *Piptatherum* P. Beauv.；

钝颖落芒草 *Oryzopsis obtusa* Stapf 为钝颖落芒草 *Piptatherum kuoi* S. M. Phillips & Z. L. Wu 的异名；

中华落芒草 *Oryzopsis chinensis* Hitchc. 为中华芨芨草 *Achnatherum chinense*（Hitchc.）Tzvelev 的异名；

湖北落芒草 *Oryzopsis henryi*（Rendle）Keng ex P. C. Kuo 为湖北芨芨草 *Achnatherum henryi*（Rendle）S. M. Phillips & Z. L. Wu 的异名；

落芒草 *Oryzopsis munroi* Stapf 为落芒草 *Piptatherum munroi*（Stapf）Mez 的异名；

毛颖芨芨草 *Achnatherum pubicalyx*（Ohwi）Keng ex P. C. Kuo 应为毛颖芨芨草 *Achnatherum pubicalyx*（Ohwi）Keng；

羽茅、光颖芨芨草 *Achnatherum sibiricum*（L.）Keng 应为羽茅 *Achnatherum sibiricum*（L.）Keng ex Tzvelev；

远东芨芨草 *Achnatherum extremiorientale*（Hara）Keng ex P. C. Kuo 为京芒草 *Achnatherum pekinense*（Hance）Ohwi 的异名；

沙生针毛 *Stipa glareosa* P. A. Smirn. 为沙生针毛（亚种）*Stipa caucasica* subsp. *glareosa*（P. A. Smirn.）Tzvelev 的异名；

直芒草属 *Orthoraphium* Nees［《河南植物志（第四册）》166 页记载该属仅 1 种］，现转入芨芨草属 *Achnatherum* P. Beauv.；

大叶直芒草 *Orthoraphium grandifolium*（Keng）Keng ex P. C. Kuo 为大叶直芒草 *Achnatherum coreanum*（Honda）Ohwi 的异名；

九顶草、冠芒草 *Enneapogon borealis*（Griseb.）Honda 为九顶草 *Enneapogon desvauxii* P. Beauv. 的异名；

画眉草属 *Eragrostis* Beauv. 应为画眉草属 *Eragrostis* Wolf；

无毛画眉草（变种）*Eragrostis pilosa* var. *imberbis* Franch. 为多秆画眉草 *Eragrostis multicaulis* Steud. 的异名；

大画眉草、星星草 *Eragrostis cilianensis*（All.）Link. ex Vignolo-Lutati 应为大画眉草 *Eragrostis cilianensis*（All.）Vignolo-Lutati ex Janch.；

小画眉草、星星草 *Eragrostis poioides* P. Beauv. ex Roem. & Schult. 为小画眉草 *Eragrostis minor* Host 的异名；

细弱隐子草 *Cleistogenes gracilis* Keng ex P. C. Keng & L. Liu 为小尖隐子草 *Cleistogenes mucronata* Keng ex P. C. Keng & L. Liu 的异名；

北京隐子草 *Cleistogenes hancei*（Packer）Keng 应为北京隐子草 *Cleistogenes hancei* Keng；

多叶隐子草 *Cleistogenes polyphylla* Keng 应为多叶隐子草 *Cleistogenes polyphylla* Keng ex P. C. Keng；

朝阳隐子草 *Cleistogenes hackeli*（Honda）Honda 应为朝阳隐子草 *Cleistogenes hackelii*（Honda）Honda；

中华隐子草 *Cleistogenes chinensis*（Maxim.）Keng 为北京隐子草 *Cleistogenes hancei* Keng 的异名；

双稃草属 *Diplachne* P. Beauv. 为千金子属 *Leptochloa* P. Beauv. 的异名；

双稃草 *Diplachne fusca*（L.）Stapf 为双稃草 *Leptochloa fusca*（L.）Kunth 的异名；

鼠尾粟（变型）*Sporobolus indicus* f. *spiciformis* T. Koyama 为鼠尾粟 *Sporobolus fertilis*（Steud.）Clayton 的异名；

锋芒草、黏布鞋 *Tragus racemosus*（L.）Scop. 为锋芒草 *Tragus mongolorum* Ohwi；

狭叶求米草（变种）*Oplismenus undulatifolius* var. *imbecillis*（R. Br.）Trin. 应为狭叶求米草（变种）*Oplismenus undulatifolius* var. *imbecillis*（R. Br.）Hack.；

湖南稗子 *Echinochloa frumentacea*（Roxb.）Link 应为湖南稗子 *Echinochloa frumentacea* Link；

旱稗 *Echinochloa hispidula*（Retz.）Nees 为稗 *Echinochloa crusgalli*（L.）P. Beauv. 的异名；

西来稗（变种）*Echinochloa crusgalli* var. *zelayensis*（H. B. K.）Hitchc. 应为西来稗（变种）*Echinochloa crusgalli* var. *zelayensis*（Kunth）Hitchc.；

臂形草属 *Brachiaria* Griseb. 应为臂形草属 *Brachiaria*（Trin.）Griseb.；

马唐属 *Digitaria* Heist. ex Fabricium 应为马唐属 *Digitaria* Haller；

止血马唐、红茎马唐 *Digitaria ischaemum*（Schreb.）Schreb. ex Muhl. 应为止血马唐 *Digitaria ischaemum*（Schreb.）Muhl.；

毛马唐 *Digitaria chrysoblephara* Fig. & De Not. 为毛马唐（变种）*Digitaria ciliaris* var. *chrysoblephara*（Fig. & De Not.）R. R. Stewart 的异名；

金狗尾草 *Setaria glauca*（L.）P. Beauv. 应为金色狗尾草 *Setaria pumila*（Poir.）Roem. & Schult.；

鳞茅属 *Dimeria* Robert 应为鳞茅属 *Dimeria* R. Br.；

五节芒 *Miscanthus floridulus*（Labill.）Warb. 应为五节芒 *Miscanthus floridulus*（Labill.）Warb. ex K. Schum. & Lauterb.；

紫芒（变种）*Miscanthus sinensis* var. *purpurascens*（Andersson）Matsum. 为芒 *Miscanthus sinensis* Andersson 的异名；

白茅、茅茅根（变种）*Imperata cylindrica* var. *major*（Nees）C. E. Hubb. 为白茅 *Imperata cylindrica*（L.）Raeusch. 的异名；

河王八属 *Narenga* Bor［《河南植物志（第四册）》219 页为 *Narenga* Burkill.］为甘蔗属 *Saccharum* L. 的异名；

河王八 *Narenga porphyrocoma*（Hance）Bor 为河王八 *Saccharum narenga*（Nees ex Steud.）Wall. ex Hack. 的异名；

蔗茅属 *Erianthus* Michx. 为甘蔗属 *Saccharum* L. 的异名；

蔗茅 *Erianthus rufipilus*（Steudel）Griseb. 为蔗茅 *Saccharum rufipilum* Steud. 的异名；

分枝大油芒 *Spodiopogon ramosus* Keng 为台南大油芒 *Spodiopogon tainanensis* Hayata 的异名；

莠竹（变种）*Eulalia viminea* var. *imberbis*（Nees ex Steud.）Kuntze 为柔枝莠竹 *Microstegium vimineum*（Trin.）A. Camus 的异名；

虎氏荩草（变种）*Arthraxon hispidus* var. *hookeri*（Hack.）Honda 和匿芒荩草（变种）*Arthraxon hispidus* var. *cryptatherus*（Hack.）Honda 均为荩草 *Arthraxon hispidus*（Thunb.）Makino 的异名；

中亚荩草（变种）*Arthraxon hispidus* var. *centrasiaticus* Honda 应为中亚荩草（变种）*Arthraxon hispidus* var. *centrasiaticus*（Griseb.）Honda；

蜀黍、高粱 *Sorghum vulgare* Pers. 为高粱 *Sorghum bicolor*（L.）Moench 的异名；

桔草 *Cymbopogon goeringii* Steud. 应为橘草 *Cymbopogon goeringii*（Steud.）A. Camus；

裂稃草 *Schizachyrium brevifolium*（Sw.）Nees 应为裂稃草 *Schizachyrium brevifolium*（Sw.）Nees ex Buse；

菅属 *Themeda* Forsk 应为菅属 *Themeda* Forssk.；

黄背草（变种）*Themeda triandra* var. *japonica*（Houtt.）Makino 为黄背草 *Themeda triandra* Forssk. 的异名；

菅、黄柏草（变种）*Themeda gigantea* var. *villosa*（Poir.）Hack. 为菅 *Themeda villosa*（Lam.）A. Camus 的异名。

本书另增补 3 属（含 1 栽培属），21 种（含 8 栽培种），2 亚种（含 1 栽培亚种），1 变种。

1. 獐毛属 *Aeluropus* Trin.

《河南植物志（第四册）》记载 1 种。本书增补 1 种。

小獐毛 *Aeluropus pungens*（M. Bieb.）K. Koch

［*Poa pungens* M. Bieb.；

Aeluropus littoralis subsp. *pungens*（M. Bieb.）Tzvelev］

多年生草本，具向四周伸展的匍匐枝。秆直立或倾斜，高 5~25cm，花序以下粗糙或被毛，节上通常无毛或可被柔毛，基部密生鳞片状叶，且自基部多分枝。叶鞘多聚于秆基，无毛，长于或短于节间，鞘内有时具分枝；叶舌很短，其上具一圈纤毛；叶片狭线形，尖硬，长 5~60mm，宽约 1.5mm，扁平或内卷如针状，无毛。圆锥花序穗状，长 20~70cm，宽 3~5mm，分枝单生，彼此疏离而不重叠；小穗长 2~4mm，含（2）4~8 朵小花，在穗轴上明显排成整齐的 2 行；颖卵形，具膜质边缘，并疏生少量纤毛，脊上粗糙，第一颖长 1~2mm，第二颖长 1.5~2.5mm；外稃卵形，具 5~9 脉，顶端尖，边缘膜质，具纤毛，尤以基部两侧的毛较长而密，第一外稃长 1.5~3mm；内稃等长于外稃，先端截平或具缺刻，脊上具微纤毛；花药长约 1.5mm；子房先端无毛，花柱 2 个，顶生。花期 5~7 月，果熟期 7~8 月。

河南见于封丘等地黄河滩；生于盐碱土及沙地，为归化外来种。产于甘肃和新疆。分布于欧洲、中亚、西伯利亚、伊朗、印度等地区。

2. 画眉草属 *Eragrostis* Wolf

《河南植物志（第四册）》记载 7 种，1 变种。本书除修订外，增补 4 种（含 1 栽培种）。

（1）长画眉草 *Eragrostis brownii*（Kunth）Nees

［*Poa brownii* Kunth；

Eragrostis zeylanica Nees & Meyen；

Eragrostis bellissima B. S. Sun & S. Wang]

多年生草本。秆纤细，丛生，直立或基部稍膝曲，高 15~50cm，直径 0.5~1mm，具 3~5 节，基部节上常有分枝。叶鞘短于节间或与节间近等长，光滑无毛，鞘口有长柔毛；叶舌膜质，长约 0.2mm；叶片常集生于基部，线形，内卷或平展，长 3~10cm，宽 0.1~0.3cm。圆锥花序开展或紧缩，长 3~7cm，宽 1.5~3.5cm，分枝较粗短，较单一，常不再分枝，基部密生小穗；小穗铅绿色或暗棕色，长椭圆形，长 4~15mm，宽 1.5~2mm，含 7 朵至多数小花，小穗柄极短或无柄，通常 2~4 个小穗密集在一起；颖卵状披针形，顶端尖，第一颖长约 1.2mm，具 1 脉，第二颖长约 1.8mm，具 1 脉或有时具 3 脉，但侧脉不明显；外稃卵圆形，顶端锐尖，长约 2mm，具 3 脉；内稃稍短于外稃，长约 1.5mm，脊上有毛，顶端微缺凹；雄蕊 3 枚，花药长约 1.3mm。颖果黄褐色，透明，长约 0.5mm。花果期 3~6 月。

见于河南大别山区的商城长竹园和余集；生于山坡林缘、草地。分布于华东、华南、西南等地；生态适应性广。东南亚、大洋洲各地均有分布。

长画眉草 *Eragrostis brownii* (Kunth) Nees

1. 花序　2. 小穗

（2）珠芽画眉草 *Eragrostis cumingii* Steud.

[*Eragrostis bleeseri* Pilg.;
Eragrostis bulbillifera Steud.;
Eragrostis distans Hack.;
Eragrostis reflexa Hack.;
Eragrostis simplex Scribn.]

多年生草本。秆基部有鳞片包被的珠芽，直立丛生，纤细，无毛，高 20~70cm，径 1~1.5mm，通常 3~4 节，不甚明显。叶鞘下部长于节间，上部则短于节间，无毛，鞘口具长柔毛；叶舌膜质或成束状毛，长 0.1~0.2mm；叶片纤细内卷，长 5~19cm，宽 1~2mm，上面接近基部疏生长柔毛，下面无毛。圆锥花序开展，长 8~30cm，宽 4~8cm，每节 1 分枝，分枝疏，第一或第二回分枝上着生 2~3 个小穗，分枝腋间无毛，小穗柄无腺点，长 0.5~1.5cm；小穗黄色或铅绿色，长椭圆形，长 5~13cm，宽约 2mm，含 8~24 朵小花；颖披针形，先端尖，具 1 脉成脊，脊上粗糙；第一颖长约 1mm，第二颖长约 1.3mm，有时具 3 脉；第一外稃长约 2mm，广卵形，先端渐尖，具 3 脉，侧脉粗壮；内稃长约 1.5mm，脊上或边缘均有纤毛，往往宿存和迟落，花药长约 0.2mm。颖果 0.8~1mm，椭圆形。花果期 9~10 月。

河南见于新县连康山和桐柏固庙；生于田野路边。分布于台湾、福建、浙江、江苏、广东、广西、贵州、湖北、安徽、云南；日本、澳大利亚以及东南亚等地也有分布。

珠芽画眉草 ***Eragrostis cumingii*** **Steud.**

1. 植株和花序 2. 小穗 3. 小花

（3）秋画眉草 ***Eragrostis autumnalis*** **Keng**

一年生草本。秆单生或丛生，基部膝曲，高 15~45cm，直径 1~2.5mm，具 3~4 节，在基部 2、3 节处常有分枝。叶鞘压扁，无毛，鞘口有长柔毛，成熟后往往脱落；叶舌为一圈纤毛，长约 0.5mm；叶片多内卷或对折，长 6~12cm，宽 2~3mm，上部叶有时超出花序长度。圆锥花序开展或紧缩，长 6~15cm，宽 3~5cm，分枝常簇生、轮生或单生，分枝腋间通常无毛；小穗柄长 1~5mm，紧贴小枝；小穗长 3~5mm，宽约 2mm，有 3~10 朵小花，灰绿色；颖披针形，具 1 脉，第一颖长约 1.5mm，第二颖长约 2mm；第一外稃长约 2mm，具 3 脉，广卵圆形，先端尖；内稃长约 1.5mm，具 2 脊，脊上有纤毛，迟落或宿存。雄蕊 3 枚，花药长约 0.5mm。颖果红褐色，椭圆形，长约 1mm。花果期 7~11 月。

河南见于南召和桐柏；生于路旁草地上。分布于河北、山东、江苏、安徽、江西、福建、贵州、浙江等省区。

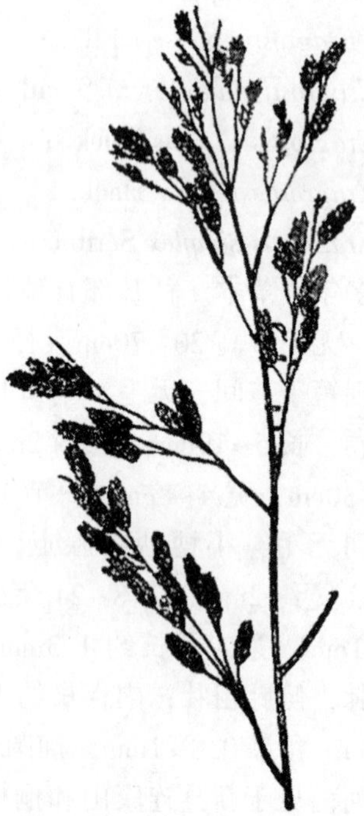

秋画眉草 ***Eragrostis autumnalis*** **Keng**

花序

(4) 弯叶画眉草 *Eragrostis curvula*（Schrad.） Nees

[*Poa curvula* Schrad.]

多年生草本。秆密丛生，直立，高 90~120cm，基部稍压扁，一般具有 5~6 节，叶鞘基部相互跨覆，长于节间数倍，而上部叶鞘又比节间短。下部叶鞘粗糙并疏生刺毛，鞘口具长柔毛；叶片细长丝状，向外弯曲，长 10~40cm，宽 1~2.5mm。圆锥花序开展，长 15~35cm，宽 6~9cm，花序主轴及分枝单生、对生或轮生，平展或斜上升，二次分枝和小穗柄贴生紧密，小穗柄极短，分枝腋间有毛，小穗长 6~11mm，宽 1.5~2mm，有 5~12 朵小花，排列较疏松，铅绿色；颖披针形，先端渐尖，均具 1 脉，第一颖长约 1.5mm，第二颖长约 2.5mm；第一外稃长约 2.5mm，广长圆形，先端尖或钝，具 3 脉；内稃与外稃近等长，长约 2.3mm，具 2 脊，无毛，先端圆钝，宿存或缓落；雄蕊 3 枚，花药长约 1.2mm。花期 4~8 月，果熟期 7~9 月。

原产于非洲。我国江苏、湖北、广西均有栽培。河南在过去十多年当中引进花卉种苗由江苏传入。常栽培作牧草或布置庭院。

3. 龙爪茅属 *Dactyloctenium* Willd.（新增属）

一年生或多年生草本。秆直立或匍匐，多少压扁，无毛，节间长或有时一短一长交替。叶片扁平。穗状花序短而粗，2 至数个指状排列秆顶，稀单生；穗轴延伸于顶生小穗之外，成一小尖头；小穗无柄，两侧压扁，着生于窄而扁平的穗轴一侧，成两行紧贴的覆瓦状排列；脱节于颖之上或各小花之间；颖不等长，背具 1 条脉呈脊状，第一颖较小，顶端急尖，宿存，第二颖顶端尖锐或有小尖头，脱落；外稃具 3 脉，中脉成脊，顶端渐尖或具短芒，侧脉不甚明显；内稃较短，具 2 脊，脊上有翼；鳞被 2 个，很小，楔形，折叠；雄蕊 3 枚；子房球形，花柱 2 个，分离，基部联合，柱头帚状。囊果椭圆形，圆柱形或扁，果皮薄而易分离。种子近球形，表面具皱纹，胚长超过种子的 1/2，种脐点状。

本属 13 种，广布于东半球非洲到印度的温暖地区。我国 1 种。河南也有分布。

龙爪茅 *Dactyloctenium aegyptium*（L.） Willd.

[*Chloris mucronata* Michx.;
Cynosurus aegyptius L.;
Eleusine aegyptia（L.） Desf.;
Eleusine pectinata Moench]

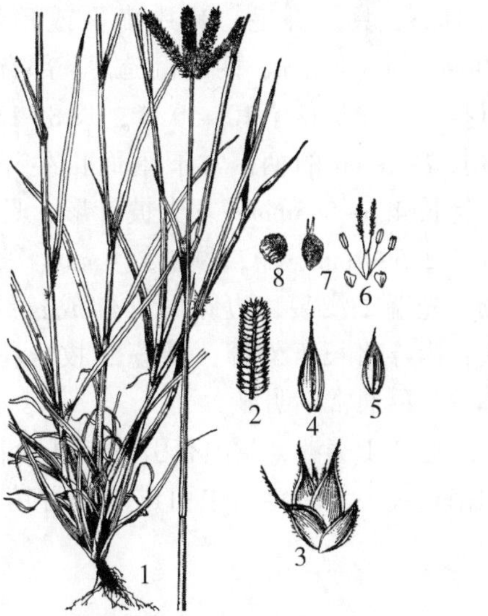

龙爪茅 *Dactyloctenium aegyptium*（L.） Willd.

1. 植株 2. 花序部分放大示穗轴在顶端延伸 3. 小穗 4. 第一颖 5. 第二颖 6. 花 7. 囊果 8. 种子

一年生草本。秆直立，高 15~60cm，或基部横卧于地面，于节处生根且分枝。叶鞘松弛，边缘被柔毛；叶舌膜质，长 1~2mm，顶端具纤毛；叶片扁平，长 5~18cm，宽 0.2~0.6cm，顶端尖或渐尖，两面被疣基毛。穗状花序 2~7 个指状排列于秆顶，长 10~40mm，宽 3~6mm；小穗长 3~4mm，含 3 朵小花；第一颖沿脊龙骨状突起上具短硬纤毛，第二颖顶端具短芒，芒长 1~2mm；外稃中脉成脊，脊上被短硬毛，第一外稃长约 3mm；有近等长的内稃，其顶端 2

裂，背部具2脊，背缘有翼，翼缘具细纤毛；鳞被2个，楔形，折叠，具5脉。囊果球状，长约1mm。花期5~9月，果熟期9~10月。

河南仅见于大别山区的商城黄柏山；多生于山坡或草地。分布于华东、华南和中南等各省区；全世界热带及亚热带地区均有分布。

4. 格兰马草属 *Bouteloua* Lag.（新增属，栽培）

多年生或一年生草本。秆直立丛生。叶片窄，叶舌成一行毛发状。穗状花序2至多个，总状排列于主轴上，有时亦可单生于秆顶，主轴顶端常裸露；小穗无柄，少数至多数栉齿状或较疏地两行排列于穗轴一侧，含1孕性小花及1至数朵退化小花；颖渐尖或具短芒，1条脉；第一颖较短且较狭窄；外稃等长或较长于第二颖，3条脉，中脉延伸成短芒或小尖头，顶端常具裂片或裂齿；内稃具2条脉，顶端有时裂开而具2短芒；不孕外稃多变化，常具3芒，芒可长于孕花。

本属约40种，全部产于以墨西哥为中心的南北美洲；我国试验引种作为牧草2种。河南引种栽培1种。

垂穗草 *Bouteloua curtipendula*（Michx.）Torr.

［*Chloris curtipendula* Michx.；
Atheropogon curtipendulus（Michx.）E. Fourn.；
Cynodon curtipendulus（Michx.）Raspail；
Dinebra curtipendula（Michx.）P. Beauv.；
Eutriana curtipendula（Michx.）Trin.］

多年生直立草本。根茎短，密被鳞片。秆丛生，高30~100cm。叶鞘无毛或疏生短毛；叶舌质厚，长约1mm，具短纤毛；叶片扁平或稍卷折，长20~30cm，宽1~5mm，两面粗糙，基部有细柔毛，边缘具疣毛。穗状花序10~50个，长8~18mm，带紫色，具长2~3mm的柄，常下垂而偏生于主轴之一侧；小穗长4.5~5.5mm；颖尖披针形，具1条脉；第一颖长2.5~4mm，第二颖长约4mm；第一外稃略长于颖，先端2浅裂，边脉可延伸成长约1mm的小尖头；内稃略长于外稃；雄蕊3枚，花药长约2mm，不孕外稃通常不明显。

原产于美洲，我国有引种，试验栽培作为牧草。河南在过去十多年当中引进花卉种苗由南方传入郑州。

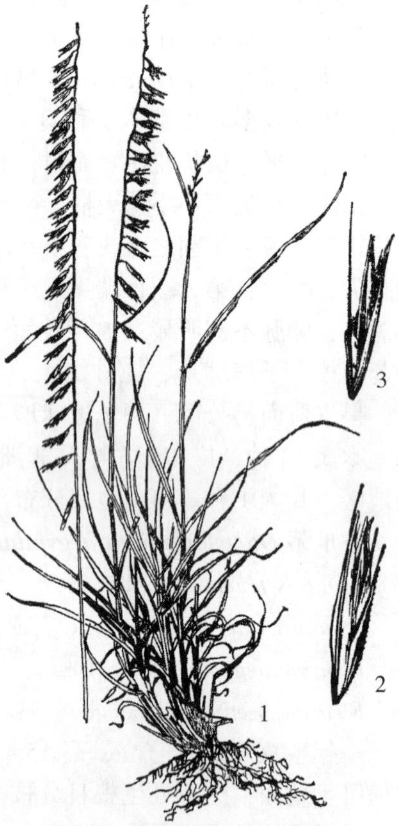

垂穗草 *Bouteloua curtipendula* (Michx.) Torr.

1. 植株　2. 小穗　3. 小花

5. 结缕草属 *Zoysia* Willd.

《河南植物志（第四册）》记载2种。本书增补1种。

大穗结缕草 *Zoysia macrostachya* Franch. & Sav.

[*Osterdamia macrostachya*（Franch. & Sav.）Honda]

多年生草本。具横走根茎；直立部分高10~20cm，具多节，基部节上常残存枯萎的叶鞘；节间短，每节具1至数个分枝。叶鞘无毛，下部者松弛而互相跨覆，上部者紧密裹茎；叶舌不明显，鞘口具长柔毛；叶片线状披针形，质地较硬，常内卷，长15~40mm，宽1~4mm。总状花序紧缩成穗状，基部常包藏于叶鞘内，长30~40mm，宽5~10mm，穗轴具棱，小穗柄粗短，顶端扁宽而倾斜，具细柔毛；小穗黄褐色或略带紫褐色，长6~8mm，宽约2mm；第一颖退化，第二颖革质，长6~8mm，具不明显的7条脉，中脉近顶端处与颖离生而成芒状小尖头；外稃膜质，具1条脉，长约4mm；内稃退化；雄蕊3枚，花药长约2.5mm；花柱2个，柱头扫帚状。颖果卵状椭圆形，长约2mm。花期6~8月，果熟期8~9月。

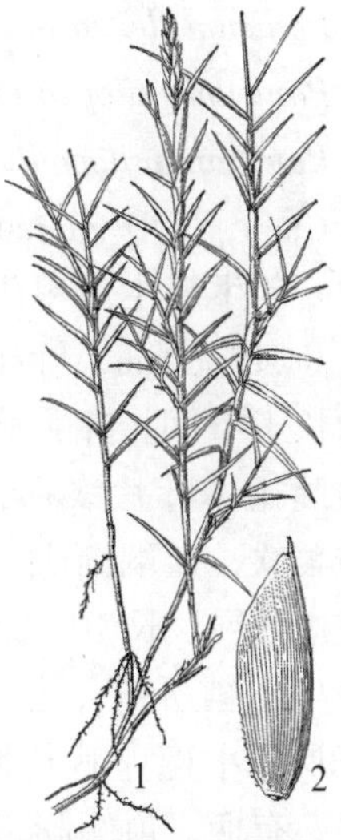

大穗结缕草 *Zoysia macrostachya* Franch. & Sav.
1. 植株 2. 小穗

河南仅见于南阳白河滩；生于河滩沙地或山坡上。产于山东、江苏、安徽、浙江；日本也有分布。本种植株强健，耐盐碱，可用作保土、护堤、固沙或铺建草坪等。

6. 黍属（稷属）*Panicum* L.

《河南植物志（第四册）》记载2种。本书增补3种（含1栽培种）。

（1）铺地黍 *Panicum repens* L.

多年生草本。根茎粗壮发达。秆直立，坚挺，高50~100cm。叶鞘光滑，边缘被纤毛；叶舌长约0.5mm，顶端被睫毛；叶片质硬，线形，长5~25cm，宽2.5~5mm，干时常内卷，呈锥形，顶端渐尖，上表皮粗糙或被毛，下表皮光滑；叶舌极短，膜质，顶端具长纤毛。圆锥花序开展，长5~20cm，分枝斜上，粗糙，具棱槽；小穗长圆形，长约3mm，无毛，顶端尖；第一颖薄膜质，长约为小穗的1/4，基部包卷小穗，顶端截平或圆钝，脉常不明显；第二颖约与小穗近等长，顶端喙尖，具7条脉，第一小花雄性，其外稃与第二颖等长；雄蕊3枚，其他花丝极短，花药长约1.6mm，暗褐色；第二小花结实，长圆形，长约2mm，平滑，光亮，顶端尖；鳞被长约0.3mm，宽约0.24mm，脉不清晰。花期6~10月，果熟期7~11月。

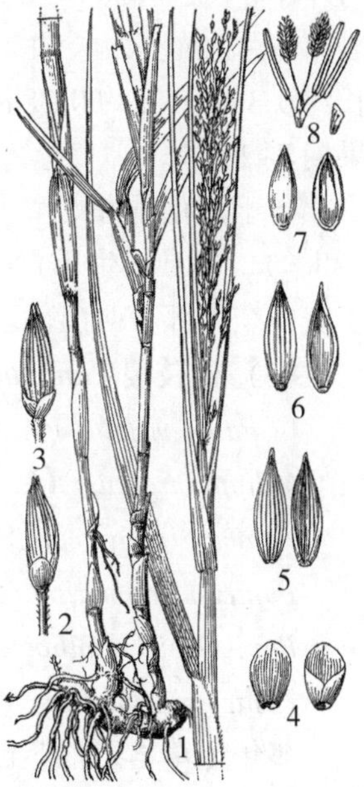

铺地黍 *Panicum repens* L.
1. 植株 2、3. 小穗背腹面 4. 第一颖背腹面 5. 第二颖背腹面 6. 第一外稃背腹面 7. 第二外稃背腹面 8. 第二小花割去稃片示鳞被、雄蕊及雌蕊

河南仅见于大别山区的商城长竹园；生于溪边等潮湿处。分布于我国东南各地；广布世界热带和亚热带地区。繁殖力特强，根系发达，可作为高产牧草，但亦是难除杂草之一。

（2）细柄黍 *Panicum sumatrense* Roth ex Roem. & Schult.

[*Panicum psilopodium* Trin.；

Panicum flexuosum Retz. ;

Panicum psilopodium var. *coloratum* Hook. f. ;

Panicum psilopodium var. *epaleatum* Keng f. ex S. L. Chen，T. D. Zhuang & X. L. Yang]

一年生簇生或单生草本。秆直立或基部稍膝曲，高20~60cm。叶鞘松弛，无毛，压扁，下部的常长于节间；叶舌膜质，截形，长约1mm，顶端被睫毛；叶片线形，长8~15cm，宽4~6mm，质较柔软，顶端渐尖，基部圆钝，两面无毛。圆锥花序开展，长10~20cm，宽可达15cm，基部常为顶生叶鞘所包，花序分枝纤细，微粗糙，上举或开展；小穗卵状长圆形，长约3mm，顶端尖，无毛，有柄，顶端膨大，柄长于小穗；第一颖宽卵形，顶端尖，长约为小穗的1/3，具3~5条脉，或侧脉不明显；第二颖长卵形，与小穗等长，顶端喙尖，具11~13条脉；第一外稃与第二颖同形，近等长，具9~11条脉，内稃薄膜质，具2脊，几与外稃等长，但狭窄；第二外稃狭长圆形，革质，表面平滑，光亮，长约2.2mm。鳞被细小，多脉，长约0.3mm，宽约0.38mm，局部折叠，肉质。花果期7~10月。

细柄黍 **Panicum sumatrense Roth ex Roem. & Schult.**

1. 植株 2. 小穗 3. 鳞被 4. 叶部分放大示叶舌

产于河南桐柏、栾川、鲁山（尧山）、信阳（和孝）、新县；生于荒野路旁或丘陵灌丛。分布于我国东南部、西南部至西藏；菲律宾、印度至斯里兰卡也有分布。

（3）柳枝稷 *Panicum virgatum* L.

[*Chasea virgata*（L.）Nieuwl. ;

Milium virgatum（L.）Lunell;

Panicum giganteum Scheele;

Panicum glaberrimum Steud. ;

Panicum ichnanthoides E. Fourn. ;

Panicum pruinosum Bernh. ex Trin.]

多年生草本。根茎被鳞片。秆直立，质较坚硬，高1~2m。叶鞘无毛，上部的短于节间；叶舌短小，长约0.5mm，顶端具睫毛；叶片线形，长20~40cm，宽约5mm，顶端长尖，两面无毛或上面基部具长柔毛。圆锥花序开展，长20~30cm，分枝粗糙，疏生小枝与小穗；小穗椭圆形，顶端尖，无毛，长约5mm，绿色或带紫色，第一颖长为小穗的2/3~3/4，顶端尖至喙尖，具5条脉；第二颖与小穗等长，顶端喙尖，具7条脉；第一外稃与第二颖同形但稍短，具7条脉，顶端喙尖，其内稃较短，内包3枚雄蕊；第二外稃长椭圆形，顶端稍尖，长约3mm，平滑，光亮。花果期6~10月。

原产于北美洲；河南仅见于新县；生于山坡草地、田边、荒地。我国引种栽培作牧草。

7. 稗属 *Echinochloa* Beauv.

《河南植物志（第四册）》记载连栽培 9 种，5 变种。本书除修订外，增补 1 栽培种。

紫穗稗 *Echinochloa esculenta*（A. Braun）H. Scholz（彩版图 140）

［*Panicum esculentum* A. Braun；

Echinochloa utilis Ohwi & Yabuno；

Echinochloa frumentacea subsp. *utilis*（Ohwi & Yabuno）Tzvelev］

一年生草本，秆直立，粗壮，高 1~1.5m。叶鞘光滑无毛；叶舌缺；叶片扁平，线形，长 20~50cm，宽 1.2~2.5cm，两面无毛，基部圆楔形，边缘增厚而呈皱波纹。圆锥花序直立，紧密；主轴粗壮，具棱，粗糙，疏生疣基长刺毛；花序分枝粗壮，紧密，长 2~6cm，通常再生小枝；小穗倒卵形至倒卵状椭圆形，长 2.5~3cm，紫色，脉上被疣基毛；第一颖三角形，长约为小穗的 1/3，先端尖，具 3 条脉；第二颖稍短于小穗，具 5 条脉；第一小花通常中性，第一外稃草质，具 5 条脉，顶端尖或具长 0.5~2cm 的芒，内稃质薄，具 2 脊；第二外稃革质，平滑光亮，边缘包着同质的内稃；鳞被 2 个，折叠；花柱基分离。花期 8~9 月，果熟期 9~10 月。

全世界温带地区皆有栽培，作饲料或粮食。河南淅川有引种栽培。贵州等省有引种。

8. 雀稗属 *Paspalum* L.

《河南植物志（第四册）》记载 2 种。本书增补 2 种（栽培逸生），1 变种。

（1）百喜草 *Paspalum notatum* Flüggé

多年生草本。具粗壮、木质、多节的根状茎。秆密丛生，高约 80cm。叶鞘基部扩大，长 10~20cm，长于其节间，背部压扁成脊，无毛；叶舌膜质，极短，紧贴其叶片基部有一圈短柔毛；叶片长 20~30cm，宽 3~8mm，扁平或对折，平滑无毛。总状花序 2 个对生，腋间具长柔毛，长 7~16cm，斜展；穗轴宽 1~1.8mm，微粗糙；小穗柄长约 1mm。小穗卵形，长 3~3.5mm，平滑无毛，具光泽；第二颖稍长于第一外稃，具 3 条脉，中脉不明显，顶端尖；第一外稃具 3 条脉。第二外稃绿白色，长约 2.8mm，顶端尖；花药紫色，长约 2mm；柱头黑褐色。花期 7~8 月，果熟期 8~9 月。

原产于美洲。作为一种优良牧草，原郑州市乳牛场曾引种栽培。我国甘肃和河北等省均有引种栽培。

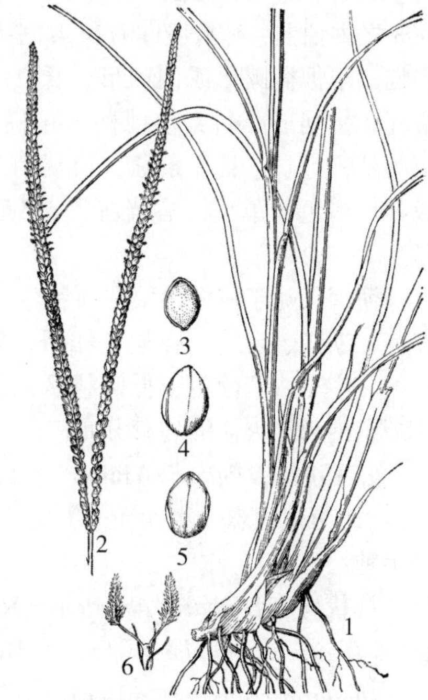

百喜草 *Paspalum notatum* Flüggé

1. 植株　2. 花序　3. 小穗背面　4. 小穗腹面　5. 第二小花腹面　6. 雌蕊及花丝

（2）两耳草 *Paspalum conjugatum* P. J. Bergius

多年生草本。植株具长达 1m 的匍匐茎，秆直立部分高 30~60cm。叶鞘具脊，无毛或上部边缘及鞘口具柔毛；叶舌极短，与叶片交接处具长约 1mm 的一圈纤毛；叶片披针状线形，长 5~20cm，宽 5~10mm，质薄，无毛或边缘具疣柔毛。总状花序 2 个，纤细，长 6~12cm，开展；穗轴宽约 0.8mm，边缘有锯齿；小穗柄长约 0.5mm；小穗卵形，长 1.5~1.8mm，宽约 1.2mm，顶端稍尖，覆瓦状排列成两行；第二颖与第一外稃质地较薄，无脉，第二颖边缘具长丝状柔毛，毛长与小穗近等。第二外稃变硬，背面略隆起，卵形，包卷同质的内稃。颖果长约 1.2mm，胚长为颖果的 1/3。花果期 5~9 月。

河南见于潢川、新县、桐柏（固庙）；生于田野、林缘、湿草地、河岸路边，为外来种。分布于福建、广西、海南、香港、台湾、云南；全世界热带及温暖地区均有分布。为一有价值的牧草。

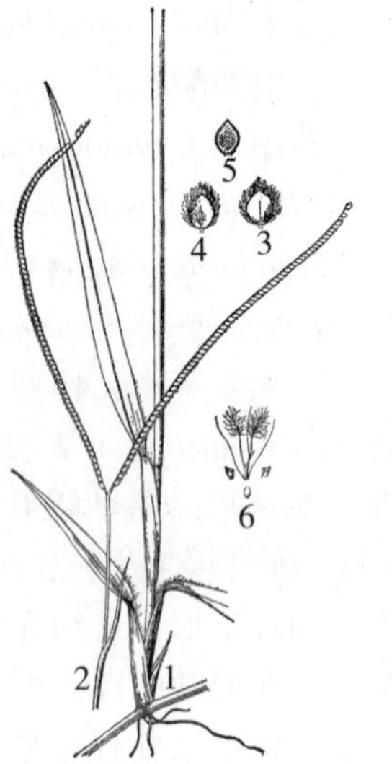

两耳草 *Paspalum conjugatum* P. J. Bergius

1. 植株下部　2. 花序　3. 小穗背面　4. 小穗腹面　5. 第二小花腹面　6. 鳞被、雄蕊与雌蕊

（3）圆果雀稗（变种）*Paspalum scrobiculatum* var. *orbiculare*（G. Forst.）Hack.

［*Paspalum orbiculare* G. Forst.；

Paspalum thunbergii var. *minus* Makino.］

多年生草本。秆直立，丛生，高 30~90cm。叶鞘长于其节间，无毛，鞘口有少数长柔毛，基部者生有白色柔毛；叶舌长约 1.5mm；叶片长披针形至线形，长 10~20cm，宽 5~10mm，大多无毛。总状花序长 3~8cm，2~10 个相互间距排列于长 1~3cm 之主轴上，分枝腋间有长柔毛；穗轴宽 1.5~2mm，边缘微粗糙；小穗椭圆形或倒卵形，长 2~2.3mm，单生于穗轴一侧，覆瓦状排列成 2 行；小穗柄微粗糙，长约 0.5mm；第二颖与第一外稃等长，具 3 条脉，顶端稍尖；第二外稃等长于小穗，成熟后褐色，革质，有光泽，具细点状粗糙。花果期 6~11 月。

河南仅见于桐柏山太白顶；生于山坡草地及旷野。分布于江苏、浙江、台湾、福建、江西、湖北、四川、贵州、云南、广西、广东；广泛生于低海拔区的荒坡、草地、路旁及田间；亚洲东南部至大洋洲均有分布。

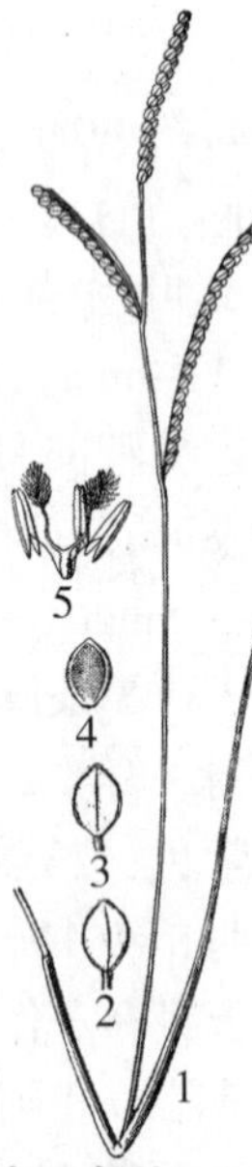

圆果雀稗（变种）*Paspalum scrobiculatum* var. *orbiculare*（G. Forst.）Hack.

1. 植株上部带花序　2. 小穗背面　3. 小穗腹面　4. 第二小花腹面　5. 雄蕊与雌蕊

9. 马唐属 *Digitaria* Haller

《河南植物志（第四册）》记载 5 种。本书除修订外，增补 1 种。

粒状马唐 *Digitaria abludens*（Roem. & Schult.）Veldkamp

［*Digitaria granularis*（Trin.）Henrard；

Digitaria pedicellaris（Hook. f.）Prain；

Helopus sanguinalis（Roxb.）Nees；

Milium capillaceum J. Koenig ex Steud.；

Milium sanguinale Roxb.；

Milium setaceum J. Koenig ex Steud.；

Panicum abludens Roem. & Schult.；

Panicum paradoxum Roth ex Steud.；

Panicum pedicellare（Hook. f.）Hack.；

Paspalum granulare Trin.;

Paspalum pedicellare Trin. ex Hook. f.;

Paspalum pedicellatum Nees ex Duthie]

一年生草本。秆直立，高 30~90cm，单一或下部分枝，有时基部倾卧地面，叶鞘通常无毛；叶舌长 1~1.5mm；叶片披针形至线形，长 2~15cm，宽 2~4mm，顶端渐尖，微粗糙，两面或上面有疣基长柔毛。总状花序长 3~8cm，2~4 个互生于较长主轴上，腋间生短髭毛或柔毛，穗轴三棱形，无翼，宽约 0.5mm，直立或斜升，边缘粗糙；小穗柄细，长 1mm 或 2~3mm 不等，顶端扩大呈浅盘状；小穗椭圆形至倒卵形，长 1.3~1.6mm，宽约 0.7mm；第一颖缺；第二颖长为小穗的 3/4，具 3 条脉，脉间及边缘具有较长的细头状棒毛，毛壁平滑；第一外稃顶端圆形，短于小穗，具等距 5~7 条脉，脉间与边缘具细头状棒毛；第二外稃黄褐色，具颗粒状纵行粗糙，顶端小尖头明显外露；花药长约 0.5mm。花期 6~9 月，果熟期 7~10 月。

河南产于信阳和南阳桐柏；生于海拔 1 000m 以下的山坡草地与林缘。分布于海南和云南等省；印度、缅甸至马来西亚等亚洲热带地区也有分布。

10. 披碱草属 *Elymus* L.

《河南植物志（第四册）》记载 5 种。本书增补 1 种（栽培），1 亚种。

（1）加拿大披碱草 *Elymus canadensis* L.

[*Elymus brachystachys* Scribn. & C. R. Ball;

Elymus crescendus (Ramaley) C. F. Wheeler;

Elymus glaucifolius Muhl. ex Willd.;

Elymus philadelphicus L.;

Elymus robustus Scribn. & J. G. Sm.;

Elymus wiegandii Fernald;

Hordeum canadense (L.) Asch. & Graebn.;

Hordeum patulum Moench;

Roegneria canadensis (L.) Hyl.;

Sitanion brodei Piper;

Terrellia canadensis (L.) Lunell]

多年生疏丛型禾草，植株浅绿色，茎粗糙，具短根茎。秆少数丛生，直立或基部稍膝曲，高约 1m。叶鞘无毛；叶片扁平，两面以及边缘粗糙或下面较平滑，长 20~30cm，宽 7~15mm。穗状花序较紧密而下垂，长 12~20cm（芒在内），通常每节具 2~3 枚小穗；小穗长 10~18mm（芒除外），含（2~）3~5 朵小花；颖线形，通常长约 1cm，具 3~4 条明显的脉，脉上粗糙或具小刺毛，先端具芒，芒长 7~18mm；外稃披针形，上部具明显的 5 条脉，全部密生糙毛或仅疏生小刺毛而粗糙，第一外稃长 10~17mm（连同基盘），先端具芒，芒通常长 2~3cm，成熟后向外展开或弯曲；内稃稍短或等长于外稃，先端尖或钝圆而微凹，脊上具纤毛，脊间具短毛。

原产于北美洲。郑州、中牟等地有引种栽培作牧草，北京等地也有引种栽培。

（2）毛秆披碱草（亚种）*Elymus pendulinus* subsp. *pubicaulis* (Keng) S. L. Chen

[*Roegneria pubicaulis* Keng;

Roegneria pendulina f. *pubinodis*（Keng）Kitag.；
Roegneria pendulina var. *pubinodis* Keng］

多年生禾草秆疏丛生，高60~90cm，秆的露出部分、节上以及叶鞘下部均密生倒毛，上部叶鞘的毛较稀少。叶片扁平，两面粗糙，长10~20cm，宽3~8mm。穗状花序细弱，先端垂头，长12~15cm；小穗绿色而基部稍带紫色，长约25mm，含4~5朵小花；颖长圆状披针形，长7~9mm，先端锐尖或具1小尖头，具5~7条明显而粗糙的脉；外稃披针形，背部粗糙，上部边缘具纤毛，第一外稃长9mm，先端芒细弱而劲直或稍弯曲，长20~30mm；内稃与外稃等长，背具细毛，先端钝或稍下凹，脊上半部具硬纤毛，其毛向下则渐稀而短小，至基部则无毛。花果期6~7月。

河南仅见于西峡太平镇；生于山坡或河沟边草地上。分布于甘肃、辽宁、内蒙古、陕西、云南。

11. 燕麦属 *Avena* L.

《河南植物志（第四册）》记载连栽培3种，3变种。本书增补1种（栽培），1亚种（栽培）。

（1）裂稃燕麦 *Avena barbata* Pott ex Link

［*Avena agadiriana* B. R. Baum & G. Fedak；
Avena almeriensis Gand.；
Avena atheranthera C. Presl；
Avena atlantica B. R. Baum & G. Fedak；
Avena canariensis B. R. Baum，Rajhathy & D. R. Sampson；
Avena cypria Sibth.；
Avena damascena Rajhathy & B. R. Baum；
Avena hirsuta Roth；
Avena hirtula Lag.；
Avena hoppeana Scheele；
Avena lagascae Sennen；
Avena lusitanica（Tab. Morais）B. R. Baum；
Avena malzevii Tzvelev；
Avena matritensis B. R. Baum；
Avena maxima C. Presl；
Avena sallentiana Pau；
Avena serrulatiglumis Sennen & Mauricio；
Avena wiestii Steud.］

一年生草本。秆粗壮，直立，光滑无毛，高30~100cm。叶舌膜质，长1~2mm；叶片扁平，宽达5mm，无毛，上面粗糙。圆锥花序疏松开展，下垂，分枝纤细，长6.2~9.6cm，光滑无毛；小穗卵状长披针形，含2~3朵小花，长约

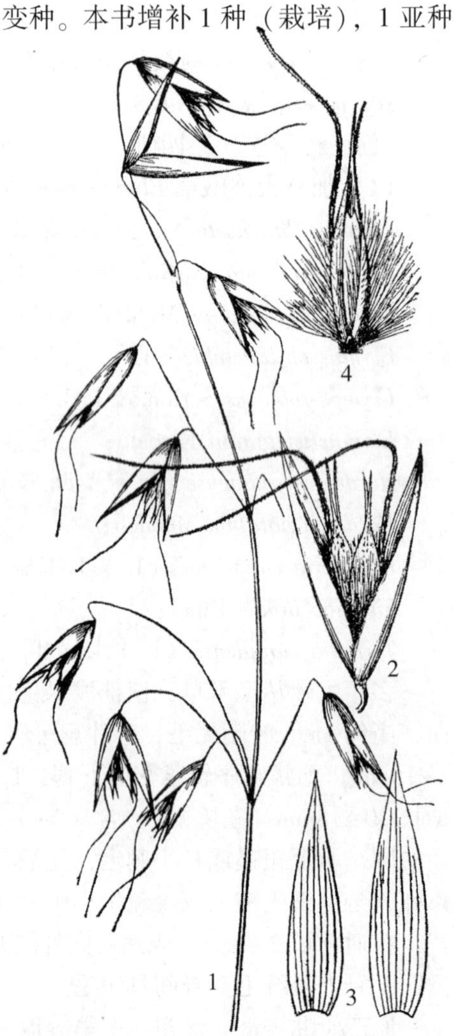

裂稃燕麦 *Avena barbata* Pott ex Link
1. 花序　2. 小穗　3. 颖片　4. 第一小花

25mm；小穗轴节间长约 3. 5mm，被长柔毛，具关节，成熟时各小花之间易断落；颖近相等，长约 25mm，具 9 脉，光滑无毛；外稃长披针形，第一外稃长约 23mm，1/2 以下全被长约 7mm 浅褐色长毛，顶端深裂成 2 枚，裂片渐尖呈芒状，长 3~4mm，背部约 1/2 处伸出 1 芒，长约 40mm，膝曲，芒柱扭转，长约 16mm，芒针细直，长约 24mm；内稃较外稃短，长约 12mm，具 2 脊，脊上具短纤毛；子房长卵形，被柔毛。

原产于欧洲俄罗斯南部、印度的西北部及南部非洲。原郑州市乳牛场在 20 世纪 60 年代有引种栽培作牧草，现有逸生。我国南京中山植物园也有引种栽培。

（2）长颖燕麦（亚种）*Avena sterilis* subsp. *ludoviciana*（Durieu） Gillet & Magne

[*Avena ludoviciana* Durieu;

Avena macrocalyx Sennen;

Avena melillensis Sennen & Mauricio;

Avena persica Steud. ;

Avena trichophylla K. Koch]

一年生草本。秆直立，光滑无毛，高 50~100cm，直径 3~5mm。叶鞘松弛，光滑无毛或下部者被柔毛，常长于节间；叶舌膜质，钝圆，顶端齿裂，长 3~5mm；叶片扁平，长 20~30cm，宽达 1. 5cm，下面光滑或粗糙，上面疏被柔毛。圆锥花序大，开展，长 30~50cm，具多数小穗，分枝纤细，具棱角，粗糙，下垂；小穗含 2~3 朵小花，花序下部者常具 2 朵小花；小穗轴节间短，无毛，第一小花基部具加粗的基盘，并具关节，成熟期易断落，其他小花不具关节，成熟期不易断落；颖草质，两者近相等，披针形，长 25~30mm，具 7~9 条脉，脉间有小横脉，光滑无毛；外稃披针形，长 16~25mm，顶端具短的 2 齿裂，背部 1/2 以下密被淡褐色柔毛，长 5~7mm，基盘加粗，密被淡褐色长 3~5mm 的柔毛，自背中部伸出 1 膝曲的长芒，长 50~70mm，芒柱扭转，长 15~20mm，芒针细长，长 35~45mm；内稃较外稃甚短，第一内稃长约 15mm，具 2 脊，脊上被短毛；子房长约 10mm，密被长约 2mm 棕褐色柔毛；雄蕊 3 枚，花药长约 3mm。花期 4~5 月，果熟期 6~9 月。

分布于欧洲、亚洲中部到印度西北部。原郑州市乳牛场在 20 世纪 60 年代有引种栽培作牧草，现有逸生。我国云南等省有引种栽培。

12. 黄花茅属 *Anthoxanthum* L.

《河南植物志（第四册）》在茅香属 *Hierochloe* R. Br. 下记载 1 种，1 变种。本书除修订外，增补 1 种。

光稃香草 *Anthoxanthum glabrum*（Trin.） Veldkamp（彩版图 141）

多年生草本。根茎细长。秆高 10~30cm，具 2~3 节，上部常裸露。叶鞘密生微毛，长于节间；叶舌透明膜质，长 2~5mm，先端啮蚀状；叶片披针形，质较厚，上面被微毛，秆生者较短，长 2~5cm，宽约 3mm，基生者较长而窄狭。圆锥花序长 3~6cm；小穗黄褐色，有光泽，长 2. 5~4. 5mm；颖膜质，具 1~3 条脉，等长或第一颖稍短；雄花外稃等长或较长于颖片，背部向上渐被微毛或几乎无毛，边缘具纤毛；两性花外稃锐尖，长 2~2. 5mm，上部被短毛。花果期 6~9 月。

产于河南郑州；生于荒地、山坡或湿润草地。分布于安徽、河北、黑龙江、江苏、吉林、辽宁、内蒙古、青海、山东、新疆、云南、浙江；哈萨克斯坦、蒙古、俄罗斯均有分布。

13. 看麦娘属 *Alopecurus* L.

《河南植物志（第四册）》记载 2 种。本书增补 1 种（栽培逸生）。

大看麦娘 *Alopecurus pratensis* L.

多年生草本。具短根茎。秆少数丛生，直立或基部稍膝曲，高达 1.5m，具 3~5 节。叶鞘光滑，大都短于节间，松弛；叶舌膜质，长 2~4mm；叶片长 5~25cm，宽 3~10mm，上面平滑。圆锥花序圆柱状，长 3~8cm，宽 6~10mm，灰绿色；小穗椭圆形，长约 5mm；颖下部 1/3 互相连合，脊上具纤毛，侧脉也具短毛；外稃等长或稍长于颖，顶端生微毛，芒长 6~8mm，近稃体基部伸出，中部膝曲，上部粗糙，显著外露；雄蕊 3 枚，花药黄色，长 2~2.5mm。颖果半椭圆形，长约 3mm。花果期 4~8 月。

大看麦娘 *Alopecurus pratensis* L.

河南仅见于中牟；生于沟边草地，很可能为栽培逸生。我国其他一些地区有引种栽培。分布于黑龙江、内蒙古、新疆；哈萨克斯坦、吉尔吉斯斯坦、蒙古、俄罗斯、塔吉克斯坦、乌兹别克斯坦以及西南亚洲、欧洲也有分布。

14. 孔颖草属 *Bothriochloa* Kuntze

《河南植物志（第四册）》记载 1 种。本书增补 1 种。

臭根子草 *Bothriochloa bladhii*（Retz.）S. T. Blake

多年生草本，须根粗壮。秆疏丛生，直立或基部倾斜，高 50~100cm，一侧有凹沟，具多节，节被白色短髯毛或无毛。叶鞘无毛，上部者短于下部者长于节间；叶舌膜质，截平，长 0.5~2mm；叶片线形，长 10~25cm，宽 1~4mm，先端长渐尖，基部圆形，两面疏生疣毛或下面无毛，边缘粗糙。圆锥花序长 9~11cm，主轴长 3~5cm，每节具 1~3 个单纯的总状花序；总状花序长 3~8cm，具总梗；总状花序轴节间与小穗柄两侧具丝状纤毛。无柄小穗两性，长圆状披针形，长 3.5~4mm，灰绿色或带紫色，基盘具白色髯毛；第一颖背腹扁，具 5~7 条脉，背部稍下凹，无毛或中部以下疏生白色柔毛，先端钝，边缘内折，上部微成 2 脊，脊上具小纤毛；第二颖舟形，与第一颖等长，先端尖，具 3 条脉，边缘近于膜质，上部具纤毛；第一外稃卵形或长圆状披针形，长 2~3mm，先端尖，边缘及顶端有时疏生纤毛；第二外稃退化成线形，先端具 1 膝曲

臭根子草 *Bothriochloa bladhii*（Retz.）S. T. Blake

1. 植株　2. 小穗　3. 小花

的芒，芒长10~16mm。有柄小穗中性，稀为雄性，较无柄者狭窄，无芒；第一颖具7~9条脉，无毛；第二颖扁平，质较薄。花果期7~10月。

河南见于驻马店（王桥）和郑州（花园口）；生于沟边草地、河岸、路边。分布于安徽、福建、广东、广西、贵州、湖北、湖南、陕西、四川、台湾、新疆、云南；不丹、印度、印度尼西亚、日本、马来西亚、尼泊尔、巴布亚新几内亚、巴基斯坦、泰国、非洲、亚洲（西南部）、澳大利亚均有分布。

15. 淡竹叶属 *Lophatherum* Brongn.

《河南植物志（第四册）》记载1种。本书增补1种。

中华淡竹叶 *Lophatherum sinense* Rendle

多年生草本；须根下部膨大成纺锤形。秆直立，高40~100cm，具6~7节。叶鞘长于其节间；叶舌短小，质硬；叶片披针形，长5~20cm，宽1.5~2.5cm，具横脉，基部收缩成柄。圆锥花序狭窄挺直，长约20cm；分枝斜上直立，长达5cm；小穗卵状披针形，长7~9mm，宽2.5~3mm，着生于穗轴之一侧；颖宽卵形，具5（7）脉，长4~5mm；第一外稃长约6mm，宽约5mm，具7条脉，顶端具长约1mm短芒；内稃较短，不育外稃互相密集包卷；雄蕊2枚，花药长约1.5mm。颖果长椭圆形。花果期8~10月。

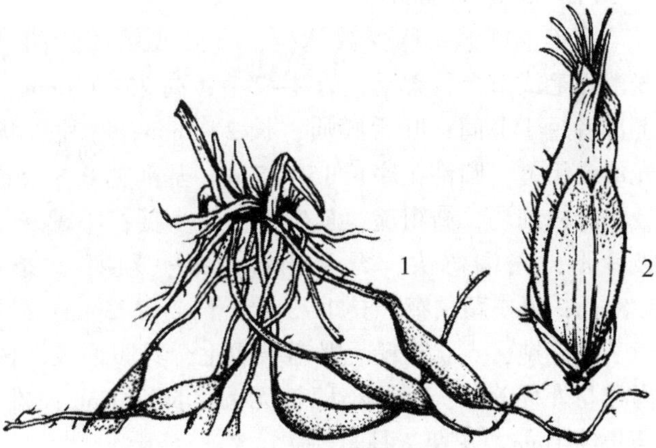

中华淡竹叶 *Lophatherum sinense* Rendle
1. 小块根 2. 小穗

产于河南大别山区的新县连康山和商城金刚台；生于山坡林下荫处或溪旁草丛。分布于江苏、浙江、江西、湖南；日本、韩国也有分布。本种膨大块根和叶均作药用。

16. 沟稃草属 *Aniselytron* Merrill（新增属）

多年生草本。圆锥花序开展；小穗含1朵小花，脱节于颖之上，小穗轴延伸于内稃之后为1短小的刺毛；颖不相等，第一颖较小，具1条脉，第二颖具1~3条脉；外稃与小穗等长，纸质，先端稍膜质，无芒，具5条脉，基盘常具短毛；内稃与外稃等长，膜质，具2脊；鳞被2个，楔形；雄蕊3枚，花药线形；子房长圆形，无毛，花柱短，柱头羽状。颖果细长，与稃分离，胚小。

本属2种，分布于印度（北部）、印度尼西亚、日本。中国有2种。河南有1种。

沟稃草 *Aniselytron treutleri*（Kuntze）Soják

［*Milium treutleri* Kuntze；

Aniselytron clemensae（Hitchc.）Soják；

Aniselytron japonica（Hack.）Bennet & Raizada；

Aniselytron milioides（Honda）Bennet & Raizada；

Aniselytron pseudopoa（Jansen）Soják；

Aulacolepis clemensae Hitchc.；
Aulacolepis japonica Hack.；
Aulacolepis milioides（Honda）Ohwi；
Aulacolepis pseudopoa（Jansen）Ohwi；
Aulacolepis treutleri（Kuntze）Hack.；
Calamagrostis japonica（Hack.）Govaerts；
Calamagrostis treutleri（Kuntze）U. Shukla；
Deyeuxia treutleri（Kuntze）Stapf；
Milium treutleri Kuntze；
Neoaulacolepis japonica（Hack.）Rauschert；
Neoaulacolepis treutleri（Kuntze）Rauschert；
Poa milioides Honda.］

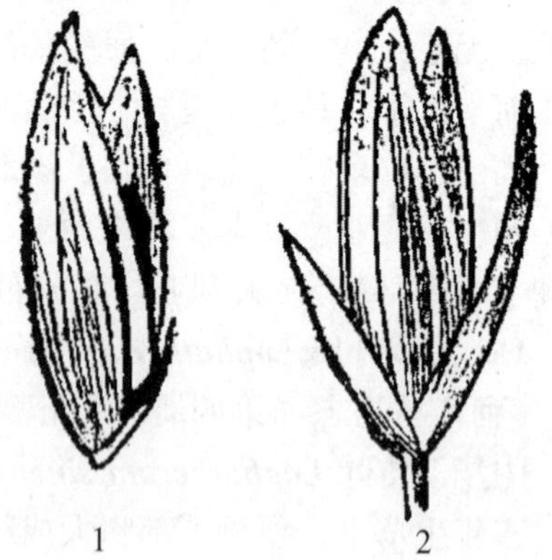

沟稃草 *Aniselytron treutleri*（Kuntze）Soják
1. 小花　2. 小穗

多年生草本。秆少数丛生，直立或基部膝曲，光滑无毛或节上具柔毛，有3~7节，高75~110cm。叶鞘光滑无毛或边缘有细毛，长于或上部者短于节间；叶舌膜质，长2~4mm；叶片线状披针形，长15~30cm，宽6~10mm，光滑或粗糙。圆锥花序长15~25cm，基部宽0.8~5cm，下部各节具5~6条近于轮生之分枝，分枝细弱，微粗糙，疏生小枝及小穗；小穗灰绿色，长2.5~3mm；颖不等长，卵状披针形，先端急尖，脊上粗糙，第一颖具1条脉，长1~1.8mm，第二颖稍窄，具1~3脉，长2~2.2mm；外稃与小穗等长，先端钝，点状粗糙，基盘被短毛，其腹面及两侧之毛较长；内稃与外稃等长；延伸小穗轴无毛，长约1mm；雄蕊3枚，花药长约1mm。花期7月。

河南产于桐柏、卢氏（扁担沟）；生于海拔1 000~2 000m的林下、山谷、草地等阴湿处。分布于福建、湖北、四川、贵州、广西、台湾、云南等省区；不丹、印度（大吉岭、锡金邦）、印度尼西亚（苏门答腊）、日本、马来西亚（沙巴）、缅甸（北部）、越南（北部）均有分布。

17. 乱子草属 *Muhlenbergia* Schreb.

《河南植物志（第四册）》记载2种。本书增补1种。

箱根乱子草 *Muhlenbergia hakonensis*（Hack.）Makino

［*Muhlenbergia japonica* var. *hakonensis* Hack. ex Matsum.］

箱根乱子草 *Muhlenbergia hakonensis*（Hack.）Makino
1. 植株下部　2. 花序
3. 小穗　4. 小花（去芒）

多年生草本。具匍匐根茎，长3~5cm，径约2mm，被质地较硬且背部隆起的鳞片。秆直立，上部不分枝，细弱，高40~80cm，基部径约1mm，光滑无毛，节处稍膨大，尤以基部为最明显。叶鞘疏松，光滑无毛，长于或短于节间；叶舌膜质，长0.5~1mm，先端平截，呈破碎状；叶片扁平，长5.5~12cm，宽2~5mm，两面及边缘糙涩或背面较光滑。圆锥花序狭窄，近线形，长15~23cm，宽约5mm，具稀疏的分枝，分枝单生或孪生，直立，粗糙，较短；小穗灰绿色，狭披针形，长约5mm，小穗柄较小穗短，糙涩，贴向穗轴；颖薄纸质，两颖近相等或第一颖稍短，长3

~4mm，先端渐尖，具 1 条脉，脉上稍糙涩；外稃与小穗等长，膜质，具铅绿色斑纹，具 3 条脉，下部约 1/4 具较短的柔毛，顶端伸出 1 芒，芒糙涩，长 5~9mm；内稃与外稃等长，具 2 条脉；花药黄色，长 1.5~2mm。颖果红褐色，细长，圆柱形，长约 3mm，种脐狭卵形，长为颖果的 1/3。花果期 7~10 月。

见于河南大别山区的商城金刚台和桐柏山区的太白顶；生于山坡草地或林下。分布于安徽、四川；日本、朝鲜也有分布。

（一七〇）莎草科 Cyperaeae

《河南植物志（第四册）》记载 12 属，119 种，3 变种，2 变型，9 栽培变种。

其中：

藨草 *Scirpus triqueter* L. 和青岛藨草 *Scirpus trisetosus* Tang & F. T. Wang 均为三棱水葱 *Schoenoplectus triqueter*（L.）Palla 的异名；

水毛花 *Scirpus triangulatus* Roxb. 为水毛花（亚种）*Schoenoplectus mucronatus* subsp. *robustus*（Miq.）T. Koyama 的异名；

水葱 *Scirpus tabernaemontani* C. C. Gmel. 为水葱 *Schoenoplectus tabernaemontani*（C. C. Gmel.）Palla 的异名；

萤蔺 *Scirpus juncoides* Roxb. 为萤蔺 *Schoenoplectus juncoides*（Roxb.）Palla 的异名；

类头状花序藨草 *Scirpus subcapitatus* Thwaites & Hook. 为玉山针蔺 *Trichophorum subcapitatum*（Thwaites & Hook.）D. A. Simpson 的异名；

扁秆藨草 *Scirpus planiculmis* F. Schmidt 为扁秆荆三棱 *Bolboschoenus planiculmis*（F. Schmidt）T. V. Egorova 的异名；

荆三棱 *Scirpus yagara* Ohwi 为荆三棱 *Bolboschoenus yagara*（Ohwi）Y. C. Yang & M. Zhan 的异名；

朔北林生藨草（变种）*Scirpus sylvaticus* var. *maximowiczii* Regel 为东方藨草 *Scirpus orientalis* Ohwi 的异名；

荸荠、地梨 *Eleocharis tuberosa* Schult. 为荸荠 *Eleocharis dulcis*（Burm. f.）Trin. ex Hensch. 的异名；

龙师草 *Eleocharis tetraqueter* Nees 应为龙师草 *Eleocharis tetraquetra* Nees；

羽毛荸荠 *Eleocharis wichurai* Bocklr. 应为羽毛荸荠 *Eleocharis wichurae* Boeckeler；

透明鳞荸荠 *Eleocharis pellucida* Presl 应为透明鳞荸荠 *Eleocharis pellucida* J. Presl & C. Presl；

刚毛荸荠 *Eleocharis valleculosa* Ohwi 应为具刚毛荸荠（变种）*Eleocharis valleculosa* var. *setosa* Ohwi；

球柱草 *Bulbostylis barbata*（Rottb.）Kunth 应为球柱草 *Bulbostylis barbata*（Rottb.）C. B. Clarke；

水虱草 *Fimbristylis miliacea*（L.）Vahl 为水虱草 *Fimbristylis littoralis* Gaudich. 的异名；

结壮飘拂草 *Fimbristylis rigidula* Ness 应为结壮飘拂草 *Fimbristylis rigidula* Nees；

双穗飘拂草 *Fimbristylis subbispicata* Ness et Meyen 应为双穗飘拂草 *Fimbristylis subbispicata* Nees & Meyen；

复序飘拂草 *Fimbristylis bisumbellata*（Forsk.）Bubani［《河南植物志（第四册）》259 页图 2588 误为复穗飘拂草 *Fimbristylis bisumbellata*（Forsk.）Bubani］应为复序飘拂草 *Fimbristylis bisumbellata*（Forssk.）Bubani；

夏飘拂草 *Fimbristylis aestivalis* Vahl 应为夏飘拂草 *Fimbristylis aestivalis*（Retz.）Vahl；

直穗莎草、三轮草 *Cyperus orthostachyus* Franch. et Savat. 应为三轮草 *Cyperus orthostachyus* Franch. & Sav.；

风车草（亚种）*Cyperus alternifolius* subsp. *flabelliformis* Kük. 为风车草 *Cyperus involucratus* Rottb. 的异名；

水莎草属 *Juncellus* C. B. Clark 为莎草属 *Cyperus* L. 的异名；

水莎草 *Juncellus serotinus*（Rottb.）C. B. Clarke 为水莎草 *Cyperus serotinus* Rottb. 的异名；

花穗水莎草 *Juncellus pannonicus*（Jacq.）C. B. Clarke 为花穗水莎草 *Cyperus pannonicus* Jacq. 的异名；

球穗扁莎 *Pycreus globosus*（All.）Reichb. 为球穗扁莎 *Pycreus flavidus*（Retz.）T. Koyama 的异名；

直穗扁莎草（变种）*Pycreus globosus* var. *strictus* C. B. Clark 为直球穗扁莎（变种）*Pycreus flavidus* var. *strictus* C. Y. Wu ex Karthik. 的异名；

栗鳞扁莎（变种）*Pycreus globosus* var. *nilagiricus* C. B. Clark 为小球穗扁莎 *Pycreus flavidus* var. *nilagiricus*（Hochst. ex Steud.）C. Y. Wu ex Karthik.；

红鳞扁莎 *Pycreus sanguinolentus*（Vahl）Nees 应为红鳞扁莎 *Pycreus sanguinolentus*（Vahl）Nees ex C. B. Clarke；

矮红鳞扁莎草（变型）*Pycreus sanguinolentus* f. *humilis*（Miq.）L. K. Dai 和红缘扁莎草（变型）*Pycreus sanguinolentus* f. *rubromarginatus*（Schrenk）L. K. Dai 均为红鳞扁莎 *Pycreus sanguinolentus*（Vahl）Nees ex C. B. Clarke 的异名；

砖子苗属 *Mariscus* Vahl［《河南植物志（第四册）》270 页为 *Mariscus* Gaertn.］为莎草属 *Cyperus* L. 的异名；

砖子苗 *Mariscus umbellatus* Vahl 为砖子苗 *Cyperus cyperoides*（L.）Kuntze 的异名；

光鳞水蜈蚣（变种）*Kyllinga brevifolia* var. *leiolepis* Hara 应为无刺鳞水蜈蚣（变种）*Kyllinga brevifolia* var. *leiolepis*（Franch. & Sav.）H. Hara；

苔草属 *Carex* L. 应为薹草属 *Carex* L.（是河南含种类最多的属之一，其所有种的中文名“苔草”均应为薹草）；

云雾苔草 *Carex nubigena* D. Don 应为云雾薹草 *Carex nubigena* D. Don ex Tilloch & Taylor；

细叶苔草、白颖苔草 *Carex rigescens*（Franch.）V. I. Krecz. 为白颖薹草（亚种）*Carex duriuscula* subsp. *rigescens*（Franch.）S. Yun Liang & Y. C. Tang 的异名；

中亚苔草 *Carex stenophylloides* V. I. Krecz. 为细叶薹草（亚种）*Carex stenophylla* subsp. *stenophylloides*（V. I. Krecz.）T. V. Egorova 的异名；

大理苔草 *Carex taliensis* Franch. 为大理薹草（变种）*Carex rubrobrunnea* var. *taliensis*

(Franch.) Kük. 的异名；

青绿苔草、青菅 *Carex leucochlora* Bunge 为青绿薹草 *Carex breviculmis* R. Br. 的异名；

白鳞苔草 *Carex polyschoena* H. Lév. & Vaniot 为豌豆形薹草 *Carex pisiformis* Boott 的异名；

类白鳞苔草 *Carex polyschoenoides* S. P. Cws. 应为类白穗薹草 *Carex polyschoenoides* K. T. Fu；

短芒苔草 *Care xbreviaristata* S. P. Cws. 应为短芒薹草 *Carex breviaristata* K. T. Fu；

亚柄苔草 *Carex subpediformis* (Kük.) Sutô & Suzuki 为亚柄薹草（变种）*Carex lanceolata* var. *subpediformis* Kük. 的异名；

丝杆苔草 *Carex filamentosa* S. P. Cws. 为丝秆薹草 *Carex capilliculmis* S. R. Zhang 的异名；

褐绿苔草 *Carex stipitinux* C. B. Clarke 应为柄果薹草 *Carex stipitinux* C. B. Clarke ex Franch.；

湖北苔草 *Carex henryi* C. B. Clarke 应为亨氏薹草 *Carex henryi* (C. B. Clarke) L. K. Dai；

亚大苔草 *Carex brownii* Tuckerm 应为亚澳薹草 *Carex brownii* Tuck.；

假弯喙苔草 *Carex pseudodispalata* S. P. Cws. 应为似皱果薹草 *Carex pseudodispalata* K. T. Fu；

弯囊苔草 *Carex dispalata* Boott 应为皱果薹草 *Carex dispalata* Boott ex A. Gray；

太白山苔草 *Carex taipaishanica* S. P. Cws. 应为太白山薹草 *Carex taipaishanica* K. T. Fu；

弯喙苔草 *Carex laticeps* C. B. Clarke 应为弯喙薹草 *Carex laticeps* C. B. Clarke ex Franch.；

羊角苔草、弓嘴苔草 *Carex capricornis* Meinsh. 应为弓喙薹草 *Carex capricornis* Meinsh. ex Maxim.；

舌叶苔草 *Carex ligulata* Nees et Wight 应为舌叶薹草 *Carex ligulata* Nees。

本书另增补 2 属，9 种。

1. 水葱属 *Schoenoplectus* (Reichenb.) Palla（新增属）

草本，丛生或散生，具根状茎或无，有时具匍匐根状茎或块茎。秆三棱形，很少圆柱状，有节或无节，具基生叶或秆生叶，或兼而有之，有时叶片不发达，或叶片退化只有叶鞘生于秆的基部。叶扁平，很少为半圆柱状；苞片为秆的延长或呈鳞片状或叶状。长侧枝聚伞花序简单或复出，顶生或几个组成圆锥花序，或小穗成簇而为假侧生，很少只有 1 个顶生的小穗；小穗具少数至多数花；鳞片螺旋状覆瓦式排列，很少呈 2 列，每鳞片内均具 1 朵两性花，或最下 1 至数鳞片中空无花，极少最上 1 鳞片内具 1 朵雄花；下鳞刚毛 2~6 根，很少为 7~9 根或不存在，一般直立，少有弯曲，较小坚果长或短，常有倒刺，少数有顺刺，或有时只有上部有刺，很少全部平滑而无刺；雄蕊 1~3 枚；花柱与子房连生，柱头 2~3 个。小坚果三棱形或双凸状。

本属大约 77 种，全世界广布。中国 22 种（含 5 特有种）。河南有 4 种，1 亚种。其中的 3 种，1 亚种在《河南植物志（第四册）》中被列入藨草属 *Scirpus* L.，本书另增补 1 种。

羽状刚毛水葱 *Schoenoplectus litoralis* (Schrader) Palla

多年生草本。根状茎短，匍匐茎纤细，爬行。秆直立，高 50~120cm，粗 3~10mm，三棱形或近花序部分钝三棱形，绿灰色。基部具有几个叶鞘，鞘纸质，横脉明显突起，裂口处为膜质，开裂后边缘具网状纤维。常无叶片，很少有 1 枚叶片，短于秆，宽约 4mm。苞片 1 枚，为秆的延长，长于或短于花序，坚挺，近似钻状，一面稍扁平，基部两侧具有宽约1mm的膜质边缘；长侧枝聚伞花序简单或复出，假侧生，具5~7个辐射枝；辐射枝长可达4.5cm，扁三棱形，棱上粗糙，基部均具1小苞片；小苞片膜质，披针形，顶端具短尖，白色半透明；小穗单个或成对着生于辐射枝顶端，卵形或长圆状卵形，长6~12mm，具多数花；鳞片膜质，长圆形或椭圆形，顶端钝或微凹，具短尖，长3~4mm，背面具1条黄色中肋，沿中肋两边为红棕色，两侧具白色半透明的宽边；下位刚毛3~5条，呈羽状，锈色，和小坚果仅等长；雄蕊2枚或多为3枚，花药线形：长1.5~2mm，药隔突出，白色透明，突出部分具许多短刺毛；花柱中等长，柱头3个。小坚果宽倒卵形，扁双凸状，大小约2mm×1.3mm，光滑，深红褐色到黑色。花果期7~9月。

河南仅见于伏牛山；生长于水边湿地。分布于甘肃、宁夏、青海、山西、四川、新疆；阿富汗、印度、印度尼西亚、哈萨克斯坦、吉尔吉斯斯坦、蒙古、巴基斯坦、巴布亚新几内亚、菲律宾、塔吉克斯坦、泰国、土库曼斯坦、乌兹别克斯坦、越南以及非洲、亚洲（西南部）、澳大利亚、欧洲、印度洋岛屿、马达加斯加、太平洋岛屿均有分布。

2. 嵩草属 *Kobresia* Willd.（新增属）

多年生草本。根状茎极短，偶具匍匐茎蔓延。秆密丛生，直立，三棱形或圆柱形，基部具或疏或密的宿存叶鞘。叶基生，较少秆生，平张或边缘外卷呈线形。小穗多数或单一顶生，如为多数则组成穗状花序或穗状圆锥花序，两性或单性，后者为雌雄同株异序或异株，含多数支小穗；支小穗单性或两性，单性者仅含1朵雄花或1朵雌花，两性者通常为雄雌顺序，即在基部1朵雌花之上具1至若干朵雄花；雄花具1枚鳞片，雄蕊2~3枚生于鳞片腋内；雌花亦具1枚鳞片，1枚由2枚小苞片愈合而成的先出叶生于鳞片腋内并与之对生，雌蕊1枚被先出叶所包；子房上位，柱头2~3个。果为小坚果，三棱形、双凸状或平凸状，完全或不完全为先出叶所包。退化小穗轴通常存在于雌性支小穗之中。

本属约54种；主要分布在北半球温带地区。中国有44种（约16特有种）。河南有1种。

嵩草 *Kobresia myosuroides*（Vill.）Fiori

［*Carex myosuroides* Vill.；
Carex bellardii All.；
Elyna myosuroides（Vill.）Fritsch ex Janch.；
Elyna spicata Schrad.；
Kobresia scirpina Willd.］

多年生草本，根状茎短。秆密丛生，纤细，高10~50cm，粗0.7~1mm，柔软，钝三棱形，基部具褐色至栗褐色有光泽的宿存叶鞘。叶短于秆或与秆近等长，丝状，柔软，腹面具沟。穗状花序线状圆柱形，长10~35mm，粗2（~3）mm；支小穗多数，稍疏生，顶生的雄性，侧生的雄雌顺序，在基部雌花之上具1（2）朵雄花，极少数在雌花之上无雄花；鳞片卵形、长圆形或披针形，长2.5~4mm，顶端钝、圆或渐尖，纸质，栗褐色，有光泽，有宽的白色膜质边缘，具1条中脉。先出叶卵形、椭圆形或长圆形，长2~3.5mm，膜质，下部白色，上部栗褐色，在腹面边缘分离至3/4或2/3处，背面具微粗糙的2脊，脊间无脉，顶端渐尖或钝形。小坚果倒卵形或长圆形，三棱形，有

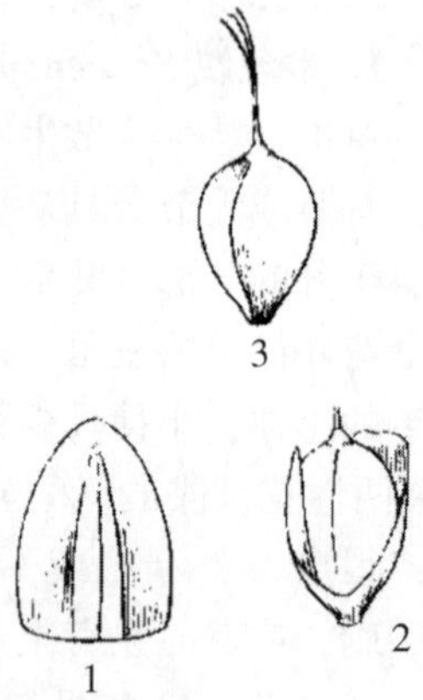

嵩草 *Kobresia myosuroides*（Vill.）Fiori（蔡淑琴绘）

1. 鳞片　2. 侧生枝小穗　3. 小坚果

时为双凸状，长 2~2.5mm，黄绿色，成熟后为暗灰褐色，有光泽，基部几无柄，顶端具短喙；花柱基部稍增粗，柱头 3 个，有时 2 个。花期 5~6 月，果熟期 7~9 月。

河南仅见于济源市斗岭；生于河沟旁。分布于吉林、内蒙古、河北、山西、宁夏、甘肃、青海、新疆、四川、西藏；俄罗斯（西伯利亚、远东地区）、哈萨克斯坦（中亚地区）、吉尔吉斯斯坦（天山）、朝鲜、日本、蒙古及欧洲、北美洲也有分布。

本种的雄花通常含 3 枚雄蕊，但有少数植株的雄花含 2 枚雄蕊，同时也有含 3 枚雄蕊与含 2 枚雄蕊的雄花生在同一穗状花序上的情况；小坚果也有与上述类似的变异，它们通常为三棱形，有少数为双凸状或平凸状，前者在花期有 3 枚雄蕊，后者为 2 枚，也有两者出现在同一花序上的变异。

3. 莎草属 *Cyperus* L.

《河南植物志（第四册）》记载 14 种（含 1 栽培种）。本书除修订外，增补 1 种。

窄穗莎草 *Cyperus tenuispica* Steud.

多年生草本，具须根。秆丛生，细弱，高 3~27cm，扁三棱形，平滑，基部具少数叶。叶短于秆，宽 2~3mm，平张；叶鞘稍长。苞片通常 2 枚，叶状，其中 1 枚常长于花序；长侧枝聚伞花序复出或有时为简单，具 4~8 个辐射枝，最长辐射枝达 7cm；小穗 3~12 个呈指状排列，线形，长 3~12mm，宽约 1mm，具 10~40 朵花；小穗轴无翅；鳞片疏松排列，膜质，椭圆形，顶端钝或近于截形，长不及 1mm，背面中间黄绿色，两侧深褐色，脉不明显；雄蕊 1 枚或 2 枚，花药线形，顶端无刚毛状附属物；花柱长，柱头 3 个。小坚果极小，长仅 0.25mm，倒卵形，淡黄色，表面有小疣状突起，具光泽。花果期 9~11 月。

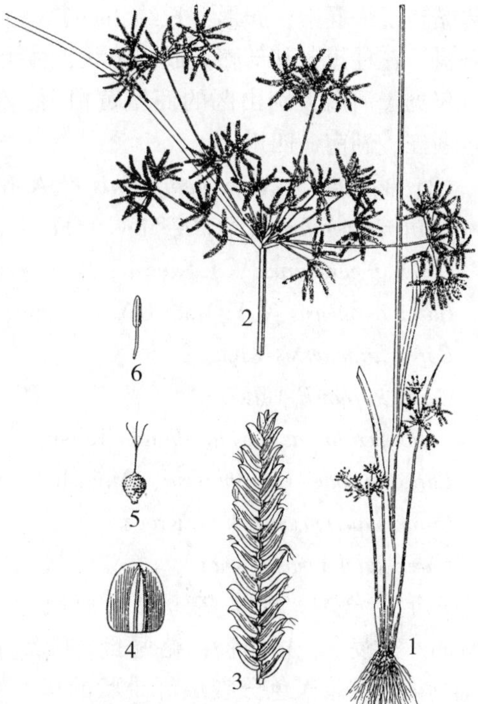

窄穗莎草 *Cyperus tenuispica* Steud.
1. 植株一部分　2. 花序　3. 小穗　4. 鳞片
5. 小坚果　6. 雄蕊

河南仅见于桐柏；多生于低海拔地区的空旷田野或疏林下。分布于安徽、广东、广西、贵州、海南、湖南、江苏、江西、四川、台湾、西藏、浙江；不丹、印度、印度尼西亚、日本、克什米尔地区、韩国、老挝、马来西亚、缅甸、尼泊尔、斯里兰卡、塔吉克斯坦、泰国、乌兹别克斯坦、越南以及热带非洲、澳大利亚、印度洋岛屿均有分布。

4. 薹草属 *Carex* L.

《河南植物志（第四册）》记载 62 种。本书除修订外，增补 6 种。

（1）仲氏薹草 *Carex chungii* Z. P. Wang（彩版图 142）

［*Carex anhuiensis* S. W. Su & S. M. Xu；

Carex truncatirostris S. W. Su & S. M. Xu;

Carex truncatirostris f. *erostris* S. W. Su & S. M. Xu;

Carex xuanchengensis S. W. Su & S. M. Xu]

多年生草本，根状茎短。秆丛生，高25~50cm，纤细，三棱形，稍粗糙，基部叶鞘无叶片或具短叶片，常分裂成纤维状。叶长于或短于秆，宽1.5~2（~3）mm，平张。苞片基的叶状，少有短叶状，长于小穗，具鞘，鞘长1~2.2（3）cm。小穗（3~）4~5个，顶生小穗雄性，线状圆柱形，长15~25mm，宽2~3mm，小穗柄伸出苞鞘，柄长8~12mm；侧生小穗雌性，圆柱形，长10~20mm，宽2~3mm，花近密生；下部小穗具柄，上部的近无柄。雄花鳞片倒卵状长圆形，长4~5mm，淡褐色，背面中脉绿色，明显；雌花鳞片倒卵形或长圆形，长2~2.5mm（不连芒），苍白色，背面3条脉绿色，向顶端延伸成芒，芒长1~2.5mm。果囊长于鳞片，菱状椭圆形，长3~3.5mm，膜质，绿色，具多条脉，疏被柔毛，表面不规则下陷，基部渐狭，具短柄，上部收缩成短的圆锥状喙，喙口具2齿。小坚果紧包于果囊中，卵形，长约2mm，棱上中部和棱面上下凹陷，基部具短柄，顶端缢缩成环盘；花柱短，基部膨大成圆锥状，柱头3个。花期4月，果熟期5月。

仅见于河南大别山区的商城黄柏山；生于山坡林下、路旁。分布于陕西、江苏、安徽、浙江、湖南、四川。

（2）柄状薹草 *Carex pediformis* C. A. Mey.

[*Bitteria pediformis*（C. A. Mey.）Fedde & J. Schust.;

Carex aneurocarpa V. I. Krecz.;

Carex ayouensis X. Y. Mao & Y. C. Yang;

Carex hankaensis Kitag.;

Carex kilinowii Turcz.;

Carex pediformis var. *floribunda* Korsh;

Carex rhizodes var. *abbreviata* Meinsh.;

Carex supermascula V. I. Krecz.;

Carex sutchanensis Kom.]

多年生草本，根状茎短或长而斜生。秆密或疏丛生，高25~40cm，纤细，粗约1.5mm，三棱形，稍粗糙，略坚挺。叶短于秆或与之等长，平张，宽2~3mm，稍坚挺，基部具褐色或暗褐色分裂成纤维状的宿存叶鞘。苞片佛焰苞状，苞鞘下部褐色，背部绿色，上部边缘白色膜质，苞叶甚短，或呈刚毛状。小穗3~4个，下部的1个略疏远，其余的较接近，或全部均彼此较疏远；顶生的1个雄性，不超出、微超出或明显超出其下的雌性小穗，棒状圆柱形，长8~20mm，粗约3mm，具少数或多数密生的花；侧生的2~3个小穗雌性，长圆形或长圆状圆柱形，长10~20mm，粗3~3.5mm，具多数稍密生或疏生的花；小穗柄通常不伸出或微伸出苞鞘外；小穗轴直。雄花鳞片长圆形，长4~4.5mm，顶端渐尖，纸质，两侧褐色，有宽的白色膜质边缘，中间绿色，具1条中脉；雌花鳞片倒卵形、卵形、卵状长圆形或长圆形，长4~4.5mm，顶端钝或急尖，具短尖或短芒，纸质，两侧褐色或褐红色，有宽的白色膜质边缘，中间绿色，有1~3条脉。果囊稍短于鳞片，倒卵形或倒卵状长圆形，钝三棱形，长3.5~4.5mm，淡绿色，密被白色短柔毛，背面通常无脉或具不明显的短脉，腹面具2条侧脉并具数细脉或短脉，少有无脉，基部渐狭成长柄，顶端圆，骤缩成外弯的短喙，喙口微凹。小坚果倒卵形，三棱形，长 2.5~3mm，成熟时黄褐色，基部具短柄，顶端具极短而外弯的喙；花柱基部增粗，柱头 3 个。花期 5~7 月，果熟期 7~9 月。

河南产于伏牛山区的灵宝和太行山区的济源；生于山坡草地或疏林下。分布于黑龙江、吉林、内蒙古、山西、河北、陕西、甘肃、新疆；俄罗斯（西伯利亚、远东地区）、蒙古、朝鲜也有分布。本种可用作优良牧草，干草用作编织各种垫子。

（3）华山薹草 *Carex huashanica* Tang & F. T. Wang ex L. K. Dai

多年生草本，根状茎粗短，具长的地下匍匐茎。秆密丛生，高 35~55cm，锐三棱形，稍粗壮，棱上粗糙，基部具少数无叶片的鞘。叶常长于秆，宽 4~6mm，平张，具 2 条明显的侧脉，下面平滑，向顶端渐粗糙，具较长的鞘。苞片叶状，较小穗长得多，无鞘。小穗 3~4 个，较集中地生于秆的上端，雄小穗顶生，狭圆柱形，长 2~5cm，具较短的柄；侧生小穗为雌小穗，圆柱形，长 3~6cm，密生多数花，具短柄。雄花鳞片披针形，长约 4mm，顶端具芒或短尖，芒两边具缘毛，膜质，麦秆黄色，具 1 条中脉；雌花鳞片卵形，长约 2mm，具长可达 3mm 的芒，芒边缘具缘毛，膜质，麦秆黄色，具 1 条中脉。果囊近于直立，椭圆形，稍鼓胀三棱形，长约 5mm，纸质，麦秆黄色，背面具多条脉，基部急缩成宽楔形，顶端渐狭成长喙，喙口具两短齿。小坚果稍松地为果囊所包裹，倒卵圆形，三棱形，长约 2mm，深棕色，棱上色淡，顶端具小短尖；花柱中等长；柱头 3 个。花期 4 月，果熟期 5 月。

河南仅见于伏牛山灵宝河西林场；生于山沟路边。分布于陕西（华山）。

（4）商城薹草 *Carex shangchengensis* S. Yun Liang

多年生草本，根状茎短，木质。秆侧生，高 20~45cm，扁三棱形，基部被暗棕色分裂成纤维状的老叶鞘。叶短于秆，宽 4~7mm，绿色，先端渐尖，通常上部的表面和边缘粗糙。苞片叶状，粗糙，具鞘。小穗 2 个，顶生 1 个雄性，棒状，长 3cm；侧生的雄雌顺序，长圆形，长 2.5cm，花密生。雌花鳞片长圆形，长 4.5~5mm（不连芒），黄褐色，背面 3 条脉绿色，中脉粗糙并延伸成长芒。果囊长于鳞片，宽卵形，长 6.5mm，斜展，淡褐色，密被短毛，具多条明显的脉，先端急缩成喙，喙长 2.5mm，喙口具明显 2 齿。小坚果紧包于果囊中，卵形，长约 3mm，三棱形，中部棱边缢缩，下部棱面凹陷，栗色，基部具短柄，柄弯，先端急缩成弯喙；花柱基部不增粗，柱头 3 个。花期 3~4 月，果熟期 4~5 月。

产于河南大别山区的商城黄柏山、长竹园和金刚台；生于海拔 500~600m 的山坡、草地。为河南特有种。

（5）卵果薹草 *Carex maackii* Maxim.

多年生草本，根状茎短，木质。秆丛生，高 20~70cm，宽 1.5~2mm，直立，近三棱形，上部粗糙，中下部具叶，基部具褐色无叶片的叶鞘。叶短于或近等长于秆，宽 2~4mm，平张，柔软，边缘具细锯齿。苞片基部的刚毛状，其余的鳞片状。小穗 10~14 个，卵形，长 5~10mm，宽 4~6mm，雌雄顺序，花密生；穗状花序长圆柱形，长 2.5~6cm，先端紧密，下部稍远离。雌花鳞片卵形，顶端急尖，长 2.2~2.8mm，淡褐色，中间绿色，具 1 条脉。果囊长于鳞片，卵形或卵状披针形，平凸状，长 3~3.2mm，膜质，背面具 5~7 条脉，腹面 4~5 条脉，边缘内面具海绵状组织，外面具狭翅，上部具稀疏锯齿，基部近圆形，先端渐狭成中等长的喙，喙口 2 齿裂。小坚果疏松地包于果囊中，长圆形或长圆状卵形，微双凸状，长约1.5mm，淡棕色，基部楔形，具短柄；花柱基部不膨大，柱头2个。花果期5~6月。

产于河南大别山区的商城金刚台和新县连康山；生于山沟溪边等湿地。分布于黑龙江、吉林、辽宁、江苏、安徽、浙江；俄罗斯（远东地区）、朝鲜、日本也有分布。

（6）丝柄薹草 *Carex filipes* Franch. & Sav.

多年生草本，根状茎短或稍长。秆高30~55cm，扁三棱形，平滑，基部叶鞘无叶片，紫红色。叶短于秆，宽2~8mm，平张，先端渐尖，柔软。苞片叶状，短于花序，具长鞘。小穗3~4个，远离，顶生小穗雄性，长圆状披针形或圆柱形，长2~3cm，具长柄；侧生小穗雌性，花稀疏，常3~6朵；小穗柄长3~6mm，丝状，下垂。雄花鳞片长圆状披针形，长6~6.5mm，淡褐色；雌花鳞片卵形或卵状披针形，长5~6mm，黄褐色或黄白色，中间淡绿色，具3条脉，先端锐尖。果囊长于鳞片，卵形或椭圆形，三棱形，长5~7mm，黄绿色，具多条不明显的脉，无毛，基部楔形，具短柄，上部急缩成细长的喙，喙口2齿裂。小坚果宽倒卵形或卵形，三棱形，长2.5~3mm，禾秆色；花柱基部不增大，柱头3个。花果期3~5月。

河南仅见于桐柏山太白顶；生于林缘草地或路边湿地。分布于江苏、河北、安徽、浙江、福建、湖北、贵州、黑龙江、辽宁；俄罗斯（远东地区）、朝鲜、日本也有分布。

（一七一）棕榈科 Arecaceae（Palmae）

《河南植物志（第四册）》记载5属（栽培），5种（栽培）。

其中：

棕榈 *Trachycarpus fortune*（Hook. f.）H. Wendl. 应为棕榈 *Trachycarpus fortune*（Hook.）H. Wendl.；

棕竹 *Rhapis excelsa*（Thunb.）Henry ex Rehd. 应为棕竹 *Rhapis excelsa*（Thunb.）Henry；

蒲葵 *Livistona chinensis*（Jacq.）R. Br. 应为蒲葵 *Livistona chinensis*（Jacq.）R. Br. ex Mart.；

鱼尾葵 *Caryota ochlandra* Hance 为鱼尾葵 *Caryota maxima* Blume ex Mart. 的异名；

槟榔属 *Areca* L. 应为槟榔属 *Areca* Labill.。

本书另增补1属（栽培），3种（栽培）。

1. 刺葵属 *Phoenix* L.（新增属，栽培）

灌木或乔木状；茎单生或丛生，有时很短，直立或倾斜，通常被有老叶柄的基部或脱落的叶痕。叶羽状全裂，羽片狭披针形或线形，芽时内向折叠，基部的退化成刺状。花序生于叶间，直立或结果时下垂；佛焰苞鞘状，革质；花单性，雌雄异株；花小，黄色，革质；雄花花萼杯状，顶端具3枚齿，花瓣3片，镊合状排列，雄蕊6枚或3（9）枚，花丝极短或几无；雌花球形，花萼与雄花的相似，花后增大，花瓣3片，覆瓦状排列，退化雄蕊6枚，心皮3枚，离生，每室具1个直立胚珠，通常1个成熟，无花柱。果实长圆形或近球形，外果皮肉质，内果皮薄膜质。种子1粒，腹面具纵沟，胚乳均匀或稍嚼烂状，胚侧生或近基生。

本属 14 种，从加那利群岛到非洲、地中海和亚洲西南部到达菲律宾均有分布。中国有 3 种（含 1 引进种）。河南室内引进栽培 2 种。

（1）刺葵 *Phoenix loureiroi* Kunth

［*Phoenix hanceana* Naudin；

Phoenix humilis Royle ex Becc.；

Phoenix humilis var. *hanceana*（Naudin）Becc.；

Phoenix humilis var. *loureiroi*（Kunth）Becc.；

Phoenix pygmaea Raeusch.］

茎丛生或单生，高 2～5m，直径达 30cm 以上。叶长达 2m；羽片线形，长 15～35cm，宽 1～1.5cm，单生或 2～3 片聚生，呈 4 列排列。佛焰苞长 15～20cm，褐色，不开裂为 2 片舟状瓣；花序梗长 60cm 以上；雌花序分枝短而粗壮，长 7～15cm；雄花近白色；花萼长 1～1.5mm，顶端具 3 枚齿；花瓣 3 片，长 4～5mm，宽 1.5～2mm；雄蕊 6 枚；雌花花萼长约 1mm，顶端不具三角状齿；花瓣圆形，直径约 2mm；心皮 3 枚，卵形，长约 15mm，宽 8mm。果实长圆形，长 15～20mm，成熟时紫黑色，基部具宿存杯状花萼。花期 4～5 月，果熟期 6～10 月。

郑州陈砦珍奇植物园有引进栽培。分布于台湾、广东、海南、广西、云南等省区。树形美丽，可作庭院绿化植物，果可食，嫩芽可作蔬菜，叶可作扫帚。

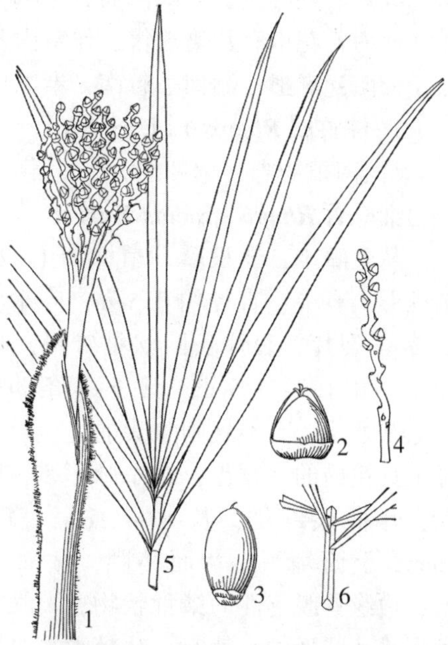

刺葵 *Phoenix loureiroi* Kunth

1. 佛焰苞和花序 2. 雌花 3. 果实 4. 雌分枝花序 5. 叶顶部羽片 6. 叶中部，示羽片排列情况

（2）江边刺葵 美丽直针葵、软叶刺葵 ***Phoenix roebelenii* O'Brien**

茎丛生，栽培时常为单生，高 1～3m，稀更高，直径达 10cm，具宿存的三角状叶柄基部。叶长 1～1.5（～2）m；羽片线形，较柔软，长 20～30（～40）cm，两面深绿色，背面沿叶脉被灰白色的糠秕状鳞秕，呈 2 列排列，下部羽片变成细长软刺。佛焰苞长 30～50cm，仅上部裂成 2 瓣；雄花序与佛焰苞近等长，雌花序短于佛焰苞；分枝花序长而纤细，长达 20cm；雄花花萼长约 1mm，顶端具三角状齿；花瓣 3 片，针形，长约 9mm，顶端渐尖；雄蕊 6 枚；雌花近卵形，长约 6mm；花萼顶端具明显的短尖头。果实长圆形，长 14～18mm，直径 6～8mm，顶端具短尖

江边刺葵 *Phoenix roebelenii* O'Brien

1. 植株 2. 部分叶片示羽片排列情况 3. 羽片背面详情 4. 花序 5. 果实

头，成熟时枣红色，果肉薄而有枣味。花期4~5月，果熟期6~9月。

河南各花市有栽培出售，作室内盆栽观叶植物。常见于江岸边，海拔480~900m。分布于云南；老挝、缅甸、越南、泰国也有分布。可作庭院观赏植物。

2. 棕竹属 *Rhapis* L. f. ex Ait.

《河南植物志（第四册）》记载1种（栽培）。本书增补1种（栽培）。

细棕竹 *Rhapis gracilis* Burret

丛生灌木，具根茎。植株高1~2m，茎圆柱形，有节，直径约0.5cm。叶掌状深裂成2~4裂片，裂片长圆状披针形，长15~18cm，宽1.7~3.5cm，具3~4条肋脉，先端通常渐狭，有不规则急尖的齿，边缘及肋脉上具粗糙的细锯齿；横小脉不多，明显波状；叶柄很纤细，长8~11cm，宽1.5~2mm，上面扁平，背面稍圆，截面呈半圆形，边缘具脱落性的鳞秕状物，顶端具钝三角形或几圆形的小戟突；叶鞘被褐色网状的细纤维。花序长约20cm，分枝少，极张开；花序梗上有2~3个大佛焰苞，管状，长4~7cm，顶端一侧裂开；花小，雌雄异株。果实球形，蓝绿色，直径8~9mm；果被高5mm，花萼几乎裂至一半，裂片形；花冠裂片变成长而纤细的实心柱状体，长3~4mm。种子1粒，球形，直径大于8mm。果期10月。

郑州陈砦珍奇植物园有引进栽培。分布于广东（西部）、广西（南部）、海南；越南也有分布。树形矮小优美，可作庭院绿化植物。

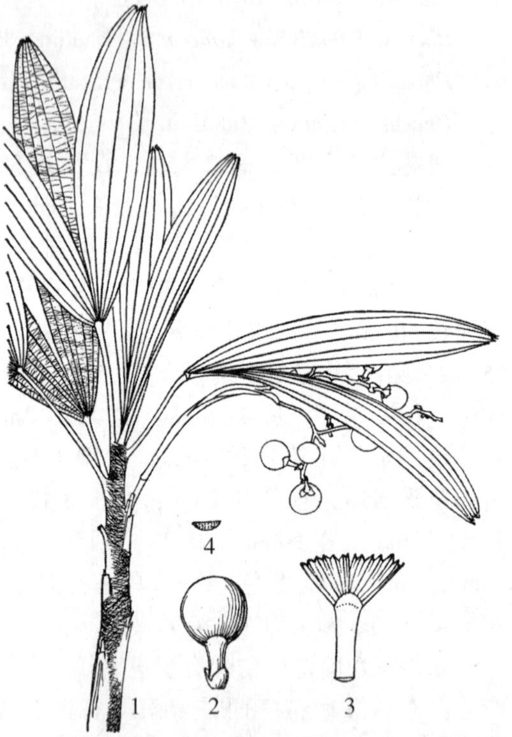

细棕竹 *Rhapis gracilis* Burret

1. 植株上部 2. 果实 3. 叶柄顶端（示小尖突形状） 4. 叶柄横断面

（一七二）菖蒲科 Acoraceae（新增科）

多年生常绿草本。根茎匍匐，肉质，分枝，细胞含芳香油。叶2列，基生而嵌列状，形如鸢尾，无柄，箭形，具叶鞘。佛焰苞很长，部分与花序柄合生，在肉穗花序着生点之上分离，叶状，箭形，直立，宿存。花序生于当年生叶腋，柄长，全部贴生于佛焰苞鞘上，常为三棱形。肉穗花序指状圆锥形或纤细几成鼠尾状；花密，自下而上开放。花两性；花被片6片，长胜于宽，拱形，靠合，近截平，外轮3片；雄蕊6枚，花丝长线形，与花被片等长，先端渐狭为药隔，花药短；药室长圆状椭圆形，近对生，超出药隔，室缝纵长，全裂，药室内壁前方的瓣片向前卷，后方的边缘反折；子房倒圆锥状长圆形，与花被片等长，先端近截平，2~3 室；每室胚珠多数，直立，珠柄短，海绵质，着生于子房室的顶部，略成纺锤形，临近珠孔的外珠被多少流苏状，珠孔内陷；花柱极短；柱头小，无柄。浆果长圆形，顶端渐狭为近圆锥状的尖头，红色，藏于宿存花被之下，2~3 室，有的室不育。种子长圆形，从室顶下垂，直，有短的珠柄；珠被 2 层：外种皮肉质，远长于内种皮，到达珠孔附近，流苏状，内种皮薄，具小尖头。胚乳肉质，胚具轴，圆柱形，长与胚乳相等。

本科 1 属，2 种，亚洲和北美洲的温带和亚热带以及热带亚洲有分布。在欧洲、巴布亚新几内亚（至少部分地区）和北美（部分地区）引进和归化。中国 2 种，河南 2 种。

该科由天南星科 Araceae 中分出。《河南植物志（第四册）》312~313 页菖蒲属 *Acorus* L. 记载 3 种。

其中：

石菖蒲、菖蒲 *Acorus tatarinowii* Schott 为金钱蒲 *Acorus gramineus* Saland. ex Aiton［《河南植物志（第四册）》误为金钱蒲 *Acorus gramineus* Soland.］的异名。

（一七三）天南星科 Araceae

《河南植物志（第四册）》记载 10 属（含 6 栽培属），22 种（含 6 栽培种）。

其中：

魔芋 *Amorphophallus rivieri* Durieu ex Riviere 为花魔芋 *Amorphophallus konjac* K. Koch 的异名；

独角莲、禹白附、麦夫子 *Typhonium giganteum* Engl. 为独角莲 *Sauromatum giganteum*（Engl.）Cusimano & Hett. 的异名；

象南星、天南星 *Arisaema elephas* S. Buchet 应为象南星 *Arisaema elephas* Buchet；

多裂南星、天南星 *Arisaema multisectum* Engl. 为天南星 *Arisaema heterophyllum* Blume［《河南植物志（第四册）》324 页称异叶天南星、南星］的异名；

朝鲜南星（变种）*Arisaema angustatum* var. *peninsulae*（Nakai）Nakai 为细齿南星 *Arisaema peninsulae* Nakai［《河南植物志（第四册）》327 页细齿天南星 *Arisaema serratum*（Thunb.）Schott 也应为该种］的异名；

齿叶东北南星（变种）*Arisaema amurense* var. *serratum* Nakai 为东北南星 *Arisaema amurense* Maxim. 的异名；

全缘灯台莲 *Arisaema sikokianum* Franch. & Sav. 和灯台莲、天南星（变种）*Arisaema sikokianum* var. *serratum*（Makino）Hand. -Mazz. 均不在中国分布。

宽叶天南星（变型）*Arisaema erubescens* f. *latisectum* Engl. 有待进一步查证。

半夏 *Pinellia ternata*（Thunb.）Briet. 应为半夏 *Pinellia ternata*（Thunb.）Ten. ex Breitenb.。

本书另增补 4 属（栽培），8 种（栽培）。

1. 花烛属 *Anthurium* Schott（新增属，栽培）

上升或匍匐草本，或为攀缘灌木。叶形各式，全缘或浅裂，深裂或掌状分裂；叶柄明显，基部具短鞘，先端有膨大的关节，花序柄大都伸长，稀很短。佛焰苞宿存，大都扁平，披针形、卵形或椭圆形，绿色、紫色、白色或绯红色，基部常下延。肉穗花序无梗或具短梗，圆柱形、圆锥形或有时成尾状，绿色、青紫色，稀白色、黄色或绯红色，花由基部向上开放。果序常增大。花两性，有花被。花瓣4片，长宽几相等，先端拱状内弯，靠合，几截平，外轮2片常较宽，内轮的内藏，有时4片花瓣排列为不整齐覆瓦状，果时强裂增大；雄蕊4枚，花丝扁，先端略狭为药隔，与花瓣等长，花药短，药室卵形或长圆卵形，外向纵裂；子房卵圆形、长圆形或倒卵圆形，顶部平或渐狭为花柱，2室，每室胚珠2个或1个，倒生或弯生，珠柄短；着生于室的内侧，花柱不存在或很短，柱头小，盘状，近圆形或长圆形，浅2裂。浆果肉质，近球形、卵圆形、倒卵圆形、倒卵状长圆形、近陀螺状、长纺锤形，绿色、橙黄色、绯红色、紫色。种子成熟时渐次从花瓣中推出，长圆形，扁凸，珠孔外凸，珠被具疣突。胚乳丰富。胚具轴，近圆柱形；长不及胚乳。

本属约550种，产于热带美洲。现各热带地区引种栽培。我国较常栽培的有2种。河南栽培1种。

掌叶花烛 *Anthurium pedatoradiatum* Schott

[*Anthurium harlingianum* Croat；

Anthurium mirandae Matuda；

Anthurium pedatifidum Regel & Linden]

多年生草本，茎上升，长1m以上，粗5cm。叶柄圆柱形，长几达1m，具浅槽，关节长。叶片轮廓圆形，直径40~50cm，亮绿色，具光泽，7~13深裂，裂片披针形或线状披针形，渐尖，最外侧的镰状，各裂片基部联合1/5~1/4，中肋在背面隆起，侧脉纤细，斜伸，集合脉与边缘稍远离。花序柄长40~60cm。佛焰苞长15cm，下部宽2.5cm，披针形；中部以上渐狭，淡红色，发亮，直立，后期反折。肉穗花序具长3mm的短梗，长10cm，粗7.5mm。果序长15cm，绿色。花被长宽2mm。浆果长1.5cm，粗1.2cm，倒卵形，橙黄色，种皮黄色，有细疣。花期7~8月。

原产于墨西哥。河南有引进作室内盆栽花卉。我国广东、云南等省有栽培供观赏。

2. 五彩芋属 *Caladium* Vent.（新增属，栽培）

草本植物，根茎块茎状。叶柄常饰以露珠般的彩斑；叶片通常盾状箭形，稀非盾状（我国不产），Ⅰ级侧脉斜伸，Ⅱ级脉在侧脉之间会成集合脉，细脉密，网状。花序柄通常单出，伸长。佛焰苞管部席卷，果时宿存且常反折，喉部收缩；檐部舟状，白色。肉穗花序稍短于佛焰苞，最下部无花，梗状：雌花序圆锥形或椭圆形，花多密集；不育雄花序近圆锥形，比雌花序长，与之相接的能育雄花序近棒状，长为不育雄花序的2倍。花单性、无花被。雄花为倒圆锥状的合生雄蕊柱，顶部平，近六角形，有小弯缺，雄蕊3~4（~5）枚，药隔厚，先端平坦，药室贴生于药隔上，伸长几达合生雄蕊柱的基部，长圆披针形，外凸，顶裂，裂缝短，花粉粉末状。不育雄花：假雄蕊合生成倒金字塔形，扁，顶部平。雌花：子房近2室，稀近3室，无花柱，柱头为压扁的半球形，3~4浅裂；每室胚珠多数，倒生，2列，上部的直立，下部的有时向下。浆果上举，白色，细小，有柱头的遗痕，种子多数。种子多少呈卵圆形，具极短的珠柄，珠柄伸长为隆起的种脐，珠被肉质，种皮厚，具纵肋；胚具轴，藏于丰富的胚乳中。

本属共16种。分布于热带美洲。我国云南、广东、台湾有1种，系栽培或逸生。河南栽培 1 种。

五彩芋 *Caladium bicolor* (Aiton) Vent.

[*Arum bicolor* Aiton]

多年生常绿草本植物，块茎扁球形。叶柄光滑，长 15~25cm，为叶片长的 3~7 倍，上部被白粉；叶片表面满布各色透明或不透明斑点，背面粉绿色，戟状卵形至卵状三角形，先端骤狭具凸尖，后裂片长约为前裂片的 1/2，长圆状卵形，钝，1/3~11/5 联合，弯缺深、尖或钝，前裂片 I 级侧脉下部的几水平伸出，上部的 2 对上升，集合脉与边缘稍远离，后裂片基脉相交成 60° 角。花序柄短于叶柄，长 10~13cm。佛焰苞管部卵圆形，长 3cm，外面绿色，内面绿白色、基部常青紫色；檐部长约 5cm，凸尖，白色。肉穗花序：雌花序几与雄花序相等，长约 1.5cm，雄花序纺锤形，长 3cm，中部粗 7mm，向两头渐狭。

五彩芋 *Caladium bicolor* (Aiton) Vent.

原产于南美洲亚马孙河流域。河南各大城市均有室内盆栽作观赏。广东、福建、台湾、云南常栽培，也有逸生的。

3. 喜林芋属 *Philodendron* Schott（新增属，栽培）

攀缘植物，节间多少延长或稀匍匐。茎稀极短缩而近于不存在，有时乔木状具不定气生根。小枝多叶，叶柄具长鞘；老枝具叶和顶生花序并常具鳞叶。叶鞘顶部常舌状；叶柄各式，圆柱形，平坦，具槽或上面深凹，边缘纤维状，有时肥大，极稀先端增粗为关节；叶片纸质、亚革质，多少伸长的长圆形、卵形或长圆形，基部多少深心形；戟形、箭形，或不规则的浅裂、3 全裂、羽状分裂或二次羽状分裂。侧脉全部平行，相等或 I 级侧脉较粗，其间 II 级侧脉斜伸或平行。花序柄通常短。佛焰苞厚，肉质，白色、黄色或红色，管部席卷，圆柱形或偏肿，宿存，后期不规则撕裂；檐部舟状卵形，长圆形或披针形，大都直立，果期为肉质，宿存，果后卷曲消失。肉穗花序直立，与佛焰苞近等长，无梗或具短梗，雌花序圆柱形，多花密集，果序肉质；雄花序下部（通常很短一部分）不育，上部（大部分）能育，果时平卧。花单性，无花被。雄蕊（在不育花中无花药）2~6 枚，无柄，倒圆锥状角棱形，伸至药隔基部，靠近顶部短裂，花粉粉末状。雌花：子房倒卵圆形或卵圆形，2 至多室；胚珠倒生或半倒生，上升或直立，珠柄长，多数成 2 列着生于中央的一角，或少数（1~4 个）着生于室基；柱头无柄，半球形或有时 2 裂。浆果密接，室壁纸质，透明。种子每室多数、少数或单一，承以直立珠柄，卵圆形、长圆形或椭圆形，直立，外种皮肉质，厚，通常种脐宽，种阜有时不明显，种皮稍厚，有条纹。胚具轴，几与种子等长，有稍厚的胚乳。

本属共 275 种。分布于热带美洲。我国台湾、广东栽培有 6 种。河南引进 4 种。

(1) 箭叶喜林芋 *Philodendron sagittifolium* Liebm.（彩版图 143）

大型攀缘植物，节间长 3~5cm 至 10cm，粗 2.5~3cm。鳞叶长线状披针形，具两条龙骨状突起。叶柄长30~40cm，基部粗1.5cm，背面圆形，两侧具宽鞘；叶片近革质，长圆状箭形，长30~50cm，宽12~20cm，后裂片半长圆形，裂弯深，长7~10cm，宽与长近相等，前裂片长圆状三角形，向上渐狭，中肋粗，I级侧脉4对，斜伸，基出脉2~3对。花序柄长5~8cm。佛焰苞管部外面绿色或边缘浅白色，内面紫红色，长圆形，长4~6cm；檐部白色，先端具短尖突，长5~6cm。肉穗花序无柄，雌花序浅黄色，圆柱形，长2.4~2.8cm，粗1cm，雄花序白色，长7~8cm。子房长圆形，长2mm，粗1mm，5~7室。雄花有雄蕊3~4枚。浆果污黄色，倒卵圆形，长3.5mm。种子黄色，椭圆形，长约1mm。

原产于墨西哥。郑州、洛阳、新乡等地有室内盆栽供观赏。广州等地也有栽培。为热带地区常见的栽培观赏植物。

（2）红苞喜林芋 *Philodendron erubescens* K. Koch & Augustin（彩版图144）

攀缘植物，分枝节间淡红色，长3~8cm，粗1cm。鳞叶肉质，红色，背面有2条龙骨状突起，长7~10cm。叶柄腹面扁平，背面圆形，长15~25cm，粗7~10mm；叶片纸质，伸长的三角状箭形，长15~25cm，宽12~18cm，基部心形，前裂片三角形、半圆形或半卵形，后裂片三角形，Ⅰ级侧脉4对基出，Ⅱ级侧脉多数。花序柄长6~7cm；佛焰苞外面深紫色，内面胭脂红色，兜状舟形，管部卵圆形，长7~8cm；檐部短卵形，长7cm，宽4~5cm，具长约5mm的尖头，肉穗花序具长约3mm的梗，雌花序圆柱形，长5cm，粗1.5cm，雄花序长10cm，向上略细；雌蕊倒卵圆形，8室，长约1.5mm，柱头盘状；雄花通常有雄蕊3枚。花期11月至翌年1月。

原产于哥伦比亚。河南多城市有引种作室内盆栽花卉。广州等城市也有栽培。为美丽的观赏植物。

（3）三裂喜林芋 *Philodendron tripartitum*（Jacq.）Schott

附生或地生藤本。茎节间长5~12cm，粗1~1.5cm。鳞叶长披针形，脱落。叶柄圆柱形，长20~30cm，下部粗1.2~1.6cm，向上渐细；叶片薄革质，淡绿色或黄绿色，3深裂，裂片近相等，长15~25cm，宽4~7cm，中裂片长披针形，先端具短凸尖，侧裂片极不等侧，先端略钝；中肋粗，前裂片I级侧脉2对，上升，侧裂片外侧有侧脉4条，内侧1~2条。花序柄单生，短，长3~5cm，粗5~8mm。佛焰苞微白色或白绿色，向上变黄色，管部长圆形，长3~4cm；檐部卵形或卵状长圆形，先端短渐尖，长5~6cm，宽约3cm。肉穗花序具长2~4cm的梗，指状；雌花序长3~4cm，粗8~10mm，雄花序长3.5~5cm，粗与雌花序近相等，向上略细；雌蕊圆柱形，长1.5~1.8mm，7~11室，每室胚珠1~2个，柱头小，圆形。浆果鲜红色。

原产于拉丁美洲。郑州、洛阳、新乡、开封、南阳等城市均有引种作为室内盆栽花卉。北京、福建、广东等地常栽培于阴棚或温室内供观赏。

（4）春羽 *Philodendron bipinnatifidum* Schott ex Endl.

多年生常绿草本观叶植物。植株高大，可达1.5m以上。茎极短，直立性，呈木质化，生有很多气生根。叶柄坚挺而细长，可达1m。叶为簇生型，着生于茎端，叶片巨大，为广心脏形，叶长达60cm、宽40cm，全叶羽状深裂似手掌状，革质，浓绿色而有光泽。花单性，无花被。雄蕊（在不育花中无花药）2~6枚，无柄，倒圆锥状角棱形，伸至药隔基部，靠近顶部短裂，花粉粉末状。浆果密接，室壁纸质，透明。种子卵圆形、长圆形或椭圆形。

原产于巴西、巴拉圭等地。河南洛阳、三门峡等地公园有引种栽培，为室内盆栽花卉。华南亚热带常绿阔叶林地区也有栽培。

4. 麒麟叶属 *Epipremnum* Schott（新增属，栽培）

藤本植物，常攀登于石上或树上。叶大，全缘或羽状分裂，沿中肋两侧常有小孔，叶柄具鞘，上端有关节。花序柄粗壮，佛焰苞卵形，多少渐尖。肉穗花序无柄，全部具花。花两性，或稀下部为雌花，极稀单性，无花被；雄蕊 4（~6）枚；花丝线形，宽，渐狭为细长的药隔，花药远短于花丝，药室线状椭圆形，锐尖，高出药隔，外向纵裂；子房顶部截平，多边形，1 室，胚珠 2~4 个，着生于侧膜胎座的基部，稀 6~8 个二列于侧膜胎座上，倒生，珠孔朝向基底；珠柄短；花柱缺，柱头线状长圆形，纵向。浆果小。种子肾形，单一者稍圆，多数者有棱，种皮厚，壳状，胚弯曲。

本属约 20 种，分布于热带亚洲、澳大利亚及太平洋群岛。中国 1 种，河南有引种栽培。

绿萝 *Epipremnum aureum*（Linden & André）G. S. Bunting（彩版图 145）

高大藤本，茎攀缘，节间具纵槽；多分枝，枝悬垂。幼枝鞭状，细长，粗 3~4mm，节间长 15~20cm。叶柄长 8~10cm，两侧具鞘达顶部；鞘革质，宿存，下部每侧宽近 1cm，向上渐狭；下部叶片大，长 5~10cm，上部的长 6~8cm，纸质，宽卵形，短渐尖，基部心形，宽 6.5cm。成熟枝上叶柄粗壮，长 30~40cm，基部稍扩大，上部关节长 2.5~3cm，稍肥厚，腹面具宽槽。叶鞘长，叶片薄革质，翠绿色，通常（特别是叶面）有多数不规则的纯黄色斑块，全缘，不等侧的卵形或卵状长圆形，先端短渐尖，基部深心形，长 32~45cm，宽 24~36cm，Ⅰ级侧脉 8~9 对，稍粗，两面略隆起，与强劲的中肋成 70°~80°（~90°）锐角，其间Ⅱ级侧脉较纤细，细脉微弱，与Ⅰ级、Ⅱ级侧脉网结。

原产于所罗门群岛。河南多地有引种栽培作盆栽花卉。广东、福建、上海等省市也有栽培。现广植于亚洲热带各地区。本种不易开花，但易于无性繁殖，附生于墙壁或山石上，极为美丽，亦作阴棚悬挂植物，折枝插瓶，经久不萎。但栽植于过于阴暗场所，叶片上美艳的斑块则易于消失。

5. 天南星属 *Arisaema* Mart.

《河南植物志（第四册）》记载 9 种，3 变种，1 变型。本书除修订外，增补 1 种。

螃蟹七 *Arisaema fargesii* Buchet

［*Arisaema bogneri* P. C. Boyce & H. Li］

多年生草本，块茎扁球形，直径 3~5cm，常具多数小球茎。鳞叶 3 枚，褐色，宽 2~2.5cm，向上渐狭，最上的长约 15cm。叶柄长 20~40cm，粗 6~7mm，下部 1/4 具鞘；叶片 3 深裂至 3 全裂，裂片无柄，干时膜质，全缘，中裂片近菱形、卵状长圆形至卵形，凸尖或急尖，基部短楔形或与侧裂片连合，长 12~32cm，宽 9~27cm；侧裂片斜椭圆形，外侧较宽，半卵形，长 9~23cm，宽 6~16cm，中肋背面隆起，侧脉 9~10 对，集合

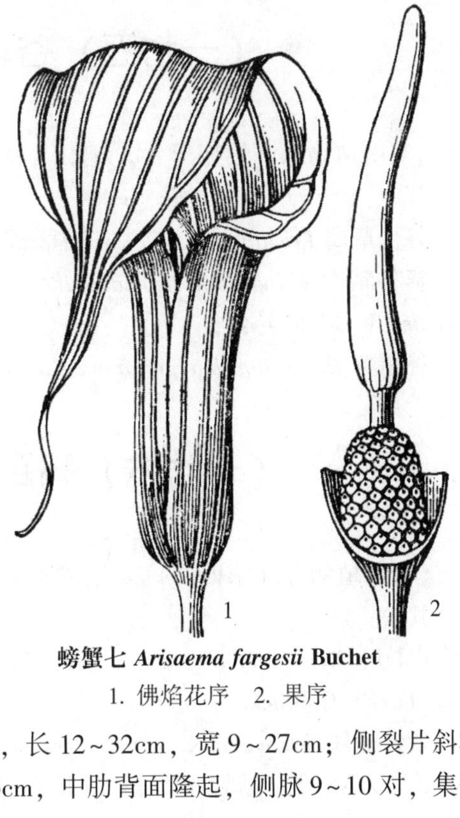

螃蟹七 *Arisaema fargesii* Buchet
1. 佛焰花序　2. 果序

脉距边缘 2（~3）~10mm。花序柄比叶柄短而细，长 18~26cm。佛焰苞紫色，有苍白色线状条纹，管部近圆柱形，长 4~8cm，直径 1.5~2cm，喉部边缘耳状反卷；檐部长圆三角形，拱形下弯或近直立，长 6~12cm，宽 4~4.5cm，长渐尖，具长 1~4cm 的尾尖。肉穗花序单性，雄花序长 2.5~3cm，圆柱形，粗 4~5mm，雄花有花药 2~4 枚，药室卵圆形，基部叉开，顶孔开裂；雌花序长约 2cm，花密，子房具棱，顶部常圆形，花柱极短而粗，柱头有毛，胚珠少数；各附属器粗壮，伸长的圆锥状，长 4.5~9cm，下部粗 0.7~1.5cm，基部骤狭成短柄，非截形，上部长渐尖，先端钝，粗约 5mm，近直立或上部略弯。花期 5~6 月。

河南仅见于伏牛山西峡黄石庵林场二道沟；生于林下或灌丛内多石处。我国特有，分布于重庆、湖北（西部）、四川（东部至北部）、甘肃（南部）、湖南、西藏（东部）、云南（西北部）。块茎入药，可治跌打损伤、风湿性关节炎、肢体麻木。

（一七四）浮萍科 Lemnaceae

《河南植物志（第四册）》记载 3 属，4 种。

其中：

无根萍 *Wolffia arrhiza*（L.）Horkel ex Wimm. 应为无根萍 *Wolffia globosa*（Roxb.）Hartog & Plas。

（一七五）谷精草科 Eriocaulaceae

《河南植物志（第四册）》记载 1 属，2 种。

其中：

谷精草属 *Ericaulon* L. 应为谷精草属 *Eriocaulon* L.；

赛谷精草 *Eriocaulon sieboldianum* Siebold & Zucc. ex Steud. 为白药谷精草 *Eriocaulon cinereum* R. Br. 的异名；

谷精草 *Eriocaulon buergerianum* Koern. 应为谷精草 *Eriocaulon buergerianum* Körn.。

（一七六）鸭跖草科 Commelinaceae

《河南植物志（第四册）》记载 8 属（含 4 栽培属），12 种（含 5 栽培种）。

其中：

水竹叶 *Murdannia triquetra*（Wall.）G. Brüchn. 应为水竹叶 *Murdannia triquetra*（Wall. ex C. B. Clarke）G. Brückn.；

紫竹梅属 *Setcreasea* K. Shum. et Sydow.，吊竹梅属 *Zebrina* Schnizl. 和紫万年青属 *Rhoeo* Hance 均为紫万年青属 *Tradescantia* L. [《河南植物志（第四册）》340 页将该属称作紫露

草属］的异名；

紫竹梅 *Setcreasea purpurea* Boom 为紫竹梅 *Tradescantia pallid*（Rose）D. R. Hunt 的异名；

吊竹梅、紫鸭跖草 *Zebrina pendula* Schnizl. 为吊竹梅 *Tradescantia zebrina* Bosse 的异名；

紫万年青 *Rhoeo discolor*（L'Hér.）Hance 为紫背万年青 *Tradescantia spathacea* Sw. 的异名；

紫露草 *Tradescantia reflexa* Raf. 为紫露草 *Tradescantia ohiensis* Raf. 的异名；

火柴头 *Commelina bengalensis* L. 应为饭包草 *Commelina benghalensis* L.。

（一七七）雨久花科 Pontederiaceae

《河南植物志（第四册）》记载 2 属（含 1 栽培属），3 种（含 1 栽培种）。

其中：

鸭舌草 *Monochoria vaginalis* Presl 应为鸭舌草 *Monochoria vaginalis*（Burm. f.）C. Presl；

凤眼莲、水葫芦苗 *Eichhornia crassipes*（Mart.）Solms. Laub. 应为凤眼莲 *Eichhornia crassipes*（Mart.）Solms。

（一七八）灯芯草科 Juncaceae

《河南植物志（第四册）》记载 2 属，16 种。

其中：

多花地杨梅 *Luzula multiflora*（Retz.）Lej. 应为多花地杨梅 *Luzula multiflora*（Ehrh.）Lej.；

片髓灯芯草 *Juncus glaucus* Ehrh. 为片髓灯芯草 *Juncus inflexus* L. 的异名；

笄石菖、江南灯芯草 *Juncus leschenaultii* Gay ex Laharpe 为笄石菖 *Juncus prismatocarpus* R. Br. 的异名；

小花灯芯草 *Juncus lampocarpus* Ehrh. ex Hoffm. 为小花灯芯草 *Juncus articulatus* L. 的异名。

本书另增补 3 种。

灯芯草属 *Juncus* L.

《河南植物志（第四册）》记载 12 种。本书增补 3 种。

（1）坚被灯芯草 *Juncus tenuis* Willd.

［*Juncus macer* Gray］

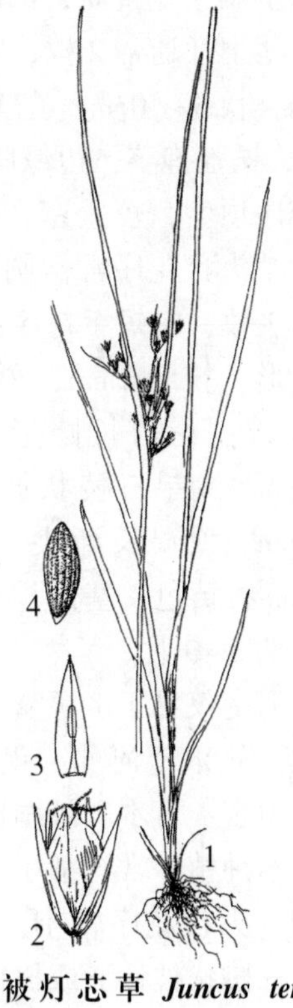

坚被灯芯草 *Juncus tenuis* Willd.

1. 植株 2. 具未成熟果实的花 3. 花被片和雄蕊 4. 种子

多年生草本，高 10~40cm；根状茎短，具褐色须根。茎丛生，直立，较细，圆柱形或稍扁，直径 0.6~1.2mm，浓绿色。叶基生；叶片细长线形，长4~23cm，顶端锐尖，边缘向内卷；叶鞘边缘膜质；叶耳白膜质，长2~4mm，钝圆。圆锥花序顶生，长3~7cm，有6~40朵花；花在分枝上顶生及侧生；叶状总苞片2枚，长4~18cm，花下小苞片2枚，卵形，黄白色，顶端渐尖，长约2mm，宽约1.5mm；花具梗；花被片披针形，长3.5~4mm，宽约1mm，内、外轮几等长或外轮者稍长，淡绿色，质地较坚硬，顶端锐尖，边缘膜质，中央增厚隆起，在背部（隆起部分）两侧与膜质边缘之间有2条黄色纵带；雄蕊6枚；花药长圆形；黄色，长约0.8mm；花丝长约1.2mm；雌蕊有1个短花柱；柱头3分叉，长1.6mm，红褐色。蒴果三棱状卵形，黄绿色，与花被片近等长，顶端具短尖头，有3个不完全隔膜。种子长0.4~0.5mm，红褐色，基部有白色短附属物。花期6~7月，果熟期8~9月。

河南仅见于商城黄柏山；生于河旁、溪边、湿草地。分布于黑龙江、山东、浙江、江西、台湾；印度、日本、朝鲜以及欧洲和北美均有分布。

（2）乳头灯芯草 *Juncus papillosus* Franch. & Sav.

［*Juncus nikkoensis* Satake］

多年生草本，高15~50cm，植株有细小乳状突起；根状茎短。茎直立，圆柱形，直径1~2mm。基生叶2~3枚，茎生叶通常2枚；叶片细长圆柱形，中空，有明显的横隔，长3~10cm，宽1~2mm，顶端近针形；叶鞘长2~4cm，松弛抱茎，边缘膜质，其顶端具狭窄的叶耳。复聚伞花序顶生，较紧密，分枝直立，由多数小头状花序组成；小头状花序常倒圆锥形，通常含2~4朵花；叶状总苞片1枚，常短于花序；苞片卵形，边缘膜质；花被片狭披针形，长约2mm，顶端锐尖，内轮者比外轮稍长；雄蕊3枚；花药长圆形，长0.5~0.8mm；花丝长1.4~1.6mm。蒴果三棱状披针形或披针状三角锥形，长3~3.5mm，顶端长渐尖。种子狭椭圆形或倒卵形，长约0.5mm，黄色，基部棕色，表面具网纹。花期7~8月，果熟期8~9月。

河南仅见于济源鳌背山；生于海拔1 200~1 600m湿草地。分布于河北、黑龙江、江苏、吉林、辽宁、内蒙古、山东；日本和韩国也有分布。

本种植株常有细小乳状突起；复聚伞花序大而向两侧展开，头状花序较小，含2~4朵花；花被片狭披针形；蒴果三棱状披针形或披针状三角锥形，顶端长渐尖，可与其他种类区分。

乳头灯芯草 *Juncus papillosus* Franch. & Sav.
1. 植株　2. 具成熟果实的花

（3）栗花灯芯草 *Juncus castaneus* Sm.

多年生草本，高15~40cm，具长根状茎及黄褐色须根。茎直立，单生或丛生，圆柱形，直径2~3.5mm，具纵沟纹，绿色。叶基生和茎生；低出叶鞘状或鳞片状，褐色至红褐色；基生叶2~4枚，长6~25cm，宽3~6mm，顶端尖，边缘常内卷或折叠；叶鞘长 5～11cm，边缘膜质，松弛抱茎，无叶耳；茎生叶 1 枚或缺，较短；叶片扁平或边缘内卷。花序由 2～8 个头状花序排成顶生聚伞状，花序梗不等长，长 1～4cm；叶状总苞片 1～2 枚，线状披针形，顶端细长，常超出花序；头状花序含 4～10 朵花，直径 7～8mm（花期）；苞片 2～3 枚，披针形，常短于花；花具长约 2mm 的花梗；花被片披针形，长 4～5mm，顶端渐尖，外轮者背脊明显，稍长于内轮，暗褐色至淡褐色；雄蕊 6 枚，短于花被片；花药黄色，长约 1mm；花丝线形，长约 2mm；花柱长 1～1.5mm；柱头 3 分叉，线形，长 2～3mm。蒴果三棱状长圆形，长 6～7mm，顶端逐渐变细呈喙状，果实超出花被片，具 3 个隔膜，成熟时深褐色。种子长圆形，长约 1mm，黄色，锯屑状，两端各有长约 1mm 的白色附属物。花期 7～8 月，果熟期 8～9月。

河南仅见于济源曼坪；生于海拔 1 500m 以上的山地湿草甸、沼泽地。分布于吉林、内蒙古、河北、山西、陕西、宁夏、甘肃、青海、四川、云南；俄罗斯（西伯利亚）以及欧洲和北美洲也有分布。

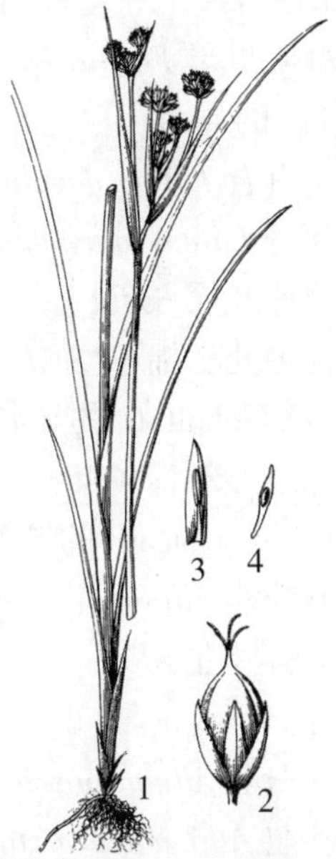

栗花灯芯草 *Juncus castaneus* Sm.
1. 植株 2. 具未成熟果实的花 3. 花被片和雄蕊 4. 种子

（一七九）百合科 Liliaceae

《河南植物志（第四册）》记载 39 属，145 种，18 变种。

其中：

黄花油点草、油点草 *Tricyrtis maculata*（D. Don）J. F. Macbr. 为黄花油点草 *Tricyrtis pilosa* Wall. 的异名；

吊兰 *Chlorophytum comosum*（Thunb.）Baker 为吊兰 *Chlorophytum comosum*（Thunb.）Jacques；

直立吊兰 *Chlorophytum capense*（L.）Druce 为直立吊兰 *Chlorophytum capense*（L.） Voss；

紫玉簪 *Hosta albomarginata*（Hook.）Ohwi 为紫玉簪 *Hosta sieboldii*（Paxton）J. W. Ingram 的异名；

大芦荟（变种）*Aloe arborescens* var. *natalensis*（J. M. Wood & M. S. Evans） A. Berger 为大芦荟 *Aloe arborescens* Mill. 的异名；

多花芦荟 *Aloe saponaria*（Aiton） Haw. 为多花芦荟 *Aloe maculata* All. 的异名；

芦荟（变种）*Aloe vera* var. *chinensis*（Haw.） Berger 为芦荟 *Aloe vera*（L.） Burm. f. 的异名；

少花顶冰花 *Gagea pauciflora* Turcz. 为少花顶冰花 *Gagea pauciflora*（Turcz. ex Trautv.） Ledeb.；

三花顶冰花 *Gagea triflora*（Ledeb.） Schult. & Schult. f. 为三花洼瓣花 *Lloydia triflora*（Ledeb.） Baker 的异名；

洼瓣花属 *Lloydia* Salisb. 应为洼瓣花属 *Lloydia* Rchb.；

湖北贝母 *Fritillaria hupehensis* P. K. Hsiao & K. C. Hsia 为天目贝母 *Fritillaria monantha*

Migo 的异名；

舞阳贝母 *Fritillaria wuyangensis* Z. Y. Gao 为安徽贝母 *Fritillaria anhuiensis* S. C. Chen & S. F. Yin 的异名；

川百合 *Lilium davidii* Duchartre 应为川百合 *Lilium davidii* Duch. ex Elwes；

卷丹 *Lilium lancifolium* Thunb. 应为卷丹 *Lilium tigrinum* Ker Gawl；

棉枣儿属 *Scilla* L. 应为棉枣儿属 *Barnardia* Lindl.；

棉枣儿、棉枣 *Scilla scilloides*（Lindl.）Druce 为棉枣儿 *Barnardia japonica*（Thunb.）Schult. & Schult. f. 的异名；

虎眼万年青对叶韭（变种）*Allium victorialis* var. *listera*（Stearn）J. M. Xu 为对叶山葱 *Allium listera* Stearn 的异名；

卵叶韭 *Allium ovalifolium* Hand. -Mzt 应为卵叶山葱 *Allium ovalifolium* Hand. -Mazz.；

玉簪叶韭 *Allium funckiifolium* Hand. -Mzt. 应为玉簪叶山葱 *Allium funckiifolium* Hand. -Mazz.；

太白韭 *Allium prattii* C. H. Wright 应为太白山葱 *Alliumprattii* C. H. Wright ex Hemsley；

砂韭 *Allium bidentatum* Fisch. ex Prokh. 应为砂韭 *Allium bidentatum* Fisch. ex Prokh. & Ikonn. -Gal.；

雾灵韭（变种）*Allium plurifoliatum* var. *stenodon*（Nakai & Kitag.）J. M. Xu 为雾灵韭 *Allium stenodon* Nakai & Kitag. 的异名；

红葱（变种）*Allium cepa* var. *proliferum* Regel 应为楼子葱（变种）*Allium cepa* var. *proliferum*（Moench）Regel；

火葱、香葱 *Allium ascalonicum* L. 应为火葱（变种）*Allium cepa* var. *aggregatum* G. Don；

丝兰 *Yucca smalliana* Fernald 为丝兰 *Yucca flaccida* Haw. 的异名；

朱蕉属 *Cordyline* Comm. ex Juss. 应为朱蕉属 *Cordyline* Comm. ex R. Br.；

金边虎尾兰（变种）*Sansevieria trifasciata* var. *laurentii*（De Wild.）N. E. Br. 为虎尾兰 *Sansevieria trifasciata* Prain 的异名；

吉祥草属 *Reineckia* L. 应为吉祥草属 *Reineckea* L.；

吉祥草、假黄草 *Reineckia carnea*（Andr.）Kunth 应为吉祥草 *Reineckea carnea*（Andrews）Kunth；

开口箭属 *Tupistra* Ker-Gawl. 应为开口箭属 *Campylandra* Baker；

开口箭 *Tupistra chinensis* Baker 为开口箭 *Campylandra chinensis*（Baker）M. N. Tamura, S. Yun Liang & Turland 的异名；

鹿药属 *Smilacina* Desf. 为舞鹤草属 *Maianthemum* Wigg.［《河南植物志（第四册）》414 页为舞鹤草属 *Maianthemum* Web.］的异名；

窄瓣鹿药 *Smilacina paniculata*（Baker）F. T. Wang & Tang 为窄瓣鹿药 *Maianthemum tatsienense*（Franch.）LaFrankie 的异名；

少叶鹿药（变种）*Smilacina paniculata* var. *stenoloba*（Franch.）F. T. Wang & Tang 为少叶鹿药 *Maianthemum stenolobum*（Franch.）S. C. Chen & Kawano 的异名；

鹿药、毛玉竹 *Smilacina japonica* A. Gray 为鹿药 *Maianthemum japonicum*（A. Gray）LaFrankie 的异名；

管花鹿药 *Smilacina henryi*（Baker）H. Hara 为管花鹿药 *Maianthemum henryi*（Baker）LaFrankie 的异名；

合瓣鹿药 *Smilacina tubifera* Batalin 为合瓣鹿药 *Maianthemum tubiferum*（Batalin）LaFrankie 的异名；

羊齿天门冬、寸冬 *Asparagus filicinus* Ham. ex D. Don 应为羊齿天门冬 *Asparagus filicinus* D. Don；

短梗天门冬 *Asparagus lycopodineus* Wall. ex Baker 应为短梗天门冬 *Asparagus lycopodineus*（Baker）F. T. Wang & Tang；

假叶树 *Ruscus aculeata* L. 应为假叶树 *Ruscus aculeatus* L.；

阔叶山麦冬 *Liriope platyphylla* F. T. Wang & Tang 为阔叶山麦冬 *Liriope muscari*（Decne.）L. H. Bailey 的异名。

本书另增补 3 种。

1. 藜芦属 *Veratrum* L.

《河南植物志（第四册）》记载 1 种。本书增补 1 种。

牯岭藜芦 *Veratrum schindleri* O. Loes.（彩版图 146）

［*Veratrum atroviolaceum* O. Loes.；

Veratrum warburgii O. Loes.］

植株高约 1m，基部具棕褐色带网眼的纤维网。叶在茎下部的宽椭圆形，有时狭矩圆形，长约 30cm，宽（2~）5~10（~13）cm，两面无毛，先端渐尖，基部收狭为柄，叶柄通常长 5~10cm。圆锥花序长而扩展，具多数近等长的侧生总状花序；总轴和枝轴生灰白色绵状毛；花被片伸展或反折，淡黄绿色、绿白色或褐色，近椭圆形或倒卵状椭圆形，长 6~8mm，宽 2~3mm，先端钝，基部无柄，全缘，外花被片背面至少在基部被毛；小苞片短于或近等长于花梗，背面生绵状毛，侧生花序上的花梗长 6~8（~14）mm；雄蕊 2~5mm 长为花被片的 2/3；子房无毛，卵状矩圆形。蒴果直立，长 1~2cm，宽约 1cm。花、果期 6~10 月。

河南产于伏牛山区的嵩县龙池曼和西峡；生于海拔 1 200m 以上的山坡林下或草地。分布于浙江、福建、安徽、湖北、湖南、广东、广西、云南、江苏和江西。

2. 顶冰花属 *Gagea* Salisb.

《河南植物志（第四册）》记载 2 种。本书除修订外，增补 1 种。

小顶冰花 *Gagea terracciamoana* Pascher

［*Gagea japonica* Pascher；

Gagea nipponensis Makino；

Gagea vaginata Pascher］

多年生宿根草本，植株高 8~15cm。鳞茎卵形，直径 4~7mm，鳞茎皮褐黄色，通常在鳞茎皮内基部具一团小鳞茎。基生叶 1 枚，长 12~18cm，宽 1~3mm，扁平。总苞片狭披针形，约与花序等长，宽 2~2.5mm；花通常 3~5 朵，排成伞形花序；花梗略不等长，无毛；花被片条形或条状披针形，长 6~9mm，宽 1~2mm，先端锐尖或钝圆，内面淡

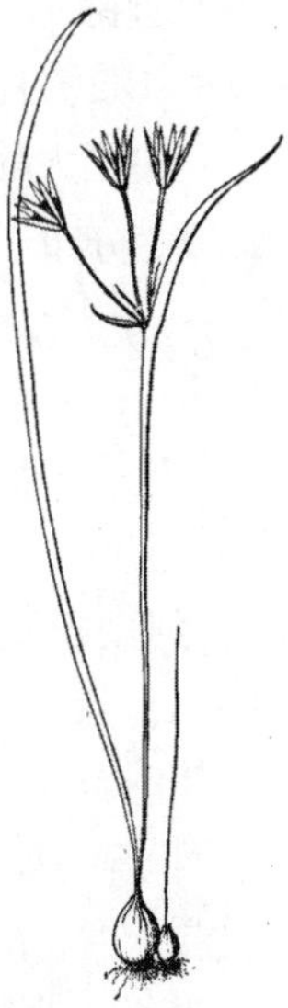

小顶冰花 *Gagea terraccianoana* Pascher

黄色，外面黄绿色；雄蕊长为花被片的1/2，花丝基部扁平，花药矩圆形；子房长倒卵形，花柱长为子房的1.5倍。蒴果倒卵形，长为宿存花被的1/2。花期4月，果熟期5月。

河南仅见于伏牛山区的嵩县白云山；生于海拔1 750m的林缘、灌丛中或疏林下。分布于黑龙江、吉林、辽宁、河北、山西、陕西、甘肃、青海；朝鲜和俄罗斯也有分布。

3. 舞鹤草属 *Maianthemum* Wigg.

《河南植物志（第四册）》记载1种。但在鹿药属 *Smilacina* Desf. 下记载4种，1变种（现并入该属，同时修订为5种）。本书另增补1种。

台湾鹿药 *Maianthemum formosanum*（Hayata）Lafrankie

[*Smilacina formosana* Hayata；
Smilacina nokomonticola Yamam.；
Tovaria formosana（Hayata）Masam.]

多年生草本，植株高15~35cm。根状茎匍匐状，粗0.5~1cm，具疏离的膨大结节。茎中部以上有短硬毛，多少迴折状。叶纸质，矩圆形、矩圆状卵形或披针形，长3.5~12cm，宽2~5cm，先端渐尖或急尖，两面脉上稍具毛或近无毛，有短柄。通常为圆锥花序，较少为总状花序，花序长4~5cm，具长硬毛；苞片长约1mm；花单生，花梗长约2mm，具毛；花被片基部稍合生，矩圆形或倒披针形，长3~4mm，宽1~2mm；花丝离生部分长1.5~2mm；花药极小，近圆形；花柱极短，长0.3~0.5mm，约为子房长的1/2，柱头略3裂。花期6~8月。

台湾鹿药 *Smilacina formosana*（Hayata）Lafrankie

1. 植株 2. 花

在中国大陆仅见于河南大别山区的商城西锅顶；生于山坡。分布于台湾省的高山地区。

（一八〇）石蒜科 Amaryllidaceae

《河南植物志（第四册）》记载11属（含10栽培属），18种（15栽培种），3变种（栽培）。

其中：

网球花 *Haemanthus multiflorus* Martyn 为网球花 *Scadoxus multiflorus*（Martyn）Raf. 的异名；

君子兰 *Clivia miniata* Regel 应为君子兰 *Clivia miniata*（Lindl.）Bosse；

韭莲、韭叶兰 *Zephyranthes grandiflora* Lindl. 应为韭莲 *Zephyranthes carinata* Herb.；

朱顶红 *Hippeastrum rutilum*（Ker Gawl.）Herb. 为朱顶红 *Hippeastrum striatum*（Lam.）H. E. Moore 的异名；

黄边龙舌兰（变种）*Agave americana* var. *variegata* Hook. 为龙舌兰 *Agave americana* L.

的异名；

狭叶龙舌兰 *Agave angustifolia* Haw. 为狭叶龙舌兰 *Agave vivipara* L. 的异名；

本书增补 1 属（栽培），1 种（栽培）。

龙头花属 *Sprekelia* Heist.（新增属，栽培）

多年生草本。具有皮鳞茎。叶狭线形。花茎中空，带红色，顶端着生 1 朵花，下有红褐色佛焰苞状总苞，总苞片下部合生，上部分离；花梗直立；花被二唇形；花被管极短或无，花被片 6 片，不等，上方 1 片最宽，两侧 2 片披针形，下方 3 片下部彼此靠合成槽状；雄蕊着生于花被片基部，略外伸，花丝丝状，其间有分离的鳞片，花药线状长圆形，"丁"字形着生；子房陀螺状，有 6 棱，3 室，每室具多数叠生的胚珠，花柱丝状，柱头 3 裂。蒴果，室背 3 开裂。种子多数，盘状，具有狭翅。

本属只有 1 种，分布于墨西哥；我国引种栽培供观赏。河南也有栽培。

龙头花 火燕兰 ***Sprekelia formosissima*（L.）Herb.（彩版图 147）**

[*Amaryllis formosa* Salisb.;
Amaryllis formosissima L.;
Amaryllis karwinskii Zucc.;
Hippeastrum formosissimum（L.）Loudon;
Sprekelia clintiae Traub;
Sprekelia glauca Lindl.;
Sprekelia heisteri Trew ex Kunth;
Sprekelia karwinskii（Zucc.）M. Roem.;
Sprekelia ringens C. Morren;
Sprekelia stenopetala Lem.]

多年生草本。具球形的有皮鳞茎，直径约 5cm。叶 3~6 枚，狭线形，长 30~50cm，宽 1~2cm。花茎中空，带红色，长 35~45cm；花大，二唇形，单朵顶生；佛焰苞状总苞片红褐色，长约 5cm，顶端 2 裂；花梗长约 5.5cm；花被管极短或无，花被长 8~10cm，绯红色。花期春季。

原产于墨西哥。洛阳、南阳等城市公园有盆栽，其他城市花市有出售作室内盆栽花卉。我国许多城市公园均有引种栽培供观赏。

（一八一）薯蓣科 Dioscoreaceae

《河南植物志（第四册）》记载 1 属，7 种，1 亚种，1 变种以及 6 栽培品种。

其中：

薯蓣、山药 *Dioscorea opposita* Thunb. 应为薯蓣 *Dioscorea polystachya* Turcz.。

本书另增补 1 种。

薯蓣属 *Dioscorea* L.

黑珠芽薯蓣 *Dioscorea melanophyma* Prain & Burkill

[*Dioscorea tenii* R. Knuth]

缠绕草质藤本。块茎卵圆形或梨形，有多数细长须根。茎无毛。掌状复叶互生，小叶3~5（~7）枚，有时茎顶部为单叶；小叶片为披针形、长椭圆形至卵状披针形，顶生小叶片较两侧小叶片大，长2.5~13cm，宽1~4cm，顶端渐尖，全缘或边缘微波状，两面光滑无毛，或仅沿主脉稍有短柔毛。叶腋内常有圆球形珠芽，成熟时黑色，直径5~7mm，表面光滑。花单性，雌雄异株。雄花序总状（花未完全开放时呈穗状），再排列成圆锥状，远比叶长，花序轴有短柔毛；雄花黄白色，花梗极短；苞片和花被外面有短柔毛；3枚发育雄蕊和3枚不育的雄蕊互生。雌花序下垂，单生或2枚生于叶腋。蒴果反折，三棱形，两端钝圆，每棱翅状，长圆形，长约1.5cm，宽约1cm，表面光滑；种子通常两两着生于每室中轴顶端，种翅向基部延伸，呈长圆形。花期7~9月，果熟期9~10月。

黑珠芽薯蓣 ***Dioscorea melanophyma* Prain & Burkill**

1. 叶 2. 珠芽 3. 块茎 4. 雄花序 5. 果序 6. 蒴果

河南仅见于伏牛山西峡黄石庵；生于海拔1 500m以上的山谷林下或林缘及灌丛中。分布于四川、贵州、云南、西藏；尼泊尔也有分布。云南部分地区以块茎作“白药子”药用。

（一八二）鸢尾科 Irideaceae

《河南植物志（第四册）》记载8属（含6属栽培），16种（含10栽培种），2变种。其中：

射干 *Belamcanda chinensis*（L.）DC. 应为射干 *Belamcanda chinensis*（L.）Redouté；

黄花鸢尾 *Iris willsonii* C. H. Wright 应为黄花鸢尾 *Iris wilsonii* C. H. Wright；

黄菖蒲、黄鸢尾 *Iris pseudocorus* L. 应为黄菖蒲 *Iris pseudacorus* L.

马蔺（变种）*Iris lactea* var. *chinensis*（Fisch.）Koidz. 为白花马蔺 *Iris lacera* Lam. 的异名；

矮紫苞鸢尾（变种）*Iris ruthenica* var. *nana* Maxim. 为紫苞鸢尾 *Iris ruthenica* Ker Gawl. 的异名；

香根鸢尾 *Iris pallida* Lamark 应为香根鸢尾 *Iris pallida* Lam.。

本书另增补2种（含1栽培种）。

鸢尾属 *Iris* L.

《河南植物志（第四册）》记载9种（4栽培种），2变种。本书除修订外，增补2种（含1栽培种）。

(1) 变色鸢尾 *Iris versicolor* L.（彩版图148）

多年生草本，植株基部生有少量毛发状的老叶残留纤维。根状茎圆柱形，斜伸，具明显的环节，外包有棕褐色老叶残留的纤维。叶两面略带灰白色，剑形，长 40~60cm，宽 1.3~1.8cm，无明显的中脉。花茎高 45~60cm，直径约 0.6cm，上部常有 2~3 个分枝，分枝长 10~14cm；苞片 3~4 枚，披针形或狭披针形，长 4~8cm，边缘膜质，内包含有 2~3 朵花；花蓝紫色，直径 8~9cm；花被管长 0.5~1cm，外花被裂片倒披针形，长 6~7cm，宽 1~1.5cm，中脉上无附属物，内花被裂片狭倒披针形，较外轮短而小，长约 3cm，直立；雄蕊长约 5cm，花药蓝紫色；花柱分枝片状，长约 6cm，拱形弯曲，蓝紫色，中脉上颜色略深，顶端裂片半圆形，子房三棱状柱形。蒴果三棱状圆柱形，长 4~5cm，顶端钝，无喙。花期 5 月，果熟期 6~9 月。

原产于美洲。河南洛阳、许昌、开封等城市庭院、公园有引种栽培。我国各地庭院中均偶有栽培。

（2）小鸢尾 *Iris proantha* Diels（彩版图 149）

［*Iris pseudorossii* S. S. Chien］

多年生矮小草本，植株基部淡绿色，围有 3~5 枚鞘状叶及少量的老叶残留纤维。根状茎细长，坚韧，二歧状分枝，横走，棕黄色，节处膨大；须根细弱，生于节处，棕黄色。叶狭条形，黄绿色，花期叶长 5~20cm，宽 1~2.5mm，果期长可达 40cm，宽达 7mm，顶端长渐尖，基部鞘状，有 1~2 条纵脉。花茎高 5~7cm，中下部有 1~2 枚鞘状的茎生叶；苞片 2 枚，草质，绿色，狭披针形，长 3.5~5.5cm，宽约 6 mm，顶端渐尖，内包含有 1 朵花；花淡蓝紫色，直径 3.5~4cm；花梗长 0.6~1cm；花被管长 2.5~3（~5）cm，外花被裂片倒卵形，长约 2.5cm，宽 1~1.2cm，盛开时上部平展，有马蹄形斑纹，爪部楔形，中脉上有黄色的鸡冠状附属物，表面平坦似毡绒状，内花被裂片倒披针形，长 2.2~2.5cm，宽约 7mm，直立；雄蕊长约 1cm，花丝及花药皆为白色；花柱分枝淡蓝紫色，长约 1.8cm，宽约 4mm，顶端裂片长三角形，外缘有不明显的疏齿，子房绿色，圆柱形，长 4~5mm。蒴果圆球形，直径 1.2~1.5cm，顶端有短喙；果梗长 1~1.3cm，苞片宿存于果实基部。花期 3~4 月，果熟期 5~7 月。

河南仅见于大别山商城；生于山坡、草地、林缘或疏林下。分布于安徽、江苏、浙江、湖北、湖南。

（一八三）芭蕉科 Musaceae

《河南植物志（第四册）》记载 2 属（栽培），2 种（栽培）。本书增补 1 属（栽培），2 种（栽培）。

鹤望兰属 *Strelitzia* Aiton（新增属，栽培）

多年生植物；茎干高大，木质，或无。叶 2 列，基生或冠于茎顶；叶片长圆形，具长柄，柄上有深沟。花大，两性，高度两侧对称，数朵排成蝎尾状聚伞花序，生于 1 枚舟形的佛焰苞中，具长或短的总花梗；萼片 3 枚，黄色或白色，狭披针形；花瓣 3 片，白色或蓝色，中央的 1 片小，舟状，侧生的 2 片靠合成箭头状（园艺上称为花舌），其中藏有雄蕊和花柱；雄蕊 5 枚，花丝细长，花药线形；子房 3 室，胚珠多数，生于中轴胎座上，花柱细长，柱头 3 个。果为蒴果，三棱形，木质，室背开裂；种子长圆形，具红色条裂的假种皮。

本属 4 种，原产于非洲南部；现热带地区常引种供观赏。我国引种栽培的有 3 种。河南栽培 2 种。

1 植株无明显的木质树干；花序生于一与叶柄近等长或略短的总花梗上；佛焰苞 1 枚；花较小，萼片橙黄色，长 7.5~10cm…………………………………………………（1）鹤望兰 *Strelitzia reginae* Banks

1 植株有明显的木质树干；花序腋生，总花梗短于叶柄；佛焰苞 1~2 枚；花较大，萼片白色，长 13~17cm。箭头状花瓣天蓝色，基部戟形……………（2）大鹤望兰 *Strelitzia nicolai* Regel & K. Koch

（1）鹤望兰 *Strelitzia reginae* Banks（彩版图 150）

［27 synonym］

多年生草本，无茎。叶片长圆状披针形，长 25~45cm，宽约 10cm，顶端急尖，基部圆形或楔形，下部边缘波状；叶柄细长。花数朵生于一约与叶柄等长或略短的总花梗上，下托一佛焰苞；佛焰苞舟状，长达 20cm，绿色，边紫红色，萼片披针形，长 7.5~10cm，橙黄色，箭头状花瓣基部具耳状裂片，和萼片近等长，暗蓝色；雄蕊与花瓣等长；花药狭线形，花柱突出，柱头 3 个。

原产于非洲南部。河南各公园、花市温室有盆栽供观赏。我国南方城市的公园、花圃均有露天栽培，北方则为温室栽培。花奇特，多盆栽供观赏。

（2）大鹤望兰 *Strelitzia nicolai* Regel & K. Koch

［2 synonym］

茎干高达 8m，木质。叶片长圆形，长 90~120cm，宽 45~60cm，基部圆形，不等侧；叶柄长 1.8m。花序腋生，总花梗较叶柄为短，花序上通常有 2 个大型佛焰苞，佛焰苞绿色而染红棕色，舟状，长 25~32cm，顶端渐尖，内有花 4~9 朵，花梗长 2~3cm；萼片披针形，白色，长 13~17cm，宽 1.5~3cm，下方的 1 枚背面具龙骨状脊突，箭头状花瓣天蓝色，长 10~12cm，中部稍收狭，基部戟形，中央的花瓣极小，长圆形，长 0.6~1cm；雄蕊 5 枚，线形，长约 5cm；花柱线形，长 16~20cm，柱头 3 裂。

大鹤望兰 *Strelitzia nicolai* Regel & K. Koch

1. 植株　2. 花　3. 箭头状花瓣　4. 中央的一枚花瓣　5. 雄蕊　6. 花柱及柱头

原产于非洲南部。河南近十多年花市有引种作盆栽花卉。我国台湾、广东有引种栽培供观赏。

（一八四）竹芋科 Marantaceae（新增科）

多年生草本，有根茎或块茎，地上茎有或无。叶通常大，具羽状平行脉，通常2列，具柄，柄的顶部增厚，称叶枕，有叶鞘。花两性，不对称，常成对生于苞片中，组成顶生的穗状、总状或疏散的圆锥花序，或花序单独由根茎抽出；萼片3枚，分离；花冠管短或长，裂片3枚，外方的1枚通常大而多少呈风帽状；退化雄蕊4~2枚，外轮的1~2枚（有时无）花瓣状，较大，内轮的2枚中一为兜状，包围花柱，一为硬革质；发育雄蕊1枚，花瓣状，花药1室，生于一侧；子房下位，1~3室；每室有胚珠1个；花柱偏斜、弯曲、变宽，柱头3裂。果为蒴果或浆果；种子1~3粒，坚硬，有胚乳和假种皮。

本科31属，约525种。分布于热带地区，主产地为美洲。我国共4属（含1引入栽培属），8种（含2特有种和1引入栽培种）。

1. 肖竹芋属 *Calathea* G. F. W. Mey.（新增属，栽培）

多年生草本，具根茎；茎通常不分枝，稀分枝。叶基生或茎生，叶片通常阔大，常有美丽的色彩；叶柄短或极长，具鞘。花序头状或球果状，无柄或具柄，单生或伴有1枚、稀2枚寻常叶；苞片2至数枚，通常螺旋排列，稀2行排列；花通常超过3对，小苞片膜质；萼片3枚，近相等；花冠管与萼片等长或较其为长；外轮退化雄蕊1枚，极稀无，通常较大；硬革质的1枚与其相似，且在花时与其形成假二唇形，稀短；兜状的1枚通常较外轮的小，具一侧裂片；发育雄蕊有1个不连到顶部的花瓣状、增厚的附属体；子房3室。蒴果开裂为3瓣，果瓣与中轴脱离；种子3粒，三角形，背突起，有2裂的假种皮。

本属约150种，主产于美洲热带，少数产于非洲热带。我国常引种栽培3种，河南栽培有2种。该属许多种类的叶片有美丽的斑纹，常栽培供观赏。

1. 叶面具天鹅绒般深绿色和黄绿色相间的条纹…（1）绒叶肖竹芋 *Calathea zebrina*（Sims）Lindl.
1. 叶面具粉红色或玫瑰红色的条纹（幼叶），或全为绿色（老叶）……………………………………………………………………………（2）肖竹芋 *Calathea ornata*（Lind.）Körn.

（1）绒叶肖竹芋 *Calathea zebrina*（Sims）Lindl.

［*Goeppertia zebrina*（Sims）Nees］

中等大草本，株高0.5~1m。叶片6~20片，长圆状披针形，长达45cm，宽达16cm，不等侧，顶端钝，基部渐尖，叶面深绿色，间以黄绿色的条纹，天鹅绒一般，十分美丽，叶背幼时浅灰绿色，老时淡紫红色，两面均无毛；叶柄长达45cm。头状花序卵形，鹅蛋般大小，单独生于花葶上，花葶长短不一，苞片覆瓦状排列，宽卵形，宽约5cm，里面的紫色；小苞片线形；萼片长圆形，长达2.5cm；花冠紫堇色或白色，裂片长圆状披针形，长1.5cm；外轮退化雄蕊倒卵状长圆形，淡紫堇色，长1.7cm；硬革质的1枚与其相似，兜状的1枚长仅及其半；子房无毛。花期5~6月。

原产于巴西。河南各大城市的花市有引种作盆栽花卉。广州等南方城市也有广泛栽培。

（2）肖竹芋 *Calathea ornata*（Lind.）Körn.（彩版图151）

［*Maranta ornata* Linden；

Phrynium ornatum（Linden）K. Koch；

Phyllodes ornata（Linden）Kuntze]

植株健壮，直立，高可达3m。叶1~4片，叶片椭圆形，长30~90cm，顶端急尖，基部多少心形，成长叶叶面亮绿色，叶背紫红色，幼叶具美丽的玫瑰红或粉红色条纹，后变白色，至成长叶颜色消失；叶柄随植株长大而伸长增粗，最长可达1.2m；叶枕圆柱形，无毛或被小柔毛；叶鞘占全长之1/3~1/2。穗状花序卵形，长7.5~8cm，宽5cm，苞片排列紧密；总花梗长35cm；萼片长圆形，长2.2cm，膜质，花冠管与萼等长，白色，裂片长圆形，紫堇色；外轮退化雄蕊小，硬革质的退化雄蕊2瓣裂，黄色。

原产于南美洲。河南各城市花市有引种栽培作室内盆栽花卉。我国台湾等省均有引种栽培供观赏。本种叶美丽，叶面条纹的色彩随生长期而变化，老幼不同。

绒叶肖竹芋 *Calathea zebrina*（Sims）Lindl.

1. 植株 2. 叶 3. 花序 4. 花

2. 竹芋属 *Maranta* L.（新增属，栽培）

直立或匍匐状、分枝草本，有茎或无茎；地下茎块状。叶基生或茎生，柄基部鞘状。花少数，成对，排成总状花序或二歧状的圆锥花序；苞片少数，迟落；萼片3枚，披针形；花冠管圆柱形，基部常肿胀，裂片3枚，近相等；雄蕊管通常短，外轮的2枚退化雄蕊花瓣状，倒卵形，长于花瓣，内轮中呈风帽状的1枚边缘具外折的附属体；硬革质的1枚倒卵形；发育雄蕊1枚，花药1室；子房1室，1个胚珠；花柱粗。果倒卵形或矩圆形，坚果状，不开裂；种子1粒。

本属约23种，产于热带美洲；我国引入栽培的有2种及1变种。河南各城市花市有引种栽培2种，作室内盆栽花卉。

竹芋属分种检索表

1. 茎极短或缺；叶基生，叶面有暗褐色的斑块，背紫色 …………………………………………………… (1) 花叶竹芋 *Maranta cristata* Nees & Mart.

1. 茎直立，分枝；叶茎生，背绿色…………………………………… (2) 竹芋 *Maranta arundinacea* L.

(1) 花叶竹芋 *Maranta cristata* Nees & Mart.

[*Maranta bicolor* Ker Gawl.；

Calathea bicolor（Ker Gawl.）Steud.；

Goeppertia bicolor（Ker Gawl.）Nees；

Thalia bicolor（Ker Gawl.）K. Koch]

植株矮小，高25~40cm，基部有块茎。叶片长圆形、椭圆形至卵形，长7~12cm，宽5~7cm，顶端圆而具小尖头，基部圆或心形，边缘多少波浪形，叶面粉绿色，中脉两侧有暗褐色的斑块，背面粉绿色或淡紫色；叶枕长约0.5cm；叶柄长达2.5cm。总状花序单生，

花叶竹芋 ***Maranta cristata*** **Nees & Mart.**

总花梗长6~10cm；苞片2~4枚，披针形，长2.5~3cm；每苞片内有3对花，花梗约与苞片等长；萼片长0.5cm；花冠白色，管长0.4cm，裂片披针形，长约0.8cm；外轮的2枚退化雄蕊较大，倒卵形，顶微凹，白色而有青紫色的斑点和线条；内轮的退化雄蕊较小。

原产于巴西。河南各城市花市有引种栽培作室内盆栽花卉。广东、广西等省区有栽培。叶有美丽的斑块，栽培供观赏。

(2) 竹芋 ***Maranta arundinacea*** **L.**

根茎肉质，纺锤形；茎柔弱，二歧分枝，高0.4~1m。叶薄，卵形或卵状披针形，长10~20cm，宽4~10cm，绿色，顶端渐尖，基部圆形，背面无毛或薄被长柔毛；叶枕长0.5~1cm，上面被长柔毛；无柄或具短柄；叶舌圆形。总状花序顶生，长15~20cm，疏散，有花数朵，苞片线状披针形，内卷，长3~4cm；花小，白色，小花梗长约1cm；萼片狭披针形，长1.2~1.4cm；花冠管长1.3cm，基部扩大；裂片长0.8~1cm；外轮的2枚退化雄蕊倒卵形，长约1cm，先端凹入，内轮的长仅及外轮的1/2；子房无毛或稍被长柔毛。果长圆形，长约0.7cm。

原产于美洲热带地区，现广植于各热带地区。河南各城市花市均有盆栽。我国南方常见栽培。根茎富含淀粉，可煮食或提取淀粉供食用或制作糨糊用；药用有清肺、利水之效。

竹芋 ***Maranta arundinacea*** **L.**

1. 植株　2. 根茎　3. 叶

（一八五）兰科 Orchidaceae

《河南植物志（第四册）》记载 40 属，95 种。

其中：

大花杓兰 *Cypripedium macranthum* Sw. 应为大花杓兰 *Cypripedium macranthos* Sw.；

兜兰 *Paphiopedilum purpuratum*（Lindl.）Pfitzer 为兜兰 *Paphiopedilum purpuratum*（Lindl.）Stein 的异名；

无距兰属 *Aceratorchis* Schltr. 为盔花兰属 *Galearis* Rafinesque 的异名；

无距兰 *Aceratorchis tschiliensis* Schltr. 为河北盔花兰 *Galearis tschiliensis*（Schltr.）P. J. Cribb, S. W. Gale & R. M. Bateman 的异名；

北方红门兰 *Orchis roborowskii* Maxim. 为北方盔花兰 *Galearis roborovskyi*（Maxim.）S. C. Chen，P. J. Cribb & S. W. Gale 的异名；

广布红门兰 *Orchis chusua* D. Don 为广布小红门兰 *Ponerorchis chusua*（D. Don）Soó 的异名；

单叶红门兰 *Orchis limprichtii* Schltr. 为华西小红门兰 *Ponerorchis limprichtii*（Schltr.）Soó 的异名；

二叶舌唇兰 *Platanthera chlorantha* Cust. ex Rchb. 应为二叶舌唇兰 *Platanthera chlorantha*（Custer）Rchb.；

凹舌兰属 *Coeloglossum* Hartm. 为掌裂兰属 *Dactylorhiza* Necker ex Nevski 的异名；

凹舌兰（变种）*Coeloglossum viride* var. *bracteatum*（Muhl. ex Willd.）A. Gray 为凹舌掌裂兰 *Dactylorhiza viridis*（L.）R. M. Bateman，Pridgeon & M. W. Chase 的异名；

蜻蜓兰属 *Perularia* Lindl. 为舌唇兰属 *Platanthera* Richard 的异名；

蜻蜓兰 *Perularia fuscescens*（L.）Lindl. 为蜻蜓舌唇兰 *Platanthera souliei* Kraenzl. 的异名；

小花蜻蜓兰 *Perularia ussuriensis*（Regel）Schltr. 为东亚舌唇兰 *Platanthera ussuriensis*（Regel）Maxim. 的异名；

角盘兰属 *Herminium*（L.）R. Br. 应为角盘兰属 *Herminium* L.；

叉唇角盘兰 *Herminium lanceum*（Thunb.）Vuijk 应为叉唇角盘兰 *Herminium lanceum*（Thunb. ex Sw.）Vuijk；

大花无柱兰 *Amitostigma pinguicula*（S. Moore）Schltr. 应为大花无柱兰 *Amitostigma pinguicula*（Rchb. f. & S. Moore）Schltr.；

兜被兰属 *Neottianthe* Schltr. 应为兜被兰属 *Neottianthe*（Rchb.）Schltr.；

兜被兰 *Neottianthe pseudodiphylax*（Kraenzl.）Schltr. 为二叶兜被兰 *Neottianthe cucullata*（L.）Schltr. 的异名；

绿花阔蕊兰 *Peristylus goodyeroides* Lindl. 应为阔蕊兰 *Peristylus goodyeroides*（D. Don）Lindl.；

小花阔蕊兰 *Peristylus sampsonii* Hance 为小花阔蕊兰 *Peristylus affinis*（D. Don）Seidenf.

的异名；

毛葶玉凤花 *Habenaria ciliolaris* Kranzl. 应为毛葶玉凤花 *Habenaria ciliolaris* Kraenzl.；

十字花 *Habenaria sagittifera* Rchb. f. 应为十字花 *Habenaria schindleri* Schltr.；

对叶兰属 *Listera* R. Br. 为鸟巢兰属 *Neottia* Guett. 的异名；

对叶兰 *Listera puberula* Maxim. 为对叶兰 *Neottia puberula*（Maxim.）Szlach. 的异名；

火烧兰属 *Epipactis* Sw. 应为火烧兰属 *Epipactis* Zinn；

银兰 *Cephalanthera erecta* Lindl. 应为银兰 *Cephalanthera erecta*（Thunb.）Blume；

长叶头蕊兰 *Cephalanthera longifolia*（Huds.）Fritsch. 应为头蕊兰 *Cephalanthera longifolia*（L.）Fritsch；

沼泽兰属 *Malaxis* Sw. 应为原沼兰属 *Malaxis* Solander ex Sw.；

羊耳蒜 *Liparis japonica* Maxim. 应为羊耳蒜 *Liparis campylostalix* Rchb. f.；

霍山石斛、米斛 *Dendrobium huoshanense* Z. Z. Tang & S. J. Cheng 和伏牛石斛 *Dendrobium funiushanense* T. B. Chao，Z. X. Chen & Z. K. Chen 均为黄石斛 *Dendrobium catenatum* Lindl.［《河南植物志（第四册）》图 2927］的异名；

黑节草、铁皮石斛 *Dendrobium candidum* Wall. ex Lindl. 为细茎石斛 *Dendrobium moniliforme*（L.）Sw. 的异名；

河南石斛 *Dendrobium henanense* J. L. Lu & L. X. Gao 为曲茎石斛 *Dendrobium flexicaule* Z. H. Tsi，S. C. Sun & L. G. Xu 的异名；

珊瑚兰属 *Corallorhiza*（Hall.）Chat. 应为珊瑚兰属 *Corallorhiza* Gagnebin；

剑叶虾脊兰 *Calanthe ensifolia* Rolfe 为剑叶虾脊兰 *Calanthe davidii* Franch. 的异名；

流苏虾脊兰 *Calanthe fimbriata* Franch. 为流苏虾脊兰 *Calanthe alpina* Hook. f. ex Lindl. 的异名；

泽泻叶虾脊兰 *Calanthe alismaefolia* Lindl. 应为泽泻虾脊兰 *Calanthe alismatifolia* Lindl.；

广东石豆兰、石豆 *Bulbophyllum kwangtungense* Schltr 应为广东石豆兰 *Bulbophyllum kwangtungense* Schltr.；

斑唇石豆兰、石豆 *Bulbophyllum flaviflorum*（T. S. Liu & H. J. Su）Seidenf. 为斑唇卷瓣兰 *Bulbophyllum pectenveneris*（Gagnep.）Seidenf. 的异名；

美冠兰属 *Eulophia* R. Br. ex Lindl. 应为美冠兰属 *Eulophia* R. Br.；

美冠兰 *Eulophia campestris* Wall. ex Lindl. 为长距美冠兰 *Eulophia dabia*（D. Don）Hochr. 的异名；

小山兰 *Oreorchis foliosa*（Lindl.）Lindl. 应为短梗山兰 *Oreorchis erythrochrysea* Hand.-Mazz.

墨兰 *Cymbidium sinense*（Andr.）Willd. 应为墨兰 *Cymbidium sinense*（Jacks. ex Andr.）Willd.；

蜈蚣兰 *Cleisostoma scolopendrifolium*（Makino）Garay 为蜈蚣兰 *Pelatantheria scolopendrifolia*（Makino）Aver. 的异名；

马齿毛兰 *Eria szetschuanica* Schltr. 为马齿苹兰 *Pinalia szetschuanica*（Schltr.）S. C. Chen & J. J. Wood 的异名。

本书另增补 3 属，9 种。

1. 无喙兰属 *Holopogon* Komarov & Nevski （新增属）

腐生小草本，具短缩的根状茎和成簇的肉质纤维根。茎直立，无绿叶，上部被乳突状疏柔毛，中部以下具数枚圆筒状鞘。总状花序顶生，具数花至多花；花序轴被乳突状疏柔毛；花苞片膜质；花梗较长；花直立或斜展，扭转或不扭转；萼片相似，背面常被疏毛；花瓣3枚相似或中央1枚变为特化的唇瓣，后者明显大于花瓣且先端2裂；蕊柱较长，顶端稍扩大，背侧多少有龙骨状脊；脊一般粗厚，向上延伸而成花丝；花药通常以基部着生于花丝上，直立或近直立；花粉团2个，粒粉质，柔软，无花粉团柄，亦不附着于黏盘上；柱头顶生；蕊喙不存在。

本属共6种，产于日本、俄罗斯（远东地区）至印度（西北部）。我国有2种（均为特有）。河南有1种。

无喙兰 *Holopogon gaudissartii*（Hand. -Mazz.）S. C. Chen

［*Archineottia gaudissartii*（Hand. -Mazz.）S. C. Chen；

Diplandrorchis sinica S. C. Chen；

Neottia gaudissartii Hand. -Mazz.］

植株高19~24cm，具短的根状茎和成簇的肉质纤维根。茎直立，红褐色，无绿叶，中部以下具3~5枚鞘；鞘膜质，圆筒状，长1.8~3cm，最上面的1枚苞片状。总状花序顶生，长6.5~7.5cm，具10~17朵花；花序轴上被乳突状疏柔毛；花苞片披针形，膜质，长4~8mm，背面稍被毛；花梗细长，长8~10mm，被乳突状柔毛；子房椭圆形，长约3.5mm，亦被乳突状柔毛；花近辐射对称，直立，紫红色；萼片近直立，狭长圆形，长2.5~3mm，宽0.7~0.9mm，具1条脉，背面略被毛；花瓣3片相似，狭长圆形，长2.5~3mm，宽0.6~0.8mm，无特化的唇瓣；蕊柱直立，连花药长2~2.5mm，背侧有明显的龙骨状脊；花丝明显，但较短；花药近卵状长圆形，长0.6~0.7mm；花粉团近椭圆形，松散；顶生柱头略肥厚。花期9月。

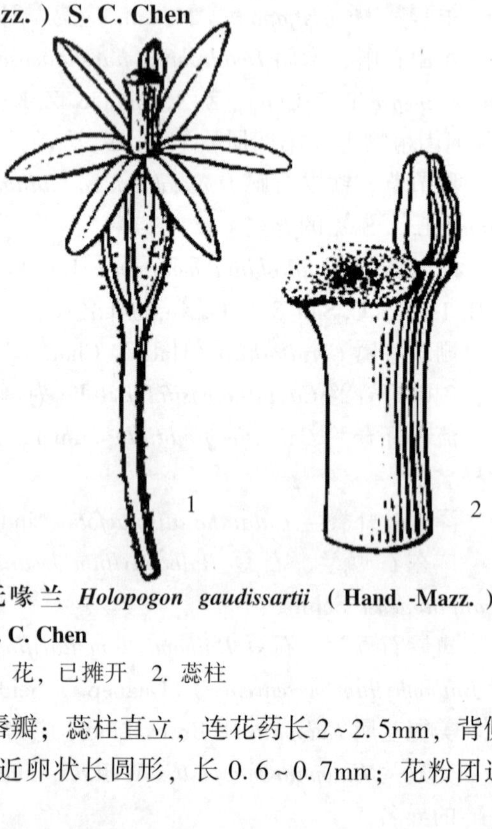

无喙兰 *Holopogon gaudissartii*（Hand. -Mazz.）S. C. Chen

1. 花，已摊开 2. 蕊柱

河南仅见于伏牛山嵩县龙池曼、杨树岭；生于海拔1 300~1 900m的林下。分布于辽宁、山西（中南部）。

2. 舌唇兰属 *Platanthera* Rich.

《河南植物志（第四册）》记载5种。本书增补1种。

细距舌唇兰 *Platanthera bifolia*（L.）Rich.

［*Orchis bifolia* L.；

Habenaria bifolia（L.）R. Br.；

Platanthera metabifolia F. Maek.］

植株高28~42cm。块茎卵状纺锤形，肉质，长2.5~3cm。茎直立，无毛，在基部具2

枚彼此靠近、近对生的大叶，其上具2~4枚变小成苞片状披针形的小叶。基部大叶片匙状椭圆形、长圆形或椭圆形，长10~12cm，宽2.2~3.5cm，先端钝，基部收狭成长柄。总状花序具7~17朵花，长9~19cm；花苞片披针形，下部的常较子房长，长15~20mm；子房细圆柱状，弓曲，连花梗长14~15mm；花较大，带绿白色或黄绿色；中萼片直立，舟状，卵形或宽卵形，长5.5~6mm，宽4~4.5mm，先端钝，基部具3条脉，中部具5~7条脉；侧萼片张开，偏斜，卵状披针形，长6~7mm，宽3.5~4mm，先端稍尖，基部具3条脉；花瓣直立，较厚，偏斜，线状披针形，长5.5~6mm，基部宽约1mm，先端急尖，基部具2条脉，与中萼片靠合呈兜状；唇瓣向前伸，舌状，肉质，厚，长9~10mm，宽1~1.5mm，先端钝；距细圆筒状，长20~25mm，粗1.5~1.8mm，几乎不向末端增粗，向后水平伸展，弧曲，末端稍尖；蕊柱粗，药室较靠近，下部稍叉开，药隔顶部宽约0.5mm，下部宽1.5~2mm；花粉团椭圆形，具细而长的柄和近圆形的黏盘；退化雄蕊较显著；蕊喙带状；柱头1个，凹陷，位于蕊喙之下穴内。花期7~8月。

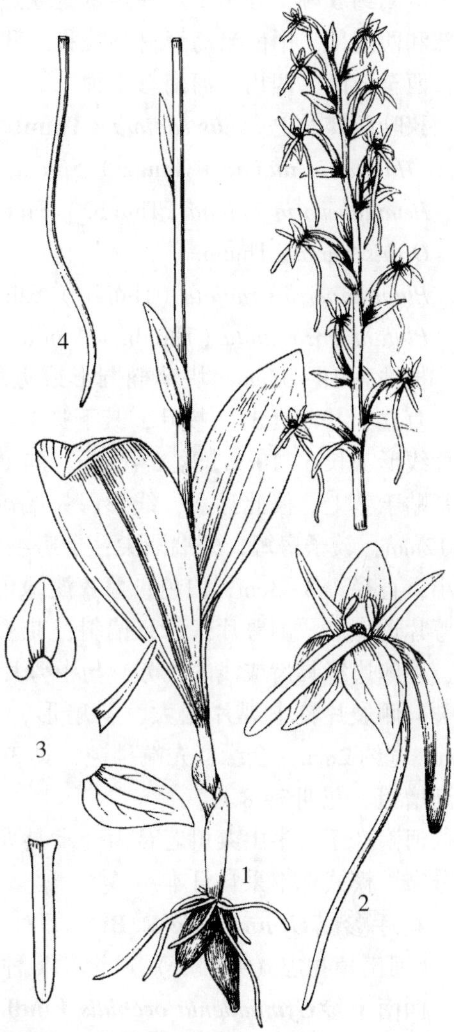

细距舌唇兰 *Platanthera bifolia*（L.）Rich.

1. 全株 2. 花 3. 中萼片、花瓣、侧萼片和唇瓣 4. 距

河南仅见于太行山济源黄楝树林场；生于海拔200~2 800m的山坡林下或湿草地中。分布于黑龙江、吉林、辽宁、河北、山西、甘肃、青海、山东、四川（金川）；俄罗斯（西伯利亚东部、萨哈林岛和千岛群岛南部）、朝鲜、韩国和日本（北海道）也有分布。

3. 白蝶兰属 *Pecteilis* Rafin.（新增属）

地生草本。块茎长圆形、椭圆形或近球形，肉质，不裂，颈部具几条细长根。茎直立，基部具鞘，其上具叶，叶向上渐变小成苞片状。叶3至数枚，互生。总状花序顶生，具1至数朵花；花苞片叶状，较大；花通常颇大，倒置（唇瓣位于下方）；萼片离生，相似，宽阔；中萼片直立；侧萼片斜歪；花瓣线状披针形、倒披针形或长圆形，常较萼片狭小；唇瓣3裂，侧裂片外侧具细的裂条或小齿或全缘，中裂片线形或宽三角形，直；具长距，距比子房长很多；蕊柱短；花药直立，2室，药室下部叉开，药隔宽阔；花粉团2个，为具小团块的粒粉质，具花粉团柄和黏盘，黏盘包藏于蕊喙臂末端筒内；蕊喙较低，具长的蕊喙臂；柱头2个，凸出；退化雄蕊2枚，较小，椭圆形，位于花药基部两侧。

本属约5种，分布于亚洲热带至亚热带地区，从日本、马来西亚、印度尼西亚、我国南部和西南部、中南半岛至喜马拉雅。我国有3种，分布于南部至西南部，北至河南西南部，西至云南、四川。河南有1种。

狭叶白蝶兰 *Pecteilis radiata*（Thunb.）Raf.

[*Habenaria radiata*（Thunb.）Spreng.；

Hemihabenaria radiata（Thunb.）Finet；

Orchis radiata Thunb.；

Plantaginorchis radiata（Thunb.）Szlach.；

Platanthera radiata（Thunb.）Lindl.]

植株高18~35cm。块茎椭圆形或近球形，长1.5~2cm，直径约1.5cm，肉质。茎细长，直立，基部具3~5枚叶，其下具1~2枚筒状鞘，在叶之上常具1~3枚苞片状的小叶。叶片线形，长5~10cm，宽3~6mm，向上伸展，先端渐尖，基部成抱茎的鞘；苞片状的小叶紧贴于茎上，彼此远离，线形，先端渐尖。总状花序具1~2朵花；花苞片披针形，长7~12mm，较子房短，先端渐尖；子房细圆柱形，扭转，无毛，连花梗长1.3~1.5cm；花较小，直径1.5~3cm，白色；萼片淡绿色，狭卵形，长8~10mm，先端钝，具5~7条脉，中萼片近直立，侧萼片张开，偏斜；花瓣白色，斜卵形，直立，长10~12mm，先端近急尖，外侧边缘具齿或浅的流苏，与中萼片靠合呈兜状；唇瓣白色，短楔形，长约15mm，3深裂；侧裂片较中裂片宽大，斜扇形，外侧边缘具长流苏状裂条，中裂片线形，长约1cm，宽约2mm，全缘，先端稍钝，具3脉；基部距狭圆筒状，长3~4cm，下垂，向末端稍渐增粗。花期7~8月。

河南产于伏牛山栾川老君山、嵩县龙池曼；生于海拔约1 500m的林下草地。日本也有分布。模式标本采自日本。

4. 手参属 *Gymnadenia* R. Br.

《河南植物志（第四册）》记载1种。本书增补1种。

西南手参 *Gymnadenia orchidis* Lindl.

[*Gymnadenia cylindrostachya* Lindl.；

Gymnadenia delavayi Schltr.；

Gymnadenia himalayica Schltr.；

Gymnadenia microgymnadenia（Kraenzl.）Schltr.；

Gymnadenia orchidis var. *pantlingii* Renz；

Gymnadenia souliei Schltr.；

Gymnadenia violacea Lindl.；

Habenaria microgymnadenia Kraenzl.；

Habenaria orchidis（Lindl.）Hook. f.；

Habenaria stoliczkae Kraenzl.；

Orchis cylindrostachya（Lindl.）Kraenzl.；

Peristylus orchidis（Lindl.）Kraenzl.]

植株高13~50cm。块茎卵状椭圆形，长1~3cm，肉质，下部掌状分裂，裂片细长。茎直立，较粗壮，圆柱形，基部具2~3枚筒状鞘，其上具3~5枚叶，上部具1至数枚苞片状小叶。叶片椭圆形或椭圆状长圆形，长4~16cm，宽（2.5~）3~4.5cm，先端钝或急尖，基部收狭成抱茎的鞘。总状花序具多数密生的花，圆柱形，长4~14cm；花苞片披针形，直立伸展，先端渐尖，不成尾状，最下部的明显长于花；子房纺锤形，顶部稍弧曲，连花梗长7~8mm；花紫红色或粉红色，极罕为带白色；中萼片直立，卵形，长3~5mm，宽2~3.5mm，先端钝，具3条脉；侧萼片反折，斜卵形，较中萼片稍长和宽，边缘向外卷，先端钝，具3条脉，前面1条脉常具支脉；花瓣直立，斜宽卵状三角形，与中萼片等长且较宽，较侧萼片稍狭，边缘具波状齿，先端钝，具3条脉，前面的1条脉常具支脉；唇瓣向前伸展，宽倒卵形，长3~5mm，前部3裂，中裂片较侧裂片稍大或等大，三角形，先端钝或稍尖；距细而长，狭圆筒形，下垂，长7~10mm，稍向前弯，向末端略增粗或稍渐狭，通常长于子房或等长；花粉团卵球形，具细长的柄和黏盘，黏盘披针形。花期5~8月。

西南手参 *Gymnadenia orchidis* Lindl.
1. 全株　2. 花　3. 中萼片、花瓣、侧萼片和唇瓣

河南仅见于伏牛山西峡黄石庵林场鸡角尖下部；生于海拔1 800m以上的山坡林下、灌丛下和草地中。分布于陕西（南部）、甘肃（东南部）、青海（南部）、湖北（西部）、四川（西部）、云南、西藏（东部至南部）；克什米尔地区、不丹、印度（东北部）、尼泊尔、巴基斯坦也有分布。块茎药用，功效同手参 *Gymnadenia conopsea*（L.）R. Br.，有补肾益精、理气止痛之效。

5. 玉凤花属 *Habenaria* Willd.

《河南植物志（第四册）》记载6种。本书增补1种。

线叶十字兰 *Habenaria linearifolia* Maxim.

[*Fimbrorchis linearifolia*（Maxim.）Szlach.]

植株高25~80cm。块茎肉质，卵形或球形。茎直立，圆柱形，具多枚疏生的叶，向上渐小成苞片状。中下部的叶5~7枚，叶片线形，长9~20cm，宽3~7mm，先端渐尖，基部成抱茎的鞘。总状花序具8~20朵花，长5~16cm，花序轴无毛；花苞片披针形至卵状披针形，下部的长达15mm，宽2~5mm，先端长渐尖，短于子房；子房细圆柱形，扭转，稍弧曲，无毛，连花梗长18~20mm；花白色或绿白色，无毛；中萼片直立，凹陷成舟形，卵形或宽卵形，长5.5~6mm，宽3.5~4mm，先端稍钝，具5脉，与花瓣相靠成兜状；侧萼片张开，反折，斜卵形，长6~7mm，宽4~5mm，先端近急尖，具4~5条脉；花瓣直立，轮廓半正三角形，2裂；上裂片长5~5.5mm，宽3.5~4mm，先端稍钝，近具3条脉；下裂片小、齿状较短，先端2浅裂；唇瓣向前伸展，长达15mm，近中部3深裂；裂片线

形，近等长，长 8~9mm，宽 0.5~0.6mm；中裂片直，全缘，先端渐狭、钝；侧裂片向前弧曲，先端具流苏；距下垂，稍向前弯曲，长 25~35mm，向末端逐渐稍增粗成细棒状，较子房长，末端钝；柱头 2 个，隆起，长圆形，向前伸展，平行。花期 7~9 月。

河南仅见于伏牛山西峡黑烟镇；生于海拔 500~1 500m 的山坡林下或沟谷草丛中。分布于黑龙江、吉林、辽宁、内蒙古、河北、山东、江苏、安徽、浙江、江西、福建、湖南；日本、韩国、俄罗斯（远东地区）也有分布。

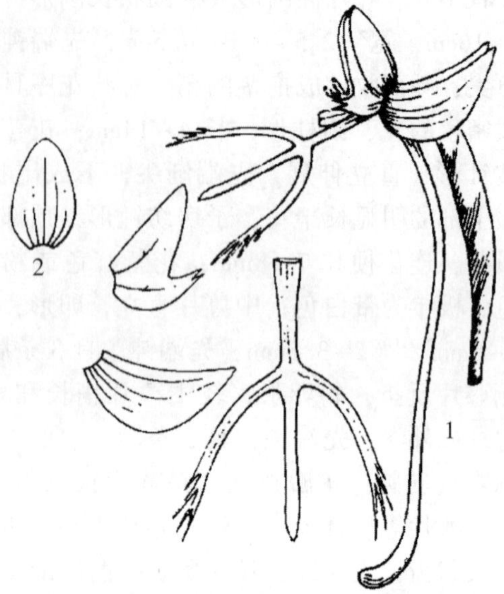

线叶十字兰 *Habenaria linearifolia* Maxim.

1. 花 2. 中萼片、花瓣、侧萼片和唇瓣

6. 石斛属 *Dendrobium* Sw.

《河南植物志（第四册）》记载 7 种。本书除修订外，增补 1 种。

石斛 *Dendrobium nobile* Lindl.

［*Callista nobilis*（Lindl.）Kuntze；

Dendrobium coerulescens Wall. ex Lindl.；

Dendrobium formosanum（Rchb. f.）Masam.；

Dendrobium lindleyanum Griff.；

Dendrobium nobile var. *alboluteum* Huyen & Aver.；

Dendrobium nobile var. *formosanum* Rchb. f.；

Dendrobium nobile var. *nobilius* Rchb. f.；

Dendrobium nobile f. *nobilius*（Rchb. f.）M. Hiroe］

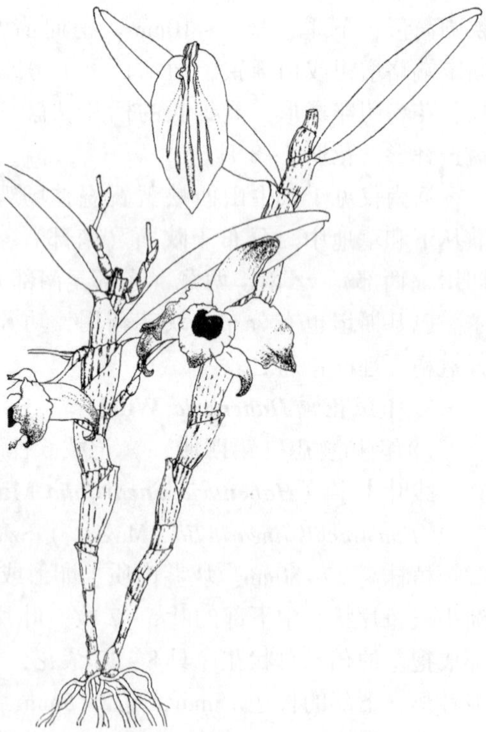

石斛 *Dendrobium nobile* Lindl.

植株

茎直立，肉质状肥厚，稍扁的圆柱形，长 10~60cm，粗达 1.3cm，上部多少回折状弯曲，基部明显收狭，不分枝，具多节，节有时稍肿大；节间多少呈倒圆锥形，长 2~4cm，干后金黄色。叶革质，长圆形，长 6~11cm，宽 1~3cm，先端钝并且不等侧 2 裂，基部具抱茎的鞘。总状花序从具叶或落了叶的老茎中部以上部分发出，长 2~4cm，具 1~4 朵花；花序柄长 5~15mm，基部被数枚筒状鞘；花苞片膜质，卵状披针形，长 6~13mm，先端渐尖；花梗和子房淡紫色，长 3~6mm；花大，白色带淡紫色先端，有时全体淡紫红色或除唇盘上具 1 个紫红色斑块外，其余均为白色；中萼片长圆形，长 2.5~3.5cm，宽 1

~1.4cm，先端钝，具5条脉；侧萼片相似于中萼片，先端锐尖，基部歪斜，具5条脉；萼囊圆锥形，长6mm；花瓣多少斜宽卵形，长2.5~3.5cm，宽1.8~2.5cm，先端钝，基部具短爪，全缘，具3条主脉和许多支脉；唇瓣宽卵形，长2.5~3.5cm，宽2.2~3.2cm，先端钝，基部两侧具紫红色条纹并且收狭为短爪，中部以下两侧围抱蕊柱，边缘具短的睫毛，两面密布短绒毛，唇盘中央具1个紫红色大斑块；蕊柱绿色，长5mm，基部稍扩大，具绿色的蕊柱足；药帽紫红色，圆锥形，密布细乳突，前端边缘具不整齐的尖齿。花期4~5月。

河南见于伏牛山南部的西峡黄石庵和淅川荆子关；生于海拔400~1 700m的山地林中，附生于树干或山谷岩石上。分布于广西（西部和东北部）、贵州、海南、香港、湖北（南部）、四川、台湾、西藏（东南部）、云南；不丹、印度、老挝、缅甸、尼泊尔、泰国、越南也有分布。全草入药，称石斛。

7. 白及属 *Bletilla* Rchb. f.

《河南植物志（第四册）》记载2种。本书增补1种。

小白及 *Bletilla formosana*（Hayata） Schltr.

[*Bletia formosana* Hayata;
Bletia kotoensis Hayata;
Bletia morrisonicola Hayata;
Bletilla formosana f. *kotoensis*（Hayata） T. P. Lin;
Bletilla formosana f. *rubrolabella* S. S. Ying;
Bletilla kotoensis（Hayata） Schltr.;
Bletilla morrisonicola（Hayata） Schltr.;
Bletilla striata var. *kotoensis*（Hayata） Masam.;
Bletilla szetschuanica Schltr.;
Bletilla yunnanensis Schltr.;
Bletilla yunnanensis var. *limprichtii* Schltr.;
Jimensia formosana（Hayata） Garay & R. E. Schult.;
Jimensia kotoensis（Hayata） Garay & R. F. Schult.;
Jimensia morrisonicola（Hayata） Garay & R. E. Schult.;
Jimensia szetschuanica（Schltr.） Garay & R. E. Schult.;
Jimensia yunnanensis（Schltr.） Garay & R. E. Schult.]

植株高15~50cm。假鳞茎扁卵球形，较小，上面具荸荠似的环带，富黏性；茎纤细或较粗壮，具3~5枚叶。叶一般较狭，通常线状披针形、狭披针形至狭长圆形，长6~20（~40）cm，宽0.5~1.5（~4.5）cm，先端渐尖，基部收狭成鞘并抱茎。总状花序具（1~）2~6朵花；花序轴或多或少呈“之”字状曲折；花苞片长圆状披针形，长1~1.3cm，先端渐尖，开花时凋落；子房圆柱形，扭转，长0.8~1.2cm；花较小，淡紫色或粉红色，罕白色；萼片和花瓣狭长圆形，长15~21mm，宽4~6.5mm，近等大；萼片先端近急尖；花瓣先端稍钝；唇瓣椭圆形，长15~18mm，宽8~9mm，中部以上3裂；侧裂片直立，斜的半圆形，围抱蕊柱，先端稍尖或急尖，常伸达中裂片的1/3以上；中裂片近圆形或近倒卵形，长4~5mm，宽4~5mm，边缘微波状，先端钝圆，罕略凹缺；唇盘上具5

条纵脊状褶片；褶片从基部至中裂片上面均为波状；蕊柱长12~13mm，柱状，具狭翅，稍弓曲。花期4~6月。

河南产于伏牛山南部的西峡、内乡和淅川；生于栎林、松林下。分布于甘肃（东南部）、广西、贵州、江西、陕西、四川、台湾、西藏（东南部）、云南；日本（琉球群岛）也有分布。

8. 独蒜兰属 *Pleione* D. Don

《河南植物志（第四册）》记载1种。本书增补1种。

美丽独蒜兰 *Pleione pleionoides*（Kraenzl.）Braem & H. Mohr（彩版图152）

［*Pleione amoena* Schltr.

Pleione hubeiensis Torelli & Riccab.

Pleione speciosa Ames & Schltr.

Pleione voltolinii Torelli & Riccab.

Pogonia pleionoides Kraenzl.］

地生或半附生草本。假鳞茎圆锥形，长2.5~3cm，直径约1.5cm，表面粗糙，顶端具1枚叶。叶在花期尚幼嫩，长成后椭圆状披针形，纸质，长14~20cm，宽约2.5cm，先端急尖。花葶从无叶的老假鳞茎基部发出，直立，长8~22cm，顶端具1朵花，稀为2朵花；花苞片线状披针形，长2.5~3.1cm，长于花梗和子房，先端急尖；花玫瑰紫色，唇瓣上具黄色褶片；中萼片狭椭圆形，长4~6.5cm，宽0.6~1.3cm，先端急尖；侧萼片亦狭椭圆形，略斜歪，稍宽于中萼片，先端急尖；花瓣倒披针形，多少镰刀状，长4.2~6.4cm，宽0.5~1cm，先端急尖；唇瓣近菱形至倒卵形，长4.2~5.5cm，宽3.5~4.2cm，极不明显的3裂，前部边缘具细齿，上面具2个或4个褶片；褶片具细齿；蕊柱长3.5~4.5cm。花期6月。

河南见于伏牛山南部的西峡黄石庵；生于林下腐殖质丰富或苔藓覆盖的岩石上或岩壁上。分布于重庆及湖北西部。

9. 盆距兰属 *Gastrochilus* D. Don（新增属）

附生草本，具粗短或细长的茎。茎具少数至多数节，节上长出长而弯曲的根。叶多数，稍肉质或革质，通常2列互生，扁平，先端不裂或2~3裂，基部具关节和抱茎的鞘。花序侧生，比叶短，不分枝或少有分枝的，花序柄和花序轴粗壮或纤细；总状花序或常常由于花序轴缩短而呈伞形花序，具少数至多数花；花小至中等大，多少肉质；萼片和花瓣近相似，多少伸展成扇状；唇瓣分为前唇和后唇（囊距），前唇垂直于后唇而向前伸展；后唇牢固地贴生于蕊柱两侧，与蕊柱近于平行，盔状、半球形或近圆锥形，少有长筒形的；蕊柱粗短，无蕊柱足；蕊喙短，2裂；花药俯倾，药帽半球形，其前端收狭；花粉团蜡质，2个，近球形，具1个孔隙；黏盘厚，一端2叉裂，黏盘柄扁而狭长。

本属约47种，分布于印度、斯里兰卡到东亚，南到印度尼西亚。我国有29种（含17特有种）。河南有1种。

台湾盆距兰 *Gastrochilus formosanus*（Hayata）Hayata（彩版图153）

［*Gastrochilus formosanus* var. *shaoyaoii*（S. S. Ying）S. S. Ying；

Gastrochilus nebulosus Fukuy.；

Gastrochilus quercetorus Fukuy.；

Gastrochilus rupestris Fukuy.;

Saccolabium formosanum Hayata;

Saccolabium nebulosum（Fukuy.）S. Y. Hu;

Saccolabium nebulosum（Fukuy.）S. S. Ying;

Saccolabium quercetorum（Fukuy.）S. Y. Hu;

Saccolabium rupestre（Fukuy.）S. Y. Hu;

Saccolabium shaoyaoii S. S. Ying]

茎常匍匐，细长，长达37cm，粗2mm，常分枝，节间约5mm。叶绿色，常两面带紫红色斑点，2列互生，稍肉质，长圆形或椭圆形，长2~2.5cm，宽3~7mm，先端急尖。总状花序缩短呈伞状，具2~3朵花；花序柄通常长1~1.5cm；花苞片膜质，长2~3mm，先端急尖；花梗连同子房淡黄色带紫红色斑点；花淡黄色带紫红色斑点；中萼片凹的，椭圆形，长4.8~5.5（~7）mm，宽2.5~3.2（~4）mm，先端钝；侧萼片与中萼片等大，斜长圆形，先端钝；花瓣倒卵形，长4~5mm，宽2.8~3mm，先端圆形；前唇白色，宽三角形或近半圆形，长2.2~3.2mm，宽7~9mm，先端近截形或圆钝，边缘全缘或稍波状，上面中央的垫状物黄色并且密布乳突状毛；后唇近杯状，长约5mm，宽4mm，上端的口缘截形并且与前唇几乎在同一水平面上；蕊柱长1.5mm；药帽前端收狭。花期不定期。

河南仅见于伏牛山南部的淅川荆子关；生于山地林中树干上。分布于陕西南部、福建北部、湖北西部以及台湾。

中文名索引

四画

五画

六画

七画

八画

九画

十画

十一画

十二画

十三画

十四画

十五画

十六画

十七画

十八画

十九画

二十画

二十一画

二十二画

拉丁名索引

D

E

图1 鞘舌卷柏*Selaginella vaginata* Spring（张宪春）

图2 异穗卷柏*Selaginella heterostachys* Baker（刘冰）

图3 小卷柏*Selaginella helvetica* (L.) Link（李光波）

图4 柄叶瓶尔小草*Ophioglossum petiolatum* Hook.（张凯）

图5 无毛凤了蕨（变种）*Coniogramme intermedia* var. *glabra* Ching（王冰）

图7　朝鲜对囊蕨*Deparia coreana* (Christ) M. Kato(李光波)

图6　朝鲜对囊蕨*Deparia coreana* (Christ) M. Kato(李光波)

图8　菜蕨*Callipteris esculenta* J. Sm. ex Moore et Houlst.

（张宪春）

图9　棕鳞铁角蕨*Asplenium yoshinagae* Makino（周建军）

图10　全缘贯众*Cyrtomium falcatum*（L.f.）C. Presl（张润堂）

图11　小羽贯众*Cyrtomium lonchitoides*（Christ）Christ（武晶）

图12　丽江瓦韦*Lepisorus likiangensis* Ching & S. K. Wu（李策宏）

图13　叉叶苏铁 *Cycas micholitzii* Dyer（宋鼎）

图14　北美乔松*Pinus strobus* L. (王文元)

图15　西黄松*Pinus ponderosa* Douglas ex C. Lawson（王文元）

图16　长叶松*Pinus palustris* Mill.（刘军）

图17　矮松*Pinus virginiana* Mill.（金洪刚）

图18　金松*Sciadopitys verticillata* (Thunb.) Sieb. et Zucc.（吴棣飞）

图19　北美红杉*Sequoia sempervirens*（D. Don）Endl.（徐永福）

图20　北美红杉*Sequoia sempervirens*（D. Don）Endl.（徐永福）

图21　台湾杉*Taiwania cryptomerioides* Hayata（徐永福）

图22　墨西哥柏木*Cupressus lusitanica* Mill.（侯雨龙）

图23　圆叶椒草*Peperomia obtusifolia* (L.) A. Dietr.（武晶）

图24　湖北金粟兰（变种）*Chloranthus henryi* var.*hupehensis*（Pamp.）K. F. Wu（李智选）

图25　旱垂柳（变种）*Salix matsudana* var. *pseudomatsudana*(Y. L. Chou & Skv.) Y. L. Chou（曹玉星）

图26　蒿柳*Salix schwerinii* E. L.Wolf（刘宗才）

图27　百里柳*Salix baileyi* C. K. Schneid.（朱鑫鑫）

图28　山油麻（变种）*Trema cannabina* var. *dielsiana*(Hand. -Mazz.) C. J. Chen（徐永福）

图29　美国榆*Ulmus americana* L.（刘冰）

图30　醉翁榆*Ulmus gaussenii* W. C. Cheng（张开文）

图31　欧洲白榆*Ulmus laevis* Pall.（陈又生）

图32　圆冠榆*Ulmus densa* Litv.（高晓晖）

图33　多脉榆*Ulmus castaneifolia* Hemsl.（罗金龙）

图34　桑寄生*Taxillus sutchuenensis*（Lecomte）Danser（徐永福）

图35　枫寄生*Viscum liquidambaricola* Hayata（徐锦泉）

图36　大叶马兜铃*Aristolochia kaempferi* Willd.(周厚林)

图37　长箭叶蓼*Polygonum hastatosagittatum* Makino（张步云）

图38　毛脉酸模*Rumex gmelinii* Turcz. ex Ledeb.（王晓远）

图39　披针叶酸模*Rumex pseudonatronatus* (Borbás) Murb.（杨春江）

图40　牛皮消首乌*Fallopia cynanchoides*（Hemsl.）Haraldson（张华安）

图41　柳叶繁缕*Stellaria salicifolia* Y. W. Tsui ex P. Ke（周建军）

图43　华山石头花*Gypsophila huashanensis* Y. W. Tsui & D. Q. Lu（喻勋林）

图42　须弥蝇子草*Silene himalayensis*（Rohrb.）Majumdar（朱仁斌）

图44　凤丹*Paeonia ostii* T. Hong & J. X. Zhang（张敬莉）

图45　西伯利亚乌头（变种）*Aconitum barbatum* var. *hispidum*（DC.）Ser.（朱强）

图46　大花威灵仙*Clematis courtoisii* Hand.-Mazz.（刘军）

图47　长冬草*Clematis hexapetala* var. *tchefouensis* (Debeaux) S. Y. Hu（刘宗才）

图48　假豪猪刺*Berberis soulieana* C. K. Schneid.（李晓东）

图49　二乔玉兰*Yulania* × *soulangeana* (Soul.-Bod.) D. L. Fu（朱鑫鑫）

图50　银木*Cinnamomum septentrionale* Hand.-Mazz.（金洪刚）

图51　光果野罂粟（变种）*Papaver nudicaule* var. *aquilegioides* Fedde（朱仁斌）

图52　陕西紫堇*Corydalis shensiana* Lidén ex C. Y. Wu, H. Chuang & Z. Y. Su（华国军）

图53　榨菜（变种）*Brassica juncea* var. *tumida* Tsen & S. H. Lee（田乾福）

图54　柔毛须弥芥*Crucihimalaya mollissima* (C.A.Mey.) Al-Shehbaz，O′ Kane & R. A. Price（张亚洲）

图55　蒙古葶苈*Draba mongolica* Turcz.（朱鑫鑫）

图56　燕子掌*Crassula ovata*（Mill.) Druce（聂廷秋）

图57　绿花石莲（变种）*Sinocrassula indica* var. *viridiflora* K. T. Fu（秦位强）

图58　溪畔落新妇*Astilbe rivularis* Buch.-Ham. ex D. Don（宋鼎）

图59　簇花茶藨子*Ribes fasciculatum* Siebold & Zucc.（张宏伟）

图60　樱草蔷薇*Rosa primula* Boulenger（张敬莉）

图61　粉红单瓣玫瑰（变型）*Rosa rugosa* f. *rosea*（Rehder）Rehder (张敬莉)

图62　百叶蔷薇*Rosa centifolia* L.（张敬莉）

图63　光叶美蔷薇（变种）*Rosa bella* var. *nuda* T. T. Yu & H. T. Tsai（陈又生）

图64　拟覆盆子*Rubus idaeopsis* Focke（徐永福）

图65　薄叶皱叶委陵菜（变种）*Potentilla ancistrifolia* var. *dickinsii* (Franch.& Sav.) Koidz.（刘经纬）

图66　毛杏（变种）*Armeniaca sibirica* var. *pubescens* Kostina（郭艳）

图67　美国皂荚*Gleditsia triacanthos* L.（何志堃）

图68　东方野豌豆*Vicia japonica* A. Gray（周繇）

图69　宽叶胡枝子*Lespedeza maximowiczii* Schneid.（张宏伟）

图70　日本胡枝子*Lespedeza thunbergii*（Candolle）Nakai(由利修二)

图71　毛苦参（变种）*Sophora flavescens* var. *kronei* (Hance) C. Y. Ma（徐晔春）

图72　太白山杭子梢（变种）*Campylotropis macrocarpa* var. *hupehensis*（Pamp.）Lokawa & H. Ohashi(孔繁明)

图73　黄花酢浆草*Oxalis pescaprae* L.（熊美华）

图74　杠香藤（变种）*Mallotus repandus* var. *chrysocarpus*（Pamp.）S. M. Hwang（张金龙）

图75　红叶野桐（变种）*Mallotus tenuifolius* var. *paxii* (Pamp.) H. S. Kiu（周建军）

图76　红雀珊瑚*Pedilanthus tithymaloides*（L.）Poit.（廖明林）

图77　腰果*Anacardium occidentale* L.（徐晔春）

图78　宽叶短梗南蛇藤（变种）*Celastrus rosthornianus* var. *loeseneri*（Rehder & E. H. Wilson）C. Y. Wu（冯虎元）

图79　四蕊枫（亚种）*Acer stachyophyllum* subsp. *betulifolium*（Maxim.）P. C. de Jong（冯虎元）

图80　畸形凤仙花*Impatiens paradoxa* C. S. Zhu & H. W. Yang（刘宗才）

图81　毛叶雀梅藤（变种）*Sageretia thea* var.*tomentosa*(C. K. Schneid.) Y. L. Chen & P. K. Chou（林广旋）

图82　毛山鼠李（变种）*Rhamnus wilsonii* var. *pilosa* Rehder（施忠辉）

图83　毛脉花叶地锦（变种）*Parthenocissus henryana* var. *hirsuta* Diels & Gilg（朱鑫鑫）

图84　华西俞藤（变种）*Yua thomsonii* var. *glaucescens* (Deils & Gilg) C. L. Li（徐永福）

图85　湖南黄花稔 *Sida cordifolioides* K. M. Feng（张润堂）

图86　重瓣朱槿（变种）*Hibiscus rosasinensis* var. *rubroplenus* Sweet（李光敏）

图87 甘蒙柽柳*Tamarix austromongolica* Nakai（周洪义）

图88 披针叶萼距花*Cuphea lanceolata* W. T. Aiton（郑德柱）

图89 大花紫薇*Lagerstroemia speciosa* (L.) Pers.（徐永福）

图90 毛脉柳兰（亚种）*Chamerion angustifolium* subsp.*circumvagum* (Mosquin) Hoch（喻勋林）

图91 秦岭柴胡（变种）*Bupleurum longicaule* var. *giraldii* H. Wolff（朱仁斌）

图92　北京柴胡（变型）*Bupleurum chinense* f. *pekinense* (Franch. ex Forbes & Hemsl.)R.H.Shan & Y.Li（樊英鑫）

图93　深裂鸭儿芹（变型）*Cryptotaenia japonica* f. *dissecta* (Y. Yabe) H. Hara（秦位强）

图94　川鄂茴芹*Pimpinella henryi* Diels（张金龙）

图95　钝叶杜鹃*Rhododendron obtusum* (Lindl.) Planch.（侯雨龙）

图96　宜昌过路黄*Lysimachia henryi* Hemsl.（徐晔春）

图97　苦枥木*Fraxinus insularis* Hemsl.（王栋）

图98　尖萼梣*Fraxinus odontocalyx* Handel-Mazz.（张宏伟）

图99　垂丝丁香（亚种）*Syringa komarowii* subsp. *reflexa* (C. K. Schneid.) P. S. Green & M. C. Chang（张磊）

图100　光萼小蜡（变种）*Ligustrum sinense* var.*myrianthum* (Diels) Hoefker（徐克学）

图101　大花秦艽（变种）*Gentiana macrophylla* var. *fetissowii* (Regel et Winkl.) Ma & K. C. Hsia（宋鼎）

图102　陕南龙胆*Gentiana piasezkii* Maxim.（区崇烈）

图103　日本獐牙菜（变种）*Swertia diluta* var. *tosaensis* (Makino) H. Hara（李文春）

图104 水皮莲 *Nymphoides cristata* (Roxb.) Kuntze（陈炳华）

图105 大花附地菜（变种）*Trigonotis peduncularis* var.*macrantha* W.T.Wang

图106 聚合草 *Symphytum officinale* L.（刘军）

图107 蓝花藤 *Petrea volubilis* L.（周洪义）

图108 假连翘 *Duranta erecta* L.（李光敏）

图109　冬红 *Holmskioldia sanguinea* Retz.（徐晔春）

图110　单花莸 *Caryopteris nepetifolia* (Benth.) Maxim.（刘军）

图111　多花筋骨草 *Ajuga multiflora* Bunge（杨雁）

图112　绵毛水苏 *Stachys lanata* Jacq.（周洪义）

图113　朱唇 *Salvia coccinea* Buc' hoz ex Etl.（吴棣飞）

图114　湖北鼠尾草 *Salvia hupehensis* E. Peter（朱仁斌）

图115　白马鼠尾草 *Salvia baimaensis* S.W.Su & Z.A.Shen（朱鑫鑫）

图116　唇萼薄荷 *Mentha pulegium* L.（徐晔春）

图117　小叶地笋 *Lycopus cavaleriei* H. Lév.（陈又生）

图118　北方枸杞（变种）*Lycium chinense* var.*potaninii* (Pojark.) A. M. Lu（郭连军）

图119　灯笼果 *Physalis peruviana* L.（奚建伟）

图120　木本曼陀罗 *Datura arborea* L.（张金龙）

图121　鼬臭返顾马先蒿（亚种）*Pedicularis resupinata* subsp. *galeobdolon* (Diels) Tsoong（喻勋林）

图122　北美车前 *Plantago virginica* L.（徐永福）

图123　薄叶新耳草 *Neanotis hirsuta* (L.f.) W. H. Lewis（朱鑫鑫）

图124　西洋接骨木 *Sambucus nigra* L.（王可）

图125　贯月忍冬 *Lonicera sempervirens* L.（周洪义）

图126　无柄沙参（亚种）*Adenophora stricta* subsp. *sessilifolia* D. Y. Hong（喻勋林）

图127　柳叶旋覆花 *Inula salicina* L.（周繇）

图128　灰莲蒿（变种）*Artemisia gmelinii* var. *incana* (Besser) H. C. Fu（刘经纬）

图129　南艾蒿 *Artemisia verlotorum* Lamotte（阳作仁）

图130　黄毛蒿 *Artemisia velutina* Pamp.（朱鑫鑫）

图131　狭叶牡蒿 *Artemisia angustissima* Nakai（刘冰）

图132　田春黄菊 *Anthemis arvensis* L.（刘继明）

图133　尾尖风毛菊 *Saussurea saligna* Franch.（李智选）

图134　野蓟 *Cirsium maackii* Maxim.（姜云传）

图135　碗苞麻花头（亚种）*Klasea centauroides* subsp. *chanetii* (H. Lév.) L. Martins（刘冰）

图136　日本毛连菜 *Picris japonica* Thunb.（周繇）

图137　长裂苦苣菜 *Sonchus brachyotus* DC.（周繇）

图138　钻叶紫菀 *Symphyotrichum subulatum* (Michx.) G. L. Nesom（邢艳兰）

图139　毛叶甘菊（变种）*Chrysanthemum lavandulifolium* var. *tomentellum* Hand.-Mazz.（辛晓伟）

图140　紫穗稗 *Echinochloa esculenta* (A. Braun) H. Scholz（黄江华）

图141　光稃香草 *Anthoxanthum glabrum* (Trin.) Veldkamp（朱鑫鑫）

图142　仲氏薹草 *Carex chungii* C. P. Wang（张宏伟）

图143　箭叶喜林芋 *Philodendron sagittifolium* Liebm.（周洪义）

图144　红苞喜林芋 *Philodendron erubescens* K. Koch & Augustin（李光敏）

图145　绿萝 *Epipremnum aureum* (Linden & André)G. S. Bunting（梁金镛）

图146　牯岭藜芦 *Veratrum schindleri* O. Loes.（华国军）

图147　龙头花 *Sprekelia formosissima* (L.) Herb.（徐晔春）

图148　变色鸢尾 *Iris versicolor* L.（杨万云）

图149　小鸢尾 *Iris proantha* Diels（华国军）

图150　鹤望兰 *Strelitzia reginae* Banks（李光敏）

图151　肖竹芋 *Calathea ornata* (Lind.) Körn.（李西贝阳）

图152　美丽独蒜兰 *Pleione pleionoides* (Kraenzl.) Braem & H. Mohr（熊源新）

图153　台湾盆距兰 *Gastrochilus formosanus* (Hayata) Hayata（孔繁明）